유네스코 공학보고서

공학은 인류에게 무엇을 줄 수 있나

발전을 위한 이슈, 도전, 그리고 기회

United Nations Educational, Scientific and Cultural Organization
국제연합교육과학문화기구
유네스코한국위원회
Korean National Commission for UNESCO

NAEK 한국공학한림원
The National Academy of Engineering of Korea

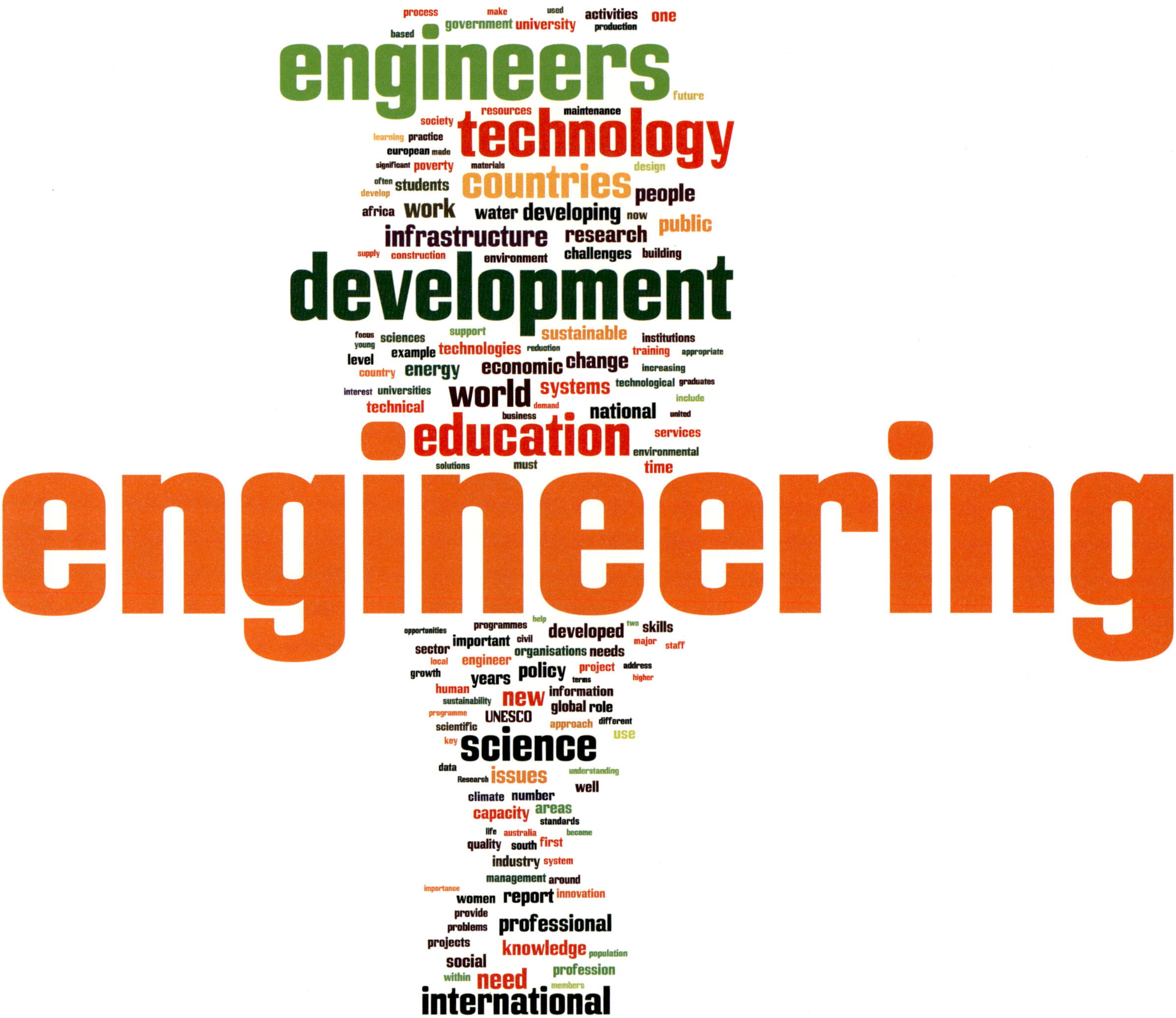

process make used activities one
based government university production
engineers
future
resources maintenance
society
learning practice technology
european made
significant poverty materials design
often students countries people
develop
africa work water developing now
infrastructure research public
supply construction environment challenges building
development
focus sciences support sustainable institutions
young example technologies reduction training appropriate
level
country energy economic change increasing
interest universities world systems technological graduates
technical demand include
business national united
education services
solutions must environmental time
engineering
opportunities programmes help two skills
important civil developed major staff
sector organisations needs
local engineer project address
growth policy terms higher
human years information
sustainability new global role
programme UNESCO different
scientific approach use
key science
data understanding
Research issues
climate number well
capacity areas
standards
life australia become
quality south first
industry system
management around
importance innovation
women report
provide
problems professional
projects
knowledge population
social
within need profession
members
international

발간사

한국은 민족상잔의 비극을 겪은 1950년대 초까지만 해도 1인당 국민소득이 미화 100불도 채 안 되는 세계에서 가장 가난한 나라 가운데 하나였습니다. 하지만 유네스코를 비롯한 국제사회의 지원과 한국민의 잠재력을 바탕으로 몇 십 년이 지나지 않아 '한강의 기적'을 이루어냈습니다. 이제 한국은 견실한 산업 기반을 갖추고 세계의 선두 국가들과 어깨를 나란히 하는 국가로 발돋움하였습니다. 이러한 비약적 성장에는 공학과 그에 따른 기술 발전이 큰 힘이 되었습니다.

이번에 유네스코한국위원회와 한국공학한림원이 공동으로 펴낸 『유네스코 공학보고서: 공학은 인류에게 무엇을 줄 수 있나』는 이러한 공학의 중요성을 누구나 쉽게 이해할 수 있도록 안내해주는 유용한 입문서입니다. 초심자나 일반인도 큰 어려움 없이 공학의 세계를 체험하고 그 현주소를 파악할 수 있는 '일반인을 위한 공학 길라잡이'라 할 수 있습니다.

이 책은 국제연합교육과학문화기구인 유네스코가 2010년에 출간한 《UNESCO Report – Engineering: Issues, Challenges and Opportunities for Development》를 우리말로 번역한 것으로 세계적으로 저명한 공학자 120명이 집필에 참여하였습니다. 이 책은 공학의 세부 분야에서부터 지속가능한 사회를 만들어가는 공학자의 활동에 이르기까지 공학과 관련한 광범위한 지식과 정보를 풍부한 통계 자료와 그래픽을 곁들여 설명하고 있습니다. 나아가 공학의 미래상을 제시함으로써 특히 청소년들이 공학에 대한 관심과 꿈을 키울 수 있도록 해줍니다.

공학은 기후변화와 에너지 문제, 물과 식량의 안정적 확보, 생태계 보전같이 지구촌 공동체가 안고 있는 중대한 문제들을 해결하는 데 없어서는 안되는 학문입니다. 또한 각 나라의 경제나 사회 발전 계획을 수립하고 이행하는 데에 있어서도 결코 빼놓을 수 없는 중요한 수단이자 도구입니다. 이러한 점에서 전 세계의 공학 발달 정도를 최초로 개괄하고 있는 이 보고서는 공학 전공자나 예비 전공자뿐만 아니라 공학 정책입안자에게도 좋은 참고자료가 될 것입니다.

이번 『유네스코 공학보고서』 발간에는 출판을 제안하고 번역까지 맡아준 한밭대학교 홍성욱 교수의 공이 컸습니다. 홍 교수께 감사의 뜻을 표합니다.

모쪼록 이 책이 인류가 직면하고 있는 중차대한 이슈와 도전에 관한 연구와 대응책 모색에 있어서 공학의 역할과 의미를 널리 알리는 밑거름이 되기를 희망합니다.

민 동 석
유네스코한국위원회 사무총장

정 준 양
한국공학한림원 회장

머리말

공학과 발전에 대한 기념비적인 이 보고서는 그동안 유네스코는 물론 어떤 국제기구에서도 발간된 적이 없는 이 분야의 첫 번째 보고서이다.

세계 각국에서 120명의 전문가들이 기고한 매우 유익하고 통찰력 있는 글들을 포함하고 있는 이 보고서는 발전에 공학자의 역할이 매우 중요함을 깨닫도록 하는 새로운 관점을 제공하고 있다.

바퀴의 발명 이후 공학의 발전은 인류 진보의 핵심이 되어왔다. 150년 전에 공학과 기술은 우리가 살고 있는 세상을 변모시켰으며, 지구 상의 많은 사람들의 기대 수명 연장과 삶의 질 향상에 기여하였다.

하지만 공학이 제공하는 향상된 의료, 주택, 영양, 교통, 통신, 그리고 다른 많은 혜택들은 전 세계에 불공평하게 배분되고 있다. 수백만 명의 사람들이 깨끗한 식수와 적절한 위생시설이 없고, 의료기관에 갈 수 없으며, 학교와 직장에 가기 위해서 매일 포장이 안된 도로 위를 수킬로미터씩 걸어야 한다.

유엔이 정한 8개의 '새천년개발목표'를 달성해야 하는 마감시한인 2015년이 빠르게 다가오고 있는 이 때에 개발도상국에 변화를 만들 수 있는 공학의 역량에 대해서 전체적으로 측정해 보는 것이 중요하다.

산모의 건강을 증진하기 위해서 우수한 의료기관이 많이 필요하듯이, 모든 사람들에게 초등교육을 제공하자는 목표를 달성하기 위해서는 새로운 학교와 도로의 건설이 요구된다. 환경적인 지속가능성을 달성하기 위해서는 보다 나은 환경 오염 방지 대책, 청정기술, 경작기술의 향상 등이 필요하다.

이것이 바로 공학이 우리의 주목을 받을 만한 가치가 있는 이유이며, 발전에 대한 공학의 기여가 크게 인정되어야 하는 이유이기도 하다.

만약 공학의 역할이 보다 사실적으로 설명된다면 더 많은 사람들이 공학 관련 직업을 갖게 될 것이다. 앞으로 개발도상국의 문제에 대해서 관심을 가진 차세대 공학도들이 이 분야에 많이 참여하도록 하여야 한다. '깨끗한 물과 위생시설에 대한 접근성 증대'라는 '새천년개발목표'를 달성하기 위해서는 사하라 사막 이남의 아프리카 지역에서만 약 2백 5십만 명의 새로운 공학자와 기술자가 필요할 것으로 추정된다.

현재의 경제 위기는 공학에 도전과 기회를 제공한다. 교육 예산의 삭감은 잠재적인 공학도가 교육받을 기회를 줄인다는 측면에서 문제가 심각하다. 하지만 고무적인 징후는, 기후 변화 완화를 위한 인프라와 기술 그리고 신재생에너지와 같은 분야에 적응하기 위한 기술에 투자하는 것이 경제 회복과 지속가능한 발전을 이룰 수 있는 이 때에, 세계의 지도자들이 공학 · 과학 · 기술에 지속적으로 지원하는 것이 중요하다고 인정했다는 점이다.

공학은 때때로 과학의 실현되지 않은 파트너이다. 유네스코에서 처음으로 발간하는 공학보고서가 이러한 사실을 바꾸는 데 기여하길 바란다.

Irina Bokova

이리나 보코바(Irina Bokova)

유네스코 사무총장

서문

세계적으로 우리 사회가 직면하고 있는 대규모 도전들을 해결하는 데에 공학의 역할이 중요함은 널리 인정받고 있다. 이러한 대규모 도전은 저렴한 의료 서비스에 대한 접근, 에너지·교통·기후 변화가 결합된 이슈에 대한 해결 방안 모색, 다수의 사람들에게 보다 공평한 정보로의 접근을 제공, 깨끗한 식수, 자연 및 인공 재해 완화, 환경 보호 및 천연자원 관리 등을 포함한다. 따라서 공학계가 사회에 이익을 주는 실제 제품과 서비스를 보다 효과적으로 제공하는 것은, 특히 개발도상국의 경우에 매우 중요한 국제적인 책임이다.

공학 자체의 경우에도 다양한 계층의 청소년들 특히 여성들이 공학을 전공하도록 유도하는 것, 교육 기획을 강화하는 것, 자연과학·사회과학 및 예술과 보다 효과적으로 학제간 협력을 하는 것, 혁신, 기업가 정신, 고용 창출 등에 대한 관심을 증대하는 것, 엔지니어링 기획에 대한 지원과 공공 의식을 증대시키는 것과 같은 많은 부수적인 도전들에 직면하고 있다. 공학에 대한 첫 번째 유네스코 보고서인 이 책은, 특히 지속가능한 발전에 대한 공학의 기여를 염두에 두고, 국제사회가 공학이 직면한 이슈, 도전, 그리고 기회에 대해서 이해하는 것을 돕기 위하여 기획되었다.

유네스코에서 발간한 가장 비용 효율적인 보고서 중의 하나인 이 보고서는 국제 공학계의 자발적인 기여에 거의 전적으로 의존하고 있다. 먼저 100여 명의 기고자에게 감사드린다. 미시에즈 날레츠 유네스코 기초과학/공학 국장과 기획/편집팀(토니 마조람, 앤드류 램, 프랑소와 리, 코넬리아 호크, 크리스티나 라펠라 가르시아)의 노력에 감사드린다. 또한 우리의 파트너인 세계공학기술단체연합회(WFEO)의 타하니 유세프, 배리 그레어와 동료들, 국제엔지니어링컨설팅연맹(FIDIC)의 피터 보스웰, 존 보이드와 동료들, 국제공학한림원협의회(CAETS)의 빌 살몬, 게바드 반 우트머쎈과 동료들에게 진심으로 감사드린다. 마지막으로 이 보고서가 출간되도록 애쓴 카멜 아야디와 편집자문위원회 공동의장을 비롯한 위원들에게 감사드린다.

이 책은 1998년부터 출판된 4권의 유네스코 과학 보고서의 파트너로서 손색이 없다. 공학은 넓은 의미에서 과학의 한 부분으로 간주되고 있지만, 이들 보고서에서 공학은 큰 비중을 차지하지 못했다. 따라서 국제 공학계로부터 공학에 대한 국제적인 연구, 특히 국제 개발에서 공학의 역할에 대한 연구가 필요하다는 요구가 증가해왔다. 이 보고서는 균형감을 가지고 그러한 연구를 시작하는 데 도움이 될 것이다. 유네스코 사무총장이 지적했듯이 2009년 10월에 있었던 유네스코 총회와 최근의 집행이사회에서 국제공학프로그램에 대한 프로포절이 채택되었으므로 유네스코에서 공학의 미래는 밝다고 할 수 있다.

공학이 가지는 확산성을 고려할 때 이 보고서에서 설명했듯이 공학은 실제로 깊고 다양한 주제이다. 우리는 공학의 이러한 깊이와 넓이를 모두 다룰 수 있도록 주어진 여건에서 최선을 다했다. 실제로 토니 마조람과 팀원들은 이 업무를 훌륭하게 수행하였다. 이 보고서가 다양한 커뮤니티에서 유용한 것으로 증명되길 바라며 우리는 파트너 기관들과 함께 적절한 후속 활동들을 계속해서 추진할 것을 약속드린다.

그레첸 칼론지(Gretchen Kalonji)
유네스코 자연과학 부문 사무차장보

요약

공학을 위한 의제

이 책은 공학에 관한 최초의 유네스코 보고서이며, 실제로 국제수준에서 출판된 공학에 대한 최초의 보고서기도 하다. 발전에 초점을 맞춘 이 책은 현장에서 파악된 필요와 문헌에 있는 내용 사이의 심각한 괴리를 다뤄 달라는 요청에 의해서 발간되었다. 이 책은 공학을 포함한 과학 관련 국제기구인 유네스코가 세계공학기술단체연합회(WFEO), 세계공학한림원평의회(CAETS), 국제엔지니어링컨설팅연맹(FIDIC), 그리고 개인 공학자들과 협력하여 제작하였다. 많은 저명한 공학자들과 공학기관들이 기고와 사진 제공 등을 통해서 이 보고서에 자발적으로 참여하였다. 이 선구적인 기획에 참여한 공학계의 헌신과 열정에 감사드린다.

이 책은 발전에서 공학의 역할, 그 중에서도 특히 이슈, 도전, 그리고 기회의 관점에서 발표하고 토론하기 위한 플랫폼이다. 전 세계적인 이슈와 도전에는 1) 빈곤의 감소, 지속적인 사회 · 경제적 발전과 그 밖의 유엔 새천년개발목표를 달성할 필요성, 2) 국제화, 3) 디지털 및 광범위한 기술과 지식 격차를 줄여야 되는 필요성 등이 포함된다. 세부적인 이슈와 도전에는 1) 기후 변화 완화 및 적응, 저탄소 소비 시대로 급히 이동해야 될 필요성, 2) 1930년대 이후 최악인 최근의 금융 · 경제 위기와 불황, 3)인프라, 공학의 역량 증대, 그리고 연구개발에 대한 투자 증대의 필요성 등이 있다. 동시에 많은 국가에서는 청소년(특히 여학생)의 이공계 진학률 감소에 대해서 우려하고 있다. 특히 이러한 사실이 이미 우수인력 유출로 어려운 개발도상국의 역량과 발전에 어떤 영향을 줄 것인가?

이 책은 다음과 같은 필요성에 대한 새로운 시각을 제공한다.

- 혁신, 사회 및 경제 발전의 원동력으로서의 공학의 역할을 인정하고, 공학에 대한 대중과 정책 입안자의 인식과 이해를 개발할 필요성
- "각 국가에서 어떤 종류의 공학자를 보유하고 있고 필요로 하고 있나?"와 같은 공학에 대한 보다 정확한 통계와 지표가 시급히 필요함을 강조하고, 공학에 대한 정보를 개발할 필요성
- 공학에서 성과와 문제해결식 접근의 중요성을 강조하기 위해서 공학 교육, 교육과정, 교수법을 변화시켜야 할 필요성
- 빈곤 감소 · 기후 변화 · 지속가능한 발전과 같은 글로벌 이슈와 도전에 공학 및 기술을 보다 효과적으로 혁신하고 적용하며, 녹색 공학과 저탄소 기술을 시급히 개발해야 할 필요성

이 책은 앞에서 언급한 많은 이슈, 도전 과제 및 기회에 대한 잠재적인 해결책이 서로 연결되어 있다는 것을 보여준다. 예를 들어, 청소년들과 많은 대중 및 정책 입안자들은 공학과 혁신이 글로벌 이슈에 대한 해결책의 일부라는 것을 나타내는 정보와 지표를 볼 때 관심과 흥미가 커지고 공학에 끌릴 수 있을 것이다. 이 책은 공학계가 대중 및 민간 부문과 함께 공학과 세상을 위한 위와 같은 의제들을 추진해야 하는 당면한 필요에 대한 국제적인 대응이다.

추천사

세계공학기술단체연합회(WFEO)

배리 J. 그레어 AO 회장, 2007.09

이 책은 공학에 관한 최초의 국제적인 보고서로 전 세계의 공학계가 세상에 중요한 공헌을 할 수 있는 기회를 제공한다.

이 책은 발전(공학의 발전과 국제 발전에서 공학의 중요한 역할)을 위해서 공학이 직면한 주요 이슈 및 도전에 대해서 탐구한다.

이 책에 수록된 우려, 아이디어 및 좋은 실행 예는 정부 정책 입안자, 공학기관, 국제개발기관, 동료 공학자 및 일반 대중이 공학의 미래, 필요한 역량, 공학 및 기술 교육, 공학 응용을 이해하는 데 유용한 정보를 제공한다.

나는 이 책이 발간되는 데 기여한 모든 분들, 특히 유네스코에서 자신의 역할을 통해 공학계를 격려해 온 이 책의 편집자인 토니 마조람 박사에게 축하와 감사를 보낸다.

'세계공학기술단체연합회(WFEO)'는 지역의 공학기관들에 의해서 국제 NGO로 설립되었으며, 2008년에 창립 40주년을 기념했다. WFEO는 90여개 국의 지역 및 국가 공학기관으로 구성되어 있으며 약 1천 500만 명의 공학자들을 대표한다. WFEO는 유네스코의 첫 번째 공학 보고서 발간에 참여한 것을 영광으로 생각한다.

세계공학한림원평의회(CAETS)

제라드 반 우트머 쎈 회장, 2008

'세계공학한림원평의회(CAETS)'는 직업으로서의 공학을 활성화하는 것의 중요성을 인식하고 있다.

공학자들은 현대 사회를 만든 기술 발달에 책임이 있으며 인프라, 산업 생산, 기계화 농업, 현대적인 교통 시스템, 그리고 매스 미디어, 컴퓨터 및 통신 시스템과 같은 기술 혁신을 이뤘다. 기술 발달은 특히 정보통신기술, 나노기술과 생명공학 등 새로운 분야에서 매우 빠른 속도로 계속되고 있다. 이러한 발전은 흥미롭고, 공학 역량의 증대를 필요로 하며 대중의 환호를 받을 가치가 있다. 기술 혁신은 부를 창출하며 우리의 생활을 향상하고 편안함을 제공한다.

하지만 모두가 아닌 일부를 위한 상황이다.

번영과 경제 발전은 전 세계에 균등하게 배분돼 있지 않다. 개발도상국의 상황은 흔히 새로운 실행 방법 또는 전통 기술의 재발견을 요구하기 때문에 '새천년개발목표'를 달성하기 위해서는 공학자의 큰 노력과 창의력이 필요하다.

또한, 공학자들은 새로운 도전에 직면해 있다. 우리 사회는 천연자원의 고갈, 환경 문제 및 기후 변화와 같이, 어느 정도는 기술 발달에 의해 발생한 문제에 직면하고 있다. 유능한 공학자들은 효율적인 생산 공정과 운송 시스템, 지속가능한 새로운 에너지 자원, 물질의 효율적 사용, 폐기물의 재활용 등을 통해 이러한 문제에 대한 해결책을 제공한다.

전 세계 인구가 증가함에 따라 공학적 재능에 대한 수요가 증가하고 있으며 공학의 성격 또한 변화하고 있다. 공학은 항상 창조적인 디자인, 발명 및 혁신이 물리 · 화학 · 수학과 결합된 다학제적인 성격을 지니지만 그 범위는 증가하고 있다. 공학자는 기술의 사회적 · 환경적 영향에 대해서 점점 더 많이 인식해야 하고, 복합적인 팀에서 일해야 하며, 사회와 교류하고 협력해야 한다. 다양한 재능을 지닌 공학자에 대한 수요가 증가하고 있는 상황에서 많은 나라의 청소년들이 공학에 흥미를 잃어간다는 것은 불행한 일이다. 정부뿐만 아니라 일반 대중들도 공학의 중요성과 변하고 있는 공학의 성격에 대해서 인식해야 한다. 이에 '세계공학한림원협의회'는 공학의 현재 상태, 공학의 발전과 국제사회의 발전을 위한 이슈와 도전을 살펴보려는 유네스코의 노력을 환영한다.

국제엔지니어링컨설팅연맹(FIDIC)

존 보이드 회장, 2007.09

'국제엔지니어링컨설팅연맹(FIDIC)'은 전 세계 기술자문 사업을 대표하는 국제기구이다. 공학 산업, 직업 및 공동체의 지속적인 성공을 위한 핵심 이슈를 다루고 있는 이 책의 발간에 동참하게 되어서 매우 기쁘다. 이 책은 매우 중요한 시점에 발간되었다. 공학이란 직업이 특히 선진국에서 감소되고 있으며 공학 서비스도 미미해지고 있다. 이러한 문제들은 여러 측면에서 공학자들이 스스로 야기하였다. 이 책은 아이러니하게도 공학 혁신이 가장 필요한 시점에 발간되었다.

지속가능한 발전, 빈곤 감소와 기후 변화와 같은 이슈는 근본적으로 공학적 문제이다. 우리는 일정, 비용 및 기존 범위와 같은 관습적인 목표를 넘어서서 설계 범위를 확대하는 방안에 대해서 배워야 한다. 우리는 물 · 에너지와 물질 사용의 최소화, 인권과 문화권의 존중, 직장 내외에서의 건강과 안전의 추구와 같은 광범위한 사회적 필요를 설계 범위에 포함시키는 것을 배워야 한다.

이것은 진정한 공학 혁신을 필요로 하는 도전이다. 이런 이슈들은 우리가 안주하는 영역을 벗어나서, 사회와의 토론에 참여하고 인기와 상관없이 가치를 지키는 리더십을 요구한다.

이것은 우리에게 도전이자 기회이다.

라이트 형제의 첫 번째 동력비행기(1903)

감사의 글

이 책의 기획, 개발 및 발간은 전문, 공공 및 민간 부문에 있는 150개 이상의 개인, 단체 및 기관의 도움으로 촉진되고 진행되었다. 그들의 자발적인 헌신과 지원이 없었다면 세계 최초의 국제 보고서는 발간되지 못했을 것이다. 지속가능한 사회·경제적 발전에서 공학의 중요한 역할에 대한 정보의 결핍을 채우기 위해 기획된 이 프로젝트에 보여준 그들의 열광적인 후원에 대해서 공학계와 국제사회를 대신해서 감사드린다. 먼저 빌 루크(Bill Rourke), 피터 그린우드(Peter Greenwood), 배리 그레어(Barry Grear)를 비롯한 세계공학기술단체연합회(WFEO)의 이사회와 동료들에게 감사드린다. 이들은 2005년에 세계 공학 보고서 발간에 대한 아이디어를 당시 WFEO의 회장이었던 카멜 아야디(Kamel Ayadi, 2006-2007)에게 제시하였다. 아야디 회장은 2006년에 공학 보고서에 대한 계획서를 유네스코에 제출했고, 당시 고이치로 마츠우라(Koichiro Matsuura) 유네스코 사무총장이 이를 승인함으로써 그해 10월에 보고서 발간 작업이 시작되었다. WFEO의 전회장인 배리 그레어(Barry Grear, 2008-2009)와 현 회장인 마리아 프리에토 라파구에(Maria Prieto-Laffargue)의 이 보고서에 대한 열정적인 지원에 대해서도 감사드린다. 또한 지속적인 사회·경제적 발전을 위해 공학의 역할이 중요함을 강조한 이리나 보코바(Irina Bokova) 유네스코 사무총장에게도 감사드린다.

보고서 발간 작업은 유네스코에서 세계공학한림원평의회(CAETS)의 빌 살몬(Bill Salmon)과 동료들, 국제엔지니어링컨설팅연맹(FIDIC)의 피터 보스웰(Peter Boswell)과 동료들을 만나서 논의함으로써 시작되었으며, 이들 협력기관의 지원에 감사를 드린다. 전 세계에 있는 공학기관들이 참여해서 편집자문위원회가 구성되었고, 보고서의 기본 구조와 형식에 대해서 자문하였다. 편집자문위원회의 공동위원장은 카멜 아야디와 유네스코 자연과학부문 사무부국장인 월터 어델른(Walter Erdelen)이 맡았으며 위원은 피터 보스웰(FIDIC), 조지 버그리아렐로(George Bugliarello), 브라이언 피가지(Brian Figaji), 모니크 프리제(Monique Frize), 윌리 후즈(Willi Fuchs), 이씨 이본 구이에(Issie Yvonne Gueye), 찰리 하그로브(Charlie Hargroves), 유미오 이쉬(Yumio Ishii), 폴 조위(Paul Jowitt), 앤드류 램(Andrew Lamb), 에리아부 루구죠(Eriabu Lugujjo), 나얏 로크디(Nayat Rochdi), 빌 살몬(Bill Salmon)(이상 CAETS), 루이즈 스카바다(Luiz Scavarda), 모하메드 쉐야(Mohamed Sheya), 블라디미르 야코프레프(Vladimir Yackovlev), 타하니 유쎄프(Tahani Youssef), 미구엘 엔젤 야다로라(Miguel Angel Yadarola), 종 이신(Zhong Yixin), 그리고 리디아 자코브스카(Lidia Zakowska)이다. 이밖에 많은 사람들이 보고서를 구성하는 데 기여하였으며 이들의 도움에 감사드린다.

이 책은 기고자들의 자발적인 참여로 작성되었으며 이들의 관대한 지원에 감사드린다. 멘헴 알라메딘(Menhem Alameddine), 샘 아모드(Sam Amod), 펠릭스 아튬(Felix Atume), 마가렛 오스틴(Margaret Austin), 카멜 아야디(Kamel Ayadi), 제라르 바론(Gerard Baron), 콘라도 바우어(Conrado Bauer), 짐 버치(Jim Birch), 페기 오티-보아텡(Peggy Oti-Boateng), 네리우스 보쇼프(Nelius Boshoff), 피터 보즈웰(Peter Boswell), 데이비드 보타(David Botha), 존 보이드(John Boyd), 다미르 브르드야노비크(Damir Brdjanovic), 조지 버지리아렐로(George Bugliarello), 라스 비토프(Lars Bytoff), 장 클로드 차펜티어(Jean Claude Charpentier), 탄 셍 추안(Tan Seng Chuan), 앤드류 클레랜드(Andrew Cleland), 레지나 클루로우(Regina Clewlow), 다니엘 디 클린턴 주니어(Daniel D. Clinton Jr.), 조 다 실바(Jo da Silva), 모나 담스(Mona Dams), 클라우디오 달라쿠아(Claudio Dall'Acqua), 다렐 대니룩(Darrel Danyluk), 이레닐자 드 알렌카 나스(Irenilza de Alencar Naas), 에릭 드 그라쁘(Erik de Graaff), 쉐릴 데사(Cheryl Desha), 앨리슨 디커트(Allison Dickert), 크리스텔 디디에르(Christelle Didier), 게리 다우니(Gary Downey), 지안구윤 두(Xiangyun Du), 웬디 포크너(Wendy Faulker), 모니크 프리제(Monique Frize), 윌리 후즈(Willi Fuchs), 자크 가일 라드(Jacques

Gaillard), 팻 갤러 웨이(Pat Galloway), 피 에스 고엘(P.S. Goel), 배리 그레어(Barry Grear), 필립 그리니쉬(Phillip Greenish), 피터 그린우드(Peter Greenwood), 이본느 이씨 구이에(Yvonnne Issie Gueye), 린 하드윅(Leanne Hardwicke), 찰리 하드로브(Charlie Hargroves), 로하니 하심(Rohani Hashim), 샤샤 헤르만(Sascha Hermann), 밥 허드슨(Bob Hodgson), 한스 위르겐호이어(Hans Jurgen Hoyer), 요세프 이브라힘(Youssef Ibrahim), 아즈니 이드리스(Azni Idris), 유미오 이시이(Yumio Ishii), 머빈 존스(Mervyn Jones), 러스 존스(Russ Jones), 요르단공학자협회, 폴 조윗(Paul Jowitt), 잔 카즈마렉(Jan Kaczmarek), 말린 캉가(Marlene Kanga), 아넷 콜모스(Anette Kolmos), 샘 쿤디소라(Sam Kundishora), 앤드류 램(Andrew Lamb), 앨리슨 로리스(Allyson Lawless), 라이저 러너(Leizer Lerner), 안체 라이너트(Antje Lienert), 사이몬 로바트(Simon Lovatt), 후안 루세나(Juan Lucena), 에리아부 루구조(Eriabu Lugujjo), 타카키 매카와(Takaaki Maekawa), 돈 만셀(Don Mansell), 토니 마요람(Tony Marjoram), 피터 매튜스(Petter Matthews), 호세 메뎀(Jose Medem), 장 미셸(Jean Michel), 제임스 알 미헬식(James R. Mihelcic), 이안 마일즈(Ian Miles), 빅터 미란다(Victor Miranda), 블로드지미에르즈 미잘스키(Wlodzimierz Miszalski), 모쿠붕 모쿠붕(Mokubung Mokubung), 자크 무롯(Jacvques Moulot), 요한 무톤(Johann Mouton), 솔로몬 망쥐(Solomon Mwangi), 더글라스 오커비(Douglas Oakervee), 고셋 올리버(Gossett Oliver), 라젠드라 파차우리(Rajendra Pachauri), 비벌리 파킨(Beverley Parkin), 스튜어트 파킨슨(Stuart Parkinson), 발디미르 피로 롱고(Waldimir Pirroe Longo), 아빈드 케이 푸치아(Arvind K. Poothia), 크리시나무르티 라마나단(Krishnamurthy Ramanathan), 토니 리들리(Tony Ridley), 바다오리 로우반(Badaoui Rouhban), 빌 살몬(Bill Salmon), 루이스 스카바르다(Luiz Scavarda), 데이비드 싱글톤(David Singleton), 블라디미르 시트세프(Vladimir Sitsev), 조지 스피탈릭(Jorge Spitalnik), 캐서린 스탄스버리(Catherine Stansbury), 닐 스탄스버리(Neill Stansbury), 돈 스튜어트(Don Stewart), 마리오 텔리체프스키(Mario Telichevsky), 리아타우아 톰 티나이(Leiataua Tom Tinai), 수잔 토머스(Susan Thomas), 케이 바이라바무디(K. Vairavamoorthy), 찰스 베스트(Charles Vest), 케빈 월(Kevin Wall), 어링 와서(Iring Wasser), 론 워터메이어(Ron Watermeyer), 필립 워터스(Philippe Wauters), 앤드류 웨스트(Andrew West), 존 우드콕(John Woodcock), 블라디미르 야코프레프(Vladimir Yackovlev), 미구엘 앤젤 야다로라(Miguel Angel Yadarola), 그리고 종 이신(Zhong Yixin)에게 감사드린다. 군나 웨스톰(Gunnar Westholm)과 앨리슨 영(Alison Young)은 과학 및 공학과 관련된 통계와 지표에 대해서 자문하였으며, 이들의 기여로 더 자세한 데이터를 수집하고 분석하는 일이 필요함에 대한 문제제기에 도움이 되었다. 유네스코 통계연구소에서 이 책에 필요한 데이터를 제공하였으며 그들은 데이터 발굴에 매우 중요한 역할을 하였다. 그 밖의 기여자에 대한 자세한 목록은 따로 열거하겠다.

위에 언급한 기여자의 일부는 사진을 제공하기도 했다. 특히 전 세계에서 진행중인 프로젝트 일부의 사진과 세상이 직면하고 있는 이슈에 대해 정의하는 것을 돕기 위한 출간물인 '지속가능 미래예측을 위한 툴킷(원제: Drivers of Change)'에 수록된 사진들을 사용할 수 있도록 허락해 준 국제적인 기술자문회사인 애룹(Arup)에 감사드린다. 또한 '남아프리카 토목공학회(SAICE)'와 '영국 토목공학회(ICE)'에도 감사드린다. 현대 공학의 기초를 놓은 사람 중 한 명인 이삼바드 킹덤 브루넬(Isambard Kingdom Brunel)의 사진 없이는 이 보고서가 완성될 수 없었을 것이다.

편집팀은 유네스코의 자연과학 부문의 기초 및 공학과학부의 공학과학 부서를 중심으로 구성되었다. 공학과학과의 수석 프로그램 담당관인 토니 마조람(Tony Marjoram)이 코디네이터와 편집자를 맡았으며, 앤드류 램(Andrew Lamb)이 기술자문 편집자와 편집고문, 코넬리아 호크(Cornelia Hauke)와 크리스티나 라팰라 가르시아(Christina Rafaela Garcia)가 행정담당 편집 보조, 프랑소와 리(Francois Lee)가 프로그램 비서로 수고하였다. 자연과학 분야에서 편집팀은 다음에 언급한 사람들의 지원을 받았다. 전 자연과학 부문 사무부총장인 월터 어델른(Walter Erdelen), 기초 및 공학과학부장인 마시에 나레츠(Maciej Nalecz), 바다오위 로우반(Badaoui Rouhban), 모한 페레라(Mohan Perera), 구에따 알레마쉬(Guetta Alemash), 드야파 무싸-엘카덤(Djaffar Moussa-Elkadhum), 실비에 벤터(Sylvie Venter), 엘로이즈 로(Eloise Loh), 필라 치앙-주

(Pilar Chiang-Joo), 그리고 패트리샤 니안고(Patricia Niango)에게 감사드린다. 유네스코 출판국의 이안 데니슨(Ian Denison), 마리 르노(Marie Renault), 이사벨 노나인-세멜린(Isabelle Nonain-Semelin), 제라드 프로스퍼(Gerard Prosper)와 동료들이 이 보고서를 기획하고 조판하고 인쇄하고 120명이 넘는 기고자들과 계약을 체결하는 것을 도와주었다. 특히 지난 2년 동안 다양한 형식과 분량의 기고문을 편집해서 방대한 분량의 이 보고서를 만드는 데 도와준 앤드류 램(Andrew Lamb)과 토모코 혼다(Tomoco Honda)에게 감사드린다. 이 보고서가 완성될 수 있었던 것은 현재와 과거에 실존한 많은 공학자와 공학계의 업적과 열정 때문이며 이에 감사드린다. 이슈와 도전을 극복하려는 그들의 정신과 헌신이 더 많은 사람들이 즐길 수 있기를 희망하는 발전의 기회를 만들었다.

목차

들어가며

요를 충족하고 공학의 세계적 불평등을 완화하는 일에 기여하는 것을 목적으로 했다.

보고서 제작과 발표

보고서 작성을 위한 편집위원회와 자문단이 발족했고, 2007년 3월 파리 회의와 11월 델리 회의가 소집되었다. 이 두 회의는 곧 편집자문위원회라는 한 모임으로 병합되었다. 보고서의 기본 개요가 각 장의 내용과 해당 기고자를 고려해 짜여졌다. 발전을 위한 도전 과제와 기회, 이슈 등에 초점을 맞추어 세계 곳곳의 다양한 공학 세부 분야를 아우르는 통합적 보고서를 쓰자는 데 의견이 모아졌다. 여기서 발전은 공학뿐만 아니라 국가적, 국제적 발전 모두를 포괄한다. 유네스코 세계 과학 보고서의 테마도 이 결정에 영향을 미쳤다. 보고서를 쓰는 데 주어진 인력 및 재정 자원 등의 한계를 극복하는 한편 보고서를 최대한 통합적으로 쓰기 위해 공학 외 여러 분야와 공학의 여러 세부 분야의 전문가에게 조금씩의 기고를 요청했다. 2007년 10월, 약 100명에 이르는 전문가의 1차 목록이 채택되었고, 2008년 초 기고 요청을 시작해 그 해 중반에 115명의 전문가를 초대하는 최종 목록이 완성되었다. 80건의 기고 글이 접수됐고, 20명의 전문가가 추후 기고를 약속했다.

우물에서 물을 긷는 소녀

© EWB-UK

2008년 후반부터 2009년까지 빠진 내용이 없는지, 추가로 받아야 할 기고가 없는지 판단하기 위해 기고된 글을 검토했다. 빠진 내용이 발견되면 추가로 기고를 요청했다. 2008년 12월, 브라질리아에서 열린 세계공학협의회에서 처음으로 발표하였고 보고서의 초안이 2009년 6월에 완성되었다. 총 120건 이상의 기고 글이 접수되었다. 시간 관계상 기고할 수 없었던 단 3명을 제외하고 초대된 저자 모두가 기고해 주셨다. 이는 세계 공학 공동체가 이 보고서에 제공한 헌신을 보여준다. 프로젝트의 규모가 큰 데 비해 작업이 순조롭고 빠르게 이루어졌다. 2010년 중반까지 보고서가 발간되어 10월에 유네스코 집행이사회에서 보고할 수 있도록, 편집, 디자인, 배치 및 인쇄 준비 작업을 위한 두 번째 초고가 2009년 12월에 완성되었다.

120건이 넘는 기고문의 다양한 접근 방식과 관점 덕분에 깊이 있는 보고서가 완성되었다. 기고문은 저자 개인의 생각과 학술적 관점을 모두 포함한다. 접수된 기고문은 길이, 문체, 중복 여부와 균형 등을 고려해 편집되었지만, 본래 취지를 살리기 위해 적당한 중복을 허용했다. 하지만 지역적, 국가적 수준의 보고서를 쓰는 데 한계가 있었다. 그래서 국가별 세부 사항보다는 나라 전체를 포괄하는 관점에서 보고서가 작성되었다. 유효한 비교 통계 수치와 지표의 양이 제각각인 것도 문제였다. 이와 같은 한계점(통계와 지표의 개선)은 보고서가 수정됨에 따라 개선될 것이다. 그럼에도 불구하고, 여러 전문가에게서 기고를 받지 않았더라면 보고서 초판이 발간될 수 없었을 것이다. 그런 점에서 적극 참여해 준 전문가들에게 깊은 감사를 드린다. 동시에 편집 과정에서 충분한 피드백과 논의가 이루어질 수 없었던 점에 대해 사과드린다.

보고서의 목표

이 보고서의 궁극적 목표는 공학을 둘러싼 세계적 주요 이슈와 공학이 직면한 도전 과제를 찾아 탐구하는 것이다. 특히 발전 관련 이슈와 공학이 제공할 수 있는 기회 등에 초점을 맞추었다. 공학이 직면한 외부적 이슈와 도전 과제는 공공 및 정책 수준에서 공학에 대한 이해를 개선하는 것이다. 공학이 무엇이고 공학자는 어떠한 일을 하는지, 공학과 기술이 어떻게 발전을 이끄는지, 한 국가나 산업 분야가 얼마나 많은 공학자를 필요로 하는지, 또 그 분야와 수준은 어느 정도가 되어야 하는지, 왜 청년이 공학을 기피하는지, 공학자 부족 현상이 사회에 어떤 영향을 미치는지, 왜 공학이 경시되는지 등 공학에 대한 이해가 다양한 분야에서 개선되어야 한다. 외부적 요소는 곧 공학 내부의 이슈와 도전 과제와 연관된다. 공학자가 어떻게 공학에 대한 대중의 이해와 의식을 높일 수 있는가, 계속 변하는 공학의 필요성과 공학 교육에 따라 우리의 행동을 어떻게 바꾸고, 재건하고 변환할 수 있는지를 포함한다. 이러한 외부 및 내부 요소는 다른 분야와도 연결될 수 있다. 공학에 대한 낮은 인식은 위에서 제시한 이슈와 도전 과제를 조속히 해결해야 한다는 점을 시사한다. 그렇지 않으면 공학 및 기술의 역량과 발전을 위한 응용에 좋지 않은 영향을 미칠 것이다.

이 보고서의 주요 독자는 정책 입안자, 정책 결정자, 공학자 공동체, 대중, 그리고 청년이다. 이 보고서는 정보, 경험, 실제적 아이디어와 사례를 정책 입안자, 계획자, 정부 관계자와 공유하고 빈곤 감소, 지속가능한 발전, 기후 변화 등 지구적 도전 과제 해결에 공학이 응용될 수 있도록 돕는 것을 목적으로 한다. 이들은 모두 연관성을 가지며, 관련 이슈와 공학의 응용에 관심 있는 청년에게 참여와 변화의 기회를 제공한다.

보고서의 개요

배경, 중심 생각, 목표, 독자층에 대한 소개 후, 이 보고서는 첫 장에서 공학의 정의, 공학자가 하는 일, 기술사, 기사, 산업기사의 차이점 등을 설명한다. 제2장은 공학과 인간 발전에 초점을 맞추는 한편 공학의 역사와 유네스코에서의 공학에 대해 설명한다. 공학, 혁신, 사회 경제 발전; 공학, 기술, 그리고 사회; 그리고 공학을 둘러싼 현안과 사회적 책임, 기업의 사회적 책임(CSR)이 제2장의 세부 주제이다. 제3장은 공학과 새로 생겨난 이슈 및 도전 과제를 검토하고 미래에 대한 통찰 및 예측, 유망한 공학의 세부 분야와 공학의 미래, 공학이 지닌 함의, 새천년의 공학과 기술에 대해 기술한다.

공학을 개괄하는 제4장은 보고서의 가장 중요한 부분 중 하나이다. 공학 관련 통계 수치와 지표 등을 검토하는 것으로 시작해 토목, 화학, 환경, 농업, 의공학 등 세부 분야도 다룬다. 현존하는 공학 조직을 참조해 공학 직업과 조직에 대해 논의한다. 세계공학기술단체연합회(World Federation of Engineering Organizations, WFEO), 세계공학한림원평의회(the International Council of Academies of Engineering and Technological Sciences, CAETS), 국제엔지니어링컨설팅연맹(the International Federation of Consulting Engineers, FIDIC), 유럽국가공학협회연맹(European Federation of National Engineering Associations, FEANI), 아시아태평양공학기관연맹(the Federation of National Engineering Associations, FEANI), 아시아태평양지역 공학 교육협회(the Association for Engineering Education in Southeast and East Asia and the Pacific, AEESEAP), 아시아태평양 기술이전센터(the Asian and Pacific Centre for Transfer of Technology, APCTT), 아프리카 과학기술기관 네트워크(the African Network of Scientific and Technological Institutions, ANSTI) 등이 그 예이다. 국제 발전과 공학 조직은 프랙티컬 액션(Practical Action), 국경없는공학자회(Engineers Without Borders), 빈곤퇴치를위한공학자회(Engineers Against Poverty), 지속가능한세상을위한공학자회(Engineers for a Sustainable World) 관련 소단원에서 논의한다. 다음은 공학학에 대해 소개하고 공학, 과학, 기술 정책과 국가의 과학 및 공학 시스템 등을 뉴질랜드와 남아프리카공화국의 예를 들어 개괄한다. 공학 윤리와 반부패를 위한 노력의 주요 이슈를 소개하고 공학에서의 여성 및 성평등 문제에 대해서도 자세히 검토한다.

제5장은 공학에 대한 전 세계의 관점에 대해 소개한다. 먼저 아프리카, 아랍, 아시아/태평양, 유럽, 아메리카, 카리브해 등 지역적 전망을 개괄한다. 아프리카 국가 중에선 코트디부아르 · 우간다 · 가나 · 나이지리아, 아랍 국가 중에선 튀니지·레바논·요르단, 아시아/태평양에선 중국 · 인도 · 말레이시아 · 일본 · 호주 · 남태평양, 유럽에선 독일 · 프랑스 · 영국 · 러시아 · 폴란드, 아메리카와 카리브해 지역에선 미국 · 캐나다 · 브라질 · 베네수엘라 · 아르헨티나 그리고 카리브해 국가들의 전망을 자세히 검토한다.

제6장은 보고서의 중심 주제인 발전을 위한 공학에 대해 발전이나 인프라 구축에 공학이 응용된 사례를 들어 더 깊이 설명한다. 그리고 빈곤 감소(남아프리카공화국의 사례), 지속가능한 발전(MDG, 지속가능한 발전, 기준에 대한 연구 포함), 기후 변화 기술 · 완화 · 적응, 재난 위험 감소, 비상사태에 응용할 수 있는 공학, 적정기술(적정건축기술 사례) 등 공학과 새천년 개발 목표, 그리고 기타 국제 발전 목표에 대해 설명한다. 공학 인프라에 대한 소단원에서는 물, 위생, 에너지, 대중교통, 통신, 자산 관리 및 유지, 인프라 구축 등 개발도상국의 이슈와 인프라 성적표를 검토한다(남아프리카공화국, 미국, 호주의 사례 포함).

마지막으로, 제7장은 공학 교육에 대한 논의를 시작으로 교육, 훈련, 인력 교류에서 공학이 가진 역량에 대해 서술한다. 공학자의 필요와 현재 숫자(공학자에 대한 수요와 공급)에 대한 소개로 공학 역량에 대한 논의를 시작한다. 그 다음에는 기술 역량 강화와 WFEO, 아프리카의 지속가능성을 위한 역량 강화, 토목공학자의 숫자에 대한 남아프리카공화국의 사례, 호주의 공학 교육, 그리고 지속적 공학 교육과 전문성 개발 및 인재 유출 · 유입 · 순환 · 이주 등에 대한 기고문이 뒤따른다. 발전을 위한 공학 교육의 혁신에 대한 소단원에서는 국제 발전을 위한 공학 · 기술 센터 등 호주, 보스와나, 가나의 사례를 다룬다. 워싱턴 어코드, EMF 공학자, APEC 공학자, Eur Ing과 볼로냐 어코드에 대한 유럽의 관점 등과 함께 공학의 인증과 기준, 유동성에 대한 논의로 대단원을 마무리한다.

최근 이슈 및 도전 과제: 경제 위기와 기후 변화

보고서 안이 세워지고 기고자가 초대되어 많은 기고문이 제출될 즈음 전 세계가 금융 · 경제 위기에 뒤흔들렸다. 신용 및 서브프라임 대출 완화, 규제 완화, 그리고 걷잡을 수 없이 복잡해지는 금융 시장 등으로 인해 2006년에 특히 부풀어 올랐던 부동산 거품이 급격히 빠지며 금융 · 경제 위기가 시작됐다. 2008년 9, 10월에 최고조에 달한 금융 위기는 금융 기관과 은행에 즉각적 타격을 입혔다. 세계에서 가장 큰 무역 주식 거래소인 나스닥(the National Association of Securities Delalers Automated Quotations, NASDAQ)은 '기술' 주식 거래가 특히 많은데, 큰 피해를 입었다. 경제 위기는 전 세계 여러 나라의 경제에도 큰 타격을 입혔다. 직접적이든, 간접적이든 그 영향으로 빈민과 빈국이 특히 큰 짐을 짊어지게 되었다. 과학 · 공학 정책에 대한 논의에서 언급되었듯이 개발도상국의 은행 융자, 특히 개발은행이 지급하는 소규모 대출이나 다른 형태의 소액 금융이 타격을 입자 기술에 대한 투자가 줄어 개발도상국의 발전도 뒤처지게 되었다. 따라서 이 보고서는 경제 침체가 오더라도 기술과 혁신에 지속적으로 투자해야 한다는 관점을 지지한다.

경제 위기의 근본적 원인은 점점 더 복잡해지는 금융 '혁신'과 파생 상품이었다. 또, 수학적 모델을 기반으로 하다 보니 위험에 대한 태도가 변화한 것도 원인 중 하나이다. 그러한 수학적 모델의 개발은 점점 더 청년층이 주도하는데, 나이 든 은행 간부는 새로운 도구를 이해하는 데 어려움을 겪는다. 젊은 공학자가 금융 시장에 종사하는 일이 많아지다 보니 인재 유출 현상이 일어나고 있다. 초기 비상 대응책과 은행의 구제 금융 및 양적 완화 후, 경제 위기의 장기적 해결책으로서 공학에 관심이 집중되었다. 2009년 '미국의 회복 및 재투자 법안'에서 오바마 대통령은 경제 회복과 성장을 위해 인프라 구축에 투자해야 한다는 것과 공학의 중요성을 강조했다(대통령으로서 처음 추진한 사업 중 하나이다). 인프라에 대한 총 투자비용은 809억 달러에 이르렀다. 오바마 대통령의 조치는 전 세계로 뻗어 나갔다. 미국과 유럽연합은 4조 1천억 달러를 은행 구제 금융에 지출했다. 미국과 유럽이 2007년에 개발도상국 원조에 지출한 돈 907억 달러보다 45배 많은 액수이다.[1] (제프리 삭스가 제시한 향후 20년 동안 빈곤 퇴치를 위해 필요한 돈인 1,350~1,950억 달러에 버금가는 돈이다. 하지만 제프리 삭스가 측정한 빈곤 '비용'에 대해선 아직도 논란이 많다.)[2]

제6장 서론에서 소개된 세계 여러 국가의 경제부양책에 대한 FIDIC의 조사에 따르면 200억 달러에 이르는 공학 자문 서비스의 공급이 추가될 것이라고 한다.

기후 변화에 관한 정부간 협의체(Intergovernmental Panel on Climate Change, IPCC)는 기후 변화 완화 및 적응에 대응하는 데 기술과 그에 대한 투자가 중요하다고 강조했다. 이것은 금융 · 경제 위기에서 회복하기 위한 인프라 투자에 공학이 중요한 역할을 한다는 것을 다시 한 번 상기시킨다. IPCC가 도출한 주요 결론 사항은 다음과 같다.

- 지구의 온도가 상승하고 있다.
- 지구온난화의 원인은 온실가스이다.
- 21세기 동안 온실가스 배출량이 계속 증가할 것이다.

IPPC는 기후 모델이 많이 개선되었음을 인정하고 21세기 동안 지구 평균 온도가 1.8~4.0℃정도 상승할 것이라고 예측한다. 또, 만약 2.0℃ 이상 상승하면 세계에 악영향을 미칠 것이라고 경고한다. 파국을 초래할 수도 있는 회복 불가능한 변화가 지구 기후에 오기 전에 즉각 조치를 취해야 한다.

공학은 기후 변화 완화와 적응에 가장 중요한 활동 중 하나이다. 공학 중에서도 지속가능 공학, 또는 녹색 공학을 성장시켜야 한다. 많은 국가가 이미 2009년 코펜하겐에서 열린 유엔 기후 변화 총회 전에 기후 변화 완화 및 적응을 위한 정책과 이니셔티브, 그리고 COP15의 구체적 결과를 내놓은 바 있다. 이 분야에 대한 수요와 공학이 직면할 도전 과제가 가장 많을 것이다. 첫 도전 과제 중 하나는 적절한 자격과 경험 있는 공학자를 양성해 증가하는 수요를 충족하는 것이다. 그러기 위해서는 새로운 교육과정과 교육 자료를 개발하고 인증 시스템을 구축해야 한다. 그러면 공학에 대한 청년층의 관심도 저절로 늘어날 것이다.

Photo by Robert Howlett

➲ 현대 공학의 아버지라 불리는 – 이삼바드 킹덤 브루넬

1) Institute for Policy Studies, 2008.

2) Jefrey D. Sachs. 2005. *The End Of Poverty, Economic Possibilities For Our Time.* Penguin Press, p. 416 (한국어 번역본은 빈곤의종말, 제프리 삭스 저, 김현구 역, 21세기북스, 2006).

제 1 장

공학이란 무엇인가?

1.1 공학은 무엇이고 공학자는 어떤 일을 하는가?

토니 마조람(Tony Marjoram), 종 이신(Zhong Yixin)

공학(Engineering)

비록 공학의 의미는 바뀌었지만, 공학의 개념은 조상들이 그들의 생존에 필수적인 도구들을 발전시키고 디자인했던 인류의 초기 역사로부터 유래되었다. 실제로 인간은 도끼, 망치, 지렛대, 쐐기, 도르래, 바퀴 등의 발명과 혁신, 기술이전을 가능하게 했던 도구제작, 디자인 및 공학 능력과 사회화와 커뮤니케이션에 의해 정의되었다. 비록 시행착오에 기반하였지만, 이러한 활동들은 시행착오를 여전히 혁신의 중요한 부분으로 보는 현대 공학의 개념과 유사하다.

공학은 특별한 목적을 위해서 재료, 기계, 구조물, 시스템 및 공정을 이해하고 설계하고 개발하고 발명하고 혁신하고 사용하는 것에 대한 기술적 · 과학적 · 수학적 지식의 개발, 습득 및 응용과 관련 있는 학문 분야이다. 따라서 다양하게 정의될 수 있다. '공학(engineering)'이란 용어는 14세기에 투석기나 대포와 같은 군용 엔진(engine) 또는 기계를 다루는 사람을 일컫던 '공학자(engineer)'에서 유래하였다. 한편 '엔진(engine)'이라는 용어는 발명의 재주 또는 영리함을 의미하는 라틴어인 '인제니움(ingenium)'에서 유래하였다. 공학은 또한 요소들을 인간의 지각 또는 감성에 어느 정도 영향을 미치도록 정렬하므로, 공학에서는 '예술적' 또는 '기술적'과 같은 용어도 중요하다. 공학은 기계적 또는 과학적 주제에 대한 예술, 공예, 기능, 실용적 지식 및 언어를 의미하는 그리스어 '테크니코스(technikos)'와도 연관이 있다. 다양한 공학 분야가 발달하기 전에는 '공학'과 '기술적'이라는 개념이 매우 밀접하게 연결되어 있었다. '공학'이란 단어에 내포되어 있던 군과 관련된 의미는 점차 사라지고 토목공학, 기계공학, 화학공학, 전기공학, 전자공학, 그리고 후에 지식의 발달과 함께 발전한 분야에 자리를 내주었다.

비록 '공학'의 의미가 바뀌었고 일반적으로 공학이 예술적이라고 간주되지는 않지만, 현대적인 의미의 공학이 예술과 관련 있다는 사실은 많은 공학 제품과 구조물의 창조성과 우아함으로부터 짐작할 수 있다.(이러한 제품과 구조물이 갤러리의 예술 전시회에 등장하는 빈도가 점점 증가하는 것을 보라.) 이 책의 다른 부분에서 언급되겠지만 인간은 공학화된 경제, 사회 및 테크노문화 속에서 살고 있다. 인간이 관심을 가지고 활동하며 노력하는 거의 모든 분야에 그와 관련 있는 공학 분야가 있다.

공학은 또한 자연과학, 사회과학 및 인문과학과 연결된다. 지식을 뜻하는 라틴어인 '스시엔티아(scientia)'로 부터 유래한 '과학(science)'은 현상에 대한 관찰, 관찰된 현상에 대한 가설, 실험방법과 이론의 개발, 그리고 예측 시 필요한 기본지식의 생산 등에 대한 체계적인 접근법, 즉 과학적인 방법과 광범위하게 관련되어 있다. 이러한 접근법은 17세기 초부터 발달하였으며, 프란시스 베이컨(닭의 내부를 눈으로 채워서 보존하는 가설을 검증한 후에 폐렴으로 사망함)의 공로가 크다. 넓은 의미에서 과학은 고도로 숙련된 기술 또는 기능이라는 측면에서의 공학과 현재 과학자들이 수행하는 대부분의 내용을 포함한다. 현대적인 좁은 의미에서 과학은 기초과학과 응용과학으로 나뉘며, 기초과학 연구는 응용 연구와 공학의 개발을 통해서 기술적인 응용, 혁신 및 확산으로 연결된다는 선형적인 혁신 모델을 따른다. 비록 이 모델이 단순하고 예산 확보가 용이하다는 점에서 과학자와 정책 입안자의 지지를 받고 있지만, 많은 관찰자들은 '선형 모델'이 묘사적으로 부정확하고 규범적으로도 바람직하지 않다고 간주한다. 그 이유는 많은 혁신이 기초과학 연구에 기초하지 않았을 뿐만 아니라 그것의 결과물도 아니기 때문이다. 사회과학과 인문과학은 실험적인 과학적 방법을 사용한다는 점에서 자연과학과 통한다. 기술적인 변화와 혁신은 경제적, 사회적, 인문적인 변화를 이끄는 주요한 원동력 중 하나이므로 공학과 기술과 사회과학은 매우 밀접하게 연결되어 있다.

공학자(Engineers)

공학을 실행하는 사람들을 '공학자'라고 하며 그들은 면허를 가질 수 있고 공식적으로는 기술사, 기사, 산업기사가 있다. 앞에서 언급한 바와 같이 공학에는 기술의 특정 영역과 응용의 다양하게 전문화된 분야들이 포함된다. 공학 자체도 공학과학, 다양한 전문 학문 영역과 활동 수준으로 나뉜다. 공학자란 전문직은 다른 전문직과 마찬가지로 전문적인 조언과 서비스의 제공자 양성을 위해 특화된 교육과 실습에 기반한 직업이다. 전문직이 가지는 다른 특징은 학과 및 대학, 국내 및 국제단체, 인증과 면허, 직업윤리 강령 등의 설립 및 제정이다. 측량은 공학, 특히 토목공학과 직업적으로 밀접한 관계가 있는데, 조지 워싱턴, 토머스 제퍼슨, 그리고 아브라함 링컨이 정치인이 되기 전에 측량사였다는 사실은 흥미롭다.

공학 분야에서는 설계 또는 제도(요즈음은 주로 CAD(computer aided design)가 사용됨), 지속적인 전문성 개발, 그리고 새로운 기술을 인지할 수 있는 능력 등도 연관이 있다. 공학 교육에서도 기술적 · 사회적인 능력을 포함하는 논리적이고 실용적인 문제해결 방법론과 접근법을 개발하기 위해서 노력하고 있다. 여기에는 동기부여, 수행할 수 있는 능력, 빠른 이해력, 압박적인 상황에서의 소통 능력과 리더십, 사회적 · 기술적 능력 등이 포함된다.

공학자는 목회자, 변호사, 의사와 함께 오래된 전문직 중 하나이다. 선형적인 혁신 모델에서는 공학자를 응용과학자로 간주하는데 이것은 현실을 왜곡하는 것이다. 공학은 과학과 연관이 있지만 과학과는 다르며, 과학적인 방법을 사용한 측면에서는 과학보다 앞선다. 실제로는 공학자가 첫 번째 과학자였다. 하지만 이러한 논쟁은 대중과 정책 입안자에게 지식기반 경제 및 사회에서의 과학과 공학의 역할을 이해시키는 데 논점을 흐릴 수가 있다. 과학과 공학은 본질적으로 같은 활동 영역의 한 부분이라고 간주하는 것이 바람직하다. 공학자들은 인문적 · 사회적 · 경제적 이슈와 도전 과제를 해결하기 위한 기술과 인프라를 개발하기 위해서 과학적 지식과 수학을 사용한다. 공학자는 사회적인 필요를 혁신 및 상용화와 연결시킨다. 과학, 기술, 그리고 공학 사이의 관계는 오른쪽 그림과 같이 설명될 수 있다.

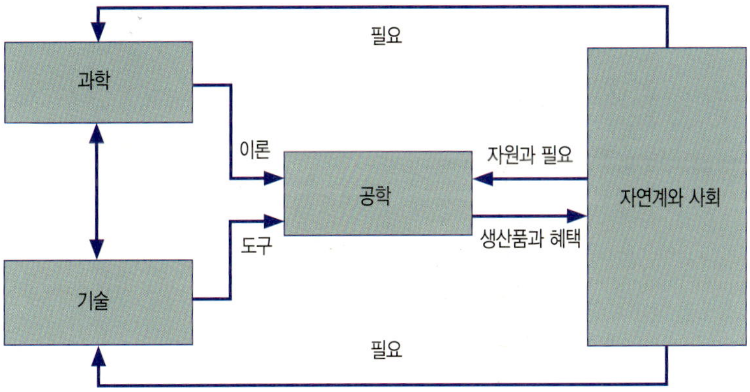

공학 분야

공학의 영역, 전공 및 분야는 점점 세분되고 있다. 공학은 토목공학, 기계공학, 화학공학, 전기 및 전자공학에서 시작해서 지식이 발달하면서 새로운 분야로 합쳐지거나 나뉘었다. 새로운 공학 분야가 출현한 것은 대학의 학과 또는 공학기관이 신설되거나 기존 기관에 새로운 분과가 생기는 것을 보면 알 수 있다.

공학 분야의 다양성을 설명하기 위해서 아래에 대표적인 공학 분야를 열거하였다.[1] 참고로 아래 열거된 리스트는 완벽한 정의라기보다 이해에 도움을 주기 위한 내용이며 시대에 따라서, 그리고 각 국의 사전적 정의에 따라 의미가 다르거나 겹칠 수 있음을 밝힌다.

농공학(Agricultural engineering)

- 농기계, 동력, 바이오에너지, 농장, 천연재료 가공 등과 같은 농업 관련 공학 이론 및 응용

화학공학(Chemical engineering)

- 원재료를 쓸모 있는 상품으로 분석, 합성 및 전환
- 생명화학공학 – 산업적인 규모의 생명공학 공정

1) 출처: http://en.wikipedia.org/wiki/List_of_engineering_branches

토목공학(Civil engineering)

- 물리적 구조물과 인프라의 설계 및 건설
- 해안공학 – 해안 구조물의 설계 및 건설
- 지구공학 – 지구온난화를 해결하기 위한 지구의 기후 조절을 제안
- 지질공학 – 광물의 성질과 지질학
- 도시공학 또는 공공토목공학 – 용수 공급, 위생, 폐기물 처리, 교통 및 통신 시스템, 수문학을 위한 공학
- 해양공학 – 해양 구조물의 설계 및 건설
- 구조공학 – 하중을 지탱하기 위한 구조물의 디자인
- 지진공학 – 지진 하중에 대한 구조물의 성질
- 교통공학 – 승객과 물건의 효율적이고 안전한 수송
- 풍공학 – 바람과 바람이 건조 환경(built environment)에 미치는 영향에 대한 분석

컴퓨터 및 시스템공학(Computer and systems engineering)

- 컴퓨터, 컴퓨터 시스템과 기기의 연구, 설계 및 개발

전기공학 및 전자공학(Electrical engineering and electronic engineering)

- 전기 시스템과 전자 기기의 연구, 설계 및 개발
- 동력시스템공학 – 민간과 산업에 전기를 공급
- 신호처리 – 휴대전화 등을 위한 신호의 생산 및 통계적 분석

환경공학(Environmental engineering)

- 환경 보호 및 개선을 위한 공학
- 수공학 – 수자원과 수문학을 위한 계획 및 개발

소방공학(Fire protection engineering)

- 불과 연기로부터 사람과 환경을 보호

의학 분야에서 공학의 사용

유전공학(Genetic engineering)
- 유전자 조작을 위한 생체 분자 수준에서의 공학

산업공학(Industrial engineering)
- 산업 시스템과 공정의 분석, 설계 및 개발

계측공학(Instrumentation engineering)
- 측정 및 제어 시스템과 공정을 위한 기기 장치의 설계 및 개발

통합공학(Integrated engineering)
- 토목공학, 기계공학, 전기공학과 화학공학을 포함하는 만능 공학 분야

정비공학 및 자산 관리(Maintenance engineering and asset management)
- 장비, 물리적 자산과 인프라의 유지 보수

제조공학(Manufacturing engineering)
- 제조 시스템 및 공정의 연구, 설계 및 개발
- 부품공학 – 제조 공정에서 부품의 가용성을 보증

재료공학(Manufacturing engineering)
- 세라믹과 나노 분말과 같은 재료의 연구, 개발 및 사용
- 세라믹공학 – 세라믹에 대한 이론 및 공정
- 섬유공학– 섬유의 제조 및 공정

기계공학(Mechanical engineering)
- 엔진과 같은 물리 및 기계 시스템의 연구, 설계 및 개발
- 자동차공학 – 자동차의 설계 및 제조
- 항공공학 – 항공기와 우주선의 설계
- 의용공학 – 의족과 같은 시스템과 기기의 설계

메카트로닉스(Mechatronics)
- 자동화 시스템을 위한 기계공학, 전기공학 및 소프트웨어공학의 조합

의공학(Medical and biomedical engineering)
- 모니터링, 의족 및 의료용 로봇과 같이 의학 및 생명과학에서 공학과 기술의 사용 증가

군사공학(Military engineering)
- 무기와 국방 시스템의 설계 및 개발

광산공학(Mininig engineering)
- 땅에서 원재료 탐사, 채취 및 공정

조선공학(Naval engineering and architecture)
- 선박의 연구, 설계, 건조 및 보수

나노공학(Nanotechnology and nanoengineering)
- 나노수준을 다루는 새로운 공학 분야

원자력공학(Nuclear engineering)
- 핵공정 및 기술의 연구, 설계 및 개발

생산공학(Production engineering)
- 제조공학과 관련 있는 생산 시스템 및 공정의 연구와 설계

소프트웨어공학(Software engineering)
- 컴퓨터 소프트웨어 시스템과 프로그래밍의 연구, 설계 및 개발

지속가능공학(Sustainable engineering)
- 지속가능성 및 기후 변화 완화에 집중하는 공학 분야의 개발

시험공학(Test engineering)
- 시험 중인 물체의 설계, 생산 및 사용에 대한 공학적인 검증

교통공학(Transport engineering)
- 도로, 철도, 수로, 항구, 항만, 공항, 가스 운송 등과 관련 있는 공학

유변학(Tribology)
- 마찰, 윤활 및 마모를 포함하는 상대운동에서 작용하는 표면에 대한 연구

1.2 공학자의 종류

론 워터마이어(Ron Watermayer)

공학은 다양한 학문 분야를 포함한다. 공학은 또한 대학에서 주로 연구와 강의에 집중하는 공학자에서 기술사, 컨설팅 엔지니어, 기사와 산업기사에 이르기까지 다양한 종류와 수준의 공학자들을 포함한다. 이들이 하는 일에는 겹치는 부분도 많이 있다. 공학이 변화함에 따라서 공학자가 되는 것에 대한 정의도 변화한다. 또한 국가마다 기술사, 기사, 산업기사의 정의가 다르다.

예를 들면 영국의 '영국 전문직 교류회'에서는 전문직을 '특정 영역에서 전문화된 서비스를 제공하기 위해서 확립된 지식과 실습에 기반한 지적인 능력을 사용하며 윤리 강령과 공익에 부합하는 독자적인 결정을 내리는 직업'이라고 정의하고 있다. 공학이란 직업은 '건조 환경(built environment)'을 만드는데, 건조 환경은 '사람이 만들었거나 초래하였으며 특정한 지역에 위치하고 있는 물체의 집합'이라고 정의될 수 있다.[2] 공학은 인간의 유익을 위해 과학과 기술을 통해서 의도적으로 만들어진 물리적 세계를 창조한다.

영국 토목공학회에서는 전문직을 규제하는 이유는 "공익을 위한 전문서비스의 질을 확보하기 위함이며, 전문직의 규제에는 전문직 자격의 기준 제정, 전문가 등록, 불만을 조사하고 직업적인 비리에 대한 징계 결정 등이 있다"라고 보고하고 있다.[3]

전 세계적으로 전문직을 규제하는 다양한 방법이 있으며, 이들은 대략적으로 다음과 같다.

- 면허: 특정한 분야의 업무를 수행할 수 있는 사람으로 인정함
- 등록: 정의된 숙련도를 달성하였음을 인정함
- 전문가 명단: 특정 분야에서의 숙련도를 동료들로부터 인정 받음

위에서 언급한 모든 종류의 규제는 행동강령과 연결되어 있다. 행동강령을 크게 어길 경우에는 일시적 또는 영구적으로 자격증 박탈, 면직, 전문가 목록에서 이름 삭제 등과 같은 징계를 받는다.

대부분의 국가에서는 규제기관에서 공학 자격 심사와 전문직 등록을 하는 경우에 다음의 세 가지 트랙 중 하나로 분류된다.

- 엔지니어(engineer: 고등학교 졸업 후 4년 이상의 공학 교육을 받은 자)
- 엔지니어링 테크놀로지스트(engineering technologist: 고등학교 졸업 후 3년 이상의 공학 교육을 받은 자)
- 엔지니어링 테크니션(engineering technician: 고등학교 졸업 후 2년 이상의 공학 교육을 받은 자)

등록된 사람에게 부여하는 직위의 정확한 명칭은 국가마다 다를 수 있다. 예를 들면 영국공학협회에서는 차터드 엔지니어(chartered engineer), 인코포레이티드 엔지니어(incorporated engineer), 테크니션 엔지니어(technician engineer)로 구분하고 있으며, 아일랜드공학협회에서는 차터드 엔지니어(chartered engineer), 어소시에이트 엔지니어(associate engineer), 엔지니어링 테크니션(engineering technician)으로 구분한다. 일부 국가에서는 엔지니어 또는 엔지니어/테크놀로지스트 트랙만 등록한다. 한편 최근에 테크니션의 등록만을 시작한 국가도 있다.

위에 언급한 것과 다른 접근법도 존재한다. 미국의 듀크 대학교의 연구진은 공학자 트랙에 대해서 약간 다른 견해를 주장하였다.[4]

- 다이나믹 엔지니어(dynamic engineer): 추론적 사고, 과학 지식을 사용해서 고난이도의 문제 해결, 팀으로 일하기, 국제적으로 일하기, 뛰어난 소통 기술, 혁신을 선도하는 능력이 있는 사람
- 트랜잭셔널 엔지니어(transactional engineer): 공학에 대한 기본 지식을 가지고 있지만 이런 지식을 복잡한 문제에 적용해 본 경험이 없는 사람

듀크 대학교의 연구자들은 두 종류의 공학자의 중요한 차이점은 교육에 있다는 것을 발견했다. 대부분의 다이나믹 엔지니어들은 공학 인증을 받은 4년제 대학교에서 학사 이상의 교육을 받은 반면에, 트랜잭셔널 엔지니어들은 보통 4년 미만의 전문학사 등을 받은 것으로 나타났다. 하지만 지난 반세기 동안 과학 및 공학의 선도자들 중에는 전통적인 교육을 받지 못한 이들도 꽤 있으므

2) ISO 15392.

3) Study Group on Licensing, Registration and Specialist Lists (2005).

4) Report on Framing the Engeneering Outsourcing Debate: Placing the U.S on a Level Playing Field with China and India, 2005. http://www.soc.duke.edu/globalengineering/papers_outsourcing.php (2010년 8월 10일에 최종 방문).

로 교육 배경이 유일한 구분 기준은 아니라고 연구자들은 지적했다.

국가는 얼마나 많은 수의 공학자가 필요한가?

공학자는 국가 경제의 성장과 발전뿐만 아니라 시민들의 삶의 질 향상에도 주요한 역할을 한다. 또한 국가가 국제경제에 참여하고 환경을 보호하는 데 공학자의 역할이 점차 증가하고 있다. 국가가 보유한 공학 역량과 경제 발전 사이에 연관이 있는 것으로 밝혀졌다. 또한 현재 직면하고 있는 재생에너지 개발, 기술의 진보, 환경의 지속성 확보와 의료서비스 향상과 같은 지속가능 발전이란 이슈를 해결하기 위해서는 더 많은 수의 공학자가 필요하다는 데에도 공감대가 형성되고 있다. 하지만 한 국가에서 경제 성장과 지속적인 발전을 위해서 몇 명의 공학자가 필요한지에 대해서는 의견이 분분하다.

하지만 경쟁국에 비해서 국민 1인당 공학자의 수가 적다면 더 많은 수의 공학자가 필요하기 때문에 이 질문에 대한 대답은 간단하지 않다. 더 나아가서 공대 졸업생들을 위한 고용시장이 부족하거나, 공대 졸업생들이 문제 해결 능력을 요구하는 다른 직업을 선호할 수 있기 때문에 단순히 공대 졸업생 수를 늘리는 것만으로는 충분하지 않다. 이 문제에 대해서는 뒤에서 다루도록 하겠다.

전문직 규제를 위한 3가지 접근법

1) **면허(Licensing)**: 이 방법에서는 공학 업무와 이러한 업무를 수행하기 위한 능력을 가진 사람들이 연결되어 있다. 법정 면허증의 경우에는 무면허자가 해당 업무를 수행하는 것을 금지한다. 비법정 면허증의 경우에는 대중에게 공학 분야에서 특정 업무를 수행할 수 있는 사람들의 명단을 제공할 뿐이며, 해당 업무는 무면허자도 수행할 수 있다.

2) **등록(Registration)**: 이 방법에서는 기준을 만족하면서 행동강령을 따르는 사람들에게 직위가 주어지며 등록이 허용된다. 이러한 등록은 국가에서 법으로 통제 하거나(법정 등록), 전문가 단체가 정한 규정에 의해서 진행될 수 있다(비법정 등록). 전문가 단체에서 비법정 등록을 진행하는 경우에는 비등록자가 직위를 사용하는 것을 방지하기 위해서 민사소송만을 제기할 수 있으며 특정 업무 영역을 등록자에게만 허용할 권한이 없다.(법정 등록의 경우에는 특정 업무 영역을 등록자에게만 허용한다는 점에서 법정 면허증의 경우와 같은 효과가 있다.)

3) **전문가명단(Specialist lists)**: 이 방법에서는 전문가 단체 또는 무역 단체에서 특정한 전문 영역에서 정해진 기준을 만족하는 전문가의 명단을 자발적으로 관리한다.

공학 전문직 트랙

'엔지니어' 트랙은 일반적으로 다음과 같은 공학자 양성을 목적으로 한다.

- 기존 또는 급부상하는 기술을 최적으로 응용하기 위해서 일반 또는 전문 공학 지식과 이해를 종합적으로 사용
- 공학 문제의 분석과 해결을 위해서 적절한 이론적 · 실용적 방법을 적용
- 기술적, 상업적, 경영적 리더십을 발휘
- 공학 프로세스, 시스템, 기계 및 인프라와 관련된 높은 수준의 위험을 관리
- 분별과 판단을 요구하며 자연계에서 본질적으로 지적인 활동들을 수행

'테크놀로지스트' 트랙은 일반적으로 다음과 같은 공학자 양성을 목적으로 한다.

- 독자적으로 기술적인 판단을 적절한 수준에서 수행
- 개인 또는 팀원으로서 자원 관리 또는 기술 스탭의 지도를 위한 책임감 보유
- 제품 · 기계 · 공정 · 서비스를 설계, 개발, 제조, 작동, 운영 및 유지
- 금융적 · 법적 · 상업적인 판단과 비용 효과적인 시스템과 공정의 개발에 능동적으로 참여
- 공학 프로세스, 시스템, 기계 및 인프라와 관련된 중간 수준의 위험을 관리

'테크니션' 트랙은 일반적으로 다음과 같은 공학자 양성을 목적으로 한다.

- 검증된 기술과 공정을 실용적인 공학 문제 해결에 적용
- 관리적 · 기술적인 책임감 보유
- 정의된 기술 영역 내에서 창의적인 습성과 기능을 실행
- 제품 · 기계 · 공정 · 서비스를 설계, 개발, 제조, 작동, 운영 및 유지하는 데 기여
- 안전한 작업 시스템을 만들고 적용

제 2 장
공학과 인간 발전

공학과 기술의 지식 발전과 응용은 지속가능한 사회 · 경제 발전의 동력이자 버팀목이다. 공학과 기술은 인간의 기본적 필요를 충족하고, 빈곤 감소, 지속가능한 발전, 그리고 '지식 격차'를 줄인다. 이 장에서는 인간, 사회, 경제 발전에서 공학이 담당하는 필수적 역할에 대해 논의한다. 또, 공학의 역사에 대해 간단히 설명하고 장래에 어떤 영향을 줄 것인지 알아본다. 유네스코에서의 공학 역사를 보면, 공학 과학 프로그램이 한때 유네스코 자연과학 분과의 가장 큰 활동이었지만 환경과학의 부상과 함께 비활성화되었다. 하지만 기후 변화 완화 및 적응을 위한 지식 응용 및 혁신에서 공학이 중심축이자 버팀목으로 인정받음에 따라 공학과학 프로그램이 다시 활성화될 것으로 보인다. 이 장에서는 공학 · 기술 · 사회, 군사 기술 · 오염 · 환경적으로 지속가능한 인프라 건축, 설계 · 주거 및 사무 공간 등 공학자의 사회적 책임과 더 광범위한 기업의 사회적 책임에 대해서도 논의한다.

2.1 공학의 역사와 유네스코에서의 공학

토니 마조람(Tony Marjoram)

2.1.1 간추린 공학의 역사

우리네 삶의 방식이나 자연과의 상호작용의 문맥에서 보면 공학의 역사는 선사시대 이전으로 거슬러 올라간다. 인간은 '도구를 고안하고 사용하는 생물체'라고 정의되기도 하고, 도구의 사용이나 고안 등의 혁신이 역사의 방향과 변화 속도를 결정지었다. 문명의 역사와 경제 · 사회 관계의 광범위한 역사는 곧 공학, 공학 응용과 혁신의 역사이기도 하다. 석기시대, 청동기시대, 철기시대, 증기시대, 지식시대 모두 공학과 혁신이 우리가 세계와 상호작용 하는 방식을 변화시킨 것과 연결된다. '석기시대는 지구 상의 돌이 동나서 끝난 것이 아니다!' 피라미드, 보로부두르, 엘 미라도르, 짐바브웨의 금속 용융 기술 문명과 앙코르의 수공학, 중세 성당, 산업혁명 모두 과거 세대의 공학 기술을 보여주는 증거이다. 또, 공학은 문화 유적을 보존하고 조사하는 데 필수적이다. 잘 알려진 유네스코의 보로부두르와 아부 심벨 복원 사업 모두 결국 공학 프로젝트였다.

공학 전문직의 역사는 도구와 무기를 만들어 현금이나 각종 서비스와 교환하기 시작한 15만 년 전으로 거슬러 올라간다. 이는 공학이 가장 오래된 직종 중 하나라는 뜻이다. 공병학은 곧 토목공학으로 발전하여 초기 인프라의 보호와 발전에 응용되었다. BC 3000년에 사카라에 계단식 피라미드를 지은 임호텝은 공학이 전문직으로 인정되기 시작한 것을 보여주는 상징적 인물이며, 일반인으로서 사후 신격 대우를 받았던 몇 안 되는 인물 중 하나이기도 하다. 공학의 전문직화는 공예와 길드 지식이 발달하고 관련 지식 및 교육이 형식화되면서 빨라졌다. 고대 사회에 존재했던 단순 가부장적 형태의 공학 교육은 중세시대에, 특히 르네상스와 16, 17세기 과학 혁명과 함께 여러 종류의 직업 기술학교로 발전했다. 예를 들어, 레오나르도 다빈치는 일반 공학자(Ingegnere Generale)라는 공식 직함을 가지고 있었으며 그의 노트를 통해 사물이 어떻게 작동하는지에 대한 공학적 관심이 증가했다는 것을 알 수 있다. 갈릴레오 갈릴레이는 자연의 과학적 이해와 실제 문제의 분석 방법 등을 발전시켰다. 이것은 공학, 수학적 표현, 구조적 분석과 디자인의 발달사에서 아주 중요한 지표이다. 발전은 산업 혁명까지 꾸준히 이루어져 결국 생산과정에서 인간의 근육을 기계로 대체할 수 있게 되었다.

공학은 18세기 영국에서 시작해 유럽, 북미, 그리고 세계로 널리 확산된 산업 혁명을 주도한 힘이다. 지식과 자본의 시너지 효과로 인력이 기계로 대체되었다. 1750년부터 1850년 까지 진행된 제1

그림 1. 혁신의 물결

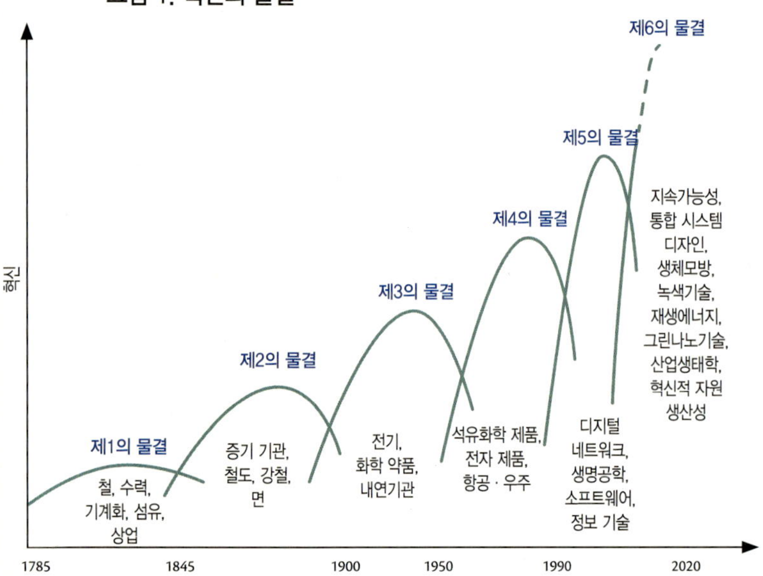

© The Natural Edge Project 2004

차 산업 혁명에서는 섬유 산업이 주를 이뤘다. 1850년부터 1900년까지의 제2차 산업 혁명에서는 증기 기관과 철로가 중심에 있었고, 1875년부터 1925년까지의 제3차 산업 혁명은 강철, 전기, 중공업을 기반으로 하였다. 석유, 자동차와 대량 생산을 기반으로 하는 제4차 산업 혁명이 1900년부터 1950년까지 그 뒤를 따랐다. 그 후, 지식과 정보통신에 기반 한 제5차 혁명이 1950년의 전쟁 후 전성기를 맞았다. 이러한 혁신의 물결과 산업 발전은 콘드라티에프(Kondratiev) 물결, K-물결, 긴 물결, 슈퍼사이클 또는 파도라고 불렸다. 또한 침체와 성장을 번갈아 반복하는 세계 경제의 순환 구조와 연결되어 이해되기도 했다. 날짜나 시기, 원인, 영향 등에 대한 정확한 결과가 없음에도 불구하고 분석가 대부분은 산업 혁명 이후의 5개 물결을 설명하는 '슘페터-프리만-페레즈' 패러다임을 수용한다. 새로운 지식 생산과 응용(IT, 생명기술, 신소재 등)에 기초한 제6차 물결은 1980년에 시작하였으며, 지속가능한 '녹색' 공학과 기술에 기초한 제7차 물결은 2005년경에 시작한 것으로 보인다.

간추린 공학 교육의 역사

공학 발전의 가장 중대한 시기는 철과 증기 시대, 즉 제2 콘드라티에프 혁신의 물결이 일어난 18, 19세기와 그 이후였다. 공학 교육의 발전에 대한 초기 관심은 1702년에 프라이부르크에 광산학, 금속공학 학교가 설립된 것을 계기로 독일의 광업 분야에서 시작되었다. 가장 오래된 기술대학 중 하나인 프라하의 체코 기술 대학은 1707년에 설립되었다. 프랑스의 공학 교육은 Ecole Nationale des Ponts et Chaussees(1747)와 Ecoles de Mines(1783)의 설립과 함께 발전하기 시작했다. 1794년 프랑스 혁명 당시 창립된 Ecole Polytechnique는 유럽의 기술학교로서 처음으로 수학과 과학 원리를 가르치기 시작했다. 공학 교육의 혁신은 '혁명' 기간 동안에 일어났다. 나폴레옹의 영향으로 프랑스는 혁명 후 공식적인 공학 교육 시스템을 구축했다. 프랑스의 공학 교육은 이론적이고 군사적인 성격을 유지해 왔다. 프랑스의 모델은 19세기 초(1799~1831) 독일의 베를린, 칼수르에, 뮌헨, 드레스덴, 슈투트가르트, 하노버, 다름슈타트 등지에서 적용되어 세계 폴리테크닉 공학 교육 기관의 발전에 영향을 미쳤다. 러시아의 경우, 군사 공학 교육을 위한 비슷한 형식의 기술학교가 모스크바(1825)와 세인트피터스버그(1831)에 설립되었다. 비슷한 시기에 미국에서도 첫 기술기관이 출범했다. 1819년에 설립된 웨스트 포인트(West Point), 1823년에 설립된 렌슬러 학교(Rensselaer School), 1828년에 설립된 오하이오 기계학교(Ohio Mechanics Institute) 등이 그 예이다. 독일은 기술대학을 법적으로 대학 수준의 기관으로 인정했다.

하지만 영국의 공학 교육은 산업 혁명 초기 이후 전성기를 맞은 공학자의 밑에서 숙련공으로 배우는 형식에 국한되었다. 전문적·이론적 교육을 받지 않은 공학자가 숙련공을 가르치는 경우가 많았다. 아크라이크, 하그리브스, 크롬튼, 뉴커멘 등과 그 뒤를 이은 텔포드, 조지와 로버트 스테픈슨과 머드슬레이 같은 공학자 모두 공식적으로 공학 교육을 이수하지 않았지만 산업 혁명의 동력이 된 기술을 개발하고 세계를 바꾸는 데 기여했다. 여러 분야에서 실용적 활동이 과학적 이해보다 앞섰다. 증기 기관이 열역학 이론보다 먼저 생겨났고, '로켓 사이언스'는 과학보단 공학에 대한 것이다. 1800년대 초 영국은 공학 제품이나 서비스의 수출을 금지해 산업 혁명 주도자로서의 위상을 유지하려고 했다. 그 결과, 유럽 내륙국가 대부분이 프랑스와 독일의 공학 교육 모델을 수용하게 되었다. 프랑스/독일 모델은 과학과 수학에 기초했던 반면, 영국의 공학 교육 모델은 장인의 경험주의와 자유방임적 전문성 개발을 바탕으로 했다. 하지만, 19세기부터 20세기에 걸쳐 영국의 공학 교육 모델도 과학과 대학에 기초한 시스템으로 바뀌어 갔다. '공학과학' 분야도 떠오르기 시작했는데, 공학과 과학 그리고 수학이 밀접히 연관되어 있다는 사실을 이해하기 시작했기 때문이다. 영국이 유럽 내륙의 공학 교육 모델과의 국제 경쟁에서 뒤쳐질 수 있다는 두려움도 변화의 요인 중 하나였다.

아부 심벨의 경우에서 보듯이 공학은 문화유산을 건설하고 보전해 왔다.

19세기 말은 지금은 산업화된 국가 대부분이 '훔볼시안(Humbolditan)'이라고도 불리는 프랑스와 독일 모델을 본떠 각국 고유의 교육 체계를 성립한 시기다. 공학 사회, 학술지, 회의, 학회 등의 출범과 전문 인증 시험, 자격시험, 대학 등의 구체적 체계가 도입되면서 20세기에도 공학의 전문화는 계속되었다. 이러한 전문화 과정은 인증이나 공학자의 전문 자격, 전문적 경쟁력 등에 관한 국제적 협의 및 동의가 이루어지며 지속될 것으로 보인다. 국제적 협약 및 동의의 예로 워싱턴 어코드(1989), 시드니 어코드(2001), 더블린 어코드(2002), APEC 엔지니어(1999), EMF 엔지니어(2001), ETMF 테크놀로지스트(2003), 1999년의 볼로냐 선언문 등이 있다. 주로 유럽에서의 질적 보장, 학사 및 석사 프로그램 인증 등에 관한 협약이었다.

공학의 역사가 미래에 미치는 영향

아이러니하게도 훔볼시안 모델 자체가 대학 수준에서 공학에 대한 관심이 줄어든 원인 중 하나였다. 청년 대다수가 훔볼시안 모델의 수학적 기초가 지나치게 추상적이고 현실적이지 않으며 어렵고 지루하다고 느꼈기 때문이다. 그 결과, 훔볼시안 모델에 의문이 제기되었으며 문제 해결과 활동 중심의 학습에 대한 관심이 높아졌다. 훔볼시안 모델도 선형 혁신 모델을 지원했다. 선형 혁신 모델은 과학과 기술의 관계와 경제 발전에 대해 처음 설명한 주요한 개념적 모델이었다. 이 모델은 세계적으로 널리 수용되었고 과학 · 기술 정책의 심장부에 위치하게 되었지만 공학을 고려하지 않는 것이 단점이다. 이는 과학기술 정책에서 공학이 간과되는 이유다. 선형 모델은 순수하고 객관적인 기본적인 과학연구와 이에 뒤따르는 응용연구와 개발이 지식의 응용, 생산 및 확산을 이끈다는 훔볼시안 개념에 기초하고 있다. 이 모델의 기원은 1945에 출판된 바네바 부시(Vannevar Bush)의 『과학: 그 끝없는 변경(Science: The Endless Frontier)』이라고 추정된다. 그 책은 선형 모델의 강화와 관련 통계에 근거해 전시 성과를(공학보다는) 특히 과학의 역할로 여겼다. 이는 마셜 플랜 및 이후 OECD와 과학기술혁신역량지수에 채용된 평시 경제발전모델이 되었다. 이에 대해 여러 비판(예: 선형 모델이 공학을 간과한다)이 일어나 모델이 수정되거나 대안 모델이 제시되는 한편 '선형 모델은 죽었다'는 주장도 있었다(Godin, 2005).[1]

따라서 먼저 기본 원리 교육을 지나치게 강조하는 훔볼시안 교육 모델과 직선형 혁신 모델의 한계점을 극복하고, 발전 담론에서 공학의 입지를 정립하는 한편, 문제 중심 학습 등의 접근 방법으로 공학의 기본 원리 교육이 더 즐거울 수 있도록 해야 한다. 공학의 미래를 위해 유엔 새천년개발목표를 달성하는 데 공학이 갖는 중요한 역할에 초점을 맞춰야 한다. 공학은 새천년개발목표 중에서도 빈곤 감소와 지속가능한 발전, 기후 변화 완화 및 적응에 필요하다. 이를 위해서는 지속가능한 녹색 친환경공학, 디자인, 기술, 생산 및 분배 체계와 인프라 개발이 필수 요소이다. 공학을 지속가능한 발전과 빈곤 감소 같은 문제의 해결 방안으로 제시함으로써 공학에 대한 대중의 이해와 관심을 높일 수 있다.

몬디알로고 공학상을 수상한 일본과 네팔의 저렴한 식량 생산 프로젝트

우리 시대의 문제, 사회적 윤리 문제, 지속가능한 발전, 빈곤 감소 문제 해결에 공학이 가지는 관련성을 강조하는 것이 유용하다는 것은 국경없는공학자회(Engineers Without Borders)와 유사 단체, 그리고 다임러-유네스코 몬디알로고 공학상 등과 같이 빈곤 감소와 지속가능한 발전에 연결시켜 학생들의 관심을 높이고 가난한 사람들을 돕기 위해 '무언가 해야 한다'는 사명감을 높이는 활동들을 통해 알 수 있다. 활동, 프로젝트, 문제 해결 중심 학습 방법에 대한 정보와 경험을 적용하고, 시의성 있고 직접 응용 가능하며 덜 형식적인 접근 방식을 도입해 교육과정과 교수법을 혁신시킴으로써 대학 교육을 더 흥미롭게 만들 수 있다. 과학과 공학은 세계를 바꿔 놓았지만 전문직의 특성상 보수적이며 변화가 더디다. 학교, 전문 대학, 대학이 문제 기반 학습 등의 활동 영역을 개척한 본보기 사례가 필요하다. 세계의 미래는 젊은 공학자의 손에 달려 있다. 미래의 도전 과제 해결을 위해 젊은 공학자를 적극적으로 도와야 한다.

2.1.2 유네스코의 공학

공학은 유네스코 설립 초기부터 유네스코의 일부였다. 유네스코의 설립자는 응용과학, 기술과학, 기술공학을 포함한 과학과 기술을 뜻하는 S를 조직 이름에 포함시켰다. 공학과 기술과학은 유네스코의 자연과학 부문에서 항상 중요한 역할을 했다. 유네스코는 1945년 11월 런던에서 세계에서 가장 오래된 공학자 협회인 토목공학회 주최로 개최된 회의에서 설립되었다. 유네스코의 설립은 제2차 세계대전 시 소재, 항공술, 체계 분석, 기획 관리와 같은 분야가 새로 생겨나고 그 응용 방안이 발달하는 한편, 전쟁 후 역량과 인프라 재건을 위한 마셜 정책이 성공하면서 과학, 공학, 기술이 인정받고 그 중요성이 강조되었다는 것을 반영한다. 1980년 중반 유엔개발계획(UNDP)의 운영 활동이 발달하기 전, 기타 기초과학, 응용과학, 공학과학, 기술 관련 유엔 산하 기관이 유네스코 프로그램을 적극 지지한 것도 이와 같은 맥락이다.

배경

유네스코의 공학과 기술과학 관련 프로그램의 우선순위가 바뀌어 온 역사를 보면 현재, 1960년대, 1970년대 등 각 시대별 우선순위에 유사성이 있다는 것을 알 수 있다. 또한 설립 초기 환경공학이 부상하기 전, 공학이 과학부서 예산과 개인 활동의 가장 큰 부분을 차지했던 것도 흥미로운 사실이다. 1973년에 개최된 국제회의를 시작으로 신재생에너지에 대한 장기적 관심도 높아졌다. 1967년부터 1992년까지 발간됐던 학술지 『과학이 사회에 미치는 영향(Impact of Science on Society)』을 보면 과학과 사회과학 분야는 밀접히 연관되어 있으므로 협력 관계에 있다는 것을 알 수 있다. 공학 교육 개혁, 학제 간 협력 증진, 공학 내 성차별 문제 개선, 내생적 기술의 혁신과 발전 등은 반복해 나타나는 주제이며, 그 중요성은 1970년대보다 현재에 더 중요하다. 20년 전의 프로

1) Report on Framing the Engeneering Outsourcing Debate: Placing the U.S on a Level Playing Field with China and India, 2005. http://www.soc.duke.edu/globalengineering/papers_outsourcing.php (2010년 8월 10일에 최종 방문).

그램 활동이 현재의 것보다 더 다학제적이었다는 것은 흥미로운 사실이다.

유사한 부분도 많지만 지난 40년 동안의 프로그램 활동은 시간과 지역에 따른 정의와 문맥의 관점에서 많은 차이가 있다. 예를 들어, '공학(engineering)', '공학과학(engineering sciences)', '기술(technology, 지금은 가끔 좁은 의미로 정보통신기술(ICT)과 같은 말로 사용된다)' 등 공학의 개념이 세분화되었다. 위 세 개념을 정확히 구분하거나 엔지니어, 테크놀로지스트, 테크니션이 하는 일을 정확히 묘사하기란 쉽지 않다. 1999년 볼로냐 어코드에서 2010년까지 유럽의 석사, 박사 과정 교육을 조화시키기로 논의한 데서 그 어려움을 엿볼 수 있다. 예를 들어 독일에는 공학자에 대한 정의가 40가지나 있다. 따라서, 이 문제는 유네스코에만 국한되는 것이 아니라 세계 사회와 정부 모두의 것이다.

'발전'의 문맥도 많이 달라졌다. 한편, 많은 개발전문가가 아직도 발전에서 공학과 기술이 갖는 역할을 간과한다. 공학은 빈곤을 감소시키는 데 거시경제 수준에서 큰 역할을 할 뿐만 아니라, 저렴한 기술의 보급이 민간인의 삶의 질을 크게 향상시킬 수 있는 것처럼 풀뿌리 수준에서도 큰 역할을 할 수 있다. 마찬가지로 이것은 유네스코에 국한되는 사안이 아니다. 발전 전문가 대부분은 경제학에 조예가 깊고 주류 경제학에서 말하는 생산 요소를 잣대로 세상을 관찰하는 경향이 있다. 즉, 자본 · 인력 · 천연자원 등은 고려하지만, 공학 · 과학 · 기술 등의 지식 요소는 간과한다. 공학과 과학 기술이 발전에 아주 중요한 역할을 한다는 것을 고려했을 때, 주류 경제학의 관점에서 세상을 바라보는 것은 문제가 있다. 산업혁명 당시 활동했던 경제학자인 슘페터나 프리만은 지식과 혁신이 경제 변화에 미치는 영향을 강조했다. 또, 우리는 지금 '지식사회'에 살고 있다.

유네스코는 설립 초기부터 지금까지 많은 변화를 겪었다. 설립 초기 유네스코의 과학부서는 UNDP의 특별 지원을 받아 공학 부문에서 주로 활동했지만, 1980년대 중반에 예산과 인력에 대한 UNDP의 특별 지원이 감소하자 어려움에 직면했다. 1984년에 미국과 영국이 탈퇴하면서 예산이 25% 감소했기 때문이다. 1997년과 2004년에 각각 영국과 미국이 재가입 했음에도 불구하고 이때 줄어든 예산은 아직도 예전 수준만큼 회복되지 못했다.

공학 프로그램

유네스코의 공학 프로그램은 1980년대까지만 해도 유네스코 과학부서의 가장 큰 활동이었다. 그때는 다양한 범위의 이니셔티브를 주도했으며 유엔의 특별 기금, 기금 모금 및 프로젝트 개발, 네트워킹, 협력, 국제 전문 기구 및 NGO, 국제회의 및 심포지엄, 훈련, 워크숍 및 세미나, 정보 및 출판, 자문회사 및 고문 활동, 그리고 관련 활동 영역(공학 교육, 에너지 등)의 지원을 받아 수백만 달러짜리 프로젝트를 이행했다. 1980대 후반까지만 해도 공학 프로그램의 주된 관심은 공학 교육의 핵심 영역(지금은 인간 및 기관의 역량 강화 활동이라고도 불린다)에 있었다. 하지만 시간이 지나면서 신재생에너지가 더 강조되기 시작했다(이후 다시 논의). 공학 교육의 핵심 영역과 역량 강화에 대한 관심이 새천년을 맞아 다시 일고 있다(인력이나 재정 자원이 턱없이 부족하지만 말이다). 이 활동의 대부분은 UNDP의 특별 지원을 받은 프로그램을 지원하기 위해 설립된 5개 주요 과학 부서와의 밀접한 협력을 통해 이루어졌다. UNDP의 지원이 1990년대부터 감소하자, 공학 전문가와 사무국 직원이 줄어들면서 네트워크 크기 자체가 줄어들게 되었다.

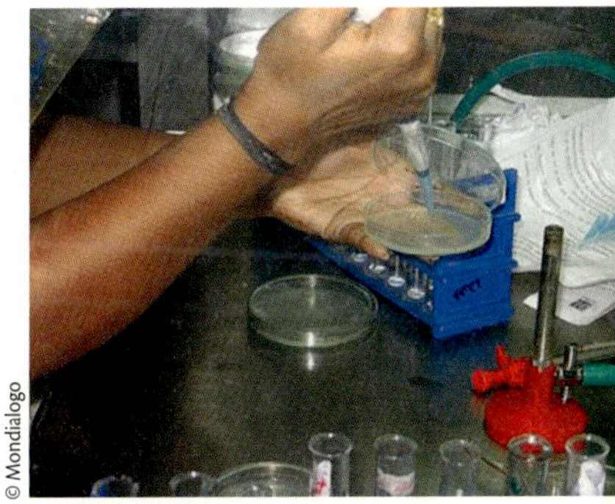

몬디알로고 공학상을 수상한 말레이시아와 인디아의 바이오-솔라 프로젝트

에너지 분야는 1970년대 후반부터 1980년대까지 공학 프로그램에서 강조하던 분야였다. 유네스코의 에너지 관련 활동은 1970년대 초기에 이미 효율적으로 이루어지고 있었다. '인류를 위한 태양'이라는 국제회의가 1973년 파리에서 유네스코, WMO, WHO, ISES(국제 태양에너지 학회)의 주최로 개최되어 국제 태양에너지 위원회(ISEC)가 구성되기도 했다. 1980년 후반과 1990년대에 세계 태양에너지 프로그램(World Solar Programme, WSP)과 세계 태양에너지 위원회(World Solar Commission, WSC)가 설립되는 등 신재생에너지에 대한 관심이 계속되었다. WSC는 ISES의 초기 활동을 본떠 만들어졌다. 또한 WSP와 WSC의 활동이 유네스코 기금에서 총 400만 달러 이상을 차지했다. 그 중 100만 달러 이상이 짐바브웨 활동에 사용되었다. 그 활동의 예로는 1996년 하라레에서 열린 세계 태양에너지 회담(World Solar Summit)과 회담의 결과로 설립된 WSP와 WSC가 있다. 설립 당시 무가베(Mugabe)가 회장으로 임명되었다. 1980년대 말부터 1990년대 들어서까지 기금이 계속 줄어들자 기구의 활동에 창의성이 요구되었다. 안타깝게도, 2000년 말에 WSP와 WSC의 활동이 전부 중지되었다. 위의 내용은 『유네스코(1945~2005), 그 60년간의 과학(UNESCO, 2006)』[2] 에 자세히 설명되어 있다.

1960년대 초반부터 1980년대 후반까지 공학 프로그램은 본부 직원 10명, 그 외 다섯 개 지역 사무소 직원 10명, 그리고 년간 1천

2) http://upo.unesco.org/details.aspx?Code_Livre=4503 (2010년 5월 29일 최종 방문).

⊙ 아도베 건축은 초기 토목공학의 예이다.

5백만 달러 이상의 예산을 가진 과학부서 활동 중 큰 부분을 차지했다. 활동의 범위가 넓었으며 다양한 이니셔티브가 이행되었다. 예를 들면, 공과대학과 연구센터를 설립하고 운영을 지지했으며, 관련 표준 협회를 여러 국가에 설치했다. 지금은 이와 같은 활동을 인간과 기관 역량 강화라고 부른다. 기술의 역량 강화가 강조되는 지금, 위와 같은 유네스코 역사에서 얻을 수 있는 교훈이 무엇인지 생각해 보는 것이 좋겠다.

공학 프로그램 활동

유네스코 공학 프로그램의 주요 활동은 공학 교육 및 역량 강화와 발전을 위한 공학과 기술의 응용, 이 두 가지로 나뉜다. 공학의 응용은 새천년개발목표(특히 빈곤 감소와 지속가능한 발전)와 같은 구체적 이슈와 최근 떠오르고 있는 기후 변화 완화 및 적응을 포함한다. 대체로 네트워킹, 협력, 국제 전문 기구나 NGO와의 공동 활동, 회의나 심포지엄, 워크숍, 세미나 등의 기획 및 지원 그리고 지식 생산과 교육 자료 구축, 논문의 평가 및 조사, 프로젝트 개발 및 기금 모금 등의 활동을 한다.

이 밖에 유네스코 공학부서의 설립 이래 계속되어 온 활동으로는 전문가 자문 및 고문 서비스 등이 있다. 최근에 과학, 기술, 혁신을 위한 '유엔 새천년개발목표 대책위원회 태스크포스 10'에 참가한 것이 그 예이다. 대책위원회는 TF10 보고서 '혁신: 발전을 위한 지식의 응용(Innovation: Applying Knowledge in Development)'의 작성을 도왔다. 주로 에너지 관련 이슈를 다루는 이 보고서는 엇갈린 결과를 도출했다. 1990년대 초, 산학협력과 혁신의 증진에 대한 학술계의 관심이 높아지면서 유네스코는 1993년 대학, 산업, 과학 파트너십 프로그램(UNISPAR)을 발족했다. 혁신적인 아프리카 기술 발전을 위한 국제 기금(IFTDA)의 설립과 함께 100만 달러를 투자하는 등 많은 소규모 혁신의 발전을 지지했지만, 우선시되는 다른 활동에 자금이 필요하자 IFTDA 프로젝트를 중지했다.

국제 전문 기구와 NGO 간 네크워킹

유네스코 공학 프로그램은 공학 관련 국제기구와 NGO 간 네크워크의 발전을 도모하고 계속해서 지지했다. 1968년 창립된 국가 및 지역 공학기관과 협회의 연합 기구인 세계공학기술단체연합회(World Federation of Engineering Organizations, WFEO)의 출범도 도왔다. 또한 1979년 동남아시아/태평양 공학기관연맹(the Federation of Engineering Institutions in SE Asia and the Pacific, FEISEAP: 후에 FEIAP로 재설립), 아시아태평양지구 공학 교육협회(AEESEAP), 아프리카 과학기술기관 네트워크(ANSTI) 등과 같은 지역 기관의 설립에도 기여했다. 유네스코는 국경없는공학자회, 빈곤퇴치를위한공학자회, 지속가능한세상을위한공학자회, 국제 공학 연구 네트워크 등의 네트워킹 활동을 돕는 등 기술과 발전을 위한 네트워크 지원 활동을 계속하고 있다.

회의 및 심포지엄, 워크숍, 세미나

다양한 국제회의나 지역회의, 그리고 심포지엄의 기획과 지원은 유네스코 공학 프로그램의 중요한 장기적 활동 중 하나인데, 주로 WFEO와의 협력을 통해 이루어진다. 최근 공학 프로그램은 2008년에 브라질에서 열린 세계엔지니어대회(World Engineers' Convention; WEC)를 기획하고 지원한 바 있다. 세계엔지니어대회는 2000년 하노버에서 처음 시작해 2004년 상하이에서도 개최된 바 있다. 공학 프로그램은 1960년대부터 1980년까지 훈련 및 세미나의 기획과 연출에 특히 많은 힘을 쏟았다. 이 황금기 이후 공학 프로그램의 활동이 많이 줄어들었지만 최근 들어 공학과 혁신, 지속가능한 발전, 빈곤 감소, 표준 및 인증 제도에 대한 회의와 워크숍이 다시 번성하기 시작했다. 기술과 기후 변화 완화 및 적응에 대한 구체적 활동이 기획되고 있으며, 2010년엔 국제 공학 회의(International Engineering Congress)가 부에노스 아이레스에서 개최될 예정이다. 또, 2011년엔 세계 엔지니어 대회(WEC 2011)가 '세계를 움직이는 공학자들: 국제적 에너지 문제에 직면하여(Engineers Power the World: Facing the Global Energy Challenge)'라는 주제로 제네바에서 개최될 예정이다.

정보와 간행물

정보와 간행물(전자책과 단행본 포함)은 역량 강화에 필수적 요소이다. 따라서 공학 프로그램은 1990년대 초부터 이 분야에서 활발한 활동을 계속하고 있다. 유네스코에 기초한 유엔 과학기술 정보시스템(UNISIST)을 구축하고 세계 처음으로 국제 신재생에너지 정보자료 및 연구기관 안내 책자를 1982년에 발간했다. 또, 1990년대 초부터 존 와일리와 함께 유네스코 에너지 공학 시리즈를 발간했다(몇몇은 아직도 출판되고 있으며 수정본도 발간되었다). 더 최근에는 『작은 것이 쓸모 있다; 빈곤 감소를 위한 기술(Small is Working: Technology for Poverty Reduction)』과 『희망의 빛; 태평양에서의 재생에너지(Rays of Hope: Renewable Energy in the Pacific)』를 발간했으며 단편 영상도 제작한 바 있다. 유네스코 출판사는 '유네스코 학습과 교육 도구 상자'도 만들었다. 도구 상자는 『태양광 발전 프로젝트 개발(Solar Photovoltaic Project Development』과 『태양광 발전 시스템: 기술 훈련 매뉴얼, 기술 관련 사업 양성 도구』(많은 인기를 끌어 중국어, 일본어, 페르시아어로 번역 출판되었다), 『과학 · 공학 · 기술 분야의 성비 지표』 등의 출판물로 구성된다. 한편, 카르토움 대학에서 진행된 '수단 가상 공학 도서관'의 설립도 성공적이었다. MIT가 수단에서 추진한 열린 강의실 프로젝트의 '거울 서비스(mirror service)' 역할을 했을 뿐 아니라, 카르토움 대학의 열린 강의실 프로그램의 일부를 구성했다. 또한 수단 대학 가상 도서관의 모델이 되기도 하였다.

프로젝트의 진행 및 기금 모금

공학 프로그램의 직원은 오랫동안 새로운 프로젝트 개발을 활발히 진행해 왔다. 처음에는 주로 유엔개발계획(UNDP)의 기금을 얻기 위해 제안서를 제출했으나, 최근 들어서는 다임러-유네스코 몬디알로고 공학상 수상을 목표로 하기 시작했다. 이 상은 유네스코와 다임러 간 협력의 기반 중 하나로서, 젊은 공학자 간 문화교류와 빈곤 감소, 지속가능한 발전 등 새천년개발목표 달성을 준비하기 위한 프로젝트 제안을 활성화시키는 것을 목적으로 한다. 제안 후 승인받지 못한 프로젝트로는 저궤도 위성 프로젝트와 세계 기술 대학(World Technological University) 설립이 있다. 저궤도 위성 프로젝트는 러시아의 군사용 로켓을 이용해 위성을 쏘아 올린다는 내용이었는데, 아프리카의 교육 환경 조성이 프로젝트의 궁극적 목표였다.(이 아이디어는 원래 미국 기술원조봉

이스터 섬의 석상 역시 공학적인 업적이다.

사단(VITA)의 것이었는데, 그 단체는 이 프로젝트를 자원이 부족함에도 불구하고 무리하게 진행했다. 그 결과 2001년 VITA가 붕괴 위기에 놓이게 되었고, 그 단체는 2003년 번영을 위한 봉사단(Volunteers for Prosperity)으로 바뀌었다.)

공학의 흥망과 재기에 대한 전망

공학은 유네스코 창립 초기부터 계속 기본 사업 분야였다. 그 외 기본 분야로는 기초 과학과 환경/생태 과학이 있다. 지난 50년 동안 공학 프로그램은 약 100명 정도의 전문가와 보조 직원을 갖추고 있었다. 또한 대체로 5천만 달러 규모의 예산과 그 외 2억 달러 이상의 자금을 가지고 있었다(비예산 자금은 1960년대 중반부터 1990년대 초반까지 UNDP 특별 기금이 지원했다). 1990년대에 들어 유네스코 공학분야 예산이나 직원의 수가 눈에 띄게 감소했다. 이는 여러 가지 내 · 외적 요인에 의해 과학부서뿐만 아니라 유네스코 자체까지 축소되기 시작했음을 반영한다. 1980년대는 세계적으로 해외 원조가 줄어든 시기다. 1984년, 미국과 영국이 해외 원조에 대해 소극적 태도를 보이자 유네스코의 재정에 큰 위기가 왔다. 1989년, 베를린 장벽이 붕괴되고 냉전이 종식되자 국제 정치 환경이 변하기 시작했다. 이에 대응해 UNDP는 운영 부서를 설립하고 발전시켰는데, 이때 UNDP 특별 기금이 크게 줄어들었다. 유네스코 내부에서 발생한 문제도 적지 않다. 유네스코 내에서 자연과학부서는 아마도 가장 알려지지 않은 부서일 것이다. 무슨 이유에서인지 공학은 과학보다 더 알려지지 않았다. 비록 공학이 유네스코 과학부서 소속이지만, 공학은 과학과 구별되어 인식되는데, 과학 분야에 대한 예산이 줄자 공학 대신 과학 이슈와 과학 정책이 유네스코 활동의 주를 이루기 시작했다. (하지만 공학 정책은 과학 정책의 큰 일부이다. 4.5.2장에서 더 자세히 논의할 것이다.) 이러한 현상은 유네스코의 정책 결정 과정에서 과학자와 공학자의 참여가 저조하다는 점을 시사한다. 집행위원회와 총회가 바로 유네스코의 정책 결정 기관인데, 교육에 초점을 맞추는 경향이 있다. 이렇게 유네스코의 공학 부문이 직면한 문제와 낮은 위상은 세계의 정부, 기관, 사회 속 공학의 문제와 위상이 어떠한지 보여준다.

이 밖에 유네스코에서 공학의 위상을 떨어뜨린 내부적 요인으로는 개인적 관계나 로비 등을 바탕으로 프로그램의 우선순위를 결정한다는 것이다. 본래 프로그램의 우선순위와 필요 사항의 결정 및 파악은 전반적인 정책 관련 이슈와 민주적 결정 방식을 고려해 전략적으로 접근해야 한다. 이러한 성향은 1980년대 후반부터 1990년대까지 세계 태양광 프로그램에 초점을 맞추면서 형성되었다. 한 프로그램에 중점을 두는 것은 이해할 만한 일이지만, 적당한 인적 자원과 재정 자원 그리고 실질적으로 의미 있는 결과는 꼭 필요하며 다른 분야의 프로그램을 배제해서는 안 된다. 그렇지 않으면 다른 프로그램 활동의 실질적 성과가 매우 적을뿐더러 핵심 공학 이슈의 주변부만을 맴돌게 된다. 실제로 이것은 공학이 쇠퇴하고 2002년에 행정적으로 기초 및 공학과학 부서 산하에 소속되어 버린 큰 이유 중의 하나이다. 그 결과, 공학의 미래가 더 어두워질 수 있다. 유네스코의 프로그램은 예산이 보장되어 있고 효율적으로 로비가 이루어지기 때문에 인간과 생물권 프로그램(1971년 발족), 국제 수문학 프로그램(1975년 발족), 정부 간 해양학 위원회(1960년 발족) 등과 같은 국제 및 정부 간 프로그램과 연결되어 있다. 유네스코의 프로그램은 이러한 국제적 배경을 가지고 있다는 장점을 지니고 있지만, 인적 및 재정적 자원이 부족해 새로운 국제 프로그램을 발족하지 못하고 있다.

이러한 맥락에서 봤을 때, 남아프리카공화국이 '국제 공학 프로그램'의 타당성 연구를 제안했다는 것은 기록해 둘 만한 사실이다. 2009년 총회와 집행위원회가 새천년을 시작하며 유네스코의 공학 활동을 발전시키고 계속하겠다는 노력을 보여주며 이 제안을 적극 지지했다(기타 외부의 지지도 많이 얻었다). 미국은 '기술 역량 강화를 위한 통합적 활동'이라는 제안서를 2005년 4월 집행위원회에 제출해 승인을 얻었다. 이 제안서는 기초 과학 및 수학, 공학 및 수과학의 역량 강화에 초점을 맞춘다. 그 중 특히 강조되는 공학 활동은 '개발도상국의 교육자 훈련, 교육과정 개발 워크숍, 최선의 실천방법, 질적 보장, 그리고 적절한 산학협력' 등이다. 이것은 미국이 2003년 유네스코로 복귀한 후 처음 낸 제안서였다. 이러한 제안들은 공학 역량을 강화시키고 빈곤 감소와 지속가능한 발전에 공학이 적용될 수 있게 하는 국제 프로그램을 발전시킴으로써, 유네스코 나아가 세계에서 공학이 다시 일어서는 데 기여할 것이다. 유네스코는 공학과 기술을 포함한 자연과학 분야를 발전시키는 데 회원국, 특히 개발도상국을 적극 도울 책임을 지닌다.

몬디알로고(Mondialogo) 공학상 – 개발 협력의 증진을 위하여

© UNESCO

몬디알로고 공학상 메달

몬디알로고 파트너십

몬디알로고 공학상은 다임러 크라이슬러와 유네스코가 파트너십 이니셔티브의 일환으로 2003년에 시작했다. 몬디알로고 파트너십의 전반적 목적은 세계 젊은이 간 국제 협력과 대화, 이해를 증진함으로써 함께 사는 세상을 구축하고 서로 간의 이해와 존경, 그리고 관용을 기르는 것이다. 이 파트너십은 다임러 크라이슬러와 유네스코 독일국립위원회가 다문화에 대한 이해와 대화를 촉진시킬 방안에 대해 논의하기 시작하면서 구축되었다. 이 파트너십은 유네스코 연합대학 프로젝트와 기타 관련 고등 교육기관의 활동을 포함한다. 그 후, 유네스코의 공학 프로그램은 '공학의 응용을 통한 문화 간의 대화(IDEA)' 프로젝트를 제안했다. 이 프로젝트는 양질의 공학 기술을 가진 회사와 과학 및 공학을 담당하는 유엔 조직을 연결시켜준다. 이 제안은 동의를 얻어 몬디알로고 이니셔티브로 발전하게 되었다.

몬디알로고 이니셔티브를 구성하는 세 개의 중심축은 바로 몬디알로고 공학상, 몬디알로고 학교 콘테스트, 몬디알로고 인터넷 포털이다. 몬디알로고 공학상은 전 세계 대학생의 협력 증진을 목표로 한다. 특히, 공학을 통해 빈곤 완화, 지속가능한 발전, 기후 변화 대응 및 적응, 기타 새천년개발목표를 실현하는 것을 주제로 하는 공학 프로젝트를 선진국과 개발도상국의 대학들이 공동으로 기획하도록 장려한다. 몬디알로고 학교 콘테스트는 14~18세 학생들을 위한 것인데, 세 가지 핵심 테마(평화 · 스포츠 · 페어플레이 · 평등, 문화적 정체성 수립 및 타문화 존중, 지속가능한 발전)의 프로젝트 기획에 초점을 맞춘다. 다중 언어 기능을 갖춘 몬디알로고 인터넷 포털은 국제적으로 접근할 수 있는 정보와 문화교류의 플랫폼을 제공함으로써 위와 같은 프로젝트 활동을 보완 및 지원한다. 2003년부터 지금까지 총 3회의 학교 콘테스트가 개최되었으며 총 3개의 공학상이 수여됐다. 첫 몬디알로고 공학상 평가 및 수여는 2004~2005년에, 두 번째는 2006~2007년에, 그리고 세 번째는 2008~2009년에 이루어졌다. 이 기간 동안 몬디알로고 파트너십 자체도 기업의 사회적 책임과 청년의 국제적 협력과 대화를 증진시키기 위한 관민 파트너십의 모범이 된다고 평가되어 여러 상을 받았다.

몬디알로고 공학상

몬디알로고 공학상은 개발도상국과 선진국의 공학도들이 국제적 팀을 구성해 공동 프로젝트의 기획을 시도해 볼 수 있도록 디자인되었다. 기획 프로젝트는 반드시 빈곤, 지속가능한 발전, 기후 변화 등의 이슈를 다뤄야 한다. 이러한 국제 협력 프로젝트는 문화 간 대화와 이해를 증진할 수 있는 가장 좋은 방법 중 하나이다.

수상자 선발에 앞서 몬디알로고 공학상에 대한 포스터와 정보를 세계 모든 대학의 공대에 우편으로 발송하는 등의 홍보 캠페인이 이루어진다. 관심 있는 학생과 공학자는 지역대학 팀을 구성하고, 몬디알로고 웹사이트에 팀과 프로젝트 아이디어를 등록하도록 했다. 그 다음, 최소 2개의 선진국과 개발도상국의 지역대학팀이 모여 공모전에 제출할 프로젝트를 함께 기획할 국제팀을 구성했다. 국제팀은 향후 6개월 동안 공동으로 프로젝트를 기획하게 된다. 북반구와 남반구의 대학이 각기 다른 학기제와 시험일정을 가지고 있어 학생들이 한가한 시기가 상이해 적당한 시기를 찾는 데 어려움을 겪었다.

최종 접수된 프로젝트 기획서는 독립적 심사위원단이 평가했다. 평가 기준은 기술적 탁월함, 빈곤 감소와 지속가능한 발전 등 유엔 새천년개발목표 달성에 중점을 두었는지의 여부, 타당성, 각 국제팀 내 문화교류가 얼마나 활발히 이루어졌는지 등이었다. 공모전은 매회 몬디알로고 공학상 심포지엄과 시상식으로 끝마쳤다. 심포지엄과 시상식은 2005년에는 베를린, 2007년에 뭄바이, 그리고 2009년에 슈투트가르트에서 개최되었다. 최종 선발된 젊은 공학자들은 심포지엄을 통해 다른 수상자와 다임러 · 유네스코 주최 측, 심사 위원단, 그리고 각종 미디어 앞에서 각 팀의 프로젝트 기획안을 발표하게 된다. 따라서 심포지엄은 몬디알로고 공모전에서 가장 중요한 부분이라고 할 수 있다. 심포지엄이 끝난 후에 개최되는 몬디알로고 시상식에서 상이 수여된다.

© UNESCO

몬디알로고 공학상 결선 진출자

몬디알로고(Mondialogo) 공학상 – 개발 협력의 증진을 위하여(계속)

2009년 몬디알로고 공학상 – 꿈을 현실로

2009년 시상식은 다임러의 CEO인 디터 제체(Dieter Zetsche)와 유네스코 자연과학부문 사무부총장인 발터 에르델렌(Walter Erdelen)의 주최로 슈투트가르트 다임러 박물관에서 개최되었다. 기조 연설은 2008년 최연소 포뮬러 원(F1) 월드챔피언이 된 레위스 해밀톤이 하였다. 해밀톤의 격식 없는 연설은 사람들의 마음을 움직이고 용기를 불어넣었다. 특히 그는 F1에서 공학자들이 중요한 역할을 한다는 점을 강조하며 젊은 공학자들이 계속해서 헌신해 해밀톤 자신이 그랬던 것처럼 꿈을 현실로 이루었으면 좋겠다는 뜻을 밝혔다. 그가 말한 꿈은 다름 아닌 세계가 직면한 심각한 문제에 대한 해결책을 찾는 것이었다. 그 후, 젊은 공학자 중 한 사람은 협동 디자인 과정, 심포지엄과 시상식, 특히 해밀톤의 연설 모두 자신의 '마음을 뒤흔들었다'고 말했다. 한 심사 위원도 학생들이 프로젝트에 전념하는 모습이 눈물을 흘리게 했다고 말했다. 미래는 이 학생들의 손에 달려 있다. 그렇기 때문에 그들의 적극적 참여가 우리의 미래를 보장한다고 해도 과언이 아닐 것이다.

총 30만 유로 상당의 가치가 있는 30개의 몬디알로고 공학상 금, 은, 동메달이 시상식에서 수여되었다. 상금은 제안된 프로젝트를 순조롭게 진행 및 수행하는 것을 돕기 위한 것이다. 물론 학생들은 상금을 수여받기 위해 공모전에 참가한 것이 아니라 그저 좋은 일이라고 생각해서 참가했다. 이는 2009년 프로젝트 기획을 위한 블로그와 현재 실행에 옮겨지고 있는 프로젝트에 잘 드러나 있다. 세계 문제를 해결하기 위한 공학 프로젝트 기획안의 다양성은 정말로 인상 깊었다. 수자원 공급과 물 위생, 폐기물 처리, 식량 생산과 공정, 주거, 교통수단, 에너지, 위기 및 재난 대응, 재건축, 또 그 외 복수 분야를 아우르는 기획안 등이 있었다.

주최

몬디알로고 공학상(MEA)은 유네스코의 공학 프로그램과 다임러의 기업 스폰서십 부서가 주최 및 주관하고 다임러의 커뮤니케이션 컨설턴트와 익스피리언스(Experience, 구 Schumidt und Kaiser)가 후원한다.

선발 후보자를 추려내는 몬디알로고 공학상 심사 위원단의 공동 의장으로 헤르베르트 퀼러(Herbert Kohler)와 월터 에르델렌(Walter Erdelen)이 임명되었다. 헤르베르트 퀼러는 E–Drive와 퓨쳐 모빌리티(Future Mobility)의 부회장이자 다임러 환경 사무소 소장이기도 하며, 월터 에르델렌은 유네스코 자연과학부문 사무부총장이다. 또한 가나 KNUST의 기술자문센터 소속의 페기 오티–보아텡(Peggy Oti–Boateng)과 미국 과학진보협회(American Association for the Advancement of Science)의 셜리 말콤, 무파캄 자 대학 산하 환경학 · 사회반응공학센터의 알리 우딘 안사리, 에딘버그 에리엇–와트 대학의 폴 요웟, 그리고 세계공학기술단체협회 회장 베리 그리어도 심사에 참여했다.

2004년부터 2009년까지 세계 곳곳에서 만 명에 이르는 공과대학생이 몬디알로고 공학상에 지원했다. 2008~2009년에는 94개국에서 모인 약 4천 명의 학생들이 총 932건에 이르는 프로젝트 아이디어를 등록했고, 97개 제안서를 완성했는데, 그중 30개가 상을 받았다. 금메달은 8개, 은메달은 12개, 동메달은 10개가 시상되었는데, 각각 1만 5천 유로, 10만 유로, 5천 유로 상당의 가치가 있었다(총 3십만 유로). 장려상과 공동체상도 있었다. 2006~2007년에 있었던 두 번째 공모전에도 30개의 최종 수상자가 선발되었다. 약 3천 명에 이르는 81개 국적의 학생이 총 809개의 프로젝트 아이디어를 등록했으며 총 54개의 프로젝트 기획 제안서가 접수되었다. 몬디알로고 공학상은 10개 팀이, 감투상은 20개 팀이 받았는데, 각각 1만 유로와 5천 유로 상당의 상금이 지급되었다. 장려상을 받은팀도 있었다. 첫 몬디알로고 공학상엔 총 21개의 최종 프로젝트 기획팀이 선발되었다. 첫 공모전에는 79개국에서 모인 1,700명의 학생들로 이루어진 412개 팀이 111개의 프로젝트 기획 제안서를 제출했다. 공학상과 함께 1만 5천 유로의 상금이 각 최종선발팀에 지급되었으며 5개의 팀이 심사 위원단으로부터 특별 표창상을 받았다.

몬디알로고 공학상에 참가한 팀의 수가 증가하자 공모전에 대한 관심이 높아졌으며 젊은 공학자들이 세계가 직면한 문제를 해결하기 위해 협동하는 것에 관심을 가지고 더 노력하고 있다는 것을 알 수 있다. 몬디알로고 공학상이 계속되면 젊은 공학자들의 꿈을 현실로 이루는 것을 돕고 세계 극빈층의 삶의 질을 향상시킬 수 있을 것이다. 이것은 경제 위기 후 그 중요성이 더 높아졌다. 불행히도 경제 위기는 다임러의 사업 환경에 큰 변화를 야기해 몬디알로고 파트너십을 포함한 기업 후원금이 많이 삭감되었다. 몬디알로고 파트너십과 공학상의 발전을 도울 새 후원자를 찾고 있다.

몬디알로고 공학상은 젊은 공학도가 국제적인 이슈를 해결하는 것을 돕는다.

© UNESCO

2.2 공학, 혁신, 사회 · 경제적 발전

폴 조윗(Paul Jowitt)

공학의 전성기는 과연 언제인가?

서구적 관점에서 보면, 대량 기계화와 도시화로 특징지어지는 산업 혁명이 시작된 18세기부터 물의 공급과 위생이 개선되어 사람들의 건강이 증진된 20세기까지가 공학의 전성기였다고 생각하기 쉽다. 여기서 말하는 공학의 전성기에는 지구가 석탄, 석유, 가솔린 등의 에너지원과 물 등 인간의 기본적 필요에 관련된 자원을 무한정 공급할 수 있을 것이라는 잘못된 믿음이 팽배했다.

지금의 현실은 그와 다르다. 우리는 기후 변화와 빈곤 감소라는 커다란 범지구적 이슈에 직면해 있다. 21세기 공학이 풀어야 할 과제는 다음과 같다.

- 이전 세대의 무분별한 에너지 사용과 기후 변화의 주범인 지나친 온실가스 배출 등이 초래한 환경 위기를 방지하는 것
- 증가하는 빈곤 인구와 기타 유엔 새천년개발목표와 관련된 지구적 문제를 해결하는 것

위와 같은 과제를 해결하기 위해서는 현존하는 인프라 자체를 재설비하는 동시에 최초의 지구적 인프라를 구축해야 한다.

지금과 19세기는 어떻게 다른가? 현재, 공학이 풀어야 할 문제는 19세기의 이슈보다 비교할 수 없을 정도로 더 크다. 지구의 악화된 건강은 이제 거의 한계에 달했다. 고갈되어가는 자원을 얻기 위한 세계적 경쟁이 심화되어 국제적 긴장이 초래됨은 물론, 이제 더 이상 발전을 위해 화석 원료를 마구 사용할 수도 없다.

이러한 문제를 해결하기 위해선 공학자들이 기지를 발휘해 엄청난 혁신을 이끌어야 한다. 기타 기술적, 비기술적 학문의 전문가와도 협동해야 한다. 단순히 문제를 분석하는 능력뿐 아니라 해결 방법을 창조해 내는 능력도 필요하다. 공학자는 작은 도구나 제품 등 작은 스케일부터 거대 인프라 서비스와 같은 큰 스케일을 아우르는 폭넓은 관점에서 문제를 보고 해결 방법을 찾을 수 있어야 한다.

따라서, 공학의 전성기는 바로 지금이다. 이제 주요 이슈를 간단히 정리해 보자.

'빈곤은 현실이다'

빈곤으로부터 고통 받는 세계 여러 나라에서는 도시든, 농촌이든

∩ 토목공학의 건설 현장

기본적 인프라와 교육, 보건 시설이 부재하는 것은 물론 재산에 대한 권리를 법적으로 보장받지 못한다. 유엔 새천년개발목표 중 6개 목표가[3] 인간 생활, 신체의 건강, 경제 · 사회적 복지, 그리고 국제사회에서 존중 받는 역할을 할 수 있는 역량 구축과 직접 연관되어 있다. 나머지 2개 목표는 인간의 활동이 환경의 한계 내에서 이루어질 수 있도록 하는 것과, 문명의 기본이 되며 계획, 건설 및 운영 과정에서 현실적으로 빈곤층을 도울 수 있는 인프라를 보급하기 위한 파트너십을 구축하는 것이다. 따라서 유엔 새천년개발목표를 성취하기 위해서는 공학자들의 적극적 참여가 절실히 요구된다.[4] 발전에 있어서 인프라 구축이 얼마나 중요한 역할을 하는지에

3) '새천년개발목표'는 유엔 총회에서 유엔의 '새천년선언'을 달성하기 위한 로드맵의 일환으로 통과되었다. 새천년개발목표는 8개의 목표(빈곤, 교육, 성, 유아 사망, 산모 건강, HIV/AIDS, 환경 지구적 파트너십)로 구성되어 있다.

4) 2005년 11월 30일에 런던 다우닝가 11번지에서 있었던 영국 재무장관과의 회의에서 강조되었다.

대해선 칼레스터스 유마[5](유엔 과학기술혁신 대책위원회 위원장)가 언급한 바 있다.

> "신흥국이 빠르게 경제를 변화시킬 수 있었던 이유로 3가지 주요 원인을 꼽을 수 있다. 첫째는 기본 인프라 구축에 많은 투자를 했다는 것이다. 이것은 기술적 학습의 기반이 되었다. 둘째, 중소기업이 발달했다. 중소기업의 성장은 여러 지역에 운영 · 보수 · 유지 전문가가 고루 분포되게 했다. 셋째, 정부가 고등교육기관과 공학 및 기술과학 학회, 공학 및 기술 전문직 협회, 산업 · 무역 협회 등을 적극 후원 및 장려했다."

발전의 전제 조건

발전의 전제 조건은 합리적인 거버넌스 구조, 건강한 시민 사회, 그리고 분쟁이나 부패, 학대로부터의 자유다. 위의 3가지 전제 조건 없이는 개발도상국의 삶의 질을 높일 수 없다.

국제정치, 세계무역, 분쟁 등은 발전에 엄청난 영향을 끼친다. 무역 규칙, 관세, 서구의 보조금, 현지 및 역내 분쟁, 석유 외교, 거버넌스, 그리고 초국적 기업의 역할 등이 큰 영향을 끼치는 대표적 요소이다. 하지만 현지의 사업가가 효율적이고 지속가능한 인프라를 구축하는 데 직접 참여한다면 충분히 빈곤 감소의 효과를 가져올 수 있다. 현지 비즈니스가 중요한 이유는 다음과 같다.

- 생활필수품과 주거, 깨끗한 물의 공급, 위생, 에너지, 교통수단, 교육, 의료보험 등을 공급해 지역 공동체를 돕는다.
- 현지 기술자를 고용해 일자리를 창출한다.

© P. Jowitt

펠라미스 조력 발전기는 재생가능한 전기를 생산한다.

5) Calestous Juma (ed.) *Going for Growth: Science, Technology and Innovation in Africa*. Published by the Smith Institute, 2005.

- 지역 경제 성장을 위한 플랫폼을 제공하고 인프라 서비스, 현지 기술, 그리고 내부/지역시장과 외부/국가 시장을 활성화시키고 접근을 용이하게 해 중소기업의 성장을 돕는다.

하지만 인프라 구축을 위해선 적당한 투자도 필요하다.

빈곤의 덫에 걸려 있는 이들은 곤경을 이겨내기 위해 필요한 자원을 구할 능력이 없다. 따라서 정부, 산업체, 국제기구 등으로부터의 외부적 투자와 세계 공학자 공동체로부터의 도움이 필요하다. 누구도 방관할 수 없지만, 특히 토목공학자의 참여가 절실하다.

'기후 변화는 현실이다'

2005년 6월, 11개 국가의 국립과학한림원이 모여 공동 선언서를 발표했다.[6] "기후 변화는 현실이다."라는 문장으로 시작한 선언서는 "기후 변화 적응을 위한 전략을 구상하고 이행하기 위해서는 물리 · 자연과학자, 공학자, 사회과학자, 의과학자, 인문학자, 기업가, 경제학자 등 다양한 분야의 전문가 간 국제적 협력이 이루어져야 한다"라는 내용을 담고 있었다.

나아가 2005년 7월 G8 정상회의에 앞서 인류가 기후 변화의 위협에 노출되어 있다는 것을 인정하고 비용 효율적이고 실질적인 장기적 온실가스 감축 방법을 찾을 것을 촉구했다. 스턴 보고서(Stern Report)[7]도 위와 같은 내용을 담고 있다. 하지만 여전히 기후 변화 완화 및 적응을 위한 국제적 협력 방안 도출에 대한 정치적 성과가 부진하다. 최근 발리에서 열린 기후 변화 회의에서 파푸아뉴기니 대표가 서구 국가에게 '이끌든가, 따르든가, 아니면 물러서라'라는 가시 돋힌 발언을 한 후에야 비로소 미국은 교토의정서를 대체할 계획 협정을 위한 로드맵에 동의했다.

이제 거의 모두가 지구에 직접적 영향을 미칠 기후 변화가 현실로 다가오고 있으며 온실가스 배출 등 인간의 활동이 기후 변화의 주요 원인이었다는 것을 인정한다. 2007년 기후 변화에 대한 문제의식을 고취시킨 공로에 대해 노벨상이 수여되기도 했다.

기후 변화의 시간 · 공간적 영향이 무엇인지를 떠나, 선진국에 비해 극빈층이 기후 변화에 기여한 바가 아주 적음에도 불구하고 극빈층이 가장 큰 피해(해수면 상승, 강수량의 변화, 가뭄과 홍수 등)를 입을 것이다.

6) Joint Science Academies' Statement, *Global Response to Climate Change*. June 2005.http://royalsociety.org/Joint-science-academies-statement-Global-response-to-climate-change/ (2010년 5월 2일 최종 방문).

7) Stern Report, http://www.hm-treasury.gov.uk/independent_reviews/stern_review_economics_climate_change/sternreview_index.cfm (2010년 5월 2일 최종 방문).

점점 도시화되어 가는 지구 상에서 인류가 안고 있는 가장 큰 위험은 바로 덜 발전된 나라의 도시 인프라가 취약하거나 아주 없다는 점이다. 2025년에는 세계의 도시 인구는 현재보다 15억 명 증가한 66억 명에 이를 것으로 예상되며 도시 환경에서 거주하는 인구의 비율은 40%에서 60%로 증가할 것으로 추산된다.[8] 최근, 도시 인구의 수가 농촌 인구의 수를 넘어서기 시작했다. 그러므로 효율적인 인프라 서비스가 절실히 요구되는 실정이다.

에너지와 기후 변화

현재, 세계 에너지 공급의 대부분이 석탄 · 석유 · 가솔린 등 탄소를 기초로 하는 에너지 시스템, 즉 화석 연료로부터 온다. 화석 연료는 재생이 안 되며 인류의 존재 기간과 지구의 나이를 고려했을 때 전혀 균형이 맞지 않는다. 그리고 화석 연료가 환경에 엄청난 악영향을 미칠 수 있다는 것은 이제 잘 알려져 있다.

에너지 사용은 온실가스 배출의 주범인데, 세계적인 사용패턴이 서구에 편중되어 있었다. 하지만 중국과 인도 등이 신흥경제대국으로 부상하고 자동차 사용률과 소비 성향이 바뀌면서 세계 에너지 사용 패턴이 변하기 시작했다. 중국은 세계에서 석탄을 가장 많이, 석유는 두 번째로 많이 소비하는 나라다.[9] 하지만 중국의 개인당 소비량은 비교적 적다. 2020년 경에는 중국의 에너지 소비량이 현재보다 두 배나 증가할 것으로 예측된다.[10]

지속가능한 에너지 경제를 이룩하기 위해서는 난방, 전력, 교통수단 등 인간의 기본적 생활을 위한 에너지 공급을 충실히 하는 데 에너지 연구의 초점을 맞춰야 한다. 에너지 시스템의 중추는 바로 인간의 활동이다. 따라서 해결책을 찾으려면 에너지 공급과 수요, 두 가지 측면 모두를 고려해야 한다. 시장의 보이지 않는 손이 에너지 공급과 수요의 문제를 해결해 줄 수도 있겠지만, 기술적 한계보다 유능한 지도자와 정책 발전의 부재가 문제의 원인일 땐 시장이 문제를 해결해 줄 것이라고 기대하기 어렵다.

특효약은 없다. 대신 세 가지 접근법이 있을 뿐이다.

1. 행동의 변화
2. 기술의 변화
3. 연료의 변화

수요의 혁신은 공급의 혁신만큼이나 중요하다. 개인과 기업이 나서서 사용을 줄이고 건물과 교통수단의 에너지 효율성을 높이는 한편 가정, 사무실, 공장에서 쓰이는 기계의 에너지 효율성도 높인다면 에너지의 수요를 줄일 수 있다.[11]

선진국의 도시 인프라는 지속가능하고 거주자에게 만족스러운 환경을 제공하도록 재설비되어야 한다. 또한 개발도상국에서 시급히 필요한 인프라를 처음 설계할 때에도 선진국의 실패에서 습득한 동일한 원칙에 기초하여야 한다.

공급의 측면에서 봤을 때, 탄소 배출이 비교적 적은 연료로 공급원을 교체해야 한다. 풍력은 가동 시 탄소 배출이 없는 에너지원으로 입지를 굳혔지만, 경제성과 환경비용에 대한 의문이 제기되고 있다. 풍력발전에 반대하는 사람들은 외관상 보기 좋지 않고 소음공해를 유발하며 환경 친화적이지 않다고 주장한다. 풍력에너지는 수요가 많은 곳에서 떨어진 외진 곳, 전력공급시스템에서 멀리 떨어진 곳에서 주로 생산된다는 단점이 있다. 아직 개발 단계에 있는 조력 발전 시스템도 고립된 환경에서 운영되어야 한다는 단점을 가지고 있다. 원자력 발전 또한 안전, 사회적 수용, 원자력 기술의 국제적 접근성 등 여러 가지 문제를 안고 있다.

대규모 수력발전소 건설도 여러 가지 사회적 · 환경적 문제를 초래할 수 있다는 염려에 부딪혀 번번이 실패로 돌아갔다. 하지만 양쯔강에 지어진 삼협댐 같은 예외의 경우도 있다. 삼협댐은 길이가 600km에 이르는 저수지를 가지고 있어 홍수를 제어하고 18GW의 수력에너지를 제공하지만 댐의 건설로 200만 명에 이르는 주민이 강제로 이주해야 했고 고고학적, 문화적 가치가 파괴되었을 뿐만 아니라 생물다양성과 환경에 큰 피해를 입혔다.[12] 삼협댐과 같은 사업은 공학자를 곤란한 처지에 내몰리게 한다. 공학은 완전히 비정치적인 활동이 아니기 때문에 공학자는 안목과 판단력, 갈등 해결 능력을 갖추고 있어야 하는 것이다.

아프리카엔 에너지 공급 시스템이 절실히 필요하다. "에너지 안보의 부재로 아프리카의 많은 나라가 빈곤의 굴레에서 빠져나오지 못하고 있다. 21세기인 지금, 전기 없이 사는 사람이 수백만 명에 이른다는 게 말이 되는가!(Claude Mandil, IEA)."[13]

8) David Cook and John Kirke, *Urban Poverty: addressing the scale of the problem*, Municipal Engineer 156 ME4, 2003.

9) *BP Statistical Review of World Energy*, June 2005. http://www.bp.com/statisticalreview (2010년 5월 2일 최종 방문).

10) Gregory A. Keoleian; School of Natural Resources and Environment; Co-Director, Center for Sustainable Systems; University of Michigan.

11) David Simpson, *Tilting at Windmills: The Economics of Wind Power*, April 2004. The David Hume Institute, Hume Occasional Paper No. 65.

12) The International Rivers Network, Three Gorges Dam, see http://www.irn.org/programs/threeg/

13) Claude Mandil, Executive Director, The International Energy Agency. http://www.iea.org/textbase/papers/2003/ african_energy.pdf (2010년 5월 29일 최종 방문).

© P.Jowitt

빈민촌은 흔히 공학적 인프라의 소외 지역이다.

새천년개발목표의 달성을 위하여

개발도상국의 에너지 문제는 세계 빈곤 문제와 맞물려 있다. 기본 인프라의 부재는 세계 빈곤 문제의 근본적 원인이며 인간 재앙을 초래하기도 한다. 현재 2억 명이 전력과 안전한 물을 공급받지 못하고 있다. 유엔은 2015년까지 그 숫자를 반으로 줄이는 것을 목표로 정했다. 2015년까지 1억 명에게 안전한 물을 공급하기 위해선 향후 8년 동안 매일 33만 명 이상의 사람들을 공급 체계에 연결해야 한다. 이것이 과연 가능한 일일까? 그렇다면, 어떻게 실현될 수 있을까? 우리의 앞길을 가로막는 것은 과연 무엇인가?

그것은 바로 공학적 지식과 기술이 부족해서 혹은 어떤 일을 해야 하는지 몰라서가 아니라, 현존하는 공학기술의 응용 방법과 효율적 목표 달성을 위한 현지의 역량 강화 방법, 재정 및 유지 방법, 그리고 향후 관리 방법 등이 부재하기 때문이다.

인프라 발전은 역량 강화, 기술 학습 그리고 현지 비즈니스 양성의 기회가 될 수 있다. "인프라를 구축하기 위해선 여러 가지 기술과 여러 기관의 복합적 관여가 필요하다. 지금까지 정부는 인프라 구축 사업을 고정된 관점에서 바라봤다. 철도와 공항, 도로, 통신망 등을 구축하는 것 자체가 기술적, 조직적 그리고 제도적 학습 과정이라는 것을 몰랐던 것이다."[14)]

유엔 새천년개발목표를 달성하기 위해서는 여러 인프라 건설 사업이 이행되어야 한다. 모든 인프라 건설 사업은 그 자체로도 복잡한 작업이지만, 적당한 규모로 적당한 계획을 수반해 이루어진다면 충분히 실현 가능하다. 유엔 새천년개발목표는 여러 프로젝트가 모여야만 이루어질 수 있으며, 각 프로젝트는 고유의 사업 운영 계획이 필요한데, 이 과정에서 공학자가 필요하다.

위와 같은 사례를 찾을 수 있을까? 개발도상국이 가지고 있는 이슈를 성공적으로 다뤘던 발전 모델이 과연 존재하는가? 희망은 있다. 선진국 내 미개발 도시도 낙후된 인프라, 높은 실업률, 경제 능력이 부족한 현지 주민, 높은 범죄율, 마약, 삐걱거리는 지역경제 등 비슷한 과제를 안고 있다. 위와 같은 상황의 극복을 위해 지역 정부로부터 독립되어 있지만 신뢰성 높은 특별한 발전 전문기업을 설립한 사례가 있다. 그 밖에 다른 해결 사례도 찾을 수 있을 것이다.

결국, 우리가 직면한 도전 과제는 바로 '유엔 새천년개발목표를 달성하고 그 달성치를 지속가능하게 하는 전략적 사업계획을 기획하는 것'이다.

그렇다, 공학의 전성기는 바로 지금인 것이다!

14) Professor Tony Ridley and Yee-Cheong Lee, Infrastructure, innovation and development, chp 5, *Going for Growth: Science, Technology and Innovation in Africa*, Calestous Juma (ed.) Published by the Smith Institute, 2005.

2.3 공학, 기술과 사회

조지 버글리아렐로(George Bugliarello)

인류 문명 초기부터 '공학'이라고 불린 인간의 활동은 유·무형의 기술적 도구의 창조를 통해 인간 사회에 큰 영향을 미쳤다. 공학의 소산물은 인간 생활 곳곳에서 사용되며 다양한 분야와의 순환적 상호작용을 통해 문화, 예술, 종교를 포함한 우리 삶의 거의 모든 측면에 영향을 미친다. 도로, 수로, 펌프, 운하 등 공학의 소산물은 도시 생활을 가능하게 했고 전기는 세계를 밝히고 활력을 불어넣었으며, 산업과 통신은 지구에 풍요를 가져왔다. 한편, 무기 등 군사적 기술은 국가 간 상호관계를 결정짓기도 한다. 현대 음악, 미술, 건축, 자동차, 인프라는 모두 피라미드나 파르테논이 그러하였듯이 예술과 기술을 상징한다.

금속 가공 기술부터 가전제품에 이르기까지 모든 공학적 혁신은 사회에 변화를 가져왔다. 즉, 공학의 발전과 혁신이 실생활에 적용됨에 따라 사회의 비전과 관습, 기대치 등도 함께 변한다. 사회적 요구를 반영하기 위해, 공학자 교육과정에서 점점 더 인문학, 생물학, 사회과학을 아우르는 학제로 변화하고 있다. 하지만, 공학자가 사회 문제를 해결할 수 있는 힘을 지니고 있다는 사실이 종종 간과될뿐더러, 공학적 혁신에 사회가 아주 느리게 반응하기 때문에 혁신에 따라 요구되는 조직 패턴, 법, 인식, 관례 등의 전환이 원활하게 이루어지지 않고 있다. 공학적 혁신에 더 빠르고 지적으로 대응할 수 있는 사회는 여러 가지 측면에서 유리한 입장에 서게 된다. 미국과 프랑스는 혁명을 통해 산업 혁명에 대해 개방적 태도를 취하고 그로부터 기술적 발전의 기회를 얻을 수 있었다. 러시아 혁명은 국내 산업화를 가속하는 결과를 가져왔다.

공학과 기술은 개인과 도구, 사회조직의 협동을 통해 얻을 수 있는 시너지를 필요로 한다(Bugliarello, 2000).[15] 이 시너지에서 가장 중요한 요소는 과학과의 긴밀한 상호작용이다. 공학은 유·무형 기술 및 도구를 창조해 자연을 개조하는 활동이다. 이러한 과정이 과학적 이해를 선행하기도 한다. 과학은 자연에 대한 이해의 학문으로서 종종 더 깊은 이해를 위한 도구를 필요로 한다. 그러므로 과학과 공학이 추구하는 바가 다름에도 불구하고 필수 불가결한 관계를 맺게 되었다. 공학이 만들어 낸 기계 장치, 컴퓨터, 소프트웨어, 위성 등은 과학을 발전시키고 동시에 과학은 공학기술에 혁신을 불러일으킨다.

폭발적으로 진행되고 있는 도시화, 전체적·물질적 풍요에도 불구하고 아직도 세계 인구의 4분의 1이 벗어나지 못하는 고질적 빈곤, 천연자원 고갈의 위기, 기후 변화로 인한 자연 재해와 인재의 증가 등 오늘날 사회는 많은 해결 과제를 안고 있으며 그 어느 때보다도 공학의 도움이 절실히 필요하다. 기술적 도전 과제뿐만 아니라 새로 떠오르는 여러 가지 윤리적 문제 해결을 위해 공학윤리도 개선해야 하는 숙제도 남아 있다. 자연개조의 윤리적 한계는 어디까지인가? 공학의 사회적 역할과 책임은 무엇인가? 현세대와 미래 세대의 공평한 자원 배분을 위해 공학이 할 수 있는 일은 무엇인가? 지구온난화 문제가 빈곤 감소 문제보다 우선시될 수 있는가? 두 문제를 동시에 해결할 수 있는 방법은 없는 것인가? 점점 더 세계화되어가는 기업 활동을 위한 국제적인 공학 기준은 무엇인가? 위와 같은 질문들을 답하기 위해서는 기본적 공학윤리가 먼저 바로 잡혀야 한다. 즉, 공학은 인간의 존엄성을 중시하고 통제 불가능하거나 위험한 부작용이 있을 수 있는 활동을 피하며 기술적 발전의 예측 불가능한 결과에 대비해야 한다. 또, 기술적 도구를 만드는 데 '어떻게' 만들 것인지에 대한 궁리뿐 아니라 '왜' 만들고 있는 것인지에 대해서도 신중히 고민해야 한다.

공학이 기타 사회 활동과 협동하여 창조한 시너지 효과는 세계 여러 사회가 물질적 풍요를 누리게 해 주었고, 향후 개발도상국의 환경도 개선할 수 있을 것이다. 특히, 공학은 생물학과 의료 시스템에 접목되어 많은 세계 인구의 보건을 증진시켰으며, 정보 및 통신 기술의 발달로 인한 공학과 교육의 시너지 효과는 기술의 향상과 취업 기회를 가져왔다. 하지만, 동시에 자동화·기계화의 영

© Arup

공학자도 예술가가 될 수 있다. – 코임브라 인도교

15) Bugliarello, George, The Biosoma: The Synthesis of Biology, Machines and Society, *Bulletin of Science, Technology & Society*, Vol. 20, No. 6, December 2000, pp. 452–464.

향으로 일자리가 감소하고 사람 사이의 대면 교류가 줄어든 것도 사실이다. 또한, 기계에 대한 의존도가 높아지고 기술이 정교하고 복잡해져 이해하기 어려워지다 보니 기술적 실패나 디자인상의 결함 등이 물, 식량, 에너지, 백신, 기타 필수 인프라 공급 체계에 치명적 영향을 끼칠 가능성이 높아졌다. 세상이 점점 더 공학적으로 설계되고 상호연관성이 강화되면서 위험이 점점 커지고 있다. 공학이 가진 가능성과 위험성을 고려했을 때, 공학은 사회가 길러온, 또 동시에 현대 사회를 실현 가능하게 한 사회적 기업이라고 할 수 있다(Sladovich, 1991). 공학은 사회 각 구성원의 능력을 증진하고 농업, 생산, 통신, 국방, 군사, 대지와 해양 탐사, 토지, 에너지, 수자원, 물질 자원을 아우르는 광범위한 자연 자원의 보존을 위한 새로운 방법과 도구를 창조함으로써 사회의 물리적 · 경제적 역량을 확대한다. 기타 여러 사회 구성 요소와 점점 더 긴밀히 상호작용하고 있을 뿐만 아니라 자연의 생물학적 과정에도 개입할 수 있게 된 공학은 인류의 미래를 결정하는 중요한 열쇠임에 틀림없다.[16]

16) Sladovich, H.E. (ed.). 1991. *Engineering as a Social Enterprise*, National Academy Press, Washington, DC'.

2.4 공학자와 사회적 책임

2.4.1 빅 이슈

스튜어트 파킨슨(Stewart Parkinson)

공학은 사회를 윤택하게 할 수 있는 엄청난 힘을 가지고 있다. 이 책에 실린 다른 글들도 이를 증명하고 있다. 하지만 공학은 엄청난 악영향을 초래할 가능성도 동시에 지닌다. 산업화된 사회가 잘 기능할 수 있도록 물, 식량, 주거, 에너지 등 인간의 기본적 필요를 공급할 수 있지만, 파괴적인 무기를 개발해 수 세기 동안 인류가 싸워온 것과 같은 전쟁의 씨앗이 될 수도 있다. 또한 지구적 불평등을 심화시키고 지구 생태계에 피해를 입히기도 한다.

공학자는 공학이 사회에 가져올 수 있는 긍정적 효과를 최대화하는 데 기여할 수 있도록 직업이 가진 이중적 본질을 이해하고 공학자로서의 역할에 대해 진중히 고찰해야 한다. 그것이 바로 사회적 책임을 다하는 공학자가 되는 지름길이다.

공학과 전쟁

공학자를 전문 직업으로 내세우는 전문 기관들은 일찍이 공학이 사회 발전에 필수적 요소라는 것을 강조했다. 예를 들면,

> "오늘날, 공학자는 작으나 크나 우리의 삶을 가능하게 했으며 거의 모든 측면에서 우리의 생활을 돕고 있다. 공학은 아이디어를 실제 상품으로 현실화시키고 일상생활에서 일어나는 문제에 대한 실질적 해결 방안을 제시한다."[17]

하지만 과학기술의 발달이 사회에 가져온 악영향은 거의 강조되지 않는다. 20세기 들어 치명적으로 위험해진 군사적 무기가 가

17) Young Engineers website. http://www.youngeng.org/index.asp?page=66 (2010년 5월 4일 최종 방문).

© Arup

쓰나미 후에 재건축된 주택

장 좋은 예이다. 부에노스 아이레스 대학의 연구자들은 무기의 '치명성 지표(lethal index)' — 무기 한 개가 시간당 낼 수 있는 최대 사상자 수 — 가 원자핵 융합 반응을 이용한 무기와 탄도 미사일 등의 출현으로 지난 세기 동안 6천만 배나 증가했으며 인간이 만들어 낸 무기의 파괴력이 정점에 달했다고 밝혔다.[18] 무기의 발달로 인간은 자신의 문명을 파괴하고 순식간에 자연을 파괴할 수 있는 능력을 손에 쥐게 되었다.

하지만 군사 기술을 둘러싼 논쟁은 그리 단순하지 않다. 무기의 파괴력을 넘어 더 넓은 범위의 이슈를 끌어안고 있다. 예를 들어, 전쟁 피해자 대부분이 총과 같은 작은 단순 무기에 희생되었으며 아직도 매년 수백, 수천 명이 전쟁으로 사망한다.[19] 많은 공학자들이 군사 기술의 발달이 국가 안보에 크게 기여한다고 주장하지만, 문제는 훨씬 더 복잡하다. 예를 들어, 국제 무기거래에 대한 규정이 아직 확립되지 않았기 때문에 얼룩진 인권 기록을 가진 국가 정부나 전장에 군사 기술이 불 · 합법적으로 유입되고 있다. 자그마치 75%의 전쟁 사상자가 일반 시민이라는 점을 고려했을 때,

18) Lemarchand, G. 2007. *Defense R&D Policies: Fifty years of history*. INES Council and Executive Committee meeting, June 2 – 2007. Berlin, Germany. http://www.inesglobal.com/ (2010년 5월 4일 최종 방문).

19) Smith, D. 2003. *The Atlas of War and Peace*. Earthscan, London. p. 38.

위의 사실은 절대 간과될 수 없다.[20)]

공학자가 고려해야 할 군사 기술 관련 이슈 중 하나는 경제학 용어 '기회비용'이다. 여기서 말하는 기회비용은 바로 군대가 이용하지 않았다면 지금쯤 세계가 누리고 있을 다양한 기술과 자원이다. 이 기회비용의 지표는 쉽게 찾을 수 있다. 2006년을 기준으로 세계는 미화 1조 2천억 달러라는 어마어마한 돈을 군비로 지출했다.[21)] 세계 110개 최빈국의 경제 규모를 다 합친 것보다도 많고,[22)] 전 세계 개발원조자금의 12배에 이르는 액수다.[23)] 한편, 새천년개발목표 달성을 위한 원조 자금은 아직도 턱없이 부족하다.[24)] 1987년 이후 매년 유엔 총회는 군비를 줄여 국제 개발원조기금을 확대할 것을 해결책으로 내놓고 있는데, 이런 해결 방안을 '발전을 위한 군비 철폐'라고 부른다.[25)] 연구개발(R&D)도 공학자가 고려할 사항이다. 2006년, 세계 선진국의 정부는[26)] 보건과 환경에 560억 달러를 지출한 반면, 군사 R&D에는 960억 달러나 지출했다.[27)]

공학과 오염

공학과 기술은 기후 변화나 생물다양성 상실 같은 지구적 환경 문제의 도래에도 원인을 제공했다. 예를 들어, 지금과 같이 산업화된 사회는 매년 500억 톤이나 되는 이산화탄소를 배출한다.[28)] 화석 연료가 그 주범이다. 그 결과로 일어나고 있는 기후 변화 현상은 인간과 자연에 엄청난 중장기적 영향을 끼칠 것으로 보이며 수백만 명을 위험에 노출시키고 있다. 최근 세계보건기구(World Health Organization, WHO)는 매년 15만 명이 기후 변화로 사망하고 있다는 연구 결과를 발표했다.[29)]

© SAICE

폐기물 처리

공학과 기술은 산림 벌채나 어업을 산업화해 야생 동물의 멸종을 유발하기도 했다. 현재 지구 상 생물종은 자연적 속도보다 100배 이상 더 빠르게 멸종되고 있다. 우리는 대규모 생물종 멸종의 시대에 살고 있는 것이다. 지구 상 생물의 출현 이래 50억 년 동안 이렇게 대량으로 생물종이 사라진 현상은 지금까지 다섯 번 밖에 일어나지 않았다.[30)]

물론 공학은 지구적 환경 문제를 해결하는 데도 크게 기여한다. 에너지 효율 기술과 신재생에너지 기술은 온실가스 배출량의 감소를 통해 기후 변화 문제 해결과 위험요소 완화에 중심 역할을 하고 있다. 홍수피해방지 등 기타 기술 또한 이미 현실에서 일어나는 기후 변화의 위협에 사회가 적응할 수 있도록 해 준다. 공학이 환경 문제 해결의 열쇠로 이용되는 사례는 이 보고서 곳곳에서 쉽게 찾을 수 있다. 기술과 혁신만으론 인류와 지구를 구할 수 없다. 기술과 혁신이 사회에 맞게 설계되어야만 지구적 환경 문제를 해결할 수 있다.

한편, 자원이 고갈됨에 따라 인류가 지구적 문제에 대응하는 속도가 느려지고 있다. 그러므로 군비로 지출되는 자원을 환경 문제 해결에 사용해야 한다. 정책연구원(the Institute for Policy Studies)은 각각 '군사 안보'와 '기후 안보'에 지출되는 미국 정부 예산을 비교한 최근 보고서에서 기후 변화 문제 해결을 위해 지출된 예산보다 군사 예산이 88배나 더 많다는 사실을 밝혔다.[31)] R&D

---

20) 위의 책, p.22.

21) Stalenheim, P., Perdomo, C., Skons, E. 2007. *Military expenditure.* Chp. 8 of SIPRI (2007). SIPRI Yearbook 2007: Armaments, Disarmament and International Security. Oxford University Press/SIPRI. http://yearbook2007.sipri.org (2010년 5월 4일 최종 방문).

22) 국제금융펀드(2007)에 수록된 그림으로부터 산출하였음. *World Economic Outlook database.* http://www.imf.org/external/pubs/ft/weo/2007/02/weodata/index.aspx (2010년 5월 4일 최종 접속).

23) 유엔 보고서(2007)에 수록된 그림으로부터 산출하였음. *The Millennium Development Goals Report 2007.* UN, New York. pp.28. http://www.un.org/millenniumgoals/pdf/mdg2007. pdf (2010년 5월 4일 최종 방문).

24) 8개의 새천년개발목표 중에는 2015년까지 극심한 빈곤 완화를 위한 노력이 포함되어 있다. 새천년개발목표 달성을 위한 개발원조의 미비점에 대한 논의는 위의 각주를 참고하라.

25) Dhanapala, J. 2007. Disarmament and development at the global level. Statement at the IPB conference, *Books or bombs? Sustainable disarmament for sustainable development.* November 2007. http://www.pugwash.org/reports/nw/dhanapala-sean-macbride-prize.htm (2010년 5월 4일 최종 방문).

26) OECD 국가.

27) OECD. 2007. *Main Science and Technology Indicators 2007.* OECD, Paris. http://www.oecd.org/

28) 온난화 기체 배출량은 일반적으로 이산화탄소 배출량으로 환산한 값을 사용한다. 그림은 'the Intergovernmental Panel on Climate Change (2007)'에 있는 것을 사용하였다. *Climate Change 2007: Synthesis Report.* Fourth Assessment Report. Summary for Policymakers. http://www.ipcc.ch/pdf/assessment-report/ar4/syr/ar4_syr_spm.pdf (2010년 5월 4일 최종 방문).

29) World Health Organization. 2003. *Climate Change and Human Health - risks and responses.* http://www.who.int/bookorders/anglais/detart1.jsp?sesslan=1&codlan=1&codcol=15&codcch=551 (2010년 5월 4일 최종 방문).

30) UNEP. 2007. *Global Environmental* Outlook 4. Chp. 5. United Nations Environment Programme. http://www.unep.org/geo/geo4/media/ (2010년 5월 4일 최종 방문).

31) Pemberton, M. 2008. *The budgets compared: military vs climate security.* Institute for Policy Studies. http://www.ips-dc.org/getfile.php?id=131 (2010년 5월 4일 최종 방문).

예산도 비슷한 상황이다. 지구적 책임을 위한 과학자들(Scientists for Global Responsibility)이라는 영국의 한 단체는 군사 R&D 예산이 선진국의 신재생에너지를 위한 R&D 예산보다 훨씬 많다는 사실을 발견했다.[32]

공학자는 맡은 책임을 충실히 다하고 있는가?

이렇게 파괴적인 현상이 지속되고 있다는 사실을 고려했을 때, 과연 공학자가 가진 사회적 책임을 다하고 있다고 할 수 있을까? 이 책에 실린 글들이 보여주듯이 공학자 사회는 여러 가지 긍정적 활동을 하고 있다. 하지만 개선되어야 할 부분이 많다.

먼저, 공학자 사회가 군대와 지나치게 친밀한 관계를 맺고 있다. 위에서 논의한 군사 기술과 군비에 관련된 쟁점을 고려했을 때, 공학자 사회 내에서 기술의 폭력적 이용에 대한 비판이 일만도 한데, 전문 공학자 협회가 정부의 군사력 증진 정책을 비판하는 경우는 찾아보기 어렵다.

최근 영국에서 트라이든트 핵무기 시스템(Trident nuclear weapons system)을 교체하자는 제안에 대해 일기 시작한 논쟁에서(당시 유엔사무총장은 그 제안을 질타했다.[33]) 왕립공학한림원(the Royal Academy of Engineering, RAE)[34]은 400억 달러짜리 사업을 제때 이행하기 위해서는 기술과 인프라에 충분히 투자해야 한다고 주장했다. 최근 RAE가 공학자에게 '생명과 공공의 이익을 존중'할 것을 촉구하며 내놓은 '윤리원칙에 대한 성명'과는 어울리지 않는 주장이다.[35]

위의 사례가 보여주듯 유네스코가 적극적으로 나선 덕분에 최근 공학자 사회와 과학기관이 사회 정의와 환경의 지속가능성 등 공학자의 도덕률을 강조하기 시작했다. 하지만 공학자 사회와 군대가 가까운 관계를 맺고 있기 때문에 군사적 · 상업적 이해관계와 윤리적 원칙이 지향하는 바가 다를 경우 후자가 쉽게 경시될 수 있다.

사회적 책임을 위해 일어서기

지난 몇 년 동안 많은 공학자 및 과학자 단체는 과학기술 분야의 사회적 책임을 촉진하기 위해 노력해 왔다.

1957년, 초기 핵 무장 경쟁에 대응해 과학과 세계문제에 관한 퍼그워시 회의(Pugwash Conference on Science and World Affairs)가 열렸다.[36] 지금도 계속되고 있는 이 회의에서 전 세계의 과학자와 공학자가 한데 모여 지구적 문제의 해결을 논의했다. 이러한 논의의 자리는 주요 무기 통제 협정의 기반을 마련했다.

다소 급진적인 단체인 지구적 책임을 위한 공학자와 과학자의 국제 네트워크(International Nework for Engineers and Scientists for Global Responsibility, INES)가 공학자와 과학자가 평화, 사회 정의, 환경의 지속가능성을 위해 더 노력해야 한다는 이념을 가지고 1991년에 결성되었다.[37] 이제 INES는 30개 국가에서 70개 회원 단체를 거느린 커다란 단체로 성장했다.

공학자와 과학자 공동체 내에서 영향력 있는 사람들도 좀 더 급진적 자세로 문제 해결에 참여할 것을 촉구하고 나섰다. 1995년에는 맨하탄 프로젝트에 참여했던 과학자인 한스 베테 교수(Hans Bethe)와 요셉 로트블랏(Joseph Rotblat)이 공학자와 과학자가 핵 무기 개발 사업에 참여하지 않을 것을 촉구하고 나섰다.[38] 전 유엔사무총장이자 현 유엔대학 자문위원회 회장인 야얀타 다나팔라(Jayantha Dhanapala)는 '발전을 위한 군비 철폐'의 의제가 제대로 실현될 때까지 공학자와 과학자가 세계 주요 20대 군사기업에 종사하지 않을 것을 촉구했다.[39]

하나 이상의 공학 캠페인 그룹이나 비정부기구 활동에 적극 참여하는 것은 물론 단순히 가입하는 것만으로도 공학자로서의 사회적 책임을 다하는 것이다. 공학자 경력 및 전문성 개발계획 수립 시에도 위와 같은 사회적 책임을 간과해서는 안 된다.

공학자라면 마땅히 전쟁, 오염, 빈곤, 기후 변화와 같은 지구적 문제 해결에 기여할 수 있는 기회를 적극적으로 찾아 나서야 한다.

32) Parkinson, S. and Langley, C. 2008. Military R&D 85 times larger than renewable energy R&D. *SGR Newsletter,* No. 35, p.1. http://www.sgr.org.uk/

33) Annan, K. 2006. Lecture at Princeton University. 28 November 2006. http://www.un.org/News/Press/docs/2006/sgsm10767.doc.htm (2010년 5월 4일 최종 방문).

34) RAE. 2006. Response to *The Future of the Strategic Nuclear Deterrent: the UK manufacturing and skills base.* http://www.raeng.org.uk/policy/responses/pdf/Nuclear_Deterrent_Consultation.pdf (2010년 5월 4일 최종 방문).

35) RAE. 2007. *Statement of ethical principles.* http://www.raeng.org.uk/policy/ethics/principles.htm (2010년 5월 4일 최종 방문).

36) Pugwash Conference on Science and World Affairs. http://www.pugwash.org/

37) International Network for Engineers and Scientists for Global Responsibility (INES).http://www.inesglobal.com/

38) Rotblat, J. 1995. Remember your humanity. Nobel lecture, Oslo. December 10. In: Braun et al (2007). Joseph Rotblat: Visionary for peace. Wiley-VCH, Weinheim, Germany. pp. 315 - 322.

39) Dhanapala, J. 2007 (25번 각주를 참고할 것).

2.4.2 공학의 사회적 책임

데이빗 싱글턴(David Singleton)

공학자인 우리는 인간이 사는 환경을 설계함으로써 세상에 지대한 영향을 미쳤다. 이것은 기회이자 책임이다. 인류가 사는 방식과 기준에 인프라는 빠질 수 없는 기본 요소가 되었고, 그 인프라를 구축한 것은 바로 우리 공학자들이다.

현재, 그리고 미래에 우리 공학자가 직면한 도전 과제는 개발도상국의 덜 발전된 농촌 지역에 인프라를 제공하는 것이다. 또한 도시가 증가함에 따라 공학자는 어떻게 신도시 지역에 경제적으로 인프라를 보급할 수 있는지, 기존 인프라를 어떻게 보강할지, 어떻게 책임감을 가지고 지속가능하게 위와 같은 문제를 해결하는지와 같은 질문에 답해야 한다.

현재 세계 인구의 절반이 도시에 살고 있다. 개발도상국의 농촌 지역의 도시화가 빠른 속도로 진행되어 향후 인구 성장의 대부분이 도시에서 일어날 것이다. 2050년에 이르면 세계 인구의 70%, 즉 약 64억 명이 도시 지역에서 살 것으로 예측된다(이는 2004년 기준 세계 총 인구와 맞먹는 수다). 또한, 이 도시 인구는 아시아(54%)와 아프리카(19%)에 집중될 것으로 보인다. 특히 중국은 2050년이 되면 도시 인구가 10억 명에 달해 세계에서 가장 많은 도시 인구를 가진 나라가 될 것이다.

흔히 도시화를 국가 내 도시주민의 비율이 증가하는 과정이라고 정의한다. '도회지(urban areas)'나 '도시(cities)'는 같은 의미를 가진 단어지만, 약간의 차이가 있다. 도회지(urban areas)는 마을 등 작은 단위의 정착지를 의미하는 반면, 거대도시(megacities)는 빠른 성장을 보이는 백만 명 이상 규모의 정착지를 의미한다. 세계 총 도시 인구의 절반이 인구 50만 명 이하 단위의 도회지에 살고 있으며. 9%만이 거대도시에 거주한다.

영국의 전문 컨설팅 회사인 애럽(Arup)[40]은 도시화의 원동력에 대해 심도 있게 연구해 도시화가 사회에 미치는 영향과 사회·경제 발전에 기여할 수 있는 바에 대한 이해를 넓혔다. 세계 인구가 도시에 집중된다면 여러 가지 측면에서 지속가능한 발전이 규모의 경제에 도달할 수 있다. 동시에 도시는 많은 지구적 환경 문제의 원인이 될 수도 있다. 인프라 구축에 있어 도시는 기회와 도전 과제를 동시에 지니고 있는 것이다.

따라서 도시화에 수반되는 도전 과제를 이해하고 그 도전 과제들을 변화의 기회로 삼아야 한다. 도시 계획은 장기적 안목에서 통합적으로 수립되어야 한다. 모든 마을과 도시는 도시화의 특성을 가지고 있으며 도시 내 시설(물질적 인프라), 도시의 기능을 다할 수 있게 하는 시스템과 설비, 주민에게 필요한 서비스, 도시라면 갖추고 있어야 할 자질 등 도시를 구성하는 요소들은 모두 복잡한 상관관계에 놓여 있다.

키르기스스탄 남부의 키질투(Kyzyltoo) 수로 – 시골 지역의 인프라

선진국과 개발도상국에서 도시의 물리적 인프라는 단순히 기본적 서비스를 제공하는 것보다 훨씬 더 큰 기능을 한다. 인프라는 서비스 제공을 통해 주민의 삶의 질을 향상시킨다. 상수도를 놓고 하수구를 뚫는 것은 바로 '공공 보건'을 증진하고 깨끗하고 안전한 물을 공급해 위생을 향상시키는 일이다. 안전하고 믿을 수 있는 교통수단의 설계와 건설은 곧 교육과 고용의 기회에 대한 접근성을 향상시키고 인력 교류를 촉진하는 한편, 사람들에게 필요한 교통수단을 제공하고 화물의 효율적 운송을 가능케 하는 일이다. 좋은 인프라는 주민의 현재 삶의 질을 향상시킨다. 접근이 쉬운 고속도로는 마을과 도시를 연결하고, 효율적인 철도와 역은 통근을 가능하게 하는 한편 여가 생활을 보낼 장소를 선택할 여지를 준다. 좋은 디자인은 주거 지역과 집이 살기에 편안하고 안전한 곳으로 거듭나게 한다. 지속가능한 발전의 개념은 위와 같은 활동이 미래 세대나 환경을 희생시키지 않아야 한다고 강조한다.

좋은 공학은 삶의 질을 향상시킬 수 있는 양질의 인프라를 제공한다. 그러므로 공학자는 효율적이고 환경 친화적인 해결책을 마련해야 할 책임을 가진다. 공학자는 자신의 활동 모두에 지속가능한 디자인을 적용하고 현세대의 삶의 질뿐 아니라 미래 세대의 삶의 질을 어떻게 향상시킬 것인가에 대해 끊임없이 고찰해야 한다.

도시화의 또 다른 도전 과제는 현존하는 인프라의 보강 방안을 모

40) A global firm of consulting engineers, designers and planners. http://www.arup.com

색하는 것이다. 현존하는 도시를 통합적인 접근 방식으로 관리한다면 환경 · 사회 · 경제적 성공을 가져올 수 있을 것이다.

하지만 도시의 인프라를 지속가능하게 보강하는 것은 생각보다 복잡하다. 하지만 변화는 급진적일 필요가 없다. 작은 변화가 큰 변화를 불러올 수 있기 때문이다. 다시 말해, 비효율적인 시설 하나하나를 보수해 나가면 큰 긍정적 효과를 낼 수 있다. 예를 들면, 정보기술을 이용해 실시간으로 여행 계획을 세운다면 현존하는 교통 네트워크를 좀 더 효율적으로 이용할 수 있다.

저렴한 비용으로 삶의 질을 향상시키고 기후 변화, 식량 및 깨끗한 물의 공급 등 도시가 안고 있는 도전 과제를 해결하기 위해서 도시의 특성에 적합한 해결책을 찾아야 한다. 도전 과제의 규모가 커 엄두가 나지 않을 수도 있겠지만, 에너지와 식량 생산의 비용이 날로 증가함에 따라 지속가능한 발전이 큰 경제적 이익을 가져올 전망이기 때문에 도시는 지속가능한 발전의 힘에 의해 필연적으로 재발견될 것이다.

애럽은 경제 · 환경 · 물리 · 공간적 요소가 균형 잡힌 통합적 디자인 솔루션을 제공하여 참신한 도시 환경을 조성하기 위해 노력하고 있다. 특히, 토지의 효율적 이용, 인프라의 효율성, 도시 경제학, 그리고 접지 기후, 사회학, 생태학, 수문학, 에너지 사용 등을 고려하는 것을 기본 원칙으로 한다. 위의 원칙들은 '저개발공업지대'에 새로운 삶의 가능성을 부여하는 데 힘쓰는 등 지속가능한 공동체를 조성하는 것에 대한 촛점을 잃지 않도록 해 준다.

새롭게 조성된 도시환경은 일상생활, 일, 여가에서 인간의 상호작용이 자연스럽고 만족스럽게 일어날 수 있도록 해야 한다. 사려 깊게 계획되고 설계된 인프라라면 위의 목적을 달성할 수 있다. 이런 인프라가 조성한 환경은 동시에 최대한 위험하지 않아야 한다. 공학자는 건물과 인프라 건축에 '사전예방의 법칙'을 적용해 발생 가능한 위험 요소를 최대한 줄여야 한다. 지속가능한 설계를 고안하기 위해선 공학 디자이너가 기후 변화, 물 부족, 에너지 위기 등의 주요 이슈에 대해 끊임없이 고민해야 한다. 애럽의 목표는 지속가능한 디자인의 기준을 정립하여 환경에 단 · 장기적 이익을 가져다주는 것이다. 세계에 끼치는 영향이 지대한 만큼 공학자는 환경 친화적이고 사람을 이롭게 하는 디자인의 기준을 정립할 윤리적 책임과 기회를 동시에 안고 있다. 따라서 건축 디자인의 지속가능성과 건설 방법, 또 건축물이 주위 환경에 끼치는 영향에 대해 끊임없이 고찰해야 한다.

© David Singleton

플레이 펌프 – 어린이들이 놀면서 물을 공급하는 것을 도움

위에서 언급한 것을 효율적으로 이행하기 위해서는 현지 주민의 필요에 부응하는 동시에 다음 세대가 치러야 하는 비용을 최소화하는 디자인 솔루션과 혁신을 고안해야 한다. 이것이 바로 '공학의 사회적 책임'이다.

인구의 도시 집중과 도시 인구의 급성장은 피할 수 없는 운명이다. 따라서 공학자가 지속가능한 도시 인프라를 구축하기 위해서는 위와 같은 현실을 기피하기보단 적극 수용해야 한다. 공학자는 공학자뿐 아니라 기타 발전 전문가 사회나 공동체 리더와의 협력을 통해 도시 빈곤 문제의 지속가능한 해결 방안을 모색해야 한다. 또한 그런 해결 방안이 더 폭넓은 의사결정, 계획, 제도적 발전 과정 등에 적용되어 모두의 삶의 질이 향상될 수 있도록 해야 한다.

지속가능성과 기업의 사회적 책임은 조직의 행동, 운영 및 사업진행 방식 등에 점점 더 많은 영향을 끼치고 있다. 모든 비즈니스는 지속가능성을 우선시해야 할 동기를 충분히 가진다. 왜냐하면 인류의 생존은 기후 변화 문제의 해결, 화석 원료를 대체할 대체에너지, 적절한 교통수단, 깨끗한 물 공급의 보편화 없이는 보장될 수 없기 때문이다.

비즈니스가 운영되는 환경은 점점 더 비즈니스의 지속가능성을 가치 있게 평가하고 있으며 그에 대한 정의가 더 명확해지고 있다. 지속가능성은 난해한 도전 과제이지만, 이를 끌어안아야만 기업의 위험 목록을 잘 관리할 수 있다. 공학 산업도 예외는 아니다. 사실, 공학 산업이 다른 분야보다 더 정부가 제정한 법률이나 업체가 부가한 거버넌스를 준수하며, 소비자에게 공학자가 책임감 있게 행동하고 있다는 것을 보여주고 소비자에게 행동의 변화와 환경에 대해 교육을 제공할 사명을 지닌다.

지속가능성은 여러 가지 방법으로 달성될 수 있다. 애럽은 지속가능성 이슈에 대해 연구하며 지속가능한 운영의 기회를 찾는 한편, 지속가능성을 기준으로 사업의 실적을 평가한다. 또한, 지속가능한 운영 방법 등을 자문 의뢰인에게 제시하고 지속가능성에 대해 널리 알림으로써 책임을 다하고 있다. 건축디자인 전문가 육성 시 지속가능성을 강조하는 것도 빠질 수 없는 항목이다.

훈련과 교육은 오랫동안 다루어져 온 이슈이지만, 많은 이들이 지속가능성을 달성하기 위해서는 공학 교육이 여러 가지 면에서 바뀌어야 한다고 주장한다. 2003년, '변경없는공학회(Engineering Without Frontiers)'는 21세기 사회가 공학자에게 기대하는 점이 무엇인지 국제사회에 물었다. 2000년에 개최된 '미래를 위한 포공학자로서 우리는 다음과 같은 사안을 일상생활을 통해 몸소 보여줄 것이다.

- 지속가능성에 대한 정확한 이해
- 이 목표의 달성을 위해 필요한 기술
- 타인이 배우고 실현에 참여할 수 있는 넓은 의미의 사회 · 환경 · 경제적 책임 및 가치

(미래를 위한 포럼, 2000)

럼'에서 23명의 젊은 공학자가 21세기를 향한 공학자의 비전을 제시함으로써 이미 이 질문에 대한 답이 제시되었다.

2003년에 다시 개최된 이 포럼에서 또 다른 파트너 회사와 조직을 통해 만난 12명의 젊은 공학자가 3년 전의 포럼에서 제시된 목표가 얼마나 달성되었는지 발표했다. 발표된 성과는 실망스러웠지만 지속적 노력이 필요한 4개 분야와 그 효율성에 대해 보고했다.

- 의뢰인과 계약자에게 지속가능한 옵션을 더 쉽고 저렴하게 제공한다.
- 교육과정에 지속가능성이 통합될 수 있도록 교육자의 역량을 기른다.
- 물품 조달 과정이 효율적으로 이루어지도록 하는 기준을 마련한다.
- 지속가능성에 대한 철학과 실천을 여러 전문가 조직의 문화로 받아들인다.

('ICE: 브리핑: 21세기를 위한 공학자들–
변화를 위한 파트너십' 자료집)

세 번째 회의는 2005년에 공학 직업군 내의 지속가능한 발전을 주제로 시작되었다. 2003년 회의 때 제시된 개선이 필요한 분야를 직접 다루고 방해물과 변화의 영향력 등을 구체화했다. 전체적으로, 이 프로그램은 젊은 공학자들에게 지속가능한 발전에 대한 사명과 열정을 불어넣었다.

이렇듯, 산업체는 공학자들이 가진 사회적 책임을 인정하고 이에 반응하고 있는 것 같다. 2007년, 건축서비스공학자회(CIBSE)는 기본 원칙과 온라인 툴을 갖춘 '지속가능성 toolkit'을 만들어 공학자가 기준에 준하는 지속가능한 건축 설계를 할 수 있도록 했다.

영국 그린건축 자문위원회는 2007년 2월에 이 분야에서 말하는 지속가능성의 방향을 명확히 했다. NGO, 학문 기관, 정부 기관 등이 회원인 이 자문위원회는 지속가능성과 건축공학이 동시에 가능토록 한다.

지속가능한 디자인을 위해선 미래에도 영향을 끼칠 수 있는 최근 동향에 대해 폭넓은 이해가 이루어져야 한다. 미래 변화를 예측하기 위해 애럽은 '변화의 동력(Drivers of Change)'이라는 이름으로 설문조사와 과학적 검토 프로젝트를 실행해 사회의 미래를 여는 주요 동력이 무엇인지 밝혀냈다. 애럽의 의뢰인이 꼽은 가장 중요한 세 가지 요소는 기후 변화, 에너지 자원, 그리고 물이었다. 폐기물에 대한 우려가 그 뒤를 이었다. 추후 구체적 연구를 통해 찾아 낸 주요 여섯 개 '변화의 동력'을 애럽의 디자인, 방법론, 평가 과정 등에 반영했다. 공학자들은 디자인과 계획 과정 모두에서 위와 같은 이슈를 고려해야 한다. 새로운 개발의 모든 측면에 지속가능하고 전인적으로 접근해야 하기 때문이다. 또한, 리더십에 대한 새로운 비전을 창출하고 공학을 이끌 새로운 전략을 구축할 필요가 있다.

애럽은 몇 십 년 동안 지속가능성을 달성하기 위해 노력해 왔다. 애럽의 기업 문화 곳곳에 일을 통해 더 나은 세상을 만들자는 구호가 녹아 있다. 공학의 윤리성은 기업 내부 회의의 중심 주제이며 이에 대해 끊임없는 논의가 이루어진다. 지속가능성이 낮은 사

애럽의 지속가능경영

- 1946: 덴마크의 철학자이자 공학자인 오브 애럽이 애럽을 창설했다. 외관과 기술뿐 아니라 사회적 요소도 고려한 디자인을 추구했다.
- 1970: 기업의 세미나에서 오브 애럽이 환경에 대한 자사의 책임에 대해 발표했다. 이때 그가 발표한 내용은 현재 상황에도 적용된다.
- 1998: 애럽이 '더 나은 세상 만들기'로 자사의 미션을 설정했다. 해당 기업이 건축 환경에 미칠 수 있는 영향에 대한 이해를 보여준다.
- 2001: 애럽이 처음으로 보스턴의 매사추세츠 공대(MIT)에서 지속가능성 포럼을 개최했다.
- 2005: 미래를 위한 포럼(Forum for the Future)이 애럽의 지구 전략 회의에서 소개되었다.
- 2007(9월): 지속가능성 관련 정책이 비준되었다. 회사의 지속가능경영이 의뢰인에게 가져다주는 긍정적 영향이 구체적으로 명시되었다.
- 2008(3월): 『지속가능성 선언문(Sustainability Statement)』이 발간되었다.

업을 아예 거부해야 할까? 아니면 그러한 사업을 진행하되 최대한 지속가능하게 하고 그 과정에서 의뢰인에게 교육의 기회를 제공해야 할까? 그 해답은 그리 일목요연하지 않다. 지속가능성이 낮은 사업을 철저히 배제한다면 의뢰인 교육에 실패하고 회사의 고용 능력이 저하될 수 있다.

시간이 지나 지속가능한 디자인이 '일상적 기업 활동'이 되어 이에 대해 거론할 필요가 없어졌으면 한다. 공학자로서 사회적 책임을 이행할 수 있는 단 하나의 길을 우리는 걷고 있다.

2.4.3 기업의 사회적 책임

피터 매튜(Petter Matthews)

그저 PR이나 자선활동의 부수적 일환일 뿐이라고 여겨지던 기업의 사회적 책임 활동(CSR)은 어느새 광범위한 전략적 이슈를 다루고 정책 결정자와 전문가가 아주 중요하게 생각하는 주류 활동으로 진화했다. CSR은 거버넌스, 기후 변화, 안보, 국제 발전 등의 지구적 이슈와 불가분한 관계에 서 있게 되었다. 이제 CSR은 민간 부문의 경제적 힘, 기량과 기술, 범지구적 영향력이 세계 빈곤 문제 해결과 새천년개발목표 달성에 응용될 수 있게 하는 메커니즘으로 간주된다.

이렇게 CSR의 개념이 많이 발전했지만, 놀랍게도 그에 대한 이해가 저조하고 빈곤 감소에 직접적으로 기여한 사례를 찾아보기 힘들다. 아직 CSR 활동의 효과를 구체적으로 설명할 수 있는 방법론이 부재할뿐더러, 많은 기업이 CSR을 그저 본래의 '영리 기업 활동'을 번지르르해 보이게 하는 부수적 활동으로 밖에 간주하지 않는다. 시장이 개방되면서 많은 기업이 혜택을 얻었지만, 그에 따르는 사회적 책임에 대한 이해도는 아직 낮은 상황이다. 우리가 직면해 있는 도전 과제들을 고려했을 때 이윤만 추구하는 기업 활동은 더 이상 사회적 맥락에 적절하지 않다. 체계적 변화가 필요한 것이다. 즉, 새로 창출되는 비즈니스 모델이나 혁신적 비즈니스 모델이 변화된 경영 체계를 채택하고 부문 간 파트너십 구축에 힘써야 한다. 가장 큰 도전 과제는 CSR에 '제2세대' 방식으로 접근하는 것이다.

이 글에서는 위와 같은 변화가 공학 산업계에 미치는 영향에 대해 서술하려고 한다. 중소기업의 역할도 중요하지만, 대규모 다국적 기업의 역할에 대해 주로 다룬다. 먼저, CSR에 대한 비판을 정리하고 CSR의 취약점이 무엇인지 검토한다. 그런 다음, 왜 공학 산업계가 CSR에 특별히 더 밀접하게 연계되어 있는지 알아보고 기회를 선택하는 실질적 방법에 대해 논의한다. 마지막으로 CSR이 실패했을 때 사회에 가져올 수 있는 피해를 설명한다.

CSR에 대한 비판

CSR에 대한 비판은 참으로 다방면적인 관점에서 이루어진다. '캠페인'의 관점에서 봤을 때, CSR은 기업이 사회적 집중을 분산시켜 제도적으로 제한되어야 하는 활동을 계속하는 것을 가능하게 한다는 비판을 받는다.[41] 국가만이 공공의 이익을 실현할 수 있는 책임을 갖고 있으며 공공정책은 기업의 영향을 받아선 안 된다고 주장한다. 많은 무책임한 기업이 특히 개발도상국의 공공 규제가 매우 약하다는 사실을 이용해 이득을 본다. 하지만 규제의 부재가 지금까지 CSR의 원동력이 되기도 했다. 책임 있는 기업이 CSR 활동을 통해 건강하지 않은 거버넌스를 보상하기도 했기 때문이다.[42] 물론, 긴장관계가 있을 수 있지만 독립적일 수도 있는 게 CSR 활동이다. 좀 더 실효성 있는 전략은 바로 이 독립성을 이용해 기업의 이해와 사회의 이해가 서로를 보강할 수 있도록 돕는 공생관계를 키우는 것이다.

시장 경제의 관점을 가진 사람들은 기업 자신의 이익을 추구하는 것 자체가 사회에 대한 책임을 다하는 것이라고 주장한다.[43] 그들은 법과 시장이 규정한 범위 이외에 기업이 사회에 끼치는 영향에 대해 측정하는 것을 거부한다. 이러한 관점은 밀턴 프리드만(Milton Friedman)이 "기업의 사회적 책임은 이윤을 극대화하는 것이다"라고 말한 것과 일맥상통한다.[44] 이러한 관점의 문제점은 기업과 국가 사이에 존재하는 사회적 맥락을 무시한다는 데 있다. 기업의 본래 책임은 사회가 필요로 하는 제품과 서비스를 생산하고 분배하는 것이다. 국가는 기업에게 위와 같은 사회적 기능을 이용해 이윤을 낼 권리를 부여했지만 그 정당성은 검토할 필요가 있다. CSR은 기업에 대한 사회적 기대의 변화에 기업이 반응한다는 것을 보여줌으로써 그 권리를 정당화하려는 시도다.

CSR에 반대하는 캠페인과 시장 경제의 관점에서 몇 가지 중요한 교훈을 얻을 수 있다. 첫째는 무 분별한 기업의 활동을 저지하기 위해 최소한의 규제가 필요하다는 것이다. 가난한 공동체와 노동자의 권리가 취약한 개발도상국은 더더욱 규제를 필요로 한다. 하지만 기업이 최소한의 기준을 넘어 높은 수준의 혁신적인 사회적·환경적 성과를 이룰 수 있는 민간 부문의 숨겨진 가능성을 최

41) 예로써 '기업의 책임 연합(Core)'의 작업을 참조하라. at http://www.corporate-responsibility.org

42) Marsden, C. and Grayson, D. 2007. *The Business of Business is...? Unpicking the Corporate Responsibility Debate*, The Doughty Centre for Corporate Responsibility, Cranfield School of Management.

43) Hopkins, M. 2006. *Corporate Social Responsibility & International Development*, pp. 17 – 19, Earthscan, London.

44) Friedman, M. T*he Social Responsibility of Business is to Increase its Profits*, The New York Times Magazine, September 13, 1970.

대한 이끌어 낼 인센티브도 필요하다. 규제와 인센티브의 균형이 이루어져야 제2세대의 CSR로 발전할 수 있다.

CSR과 공학산업

공학산업과 공학산업 소비자는 최근 CSR 발전을 이끄는 원동력으로 거듭났다. 이렇게 된 데는 몇 가지 중요한 이유가 있다. 첫째, 제품과 서비스의 시장이 점점 더 개발도상국으로 이동하고 있다. 왜냐하면 지난 몇 년 동안 많은 저 · 중소득 국가의 경제 성장이 지속되어 정부 지출이 늘고 인프라와 서비스에 대한 수요가 늘었기 때문이다. 천연자원의 상품가격의 상승이 장기적으로 지속된 한편 국제개발원조도 높은 수준을 유지한 결과 이들 국가가 경제 성장을 이룰 수 있었다. OECD는 2030년까지 통신, 도로, 철도, 물, 전기 그리고 기타 에너지 관련 인프라의 구축에 세계 GDP의 3.5%에 상당하는 자금이 계속 투자되어야 할 것이라고 예측했다.[45] 즉, 2030년까지 새 인프라를 건설하고 현존하는 인프라를 유지 및 보수하는 데 약 2조 6천억 달러 정도 투자될 것이다. 개발도상국은 향후 20~30년 간 경제 성장의 요지가 될 것이다.

둘째, 인프라 건축 · 유지 · 운영, 천연자원의 이용, 대량 생산 등 공학 산업의 주요 활동이 세계 극빈층의 삶에 직접적 영향을 미치고 그들 바로 옆에서 실행된다는 점이다. 기업은 사회적 약자와 빈곤 감소를 우선시하는 정부, NGO, 기타 국제기구와 같은 다양한 범위의 이해관계자와의 관계를 유지해야 한다. CSR은 회사가 이렇게 복잡한 관계를 유지하고 사회로부터 '운영 자격'을 얻을 수 있도록 돕는다.

물론 이 외에도 CSR의 제2세대를 여는 원동력이 여러 산업 분야에 걸쳐 있다. 캠페인 운동가 · 주주 · 윤리적 투자자들로부터 오는 압력, 신기술에 대한 수요, 유엔 글로벌 콤팩트 등의 국제적 제도,[46] 그리고 사회적 책임을 다하는 기업이 질 좋은 노동력을 얻을 수 있다는 인식의 확산이 그 예이다.

기회 탐망하기

기업 전략으로 완전히 통합된다면, CSR은 기회와 경쟁력, 혁신을 이끄는 동력의 원천이 될 수 있다. 제인 넬슨(Jane Nelson)은 민간 기업이 지역 발전과 빈곤 완화에 기여할 수 있는 4단계 전략 모델을 제시했다(그림 1). 그중 첫 3가지 단계는 규제의 준수,

© Arup

에비노스 댐, 그리스

자선적 기부와 비용 · 위험성 · 부정적 영향의 관리, 사회 이슈에 대한 기업의 관례적 반응 등에 대한 것이다. 좀 더 혁신적인 네 번째 전략인 '새로운 가치 창출'은 사회적 개선과 경쟁력을 통합해 CSR의 제2세대를 여는 중심 원리가 된다. 포터(Porter)와 크레이머(Kramer)는 이 원칙을 '공유가치(shared value)'라고 부른다. 그들은 "기업이 할 수 있는 사회공헌 활동 중 가장 가치가 큰 것은 회사가 사회적 영향을 전체적 전략에 필수 요소로 접목시켜 기업의 가치창출이 사회적 차원에서 이루어지도록 하는 것이다"라고 주장했다.[47]

그림 1. 민간 기업에서 발전에 대한 기여를 강화하는 전략[48]

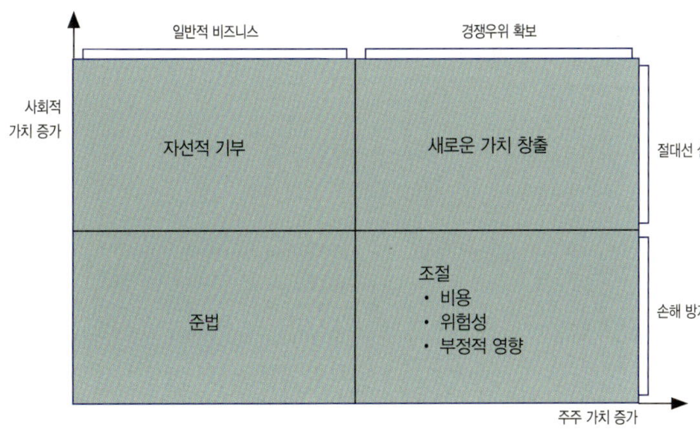

45) Organisation for Economic Cooperation and Development (2008) *Infrastructure to 2030*, OECD, Paris.

46) http://www.unglobalcompact.org/

47) Harvard Business Review, December 2006, Harvard University, Cambridge MA. pp. 10.

48) 다음 책에서 인용하였음. Nelson, J., *Leveraging the Development Impact of Business in the Fight Against Global Poverty*, Working Paper 22, John F. Kennedy School of Government, Harvard University, Cambridge MA.

'새로운 가치'나 '공유 가치' 창출의 기회는 공학이나 건축 부문에서 더더욱 두드러진다. 공학이나 건축 활동은 사회 · 경제의 기본적 인프라를 건설하고 유지한다는 점에서 사회적 중요성이 높다. 또한, 공학과 건축 활동은 물리 · 사회 · 경제적 '발자국(footprint)'이 거대한 것이 특징이라서 넓은 범위에서 새로운 가치 창출의 기회를 찾을 수 있다. 하지만 분야와 지리적 요건, 심지어 특정 기업의 운영 방식에 따라 얻을 수 있는 기회가 달라진다. 그러므로 기회를 좀 더 체계적으로 탐망하고 선택해야 한다. 빈곤퇴치를위한공학자회(Engineers Against Poverty)가 고안한 경제 · 사회적 성과기준(Economic and Social Performance Framework, ESPF)이 위의 목적을 달성하기 위한 실질적 도구의 한 예이다.[49]

ESPF는 기업이 지역 환경에 대한 이해를 넓히고 이용에 앞서 현지 이해관계자의 자문을 구할 것을 추천한다. 현지인과의 관계 유지를 통해 얻은 지식으로 기업은 현지 이해관계자에게 의미 있는 가치와 경쟁가치를 동시에 창출할 수 있는 기회를 찾을 수 있을 것이다. 기업과 사회의 상호작용은 결코 제로섬 게임이 아니다. ESPF는 기업이 CSR을 혁신의 원동력으로 간주하기를 바란다. 빈곤, 지속가능성, 그리고 기후 변화는 경제 위기 발생 시에도 사라지지 않는 '시장을 결정하는' 이슈이다.

49) http://www.engineersagainstpoverty.org

제2세대 CSR의 이론적인 뒷받침은 튼튼히 잡혀 있지만 실제로 실천에 옮길 수 있는 도구가 필요하다. ESPF가 그 예인데, 개선 방안을 수행하고 그 영향을 측정한다. 바로 이 부분이 공학 산업이 CSR의 제2세대의 길을 열고 불을 밝힐 수 있는 기회이다.

실패가 가져올 수 있는 영향

CSR이 이토록 강조되는 이유는 바로 기업과 사회 간 관계에 깊은 골이 존재하기 때문이다. 이들 관계가 공유가치에 기반하여 새로 구축될 수 있다면, 기업의 이해와 사회의 이해가 서로 상호보완적인 관계로 거듭날 수 있을 것이다. 또한 지금 CSR이라고 불리는 활동은 곧 기업의 핵심 활동이 되어 그 이름이 사라질 것이다.

기업이 빈곤 감소를 실현할 수 있다는 기대는 하지 말아야 한다. 그것은 정부와 다자간 기구의 임무이다. 하지만 장기적인 안목에서 원조를 늘리고 부채를 탕감하는 것은 결코 효율적이고 지속가능한 해결책이 될 수 없다. 대신 민간 부문의 숨겨진 발전 가능성을 최대한 끄집어 낸다면 빈곤 감소 목표 달성에 한 걸음 더 가까이 다가갈 수 있을 것이다. 혁신과 필요한 변화를 이끌 수 있는 기회가 기업에겐 충분히 있다. 만약 기업이 이 기회를 잡는 데 실패한다면, 새천년개발목표 달성 실패의 결과로 발생한 사회적 · 환경적 · 경제적 악영향을 막지 못한 것에 대해 후에 크게 후회할 것이다.

그림 2. 석유 및 가스 산업을 위한 경제 · 사회적 성과 기준(ESPF) 도식도[50]

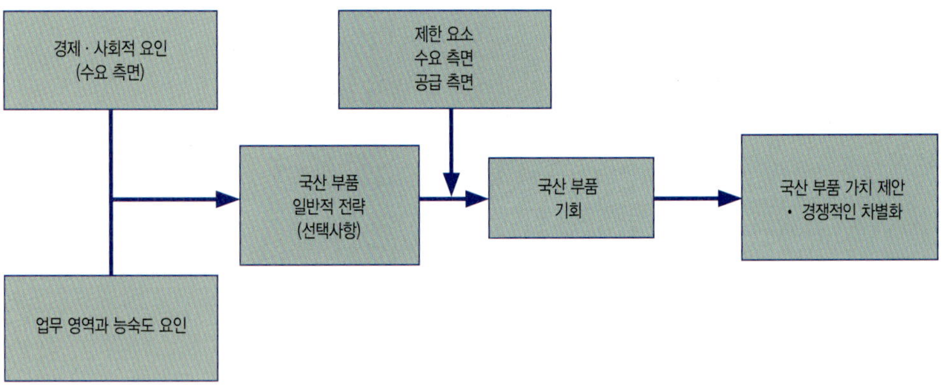

50) 다음 자료에서 인용하였음. EAP & ODI. 2007. http://www.odi.org.uk/events/ details.asp?id=168&title=underutilised- value-multinational-engineering-fi rms-supportingoil-companies-tackle-poverty (2010년 5월 10일 최종 방문).

제 3 장
공학: 새로운 이슈와 도전

공학의 새로운 이슈, 도전 과제, 그리고 기회는 크게 내부적 쟁점과 외부적 쟁점으로 나눌 수 있다. 내부적 쟁점은 바로 공학에 대한 청년들, 특히 여성의 관심이 줄어들고 있어 공학의 미래 역량이 위기에 놓여 있다는 것이다. 외부적 쟁점은 새로운 이슈, 도전 과제 그리고 기회가 새천년개발목표 중에서도 특히 빈곤 감소와 지속가능성, 기후 변화의 완화 및 적응에 깊이 연관되어 있다는 것이다. 이 장은 외부적 이슈와 도전 과제, 기회에 초점을 맞춘다. 공학에 대한 학문적 관심이 감소되고 있는 문제에 대해서는 이후 공학 교육에 관한 장에서 더 심도 있게 다루도록 하겠다. 이 장에서는 먼저 과학, 기술, 혁신의 미래에 대한 예측에 대해 논의한다. 새로 생기는 과정이나 미래에 새로 생겨날 공학 분야에 대한 논의에서는 공학과 지속가능성, 도시화, 세계화 등의 중요성이 날로 커져간다는 점을 강조하고 점점 더 중요해지는 생명공학을 포함한 물질, 에너지, 정보, 시스템 관련 공학 분야를 소개한다. 지속가능성에 대해서는 기후 변화와 공학자가 기후 변화 완화 및 적응에 기여할 수 있는 공학 분야 발전에 지금부터 힘써야 한다는 주장과 함께 논의한다. 그 다음에는 정보와 지지, 공공정책의 영향, 그리고 전문가들 사이에서 공학 메시지를 전달할 수 있는 방법을 검토한다. 마지막으로 새천년에 바라본 공학과 기술이라는 주제로 이 장을 마무리한다.

3.1 공학, 미래에 대한 예측

이안 마일즈(Ian Miles)

미래 연구가 이루어지기 시작한 지는 오래됐지만, '미래에 대한 예측'이라는 단어는 최근에 들어서야 널리 사용되기 시작했다. 20세기에 이루어진 가장 급진적 발전은 바로 미래예측 연구가 국가적·국제적 수준에서 대규모로 이루어지기 시작했다는 점이다. 새천년이 시작함과 동시에 이 활동이 더 활성화되었다. 종종 '과학기술예측조사'라고 불리던 미래예측 연구 활동은 주로 정부가 후원하며 혁신 정책, R&D의 우선순위 결정 등에 도움이 될 수 있는 정보를 제공하는 것을 목적으로 이루어진다.[1] 1970년대 이후 과학기술예측조사를 통해 일찍이 과학과 기술이 사회의 필요를 충족하고 시장에서 기회를 잡는 도구가 될 수 있다는 이해를 넓힌 일본의 경험에 자극받아 유럽에서도 과학기술예측조사에 대한 관심이 높아지기 시작해 대규모로 확산되기에 이르렀다.

미래예측 연구는 장기적 분석(일반적인 비즈니스의 기간을 넘음)에 대한 태도부터 정책 결정(연구나 혁신 정책에 관해 결정이 보류된 경우가 많음), 그리고 폭넓은 참여를 강조(일반 대중에겐 없는 지식을 가진 이해관계자를 관여시켜 조사에 정당성을 부여하고 정부의 행동을 보완함)한다는 점에서 기타 미래 연구와 많이 다르다.

미래예측 연구의 기반을 확립하는 덴 여러 선행 조건이 필요했다. 첫 번째로, 정부의 투자 활동에 연구 예산의 확립이 우선시 되어야 했다. 정부가 모든 분야의 예산을 계속 팽창시킬 수는 없었기 때문이다. 정부의 후원으로 혜택을 얻은 과학자와 공학자들조차도 정부가 대규모 기금을 정당하고 효율적으로 분배하고 있는지에 대해 의문을 가졌다. 왜냐하면 몇몇 새로운 분야가 등한시되었기 때문이다.(일본이 1980 년대에 주도한 '제5세대' 프로그램은 산업계가 대규모 정보기술 관련 공공 R&D 프로그램을 시작하게 된 계기였다.[2]) 미래에 대한 예측과 평가 연구 등의 도구가 지식에 기초하고 투명한 결정을 가능하게 한다고 인식되기 시작했다.

© UNESCO

아리안 4호 우주선

둘째로, 과학과 기술의 적용과 발전의 형태에 대한 우려가 증가하여 새로운 기술이 사회적·환경적으로 유익하다는 사실을 증명할 수 있어야 했다. 여러 환경 문제(살충제 및 핵사고, 오존층 파괴, 기후 변화 등)와 무서운 식품공해(영국에서만 해도 살모넬라균, 리스테리아균, BSE, 구제역, 조류 독감 등에 의해 먹을거리가 오염된 사례들은 현대의 농업과 식품 가공 처리 방식이 인간의 수명을 연장시켰지만 동시에 엄청난 경제적 비용을 초래한다는 사실을 증명했다)가 잇따라 일어나는 한편, 인간 복제와 인간의 조

1) '유럽 미래 예측 모니터링 네트워크' 홈페이지(http://www.efmn.eu)에는 미래 예측 활동에 대한 많은 자료가 있다. 특히, 다음의 총설 논문은 통계적 분석을 하는 데 유용하다. R. Popper *et al., 2007. Global Foresight Outlook 2007*(http://www. foresight-network.eu/files/reports/efmn_mapping_2007.pdf) (2010년 5월 5일 최종 방문).

2) Feigenbaum, A. and McCorduck, P. 1983. *The Fifth Generation: Artificial Intelligence and Japan's Computer Challenge to the World* London, Michael Joseph.

직 및 줄기 세포의 이용과 같은 생체의학 이슈의 출현 그리고 기타 죽음에 관한 결정에 대한 문제, 새로운 신경과학기술의 응용, 인간 역량 강화, 가까운 미래에 현실이 될지도 모르는 인공 지능 등의 문제도 출현했다. 나노기술이나 나노기술을 보도하는 언론 모두가 기술발전에 관한 결정이 어떻게 만들어지고 기술이 인류를 어느 방향으로 몰아가고 있는지에 대한 불확실성을 증폭시켰다. 미래에 대한 예측은 미래에 대한 비전을 창출하고 가능성을 가늠하는 한편 우리 앞에 도사리고 있는 위험과 장벽에 대해 미리 대처할 수 있게 한다.

세 번째 요소는 혁신이다. 혁신은 경쟁력을 구축하고 국가적 성과, 그리고 사회·경제적 목표 달성을 가능케 하는 핵심 열쇠이다. 많은 국가들은 자국의 혁신 체계가 취약하다고 느끼기 시작했다. 기관들과 그들 사이의 관계는 지식을 창출하고 그 지식이 실제에 응용될 수 있게 한다(과학기술 실험, 응용 공학, 디자인, 고등 공교육, 직업교육, 상업적 기업, 정책 결정, 재정 등). 미래에 대한 예측은 혁신 체계의 구성원들을 연결하고 통합하는 도구를 제공한다. 몇몇 미래예측조사(예를 들어, 프랑스의 FUTURIS)[3]가 이미 국가 연구기관과 혁신 체계 자체의 재구성 방안을 고안하려는 목적으로 실행되었다.

많은 국가가 대규모 미래예측 연구를 시작했으며 몇몇 국가는 이미 세 번 이상 조사를 반복했다. 국가에 따라 미래예측 연구가 정부의 일개 부서가 추진하는 전문적 활동인 경우도 있고, 미래에 대한 예측 접근 방식이 광범위한 분야에 적용되는 경우도 있다. 로드맵 구축, 시나리오 분석, 델파이법, 동향 분석 등의 기술이 전문화되었으며 위와 같은 접근 방식을 지원하기 위한 흥미로운 정보 기술의 응용 방법이나 새로운 지원 방법 등이 발전하기 시작했다.

초기 미래예측 연구를 통해 얻을 수 있는 교훈은 바로 사회문제 전문가, 기업 경영인, 재정 및 정책 전문가 그리고 과학자와 공학자 모두의 협력이 아주 중요하다는 것이다.[4] 협력의 중요성을 경시한 미래예측 연구에선 지식의 골이 곳곳에서 발생해 이를 채우는 데 많은 시간과 에너지가 낭비되었다. 성공적인 미래에 대한 예측 활동은 여러 분야의 전문가들이 각자의 지식을 공유하고 결합할 수 있게 했다. 또한, 기존의 이미지와 집착에서 벗어나 장기적 발전에 대한 자신의 이해에 대해 명확히 설명할 수 있게 되었으며 기타 관련 분야의 전문가들의 의견과 어떻게 다른지 비교할 수 있는 기회를 얻었다.

스페인 서부에 있는 비즈카야 다리 – 1887년에 드 팔라시오가 설계하였으며 유네스코 세계문화 유산으로 등재됨.

위와 같은 경험을 통해 고도로 전문화된 지식을 소유한 동시에 공유할 수 있는 인재가 경쟁에 유리하다는 사실을 알 수 있다. 뿐만 아니라 유능한 인재라면 그러한 지식을 기타 분야에 연관시켜 이해할 수 있는 능력과 소위 'T자형 인재'라고 불리는 자기 분야의 전문적 지식을 갖추고 있을 뿐만 아니라, 경영능력, 완만한 대인관계 등 더 넓은 범위의 기술을 갖추고 있어야 한다. 덧붙여, 미래에 대한 예측은 자신이 소속된 기업이나 조직의 이해만을 주장하지 않고 열린 자세로 다른 사람과 자신의 지식을 공유할 수 있는 인재를 필요로 한다. 다시 말해 인지적, 사회적, 전문적, 윤리적 역량이 모두 요구된다. 공학 산업에서는 소비자·사용자와의 관계와 장기적 안목에서 프로젝트를 관리할 수 있는 능력을 가진 공학자를 유치해야 한다.

미래예측 연구는 여러 측면에서[5] 우리의 사회·경제적 활동에 도구의 사용이 늘고[6] 있다는 점을 밝혀냈다. 우리는 새로운 기술을 사용해서 물질세계를 변화시키며, 변화의 모습을 설계하고 모사한다. 기술은 우리의 지식을 성문화하고 비교 연구하는 것을 도울 뿐 아니라 인간의 상호작용을 중재한다. 기술은 또한 우리에게 복잡한 체계 내의 직간접적 구성 요소에 개입할 수 있도록 하는 강력한 도구를 제공한다. 새로운 형태의 공학(서비스공학, 생명공학 등)의 출현과 동시에 교육 및 평생학습 방법도 새로워지고 있다. 새로운 메커니즘, 새로운 기술과 하이브리드 기술, 새로운 공학 관련 전문직이 끊임없이 출현하고 있으므로 공학의 미래

3) 다음 책을 참고할 것. R. Barre *Foresight in France*, Chp. 5 in L. Georghiou et al. (eds, 2008) *The Handbook of Technology Foresight, Cheltenham*, UK and Northampton, MA, USA: Edward Elgar (이 책에서는 본 보고서에서 다룬 많은 이슈들에 대해서 보다 심화된 내용을 다루고 있다). 다음 자료도 유용하다. http://forlearn.jrc.ec.europa.eu/guide/7_cases/futuris_operation.htm(2010년 5월 5일 최종 방문).

4) 다음 자료들을 볼 것. the study of industrially-oriented foresight, J. Molas-Gallart et al. (2001). *A Transnational Analysis of the Result and Implications of Industrially-oriented Technology Foresight Studies*, ESTO Report, EUR No: EUR 20138 EN (http://www.p2pays.org/ref/05/04160.pdf (2010년 5월 5일 최종 방문).

5) EFMN 데이터베이스를 보라. 심지어 한 국가의 활동도 광범위할 수 있다. 예를 들어 영국 Foresight의 최근 프로젝트는 홍수, 비만, 약, 뇌과학, 전자기 스펙트럼 개발, 전염병 발견 및 확인, 스마트 인프라와 같이 다양하다. http://www. foresight.gov.uk for details of these and many more projects.

6) IBM의 Samuel J. Palmisano가 그의 저서 "*A Smarter Planet: The Next Leadership Agenda*"에서 사용한 '도구화(instrumented)'라는 용어를 인용하였다. http://www.ibm.com/ibm/ideasfromibm/us/smartplanet/20081106/sjp_speech.shtml(2010년 5월 5일 최종 접속). '도구화'와 유사한 용어로 '정보화'가 있지만, '도구화'에서는 정보통신기술 이외에도 나노기술과 유전체학과 같은 기술도 사용된다.

는 단순 예측이 불가능하다. 개인에게 미래에 대한 통찰력은 끊임없이 변화하는 환경에서 현명한 결정을 내릴 수 있게 하는 큰 자산이 될 것이다.

한편, 미래에 대한 예측 프로그램은 미래 창조에서 공학과 공학자가 하는 중심적 역할을 강조한다. 이러한 공학자의 역할이 계속 확장되고 제도화되어 공학이 사회·환경 문제를 깊고 효율적으로 해결하는 데 사용될 수 있는 연결고리를 찾기를 바란다.[7] 공학 역량이 가진 강점 및 한계점과 사회 문제의 구조 및 위급함에 대한 폭넓은 지식이 있다면 장기적 기회와 위험을 둘러싼 논쟁이나 행동이 유익한 방향으로 이루어질 수 있을 것이다.

7) 공학 교육과정에 '공학 예측' 부분을 포함하는 시도는 흥미로운 일이다. 예를 들어 영국 맨체스터 대학교 기계공학과 3학년의 교과목 중에는 학생들이 미래에 마주칠 것으로 예상되는 프로젝트를 수행하는 것이 있다. 교육과정에는 이 교과목에서는 증분 제품과 공정 개발보다는 거대한 변화, 파괴적 혁신 기술, 과학적인 큰 진전과 같은 것을 다룬다. 또한 학생들에게 다양한 예측 기술을 연습시킴으로써 미래 시장, 사회 및 기술에서 기계공학의 위치를 자리매김하게 한다. http://www.manchester.ac.uk

3.2 공학의 새로운 영역

조지 버글리아렐로(George Bugliarello)

지난 60년간 수많은 새로운 글로벌 이슈들이 출현했다. 이렇게 해결이 시급한 이슈를 해결하기 위해서는 공학의 참여가 그 어느 때보다 필요하다. 사회·경제·환경 차원에서 세계를 지속가능하게 만들 것인가에 대한 해답부터 도시화와 세계화에 어떻게 대응할 것인가에 대한 해답까지 공학이 해결책을 제시할 수 있는 이슈가 많기 때문이다. 미국공학한림원(NAE)에서 최근 발표한 연구보고서인 '공학의 거대한 도전 과제'(Grand Engineering Challenges)에서는 새로 출현한 글로벌 이슈들을 역설했다.[8]

공학이 사회학, 경제학, 정치과학, 기타 사회과학 및 프로세스, 의료보험과 농과학 등의 광범위한 분야와 상호작용을 하게 되면서 공학자들이 위와 같은 지구적 이슈를 다루는 데 더 직접적이고 영향력 있는 역할을 하게 되었다. 동시에, 나노기술부터 생명공학에 이르기까지 새로운 과학과 밀접히 연관된 공학의 영역이 생겨나 공학이 상상할 수 없었던 형태로 진화해 지구적 이슈에 막대한 영향을 끼칠 수 있을 것으로 보인다.

경제, 사회, 환경적 지속가능성

공학이 경제적 지속가능성을 위해 풀어야 할 숙제는 바로 세계적 운송 시스템의 개선, 기술적 혁신 및 기업가 정신 양성, 일자리 창출, 효율적 자원의 사용을 통해 환경적 영향을 최소화할 수 있는 기술과 시스템을 설계하는 것이다.

물, 식량, 에너지, 물질 등 자원을 탐색하는 과정에서 공학이 전통적으로 해 왔던 역할이 이제 새로운 접근 방식으로 보강 및 확장되어야 하며 자원보존이나 폐기물 관리 등의 영역에서 공학의 역할은 점점 더 커지고 있다.

물의 공급은 세계적으로 매우 불균등하다. 게다가 물 부족 현상이 날이 갈수록 심각해지고 있다. 위와 같은 문제에 직면한 세계는 공학기술을 그 어느때보다도 절실히 필요로 한다. 더 효과적인 물 공급 체계와 재활용·담수처리·폐수처리 시스템 등을 구축해 저수지에서 증발로 상실되는 물의 양 감소, 낙후된 시설로 발생하는 물 손실 예방, 새로운 재순환 시스템의 구축 등이 공학이 할 수 있는 일이다.

지난 세기 말, 녹색 혁명으로 식량의 공급이 두 배 가까이 늘었으나 경제와 인구의 급격한 성장, 농경지의 바이오연료 생산지로의 전환, 수산 자원의 고갈 등으로 인해 또다시 식량 공급 위기가 도래했다. 이에 따라 수경 재배, 유전자학의 응용 등의 새로운 공학적 접근법이 필요하게 되었다. 세계적으로 많은 식량이 저장고나 운송 과정에서 상하는 문제를 더 이상 방치할 수 없다. 기후 변화로 인해 개발도상국 농업 인구의 30%가 식량 위기를 겪고 있는 지금,[9] 농공학과 국제적 운송체계가 절실히 필요하다.

공학은 에너지 기술 측면에서도 많은 도전 과제를 안고 있다. 어디서나 얻을 수 있고 무한한 태양광 에너지, 석유시추 기술, 지열 에너지 등의 기술과 전 세계에 환경적으로 지속가능한 전력과 빛을 보급할 수 있도록 하는 기술 등은 많은 개선이 필요하다. 전력

8) NAE (National Academy of Engineering), February 15, 2008. http://www.engineeringchallenges.org

9) Brown, M. E. and C. C. Funk. 2008. Food security under climate change, *Science*, Vol. 319, pp. 580 – 581, 1 February.

망에서 간헐 태양광·풍력발전의 비율을 높이는 것, 널리 사용될 수 있는 크고 작은 경제적 전력저장 메커니즘을 고안하는 것, 전력 소비가 가장 많은 시간에 전력 출력량을 감소시키는 것 등이 주요 도전 과제이다. 에너지 효율의 개선은 가장 우선시 되어야 하는 사항인데, 세계적으로 낭비되는 에너지의 약 50%를 줄일 수 있기 때문이다. 화력발전소가 배출하는 탄소를 제거하는 것 또한 우선순위 과제 중 하나이다. 교통수단에 많이 사용되는 액체 탄화수소를 대체할 연료를 찾는 것도 시급하다. 농작물에서 바이오에너지를 추출하는 것보다는 분자생물공학을 이용한 식물미생물의 연료화, 수소연료전지의 개발 등이 더 바람직한 해결 방법이다.

물질 자원의 측면에서 봤을 때 공학은 더 지속가능한 대체재(복합 재료, 토양, 플라스틱 쓰레기, 농업부산물 등의 구조적 이용)를 찾고 구리 등 공급이 부족한 물질을 재사용 및 재활용하는 한편, 생산과 이용 과정에서 낭비되는 물질이 없도록 하는 순환 구조를 만들어야 한다.

또한, 공학은 인간의 생활과 활동이 환경에 남기는 발자국을 최대한 줄이는 데 힘써야 한다. 인간 거주지의 확장, 무분별한 채굴 및 자원의 변형, 야생동물의 서식지를 빼앗는 댐의 건설, 인체에 유해한 물질 발생, 지구온난화의 주범인 도시의 높은 대기 온도 및 온실가스의 배출, '열섬' 현상 등 인간의 활동으로 인해 환경이 파괴되었다. 자원의 효율적 이용, 적당한 소비, 물질의 재활용, 분쟁 해결, 인간 거주지의 무질서한 팽창 방지, 대체에너지 개발 등 공학이 풀어야 할 숙제가 많다. 그뿐만 아니라 핵폐기물 문제를 포함해 날로 커져만 가는 폐기물 문제는 인간의 건강과 환경을 보호하기 위해 반드시 해결되어야 하는 문제이다. 다른 생물종의 서식지를 보존하는 방향으로 부지 계획을 세우고 인프라를 설계해 모두가 공존할 수 있도록 해야 한다. 위와 같은 도전 과제의 해결에는 새로운 기술과 새로운 정책의 필요성에 대한 대중적 이해가 결합해 도출되는 시너지 효과가 요구된다.

도시화

두 번째로 시급한 세계적 개발 이슈는 바로 도시화이다. 현재 세계 인구의 절반이 도시에 살고 있다. 선진국은 이미 도시화가 많이 진행되었고, 개발도상국의 도시 인구도 가까운 미래에 폭발적으로 증가할 것으로 보인다. 따라서 규모에 상관없이 도시가 지구의 지속가능성에 끼치는 영향이 점점 더 증가할 것이다. 또한, 도시 인구의 연령층이 빠르게 변하고 있다. 개발도상국의 도시에는 젊은 인구가 대규모로 유입되고 있는 한편 선진국은 고령화 문제에 직면해 있다. 개발도상국의 도시도 시간이 지나면 고령화 문제에 시달릴 것이 분명하다. 이러한 문제를 다루는 데에도 공학이 이용될 수 있다. 공학은 인간이 도구를 사용하는 방식을 재설계해 도구의 이용을 편리하게 할 수 있다. 도시 공학이 해결해야 할 도전 과제는 바로 이 도시 인구의 성장과 고령화에 발맞추어 적절한 주거, 교통, 물, 위생, 전기, 통신, 깨끗한 공기 등을 모든 시민이 누릴 수 있도록 현지의 자원을 최대한 이용하고 도회지가 확장되는 만큼 더 필요해진 인프라를 구축해 도시 빈곤 문제 및 일자리 부족 문제 등을 해결해야 하는 것이다(Bugliarello, 2008).[10] 또한, 체증 관리와 오염 및 소음의 감소를 통해 도시 생활의 질을 개선해야 한다. 도시가 확장되면서 지진, 화산폭발, 침수, 파괴적인 폭풍이나 쓰나미 등의 위험도 높아졌다. 따라서 공학은 튼튼하고 회복탄력적인 인프라의 구축, 더 효과적인 경보 시스템, 더 현실적인 대피 계획 등을 통해 도시 인구를 갖가지 위험으로부터 보호해야 한다.

공학을 통해 개발도상국의 도시에게 필요한 다양한 범위의 지속가능성이 선진국보다 더 저렴하게 공급되어 주요 필요를 빠르게 충족시켜야 한다. 그 필요는 바로 저렴하고 신속한 건설부터 쉬운 유지 및 보수, '녹색'에너지 기술, 자원 및 환경 보존 기술, 탄력적 교통망(신속버스시스템(BRT) 등), 값비싼 장비 없이 넓은 지역을 연결하는 통신 시스템에 이르기까지 다양하다.

세계화

세 번째 공학의 과제는 세계 경제의 세계화에 관련된 것이다. 공학은 교통 시스템의 강화, 지식과 고속인터넷 기술의 확산, 지구 경제에 참여하기 위해 필요한 기술 훈련 마련, 세계 곳곳에 퍼져 있는 공학 역량이 한데 모여 시너지 효과가 창출될 수 있도록 하는 기준의 확립 등을 통해 지구 곳곳의 지역과 시민에게 국제적 지식, 시장, 기관에 대한 접근성을 향상시켜야 한다.

새로운 기초 공학적 노력의 등장

재료, 에너지, 정보 및 시스템, 생명공학. 이 네 가지 기본 공학 영역의 새로운 도전 과제들은 모두 미래에 대해 커다란 가능성을 품고 있다.

- 재료 영역: 나노기술과 생명나노기술의 출현으로 이온, 원자, 분자 간의 다양한 차원에서 다양한 성질을 지닌 물질이 창조될 가능성이 날로 높아져만 가고 있다. 구조적 힘의 강화(Dzenis, 2008),[11] 에너지 검출 및 전송 기술, 빛의 파장 수준에서 빛을 다룰 수 있는 기술, 그리고 원하는 대로 물질의 특성을 바꾸는

10) Bugliarello, G. 2008. Urban sustainability and its engineering challenges. *Journal of Urban Technology*, April.

11) Dzenis, Y. 2008. Structural nanocomputers. *Science*, Vol. 319, pp. 419~420, 25 January.

기술이 그 예이다(Vaia and Baur, 2008).[12] 이러한 공학 기술은 제조, 건설, 인프라에 혁명적 변화를 불러일으킬 것이다. 다양한 천연재료를 활용한 복합재료 또한 가볍지만 강한 구조물을 만들 수 있게 한다. 큰 규모의 자기 조립 재료와 미세구조는 보편화되기엔 아직 이르지만 이들이 가진 가능성은 중요하게 여겨진다. 물질재료와 에너지는 해체 가능한 구조의 등장과 그 구조에 사용된 물질과 에너지를 최대한 많이 재사용하는 재활용 기술의 발전에 깊이 연관되어 있다.

- 에너지 영역: 연료 전지, 바이오매스 및 폐기물 소각로, 박테리아 전력 발전기, 바이오연료 엔진, 태양광발전, 고효율 집열기, 대·소규모 풍력발전기, 소수력발전기의 발달은 발전에 직접으로 응용될 수 있다. 초전도 고압 직류 전선은 장거리 이동시 전기의 손실을 줄여 에너지를 멀리 떨어진 곳으로 운송할 수 있도록 한다. 즉, 세계 곳곳에 에너지가 고르게 공급될 수 있을 것이다. 또한, 보행으로부터 나오는 에너지를 이용해 와트 수가 낮은 가전제품을 작동시킬 수 있을 정도의 전력을 발전시키는 기술도 주목할 만하다. 무게 당 저장용량이 큰 전지의 발명도 미래의 필요를 충족하는 데 도움이 될 것이다. 조명 시스템을 개선해 이산화탄소 배출량이 많은 램프와 불, 그리고 저효율의 백열전구를 대체할 수 있다. 핵융합도 먼 미래에 실현 가능할 것으로 보인다. 하지만 무엇보다 안정적인 첨단 핵분열 반응기를 많이 설치하고 핵확산을 방지하는 안전한 연료순환 시스템을 구축해 전기를 공급한다면 온실가스를 줄이는 동시에 기타 에너지원의 고갈에 대비할 수 있을 것이다.
- 정보 영역: 개인적 수준에서 정보통신과 인터넷 접근성에 혁명적 변화를 일으킨 개인용 이동통신기기는 마이크로칩과 관련 기준의 발달로 음성, 정보, 이미지 등을 하나로 통합한 다기능·다목적 도구로 진화하고 있다. 이제 지형, 비용, 조직 등의 이유로 기존 전화 시스템이 닿지 못했던 지역에도 손이 닿을 수 있을 것이다. 반도체 전자 공학과 컴퓨터 구조학이 계속 발달한다면(Ferry, 2008)[13] 더 기능 좋은 컴퓨터가 출현해 공학 분석 및 디자인, 그리고 생물학적·사회적·환경적 현상의 연구도 개선될 수 있을 것이다. 에너지와 물질재료의 효율적 이용에서 정보는 핵심 열쇠를 쥐고 있다. 의료시스템, 사회복지, 제조, 교통, 기타 인프라 체계, 농업 및 지리물리학, 광물 탐사 및 채굴 등의 성과를 높이고 기타 주요 발전 도전 과제를 해결하는 데도 정보는 없어서는 안 될 중요핵심 요소이다.

고질적인 빈곤 퇴치, 보편적이고 효율적인 의료서비스, 경제 발전, 도시화, 안보, 지구온난화 등의 국제적 주요 도전 과제 해결에 사회·정치·경제 시스템과 의료시스템, 영양의 문제, 그리고 좀 더 전통적 공학 분야인 물과 에너지의 공급, 건축, 인프라, 생산 등을 모두 다루는 시스템 공학의 역할이 강조되고 있다. 초기 발전 단계에 있는 에이전트 기반의 멀티 스케일 모델링은 위에서 언급한 시스템 공학의 도전 과제에 대응해 더 현실적인 행동적 요소를 포함하고 있을 뿐 아니라 나노부터 거시적 차원을 망라한다. 또한, 시스템 공학은 지능적 로봇과 자동 시스템을 발달시키고 신체적 장애가 있는 사람의 생활을 돕거나 제조 및 위험한 일을 대신 수행하는 등 다양하게 응용될 수 있다.

생명공학

공학이 생물학, 의학과 만나 생명공학이 탄생했다. 생명공학은 의료서비스, 산업, 농경 그리고 기타 일상생활에 있어 점점 더 의의가 커지고 있다. 예를 들어, 생명공학은 생물학적 처리를 통해서 마실 수 있는 물을 만들어낼 수 있으며(Brown, 2007),[14] 조직공학은 병든 생물조직을 활기 있는 새 조직으로 다시 태어나게 한다. 그 밖의 예로는 의수나 의족 등 인공 장기의 정교한 제작, 도구 및 센서 등 더 강력하고 빠른 진단법, 효과적 약물투여, 백신 생산의 가속화(Heuer, 2006),[15] 단백질·유전자·유기체의 공학적 설계 등이 있다. 이러한 진전의 대부분은 소형화(예를 들면 lab on a chip), 컴퓨터의 소프트웨어와 하드웨어, 이미징 및 시각화 기술, 메카트로닉스 등의 발전에 기인한다.

생체모방(biomimesis)은 아직 널리 알려지지 않은 새로운 공학 분야로서, 생태계의 유기적 특성을 연구해 공학 디자인의 새로운 아이디어나 '개념 검증'을 하려는 시도이다. 생체모방을 이용해 더 저렴하고 효율적·효과적인 해결책을 찾을 수 있게 될 것이다. 간단한 예로 흰개미 집의 구조적 디자인을 본 딴 환기 시스템이 있다.

자연 환기를 위해서 흰개미 집을 참조해서 설계한 짐바브웨의 수도 하라레에 있는 이스트게이트 센터

12) Vaia, R. and J. Baur. 2008. Adaptive composites. *Science*, Vol. 319, pp. 420~421, 25 January.

13) Ferry, D. K. 2008. Nanowires in nanoelectronics. *Science*, Vol. 319, pp. 579~580, 1 February.

14) Brown, J. C. 2007. Biological treatment of drinking water, *The Bridge*, Winter, pp. 30~35.

15) Heuer, A. H. (Ed.). 2006. Engineering and vaccine production for an influenza pandemic. *The Bridge*, Vol. 36, No. 3, Autumn.

공학의 새로운 분야

위에서 논의한 도전 과제와 가능성의 연장선에서 '발전공학(engineering for development)'이라고 부를 수 있는 새로운 다학제적 공학의 출현이 기대된다. 그리고 이것은 개발도상국뿐만 아니라 모두를 위한 것이다. 인간 발전과 지속가능성의 문제를 잘 이해하고 공학적 지식을 적용할 수 있는 능력을 갖춘 공학자가 필요한 이 시기에, 발전공학은 세계적 필요를 충족시킬 수 있을 것이다. 지금 우리에게 필요한 공학자는 미래에 대한 감각을 가지고 있으며 다른 학문 분야, 공동체, 정치 지도자 등과 협력해 해결 방안을 디자인하고 이해할 수 있는 사람이다. 쉽게 간과될 수 있지만 아주 기본적인 공학의 책임은 바로 새로운 기술의 발달이 가져올 수 있는 원치 않는 결과를 인지, 예방 및 완화하는 것이다. 원치 않는 결과의 예로, 열대우림 지역의 강에 댐을 마구 건설한다면 열대성 질병이 발생할 수 있으며, 농업의 기계화로 토양이 파괴될 수 있고, 자동화를 지나치게 서두른다면 사회적 불안정을 초래할 수 있는 경우들을 들 수 있다.

오늘날 지구 공동체가 직면한 문제를 해결하는 데 꼭 필요한 발전공학자를 충분히 양성하는 것이 최우선시 되어야 할 때다.

3.3 기후 변화와 미래의 공학자[16)]

찰리 하그로브스(Charlie Hargroves)

호주 2020 정상회의에 앞서 국무총리 케빈 러드(Kevin Rudd)는 '기후 변화는 우리 시대의 윤리적, 경제적, 과학적, 그리고 기술적 도전 과제'라고 말했다. 기후 변화 대응은 공학자가 풀어야 했던 과제 중 가장 어렵지만 동시에 큰 기회가 될 수 있다. 이러한 이중성은 인류가 깨달은 가장 중요한 '불편한 진실'일지도 모른다.

정부 간 기후 변화 협의회(The Intergovernmental Panel on Climate Change)는 2007년에 '세계는 8년 안에 지구온난화를 멈춰야 한다. 그렇지 않으면 지구에 파국을 초래하는 변화가 올 것'이라고 선언했다. 이 발언을 들으면 희망이 없다고 생각하기 쉽지만, 위기 극복의 기회는 충분히 있다는 생각이 확산되고 있다. 2007년 말, 미국 전 대통령 빌 클린턴은 '저탄소 경제의 실현은 제2차 세계대전 이래 최고의 경제 성장을 가져올 것'이라고 역설했다.

지난 2년간 세계적으로 기후 변화 이슈에 대한 양심적 의식이 높아졌다. 아무런 조치도 취하지 않아도 된다고 생각하는 사람은 이제 거의 없으며 행동을 취하지 않는 것은 끔찍하고 비윤리적이며 비싼 비용을 치러야 할 것이라고 생각한다. 지금 많은 사람들이 던지는 난해한 질문은 바로 '우리가 세상을 가꿈으로써 오히려 지구를 파괴하고 있는가?'이다. 30년 전부터 주목하지 않을 수 없는 도전 과제와 기회의 증거가 나타나면서 생겨난 이 질문은 그리 새롭지 않다. 하지만 아직도 큰 조치는 취해지지 않고 있을뿐더러 이를 저지하는 사람도 있다. 이것은 바로 교육과 이해가 부족하고 지금까지 검증된 경제 정책, 과학 지식, 기술적 · 디자인적 솔루션의 역량이 부족하기 때문이다.

문제를 한 번에 해결해 줄 '특효약'을 찾기보다는 여러 가지 공학적 솔루션을 종합한 '통합적 해결책'이 필요하다. 공학자는 지금까지 인간과 산업을 눈부시게 발전시킨 바로 그 창의성과 기발함을 가지고 지속가능한 공학과 발전을 실현하는 데 힘써야 한다.

미래의 공학자는 먼저 물질의 사용 자체를 줄이는 한편 기술과 처리과정, 인프라 및 시스템을 더 효율적 · 생산적 · 효과적인 것으로 재설계할 수 있는 지식과 기량을 길러 오염을 줄이는 데 주력할 것이다.

미래의 공학자는 저탄소 국가 경제를 이룩하는 데 필요한 과학, 공학, 설계 이슈에 대한 포괄적 이해를 넓혀야 한다. 세계적으로 온실가스 배출량이 빠르게 증가하고 있는 지금, 탄소배출을 줄이기 위한 비용효과적인 전략, 정책, 공학 디자인의 이행 및 설계가 신속하고 치밀하게 이루어져야 한다. 스턴 리뷰(the Stern Review)는 안정화 궤도(stabilization trajectory)라는 개념을 제안하고 두 단계가 있다고 주장하였다. 첫 번째는 세계 탄소 발생량의 증가를 멈추는 것, 두 번째는 세계 온실가스 배출량을 내년 꾸준히 줄이는 것이다. 스턴 리뷰는 '조취를 지연하면 지연할수록 그만큼 더 어려워질 것이다. 2020년도 탄소감축 목표치 달성을 2030년까지 지연한다면 CO_2e(이산화탄소 환산 배출량)를 550ppm 수준으로 유지하기 위해 필요한 감축률이 두 배나 높아진다. 만약 10년 더 지연된다면 획기적인 조치를 취하지 않는 한 CO_2e를 550ppm수준으로 유지하는 것이 불가능할지도 모른다'고 주장했다.[17)]

16) 이 내용은 필자가 '내추럴 엣지 프로젝트(Natural Edge Project)'의 동료들과 함께 호주정부가 주도하는 『Garnaut Climate Change Review』에 기고한 것을 요약한 것이다. 전문을 보려는 사람은 아래 주소를 참고할 것. http://www.naturaledgeproject.net/Document/TNEPSubmission.pdf (2012년 5월 5일 최종 방문).

17) Stern, N. 2006. *The Stern Review: The Economics of Climate Change*, Cambridge University Press, Cambridge, Chp 8: The Challenge of Stabilisation, p 10. http://www.sternreview.org.uk/ (2010년 5월 5일 최종 방문).

그림 1. 감축노력이 없는 경우의 배출량과 450~550ppm CO_2e의 안정화 궤도그림

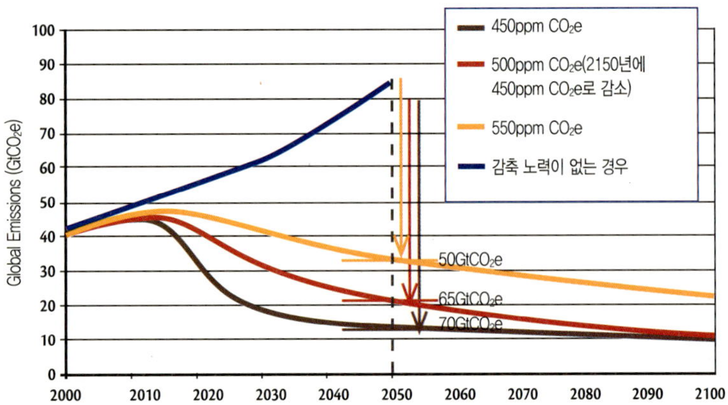

출처: Stern Review

온실가스감축 목표치를 경제적으로 달성하기 위해서는 배출량의 정점(peak)에 달하는 시기와 그에 필요한 연간 탄소감축량이 균형을 이뤄야 한다. 원하는 탄소 배출량 목표치에 도달하게 하기 위해서는 '정점(peak)'과 해당 연간 '필수감축량'의 조합이 중요한데, 규모나 범위에 따라 각 궤도가 경제에 끼치는 영향이 달라지므로 탄소배출량을 안정시키는 데 가장 이상적인 조합을 찾아야 한다. 늦은 정점의 경우에는 단기 감축률이 크지 않지만 최종 감축목표에 달성하기 위해서는 정점 이후에 매년 높은 수준의 감축량을 유지해야 하는 단점이 있다. 반대로, 이른 정점의 경우에는 단기 감축률이 크지만 정점 이후에 연간 감축량이 적다는 장점이 있다.

호주 멜번에 있는 왕립기술연구소 소속의 앨런 피어스(Alan Pears) 교수는 "온실가스 배출 감소는 겉으로 보기엔 해결이 막막한 과제이다. 많은 사람들이 불빛 없이 살거나 공장 문을 닫는 등 비참한 삶을 살아야 달성할 수 있는 목표라고 생각한다. 하지만 온실가스를 수년 안에 모조리 없애지 않아도 된다는 것을 기억해야 한다. 아직 향후 수십년 간은 여유가 있다. 이 시간적 여유 덕분에 냉장고, 컴퓨터, 자동차 등의 에너지를 사용하는 기계나 발전소가 5~30년 주기로 교체되어야 한다는 사실을 기회로 활용할 수 있다. 즉, 낙후된 시설을 교체할 때마다 탄소배출량이 낮은 시설로 교체한다면 경제적 비용을 최소화할 수 있을 것이다. 예를 들어, 호주의 석탄 화력발전소 대부분은 2020년이 되면 지어진 지 30년이 넘는 낙후된 시설이 될 텐데, 이들을 재생에너지, 열병합 발전이나 기타 고효율 에너지 공급 기술(연료전지 등)로 교체하거나 재설비할 수 있다"라고 설명했다.[18]

하지만 만약 정점이 너무 이르면 단계적 감축량을 유지하는 데 어려움이 있을 수 있으며, 반대로 정점이 너무 늦으면 연간 감축량이 높아져 이를 감당하기 어려울 것이다. 스턴 리뷰(the Stern Review)는 "연간 3% 이상 탄소배출량을 감축하는 것은 비현실적인 목표이다. 따라서 지금부터 세계적 탄소배출량의 성장률을 감속해 정점자체를 낮춰야 한다"라고 말했다.[19]

안정화 궤도(stabilization trajectories)는 전환기에 서 있는 공학 전문가들이 정점 달성을 위한 단기 탄소감축에 대한 이미 풍부한 기회를 포착하는 동시에 경험을 쌓고 규모의 경제를 구축해 감축된 탄소배출량을 유지할 수 있도록 한다. 탄소 감축 유지 모델(sustained reductions model)의 장점은 특정 산업이 반응할 시간적 여유와 여지를 제공한다는 것이다. 배출거래제도나 기타 금융 메커니즘을 통해 산업의 단·중기적 성과가 전체 평균 감축률을 높이는 데 크게 기여할 수 있다. 한 나라가 지구 공동체에서 하는 역할에 대해 고려할 때, 상황은 더 복잡해진다. 국내 연간 감축률을 달성하기 위해 한 국가 경제의 노력이 종합되어야 하며, 세계 안정화 곡선을 달성하기 위해 각 국가의 국제적 노력이 종합되어야 한다. 2008년 호주의 경제를 분석한 가넛 중간보고서(the Garnaut Interim Report)는 여러 나라의 1인당 탄소배출량을 고려한 궤도곡선을 발표했다. 여러 국가 고유의 궤도곡선을 종합하면 세계 안정화 궤도를 달성할 수 있다.

미국, 호주 등 선진국이 경제 발전을 위해 화석 연료를 마구 소비했다는 사실을 고려했을 때, 급격히 성장하고 있는 중국이나 인도가 화석연료 소비량을 감축시키길 바라는 것은 비합리적이다. 가넛(Garnaut) 교수가 제안한 모델의 강점이자 이 모델이 지지받아야 할 가장 큰 이유는 바로 중국과 인도에게 발전의 여지를 준다는 것이다. 또한, 모든 국가가 1인당 감축 곡선을 따른다면 세계 탄소배출량의 안정이 가능하다. 이미 중국과[20] 인도는[21] 에너지 효율을 높이기 위해 많은 노력을 하고 있다. 중국은 GDP 단위당 에너지 소비를 20% 감소한다는 목표 아래 열한 번째 5개년 계획을 수립했다.

전문가들은 세계의 기후 변화 솔루션 시장이 미화 1조 달러 규모로 빠르고 지속적으로 성장할 것이라고 추측한다. 이미 특정 저탄소 제품과 서비스 시장은 세계에서 가장 빠르게 성장하고 있다. 특히 유럽연합, 미국 실리콘 밸리, 중국, 일본은 자국 연구기관과 기업이 조명 기술, 가전제품의 에너지 효율, 신재생에너지 시스템, 고효율 자동차 등에 혁신을 가져올 수 있도록 경쟁하고 있다.

18) Smith, M. and Hargroves, K. 2006. Th e First Cuts Must be the Deepest, *CSIRO ECOS*, Issue 128, Dec-Jan. pp. 8-11.

19) Stern, N. 2006. *The Stern Review: The Economics of Climate Change*, Cambridge University Press, Cambridge. http://www.hm-treasury.gov.uk/sternreview_summary.htm (2010년 5월 5일 최종 방문).

20) China Energy Bulletin을 참조할 것. http://www.energybulletin.net/3566.html (2010년 5월 5일 최종방문).

21) 인도 에너지 효율청 홈페이지를 참고할 것. http://www.bee-india.nic.in/ (2010년 5월 5일 최종 방문).

표 1: 안정화되기까지의 배출량 경로

안정화 수준 (CO_2e)	최대 배출 연도	연간 배출량 감소속도(%/년)	2005년 기준치 대비 감소량(%)	
			2050	2100
450ppm	2010	7.0	70	75
	2020	–	–	–
500ppm (2150년에 450ppm으로 감소)	2010	3.0	50	75
	2020	4.0 - 6.0	60 - 70	75
	2030	5.0[1] - 5.5[2]	50 - 60	75 - 80
	2040	–	–	–
550ppm	2015	1.0	25	50
	2020	1.5 - 2.5	25 - 30	50 - 55
	2030	2.5 - 4.0	25 - 30	50 - 55
	2040	3.0 - 4.5[3]	5 – 15	50 - 60

출처: Stern Review

왜냐하면 위 기술과 제품의 혁신이 국내 기업에 향후 수십년 간 수십억 달러 규모의 이익을 창출할 수 있기 때문이다. 가넛 교수는 2008년 2월 발표한 중간 보고서에서 도전 과제가 무엇인지 요약했다. 그는 "목표를 달성하려면 호주는 개혁은 어렵다는 사실을 직시하고 저탄소 경제로의 전환을 감당할 수 있는 선에서 감행해야 한다. 그렇지 않으면 적응 과정이 고통스러울 것"[22]이라고 역설했다.

제프리 삭스(Jeffrey Sachs) 교수는 2008년 델리 지속가능한 발전 정상회의에서 "지금 우리가 필요한 것은 양질의 산수, 공학, 경제학, 그리고 위 모든 것의 종합이다. 우리는 위 분야에서 지금까지 아무것도 하지 않았지만, 향후 2년 동안 미래로의 길을 제시하기 위해 위의 학문에 힘써야 한다."[23]라고 말했다. 기후 변화 이슈를 다룰 때에는 그 복잡성에 종종 혼을 빼앗기게 된다. 이렇게 복잡한 도전 과제를 정교하고 참신하게 풀어 나가기 위해 서로의 노력에 대해 배우며 협력해야 한다.

경제학은 과학과 동반된다면 탄소 감축 궤도가 경제에 끼칠 수 있는 영향을 예측하는 귀중한 가이드가 될 수 있다. 과학, 공학, 디자인이 경제학과 만나면 산업 경제에 환경 친화적 운영 방식을 제시해 탄소감축궤도를 달성할 수 있게 도울 수 있을 것이다. 경제학 하나로는 물리적으로 가능한 것이 무엇인지에 대한 정보가 없기 때문에 적절한 해결책을 찾을 수 없다. 또, 과학과 공학은 디자인 및 공학적 해결책이 경제적으로 현실 가능한지 가늠하게 해 주는 경제학 없인 적절한 해결책을 내놓을 수 없다.

22) Maiden, S. 2008. Garnaut eyes massive carbon reduㅊtions, *The Australian*. http://www.theaustralian.news.com.au/story/0,25197,23251141-11949,00.html (2010년 5월 5일 최종 방문).

23) Sachs, J. 2008. Valedictory Address, delivered to the Delhi Sustainable Development Summit, Delhi (7-9 February 2008).

세계 모든 기업, 정부, 공동체가 가장 비용 효율적인 온실가스 완화 방법을 찾고 이행하려면 기후 변화 완화 솔루션에 대한 교육과 훈련이 필수적이다. 정책 결정자가 기후 변화 이슈 해결을 위해 현명히 정책을 제정하고 적응적 거버넌스를 실천하고 기업이 탄소 가격 신호에 잘 적응하는 것은 에너지효율 같은 비용 효율적 완화 방법을 찾고 이행할 수 있는 지식과 기량의 유무에 달려 있다.[24]

그림 2. 급성장하는 경제여건을 고려한 각국의 배출량 예상 시나리오

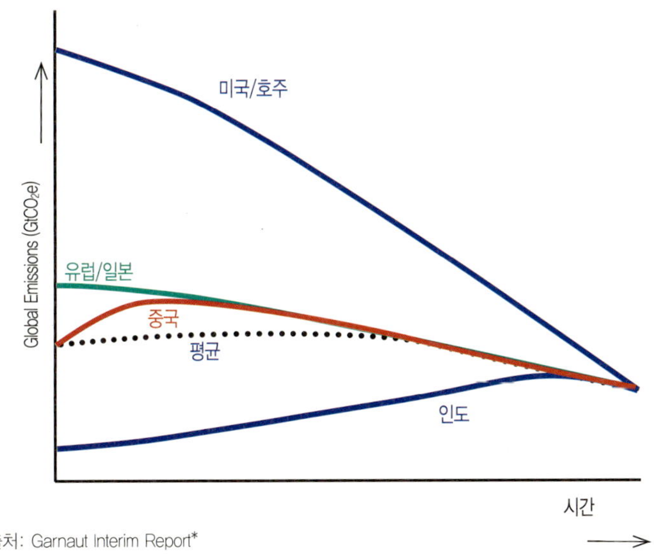

출처: Garnaut Interim Report*

* Garnaut Climate Change Review, 2008. *Interim Report to the Commonwealth*, State and Territory Governments of Australia. http://www.garnautreview.org.au/index.htm (2010년 5월 5일 최종 방문).

24) 호주의 Natural Edge Project에서는 '국가 에너지 효율성 프레임워크'의 재정 지원을 받는 33개 대학 중 27개 대학교의 에너지 효율성에 대한 교육 상황에 대한 포괄적인 설문조사를 실시하였다.

스턴 리뷰(the Stern Review)는 조취를 취하는 데 드는 비용과 취하지 않았을 때 드는 비용을 분석했다. 조치를 취했을 경우 세계 경제가 감당해야 하는 비용은 GDP의 1%였으며, 스턴 리뷰는 '특별한 조치를 취하지 않았을 때 기후 변화의 비용은 지금부터 시작해 영구히 세계 1인당 소비를 최소 평균 5% 줄인 것과 같다'고 밝혔다.[25] 스턴 리뷰는 비용이 증가하는 양상이 곧 환경과 인간 보건에 가치는 영향과 정귀환(positive feedback) 효과, 그리고 사회적 약자와 빈곤층이 짊어져야 하는 부당한 짐 등을 고려한 모델이라고 설명한다. 또한, 영향력 있는 조치가 신속히 취해지지 않으면 기후 변화로 인해 1930년도 대공항에 맞먹는 규모의 경제 침체기가 도래할 것이며, "더 넓은 범위의 위험과 영향이 고려되지 않으면 기후 변화의 피해 규모가 GDP의 20%를 넘어설 것으로 보인다. 향후 10~20년 동안의 투자는 21세기 후반에 걸쳐, 또 더 먼 미래의 기후에 큰 영향을 끼칠 것이다.(지금 조치를 취하지 않으면) 향후 사회 · 경제 활동에 세계대전과 1930년도 대공황만큼 커다란 혼란을 가져올 것이다. 그리고 그 혼란이 초래한 변화를 다시는 되돌릴 수 없을지도 모른다"[26]라고 결론지었다.

한시라도 빨리 온실가스 감축 목표치를 설정하고 달성해야 한다. 온실가스의 농도가 지구가 감당할 수 있는 환경 한계점을 넘어섰기 때문이다. 레스터 브라운(Lester Brown)이 말했듯, 지금의 발전 양상은 "자연의 한계를 넘어서고 있다. 그 한계점은 눈에 보이지 않아 선을 넘고 있으면서도 우리는 그것을 깨닫지 못하고 있다. 자연은 지금 시간을 재고 있는데, 우리는 그 시계를 볼 수 없다. 사라져 가는 숲, 사막의 확장, 물 부족, 수산자원의 고갈, 생물다양성 상실, 대기 온도 상승 등은 우리 미래에 도사리고 있는 환경 문제다. 대기 온도가 상승하면 열파(heat wave)로 인해 농작물이 시들고, 살인적인 폭풍과 가뭄, 산불 등이 기승을 부릴 것이며, 잘 알려져 있듯 빙하도 녹는다."[27] NASA의 제임스 한슨(James Hansen) 같은 과학자는 온실가스를 십년 내에 감축하지 않으면 아이러니한 이름의 '정귀환(positive feedback)' 효과로 해수면 상승, 이상 기후 현상 등 걷잡을 수 없는 지구적 재앙이 일어나 세계 경제를 무너뜨리고 기업에게 큰 손해를 가져올 것이라고 말했다.[28] 이러한 정귀환(positive feedback) 효과를 막으려면 유례없는 지구적 협력이 절실히 필요하다. 알 고어(Al Gore)는 이 상황을 '지구적 비상사태'라고 묘사했다. 바로 이것이 현재 '젊은 공학자'들이 가진 도전 과제이며, 그들이 어떻게 이 숙제를 푸느냐에 우리의 미래가 달려 있다.[29]

25) Stern, N. 2006. *The Stern Review: The Economics of Climate Change, Executive Summary* Cambridge University Press, Cambridge, p 10. http://www.hm-treasury.gov.uk/media/8AC/F7/Executive_Summary.pdf (2010년 5월 29일 최종 방문)

26) Stern, N. 2006. *Stern Review.*

27) Brown, L. R. 2008. Plan B 3.0: Mobilizing to Save Civilization. W.W. Norton & Company, p. 398.

28) Hansen, J. and Sato, J. et al. 2007. Climate change and trace gases, *Phil. Trans. Royal Soc*, Vol. 365, pp 1925~1954. Available at http://pubs.giss.nasa.gov/abstracts/2007/Hansen_etal_2.html (2010년 5월 5일 최종 방문).

29) Barringer, F. and Revkin, A.C. 2007. Gore Warns Congress of 'Planetary Emergency', *The New York Times.* Available at http://www.nytimes.com/2007/03/22/washington/22gore.html (2010년 5월 5일 최종 방문).

3.4 공학 메시지 – 전달하기

필립 그리니시(Philip Greenish), 베벌리 파킨(Berverley Parkin)

공학자는 세계적으로 많은 기여를 — 적어도 영국에서는 그렇다 — 하지만 그들이 하는 역할에 대한 인식은 턱없이 부족한 실정이다. 정책 결정의 초기 단계에서 공학적 관점을 고려한다면 공공정책이 더 나아질 것이지만, 적어도 영국에서는 공학자의 정책 결정 참여도가 낮다. 공학은 지구적 문제를 해결하고 보건과 국부(wealth of nations)를 증진한다. 따라서 우리가 직면한 거대한 도전 과제를 해결하려면 세계적으로 더 많은 공학자가 필요하다.

왕립공학한림원의 동력이자 미션은 바로 '공학을 사회의 중심부에 가져다 놓는 것'이다. 다시 말해, 기관의 지원이 필요한 공학자가 사회발전에 최대한 많이 기여할 수 있도록, 또 그들의 기여가 정당한 가치를 부여받을 수 있도록 돕는다. 이 미션을 달성하기 위해서는 공학에 대한 열정을 갖도록 젊은 청년들을 고무하고 그들이 다음 세대의 공학자가 될 수 있도록 격려할 필요가 있다.

인식

그렇다면 공학에 대한 대중적 인식이 어떻게 바뀌어야 할까? 2007년, 영국 왕립 공학 학술원(the UK · Royal Academy of Engineering)과[30] 영국 공학 · 기술 이사회는 위 질문에 답하기 위해 설문

30) http://www.raeng.org.uk

사례 연구: 영국 왕립공학한림원(The UK Royal Academy of Engineering)

서론

영국 왕립공학한림원(이하 한림원)은 공학 직업군을 위한 영국의 국립 학술원이다. 학생과 교수진은 정부의 과학혁신부, 영국문화원, 기타 의회 및 정치조직 등 다양한 파트너 기관과 협력한다. 한림원은 세계공학한림원평의회(the International Council of Engineering and Technological Sciences, CAETS)와 유럽 응용과학 · 기술 · 공학 위원회(the European Council of Applied Sciences and Technologies and Engineering, Euro-CASE)의 창립 멤버이기도 한데, 이 사실은 국제정책에 영향을 미치는 데 도움이 되고 있다. 학술원이 추대한 유네스코 자연과학 위원회 회원은 토의 시 공학적 관점이 간과되지 않도록 노력하고 있다. 한림원의 홈페이지 주소는 http://www.raeng.org.uk이고, 이곳에서 최근 보도 자료를 찾을 수 있다. 정기 간행물은 http://www.ingenia.com에서 읽을 수 있다.

공공정책

공학자가 공인으로서 공공정책 담론에 참여한다면 사회에 큰 보탬이 될 것이다. 거의 모든 정부 정책은 공학적 요소를 가지고 있는데, 정책이 달성하고자 하는 목표를 달성하기 위해선 이 요소가 충분히 고려되어야 한다. 정책의 공학적 요소가 충분히 이해된다면 그 정책을 이행하는 것이 한결 수월할 것이다. 이와 같이, 문제를 해결하려 할 때 공학적 관점에서 접근한다면 목적에 알맞고 지속가능한 해결 방안을 찾을 수 있다. 공학적 관점 없이는 기후 변화, 에너지 안보, 세계 빈곤 및 질병, 테러리즘 등 거대한 도전 과제에 효과적으로 대응할 수 없다.

정회원들을 통해 영국 왕립공학한림원은 정부 및 의회와 긴밀한 네트워크를 형성했다. 사회 문제 해결을 위한 프로그램은 이 네크워크를 통해 교육, 공학 및 국제 문제 관련 정책 제정 시 의회 기관, 정부, 기타 관련 조직들에게 공학 메시지를 전달한다. 영국 정당과 각 대변인의 정책적 이해관계를 파악하는 과정에서 한림원은 공학적 배경 지식을 가지고 있는 정치인이 거의 없다는 사실을 깨닫고 핵심 이슈에 대한 정보를 제공하기 위해 세미나 프로그램을 시작했다. 정책 제정에 있어 유럽연합의 영향이 큰 만큼, 유럽연합 기관으로까지 프로그램을 넓혀가고 있다.

영향력 쌓기

한림원은 작년부터 영국의 전문 공학 공동체와 협력해 여러 부문의 정부 정책제정자들이 전문 공학 자문을 쉽게 얻을 수 있도록 돕고 있다. 노력의 결과로 기후 변화, 에너지, 물의 안보, 국가 인프라 등에 관련된 정책을 결정하는 데 정부 부서들이 한림원 공학자가 지원하는 전문 자문을 적극 이용하기 시작했다. 더 나아가, 정부의 정책제정 과정에서 공학적 관점이 누락되지 않도록 행정 조직 내 공학적 역량과 이해를 증진하기 위해 노력하고 있다.

세계 경제 침체와 금융 서비스 업계의 실패 경험은 더 회복탄력적인 미래 경제를 만들어 나가는 토대이자 우리가 가진 거대한 도전 과제를 푸는 열쇠인 공학적 혁신의 중요성을 보여줄 수 있다.

국가 정책에 있어 한림원이 가진 또 하나의 중요 요소는 바로 청년 교육에 영향력을 행사하는 것이다. 학술원은 젊은이들의 과학, 기술, 공학, 수학 등에 대한 관심을 고취시키려고 노력하고 있다. 또한, 14~19세 학생을 대상으로 수준 높은 직업 교육을 실시하고 있으며 정부에게 공학 교육의 다양한 관점에 대해 조언한다.

대중 이미지 만들기

한림원은 대중과의 더 나은 소통을 위해 공학자 조직과 공학자의 역할, 사회 공헌, 성취, 도전 과제 등 공학자의 이미지를 향상시킨다. 모든 연령대와 모든 계층의 대중이 공학과 사회, 국가와 세계에 대한 담론에 참여하도록 격려한다. 대중과 소통하는 가장 효과적 도구는 바로 미디어이다. 우리는 진중한 공학 담론을 국영 방송국을 통해 매주 방영하는 것을 목표로 하고 있다. 한림원의 정회원이 정기적으로 신문이나 방송 매체를 통해 여러 가지 이슈에 관해 목소리를 높여왔기 때문에 한림원의 노력이 좋은 결과를 가져올 수 있었다.

이 전략에서 중요한 부분은 공학 기술과 그것이 사회에 끼칠 수 있는 영향 간 연결 고리를 찾고 이와 연관 있는 참여적이고 시사하는 바가 많은 요소들을 현안과 관련해 대중에게 소개하는 것이다. 사생활 보호, 자율주행차 및 관련 시스템, 합성 생물학, 나노기술 등과 관련된 정책적 이슈는 사회에 커다란 변화를 가져올 것이다. 여기서 한림원은 미디어를 통해 세계적인 관심을 모으는 것이다.

또한, 한림원 자체 출판물인 인제니아(Ingenia)를 1년에 4번 발간해 전 세계 3천 개 이상의 중고등학교와 만 천 개 이상 지역에 무료로 배포하고 있다. 인터넷상에서도 구할 수 있는 이 출판물은 이미 영향력 있는 공학 학술자료가 되었다. 매년 수백수천만 명이 이 출판물을 인터넷에서 접한다. 최근에는 국제 발전, 특히 아프리카의 국제 발전에 있어 공학이 하는 역할에 대해 설명한 에세이 모음집인 『공학의 변화(Engineering Change)』를 출간했다.*

공공 참여

한림원의 PR 활동이 대중적 이미지를 높이기 위해 대중을 설득하고 고무하는 것이라면, 공공 참여 활동은 바로 사람들이 공학의 세계적 영향력에 대해 토론하고 성찰하도록 돕는 것이다. 한림원은 언론 보도, 현장 이벤트, 축제, 전시회, 연극 등의 다양한 활동을 통해 대중의 인식을 높이고 국가적, 지역적 수준에서 공학에 대한 담론을 형성해 대중의 참여를 증진한다. 현재 주요 이슈로는 의료보건 연구를 위한 e-환자 DB 구축, 로봇 공학 및 인공지능, 그리고 합성 생물학 등이 있다.

The Royal Academy of Engineering

* http://www.raeng.org.uk/news/publications/list/reports/Engineering_Change.pdf (2010년 5월 5일 최종 방문).

조사를 벌였다.[31] 이 설문조사를 통해 공학 공동체가 수년 간 느꼈던 불편한 감정이 사실이라는 것이 증명되었다. 공학의 본질, 범위, 다양성, 공학이 사회에 끼치는 영향 등에 대한 영국 사람들의 이해도는 아주 낮았다. 이렇게 공학에 대한 인식과 이해가 저조할 뿐만 아니라, 공학자로서의 자존감과 공학자들이 하는 일이 무엇인지에 대한 지식도 부족했다. 설문조사 응답자 중 절반 이상이 공학에 대해서 '거의 알지 못'하거나 '많이 알지 못한다'고 대답했으며 10명 중 6명이 '공학자들이 정확히 무엇을 하는지 아는 사람이 거의 없다'고 생각했다. 청년들의 공학에 대한 이해도가 특히 낮았다.

공학자는 광범위한 활동과 부문에서 작업한다. 사실 이것이 공학자가 정확히 무엇을 하는 직업인지에 대한 인식과 이해가 부족한 이유일 수도 있다. 실제로 10명 중 8명이 공학자의 종류가 너무나 많기 때문에 '공학자'의 역할을 가늠하기 어렵다고 응답했으며 위의 연구는 공학은 명확히 정의될 수 없다고 결론지었다. 심지어 언론은 '공학'이라는 단어를 '디자인', '과학', '혁신' 등 뜻이 다른 개념으로 치장해 공학의 명확한 정의를 흐려 놓는다. 미국 사이언스 타임즈의 한 연구에 따르면 공학자와 공학에 대한 담론에서 이 두 단어가 언급된 경우는 5분의 1에 지나지 않았다고 한다.[32] 영국 방송 프로그램이나 기사에서도 공학 관련 내용을 다룰 때 '공학'이라는 단어를 직접 언급하는 경우는 드물었다.

특히 어려운 도전 과제는 바로 젊은 사람들과 소통하는 것이다. 영국은 공학을 직업으로 하려는 젊은이가 더 필요하다. 또한, 젊은이에게 공학이 사회에 끼치는 영향에 대해 더 적극적으로 알려 우리 시대의 빅 이슈에 대한 담론에 참여할 수 있도록 해야 한다. 젊은이들에겐 공학의 핵심을 이해하는 것이 어려울 수도 있다. 따라서 학교에서부터 공학의 메시지를 전달해야 한다. 젊은이들이 공학을 직업으로 하는 것에 대한 여부는 그들이 자신에게 맞는 주제를 공부하고 있는지, 효과적인 가이드, 소통, 역할 모델에 쉽게 접근할 수 있는지에 달렸다. 1859년에 서거한 브루넬(Brunel) 외의 유명한 공학자를 알고 있는 젊은이는 영국에 거의 없다. 많은 연구들이 젊은이들과 성공적으로 소통하기 위해서는 그들의 눈높이에서 비슷한 모습을 하고 비슷한 언어를 구사하는 역할 모델이 핵심 열쇠라는 사실을 밝혔다. 역할 모델을 찾는 것 또한 핵심 요소다. 따라서 가장 중요한 고려 사항은 바로 여성과 소수 민족, 그리고 소외된 사회경제계층의 젊은이들이 공학 직업군에서 간과된다는 사실이다.

세계는 지금 공학의 주도로 고속 기술 발전의 시대를 경험하고 있다. 사회는 공학자들과 함께 중요한 질문을 던지고 답해야 한다. 공학자는 소통의 도전 과제를 해결하고 공학자의 메시지가 잘 전달될 수 있도록 국가 내에서, 그리고 국제적으로 협력해야 한다. 공학은 결국 사람을 위한, 사람에 관한, 세상을 더 좋은 곳으로 만들기 위한 것이 아닌가. 영국 왕립공학한림원에서 선출된 정회원 중 많은 사람이 정기적으로 미디어에 출현하는 한편 각자 업적의 결과로 공인이 되었지만 '공학자'로서의 명함은 얻지 못했다.

앞에 소개된 사례는 한림원이 위의 도전 과제에 대응하기 위해 기획한 3단계 사업이다. 사회 문제와 정책, 대중과의 소통, 젊은이와의 소통이 사업의 주요 사안이다. 한림원은 위의 영역에서 전문 공학자 공동체와 파트너십을 구축하고 단합된 목소리를 높이고 공학자의 존재감이 인정받을 수 있도록 계속 노력하고 있다. 학술원의 활동이 영국에 한정되어 있지만, 공학에 대한 지구적 관점과 국제적 맥락 없이는 사업 목적을 달성할 수 없을 것이다.

31) 새로운 설문 결과는 청소년들이 공학해 대해서 심각한 오해를 하고 있음을 보여주며 공학에 대한 기피현상을 심화시킬 가능성이 있다. http://www.raeng.org.uk/news/releases/shownews.htm?NewsID=416/pa (2010년 5월 5일 최종 방문).

32) Clark, F. and Illman, D.L. 2006. Portrayals of Engineers in Science Times, *Technology and Society Magazine*, IEEE, Vol. 25, No.1, Spring 2006. pp. 12-21.

3.5 새천년의 공학과 기술

토니 라이들리(Tony Ridley)

향후 천 년 동안 공학과 기술은 어떻게 발전할까? 약 40년 전 토플러(Toffler, 1971)는[33] 인간이 그들을 둘러싸고 있는 자원과의 관계를 변형시키고 변형의 범위를 가히 폭력적이라 할 수 있을 정도로 넓혀 놓은 데다, 그 속도를 끊임없이 높여만 가고 있으므로 인류가 결코 과거로 다시 돌아갈 수 없음을 역설했다. 인간은 더 이상 옛날 방식으로 생각하거나, 느끼거나, 적응하지 않는다. 인간은 전혀 새로운 사회의 그림을 그려 놓고 그곳을 향해 달려가고 있다.

1970년도까지만 해도 미미했던 기술의 발전은 컴퓨터, 국제통신, 의용공학, 나노기술 등의 엄청난 성과를 우리 눈앞에 펼쳐 놓았다. 20세기 말, 이제 퇴직을 눈앞에 둔 학자로서, 나는 65세

33) Toffler, A. 1971. *Future Shock*. Pan Books, London.

가 되어서도 내 경력이 끝나지 않으리라는 것을 깨달았다. 내가 가르치던 학부생이 퇴직할 때 즈음인 2040년에 이를 때까지 계속 일할 것이라고 생각한다. 기술의 발전을 따라잡기 위해 교육자, 연구가, 정부, 기업 모두가 미래를 멀리 내다볼 필요가 있다는 것을 우리는 배웠다.

변화를 이끄는 주요 동력은 바로 변화의 필요를 인식하는 것, 그 자체다. 지금은 그렇지 않지만 공학자는 다양한 정치, 사회, 경제의 추이에 쉽게 영향 받을 것이다. 지속가능성은 공학 직업군에 아주 큰 영향을 미칠 것이다. 재정 자원이 더 다양해지면서(공공 및 민간 파트너십 등), 공학의 접근 방식이 더 주도적이고 상업화될 필요가 생겨났다.

정치적 변화도 사회의 필요를 충족하는 데 공학이 하는 역할을 재측정 및 재창조하는 기회가 될 수 있다. 모든 이해관계자 간 공감대의 형성이 날이 갈수록 중요해지고 있다. 우리의 사회적 가치를 한층 더 강화하기 위해서는 공학 제품과 서비스의 전주기(whole life cycle)에 걸쳐서 지속적으로 참여해야 한다.

지속가능성, 윤리 그리고 수용 능력은 공학자가 하는 작업과 점점 더 밀접히 연관되게 되었다. 따라서 우리는 공학자가 가지는 책임의 윤리적 기준을 정립하는 데 앞장서야 한다.

창의적이고 성공적인 공학은 디자인과 프로젝트 관리의 상호작용에서 찾을 수 있다. 디자인은 단순한 기술적 분석을 넘어서야 하고, 프로젝트 관리가 그저 행정적 통제 도구여서는 안 된다. 재정적 위험에 대한 인식이 자라나고 있을 뿐 아니라 기타 여러 가지 이유로 위험성 관리는 이상적 해결책을 세우는 데 중심 요소가 되어가고 있다.

공학 활동

어떤 종류의 공학이 인류를 21세기에 전진하게 할까? '공학의 세계(The Universe of Engineering)'(RAEng, 2000)는[34] 이 질문을 포괄적인 시각에서 바라본다. 자세히 들어가기 전에, 관련 주제의 정의에 대해 먼저 알아보도록 하자.

'공학의 세계'라는 제목은 원래 공학 관련 활동의 범위가 방대함을 설명하기 위해 고안되었다. 실제로, 그 범위는 알려져 있는 것보다 훨씬 넓다. 순수 금융 회사를 제외하고 신문의 금융 면에서 매일같이 거론되는 기업의 절반의 경쟁력, 생존력, 성공 가능성 등이 공학에 달려 있다. 이렇게 '신경제(new economy)'가 출현했고, 지금도 공학의 변화 과정을 통해 계속 신 경제가 창조되고 있다. 경제학자들은 노동, 자본, 자원 등 모든 경제 활동을 이루는 세 가지 요소에 기술을 더했다. 공학적 과정은 기술을 창조하고 그것이 사람들에게 유용하게 쓰이도록 한다.

공학 공동체

이제 공학 공동체는 공학자, 과학자, 금속공학자, 프로그래머, 기타 여러 가지 형태와 정도로 공학을 직업으로 삼는 많은 사람들을 포괄하게 되었다. 그 범위는 대중적 인식보다 훨씬 더 넓다. 예를 들어, 영국만 해도 자신을 공학자라고 부르는 사람이 약 200만 명 있는데, 그 중 4분의 3이 전문 공학자 자격이 있으며, 단 16만 명이 정식으로 인정받았다. 공학자 공동체의 규모를 측정하는 검증된 방법은 거의 없다. 자신을 '공학자'라고 부르지 않더

34) Royal Academy of Engineering. 2000. *The Universe of Engineering – a UK perspective, London.*

공학에 관련된 주제

과학: 자연과 자연의 현상, 구조, 특성, 행동에 대한 지식과 이해 혹은 그것을 넓히는 활동. 순수과학은 지식을 넓히는 것을 궁극적 목적으로 삼는 한편, 응용과학은 구체적 목적을 세워두고 지식을 넓힌다. 과학을 직업으로 삼으려면 단순한 과학 활동뿐 아니라 사회적 책임이 강한 행동 강령과 실천 모두를 함께 해야 한다.

공학 과학: 과학적 사실, 경험, 기량 및 공학과 기술의 원리에 대한 지식과 응용 방법에 대한 이해.

공학 설계: 지식과 경험을 활용해 한 개 이상의 기술적 해결책을 찾는 창조적 활동과 그 과정. 요구하는 사항을 모두 충족하는 선에서 문제를 해결하고 한계점 내에서 가장 효과적 해결 방안을 이행하기 위한 현명한 판단을 돕는다.

기술: 지식, 기구, 시스템, 과정 그리고 기타 구체적 목적을 위해 고안된 기술 등을 수반하는 도구 또는 목적 달성을 가능하게 하는 것의 집합체. '기술'이라는 단어는 완전한 시스템, 역량, 특정 기구를 가리키기도 한다.

혁신: 새로운 것의 성공적 도입. 경제적 맥락에서는 실질적으로 활용 가치가 있으며 상업적 성공을 가져올 수 있는 기술적 내용을 가진 것을 의미한다. 사회적 맥락에서는 삶의 질의 개선과 연관된다. 혁신은 휴대 전화의 발명처럼 아주 새로운 것일 수도 있고, 현존하는 기술의 개선일 수도 있다.

공학이 사회와 경제에서 하는 중심 역할은 대중이나 언론의 눈에 뚜렷하게 비춰지지 않는다. 공학에 대한 대중적 인식은 제조나 주요 건축 사업에 국한된다. 공학 전문직은 청소년을 포함한 많은 사람들에게 따분하고 '구경제(old economy)'의 비창의적인 활동이라고 여겨진다.

라도 자신의 직업이 공학 활동과 연관되어 있는 경우가 적지 않기 때문이다.

공학 프로젝트를 이행하는 데 계획, 재정, 설계, 조달, 건설, 위탁판매, 유지 및 관리, 폐기 등을 모두 고려한 현명한 결정을 내리기 위해서는 공학 프로젝트의 전주기를 다뤄야 한다. 과거에는 디자인 단계에만 집중하는 성향이 있었다.

1995년, 영국 토목공학은 인프라를 구축하는 공학자는 다음과 같은 현대적 삶에 필수적인 것을 만들 책임이 있다고 제안했다.

- 우리 사회를 지탱하는 근육과 힘줄(다리, 도로, 철도, 댐, 공항, 부두, 터널)
- 사회의 심장과 폐의 유지 및 관리(깨끗한 물, 천연자원 소비, 폐기물 배출)
- 안전하고 효과적으로 움직이는 데 필요한 교통수단
- 사회가 작동하는 데 필요한 에너지(천연가스, 석유, 원자력, 수력, 조력, 풍력)

프로젝트의 성공적 이행을 위해서는 운영, 소통, 인적 자원, 재정 및 자금, 조직적 · 제도적 의문점, 환경적 영향 등 그 프로젝트의 물리적 특징을 통틀어 파악해 이끌 수 있는 공학자가 필요하다. '하드웨어', '소프트웨어', '핀웨어', '오르그웨어', '에코웨어'의 오각형 모델로 쉽게 이해될 수 있다. 다섯 개 요소 모두 각자 나름의 중요성을 지니지만, 그들 사이의 관계도 공학 프로젝트 창출 과정에서 간과될 수 없는 문제들을 불러일으킨다. 공학적 문제, 디자인상의 문제, 시스템 개발 및 운영에 대한 문제는 거의 모두 복수 사안의 접점(계면)에서 나온다. 더 큰 차원에서 본다면, 가장 큰 어려움은 언제나 항상 위의 오각형 모델의 다섯 개 각들이 만나는 지점에서 생긴다.

기술은 테크닉에 대한 것이기도 하지만 제품과 과정에 대한 것이기도 하다. 예를 들어, 토목공학은 과학에 의존하지만 그 중에서도 특히 기술기반 과학에 의존한다. 20세기 말부터 21세기 초까지 생물학과 화학, 수학, 물리학은 토목공학의 미래에서 중요성이 더 커졌다. 이것은 직업으로서의 공학의 범위가 미래엔 더 넓어질 것이라는 뜻이기도 하다. 예전엔 토목공학자라고 여겨지지 않았던 직업군도 이제 토목공학자로 인정받기 시작했다.

공학 과정

기술적 변화는 개념부터 시장의 진출까지 모든 단계를 아우르는 복합적 과정이다. 이 과정의 진행과 발맞춰 기술적 지식이 쌓이고 발전하게 된다.

지먼(Ziman, 1995)은[35] 지식 발굴 위주의 기초 연구가 참신한 기술을 발전시킨 사례 및 기술기반 과학과 과학기반 기술의 차이점을 비교 설명했다. 전자 산업, 원자핵 공학, 레이더가 과학기반 기술의 예다. 반대로, 기술기반 과학은 채굴, 금속공학같이 오래된 실용적 테크닉으로부터 발전한 학문이다.

19세기에는 다양한 고대 공예가 공업화학의 기술기반 과학을 바꾸어 놓았다. 한편, 20세기에는 금속공학의 실용적 기술 지식이 새로 출현한 재료과학의 일부가 되었다. 우리가 경험과 이해를 넓혀 갈수록, 실용적 인간 활동의 거의 모든 분야가 이와 같은 과정을 거칠 것으로 보인다. 농업, 토목공학, 식품가공, 건축 등의 많은 분야가 각자 특성에 맞는 과학을 발전시켜 기술적 진보를 연장하고 있다. 이 경우, 공학은 과학적 연구의 기회를 창출하며, 더 이상 과학의 하위 집합이 아니다.

모리타(Morita, 1992)는[36] 기술은 과학을 개념화하고 공정 및 도구로 만들어 내는 과정에서 생성된다고 말했다. 기술을 포착하고 산업의 미래를 설계하는 데 이용할 수 있는 진정한 기술의 선교사를 '기술자'라고 불렀으며, 과학과 공학에 대한 넓은 이해와 더불어 사회의 필요에 대한 통찰력과 헌신적 자세를 가진 사람이라고 정의했다. 공학자는 산업의 동력인 기술을 이끌어 나가는 사람이다.

크루그먼(Krugman, 1994)은[37] 새 기술이 생산성과 삶의 기준에 눈에 띄는 영향을 미치기까지 오래 걸린다고 말했다. 왜냐하면 새로운 기술이 사회와 동떨어져 있으면 완전한 영향력을 발휘하지 못하기 때문이다. 기술은 널리 응용되고 타 기술과 상호작용한 후에야 진정한 가치를 발휘한다. 공학 교육은 통합과 디자인, 그리고 전통적 분석법의 중요성은 물론 디자인, 지속가능성, 혁신 등의 전반적 분야에 대한 반복적 접근 방식(피드백)의 중요성도 깨달아야 한다.

기술 연구자는 오로지 연구나 기술을 목적으로 하기보다는 소비자 및 사회의 필요와 시장 조건을 고려해야 한다. 하지만 산업이 관련된 양질의 연구를 적극 찾아 나서는 한편 산학협력 파트너십을 구축한다면 더 좋은 성과를 얻을 수 있을 것이다. 산업과 학계

35) Ziman, J. 1995. *An introduction to science studies – the philosophical and social aspects of science and technology*, Cambridge University Press.

36) Morita, A. 1992. First UK Innovation Lecture, Royal Society, London.

37) Krugman, P. 1994. *Peddling prosperity – economic sense and nonsense in the age of diminished expectations*, Norton, New York and London.

는 연구를 비즈니스 과정의 일부로 받아들이고 프로젝트 관리가 잘될 수 있도록 격려해야 한다.

그러므로 연구자와 기업가는 다음과 같은 질문을 끊임없이 던져야 한다. 사회적 문제는 무엇인가? 기술적 도전 과제는 무엇인가? 비즈니스의 동력은 무엇인가? 어떤 연구를 할 것인가?(실제/예측되는)결과는 무엇인가? 그 결과를 어떻게 응용할 수 있는가? 마지막으로, 연구 결과가 실제로 응용될 수 있게 하는 메커니즘(비즈니스 과정)은 무엇인가? 이 과정은 계속 되풀이된다. 기업가는 문제를 찾고, 기술적 도전 과제가 연구 주제를 결정하지만, 연구도 똑같이 기술적 가능성을 정의한다.

연구 결과가 실제로 응용될 수 있게 하려면 정부, 산업, 연구 관련 위원회를 구성해 연구 기획에 대해 탁상공론만 벌이는 것으로는 부족하다. 능동적 자세로 유능한 연구자를 찾아 수평적 토론을 통해 사회의 필요를 충족시킬 프로그램을 기획 및 발전시켜야 한다. 공학자는 사회의 필요를 충족시키는 서비스를 제공하며 사회에 대한 공학자의 가장 큰 공헌은 바로 창조성이다. 라틴어 'ingenerare'은 '창조하다'라는 뜻이다.

세 번째, 새천년을 맞아 공학 공동체는 새로운 비전과 목표 및 전략을 세워야 한다. 가까운 2020년에도 사회가 어떠한 모습을 하고 있을지 예측하기 어려운데, 더 먼 미래를 내다보기는 거의 불가능하지만 미래의 공학자가 가져야 할 비전은 분명히 알 수 있다. 그것은 바로 모두의 삶의 질과 장기적 환경, 사회, 경제적 지속가능성을 향상시키는 것이다. 그러므로 공학의 목표는 이 비전을 달성하는 데 기여하는 것, 전략은 필요한 구조 · 기량 · 기술 등을 발전시키는 것이다.

제 4 장

공학개론

이번 장은 이 보고서의 중요한 장으로서 전 세계의 공학개론에 대해 이야기하고 있다. 이 장의 앞부분에는 공학 통계, 지표에 관해 살펴보고 공학과 관련된 정보 이용의 필요성에 대해 언급하면서 공학과 공학자의 개념, OECD와 유네스코에서 나온 공학 교육 및 고용에 관한 통계자료에 대해 이야기하고 있다. 다른 장에서도 언급했지만, 국제적인 수준에서 더 나은 공학 관련 지표에 대한 특별한 수요가 있다. 계속해서 이번 장에서는 공학자들이 일하는 산업, 제조업, 정부, R&D, 그리고 컨설팅 산업의 다양한 분야를 소개하기 위해서 토목공학, 기계공학, 전기 및 전자공학, 화학공학, 환경공학, 농공학, 의공학의 주요 분야에 대해 간략히 살펴본다. 예를 들어 컨설팅 엔지니어링 산업은 연간 수익이 4,900억 달러에 달하고 이는 세계 GDP의 절반을 만들어 내는 아주 중요한 산업이다.

그 후에 공학의 역사와 발전, 국내와 국제적 협력에 대해 이야기하면서 공학 전문직과 기관에 대해 이야기한다. 세계공학기술단체연합회(WFEO), 세계공학한림원평의회(CAETS), 국제엔지니어링컨설팅연맹(FIDIC), 유럽국가공학협회연맹(FEANI), 동남아시아/태평양 공학기관연맹(FEIAP), 아시아태평양지구 공학교육협회(AEESEAP), 아시아태평양 기술이전센터(APCTT), 아프리카 과학기술기관 네트워크(ANSTI)를 포함한 현재 가장 중요한 공학 분야의 기관에 대해 다룬다. 프랙티컬 액션(Practical Action), 국경없는공학자회(Engineers Without Borders), 빈곤퇴치를위한공학자회(Engineers Against Poverty), 지속가능한세상을위한공학자회(Engineers for a Sustainable World) 등의 공학과 기술에 집중하고 있는 기관들은 또한 국제 발전에 큰 기여를 하고 있다.

과학과 비교해서 공학은 정치사회 문제를 반영하는 측면이 부족했다. 그래서 다음 절에서는 공학, 과학, 기술 정책에 관한 논의와 함께 뉴질랜드, 남아프리카공화국을 통해 살펴 본 국가의 과학, 공학 시스템 변화, 그리고 최근 발전하고 있는 공학 분야 국제 네트워크에 대해서 다룬다. 공학 윤리와 부정부패방지에 대한 내용이 뒤이어 나온다. 이 장은 호주의 사례를 통해 공학에서 여성과 성문제에 관한 부분으로 마무리를 짓는다.

4.1 공학 지표 – 측정과 메트릭스

군나 웨스톰(Gunnar Westholm)

이 장에서는 과학과 기술(S&T) 인력에 대한 국제적으로 통용될 수 있는 데이터의 수집, 분석, 분배와 관련해 국제기관에서 어떻게 방법들을 발전시켰고, 현재 어떤 방법들을 이용하고 있는지, 직면한 문제들은 무엇인지에 대해 요약한다. 그리고 이 방법들을 사용하는 데 직면했던 과제들과 유네스코, OECD, Eurostat, ILO를 포함한 국제기구들의 역할에 대해서도 이야기한다.

연구개발(R&D) 자원에 대한 측정에는 OECD의 프라스카티(Frascati) 매뉴얼을 참고했고 과학기술 분야에 종사하는 인적 자원의 현황과 흐름에 대해서는 OECD/Eurostat의 캔버라 매뉴얼을 참조했다. 그리고 박사학위 소지자들의 경력에 관해서는 OECD/유네스코/Eurostat의 최근 프로젝트를 참고했다. 또한 국제 교육과 고용 분류체계(ISCED, ISCO), 공학 교육과 고용에 관한 통계들(입학, 졸업, 성별)도 간단하게 다룬다.

여기서는 과학기술 지표에 관한 역사적인 이슈, 지표의 정의와 실용적인 적용방법에 대해 다루고, 과학기술 인적 자원에 대해서 언급한다. 또한 국제 분류체계와 데이터 수집의 발전에 참여하고 있는 주요 국제기구(유네스코, OECD, Eurostat, ILO 등)의 역할에 대해서도 다룬다. 그리고 다른 나라나 기관들이 고취될 수 있도록 몇몇 국가 과학기술 정책기관(주로 미국의 국립과학재단(NSF))의 절차에 대한 사례를 보여준다.

다른 장에서는 지역적인 수준의 데이터를 보여주기 때문에, 이번 장에서는 국제적인 수준에서 합리적으로 서로 비교할 수 있는 통계들을 보여주려고 노력했다.(대부분의 데이터는 위에 언급된 국제기구에서 얻었고 주로 공학 교육에 관한 것이다.) 선진국(대표적으로 OECD 모든 국가들과 EU 국가들)에 대한 데이터는 거의 완벽하지만 그 밖의 국가들의 경우에는 그렇지 않다. (유네스코 통계 연구소의 데이터 수집에 관한 노력과 데이터의 범위가 낮은 수준에서 빠른 속도로 향상되고 있다는 점을 주목해야 한다.)

4.1.1 과학 및 공학 데이터와 지표의 필요성

공학과 공학자들이 한몫하는 과학기술 정책에서 능력과 역량은 가장 중요하다. 많은 공학자들이 처음에는 '거대 과학'(첨단 기술, 항공, 핵, 국방 등)과 연관이 되는 것처럼 보이지만 그들의 존재는 산업, 에너지, 교통, 통신, 농업, 보건, 공익사업과 같은 분야에서 인프라를 만들고, 운영하고, 유지하고, 향상시키는 등의 일상생활에서 더 잘 드러난다. 또한 재생가능 에너지 기술, 기후변화, 환경 이슈와 같은 미래 사회를 위한 지속가능한 발전에 대해 중요한 측면에서 새로운 이해를 만들어내는 데에서도 잘 드러난다.

최근 여러 선진국과 개발도상국의 혁신적인 기업들이 직면한 경제 성장 문제의 주요한 장애물의 하나로 공학자들과 기술자들의 부족을 이야기한다. 따라서 공학과 공학자들의 중요성과 그들의 역할의 중요성은 높이 평가되고 있으며 이 책의 전체를 통해서도 강조된다. 하지만 정책 입안자들에게 알려져 있거나 가장 최신의 정성적 · 정량적 데이터들을 항상 이용할 수 있는 것은 아니다.

과학자들과 공학자들의 초기 통계 데이터는 인구, 노동력, 교육 설문, 국세조사와 같은 국가의 관습적인 통계 관점에서 넓게 수집되었다. 과학기술 정책과 같은 정책적인 이유에 기인한 이러한 데이터에 관한 관심과 여러 상황에서 기존의 데이터가 새로 나타난 수요에 적합하지 않다는 사실은 시간이 흐른 뒤에야 인식되었다. 따라서 새로운 수요에 부합하는 데이터를 모으기 위한 몇몇의 계획들이 국가 및 국제적 수준에서 시행되기 시작했다. 정책 입안자들은 과학기술 인력의 고령화, 적응력과 혁신 능력을 지닌 고급 인재에 대한 수요와 공급, 성별 문제, 이민정책과 관련된 인재 유출과 유입, 젊은 사람들 사이에서 과학기술 연구에 대한 흥미 정도 등에 대한 걱정을 알리고 싶어 했다.

© EWB-UK

여성 공학자의 수를 늘리기 위해서는 좋은 정보가 중요하다.

더 나아가 '공학'이라는 개념에 의해 다뤄지는 것들과 공학자는 어떤 사람인지에 대한 국제적인 비교를 가능하게 하는 명확한 정의가 없다. 아마 공학자는(교육 관점에서) 공학 교육기관을 졸업했거나(직업 관점에서) 공학자로 일을 하고 있는 경우를 말할 것이다. 이와 같은 개념 정의의 문제는 기술자들의 경우에도 마찬가지이다. 그리고 공학, 기술, 공학자 분야의 통계와 지표들이 처음부터 과학 분야와 합쳐져 있기 때문에 상황을 분석하는 것이 힘들다.('과학과 기술' 혹은 '과학자와 공학자'로 데이터를 측정하는 것이 일반적이다.)

4.1.2 통계의 딜레마: 공학은 무엇이고 공학자는 누구인가?

공학은 다양한 차원의 사회경제적 활동이며 공학자의 프로필을 정의하기 위한 여러 가지의 교육적, 기능적 방법들이 존재한다. 그리고 비교 가능한 데이터와 지표들을 원하는 국가적, 국제적 요구에 부응하기 위한 접근 방법은 서로 다르다. 이런 이유로 각 국가별로 이용 가능한 정보엔 커다란 차이가 존재한다. 특히 이미 선진국과 개발도상국 간의 차이가 크다. 이는 나라의 숫자만큼이나 많은 종류의 공학자들을 교육하는 기관들이 존재하기 때문이다.(그리고 확신컨대, 과학자들을 교육하는 곳보다 많을 것이다.)

대중들이 참여해서 만들어 가는 온라인 백과사전인 위키피디아(www.wikipedia.org)에서는 공학과 공학자에 대해서 다음과 같이 정의하고 있다.

- 공학은 원하는 목적을 달성하고 특정한 기준을 만족하는 재료, 구조물, 기계, 도구, 시스템과 공정을 설계하고 만드는 데 과학적 지식을 적용하고 자연법칙과 물리적 자원을 사용하는 학문 또는 직업이다.
- 공학을 실행하는 사람을 일반적으로 공학자라고 하며, 공식적으로는 기술사, 기사, 산업기사로 분류할 수 있다.
- 공학은 사용하는 기술과 적용 분야에 따라서 전문화된 세부 분야로 나뉜다.

4.1.3 연구개발 자원의 측정을 위한 OECD의 프라스카티 매뉴얼

기본 개념

1960년대 초 OECD 국가들의 국가 과학기술의 지출과 인력의 시스템적인 측정을 위한 첫 번째 가이드라인이 바로 프라스카티 매뉴얼이다. 이탈리아 프라스카티에서 열린 회의 후에 이름 붙였고 최근 이 매뉴얼의 6번째 판이 2002년에 발행되었다.

1962년에 나온 첫 번째 가이드라인은 한 해에 한 국가의 과학기술에 들어가는 총 자원을 감정하는 것에 관해 논의했으나 이는 곧 연구개발(R&D) 비용과 인력에 대한 측정으로 대상이 좁혀졌다. R&D는 한 국가의 과학기술 활동들 중에 매우 작은 부분을 차지한다. 그리고 R&D 자체와 R&D와 연관된 활동들의 경계가 불분명하다. 이 경계에 대한 문제는 이후로 줄곧 프라스카티 매뉴얼 후속판에서 심도 있게 논의되었고 R&D에서는 재무 측면과 인적자원 측면 모두를 다루었다.

국제 R&D 데이터 수집은 새로운 개념, 시험적인 가이드라인이라고 불린 완전히 새로운 시도였다. 프라스카티 매뉴얼에서는 R&D를 다음과 같이 정의했다.

> '연구개발(R&D)은 인간, 문화, 사회지식을 모두 포함하는 지식을 비축하기 위해서 그리고 비축된 지식을 새로운 방법을 창안하는 데 사용하기 위해서 체계적인 기반 아래에서 이루어진 창의적인 일들로 구성된다.'
>
> (프라스카티 매뉴얼(2002) 64번째 단락)

이 매뉴얼은 R&D 인력에 대한 통계적 기본 범위를 다음과 같이 정의했다.

> '… R&D에 직접적으로 고용된 모든 사람들을 포함한다. 또한 직접적인 서비스를 제공하는 R&D 경영자, 관리자, 지원부서 직원들도 포함한다.'
>
> (프라스카티 매뉴얼(2002) 294번째 단락)

R&D에 관한 위의 정의는 매우 이론적이며 '기초연구', '응용연구', '실험개발'을 모두 포함한다. 이 정의는 수많은 논란에도 불구하고 아직도 사용되고 있다. 과거 OECD는 프라스카티 매뉴얼을 사용해서 자연과학과 공학만을 위한 데이터를 수집했으나 1983년 매뉴얼에 '인간, 문화, 사회 지식'이라는 짧은 문구를 추가함으로써 사회과학과 인류학에 대한 R&D를 포함하기 시작했다.

인적자원 측정의 문제점

R&D 인력 측정에는 특정한 딜레마가 있었다. 일부 기업과 대학에서는 R&D가 풀타임 활동이 아닌 파트타임 활동에 가까운 경우가 있다. 그러므로 R&D에 조금이라도 참여했던 사람들을 인원수(head-count)에 포함하는 것은 인적자원 투입을 극도로 부풀리게 되는 것이다. 전체 R&D 자원에 대해 투입한 시간에 초점을 맞추게 되면서 인원수 데이터를 '풀타임 환산 노동자수(FTE)' 혹은 '연간 생존인원수(person-years)'로 산정하라고 권장하였고, 오랜 시간동안 이것이 유일한 접근 방법이었다.

인원수에 관한 이슈는 시간이 제법 흐른 뒤에 사람 수로 표현되는 다양한 데이터와 연관이 있는 지표들에 대한 관심이 늘어나면서 다시 제기되었다.(예를 들어 전체 인구에서 공학자가 차지하는 비중, 전체 과학자 중에서 여자 과학자가 차지하는 비중 등.) 그러므로 가장 최신 프라스카티 매뉴얼(2002)에서는 풀타임 환산 노동자수와 인원수에 동등한 중요성을 부과했다.

R&D 통계에서 과학기술 지표까지

OECD의 R&D 통계 서비스가 — 국가 권력에 의해 시행된 설문을 통해 얻어진 — 데이터를 수집하거나 결과 통계를 만들어내고 발표하는 것과 같이 한 국가의 중앙통계부서와 거의 비슷한 활동을 보였던 적이 있었다. 이때에는 정보의 분석은 중요한 고민거리가 아니었다.

하지만 OECD 스스로가 점차적으로 늘어나고 있는 정책 연구에 사용하기 위한 R&D 통계의 가장 중요한 고객이 되었다. 이러한 분석적인 접근은 기발행된 이론적인 가이드라인의 약점을 파악하는 데 도움을 주었고 프라스카티 매뉴얼 후속판에서 개정되었다. 또한 미국 국립과학재단(NSF)의 경험에 크게 감명 받아서 최초의 OECD R&D/S&T 지표를 만들게 되었다.

주요 국제 표준 분류체계

프라스카티 매뉴얼에서 제시한 모든 제안들은 처음부터 유엔의 SNA(Systems of National Accounts), ISCED(International Standard Classification of Education), ISCO(International Standard Classification of Occupations), ISIC(International Standard Classification of All Industrial Activities)를 포함한 국제 표준분류체계를 참고해서 만들어졌다. 이 분류체계들은 오랜 시간 동안 여러 사건들을 거치면서 개정되었고 지금도 여전히 개정되고 있다. 그리고 결과적으로 OECD 가이드라인 또한 뒤따라야만 했다. 교육과 직업에 대한 분류체계는 OECD의 R&D 인적

자원 시리즈에 큰 영향을 미쳤다.

수년 동안 프라스카티 매뉴얼은 전후 '거대 과학(항공, 핵, 국방 등)'의 목적부터 사회정책, 환경, 건강, 에너지, 정보통신기술, 생명공학 등과 조금 더 사회와 관련된 목표들에 이르기까지 새로운 정치적 우선순위나 최신 과학기술 정책의 관심사에 반응을 해야만 했다.

프라스카티 매뉴얼은 기업, 정부, 고등교육, 민간비영리 등 4 부문을 R&D 지출과 고용의 관점에서 살펴보았다. 정부 부문을 제외한 3부문에서는 더 작은 세부 분야들이 제시되었다. 기업 부문은 ISIC에서 정의를 내린 산업 분야로 나누었고 고등교육과 민간비영리 부문은 ISCED에서 정한 과학기술의 6가지 분야 — '자연과학', '의학', '농공학', '사회과학', '인류학'에 더해 이 책에서 가장 중요하게 여기는 '공학과 기술' — 로 나누었다. (상자 참조)

과학기술 R&D 인력에 대한 자세한 분류체계

프라스카티 매뉴얼에서는 R&D 인력의 분석을 위해 두 개의 유사한 접근방식을 소개한다. 첫째는 직업에 의한 것이고, 둘째는 공식자격의 수준에 의한 것이다. 이들은 1990년에 국제노동기구(ILO)에 의해 제정된 ISCO와 1997년에 유네스코에 의해 제정된 ISCED를 사용해서 정의된다.

직업에 의한 분류체계 접근방식에서는 크게 R&D 인력을 3가지 종류로 분류한다.

- 연구원: 새로운 지식, 상품, 프로세스, 방법, 시스템의 창조 혹은 개념 정립 혹은 관련된 프로젝트 관리에 참여하는 전문 인력
- 기술자 그리고 기술자와 동등한 직원: 주요 업무가 공학, 자연과학, 생명과학, 사회과학, 인류학 중 하나 혹은 복수 분야의 기술적 지식과 경험을 필요로 하는 사람. 일반적으로 연구원들의 감독 아래에서 개념 응용이나 조작법같은 과학적, 기술직 업무를 수행함으로써 R&D에 참여한다. 동등한 직원은 사회과학과 인류학에서 연구원의 감독 하에 관련된 R&D 업무를 수행한다.

공학과 기술(ISCED 1976 분류체계)

1. 토목공학(건축공학, 빌딩공학, 건설공학, 도시 및 구조 공학 등)
2. 전기전자공학(전기공학, 전자공학, 통신공학, 컴퓨터공학 등)
3. 기타 공학(화학공학, 우주항공공학, 기계공학, 재료공학, 금속공학 등)

- 기타 직원: R&D 프로젝트나 이런 프로젝트와 직접적으로 연관된 일들에 참여하고 있는 숙련 및 비숙련 기능직, 비서, 사무직 직원들을 포함한다.

'연구원'은 종종 '과학자와 공학자(RSEs)'라고 불리기도 하고 이 책과 가장 연관이 많다.

공식자격 수준에 따른 분류체계 방식은 6가지(ISCED, 1997)가 있고 이는 특정 과학기술 분야에 상관없이 최종학력(즉, 학습 기간과 연관된 기준)에 따라 정의된다.

- ISCED level 6: 박사학위 소지자(고급 연구를 이끌 수 있는 자격)
- ISCED level 5A: 박사학위보다 낮은 학위 소지자(학사 및 석사)
- ISCED level 5B: 전문대 학위 소지자
- ISCED level 4: 고등학교 졸업 후 직업 연수 등을 받은 자
- ISCED level 3: 고등학교 졸업자
- 기타

ISCED 1976년 판과 비교했을 때 최근 ISCED의 1997년 판은 교육통계에서 특히 공식자격 정도에 따른 분류에서 변화가 있었다. 2004년에 시행된 OECD/유네스코/Eurostat의 박사학위 소지자 인력시장의 성격, 진로, 국제적 이동성 연구에 사용된 '박사학위 준비 과정'이 새롭게 추가되었다.

ISCED는 학업 정도에 의한 최초의 그리고 가장 중요한 분류이다. ISCED는 교육이 아닌 분류의 목적으로 과학기술 분야에 대한 자세한 분류목록을 제공한다. 예를 들면 기관, 과학 프로그램, 보고서, 논문 등의 분류가 있다.

국제적 관점에서 볼 때 공학자와 기술자의 교육은 국가마다 서로 다르다. 이는 학문 연구에 덧붙여 실무교육이나 인턴교육의 유무에 관계없이 중간수준의 자격에서 특히 그러하다. 몇몇 나라에서는 기술전문학교(폴리테크닉)의 수준이 시간이 흐르면서 대학교 수준으로 올라섰다. 예를 들어 간호사와 다른 의료 인력의 교육에서 그렇다.

4.1.4 과학 기술 및 연구개발을 위한 유네스코의 통계 및 지표

OECD와 같은 시기에 유네스코도 과학기술에 대한 국제적인 설문을 시행했다. 그들은 한 나라의 모든 과학기술 활동들을 다루려

프라스카티 매뉴얼은 R&D 측정을 위한 가이드라인을 제공한다.

고 했으나, 실제로는 OECD와 마찬가지로 R&D 평가에 대해서 주로 집중하게 됐다. 이 설문에 관한 유네스코의 임시 가이드라인은 '자본주의 국가(대부분이 이미 OECD에 가입된)', '사회/공산주의 국가', '개발도상국'으로 분류된 국가들의 매우 다양한 정치경제적 상황을 고려해야만 했다. 유네스코는 유엔 SNA 분류체계를 따랐지만 일반적인 과학기술과 R&D 자원들에 대해 이야기하기 위해 OECD의 것과는 매우 다른 기관 부문을 따로 만들어야 했다.

유네스코의 글로벌 경제에서 전체 과학기술의 지출과 인력의 체계적 측정에 대한 주된 이론적 기여는 1978년 만들어진 '과학기술 통계에서 국제 표준에 관한 제안' 및 이와 관련된 실용적인 가이드라인으로 거슬러 올라간다.

완벽하고 자세한 '과학기술 행동(STA)' 목록들이 다음과 같이 분류되어 측정되어야 한다고 이야기한다.

- OECD 프라스카티 매뉴얼 정의와 유사한 R&D
- 과학기술 고등교육(STET)
- 과학기술 서비스(STS)

과학기술 서비스(STS)의 범위는 1970년대 중반까지 완벽했으나 지금은 그렇지 않으며 수정이 심각히 필요한 상태다. STS는 우주과학, 정보통신 서비스, 혁신, 생명기술 혹은 나노기술과 같은 최근의 연구 분야를 고려하고 있지 않기 때문이다.

특히 OECD와 유네스코의 과학기술과 R&D 지출에 대한 데이터 비교는 쉽지 않다. OECD는 지출의 국제적인 측정을 미국 달러로 시행했었는데, 이는 회원국에게 상대적인 동질성을 제공하는 적당히 간단한 접근 방법이었다. 하지만 유네스코는 지출을 각 국가의 통화로 표기했는데, 이는 국제적인 분석을 시행할 수 없게 했다. 이 통화 전환 문제는 현재 대부분의 국제 재무 데이터 비교에 쓰이는 구매력평가(PPPs)를 도입함으로써 점차적으로 극복되었다.

지출에 대한 기술적인 문제들을 살펴봤을 때 어떤 이들은 아마 개인 데이터가 국제 비교를 하기에 쉬울 거라고 예상할 것이다. 하지만 개인 데이터도 유네스코 가이드라인에서 직업과 교육 분류체계 사이에서의 혼동을 야기하는 여러 가지 문제점들이 존재한다. 또한 유네스코의 개인 데이터는 종종 넓은 범위의 과학기술 활동에 참여하는 직원들을 측정(head-count)하고, OECD는 풀타임 환산 노동자수(FTE)를 사용해 R&D 활동에 참여하는 직원들에만 집중하기 때문에 비교가 더욱 어렵다.

다시 말해서 유네스코의 수치(지출과 개인 모두)는 OECD의 데이터와 비교했을 때 훨씬 더 높다. 따라서 냉전시대에는 유네스코의 통계에만 포함되는 사회/공산주의 국가들의 과학기술자원들(주로 군 관련 인력자원)이 우세한 것처럼 보였고, 이는 서방국가들의 걱정을 불러일으켰다. 유네스코의 통계 관련 업무는 1980년대 중반 미국을 비롯한 몇몇 국가의 탈퇴 후 급격한 예산 삭감으로 방해 받았다. 유네스코가 기존의 통계 부서를 대체한 독립적인 통계연구소(UIS)를 캐나다 몬트리올에 만든 것이 1999년이다. 이로써 유네스코의 교육, 문맹, 과학기술, 문화, 통신에 대한 통계활동이 회복되었다. 이를 위해서 내부 업무 강화, 다른 기관들과의 데이터 수집과 보급에 대한 협조 및 방법론 개발, 분석에 대한 노력이 요구되었다.

4.1.5 과학기술 종사자 현황 측정을 위한 OECD/Eurostat의 캔버라 매뉴얼

1980년대 후반 미국을 비롯한 몇몇 서구 세계의 노동시장에서 공학자, 과학자, 기술자에 대한 수요와 공급의 심각한 불균형이 곧 일어날 거라는 우려가 심각하게 제기되었다. 특히 2차 대전 중이나 전후 거대과학 시기에 과학기술 경력을 시작해서 지금은 은퇴를 하려고 하는 사람들의 수가 엄청나 거대한 인력 유출이 임박한 것이었다. 인구학적 변화, 국가경제가 지나치게 기술 중심적이 된 것(예를 들어 새로운 정보통신기술의 성장), 젊은이들 사이에서 과학기술을 직업으로 삼는 것에 대한 선호도 감소 등의 다른 변수들이 이 문제를 더 심각하게 하였다. 그러나 동시에 몇몇 나라에서 경제 구조 조정, 방위산업의 인원감축 등이 실제로 숙련된 공학자와 기술자들의 공급으로 이어지는 상황도 존재했다.

이러한 문제들 중에 실제로 일어난 것은 없다. 과학기술 분야의 입학생 수는 절대적인 수치가 계속 늘어나고 있고 여성과 소수집단과 같은 새로운 노동 자원들이 과학기술 직장에 통합되고 있다. 선진국에서는 숙련된 전문가들의 이민 혹은 외국 학생들이 졸업 후에 현지에 계속 머무르는 것을 통해 '인재유입'이 일어나고 있다.

많은 문제들은 확고한 데이터에 근거하기보다는 입증되지 않은 증거들에 기반을 두었다. 그리고 당시에는 정책 입안자에게 관련된 정보와 통계를 제공할 수 있는 국제기구가 존재하지 않았다. 따라서 OECD는 Eurostat와 협력하여 1989년에 고급 인재들의 현황과 이동현황을 파악하기 위한 새로운 가이드라인과 지표를 만들었다. 이 새로운 가이드라인은 과학기술 활동들을 측정하는 데에는 다른 매뉴얼과 비슷했지만, 프라스카티 매뉴얼이 R&D 활동만 다룬 것에서 벗어나 더 많은 영역을 다뤘다. 그리고 새 지표를 위해 새로운 데이터 설문을 시행하지 않은 대신에 이미 존재하고 있는 데이터(예를 들어 교육과 노동인력 통계)의 검토와 전개에 업무가 집중되었다. 하지만 이들은 시작부터 이 데이터들이 특별한 과학기술 분석을 위해 만들어진 데이터가 아니라는 것을 알았다. 과학기술 활동들을 측정하기 위한 OECD의 다른 매뉴얼들에도 같은 접근 방식이 적용되었다.(상자 참조)

수년 간의 치열한 연구와 토론 끝에 1994년 호주에서 열린 전문가 회의에서 새 매뉴얼이 승인되었고 캔버라 매뉴얼이라고 명명되었다.

캔버라 매뉴얼의 제정 목적을 달성하기 위하여 '과학기술 인적자원(HRST)'이라는 새로운 용어가 만들어졌다.

제안된 모든 가이드라인들은 고급 인력의 공급(교육)과 수요(직업)의 가능한 많은 부분을 다루기 위해 엄격하게 국제기준을 따랐다. 그리고 수요와 공급 사이의 교차되는 분류체계를 가능하게 하려고 했다. 두 분류 가운데 우선순위를 두는 것은 불가능했다. 두 분류체계 모두 과학기술 인적자원(HRST) 연구를 위해 이용되었다(ISCED-1976과 ISCO-1988에 따른 교차분류체계).

과학기술 인적자원(HRST)의 일반적인 정의는 다음과 같다.

> '과학기술 인적자원(HRST)은 다음 중 하나 혹은 둘 모두의 요건을 만족시키는 사람이다. 과학기술 분야에서 고등 교육을 성공적으로 이수한 자, 위와 같이 공식적으로 자격을 얻은 것은 아니지만 일반적으로 위와 같은 요건을 요구하는 과학기술 분야에서 일을 하는 자'
>
> (캔버라 매뉴얼(1995) 49번째 단락)

이 설명은 여전히 애매모호하기 때문에 추가적인 보충 설명이 뒤따른다. '현황(stocks)'은 특정한 시기의 과학기술 인적자원에 대한 설명을 제공해'주고 '흐름(flows)'은 주어진 기간(일반적으로 1년)동안 들어오고 나가는 인적자원의 이동에 대한 것이다.

이러한 변수에 대해 캔버라 매뉴얼은 다음과 같은 정의를 제시한다.

- 과학기술 인적자원 현황(HRST stock): '특정한 시기에 과학기술 인적자원의 요건을 충족하는 사람들의 수(캔버라 매뉴얼(1995) 197번째 단락)' 예를 들어 특정한 날짜에 어떤 나라의 어느 부문에 고용된 물리학 박사의 수.
- 과학기술 인적자원 흐름(HRST flows): '기간 초기에는 HRST에 포함될만한 조건들을 갖추지 못했으나 기간 동안에 최소한 하나 이상의 조건들을 얻은 사람들의 수(유입)와 초기에는 HRST에 포함될만한 조건들을 갖추고 있다가 기간 동안에 자격을 상실한 사람들(유출)(캔버라 매뉴얼(1995) 109번째 단락)' 예를 들어, 해당 년에 해당 국가 대학을 졸업한 전자 공학자들의 수는 유입이 된다.
- 내부 유입: 'HRST에 포함되어 있으나 기간 중에 HRST 필수적인 성격이 아닌 다른 성격이 바뀐 사람들(캔버라 매뉴얼(1995) 112번째 단락)' 예를 들어, 그들이 일하는 부문을 변경한 사람 혹은 더 높은 ISCED 수준의 자격을 취득한 사람들이 해당된다.

과학기술활동 측정을 위한 프라스카티 계열의 가이드라인

- 1990: 기술무역수지 매뉴얼(Proposed Standard Method of Compiling and Interpreting Technology Balance of Payments Data–the TBP Manual) (OECD, 1990)
- 1993: 연구개발조사시행지침(Proposed Standard Practice for Surveys of Research and Experimental Development–the Frascati Manual, fifth edition) (OECD, 1993)
- 1994: 과학기술지표로서의 특허 데이터의 활용(Using Patent Data as Science and Technology Indicators–the Patent Manual) (OECD, 1994)
- 1995: 기술무역수지 매뉴얼(Proposed Standard Method of Compiling and Interpreting Technology Balance of Payments Data–the TBP Manual) (OECD, 1995)
- 과학기술분야 인적자원 측정(The Measurement of Human Resources devoted to Science and Technology–the Canberra Manual) (OECD/Eurostat 1995)
- 2005: 산업계 혁신활동 데이터 수집 및 활용지침(Guidelines for Collecting and Interpreting Innovation Data–the Oslo Manual, third edition) (OECD/Eurostat 2005)
- 과학기술지표로서의 특허 데이터의 활용(Using Patent Data as Science and Technology Indicators–Patent Manual (OECD, 1994/2008년 개정)
- 경제 세계화 지표로 본 세계화 측정(Measuring Globalisation–OECD Handbook on Economic Globalisation Indicators) (OECD, 2005)

가장 넓은 범위에서 살펴보면, 관련된 학문 자격요건을 갖추거나 관련된 활동들에 고용된 사람들은 과학기술 인적자원(HRST)에 포함된다. 그러나 몇몇 자격요건과 직업들은 다른 것들에 비해 과학기술 정책에서 더 큰 관심을 받는 것은 분명하다. 따라서 과학기술 인적자원(HRST)을 대학교 수준의 HRST와 기술자 수준의 HRST의 두 개로 나눌 수 있다. 학위들은 작은 분류들로 나눠진다. 가장 높은 분류는 자연과학, 공학기술, 의학, 농과학, 사회과학 분야의 대학교 학위인 'core coverage'이다. 다른 분류는 인류학과 같은 다른 분야의 학위 혹은 더 낮은 수준의 학위이다.

프라스카티 매뉴얼과 비슷하게 캔버라 매뉴얼은 다음과 같은 몇몇 기술적인 이슈를 다뤘다. 분류체계의 단위(보고 대 통계 단위), 인원수 대 풀타임 환산 노동자수, HRST 노동력의 인구학적 분석(연령 분포, 성, 출생지, 민족) 그리고 실업, 교육과 재교육, 임금, 정년, 과학기술에 관한 국민들의 인식 등과 같은 결합된 이슈들이다.

HRST 현황과 흐름을 파악하기 위한 국제적, 국가적 데이터소스는 주로 OECD, Eurostat, 유네스코의 교육과 R&D 통계와 ILO의 노동력 통계 그리고 각 나라의 인구 조사들이다. 대체로 완벽한 통계자료들을 가지고 있는 각국의 담당 부서들이 이런 기본적인 데이터를 국제기구에 제공했다. 그리고 스칸디나비아 반도 국가들과 같은 작은 선진국은 전문직 단체들이 하듯이 그들의 HRST 인력들에 관한 상세한 등록 시스템을 갖추고 있다. 총 인구조사는 몇 년(때때로 5-10년)의 기간을 두고 수행된다. 그러나 그들의 범위와 깊이는 일반적으로 자주 행해지는(매년 혹은 분기별) 가정, 고용/노동 인력 설문조사의 그것을 뛰어넘는다. 이것들은 대체로 샘플링에 의존한다. 즉 HRST의 대부분의 자세한 정보들(예를 들어 성별에 관한 수치들)은 사라진다는 것을 의미한다.

이미 언급되었다시피, 캔버라 매뉴얼은 이론적으로는 철저하나 몇 번의 중요한 분석적인 시도에도 불구하고 실제로 이용하는 데는 어려움이 있다. 문제는 주로 데이터들의 불충분함 때문이다. ISCED는 1997년에 분야와 다루는 범위의 수준을 수정했다. 하지만 캔버라 매뉴얼은 아직 수정되지 않고 있다. 하지만 캔버라 매뉴얼의 HRST 개념과 정의들은 전 세계에서 인정받고 있고, 과학기술 노동력에 관한 대부분의 분석 연구에서 핵심적인 참고자료로 사용되고 있다.

© UKRC

공학은 재미있다!

4.1.6 박사학위 소지자의 경력에 대한 국제 연구

가장 최근에 성공리에 진행 중인 국제 HRST 프로젝트는 OCED, 유네스코 통계연구소, Eurostat이 함께 박사학위 소지자의 경력(CDH)의 이동성을 살펴보는 것이다.

CDH 프로젝트의 목적은 과학기술 인력에게 이 영역의 많은 변수들에 대한 정성적, 정량적 정보를 모으는 것이다. 이들은 다음과 같은 정보들이다.

- 인구학적 성격(성별, 나이 등)
- 교육적 성격(교육의 정도, 박사학위 년 수, 연령, 박사학위 분야, 졸업 나이, 박사학위 자금의 출처, 박사학위 기간)
- 노동시장 상태와 성격(비경제활동인구와 실업비율, 풀타임 vs 파트타임, 고용계약의 종류), 임금(연구원으로 일하는 사람들 연봉의 중간 값, 성별, 고용 부문 및 분야)
- 출생지, 이동성(국제, 국내, 직업 대 직업 이동성, 이동의 목적)
- 고용 만족도
- 실적(기사, 책, 특허, 상업화된 제품 혹은 프로세스 등)

자원한 7개 국가(아르헨티나, 호주, 캐나다, 독일, 포르투갈, 스위스, 미국)를 대상으로 첫 번째 CDH 설문이 2005년에 시행되었고 첫 번째 예비 결과는 2007년에 나왔다. 같은 해 말 두 번째 설문이 시행되었고 2008년 중반까지 OECD를 통해 새롭게 EU에 가입한 몇몇 동유럽 국가들을 포함한 25개 국가에서 응답이 왔다.

이 크고 빠른 설문 참여는 과학기술 인적자원을 측정하는 새로운 CDH 접근에 대한 국제사회 그리고 개별 국가의 정책적 관심이 매우 강하다는 것을 분명하게 보여준다. 더 나아가 이는 혁신에 관한 고민과도 밀접하게 연관이 되어있다. 특히 현재 제조업 분야보다 R&D 투자가 훨씬 빠르게 진행되고 있는 서비스 분야와 밀접한 연관을 지닌다.

물론 아직 체계적으로 발표되지는 않았지만, 박사학위 소지자와 그들의 업무 환경에 관한 풍부한 통계자료들이 두 설문조사에 의해 수집되었다. 추가적인 분석 목적을 위해 이 데이터들의 부분집합을 70세 미만이고, 1990년에서 2006년 사이에 박사학위를 취득한 사람들로 정했다.

2005년의 CDH는 분명하게도 세계 경제에 대한 대표성을 띠지 못했을 뿐만 아니라 특별히 공학 중심이지도 못했다. 이는 두 번째 설문도 마찬가지이다. 그러나 첫 번째 설문의 경험을 바탕으로

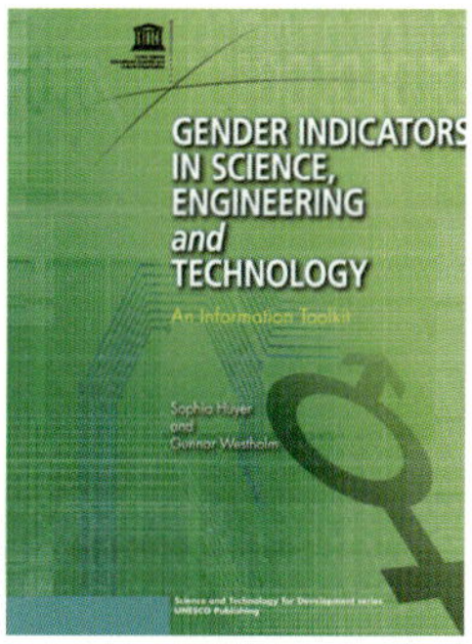

© UNESCO

과학, 공학 및 기술 분야에서의 성별 지표를 위한 유네스코의 툴킷

두 번째 설문에서 현재 과학기술 사회와 정책 입안자들의 고민들 대부분을 다루었다.

좀 더 정리를 하자면, 이러한 CDH 설문은 고급 인력의 현황과 흐름에 관한 이슈들에 대한 해결의 실마리를 국제적인 관점에서 그리고 가능하면 장기적인 관점에서 던져주려고 했다.

하지만 추가적인 자원과 추가적인 방법론의 발전이 필요하다. 이는 여전히 과학기술에서 분리하기 힘든 국제표준분류체계(ISCED, ISCO, ISIC)의 하위 집단들에게 특히 중요하다. 이러한 통계기관들이 고객들의 수요에 부응하고 더 자세한 데이터를 얻기 위해서는 로비활동이 필요하다. 그러나 누가 할 것인가?

두 번의 CDH 설문조사의 결과에 대해 OECD/UIS/Eurostat의 더 자세한 설명을 기다리면서, 아래에 몇몇 흥미로운 사안들을 언급했다. 이 데이터는 공학 혹은 공학자와 제한된 연결고리가 있는 모든 과학기술 박사학위 소지자들을 위한 것이다.

주된 지표 중의 하나는 절대적인 관점으로 총 인구에서 박사학위 소지자의 숫자이다. 세계 경제의 관점에서 볼 때, OECD 지역 안팎 모두에서 고등교육이 급격하게 늘어난 결과로 전 세계 고급 인력들이 급격하게 증가하고 있다. 1998년 OECD 국가 전체에서 박사학위 소지자의 수는 14만 명이었으나 2006년에는 40%정도 증가한 20만 명이다. 아직까지 전체 박사학위 소지자나 혹은 공학 박사학위 소지자의 전 세계 수치를 예측한 것은 없으나, CDH 연구에서는 2006년까지(1990~2006) 미국에서 34만 명의 박사학위 소지자가 존재하고, 독일에서는 거의 27만 5천 명의 박사학위 소지자가 존재할 거라고 주장했다.

국가 노동인구 천 명당 박사학위 소지자 숫자도 분석되었다. 2002년의 첫 번째 CDH 설문에서는 나라별로 제법 큰 차이를 보여주는 다음과 같은 비율을 얻었다. 스위스(27.5), 독일(20.1), 미국(10.7), 캐나다(8.2), 호주(7.8), 포르투갈(2.6), 아르헨티나(0.5).

설문조사에서 다룬 모든 유럽 국가에서 박사학위 소지자들의 학위 분야 중 자연과학이 가장 중요한 전공 분야로 밝혀졌다. 반면에 다른 과학기술 분야들의 경우 그 비중이 상당히 달랐다. 확장된 유럽연합 안에서, 1~2개의 예외를 제외하고는 자연과학 분야에서 학위를 받은 박사학위 소지자들의 비율이 20%에 달했고 일곱 국가에서는 30~40%에 달하기도 했다.

같은 연구에서 발표된 데이터에 따르면, 유럽 국가의 절반가량에서 전체 박사학위 소지자 중에 20% 정도가 공학 박사학위 소지자이다. 하지만 나라별로 그 세부 분야에 대해서는 큰 차이가 존재한다. 공학의 상대적 중요성은 동유럽 국가들에서 두드러진다(아래 참조). 반면에 예를 들어 독일, 에스토니아, 스페인(대략 10% 정도 수준)은 다른 분야를 선호한다.(독일에서는 의학이 30%에 달하고 스페인에서는 20%에 달한다.) 그리고 대부분의 국가에서 전체 박사학위 소지자 대비 인류학 박사학위 소지자는 일반적으로 10~15%의 수준이다. 이 연구에서는 미국의 공학 박사학위 소지자의 비율을 대략적으로 15%로 예상하고 있다.

반면에 대학에 입학 또는 졸업하는 여성의 숫자가 점점 증가하고 있으나(물론 나라별, 분야별로 차이가 존재한다), 아직도 그 수가 남성에 비해 적게 나타나고 있다. 또한 여성들은 전체적으로 대표적인 공학, 기술관련 직종이나 연구 직종에 덜 참여하고 있다. 1990~2006년 사이 여성 박사학위 소지자는 전체에서 30~50%에 달한다. 유럽과 미국을 포함한 22개 국가의 중앙값은 2006년에 40%에 달했다. 그러나 1998년 이후로 여성 박사학위 소지자의 숫자가 남성보다 빠르게 증가하고 있다는 점은 분명하다. 하지만 여성들은 여전히 과학 분야(38%)와 공학 분야(21%, 2006년) 모두에서 남성을 따라잡기 위해 노력해야 한다.

전체 박사학위 소지자 대비 공학 박사학위 소지자 비율(2006년)

슬로바키아 공화국(27%), 폴란드(26%), 불가리아(25%), 루마니아(23%), 체코(22%), 키프로스(21%), 벨기에(20%), 포르투갈(20%), 리투아니아(19%), 라트비아(18%), 덴마크(16%), 오스트리아(14%), 에스토니아(9%), 독일(9%), 스페인(9%)

최근 박사학위 소지자의 전체 실업률은 나라별로 분야별로 차이가 있지만 낮은 학위 소지자들의 실업률의 절반에 달하고 여전히 전체인구의 실업률보다 낮다. 여성들은 남성들보다 실업에 놓일 가능성이 많고, 남성보다 덜 안정적인 직장에 가게 될 가능성 또한 많다. 다수의 학위 소지자가 여성인 인류학과 사회과학이 여전히 남성이 주류를 차지하고 있는 공학을 포함한 '자연과학'보다 일반적으로 실업률이 높다. 첫 번째 CDH 조사는 미국에서(2003년) 공학과 기술(자연과학 또한) 박사학위 소지자들의 실업률이 다른 어떤 분야 특히 사회과학과 인류학의 실업률보다 높다는 점을 보여줬다. 하지만 이러한 상황이 느리지만 점점 균형을 잡아가고 있는 것으로 보인다.

공학 분야에서 박사학위 소지자의 졸업 나이의 전 세계 중앙값은 2005~2006년에 대략적으로 32세로 나타났다. 하지만 이 수치는 특히 서유럽과 동유럽 사이에서 상당한 차이를 보였다. 벨기에와

키프로스(28세)가 가장 낮았고, 불가리아(44세), 리투아니아(42세), 루마니아와 체코(40세)와 같이 지나치게 높은 나라도 있었다. 조사한 국가의 절반가량에서 여성들이 남성보다 공학 박사학위를 빨리 얻었다(표 1).

대략적으로 전체 박사학위 소지자의 3/4가량이 고등 교육 분야에 종사하고 있다. 정부 또한 연구와 교육에 능동적인 박사학위 소지자들에게 매우 중요한 고용인이다. 공학 박사학위 소지자들은 기본적으로 기업에서 일을 할 거라는 기대가 있지만 13개 국가 중 이와 관련된 데이터가 이용 가능한 9개 국가에서 공학 박사학위 소지자에게 대학이 기업보다 더 매력적이었다. 다른 4개 국가(오스트리아, 벨기에, 체코, 미국)의 기업들은 전체 공학 박사학위 소지자 가운데 최소 10%를 고용하고 있다.

분야에 관계없이 남성과 여성 박사학위 소지자들의 임금 차이가 크다는 사실은 매우 잘 알려져 있다. 2003년 미국 여성의 임금은 남성보다 25%가량 적었고 캐나다에서는 20%가량 적었다. 임금에 관한 불만은 고용 불만족과 이직의 가장 큰 원인이다. 임금에 불만을 가지는 박사학위 소지자의 비율은 미국은 20%, 포르투갈은 40%, 아르헨티나는 55%이다. 그리고 이 비율 또한 여성이 훨씬 높다(2003).

표 1: 공학 박사학위 소지자 졸업 나이의 중앙값(2005~2006)

	여자	남자	합계
아르헨티나	..	..	33
오스트레일리아	31	31	31
오스트리아	30.9	32.5	32.4
벨기에	29	28	28
불가리아	34	45	44
키프로스	..	28	28
체코공화국	33.5	40.0	39.5
덴마크	31.7	31	31.2
에스토니아	37.0	32.0	34.5
핀란드	34	33	33
일본	33.5	34.0	..
라트비아	32	32	32
리투아니아	31	29	30
노르웨이	30.7	31.1	31.0
폴란드	32	32	32
포르투갈	34	36	36
루마니아	38	43	40
슬로바키아	30	30	30
스페인	31	32	32
스웨덴	32	32	32
스위스	30	31	31
미국	30.2	31.0	30.8

출처: OECD, UNESCO Institute for Statistics, Eurostat

결론을 내리기에는 데이터들이 충분하지 못하지만, 연구원으로 일하는 박사학위 소지자에 대한 다음과 같은 결과가 있다. 미국 데이터에 따르면 일반적으로 남성은 여성보다 더 많은 논문을 발표하고, 여성들은 가르치는 것과 같은 지식 전달에 더 능숙하다고 한다.

외국인 박사학위 소지자에 대해 첫 번째 CDH 조사에서 결과를 이해하기 위한 가장 기본적인 두 개념의 차이에 대해 검토를 했다. 외국에서 태어난 사람들이냐? 아님 외국 국적을 가진 사람들이냐? 전자의 경우는 이민자들 가운데 오랜 시간이 흘러 결국에는 해당 국가의 시민권을 취득한 사람들의 숫자를 반영해야 하고 후자는 주어진 데이터를 활용하면 된다.

어떤 접근 방식을 사용하느냐에 따라서 결과는 달라질 수 있다. 첫 번째 CDH 연구는 다음과 같은 결과를 보여줬다. 스위스에서는 외국에서 태어난 박사학위 소지자가 41%, 외국 국적을 가진 사람은 30%이고, 캐나다와 호주에서는 각각 전자는 54%와 46%였고 후자는 18%와 14%였다. 캐나다와 호주에서는 외국에서 태어난 박사학위 소지자의 비율이 미국보다 훨씬 많았다. 절대적 수치로 봤을 때 캐나다에서는 박사학위 소지자들 가운데 외국에서 태어난 사람이 캐나다에서 태어난 사람보다 많다. 외국인 박사학위 소지자들이 해당 국가의 시민권을 획득하는 경향은 호주, 캐나다, 미국에서 현저히 높다. 반면에 미국 박사학위 소지자의 국제적 이동성은 낮다.

4.1.7 교육 및 산업 분야의 공학자에 대한 통계와 분석

통계에 대한 서론

이번에 나오는 표와 도표는 유네스코와 OECD, 유럽연합통계청(Eurostat)에서 제공한 것으로 최근 몇 년간의 교육과 고용에 관한 통계이다. 공학자들을 국제적인 맥락에서 다루려고 시도했다. 이러한 교육 관련 데이터는 최초로 일반적인 설문지를 사용하여 각각의 가입 국가들로부터 수집되었다. 하지만 각 기구들이 데이터와 분석을 개별적으로 관리했다.

특히 공학자와 관련해서, ISCED의 1997년 분류체계는 교육에서 새로운 10개 분야를 소개했다. 그 중 하나가 세 개의 하위 분류를 가진 '공학, 제조업, 건설업'이다.(4.1.3장에서 소개된 ISCED의 1976년과 다르다.)

표 2: OECD의 대표적인 방법론 매뉴얼

A. 프라스카티 계열 매뉴얼	
R&D	• The Measurement of Scientific and Technological Activities Series: - "Frascati Manual: Proposed Standard Practice for Surveys of Research and Experimental Development" – 6th Edition (OECD 2002) • "R&D Statistics and Output Measurement in the Higher Education Sector" – Frascati Manual Supplement (OECD 1989)
기술 무역수지	• "Manual for the Measurement and Interpretation of Technology Balance of Payments Data –TBP Manual" (OECD 1990)*
혁신	• "Oslo Manual - Guidelines for Collecting and Interpreting Innovation Data" (3rd Edition, OECD 2005)
특허	• "OECD Patent Statistics Manual" (OECD 2009)
과학기술 종사자	• "The Measurement of Human Resources Devoted to Science and Technology - Canberra Manual" (OECD /Eurostat 1995)*
B. 과학기술에 대한 기타 매뉴얼	
첨단기술	• "Revision of High-technology Sector and Product Classification" (OECD, STI Working Paper 1997/2)
출판물	• "Bibliometric Indicators and Analysis of Research Systems: Methods and Examples", by Yoshiko OKUBO (OECD, STI Working Paper 1997/1 (OECD 1997)**
국제화	• "Measuring Globalisation – OECD Handbook on Economic Globalisation Indicators" (OECD 2005)
생산성	• "Measurement of Aggregate and Industry-Level Productivity Growth - OECD Manual" (OECD 2001)
생명공학	• "A Framework for Biotechnology Statistics" (OECD 2005)

* 기존 정보의 분류와 해석을 주로 다룸(원래 과학기술 분석과 정책을 위해 수집되지 않았음).

** 승인된 매뉴얼 자격을 얻지 않은 워킹 페이퍼.

표 1부터 표 6은 전 세계에 관한 데이터이다. 표 7에서 표 12까지는 OECD 국가들과 유럽 국가들에 관한 데이터이다.(표는 4.1.8장에 있다.)

공학, 제조 및 건축학(ISCED 1997 분류체계)

- **공학 및 기술거래:** 공학도면, 기계, 금속, 전기, 전자, 전기통신, 에너지 및 화학공학, 차량 정비와 측량
- **제조 및 프로세싱:** 음식과 음료 프로세싱, 섬유, 의류, 신발, 가죽, 그리고 나무, 종이, 플라스틱, 유리와 같은 재료
- **건축 및 건물:** 건축학과 도시 설계, 구조 건축, 조경술, 지역사회 계획, 지도 제작, 건축 구조와 토목공학

통계에 대한 설명

이러한 거시적 통계자료는 데이터의 질이 항상 만족스럽지 않기 때문에 주의 깊게 해석해야 한다.

유네스코의 교육 관련 데이터는 넓은 의미의 '공학, 제조업, 건설업'이라는 큰 분류에서만 이용가능하다. 반면에 OECD와 Eurostat 데이터의 경우, 세 개의 하위분류로 데이터를 분리해서 제공한다. 따라서 표와 도표들은 유네스코의 데이터를 최소공통분모로 해서 전체에 대한 데이터를 보여준다. OECD와 Eurostat에서 제공한 세분화된 데이터는 1997년판 ISCED에서 가장 높은 교육 수준의 3개의 레벨(6, 5A, 5B)에 대해 이용가능하다(4.1.3을 참조할 것). ISCED 분류 5와 6에 관한 유네스코의 데이터는 합쳐졌고, 이 데이터는 비교를 위한 최소공통분모로 이용되었다.

데이터 이용 가능성에 관한 차이 또한 표에서 볼 수 있다. 특히 대부분의 공학자들이 살고 있는 선진국(대표적으로 OECD와 이와 연관된 나라들)과 개발도상국들 사이에 차이가 존재한다. 불행히도 지역 경제에서 중요한 개발도상국가의 통계 정보들은 아직 이용하기 힘들다.

때로는 정책을 분석하는 데 주어진 시간에 절대적인 수치를 측정하는 것보다 경향이 더 중요하다. 선진국의 경우에 연도별 데이터가 가장 완벽하다. 그리고 유네스코 회원국 중 몇몇 개발도상국가의 상황 또한 점차적으로 나아지고 있다.

대학 교육에 관한 통계 데이터는 교육에 들어가는 학생들(입학), 교육을 진행 중인 학생들, 적절한 자격을 가지고 교육을 떠나는 학생들(졸업)에 대해 수집한다. 입학 숫자는 특정 분야에 관한 현재의 흥미를 반영한다. 반면에 졸업 숫자는 정책이나 고용에 관한 관심을 보여준다. 성별 데이터는 대체로 입학과 졸업 둘 모두에 사용 가능하다.

데이터 기준의 질이 항상 만족스럽지 않다는 것을 고려하면, 이런 '거시적'인 시리즈들은 주의 깊게 해석되어야 한다. 더 나아가 불행하게도 주요 지역 경제(러시아 연방, 중국, 인도네시아, 싱가포르, 태국, 이집트, 나이지리아 등)에 대한 통계정보는 여전히 이용할 수 없다. 하지만 빠른 시간 안에 걱정하고 있는 통계 시리즈가 완성될 거라는 기대가 있다.

교육 통계에 대한 개론적 분석

이러한 통계들이 현재와 가까운 미래의 공학자의 공급에 관해서 무엇을 말해 주는가? 수요와 공급의 불일치라는 문제를 제시하는 데에만 의미가 있는 것인가?

우선 공학 분야 입학은 모든 나라에서 소수의 예외를 제외하고는 지난 십 년간 절대적인 수치에서 상승했다. 증가 폭은 물론 다양하다.

그러나 같은 기간 공학 분야 입학은 한 국가의 고등 교육 총 입학자 수와 다른 분야 입학자 수와 비교한 상대적인 관점에서는 감소하고 있다. 따라서 입학자 수의 절대적 수치 상승은 젊은 사람들이 공학 분야에 관심을 가지기보다는 고등 교육에 참여하는 숫자가 전체적으로 늘어나는 것으로 다소 설명 가능하다.

또한 공학 분야 입학에서 여성의 상승률이 남성보다 더 빠르다는 것은 분명하다. 그리고 이에 맞춰 전체 학생과 졸업 학생 가운데 여성의 비율 또한 더 빠르게 증가하고 있다. 그러나 대부분의 국가에서 여성 비율 자체는 여전히 낮다. 전 세계 국가들 가운데서 일반화된 경향을 정확히 찾아내는 것은 정말 어렵다. 하지만 커다란 국가들에서는 그 수치가 오랜 기간 상당히 안정적이지만, 작은 국가들에서는 상대적인 경년변화(year-to-year variation)가 발견되었다.

OECD/Eurostat 데이터에서 다룬 국가들 내에서의 종합적인 추세는 공학 분야 입학생 수가 느리지만 꾸준히 성장하고 있음을 보여준다. 이에 대한 주요한 예외가 바로 1990년대 후반 이후로 5~10% 정도의 눈에 띄는 감소가 일어난 일본, 네덜란드, 노르웨이, 한국이다. 이러한 감소는 인구 정체 시기와 '베이비 붐' 직후에 졸업한 공학자들의 은퇴와 맞물리면서 정부 당국에게 매우 심각하게 받아들여졌다. 예를 들어, 일본에서는 해외에서 능력 있는 공학자와 과학자들의 이민을 받아 강화하거나 R&D를 다른 국가에 아웃소싱하는 등의 여러 가지 방법들이 논의되었다. 또한 여러 국가에서 능력 있는 국외 거주자들을 국내로 돌아오게 하려는 많은 계획들이 생겨났다. 유네스코에 따르면 한국의 공학 분야 입학자의 총수는 일본의 총수보다 1/3가량 많았다.

중앙값이 10%가량 상승한 유럽과 OECD 국가 가운데, 입학자의 수가 유럽연합에 새로 가입한 몇몇 국가들(기존에 동유럽권에 속했거나 유고슬라비아 연방의 일부였음)에서 매우 빠르게 성장하고 있다. 중앙아시아의 구소련 공화국들 가운데에서도 비슷한 성장을 보이고 있다.

터키(OECD 국가)를 포함한 지중해 연안과 북아프리카와 사우디아라비아를 제외한 아랍 국가들에서도 상당히 규칙적인 진전이 보인다.

서남아시아 지역을 살펴보면 방글라데시의 공학 분야 입학자의 수는 2000년 이후 5배가량 증가했고 인도와 이란, 파키스탄에서는 2~3배가량 증가했다. 또한 방글라데시, 인도, 이란에서는 여성 공학자의 숫자가 매우 높은 비율로 증가하고 있고 파키스탄에서는 줄고 있다.

아프리카의 사하라 사막 이남 지역을 살펴보면, 여전히 많은 국가들이 유네스코 통계연구소의 수많은 노력에도 불구하고 유네스코에 관련 자료를 보내지 않고 있다. 남아프리카공화국은 2000년에서 2006년 사이 공학 분야 입학생의 절대적인 수가 60% 증가한 이 지역에서 주요한 국가이다. 1~2개 국가를 제외한 모든 아프리카 국가들에서는 유럽보다 평균 성장률이 훨씬 높다. 하지만 이는 매우 낮은 수준에서 시작했기 때문이다. 또한 여성의 참여가 증가하면서 발생한 것이다. 예를 들어 에티오피아는 이 넓은 아프리카 지역에서 2번째로 높은 성장률을 기록했다. 그리고 2000년부터 5년간 3배가량 증가했다. 이 급격한 증가에는 여성 공학도의 수가 4배가 늘어난 것이 포함되었다.

동아시아, 태평양 연안, 카리브해 연안의 유네스코 회원국 중에는 데이터가 보고되지 않은 작은 나라들이 많다.

라틴 아메리카의 경우 일반화하기가 힘들다. 공학 분야 입학생 수치가 콜롬비아, 멕시코, 브라질은 상승했으나 아르헨티나와 칠레는 감소했다. 남미 대륙에서 작은 국가들은 나라별로 상이하다. 아마도 느린 성장 혹은 변동 없는 것이 그나마 추세라고 볼 수 있다.

4.1.8 공학 지표 – 표

표 1: 공과대학* 신입생수(1999~2006)

	1999	2000	2001	2002	2003	2004	2005	2006
유럽의 OECD국가								
오스트리아	...	40,448	...	...	31,158	30,004	29,674	29,890
벨기에	...	41,903	40,886	41,513	39,729	44,270	40,451	41,670
불가리아	49,639	52,426	52,777	51,941	50,948	50,463	50,504	51,083
크로아티아	18,941	...	19,916	20,920	20,722	...	21,891	22,283
키프로스	886	670	550	522	637	843	1,009	1,262
체코공화국	51,105	40,800	41,536	58,958	58,661	65,655	66,248	...
덴마크	17,481	18,982	19,720	19,406	21,771	22,501	24,005	23,077
에스토니아	7,517	7,420	7,320	7,107	7,357	7,859	8,269	8,412
핀란드	64,738	69,230	72,303	73,363	77,596	80,167	80,827	80,153
프랑스	...	...	...	...	...	...	...	252,882
독일	338,901	325,667	323,953	332,161	341,652	360,034	...	360,394
그리스	...	...	...	72,813	...	90,404	106,528	93,626
헝가리	51,295	54,389	51,256	46,064	55,476	54,406	53,965	54,569
아이슬란드	483	556	606	693	870	980	1,022	1,149
아일랜드	17,967	18,241	19,343	19,971	20,310	20,790	19,233	19,420
이스라엘	41,015	39,138	52,987	60,116	57,929	58,661	56,812	55,537
이탈리아	306,157	297,928	299,778	303,435	312,170	319,739	320,343	316,135
라트비아	13,215	9,300	10,128	11,320	11,764	12,280	12,352	13,159
리투아니아	24,122	27,275	29,419	30,059	33,099	35,578	36,376	35,775
룩셈부르크	...	...	...	...	...	...	...	405
몰타	431	411	459	525	674	698	737	...
네덜란드	51,008	52,218	53,641	54,219	53,084	44,576	44,475	47,292
노르웨이	15,733	12,953	12,386	12,598	13,395	13,874	14,726	...
폴란드	203,095	213,125	234,638	258,483	269,726	272,641	248,542	269,810
포르투갈	...	67,007	...	81,648	84,526	85,414	83,079	80,597
루마니아	91,450	98,964	108,672	117,244	138,909	145,106	150,203	152,176
러시아연방	...	...	...	...	...	...	...	...
슬로바키아	26,152	28,210	29,637	29,069	28,279	28,621	31,521	32,439
슬로베니아	14,980	15,450	16,026	16,530	17,456	17,508	17,753	17,962
스페인	281,760	295,266	303,122	314,066	322,932	324,936	319,340	318,881
스웨덴	64,634	66,287	68,206	69,410	71,736	71,949	70,089	68,846
스위스	24,638	23,305	23,293	24,255	25,384	26,622	26,376	27,418
터키	...	...	211,449	220,243	259,069	281,986	292,623	312,420
영국	182,761	178,410	217,529	225,784	177,164	180,656	185,283	191,182
그 밖의 OECD국가								
호주	98,305	97,686	99,662	108,113	110,171	108,488	108,319	108,319
뉴질랜드	10,568	11,586	11,607	10,793	13,975	14,839	15,124	15,788
캐나다	122,974	...	...	128,337	...	...	...	...

	1999	2000	2001	2002	2003	2004	2005	2006
멕시코	310,974	332,646	358,543	391,952	415,429	476,228	437,442	454,399
미국	...	...	...	...	...	...	1154,971	1166,545
일본	718,782	706,998	701,698	694,580	685,063	677,544	668,526	655,851
한국	1019,703	1096,304	1046,279	1079,584	1036,741	993,934	1022,845	971,722
서유럽								
안도라	...	...	...	...	...	...	...	...
지브롤터	...	...	...	...	...	...	...	...
바티칸시국	...	...	...	...	...	...	...	...
리히텐슈타인	...	...	...	...	111	149	135	...
모나코	...	...	...	...	...	...	...	...
산마리노	.	141	...	...	...	...	...	...
중부유럽/동유럽								
알바니아	...	2,599	2,708	...	3,738	4,243	...	...
벨라루스	...	...	...	...	...	...	132,527	138,417
보스니아 헤르체코비나	...	...	...	...	...	...	...	...
몬테네그로	...	...	...	...	...	...	...	...
몰도바	...	...	...	...	...	...	...	...
세르비아	...	...	...	...	...	...	...	...
마케도니아	6,558	7,793	7,709	9,152	9,035	8,376	8,936	...
우크라이나	494,995	...	456,901	487,137	513,638	545,764	581,761	606,853
아랍								
알제리	...	...	...	...	...	71,445	78,175	80,826
바레인	...	...	...	...	2,080	...	1,589	1,581
지부티	...	...	13	...	...	28	...	114
이집트	...	...	...	...	...	...	...	...
이라크	...	28,857	...	...	...	78,227	...	...
요르단	...	...	...	...	22,636	22,636	25,087	27,601
쿠웨이트	...	...	...	...	...	...	...	...
레바논	...	13,851	15,166	16,492	16,608	15,552	19,276	20,067
리비아	...	59,645	...	...	...	...	...	...
모리타니	...	...	...	...	...	...	...	...
모로코	5,350	7,170	16,517	...	13,570	13,221	16,790	21,392
오만	...	...	...	...	...	...	4,488	...
팔레스타인	4,781	4,201	4,168	5,967	8,074	8,688	...	11,149
카타르	...	...	289	276	312	432	...	...
사우디아라비아	...	32,865	...	...	44,233	15,721	19,780	...
수단	...	...	...	...	...	...	...	...
시리아	...	...	...	...	...	...	...	...
튀니지	...	...	...	...	23,697	...	...	34,802
아랍에미리트	...	...	...	...	...	...	...	...
예멘	...	...	...	...	...	...	...	...

	1999	2000	2001	2002	2003	2004	2005	2006
중앙아시아								
아르메니아	...	...	4,725	...	4,632	4,921	5,841	6,169
아제르바이잔	...	...	...	...	...	...	...	...
조지아	21,505	23,282	27,734	31,251	36,344	35,657	31,812	10,678
카자흐스탄	...	...	...	...	...	...	...	...
키르기스스탄	...	...	21,363	34,582	19,949	14,202	21,061	22,633
몽골	11,124	12,993	14,649	16,059	18,316	18,545	20,117	22,478
타지키스탄	...	3,912	5,967	6,397	5,449	6,863	15,488	19,189
투르크메니스탄	...	...	...	...	...	...	...	...
우즈베키스탄	...	...	...	...	...	...	...	43,065
동아시아/태평양 국가								
브루나이 다루살람	108	153	228	...	202	170	218	334
캄보디아	...	...	722	803	...	1,066	...	2,740
중국	...	...	...	...	...	...	...	...
쿡아일랜드	...	...	...	...	...	...	...	...
북한	...	...	...	...	...	...	...	...
피지	...	...	...	...	...	...	...	...
홍콩	...	...	...	...	25,302	24,990	24,466	24,379
인도네시아	...	...	...	...	...	...	...	...
키리바시	...	...	...	...	...	...	...	...
라오스	...	1,393	1,656	...	1,922	3,560	2,337	4,382
마카오	...	...	...	316	413	...	505	501
말레이시아	...	...	...	150,285	...	156,286	128,376	...
마셜	...	...	...	...	...	...	...	...
미크로네시아	...	...	...	...	...	...	...	...
미얀마	...	...	29,957	...	...	...	...	...
나우루	...	...	...	...	...	...	...	...
니우에	...	...	...	...	...	...	...	...
팔라우	...	...	...	...	...	...	...	...
파푸아뉴기니	...	...	...	...	...	...	...	...
필리핀	...	...	...	...	299,831	376,224	...	...
사모아	...	57	...	...	...	...	...	...
싱가포르	...	...	...	...	...	...	...	...
솔로몬제도	...	...	...	...	...	...	...	...
타이	...	...	...	...	...	...	...	...
동티모르	...	...	...	...	...	...	...	...
토켈라우	...	...	...	...	...	...	...	...
통가	...	...	...	...	...	...	...	...
투발루	...	...	...	...	...	...	...	...
바누아투	...	...	...	...	...	...	...	...
베트남	141,930	132,569	...	154,846	164,141	...	...	...

	1999	2000	2001	2002	2003	2004	2005	2006
남아시아/서아시아								
아프가니스탄	...	...	...	...	...	...	...	...
방글라데시	...	8,845	11,903	12,935	14,049	27,349	45,482	...
부탄	...	...	...	...	...	...	...	,597
인도	...	...	418,193	526,476	...	...	696,609	...
이란	...	...	...	...	...	451,768	578,053	727,116
몰디브	...	...	...	...	...	...	...	...
네팔	...	...	...	...	...	...	...	...
파키스탄	...	...	...	...	...	...	31,240	46,090
스리랑카	...	...	...	...	...	...	...	...
남미/카리브해 연안국가								
앙궐라	...	...	...	...	...	...	...	...
앤티가 바부다	...	.	...	...	...	...	...	...
아르헨티나	...	...	...	...	177,475	...	168,914	...
아루바	...	423	391	383	438	399	...	408
바하마	...	...	...	...	...	...	...	...
바베이도스	...	...	...	...	...	...	...	...
벨리즈	...	...	...	...	...	1	...	...
버뮤다	...	...	...	...	...	...	89	...
볼리비아	...	...	...	...	...	...	...	...
브라질	...	...	...	279,716	301,158	319,175	344,714	...
버진아일랜드	...	...	...	...	...	...	...	...
케이맨제도	...	...	...	...	...	...	...	.
칠레	...	...	...	163,834	169,310	99,755	120,942	122,447
콜롬비아	...	...	283,661	...	...	319,910	364,589	424,362
코스타리카	...	...	9,979	11,080	...	16,157	...	...
쿠바	...	...	...	...	...	...	...	14,393
도미니카	...	...	...	...	...	...	...	...
도미니카공화국	...	...	...	...	...	...	...	...
에콰도르	...	...	...	...	...	...	...	...
엘살바도르	...	...	...	13,870	15,477	...	14,898	14,905
그레나다	...	...	...	...	...	...	...	...
과테말라	...	...	...	19,092	...	...	...	20,824
가이아나	...	...	...	...	...	447	446	477
아이티	...	...	...	...	...	...	...	...
온두라스	...	...	...	...	21,533	...	...	...
자메이카	...	...	...	...	...	...	...	...
몬세라트	...	...	...	...	...	...	...	.
네델란드령 앤틸리스제도	...	864	783	...	...	...	...	...
니카라과	...	...	...	...	...	...	...	...
파나마	...	...	...	21,241	18,585	15,251	14,616	14,664

	1999	2000	2001	2002	2003	2004	2005	2006
파라과이	...	...	...	...	...	...	...	...
페루	...	...	...	...	...	...	...	5,286
세인트키츠 네비스	...	...	...	...	...	...	...	...
세인트루시아	...	...	...	...	...	...	...	...
세인트빈센트 그레나딘	...	...	...	...	...	...	...	...
수리남	...	...	...	526	...	...	...	...
트리니다드토바고	...	1,300	1,399	...	...	3,788	...	...
터크스카이코스제도	...	...	...	...	...	...	...	...
우루과이	...	...	...	...	...	...	12,321	...
베네수엘라	...	...	...	...	...	...	...	...
사하라 이남 아프리카								
앙골라	674	...	...	1079	...	...	...	...
베냉	...	...	...	...	...	...	...	...
보츠와나	...	...	352	353	...	534	603	...
부르키나파소	...	...	...	...	...	...	...	1,721
부룬디	...	...	...	500	...	...	...	...
카메룬	...	...	...	...	...	2,170	...	5,906
카보 베르데	...	...	...	...	...	...	...	...
중앙아프리카공화국	...	...	...	...	...	...	...	...
차드	...	...	...	...	...	...	...	...
코모로	...	...	...	...	...	...	...	...
콩고	...	...	...	116	...	...	...	...
코트디부아르	...	...	...	...	...	...	...	...
콩고공화국	...	...	...	...	...	...	...	...
적도기니	...	...	...	...	...	...	...	...
에리트레아	174	372	451	...	...	1,286	...	...
에티오피아	5,918	5,892	11,421	9,383	13,625	17,347	16,972	12,967
가봉	...	...	...	...	...	...	...	...
감비아	...	...	...	...	...	...	...	...
가나	...	8,050	8,972	9,438	...	8,115	...	...
기니	...	...	...	...	...	2,060	...	1,672
기니비사우	...	...	...	...	...	...	...	...
케냐	...	16,435	17,652	...	...	...	...	...
레소토	...	...	...	...	...	...	52	...
리이베리아	...	2,013	...	...	...	...	...	...
마다가스카르	...	...	...	...	...	...	2,295	2,976
말라위	1,041	...	...	...	...	...	...	...
말리	...	...	...	...	...	...	...	...
모리셔스	1,909	1,833	1,978	1,847	2,169	2,482	2,971	2,585
모잠비크	...	...	...	...	...	2,424	2,788	...

	1999	2000	2001	2002	2003	2004	2005	2006
나미비아	305	...	475	...	539	...	...	...
니제르	...	...	...	...	...	...	...	...
나이지리아	...	...	...	...	...	...	187	...
르완다	...	...	...	...	...	...	...	...
상투메 프린시페	...	...	...	...	...	...	...	...
세네갈	...	...	...	...	...	...	...	...
세이셸	...	...	...	...	...	...	...	...
시에라리온	...	49	80	...	...	...	...	...
소말리아	...	...	...	...	...	...	...	...
남아프리카공화국	...	43,354	...	...	54,038	62,013	69,028	70,339
스와질란드	361	327	268	...	...	305	225	174
토고	...	256	...	...	...	...	...	...
우간다	4,356	2,095	3,366	...	...	6,332	...	...
탄자니아	3,406	...	...	...	...	...	4,589	...
잠비아	...	...	...	...	...	...	...	...
짐바브웨	...	...	...	...	...	...	...	...

출처: 유네스코

* "공학"(ISCED가 1997년 제시한 '공학, 제조 및 건축학' 분류의 총합)

표 2: 공과대학* 신입생 중 여학생 수(1999~2006)

	1999	2000	2001	2002	2003	2004	2005	2006
유럽의 OECD국가								
오스트리아	...	7,526	...	...	6,169	6,170	6,149	6,366
벨기에	...	7,712	7,561	8,519	8,006	10,106	8,498	10,075
불가리아	19,908	20,201	19,482	17,972	17,256	16,263	16,170	16,259
크로아티아	5,163	...	4,957	5,385	5,165	...	5,400	5,651
키프로스	201	74	43	39	49	85	130	177
체코공화국	9,976	10,551	10,709	12,359	12,154	13,348	14,061	...
덴마크	5,103	5,308	5,175	5,989	7,130	7,555	7,951	7,596
에스토니아	2,005	1,987	2,055	2,061	2,044	2,111	2,270	2,292
핀란드	11,252	12,306	13,163	13,797	14,457	14,841	15,082	15,077
프랑스	...	...	...	...	...	...	...	59,215
독일	60,653	60,054	60,847	62,636	64,661	68,152	...	65,693
그리스	...	...	...	19,629	...	25,431	29,547	22,066
헝가리	10,625	...	10,295	9,884	11,195	10,142	10,285	10,179
아이슬란드	103	126	156	182	244	305	320	368
아일랜드	3,105	3,247	3,613	3,577	3,645	3,468	3,142	3,177
이스라엘	10,902	9,584	14,230	17,467	13,103	15,904	15,216	15,109
이탈리아	78,998	78,381	79,478	80,140	83,367	86,809	88,784	89,599
라트비아	3,192	2,480	2,520	2,582	2,531	2,570	2,648	2,735
리투아니아	7,855	8,540	9,013	8,796	9,292	9,896	9,446	9,000
룩셈부르크	...	...	...	...	...	...	...	...
몰타	97	95	107	145	186	188	209	...
네덜란드	6,267	6,306	6,408	6,448	6,230	6,009	5,991	7,107
노르웨이	3,975	3,231	2,974	2,973	3,230	3,305	3,550	...
폴란드	41,910	44,274	50,907	57,491	59,657	61,478	63,715	73,133
포르투갈	...	19,745	...	22,118	22,658	22,785	21,599	20,720
루마니아	22,141	25,100	28,876	32,608	40,704	43,752	44,003	45,247
러시아연방	...	...	...	...	...	...	...	...
슬로바키아	7,287	7,378	8,022	8,315	8,081	8,207	8,821	9,247
슬로베니아	3,667	3,869	3,960	4,056	4,056	4,143	4,287	4,335
스페인	71,211	75,065	77,229	83,606	88,124	89,946	88,796	89,280
스웨덴	17,536	18,789	19,967	20,270	20,628	20,260	19,611	19,116
스위스	2,631	2,722	2,954	3,176	3,435	3,708	3,746	3,984
터키	...	...	45,960	47,708	48,258	53,182	53,253	58,147
영국	31,548	31,550	36,088	35,980	32,921	34,105	35,448	37,881
그 밖의 OECD국가								
호주	17,481	17,946	18,562	21,475	22,170	22,480	22,643	22,782
뉴질랜드	3,000	3,422	3,083	3,452	3,953	3,390	3,518	3,977
캐나다	25,014	...	...	26,843	...	...	...	...
멕시코	67,007	73,806	79,806	91,200	99,133	128,011	107,270	111,726
미국	...	...	...	...	...	...	186,682	189,427

	1999	2000	2001	2002	2003	2004	2005	2006
일본	77,278	77,674	79,201	80,825	81,260	80,682	79,468	76,922
한국	185,728	195,251	175,300	188,797	189,299	160,346	165,982	156,216
서유럽								
안도라	...	...	...	...	...	...	...	...
지브롤터	...	...	...	...	...	...	...	...
바티칸시국	...	...	...	...	...	...	...	...
리히텐슈타인	...	...	...	...	32	43	42	...
모나코	...	...	...	...	...	...	...	...
산마리노	...	36	...	...	...	...	...	...
중부유럽/동유럽								
알바니아	...	601	650	...	955	1,115	...	...
벨라루스	...	...	...	...	...	...	38,319	40,440
보스니아 헤르체코비나	...	...	...	...	...	...	...	...
몬테네그로	...	...	...	...	...	...	...	...
몰도바	...	...	...	...	...	...	...	...
세르비아	...	...	...	...	...	...	...	...
마케도니아	1,833	2,196	2,194	2,580	2,619	2,646	2,835	...
우크라이나	...	...	...	...	...	...	...	...
아랍								
알제리	...	...	...	...	...	22,080	24,288	25,334
바레인	...	...	...	...	509	...	359	333
지부티	...	...	...	...	...	7	...	24
이집트	...	...	...	...	...	...	...	...
이라크	...	6,416	...	...	...	14,707	...	...
요르단	...	...	...	...	6,858	6,858	6,149	7,326
쿠웨이트	...	...	...	...	...	...	...	...
레바논	...	3,155	3,030	3,364	3,561	3,496	3,769	4,137
리비아	...	...	...	...	...	...	...	...
모리타니	...	...	...	...	...	...	...	...
모로코	1,267	1,628	5,686	...	3,024	3,091	4,018	5,804
오만	...	...	...	...	...	...	904	...
팔레스타인	1,212	1,002	1,060	1,804	2,866	2,727	...	3,090
카타르	...	...	...	...	50	68	...	...
사우디아라비아	...	204	...	...	345	2,841	3,022	...
수단	...	...	...	...	...	...	...	...
시리아	...	...	...	...	...	...	...	...
튀니지	...	...	...	...	...	...	...	...
아랍에미리트	...	...	...	...	...	...	...	...
예멘	...	...	...	...	...	...	...	...

	1999	2000	2001	2002	2003	2004	2005	2006
중앙아시아								
아르메니아	...	...	1,256	...	1,252	1,330	1,528	1,825
아제르바이잔	...	...	...	...	...	...	...	...
조지아	5,400	5,168	7,308	8,803	11,384	11,236	10,512	2,948
카자흐스탄	...	...	...	...	...	...	...	...
키르기스스탄	...	...	6,143	14,954	6,091	3,240	6,161	6,649
몽골	5,311	6,095	6,960	7,914	8,775	8,058	8,253	8,674
타지키스탄	...	...	679	...	...	...	...	...
투르크메니스탄	...	...	...	...	...	...	...	...
우즈베키스탄	...	...	...	...	...	...	...	5,175
동아시아/태평양 국가								
브루나이 다루살람	33	54	93	...	76	65	84	122
캄보디아	...	...	40	33	...	45	...	172
중국	...	...	...	...	...	...	...	...
쿡아일랜드	...	...	...	...	...	...	...	...
북한	...	...	...	...	...	...	...	...
피지	...	...	...	...	...	...	...	...
홍콩	...	...	...	...	4,819	5,012	5,100	5,149
인도네시아	...	...	...	...	...	...	...	...
키리바시	...	...	...	...	...	...	...	...
라오스	...	169	190	...	184	397	347	481
마카오	...	...	...	...	...	...	63	70
말레이시아	...	...	...	46,037	...	57,921	50,240	...
마셜	...	...	...	...	...	...	...	...
미크로네시아	...	...	...	...	...	...	...	...
미얀마	...	...	...	...	...	...	...	...
나우루	...	...	...	...	...	...	...	...
니우에	...	...	...	...	...	...	...	...
팔라우	...	...	...	...	...	...	...	...
파푸아뉴기니	...	...	...	...	...	...	...	...
필리핀	...	...	...	...	90,816	...	...	...
사모아	...	2	...	...	...	...	...	...
싱가포르	...	...	...	...	...	...	...	...
솔로몬제도	...	...	...	...	...	...	...	...
타이	...	...	...	...	...	...	...	...
동티모르	...	...	...	...	...	...	...	...
토켈라우	...	...	...	...	...	...	...	...
통가	...	...	...	...	...	...	...	...
투발루	...	...	...	...	...	...	...	...
바누아투	...	...	...	...	...	...	...	...
베트남	14,936	15,619	...	22,355	23,576	...	...	...

	1999	2000	2001	2002	2003	2004	2005	2006
남아시아/서아시아								
아프가니스탄	...	...	...	...	...	...	...	...
방글라데시	...	1,185	1,188	1,366	1,531	3,521	6,779	...
부탄	...	...	...	...	...	...	...	117
인도	...	...	93,279	130,832	...	...	165,402	...
이란	...	...	...	...	...	78,101	119,744	189,291
몰디브	...	...	...	...	...	...	...	...
네팔	...	...	...	...	...	...	...	...
파키스탄	...	...	...	...	...	...	13,341	6,882
스리랑카	...	...	...	...	...	...	...	...
남미/카리브해 연안국가								
앙귈라	...	...	...	...	...	...	...	...
앤티가 바부다	...	...	...	...	...	...	...	...
아르헨티나	...	...	...	...	...	...	51,796	...
아루바	...	51	42	43	60	50	...	47
바하마	...	...	...	...	...	...	...	...
바베이도스	...	...	...	...	...	...	...	...
벨리즈	...	...	...	...	...	...	...	...
버뮤다	...	...	...	...	...	...	2	...
볼리비아	...	...	...	...	...	...	...	...
브라질	...	...	...	75,512	79,351	84,177	90,064	...
버진아일랜드	...	...	...	...	...	...	...	...
케이맨제도	...	...	...	...	...	...	...	.
칠레	...	...	...	40,565	37,050	21,171	25,915	29,137
콜롬비아	...	...	94,787	...	...	102,624	115,575	155,073
코스타리카	...	...	2,959	2,716	...	4,626	...	...
쿠바	...	...	...	...	...	...	...	3,570
도미니카	...	...	...	...	...	...	...	...
도미니카공화국	...	...	...	...	...	...	...	...
에콰도르	...	...	...	...	...	...	...	...
엘살바도르	...	...	...	3,485	4,030	...	3,765	3,722
그레나다	...	...	...	...	...	...	...	...
과테말라	...	...	...	3,580	...	...	...	5,244
가이아나	...	...	...	...	...	58	52	74
아이티	...	...	...	...	...	...	...	...
온두라스	...	...	...	...	7,266	...	...	...
자메이카	...	...	...	...	...	...	...	...
몬세라트	...	...	...	...	...	...	...	...
네덜란드령 앤틸리스제도	...	112	115	...	...	...	...	...
니카라과	...	...	...	...	...	...	...	...
파나마	...	...	...	6,221	5,540	4,274	4,537	4,473

	1999	2000	2001	2002	2003	2004	2005	2006
파라과이	...	...	...	...	...	...	...	...
페루	...	...	...	...	...	...	...	1,027
세인트키츠 네비스	...	...	...	...	...	...	...	...
세인트루시아	...	...	...	...	...	...	...	...
세인트빈센트 그레나딘	...	...	...	...	...	...	...	...
수리남	...	...	...	174	...	...	...	...
트리니다드토바고	...	317	379	...	...	803	...	...
터크스카이코스제도	...	...	...	...	...	...	...	...
우루과이	...	...	...	...	...	...	4,440	...
베네수엘라	...	...	...	...	...	...	...	...
사하라 이남 아프리카								
앙골라	138	...	...	...	...	...	...	...
베냉	...	...	...	...	...	...	...	...
보츠와나	...	...	78	58	...	62	74	...
부르키나파소	...	...	...	...	...	...	...	733
부룬디	...	...	...	43	...	...	...	...
카메룬	...	...	...	...	...	...	...	...
카보 베르데	...	...	...	...	...	...	...	...
중앙아프리카공화국	...	...	...	...	...	...	...	...
차드	...	...	...	...	...	...	...	...
코모로	...	...	...	...	...	...	...	...
콩고	...	...	...	12	...	...	...	...
코트디부아르	...	...	...	...	...	...	...	...
콩고공화국	...	...	...	...	...	...	...	...
적도기니	...	...	...	...	...	...	...	...
에리트레아	7	17	22	...	...	123	...	...
에티오피아	516	454	991	765	1,077	1,932	2,433	2,134
가봉	...	...	...	...	...	...	...	...
감비아	...	...	...	...	...	...	...	...
가나	...	881	962	781	...	632	...	...
기니	...	...	...	...	...	141	...	201
기니비사우	...	...	...	...	...	...	...	...
케냐	...	2,168	2,229	...	...	...	...	...
레소토	...	...	...	...	...	...	19	...
리이베리아	...	499	...	...	...	...	...	...
마다가스카르	...	...	...	...	...	...	424	537
말라위	174	...	...	...	...	...	...	...
말리	...	...	...	...	...	...	...	...
모리셔스	433	338	398	390	487	662	841	708
모잠비크	...	...	...	...	...	245	278	...
나미비아	35	...	78	...	97	...	...	...

	1999	2000	2001	2002	2003	2004	2005	2006
니제르	...	...	...	...	...	...	...	...
나이지리아	...	...	...	...	...	...	21	...
르완다	...	...	...	...	...	...	...	...
상투메 프린시페	...	...	...	...	...	...	...	...
세네갈	...	...	...	...	...	...	...	...
세이셸	...	...	...	...	...	...	...	...
시에라리온	...	14	20	...	...	...	...	...
소말리아	...	...	...	...	...	...	...	...
남아프리카공화국	...	7,190	...	...	13,125	15,756	16,847	18,231
스와질란드	25	19	41	...	...	48	24	15
토고	...	16	...	...	...	...	...	...
우간다	741	561	596	...	...	1,196	...	...
탄자니아	294	...	...	...	...	...	468	...
잠비아	...	...	...	...	...	...	...	...
짐바브웨	...	...	...	...	...	...	...	...

출처: 유네스코

* "공학"(ISCED가 1997년 제시한 '공학, 제조 및 건축학' 분류의 총합)

표 3: 전체 대학 신입생 중 공과대학* 신입생 %(1999~2006)

	1999	2000	2001	2002	2003	2004	2005	2006
유럽의 OECD국가								
오스트리아	...	12.9	...	...	13.6	12.6	12.1	11.8
벨기에	...	11.8	11.4	11.3	10.6	11.5	10.4	10.6
불가리아	18.4	20.1	21.4	22.7	22.1	22.1	21.2	21.0
크로아티아	19.8	...	19.1	18.6	17.0	...	16.3	16.3
키프로스	8.2	6.4	4.6	3.7	3.5	4.0	5.0	6.1
체코공화국	22.1	16.1	16.0	20.7	20.4	20.6	19.7	...
덴마크	9.2	10.0	10.3	9.9	10.8	10.4	10.3	10.1
에스토니아	15.4	13.8	12.7	11.7	11.6	12.0	12.2	12.3
핀란드	24.6	25.6	25.9	25.8	26.6	26.7	26.4	25.9
프랑스	...	...	...	...	...	...	...	11.5
독일	16.2	15.8	15.5	15.4	15.2	15.4	...	15.7
그리스	...	...	...	13.8	...	15.1	16.5	14.3
헝가리	18.4	17.7	15.5	13.0	14.2	12.9	12.4	12.4
아이슬란드	5.7	5.8	6.0	6.0	6.5	6.7	6.7	7.3
아일랜드	11.9	11.4	11.6	11.3	11.2	11.0	10.3	10.4
이스라엘	16.6	15.3	19.6	20.1	19.2	19.5	18.3	17.9
이탈리아	17.0	16.8	16.5	16.4	16.3	16.1	15.9	15.6
라트비아	16.1	10.2	9.9	10.2	9.9	9.6	9.5	10.0
리투아니아	22.5	22.4	21.6	20.2	19.7	19.5	18.6	18.0
룩셈부르크	...	...	...	...	...	...	...	15.0
몰타	7.5	6.5	6.2	7.2	7.5	8.9	7.8	...
네덜란드	10.9	10.7	10.6	10.5	10.1	8.2	7.9	8.2
노르웨이	8.4	6.8	6.5	6.4	6.3	6.5	6.9	...
폴란드	14.5	13.5	13.2	13.6	13.6	13.3	11.7	12.6
포르투갈	...	17.9	...	20.7	21.1	21.6	21.8	21.9
루마니아	22.4	21.9	20.4	20.1	21.6	21.2	20.3	18.2
러시아연방	...	...	...	...	...	...	...	...
슬로바키아	21.3	20.8	20.6	19.1	17.9	17.4	17.4	16.4
슬로베니아	18.9	18.4	17.5	16.7	17.2	16.8	15.8	15.6
스페인	15.8	16.1	16.5	17.1	17.5	17.7	17.6	17.8
스웨덴	19.3	19.1	19.1	18.1	17.3	16.7	16.4	16.3
스위스	15.8	14.9	14.3	14.3	13.6	13.6	13.2	13.4
터키	...	...	13.2	13.1	13.5	14.3	13.9	13.3
영국	8.8	8.8	10.5	10.1	7.7	8.0	8.1	8.2
그 밖의 OECD국가								
호주	11.6	11.6	11.5	10.7	11.0	10.8	10.6	10.4
뉴질랜드	6.3	6.7	6.5	5.8	7.1	6.1	6.3	6.6
캐나다	10.1	...	...	10.2	...	...	...	...
멕시코	16.9	16.9	17.5	18.3	18.6	20.5	18.3	18.6
미국	...	...	...	...	...	...	6.7	6.7

	1999	2000	2001	2002	2003	2004	2005	2006
일본	18.2	17.8	17.7	17.5	17.2	16.8	16.6	16.1
한국	38.7	38.6	34.8	34.5	32.3	30.8	31.7	30.3
서유럽								
안도라	...	...	...	...	...	...	...	...
지브롤터	...	...	...	...	...	...	...	...
바티칸시국	...	...	...	...	...	...	...	...
리히텐슈타인	...	...	...	...	25.2	28.0	25.6	...
모나코	...	...	...	...	...	...	...	...
산마리노	...	15.0	...	...	...	...	...	...
중부유럽/동유럽								
알바니아	...	6.5	6.6	...	8.6	8.0	...	...
벨라루스	...	...	...	...	...	...	25.1	25.4
보스니아 헤르체코비나	...	...	...	...	...	...	...	...
몬테네그로	...	...	...	...	...	...	...	...
몰도바	...	...	...	...	...	...	...	...
세르비아	...	...	...	...	...	...	...	...
마케도니아	18.7	21.1	19.2	20.5	19.8	18.0	18.1	...
우크라이나	28.5	...	23.4	22.8	22.4	22.1	22.3	22.1
아랍								
알제리	...	...	...	...	...	10.0	9.9	9.9
바레인	...	...	...	...	10.9	...	8.4	8.6
지부티	...	...	2.6	...	...	2.5	...	5.9
이집트	...	...	...	...	...	...	...	...
이라크	...	10.0	...	...	...	19.0	...	...
요르단	...	...	...	...	12.2	10.6	11.5	12.5
쿠웨이트	...	...	...	...	...	...	...	...
레바논	...	11.9	11.3	11.5	11.5	10.1	11.6	11.6
리비아	...	20.6	...	...	...	...	...	...
모리타니	...	...	...	...	...	...	...	...
모로코	2.0	2.6	5.3	...	4.0	3.8	4.6	5.6
오만	...	...	...	...	...	...	9.3	...
팔레스타인	7.2	5.9	5.2	6.7	7.7	7.1	...	6.6
카타르	...	...	3.7	3.5	4.0	4.7	...	...
사우디아라비아	...	8.1	...	...	8.4	2.7	3.3	...
수단	...	...	...	...	...	...	...	...
시리아	...	...	...	...	...	...	...	...
튀니지	...	...	...	...	9.0	...	...	10.7
아랍에미리트	...	...	...	...	...	...	...	...
예멘	...	...	...	...	...	...	...	...

	1999	2000	2001	2002	2003	2004	2005	2006
중앙아시아								
아르메니아	...	...	6.9	...	6.3	6.2	6.7	6.2
아제르바이잔	...	...	...	...	...	...	...	...
조지아	16.5	17.0	19.7	21.0	23.4	23.0	18.3	7.4
카자흐스탄	...	...	...	...	...	...	...	...
키르기스스탄	...	...	11.2	16.5	9.9	6.9	9.6	9.7
몽골	17.0	17.6	17.2	17.8	18.7	17.1	16.2	16.3
타지키스탄	...	4.9	7.6	7.5	5.6	6.3	13.0	14.4
투르크메니스탄	...	...	...	...	...	...	...	...
우즈베키스탄	...	...	...	...	...	...	...	15.3
동아시아/태평양 국가								
브루나이 다루살람	2.9	3.8	5.1	...	4.4	3.5	4.3	6.6
캄보디아	...	...	2.8	2.5	...	2.3	...	3.6
중국	...	...	...	...	...	...	...	...
쿡아일랜드	...	...	...	...	...	...	...	...
북한	...	...	...	...	...	...	...	...
피지	...	...	...	...	...	...	...	...
홍콩	...	...	...	...	17.3	16.9	16.1	15.7
인도네시아	...	...	...	...	...	...	...	...
키리바시	...	...	...	...	...	...	...	...
라오스	...	9.8	9.9	...	6.8	10.5	4.9	7.7
마카오	...	...	...	1.5	1.6	...	2.2	2.2
말레이시아	...	...	...	23.8	...	21.4	18.4	...
마셜	...	...	...	...	...	...	...	...
미크로네시아	...	...	...	...	...	...	...	...
미얀마	...	...	5.4	...	...	...	...	...
나우루	...	...	...	...	...	...	...	...
니우에	...	...	...	...	...	...	...	...
팔라우	...	...	...	...	...	...	...	...
파푸아뉴기니	...	...	...	...	...	...	...	...
필리핀	...	...	...	...	12.4	15.5	...	...
사모아	...	4.8	...	...	...	...	...	...
싱가포르	...	...	...	...	...	...	...	...
솔로몬제도	...	...	...	...	...	...	...	...
타이	...	...	...	...	...	...	...	...
동티모르	...	...	...	...	...	...	...	...
토켈라우	...	...	...	...	...	...	...	...
통가	...	...	...	...	...	...	...	...
투발루	...	...	...	...	...	...	...	...
바누아투	...	...	...	...	...	...	...	...
베트남	17.5	18.1	...	19.7	19.8	...	...	...

	1999	2000	2001	2002	2003	2004	2005	2006
남아시아/서아시아								
아프가니스탄	...	...	...	...	...	...	...	...
방글라데시	...	1.2	1.4	1.5	1.6	3.3	5.0	...
부탄	...	...	...	...	...	...	...	14.4
인도	...	...	4.3	5.0	...	...	5.9	...
이란	...	...	...	...	...	23.1	27.2	30.3
몰디브	...	...	...	...	...	...	...	...
네팔	...	...	...	...	...	...	...	...
파키스탄	...	...	...	...	...	...	4.0	5.6
스리랑카	...	...	...	...	...	...	...	...
남미/카리브해 연안국가								
앙귈라	...	...	...	...	...	...	...	...
앤티가 바부다	...	...	...	...	...	...	...	...
아르헨티나	...	...	...	...	8.4	...	8.1	...
아루바	...	26.8	24.0	24.1	26.2	23.4	...	19.5
바하마	...	...	...	...	...	...	...	...
바베이도스	...	...	...	...	...	...	...	...
벨리즈	...	...	...	...	...	0.1	...	...
버뮤다	...	...	...	...	...	...	13.9	...
볼리비아	...	...	...	...	...	...	...	...
브라질	...	...	...	7.8	7.5	7.5	7.5	...
버진아일랜드	...	...	...	...	...	...	...	...
케이맨제도	...	...	...	...	...	...	...	...
칠레	...	...	...	31.4	29.9	17.2	18.2	18.5
콜롬비아	...	...	29.0	...	...	28.8	29.8	32.3
코스타리카	...	...	12.6	14.3	...	14.9	...	...
쿠바	...	...	...	...	...	...	...	2.1
도미니카	...	...	...	...	...	...	...	...
도미니카공화국	...	...	...	...	...	...	...	...
에콰도르	...	...	...	...	...	...	...	...
엘살바도르	...	...	...	12.2	13.3	...	12.2	11.9
그레나다	...	...	...	...	...	...	...	...
과테말라	...	...	...	17.1	...	...	...	18.6
가이아나	...	...	...	...	...	6.4	6.1	6.5
아이티	...	...	...	...	...	...	...	...
온두라스	...	...	...	...	18.0	...	...	...
자메이카	...	...	...	...	...	...	...	...
몬세라트	...	...	...	...	...	...	...	...
네델란드령 앤틸리스제도	...	33.7	32.2	...	...	...	...	...
니카라과	...	...	...	...	...	...	...	...
파나마	...	...	...	18.1	14.3	11.9	11.6	11.2

	1999	2000	2001	2002	2003	2004	2005	2006
파라과이	...	...	...	...	...	...	...	...
페루	...	...	...	...	...	...	...	0.6
세인트키츠 네비스	...	...	...	...	...	...	...	...
세인트루시아	...	...	...	...	...	...	...	...
세인트빈센트 그레나딘	...	...	...	...	...	...	...	...
수리남	...	...	...	10.1	...	...	...	...
트리니다드토바고	...	16.8	16.2	...	...	22.6	...	...
터크스카이코스제도	...	...	...	...	...	...	...	...
우루과이	...	...	...	...	...	...	11.1	...
베네수엘라	...	...	...	...	...	...	...	...
사하라 이남 아프리카								
앙골라	8.6	...	...	8.6	...	...	...	...
베냉	...	...	...	...	...	...	...	...
보츠와나	...	...	4.7	4.2	...	5.2	5.5	...
부르키나파소	...	...	...	...	...	...	...	5.6
부룬디	...	...	...	4.7	...	...	...	...
카메룬	...	...	...	...	...	2.6	...	4.9
카보 베르데	...	...	...	...	...	...	...	...
중앙아프리카공화국	...	...	...	...	...	...	...	...
차드	...	...	...	...	...	...	...	...
코모로	...	...	...	...	...	...	...	...
콩고	...	...	...	1.0	...	...	...	...
코트디부아르	...	...	...	...	...	...	...	...
콩고공화국	...	...	...	...	...	...	...	...
적도기니	...	...	...	...	...	...	...	...
에리트레아	4.4	9.0	8.2	...	...	27.9	...	...
에티오피아	11.3	8.7	13.1	9.2	9.2	10.1	8.9	7.2
가봉	...	...	...	...	...	...	...	...
감비아	...	...	...	...	...	...	...	...
가나	...	14.7	14.0	13.8	...	11.6	...	...
기니	...	...	...	...	...	12.0	...	3.9
기니비사우	...	...	...	...	...	...	...	...
케냐	...	18.5	18.7	...	...	...	...	...
레소토	...	...	...	...	...	...	0.7	...
리이베리아	...	3.9	...	...	...	...	...	...
마다가스카르	...	...	...	...	...	...	5.1	6.0
말라위	32.7	...	...	...	...	...	...	...
말리	...	...	...	...	...	...	...	...
모리셔스	25.3	22.2	15.9	14.7	12.9	14.0	17.6	15.4
모잠비크	...	...	...	...	...	10.9	9.9	...
나미비아	3.2	...	3.6	...	4.6	...	...	...

	1999	2000	2001	2002	2003	2004	2005	2006
니제르	...	...	...	...	...	...	...	...
나이지리아	...	...	...	...	...	...	0.0	...
르완다	...	...	...	...	...	...	...	...
상투메 프린시페	...	...	...	...	...	...	...	...
세네갈	...	...	...	...	...	...	...	...
세이셸	...	...	...	...	...	...	...	...
시에라리온	...	0.7	0.9	...	...	...	...	...
소말리아	...	...	...	...	...	...	...	...
남아프리카공화국	...	6.7	...	...	7.5	8.3	9.4	9.5
스와질란드	7.4	6.9	5.6	...	...	4.6	3.8	3.1
토고	...	1.7	...	...	...	...	...	...
우간다	10.7	3.8	5.4	...	...	7.2	...	...
탄자니아	18.1	...	...	...	...	...	9.0	...
잠비아	...	...	...	...	...	...	...	...
짐바브웨	...	...	...	...	...	...	...	...

출처: 유네스코

* "공학"(ISCED가 1997년 제시한 '공학, 제조 및 건축학' 분류의 총합)

표 4: 공과대학* 신입생 중 여학생 %(1999~2006)

	1999	2000	2001	2002	2003	2004	2005	2006
유럽의 OECD국가								
오스트리아	...	18.6	...	...	19.8	20.6	20.7	21.3
벨기에	...	18.4	18.5	20.5	20.2	22.8	21.0	24.2
불가리아	40.1	38.5	36.9	34.6	33.9	32.2	32.0	31.8
크로아티아	27.3	...	24.9	25.7	24.9	...	24.7	25.4
키프로스	22.7	11.0	7.8	7.5	7.7	10.1	12.9	14.0
체코공화국	19.5	25.9	25.8	21.0	20.7	20.3	21.2	...
덴마크	29.2	28.0	26.2	30.9	32.7	33.6	33.1	32.9
에스토니아	26.7	26.8	28.1	29.0	27.8	26.9	27.5	27.2
핀란드	17.4	17.8	18.2	18.8	18.6	18.5	18.7	18.8
프랑스	...	...	...	...	...	...	...	23.4
독일	17.9	18.4	18.8	18.9	18.9	18.9	...	18.2
그리스	...	...	...	27.0	...	28.1	27.7	23.6
헝가리	20.7	...	20.1	21.5	20.2	18.6	19.1	18.7
아이슬란드	21.3	22.7	25.7	26.3	28.0	31.1	31.3	32.0
아일랜드	17.3	17.8	18.7	17.9	17.9	16.7	16.3	16.4
이스라엘	26.6	24.5	26.9	29.1	22.6	27.1	26.8	27.2
이탈리아	25.8	26.3	26.5	26.4	26.7	27.1	27.7	28.3
라트비아	24.2	26.7	24.9	22.8	21.5	20.9	21.4	20.8
리투아니아	32.6	31.3	30.6	29.3	28.1	27.8	26.0	25.2
룩셈부르크	...	...	...	...	...	...	...	...
몰타	22.5	23.1	23.3	27.6	27.6	26.9	28.4	...
네덜란드	12.3	12.1	11.9	11.9	11.7	13.5	13.5	15.0
노르웨이	25.3	24.9	24.0	23.6	24.1	23.8	24.1	...
폴란드	20.6	20.8	21.7	22.2	22.1	22.5	25.6	27.1
포르투갈	...	29.5	...	27.1	26.8	26.7	26.0	25.7
루마니아	24.2	25.4	26.6	27.8	29.3	30.2	29.3	29.7
러시아연방	...	...	...	...	...	...	...	...
슬로바키아	27.9	26.2	27.1	28.6	28.6	28.7	28.0	28.5
슬로베니아	24.5	25.0	24.7	24.5	23.2	23.7	24.1	24.1
스페인	25.3	25.4	25.5	26.6	27.3	27.7	27.8	28.0
스웨덴	27.1	28.3	29.3	29.2	28.8	28.2	28.0	27.8
스위스	10.7	11.7	12.7	13.1	13.5	13.9	14.2	14.5
터키	...	...	21.7	21.7	18.6	18.9	18.2	18.6
영국	17.3	17.7	16.6	15.9	18.6	18.9	19.1	19.8
그 밖의 OECD국가								
호주	17.8	18.4	18.6	19.9	20.1	20.7	20.9	21.0
뉴질랜드	28.4	29.5	26.6	32.0	28.3	22.8	23.3	25.2
캐나다	20.3	...	...	20.9	...	...	...	...
멕시코	21.5	22.2	22.3	23.3	23.9	26.9	24.5	24.6
미국	...	...	...	...	...	...	16.2	16.2

	1999	2000	2001	2002	2003	2004	2005	2006
일본	10.8	11.0	11.3	11.6	11.9	11.9	11.9	11.7
한국	18.2	17.8	16.8	17.5	18.3	16.1	16.2	16.1
서유럽								
안도라	...	...	...	...	...	...	...	...
지브롤터	...	...	...	...	...	...	...	...
바티칸시국	...	...	...	...	...	...	...	...
리히텐슈타인	...	...	...	...	28.8	28.9	31.1	...
모나코	...	...	...	...	...	...	...	...
산마리노	...	25.5	...	...	...	...	...	...
중부유럽/동유럽								
알바니아	...	23.1	24.0	...	25.5	26.3	...	...
벨라루스	...	...	...	...	...	...	28.9	29.2
보스니아 헤르체코비나	...	...	...	...	...	...	...	...
몬테네그로	...	...	...	...	...	...	...	...
몰도바	...	...	...	...	...	...	...	...
세르비아	...	...	...	...	...	...	...	...
마케도니아	28.0	28.2	28.5	28.2	29.0	31.6	31.7	...
우크라이나	...	...	...	...	...	...	...	...
아랍								
알제리	...	...	...	...	...	30.9	31.1	31.3
바레인	...	...	...	...	24.5	...	22.6	21.1
지부티	...	...	...	...	...	25.0	...	21.1
이집트	...	...	...	...	...	...	...	...
이라크	...	22.2	...	...	...	18.8	...	...
요르단	...	...	...	...	30.3	30.3	24.5	26.5
쿠웨이트	...	...	...	...	...	...	...	...
레바논	...	22.8	20.0	20.4	21.4	22.5	19.6	20.6
리비아	...	...	...	...	...	...	...	...
모리타니	...	...	...	...	...	...	...	...
모로코	23.7	22.7	34.4	...	22.3	23.4	23.9	27.1
오만	...	...	...	...	...	...	20.1	...
팔레스타인	25.4	23.9	25.4	30.2	35.5	31.4	...	27.7
카타르	...	...	...	...	16.0	15.7	...	...
사우디아라비아	...	0.6	...	...	0.8	18.1	15.3	...
수단	...	...	...	...	...	...	...	...
시리아	...	...	...	...	...	...	...	...
튀니지	...	...	...	...	...	...	...	...
아랍에미리트	...	...	...	...	...	...	...	...
예멘	...	...	...	...	...	...	...	...

	1999	2000	2001	2002	2003	2004	2005	2006
중앙아시아								
아르메니아	...	...	26.6	...	27.0	27.0	26.2	29.6
아제르바이잔	...	...	...	...	...	...	...	...
조지아	25.1	22.2	26.4	28.2	31.3	31.5	33.0	27.6
카자흐스탄	...	...	...	...	...	...	...	...
키르기스스탄	...	...	28.8	43.2	30.5	22.8	29.3	29.4
몽골	47.7	46.9	47.5	49.3	47.9	43.5	41.0	38.6
타지키스탄	...	...	11.4	...	...	...	...	...
투르크메니스탄	...	...	...	...	...	...	...	...
우즈베키스탄	...	...	...	...	...	...	...	12.0
동아시아/태평양 국가								
브루나이 다루살람	30.6	35.3	40.8	...	37.6	38.2	38.5	36.5
캄보디아	...	...	5.5	4.1	...	4.2	...	6.3
중국	...	...	...	...	...	...	...	...
쿡아일랜드	...	...	...	...	...	...	...	...
북한	...	...	...	...	...	...	...	...
피지	...	...	...	...	...	...	...	...
홍콩	...	...	...	...	19.0	20.1	20.8	21.1
인도네시아	...	...	...	...	...	...	...	...
키리바시	...	...	...	...	...	...	...	...
라오스	...	12.1	11.5	...	9.6	11.2	14.8	11.0
마카오	...	...	...	...	...	...	12.5	14.0
말레이시아	...	...	...	30.6	...	37.1	39.1	...
마셜	...	...	...	...	...	...	...	...
미크로네시아	...	...	...	...	...	...	...	...
미얀마	...	...	...	...	...	...	...	...
나우루	...	...	...	...	...	...	...	...
니우에	...	...	...	...	...	...	...	...
팔라우	...	...	...	...	...	...	...	...
파푸아뉴기니	...	...	...	...	...	...	...	...
필리핀	...	...	...	...	30.3	...	...	...
사모아	...	3.5	...	...	...	...	...	...
싱가포르	...	...	...	...	...	...	...	...
솔로몬제도	...	...	...	...	...	...	...	...
타이	...	...	...	...	...	...	...	...
동티모르	...	...	...	...	...	...	...	...
토켈라우	...	...	...	...	...	...	...	...
통가	...	...	...	...	...	...	...	...
투발루	...	...	...	...	...	...	...	...
바누아투	...	...	...	...	...	...	...	...
베트남	10.5	11.8	...	14.4	14.4	...	...	...

	1999	2000	2001	2002	2003	2004	2005	2006
남아시아/서아시아								
아프가니스탄	...	...	...	...	...	...	...	...
방글라데시	...	13.4	10.0	10.6	10.9	12.9	14.9	...
부탄	...	...	...	...	...	...	...	19.6
인도	...	...	22.3	24.9	...	...	23.7	...
이란	...	...	...	...	...	17.3	20.7	26.0
몰디브	...	...	...	...	...	...	...	...
네팔	...	...	...	...	...	...	...	...
파키스탄	...	...	...	...	...	...	42.7	14.9
스리랑카	...	...	...	...	...	...	...	...
남미/카리브해 연안국가								
앙궐라	...	...	...	...	...	...	...	...
앤티가 바부다	...	...	...	...	...	...	...	...
아르헨티나	...	...	...	...	...	...	30.7	...
아루바	...	12.1	10.7	11.2	13.7	12.5	...	11.5
바하마	...	...	...	...	...	...	...	...
바베이도스	...	...	...	...	...	...	...	...
벨리즈	...	...	...	...	...	...	...	...
버뮤다	...	...	...	...	...	...	2.2	...
볼리비아	...	...	...	...	...	...	...	...
브라질	...	...	...	27.0	26.3	26.4	26.1	...
버진아일랜드	...	...	...	...	...	...	...	...
케이맨제도	...	...	...	...	...	...	...	...
칠레	...	...	...	24.8	21.9	21.2	21.4	23.8
콜롬비아	...	...	33.4	...	...	32.1	31.7	36.5
코스타리카	...	...	29.7	24.5	...	28.6	...	...
쿠바	...	...	...	...	...	...	...	24.8
도미니카	...	...	...	...	...	...	...	...
도미니카공화국	...	...	...	...	...	...	...	...
에콰도르	...	...	...	...	...	...	...	...
엘살바도르	...	...	...	25.1	26.0	...	25.3	25.0
그레나다	...	...	...	...	...	...	...	...
과테말라	...	...	...	18.8	...	...	...	25.2
가이아나	...	...	...	...	...	13.0	11.7	15.5
아이티	...	...	...	...	...	...	...	...
온두라스	...	...	...	...	33.7	...	...	...
자메이카	...	...	...	...	...	...	...	...
몬세라트	...	...	...	...	...	...	...	...
네델란드령 앤틸리스제도	...	13.0	14.7	...	...	...	...	...
니카라과	...	...	...	...	...	...	...	...
파나마	...	...	...	29.3	29.8	28.0	31.0	30.5

	1999	2000	2001	2002	2003	2004	2005	2006
파라과이	...	...	...	...	...	...	...	...
페루	...	...	...	...	...	...	...	19.4
세인트키츠 네비스	...	...	...	...	...	...	...	...
세인트루시아	...	...	...	...	...	...	...	...
세인트빈센트그레나딘	...	...	...	...	...	...	...	...
수리남	...	...	...	33.1	...	...	...	...
트리니다드토바고	...	24.4	27.1	...	...	21.2	...	...
터크스카이코스제도	...	...	...	...	...	...	...	...
우루과이	...	...	...	...	...	...	36.0	...
베네수엘라	...	...	...	...	...	...	...	...

사하라 이남 아프리카

	1999	2000	2001	2002	2003	2004	2005	2006
앙골라	20.5	...	...	...	...	...	...	...
베냉	...	...	...	...	...	...	...	...
보츠와나	...	...	22.2	16.4	...	11.6	12.3	...
부르키나파소	...	...	...	...	...	...	...	42.6
부룬디	...	...	...	8.6	...	...	...	...
카메룬	...	...	...	...	...	...	...	...
카보 베르데	...	...	...	...	...	...	...	...
중앙아프리카공화국	...	...	...	...	...	...	...	...
차드	...	...	...	...	...	...	...	...
코모로	...	...	...	...	...	...	...	...
콩고	...	...	...	10.3	...	...	...	...
코트디부아르	...	...	...	...	...	...	...	...
콩고공화국	...	...	...	...	...	...	...	...
적도기니	...	...	...	...	...	...	...	...
에리트레아	4.0	4.6	4.9	...	...	9.6	...	...
에티오피아	8.7	7.7	8.7	8.2	7.9	11.1	14.3	16.5
가봉	...	...	...	...	...	...	...	...
감비아	...	...	...	...	...	...	...	...
가나	...	10.9	10.7	8.3	...	7.8	...	...
기니	...	...	...	...	...	6.8	...	12.0
기니비사우	...	...	...	...	...	...	...	...
케냐	...	13.2	12.6	...	...	...	...	...
레소토	...	...	...	...	...	...	36.5	...
리이베리아	...	24.8	...	...	...	...	...	...
마다가스카르	...	...	...	...	...	...	18.5	18.0
말라위	16.7	...	...	...	...	...	...	...
말리	...	...	...	...	...	...	...	...
모리셔스	22.7	18.4	20.1	21.1	22.5	26.7	28.3	27.4
모잠비크	...	...	...	...	...	10.1	10.0	...
나미비아	11.5	...	16.4	...	18.0	...	...	...

	1999	2000	2001	2002	2003	2004	2005	2006
니제르	...	...	...	...	...	...	...	...
나이지리아	...	...	...	...	...	...	11.2	...
르완다	...	...	...	...	...	...	...	...
상투메 프린시페	...	...	...	...	...	...	...	...
세네갈	...	...	...	...	...	...	...	...
세이셸	...	...	...	...	...	...	...	...
시에라리온	...	28.6	25.0	...	...	...	...	...
소말리아	...	...	...	...	...	...	...	...
남아프리카공화국	...	16.6	...	...	24.3	25.4	24.4	25.9
스와질란드	6.9	5.8	15.3	...	...	15.7	10.7	8.6
토고	...	6.3	...	...	...	...	...	...
우간다	17.0	26.8	17.7	...	...	18.9	...	...
탄자니아	8.6	...	...	...	...	...	10.2	...
잠비아	...	...	...	...	...	...	...	...
짐바브웨	...	...	...	...	...	...	...	...

출처: 유네스코

* "공학"(ISCED가 1997년 제시한 '공학, 제조 및 건축학' 분류의 총합)

표 5 : 공과대학* 졸업생수(1999~2007)

	1999	2000	2001	2002	2003	2004	2005	2006	2007
유럽의 OECD국가									
오스트리아	...	5,642	5,583	...	6,246	6,281	6,704	...	...
벨기에	...	7,906	7,535	7,689	...	4,976	...	7,587	...
불가리아	6,503	6,319	7,128	10,654	7,432	7,418	7,429	...	...
크로아티아	2,657	2,719	2,517	2,272	2,229	...	2,319	2,388	...
키프로스	185	...	...	160	188	119	...	...	...
체코공화국	5,988	5,159	5,017	5,196	7,244	8,018	8,728	10,377	...
덴마크	3,773	3,579	5,293	5,126	4,800	5,692	5,221	5,176	...
에스토니아	905	926	923	781	914	854	1,133	1,148	...
핀란드	8,674	7,376	8,195	8,240	8,005	8,189	...	...	...
프랑스	82,407	75,387	...	87,943	95,481	97,509	94,737	...	...
독일	56,199	52,174	50,157	49,567	51,718	53,725	55,998	...	...
그리스	...	...	...	...	...	4,864	7,374	9,137	...
헝가리	6,720	5,820	4,363	5,821	5,772	5,301	5,124	4,669	...
아이슬란드	82	110	113	98	139	145	168	219	...
아일랜드	5,173	5,415	5,331	4,754	6,281	7,061	7,157	...	...
이스라엘	...	14,605	3,849	4,540	...	...	...	...	...
이탈리아	29,689	31,013	32,144	37,846	45,300	49,744	56,428	...	...
라트비아	1,255	1,438	1,441	1,460	1,484	1,845	...	1,794	...
리투아니아	4,742	5,340	5,673	5,571	5,983	6,489	6,890	6,892	...
룩셈부르크	...	...	...	...	...	...	...	...	...
몰타	38	122	103	82	98	112	101	...	...
네덜란드	8,661	8,254	8,385	8,958	9,590	8,693	8,940	9,691	...
노르웨이	2,512	2,351	2,486	2,150	2,540	2,559	2,449	...	...
폴란드	...	...	29,831	33,105	36,110	34,144	37,304	42,564	...
포르투갈	...	7,148	...	8,239	8,926	10,008	10,585	...	...
루마니아	11,787	12,866	14,032	15,392	24,912	26,015	27,501	27,653	...
러시아연방	...	...	...	...	...	335,655	360,535	417,343	...
슬로바키아	2,889	3,317	4,450	4,680	4,870	5,220	6,085	6,018	...
슬로베니아	2,037	...	1,995	2,295	2,120	2,219	2,259	2,168	...
스페인	37,855	38,584	45,112	48,185	50,663	50,368	...	47,181	...
스웨덴	7,788	8,824	9,373	9,970	10,319	11,945	...	...	...
스위스	8,146	7,871	7,300	7,353	6,811	7,214	8,639	...	...
터키	...	...	41,506	43,873	46,331	49,910	51,145	53,311	...
영국	56,069	49,198	57,969	56,315	52,729	48,284	50,704	52,798	...
그 밖의 OECD국가									
호주	11,957	12,520	18,083	18,860	19,578	...	21,314	22,499	...
뉴질랜드	2,191	2,143	2,174	2,311	2,173	2,724	2,870	3,061	...
캐나다	24,614	...	...	25,722	...	...	...	...	...
멕시코	37,716	44,606	46,424	50,812	59,303	...	59,117	...	...
미국	176,430	179,276	179,965	179,002	184,740	189,402	189,938	189,532	...
일본	212,706	209,938	204,502	203,151	199,405	195,241	195,670	...	...
한국	167,655	174,299	168,296	180,233	173,614	172,703	165,812	179,143	169,831

	1999	2000	2001	2002	2003	2004	2005	2006	2007
서유럽									
안도라	...	...	...	...	...	...	...	...	...
지브롤터	...	...	...	...	...	...	...	...	...
바티칸시국	...	...	...	...	...	...	...	...	...
리히텐슈타인	...	...	...	...	14	4	...	46	...
모나코	...	...	...	...	...	...	...	...	...
산마리노	...	...	...	...	...	...	...	...	...
중부유럽/동유럽									
알바니아	...	243	178	...	218	...	...	...	...
벨라루스	...	...	...	...	...	22,725	23,906	24,871	...
보스니아 헤르체코비나	...	...	...	...	...	...	...	...	...
몬테네그로	...	...	...	...	...	...	...	...	...
몰도바	...	...	...	...	...	...	...	...	...
세르비아	...	...	...	...	...	...	...	...	...
마케도니아	732	882	602	649	730	793	802	...	...
우크라이나	119,886	...	111,563	112,693	112,390	121,394	99,293	107,112	...
아랍									
알제리	...	...	...	...	...	10,842	...	12,156	...
바레인	...	...	...	...	255	...	326	296	...
지부티	...	...	...	...	...	...	...	...	...
이집트	...	...	...	...	...	...	...	...	...
이라크	...	5,646	...	...	...	22,565	...	...	...
요르단	...	...	...	...	...	3,797	3,755	...	...
쿠웨이트	...	...	...	...	...	...	...	...	...
레바논	...	1,797	2,335	2,276	...	2,487	3,294	3,497	...
리비아	...	...	...	...	...	...	...	...	...
모리타니	...	...	...	...	...	...	-	-	...
모로코	...	721	...	...	1,243	1,099	2,829	3,550	...
오만	...	...	...	...	...	...	...	260	...
팔레스타인	...	575	810	...	1,178	1,181	...	1,592	...
카타르	...	...	68	62	76	...	...	...	...
사우디아라비아	...	...	...	...	...	1,145	2,110	...	...
수단	...	...	...	...	...	...	...	...	...
시리아	...	...	...	...	...	...	...	...	...
튀니지	...	...	...	...	...	...	...	...	...
아랍에미리트	...	...	...	...	...	...	...	...	...
예멘	...	...	...	...	...	...	...	...	...

	1999	2000	2001	2002	2003	2004	2005	2006	2007
중앙아시아									
아르메니아	...	...	1,174	846	...	827	...	723	...
아제르바이잔	...	...	...	...	...	...	...	...	...
조지아	4,060	3,402	3,164	3,473	4,272	4,307	...	4,514	...
카자흐스탄	...	...	...	...	...	...	...	...	...
키르기스스탄	1,660	...	2,167	1,835	2,868	2,038	2,224	2,299	...
몽골	1,587	1,815	2,203	2,401	2,541	2,354	2,653	2,946	...
타지키스탄	...	1,079	1,466	1,201	722	842	915	1,296	...
투르크메니스탄	...	...	...	...	...	...	...	...	...
우즈베키스탄	...	...	...	...	...	...	...	9054	...
동아시아/태평양 국가									
브루나이 다루살람	13	67	80	...	72	91	96	89	...
캄보디아	...	65	78	74	...	178	...	518	...
중국	...	...	...	...	...	...	...	...	...
쿡아일랜드	...	...	...	...	...	...	...	...	...
북한	...	...	...	...	...	...	...	...	...
피지	...	...	...	...	...	...	...	...	...
홍콩	...	...	...	...	8,955	8,299	8,267	8,023	...
인도네시아	...	...	...	...	...	...	...	...	...
키리바시	...	...	...	...	...	...	...	...	...
라오스	...	335	330	...	408	237	737	852	...
마카오	...	...	53	49	63	...	73	90	...
말레이시아	...	...	...	...	...	47,620	...	...	...
마셜	...	...	...	...	...	...	...	...	...
미크로네시아	3	...	...	...	...	...	...	...	...
미얀마	...	...	...	...	...	...	...	...	...
나우루	...	...	...	...	...	...	...	...	...
니우에	...	...	...	...	...	...	...	...	...
팔라우	...	...	...	...	...	...	...	...	...
파푸아뉴기니	...	...	...	...	...	...	...	...	...
필리핀	...	...	...	...	39,518	56,628	...	...	...
사모아	103	23	...	...	...	...	...	...	...
싱가포르	...	...	...	...	...	...	...	...	...
솔로몬제도	...	...	...	...	...	...	...	...	...
타이	...	...	...	...	...	...	...	...	...
동티모르	...	...	...	...	...	...	...	...	...
토켈라우	...	...	...	...	...	...	...	...	...
통가	...	...	...	...	...	...	...	...	...
투발루	...	...	...	...	...	...	...	...	...
바누아투	...	...	...	...	...	...	...	...	...
베트남	...	...	...	...	...	...	38,786	...	...

	1999	2000	2001	2002	2003	2004	2005	2006	2007
남아시아/서아시아									
아프가니스탄	...	...	...	...	...	...	...	...	...
방글라데시	...	845	...	826	870	...	...	...	...
부탄	...	...	...	...	...	...	...	...	...
인도	...	...	...	...	...	...	...	...	...
이란	...	...	...	...	...	67,978	86,373	94,218	...
몰디브	...	...	...	...	...	...	...	...	...
네팔	...	...	...	...	...	...	...	...	...
파키스탄	...	...	...	...	...	...	...	...	...
스리랑카	...	...	...	...	...	...	...	...	...
남미/카리브해 연안국가									
앙궐라	...	...	...	...	...	...	...	...	...
앤티가 바부다	...	...	...	...	...	...	...	...	...
아르헨티나	...	...	...	...	...	...	...	...	...
아루바	67	61	74	62	49	33	...	34	...
바하마	...	...	...	...	...	...	...	...	...
바베이도스	...	...	...	...	...	...	...	...	...
벨리즈	...	...	...	...	...	...	...	...	...
버뮤다	...	...	10	...	...	...	...	...	26
볼리비아	...	2,233	...	...	...	...	...	...	...
브라질	...	...	25,310	28,024	30,456	33,148	36,918	...	...
버진아일랜드	...	...	...	...	...	...	...	...	...
케이맨제도	...	...	...	...	...	...	...	.	...
칠레	...	...	...	...	16,297	17,365	...	12,495	...
콜롬비아	...	...	...	14,744	...	...	30,824	29,231	...
코스타리카	...	692	2079	1579	...	...	...	974	...
쿠바	...	...	...	...	...	...	...	1,755	...
도미니카	...	...	...	...	...	...	...	...	...
도미니카공화국	...	...	...	...	...	...	...	...	...
에콰도르	...	...	...	...	...	...	...	...	...
엘살바도르	...	...	...	1,412	2,017	...	1,782	1,630	...
그레나다	...	...	...	...	...	...	...	...	...
과테말라	...	...	...	435	...	...	...	833	...
가이아나	...	...	...	...	...	101	...	108	...
아이티	...	...	...	...	...	...	...	...	...
온두라스	...	...	...	...	808	...	...	...	...
자메이카	...	...	...	...	...	...	...	...	...
몬세라트	...	...	...	...	...	...	...	...	...
네델란드령 앤틸리스제도	...	114	...	...	...	...	...	...	...
니카라과	...	...	...	...	...	...	...	...	...
파나마	...	...	...	2,523	3,100	1,478	1,957	2,178	...

	1999	2000	2001	2002	2003	2004	2005	2006	2007
파라과이	...	...	...	...	...	...	...	...	...
페루	...	...	...	...	...	...	...	...	...
세인트키츠 네비스	...	...	...	...	...	...	...	...	...
세인트루시아	...	...	...	...	...	...	...	...	...
세인트빈센트 그레나딘	...	...	...	...	...	...	...	...	...
수리남	...	...	...	...	...	...	...	...	...
트리니다드토바고	274	279	296	269	...	611	...	...	...
터크스카이코스제도	...	...	...	...	...	...	...	...	...
우루과이	...	...	...	...	...	...	680	556	...
베네수엘라	...	11,871	...	...	...	...	...	...	...
사하라 이남 아프리카									
앙골라	16	...	...	15	...	...	...	...	...
베냉	140	...	...	...	...	...	...	...	...
보츠와나	54	...	38	...	...	...	...	...	...
부르키나파소	...	...	...	...	...	...	...	...	...
부룬디	...	...	34	...	...	148	...	...	...
카메룬	...	...	...	...	...	...	...	1619	...
카보 베르데	...	...	...	...	...	...	...	...	...
중앙아프리카공화국	...	...	...	...	...	...	...	...	...
차드	...	...	...	...	...	...	...	...	...
코모로	...	...	...	...	...	...	...	...	...
콩고	...	...	...	...	...	...	...	...	...
코트디부아르	...	...	...	...	...	...	...	...	...
콩고공화국	...	...	...	...	...	...	...	...	...
적도기니	...	...	...	...	...	...	...	...	...
에리트레아	...	...	159	65	185	82	...	...	...
에티오피아	661	704	...	1,259	2,197	2,511	2,396	2,235	2,813
가봉	...	...	...	...	...	...	...	...	...
감비아	...	373	...	...	...	...	...	...	...
가나	...	2,124	...	...	...	...	...	...	...
기니	...	...	...	...	...	...	...	...	...
기니비사우	...	...	...	...	...	...	...	...	...
케냐	...	4,975	...	...	...	...	...	...	...
레소토	...	...	...	...	...	...	...	...	...
리이베리아	...	638	...	...	...	...	...	...	...
마다가스카르	...	...	306	102	...	...	632	441	...
말라위	...	...	...	...	...	...	...	...	...
말리	...	...	...	...	...	...	...	...	...
모리셔스	...	...	387	329	294	734	743	729	...
모잠비크	...	...	...	...	...	105	162	...	...
나미비아	...	...	10	...	38	...	...	...	...
니제르	...	...	...	...	...	...	...	...	...
나이지리아	...	...	...	...	...	...	...	...	...
르완다	...	...	...	...	...	...	...	...	...

	1999	2000	2001	2002	2003	2004	2005	2006	2007
상투메 프린시페	...	...	...	...	...	...	...	...	...
세네갈	...	...	...	...	...	...	...	...	...
세이셸	...	...	...	...	...	...	...	...	...
시에라리온	...	40	...	...	...	...	...	...	...
소말리아	...	...	...	...	...	...	...	...	...
남아프리카공화국	...	5,360	...	7,079	7,364	8,358	9,003	10,387	...
스와질란드	...	3	...	8	...	5	36	6	...
토고	...	164	...	...	...	...	...	...	...
우간다	519	1,077	...	...	...	1,354	...	...	...
탄자니아	957	...	...	...	...	727	...	...	...
잠비아	...	...	...	...	...	...	...	...	...
짐바브웨	...	...	...	...	...	...	...	...	...

출처: 유네스코

* "공학"(ISCED가 1997년 제시한 '공학, 제조 및 건축학' 분류의 총합)

표 6: 대학교 졸업생 중 공과대학* 졸업생 %(1999~2007)

	1999	2000	2001	2002	2003	2004	2005	2006	2007
유럽의 OECD국가									
오스트리아	...	22.6	20.6	...	21.4	20.4	20.4	...	...
벨기에	...	11.6	10.7	10.5	...	11.1	...	9.3	...
불가리아	14.5	13.5	15.0	21.1	15.7	16.1	16.1	...	...
크로아티아	18.8	19.0	17.4	15.4	14.0	...	11.9	11.5	...
키프로스	7.1	...	...	5.6	6.0	3.4	...	...	...
체코공화국	17.2	13.4	11.5	11.9	15.4	14.8	15.9	15.0	...
덴마크	12.2	10.8	13.6	13.0	11.3	9.0	10.5	10.9	...
에스토니아	14.1	13.1	12.1	10.1	9.3	8.3	9.6	9.9	...
핀란드	22.8	20.4	22.2	21.3	20.7	21.2	...	...	...
프랑스	16.6	15.1	...	16.5	16.3	14.7	14.7	...	...
독일	17.8	17.3	16.9	16.9	17.0	16.8	16.3	...	...
그리스	...	...	...	...	...	10.1	12.3	...	...
헝가리	14.0	9.7	7.5	9.3	8.5	7.8	6.9	6.5	...
아이슬란드	5.0	6.2	5.5	4.5	5.5	5.1	5.8	6.4	...
아일랜드	12.1	12.9	11.6	10.6	11.7	12.6	12.0	...	...
이스라엘	...	23.4	5.7	6.3	...	...	...	...	...
이탈리아	15.6	15.3	14.7	15.2	15.6	15.3	14.9	...	...
라트비아	10.0	9.4	7.1	7.7	7.1	7.7	...	6.8	...
리투아니아	21.7	21.2	20.7	18.7	17.4	17.0	16.6	15.9	...
룩셈부르크	...	...	...	...	...	...	...	...	...
몰타	2.8	6.2	5.1	4.4	4.8	5.2	3.7	...	...
네덜란드	11.2	10.4	10.3	10.4	10.7	9.0	8.4	8.3	...
노르웨이	8.8	7.9	7.7	7.3	8.4	8.0	7.7	...	...
폴란드	...	...	6.9	7.2	7.6	7.0	7.4	8.4	...
포르투갈	...	12.2	...	12.9	13.0	14.6	15.1	...	...
루마니아	18.5	18.9	18.4	16.5	18.1	17.6	17.6	15.8	...
러시아연방	...	...	...	...	...	19.7	19.9	22.3	...
슬로바키아	13.6	14.6	16.9	16.6	15.3	14.8	16.7	15.0	...
슬로베니아	19.3	...	16.6	16.1	15.2	14.9	14.3	12.6	...
스페인	14.2	14.8	16.2	16.5	16.9	16.9	...	16.5	...
스웨덴	20.0	20.8	21.9	21.9	20.9	20.1	...	...	...
스위스	15.1	14.1	13.0	12.7	11.8	12.0	13.6	...	...
터키	...	...	17.2	15.3	14.9	19.3	18.8	14.3	...
영국	11.8	9.8	10.5	10.0	8.8	8.1	8.0	8.2	...
그 밖의 OECD국가									
호주	7.9	7.4	8.3	7.9	7.8	...	7.9	7.9	...
뉴질랜드	5.8	5.0	4.9	5.2	4.6	5.2	5.3	5.2	...
캐나다	10.9	...	...	10.4	...	...	...	...	...
멕시코	13.7	14.9	14.9	15.0	17.5	...	15.5	...	...
미국	8.5	8.3	8.3	8.0	7.8	7.7	7.4	7.2	...
일본	19.1	19.4	19.2	19.4	19.2	18.6	18.5	...	...
한국	36.4	35.4	32.4	32.0	30.0	28.4	27.5	29.5	28.1

	1999	2000	2001	2002	2003	2004	2005	2006	2007
서유럽									
안도라	...	...	...	...	...	...	...	...	...
지브롤터	...	...	...	...	...	...	...	...	...
바티칸시국	...	...	...	...	...	...	...	...	...
리히텐슈타인	...	...	...	...	23.0	5.5	...	34.8	...
모나코	...	...	...	...	...	...	...	...	...
산마리노	...	...	...	...	...	...	...	...	...
중부유럽/동유럽									
알바니아	...	5.1	3.9	...	4.2	...	...	...	...
벨라루스	...	...	...	...	...	22.6	23.4	23.6	...
보스니아 헤르체코비나	...	...	...	...	...	...	...	...	...
몬테네그로	...	...	...	...	...	...	...	...	...
몰도바	...	...	...	...	...	...	...	...	...
세르비아	...	...	...	...	...	...	...	...	...
마케도니아	23.4	22.8	16.3	17.2	16.1	15.3	14.1	...	...
우크라이나	31.9	...	26.3	24.2	21.9	20.9	21.1	20.5	...
아랍									
알제리	...	...	...	...	...	11.8	...	11.3	...
바레인	...	...	...	...	10.0	...	10.2	10.3	...
지부티	...	...	...	...	...	...	...	...	...
이집트	...	...	...	...	...	...	...	...	...
이라크	...	10.3	...	...	...	25.7	...	...	...
요르단	...	...	...	...	...	10.0	8.9	...	...
쿠웨이트	...	...	...	...	...	...	...	...	...
레바논	...	12.5	14.2	13.1	...	10.5	12.8	11.5	...
리비아	...	...	...	...	...	...	...	...	...
모리타니	...	...	...	...	...	...	...	...	...
모로코	...	2.6	...	...	5.0	4.1	5.9	6.5	...
오만	...	...	...	...	...	...	...	2.6	...
팔레스타인	...	5.7	7.0	...	9.2	9.4	...	7.3	...
카타르	...	...	5.2	5.1	5.5	...	...	...	...
사우디아라비아	...	...	...	...	...	1.4	2.6	...	...
수단	...	...	...	...	...	...	...	...	...
시리아	...	...	...	...	...	...	...	...	...
튀니지	...	...	...	...	...	...	...	...	...
아랍에미리트	...	...	...	...	...	...	...	...	...
예멘	...	...	...	...	...	...	...	...	...

	1999	2000	2001	2002	2003	2004	2005	2006	2007
중앙아시아									
아르메니아	...	...	10.6	7.2	...	6.9	...	5.3	...
아제르바이잔	...	...	...	...	...	...	...	...	...
조지아	18.2	15.9	15.5	15.6	17.7	17.9	...	15.7	...
카자흐스탄	...	...	...	...	...	...	...	...	...
키르기스스탄	12.8	...	11.8	8.0	10.8	6.5	6.7	7.1	...
몽골	16.1	17.6	14.8	13.6	13.9	11.2	11.8	12.5	...
타지키스탄	...	8.1	10.6	9.8	6.1	6.2	6.3	8.8	...
투르크메니스탄	...	...	...	...	...	...	...	...	...
우즈베키스탄	...	...	...	...	...	...	...	15.4	...
동아시아/태평양 국가									
브루나이 다루살람	1.9	5.9	7.4	...	4.6	6.6	5.7	5.2	...
캄보디아	...	2.5	2.7	2.4	...	2.0	...	6.2	...
중국	...	...	...	...	...	...	...	...	...
쿡아일랜드	...	...	...	...	...	...	...	...	...
북한	...	...	...	...	...	...	...	...	...
피지	...	...	...	...	...	...	...	...	...
홍콩	...	...	...	...	22.2	19.5	19.9	19.5	...
인도네시아	...	...	...	...	...	...	...	...	...
키리바시	...	...	...	...	...	...	...	...	...
라오스	...	17.1	11.3	...	7.9	5.5	14.1	11.6	...
마카오	...	...	1.1	1.0	0.8	...	1.2	1.5	...
말레이시아	...	...	...	...	...	23.5	...	...	...
마셜	...	...	...	...	...	...	...	...	...
미크로네시아	2.2	...	...	...	...	...	...	...	...
미얀마	...	...	...	...	...	...	...	...	...
나우루	...	...	...	...	...	...	...	...	...
니우에	...	...	...	...	...	...	...	...	...
팔라우	...	...	...	...	...	...	...	...	...
파푸아뉴기니	...	...	...	...	...	...	...	...	...
필리핀	...	...	...	...	10.3	14.1	...	...	...
사모아	18.9	5.7	...	...	...	...	...	...	...
싱가포르	...	...	...	...	...	...	...	...	...
솔로몬제도	...	...	...	...	...	...	...	...	...
타이	...	...	...	...	...	...	...	...	...
동티모르	...	...	...	...	...	...	...	...	...
토켈라우	...	...	...	...	...	...	...	...	...
통가	...	...	...	...	...	...	...	...	...
투발루	...	...	...	...	...	...	...	...	...
바누아투	...	...	...	...	...	...	...	...	...
베트남	...	...	...	...	...	...	21.3	...	...

	1999	2000	2001	2002	2003	2004	2005	2006	2007
남아시아/서아시아									
아프가니스탄	...	...	...	...	...	...	...	...	...
방글라데시	...	0.6	...	0.4	0.5	...	...	...	...
부탄	...	...	...	...	...	...	...	...	...
인도	...	...	...	...	...	...	...	...	...
이란	...	...	...	...	...	24.0	23.6	26.4	...
몰디브	...	...	...	...	...	...	...	...	...
네팔	...	...	...	...	...	...	...	...	...
파키스탄	...	...	...	...	...	...	...	...	...
스리랑카	...	...	...	...	...	...	...	...	...
남미/카리브해 연안국가									
앙귈라	...	...	...	...	...	...	...	...	...
앤티가 바부다	...	...	...	...	...	...	...	...	...
아르헨티나	...	...	...	...	...	...	...	...	...
아루바	34.5	22.3	25.7	24.1	13.9	15.0	...	12.6	...
바하마	...	...	...	...	...	...	...	...	...
바베이도스	...	...	...	...	...	...	...	...	...
벨리즈	...	...	...	...	...	...	...	...	...
버뮤다	...	...	10.1	...	...	...	...	...	15.6
볼리비아	...	10.8	...	...	...	...	...	...	...
브라질	...	...	6.0	5.6	5.4	5.0	4.9	...	...
버진아일랜드	...	...	...	...	...	...	...	...	...
케이맨제도	...	...	...	...	...	...	...	...	...
칠레	...	...	...	...	25.3	16.3	...	17.1	...
콜롬비아	...	...	...	22.4	...	...	23.4	25.3	...
코스타리카	...	7.2	8.9	6.0	...	...	...	9.0	...
쿠바	...	...	...	...	...	...	...	1.7	...
도미니카	...	...	...	...	...	...	...	...	...
도미니카공화국	...	...	...	...	...	...	...	...	...
에콰도르	...	...	...	...	...	...	...	...	...
엘살바도르	...	...	...	13.9	16.1	...	12.8	11.9	...
그레나다	...	...	...	...	...	...	...	...	...
과테말라	...	...	...	10.6	...	...	...	13.7	...
가이아나	...	...	...	...	...	9.0	...	7.6	...
아이티	...	...	...	...	...	...	...	...	...
온두라스	...	...	...	...	10.8	...	...	...	...
자메이카	...	...	...	...	...	...	...	...	...
몬세라트	...	...	...	...	...	...	...	...	...
네델란드령 앤틸리스제도	...	20.0	...	...	...	...	...	...	...
니카라과	...	...	...	...	...	...	...	...	...

	1999	2000	2001	2002	2003	2004	2005	2006	2007
파나마	...	...	...	15.1	16.4	7.9	11.2	11.1	...
파라과이	...	...	...	...	...	...	...	...	...
페루	...	...	...	...	...	...	...	...	...
세인트키츠 네비스	...	...	...	...	...	...	...	...	...
세인트루시아	...	...	...	...	...	...	...	...	...
세인트빈센트 그레나딘	...	...	...	...	...	...	...	...	...
수리남	...	...	...	...	...	...	...	...	...
트리니다드토바고	15.3	14.3	12.9	11.3	...	19.2	...	...	...
터크스카이코스제도	...	...	...	...	...	...	...	...	...
우루과이	...	...	...	...	...	...	8.6	6.6	...
베네수엘라	...	19.5	...	...	...	...	...	...	...
사하라 이남 아프리카									
앙골라	5.7	...	...	8.7	...	...	...	...	...
베냉	14.0	...	...	...	...	...	...	...	...
보츠와나	4.0	...	...	...	...	...	...	...	...
부르키나파소	...	...	...	...	...	...	...	...	...
부룬디	...	...	4.5	...	...	8.5	...	...	...
카메룬	...	...	...	...	...	...	...	5.8	...
카보 베르데	...	...	...	...	...	...	...	...	...
중앙아프리카공화국	...	...	...	...	...	...	...	...	...
차드	...	...	...	...	...	...	...	...	...
코모로	...	...	...	...	...	...	...	...	...
콩고	...	...	...	...	...	...	...	...	...
코트디부아르	...	...	...	...	...	...	...	...	...
콩고공화국	...	...	...	...	...	...	...	...	...
적도기니	...	...	...	...	...	...	...	...	...
에리트레아	...	...	17.6	6.0	16.5	6.5	...	...	...
에티오피아	7.7	6.1	...	6.9	7.7	6.1	8.1	8.3	8.7
가봉	...	...	...	...	...	...	...	...	...
감비아	...	36.9	...	...	...	...	...	...	...
가나	...	18.4	...	...	...	...	...	...	...
기니	...	...	...	...	...	...	...	...	...
기니비사우	...	...	...	...	...	...	...	...	...
케냐	...	17.9	...	...	...	...	...	...	...
레소토	...	...	...	...	...	...	...	...	...
리이베리아	...	9.1	...	...	...	...	...	...	...
마다가스카르	...	...	4.5	1.6	...	...	6.0	4.4	...
말라위	...	...	...	...	...	...	...	...	...
말리	...	...	...	...	...	...	...	...	...
모리셔스	...	...	17.7	15.1	10.3	17.7	11.7	11.9	...
모잠비크	...	...	...	...	...	3.6	4.5	...	...
나미비아	...	...	0.3	...	1.9	...	...	...	...
니제르	...	...	...	...	...	...	...	...	...
나이지리아	...	...	...	...	...	...	...	...	...

	1999	2000	2001	2002	2003	2004	2005	2006	2007
르완다	...	...	...	...	...	...	...	...	...
상투메 프린시페	...	...	...	...	...	...	...	...	...
세네갈	...	...	...	...	...	...	...	...	...
세이셸	...	...	...	...	...	...	...	...	...
시에라리온	...	0.6	...	...	...	...	...	...	...
소말리아	...	...	...	...	...	...	...	...	...
남아프리카공화국	...	5.2	...	7.0	6.7	7.2	7.5	8.3	...
스와질란드	...	0.3	...	0.7	...	0.5	3.5	0.3	...
토고	...	2.8	...	...	...	...	...	...	...
우간다	5.0	7.4	...	...	...	6.4	...	...	...
탄자니아	24.3	...	...	...	...	18.0	...	...	...
잠비아	...	...	...	...	...	...	...	...	...
짐바브웨	...	...	...	...	...	...	...	...	...

출처: 유네스코

* "공학"(ISCED가 1997년 제시한 '공학, 제조 및 건축학' 분류의 총합)

표 7: 유럽/OECD 국가의 공학 분야별 신입생 %(1998, 2005)

	1998				2005			
	합계	공학/기술교환	제조/프로세싱	건축/건설	합계	공학/기술교환	제조/프로세싱	건축/건설
알바니아	...	...	...	...	...	...	...	...
오스트리아	...	...	...	...	100.0	55.0	10.4	34.6
벨기에	...	...	...	...	100.0	62.1	1.1	36.8
불가리아	100.0	88.6	8.8	2.6	100.0	79.7	8.9	11.4
크로아티아	...	...	...	...	100.0	58.3	17.2	24.6
키프로스	...	...	...	...	100.0	74.6	0.0	25.4
체코공화국	100.0	60.4	15.4	24.2	100.0	63.8	11.1	25.2
덴마크	100.0	42.0	9.9	48.2	100.0	59.8	6.3	33.9
에스토니아	100.0	52.6	24.4	23.0	100.0	49.1	17.3	33.6
핀란드	98.7	76.1	8.1	14.5	98.6	81.6	5.3	11.7
프랑스	...	...	...	...	...	...	...	...
독일	100.0	57.9	3.4	38.8	100.0	67.9	5.1	26.9
그리스	...	...	...	...	100.0	31.7	47.3	21.0
헝가리	100.0	75.0	8.3	16.7	100.0	69.1	10.4	20.4
아이슬란드	96.6	57.3	15.1	24.1	100.0	61.4	3.3	35.2
아일랜드	100.0	54.4	15.9	29.6	100.0	48.0	7.6	44.3
이탈리아	100.0	69.9	2.6	27.5	100.0	59.3	4.4	36.2
라트비아	100.0	93.4	4.0	2.6	100.0	55.7	11.4	32.9
리히텐슈타인	...	...	...	...	100.0	0.0	0.0	100.0
리투아니아	100.0	59.2	18.5	22.3	100.0	65.3	10.9	23.8
룩셈부르크	100.0	55.8	0.0	44.2	...	...	...	...
마케도니아	...	...	...	...	100.0	58.6	23.1	18.3
몰타	...	...	...	...	100.0	54.0	0.0	46.0
네덜란드	100.0	61.2	5.5	33.3	100.0	55.4	4.7	39.9
노르웨이	100.0	76.0	4.6	19.3	98.4	66.6	4.9	27.0
폴란드	98.2	68.8	12.0	17.4	97.4	63.6	11.2	22.5
포르투갈	100.0	60.4	7.5	32.1	100.0	59.5	5.4	35.1
루마니아	100.0	57.8	39.5	2.6	100.0	72.8	21.8	5.3
슬로바키아	100.0	63.2	13.7	23.1	100.0	66.3	9.6	24.2
슬로베니아	100.0	63.8	14.5	21.8	100.0	51.8	23.3	24.9
스페인	100.0	65.8	4.2	30.0	100.0	66.3	5.0	28.7
스웨덴	100.0	100.0	0.0	0.0	100.0	81.0	2.9	16.1
스위스	...	...	...	...	100.0	66.3	3.3	30.4
터키	...	...	...	...	100.0	63.6	20.5	16.0
영국	...	...	...	26.0	100.0	56.2	9.2	34.6
미국	...	...	...	...	100.0	70.3	20.4	9.3
일본	...	...	...	...	...	...	...	...

출처: Eurostat

표 8: 유럽/OECD 국가의 공학 분야별 졸업생 %(1998, 2005)

	1998				2005			
	합계	공학/기술교환	제조/프로세싱	건축/건설	합계	공학/기술교환	제조/프로세싱	건축/건설
알바니아	...	...	...	...	...	...	...	...
오스트리아	62.6	34.7	15.3	12.5	100.0	62.5	12.6	24.9
벨기에	...	...	...	...	100.0	67.0	2.8	30.3
불가리아	100.0	84.4	7.0	8.6	100.0	82.3	9.7	8.0
크로아티아	...	...	...	...	100.0	59.2	15.7	25.0
키프로스	...	...	...	...	100.0	75.8	3.0	21.2
체코공화국	100.0	60.8	14.4	24.8	100.0	66.0	11.7	22.4
덴마크	100.0	61.4	6.2	32.3	100.0	54.3	10.6	35.2
에스토니아	100.0	58.5	17.4	24.1	100.0	56.1	21.4	22.4
핀란드	100.0	72.2	8.8	19.0	98.4	82.1	5.4	10.9
프랑스	...	...	1.3	0.2	89.6	67.7	8.4	13.5
독일	100.0	62.4	6.4	31.3	100.0	64.5	6.3	29.2
그리스	...	...	...	...	100.0	58.9	8.5	32.6
헝가리	100.0	65.1	13.1	21.8	100.0	61.1	18.1	20.9
아이슬란드	97.5	45.7	17.3	34.6	100.0	61.9	3.0	35.1
아일랜드	100.0	47.3	13.3	39.4	100.0	56.1	7.1	36.9
이탈리아	100.0	66.1	2.5	31.4	100.0	66.7	4.5	28.8
라트비아	100.0	89.3	7.5	3.2	100.0	60.9	10.9	28.2
리히텐슈타인	...	...	...	...	100.0	0.0	0.0	100.0
리투아니아	100.0	57.1	22.4	20.5	100.0	59.3	14.9	25.8
룩셈부르크	100.0	61.1	...	38.9	...	...	...	...
마케도니아	100.0	63.2	19.8	17.0	100.0	58.6	25.3	16.1
몰타	100.0	100.0	0.0	0.0	100.0	90.1	0.0	9.9
네덜란드	100.0	66.8	5.9	27.3	93.8	51.6	4.4	37.9
노르웨이	100.0	78.4	4.5	17.1	100.0	61.5	3.2	35.3
폴란드	97.1	68.5	13.9	14.8	97.5	64.1	12.0	21.4
포르투갈	100.0	61.8	5.4	32.8	100.0	56.4	10.4	33.4
루마니아	100.0	54.8	42.6	2.6	100.0	73.7	18.5	7.8
슬로바키아	100.0	57.1	17.0	25.9	100.0	65.8	8.8	25.4
슬로베니아	100.0	78.4	9.3	12.3	100.0	56.9	21.1	22.0
스페인	100.0	67.9	4.7	27.4	100.0	71.1	6.3	22.5
스웨덴	100.0	100.0	0.0	0.0	100.0	81.6	3.8	14.6
스위스	...	...	...	...	100.0	56.8	25.7	17.5
터키	...	...	...	...	100.0	63.3	21.5	15.2
영국	...	...	...	...	100.0	54.9	8.9	36.2
미국	100.0	86.0	7.0	6.9	100.0	66.6	14.9	18.5
일본	...	...	...	...	...	...	...	...

출처: Eurostat

표 9: 유럽/OECD 국가의 공학 분야별 여자 신입생 %(1998, 2005)

	1998				2005			
	합계	공학/ 기술교환	제조/ 프로세싱	건축/ 건설	합계	공학/ 기술교환	제조/ 프로세싱	건축/ 건설
알바니아	...	...	...	...	...	...	...	...
오스트리아	16.7	...	...	...	20.7	12.4	32.0	30.5
벨기에	...	...	...	...	21.0	13.0	46.3	33.8
불가리아	39.6	38.2	51.5	44.2	32.0	28.8	49.9	40.9
크로아티아	...	...	...	...	24.7	13.6	53.5	30.8
키프로스	...	...	...	...	12.9	6.1	...	32.8
체코공화국	20.1	13.4	39.5	24.3	21.2	11.7	58.5	29.1
덴마크	35.4	33.0	64.9	31.5	33.1	26.2	85.2	35.5
에스토니아	27.1	12.5	62.9	22.3	27.5	17.8	50.7	29.6
핀란드	16.6	11.6	46.4	25.1	18.7	15.9	42.7	25.1
프랑스	...	...	...	...	...	...	...	...
독일	16.6	6.4	25.9	30.9	18.4	10.1	37.3	35.8
그리스	...	...	...	...	27.7	26.5	18.2	51.1
헝가리	20.9	14.7	51.7	33.5	19.1	9.3	51.9	35.3
아이슬란드	20.6	10.0	65.2	18.1	31.3	22.9	73.5	41.9
아일랜드	15.7	15.8	17.0	14.8	16.3	12.3	33.1	17.8
이탈리아	25.3	15.3	55.6	47.9	27.7	17.1	48.7	42.6
라트비아	24.9	23.8	25.2	61.8	21.4	14.2	51.1	23.5
리히텐슈타인	...	...	...	...	31.1	...	...	31.1
리투아니아	33.0	20.1	70.0	36.2	26.0	16.4	71.8	31.3
룩셈부르크	5.3	0.8	...	11.0	...	...	...	...
마케도니아	...	...	...	...	31.7	19.5	53.2	43.9
몰타	...	...	...	...	28.4	19.3	...	38.9
네덜란드	12.4	5.4	52.9	18.8	13.5	5.5	73.1	17.6
노르웨이	24.6	22.2	47.3	28.8	24.1	18.5	46.7	33.9
폴란드	20.9	15.2	45.1	25.5	25.6	17.8	47.5	36.5
포르투갈	28.8	22.2	55.3	35.2	26.0	17.7	58.2	35.2
루마니아	23.1	24.6	19.8	41.7	29.3	28.7	26.1	49.8
슬로바키아	28.1	23.4	43.9	31.5	28.0	23.3	49.0	32.6
슬로베니아	23.9	12.1	60.8	33.8	24.1	6.6	51.7	34.9
스페인	25.1	20.3	34.2	34.3	27.8	22.2	49.2	37.1
스웨덴	24.9	24.9	...	...	28.0	24.6	44.4	41.9
스위스	...	...	...	...	14.2	8.3	35.8	24.7
터키	...	...	...	...	18.2	6.9	44.1	30.2
영국	15.9	...	...	24.5	19.1	12.4	29.0	27.5
미국	...	...	...	...	16.2	15.5	7.0	41.4
일본	10.4	...	...	...	11.9	...	...	...

출처: Eurostat

표 10: 유럽/OECD 국가의 노동 가능 연령(15~74세)의 공학자 수(2003~2006)

단위: 천 명

	합계				남성				여성			
	2003	2004	2005 *	2006*	2003	2004	2005*	2006*	2003	2004	2005*	2006*
유럽연합(27개국)	8,118	11,056	10,963	12,778	6,970	9,419	9,250	10,837	1,148	1,637	1,713	1,941
유럽경제지역**	8,173	11,109	11,021	12,783	7,020	9,468	9,302	10,841	1,153	1,641	1,719	1,942
오스트리아	...	270	254	253	...	243	228	226	...	27	26	28
벨기에	...	270	269	282	...	227	233	240	...	43	36	42
불가리아	243	260	254	252	162	169	160	162	81	91	94	90
키프로스	18	17	17	19	15	14	15	15	4	3	3	4
체코공화국	209	...	...	228	173	...	...	190	36	...	...	38
덴마크	187	179	192	200	141	143	151	159	46	36	41	42
에스토니아	77	72	82	79	47	45	52	51	30	27	30	28
핀란드	232	242	241	242	205	211	208	215	26	31	33	27
프랑스	1,200	1,292	1,443	1,548	1,035	1,093	1,205	1,332	165	199	238	216
독일	3,170	3,227	3,658	3,489	2,812	2,833	3,232	3,086	358	394	426	403
그리스	184	199	202	227	146	157	157	177	37	42	45	50
헝가리	200	213	220	221	162	172	176	176	38	41	43	45
아이슬란드	5	5	6	4	4	4	5	4	...	...	...	...
아일랜드	...	83	88	...	...	76	80	...	...	7	8	...
이탈리아	531	535	574	662	414	428	462	502	117	108	113	160
라트비아	63	66	68	38	39	41	45	26	24	24	23	12
리투아니아	...	150	150	144	...	105	108	101	...	45	42	43
룩셈부르크	6	10	11	10	5	9	10	9	1	1	2	1
몰타	...	2	3	3	...	2	3	2	...	...	...	...
네덜란드	310	334	312	288	284	307	284	267	25	27	29	21
노르웨이	50	48	53	...	45	45	47	...	...	...	6	...
폴란드	...	42	570	609	...	36	474	484	...	6	96	125
포르투갈	...	108	128	134	...	87	95	100	...	22	33	34
루마니아	...	363	378	403	...	247	256	276	...	116	122	127
슬로바키아	89	104	117	120	71	76	89	97	17	29	28	23
슬로베니아	39	44	50	52	31	36	41	43	8	9	9	9
스페인	1,360	1,399	...	1,586	1,226	1,256	...	1,416	134	143	...	170
스웨덴	...	212	235	251	...	166	182	196	...	46	53	55
스위스	112	185	230	288	100	168	210	262	12	17	20	25
터키	...	...	...	649	...	...	...	497	...	...	...	152
영국	...	1,360	1,447	1,437	...	1,242	1,305	1,290	...	118	141	147

출처: Eurostat

* 대부분의 국가에서 2006년에 새로운 통계년도가 시작됨
** 유럽연합 27개 국가 + 아이슬랜드, 리투아니아, 노르웨이

표 11: 유럽/OECD 국가의 노동 가능 연령(15~74세) 공학자중 여성의 비율(2003~2006)

단위: 천 명

	2003	2004	2005*	2006*
유럽연합(27개국)	14.1	14.8	15.6	15.2
유럽경제지역**	14.1	14.8	15.6	15.2
오스트리아	..	10.0	10.2	11.1
벨기에	..	15.9	13.4	14.9
불가리아	33.3	35.0	37.0	35.7
키프로스	22.2	17.6	17.6	21.1
체코공화국	17.2	..	..	16.7
덴마크	24.6	20.1	21.4	21.0
에스토니아	39.0	37.5	36.6	35.4
핀란드	11.2	12.8	13.7	11.2
프랑스	13.8	15.4	16.5	14.0
독일	11.3	12.2	11.6	11.6
그리스	20.1	21.1	22.3	22.0
헝가리	19.0	19.2	19.5	20.4
아이슬란드	..	..	..	..
아일랜드	..	8.4	9.1	..
이탈리아	22.0	20.2	19.7	24.2
라트비아	38.1	36.4	33.8	31.6
리투아니아	..	30.0	28.0	29.9
룩셈부르크	16.7	10.0	18.2	10.0
몰타	..	..	..	..
네덜란드	8.1	8.1	9.3	7.3
노르웨이	..	..	11.3	..
폴란드	..	14.3	16.8	20.5
포르투갈	..	20.4	25.8	25.4
루마니아	..	32.0	32.3	31.5
슬로바키아	19.1	27.9	23.9	19.2
슬로베니아	20.5	20.5	18.0	17.3
스페인	9.9	10.2	..	10.7
스웨덴	..	21.7	22.6	21.9
스위스	10.7	9.2	8.7	8.7
터키	..	..	..	23.4
영국	..	8.7	9.7	10.2

출처: Eurostat

* 대부분의 국가에서 2006년에 새로운 통계년도가 시작됨
** 유럽연합 27개 국가 + 아이슬랜드, 리투아니아, 노르웨이

표 12: 유럽/OECD 국가의 노동 가능 연령(15~74세) 인구 중 공학자 %(2003~2006)

단위: 천 명

	합계				남성				여성			
	2003	2004	2005 *	2006*	2003	2004	2005*	2006*	2003	2004	2005*	2006*
유럽연합(27개국)	20.3	19.1	19.1	18.8	33.4	31.9	31.8	31.7	6.0	5.8	6.1	5.7
유럽경제지역**	20.0	18.9	18.9	18.8	32.9	31.6	31.5	31.7	5.9	5.7	6.0	5.7
오스트리아	..	28.6	28.1	28.1	..	42.8	42.9	42.7	..	7.2	7.0	7.6
벨기에	..	14.0	13.6	13.8	..	24.0	24.4	24.2	..	4.3	3.5	4.0
불가리아	23.8	25.2	24.5	23.7	39.6	40.6	38.5	38.4	13.2	14.7	15.2	14.0
키프로스	14.6	13.6	13.5	13.3	23.8	22.2	24.2	22.4	6.7	4.8	4.6	5.3
체코공화국	26.8	..	..	25.2	39.1	..	..	38.3	10.7	..	..	9.3
덴마크	18.0	16.9	17.8	17.6	28.3	28.0	29.2	29.4	8.5	6.6	7.3	7.1
에스토니아	30.4	27.0	28.8	27.7	51.1	46.9	50.5	47.7	18.6	15.8	16.5	15.7
핀란드	23.0	23.1	22.6	22.2	45.6	45.1	44.2	45.1	4.7	5.4	5.5	4.4
프랑스	14.2	14.8	15.3	15.6	25.8	26.4	27.2	28.3	3.7	4.3	4.8	4.1
독일	30.3	29.7	29.6	28.7	44.0	43.2	43.3	42.5	8.8	9.2	8.7	8.3
그리스	15.6	14.9	15.2	16.0	23.4	22.2	22.5	24.1	6.6	6.7	7.1	7.3
헝가리	20.9	20.3	20.5	19.7	35.4	35.0	35.6	34.4	7.6	7.4	7.4	7.4
아이슬란드	11.6	12.2	13.0	11.4	19.0	20.0	23.8	25.0	..	..	..	..
아일랜드	..	12.0	12.1	..	..	23.1	23.6	..	..	1.9	2.1	..
이탈리아	14.1	13.4	13.6	14.2	21.9	22.1	22.6	22.8	6.3	5.3	5.2	6.5
라트비아	23.7	23.5	21.7	13.5	36.8	37.6	36.6	26.3	15.0	13.9	12.1	6.6
리투아니아	..	29.5	27.5	26.0	..	48.8	46.0	45.5	..	15.3	13.5	13.0
룩셈부르크	15.4	15.4	14.9	14.9	21.7	23.7	24.4	24.3	6.3	3.7	6.1	3.2
몰타	..	7.1	10.0	9.1	..	13.3	17.6	12.5	..	..	..	..
네덜란드	11.4	11.4	10.6	9.6	18.9	19.1	17.7	16.6	2.1	2.1	2.2	1.5
노르웨이	5.8	5.5	5.9	..	10.9	10.7	11.0	..	..	..	1.3	..
폴란드	..	13.2	16.1	15.6	..	31.6	31.1	29.2	..	2.9	4.8	5.5
포르투갈	..	13.3	15.7	15.3	..	26.8	29.3	28.2	..	4.5	6.7	6.6
루마니아	..	26.4	26.3	26.3	..	34.6	34.4	35.3	..	17.6	17.7	17.0
슬로바키아	24.1	25.1	25.7	24.5	38.8	37.4	38.2	38.2	9.1	13.8	12.6	9.8
슬로베니아	17.9	18.4	19.4	18.9	32.0	33.3	35.7	35.0	6.6	6.9	6.3	5.9
스페인	20.2	19.5	..	18.7	36.0	35.1	..	33.5	4.0	4.0	..	4.0
스웨덴	..	14.1	14.7	15.1	..	25.8	26.5	27.1	..	5.3	5.8	5.8
스위스	24.6	25.5	23.9	24.6	34.0	35.4	33.4	34.3	7.5	6.8	6.0	6.1
터키	..	..	..	16.8	..	..	..	21.0	..	..	..	10.1
영국	..	15.0	15.0	14.3	..	26.6	26.5	25.5	..	2.7	3.0	3.0

출처: Eurostat

* 대부분의 국가에서 2006년에 새로운 통계년도가 시작됨
** 유럽연합 27개 국가 + 아이슬랜드, 리투아니아, 노르웨이

4.2 공학 분야

4.2.1 토목공학

호세 메뎀 산후안(Jose Medem Sanjuan)

서론

토목공학자들은 사회에 -창의력과 상당한 책임이 따르는 개인의 결정을 포함하는- 독특한 서비스를 제공한다. 그들의 능력과 결정은 건조 환경(built environment)을 다루는 전문인으로서의 역할을 통해서 전 세계 인간의 삶에 영향을 미치고 있다. 실제로 인간 삶의 대부분은 신뢰할 수 있고, 안전해야 하며, 높은 삶의 질을 보장하기 위해서는 품질이 좋아야 되는 이 서비스에 의존하고 있다. 만약 토목공학자들의 서비스에 문제가 있으면 건물의 붕괴, 사람들의 질병, 부상, 죽음과 같은 치명적인 결과를 야기할 수 있다. 결과적으로, 토목공학은 거듭되는 성공보다는 실패가 아예 없는 편이 더 낫다.

© Wikimedia commons

블랙프리아 다리, 런던(건설중)

지속가능한 발전이라는 과제는 전 세계의 토목공학 사회에게 윤리적, 기술적 헌신을 요구한다. 직업윤리는 산업에서 부정부패를 줄이고, 뇌물, 사기, 속임수 및 어떤 형태의 부패에 대해서도 무관용원칙(zero tolerance)을 적용시키기 위해서 매우 중요하다. 2004년 한 해 동안 전 세계 건설 관련 지출은 대략 미화 3조 9천억 달러였는데, 국제 투명성기구에서는 이중에서 대략 10% 정도가 부패행위를 통해 손실되었다고 추정한다. 더 많은 도로, 수도 시스템 그리고 일자리가 그 돈으로 만들어질 수 있었다.

토목공학자들은 전체 공학자들 가운데 약 50% 정도로 매우 큰 부분을 차지하고 있으며, 그들 중 많은 사람들이 국가, 지역, 국제 공학기관의 회원이다. 개발도상국들이 그들의 토목공학 서비스의 수준을 올리는 것을 도와주기 위해서는 선진국과 개발도상국의 토목공학자들의 사이의 유대와 토목공학 전문가들의 투철한 사명감을 필요로 한다.

공학 전문직은 크고 빠른 변화를 맞고 있다. 공공 안전, 보건, 복지에 대한 도전 과제들이 점점 더 힘들어지고 있다. 따라서 지식과 기술을 공유하기 위한 토목공학자들의 인력교류를 통해 높은 기술 수준의 토목공학을 촉진시키는 것이 매우 중요하다. 이런 믿음과 관심으로 인해 토목공학자들과 토목공학에 특화된 국제 문제들을 해결하기 위해서 세계토목공학자회(WCCE)[1]가 2006년 7월 설립되었다.[2]

토목공학의 고민들

전 세계 WCCE 회원들이 인력교류, 토목공학 학생 수의 감소, 토목공학에서의 부패, 개발도상국에서 식수와 위생의 중요성과 같은 몇몇 중요한 고민들에 대해 아래에서 논의했다.

인력 교류

국가적인 수준에서 토목공학자의 자격에 관한 부분은 일반적으로 간단하다. 그러나 국경을 넘어가게 되면 이는 심각한 문제가 될 수 있다. 실제로 몇몇 나라에서는 토목공학이 직업으로서 통제되고 있지 않다. 따라서 인력교류는 국제적 합의와 인증에도 불구하고 여전히 매우 어려운 문제이다.

전 세계적으로 지리, 기후, 자원, 사람, 역사, 문화, 관습, 성격, 언어에 따라 직업들은 많은 차이점을 가지고 있다. 이는 심지어 한 국가 안에서도 매우 다양할 수 있다. 또한 더 실용적으로 보면, 경제와 산업화 발전 정도에 따라 기술의 현대화가 다른 방향으로 진행되었다. 또한 토목공학의 학습 기간이나 내용 또한 차이가 있다.

토목공학 재학생 수의 감소

많은 나라에서 토목공학을 선택하는 학생의 수가 줄고 있다. 사회에서 성공하는 방법이 변화하고 있고, 많은 유망한 학생들은 공학이 다른 경력보다 성공하기에 더 어려운 분야라고 믿고 있다. 이러한 인식은 아마도 구식의 공부 방법, 높은 업무강도, 낮은 임금, 연구 경력의 부족, 그리고 토목공학자를 경영학 전공 졸업생과 비

1) WCCE는 토목공학자들을 대표하며 이들의 고민에 주목하고 있다. WCCE의 독특한 특징은 유관 단체뿐만 아니라 개인들도 회원이 될 수 있다는 점이다. WCCE는 모든 회원들이 국적에 관계없이 동등하게 대우받는 국제적인 플랫폼을 추구한다. WCCE의 업무는 협력, 정직, 성실, 윤리적인 업무 수행, 부정부패 반대, 높은 기준 등과 같은 핵심가치를 반영할 것이다. http://www.wcce.net/

2) WCCE 창립총회는 2006년 7월에 멕시코에서, 2차 총회는 2007년 5월에 짐바브웨에서 열렸다.

교했을 때 '최고위직'의 위치에 상대적으로 오르기 힘든 기술자로 보는 시각 때문이다. 그러나 이는 또한 최근 토목공학이 과학과 정보통신기술과 같은 공학의 다른 분야에 비해 사회에 제대로 알려지지 않았기 때문이다.

이러한 인식의 다른 원인들은 다음과 같다.

- 토목공학 공부는 사회과학과 같은 다른 분야에 비해 높은 수준의 수학을 요구해서 힘이 든다. 그리고 다른 직업에 비해 초봉이 낮다. 그리고 토목공학 학사학위가 이 문제를 더 악화시킬 것이다.
- 토목공학 회사들과 건조 환경 분야에 관련있는 다른 직업들에서는 지속적인 직무 개발을 권장하지 않는다. 그들은 일이 있을 때 공학자들을 고용하고, 계약이 끝나면 해고한다.
- 건설 회사의 체계에서, 토목공학자들은 실제로 건설 회사가 존재할 수 있는 중요한 자원임에도 불구하고, 다른 직업군에 비해 소모용이고 덜 중요한 사람들로 간주되곤 한다.
- 건설 현장에서 건축과 감독이 활발히 진행되는 시기에 시간에 대한 압박과 업무 강도가 극심하게 높다. 건설 현장은 대부분 회사 사무실에서 떨어져 있고, 출퇴근하는 데 추가 시간이 소요된다.

토목공학에서 부정부패와의 싸움

선진국과 개발도상국 모두에서 인프라 건설 부문은 부정부패라는 엄청난 도전 과제에 직면해 있다. 부패는 인간 비용이 있다. 부패는 경제, 프로젝트 및 경력에 피해를 끼친다. 불행하게도 많은 사회에서는 어느 정도의 부패를 일상적인 것으로 용인하고 있다. 부패는 공공 부문과 민간 부문 모두, 고용주와 종업원 모두, 그리고 설계 및 건축 과정뿐만 아니라 물건 조달 시에도 일어난다. 더 나아가 뇌물을 주는 것을 거절한 회사는 계약 체결, 면허, 대금 지불, 허가에서 거절당할 수 있다.

부패는 복잡한 문제이고 이를 예방할 간단한 방법이 존재하지 않으며, 부패를 근절할 수 있는 법 또한 충분치 않다. 해결책의 하나는 토목공학 사회와 기관이 윤리적이고 전문적인 경영을 위한 투명하고 강제성이 있는 가이드라인을 제정하는 것이다. 대학은 직업윤리에 관한 과목을 의무적으로 가르치고 미래 토목공학자들에게 어떻게 부패를 인식하고 대항해야 하는지에 대한 경각심을 높여야 한다. 건설 프로젝트에서 부패는 종합적이고 체계적인 접근방법을 통해서 안전 및 품질 관리의 한 부분으로 다뤄져야 한다. 이런 맥락에서 국제투명성기구의 활동과 '인프라, 건축, 공학 부문의 반부패 교육 매뉴얼'을 강조하는 것이 중요한데, 이 매뉴얼은 어떤 행동들이 부패로 여겨지는지를 쉽게 파악할 수 있는 매우 중요한 도구이다.

깨끗한 식수와 위생의 중요성

많은 사람들은 뛰어난 약이 더 건강한 사회의 근간이라고 믿는다. 소수의 사람들만이 토목공학이 하는 일이 공중위생의 제일 첫 번째 방어선임을 깨닫고 있다. 식수와 개선된 위생은 사람, 지역공동체, 그리고 전체사회의 건강을 향상시키는 가장 효과적인 수단이다.

많은 수인성 질병들은 식수 수준으로 처리된 물을 집으로 배달해 줌으로써 예방이 가능하다. 다양한 위생 제도를 도입하면 액체 및 고형 폐기물을 처리하는 데 도움이 될 것이다. 사람과 동물의 배설물의 적절한 대처와 처리는 감염 기회를 줄이고, 의료시설을 여유롭게 할 것이며, 냄새와 벌레의 적절한 통제를 통해 환경을 더 아름답게 해 줄 것이다. 지역사회가 함께 공용자원을 관리할 기관을 설립하면 결과적으로 분쟁이 줄어든다. 더 나아가 학교와 마을 수준에서 최초로 실행하면 더 많은 사람들에게 영향을 미치게 된다. 이러한 활동의 개발과 적용이 바로 토목공학자가 해야 할 일이다.

식수의 보급은 개인 혹은 지역사회 기반의 시스템에 대한 것이다. 따라서 토목공학자는 그 사회에 속해있는 개개인의 건강을 향상시키면서 동시에 사회 전체의 발전에 기여할 수 있다.

4.2.2 기계공학

토니 마조람(Tony Marjoram)

기계공학은 오래되었고 디자인, 생산, 도구 사용, 기계와 엔진 등을 다루는 가장 다양한 분야의 공학이다. 따라서 이는 유인원이 도구를 사용하는 인간으로 전환하는 데 가장 중요한 부분으로 간주된다. 기계공학은 기계, 재료, 열, 유체, 에너지의 이용을 포함하고, 정역학, 동역학, 구조, 운동학, 재료과학, 열역학, 열전달, 유체역학, 에너지시스템과 변환에 대한 적용과 근본적인 원칙 및 과학에 대한 이해를 결합한다. 기계공학자는 유한요소해석(기상 예측 모델이나 기계 모의실험과 같은 복잡한 시스템의 해석에 대한 편미분 방정식을 푸는 수치 해석법), 계산유체역학, CAD-CAM과

콩코드 비행기

같은 분야에서 근본적인 과학을 적용할 뿐만 아니라 만들어내기도 한다. 기계공학은 제조와 생산, 에너지 생산과 변환, 교통, 자동화와 로보틱스와 같은 분야의 산업 발전을 뒷받침한다.

기계공학은 대부분이 전쟁의 '엔진'으로 군대에 적용되어, 토목공학의 창조물을 파괴하는 데 사용되었던 초기 도구와 기계를 개발하면서 전 세계적으로 발전되었다. 시계, 운송수단, 구동장치 크랭크, 기어, 캠축, 체인 등의 기계장치들은 고대 그리스, 이집트, 중국, 아랍 사람들에 의해 개발되었다. 현재는 예술가로 대부분 인식하고 있지만 레오나르도 다 빈치가 최초의 유명한 기계공학자였다. 다른 유명한 기계공학자들과 그들의 사회와 경제 발전에 대한 기여는 다음과 같다. 아르키메데스(나사 펌프), 찰스 배비지('미분기' - 최초의 기계식 컴퓨터), 칼 벤츠, 고틀리프 다임러, 헨리 베세머(철), 루이 블레리오, 이삼바드 킹덤 브루넬, 니콜라스 레오나르도 사디 카르노(열역학 - 카르노 싸이클), 로돌프 디젤, 헨리 포드, 유안 쳉 펑(생물역학), 헨리 로렌스 간트(간트차트), 알렉산드리아의 영웅(풍차와 최초의 증기터빈), 요셉 마리 자카드(자카드 문직기 - 컴퓨터의 전신), 헨리 모즐리(공작기계), 토머스 뉴코먼(최초의 증기 기관), 니콜라스 오토(4행정 엔진), 찰스 파슨스(증기 터빈), 윌리엄 랭킨(열역학), 오스번 레이놀즈(유체역학 - 레이놀즈 수), 이고르 시코르스키(헬리콥터), 에른스트 베르너 폰 지멘스와 윌리엄 지멘스 경, 니콜라 테슬라(물리학자, 전기 및 기계공학자 - AC 전원 시스템), 조지 스티븐슨, 로버트 스티븐슨, 리차드 트레비식(증기력), 제임스 와트(증기 기관), 프랑크 위틀(제트 엔진), 조셉 윗워스(스레드와 정밀 가공), 펠릭스 방켈(회전식 발동기), 장 헹(구체 아스트롤라베, 지진계).

기계공학은 산업 혁명과 혁신의 연속적인 파도들을 뒷받침했고 이와 함께 앞으로 나아갔다. 산업 혁명의 첫 번째 파도는 1750~1850년에 직물산업에서 일어났다. 두 번째 파도는 1850~1900년에 증기와 철도에서 일어났고, 세 번째 파도는 철, 전기, 중공학에서 발생했다. 네 번째 파도는 기계공학에 근간을 두고 있는 정유, 자동차, 대량 생산에서 1900년부터 계속해서 발생했다. 다섯 번째 파도는 1950년부터 정보통신 분야에서 발생했고 전기 및 기계공학과 연관이 있다. 여섯 번째 파도는 1980년에 시작했고 IT, 생명공학, 재료와 같은 분야의 새로운 지식 생산과 적용에 중점을 뒀다. 일곱 번째 파도는 2005년에 시작해서 지속가능한 발전, 기후 변화 완화 및 적응 증진시키는 지속가능한 '녹색' 공학과 기술에 근거를 두었다. 이 또한 기계공학의 핵심과 특히 연관되어 있다.

© Robin Campbell, EWB-UK

정수기, 벵갈 서부

기계공학기관, 교육 및 인증

최초의 기계공학 전문가 기관인 '기계공학회(IMechE)'는 영국에서 '토목공학회(ICE)'가 생긴 지 30년 후인 1847년에 설립되었다. 그것은 '철도의 아버지'이자 '로켓'의 시조인 조지 스티븐슨과 일련의 기계공학자가 ICE로부터 분사하는 방향으로 설립되었다. 기계공학 전문가 기관은 그 당시 유럽대륙과 미국 그리고 다른 곳에서 생겨났다. 이런 기관 발전의 흐름은 전 세계 주요 대학에서 기계공학에 중점을 둔 학과가 생김과 동시에 일어났다. 공학 교육 수업과 교육학에 관한 접근방식은 수학과 공학 '과학'을 설립하는 데 이용되었던 '기본원칙'을 중시하는 접근방식인 '훔볼시안(Humboldtian)' 모델(2장에서 자세히 설명하였음)에 기초를 두고 있다. 이것은 150년 동안 크게 변화가 없었고, 젊은 사람들의 공학 교육에 대한 흥미 감소에 책임이 있는 요소 중 하나이다. 물론 요즘은 유한요소해석과 이와 관련된 도구, 그리고 백 년 전 기계공학의 대표적인 과목이었던 정역학, 동역학, 재료 강도, 열역학, 유체, 제어이론, 공작기계, 재료과학, 컴퓨터, 공학제도와 설계보다 중요한 과목들에 근거한 많은 수학 과목이 존재한다. 요즘 학생들은 계산 유체 역학, CAD, 컴퓨터 모델링, 메카트로닉스, 로봇공학, 생물역학, 나노기술 등을 접한다.

심지어 젊은 기계공학자들이 졸업도 하기 전에 인증과 인력교류의 측면에서 변화하는 세계를 접하고 있다. 공학 학위 프로그램의 인증을 담당하는 국가 기관들과 전문공학자 인증기관의 국제적인 합의인 워싱턴 어코드(1989) 등이 능력중심의 접근방식과 공학 교육과정 인증시스템의 변화를 이끌었다. 공학 자격과 전문공학자의 상호 인증을 주관하는 여섯 개의 국제 협약에는 테크놀로지스트를 위한 시드니 어코드와 테크니션 자격의 국제 인증을 위한 더블린 어코드가 포함된다. 워싱턴 어코드에는 호주, 캐나다, 중국, 대만, 홍콩, 아일랜드, 일본, 한국, 말레이시아, 뉴질랜드, 싱가포르, 남아프리카공화국, 영국, 미국이 포함되고 독일, 인도, 러시아, 스리랑카는 잠정적인 예비회원국이다.

응용과 발전

젊은 공학자들이 최근 다양하게 늘어난 기계공학의 세부 분야를 졸업하게 되면, 공학과 공학응용 분야에서 이미 정립되었거나 최근에 만들어진 다양한 기회들을 마주치게 된다. 많은 젊은 공학자들은 발전에 관한 이슈와 도전 과제에서 공학의 역할에 대해서 고민을 하고, 영국의 '국경없는 공학자회'와 '빈곤퇴치를 위한 공학자회' 같은 단체에 가입 기회를 갖게 된다. 다른 많은 기계공학자들 또한 공학자와 공학기관의 사회적 책임과 아래와 같은 발전 이슈에 효율적으로 참여하는 방안에 대해서 고민하게 된다.

- 수자원과 위생
- 청정생산과 재활용
- 에너지 효율과 보존, 재생 가능한 에너지와 청정석탄기술
- 도시 안전을 포함한 비상재해에 대한 준비와 대응
- 재난과 분쟁 후 복원, 재건
- 의사결정, 정책 결정, 계획에 참여

기계공학과 연관된 국내 및 국제 공학기관들은 직원과 학생교류 및 국제협력 증대 등을 통해 위와 같은 활동들에 공학자들이 적극적으로 참여하는 것을 도와줄 책임이 있다.

4.2.3 전기전자공학

토니 마조람(Tony Marjoram)

전기전자공학은 전기, 전자기에 대한 연구와 응용, 과거에는 '무선공학'이라고 불린 전자공학의 발전과 응용에 초점을 맞춘 공학 분야이다. 1945년 이후 빠른 변화 때문에 전기전자공학은 발전, 배전, 전기회로, 변압기, 모터, 전자기와 관련된 기기들과 같은 전통 전기공학 부분부터 전화, 라디오, 텔레비전, 전기통신과 같은 전자공학의 발전과 2차 세계대전에서 레이더, 소나, 무기 시스템과 같은 전자기술의 급격한 발전, 그리고 최근의 전자재료, 기구와 회로, 집적회로와 컴퓨터 시스템, 마이크로 웨이브 시스템, 휴대폰, 컴퓨터 네트워킹, 정보통신기술, 광섬유와 광전자소자, 광학과 나노기술 등 매우 다양한 주제들을 포괄한다.

일반적으로 전기공학은 전기, 송전, 에너지와 같은 큰 스케일의 시스템을 다루는 것이고, 전자공학은 전기, 전자기기와 정보 전송과 같은 작은 스케일의 시스템을 다룬다. 어떤 시스템은 매우 작은 스케일에서 운영되므로 '마이크로전자공학'이라는 용어도 이제 일반화되었다. 실제로 인텔의 공동 창업자인 고든 무어의 이름을 딴 '무어의 법칙'은 컴퓨터 하드웨어의 경향을 보여주는데, 집적회로에서 트랜지스터의 표면 밀도가 거의 2년마다 2배로 증가한다는 이론이다.

전기에 대한 연구는 17세기에 전기공학의 아버지라 불리는 윌리엄 길버트의 정전기에 관한 연구로부터 시작됐다. 윌리엄 길버트는 '전기(electricity)'라는 용어를 그의 실험에서 사용한 호박(amber)의 의미를 가진 그리스어 'electron'에서 따왔고 전기와 자기를 구별했다. 번개는 흥미를 끄는 또 다른 자연적인 전기 현상이었는데, 전기에 특별한 관심을 가진 박식한 벤자민 프랭클린은 번개가 전기임을 알아내기 위해 1750년 폭풍 속에 연을 날릴 계획을 세웠다. 그가 실험을 실제로 수행을 했는지는 알려져 있지 않지만, 만약 그가 손에 연줄을 잡고 있었다면 역사가 달라졌을 것이다. 그는 후에 주불 미국대사가 되었고 1783년에 미국 독립전쟁의 종결을 알리는 파리조약의 초안을 작성했다.

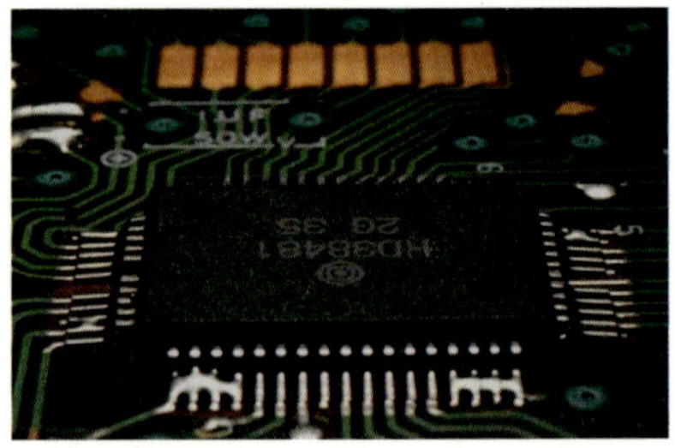
컴퓨터 칩

© SAICE

알렉산드로 볼타는 1775년에 정전기를 생산하는 기계를 개발했고 1800년에 전지의 전신인 볼타 전지를 개발했다. 19세기에는 점점 더 발전하여 1831년에 전류와 전위차에 관한 옴(Ohm)의 연구와 마이클 패러데이의 전자기 유도 발견이 있었고, 1873년에는 제임스 클락 맥스웰이 전기와 자기사이의 이론적 연결고리를 발견했다. 이 발견을 토대로 백열 전구가 발명됐고, 1882년에 토머스 에디슨이 맨하탄에 최초의 직류 송전시스템을 건설했다. 같은 시기, 니콜라 테슬러는 후에 웨스팅하우스에 의해 향상되는 교류 전력 생산과 분배의 이론을 개발했다. 웨스팅하우스는 후에 '에디슨 조명회사'와 '전류 전쟁'을 치룬다. 범위, 효율과 안전에서 앞선 교류가 점차적으로 직류를 대체하였고, 에디슨은 교류를 사용하지 않은 것을 후회했다. 테슬러는 유도 전동기와 다상 시스템을 발전시켰고, 에디슨은 전신을 발전시켜 '에디슨 조명회사'를 '제너럴 일렉트릭'으로 변경했다. 19세기 말 라디오의 개발은 후에 오실로스코프, 텔레비전, 전자레인지, 컴퓨터, 트랜지스터(1947), 집적회로(1958), 마이크로 프로세서(1968)를 가능하게 한 브라운관, 다이오드, 증폭 3극 진공관, 전자관의 개발로 이어졌다.

전기전자공학기관, 교육 및 응용

응용할만한 것들이 거의 없었던 초창기에는 전기 연구는 본질적으로 물리학의 한 분야였다. 전력 공급과 전신의 상업화에 대한 관심이 늘어나면서 19세기 후반 전기공학이 발전하기 시작했다. 그리고 이때쯤 대학의 전기공학과에서 학위 과정들을 개설하면서 전문적인 기관들이 나타나기 시작했다. 초기 전기전자공학 학위과정의 커리큘럼은 전력, 제어 시스템, 비선형 시스템, 마이크로 전자공학, 컴퓨터 공학, 시스템 해석, 정보 이론, 신호처리, 메카트로닉스, 로봇공학, 전기통신, 데이터통신, 통신 시스템, 나노기술과 같은 다양한 과목을 다뤘다.

그리고 전기전자공학자들을 위한 전문 기관으로 미국의 전기전자공학회(IEEE)와 영국의 공학기술학회(IET)를 대표로 들 수 있

다. IEEE는 회원 수, 논문 발표 수, 컨퍼런스 등이 세계에서 가장 많다. 이런 거대한 공학기관들이 특히 급격하게 변화하고 있는 분야에서 지속적인 발전을 촉진하고 서로 정보를 공유할 수 있다는 점에서는 긍정적이나, 이는 개발도상국에서 지역 수준에서의 전문성 개발과 적용을 약화시키기도 한다.

전력 공학자는 전력망과 전력시스템의 설계와 유지에 책임이 있다. 자가발전에 대한 관심이 늘어나면서 온-그리드 전력시스템은 그리드에 전력을 줄 수 있다. 정전이나 서지(surge)의 위험을 줄이기 위해 위성 제어 시스템을 포함한 전력 제어 시스템에 관한 관심도 늘어나고 있다. 제어 시스템 공학은 신호처리기, 프로그램기능 논리제어기(PLCs)를 이용하여 시스템 제어기를 설계하는 것뿐 아니라 제어시스템을 모니터링 한다. 제어공학 응용에는 산업자동화, 항공기와 자동차 제어시스템, 태양광발전 시스템을 위한 충전 시스템 등이 있다.

전자회로의 설계와 테스트는 전자공학에서 매우 중요한 부분이고 저항, 캐패시터, 인덕터, 다이오드, 트랜지스터와 같은 개별 부품의 특성이 필요하다. 마이크로 전자공학과 집적회로는 마이크로 및 나노 스케일에서 이것을 허용해서 현대 마이크로 전자기기의 개발을 가능하게 했다. 마이크로 전자공학은 화학, 재료과학, 양자역학에 관한 지식을 필요로 한다. 신호처리 시스템은 디지털 시스템과 매우 밀접한 연관이 있고, 통신, 제어, 전력 시스템, 의공학과 같은 전기전자공학의 대부분 영역으로 응용 분야를 확장하고 있다. 집적회로는 라디오, 오디오, 텔레비전, 이동통신기기, 녹음기, 자동차제어시스템, 무기시스템, 정보처리시스템과 같은 거의 모든 전자시스템과 전자기기에서 발견된다. 신호처리 또한 기기장치와 제어공학과 연관이 있다.

전기전자공학에서 제일 유망한 분야의 하나는 바로 다른 공학 분야 특히 기계공학과 결합시키는 것이다. 메카트로닉스에서는 전자시스템이 로봇공학, 자동화, 냉난방 시스템, 비행기, 자동차와 같은 매우 다양한 분야에서 사용된다. 자동차 에어백, 복사기, 프린터를 제어하는 MEMS와 같은 시스템들은 매우 작은 크기에서 작동된다. 의공학에서는 메카트로닉스가 인공와우 이식, 심장박동 조율기, 인공심장과 같은 이식 가능한 의료기기의 개발과 MEMS, 의료 기술을 더 좋고 이동하기 쉽게 개발하는 것을 가능하게 해 준다. 전기전자공학이 발전이라는 측면에서 중요하다는 것은 명백하다. 하지만 최신 자동차진단기기와 같은 경우처럼 필요로 하는 지식과 기술의 수준이 점점 높아진다는 점에서 도전받고 있다.

4.2.4 화학공학

장 클로드 차펜티에(Jean Claude Charpentier)

화학공학의 현황

화학공학은 원자재와 에너지를 물리적, 화학적, 생물학적 변화를 통해 특정한 상품으로 만들기 위한 과학적 · 기술적 지식의 응용이다. 화학공학은 산업 공정에서 디자인, 원자재, 생산과 제어의 통합과 최적화를 포함한다. 화학공학은 증류, 건조, 흡수, 교반, 침전, 여과, 결정화, 유화 등의 프로세스를 통한 물리적 · 화학적 · 생물학적 분리공정과 화학, 촉매, 생화학, 전기화학, 광화학, 농화학 반응을 포함한다.

소비자들은 점점 전통의 대량 화학물질보다 훨씬 복잡한 특화된 재료, 활성 화합물, 그리고 '특수한 효과가 있는 화학물질'을 요구한다. 실제로 최근 많은 화학제품들이 특수한 목적을 이루기 위해 그들의 특화된 미세구조와 화학조성에 의존하고 있다.

화학공학은 이미 전 세계 인구들을 먹이고, 새로운 에너지 자원을 찾고, 인류에게 옷과 집을 주고, 건강하게 해 주고 질병을 없애 주고, 희귀한 자원들의 대체재를 제공해 주고, 계속해서 발전하는 정보통신 기기들을 위한 복잡한 재료들을 설계하고 환경을 감시하고 보호하는 데 매우 중요한 역할을 하고 있다.

구조 재료의 생산에 관여하는 화학공학자는 기초, 제품 디자인, 프로세스 통합, 제조공정에서 많은 도전에 직면해 있다. 크기와 복잡도를 조직화하는 것은 나노 및 마이크로 스케일에서의 상황을 이해하고 묘사하는 것과 프로세스 과정에서 분자를 유용한 제품으로 변환시키는 데 필수적이다. 화학공학자들은 분자공정을 제품에서 필요로 하는 성질과 기능을 만들고 조절할 수 있는 현상적이고 거시적인 법칙으로 변환되도록 한다. 즉 분자를 돈으로 바꾸는 것이다.

최근 화학공학자들의 일은 물리학자, 화학자, 생물학자, 수학자, 기계전문가, 사업가들과의 다학제적인 협력관계를 요구한다. 현재 화학공학도들은 유전학, 생화학, 분자세포생물학을 다루기 위해 대학에서 생물학을 물리학과 화학과 함께 기초과학으로 배우고 있다. '물리-생물-화학공학'이라고 불리는 틀에서 새로운 개념을 만들어내는 것은 화학공학의 연장선으로서의 '프로세스공학'의 자격을 정당화시킨다.

화학공학자와 프로세스 공학자는 자연과학, 기술, 경제 분야에서 일하는 소수의 공학자 그룹 중 하나이다. 화학공학자는 훌륭한 문제해결자여야 하고 창의적이고 실용적이고 혁신적이며, 기

그림 1. 생화학과 생물화학공학

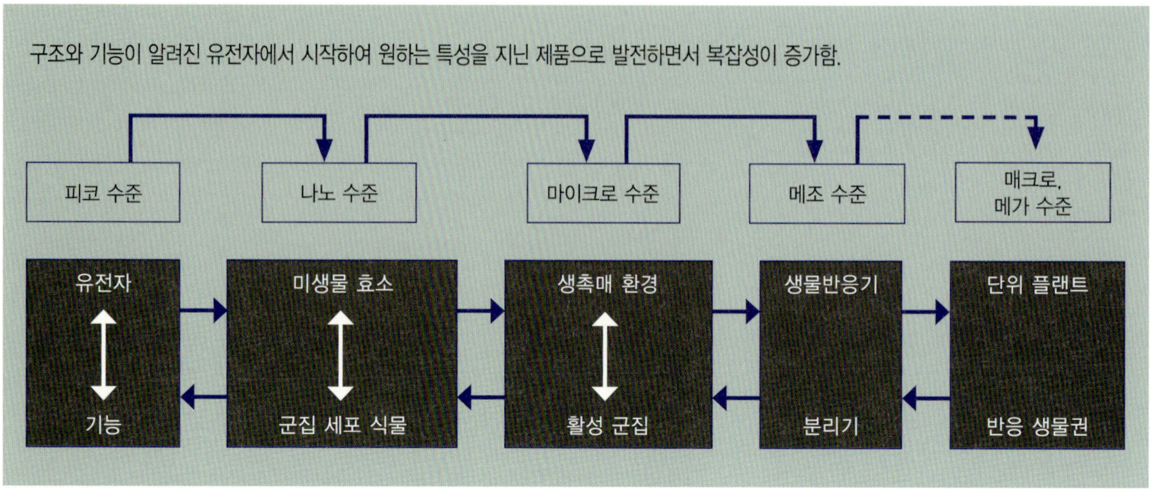

술적 엄격함과 시스템적인 사고방식과 다학제적인 업무를 위한 능력들을 갖춰야 한다. 화학공학자의 업무는 우리 주변에서 찾을 수 있는 화학물질 수요를 충족시키거나 화학 및 장치산업에서 맞닥뜨리고 있는 문제와 과제들을 해결할 수 있는 물질이나 제품으로 변환하기 위한 반응을 상상하고 발명하는 것이다.

화학 및 프로세스산업 – 도전 과제의 핵심

오늘날, 화학과 이와 관련된 산업들(석유 및 가스, 혈암유(oil shale), 석유화학, 제약, 건강, 농업, 식품, 환경, 펄프와 종이, 섬유와 가죽, 철강, 아스팔트, 건축 자재, 유리, 표면활성제, 화장품, 향수, 전자장치 등)은 매우 빠르게 발전하고 있다. 이는 유래 없는 수요와(환경과 안전 문제에 대한 대중의 걱정에 기인한) 제약 때문이다. 추출한 자원 중에 오직 25%만이 제품, 서비스 생산에 사용되고 있고, 나머지 75%는 오염 · 폐기물 등으로 손실되고 있다.

화학 지식과 새로운 지식의 발견 속도는 빠르게 증가하고 있다. 2005년 최소 1,400만 개의 분자화합물이 존재했고 이중에서 십만 개가 시장에서 정기적으로 발견됐다. 하지만 자연에서는 훨씬 작은 수의 분자화합물들이 발견되고 있다. 대부분은 인간의 수요를 충족시키고 아이디어를 실험하고 지식 탐구욕을 충족시키기 위해 신중하게 상상되고 합성되고 생산되었다. 나노기술과 결합된 화학 합성법의 개발이 좋은 예이다.

화학 산업의 발전, 경쟁력, 지속가능성, 고용을 보장해 주는 문제와 연관된 두 가지 중요한 요구는 다음과 같다. 첫째, 세계화, 파트너십, 프로세스 발견과 개발 과정의 혁신이 중요 요인인 세계경제에서 어떻게 경쟁할 것인가이다. 예를 들어, 빠르게 변화하

그림 2. 생화학과 생물화학공학

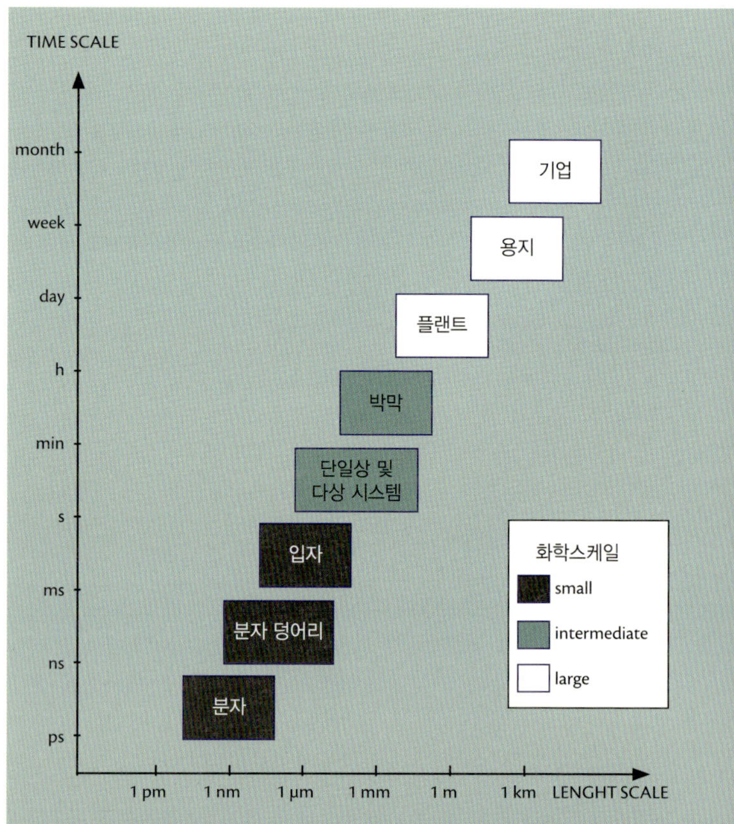

화학공학에서는 화학 물질을 분자 수준에서 합성하고 분석하는 나노/마이크로 스케일부터 산업 스케일의 연속적인 회분 공정까지의 화학 공정 시스템을 설계하고 운영하는 체계적인 방법을 이해하고 개발하는 데 관심이 있다.

는 소비재 사업에서 제품을 개발해 시장에 내놓는 데까지 걸리는 시간이 1970년에 10년에서 2000년에 2~3년으로 줄어들었다. 지금은 심지어 1년도 길게 여겨진다. 둘째는 시장의 요구에 반응하는 것이다. 이것은 실질적으로 이중적인 도전 과제이다. 개발도상국에서는 노동비용이 낮고 규제가 적다. 선진국에서는 특정한 제품 특성과 환경과 안전에 대한 소비자들의 요구가 매우 빠르게 증가하고 있다.

화학공학자들은 이미 이러한 요구와 조금 더 지속가능한 제품과 프로세스의 필요성에 응답하고 있다. 전통적인 대량 화학에서 특화되고 활성을 지닌 재료화학 산업으로의 변화를 위한 혁신적인 생산 프로세스를 연구할 것이다.

예를 들어, 암모니아, 탄산칼슘, 황산, 에틸렌, 메탄올, 에탄올 등 시장의 40%를 차지하는 일반제품과 중간생산물의 생산에서 특허는 제품이 아닌 프로세스에 적용된다. 그리고 프로세스는 경제적 측면만 고려해서 결정할 수 없다. 가능한 제일 낮은 가격으로 많은 양을 생산하는 것이 필요하다. 하지만 경제적 제약이 더 이상 '판매 가격 - 자본 + 운영비 + 원자재 가격 + 에너지 비용'으로 정의되지 않을 것이다. 프로세스 관련된 선택의 폭과 절약 부분도 분명히 고려되어야 한다. 더 나아가 거대한 공장 건설의 경향도 '단순히 조금 더 크게'로 접근하는 현재의 기술로는 더 이상 어렵고, 기술의 변화를 필요로 할 것이다. 이것은 아마도 통합적 다단계(multi-scale) 화학 프로세스의 설계를 포함할 것이다. 이는 대량 생산 단위가 다양한 작은 규모의 요소들의 통합과 상호연결에 의해서 만들어질 것이라는 것을 의미한다.

그림 3. 미래의 플랜트

© Charpentier

고객의 요구대로 디자인한 고수익 제품의 경우, 화학공학자들은 더 이상 한 제품을 낮은 가격에 고품질로 생산하는 데 최적화되지 않은 새로운 공장을 설계해야 한다. 쉽게 다른 용도로 바뀔 수 있는 다용도 시스템과 포괄적인 장비(유연한 생산, 소량, 모듈식의 구성과 같은 시스템)가 필요하다.

화학 및 프로세스 공학의 미래

앞으로 다가올 미래는 병렬적이면서 동시에 진행되는 다음의 네 가지 변화로 간단하게 설명될 수 있다.

1. 종합적인 다규모(multi-scale) 제어: 선택과 생산성을 향상시키는 프로세스
2. 프로세스 집적화: 새로운 기계 설계, 운영 형태, 생산 방식을 포함(그림 3)
3. 최종 제품 생산: 제품 디자인과 제품 공학
4. 다양한 규모와 다학제적인 컴퓨터 모델링의 응용: 예를 들어, 분자규모부터 복잡한 생산규모 그리고 프로세스 제어와 안전을 포함한 전체 생산공장의 규모포함

이러한 변화를 살펴볼 때, 현대 화학공학은 '사회와 시장의 요구 대 기술의 진보'의 맥락과 분자를 돈으로 변화시키는 개념의 측면에서 지속가능한 사회 · 경제 발전을 이끄는 도구로 볼 수 있다.

분명히 화학 산업은 세계화, 경쟁, 지속가능성이라는 틀 안에서 많은 도전 과제를 직면하고 있다. 소비자의 요구와 시장의 동향을 만족시키기 위해서 화학 및 프로세스 공학자들은 혁신적인 기술을 개발해야만 하고 다학제적이며 다규모적이고 통합적으로 접근해야만 한다. 더욱이 화학공학자들은 이 접근방식을 증가하고 있는 환경 · 사회 · 경제적 요구에 반응하고 지속가능성을 향해 순조롭게 전환하는 데 사용할 수 있다.

오늘날 화학공학은 경제 발전을 이끌고 있고 세계화와 지속가능성이라는 틀 안에서 부의 창출에 근본적인 역할을 한다. 공학자들은 끊임없이 새로운 동향에 적응해야 하고, 다음 세대의 교육은 현재뿐 아니라 미래 세계가 필요로 하는 도구들로 학생들을 무장해야 하고, 학생들을 기술이 이끄는 미래에 대비하도록 해야 한다.

4.2.5 환경공학

쉐릴 데사(Cheryl Desha),
찰리 하그로브스(Charlie Hargroves)

산업 혁명의 시작 이래로 공학자들은 세상에 아주 중요한 서비스와 해결책을 제시하는 데 결정적인 진보를 이룩했다. 그러나 20세기 후반까지 공학자들은 자연의 제한된 자생능력과 생태계에 대한 과학적 이해의 부족 때문에 환경에 미치는 영향에 대해서는 거의 고려하지 않았다. 과학 지식이 늘어나면서 환경 과학 분야가 등장했고 개발이 환경에 어떤 영향을 미치는지에 대한 전문지식이 발전하였다. 여러 공학 분야에서 이 새로운 지식의 중요 요소들을 합치는 노력을 했다. 그러나 가장 가시적인 행동은 '환경공학'이라는 형태로 공학과 환경의 접점에 집중하는 새로운 분야를 개발한 것이다.

환경 문제의 규모와 복잡성에 대한 지식이 늘어나면서, 지난 20년간 발전된 환경공학 분야에 대한 전문지식이 매우 중요하다는 것은 명확하다. 그러나 문제는 여전히 크고, 환경공학자들이 모든 직업을 위한 환경 문제를 다루기에는 시간이 너무 부족하다(환경공학은 지속가능한 공학의 대체품이 아니다). 오히려 과거에 환경공학에서만 가르쳤던, 환경 과학의 중요한 지식과 기량이 모든 공학 분야에 빠르게 효율적으로 통합되어야 한다. 그동안 환경공학 분야 자체는 앞서고 특화된 분야로 계속해서 발전해야 한다. 예를 들어 모델링, 모니터링, 영향 평가, 오염 제어, 평가와 협력 디자인과 같은 분야에서 말이다.

> "때때로 우리 분야는 우리의 위치를 확인하기 위해 노력한다. (환경공학은 단순히 다른 공학 분야의 결과물을 깨끗이 치우는 일에서 벗어나야 된다.) 이는 지구 시스템에 대한 깊은 이해와 인공 환경과의 상호작용을 포괄한다. 그제서야 환경공학이 존중받을 수 있는 지식을 쌓을 수 있고 다른 공학 분야에서 실제로 독립적인 학문분야가 될 수 있다."[3)]
>
> (호주환경공학회 회장, 데이비드 후드 교수, 2009)

모든 공학 졸업생들에게 지속가능 공학을 교육시키게 되면서 환경공학이 앞으로 중요한 역할을 할 수 있다. 환경공학은 새로운 학문분야의 하나로서 모든 다른 공학 분야가 지속가능한 공학적 해결책을 얻는 방법을 이해하는 것을 돕는 역할이 점점 커지고 있다.

미국에서 독자적인 분야로서의 환경공학의 출현

제임스 알 미헬칙(James R. Mihelcic)

지난 수십 년 간 전 세계에 걸쳐서 환경공학이 독자적인 학문 분야로서 입지를 다졌다. 미국의 경우를 예로 들어보겠다.

- 미국공학인증(ABET)을 통해서 50여 개의 환경공학 프로그램이 인증을 받았다.
- 환경공학이 전문공학자 면허시험에서 인정하는 전문 분야가 되었다.
- 2005년 5월 현재, 미국에는 미국노동통계국 추산으로 5만 명의 환경공학자가 있다.
- 전문직으로서 환경공학자는 의공학자, 재료공학자, 화학공학자보다 많으며 빠르게 증가하고 있다.
- 2012년에는 환경공학자의 수가 현재보다 30% 증가한 6만 5천 명이 될 것이고, 2012년까지 생길 공학 관련 직업의 5%가 환경공학 관련일 것으로 예상되고 있다.

4.2.6 농공학

이레닐자 데 알렌카 나스(Irenilza de Alencar Naas),
타카키 매카와(Takaaki Maekawa)

농업은 매우 긴 역사를 가지고 있다. 농공학의 증거는 쟁기, 곡물 저장소, 관개수로와 같은 고대문명의 도구와 기술에서 발견할 수 있다. 현대 농공학은 1930년대 이후 성장하기 시작했다. 당시 농공학은 나라별로 차이가 있지만 유럽에서 미미한 역할을 했다. 그 다음 세기에 농업용으로 다양한 기계들이 개발 및 개량되었고 도시 인구들을 먹일 수 있었다. 하지만 이러한 1차적인 분야로서의 농공학의 중요성에도 불구하고 직업 발전은 여전히 느리고 제한된 범위에서 이뤄졌다. 농업 기계와 건물 디자인은 체계적인 과학 연구보다는 축적된 경험에 근거했다. 곡물 수확 후 기술, 온실, 인체공학, 안전 및 노동 기관에도 같은 방법이 적용되었다. 환경보호와 지속가능한 토지이용은 먼 시간이 흐른 후에야 과학 연구의 과제로 선정되었다.

이런 이슈들을 토론하고 연구원들의 국제협력을 발전시키고 농장과 시골지역의 작업 환경을 향상시키기 위한 협력을 하기 위해서, 국제농공학협의회(International Commission of Agricultural Engineering, CIGR)가 1930년에 만들어졌다.[4)] 농공학의 범위

3) 2009년 2월 16일에 데이비드 후드 교수와 대담한 내용.

4) CIGR은 1930년에 최초의 농공학 관련 국제회의로서 벨기에에서 설립되었다. CIGR은 다양한 농공학 관련 과학기술 분야에 종사하는 지역 및 다국적 단체, 학회, 기업 및 개인의 네트워크이다. CIGR은 각국의 다양한 농업 관련 단체에서 진행하는 행사를 후원한다. CIGR은 식량농업기구(FAO), 국제표준기구(ISO), 유엔산업개발기구(UNIDO)등과 협력하고 있다. http://www.cigr.org

국제농공학협의회(CIGR)

CIGR 기술 분과

1분과 토지 및 수공학; 토양과학과 수자원 관리에 적용되는 공학

2분과 농장 건물, 기구, 구조물 및 환경; 가축, 농산물, 원예 건물, 기구의 설계 및 최적화, 기후 조절, 환경 보호, 농장 계획, 폐기물 처리

3분과 식물을 위한 기구공학, 농기계, 산림 기계화, 인공지능, 모델링, 정보시스템, 첨단 물리학의 적용

4분과 농촌 전기 및 기타 에너지원; 농업에 전기와 전자기술 적용; 에너지 소비 합리화, 재생에너지원 활용, 자동화, 통제시스템

5분과 관리, 시스템공학; 농장관리, 작업방법 및 시스템, 노동 및 작업 계획, 인간공학, 최적화, 인간 건강, 노동자 안전, 농촌 사회학, 시스템공학

6분과 수확후 기술, 프로세스공학; 원재료의 물성, 생산품의 질, 공정 기술, 공정관리

7분과 정보시스템; 농업에서 정보통신 시스템 활용을 증진

CIGR 워킹그룹

1. 토지를 위한 지구관측 및 수공학 워킹그룹
2. 고온 기후 내 축사 워킹그룹
3. 농촌개발 및 문화유산 보존 워킹그룹
4. 우사 워킹그룹
5. 수자원 관리 및 정보시스템 워킹그룹
6. 농공학 교육과정 조정 워킹그룹
7. 농업공정에서의 고급 누진 교배 및 관찰을 위한 화상분석
8. 농촌 환경 보호와 물가안정책

에서 기술적인 문제들은 매우 적었고, 상대적으로 간단했으며, 연구는 농업 도구에 집중했다. 시간이 흘러 과학적인 노동 기관에서는 작업 환경과 생계, 건강상태를 매우 강조하는 동안 농업 기계학, 응용 기계학, 기계 테스트와 표준화가 주요 과제가 되었다.

2차 세계대전 후, 농업은 엄청난 재건 노력을 필요로 하는 분야가 되었다. 인구변동은 심각하게 영향을 받았고, 망가진 경제는 재조정을 해야만 했고, 사회는 다시 생겨나야 했다. 농업 자재와 도구들은 다시 만들어야만 했다. 사람들의 수요를 가능한 빨리 충

본대학교 건물 앞에 서 있는 2006년 CIGR 총회 참석자들

족시키는 것이 필요했으며, 농공학이 경기회복의 기반인 농업을 가능하게 했다. 전후 기간의 문제가 마무리 된 후인 1950년대 후반부터 이 분야는 예상치 못했던 상당한 성장을 경험하게 된다.

최근 농공학자들의 주요 관심사는 CIGR의 기술적인 부분과 워킹그룹을 살펴보면 제일 잘 이해할 수 있다. 교육의 측면에서 농공학의 범위는 환경공학과 같은 공학의 다른 분야들의 주제 아래에서 이루어지고 있다.

미래를 살펴보면, 인류는 그들 스스로의 행동 때문에 생태계 파괴, 인구 증가, 자원 고갈, 환경 파괴와 같은 많은 문제들에 직면했다. 우리의 과제는 우리의 지식과 혁신을 이용해서 기후 변화와 환경의 맥락에서 이러한 문제를 해결하고, 모든 사람이 먹을 충분한 음식과 마실 물과 같은 삶의 기본적인 조건을 충족시키는 것이다.

CIGR의 개요

CIGR은 지속가능성, 토지관리, 농업, 식량 생산을 위한 시스템의 형성을 통해 인류의 진보와 자원의 효율적인 사용에 기여하기 위해 모인 전문가 단체이다.

4.2.7 의공학

J.P. 우드콕(J. P. Woodcock)

의료기술의 목적은 정확한 진단과 처방을 제공하는 것이다. 재활은 개인이 일상생활을 할 수 있고, 결국 사회에서 온전한 역할을 할 수 있게 해 주는 것이다.

개발도상국의 의료 기술

세계보건기구(WHO)의 보고서에 따르면, 개발도상국의 의료기술의 95%는 수입됐고 장비의 50%는 사용되지 않고 있다. 주된 이유는 장비 사용법에 대한 적절한 교육이 없어서 유지보수가 안되고, 대부분의 장비가 실제 사용자들에게 너무 복잡하기 때문이다. 이러한 결점들을 고려해 보면 정보통신 기술의 잠재적인 역할은 적절한 지원과 교육의 공급을 약속하는 것이다. 하지만 이 모든 것의 근간은 미국이 1인당 의료비로 5천 274달러를 쓰는 동안 대부분의 개발도상국에서는 100달러밖에 쓸 수 없다는 사실이 존재한다.[5)]

개발도상국의 중요한 문제점은 높은 초기비용과 유지비용, 생산자와 멀리 떨어져 있는 것, 그리고 최신의 장비들은 마이크로프로세서로 제어되어 다양한 기후 조건에서 작동 가능하게 디자인 되어 있지 않는 것 등이다.[6)]

이용 가능한 기술 대부분은 전극용 특수 젤, 초음파 검사하는 동안 피부와의 적절한 접촉을 위한 초음파 젤과 같은 일회용품을 포함한다. 이것들은 최초에는 소독이 되어 있으나, 제대로 저장되어 있지 않으면 금새 오염된다. 이러한 물품들은 높은 가격으로 수입된다. 더 복잡한 현대 장비는 종종 필요하지 않고 기본적인 장비가 훨씬 유용하다. 하지만 선택의 기회가 없기 때문에 복잡한 장비를 비싼 가격으로 사야만 한다. 수리시설과 예비부품도 종종 구할 수 없고 장비를 생산자에게 다시 보내거나 매우 비싼 가격을 지불하고 기술자를 불러와야 한다.

특히 개발도상국과 관련된 문제는 너무 최신식 혹은 너무 구식 장비의 기부이다. 많은 나라가 의료 장비의 기부에 의존하고 있지만 때때로 장비의 운송, 설치, 유지 및 교육비용 예산이 없는 경우가 있다.[7)]

인력과 교육

개발도상국에는 제대로 훈련을 받은 의공학자들이 부족하고(대부분이 기술자인) 소수의 공학자와 정말 소수의 교육기관이 있다.[8)] 장비가 최적으로 운영되고 수명이 길어지려면, 의료현장에서 공학관련 직원들이 의료관련 직원들만큼이나 중요하다. 숙련된 직원들은 적절한 교육을 받아야만 효율적으로 일을 할 수 있게 된다. 그들은 또한 적절한 기준과 규제 항목들에 대해서도 정통해야 된다.

개발도상국에서 사용가능한 지식과 전문기술을 습득하는 일은 중요하다. 이는 학부와 대학원 수준의 교육 프로그램을 필요로 한다. 하지만 이를 위해서 국제의생명공학연합(IFMBE), IUPESM, 국제보건기구(WHO), 유네스코와 같은 국제기구들로부터의 지원이 필수적이다.

또한 개발도상국과 선진국 대학들 사이의 '교육' 시설들을 마련하는 것과 동시에 영국 카디프 대학에서 제공하는 임상공학 석사 프

5) Nkuma-Udah K.I., and Mazi E.A. 2007. Developing Biomedical Engineering in Africa: A Case for Nigeria, *IFMBE Proceedings*, 14 June 2007, International Federation for Medical and Biological Engineering.

6) Rabbani, K.S. 1995. Local Development of Bio-Medical Technology – a Must for the Third World. *Proceedings of RC IEEE-EMBS & 14th BMESI*, 1.31 – 1.32.

7) *Digital Healthcare: the impact of information and communication technologies on health and healthcare.* The Royal Society, Document 37/06, 2006.

8) 위의 책, p.105.

로그램과 같은 원격 교육 프로그램을 마련하는 것이 중요하다. 이런 높은 수준의 협력에는 개발도상국의 기관들이 참여하게 될 것이다. 예를 들면 나이지리아의공학회(NIBE)는 1999년에 설립되어 나이지리아 내에서 6번의 생체공학 컨퍼런스와 4번의 전문가 교육과정을 열었다. NIBE의 전문저널인 'the Nigerail Journal of Biomedical Engineering'은 2001년 처음 발간되었다.

아프리카의공학회(AUBES)는 2003년에 설립되었다. 이 기관의 설립목적은 아프리카 전역의 의공학자들의 협력을 촉진하는 것이다.[9] 비슷한 성공사례가 방글라데시에 있다.

미래

정보통신기술은 의료 서비스의 전달 방식을 변화시키고 미래 의료 문제점들을 해결할 수 있는 잠재력이 있다.[10] 영국 한림원 보고서인 '디지털 의료'는 정보통신기술이 의료 분야에서 엄청난 기여를 할 수 있는 세 분야로 자택 치료 기술, 1차 진료 기술, 2차 및 3차 진료 기술을 꼽았다.

자택 치료 기술은 의료 전문가나 환자 스스로가 '알려진 질병 치료, 자기 관리, 새로운 질환 발견, 건강 관찰 및 유지'하는 데에 사용할 수 있다.[11] 1차 진료 기술은 일반의, 공중위생 전문가, 보건 간호사, 보건소 직원, 지역 병원에서 사용할 수 있다. 보편적인 건강 문제의 예방 및 조절, 위생, 교육, 일반적인 질병의 진단, 필요한 약 제공과 같은 분야에서 쓰인다. 2차 및 3차 진료 기술은 병원들이 진단과 특별한 처방이 필요한 질병의 치료를 위해 사용한다.

센서 기술은 집과 직장에서 개개인을 더 효과적으로 관찰하는데 사용된다. 센서는 저렴한 가격의 컴퓨터 기술에 기초해서 개발되고 있다.[12] 온도계, 체중계, 심박 수 측정기, 혈압 측정기, 혈당 및 체지방 측정기와 같은 기계들이 정보를 개인 컴퓨터 또는 핸드폰에 전송할 수 있다. 그러면 이 정보가 평가되어 의료지원팀에서 즉시 필요한 도움을 환자에게 제공할 수 있다.

현재 대부분의 개발도상국은 정보 생산과 보급 분야에서 선진국과 동등한 파트너로서 기여할 수 있는 인프라를 갖추지 못하고 있다. 컴퓨터 단말기, 네트워크, 통신 채널의 수는 제한되어 있다. 하지만 이런 인프라에 대한 투자는 기계와 교육 문제를 모든 면에서 향상시키고,[13] 위에서 언급한 세 분야에서 기회를 증가시킬 것이다.

생명정보학(Biomedical informatics)은 개발도상국에서 빈곤과 질병에 대한 부담을 줄일 수 있는 잠재력을 제공한다. 다시 말하지만 인프라가 핵심이다. 인도는 어마어마한 국가 발전 프로그램을 시작했다. 아시아-태평양 지역 또한 생명정보학에 투자를 하고 있고 아프리카에서는 남아프리카 공화국, 케냐, 나이지리아, 가나에서 성과가 나타나고 있다.[14]

심전도 모니터, 디지털 체온계, 체중계, 혈당 측정기와 같은 기계의 현지 제작에 대해서도 논의 중에 있다. 이러한 투자의 잠재적인 이익은 제작비용을 낮추고 전문지식과 예비부품을 현지에서 이용가능하다는 데 있다. 이는 또한 중요한 제품의 고장 기간을 줄이고 반응 시간을 향상시킬 수 있다. 또한 장비가 지역 기후 상황에서 작동될 수 있도록 개발할 수 있으며, 이는 비싼 에어컨, 제습기가 더 이상 필요하지 않다는 것을 의미한다. 현지인의 전문지식 습득은 지역의 자신감을 높이고, 공학자와 기술자의 교육에서 긍정적인 피드백을 받을 수 있다.

이러한 투자가 이루어진다면 개발도상국에서 의공학과 의료기술의 미래는 긍정적일 수 있다.[15] 현대 통신 시스템과 새로운 교육기법의 도입은 중기적으로 의료의 더 나은 수준을 이루는데 도움을 줄 것이다. 이것이 현지 의료기기 제작과 맞물릴 때, 의공학자들은 더 자립적이 될 것이고, 기초적인 의료 제공을 몹시 필요로 하는 지역에 합리적인 가격으로 더 잘 지원하게 될 것이다.

9) 위의 책, p.105.

10) 위의 책, p.107.

11) 위의 책, p.107.

12) 위의 책, p.107.

13) Srinivasan, S., Mital, D.P., and Haque, S. 2008. Biomedical informatics education for capacity building in developing countries. *Int. J. Medical Engineering and Informatics*, Vol.1, No.1, pp.39 – 49.

14) 위의 책, p.113.

15) 위의 책, p.106.

4.3 공학 전문직과 기관

4.3.1 서론

토니 마조람(Tony Marjoram)

인류를 정의하는 것은 소통기술과 사회화뿐 아니라, 도구제작, 설계 및 공학 능력이다. 전문직으로서의 공학자는 역사상 가장 오래된 직업 중 하나로서 적어도 15만 년 전, 도구와 무기를 제작해 주고 보상을 받는 것으로부터 시작되었다. 공학자(engineer)라는 용어가 처음 사용된 것은 군사용 엔진(engine)이나 기계를 운영하는 사람을 표현하면서 사용되었는데, '엔진' 이라는 단어는 창의력, 명석함, 발명 등을 뜻하는 라틴어인 인제니움(ingenium)으로부터 유래하였다.

공학의 전문화는 기술의 발달과 수공업자 조합인 길드의 발달과 더불어, 관련 지식과 교육이 형식을 갖추게 됨으로써 계속되었다. 고대사회의 도제식 기술교육은 르네상스와 16, 17세기 과학혁명을 거치며 다양한 분야의 전문 기술 교육 학교로 변모해 갔다. 이 시기에 레오나르도 다빈치는 Ingegnere Generale(일반 공학자)이었다. 공학발전에서 가장 중요한 시기는 산업 혁명 2기의 철과 증기의 시기이다. 산업 혁명이 시작된 영국에서는 많은 공학자들이 정식 이론 교육을 거의 받지 못했다. 공학 교육은 과학적 이해보다는 도제식 교육과 자유방임주의를 바탕으로 실습과 경험 위주로 이루어졌다. 1800년대 영국은 그들의 우세를 지키기 위해 공산품과 공학자의 해외 유출을 금지했고, 유럽 대륙의 다른 나라들은 영국 모델과는 달리 과학과 수학에 기반을 둔 프랑스와 독일의 모델을 바탕으로 독자적인 공학 교육을 발전시켜 나갔다. 프랑스는 나폴레옹 이후 정식 공학 교육 시스템을 만들었고, 이론에 강한 중점을 두었다. 프랑스의 교육모델은 19세기 초반 전 세계의 공학기술교육학교의 발전에 영향을 끼쳤는데, 특히 채광산업에 역점을 둔 독일에 큰 영향을 끼쳤다.

19세기 말에 이르러서는 현재 선진국 대부분이 프랑스와 독일의 '훔볼시안(Humboldtian)' 모델을 바탕으로 한 고유의 공학 교육 시스템을 구축했다. 20세기 들어서는 전문가 단체, 학술지, 학술대회와 시험, 자격인증, 대학교를 통해 교육과 정보의 흐름 그리고 지속적인 전문성 개발이 이루어졌다. 19세기를 지나 20세기에 접어들면서 국제적인 경쟁에서 뒤처질지도 모른다는 영국의 두려움은 영국의 공학 교육을 과학과 대학 중심의 시스템으로 변모시켰고, 공학과 과학 및 수학 사이의 관계를 보다 밀접하게 인식하는 '공학 과학'이 생겨났다. 다른 전문직과 마찬가지로 전문 공학자는 특성화된 교육과 훈련을 통해 양성되었고, 전문적인 조언과 서비스를 제공했다. 전문직의 또 다른 특징으로는 교육방법의 확립과 대학교, 학부, 국내외 조직, 전문직의 인허가, 윤리헌장과 행동강령의 확립 등을 들 수 있다. 공학은 성직, 의사 및 법률가와 더불어 가장 오래된 전문직 중 하나이다. 하지만 순수과학이 응용공학으로 연결된다는 '선형 모델'을 반영하여 공학자를 단순히 응용과학자로 인식하는 경향이 있다. 그러나 이것은 사실과 다르다. 지식사회와 경제에서 공학의 역할에 대한 좀 더 나은 대중적, 정책적 이해가 필요하다.

공학에 자격이 있거나 실제로 그 분야에서 활동하는 사람을 공학자라고 부르고, 그들은 자격증을 취득해서 기술사, 기사 또는 산업기사라는 직위를 가질 수 있다. 앞서 언급했듯이, 공학 분야는 전문화된 응용 분야와 특정한 기술의 영역을 모두 포괄한다. 공학은 공학 과학과 다양한 수준의 전문적인 활동 영역으로 구분될 수 있다. 전문화의 진행은 전문적 능력과 대학의 공학 프로그램의 질에 대한 인증 및 상호인정 관련한 국제적 합의가 발전됨에 따라 계속되었다. 여기에는 유럽에서의 학 · 석사 인증에 관련된 볼로냐 선언(1999), 워싱턴 어코드(1989), 시드니 어코드(2001), 더블린 어코드(2002), APEC 공학자(1999), EMF 기술사(2001), ETMF 기사(2003) 등이 있다.

공학 분야와 그와 관련된 기술들(CAD와 CPD와 같은 디자인과 설계 기술을 포함)에 대한 학위나 인증, 새로운 기술에 대한 의식 외에도 공학 교육은 논리적이고 실제적인 문제해결 방법과 접근방법을 개발하는 것을 추구한다. 이러한 교육은 전문적인 기술뿐

© Ch. Hills/UNESCO

1960년대 파키스탄 페샤와르 공과대학

만 아니라 사회과학적인 면도 포함한다. 이러한 관점에서 동기부여, 빠른 이해를 위한 능력, 압박 하의 의사소통과 리더십 그리고 사회기술적인 면을 모두 훈련시키고 지도한다. 공학은 매우 다양한 분야를 포함한다. 이러한 다양한 분야는 토목, 기계, 화학, 전기 및 전자공학으로부터 발전했고, 관련분야의 지식이 발전되고 세분화됨에 따라 각 주제는 더욱 세분화되고 때로는 합쳐져서 새로운 분야가 만들어졌다. 공학의 새로운 분야의 도래는 주로 대학교에 새로운 학과의 탄생이나, 기존 또는 신생 공학 단체에 새로운 분과의 출현으로부터 알 수 있다.

오늘날 공학 전문직은 매우 다양한 직장에서 일하는 다양한 종류와 수준의 공학자를 포함한다. 이들은 다양한 전문 단체의 회원이고, 다양한 전문 학술지를 읽으며, 다양한 전문성 개발 교육과정, 학회 및 워크숍 등에 참석한다. 오늘날 공학 단체에게 학술지와 학술대회는 아주 커다란 수입원이다.

전문 공학자는 산업현장, 정부기관, 컨설팅회사 그리고 학계에서 일한다. 전문 공학자 기관과 조직은 전문 과학자 조직과 마찬가지로 국가적, 지역적, 혹은 다국적 수준으로 운영된다. 국가규모나 경제규모가 클수록 대체적으로 특정한 전문분야에 특화된 단체들을 갖고 있으며, 이 단체들은 미국공학회연합(American Association of Engineering Societies; AAES) 혹은 영국공학협회(Engineering Council in the UK; ECUK)와 같은 커다란 조직에 연결되어 있다. 특정한 분야 단체 또는 통합적인 단체를 갖는 것은 홍보, 조직화 및 학제간 협력 등의 관점에서 볼 때 각각 장단점이 있을 수 있다. 세부 단체를 연합하는 큰 단체는 필연적으로 그 회원 단체에 비해 규모가 작기 때문이다. 국가수준의 단체들은 대부분 세계공학기술단체협회(World Federation of Engineering Organizations; WFEO)를 통해 세계적 수준으로 연결된다. WFEO는 100개 이상의 국가적, 세계적 단체들을 회원으로 두고 있고, 전 세계의 150만 명의 공학자들을 대표한다. 큰 국가들은 보통 공학한림원을 갖고 있고, 세계공학한림원평의회(International Council of Academies of Engineering and Technological Sciences; CAETS)는 현재 26개의 회원을 갖고 있다.

국제대학협회(International Association of Universities)에 따르면 현재 전 세계적으로 5천 개가 넘는 대학에 공학 관련 학과가 있고, 수백 개의 공학 관련 학술지와 잡지가 존재한다. 앞서 언급한 국제적 인증 기구는 대부분 국가적 조직과 연결되어 있다. 또한 매년 전 세계적으로 수백 개의 전국적, 혹은 세계적 공학 학술대회가 열리며, 4년마다 세계공학자대회(World Engineers' Convention)가 열린다. 최근 WEC2008은 브라질리아에서, WEC2011은 제네바에서 열렸다. 공학은 그 특성상 주제가 매우 다양하기 때문에 유네스코만이 과학과 공학에 권한이 있는 유일한 세계적 단체임에도 불구하고, 수많은 세계적 단체들이 공학에 관심이 있다. WFEO는 전 세계의 공학자를 대표하기 위한 세계적 단체가 필요하다는 여러 세계적 단체의 요청에 응답하여 1968년 파리의 유네스코에 설립되었다. 유럽국가공학협회연맹(European Federation of National Engineering Associations; FEANI), 아시아/태평양 공학기관연맹(Federation of Engineering Institutions of Asia and the Pacific; FEIAP, 과거 FEISEAP), 아시아태평양지구 공학 교육 협회(Association for Engineering Education in Southeast and East Asia and the Pacific; AEESEAP), 아시아/태평양 기술이전센터(Asian and Pacific Centre for Transfer of Technology; APCTT), 아프리카 과학기술기관 네트워크(African Network of Scientific and Technological Institutions; ANSTI), 아프리카 공학자 포럼(African Engineers Forum; AEF), 국제공학 교육학회 연합체(International Federation of Engineering Education Societies; IFEES)뿐만 아니라 WFEO와 CAETS, 그리고 국제엔지니어링컨설팅연맹(International Federation of Consulting Engineers; FIDIC)도 이 책에서 언급된다. 또한 프랙티칼액션(구, 중간기술개발집단), 국경없는공학자회(Engineers Without Borders), 빈곤퇴치를위한공학자회(Engineers Against Poverty, 영국)와 지속가능한 세상을위한공학자회(Engineers for a Sustainable World, 미국)와 같은 공학에 초점을 둔 세계적 개발 기관들도 이 책에 등장한다.

4.3.2 국제적인 협력

토니 라이들리(Tony Ridley)

20세기는 상호의존이 늘어났던 시기이다. 공학자는 조국의 발전을 위해서 조국에서 일하지만, 식민지 시대에는 다른 나라로 자주 이동하기도 했다. 오늘날 공학자는 더욱더 협력적이고 협동적인 방법으로 일한다.

지난 20세기의 공학에서 중요한 발전 중 하나는 환경에 대한 관심이 증가했다는 것이다. 1992년 리우협약 이후 유엔 지속가능한 발전위원회(CSD)가 1992년 12월에 유엔 총회에서 창립되었다. 시민사회단체의 구성원들은 초기부터 이 회의에 참여하였으나, 놀랍게도 발전과 세계 각국의 환경 보호에 중요한 역할을 하는 공학자 사회는 처음에는 초대받지 못했다.

세계공학기술단체협회(WFEO)의 제안에 따라 공학자들도 과학자들과 함께 2001년 9차 유엔 지속가능한 발전위원회 회의에 참석하게 되었다. 그 후 공학자는 여성, 아동, 청년, 원주민, 비정부기구, 지역당국, 노동자와 노조, 기업, 산업체와 농부들을 위한 시

© Marjoram

2008년 WEC에서 연설하는 브라질의 룰라 대통령

민사회단체의 대표들과 더불어 회의에 지대한 영향을 미쳐 왔다. 이들은 나아가 2002년에 요하네스버그에서 개최된 지속가능한 발전을 위한 세계정상회의(WSSD)에 참여하였고, 유엔 새천년 프로젝트에 참여하였다.

2000년 유엔에서 채택한 새천년개발목표(MDGs)는 소득, 기아, 질병, 기반시설의 부족과 같은 다양한 방면에서 세계의 극심한 빈곤을 줄이고 양성 평등, 교육과 건강 환경 지속성에 목표를 둔다. 유엔 새천년 프로젝트는 사무총장인 코피 아난에 의해 목표달성을 위한 세부적인 행동계획을 수립하였다.

새천년 프로젝트는 10개의 태스크포스로 구성되어 있으며, 공학자들은 이 중에서 Task Force(TF) 10에 많이 참여하였다. TF 10의 보고서인 '혁신: 발전에 지식 적용하기'에서는 새천년개발목표가 성공하기 위해서는 경제 성장과 더불어 과학과 기술 지식의 사용과 제도 조정에 중점을 두도록 발전 정책을 전환해야 된다고 주장했다. 이 보고서는 플랫폼 또는 기반 기술에 초점을 맞출 것, 인프라 서비스를 기술을 위한 기반으로 정의할 것, 과학 분야의 교육을 향상시키고 대학이 지역발전의 핵심 역할을 하도록 할 것, 기업 활동을 촉진할 것, 정책 환경을 향상시킬 것, 발전을 위한 연구에 초점을 맞출 것 등을 제안했다. 정책입안이 성공적으로 이루어진 이후의 요점은 이 모든 정책들을 실현하기 위해서는 공학자가 반드시 필요하다는 것이고, 따라서 공학자들이 정책수립에 참여해야 한다는 것이다.

TF 10의 연구결과인 '인프라, 혁신, 그리고 발전(Ridley et al., 2006)'[16]에서는 적절한 인프라의 부족이 아프리카의 발전을 방해하는 주요 문제라고 지적한다. 기술과 혁신은 경제 성장을 위한 동력이다. 무역과 투자의 세계화로 인하여 기술 역량은 경쟁우위의 원천이 되었다. 발전정책에서 인프라 개발과 기술개발이 중요한 두 가지 영역이 되었지만, 행정가와 정책 입안자들은 이를 두 가지의 독립된 이슈로 취급하곤 한다. 최근에는 인프라 개발에 대한 초점이 단순히 시설을 건축하는 것에서 벗어나 적절한 서비스를 제공하는 것으로 바뀌었다. 환경 및 사회적 요인들이 인프라 개발과 계획에 한 부분이 되었다. 하지만 인프라 프로젝트가 기술 개발 노력과 명백히 연결되어 있지는 않다.

16) Ridley, T. M, Y-C. Lee and C. Juma, Infrastructure, innovation and development, *Int J. Technology and Globalization*, Vol.2, No.3/4, pp.268 - 278.

4.3.3 세계공학기술단체협회(WFEO)

배리 그레어(Barry Grear)

공학은 실제로 너무나 국제적인 분야이다. 예를 들어, 어떤 건물이나 프로젝트, 혹은 제품에 대한 아이디어는 한 나라의 어떤 공학자가 생각해 내고, 이에 대한 디자인은 다른 나라에서 이루어지고, 생산이나 건설은 또 다른 여러 나라의 요소들로 가능하고, 실제 사용되는 곳에서의 운영과 유지는 세계 각국의 지원을 통해 이루어 질 수 있다. 이러한 시대에 공학자가 한 나라에만 속해 있다는 발상은 유효하지 않으며 시대에 뒤쳐진 발상이다. 하지만 모든 공학자 단체, 정부, 그리고 기업체들이 전 세계를 오가며 활동하는 공학자들의 표준, 경험 및 능력에 대해 확신을 갖는 것이 중요하다. 세계공학기술단체협회(WFEO)는 세계 모든 공학자들을 대표하는 단체로서 중요한 역할을 한다. 세계공학기술단체협회를 구성하는 각 나라의 기관들은 전 세계적으로 수백만 명의 등록회원을 보유하고 이다. 따라서 세계공학기술단체협회는 세계 공학자들의 대표 기관으로 인정되는 것을 목표로 하며, 국제엔지니어링컨설팅연맹(FIDIC)이나 국제공학한림원협의회(CAETS)와 같은 다른 세계적인 공학 단체들과 협력한다. WFEO의 목표는 다음과 같다.

- 세계적으로 공학자들을 대표하고, 각 국가기관이 세계가 직면한 중요한 문제들을 해결할 수 있는 적절한 정책을 선택하도록 지혜와 리더십을 제공한다.
- 공학 활동을 향상시킨다.
- 회원들 간에 최선의 방법에 대해 소통하는 것을 돕고, 세계 모든 나라에 공학에 대한 정보를 제공한다.
- 사회경제적 안전을 강화하고, 기술의 적절한 적용을 통해 세계 모든 나라에서 지속가능한 발전과 빈곤의 경감을 가져온다.
- 사회에 봉사하고, 국내외 단체와 대중에게 사람과 자연환경에 연관된 공학과 기술 관련 정책과 우려에 대한 조언과 지침을

제공하는 존경 받는 중요한 단체로 인식된다.

WFEO는 각각 국제적인 회원들로 구성된 여덟 개의 상임위원회를 갖고 있다.

■ 공학 · 환경위원회

공학, 환경과 지속가능발전, 기후 변화의 완화와 적응, 통합된 인프라 관련된 이슈를 다루며, 유엔 지속가능한발전위원회를 포함한 다양한 집단에 조언을 제공한다.

■ 정보통신위원회

공학, 정보통신기술을 다룬다. 발전을 위한 정보통신기술의 도입과 응용, 정보 격차의 감소 등에 대해서 조언한다.

■ 교육 · 훈련위원회

공학 교육과 훈련과 관련된 문제를 다룬다. 국제 표준 제정, 공대 졸업생과 숙련된 공학자의 유동성 등을 지원하고 조언을 제공한다.

■ 기술위원회

개발도상국에서의 빌딩 코드 및 도시 인프라 개발에 대한 조언을 포함해서 적정기술 관련 다양한 프로젝트에 참여한다.

■ 역량강화위원회

공학의 역량강화와 관련된 이슈를 다루며, 사하라 이남 아프리카, 라틴 아메리카, 중남미의 의사소통을 지원하고 조언을 제공한다. 개발프로젝트가 실행될 때 기술이전이 이루어질 수 있는 모델을 개발한다.

■ 에너지위원회

공학과 에너지가 연관된 모든 분야에 관여한다. 풍력에너지, 태양에너지, 바이오 에너지, 핵에너지 등의 여러 에너지 기술의 실현가능성에 대한 보고서를 작성한다.

■ 부정부패방지위원회

WFEO 회원들에게 조언을 제공하고 유네스코, 세계은행, 국제투명성기구와 같은 연관 조직과의 연계를 통해 개발보조의 효과를 감소시킬 수 있는 부패를 최소화하기 위한 활동을 개발한다.

■ 여성위원회

공학에서의 성 문제와 여성에 관련된 일을 다룬다. 네트워크, 리더십 기술개발, 기존 여성 공학자의 경험 활용, 새로운 이니셔티브에 대한 조언 등을 통해서 공학과 기술 분야의 여성 능력 향상을 위한 프로그램을 개발한다.

경제적 효율성을 위해 국가는 새로운 기술은 다른 곳으로부터 빠르게 가져와 사용하고, 그 기술을 구매하기 위해 자본을 끌어들인다. 많은 개발도상국들은 자본이 충분하지 않기 때문에 해외로부터의 직접투자를 유치할 필요가 있다. 이를 위해서는 지식재산권법을 준수해야 하고, 부패를 최소화하고, 세금과 관세를 적정수준으로 유지해야 한다. 정치적 불안과 재무에 대한 접근성은 중요한 요소이나, 세계개발은행은 전기공급과 도로시설의 부재 또한 중요한 방해요소로 꼽는다. 세계적으로 공학자격인증은 위험 관리와 윤리적 활동과 꾸준한 결과를 중요하게 생각하는 고용자로부터 높은 평가를 받아왔다. 이러한 면에서 공학학위를 가진 사람들은 다양한 직업과 조직에서 관리자와 리더가 되었다. 자본이 확보되었을 때 기술적인 면에서 좋은 결정을 내릴 수 있는 공학 역량을 갖는다는 것은 국가에 매우 중요하다.

WFEO는 인류 복지 및 지속가능한 발전과 관련된 이슈에 대한 국제적 정책수립에 있어서 공학자 사회를 열정적으로 대표해왔다. 이는 WFEO가 유엔과 그 산하 조직인 유네스코, 세계은행, 국제 혹은 지역개발은행들과 금융기관들과 뚜렷하고 효과적으로 교류했음을 의미한다. WFEO 회원들로부터의 전폭적인 지지를 통해 괄목할만한 성과가 있었다. 예를 들면 유엔 새천년개발목표(MDGs)의 과학, 기술, 혁신 관련 태스크포스에서 WFEO가 공동의장으로 있었다.

유감스럽게도 세상에는 아직 전등을 켜보지 못했고, 포장된 도로위를 달려 보지 못한 사람이 너무나도 많다. 이는 전 세계의 낙후된 인프라에 대한 관심을 가져야 함을 의미한다. 전 세계적으로 수많은 사람들이 도시로 몰려들고 있고, 이에 따라 지속가능성을 광범위하게 적용할 필요가 생겼다. 에너지와 식수, 깨끗한 공기, 안전한 쓰레기 처리, 그리고 교통수단에 대한 요구가 환경 보호와 인프라를 가져올 것이다. 우리 사회는 앞으로 자연재해, 사고, 혹은 테러와 같은 다양한 원인들로부터 위협을 받게 될 것이다. 대중은 점점 더 스스로와 후손들의 자연환경을 고갈시키는 개발이 아니라 지속가능성에 대해 알아가고 있다. 이는 성취하지 못할 이상이 아니라 실제적인 목표이다. 이를 이루기 위해서 WFEO의 공학자들은 그들 스스로를 디자이너와 생산자로부터 '지속자'의 삶으로 바꾸고 있다.

세계 인구는 2050년에 100억 명을 넘을 것으로 예상된다. 오늘날 사람들은 30년 전 사람들보다 더 많은 공간을 차지하고, 에너지와 깨끗한 물, 맑은 공기, 그리고 안전한 쓰레기 처리 등에 대한 요구로 인해 지구의 환경에 부담을 주고 있다. 지난 30년간 진행되어 온 지구온난화는 전 세계의 해변에서 70km 이내에 사는 사람들의 절반 이상에게 영향을 끼쳤다. 해수면의 상승으로 이 지역들은 더 이상 살기에 적합하지 않은 환경이 되었고, 잦은 폭풍과 홍수에 영향을 더 많이 받게 되었다. 감소하는 자원과 기후 변화와 함께 증가하는 인구는 우리에게 지속가능한 발전의 길을 강요한다. 이는 전 세계의 문제이다. WFEO의 회원들은 세계를 근본적으로 바꾸기 위한 역할을 하기 위해 노력할 것이다.

4.3.4 세계공학한림원평의회(CAETS)

윌리엄 살몬(William Salmon)

세계공학한림원평의회(CAETS)는 여러 나라의 공학한림원들로 구성되어 있다. CAETS는 1978년 5개의 한림원을 회원으로 설립되었고, 미국공학한림원(NAE)의 초청으로 그 해 워싱턴에서 첫 총회를 개최했다. CAETS의 회원인 각국의 한림원은 동료가 선택한 회원으로 구성되며 가장 높은 기준의 탁월함과 각국에서 최고의 업적을 달성한 사람을 선별한다. 이들 한림원은 국내외의 공학과 공학 관련 중요한 이슈들에 대한 중요한 서비스 프로그램을 제공하기 때문에, 국가의 중요한 기술 이슈에 조언을 제공할 것을 요청 받는다. CAETS와 함께 활동하는 세계 각국의 공학한림원은 세계에서 가장 뛰어난 공학자들의 심사숙고한 결정을 필요로 하는 중요 글로벌 이슈를 다루는 주요 자원이 된다. CAETS는 경제, 사회, 환경 이슈에 대한 국가적 · 세계적 의사결정이 합당한 과학 · 기술 · 공학적 고려를 통해 이루어져서, 모든 사람들이 과학 · 기술 · 공학의 능력으로 인한 혜택을 누릴 수 있도록 하기 위해 만들어졌다.

목표

CAETS의 사명을 뒷받침하고 그 정관과 일치하는 CAETS의 목표는 다음과 같다.

- 정부와 국제기구에 전문분야와 연관된 기술과 정책 조언을 할 수 있는 비정치적이고 비정부적이며 독립적인 국제기구 제공
- 전 세계의 지속가능한 경제 발전과 사회복지를 증진시키기 위한 공학과 기술 활동 강화에 기여
- 대중이 공학과 기술의 적용에 대해서 균형적인 이해를 할 수 있도록 촉진
- 공학과 기술의 일반적인 이슈에 대한 토론과 소통을 위한 국제포럼 제공
- 양자 및 다자의 이익을 위한 프로그램 개발을 위한 의미 있는 교류를 통해서 공학과 기술적 노력에 대한 국제 협력 촉진
- 국제적으로 공학 교육과 업무의 향상 도모
- 공학한림원이 없는 국가에 공학한림원 설립 촉진
- 그 외 다양한 프로젝트, 프로그램, 활동 수행

사명

CAETS의 사명은 전 세계의 모든 사회에 이익이 되는 효율적인 공학과 기술의 발전을 촉진시키는 데 있다. 특히 세계의 공학한림원이 함께 일해야 하는 국제적으로 중요한 이슈에 대해 메커니즘을 제공한다. 각 회원 한림원들은 국내외의 중요한 공학 및 기술 관련 국가 및 국제적 이슈에 대하여 잘 만들어진 서비스 프로그램을 가지고 있으며, 정부의 요청에 따라 국가적으로 중요한 기술적 이슈에 대해 권위 있는 조언을 제공한다. CAETS는 회원들이 각 나라의 중요 이슈를 해결할 때 모든 회원들로부터 국제적인 경험과 전문성을 구할 수 있도록 하고 있다. 또한 CAETS는 최고의 기술과 공학 전문성이 확보되어 있으며 주요 국제기구가 사용할 수 있음을 보장한다.

조직

CAETS의 행정 및 정책기구는 각 학회의 대표자가 한 명씩 참여하는 위원회이며, 집행위원회와 임원진(회장, 차기 회장, 전 회장, 사무총장)을 선출한다. 집행위원회는 임원진과 4명의 기타 회원으로 구성되는데 사무총장을 제외한 임원진의 임기는 1년이다. CAETS의 주요 행사는 연례 위원회, 2년 주기의 총회, 총회가 없는 해에 열리는 심포지엄이 있다. 과거 총회들은 '공학, 혁신과 사회', '기술과 건강', '세계 산림과 기술', '디지털 향유', '해양과 세계의 미래', '수소 경제: 금세기의 청정에너지', 그리고 '환경과 지속가능성장'에 초점을 맞추었다.

전략

CAETS는 유엔의 특별 산하기구와 관련 국제조직과의 협력, 공학한림원의 육성 및 강화, 총회, 심포지엄 및 보고서, 회원국 공학한림원의 이니셔티브 지원, 회원 공학한림원의 일상 문제 해결 등에 우선순위를 둔다.

이러한 우선순위에 따라 CAETS는 유엔 시스템의 여러 과학/기술 조직에 대한 조언과 자문의 역할을 하고, WFEO, IAC, ICSU, 그리고 그 외 관련 비정부기관과 협력하고 있다.

CAETS의 홈페이지(http://www.caets. org)에는 CAETS의 모든 활동에 관한 정보와 회원국 공학한림원의 홈페이지와 이메일 주소가 자세히 나와 있다.

4.3.5 국제엔지니어링컨설팅연맹(FIDIC)

피터 보스웰(Peter Boswell)

국제엔지니어링컨설팅연맹(FIDIC)은 컨설팅엔지니어링 산업을 대표하는 국제기구이다. 거시 경제적 분석을 통해 산업의 중요성을 확인한다. 컨설팅엔지니어링 산업은 서비스를 제공하고 수임료를 받는 독립된 민간 컨설팅 기업을 포함하는 세계 주요 산업이다. 연 매출 규모는 4,900억 달러 수준이며, 세계 GDP의 절반을 차지하는 건설, 경영, 산업 부문과 밀접한 관련이 있다. 세계 인프라의 계획, 설계, 시공과 유지에 관련된 산업부문은 그들의 기업 활동의 중요성과 범위를 계량화하려고 한다. 그러나 제조업과는 달리 컨설팅엔지니어링을 포함하는 서비스업의 경우 직접적인 분석이 힘들다. 자료의 부족과 활동의 분류가 면밀한 분석에 방해가 된다.

이 산업 활동에 대한 최근의 논의는 세계무역기구(WTO)의 서비스 협상과 국가통계자료의 균일화에 대한 사업의 배경 아래 이루어졌다. 이러한 논의는 산업의 컨설팅뿐만 아니라 넓은 의미에서 건축과 토목공학의 활동을 포함하는 컨설팅엔지니어링 산업 활동의 확고한 분류체계를 만들었다. 또한 국가의 세부산업 활동을 계량화하여 세계 컨설팅엔지니어링 서비스의 수요를 계산하기 위한 필요성에 따라 FIDIC은 투자에 기초한 하향식 거시적 접근 방법을 개발했다. 이는 더 자세히 논의될 필요가 충분하다.

컨설팅 산업의 계량화에서의 FIDIC의 역할

세계무역기구 GATS의 분류: 상향식 산업 자료

컨설팅공학자는 일반적으로 건조 환경(건물, 환경 및 인프라 포함)과 산업(제조, 장비, 공정 플랜트 포함)이라는 두 가지 커다란 범주에 기술기반 지식제공 서비스를 제공하는 것으로 알려져 있다. 산업이 건조 환경과 관련이 있기 때문에 컨설팅 엔지니어링을 건축/공학(A&E) 서비스와 제품공학(또는 산업 컨설팅)으로 구분하는 편이 편리하다.

이러한 서비스들은 ㄱ)프로젝트를 담당하거나 프로젝트에 필요한 장비나 플랜트를 제공하는 조직의 내부로부터 제공될 수도 있고, ㄴ)외부의 컨설팅 엔지니어링 또는 다른 산업에 특화되었거나 다학제적인 회사로부터 제공될 수도 있다. WTO의 서비스무역에 관한 일반협정(GATS)는 최근 산업의 중요성을 계량화하는 논의에 집중해 왔다. 서비스 협정의 서비스 분류 MTN. GNS/W/120은 공학 서비스를 오로지 두 범주로 나눈다.

- 자격을 갖춘 건축가나 공학자에 의해 제공되는 건축, 공학, 도시계획과 조경과 같은 전문서비스(A&E 서비스)
- 실제 건설 및 관련 공학 업무와 같은 건설 및 공학 서비스(건설 서비스)

수많은 전문가들이 다음과 같이 지적한다.

ㄱ) 건설 서비스는 A&E 전문서비스를 포함하고, 그 역도 마찬가지이다.

ㄴ) 측량사, 지형공학자, 건설 경제학자, 견적사 등에 의해 제공되는 A&E 서비스는 포함되지 않는다.

ㄷ) 많은 서비스 분야에서 공학 서비스를 필요로 한다.

ㄹ) 공업용 기계를 위한 산업컨설팅서비스(표준산업분류 SIC 353-9, SIC 361-6)는 몇몇 나라의 통계에서 주요 범주로 나타나지만 W/120에는 포함되지 않는다.

이러한 명백한 혼란 때문에 기존의 통계자료가 컨설팅엔지니어링 산업의 중요성을 정의할 수 있는 정확한 정보를 제공하는가에 대한 의심이 생길 수밖에 없다.

국가 부문별 통계: A&E 전문서비스

W/120 A&E 전문 서비스와 관련하여 많은 국가 통계가 사용하는 국제표준산업분류(ISIC)의 전문서비스와 기타 서비스(ISIC 882 건축, 공학 및 기타 기술 활동) 영역은 W/120의 A&E 서비스(CPC Codes 8671-4)와 일치한다고 알려져 있다. 따라서 W/120 A&E 전문서비스(CPC Codes 8671-4)는 국제노동기구(ILO)의 국제표준직업분류(ISCO) ISCO-88:214와 일치한다. 그러므로 공학 분야의 국가통계는 경우에 따라서는 W/120 A&E 전문서비스를 측정하도록 분류될 가능성이 있다.

국가 부문별 통계: 건설 및 관련 공학서비스

W/120의 건설 및 관련 공학서비스(CPC 512-7)와 관련하여 국가통계의 바탕이 되는 ISIC의 건설과 공학관련 서비스(ISIC 501-5)가 상응한다고 알려져 있다. UNCTAD는 건설 및 공학 서비스를 'A&E 설계를 위한 건설과 관련 공학서비스'와 '실제 건설을 위한 건설 및 관련 공학서비스'로 구분했다. 후자가 다음을 더 정확하게 반영한다.

- 국제표준산업분류 건설(ISIC 451-5)은 부지정지, 건축물 축조 및 토목공사, 건물설비 설치, 건축 마무리공사, 건설장비운영 등 건물의 실제 건설의 모든 면을 포함한다.
- 확장된 국제수지 서비스(EBOPS) 249는 부지정지와 건물과 기타 건축물의 일반건설, 토목공사용 건설, 설치와 조립작업을 포함한다. 그 밖에도 수리, 건설장비운영 서비스, 건물 외벽 청소를 포함한다.

- 국제교역서비스(FATS) 통계는 OECD 국제화 지수 데이터베이스에 기록된다.

확장된 국제수지 서비스(EBOP) 249는 주로 공공 부분에 의해 제공되는 공공재 성격의 '건설(주로 인프라 개발)'과 민간 산업에 의해 제공되는 거주용과 비거주용 건축물의 전통적 구분방법을 극복하는 데 도움이 된다. 정부가 건설을 아웃소싱 하고 민간 영역과의 파트너십을 맺는 추세의 증가는 전통적 접근방법이 현실을 올바르게 보지 못하게 한다.

국가 부문별 통계: 산업 컨설팅

공업용 기계의 산업컨설팅 서비스는 많은 국가통계의 북미산업분류체계(NAICS)와 동일한 범주에 나타나고 원칙에 따라 쉽게 확인될 수 있다. 예를 들면 캐나다의 북미산업분류체계(NAICS), 국제표준산업분류(ISIC Rev.3.1), 유럽경제공동체의 경제활동 통계분류(NACE Rev. 1.1)는 대응하는 표가 존재한다. 북미산업분류체계 코드는 국가 간 서비스산업 정의의 표준화에 흔히 사용된다.

국가 부문별 통계: 결론

다음을 고려했을 때,

- A&E 서비스
- W/120 A&E 서비스
- W/120 A&E 설계를 위한 건설 및 관련 공학 서비스
- W/120 실제 건설을 위한 건설 및 공학 서비스
- W/120 환경서비스와 W/120에 사용되는 공학 전문서비스,
- 산업컨설팅
- 공업용 기계를 위한 공학(CPC 353-9, CPC 361-6)

컨설팅엔지니어링 산업을 위한 국가통계를 생성하는 것은 가능해야만 한다. 실제로 프랑스는 다음과 같은 산업 활동들을 단순화하는 정밀한 분석을 해냈다.

- A&E 서비스
- 건설(인프라, 빌딩, 산업)
- 경영(토지, 조직)
- 산업 컨설팅
- 유, 무형의 재화 생산과 개발

표 1을 보면 서비스의 다양한 활동들의 유형을 분류하는 것이 어떻게 도움을 주는지 알 수 있다. 표에서 'X' 표시는 해당 서비스가 보편적으로 사용되고 쉽게 확인될 수 있다는 것을 보여준다. 2007년 프랑스에서는 A&E 서비스가 산업 매출의 72%를 차지했고 그 중 21%는 턴키 프로젝트였으며 산업 매출의 28%는 산업 컨설팅이었다. 스웨덴에서는 A&E 서비스가 65%, 산업컨설팅이 37%를 차지했다. 2005년 남아프리카의 경우 산업컨설팅이 건설의 20%에 육박했다. 모든 나라에서 가장 중요한 활동은 사회적, 경제적으로 중요한 역할을 하는 건설이다. 일반적으로 컨설팅엔지니어링 산업을 대표하는 조직은 산업 컨설팅을 포함하지 않는다. 따라서 업계의 역할을 제대로 이해할 수 있는 자료가 부족하다. 국가자료를 바탕으로 한 국제적 산업전망 개발은 아직 시도되지 않고 있다.

표 1: 컨설팅 서비스 활동의 유형

		서비스 유형					
		결정 전 컨설팅	설계	프로젝트 관리	제어	기술지도	턴키 프로젝트
A&E	건설	X	X	X	X	X	X
	경영, 솔루션 통합, 특수 연구	X	X				
산업	생산, 공정개발, 생산품개발	X	X				

컨설팅 산업의 계량화: 하향식 거시경제 자료

A&E와 산업 총고정자본형성(Gross Fixed Capital Formation; GFCF)

산업 통계를 이용하여 컨설팅 산업의 매출규모와 시장규모를 추정하기가 어렵기 때문에 여러 나라들의 데이터를 사용하는 것이 유용하다. 국내총생산(GDP)과 GFCF는 1993년 국민계정체계(System of National Accounts, SNA)에 의해 표준화되었다. SNA는 경제 전체를 대표하는 몇몇의 계정으로 구성되어 있는데, 그 중 자본계정은 국내 저축이 GFCF로 얼마나 사용되었고 변화했는지, 순 차용금이 얼마인지 알려준다.

GFCF는 GDP의 주요 구성요소인데, GDP의 약 20%를 차지한다. GFCF의 생산 잠재력의 손실 정도는 고정자본소모(Consumption of Fixed Capital, CFC)로 알려져 있는데, 동일한 양의 고정자본을 매입하는 것으로 보상된다. 총고정자본형성(GFCF)은 고정자본소모(CFC)를 차감하지 않은 고정자본형성(FCF)으로 계산된다. 통계적으로 GFCF는 사업체, 국가, 가계가 매입한 고정자산의 가치의 총합에서 매도하거나 폐기한 고정자산의 가치를 뺀 것으로 계산된다. 총고정자본형성(GFCF)이 '총' 이지만, 자산의 감가상각을 포함하지 않고 고정자산 가치의 순 증가량의 계산을 목적으로 하므로, 이 용어는 혼동의 여지가 있다.

자본의 형성은 자금순환(저축과 해외로부터의 자본 순 유입의 합), 재화 흐름(자산의 종류와 산업의 사용으로 인한 자산변동), 지출(산업에서 사용된 GFCF의 합)의 세 가지 방법을 사용하여 추정 가능하다.

SNA에서는 GFCF는 유형고정자산으로 분류되며, 건설(주거지, 기타 빌딩 및 구조물, 비거주 빌딩, 기타 건축물), 기계, 설비 및 플랜트, 그리고 다른 자산으로 구성된다. 예를 들면, 기계, 설비 및 플랜트의 생산자에 의한 GFCF는 기존과 신규 기계 및 장비의 자산가치의 합에서 기존 기계 및 장비 폐기로 인한 자산 가치 감소를 차감함으로써 계산할 수 있다. 이는 운송 장비와 사무기구와 가구 등을 포함한 각종 장비와 기계를 포함한다.

컨설팅공학자는 오늘날 비즈니스 서비스로 분류된 서비스를 일상적으로 제공하므로 이것들도 포함해야 한다. 오늘날 정보통신기술과 컴퓨터 범주를 분리시키고 연구개발을 포함해야 한다는 논쟁 또한 활발하다. 필연적으로 겹치는 부분이 분명히 있으므로 전통적인 GFCF의 분류에 기반을 둔 일차적인 추정방법이 시장분석에 적합하다. 표 2는 전통적인 총고정자본형성(GFCF)의 분류가 WTO의 분류에 대응되는 것을 보여준다.

기타 자산의 GFCF는 자산 형성에서 아주 적은 부분을 차지한다. 건설과 마찬가지로 기타자산은 일반적으로 기술기반의 지적 서비스 활동을 포함하므로 이들 서비스의 잠재적인 수요를 추정하기 위해서 건설 GFCF와 통합될 수 있다. 결국 A&E와 산업, 두 가지 범주만 남는다.

2007년의 세계 GFCF는 총 GDP 54조 7천 470억 달러에서 9조 2천 710억 달러를 차지했다. 국가통계 또한 A&E와 산업의 GFCF의 정확한 예측을 보여준다. 재고의 변화가 큰 변동을 보일 때의 경향을 관찰해 보면 GFCF는 고정자본소모(CFC)보다 우수한 지표로 여겨진다. 따라서 총 고정투자(GFCF) 의 변동은 종종 미래 비즈니스 활동을 반영하고 경제 성장의 패턴을 보여준다.

컨설팅엔지니어링 산업

GFCF 데이터가 컨설팅엔지니어링 서비스의 수요를 측정하기 위한 상향식 접근방법에 사용되는 분류를 반영한다는 사실을 보

표 2: GFCF와 WTO 분류체계 비교표

	WTO	GFCF	서비스 유형					
			결정 전 컨설팅	설계	프로젝트 관리	제어	기술지도	턴키 프로젝트
A&E	건설	건설	X	X	X	X	X	X
	경영, 솔루션 통합, 특수 연구	기타 자산	X	X				
산업	생산, 공정개발, 생산품개발	플랜트, 기계 및 도구	X	X				

았을 때, 산업부문 통계에 GFCF를 사용하는 것은 명백히 매력적이다. 이러한 접근방식의 유일한 보고된 예는 영국의 건설 산업과 유럽연합의 운송 부문이다.

건설과 플랜트의 GFCF는 건물과 플랜트를 포함하지만, 감가상각과 유지 및 보수는 고려하지 않는다. 이것은 건물과 플랜트의 내구성을 좌우하는 유지 및 보수가 대부분 무시되고 있음을 의미한다. 이는 감가상각과 유지보수가 자본소모(capital consumption)에 포함되기 때문에 총고정자본형성(GFCF)에서 빠지는 것과 일치한다.(GFCF는 국내 경제의 고정자본에 대한 순 신규 투자를 측정하는 척도다.)

유지 및 보수 충당금은 건설 산업이 일반적으로 매출의 7%가량을 유지 및 보수에 사용한다는 사실에서 추정할 수 있다. 플랜트와 설비의 경우 그 수명이 짧기 때문에 3%가량으로 좀 더 낮은 편이다. 일차적인 추정으로 A&E와 산업의 GFCF에 각각 1.07과 1.03을 곱해야만 한다. 이러한 충당금을 고려하면, 세계 A&E의 GFCF는 전체 GFCF(9조 6,930억 달러)의 52%이고, 산업의 GFCF는 48%이다.

앞서 언급한 바와 같이, 모든 건설 관련 GFCF는 컨설팅서비스가 제공하는 기술기반의 지적 서비스를 요구한다. 그러나 산업 GFCF에서는 일부에서만 이러한 서비스를 필요로 한다. 원칙적으로는 산업 GFCF를 구성하는 모든 제품 분류에 제공되는 기술기반의 지적 서비스 가치를 더하는 것이 가능하다. 몇몇 범주는 생산, 설치, 유지의 모든 단계에서 상당한 공학 설계 서비스(예를 들면, 엔진, 기계, 발전기, 모터, 전기장비, 통신장비)를 필요로 할 수도 있다. 전체적으로, 사전예측에 따르면 전 세계 산업 GFCF의 54%는 기술기반의 지적 서비스를 필요로 하고, 이러한 서비스를 필요로 하는 고정자산에 대한 투자의 합은 2007년에 7조 5,330억 달러였다.

분석의 마지막 단계는 아마도 가장 어려울 것이다. 7조 5,530억 달러의 투자에서 과연 몇 %가 기술기반 지적 서비스에 투자되었는지 예측하는 것이다. A&E와 산업 부문의 기술기반 지적 서비스 수요 예측을 하기 위한 시도는 아주 드물었다. 예를 들면, 한 분야에 추가된 가치, 자산 타입 간의 분류, 그 분야에서 일하는 직원의 기술 분류 등이 필요한 기술을 알려주고 일자리의 수를 예측하게 한다. 이러한 시도는 남아프리카 건설 부문에서 이루어졌다. 한 유럽연합의 연구에서는 소위 한계노동-자본 비율 방법을 사용하여 A&E와 산업 부문의 GFCF 투입으로 인한 신규 일자리 수를 계량화하려고 했다. 다양한 기술수준의 신규 일자리 수와 임금수준에 따라 기술기반 지적 서비스의 수임료 총액을 예측할 수 있다.

그러나 기술기반 지적 서비스의 규모를 예측하기 위한 일반적인 접근방법은 생산 분야에 대한 국가통계자료를 사용하는 것이다. 몇몇 나라들을 보면 A&E와 산업부문의 합의 평균은 8.3%, 혹은 6270억 달러로 나타난다. 이것은 전 세계의 기술기반 지적 서비스의 잠재 수요를 보여준다. 앞서 언급한 바와 같이 수요의 일부분은 프로젝트에 책임이 있거나 프로젝트에 플랜트와 장비를 공급하는 단체에 의해 자체적으로 공급될 것이다. 그 외의 수요는 특화되거나 다학제적인 전문 기업에 의해 외부적으로 공급될 것이다. 이러한 기업들이 전 세계적으로 4천 9백억 달러의 매출을 올리는 컨설팅엔지니어링 산업을 구성한다.

4.3.6 유럽국가공학협회연맹(FEANI)

윌리 퓨스(Willi Fuchs), 필립 워터스(Philippe Wauters)

유럽의 공학 공동체가 제2차 세계대전으로 깊은 절망에 빠져 있는 유럽 대륙의 평화로운 발전에 공헌할 수 있고 공헌해야만 한다는 신념이 1951년 유럽 7개국의 공학 단체들로 구성된 '국제공학협회연맹(International Federation of National Engineers Associations)'의 창설을 가져왔다. 1956년에 단체의 이름을 '유럽국가공학협회연맹(European Federation of National Engineering Associations; FEANI)'으로 바꾸고 연맹의 유럽적 특성을 강조했다. 공학자의 공헌을 현실화시키기 위한 방법이 '현대 사회에서 공학자의 역할'에 대한 총회에서 논의되었고, 전 세계의 중요한 경제 · 사회적 이슈에서 공학자의 존재를 강화시켜야 한다는 목표를 세웠다.

50년이 넘게 지난 오늘날, 유럽국가공학협회연맹에 무슨 일이 일어났을까? 첫째로 FEANI에 참여한 공학 협회의 수가 현저히 증가했고, 협회가 대표하는 유럽국가의 수 또한 증가했다. 실제로 처음 7개국에서 시작해서 현재 30개 국가가 각국의 공학협회에 의해 대표된다. 유럽연합의 모든 회원국과 노르웨이, 아이슬란드, 스위스, 세르비아, 러시아(예비회원국)가 협회에 의해 대표된다. 이는 EEANI가 유럽 최대의 다학제적 공학 단체로서 교육과정을 이수한 공학자들을 대표함을 의미한다. FEANI에 다른 유럽국가의 공학 단체가 가입한다면 그 규모는 더욱더 커질 것이다.

이러한 성장에 대처하기 위하여 FEANI는 조직 구조를 현대화했고, 회원들의 합의에 따라 규칙을 만들고 정관을 확립했다. FEANI의 본부와 사무총장은 벨기에 브뤼셀에 있다. 사무총장은 FEANI의 회원이 되기 원하는 나라들은 그 나라의 다양한 협회들을 공식적으로 대표하는 협회 하나를 추천해야 된다고 규정했다. 한 국가 당 유럽국가공학협회연맹의 각 나라를 대표하는 회원 기관은 하나밖에 있을 수 없다. 따라서 오늘날 FEANI는 사무총장과, 30개의 나라를 대표하는 회원과 각 회원들을 통해 연결되는 350개 이상의 공학 조직들을 통하여 350만 명 이상의 공학자를 대표한다. FEANI의 의사결정은 총회를 통하여 운영되고, 모든 국가대표 회원들이 참석한다. 선출된 집행위원회는 총회에서 채택된 안건을 집행하는 역할을 맡으며, 사무총장이 일상적인 업무를 수행한다. 집행위원회는 공통의 이익에 관련된 이슈를 다루기 위하여 워킹그룹과 위원회를 구성할 수 있다.

유럽국가공학협회연맹(FEANI)의 초기 설립목적은 유럽의 평화에 기여하기 위함이었으나, 그것이 현재에도 과연 유효할까? 다행스럽게도 유럽은 역사상 가장 오랫동안 평화를 유지하고 있으므로, 초기 설립목적은 공학자 개인들을 지원하기 위한 더욱 확고하고 기술적인 이슈의 혜택을 개발하기 위한 기초가 되고 있다. 이러한 이슈 가운데 하나는 유럽의 공학자들을 위한 탁월한 교육을 보장하고 그들의 전문성에 대한 인정을 지원하는 것에 대한 필요이다. 결국 이러한 이슈는 유럽 내에서, 그리고 그 외 국가에서 유럽의 공학자들의 이동을 지원하는 것이다. FEANI의 프로젝트의 예로는 다음과 같은 것들이 있다.

EUR-ACE

대학, 인가기관, 전문 공학 단체, 노동조합 등과 같은 여러 이해관계자들과 함께 유럽국가공학협회연맹(FEANI)은 최근 유럽공학프로그램인증(EUR-ACE) 프로젝트를 시작했다. 이 프로젝트는 유럽연합 집행위원회의 재정 지원을 받아 볼로냐 선언에 의해 정의된 공학 교육의 제1 및 제2 싸이클에 근거한 인증시스템을 개발하였다. EUR-ACE의 표준과 절차는 현재 EURACE 인증을 수여할 권한을 가진 6개의 인증기관들에 의해 시행되고 있다. EUR-ACE 시스템은 FEANI 시스템과 상호보완적인 관계이며, EUR-ACE 수준 인증 프로그램은 현재 FEANI INDEX에 포함되고 있다.

EUR-ING

유럽국가공학협회연맹(FEANI)은 공학자의 교육수준과 전문적인 경험을 평가하여 이를 충족하는 공학자에게 부여하는 '유럽 공학자(EUR ING)를 정의했다. 이 자격은 사실상 유럽과 전 세계적으로 인정받는 인증기준이다.

유럽 전문가 카드의 가능성 연구

전문성의 인증은 세 가지 자유에 대한 유럽연합 조약의 모든 내용을 적용하기 위한 솔루션을 개발하는 것에 관련된 유럽연합 기관들의 가장 큰 관심거리이다. 특히 자격증을 받은 국가가 아닌 다른 유럽연합 회원국에서 일을 할 수 있는 권리에 대한 자유이다. 이런 목적으로 '전문 자격 인정에 대한 유럽연합 지침(2005/36/EC)'에서는 전문인의 이동과 자격의 인정을 돕기 위하여 각 회원국에게 전문 기관들이 소위 '전문가 카드'를 도입하는 것을 장려하라고 명령했다. 이 카드에는 전문인의 자질과 관련된 정보(졸업대학, 자격증, 경험), 고용이력, 전문분야, 직업과 관련한 징계 등이 포함될 수 있다. 유럽연합 집행위원회의 요청에 따라, FEANI는 이러한 개념에 대한 가능성 연구를 시작하였다. '전문가 카드'는 유럽연합과 세계에서 소지자의 전문성을 증명할 수 있어야 한다.

이러한 주요 활동 외에도 FEANI는 사회의 주요 이익에 관한 의견서를 작성하고, 2006년 모든 회원국들에 의해 채택된 '유럽 공학자 행동강령'의 틀을 만들었으며, '직무연수활동'에도 관여하고, 유럽국가공학협회연맹 소식지(FEANI News)를 주기적으로 발간하며, 홈페이지(www.feani.org)를 주기적으로 업데이트하고 있다.

4.3.7 아시아태평양 공학기관연맹(FEIAP)

탄 셍 추안(Tan Seng Chuan)

동남아/태평양공학기관연맹(The Federation of Engineering Institutions of Southeast Asia and the Pacific; FEISEAP)은 1978년 6월 6일에 설립되었다. 이어서 태국 국왕과 유네스코의 지원으로 태국공학연구원(Engineering Institute of Thailand)에 의해 예비회의가 소집되고 조직되었다. 그 산하에 공학기관들이 속해 있고, 다음과 같은 목적을 지닌다.

- 회원 간 정보의 교환과 협력을 증진시킨다.
- 지역의 기술적 진보가 경제와 사회 발전에 적용하도록 장려한다.
- 지역, 국가, 세계의 정부와 비정부 기관들과 협력한다.
- 지역의 공학자들이 공학 공동체에 공헌하도록 장려한다.

동남아/태평양공학기관연맹(FEISEAP)는 세계공학기술단체협회(WFEO)의 회원이다.

FEIAP으로의 변화

2007년 11월 26일 필리핀 세부에서 열린 14차 총회에서 동남아/

태평양공학기관연맹(FEISEAP)의 존속 여부를 두고 토의가 이루어졌다. 만장일치로 FEISEAP의 정관을 재점검하여 조직의 목표를 보다 확실하게 정의하고, 참여 회원을 넓혀 더 많은 국가들을 포함하기로 결정하였다. 수정된 정관이 15회 총회에서 논의되고 채택되었다. 개정 정관은 조직의 이름을 아시아/태평양 공학기관연맹(Federation of Engineering Institutions of Asia and the Pacific; FEIAP)으로 수정하는 것을 또한 포함하였다.

조직의 이름 및 정관의 변경과 더불어 세 개의 전문위원회가 FEIAP의 목표를 협력적으로 달성하기 위해 조직되었다. 세 조직은 환경 워킹그룹, 공학 교육 워킹그룹, 전문가 윤리 워킹그룹이다.

환경 전문위원회는 지역 경제내의 환경 활동을 촉진하고, 회원 국가들 사이의 협력을 증진하며, 공학 교육 전문위원회의 환경공학 관련 활동을 지원하는 것을 목적으로 한다. 이 그룹은 2008년 '환경 지속성'이란 출판물을 간행했다. 공학 교육 전문위원회는 지역의 공학 교육을 촉진시키는 활동을 하고, 국제 공학 인증 프로그램에 참여하는 회원들을 돕기 위한 벤치마크와 최적의 실행 가이드라인을 만든다. 전문가 윤리 위원회는 공학자들이 지속가능 발전을 향한 장기적 관점에서 의사결정을 하는 것을 돕기 위해서 윤리적 가이드라인을 제시한다.

이 세 그룹의 형성 외에도 FEIAP은 홈페이지를 개편하고, 조직의 역동성을 반영하기 위해 로고를 교체했다. 홈페이지는 최신 기술을 효과적으로 사용할 수 있게 하고, 인접 회원국들 간의 정보교환과 협력을 원활하게 하는 주요 플랫폼이 될 것이다. 또 다른 계획은 회원국의 공학자들이 각 분야에서 이룩한 업적과 공헌을 기리기 위해 만들어진 '올해의 FEIAP 공학자 상' 제정이다. 이 상은 수상자에게 큰 동기부여가 되고, 모든 공학자들이 수상하기를 원하는 상이 될 수 있을 것이다.

도전 과제

30년의 역사는 FEIAP에게 실로 중요한 업적이며 하나의 이정표이다. 앞으로 머지않아 국제화와 해외 아웃소싱, 기후 변화로 인한 다양한 위기가 FEIAP에게 점점 더 많이 다가올 것이고, 시장에서 경쟁력을 유지하기 위한 혁신과 전문성에 대한 수요증가는 더 확연해질 것이다. 오늘날 가장 커다란 위기 중 하나는 아시아와 태평양 지역의 문화 다양성이다. 따라서 FEIAP의 네트워크를 구성하고 강화하는 것이 협회가 직면한 과제 중 가장 중요한 것이라 할 수 있다. 다가올 위기를 극복하기 위하여, FEIAP은 과학과 기술에 관련된 경험과 정보를 공유하여 전문 공학자의 발전을 도모하고자 한다. FEIAP 홈페이지는 최신 기술을 효과적으로 사용할 수 있게 하고, 인접 회원국들 간의 정보교환과 의사소통을 원활하게 하는 주요 플랫폼이 될 것이다. 또 다른 계획은 회원국의 공학자들이 각 분야에서 이룩한 업적과 공헌을 기리기 위해 만들어진 '올해의 FEIAP 공학자 상' 제정이다. 이 상은 수상자에게 큰 동기부여가 되고, 모든 공학자들이 수상하기를 원하는 상이 될 수 있을 것이다.

또 다른 중요한 도전 과제는 높은 수준의 공학 교육을 보장하는 것이다. 국가 공학기관이 국가의 공학 교육 시스템의 질을 결정하는데 중요한 역할을 한다고 알려져 있다. 그러므로 협회가 지역의 자원을 개발도상국이 국제적인 인증과정을 수용하는 것을 돕고 경험을 공유하는 데 활용하는 것이 매우 중요하다. 이것은 워싱턴 어코드와 같은 국제교육인증과 같은 공학 교육시스템을 벤치마크 한다는 것을 의미한다.

기후 변화 또한 지역과 세계의 공학자들에게 하나의 도전 과제이다. 지구온난화와 다수의 자연재해가 기후 변화의 결과물이라는 것이 점점 명확해지고 있다. 체계적으로 문제를 해결하는 데에 뛰어난 재능을 보이는 것으로 잘 알려진 공학자는 현재 가장 큰 환경위기 중 하나인 기후 변화라는 이슈도 다룰 수 있어야 할 것이다. 그러기 위하여 FEIAP은 회원국의 사람들에게 영향을 미치는 주요 이슈에 대한 연구와 개발에 대한 협력의 기회를 찾기 위한 노력을 기울일 것이다. 지역 조직으로서, FEIAP은 지리적 경계를 넘어서 공학자들이 서로 만나고 경험을 공유할 수 있는 기회를 만드는 데 중요한 역할을 한다. 또한 FEIAP은 우리가 현재 그리고 미래에 처할 위기에 대한 가능한 해법을 제공하기 위하여 관련 정부와 비정부기구들과의 대화의 통로를 확보할 것이다.

결론

최근 조직의 개명과 로고 교체와 정관의 개정과 더불어 FEIAP은 회원들 간의 정보 공유와 폭넓은 협력을 촉진시키기 위하여 더 포용적인 조직이 되고, 국제적 활동에 참여하기 위하여 노력하고 있다. FEIAP은 아시아와 태평양 지역의 공학 전문가들을 위한 추진력이 되려고 한다.

4.3.8 아시아태평양지구 공학 교육 협회 (AEESEAP)

R. M. (밥) 호지슨(R. M. (Bob) Hodgson)

AEESEAP의 설립은 1973년 말레이시아 쿠알라룸푸르에서 열린 유네스코 지역세미나 '아시아에서 공학 교육의 새로운 접근방법'의 결과물이다. 세미나에서 동남아시아 지역의 공학 교육을 위한 영구적인 조직의 생성이 추천되었다. 뒤이어 유네스코와 세계공학기술단체협회(WFEO)가 동남아시아 공학 교육협회(AEESEA)의 결성을 이끌었다. 1989년에 이 조직은 이름을 아시아태평양지구 공학 교육 협회로 바꾸었고 회원국들이 퍼져 있는 지역을 보다 정확하게 표현하게 되었다.

AEESEAP의 목표와 목적

동남아시아, 동아시아, 태평양 지역의 공학자와 기술자에 관한 교육의 질을 향상시켜 기술과 공학 역량의 향상과 발전을 돕는 것이 AEESEAP의 목적이다. 아시아태평양지구 공학 교육 협회는 공학 교육에 관계된 기관들과 산업, 그리고 지역내 관련 조직들의 협력과 네트워킹을 원활하게 하기 위하여 노력하고, 공학과 기술 교육의 표준과 시스템을 발전시키기 위하여 노력한다. 이러한 목표들은 지역 사람들의 복지향상과 경제 발전에 크게 공헌한다고 여겨진다.

AEESEAP의 목적은 다음과 같다.

- 부의 생성과 국민건강과 복지의 향상에 공학이 가지는 역할에 대한 인식을 확대시킨다.
- 공학과 기술 교육을 위한 높은 수준의 교육과정을 개발하고 실행한다.
- 공학자와 기술자들을 훈련시키고 교육시키는 데 지역 간 협력을 촉진한다.
- 국제 공학자 교육 지원 프로그램을 주관하거나 프로그램에 참여한다.
- 공학 교육과 훈련에서의 문제 정의에 주도적인 역할을 하고 정보와 인력 교환을 통해 해결방법을 찾는다.
- 공학 교육 프로그램의 질 향상을 위하여 서비스와 조언을 제공한다.
- 공학과 기술 교육 및 훈련을 실시하기 위한 새로운 기관과 시설 설립에 조언을 제공한다.
- 끊임없이 공학자와 기술자와 교육자들의 직무연수와 평생교육을 촉진한다.
- 국내외적으로 산업과 교육자 사이의 협력을 촉진한다.
- 기존의 공학자, 기술자 및 공학 교육자 단체들을 도와서 공학 교육을 향상시킨다.
- 이러한 목적을 가진 공학 기술자 신규 단체의 설립을 돕는다.

AEESEAP의 회원

AEESEAP에는 의결회원, 일반회원, 개인회원, 후원회원, 자문회원, 명예회원, 도서관구독회원 등의 다양한 회원 종류가 존재한다. 의결회원은 협회를 운영하는 데 중요한 역할을 하고, AEESEAP의 집행위원회를 구성하며 협회의 이사로서 행동하게 된다. 의결회원은 해당지역의 15개 나라에서 선출된다. 하지만 몇몇 의결회원은 활동을 활발하게 하지 않으며 회비를 체납하는 경우도 있다. 이러한 측면에서 의결회원의 대표로 선출된 회원이 자주 바뀌고, 의결회원이 개인이 아니라 기관이거나 단체이기 때문에 책임자와 연락하기가 쉽지 않다는 점이 문제이다. 이러한 문제점을 극복하기 위하여 꾸준한 노력이 이루어지고 있으며, 국가를 대표하는 의결회원으로서의 헌신적인 노력을 강조하고 있다.

최근 활동

AEESEAP의 사무국과 회장직은 15개 회원국들이 3년 주기로 돌아가면서 맡으며 2007년 2월 이후 현재는 뉴질랜드에 있다. 그 이전에는 필리핀, 인도네시아와 말레이시아에 있었다. 2007년 2월, 쿠알라룸푸르에서 있었던 '공학 교육의 새로운 전략'이라는 주제로 진행된 AEESEAP 공학 교육에 관한 지역 심포지엄에서 사무국과 회장직이 마지막으로 이동되었다. 50개 이상의 논문이 심포지엄에서 발표되었는데 3분의 2가량이 교육과정 개발과 실행에 관한 것이었고, 나머지는 기술적 주제에 관한 것이었다. 교육과정과 기술 관련 논문 이외에도 의결회원국에서의 공학 교육의 상태에 관한 전통적인 보고서 또한 발표되었다.

그동안 일어난 일들의 경향과 앞서 간략히 언급한 행사들을 고려해 봤을 때, AEESEAP의 사무국은 일반적으로 비활동적인 국가나 지역에 위치한 협회에게 적합한 활동을 하도록 이끌기 위해 존재한다는 결론을 낼 수 있다. 이러한 분석을 하는 데 분명히 할 것은 최근 사무국이 있었던 말레이시아나 그 이전이었던 인도네시아에 대한 비판 의도는 전혀 없다는 것이다. 분명한 것은 AEESEAP의 목표와 목적은 여전히 지역과 관련 있는 것이지만, 이러한 목표를 위해서 지원받는 활동은 변화했다는 것이다.

35년간의 역동적인 변화

AEESAEP가 활동하는 지역의 국가경제가 저개발국에서 개발도상국으로, 그리고 선진국으로 발전해 감에 따라 공학 교육과 인증 시스템에도 상응하는 변화가 일어났다. AEESEAP 설립과 함께, 국제 공학 인증 시스템도 같이 발전해 왔다. 이와 같은 시스템은 대개 4년 과정의 학위 수준에서 발전 및 적용되었고, 워싱턴 어코드 등을 통해서 인증되었다. 워싱턴 어코드는 1983년에 설립되었고 AEESEAP 회원국인 호주와 뉴질랜드가 창설 멤버이다. 현재는 AEESEAP 중에서 호주, 뉴질랜드, 일본, 한국, 싱가포르가 워싱턴 어코드의 가맹국이며, 말레이시아는 예비회원국이고 많은 다른 나라들이 정식 회원국이 되기 위한 과정으로써 예비회원국 가입을 준비 중이다. 워싱턴 어코드는 본질적으로 국가의 인증 시스템을 인증하는 시스템이고, 한 국가의 대학이나 학위기관의 인증결정을 상호 인증하기 위한 시스템이다. 최근 몇 년 동안 테크놀로지스트(고등학교 졸업 후 3년 이상 공학 교육을 받은 자)를 위하여 시드니 어코드가 생겼고, 테크니션(고등학교 졸업 후 2년 이상 공학 교육을 받은 자)을 위하여 더블린 어코드가 생겼다. 한 국가가 이러한 어코드의 회원 지위를 얻게 되면 AEESAEP의 목적 중 다수가 적어도 개별 국가 수준에서는 달성되었다고 볼 수 있을 것이다.

AEESEAP가 나아가야 할 길

AEESEAP가 지역적으로 생존하고 중요한 역할을 하기 위해서 앞서 언급한 요인들에 대한 고찰이 필수적이다. 이들은 AEESEAP의 여러 나라에서의 급속한 산업화와 부의 팽창과, 공학 교육에 몰두하는 국내 협회들의 발전, 국제인증 합의에 참여하는 AEE-SAEP 회원의 증가, 앞서 언급하지는 않았지만 IEEE와 IET를 포함하는 다학제적인 국제 학회의 범위와 관점의 국제화 증가 등이다. 이러한 요인들에 대한 고찰을 통해 AEESEAP의 앞으로의 역할은 각국의 공학 단체들을 위한 지역 포럼으로서 공학 교육과 인증시스템의 개발을 필요로 하는 나라들에 조언과 전문성을 제공하는 역할이 될 것으로 예상된다.

결론

35년의 역사 동안 AEESEAP는 세계적 인적 네트워크를 개발하고, 컨퍼런스를 제공하는 역할을 수행해 왔다. 이러한 컨퍼런스들은 가장 효과적이며 급부상하는 방법을 공유하는 장으로서 매우 가치가 있다. 현재 AEESEAP의 미래에 대해서 논의중인데, 의결회원들 다수가 활동적으로 참여하지 않아 왔고, AEESEAP 컨퍼런스가 국제적이기보다는 지역적인 문제에 초점을 맞추어 왔기 때문이다. 이러한 변화를 이끄는 주요 요인이 무엇인지는 밝혀졌고, AEESAEP의 두 가지 중요한 역할이 제시되었으며 현재 논의 중이다. AEESEAP의 향후 역할은 각국의 공학 단체들을 위한 지역적 포럼으로서의 역할과, 공학 교육과 관련 인증 시스템을 개발하려는 국가들에게 조언과 전문가를 제공하는 역할이 될 것이다.

4.3.9 아시아/태평양 기술이전센터(APCTT)

크리쉬나무르티 라마나산(Krishnamurthy Ramanathan)

기술이전을 촉진하기 위한 아시아-태평양 조직의 설립에 대한 관심은 1965년 마닐라에서 열린 아시아 산업화회의에서 처음 표현되었다. 이어서 유엔 아시아 · 태평양 경제사회위원회(United Nations Economic and Social Commission for Asia and the Pacific, UNESCAP)에서 결의안이 통과되었고, 지역기술이전센터(Regional Centre for Technology Transfer, RCTT)가 1977년 7월 16일에 인도 정부의 지원 하에 인도 방갈로르에 설립되었다. 1985년 지역기술이전센터는 아시아/태평양 기술이전센터(Asian and Pacific Centre for Transfer of Technology; APCTT)로 개명되었고, 1993년 7월 1일에 인도 정부의 지원으로 방갈로르에서 뉴델리로 이전했다. 아시아/태평양 기술이전센터(APCTT)는 UNESCAP의 산하기구로서, 센터의 회원자격은 UNESCAP의 회원자격과 동일하다.

APCTT는 아시아/태평양 지역의 기술적인 역량강화를 위한 최초의 기술 · 공학 단체로 널리 알려져 있다. 이 센터의 목표는 회원국을 돕는 것인데, 이를 위하여 각국의 국가혁신체계를 관리하고 발전시킬 역량을 강화시키고, 기술을 개발 · 이전 · 수용 · 적용시키고, 기술이전에 소요되는 기간을 줄이고, 지역과 관련 있는 기술을 찾아내서 그 기술을 이전시키고 발전시킨다. 센터의 활동 초기(1977~1984)에는 기술 정보센터의 역할을 수행했다. 1985년부터 1989년까지의 기간 동안, 센터는 기술이전 활동의 영역을 기술 활용과 기술 관리와 같은 다른 영역에까지 확장했다.

개발도상국들의 정책 입안자들에게 국가 발전에서 기술이 차지하는 중요성을 알리기 위한 노력으로 APCTT는 기술이전의 관리와 기술 발전, 산업 연구 등과 같은 분야의 책과 논문을 발간했다. 한 예로 1985년 유엔개발계획(UNDP)의 재정지원을 받아서 APCTT는 몇몇 나라의 기술정책과 기술기획에 관한 지역 보고서를 작성했다. 일반적인 사안들이 밝혀졌고 '기술정책과 기획 – 지역 보고서'라는 출판물에 정리되었다. 이 보고서는 해당 지역의 나라들 간 비교 분석과 정책관련 영향을 포함하였다. 앞서 설명한 활동들로부터 축적된 교훈과 경험을 바탕으로 APCTT는 '기술 정책에 대한 참고 매뉴얼'를 만들었는데, 이 보고서에서는 기술 정책 형성을 위한 일반적인 틀을 제공하였다. 또 다른 예로는 1986년부터 1989년까지 일본 정부의 예산으로 이루어졌던 '기술 아틀라스 프로젝트'가 있는데, 이 프로젝트는 기술 기획자들이 기술 기반 발전에 대해서 분열되고 비조직적으로 접근하지 않도록 도왔다.

APCTT의 기술 활용 프로그램의 목적은 기술 전시회, 워크숍 등을 통하여 관련 기술의 잠재 이용자와 공급자를 연결해 주는 데 있었다. 농업기반 산업이나 저비용 건설, 재생에너지, 에너지 절약, 바이오기술과 마이크로 전자공학 등과 같은 우선순위로 분류된 산업부문에서 상업적으로 활용될 수 있는 기술들의 이전, 활용, 발전에 중점을 두었다. 이러한 기술이전 활동은 1989년에 기관과 산업체 수준에서 기술 역량강화에 집중하도록 개선되었다. 1990년대, APCTT의 프로그램은 중소기업에서 실행되었고, 환경 친화적인 기술의 홍보에 집중되었다. 조금 더 효율적이고 효과적인 기술이전 방법과 네트워크를 통한 보급방법을 강조했다. GTZ를 통한 독일 정부의 지원(1993~2002)으로 센터는 중소기업의 기술 발전, 기업간 공동 연구, 연구개발 활동의 향상에 집중했다. 중소기업기술국(Technology Bureau for Small Enterprises, TBSE)이 APCTT와 인도중소기업개발은행(Small Industries Development Bank of India)의 공동 벤처 형식으로 설립되어, 중소기업의 재정과 기술 인수를 지원하고 있다.

APCTT는 지역 내의 다른 파트너 기관들(www.technology4sme.net, www. businessasia.net 등)과의 협력을 통해 기술이전 서비스를 강화하기 위해서, 중소기업을 위한 온라인 기술시장 서비스를 무료로 제공했다. www.technology4sme.net의 기술 데이터베이스는 기술의 구매자와 판매자 간의 효과적인 의사소통과 상호작용을 가능하게 한다. 두 웹사이트 모두 방대한 양의 정보를 가지고 있으며, 기업, 투자자, 기술자, 기업개발전문가, 정책 입안자 모두가 사용할 수 있다. 회원국 중 14개 이상의 국가에서 이러한 기술이전 플랫폼을 각국의 환경에 맞도록 복제하고 있다. APCTT는 APTITUDE라는 검색엔진도 개발하였는데 이는 공개된 여러 기술 데이터베이스에서 동시에 필요한 기술을 검색할 수 있도록 도와준다.

기술이전의 관리와 기획에 총체적인 접근이 이루어질 수 있도록 하기 위하여, APCTT는 현재 아시아 태평양 지역의 나라들에게 '국가혁신체계(NIS)' 접근 방식을 홍보하고 있다. 그 목적은 각국의 정책 입안자들에게 NIS 접근방식의 중요도와 타당성을 알려서 대학과 연구 · 개발기관, 그리고 산업체에서 일어나는 혁신의 효과적인 발전과 이전을 가능하게 하는 정책 틀을 개발하게 하기 위함이다. APCTT는 또한 풀뿌리 혁신프로젝트를 실행시켜 회원국들이 혁신을 발견하고, 기록하고, 최종적으로 상업화시켜 전체적인 발전과 사회적 기업가 정신의 발전을 가져오도록 하고 있다.

4.3.10 아프리카과학기술기관 네트워크 (ANSTI)

잭 무로(Jacques Moulot)

아프리카에서 공학자들과 과학자들은 전통적으로 전공을 중심으로 각자 네트워크를 형성해 왔다. 이러한 네트워크는 대개 공학자와 과학자들의 경력과 직업에 영향을 주는 갭을 해결하기 위하여 정치적, 행정적 영향력을 행사하려는 목적을 가진 전문가 단체이다. 인적 자원 배양을 위한 네트워크는 드물었다. 마사쿠이(Massaquoi)와 사바지(Savage)[17]에 따르면 역량강화를 위한 아프리카의 지역 네트워크에는 크게 두 가지 종류가 있다. 연구와 교육을 위한 지역 우수센터가 하나이고, 지역 기관 네트워크가 나머지 하나이다.

아프리카 과학기술기관 네트워크(African Network of Scientific and Technological Instituitions; ANSTI)는 후자의 예이다. 1980년 유네스코에 의해 설립된 ANSTI는 아프리카에서 과학을 다루는 가장 오래된 단체 중 하나임에 틀림없다. ANSTI의 정치적 권한은 1974년 결성된 '아프리카의 발전을 위한 과학기술의 적용에 책임있는 장관들을 위한 1차 컨퍼런스'에 기반하며, 운영 권한은 회원과 협력단체로부터 온다.

ANSTI의 주요 목표

ANSTI의 주요 목표는 2007~2011 전략 계획에 기술된 바와 같이 다음과 같다.

- 과학과 공학 교육기관의 직원을 강화한다.
- 이주한 아프리카 과학자들을 대학에서 과학과 공학 교육과 연구 강화에 이용하도록 촉진한다.
- 과학과 공학 교육을 실행할 때 정보통신기술의 활용을 촉진한다.
- 과학적 정보의 공유를 촉진하고 네트워크 협력 메커니즘을 강화한다.
- 과학과 기술과 관련된 영역의 연구 활동을 강화한다.
- 과학과 공학 교육에 대한 전략적 이슈를 논의하기 위한 포럼을 제공한다.

출처: ANSTI 전략계획 2007-2011

17) Massaquoi, J.G.M. and Savage, Mike (2002) Regional Cooperation for capacity building in science and technology. Popularisation of science and technology education: Some Case Studies for Africa. By Mike Savage and Prem Naido (Eds). Commonwealth Secretariat.

ANSTI 회원국은 현재 174개의 대학 학과와 연구센터로 이루어져 있고, 이는 1999년보다 77% 증가한 것이다. 회원들은 사하라 이남 35개국에 위치해 있다. 회원의 1/3가량은 공학의 다양한 분야에 대해서 공학 학위를 수여한다. 네트워크는 일상 업무와 네트워크의 활동에 관한 업무를 담당하는 사무국과 예산과 네트워크의 규정을 만드는 일을 위해서 1년에 한번 개최되는 총회로 간단하게 구성되어 있다.

ANSTI는 회원 기관의 공학자와 과학자들에게 역량강화서비스와 기회를 제공한다. 여기에는 대학원 교육을 위한 장학금, 학회 참가를 위한 여비, 방문교수를 위한 재정지원이 포함된다. 여타의 네트워크와 마찬가지로 정보의 교환을 강조한다. ANSTI는 특정한 목표를 달성하기 위하여 후원가로부터의 지원과 파트너십을 찾는다. 2008년까지 회원 기관의 300명 이상의 직원들에게 다양한 보조금을 제공했고, 50명 이상의 직원을 교류하고 90명 이상의 과학자와 공학자들에게 학회 참가 지원금을 제공했고, 85명 이상의 대학원생에게 장학금을 지원했는데 그 중 35%는 공학 전공이었다.

역량강화 프로그램의 가장 중요한 활동 중 하나는 해당 분야 교육에서 중요한 이슈가 무엇인지 찾아내고 토론하는 것이다. ANSTI는 주요 전문가 집단과 학장들의 회의를 통하여 아프리카에서의 과학과 기술 교육에 영향을 미치는 중요한 몇몇 이슈를 발견해 왔다. ANSTI는 2년마다 한번씩 COVIDSET이라는 포럼을 개최하여, 대학의 과학과 기술에 책임 있는 지도자들을 모아서 각자의 전공분야와 고등 교육과 관련된 중요한 이슈들에 대하여 숙고하도록 한다. 네트워크에 출자된 적은 자본과, 사무국이 쓸 수 있는 자원의 한계성을 생각해 볼 때, ANSTI는 효과적으로 대규모 인적자원 개발을 해오고 있다고 볼 수 있다.[18]

4.3.11 아프리카공학자포럼(AEF)과 AEF 양해 프로토콜

다위 보사(Dawie Botha)

아프리카공학자포럼(Africa Engineers Forum, AEF)은 보다 아프리카 환경에 맞도록 지속가능한 발전을 촉진하기 위한 목적으로 공학자들의 포괄적이고 넓은 협력을 용이하게 하기 위한 계획을 바탕으로 2000년에 설립되었다. 2001년 남아프리카공화국 요하네스버그에서 열린 지속가능한 발전에 대한 세계 정상 회의에서 세계공학기술단체협회(WFEO)가 AEF 프로토콜을 포함한 아프리카의 여러 공학 이니셔티브와 철학을 발표했다. 이에 따라 AEF의 회원들이 WFEO의 초청을 받아서, 2003년 WFEO의 튀니지 총회와 아프리카 공학자의 날 행사에 참여하게 되었다.

아프리카의 공학 단체들의 네트워크인 AEF는 아프리카의 적정 수준의 공학 역량을 뒷받침 한다는 가치를 공유한다. 현재 13개의 공학 전문가 집단이 가입해 있다. AEF는 건조 환경 전문가들

18) J. Massaquoi. 2008. University as Centres of Research and Knowledge Creation: An Endangered Species? H. Vessuri and U. Teichler (eds.), pp.59 – 70, Rotterdam, Sense publishers.

AEF의 목표

AEF는 다음과 같은 결과를 달성하기 위하여 이해와 협력 의정서에 명시된 목표를 추구한다.

- 아프리카의 공학 기술을 탁월하게 한다.
- 인적 자원 역량 강화 프로그램과 프로젝트를 활용하여 건조 환경 인프라에 대한 정부와 민간 부문의 의사결정을 현명하게 정보에 근거하여야 한다.
- 다음과 같은 방법으로 능력 있는 전문가를 충분히 확보한다.
  - 공학과 기술의 역할과 관련한 소개 프로 그램과 프로젝트, 활동들을 제공한다.
  - 초등 및 중고등학교의 고학년 과정에서 수학과 과학에 대한 흥미를 유발한다.
  - 진로 안내 프로그램과 활동들을 제공한다.
  - 인프라를 위한 지속적 투자 메커니즘을 촉구하고, 공학자들이 공정하고 합리적인 보수를 받을 수 있도록 촉진한다.
  - 멘토십을 촉진한다.
  - 직무연수기회를 꾸준히 제공한다.
- 아프리카에서 지속가능하고 전문적인 틀과 조직 구조를 다음을 통하여 이룬다.
  - 영구적인 시설과 행정 메커니즘을 만들어 건조 환경 전문가의 활동과 프로그램을 지원한다.
- 국민들과 정책 결정가들에게 닥칠 미래의 위기에 대비하기 위하여 AEF의 활동들에 대한 인식을 확대한다.
  - 공학과 건조 환경 산업의 가치와 역할에 대한 대중의 인식 확대와 이미지 개선을 위해 제공된 기회를 활용한다.
- 공학 환경의 기업가 정신의 발전을 지원 한다.

의 인적 자원의 수준을 적정하게 보장하기 위해서 노력한다. 특히 공학 분야에 집중하여 궁극적으로는 아프리카의 모든 사람들이 지속가능한 발전을 성취할 수 있도록 노력한다. 아프리카 공학자 포럼은 주요 이해 당사자들이 지속가능한 발전의 최선의 실행 원리를 전수받을 수 있도록 자원과 전문가를 제공한다.

아프리카공학자포럼은 다음과 같은 원칙을 지원하기 위한 기술적 리더십을 제공하는 공학 전문가 자원봉사자 단체들로 구성되어 있다.

- 부의 생성
- 발전을 위한 전제 조건으로서 지속가능한 공학
- 삶의 질
- 역량강화를 위한 총체적인 교육과 훈련

AEF의 목표는 건조 환경 전문가들의 인적 자원의 수준을 적정하게 보장하고, 특히 공학 분야에 집중하여 궁극적으로는 아프리카의 모든 사람들이 지속가능한 발전을 성취할 수 있도록 하는 것이다.

아프리카 공학자 의정서

아프리카 공학자의 이해와 협력 의정서는 AEF에 의해 만들어졌으며 지속가능성을 위해 필수적인 '지속가능한 공학'의 주요 요소를 다룬다. AEF 의정서에는 다음과 같은 항목이 있다.

- 지속가능한 발전에 대한 AEF의 개념을 발전시키고 유지한다.
- 아프리카 내외의 모든 공학 전문가와 거주민들이 기술적인 수준의 의사소통을 한다.
- 다른 대륙의 국제적 공학 또는 건조 환경 조직과 상호작용 및 네트워킹을 하는 연합 모델을 만들고 실행한다.
- 행동, 진실성, 윤리, 공학 표준, 타인과 환경에 대한 관심에 관하여 국제적으로 인정받는 규범을 촉진하고 받아들인다.
- 형평성과 상호 호혜성을 촉진하기 위하여 교육 수준과 전문성을 인증할 수 있는 적절한 틀을 개발하고 유지한다.
- 공학 전문가들에게 지속적인 학습과 직무개발을 장려하고 촉진한다.
- AEF 가입 단체들과 기타 주요 관련 협력 단체들의 홈페이지와 연결된 아프리카 전자 데이터베이스를 구축하고 유지한다.
- 공학 실무에 관한 정보를 교환하고 경험을 공유한다.
- 관련 기술 논문, 기사, 사설들을 전파한다.
- 참고를 위하여 기술 논문과 잡지에 접근 권한을 부여하고 교환한다.
- 기술 및 직업 네트워킹 기회와 행사를 마련하고 아프리카에서 이주한 공학자들의 잠재적인 도움과 공헌을 활용할 수 있게 한다.
- 연중행사 프로그램과 지속적인 직무 개발 프로그램 등을 포함한 행사 데이터베이스를 구축하고 유지하고 관리하여 앞으로의 계획과 조직화에 사용한다.
- 제품이나 자산의 전달과정 혹은 라이프 사이클에 관한 바람직하고 적절한 공학 표준과 과정, 절차, 방법, 체계에 관한 최고의 방법을 교환하고 받아들이고 적용한다.
- 표준, 문서화, 방법론, 절차의 적절한 조화를 촉진한다.
- 조달품을 발전과 역량 강화를 위한 도구로 사용할 것을 권장한다.
- 공학 전문직에서 성별과 모든 인종의 진입과 평등을 위하여 노력한다.
- 정부와 민간부문 모두에서 정책 결정에 상당한 영향을 미칠 수 있는 아프리카 공학 전문가를 위한 틀을 제공한다.
- 공학 관련 교육을 담당하는 아프리카의 고등교육기관 간의 네트워킹을 촉진한다.
- 농촌 발전의 도전 과제를 다루는 공학 전문가를 위한 적절한 교육과 훈련을 촉진한다.
- 공공인식 프로그램을 대중에게 제공하여 아프리카 시민 사회에 공학자의 역할을 알린다.
- 아프리카 정부의 연구 개발 계획 확대와 같은 적절한 과학기술정책을 장려하고 지원한다.
- 역량강화 프로그램을 발전시키고 제공하여 훈련된 정책 입안자와 공학 인프라와 서비스 사용자 집단을 양성한다.
- 공학 실무와 관련된 문제에 정부와 민간부문의 참여를 이끌고 촉진한다.
- 아프리카로의 해외 투자나 기부자 참여와 관련된 최선의 정책을 수용하도록 로비하고 촉진하고 발전시킨다.
- 학생들이 공학 분야로 진출하는 준비를 할 수 있도록 적절한 교육 과정의 제정을 촉진한다.
- 모든 학생에게 진로지도 프로그램을 발전시키고 제공한다.

4.3.12 세계공학 교육학회연맹(IFEES)

한스 J. 호이어(Hans J. Hoyer) 외

서론

공학과 기술은 국제화 시대에 개발도상국과 선진국 모두가 효과적이고 효율적인 전략의 수립과 실행을 통해 경제와 사회의 발전을 이끌어 나가는 데 중요한 역할을 한다. 과학과 공학 교육이 지속적으로 발전해야 모든 나라들이 빈곤을 감소시키고, 사회경제적 발전을 촉진하고, 지속가능하고 친환경적인 발전을 위한 올바른 결정을 내리는 것을 도울 수 있다.

공학 교육의 효과적인 혁신을 위해서는 국제적인 접근이 필요하다. 세계는 효과적인 높은 수준의 공학 교육의 설립을 필요로 하는데, 이를 통해 지역에서 활동하지만 국제적으로 생각하는 우수한 공학 졸업생들의 세계적인 공급을 보장할 수 있다. 급변하는 세계의 다양한 도전 과제를 해결할 수 있는 '적응력 있는 공학 리더' 세대의 출현을 위하여 기술적인 노하우와 전문적인 기술의 결합은 매우 중요하다. 지구촌에서는 이러한 공학 전문가들을 필요로 한다.

지식기반의 경제에서 공학 교육의 역할

지식과 혁신은 발전에서 언제나 중요한 역할을 담당해 왔다. 50년 전에는, 풍부한 천연자원과 노동력이 경쟁력과 성장의 동력이었다. 지난 수십 년 간 이루어진 국제화와 기술 혁명과 더불어 지식이 경쟁력의 중요한 요소가 되어왔음은 분명하다. 오늘날 지식경제에서는 지식을 성장 동력으로 활용한다. 지식경제에서는 경제 성장을 위하여 지식이 효과적으로 획득되고, 창조되고, 분배되고, 사용된다. 전통적인 경제에서 지식경제로의 변화는 교육, 혁신, 정보통신기술에 대한 장기적인 투자와 자원의 효율적인 이동과 분배를 가능하게 하는 경제 정책을 필요로 한다. 기술, 제품 및 경영프로세스의 혁신은 생산성을 증가시킨다. 오늘날 국부는 인적자원의 효과적인 활용을 통한 생산성 증가와 혁신의 양성에 달려 있다.

교육이 혁신과 기술의 발전에 있어서 중요한 요소이지만, 교육, 지식, 기술, 그리고 기능 사이의 상호작용의 복잡함과 속도는 교육 체계의 광범위한 개편을 필요로 한다. 지식기반 경제는 경제 정책 변화에 발맞추어 교육 체계를 꾸준히 현대화 시키는 것이 가능하다. 이러한 변화는 깊고 체계적이며, 가르침과 배움의 본질에 영향을 준다. 대부분의 OECD 가입국은 지난 수세기 동안 교육에 대한 공공지출을 증가시켜 왔다. 개발도상국 또한 교육에 상당한 투자를 해 왔다. 하지만 재능과 기술은 세계에서 가장 인기 있는 상품이 되었다. 지식경제로 이동할수록 기술과 역량에 대한 수요가 폭발적으로 증가했다.

시장에서의 성과는 노동과 관리의 유연성과 기술, 품질에 의해 결정된다. 지식경제는 전통적인 '하드' 기술과 정보통신 역량뿐만 아니라 호기심, 적응력, 문제해결능력, 의사소통 기술, 자기 학습능력, 문화적 민감성, 사회적 공감력, 일에 대한 동기부여와 같은 '소프트' 기술들을 필요로 한다.

세계공학 교육학회연맹(IFEES)

2006년에 설립된 세계공학 교육학회연맹(IFEES)은 전 세계 공학 교육자와 공학 교육 이해관계자들의 네트워크의 생성을 목적으로 한다. 회원 조직들의 협력을 통해 IFEES의 사명은 효과적이고 높은 수준의 공학 교육과정을 만들어 세계적으로 우수한 공학 졸업자의 공급을 확보하는 데 있다. IFEES는 회원 조직들이 교육자와 학생에 대한 지원을 강화하고, 기업의 참여를 유도하며, 공학 교육자와 학생과 실무자들이 세계의 다양한 문화를 이해하고 활동할 수 있도록 하는 것을 돕는다.

이를 위하여 IFEES는 공학 교육 인프라, 연구개발과 기업가 정신, 학생 모집, 성공적인 평생교육의 네 가지 분야에 집중한다. 이를 통하여 공학 교육의 촉진, 공학 교육의 접근성 강화, 품질 향상, 사회적 필요에 관심 제고, 교육방법과 교과과정 공유, 직위의 인정과 투명성 강화, 학생과 교수의 이동성 강화, 윤리 강화와 양성평등, 지속가능개발에 대한 인식 증대, 인본주의적 기술과 문화적 인식 개선, 새로운 세대의 공학자들의 상상과 혁신적 생각 강화와 같은 활동과 계획들을 지원하고 촉진할 수 있을 것이다.

국제공과대학장 협의회(GEDC)

이해관계자들은 점점 더 공과대학이 혁신을 이끌어나가고 사회의 도전 과제들을 해결해 나가는 역할을 수행하기를 원한다. GEDC는 IFEES의 새로운 이니셔티브로서 공학 교육 기관장들이 모여 각 학교가 지역과 국제사회에 관련된 과목들을 제공하고 공학이 우수한 학생들에게 매력적일 수 있도록 하기 위하여 만들어졌다.

공학 교육 발전을 위한 학생 플랫폼(SPEED)

국제적이고 새로운 학생활동으로서 SPEED라는 이름을 갖고 시작했다. SPEED는 다양한 교육의 이해관계자들을 연결시키고 공학 교육의 변화를 만들어내기를 원한다. 또한 학생회장들에게 플랫폼을 제공하고, 이를 통해 이들이 공학 교육 사안의 연구와 협력에 관여하는 것을 촉진하며, 이들은 기업과 학계와 시민사회와 정치권의 대표자들과 연결된다.

유럽 기술 학생 위원회(BEST)

국제적 차원에서 공학 교육을 다루게 될 경우, 학생들이 반드시 관여해야 한다. BEST는 1995년부터 유럽의 공학 교육 정책에 그들의 시간과 노력을 제공하였다. 그리고 학생들에게 서비스를 제공하자는 사명을 갖고, 유럽의 학생들에게 진로 지원 및 보충교육을 제공하는 데 집중했다. BEST는 현재 30개 국가에서 활동하고, 2천 명의 회원을 갖고 있으며, 90만 명의 학생에게 서비스를 제공해 왔다.

4.4 공학 분야의 국제개발단체

4.4.1 프랙티컬액션과 국제개발에서 변화하는 기술의 면모

앤드류 스캇(Andrew Scott)

서론

지난 수십 년 간 중간개발기술그룹(Intermediate Technology Development Group, ITDG, 현재는 프랙티컬액션)의 활동방식은 경험과 새로운 사고방식과 대화를 통하여 발전해 왔다. 기술과 개발과 변화에 대한 접근방식 또한 발전해 왔다. 이러한 변화는 기술에 대한 접근방식의 진전을 추적하고, 이를 국제개발 관련 사고에 대한 새로운 경향과 연관시키면서 이루어졌다. 왜 21세기에도 여전히 프랙티컬액션과 같은 적정기술에 관한 조직이 발전에 중요한 역할을 하는지 이해하는 것은 매우 중요하다.

기술과 빈곤 감소에 대한 우리의 접근방식의 진전은 크게 네 단계로 나눌 수 있다. 이러한 단계들은 이 조직이 존재했던 지난 40년을 네 등분하는 것과 정확히 일치하지는 않지만 우연히도 크게 다르지 않다. 각 단계에 명확한 시작과 끝이 있는 것은 아니고 어느 정도 서로 겹친다. 각 단계들은 단지 사고의 변화를 통한 기술에 대한 접근방식의 변화를 추적하는 하나의 방법일 뿐이고, 각 단계들은 어떠한 생각이 그 시기에 지배적이었는지를 알려줄 뿐이다. 이는 주관적인 견해이지만 그 목적을 달성할 수 있을 것이라 생각한다.

첫 번째 단계는 개발도상국으로의 기술이전이 주요 관심사였던 시기이다. 이 시기는 1970년대 규모와 기술적 선택이 주요 쟁점이었던 시기인데, 기술개발을 통해 소규모 선택이 가능해졌다. 이후에는 개발도상국의 빈민을 위한 기술발전에 초점을 맞추었다. 이는 '적정기술'로 알려졌다. 1980년대 후반에는 모든 빈곤 감소 운동의 표어가 된 '참여적 기술개발(Participatory Technology Development; PTD)'이 적정기술의 담론을 지배했다. 최근에는 사람의 기술적 역량으로 표현될 수 있는 것의 개발에 접근방식의 초점이 맞추어졌다. 다시 말하면, 사람과 그들의 상황을 반영하는 것에 초점이 맞추어졌다. 이러한 사고의 발전은 예시와 함께 좀 더 자세하게 설명될 것이다.

기술이전에서 기술개발로

ITDG는 다른 사람들에게 기술에 관한 정보와 조언을 제공하는 단체로 시작했다. 초기에 했던 일 중 하나는 적정기술(중간기술)의 개념을 알리고, 메시지를 전달하고, 사람들이 실행하게 만드는 것이었다. ITDG가 수행한 초기 활동 중 하나는 『진보를 위한 도구(Tools for Progress)』라는 개발도상국의 농부와 소규모 상인을 위한 기술관련 카탈로그를 출판한 것이다. 그리고 현재까지도 활발히 운영 중인 기술조사서비스 또한 초기에 만들어졌다.

ITDG는 많은 자원봉사 전문가의 조언에 의지했다. 한 때 300명이 넘었던 이러한 전문가들은 대부분 영국에 거주한 공학과 과학적 배경을 가진 기술 전문가들이었다. 이들은 기업과 연구소의 기술적 지식과 정보들에 관심이 있었는데, 이는 개발도상국에게 이러한 지식과 정보를 전달하려고 하는 의도였다.

수많은 현장 프로젝트의 경험과 실무자들과의 접촉을 통하여 때로는 이전 가능한 적정기술이 존재하지 않는 것을 깨닫고 기술의 선택보다는 기술의 개발에 초점을 맞추기 시작했다. 이는 규모에 집중하는 결과를 낳았다. 작은 것이 아름답다. 필요한 것은 소규모 농부들과 소규모 기업들을 위한 소규모의 기술이었다. 당시(1970~1980년대)의 ITDG는 인도에서 시멘트, 설탕 및 면사의 생산을 위한 소규모 공장 개발에 많은 노력을 기울였고 다양한 성공을 이끌어냈다. 시멘트공장의 경우 19세기 유럽이 대규모 생산기술로 변화하면서 폐기되었던 기술을 다시 사용하기도 했다. 설탕공장의 경우 전통적인 공정과 현대의 과학적 지식을 결합하였고 면사의 경우 기계와 공장의 규모를 축소하는 것이 필요했다.

시멘트

소규모 시멘트 공장은 ITDG가 1970년대 인도의 파트너인 '적정기술개발연합(Appropriate Technology Development Association, ATDA)'과 함께 시작한 세 개의 생산 기술 중 하나였다. 수직 갱도 가마(kiln)를 사용하여 석회석을 일괄 처리해 시멘트를 생산하는 기술이었다. ATDA 유닛은 하루 50톤가량을 생산할 수 있었는데, 대규모의 전통적인 로터리 가마를 사용했을 경우에는 하루에 2천에서 3천 톤 가량을 생산할 수 있었다. 소규모의 수직 갱도 가마는 국가적 시멘트 부족에 대응하여 개발되었다. 비록 생산량도 적고 그 품질도 들쑥날쑥했으나, 운송비용이 적게 들고 원자재 산지와 시장 모두에 가깝다는 장점이 있었다.

ATDA에 의해 개발된 최초의 소규모 상업 시멘트공장은 1981년 생산에 들어갔다. 4년 만에 인도에 19개의 유닛이 생산을 시작했고, 세계 2위의 시멘트 생산국으로서 현재는 300개의 소규모 시멘트 공장에서 연 1,100만 톤을 생산되고 있다. 세계 최대의 시멘트 생산국인 중국에는 5만 개의 소규모 시멘트 공장이 있다.

설탕

1970년대 후반 ITDG가 처음으로 설탕 생산에 관심을 갖게 될 당시에 인도에는 수천개의 소규모 Open Pan Sulphitation (OPS) 플랜트가 있었다. 이러한 OPS 유닛들은 하루 100~200톤을 생산할 수 있었는데, 진공 팬(pan) 공정을 이용하는 대규모 공장은 하루에 천 톤 이상을 생산할 수 있었고 최대 2만 톤까지 생산할 수도 있었다. OPS 공정 기술은 1950년대에 인도에서 개발한 기술로 ATDA와 ITDG는 기술 효율성을 증가시키고 기술을 다른 나라로 이전시키고자 했다.

설탕 생산에는 크게 4가지 단계가 있는데, 분쇄, 정제, 가열, 분리(결정화와 분리)이다. 10여 년 간 ITDG와 ATDA는 두 가지 주요 기술 개선을 가져왔는데, 분쇄 효율성 증가를 위한 스크루 엑스펠러(screw expeller)와 가열 효율을 높이고, 젖은 사탕수수 찌꺼기를 연료로 사용할 수 있게 만드는 셸 퍼니스(shell furnace)이다. 이 기술은 성공적으로 케냐와 탄자니아에 이전되었으나, OPS 공장의 수는 기대에 못 미쳤다.

OPS공장이 널리 퍼지지 못했던 이유 중 하나는 설탕시장이 갖고 있는 규제성 때문이다. 인도의 가격통제는 때때로 설탕보다 설탕 생산 부산물의 가치가 더 높은 경우도 있었고 투자는 오직 대규모 공정에만 매력적이었다. 설탕은 무역규제의 논의에서 수많은 논쟁을 낳았다.

면

소규모 시멘트와 소규모 설탕 공장은 일정수준의 성공을 거두었다. 기술이 성공적이었고 재정적으로도 자립 가능했다. ITDG가 많은 시간과 노력을 들인 세 번째 처리 기술인 면의 경우는 그다지 낙관적이지 않았다. 직물 프로그램에 대한 1986년의 평가는 이렇게 결론지었다. '이 프로그램이 성취한 것은 거의 없다.' 왜 그럴까? 무엇이 잘못되었던 것일까?

1975년에 인도에서 있었던 소규모 면사 생산에 대한 초기연구에서는 후속연구와 실험을 제안했다. 이러한 제안이 있었던 배경을 이해하는 것이 매우 중요하다. 그 시기에 인도의 직물 산업은 고용의 15%를 차지했고, 중앙 집중된 형태도 아니었으며, 농업에 이어 두 번째로 고용이 많았던 분야였다. 또한 간디의 물레 돌리기가 인도인의 전통적인 삶의 방식을 표현한다고 기억되었기에 많은 사람들에게 면화 생산을 손으로 직접 한다는 것은 대단한 상징적 의미를 지니고 있었다. 면사를 손으로 직접 뽑는 일은 그래서 대단한 의미를 지녔다.

1978년 ATDA는 물레돌리기의 기술적 가능성과 경제적 가능성에 대한 파일롯 프로젝트를 진행했다. 크리스챤 에이드(Christian Aid)의 지원을 받아 ITDG는 영국 최고의 직물기술연구센터인 셜리연구소(Shirley Institute)의 자문을 받았다. 기술개발은 물레인 차카(charkha)의 성능을 증가시키고, 물레 사용을 위한 면화 준비단계 개선에 집중되었다.

시간이 지난 후, 손으로 움직여야 하는 차카는 6개 이상의 물레 가락일 경우 실용적이지 않다는 결론이 나왔다. 12개의 물레 가락을 가진 페달형 차카가 개발되었고, 뒤이어 24개의 물레 가락을 가진 모터가 달린 차카가 개발되었다. 24개 물레 가락을 가진 차카는 12개의 물레 가락을 가진 차카보다 힘을 훨씬 덜 들이고도 2.5배의 생산력을 가졌으나 간디가 썼던 물레와는 큰 차이가 있었다. 재무적으로 결국 12개 물레 가락을 가진 페달형 차카만

© SAICE

미국의 모니터 메리막 메모리얼 브리지 터널

이 보조를 받을 경우 경쟁력이 있었고, 모터가 달린 차카는 품질 면에서 공장에서 생산된 실과 경쟁하기는 힘들었으나 경제적으로 가능성은 있었다.

면화 준비 단계 기술 또한 다루어졌으나 1986년의 평가는 부정적이었다. 이는 성공하지 못했다. 평가에서는 직물 프로그램이 '위젯 트랩'—기술적인 개선이 적절하게 정당화 될 수 있는지 확인하지 않고 문제 해결방법을 찾는 것—에 걸렸다고 결론내렸다.

총평

비록 소규모이긴 하나 이 세 개의 소규모 생산 기술은 여전히 후속 투자를 필요로 하고, 이것은 하루에 2달러로 살아가는 개인들의 범위를 벗어난 것이다. 이것들은 전통적인 공장의 경우 소규모일 수 있으나, 소규모 기업이나 소규모 농부들의 자산에 비교해 보면 결코 소규모이지 않다. 공동 소유가 하나의 선택일 수 있고, 실제로 인도의 많은 OPS 설탕공장이 공동 소유이긴 하지만, 빈곤한 사람들에게 이러한 공장은 단지 노동자로 일할 자리이거나 농작물을 팔기 위한 시장만을 의미했다.

따라서 ITDG의 관심은 과거의 사회적, 제도적, 경제적 맥락을 무시했던 관점에서 사회 · 경제적 요인으로 옮겨갔다. 또한 작은 소규모 기업들을 위한 기술개발로 옮겨갔다. 농산물 건조기나 섬유 시멘트 지붕 타일 같은 경우 어느 정도 성공을 거두었다. 지붕 타일은 많은 개발도상국에서 널리 사용되고 있으며, 농산물 건조기는 페루의 한 소규모 기업에 의해 개발되었고, 다른 나라들로 기술이 이전되었다.

참여기술개발(Participatory Technology Development)

ITDG의 기술과 빈곤 감소에 대한 접근방식의 두 번째 단계에서는 참여기술개발(PTD)에 초점을 맞추었다. PTD는 현재 농업 분야에서 잘 정립된 방법으로 그 기원은 농부들이 스스로 실험했던 농업 연구 기지이다. 그러나 PTD의 개념은 다른 분야에도 적용될 수 있으며, IT회사의 소프트웨어 시제품 테스트도 일종의 PTD로 볼 수도 있다.

1980년대 후반, 기술개발에 기술의 사용자가 직접적으로 관여하는 이러한 변화는 두 가지 사고 경향의 도움을 받았다. 첫째는 소규모 농장과 소규모 기업에서 일어나는 혁신의 과정에 대한 이해가 충분했고, 어떻게 그들이 새로운 지식을 배우고 적용하는지 잘 알고 있었다. 기술적 변화는 일반적으로 발전해 나가고 점진적이라고 알려졌다. 파격적인 발명은 규칙이라기보다는 예외였다. 기술적 변화는 '보편적으로 사람들이 하는 방식'에 자신의 지식과 경험을 통하여 아주 작고 사소한 조정들을 가함으로써 이루어진다.

두 번째 사고의 변화는 국제개발 활동에서 참여적 접근법으로의 커다란 움직임이었다. 기존 지식과 기술의 가치를 인정하는 참여기술은 현장 작업과 계획을 세우는 모든 분야에서 인정받는 방법이 되었으며, 빠르게 그 스스로가 하나의 분야가 되었다. 스스로 사용할 기술의 개발과 적응에 사람들이 참여한다는 개념은 여기에 매우 잘 맞아 떨어졌다. ITDG에서 행한 PTD의 좋은 예시가 수단의 당나귀 쟁기이다.

수단의 쟁기

다르푸르 분쟁으로 인해 많은 사람들이 난민 캠프로 이동해 왔다. 그 곳은 거주하기에 언제나 가혹한 환경이었지만, ITDG는 다르푸르 북쪽에서 거의 20년간 소규모 농민들을 위한 기술개발을 지원해 오고 있다. 처음부터 지역의 농민들과 함께 작업했는데, 그들이 토양 및 농업용수 보존과 질병 관리 등과 같은 대체 농경 기술에 대한 새로운 지식을 얻을 수 있도록 하고, 스스로 이러한 새로운 지식을 이용하고 시도해 볼 수 있도록 하고 있다.

ITDG는 1987년에 옥스팜(Oxfam)과 협력하여 다르푸르 북부의 케브카비야의 소규모 농장주들과 일하기 시작했다. 현지 도구와 농민들의 필요를 검토한 후, 당나귀가 이끄는 쟁기 시제품을 만들었다. 이 지역에 동물을 사용하여 쟁기질을 하는 것은 1960년대부터 있었으나 대부분의 농민들이 감당할 수 없을 만큼 비용이 높았다.

쟁기의 디자인은 기존의 디자인을 차용했는데, 나무 쟁기와 철로 된 쟁기 판이었다. 이것은 일반적인 소 쟁기를 줄여 놓은 모습으로 당나귀에 적합하도록 만들어졌다. 자세한 기술적인 사항보다는 농부들이 직접 쟁기를 가지고 실제로 사용해보도록 하는 데 집중했다. 이러한 방식은 농공학 전문가들에게 비판을 받았으나 이를 실제로 사용한 농부들은 만족했다. 이러한 접근 방식은 농부들이 노동과 편리와 같은 제품의 정량적 가치를 평가할 수 있음을 의미했다.

쟁기의 제작자는 마을의 대장장이였다. 모두 120명의 대장장이가 쟁기 만드는 법을 훈련받았다. 농부들은 당나귀 쟁기로 80% 가량의 시간과 노동을 절약할 수 있었다. 헥타르당 682kg의 생산량 증가가 있었고, 2,800개 이상의 쟁기가 생산 · 판매되었으며, 매년 더 많은 농부들이 당나귀 쟁기를 사용하고 있다.

기술 역량

ITDG의 오늘날 활동은 특정 지역이 특정 시기에 필요한 구체적인 기술을 발견하고 개발하는 것이 아니라, 자원이 부족한 사람들이 시간이 흐름에 따라 변화하는 그들의 필요를 만족시키기 위한 기술을 개발할 수 있도록 하는 것에 가깝다. 1970년대와 1980년대의 적정기술운동은 기술 선택에 초점을 맞추었는데, 이는 사람이 살고 있는 세상이 변화할 것을 고려하지 않은 정적인 접근이었다. 그러나 적정기술 조직의 최근 몇 년의 활동을 보면 사람의 기술적 역량, 다시 말해 환경의 변화에 따라 기술을 사용하고 발전시키고 적응하는 능력에 대한 활동을 하고 있다. 기술적 역량을 강화하거나 지원하는 지역 시스템을 개발 하는 것이 필요하다. 그렇게 하기 위한 방법 중 하나는 공동체 기반의 지도사의 활용이다.

카마요크(Kamayoqs)

프랙티컬액션은 공동체 기반의 지도원에 대한 경험이 많이 있다. 그 중 한 예로 페루에서의 활동은 유엔 식량농업기구(FAO)에 의해 좋은 사례로 인정받았다. 이 활동의 중심에는 농부가 농부를 가르치는 '카마요크'라는 지도사가 있다. 16세기에 카마요크는 잉카제국에서 농업과 기후에 대한 특별한 조언을 제공했던 사람을 지칭하는 단어이다. 그들은 기후 패턴을 예측하는 것을 훈련받았으며, 파종시기를 결정하는 것과 같은 중요한 농사활동에 대해서 조언하는 역할을 담당했다.

© CCBYSA - Wikipedia - Xamã

One Laptop per Child (OLPC)의 100달러 컴퓨터– 작은 것이 아름답다.

1990년대 초, 해발 3,500미터에 위치한 빌까노따 계곡의 농업공동체에서 이 방법을 시범 운영하였다. 농가는 한두 마리의 소와 양 몇 마리 그리고 기니피그 다수를 가지고 있었다. 주 작물은 옥수수, 감자, 콩이었다.

프랙티컬 액션은 1996년에 카마요크 학교를 시쿠아니 마을에 만들고, 지역 정부의 도움을 받아 오늘날까지 140명 이상의 카마요크를 양성해 오고 있는데, 이중에서 20%가량이 여성이다.

- 훈련을 받는 사람들은 공동체의 구성원이어야 하며, 공동체에서 선택한다.
- 훈련은 토착 언어인 퀘추아어로 이루어진다.
- 훈련과정은 8개월이고 매주 한 번 수업을 한다.
- 훈련과정은 지역 농민의 동물 치료와 농업적 필요에 집중한다.

훈련이 끝나면 카마요크는 지역의 소규모 농부들의 농업적 필요와 가축의 건강을 책임질 수 있게 된다. 농민들은 카마요크의 서비스에 돈을 지불하거나 다른 종류의 보상을 한다. 카마요크의 조언은 그들의 생산량을 10~40%가량 증가시킬 수 있기 때문에 그들은 기꺼이 카마요크의 조언이나 기술적 지원에 보답하려고 한다. 사람들이 가장 필요로 하는 것은 가축의 질병 진단과 치료이다. 카마요크가 활동하는 33개 공동체 모두에서 소의 사망률이 대폭 감소했다. 최근 한 평가서에 따르면 89%의 농민이 유선염이 효과적으로 관리되고, 우유 생산량이 6.26ℓ에서 8.68ℓ로 증가하여 판매가 39% 증가했다고 보고했다. 후이스카차니라는 공동체에서는 농작물로 인한 수입이 2005년에 기술적 조언을 받기 시작한 이후, 73%나 증가했다고 나타났다.

카마요크에 의해 이루어진 참여기술개발의 예는 기생충에 의한 간질의 천연 약제의 발견이다. 3년이 넘는 기간 동안 카마요크와 지역 마을 사람들은 간질에 효과적이고 기존의 약보다 저렴한 물질을 찾기 위해 다양한 천연약제를 사용하여 실험을 진행했다. 참여기술개발의 또 다른 예로는 옥수수의 곰팡이 처리와 양파의 흰곰팡이 관리 기술을 들 수 있다.

오늘 우리는 어디에 있는가?

오늘 우리가 처한 상황은 어떠한가? 11억 명의 사람들이 깨끗한 물을 사용하지 못하고 있고 24억 명의 사람들에게는 위생시설이 없다. 20억 명의 사람들은 현대적 에너지 서비스를 받지 못하고 있으며, 15억 명의 사람들은 집이 없고, 8억 명의 사람들은 굶주리고 있다. 수백만 명의 사람들의 삶의 질이 향상되었지만, 다른 수백만 명의 사람들은 아직도 절대적 빈곤에 허덕이고 있다. 기술의 변화가 그들의 삶을 변화시킬 수 있다는 사실을 알고 있지만, 빈곤 때문에 아주 단순하고 저렴한 기술조차 접하지 못하고 있다.

동시에 기술은 세계의 문제를 해결할 수 있는 방법으로 여겨지고 있다. 2005년에 아프리카 위원회는 아프리카의 과학과 기술적 역량의 강화가 시급하다고 결론 내렸다. 위원회는 원조국이 연간 5억 달러를 앞으로 10년간 아프리카 대학교에 지원할 것을 추천했다. 제프리 삭스의 2005년 유엔 새천년 프로젝트 보고서 또한 비슷한 추천을 했다. 나아가 미국과 다른 나라들은 현재 기후 변화의 위기를 극복할 수 있는 기술을 찾고 있다.

그러나 사람들은 여전히 위젯 트랩에 빠지고 만다. 똑같은 실수를 20년, 30년, 40년 전과 마찬가지로 여전히 반복한다. ITDG와 프랙티칼액션이 수십 년의 빈곤퇴치를 위한 기술개발의 경험으로부터 얻은 교훈이 현대적이고 과학적인 기술의 가능성에 대한 흥분 앞에 종종 무시되고는 한다. 예를 들면, MIT 미디어랩에서 시작된 미국의 비영리 단체인 One Laptop per Child(OLPC)의 100달러 노트북 운동은 비판을 받았다. 하지만 현대의 정보통신 기술인 휴대전화가 개발도상국의 사람들의 삶을 얼마나 크게 바꾸어놓을 수 있는지 주목할 필요가 있다. 네트워크와 같은 물리적 인프라 때문만이 아니라 재정과 관세 체계도 많은 사람들의 휴대전화 사용을 가능하게 했다. 휴대전화는 빈곤한 공동체에 적합한 기술임이 틀림없다.

요약하자면 현재 적정기술이라는 개념이 국제 개발의 현장에서 널리 받아들여지는 지혜로 여겨질지 모르지만, 현장에서 완전히 반영되고 있는 것은 아니다. 프랙티컬액션은 앞으로도 기술이 빈곤 감소를 위하여 어떻게 사용되어야 하는지에 대한 기본적인 원칙을 사람들에게 설득할 것이다.

슈마허의 마지막 강의에서 그는 기술이 빈곤 감소에 얼마나 적절한지 평가할 때는 그 기술이 민주적인 관점으로부터 온 것인가를 물어야 한다고 주장했다. 그는 적정기술의 접근법이 사람들에게 독립성을 가져다주는 민주적인 방식이라고 말했다. 적정기술의 중요한 면이자 프랙티컬액션의 접근방법에서 자주 언급되는 것은 한 사람의 삶에서 민주주의의 개념이 증가한다는 것이다. 이것은 아마타 센의 "발전이란 사람의 삶과 일생에 대한 결정을 내릴 수 있는 자유이다"라는 말을 다르게 표현한 것이다.

기술 민주주의

사람은 기술의 개발과 사용과 같은 자신의 삶에 영향을 주는 의사결정으로부터 점점 소외되고 있다. 민주적인 기술 선택을 가능하게 한다는 것은 선택의 폭을 넓혀 더 생산적인 기술을 가능하게 하고, 자원이 부족한 사람들에게 선택할 자유를 주는 기술적 선택지를 제공하는 것이다. 개발 공동체의 노력은 사실상 지원 환경을 제공하기 위함이고, 한 번 시작되면 적정기술이 사용될 것으로 가정하고 있다, 그러나 다양한 사회적 집단의 환경과 필요가 분명히 표현되어야 하고, 그들의 기술적 필요도 분명히 표현되어야 한다.

전체적으로 봤을 때, 급변하는 사회적 · 경제적 · 문화적 · 정치적 맥락의 복잡성 속에서 기술 변화를 효과적으로 관리한다는 것은 역량의 문제이다. 가난한 나라는 발전된 기술에 접근할 수 있도록 도움을 받아야 하고, 그들의 역량을 키워 스스로 기술적 선택을 할 수 있어야 한다. 그래야만 그들이 성장하면서 변화하는 필요와 기회에 대응할 수 있고, 지속가능한 발전이 이루어질 수 있다.

프랙티컬액션의 활동은 대부분 현재 사람들의 기술적 역량을 향상시켜 그들이 사용할 기술에 대한 결정을 스스로 내릴 수 있게 하는 것이다. 우리의 프로젝트들은 지역 지도사의 효과성을 입증했고, 농부들의 참여기술개발과 소규모 사업장의 기술개발을 지원하였다. 이 모든 것이 사람들의 역량을 강화시키는 것이다.

그러므로 프랙티컬액션의 활동은 앞으로도 계속 기술개발 과정에 사람들을 직접 참여시키는 혁신적이고 실증적인 방법을 포함할 것이고, 그들의 삶에 영향을 미치는 기술에 관한 의사결정에 그들을 연관시킬 것이다. 이것은 지난 수십 년 간 해왔던 일이고 앞으로도 계속 해나갈 일이다. 그러나 기술에 관한 의사결정을 지배하는 제도 · 정책적 환경 또한 변화시켜야 한다.

프랙티컬액션은 가난한 사람들이 사용하고자 하는 기술에 대한 효과적인 선택을 가능하게 하는 정책 · 제도적 체제를 지지할 필요가 있다. 이는 공공부문의 조직과 민간영역의 기업이 적절히 환경 · 사회적 영향을 책임지는 것을 포함한다. 이는 과학적 연구와 기술적 혁신이 부유하고 힘 있는 사람들에게 이익이 되는 것보다는 공공의 이익을 위한 것임을 보장하는 메커니즘을 포함한다. 이것은 필요한 사람들에게 기술적 지식과 기술에 대한 정보를 제공하고, 개발도상국의 역량을 키워 그들이 사용할 새로운 기술의 영향력을 평가할 수 있게 하는 것을 의미한다.

4.4.2 국경없는공학자회(Engineers without Borders)

앤드류 램(Andrew Lamb)

배경

책상이나 의자에서부터 노트북과 우주선에 이르기까지 기술은 사람들에게 자신의 역량을 뛰어넘을 수 있도록 한다. 수백 년 간 공학자들은 사람들의 역량을 향상시킬 수 있는 기술을 개발해 왔고, 이러한 기술을 이용하여 삶의 질을 향상시켜왔으며 인류의 노력을 풍성하게 하고, 인간 정신을 높였다. 그러나 이러한 모든 성공에도 불구하고 아직 완성된 것은 아니다. 많은 공학자들이 기술 발전의 경쟁 속에서 너무나도 많은 사람들이 뒤처지고 있다는 것을 잘 알고 있다. 많은 공학자들은 마천루 옆에 판자촌이 존재하는 것과 같이, 극심한 풍부와 극심한 빈곤이 동시에 존재하는 세상에서 기술 발전이 단순하게 자발적으로 일어난다고 생각한다. 많은 공학자들은 그들의 활동이 오로지 경제 발전의 동력에 의하여 동기부여 되는 것을 두려워한다. 이것은 공학 전문직의 목적이 사람들의 기본적인 필요를 충족시키기 위함이라는 전제와는 상당히 동떨어진 것처럼 보인다.

많은 공학자들은 대안이 없는 상황에서 인류가 처한 역사상 가장 큰 위기를 해결하기 위하여 그들만의 방식을 찾고 있다. 국경없는공학자회(EWB)는 이러한 움직임 중 하나이다. EWB는 각국 정부, 엔지니어링 기업 및 기관이 기술과 인프라를 활용하여 빈곤과 싸우는 데 실패한 것에 대한 반작용이다.

국경없는공학자회 소개

국경없는공학자회는 공학 전문가의 도움을 받아 빈곤층의 사람들에게 물, 음식, 거주지, 에너지, 통신망, 대중교통, 교육, 의료와 진정한 삶의 존엄성을 제공한다. 그들은 세계 최빈국과 각자 속한 나라에서 국제 개발에서 기술의 역할을 지지하고 이해하고 인식하는 목소리를 낸다. 다수의 EWB 그룹들은 스스로 국제 개발 조직들이 되었고, 공학 공동체와 엔지니어링 기업과 다른 원조 조직들의 지지를 받았다. EWB 조직들 중 소수는 인도적 구호나 주요 환경 관심사와 지속가능성에 집중했다. 비록 대부분의 선두적인 EWB 조직들은 선진국에 있지만, 개발도상국에도 많은 EWB 조직들이 생겨나고 있다.

'국경없는공학자회'라는 이름은 그 자체로 운동의 성장에 강력하게 공헌한다. 이 이름은 발전을 막는 장벽을 제거하고, 사람들을 빈곤의 길에서 벗어나게 하는 발전의 개념을 나타낸다. 이 이름은 공학자가 없는 곳이나, 공학자의 역량이 부족한 지역에서 활동하는 공학자들을 나타내기도 한다. 실제로 '국경없는'이라는 단어의 뜻은 국경없는의사회나 국경없는기자회 같이 인도주의적 절박함이나 세계인권이 정치적 국경보다 우선하는 인도주의 집단이나 구호집단에서 사용되는 의미와 가깝다. '국경없는공학자회'의 이름의 또 다른 해석은 타인과의 유대 개념을 포함하며, 이는 활동이 국제적이고 자선적이며 자발적이고 다양한 분야를 포함함을 의미한다(예를 들면 국경없는도시공학회 혹은 국경없는전기공학회 같은 것은 존재하지 않는다). 주요 활동이 기술과 관련된 일이기는 하나, 대부분의 EWB 그룹이 공학자의 참여만을 받는 것은 아니라는 사실은 주목할만 하다. 몇몇 EWB 그룹들의 이름은 좀 더 정확하게 번역한다면 '국경없는공학'이나 '변경없는공학자회'정도가 더 적당할 수도 있으나, 이러한 이름이 말하고자 하는 바는 동일하다.

국경없는공학자회의 역사

처음 '국경없는공학자회'의 이름을 갖고 시작했던 조직은 프랑스에서 시작했다. Ingenieurs sans Frontieres(ISF, 국경없는공학자회)는 1982년 결성된 프랑스 국제 연대 연합으로 개발도상국의 혜택을 받지 못하는 공동체의 개발 프로젝트에 기술 지원을 제공하고 그 지역의 공학 공동체가 처한 문제에 대한 공학 교육을 제공했다. 1980년대 중반, ISF 벨기에가 만들어졌고, 이후 1990년대 중반에 설립된 도시공학 전문가 조직인 Ingènieurs Assistance International(국제 공학 지원)과 통합되어 오늘날 ISF 벨기에가 되었다. ISF 스페인은 1990년에 만들어졌고, 오늘날 세계에서 가장 큰 EWB 조직이다. 이 조직들은 대학생들에 의하여 설립되었고, 후에 전국 연맹의 형태로 발전하였다.

21세기로 접어든 이후 EWB 조직의 새로운 파도가 덴마크, 스웨덴, 캐나다, 미국, 영국, 호주, 그리스, 이탈리아, 에콰도르, 인도, 네팔, 독일, 이집트에 일어났고 그 이후에 코소보, 멕시코, 팔레스타인, 포르투갈, 르완다, 남아프리카와 그 외의 많은 나라에서도 일어났다. 이러한 EWB 그룹의 상당수는 다른 나라에서 발생한 EWB 조직에 영감을 받아 생겨났다. 예를 들면 EWB 캐나다는 2001년 EWB 영국의 설립을 도왔고, EWB 미국은 EWB 인도가 2005년 시작될 수 있도록 도왔다. 현재 60여 개 국가에 국경없는공학자회라는 이름을 사용하는 독립적인 조직이나 그룹이 존재한다.

놀랍게도 이러한 EWB 조직의 대다수는 독립적으로 성장했으며 따라서 각자 조금씩 다른 접근방법과 특성을 갖고 있다. EWB 그룹의 다수는 대학교의 학생조직으로 시작했으며 이후 지역조직 혹은 지부가 모여 국가 조직이 되었다. 몇몇 국가의 그룹들은 강

ⓒ Joe Mulligan, EWB-UK

마을 사람들이 다리 앵커를 만들기 위해 콘크리트를 섞고 있는 모습 (케냐의 키베라)

력한 중앙 조직을 가졌으나, 다른 그룹들은 강력한 중앙 조직 없이 협력적인 관계를 유지하기도 했다. 또한 소수의 EWB 그룹들은 전문 공학자에 의해 시작되기도 했는데, 1999년 그리스 아테네의 지진 이후 함께 활동한 전문 공학자 그룹에 의해 결성된 EWB 그리스를 예로 들 수 있다. EWB 그리스는 에티오피아의 댐과 파키스탄의 산부인과 시설과 같은 주요 공학 프로젝트를 수행했고, 이는 다른 EWB 조직들이 했던 프로젝트보다 훨씬 거대한 프로젝트였다. 또 다른 예로는 EWB 덴마크를 들 수 있는데, EWB 덴마크는 재난 지역에서의 활동을 위하여 설립되었으며 숙련된 공학 전문가로 구성되었다.

각 국가의 EWB 그룹들의 각기 다른 접근 방식은 지형적, 경제적 요인보다 국가적, 문화적인 요인에 좀 더 관련이 있는 것 같아 보인다. 국제적 수준에서 EWB 그룹들 간의 국제 관계에서 발생하는 문제들은 때때로 각 국가의 정부들 사이의 국제 관계의 문제점을 반영한다. 이는 마치 국가별 특성의 고정관념이 소우주처럼 나타난다. EWB 그룹들을 국제적으로 연합하기 위한 시도는 각 그룹마다 다양한 접근방법이 사용되기 때문에 합의에 이르는 데 어려움을 겪어 왔다. 유네스코와 다양한 조직의 지원과 지지를 받았음에도 불구하고 자국의 EWB 그룹을 국제적 수준에서 적절히 표현할만한 자원과 역량이 없었다는 것도 문제이다. 모든 나라의 모든 EWB 그룹들이 각자 해결해야 할 문제나 프로젝트보다 국제 연합을 이루려는 문제를 우선시 하지 않는다는 것은 분명하다. 그러나 지난 10년간 많은 EWB 그룹들이 새로이 나타나고 성장함에 따라 국경없는 공학자회 이름에 부합하는 국제적 조직이 만들어질 것은 분명하다.

국제 개발에서의 EWB

전 유엔 사무총장 코피 아난은 “정치적 우선순위와 인간의 중요성 사이의 차이만큼 극심한 차이는 없다”라고 공공정책에서 물과 위생시설의 위치에 대해서 설명했다. 물과 위생시설은 국제 개발에 있어 공학자에게 가장 중요하고 긴급한 문제임이 분명하다. EWB 그룹들은 이 분야에 매우 적극적이다. 그러나 다른 분야와 마찬가지로 이 분야에서도 EWB 그룹들은 근본적인 한계를 발견한다. 그것은 공학의 중요성과, 국제 개발 부문의 우선순위에서 공학이 차지하는 위치 사이의 간극이다.

1960년대와 1970년대에 국제 개발 원조국들은 거대 인프라 프로젝트에 가장 큰 중점을 두었다. 이러한 프로젝트에서 발생한 실수들은 1970년대와 1980년대 적정기술에 집중하게 하는 계기가 되었다. ‘아프리카에는 작동하지 않는 우물과 펌프가 가득하다’라는 인식이 나타난 1980~1990년대, 개발의 초점이 기술의 사회적 측면으로 이동해갔다. 1990년대에는 인권기반 접근방식으로 국제 개발의 초점이 이동하면서 지난 10년 간 새천년개발목표와 좋은 거버넌스와 국제적 파트너십에 집중하게 되었다. 오늘날 국제 개발 부문의 관리자와 정책 입안자들 다수가 공학이 한물간 시기에 교육을 받았다. 따라서 공학과 공학자들은 많은 조직과 프로젝트의 중심에서 밀려나게 되었다.

이러한 배경 때문에 공학자들이 스스로 국제 개발 조직을 설립하게 되었다. EWB 그룹들은 공학자들에게 국제 개발에서의 도전 과제를 알리는 데 효과적이었다. 최근에는 다수의 EWB 그룹들이 국제 개발 커뮤니티에게 공학의 중요성을 다시 한 번 알리는 데 성공을 거두었다. EWB 그룹들이 국제 개발 분야에서 어떻게 생각하고 활동해야 하는지에 대해 영향을 미치기 시작했다는 초기 징조가 나타났다. 문제의 일부분은 공학자가 무엇을 하고 다양한 분야의 공학자들이 무엇을 제공할 수 있는지에 대해 대중이 일반적으로 모른다는 것이다. 오늘날 EWB 그룹들이 원조 단체들과 관계를 맺으면서 공학자에 대한 이해가 향상되고 있다. 그러나 중요한 문제는 공학자 자신의 재능 목록이다. 그들은 오로지 기술적인 재능만을 제공하는 것처럼 여겨져 왔다. 원조 단체들과 상호작용하는 EWB 회원들은 새로운 세대의 공학자가 나타나고 있음을 보여주었다. 이들은 자신들의 활동의 사회적, 정치적, 경제적, 환경적 측면을 이해하고, 참여과정에 관여하며, 무엇을 성취해야 하는지를 설계할 수 있다는 것을 보여주었다. 예를 들어 공학자에 대한 이해와 협력이 향상되면, 원조 단체가 공학자의 관여 없이 학교를 건축했을 때 발생하는 문제점들에 대해서 점점 깨닫게 될 것이다.

각 EWB 그룹이 그들의 개발 작업을 위하여 각각 다른 접근 방식을 취할 수 있다는 사실은 주목할 만하다. 선진국의 EWB 그룹들과 개발동상국의 EWB 그룹들의 접근방식이 서로 다르다는 것은 놀랄 일은 아니나, 매우 중요한 사실이다. 그러나 공통점은 각 EWB 그룹이 지역 공동체가 공학 지원을 흡수할 수 있는 역량이 부족함을 해결하기 위한 방법들을 만들어 왔다는 것이다. 예를 들면 EWB 미국은 수년간 개발도상국의 지역 공동체 조직들과 협력해 왔고, EWB 스페인과 EWB 캐나다는 그들이 활동하는 나라의 국외 거주민을 이용했으며, EWB 호주는 프로그램 기획단계에서 해당 지역의 파트너 조직을 선정했다. 공학자들이 국제 개발에 대해서 배울 수 있는 포럼을 제공함으로써, EWB 그룹들은 국제 개발이 이루어지는 전체적인 방식을 개선한다. 미래에 국제협력이 강화될 가능성은 매우 크다.

공학 전문직 측면에서의 EWB

EWB 그룹들은 공학 전문가들 사이에서 놀랄만한 자리를 차지한다. EWB 그룹들은 공학이 직면한 이슈나 도전 과제를 똑같이 겪지는 않는다. EWB 그룹들은 빠르게 성장 중이며 많은 젊은이와 상당한 비율의 여성을 회원으로 받아들이고 있다. 많은 EWB 회원들은 자신의 직업에 열정을 지닌, 동료들과 선후배들에게 롤 모델인 공학 전도사들이다. 그들은 대중에게 공학에 대하여 아주 효과적으로 이야기할 수 있는 능력도 있다. 공학 조직의 수는 매우 많지만, 세계적 위기는 고사하고 다학제적 이슈들에 적절히 대응할만한 제도적인 가이드라인은 아직 만들어지지 않았다. 그러나 EWB 그룹에게 이러한 도전 과제들은 그들의 존재 이유이고, 그들은 현대적이고 다학제적인 방식으로 어렵지 않게 활동할 수 있다.

EWB 회원들은 종종 인습 타파적인 태도를 갖지만 공학 전문 기관에서는 따뜻한 지원을 받는다. 공학기관들은 EWB 그룹의 에너지와 열정을 보고 대단한 지원을 아끼지 않는다. 그들은 공학 공동체 내외부에 지지를 위한 강력한 플랫폼을 제공할 수 있다. 전통적인 공학기관이 EWB 그룹과 그들의 아이디어를 포용하기를 원한다는 것은 매우 긍정적인 신호이다. 그러나 EWB 그룹들은 더 넓은 변화의 극히 지엽적인 부분이 되지 않도록 주의해야만 한다. 대부분의 EWB 그룹들은 기존의 공학기관들이 빈곤과 고

필리핀의 작은 풍력발전기는 전기와 직장을 제공한다.

© Drew Corbyn, EWB-UK

통에 제대로 대처할 수 있었다면 존재할 이유가 없었을 것이다.

많은 나라들에서 공학자의 수가 줄어들고 있지만 EWB 그룹의 회원은 매우 빠르게 증가하고 있다. 그것은 물론 매우 적은 수에서 시작했기 때문이기도 하다. 여전히 세계의 몇몇 EWB 그룹들은 3천 명 이상의 정회원을 보유하고 있고, 각국의 공학자의 상당 부분을 대표한다.

여성들은 공학 분야에서 활동할 때 특정한 어려움과 마주칠 수 있다. 그러나 EWB 그룹에서 성 평등 이슈는 거의 문제가 되지 않는다. 그들은 아무런 문제없이 여성 공학자들을 끌어들이고 유지한다. EWB 영국의 경우 대략 45%의 회원이 여성인데, 이는 영국 내 대부분의 공과대학의 여성 비율보다 높고, 영국의 신규 등록한 공학 전문가 중 여성 비율(2007년 9.8%)보다 훨씬 높은 숫자이다. 2009년에는 EWB 영국의 여섯 개 프로그램이 여성에 의해 수행되었고, 9개의 지원과 공동체 행사는 남녀 비슷한 비율로 수행되었다. 이러한 예는 EWB 그룹에서 일반적인 것이다.

국제 개발과 빈곤 감소는 사람들이 공학에 연관되고 계속 남아있게 하는 중요한 동기를 부여한다. 공학자들이 사람들에게 물을 공급하고, 빈곤에서 사람들을 구제하는 이야기들은 매우 강력하다. 그들은 공학과 사회와의 관계의 본질을 분명하게 묘사한다. 그들은 공학자가 단지 원조를 제공하는 것이 아니라, 능력을 제공함으로써 변화를 가져온다는 것을 보여준다. 이러한 이야기들은 다양한 방법으로 공학의 인간적인 모습을 보여준다. 아이들과 청년들에게 젊은 공학자의 빈곤지역 관련 프로젝트에 관한 이야기는 다른 어떤 것으로도 할 수 없을 만큼 그들을 감동시킨다. 그들은 사람들이 스스로 할 수 있을 정도의 소규모 프로젝트인, 사람-규모의 공학을 이야기한다.

EWB 그룹들이 그들의 활동을 구성하는 방식은 전통적인 방법과는 놀랄 정도로 다르다. 공학자들은 전통적인 지식 분야로 구분한다. 몇 가지 예를 들자면 토목공학, 기계공학, 전기공학, 화학공학 등이다. 과연 이러한 분류가 실제 사람들에게 어떤 의미를 가질 수 있을까? 공학자가 아닌 사람들이 토목공학자가 무슨 일을 하는지 알 수 있을까? 공학자가 아닌 사람이 전기기사와 전기공학자의 차이, 정비공과 기계공학자의 차이를 설명할 수 있을까? EWB 그룹들은 그들의 활동을 프로젝트의 목적, 주제, 그리고 사람들에게 어떤 의미를 갖는지에 따라 분류한다. 예를 들면 물, 위생시설, 거주지, 에너지, 음식, 교통, 통신 등과 같다. 대부분의 그룹들은 이를 특별히 구분하여 계획하지는 않지만, 이는 자연스럽게 일어나며, 참여하는 사람이 어떤 공학 교육을 받았는지는 관련이 없다. 이러한 이유에서 EWB 회원들은 다학제적으로 활동하는 데에 매우 뛰어나다. 풍력발전 프로젝트는 기계공학자, 전기공학자, 건축공학자, 항공 공학자, 전자공학자, 토목공학자, 그리고 재료공학자 모두가 함께 일해야 할 것이다. 또는 EWB 회원들에 의해 가능할 수도 있다.

© EWB-UK

공학은 여성과 어린이가 물을 나르는 노동을 경감할 수 있다.

공학 교육 측면에서의 EWB

지난 10~15년 동안 공학 교육의 변화는 새로운 EWB 그룹이 생겨날 수 있는 토대를 만들었다. 학위 과정의 일부분으로 공대생들은 현재 지속가능성, 윤리, 경영, 대중 연설, 경제학 기초, 팀워크와 심지어 외국어까지 배워야만 한다. 많은 공대생들이 과학, 경영, 건축, 심지어 예술과 같은 타 분야 전공과목을 수강할 기회를 갖는다. 현대 공학 교육은 21세기 산업현장의 요구에 대응하여 이루어졌다. 그러나 공학 교육은 21세기 사람의 요구에 대응하지는 못하고 있다.

국제적 문제, 특히 빈곤 문제는 적절한 주목을 받지 못했다. 대학교에서 철강, 반도체, 콘크리트, 연소 등과 같은 지구적 문제를 야기하는 기술에 대해서 교육하지만, 그 대안에 대해서는 교육하지 않는다. 공학 교육이 가장 비효율적으로 대응하는 사람들은 아마도 학생들 자체일 것이다. 많은 학생들이 세상에 변화를 이끌어내고, 무언가를 만들고 직접 해내기 위해 공학 수업을 수강한다. 그러나 처음 1년 동안 많은 학생들이 오로지 수학만을 공부하게 된다. 이러한 공백에서 EWB는 번창했다. 그들은 실용적인 훈련과정과 실제 공학 프로젝트에서 학생들이 중요한 역할을 수행하게 함으로써 직접 해 보는 교육을 제공했다.

EWB 그룹의 회원들은 단순히 공학 공동체의 히피라든가 지나치게 동정심이 많은 사람들이 아니다. 동정심이 EWB 회원의 특징 중 하나인 것은 분명하지만 공학적 정확함도 EWB 회원의 특징이다. 많은 봉사활동을 했음에도 불구하고, 평균 이상의 높은 성적을 획득한 최고의 학생들이 EWB 그룹에 매료된다. 회사에서 뛰어난 공학 활동으로 상을 받은 많은 젊은 공학자들이 EWB의 회원이다. 이들은 남는 시간에 자원봉사 활동을 한다. EWB 회원들은 대학을 졸업할 때 최고의 엔지니어링 컨설팅 기업들에게 인기가 많다. EWB 그룹들이 핵심 공학자들을 모집하지만, 대학들에게 발전 공학과 적정기술이 학술적으로 엄밀한 분야임을 설득해야 하는 일이 남아 있다. 교육과정에 이러한 주제를 추가하려고 시도할 때 이러한 도전이 필요한데, 이에 대한 태도가 변화하고 있고 EWB 그룹들이 이 분야에서 매우 열심히 활동하고 있다. 예를 들면 EWB 스페인은 '개발 협력을 위한 공학' 석사과정을 바르셀로나의 카탈로니아 대학에 새로 만들었다. 콜로라도 대학교는 개발 공동체를 위한 모텐슨 공학센터를 만들었고, EWB 미국 창립자가 센터장을 맡고 있다.

사회적 측면에서의 EWB

EWB 운동의 폭발적인 성장을 돌아보는 것은 흥미롭다. 2000년 이후 50개 이상의 EWB 그룹들이 만들어졌다. 선진국에서는 사회의 근본적인 변화에 영향을 받은 대학교의 공학 전공 학생들에 의해 EWB 그룹들이 만들어졌다. 이러한 새로운 세대의 공학자들은 에티오피아의 기근, 라이브에이드(역자 주: 난민 돕기 자선 콘서트), 오존층 파괴, 산성비, 리우 지구정상회담, 르완다 집단학살, 지구온난화, 주빌리 부채 탕감 운동, 새천년개발목표, 공정무역의 부상, 기후 변화, 인도양 쓰나미, 빈곤을 역사로 만들자 캠페인 등을 보고 들으며 자라 왔다. 이들은 새천년과 함께 대학 생활을 시작했다. 그들은 인터넷, 빠르고 저렴한 세계여행과 이동통신이 없는 세상은 알지 못한다. 그들의 사회적 네트워크는 국제적이다. 그들은 다른 대륙을 다니면서 문화가 살아남는 다는 것이 얼마나 어려운지 보고 경험했을 수도 있다. 그들은 과거 세대의 공학자들보다 분명히 더욱 국제적인 세계관을 갖고 있으며 글로벌 이슈에 더 많은 관심을 갖고 있다. 그들의 새로운 시각은 새로운 공학적 표현을 요구했고 많은 사람들이 EWB를 선택했다.

민영화와 자유화와 함께 공학은 공공선에 덜 집중하게 되었고, 대신 사적 이익에 더욱 집중하게 되었다. 정부와 엔지니어링 회사는 인간 개발을 전혀 다루지 않는 것처럼 보이고, 경제적 상업적 발전에 더욱 집중하는 것 같다. 원조 단체는 열정적인 아마추어를 원하지 않고, 새로운 세대의 잠재력을 알아보지 못하여 대학생 수준의 자원봉사자와 함께 일하는 데 주저했다. 따라서 젊은 공학자들이 글로벌 이슈를 해결하는 데 힘을 보태고 싶을 경우 어떻게 했을까? 그들은 EWB를 선택했다.

졸업생과 젊은 공학자들은 보수가 좋을 뿐만 아니라 지적으로 자극적이고 개인적으로 성취감을 느낄 수 있는 직업을 원했다. 그들이 직장 생활에서 사람을 돕는 방법을 찾지 못하게 된다면 그들은 점점 더 자원봉사 분야, 특히 EWB 그룹에 의지하게 될 것이다. EWB 그룹이 존재하지 않는 곳일 경우 공학자들은 EWB를 만들 것이다. 분명히 자원봉사그룹들은 글로벌 이슈를 해결하기 위해 필요한 기업 규모로 활동할 수 없다. 하지만 한 번에 한 가지씩 프로젝트를 수행해 나가면 변화를 일으킬 수 있다는 것을 EWB 회원들은 깨달았다. 그들이 일하는 직장이 변화를 위한 충분한 능력과 자원을 가지고 있음에도 불구하고, EWB와 같은 작은 조직에 그들의 희망과 꿈을 불어넣는 모습은 이상해 보일 수 있다. 그러나 그들은 EWB를 선택했다.

결론

EWB는 공학 공동체의 새로운 르네상스를 나타낸다. 글로벌 이슈와 변화를 위한 갈망을 가진 EWB 그룹들은 지금보다 더 좋은 시간을 발견할 수 없을 것이다. 개발 정책에 있어 현재 공학의 역할은 경제적 중요성만 있는 것처럼 보인다. 이것이 혁신의 중요한 요소이며, 따라서 경제 성장의 중요한 요소로 여겨진다. 공학의 경제적 중요성은 타당하지만, 공학자에 의해서 기본적 필요가 충족되지 못하기 때문에, 세계 개발을 위한 좋은 거버넌스 · 투명성 · 반부패 · 건강관리 · 초등교육과 같은 노력들은 종종 심각하게 훼손된다. 필요한 것은 글로벌 이슈와 사회적 측면을 이해하는 새로운 세대의 공학자들이 적극적으로 활동하는 새로운 개발의 10년이다.

공학 전문직을 위해서, EWB 그룹들은 젊은 공학자와 전문공학자를 깊이 동기부여 시키는 생각과 우려를 제공한다. 봉사, 직접 행하는 공학의 즐거움, 공학자가 만들어낼 수 있는 분명한 차이를 볼 수 있는 능력, 국제적 문제의 해결에 도움을 주는 모험… EWB 그룹들은 공학 전문직의 목적과 의지를 구현하여 공학 전문직을 정의한다.

© Stephen Jones, EWB-UK

대나무로 보강한 벽은 지진 시 붕괴의 위험을 줄이고 생명을 구한다.

EWB 운동은 대학생들에 의해 시작되었고 공학교육의 문제점과 잠재력과 아주 밀접한 관련이 있다. EWB 그룹들이 개발에 있어서의 기술 공부의 가치를 입증하기 시작하면서, 미래의 공학 교육의 역할은 변화하게 될 수도 있다. 많은 나라들이 공학자의 극심한 부족을 겪고 있다. 국가가 공학자 없이 어떻게 발전할 수 있겠는가? 공학자가 발전이 이루어지는 가장 중심에 있기 때문에 많은 개발도상국에게 공학자의 부족은 발전에 있어서 가장 큰 장애물이다. EWB 회원들은 이미 모국에서 그들의 동료와 다음 세대들에게 롤 모델이기 때문에, 공학자들을 가장 필요로 하는 나라의 공학 교육에 관여해서 더 많은 청년들이 미래 공학의 길을 걷도록 고무시켜 더 나은 세상을 만들도록 할 것이다.

젊은 공학자들은 그들이 자라면서 들어온 지구적 문제들을 해결하기 위한 수단으로서 EWB 그룹에 매료되었다. 그러나 졸업 후 중요한 결정이 남아 있다. 새로운 졸업생들과 적극적인 EWB 회원들이 회사에 들어가 공학자가 되어야 하는지, 아니면 자선단체에서 공학을 활용하여 사람들을 빈곤에서 구제하는 일을 해야 하는지 딜레마에 빠진다. 그러나 이것은 잘못된 선택이다. 대기업에서 일하는 공학자가 세상을 구하기 위한 방법으로 EWB와 같은 작은 조직에 온다는 것은 더 이상 타당하지 않다. 기업과 정부는 그들의 운영 전략을 수정하여 빈곤과 싸워야 한다. 그러지 않는다면 최고의 공학 자원을 잃게 될 것이다.

마지막으로 EWB 그룹의 주요한 도전 과제가 남아 있다. EWB 그룹과 그 회원들은 거대한 잠재력을 갖고 있다고 종종 표현된다. 그들이 앞으로 10년간 해야 할 일은 그 잠재력을 실현시키는 일이다. 그들은 국제 개발, 공학 전문직, 공학 교육, 그리고 사회 전체의 방식을 변화시켜야 한다. 시작은 아주 좋았으나 아직 갈 길이 멀다.

4.4.3 빈곤퇴치를위한공학자회 (Engineers Against Poverty)

더글러스 오커비(Douglas Oakervee)

1992년 리우환경회의 이후 민간부문에 대한 대중의 기대가 바뀌었다. 기업들은 이전까지는 성장과 일자리 창출, 기업 성장 지원, 기술이전과 납세를 통하여 발전에 기여해 왔으나, 리우 '지구 정상회담' 참가자들은 '일상의 비즈니스'라는 것이 우리가 처한 국제적 도전 과제에 대처하기에는 적절하지 않다는 것을 깨달았다. 기업은 더 많은 것을 할 수 있고, 또 해야만 한다.

이러한 배경 하에 몇 년 뒤 독립적인 비정부기구인 '빈곤 퇴치를 위한 공학자회(EAP)'가 설립되었다. 단체의 이름은 과학, 공학 및 기술이 빈곤 퇴치와 지속가능한 발전을 위하여 사용되기를 바라

학생들이 케냐의 동부 소웨토에서 하수도 위로 지나가는 다리 건설을 축하하고 있다.

인도에서 돌을 나르는 여성들

는 사람들의 소망을 나타내고 있다. 영국 국제개발부와 영국 최고의 공학 기업들의 지원으로 빈곤층의 삶을 변화시킬 수 있는 현실적인 해결 방법을 실행하기 위한 프로그램을 만들기 시작했다.

새로운 NGO를 급조해서 만드는 일은 어려울 뿐만 아니라 시간도 오래 걸린다. 관계를 만들고 신뢰를 쌓고, 일관성 있는 프로그램을 개발하는 것은 시간이 걸릴 뿐만 아니라 성급한 지원자들에게 납득할만한 가시적인 성과를 제시하는 것도 중요하다. 10년 동안 채취 산업, 인프라, 공공부문과 공학 교육에 걸쳐 많지 않은 운영비로 작은 규모의 조직이 할 수 있을 것으로 예상되는 것을 뛰어넘는 혁신적인 프로그램을 개발해왔다. 세계 빈곤을 퇴치하는 데 공학 산업을 동원하는 본보기가 되는 네 가지 중요한 교훈을 얻었다.

첫째, 빠르게 확장 가능한 해결책이 필요하다. 빈곤 관련 질병으로 매일 사망하는 4만여 명의 사람들에게 빈곤은 비극이다. 원조와 빚 탕감은 이러한 비극을 피할 수 있는 중요한 방법이지만, 극심한 빈곤은 지속적인 경제 성장과 수백만 개의 제대로 된 직업이 생겨나야만 없앨 수 있다. 기업의 자선 활동의 영향력은 무시할 만하다. 기업에게 가장 중요한 것은 가장 잠재력 있는 지역에서의 고객과 기술과 핵심 영업 활동이다. 가장 잠재력 있는 것은 기업, 능력, 그리고 엔지니어링 서비스 회사들과 고객들의 핵심적인 비즈니스 활동이다. 예를 들어 대형 정유 및 가스 회사가 500달러를 공급망에 사용할 때, 공동체 투자에는 1달러밖에 사용하지 않는다. 경제력과 기업의 핵심역량을 빈곤 퇴치를 위한 비즈니스 솔루션에 사용하는 혁신적인 비즈니스 모델이 필요하다.

둘째, 기업과 사회 사이에 긴장 상태가 종종 존재하는 것은 어쩔 수 없는 일이지만, 발전 전략은 반드시 상호 의존적이어야만 한다. 실무적 측면에서, 기업의 상업적 목적과, 국가의 발전 우선순위는 '공유 가치'의 창조를 위하여 조정되어야 한다는 것이다. 예를 들어, 채취 산업에서 '빈곤퇴치를위한공학자회(EAP)'의 활동은 저소득층 공급자 육성에 투자함으로써 비용 효율성을 확보했고, 일자리를 창출하는 등 지역 경제에 공헌했다. 공유가치창출 경영의 원칙은 기업과 사회 사이의 새로운 계약의 기초를 만들 수 있을 것이다.

셋째, 대부분의 기업의 경우, 이윤 추구와 사회적 우선순위의 조정과 대규모의 공유 가치 창조는 그들의 비즈니스 시스템과 절차를 근본적으로 재평가해야 가능하다. 이것은 비즈니스 발전에 사회적 관점 통합, 위험 관리, 그리고 공급망 개발을 포함한다. 사회적 이슈의 관리를 기업의 사회공헌 부서에 일임할 수는 없다. 그것은 기업의 비즈니스 모델의 핵심이 되며, 기업 전략에 대한 전통적인 지혜에 도전하는 이슈들이다. NGO와 파트너십을 맺는 것은 그러한 기회 속에서 무엇이 가장 그들에게 적절한 발전의 도전 과제이고, 어떻게 이윤을 극대화할 수 있는 지 결정하는 데 아주 효과적일 수 있다.

마지막으로, 기업들은 올바른 거버넌스와 민간 부문 발전을 위한 환경을 만들기 위해 노력해야 한다. 하나의 기업 단독으로는 해결하기 불가능한 발전의 도전 과제들을 해결하기 위하여 많은 기업들이 함께 노력하고 있다. 영국의 많은 공학서비스기업들과 전문가 집단이 인프라, 건설 및 공학 부문의 부패에 대항하여 싸우는 영국 반부패포럼(UKACF)이 한 예이다. 이 포럼은 천 개 이상의 기업과 30만 명 이상의 전문가를 대표하며, 공학 산업이 거버넌스 논쟁에 있어 책임감 있고 정확한 목소리를 전달하기 위해 어떻게 그들을 조직해야 하는지 보여준다. 비슷한 이니셔티브들의 세계적 네트워크는 건설 산업에서의 부패와 싸우는데 커다란 힘이 될 수 있을 것이다.

이러한 교훈과 실무 경험을 통해 수준 높은 전략적 조언을 파트너에게 제공할 수 있다. 예를 들면 국제개발부의 건설부문 투명성 사무국(CoST)을 운영하는 프라이스워터하우스쿠퍼스(Price-WaterhouseCoopers)에게 조언을 제공하고 있다.[19] 또한 영국 토목공학회(UK Institution of Civil Engineers)와 함께 공공 인프라의 조달 절차를 수정하는 작업을 하고 있다.[20] 이 외에도 공학 컨설팅 기업인 애럽과 ASPIRE(인프라 투자를 통한 빈곤 감소와 지속가능성의 극대화를 위한 복잡한 소프트웨어 도구)를 개발하기 위하여 협력하고 있다.[21] 이것이 EAP가 발전에 대한 영향력을 성취하는 방법이다. EAP는 간접비를 최소화하고, 실제로 개발을 이끄는 주요 정부 기관과 기업들과의 전략적 조정에 집중하고 있다.

리우 '지구 정상회담'을 통해 정부에 빈곤 퇴치를 위한 주요 책임이 있다고 알려졌지만 기업에게 훨씬 더 중요한 역할이 존재한다. EAP의 파트너십은 어떻게 기업의 경쟁력을 강화하는 동시에 빈곤퇴치의 역할을 수행할 수 있는지를 보여준다. EAP는 세계 모든 사람들에게 더욱 안정적이고 현대적이고 번창한 환경을 제공하는데 기술과 공학을 이용하는 광범위한 노력의 한 부분을 담당하고 있다.

19) 다음 홈페이지를 참고할 것. http://www.constructiontransparency.org

20) Wells, J. et al (2006) Modifying infrastructure procurement to enhance social development, EAP & ICE, London.

21) 다음 홈페이지를 참고할 것. http://www.inesweb.org

4.4.4 지속가능한세상을위한공학자회 (Engineers for a Sustainable World)

레지나 클루로우(Regina Clewlow)

지속가능한세상을위한공학자회(ESW)는 비영리 공학 협회로서, 세계 모든 사람들을 위하여 더 나은 미래를 만들기 위해 노력한다. 2002년에 설립된 ESW는 빠르게 성장하여 현재 세계적으로 선두적인 공학기관에 수천 명의 회원이 있다. 코넬대학교 학생인 레지나 클루로우와 코넬대학교의 여성 및 소수자 프로그램 책임자인 크리쉬나 S. 아스레야(Krishna S. Athreya)에 의해 설립된 ESW는 다양한 분야의 새로운 사람들을 공학으로 끌어들여 세계의 가장 중요한 도전 과제들을 해결하기 위한 실제적이고 혁신적인 해결 방안을 만들도록 한다.

ESW의 비전은 세상의 모든 사람들이 건강하고 생산적인 삶을 영유하기 위한 기본적인 자원을 누리고, 다른 사람들 및 지구와 조화를 이루는 세상을 만드는 것이다. 이러한 비전을 성취하기 위하여, ESW는 교육과 훈련과 실제적인 행동과 파트너들과 협력적인 관계를 통해 공학자들을 움직여서 현재와 미래 세대의 필요를 충족시키고자 한다.

ESW의 주요 목표는 다음과 같다.

- 공학자 공동체의 구성원을 늘리고, 더욱 다양해지도록 촉진한다.
- 모든 공학자의 연구와 실천에 지속가능성을 불어 넣는다.

성장하는 네트워크

ESW 대학 지부는 대학과 지역 공동체에서 중요한 글로벌 이슈들과 공학적 · 과학적 · 기술적 해결방법의 역할에 대한 인식을 증가시키고 있다. 그들은 공학 공동체를 움직여서 지속가능한 미래를 만들 수 있는 공학적 해결책을 보여주는 지구의 날이나 세계 환경의 날과 같은 대규모의 이벤트에 참여하도록 했다. 또한 ESW 지부는 공학 전공 대학생과 중고등학생 간의 상호작용을 증가시키기 위해 만들어진 해외봉사 프로그램을 조직하여 지속가능성에 대한 주제를 강조하고 있다.

공학자 공동체 내에서, ESW 대학 지부는 공학자가 사회적 도전 과제들에 대해 이해하는 것을 돕고, 문제 해결을 위한 행동을 하도록 공학자들을 조직한다. ESW 지부는 기후 변화와 세계의 빈곤 등과 같은 주제로 강의와 세미나를 연다. 매년 ESW는 수 백 명의 공대생들과 교수진, 그리고 산업 전문가들을 모아 세계의 지속가능성과 공학적 해결책의 중요한 역할에 대하여 이야기하도록 학회를 개최한다. 미국 전역에 걸쳐 ESW 지부는 기숙사와 교외 거주지역의 에너지와 물 절약 캠페인과 학생 식당에서 버려지는 음식물 쓰레기 감소 운동을 통해 친환경적 캠퍼스의 조성에 주도적인 역할을 수행하고 있고, 교내 교통수단이 대체에너지를 사용하도록 변화시키고 있다. ESW 지부는 학생들이 세계의 최빈국에서 어떻게 깨끗한 물과 위생과 에너지에 대한 접근성을 증가시킬 수 있을지에 대한 실제적인 공학 경험을 얻을 수 있는 교육과정을 만드는 데 중요한 역할을 한다.

다음 세대의 공학자를 위한 교육

처음부터 ESW는 공학 교육과정에 지속가능성과 지속가능한 발전을 포함하도록 변화시키고 그것을 전파시키는 데에 집중해왔다. 세계 최고의 공학 교육기관에서 20개 이상의 지속가능한 공학 교과목이 ESW의 교수진과 학생 회원의 노력으로 시작되었다. 나아가 ESW 대학 지부는 현재 '지속가능한 공학' 학위와 부전공, 석사학위 과정을 만들기 시작했다. 그러나 이러한 과정들은 아직 주류로 보기는 힘들다. 따라서 ESW는 공학 공동체의 이러한 변화를 촉진하기 위하여 교육 자료를 개발하고, 개선하고, 배포하는 일에 집중하고 있다.

유네스코와 미국의 국립과학재단(NSF)의 지원으로 ESW는 '지속가능한 발전을 위한 공학 교육 워크숍'을 개최해 왔다. 2005년에 ESW는 텍사스 주립대학에서 연례 학회와 더불어 워크숍을 개최했고, 2006년에는 파리의 유네스코 본부에서 워크숍을 개최했다. 두 행사 모두 개발도상국에서의 깨끗한 물과 위생과 에너지에 대한 접근 부족을 해결하기 위한 공학자들의 경험과 실무에 대한 이야기를 교환하는 데 목적이 있었다.

2007년 2월, ESW는 NSF와 공동으로 교육기관들이 경영, 공학 및 지속가능성을 융합하는 다학제적인 교육과정의 개설을 장려하고 지원하기 위한 워크숍을 개최했다. 세계 최고의 공학기관들이 워크숍 준비위원회에 참여했는데 이를 통하여 공학공동체 내에서 진행되고 있는 지속가능성에 기반을 둔 연구와 교육 계획들을 발견하고 보고할 수 있었다.

ESW와 ESW대학 지부를 통하여 지속가능성과 지속가능한 발전에 대한 내용을 공학 교과과정에 삽입할 수 있었으나, 아직까지 공학 교육의 주류로 보기는 어렵다. ESW는 계속하여 이러한 교육 자료를 개발, 개선 및 배포하여 공학 공동체의 혁신적인 변화를 가져오기 위하여 노력할 것이다.

세계에서 가장 빈곤한 십억 명의 욕구를 충족시키기

ESW가 생긴 이래로 꾸준히 여름 방학 동안에 '개발에서의 공학 경험(Summer Engineering Experience in Development, SEED)' 프로그램을 조직해 왔다. SEED프로그램을 통하여 학생들과 전문가들이 팀을 만들어 2~3달을 세계의 빈곤국가의 사람들을 위한 기술접근성 강화 프로젝트에 쏟아부었다.

캐쉬미르 지역의 천막 학교

ESW SEED 프로젝트의 중요한 특징은 해당 지역의 기술 파트너 조직과 협력하여 지식이전, 지역에 적합한 문제 해결방법 개발, 그리고 프로젝트가 지속되도록 노력한다는 것이다. ESW는 지역에 적합한 해결방법을 찾기 위해 노력하고, 기본적인 기술지식을 갖고 있는 지역 관계자와 제휴하여 프로젝트의 지속가능성을 보장한다. 기존의 일반적인 국제 공학 프로젝트의 실패 원인은 전문가와 수입 재료에 의존했다는 점에 있다.

ESW SEED 프로그램은 참가자들의 인생을 바꿀만한 경험을 만들어 냈다. ESW SEED의 해외 프로그램에 참여한 자원봉사들 중에서 절반 이상이 그들의 경험을 너무나도 긍정적으로 기억했고, "내 인생에서 스스로 실제 세계의 문제를 해결하기 위해 내 모든 것을 쏟아 부었던 것은 처음이었어요. 내가 이 때까지 배웠던 공학 지식을 이용해 사람들의 삶이 나아지는 것을 볼 때 매우 신났습니다" 혹은, "개인적 뿐만 아니라 학술적으로도 내 인생 최고의 경험이었어요", "이 경험을 통해 앞으로 의 제 인생이 완전히 바뀌었습니다" 등과 같은 감상을 남기기도 했다.

SEED 프로그램에 참여하는 학생들은 공학 전문직에 대한 새로운 열정과 에너지를 갖고 각자의 학교로 돌아갔다. 졸업 이후 그들이 선택한 진로가 이를 증명한다.

4.5 공학학, 과학, 기술 및 공공정책

4.5.1 공학학

개리 리 다우니(Gary Lee Downey)

시간과 공간을 뛰어넘어 다른 기관과 함께 공학자가 국제 발전을 위해 일을 한다는 의미는 무엇일까? 발전과 진보에 대한 비전을 갖는 것은 공학자가 되는데 어떤 영향을 미칠까? 공학자들이 그들의 국가와는 멀리 떨어진 곳에서 사회적 서비스를 제공하는 프로젝트에 참여하고 있는 것은 어떤 이유일까? 누가 그런 행동을 하고 누가 그렇지 않을까? 공학자들은 어디서 누구를 위해 일하고 있나? 그 일은 어떻게 구성이 되어있고 누가 이득을 보나? 공학자들은 왜 기술발전에 대해서 관할 권리를 주장하며 이러한 권리 주장은 나라와 시기에 따라 어떻게 다른가?

동시에, 공학자들의 숫자가 과학자나 경제학자의 숫자보다 많음에도 불구하고, 두 집단과 비교했을 때 국제 발전에 기여하는 바가 상대적으로 잘 드러나지 않는 이유는 무엇일까? 언제 어떤 조건에서 공학자들은 그들의 업적을 잘 드러낼 수 있을까? 개발 프로젝트 안에서 또는 그걸 뛰어넘어서 공학 교육과 공학 업무가 나아가야 할 방향은 무엇인가?

이것이 공학학 연구자들이 발전과 관련해 흥미를 가지고 있는 질문들이다. 이런 질문들을 하는 것은 중요하다. 왜냐하면 그들은 기술적인 문제해결을 초월해서 국제 발전이라는 측면에서 살펴보고 있기 때문이다. 개발 프로젝트에 참여하고 있는 공학자들은 항상 기술적인 측면과 비 기술적인 측면 모두를 다뤄야만 한다. 하지만 공학 교육에서의 기술적 문제해결에 대한 집중 때문에 공학자들은 이렇게 할 준비가 덜 되어 있다. 실제로는 공학자들이 기술적 문제 해결을 넘어선 어떤 것들이 중요하다고 생각하지 못하도록 적극적으로 설득하고 있다.

공학학(engineering studies)에서 연구와 교육은 도움이 된다. 공학학이 국제 개발에 참여하고 있는 공학자들에게 주로 기여하고 있는 것은 기술적인 문제가 언제나 비기술적인 측면을 가지고 있다는 것을 보고 이해하는 것을 도와주는 데 있다. 예를 들어 이것은 의사결정에 참여하고 있는 사람, 개발 업무에 대한 공학자의 기여로부터 이득을 얻는 사람 또는 그렇지 않은 사람 모두에게 의미가 있다. 또한 공학자가 그들의 지식을 동업자들과의 업무에 어떻게 활용하는가도 중요하다.

공학학은 다음의 중요한 질문들과 관련 있는 다양하고 다학제적인 연구 및 교육 분야이다. 공학 실무에서 기술적 측면과 비 기술적 측면 사이의 관계는 무엇인가? 그리고 시간이 지남에 따라 이 관계들이 어떻게 변화하고 있는가? 이러한 질문에 답하기 위한 연구에는 때때로 연구자들 스스로가 중요한 참여자로 포함된다. 예를 들면 공학 구성, 공학 업무, 공학 디자인, 공학에서의 평등

(성, 인종, 민족, 수준, 지정학), 사회에 대한 공학 서비스 등이다.

공학학의 연구와 교육을 이끄는 기관은 '국제공학학네트워크(International Network for Engineering Studies, INES)'[22]이다. INES는 파리에서 2004년에 설립되었다. 이 기관의 임무는 다음 3가지이다.

1. 공학과 공학자들의 역사적, 사회적, 문화적, 정치적, 철학적, 수사적, 조직적인 분야에서의 연구와 교육을 향상시킨다.
2. 공학학에 관심을 가지는 연구원들이 다양한 커뮤니티를 만들고 운영하는 것을 돕는다.
3. 공학학의 학문적인 성과를 공학 교육, 연구, 실무, 정책 등과 관련된 광범위한 토론과 연결시킨다.

이 분야에서 유명한 저널은 1년에 3번 발간되는 『Engineering Studies: Journal of the International Network for Engineering Studies』[23]이다.

공학학의 연구원과 교사는 때때로 사회과학 혹은 인류학의 고급 학위를 가진 공학자이다. 때로는 공학 교육과 공학 실무에 관심이 있는 사회학 연구원 혹은 교사이다. 또는 공학의 비기술적인 분야에 관심이 있는 공학 전문가이다. 공학학의 연구원들은 과학사회학회, 기술사학회 그리고 다른 다학제적인 과학기술 연구 관련 학회나 간행물에 가장 많이 참여한다.

공학자들의 실무를 연구하는 것이 중요한 이유는, 이것이 사회에 서비스로 제공된 지식들의 예시들을 구성하기 때문이다. 어떻게, 언제, 어디서, 누구를 위해 공학자들이 일했나를 연구하는 것은 공학 업무가 어떻게 현대 생활의 중요한 측면에 기여했는가를 이해하는 데 매우 중요하다. 예를 들어, 공학 교육업무는 국가의 지역 경계를 발전시키고, 유지하고, 확장시키는데 어느 정도까지 집중해야 하는가? 더 나아가, 더 넓은 범위의 사회 비전과 계획이라는 측면에서 공학자의 형성, 일상생활, 경력의 흐름을 연구하는 것은 발전된 형태의 공학 지식이 어떻게 다양한 형태의 서비스와 연결되고 있는지에 대한 통찰력을 준다. 개발 업무에 공학자들의 참여하는 것은 딱 들어맞는 사례이다.

지난 반세기동안, 국제 개발 분야에서 공학자의 참여가 급격하게 증가했다.[24] 공학자들은 거대한 인프라 개발, 작은 규모의 지역 사회 개발, 국가주도 개발, 비정부기관의 인도주의적인 개발 그리고 가장 최근에는 지속가능한 발전 등 모든 범위의 개발 활동에 참여했다. 공학 실무가 발전이라는 비전 아래에서 지역사회, 사회, 풍경이 변화하는데 어떻게 기여하고 있을까? 이런 변화들이 주는 의미는 무엇일까? 예를 들어 어느 정도까지 공학 개발 업무가 발전을 이룩했나?

최초의 국제 공학 보고서인 이 책은 오늘날 세계 각지에 있는 수백만의 공학자들이 세상 사람들에게 잊혀져 있다는 사실을 드러내는 명확한 증거이다. 이는 단지 국제 개발뿐 아니라 공학의 모든 분야에도 적용된다. 과학은 지식 창조의 장으로서 기술은 응용된 제품을 통해 널리 알려져 왔다. 이와 같은 생각 속에서 공학자들은 과학자보다 아래 지역(down stream)에 위치해 왔다. 공학은 응용과학의 산물이다.

개발 업무의 경우, 공학자들은 종종 다른 사람들이 운영하는 지적이고 사회적인 거대 프로젝트에서 단순한 기술자로 간주된다. 공학자가 상대적으로 덜 드러나는 이유는 정치 지도자들은 개발 프로젝트의 목표를 이야기하고, 과학자들은 그것을 달성하기 위한 수단을 정의하고, 경제학자들은 그것의 메트릭스를 이야기하는 반면에, 공학자들은 다른 사람들이 생각한 것을 실행하기 때문이다. 예를 들어 '과학개발네트워크(Science and Development Network)'에 공학자의 참여가 없는 것은 놀랍다.[25] 개발 업무에서 가장 큰 온라인 자원 중의 하나로서 이 네트워크의 목표는 개발도상국을 위해 믿을 수 있고 권위 있는 과학기술 관련 정보를 제공하는 것이다. 이 네트워크에서 다루는 모든 주제에서 중요한 부분임에도 불구하고 공학은 거의 인식되지 않는다. 개발 업무에서 과학에 비해 공학의 상대적인 드러나지 않음은 2007년에 최저점을 기록했다.[26] 2007년에 사이언스 매가진의 편집장은 "전 세계의 200개 정도 과학저널이 동시에 전 세계 가난과 인류의 발전에 대한 보고서를 출간할 것이다. 이것은 우리 시대의 중요한 이슈들에 대해 인식, 관심 및 연구를 늘리기 위한 공동의 노력이다"라고 말했다. 이 편집장은 공학 또는 공학자를 언급하지 않았다. 이러한 노력이 공학 분야에서는 아직 이루어지지 않았다.

아직까지 공학은 응용과학의 이미지를 가지지 못한다. 공학자는 단지 기초과학이라 불리는 분야에서 발견한 것들을 선택적으로 사용한다. 공학과학은 입증할 수 있는 이익을 능동적으로 찾는다

22) 다음 홈페이지를 참조할 것. http://www.inesweb.org.

23) 다음 홈페이지를 참조할 것. http://www.informaworld.com/engineeringstudies.

24) 총설을 보고 싶으면 다음 자료를 참고할 것. Lucena, Juan C. and Jen Schneider, 2008, Engineers, Development, and Engineering Education: From National to Sustainable Community Development, *European Journal of Engineering Education*. Vol. 33, No.3 June 2008, pp. 247–257.

25) 다음 홈페이지를 참고할 것. http://www.scidev.net.

26) Borlaug, Norman E. 2007. Feeding a Hungry World, Science, Vol. 318, No. 5849, pp. 359.

는 점에서 기초과학과 다르다. 공학자들이 어떻게 과학을 다른 도구들과 함께 사용하는가를 생각해보면, 개발 분야뿐 아니라 일반적인 기술 발전 분야에서 공학자들의 행동을 평가절하하거나 무시할 수 없다.

게다가, 많은 학문 분야에서 기술 발전에 대한 권리를 주장하고 있다. 예를 들어 정수 관련된 모든 과학 분야를 생각해 봐라. 정말 소수의 과학 분야만이 사회를 위한 거대한 프로젝트 서비스에서 그들의 기여도를 정확하게 표현한다. 공학자는 아직도 아주 중요한 역할을 수행하고 있지만 대부분 숨겨져 있다.

다양한 이해 당사자들의 복지 혹은 생태계의 건강에 대한 특정한 공학 프로젝트의 가치를 평가하는 것은 쉽지 않다. 갈등과 의견 충돌은 아마 예외가 아니라 하나의 규칙일 것이다. 이러한 이유로, 공학자가 과거, 현재 및 미래에 개발 비전과 프로젝트에 기여할 때의 서비스의 환경을 조사하는 것은 중요한 동시에 흥미롭다. 예를 들어 공학자들이 기술적인 부분과 비기술적인 부분의 경계를 강조하려는 시도를 하면서 기술적인 부분에 대한 관할 권리를 주장하고 비기술적인 부분에 대해서는 다른 사람들에게 맡길 때, 공학자들이 그들의 상대적인 드러나지 않음에 스스로 기여를 하고 있지 않는가? 공학자들은 어느 정도까지 그들의 서비스를(사회적 · 정치적 책임은 다른 사람들에게 맡기는) 눈먼 기술지원으로 이해하고 있는가? 동시에 공학자가 개발 업무에서 성공적으로 드러나게 된 경우에는 어떤 특별한 환경이나 조건이 있었는가? 어떻게 그 사람들은 공학자의 정체성의 기술 및 비기술적인 측면 사이의 관계를 이해할 수 있을까?

공학 서비스의 지적이고 사회적인 내용과 공학자가 일하는 정확한 환경을 조사하는 것은 어떻게 그리고 왜 특정한 형태의 공학 디자인, 분석, 건설이 특정한 경우에 성공 혹은 실패를 했는지, 그리고 이러한 평가는 누구의 관점에서 내려졌는지와 같은 중요한 통찰력을 개발 프로젝트를 실현하는 데 제공한다. 이는 1960년대 '기술원조를 위한 자원봉사자들(VITA)'의 활동을 평가하는 데 유용하다. VITA 공학자들이 새로운 과학 기반 교육과정을 사용해서 교육한 것은 국제개발 분야에서 어떤 기대를 어느 정도까지 갖

미국의 후버댐

게 하였는가?[27)]

공학학 연구자는 어려운 역사, 철학, 사회, 문화, 정치, 수사, 조직에 대해서 질문을 하는 경향이 있다. 예를 들어 초기 개발 역사의 대표적인 프로젝트인 수력발전 댐 건설을 생각해보자. 공학학 연구자들은 공학자들을 다른 참여자들과 이해당사자와 함께 뭉치게 하고 다양한 형태의 지식을 다른 사람들과 나눌 수 있는 특정한 역사적 융합에 흥미가 있었다. 이 프로젝트는 어떻게 생겨졌으며 왜 중요한가? 그것의 개발과 결과에서 누가 이득을 얻었는가? 결과물은 무엇이었고 누구를 위한 것이었는가?

개발도상국에서는 냉전시대 지정학적 경쟁을 통해 지어진 수력발전 댐이 미국에서는 뉴딜 기간 동안 경제 성장과 고용을 촉진시키기 위한 방법으로서 지어졌기 때문에 이것이 공학의 위상에 대한 변화를 만들었다. 미국의 경우, 경제 대공황으로부터 벗어나기 위해 자국의 공학자들을 이용하는 데 중점을 뒀으며, 공학자를 전체 복지를 책임진 대리인으로 여겼다. 후버댐과 같은 경우에는 공학자들을 심지어 영웅으로 만들기도 했다.[28)] 개발도상국의 경우, 서로 다른 나라의 정치경제 지도자들의 협상에 의해서 이루어졌다. 선진국 지도자는 원조를 통해서 자국의 경제적, 정치적 영향력을 유지 및 확장하려고 하였고, 개발도상국의 지도자는 기술원조를 받는 대신에 정치적 · 경제적 헌신을 약속했다. 개발도상국의 경우, 누가 의사결정을 내렸는지를 살펴보면 공학의 의미는 좀 더 모호하다. 하지만 미국의 경우에도 전체적인 이득과 영웅적인 성취도 수력발전을 이득보다는 손실로 여기는 사람들의 관점을 반영하지는 못한다. 모든 이해 당사자들이 이득을 보고 행복한 개발 프로젝트는 없다고 말하는 것이 아마 안전할 것이다. 개발 프로젝트에서 이득을 보지 못한 사람들에게는 개발의 이미지가 분명히 나쁠 것이다.

다른 질문은 철학적이다. 개발 프로젝트에 참여한 공학자들은 그들의 업무의 공학적 내용을 어떻게 정의하고 이해할 것인가? 그리고 이게 왜 의미를 가지는가? 예를 들어 비소 제거를 위해 효과적인 저비용, 저차원의 기술적 해결책은 아마 공학자들이 활발하게 지역 주민, 비정부기관, 그리고 다른 분야의 기술 전문가(예를 들어, 화학)들과 활발하게 지식을 나눈 결과물일 것이다. 그들 스스로를 기술 문제 해결자로 교육을 받은 공학자들은 그들과 다른 방식으로 문제를 이해하는 사람들과 효과적으로 어울리는 데 불리할까? 그들이 맡은 개발업무의 커다란 맥락에 본격적으로 참여하는 것을 주저할까? 만약 학위를 딴 공학자들과 그리고 그들과 다르게 문제를 인식하는 사람들이 함께 일을 한다면 어떤 차이점을 만들까?[29)]

공학과 공학자에 대한 사회, 문화, 정치적 질문은 종종 서로 섞인다. 일반적인 관심 중 하나는 공학의 정체성에 대한 것이다. 즉, 공학 프로젝트에 참여하는 것이 공학의 정체성을 재정립하는데 어떻게 기여할까? 어떤 사람은 다음과 같은 질문을 할 것이다. 아스완 하이 댐의 건설이 소련과 이집트 공학자들의 정체성에 어떤 영향을 주었나? 소련 공학자들이 댐건설을 사회주의 서비스의 한 부분으로 이해하고 댐건설 자체에만 집중했는가? 댐의 완성이 이집트 공학자들의 애국심을 굳건하게 해주었으며, 그 결과 이집트에서 공학 교육과 공학자에 대한 관심이 늘어났는가?[30)] 혹은 온두라스의 엘 카혼 댐에 참여한 공학자들에게는 다음과 같은 질문을 한다. 댐 건설에 적극적으로 참여한 마을 사람들과 유럽의 부품 및 전문 기술이 온두라스 공학자들의 공학자 지위와 경력에 대한 열망에 어떤 영향을 미쳤는가? 온두라스 공학자들은 다른 공학자, 기술전문가, 지역 주민들과의 관계를 어떻게 이해하고 있는가?[31)] 일반적으로 공학학 연구자는 개발 프로젝트에 무엇이 포함되어 있는지, 누구의 관점이 권위를 얻었는지, 그리고 무엇이 궁극적으로 강조되었는지에 관심이 있다.

앞으로는 공학자들이 상대적으로 드러나지 않는 주요 원인은 공학 업무 연구의 중요한 부분이 될 것이다. 과학과 기술 사이의 중재는 상대적으로 덜 중요하다고 여겨져 왔다. 그러나 만약 독립된 세계의 연구자를 다양한 이해관계자의 삶과 지역사회의 조건에 적합한 수단과 응용방법으로 이용할 수 있다면, 이러한 일은 창

27) Pursell, Carroll. 2001. Appropriate Technology, Modernity and U.S. Foreign Aid In: *Proceedings of the XXIst International Congress of History of Science*, Mexico City, 7 – 14 July, pp. 175 – 187.

28) Billington, David P. 2006. *Big Dams of the New Deal Era: a confluence of engineering and politics*. Norman: University of Oklahoma Press.

29) 이와 관련해서 다음 자료를 참고하라. Downey, Gary Lee, Juan C. Lucena, Barbara M. Moskal, Thomas Bigley, Chris Hays, Brent K. Jesiek, Liam Kelly, Jane L. Lehr, Jonson Miller, Amy Nichols-Belo, Sharon Ruff, and Rosamond Parkhurst. 2006. The Globally Competent Engineer: Working Effectively with People Who Define Problems Differently, *Journal of Engineering Education*, Vol. 95, No. 2, pp.107 – 122; Downey, Gary Lee. 2008. The Engineering Cultures Syllabus as Formation Narrative: Conceptualising and Scaling Up Problem Definition in Engineering Education. *University of St. Thomas Law Journal* (special symposium issue on professional identity in law, medicine, and engineering) Vol. 5, No. 2, pp. 101 – 1130; and Schneider, Jen, Jon A. Leydens, Juan C. Lucena. 2008. Where is 'Community'?: Engineering Education and Sustainable Community Development," *European Journal of Engineering Education*, Vol.33, No.3, pp. 307 – 319.

30) Moore, Clement Henry. 1994. *Images of Development: Egyptian Engineers in Search of Industry*. Cairo: The American University of Cairo Press.

31) Jackson, Jeff ery. 2007. *The Globalizers: Development Workers in Action*. Baltimore: Johns Hopkins University Press.

의적인 기여방법으로 이용될 것이다. 최근 지속가능한 지역사회 발전에 참가하고 있는 공학자들은 지역사회, 지방정부, 정부기관, 국제기관 등의 관점과 지식 형태를 중재하고 있다.

따라서 공학학 연구자는 공학자들의 존재와 현재뿐 아니라 공학 업무의 기술적, 비기술적 내용에 대해 많은 관심을 가지고 있다.[32] 그들은 공학자와 공학의 존재의 가시성을 높이는 방법과 그들이 참여하고 있는 프로젝트를 섬기고 날카롭게 분석하는 공학자들의 능력을 향상시키는데 일조하는 방법을 찾고 있다. 이타주의가 공학지식과 공학업무에 들어가야 한다. 서비스에 들어가는 공학 지식을 관리하는 것, 그 서비스를 더 잘 보이도록 하는 것, 저소득층을 포함하여 공학 서비스가 제공하는 이익의 범위를 넓히는 것들 모두는 공학이 무엇인지, 공학자는 누구인지, 공학자는 무엇을 하는지에 대한 이해에 달려 있다. 공학학 연구자들은 이해하고 돕기 위한 이러한 기여를 열망한다.

4.5.2 공학, 과학 및 기술 정책

토니 마조람(Tony Marjoram)

서론

공학과 기술 정책은 배경 정보, 논쟁, 정책 보고서, 계획, 규제 체제, 입법, 정부의 재정지원 및 의사결정, 정부 기구, 비정부기구와 민간 부문으로 이루어져 있다. 정책의 관점은 특히 법제정과 예산의 우선순위 결정에서 잘 드러난다. 공학·기술 정책은 고려해야 될 정책 이슈의 개발, 정책이슈 관련된 결정 등을 포함한다. 이 과정은 정부, 산업, 민간 부문, 전문가 기관, 대학교에서의 다양한 수행자, 로비 등을 포함한다. 그리고 특히 선진국에서 정책 연구, 협회, 저널, 보고서는 정책 과정에서 매우 중요한 자원이다. 다양한 의사결정 모델이 정책과 관련된 정책 이슈 및 이의 형성, 수행자를 분석하기 위해 사용되고 있으며, 이러한 것들에는 이성적, 정치적, 조직적인 모델들이 있다. 하지만 한 사람이 관련 있는 정부 부처 장관에게 영향력 있는 발표를 함으로써 공학에 변화를 일으킬 수 있다. 공학자는 개인적, 정치적 및 정책적 수준 모두에서 차이를 만들 수 있고, 이러한 분야에서 기술과 경험을 발전시키고 공유할 필요가 있다.

정책은 다양한 기관, 부서 및 개인 수준에서 공공 및 민간 부문의 일반적이거나 특정한 목표를 이루기 위한 행동에 대한 정치적, 경영적, 재무적, 행정적 가이드라인을 포함한다. 정책은 일반적으로 다음의 내용과 과정을 포함하는 '정책 순환'의 부분으로 만들어진다.

- 문제 제기, 범위 설정, 적용 가능성, 책임
- 정책 분석, 진단, 논의
- 정책 구성, 조직, 수단 발전
- 정책 결정, 적용
- 정책 실행
- 정책 관찰, 평가, 검토, 재구성

정책은 목표 지향적이지만, 정책 '방해'와 반직관적, 예상 밖의, 의도치 않은 효과와 영향들이 있을 것이다. 이런 이유로 정책의 일관성과 정책 검토와 재구성이 필요하다. 예를 들어, 정부는 재생 가능한 에너지를 촉진시키기 위해 정책을 갖고 있을 것이다. 하지만 동시에 태양 전지판에 대한 높은 수입 관세를 부과할 수 있다. 기관의 관점에서도 고위층의 결정이 재생 가능한 에너지를 촉진시키는 동시에 그러한 활동을 돕는 데 필요한 공학 프로그램은 줄일 수도 있다. 정책과 정책 체계는 일반적으로 문서, 기수, 프로세스 등의 형태로 겉으로 드러나지만 내포될 수도 있다. 정책 선언문의 부재가 정책 선호의 부재를 의미하는 것은 아니다. 그리고 공학 이슈를 정책 문서에 포함하고, 교육, 역량강화 및 빈곤퇴치 같은 응용에 관련된 공학 정책을 갖는 것도 중요하다. 하지만 정책 강령은 책꽂이에 있기보다 실행되어야 한다.

정책과 정책 강령은 일반적으로 정책의 배경, 정의, 목적, 정책의 이유, 예상되는 결과, 범위, 응용가능성, 정책 수행자의 정의, 역할, 책임, 실행 기간과 방법, 관찰과 검토 등을 포함한다. 정책은 대통령령과 칙령, 국무총리의 발표, 또는 '백서(White Paper)'로 나타난다. 정책이 의도했던 결과가 이루어지는지 등의 결과를 관찰하기 위해 역동적이어야 한다.

공학 정책은 주로 분야 정책이고, 과학기술 정책의 한 부분이다. 종종 공학을 과학의 부분으로 보면서 이를 간과하기도 한다. 동시에 공학 정책은 과학 정책과 마찬가지로 교육, 연구, 국방, 국제개발, 산업, 인적자원과 인프라 정책과 같은 다른 분야의 한 부분이기도 하다. 여기서는 과학과 기술 정책의 부분으로서의 공학 정책에 대해서 주로 논의하도록 하겠다.

배경과 역사

이전에도 관심이 있었지만, 특히 2차 세계대전이 끝난 1940년대 후반과 1950년대에 과학 정책과 계획에 대한 관심은 더더욱 증가했다. 전쟁에서 과학과 지식 적용의 역할은 단연코 전자, 재료, 핵 과학 분야에서 분명했고, 디자인, 제조, 생산의 새로운 방법에

32) Downey, Gary Lee. 2005. Keynote Address: Are Engineers Losing Control of Technology? From 'Problem Solving' to 'Problem Definition and Solution' in Engineering Education, *Chemical Engineering Research and Design*, Vol. 83. No. A8, pp.1-2.

서도 분명했다. 후에 시스템 분석과 경영 과학이 되는 운용과학(operational research)이 좋은 예이다. 유럽의 전후 복원은 후에 경제협력개발기구(OECD)가 되는 유럽경제협력기구(OEEC)가 조정한 마샬 플랜과 산업 발전에 기반을 뒀다. 과학, 기술, 산업화와 발전에 대한 관심은 또한 1946년의 유네스코 설립, 1966년의 UNIDO 설립으로 나타났다. 과학기술 정책 및 계획에 대한 관심은 1980년대 냉전과 우주 개발 경쟁으로부터 자극을 받았다. 하지만 1980년대 작은 정부, 자유 시장, 구조 조정에 대한 관심도 증가했으며, 이는 과학기술 정책에 대한 지원 감소로 이어졌다. 과학기술 정책에 대한 관심은 1990년대와 2000년대에 들어 혁신에 대한 관심과 함께 증가했다. 과기기술 정책은 규범적이기보다는 서술적인 성격이 강하다.

정부의 관심을 반영하여 과학기술학 및 과학기술 정책 관련 학과가 영국과 미국을 중심으로 전 세계 많은 대학에 신설되었다. 대부분 과학기술학, 과학기술 정책 및 계획에 주로 집중을 했고, 공학에 대해서는 거의 관심을 가지지 않았다. 과학 기술 정책이 이런 관심과 지원을 받는 동안, 공학학과 공학 정책은 관심 받지 못하는 분야로 계속해서 남아 있었다. 2004년이 돼서야 파리의 회의를 통해 국제공학학네트워크(INES)가 설립된 것은 이를 단적으로 보여주는 예이다(INES에 대해서는 4.5.1장을 참조하라). 그것은 공학에 대한 일반 대중과 정책 입안자들의 인식을 방증한다. 물론 예외도 있다. 미국의 몇몇 대학의 학과에서는 과학, 공학 및 기술 정책에 중점을 두었다. 1977년에 영국의 맨체스터 대학교 과학기술 정책학과에 공학 · 과학 · 기술정책연구(PREST)센터가 생겼다. 2007년 PREST는 '혁신경쟁연구센터'를 합병하고 '맨체스터혁신연구소(MIoIR)'가 되었다.

과학기술 정책이 공학이 아닌 기초과학에 집중을 한 이유 중 하나는 이것이 공공정책과 연구정책의 접점에서 발전하였기 때문이다. 영국의 연구정책은 1906년에 발표된 '홀데인 원칙(Holdane principle)'으로부터 발전하였는데, 이는 연구관련 펀드의 할당에 대한 결정을 정치인이 아니라 연구원들이 해야 한다는 것이다. R. B. 홀데인은 이후 '대학지원위원회'의 전신인 '고등교육연구비위원회'의 의장을 맡았다. 1918년의 홀데인 보고서는 정부가 지원하는 연구는 각 부처에서 지원하는 세부적인 연구와 자치적인 연구위원회가 자율적으로 진행하는 일반적인 과학연구로 나눌 것을 추천했다. 연구관련 펀드의 정치적 독립을 담은 '홀데인 원칙'은 전 세계 연구정책의 기준과 비평의 대상이 되었다. 예를 들면 J. D. Bernal는 1939년 '과학의 사회적 기능(The Social Function of Science)'에서 과학연구는 사회공익을 위해 수행되어야 한다고 주장했다. 1971년에 솔리 주커만(Solly Zuckerman, 영국 수석 과학 고문)은 홀데인 원칙을 반영한 기초과학과 응용과학의 인위적인 구분과 기초과학에 대한 지나친 강조를 비판했다.

과학정책에서 공학과 기술보다 과학과 연구에 더 집중했던 이유는 고전 정치과학과 경제학에서 기술은 생산의 주요 3대 요소(토지, 노동, 자본)의 찌꺼기로 간주된다는 사실과 연관이 있다. 과학정책은 특히 혁신의 '선형 모델'에 근간을 둔다. 즉, 기초과학에 대한 연구가 공학의 응용 연구개발을 통해서 기술적 응용, 혁신 및 확산으로 발전된다는 모델이다. 이 책의 다른 장에서 다뤘듯이, 이 모델의 기원은 불분명하나 바네바 부시(Vannevar Bush)가 1945년에 발표한 『과학연구에 대한 성명서 과학: 그 끝없는 변경』으로부터 발전했다. 바네바 부시는 원자폭탄을 개발하는 데 도움을 주고, 맨해튼 프로젝트를 진행한 전기 공학자이다. 이 선형적 사고방식은 과학 혁명의 구조에 대한 토마스 쿤의 연구에 의해 보강되었다. 이 개념의 간단함과 재정지원의 성공의 측면 때문에 과학자와 정책 입안자가 오랫 동안 사용한 반면, 많은 과학기술 정책 전문가들은 많은 혁신이 기초과학연구의 결과에 근간을 두지 않았기 때문에, '선형 모델'을 기술적으로 부정확하고 규범적으로 바람직하지 못하다고 생각한다.

사실 많은 혁신이 공학자와 공학으로부터 나온다. 그리고 선형모델의 서술적 부정확성이 알려지고, '고도의 지능이 요구되는 과학(Rocket Science)'에서 과학보다는 공학이 주를 이룬다는 상황에서, '과학의 기기'모델이 지속되는 것은 공학에 손상을 준다. 이 모델은 공학에 대해서 규범적으로 바람직하지 못하다. 왜냐하면 많은 나라에서 '과학과 기술' 정책에 대한 논의를 할 때, '공학'이라는 단어가 일반적으로 사용되지 않기 때문이다.(미국은 흥미롭게도 예외이다. '과학과 공학'이 더 흔하게 쓰인다.) 과학이 기술로 발전된다는 생각은 과학기술학 및 관련된 정책이 상대적으로 최근에 시작되었다는 사실과, 과학이 누구에 의해 어떻게 만들어졌는지에 대한 심각한 검토 없이 과학의 발전은 문제가 없다는 내포된 가정에 의해 강화되었다. 공학학에 대한 연구는 더욱 최근에 이루어지며 훨씬 더 시급하다.

과학기술 정책 그리고 국제개발

과학기술 정책과 국제개발에 대한 관심은 1960년대 식민지 시대가 끝나고 개발도상국에서 고등교육 기관이 성장하면서 시작되었다. 이는 1966년의 영국 서섹스 대학교에 과학기술연구유닛(SPRU)과 개발연구소(IDS)의 설립과 1970년의 '서섹스 선언문: 2차 발전 시기에 개발도상국을 위한 과학기술'에서 잘 드러났다. 발전을 위한 과학기술의 선구자는 1969년에 SPRU와 IDS에 참여해 새로운 프로그램을 만들고 "과학, 기술 및 발전: 저개발국에서 기술진보의 정치경제"를 만든 찰스 쿠퍼(Charles Cooper)[33]이다. 그리고 찰스 쿠퍼는 후에 마스트리히트에 설립된 '유엔 신기술을 위한 대학기관'의 초대 사무총장으로 1990년부터 2000년까지 재직했다.

1963년 유네스코는 과학기술 응용에 관한 지역장관회의(CAST)와 유럽 과학정책 담당 유럽국가 장관회의(MINESPOLs)를 조직하기 시작했다. 제일 먼저 1965년에 칠레 산티아고에서 남미국가를 위한 CASTALA가 열렸고, 1968년 뉴델리에서 CASTAsia, 1970년 파리에서 MINESPOL, 1974년 다카르에서 CASTAfrica 그리고 1976년 라바트에서 CASTArab이 열렸다. 두 번째 라운드에서는 1978년 베오그라드에서 MINESPOL Ⅱ, 1982년 마닐라에서 CASTAsia Ⅱ, 1985년 브라질리아에서 CASTALAC Ⅱ, 1987년 아루샤에서 CASTAfrica Ⅱ가 각각 개최되었다.

1965년부터 1976년까지의 첫 번째 CAST 라운드는 사회 · 경제적 발전에 과학기술을 적용하는 국제적 노력의 중요성을 일깨워주는 것이 목표였고, 이는 국가 과학기술 정책 및 계획을 개발하고 강화시키는 결과를 가져왔다.

CAST의 두 번째 라운드와 두 번의 MINESPOL 회의는 국가의 과학기술 활동 관련해서 덜 가시적인 결과를 얻었다. 이런 회의 개최의 이익은 준비, 필요성에 대한 재고, 기회와 실질적 행동, 국가 차원에서의 실행 등으로 분명하다(Mullin, J., IDRC, 1987).[34] 이것은 두 라운드의 CAST 회의 사이인 1979년에 비엔나에서 '유엔 발전을위한과학기술회의(UNCSTD)'가 개최된 것과 연관이 있다. UNCSTD는 1970년대에 가장 마지막으로 개최된 유엔 회의였다. 과학, 기술 및 발전 관련 이슈에 대한 인식이 분명했음에도 불구하고, 회의에서는 과학, 기술 및 개발, 과학정책의 특수성, 기술이전 보다는 재정지원과 기구 배치에 더 중점을 뒀다. 긍정적인 부분은 UNCSTD는 1980년에 '아프리카과학기술기관네트워크(ANSTI)' 설립을 이끌었고, 1994년에는 '아프리카기술정책학네트워크(ATPS)'로 합쳐지는 EATPS와 WATPS의 설립에도 도움을 줬다.

CASTAsia 회의 및 이와 관련된 네트워크는 아시아-태평양 지역에 영향을 미쳤고, 특히 지식 기반의 '호랑이'경제(역자 주: 급속히 발전하는 싱가포르, 한국, 대만 같은 아시아 국가들의 경제를 일컫는 용어)의 출현과 남미에도 영향을 미쳤다. 덧붙여서 유네스코에 의해 설립된 네트워크에는 '과학기술경제아시안네트워크(STEPAN)(1998)', '라틴아메리카카리브해과학기술대중화네트워크(RED-POP)(1990)', '아랍지역과학기술경제네트워크(STEMARN)(1994)'가 있다. 최근의 활동으로는 중앙아메리카에서 과학 분야 대학원생들의 연구개발 네트워크인 Red-CienciA가 1998년에 설립되었고, Cariscience 연구개발 네트워크와 캐러비안 기초과학 대학원프로그램이 1999년에 만들어졌다. 과학정책과 기초과학에 대한 늘어난 관심은 1999년 '과학에 대한 국제회의(World Conference on Science)'에서 드러났다.

지역에서 구할 수 있는 재료와 에너지를 이용한 지역의 자원, 노동, 기술 상황에 적합한 기술의 중요성은 계속해서 논의되었다. '작은 것이 아름답다'는 아이디어를 실행에 옮기는 것은 '전통적인' 하지만 부적절한 기술을 선택하는 거시적인 정책에 의해 제한되어 왔다. 그리고 개발도상국의 많은 사람들이 직면한 가난이라는 문제에 대한 작은 규모의 해결책은 무시되어 왔다. 기술 선택과 의사결정은 과학기술 정책에서 매우 중요한 부분이고 고려해야 할 사항이다. 그리고 이런 측면에서 거시적인 정책이 적합한 R&D, 혁신, 기술지원, 재무, 신용을 작은 규모에서도 증진시키는 것이 필요하다. 이러한 문제는 1990년에 발간된 『다른 정책: 기술 선택과 작은 기업 발전에 대한 정책의 영향(Stewart et al., 1990)』에서 다뤄졌다.[35] 태평양 제도에 자리잡은 개발 은행에 대한 연구 또한 대부분의 소액대출(5천 달러 이하)은 널리 퍼져 있는 작은 기업들의 기술을 위한 것이었음을 보여줬다(Marjoram, 1985).[36] 1990년대 이후, 그라민 은행 등의 노력에 힘입어 소액금융과 소액 대출이 유행하기 시작했다. 이는 1983년 지속가능한 생계를 위해 설립된 '개발대안그룹'과 '느린 경주: 가난한 사람들을 위한 기술 만들기'라는 발간물(Leach and Scoones, 2006)[37]에서도 나타났다. 그동안 적절한 R&D, 혁신, 관련된 기술지원을 권장할 수 있는 정책의 개발은 분명하지 않았다. 하지만 지속적인 발전과 도움이 필요하다.

실제 과학기술 정책

위에 언급됐듯이, 과학기술 정책학은 1960년대에 주로 OECD 선진국들에 집중해서 시작되었다. 1960~70년대에 CAST 회의

33) Cooper, Charles. 1973. *Science, technology and development: the political economy of technical advance in underdeveloped countries*, Frank Cass, London.

34) Mullin, J., IDRC. 1987. *Evaluation of UNESCO's Regional Ministerial Conferences on the Application of Science and Technology to Development*, IDRC, Ottawa, Canada.

35) Frances Stewart, Henk Thomas and Ton de Wilde. 1990. *The Other Policy: The influence of policies on technology choice and small enterprise development*, ITDG and ATI.

36) Tony Marjoram. 1985. *Study of small development bank loans for technology in the Pacific Islands*, Institute of Rural Development, University of the South Pacific.

37) Melissa Leach and Ian Scoones. 2006. *The Slow Race: Making technology work for the poor*, Demos, London.

를 했던 시기에 많은 국가들이 과학기술 정책을 검토해야겠다는 자극을 받았다. 1980년대의 잠잠했던 시기를 지나, 과학기술 정책학에 대한 관심은 1990~2000년대에 혁신과 R&D의 상업화로 인해 다시금 증가했다. 2000년에 있었던 새천년 정상회담 이후 발전을 위한 과학, 기술 및 혁신의 역할에 대한 관심이 다시 증가하면서, 빈곤 퇴치, 지속가능한 발전, 그리고 기후변화 완화 및 대응의 측면을 포함한 새천년개발목표(MDGs)가 발표되었다.[38)]

1960년대부터 현재까지의 과학기술 정책 문서들을 살펴보면, 거의 모든 나라에서 사용되고 있는 형식이 매우 비슷하다는 것을 알 수 있다. 이는 지난 40년간 OECD 과학기술정책위원회의 '국가과학기술지표전문가모임(NESTI)'에서 만든 '프라스카티 계열' 매뉴얼을 참조했기 때문이다. 이 매뉴얼들은 R&D(프라스카티 매뉴얼, 6판, 2002), 혁신(오슬로 매뉴얼, 3판, 2005), 과학기술 인적자원(캔버라 매뉴얼, 1995), 고등교육 입학과 졸업 데이터, 임금과 특허에 각각 집중을 했다. 이 책의 다른 부분에서도 다뤘듯이, 이 접근방법은 '과학자와 공학자'를 구분하지 않으며, R&D와 특허를 과학기술의 지표로서 강조한다. 이는 많은 공학자들이 R&D와 특허활동에 참여하지 않는 개발도상국과 최빈국에서 과학과 공학에 살짝 왜곡된 관점을 제공한다. 이는 과학, 공학 및 기술에 아주 중요한 영향을 준다. 이런 문제는 인식되어 왔고 과학, 공학, 기술 및 혁신에 대한 적절한 지표의 개발은 개발도상국과 최빈국에게 매우 중요한 도전 과제이다. 이런 문제들을 해결하려는 시도 중 하나가 『남아메리카와 카리브해 연안국가의 기술 혁신 지표의 표준화에 대한 보고타 매뉴얼(2001)』의 발간이었다.

과학, 공학 및 기술 정책과 국제개발의 가장 최근의 예는 바로 '빈곤 감소 전략보고서(Poverty Reduction Strategy Papers, PRSP)'와 관련이 있다. 이 보고서는 악성채무빈국(HIPC)들을 위한 세계은행과 IMF의 경제처방(워싱턴 합의)을 따르고 있다. PRSP는 1980~90년대 구조조정정책을 대신하는 것이고, 1960년 이후 많은 개발도상국이 만든 국가개발계획과 동반하는 계획이다. 대부분의 국가개발계획과 같이, PRSP 작성에는 일반적으로 경제전문가들이 참여했고 분야별 접근방법을 이용했다. 따라서 첫 라운드의 PRSP(2000~2005)에는 몇 개의 예외를 제외하면 과학, 공학 및 기술에 대한 언급이 거의 없었다. 이것이 첫 PRSP가 비판받는 부분 중 하나이다.

많은 개발도상국과 이에 기부하는 국가들이 국가발전과 빈곤퇴치에서 과학, 특히 공학과 기술의 중요성을 잘 알고 있지만, 과학, 공학, 기술적 혁신의 개발과 응용을 체계적인 해결전략의 중심에 놓는 것을 촉진하는 정책을 만드는 것에는 대부분 실패한다. 대신에 중요하지만 핵심 문제를 건드리지 않는 교육, 역량강화, 인프라 등에 집중한다(UNCTAD, 2007).[39)] 특히 아프리카는 아프리카 연합(African Union), 신아프리카개발파트너십(NEPAD), 아프리카 과기부장관 협의회(AMCOST) 사이의 협력이 무척이나 중요하다.

결론

우리는 기초과학과 연구개발에 집중하는 선형 모델에 공학을 더 잘 통합시키는, 과학기술에 대한 보다 더 총제적인 관점을 개발할 필요가 있다. 이를 위해서 우리는 공학, 과학, 기술이 사회 · 경제적 발전에 하는 기여하는 바를 강조하고, 지속가능한 생계를 촉진시키고, 기후 변화를 완화하고 대응하는 것을 도울 필요가 있다. 우리는 또한 공학 이슈를 과학기술 분야에 더 잘 접목시키는 것도 중요하다. 마찬가지로 과학과 기술 이슈를 국가발전 정책 및 계획과 PRSP에 더 잘 접목시키는 것도 중요하다.

이러한 어려운 업무는 사회 · 경제적 발전과 빈곤 퇴치에서의 공학, 과학, 기술, 혁신의 중요한 역할을 참조하면서 총체적인 접근법을 사용하여야 달성될 수 있다. 그러므로 최고의 결과를 이루는 것은 분명히 어려운 과제이다. 발전과 빈곤퇴치의 가장 중요한 동력으로서 공학, 과학 및 기술은 이러한 이슈들을 해결하기 위한 정책의 핵심에 자리 잡을 필요가 있다. 발전정책과 PRSP 문서는 공학, 과학, 기술이 발전과 빈곤퇴치를 이끌어내는 것에 대한 '증거에 기초한' 분석과 폭넓은 접근법을 통해 이득을 볼 것이다. 유네스코와 같은 국제기구는 이런 문제들에 대한 총체적인 접근법의 개발과 보급에 더 중요한 역할을 해야 할 것이다.

4.5.3 정부 및 공공정책에서의 공학자

패트리샤 D. 갤로웨이(Patricia D. Galloway)

서론

그동안 공학자가 수행해 온 역할은 지식과 기술의 범위를 훨씬 넘어선다. 공학 전문직은 다른 어떤 직업보다도 국가의 건강과 활력

38) Task Force on Science, Technology and Innovation, UN Millennium Project, Lead Authors: Calestous Juma and Lee Yee-Cheong. *Innovation: Applying Knowledge in Development*. London and Sterling, Va.: Report for Earthscan Publishing, 01 2005.

39) UNCTAD. 2007. Alex Warren-Rodriguez, *Science & Technology and the PRSP Process: A Survey of Recent Country Experiences*, Background Paper No. 8 to the UNCTAD Least Developed Countries Report, School of Oriental and African Studies (SOAS).

에 영향을 미친다. 기업의 경쟁력, 국가의 건강과 생활수준은 공학과 밀접하게 연관이 되어 있다. 기술이 점차적으로 우리 삶의 모든 부분에 관여하고 있으며, 공학과 공공정책 사이의 융합도 늘어날 것이다. 이는 또한 공학자가 기술과 공공정책의 소통 방법을 발전시켜나가야 하는 것을 의미한다.[40] 공공부문은 열린 계획 프로세스, 환경 규제 등을 통해서 공공 및 민간 프로젝트 모두에서 더 적극적으로 움직여야 한다.[41]

공학자는 기관이나 자기가 속한 공학전문가 단체에 로비를 하는 것을 통해 공공정책에 간접적으로 연결되는 것을 추구하지만, 공공정책에 대한 공학자의 참여는 무계획적이다. 공학자가 미래에 공공정책과 좋은 관계를 맺는 것은 공학자의 책임이기도 하지만, 공학 전문직의 이미지를 위해서도 중요하다.[42] 21세기의 공학자는 정부, 산업의 관리직과 공공정책을 만드는 데 긍정적인 영향을 줄 수 있는 리더의 역할을 수행할 것이다.[43] 필수적인 공공정책과 행정의 기본은 정치적 프로세스, 공공정책, 법과 규정, 펀딩 메커니즘, 공교육, 정부와 기업의 상호작용, 전문가의 공공 책임들을 포함한다.[44]

이슈

공학자는 지난 수십 년 간 진행되었던 매우 중요한 계획들의 전략에 대해 이야기할 만한 것이 거의 없다. 대신에 공공정책 전문가, 경제학자, 변호사, 환경단체 리더들이 무수히 많은 문제들에 대한 해결책을 찾기 위해 노력했다. 하지만 이러한 해결책의 중심에 과학과 기술이 있었다는 점은 칭찬할 만하다. 사실 이슈들은 전 세계 인구의 증가에 따른 수요를 충족시키면서 물, 에너지, 식량을 보존하는 것과 같이 매우 크고 세계적이다. 왜 해결책을 설계하고 혁신하는데 가장 도움이 되는 공학자들이 이런 운동의 시작부터 참여하지 못했을까? 혁신적인 해결책을 찾는 데 제일 적합한 공학자들을 제외하고 공공정책을 개발하고 행동전략을 설계하는 것의 약점 더 나아가 비용에는 어떤 게 있을까? 공학자는 그들의 영향력이 작은 것에 대해서 큰 책임이 있다. 공학자는 자원을 사용하는 방법을 변화시킬 필요에 대한 관심을 일으키는 이런 활동에 거의 참여하지 않았다. 공학자는 공공포럼에서 새로운 정책을 주장할 수 있는 리더의 역할을 양도하고, 다른 사람들이 그들의 생각을 실현시키는 것을 돕는 역할에 만족했다. 다른 사람들이 국가가 나아가야 할 전략적 방향을 설계하는 동안, 공학자는 기관차를 만들고 철로를 까는 것에 만족하는 것처럼 보인다. 공학자가 첫 번째 단계부터 참여하는 대신 두 번째, 세 번째 단계에서 참여하는 것의 문제점은 비용이 발생할 수 있다는 점이다. 해결책을 실행하는데 많은 비용이 들 수도 있고, 또는 성공을 하기 위해 필요한 기술적인 요건들을 인식하지 못하고 해결책을 설계해서 원하는 결과를 얻지 못하는 비용이 있다.

공학자들이 일반 대중에게 잘 알려지지 않은 부분적인 이유로는 공공정책 프로세스에 토목공학자들의 참여가 부족한 데에 있다. 수 년 간 공학자는 공공정책 프로세스가 그들의 윤리적 역할 및 공공의 건강, 안전 그리고 복지를 보호해야 되는 책임감과 직접적인 관련이 있다는 것을 인식하지 못했다. 종종 우리의 전문적인 공학 단체가 비영리기관으로서 전문직을 위하여 로비를 하거나 대변하지 못한다는 오해와 인식이 종종 있다. 공학자와 전문적인 공학기관의 회원들은 선출직에 도전하거나 정치적인 캠페인을 도와서는 안 된다는 오해가 있다. 공학자들은 정치에서는 단지 뒷자리에 앉아서 '부패하고' '정치적으로' 여겨지는 프로세스에 휘말리지 않기로 결정하기에, 공공정책을 좌절감을 주는 적으로 여긴다.[45] 하지만, 기원전 430년에 페리클레스는 "단지 당신이 정치에 관심을 두지 않는다고 하여 정치가 당신에게 관심을 갖지 않는 것은 아니다"라고 말하였다.

공학 리더십의 주요한 구성 요소 중 하나는 공공정책에 대한 이해이다. 얼마나 많은 공학자들이 전문적인 공학기관이 준비한 정책들이 입법 행위와 그 입법에 투표한 국회위원에게 도움이 되는지에 대하여 인지하고 있을까? 얼마나 많은 공학자들이 뒤에서 준비한 이러한 공학 정책들이 규제기관이 인프라에 어떠한 일이 발생하는지를 알아내는 데 실제로 사용되는지 인지하고 있을까? 전 세계적으로 이러한 정책에 기초해서 프로젝트를 위한 법규와 기준들이 개발된다는 사실을 얼마나 많은 공학자들이 인지하고 있을까? 공공정책은 단지 전문적인 공학기관의 국가적인 프로그램이 아니다, 이것은 공학 전문직의 핵심이 되어야 하며, 공학자들은 정부의 여러 활동에 적극적으로 참여하여야 한다.

---

40) National Academy of Engineering. 2004. *The Engineer of 2020, The National Academies Press,* 500 Fifth Street, N.W., Washington, D.C., 20055.

41) ASCE. 2004. *Civil Engineering Body of Knowledge for the 21st Century,* American Society of Civil Engineers, 1801 Alexander Bell Drive, Reston, Virginia, 2191-4400, USA, 2004, pp. 14.

42) National Academy of Engineering. 2004. *The Engineer of 2020,* The National Academies Press, 500 Fifth Street, N.W., Washington, D.C., 20055, 2004 38.

43) National Academy of Engineering. 2004. T*he Engineer of 2020, The National Academies Press,* 500 Fifth Street, N.W., Washington, D.C., 20055, 2004.

44) ASCE. 2004. *Civil Engineering Body of Knowledge for the 21st Century,* American Society of Civil Engineers, 1801Alexander Bell Drive, Reston, Virginia, 2191-4400, USA, 2004, pp. 29.

45) Galloway, P. 2004. Public Policy-Friend or Foe in Advancing the Engineering Profession, *ASCE NEWS,* January 2004.

공학자들이 공공정책 분야에 참여하는 것을 막는 두 가지 주요 장벽은 ㄱ) 그들이 속한 전문적인 공학기관이 할 수 있는 일과 없는 일에 대한 이해 부족과, ㄴ) 공공정책에 대한 이슈에 대해서 공개적으로 의사표현을 하는 것에 대한 불편한 감정이다. 결과적으로, 공공정책은 공학자들에게 우선순위가 되지 못하였고, 모든 공학자들은 물론 대중의 삶의 질에 영향을 미치는 분야에 도전하는 것에 대한 소규모 재정 지원의 결과로 나타났다. 따라서 공학자들은 더 적은 리더의 자리를 차지하게 되었고, 중요한 공학적인 이슈에 대한 의사결정 과정에서 영향력이 감소되었다. 정치인들은 매우 많은 결정들을 하여야 되며, 훌륭하고 실용적인 조언이 필요하다. 만약 이런 조언이 가능하지 않으면, 너무나도 자주 조언 없이 결정이 내려지곤 한다.[46]

공학자들이 공공정책에 이상적으로 잘 맞는 이유

공학자들은 문제를 분석하고 합리적이고 체계적인 방법으로 답을 찾는 데 훈련되어 있다. 전체적인 공학의 사고방식은 문제를 정의하고, 대안을 찾고, 그 중에 최고의 답안을 선택하여 그것을 실행하는 데 있다. 공학자들은 기술뿐만 아니라 공중 보건과 비즈니스를 포함한 것들에 대해 잘 알고 있다. 또한 그들은 다른 사람들과 똑같은 사람들이다! 이러한 자질들은 공학자들이 사회가 직면한 문제에 대한 실현가능한 답을 주장하는 것에 이상적으로 적합하게 만든다. 만약 공학자들이 이러한 기술적인 해결책을 법률로 제정하였다면, 공공복지는 극대화되었을 것이며, 기술의 부정적인 영향은 극소화되었을 것이다.[47] 이러한 기회는 만약 공학자들이 그들의 전통대로 정치에 개입하지 않는다면 사라질 것이다.

공학자들은 정치와 공공정책에 매우 중요한 두 개의 중요한 속성을 가지고 있는데, 하나는 문제 해결을 위한 비판적 사고의 훈련과 좋은 삶의 질을 개발하고 유지하는 데 필요한 활동을 위한 훈련이고, 다른 하나는 공공 보건, 치안, 복지를 보호한다는 윤리적 의무이다.

정치인으로서의 공학자

고정관념과 달리, 많은 정치인들이 대단한 헌신과 열정을 보여준다.[48] 그리고 공학자들은 인류의 이익을 증진한다는 의무감이 있기 때문에 정치인의 역할에 완벽하게 들어맞는다. 또한 공학자의 윤리적 기준 때문에 공학자는 진부한 정치인들보다 더 높은 윤리 기준을 가지고 있고, 대중으로부터 더 많은 관심과 신뢰를 이끌어 낼 수 있을 것이다. 공학자는 종종(전통적인 정치인과 비교할 때) 현재의 과학 이슈에 대해 매우 뛰어난 지식을 가지고 있으며, 이는 자동차 배기가스 가이드라인, 정수, 에너지 정책, 대기오염과 관련된 법안을 다룰 때 절대적으로 유용하다. 공학자는 대중의 건강, 치안, 복지를 지켜야만 하기 때문에, 이러한 윤리적 의무가 문제에 대한 해결책을 찾아내는 공학자의 능력과 합쳐졌을 때 정부 및 정치적 직위에 아주 중요한 이점으로 작용할 수 있다. 국회위원은 사회와 환경을 지키기 위해 법안과 공공정책, 예산을 만들기 위해 고군분투하는 동시에 발전을 이뤄야 된다.[49] 공학자는 정치에 참여함으로써 에너지, 정수, 지속가능성 그리고 다른 중요한 글로벌 이슈를 해결할 독특한 기회와 책임을 가진다.

공공정책, 국제화, 전문성은 공학자가 선두에 서야 할 중요한 분야이다. 만약 당신이 모든 것들이 빈틈없이 작동하고, 공학자들이 정부의 최고위층에 자리 잡고, 공학자가 공공정책에 적극적으로 참여하고, 다른 도시와 국가와 파트너십이 잘 맺어지고, 설계와 건설이 예산과 정해진 시간 내에 이루어지고, 혁신이 주요하게 인식되고, 모두를 위한 더 나은 삶을 위해 공공 및 민간 투자가 함께 진행되고, 인프라가 모든 수요를 충족시키도록 유지되는 완벽한 도시에 대한 비전을 가지고 있다면, 당신은 그게 어디라고 생각하는가? 많은 사람들은 '어디에도 없다'고 이야기할 것이다. 왜냐하면 이 시나리오는 공학자들의 꿈에서만 존재하고 있기 때문이다.

변신하기

공학은 실행에 초점을 맞추고 정치는 타협과 협상에 초점을 맞춘다. 공학은 논쟁에서 이기는 것보다는 해결책을 찾는 직업이다. 그렇다면 공학자가 정치인으로 성공적으로 변신할 수 있을까? 공학자의 생각과 결정 프로세스는 현존하는 문제를 인식해서 하나의 해결책을 찾기 위해 노력하는 방식이다. 정치인들은 비슷한 프로세스를 거치지만 대중들의 요구에 대해 정당화 혹은 타협을 한 가장 이득이 되는 대안을 선택한다. 정치 프로세스는 이해당사자

46) Wiewiora, J. 2005. Involvement of Civil Engineers in Politics, *The American Society of Civil Engineers Journal of Professional Issues in Engineering Education and Practice*, April 2005, Vol. 131.

47) Gassman, A. 2005. Helping Politico-Engineers off the Endangered Species List, *The American Society of Civil Engineers Journal of Professional Issues in Engineering Education and Practice*, April 2005, Vol. 131, No. 2.

48) Gebauer, E. 2005. Engineers and Politics: Upholding Ethical Values, *The American Society of Civil Engineers Journal of Professional Issues in Engineering Education and Practice*, April 2005, Vol. 131, No. 2.

49) Gebauer, E. 2005. Engineers and Politics: Upholding Ethical Values, *The American Society of Civil Engineers Journal of Professional Issues in Engineering Education and Practice*, April 2005, Vol. 131, No. 2.

를 좀 더 많이 고려한다.[50]

하지만 이것이 바로 공학자가 분명하게 이점을 가지는 부분이다. 비공학자가 절충을 한 결정을 내릴 때, 공학자는 대중의 복지는 타협되지 않도록 한다. 동시에 정부를 위한 결정은 국가의 최대 이익을 위해 내려 지도록 한다. 덧붙이자면, 정부의 참여도 공학자의 책임에 중요할 뿐만 아니라 공학자라는 직업을 유지하는 데 매우 중요하다. 정부는 직업의 수준을 유지하고 그 분야의 진실성을 높이는 데 최선을 다해야 한다. 정부는 계획을 현실로 만들 중요한 프로젝트를 진행할 수 있는 권력과 영향력이 있다.[51] 대중의 행복을 위해서 자금은 정말 중요하다. 따라서 만약 공학자가 법률 제정 프로세스에서 중요한 역할을 한다면, 그 이익은 공학자뿐만 아니라 그들이 섬기는 일반 대중에게도 전해질 것이다.

만약 공학자가 그들의 직업에 대한 기대치를 높인다면, 공공정책은 적이 아니라 친구로 여겨져야 한다. 공학자는 전문 공학기관들과 소속 회원들이 공공정책 분야에서 무엇을 할 수 있는지를 분명히 알고 있어야 한다. 몇몇 전문 기관들은 정부 세금 정책 때문에 특정한 정당과 후보를 지지할 수 없다. 대부분은 공학 이슈에 대한 입법과 관련 있는 공공정책과 로비에 활발하게 참여한다. 하지만 공학자 개인으로서 선출직에 도전하고 정치 캠페인에 참여할 수 있다.

그리고 공학 전문직은 국제적으로 공학자라는 이유만으로 공공정책과 정치에 참여할 수 없다는 인식을 없애야 한다. 공학자는 종종 "정치적인 자리라서 기회가 없었어"라거나 "이슈에 대해 잘 모르면서 정치인에게 발표를 하거나 편지를 쓰는 것은 불편해"라고 말하면서 그들이 공공정책에 참여하거나 정치적 지위를 갖는 것이 불가능하다고 느낀다. 공학자는 종종 그들의 강한 신념 때문에 높이 평가되는 동시에 조롱을 당한다.

공학자들이 정치인이 되거나 혹은 정치인을 돕는 일이 많아지는 것에 덧붙여서, 공학 교육은 공학자 전문직에서 공공정책의 중요성을 강조하는 방향으로 교육과정을 수정해야 한다. 공학 교육은 기업과 정치 둘 모두에서 공학자가 리더가 되기 위한 도구를 제공하는 데 필수적인 요소를 손상시키고, 순수하게 기술적인 분야로 너무 많이 움직였다. 공학 교육은 정치가 공학 전문직에 어떻게 영향을 미치는지에 대한 논의를 포함시킬 필요가 있다. 교수는 현재의 문제점, 글로벌 이슈 그리고 실제로 정치인을 교육과정에 포함해야 한다. 이렇게 하면 공학 교육을 받은 사람이 기본적인 수준에서 공공정책 이슈를 이해하고, 정치가 선택 가능한 직업이라고 생각하게 될 것이다. 정치참여는 공학자가 그들의 전문적인 지식과 재능을 통해 공공복지, 환경, 그리고 사회를 직접적으로 향상시킬 수 있게 할 것이다.

결론

정책 입안자와 대중들 모두 공학자의 가치에 대해서 이해하고 진가를 파악함으로써 이익을 얻는다. 공학자는 공공정책에 참여해야 하는 의무가 있다. 공공정책에서 공학자들의 효과성을 극대화하기 위해, 공학사회는 긴밀한 협력을 통해 그들의 자원을 활용해야 한다. 공학사회는 회원들을 대표해 그들이 사랑하는 국가에게 중요한 문제에 대한 공학자들의 공통의 관점을 주장해야 한다. 공학사회는 팀 빌딩과 연락을 위한 포럼을 제공하고, 수집, 분석한 정보를 공유하고, 이슈에 대한 합의를 이끌어내는 방법으로 공공정책을 수립하는 데 효과적으로 기여할 수 있다. 이것을 실행에 옮길 때, 통일된 목소리로 이야기하고 공학기관은 그들 각자의 활동과 자원에 대해 협력해야 한다.

우리가 변하지 않는다면 공학 리더십 없이도 삶은 지속될 수 있다. 하지만 그 결과는 공학자 자신뿐 아니라 공공을 위해서도 바람직하지 않을 것이다. 중요한 공학 리더십 지위는 계속해서 기술과 해당 이슈에 대한 지식이 없는 다른 전문가들에 의해 채워질 것이다. 만약 공학자가 공공정책 프로세스에 등을 돌린다면, 그들은 공학 전문직에 재앙을 주는 것이다. 거의 모든 분야가 변화를 필요로 하고 있는 상황에서, 변화는 그 변화를 수용하고 들을 수 있는 사람들로부터 시작된다. 공학자는 입법 과정이 공공 보건, 치안, 복지에 진정으로 중요한 것이라는 것을 알고, 입법 과정에 더 적극적으로 참여해야만 한다.

4.5.4 자연과학 및 공학 시스템의 변화

4.5.4.1 뉴질랜드

앤드류 웨스트(Andrew West),
사이몬 J. 로밧(Simon J. Lovatt),
마가렛 오스틴(Margaret Austin)

1926년, 뉴질랜드 농업경제 문제에 대한 해결책을 찾기 위해 과학·산업연구과(DSIR)를 만들었다. 그리고 얼마 지나

50) Gassman, A. 2005. Helping Politico-Engineers off the Endangered Species List, *The American Society of Civil Engineers Journal of Professional Issues in Engineering Education and Practice*, April 2005, Vol. 131, No. 2.

51) Wiewiora, J. 2005. Involvement of Civil Engineers in Politics, *The American Society of Civil Engineers Journal of Professional Issues in Engineering Education and Practice*, April 2005, Vol. 131.

지 않아, 유제품 가공, 가죽, 연료, 밀, 양모 가공, 육류가공, 산림 산업과 정부가 공동기금으로 설립한 연구협회가 생겨났다. 농어업부(MAF) 또한 목축 동물연구를 하는 연구기관을 만들었다. 뉴질랜드 연구에 대한 대학의 기여는 초기에는 작았으나 시간이 흐르면서 점차 커졌다. 이것이 1980년대 후반 까지의 과학기술연구(RS&T)의 형태였다.

뉴질랜드 경제는 1984년까지 관세, 우대정책, 보조금, 정부제재를 통해 매우 강하게 보호받았다.(1970년대 오일 쇼크 때에는 보호조치가 유효하지 못했다.) 1984년 노동당 정부가 당선되면서, RS&T를 포함한 전체 정부 부처에 새로운 공공경영 모델이 생겼다.

첫 번째 원칙은 정책 개발과 조언 부분을 재정 지원 부분에서 분리하는 것이다. 이렇게 하는 이유는 서비스 제공을 위한 경쟁을 허용하고, 책임과 성과의 기준을 명확하게 하기 위해서다.

두 번째 원칙은 서비스의 사용자가 서비스 이용료를 지불해야 한다는 것이다. 이는 정부 기관으로 하여금 사용자의 수요에 집중을 하도록 이끈다. 거래비용 분석은 단순히 정부기관이 직접 서비스를 제공해야 된다고 가정하는 대신에, 대안적인 서비스 제공 수단을 가능하게 해준다. 이는 또한 서비스 공급자가 정부부서이든 민간기업이든 상관없이 서면계약을 조건으로 하는 서비스 제공이라는 결정을 이끌었다. 이 원칙을 기반으로, 국가소유기업(SOEs) 법률(1986)이 정부의 모든 영업 부서(전기, 우편, 통신, 철로 등)들을 SOEs로 바꾸었다.

연구에 적용할 때, '사용자 지불' 원칙은 정부 RS&T 자금의 상당한 감소를 동반했다. 그리고 DSIR과 MAF는 직원 수준을 유지하기 위해 민간 자금을 찾아야만 했다. 이는 1984~85년 10%에 달했던 민간 자금의 과학기구 지원 비율을 1990~91년 27%로 증가시켰다. 하지만 연구기관이 그들의 수입을 극대화하기 위해 노력해야 하는 걱정이 생겼고 중복되는 상황이 발생했다. 그리고 DSIR의 자금 지원에 의존하던 연구기관들의 생존이라는 문제도 있었다. DSIR은 자금 배분을 위해 과학 분야를 발전시킴으로써 스스로 내부적인 경쟁력이 있다고 소개했다.

정부는 1986년 특별조사위원회의 보고서인 '번영을 위한 열쇠'를 받았고, 과학기술자문위원회(STAC)를 만들었다. 1988년 STAC는 RS&T를 위한 정책 개발과 자금 배분은 분리해야 한다고 주장했다. 연구기관에 지원하는 모든 재정은 5년 동안 경쟁을 벌이고, 과학, 공학, 보건과학, 사회과학을 위한 모든 정부 RS&T 자금이 하나의 기관을 통해 분배되어야 한다고 주장했다. 모든 연구기관을 하나의 풀에 넣어서 경쟁시키는 것은 뉴질랜드에서 대학이 연구에 커다란 역할을 할 수 있게 해주었고, 서로 다른 분야의 연구원들이 서로 가까워질 수 있게 했다.

STAC 주장에 대해 양당의 정치적 합의가 이루어졌다. 1989년 4월, 정부는 RS&T를 위한 내각을 구성했고, 정책 조언을 제공하기 위한 과학기술연구부(MoRST)와 RS&T를 구입하기 위한 과학기술연구재단(FRST)을 만들었다. 과학에 대한 깊이 있는 검토를 수행할 책임이 초기에는 MoRST에 있었으나, 후에 FRST로 옮겨졌다. STAC의 주장이 가져온 커다란 변화는 FRST와 별개로 보건연구를 지원할 보건연구위원회의 설립이다.

독립기구로서, 과학기술연구재단은 정부가 정해 준 이사장과 의원들로 구성된 이사회가 있다. 위원회는 기관의 직원들을 뽑을 사무총장을 임명한다. 정부예산은 매년 기금의 전체 규모를 결정하였다. 예산 배정을 위한 우선순위는 MoRST가 이해당사자와의 협의를 통해서 조언한 내용을 따랐다. 이는 RS&T에 대한 전략적인 접근방식을 만들었는데, 초기 단편적인 방법으로부터의 중요한 변화이다. 모든 재정지원은 교차보조를 막고 경쟁중립성을 보장하기 위해 총 연구비용에 대한 입찰방식을 채택했다.

1990년에 이 새로운 시스템을 어떻게 운영할까에 대한 상당히 많은 논의가 있었다. 정부부처에 의해 수행된 몇몇 연구는 부처들 자신의 운영목표를 달성하는 것을 도왔다. 어떤 연구가 어떤 범주에 들어가는지, 그리고 부처정책에 의해 재정지원을 받아야 하는지, '공익'연구는 무엇인지, 그리고 그것들은 FRST에 의해 관리되어야 하는지 등을 확립하기 위해서는 내각의 결정이 필요했다. '공익'이라는 단어는 설명이 필요하다. 이 용어를 정부정책분석가는 소비재를 언급하는 데 사용하였고, 과학자는 이를 대중에게 긍정적인 결과를 가져다줄 수 있는 연구로 보았다. 분석가들은 왜 정부가 연구의 직접적인 수혜자에게 재정지원을 해줘야 하는지에 대해 의문을 품었다. 그리고 국민은 정부가 국민에게 도움이 되지 않는 연구에 대한 재정지원을 고려하는 이유를 알고 싶어 했다. 이 모든 것들이 이해당사자들 사이의 소통을 힘들게 했다. 이 이슈들과 지식재산권의 소유, 우선순위 결정, DSIR과 다른 연구중심기관들의 지속적인 역할이 1990년 RS&T 내각 위원회의 관심 대상이었다.

1990년 말, 내각 선거가 RS&T에 대한 투자에서 제공으로의 변화를 이어가게 했다. 그들의 임기 초의 결정은 현존하는 DSIR, 농어업부와 다른 정부과학기관의 구조를 크라운연구소(CRIs) 시리즈로 개혁하는 것이었다. 테스크포스팀은 CRIs의 갯수, 크기, 역할을 1991년 6월 30일까지 파악하는 역할을 맡았다. SOE 모델에 따라, CRIs는 정부로부터 분리되어 특별법에 따라 법인으로 설립되었다(크라운연구소 법령, 1992). CRIs의 정부소유권은 뉴질

© M. Austin

공학의 연구개발은 혁신의 주요 원동력이다.

랜드의 RS&T 역량을 유지하게 만들었다. 이에 대응하여, 테스크포스팀은 각각의 CRI가 생산적인 분야에 널리 퍼지고, 수직으로 통합되고, 다른 CRIs와 분쟁을 일으키지 않는 분명한 연구영역이 있고, 지역 센터에 자리잡고, 최저 혹은 최대 크기가 존재하지 않아야 한다고 제안했다. CRI연구의 60~90%만 FRST에 의해 구매되면서 다른 연구기관으로부터의 외부구매 또한 중요해졌다. SOEs가 그러하듯 CRIs도 정부에 배당금을 줘야 하는지에 대한 논쟁이 있었다. 하지만 재무적으로 생존할 수 있는 능력과 높은 사회적 투자 수익률이 목표가 되어야한다고 결정되었다.

10개의 CRI가 발표됐다. AgResearch, HortResearch, Crop & Food Research and Forest Research, Industrial Research, Environmental Science & Research and Social Research, Landcare Research, Geoloical & Nuclear Sciences, Water & Atmospheric Research. CRIs는 공적자금을 사용해서 만든 지식재산권(IP)에 대한 책임이 있다. 하지만 이 지식재산권은 외국회사에게 주어지기 전에 뉴질랜드 민간 기업이 먼저 거부권을 실시해야 되므로, 민간 부분에 의해서 부당하게 이용되었다. CRI 법령(1992)은 내각과 RS&T, 재무 부서를 통해 CRI를 이사회가 있는 회사로 조직했다. 각 이사회는 사무총장을 임명하고 관련 부처에 회사상황에 대한 연례보고서(SCI)를 작성해야 할 책임이 있다. 이사회 멤버들은 각 부문의 이득을 대표하는 대신 CRI와 민간부분 사이의 관계를 이해하고 증진시키면서, 다양한 경영 기법과 연구의 활용에 기여해야 한다. 과학 관련 조언을 정부정책에 제공하는 책임은 이미 MoRST의 책임이 되었다. 1992~93년에 FRST 할당량의 75%는 3~5년 계약을 통해 이뤄졌다. 또한 '불특정 결과 펀딩(NSOF)'이 전체 공익과학펀드의 10% 정도 규모로 만들어졌다. NSOF는 CRI 이사회가 외부 우선순위에 포함되지 못한 과학프로그램을 지원하기 위해 사용했다.

10개의 CRIs는 1992년 7월 1일에 만들어졌다. CRI 이사회는 FRST의 공익자원을 통한 그들의 연구수입이 직원들을 유지하는데 부족하다는 것을 발견하고, 회사상황에 대한 연례보고의 방향을 결정했다. 가장 작은 CRI인 Social Research는 이윤을 창출하지 못해서 1995년에 문 닫았고, CRI를 운용하는데 필요한 최소한의 규모를 알게 해주었다. CRI 형성과 관련된 마지막 요소인 크라운회사 모니터링 · 자문 유닛(CCMAU)이 CRIs를 포함한 국영기업들의 성과를 관찰하고 조언하며, 관계 부처 장관에게 보고하기 위해 1993년에 설립되었다.

CRIs가 설립됨과 동시에 과학기술전문가패널(STEP)이 과학기술연구부에 장기적인 우선순위에 대해서 조언을 하기 위해 임명되었다. 뉴질랜드 RS&T는 24개의 활동분야로 나눠져 있고, STEP은 뉴질랜드 사회경제적 중요성에 근거해 각 분야에 대한 투자가 시간에 따라 어떻게 변해야 하는지, 이윤을 창출하려는 능력, 각 연구 분야에 대한 잠재력과 역량 및 정부기금의 적절성 등에 대해 조언했다. STEP은 생산에 가치를 부가하는 것, 증가하는 경쟁력, 핵심 역량의 육성과 다각화를 주장했다. 이런 주장과 조언은 양당 모두의 정치적 지원을 받았고 정부의 성명으로 발전했다. 결과적으로 가축생산, 원예, 사료작물 재배와 같은 전통연구 분야에 재정지원은 줄어들었다. 이런 우선순위를 정하는 것은 어려운 결정들을 포함하고 있다. 재정지원의 제약을 해소하려는 노력으로, 1993년 GDP의 0.6%에서 2005~06년 GDP의 0.8%까지 R&D 투자를 늘린다는 예산안을 만들었다.

1992년 말, 대학들은 그들의 1억 뉴질랜드 달러 연구자금에서 1,066만 뉴질랜드 달러를 공익과학기금으로 전환하는데 동의했다. 공익과학기금의 전체 규모는 당시에 2억 6천만 뉴질랜드 달러에 달했다. 대학들은 나머지 연구기금에 대해서는 독점적인 접근권을 얻었다. 2005~06년까지, 정부 R&D 기금의 68%가 모든 기관들이 경쟁을 통해 이용 가능한 과학기술연구(RS&T) 예산에 배정되었고, 나머지 26%는 교육기관만 이용할 수 있는 교육 예산에 배정되었다.

1994년까지 뉴질랜드 RS&T의 공적자금의 투자와 배분은 완전히 바뀌었다. 정부는 목적이 없는 기초 연구에는 분배하지 않고, 전략적인 우선순위를 통해 펀드를 분배하였다. 이에 대응하여, 과학적인 우수성에 배정되고, 동료들의 평가에 의해 결정되며, 모든 국민과 민간기업과 개인에게 열려 있는 마스던 펀드가 설립되었다. 1995~96년 마스던 펀드에 400만 뉴질랜드 달러를 할당했고, 2007~08년에는 3천 550만 뉴질랜드 달러가 배정되어 정부의 전체 RS&T 예산의 5.5% 정도 되는 규모로 성장했다.

변화는 부정적인 결과를 가져오기도 한다. 높은 수준의 경합은 연구기관들 사이의 강한 경쟁을 유도한다. 기관들 간 협력 부재, 상대적으로 짧은 4~6년이라는 기간 동안의 투자우선순위의 변화는 연구원들과 연구기관에 불확실성이라는 결과를 낳았고 몇몇 직원들을 잃었다. 생존한다는 것은 수석연구원들이 스스로와 동료를 위해 기금을 가져오려고 많은 시간을 입찰에 참여하는 데 보내야 한다는 것을 의미한다.

전체적으로 뉴질랜드 RS&T 시스템의 변화는 긍정적인 결과를 가져왔다. 이것은 자금 제공자와 RS&T 제공자 사이의 공정거래 관계를 만들면서 정부투자의 투명성을 높여주었다. 이는 의사결정 프로세스를 더 객관적으로 만들었고, 자금 지원 결정에서 개인 인간관계의 영향을 줄이고 RS&T 투자의 효율성을 높였다. 2003년까지 뉴질랜드 시스템은 어떤 부분에서는 OECD 국가 가운데 가장 효율적이었다. 기초연구 지출 100만 달러 당 가장 많은 논문을 발간했고 총 연구지출 100만 달러당 두 번째로 많은 논문을 발간했다.

과학자와 행정부 직원들이 변화에 도전을 받았고, 시스템이 다기관적으로 성장하고, 다면적인 장기 지원이 자리 잡았으며, 연구기관들 사이에 생산적인 관계가 형성되었다는 데에는 의심할 여지가 없다. 연구 관리자는 유연하게 관리하고, 그들 고유의 상업적 목표를 자유롭게 정할 수 있다. 그리고 최근 연구에 투자를 늘릴 것이라는 정부 발표가 뉴질랜드의 번영을 위한 연구의 중요성을 다시금 일깨워줄 것이다.

참고문헌

Atkinson, J. D. 1976. *DSIR's First Fifty Years, DSIR Information Series* 115, Wellington, DSIR.

Boston, J., Martin, J., Pallot, J., Walsh, P. 1996. Public Management: *The New Zealand Model. Auckland, Oxford University Press.*

MoRST. 2006. *Research and Development in New Zealand–a Decade in Review.* Available at: http://www.morst.govt.nz/publications/a-z/r/decade-in-review/report/

Palmer, C. M. 1994. *Th e Reform of the Public Science System in New Zealand,* Ministry of Research Science & Technology, Wellington.

4.5.4.2 남아프리카공화국

요한 무톤(Johann Mouton),
넬리우스 보쇼프(Nelius Boshoff)

배경

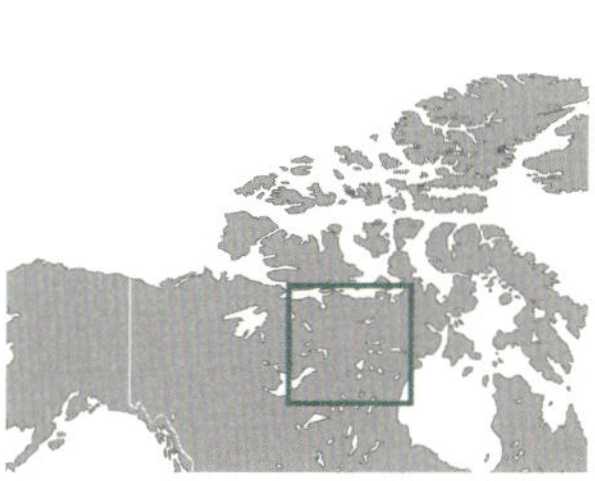

국가연구개발전략(2002)[52]에서는 국가를 위한 우선순위의 하나를 '젊은이들이 과학과 공학으로 진로를 잡게 하기' 위한 건전하고 다양한 방법들의 개발로 정했다. 과학기술부(DST)의 가장 최근 전략계획(2007)[53]은 수소경제, 우주과학, 페블베드원자로와 같은 국가의 주요 프로그램의 필수적인 기여로서, 더 많은 공학자들을 배출해내는 것의 중요성을 강조한다. 전략보고서에서는 '대부분의 분야에서 과학자, 공학자, 기술자의 공급이 부족하다는 것'과 '과학자, 공학자, 기술자들의 제한된 공급이 AsgiSA의 목표에 도달하는데 장애물이라는 것'을 인정하고 있다. DST는 이런 측면에서 ㄱ) 과학에 젊은 이들을 유인하는 전략과, ㄴ) 지식경제의 발전을 위한 과학, 공학, 기술 인적자원개발전략을 발전시켜왔다(DST, 2007).

공학자의 공급을 늘리기 위해서는 남아프리카공화국 과학의 넓은 변화의 틀 안에서 이해되어야 한다. 1994년에 민주주의로 변하면서, 이것이 국가혁신체계(NIS) 변화의 중요한 목표 중 하나가 되었고, 다음의 세 가지 방법을 통해 이루려고 했다.

1. 아프리카 사람들이나 여성 과학자들과 같은 소수 그룹들을 통해 과학, 공학, 기술 분야에 참여를 늘리자.
2. 이 분야의 지식생산과 국가의 사회경제적 목표(남아프리카공화국 사람들의 삶의 질을 향상시키고, 가난을 없애고, 모든 국민들에게 부를 제공하는 것)를 함께 이루는 것을 보장하자.
3. 인종차별적(Apartheid) 과학의 고립주의적인 영향을 극복하기 위해 1970년대와 1980년대 학문적 보이콧의 결과로 어려움을 겪고 있는 국제과학협력을 증가시키고 남아프리카공화국 과학의 국제적 가시성을 높이자.

이런 방법들은 공학의 다음과 같은 세 가지 이슈를 다룬다.

- 공학의 연구결과물을 국가의 전체 과학결과물의 한 부분으로 보고, 공학연구의 참여를 촉진시키는 것
- 고립주의의 장벽을 깨뜨리는 것, 국제 과학협력을 촉진시키는 것, 남아프리카공화국 공학 논문의 국제적 가시성을 높이는 것
- 다음 세대 공학자 배출하기

공학연구 결과와 참여촉진

저명 학술지에 발표된 논문의 수로 평가하는 공학 분야의 연구결과는 1990년부터 2004년까지 15년 동안 점차적으로 증가해서 2004년에는 2000개의 논문이 발표됐다(그림 1). 남아프리카공화국 전체 과학 시스템의 논문 중에서 공학이 차지하는 비중은 1990년 5%에서 2004년 7%로 증가했다(표 1).

52) Department of Science and Technology. 2002. *National R&D Strategy.* Pretoria, South Africa.

53) Department of Science and Technology. 2007. *Corporate Strategy 2007/2008.* Pretoria, South Africa.

그림 1. 공학 분야의 연구실적(1990~2004)

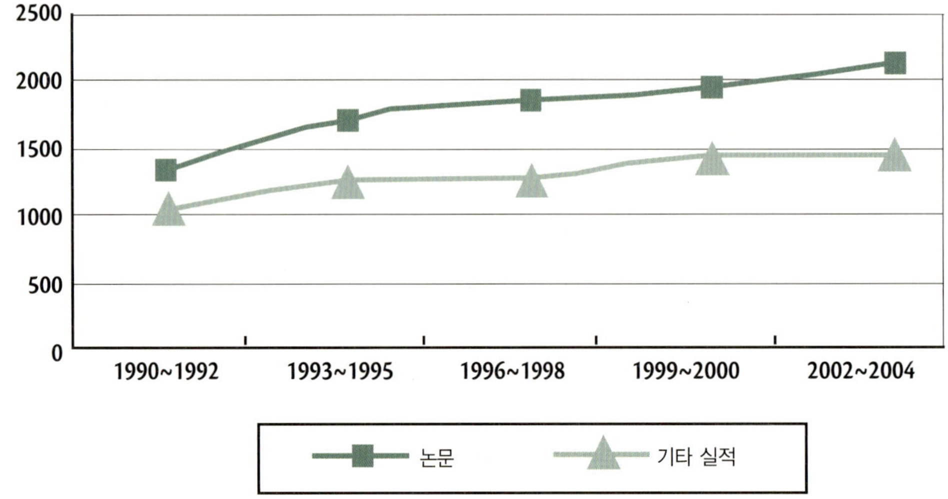

표 1: 남아프리카의 공학 및 응용기술 논문(1990~2004)

기간	전체 논문 중 공학 논문 %	공학논문에서 여성 저자가 작성한 논문 %	공학논문에서 아프리카인 저자가 작성한 논문 %	공학논문에서 30세 미만의 저자가 작성한 논문 %	공학논문에서 50세 이상의 저자가 작성한 논문 %
1990~1992	5%	6%	3%	10%	26%
1993~1995	6%	7%	4%	9%	29%
1996~1998	6%	8%	7%	9%	36%
1999~2001	6%	10%	9%	8%	35%
2002~2004	7%	11%	10%	5%	39%

출처: South African Knowledgebase, CREST, Stellenbosch University (CREST, 2007, Human Capital and the South African Knowledgebase. Report submitted to the National Advisory Council of South Africa)

몇몇 변화 지표에 관한 한, 진보가 꾸준히 크게 진행되었다. 아프리카 논문저자의 비율이 3배 이상이 되는 동안 여성 논문저자의 비율은 1990년 6%에서 11%(거의 두 배)로 증가했다. 하지만 30세 이하의 젊은 저자의 비율이 줄어드는 충격적인 경향도 있다. 정반대로 50세 이상의 논문 저자의 비율은 26%에서 39%로 증가한 것을 알 수 있다. 국가의 미래지식기반을 위한 중요한 결과물인 이와 같은 경향에 심각하고 즉각적인 관심이 요구된다.

고립주의 장벽 깨뜨리기

과학협력 통계를 분석하는 기준은 과학논문의 공저이다. 공학 분야의 모든 공저들을 분석하면 국제적 협력이 엄청나다는 것을 발견할 수 있다. 1990년과 1992년 사이의 모든 논문의 6% 정도가 외국 과학자들과 공저를 통한 것이었다. 이 비율은 최근 14%까지 증가했다.

외국인 공저자의 출신 분석을 살펴보면 대부분이 미국, 독일, 영국, 호주 순이었다.

서로 다른 과학 분야의 인용에 대한 최근 연구에서는 인용 영향력 점수를 이용해 공학 논문의 국제적 가시성에 대한 분석이 행해졌다. 학문분야 평균 인용 비율이 1.00보다 클 경우 좋은 것으로 판단한다.(이는 특정 분야의 논문이 해당 분야의 모든 논문의 평균 인용 수보다 높다는 것을 의미한다.) 공학의 그 어떤 세부 분야도 1.00 혹은 그 이상을 달성하지 못했다는 사실은 다음(표 2)에서 언급된 증가하고 있는 과학협력이 아직 높은 수준의 과학적

표 2: 공학 및 응용기술 전공별 인용 프로파일(1990~2004)

전공	총 ISI 논문수	논문당 평균 인용수 (자기인용 제외)	인용비	자기인용 %	인용되지 않은 논문 %
화학공학	980	3.75	0.85	26%	35%
전기전자공학	831	2.23	0.56	27%	50%
기계공학	713	2.54	0.75	33%	45%
금속공학	901	1.99	0.69	23%	56%
재료과학	1,746	4.04	0.81	30%	36%

출처: Centre for Science and Technology Studies (CWTS), Leiden University

인정으로 이어지지 못한다는 것을 의미한다. 다시 말하면 남아프리카공화국 공학자들이 1990년 이후 15년 간 전체적인 결과물의 수준을 향상시키고, 해외 과학자들과의 협력이 증가했음에도 불구하고, 그들의 논문은 그 분야의 최고의 저널에서는 자주 인용되지 않는다.

학문분야 평균 인용비율 1은 한 국가의 인용 성과가 해당분야에 비슷한 국제적 영향을 미친다는 것을 의미한다.

차세대 공학자 배출하기

혁신은 또한 남아프리카공화국이 기존에 불이익을 받은 집단(아프리카 사람과 여학생)으로부터 더 많은 공학자와 공학과학자를 배출해내는 것을 필요로 한다. 표 3은 1996년과 2006년의 공학도들의 졸업 비율을 취득 학위별로 비교한 데이터이다. 인종-성별 분석은 이 기간 동안 이 부분에서 엄청난 발전이 있었다는 것을 보여준다. 1996년과 비교했을 때 2006년에 더 많은 아프리

표 3: 공학 분야 졸업생의 학위별 인종 및 성 분포(1996, 2006)

인종/성별	*학사		우등학사		석사		박사	
	1996	2006	1996	2006	1996	2006	1996	2006
아프리카 여성	0.5%	11.0%	0.7%	12.4%	0.2%	4.8%	0.0%	3.8%
아프리카 남성	9.3%	28.3%	14.4%	25.1%	6.1%	21.1%	0.0%	19.0%
**유색인종 여성	0.5%	0.8%	0.3%	1.0%	0.0%	0.8%	0.0%	0.0%
유색인종 남성	3.6%	4.2%	5.1%	3.7%	1.7%	2.9%	0.0%	1.9%
인디안 여성	0.8%	2.4%	0.3%	4.0%	0.0%	0.8%	0.0%	1.9%
인디안 남성	8.0%	7.3%	4.8%	8.0%	5.1%	7.0%	0.0%	6.7%
백인 여성	7.4%	7.1%	3.0%	6.0%	9.6%	7.0%	18.9%	10.5%
백인 남성	70.0%	38.9%	71.4%	39.6%	77.3%	55.7%	81.1%	56.2%
합계	100% (1686.02)	100% (2930.08)	100% (573.78)	100% (298.25)	100% (318.76)	100% (588.67)	100% (53.00)	100% (105.00)

출처: Own calculations based on data from the Higher Education Management Information System (HEMIS), South African Department of Education

* Professional First Bachelor's Degree = Degree qualification with a minimum duration of four years

** 'Coloured' refers to individuals of mixed race.

그림 2. 공학 논문의 공저자 유형(1990~2004)

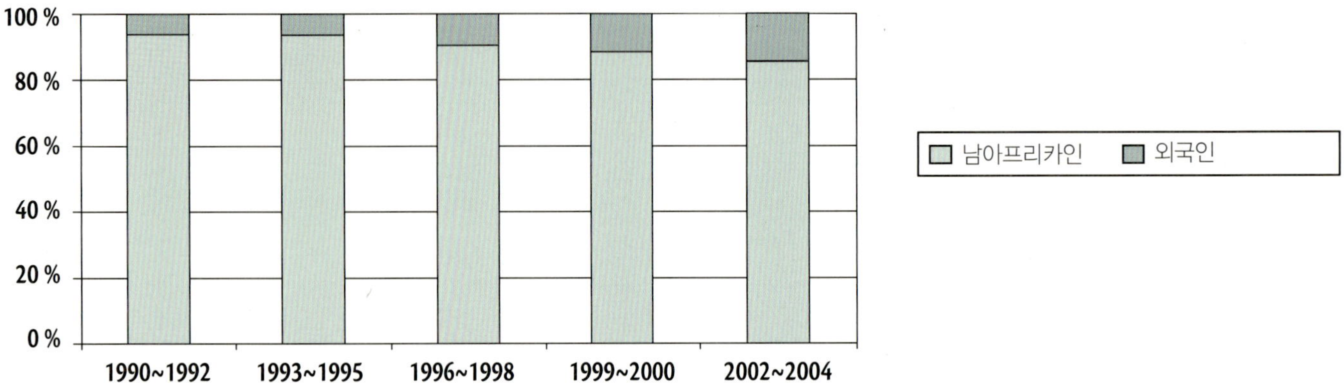

카 및 인도 학생들이 졸업했다. 유색인종 학생들을 고려한 발전은 더뎠다. 백인학생들은 학위 과정에서 여전히 학생들의 다수를 차지하고 있다. 하지만 시간이 지나면서 그들의 비율은 큰 폭으로 줄고 있다.

결론

남아프리카공화국에서 공학은 변화해야 한다는 국가적 요구에 잘 부응해 왔다. 연구결과의 인구통계와 졸업학생 수가 바로 그 증거이다. 비록 논문의 인용은 충분하지 못하지만, 늘어나고 있는 국제화가 또 다른 증거이다. 훌륭한 과학자들의 노령화는 충격적인 추세이고 관심이 필요하다. 가장 큰 도전 과제는 향후 국가의 미래 산업 및 과학 수요에 부응하기 위해서는 공학자들의 전체적인 연구 실적이 지금보다 더 증가되어야 한다는 것이다.

4.6 공학윤리와 부정부패방지

4.6.1 공학윤리: 개론

크리스텔 디디에(Christelle Didier)

서론

공학은 다른 분야보다 조금 늦게 윤리적 성찰을 시작했다. 1970년대 말 미국에서 독립적 학술연구 분야로서 입지를 굳힌 '공학윤리'는 여러 나라의 전문 조직이 윤리 헌장을 제정하도록 할 정도로 발전했다. 최초의 윤리 헌장은 1910년에 영국 토목공학회가 제정했다. 그 뒤를 이어 미국 등 여러 나라의 단체도 윤리 헌장을 발행했다. 하지만, 윤리 헌장 제정 후 정기적 논의나 수정이 이루어지지 않는 경우가 많다.

어떤 사람들은 윤리 헌장의 이론적 기반이나 방법론 등에 의문점을 갖지만, 다른 사람들은 공학자의 전문적 활동이 윤리적 문제를 일으키지 않을 것이라고 단순하게 생각한다. 공학자들 없인 현실 불가능한 기술적 발전에 대해 철학자나 윤리학자들이 문제를 제기했을 때 놀란 사람은 많지 않았다. 다음 두 문장은 반증할 수 없는 사실이다. 첫째, 기술적 발전은 윤리적 문제를 일으킨다. 둘째, 공학자는 기술적 발전의 유지와 응용에 크게 기여한다. 어떤 사람들은 대치되는 이 두 사실이 공학에 대한 윤리적 문제를 제기한다고 생각하는 한편, 다른 사람들은 기술의 윤리적 도전 과제는 공학자들이 짊어져야 할 짐이 아니라고 생각한다.

공학 윤리의 지위(Status)는 무엇인가?

공학 윤리의 개념은 영어 외의 언어로 설명하거나 영미문화의 영향을 받지 않은 국가의 문화적 맥락에서 이해하기 어렵다.

프랑스에서는 '전문직(profession)'이라는 단어가 모든 직업을 의미한다. 반면, 미국, 캐나다, 뉴질랜드, 아일랜드, 남아프리카공화국, 호주, 영국 등의 나라에서는 사회적 인증이나 특정 권리를 부여받은 사람, 또 특정 책임에 대한 신뢰가 쌓인 사람이 활동하는 분야를 의미한다. '전문직(professions)'과 '직업(occupations)'을 구분하는 것은 영국의 건국 초기부터 지금까지 직업사회학의 주류 이론으로 자리 잡은 기능주의 이론과 상응한다.

'공학자는 전문직인가?'에 대한 질문은 거의 모든 공학 윤리 교과서의 도입부에서 제기된다. 이 분야의 많은 학자들은 이 질문에 '그렇다'라고 답하며, 이것이 핵심 질문이라고 생각한다. 그들은 공학 윤리가 공학자의 전문직 지위와 연관되어 있다고 생각한다. 기능주의적 견해를 가진 몇몇 학자는 공학자가 '진정한' 전문직이 아니기 때문에 공학 윤리에 대해 논하는 것이 불가능하다고 생각한다. 전문직과 일반 직업이 구분되지 않는 사회에선 이러한 공학의 '본질(essence)'에 대한 논의가 이루어지지 않는다. 두 개념이 구분되는 나라에서도 공학자가 '진정한' 전문직이든 아니든, 몇몇 학자들은('전문직'의 윤리로서) 공학자들이 일하는 동안에 직면할 수 있는 다양한 윤리적 문제를 포괄하는 '공학 윤리'에 대한 이해를 넓혀가고 있다.

미국의 학자는 공학 윤리가 공학자 공동체가 도덕적으로 허용되는 것이 무엇인지 정의하는 기준을 받아들여 사용하고 있는지 여부에 의존한다고 생각한다. 이 기준은 회원의 성격에 맞추어 진 것, 시장과 법, 일반 도덕성의 요구 사항 이상의 것이어야 한다. 학자들은 공학 윤리를 전문직 활동의 실용적 지혜라고 여긴다. 이와 같은 태도 및 접근 방식을 널리 알려야 한다. 하지만 이 접근 방식을 가능케 하는 데 필요한 기준이 아직 세계적으로 정립되지 않았다. 게다가, 윤리 행동 강령이 존재하더라도 종종 정당성과 강화 방안 등이 결여되어 있는 것이 현실이다.

위의 태도로 접근하면 공학 윤리를 논하는데 전문직으로서의 자존심 등은 더 이상 거론되지 않을 것이다. 공학 윤리의 주요 논점은 전문직의 지위도, 공학과학 지식도, 기술적 도구에 대한 윤리적 성찰도 아니다. 그것은 바로 '기술의 윤리학'이다. 공학 윤리는 기술적 결정에 대한 가치판단의 기준 — 이것은 1980년대 출현한 '기술 영향 평가'가 달성하고자 하는 목표이다 — 이 아니다. 공학 윤리의 중심은 바로 활동이다. 또한, 이처럼 공학적으로 설계된 세계에서 공학 윤리는 공학자들만의 고민으로 머무르지 않고 공학적 결정의 영향에 대해 우려하는 모든 시민의 고민거리가 되어야 한다. '공학 윤리'라는 단어는 기술의 인간적 근원을 상기시킨다. 이 단어는 한 종류의 일과 그 어느 누구보다도 이에 대한 책임을 가진 사람들의 모임을 직접 명시한다. 바로 공학자이다.

공학이란 무엇인가?

최근까지만 해도 인문사회과학과 철학은 공학과 전혀 무관하다고 여겨졌다. 미국에서 '기술의 역사'가 '과학의 역사'로부터 떨어져 나와 독립적인 분과가 된 것은 아주 최근의 일이다. 그 후에는 게리 리 다우니(Gary Lee Downey)와 주안 루세나(Juan Lucena)가 과학으로부터 독립된 공학 학문 분야 설립의 기반을 닦았다. 학술 문헌을 통해 과학적인 동시에 경제적이기도 한 공학의 이중적 성질을 엿볼 수 있다. 공학자는 과학자인 동시에 기업가이다. 왜냐하면 업무에 대한 평가가 실험실에서 이루어지지 않고 시장에서 이루어지기 때문이다. 공학은 노동과 자본의 결합인 사회적 차원의 성질도 가지고 있다. 공학자의 지식은 과학적 지식인 것 같지만, 그와는 약간 다르다. 마이크 마틴(Mike Martin)과 로랜드 쉰징어(Roland Schinzinger)는 공학을 '사회적 실험'이라고 정의했다. 칼 미챔(Carl Mitcham)은 공학의 산물은 지식이 아니라 '세상을 바꾸는 물체'라고 말한다.

그렇다면, 공학의 주요 특성은 무엇일까? 첫째로, 공학은 복합적인 작업 환경에서 이루어진다. 기술을 행동에 옮기는 사람은 공학자들뿐만 아니라 기능직, 비기술적 실무자, 행정 직원, 정치적 의사결정자 등 다양하다. 둘째, 공학 활동은 실제 세계를 변화시키고 결과를 산출해 낸다. 때때로 그 결과는 되돌릴 수 없거나 일부는 알려지지 않는다. 공학은 잠재력을 가지고 있으며 현재와 미래, 인간과 자연환경에 어떠한 영향을 미칠지 다소 불확실하다. 마지막으로, 공학에서 가장 중요하게 여겨지는 부분은 바로 디자인(설계)이다. 디자인은 하나 이상의 목적이나 기능의 달성 및 수행을 위해 새로운 물체, 시스템 및 서비스를 상상하고 기획하여 그 목적이나 기능을 구체화하는 과정이다.

공학자의 책임은 무엇인가?

사회는 기술적 디자인 등 여러 가지 활동에 있어 공학자에게 의존한다. 공학자의 도덕적 의무는 바로 여기서 나온다. 공학자의 기술적 능력이 부족하거나 윤리에 충실하지 않는다면 한 사람은 물론 수십, 수백, 수천 명이 다치거나 사망할 수도 있다(무능력한 의사가 환자를 죽일 수 있는 것처럼 말이다).

공학의 윤리적 도전 과제에서 공학자의 도덕적 책임으로, 그러니까 행위에서 행위자로 관점을 옮겨 보자. 여기서 세 가지 질문이 필히 다루어져야 한다. 공학적 의사를 결정하거나 행동으로 옮길 때 윤리적 이슈를 고려한다면, 공학자들의 도덕적 정당성은 어디까지인가? 공학자들이 쉽게 접할 수 있는 지식은 무엇인가? 공학자들이 속한 조직 내에서 활동할 때, 어느 정도의 자유가 허용되어야 하는가?

정당성

몇몇 사람들은 기술적 발전으로부터 나오는 윤리적 문제들은 매우 정치적이므로 공학자가 고려할 사항이 아니라고 말한다. 미국 윤리 강령에 명시된 기술적 발전의 악영향으로부터 대중을 보호해야 할 공학자들의 의무에 대해 의문을 제기하는 사람들도 있다. 공학자들은 회사 내 동료 및 직원 대표자들, 회사 밖 지역 협회, 표준 단체, 정부 기관, 의회, 비정부기구 등과의 여러 수준의 기술적 선택에 대한 논쟁에서 충분한 정당성을 가지고 자신들의 의견을 표현할 권리가 있다.

사회기술적 시스템 내 공학자들의 입지 때문에 공학자들은 누구보다도 충실한 기술적 민주주의의 시민이 될 것이라는 기대를 받는다. 게다가, 회사나 단체 내에서 기술 관련 구체적 사항에 대한 소통 및 기타 공학자들이 갖는 의무를 고려하면, 공학자도 상사나 의뢰인에게 대안책을 제안할 권리가 있다. 공학자는 선택을 해야 하는 사람들이 신뢰하기 때문에 책임이 있다.

지식

공학자들의 작업 환경은 대기업의 노동 환경과 비슷하게 고도로 분화되어 있다. 이것은 책임감의 약화뿐 아니라 방향 및 목표 상실 등 행위자의 시야를 가리는 위험을 초래한다. 공학자들은 성취하고자 하는 목적에 대해 무지하거나 무관심하지 않아야 할 도덕적 책임이 있다. 또한, 그 목적 달성에 대한 자신들의 입장을 분명히 표현해야 한다.

배경지식이 전혀 없다면 책임을 다하는 것도 불가능하다. 이것은 고대부터 전해져 내려온 책임의 기본이다. 하지만 몇몇 종류의 무지함은 상대적으로 도덕적 허용 범위 내에 있다. 어떤 사람은 의사결정에 있어 공학자의 참여여부는 단순히 알 수가 없다고 믿는다. 그러므로 공학자의 책임은 설명 불가능하다는 것이다. 공학자는 윤리적 결정을 내리기 어렵다고 느낄 수 있지만 윤리적 판단은 언제나 가능하고 개선될 수 있다.

권력

공학에서 윤리성이 논의될 여지가 없다는 주장의 또 다른 이유는 공학자의 직업적 위치이다. 고용주 아래에서 일하는 노동자로서 공학자는 충분한 자유를 가지지 못한다. 전문직업인으로서 공학자가 가지는 자율권과 회사 내 의사결정 시 공학자가 가지는 권력에 대한 문제는 주로 공학자를 전문직업인이 아닌 단순 노동자로 생각했던 역사가나 사회학자들이 연구했다. 공학자가 독립적인 전문직이 아니라는 점을 잊어서는 안 되겠지만, 공학자가 무산 계급화되었다고 할 수 있을 만큼이나 그들의 소속 조직 내에서 행동의 자유가 제한되어 있는지에 대해 의문을 던지고 싶다.

공학의 특수함, 사회에 미치는 영향력, 사회 · 기술적으로 혼합된 특성 등에 비추어 보았을 때, 공학자들이 보이지 않는 측면에서도 권력을 행사하고 있다고 생각할 수 있다. 예를 들어, 권위에 관한 관계의 게임에서 말이다. 공학자는 기술의 '블랙박스(black box)'와 가까우며 이 블랙박스를 닫을 수 있는 주요 행위자이다. 하지만 경제적, 정치적 제약에서 벗어날 수 없다. 이 때 공학자들은 사회적 책임이라고는 위계질서에 복종하는 것뿐인 여느 고용인처럼 보인다. 극단적인 경우, 내부 고발을 하고 고용주에 대한 충성의 의무를 배반하는 위험을 감수하는 것이 공학자의 의무일 수도 있다. 좀 덜 화려하지만, 공학자의 의무는 조직을 더 평등하고 책임감 있는 기관으로 만들기 위해 조직 내 구조 개선에 기여하는 것이 될 수도 있다. 마지막 관점은 윤리를 '정의로운 사회에서 타인과 함께 좋은 삶을 누리는 것'이라고 설명한 폴 로코에르(Paul Rocoeur)의 정의에 꼭 들어맞는다.

결론

공학 윤리는 아직도 많은 성장이 필요한 윤리학의 신생 분야다. 미국에서 처음 시작한 공학 윤리는 유럽과 아시아 국가의 학술계에서도 많은 관심을 얻기 시작한 지 이미 수년이 지났다. 공학 윤리의 중점은 공학이 '진정한' 전문직인지 아닌지에 대한 문제를 벗어나 사회, 경제, 정치, 기술적 영향력을 가진 행위로서의 특성에 대한 논의로까지 확장되었다. 이제 공학 윤리 연구의 도전 과제에 집중하고, 위 질문에 인식론적으로 접근해 공학 윤리의 심장부에 있는 활동인 공학의 개요를 정의하는 것을 목표로 삼아야 한다.

이에 덧붙여 공학 윤리의 최근 연구는 공학의 윤리성에 대해 거론될 수 있는 여러 가지 측면의 문제들에 대한 이해를 넓히는 데 주력하고 있다. 그것은 개인적, 미시적 수준의 문제일 수도 있고, 그룹 등 중간 수준, 전문 기관 및 회사, 그리고 지구 등의 거시적 수준일 수도 있다. 공학 윤리와 밀접히 연관된 사항이라고 여겨지는 지속가능한 발전 및 기업의 사회적 책임 관련 이슈는 중간 및 거시적 수준으로 발전할 수 있다. 공학 윤리 커리큘럼 대부분은 학생들이 전문직업인으로서 일할 때 맞닥뜨릴 수 있는 윤리적 딜레마를 다룬다. 이 접근 방식은 흥미롭고 유용하지만, 공학 윤리가 그보다 더 다양한 이슈를 다룬다면 개인의 책임감이나 미래 공학자들의 윤리적 감각을 넓힐 수 있을 것이다.

4.6.2 공학윤리: 심화 토론

모니크 프라이즈(Monique Frize)

윤리적 공학자가 곧 전문적인 공학자이다. 기타 과학 분야와 다르게 공학자의 일은 대중 안전, 보건 등은 물론 기업과 정치에도 직접적인 영향을 미친다. 몇몇 국가에서는 공학자 협회들 스스로가 공학계를 자율 관리한다. 이들 협회에 가입하기를 희망하는 공학자들은 먼저 인증된 프로그램에서 취득한 공학 학위의 소지 및 기술 자격시험 통과 여부를 통해 실력을 평가받는다. 그 다음에는 윤리 기본에 대한 시험을 통과해야 한다. 계약법 원리에 대한 시험 통과를 요구하는 협회도 종종 있다. 이러한 자율규제는 북미국가(캐나다와 미국)가 실시하는데, 유럽 등의 기타 지역(프랑스나 스웨덴)에서는 정부가 규제하기도 한다.

도덕은 바로 사람들이 옳다고 믿는 것, 좋다고 믿는 것, 그리고 그렇게 믿는 이유이다. 많은 윤리행동 헌장은 일반적으로 여러 상황에서 사람들이 해도 되는 것과 해서는 안 되는 것을 구분한다. 윤리(ethics)는 도덕에 대한 철학적 연구로서, 사람들의 도덕적 믿음과 행동을 합리적으로 검토하고 시시비비를 가린다. 많은 도덕이론 중에서도 공학자들의 의사결정에 특히 관련 있는 이론들이 있다. 예를 들어, 주관적 상대주의(Subjective Relativism)와 문화상대주의(Cultural Relativism) 이론은 특정 개인 및 문화적 관점에서 윤리적 의사결정을 내릴 것을 권고하기 때문에, 또 신명론(Divine Command Theory)은 종교마다 다른 종교적 믿음에 따라 도덕성을 결정하기 때문에 유용하지 않다. 하지만 칸트주의(Kantianism)나 행위 공리주의(Act Utilitarianism), 규칙 공리주의(Rule Utilitarianism), 사회계약설(Social Contract, Hobbes), 권리론(Rights Theory, Locke), 롤스의 정의론(Rawls' Theory of Justice) 등은 공학 관련 의사결정시에 유용할 것으로 보인다.

전문 공학자 협회와 기술사회 대부분은 각자 고유한 윤리 헌장을 가지고 있다. 윤리 헌장은 공학자들의 위법 행위, 태만, 기술 부족, 부패 등을 방지한다. 한 공학자에 대해 불만이 들어오면 벌금이나 자격증 취소 등을 통해 기강을 바로 잡는다. 윤리적 의사결정에 대한 지식이 공학자가 어렵고 복합적인 도덕적 딜레마에 처했을 때 도움이 될 수 있다.[54] 기본 도덕 원리와 윤리 헌장은 공학자의 의무와 책임의 핵심 요소이다. 각 전문 공학자 협회와 기술사회들이 갖춘 각자 고유의 윤리 헌장은 약간씩 다르지만 핵심 도덕 원리는 같다. 윤리 이론과 관련 윤리 헌장에 대한 지식을 갖춘 공학자는 윤리적 딜레마나 문제를 보다 쉽게 해결할 수 있을 것이다.

공학의 행동윤리에 대한 또 하나의 중요한 측면은 소수 집단의 사람에 대한 고용인, 고용주, 동료들의 태도이다. 공학계에서 여성의 수가 아직도 적은 것을 고려했을 때, 직장이나 학교에서 차별받거나 희롱당하는 일이 절대로 없도록 해야 한다. 가장 큰 방해물은 공학자(남녀 모두)들이 차별이나 희롱에 대한 개념적 이해가 부족하다는 것이다. 명확한 이해 부족의 결과로 자기도 모르게 상대방에게 피해를 입히는 상황이 발생할 수 있다. 1992년에 설립된 캐나다 온타리오주의 온타리오 전문 공학자협회는 위와 같은 상황이 발생했을 경우 해당 공학자를 상대로 조치가 취해지도록 하고 있다.[55),56)]

공학자들은 표절, 이해의 충돌, 사기, 부정부패 등 여러 가지 비윤리적 행위를 방지하기 위해 위와 같은 사항에 대해 충분히 이해하고 있어야 한다.

또한, 기술이 사회와 인간에게 미치는 영향에 대한 논의가 활발히 이루어져야 한다. 기술의 발전은 혜택과 폐해를 동시에 가져온다.[57),58)] 사회에 대한 긍정적인 영향을 확보하고 세계적 문제와 도전 과제에 대응하는 데 도움이 될 수 있도록 사회 구성원 모두가 노력해야 한다. 사회는 법과 행동윤리 헌장을 제정해 발전 영향의 방향을 바로잡아야 한다. 새로운 세기에 접어든 지금, 공학을 공부하는 학생들을 사회적 책임을 다하는 인재로 거듭나게 하기 위해서는 공학이 사람과 사회에 미치는 영향을 어떻게 평가하는지와 윤리적 의사결정 과정에 대해 가르쳐야 할 때다. 따라서 공학 교육과정에 위와 같은 중요한 개념을 포함시키는 지침이 필요하다. 항상 명심해야 할 공통 원리는 바로 관련 이슈들의 복합적, 역학적인 특성이다.[59),60)]

마지막으로, 공학자와 공학도 모두 유엔 새천년개발목표를 인식하고 직업 활동에 있어 그 목표를 달성하는 데(특히 개발도상국에서) 최선을 다해야 한다. 왜냐하면 새천년개발목표 달성을 좌우하는 행동력을 지닌 직종으로서 목표 달성에 대한 윤리적 책임이 있기 때문이다.

54) Andrews, G. and J. D. Kemper. 2003. *Canadian Professional Engineering Practice and Ethics*. Saunders College Canada, Harcourt Brace & Company, Canada, p. 46.

55) Professional Engineers Ontario (PEO). *Final Report of the Bioengineering Sub-Group of the Engineering Disciplines Task Force (EDTG)*. 25 Sheppard Ave., Toronto, ON. 다음 홈페이지를 참고할 것. http://www.peo.on.ca/ 먼저 'Guidelines'을 클릭하고 다음에 'Human Rights for professional practice'를 클릭하라. (2010년 5월 15일 최종 방문).

56) M. Frize. 1995. *Eradicating Harassment in Higher Education and Non-Traditional Workplaces: A Model*, CAASHHE Conference, Saskatoon, 15-18 Nov., pp. 43-47.

57) Joy, B. 2000. Why the Future doesn't need us. *Wired*. April 2000 다음 홈페이지를 참고할 것. http://www.wired.com/wired/archive/8.04/joy.html (2010년 5월 15일 최종 방문).

58) Centre for the Study of Technology and Society.다음 홈페이지를 참고할 것. http://www.tecsoc.org/Innovate/focusbilljoy.htm (2010년 5월 15일 최종 방문).

59) Frize, M. 1996. Teaching Ethics & the Governance of the Profession: Ahead or Behind Professional Practice Realities? *Canadian Conf. on Engineering Education*, June. pp. 483-489.

60) Frize, M. 2003. Teaching Ethics for Bioengineers in the 21st Century. *Proc. of the 25th Annual International Conference of the IEEE EMBS*. Cancun, Mexico.

여러 윤리 이론들의 간략한 정의

- **주관적 상대주의(Subjective Relativism)**: 옳고 그름을 가리는 보편적 도덕 기준이 없다는 이론. 개인이 자신의 주관적 견해에 비추어 스스로 옳고 그름을 가린다.
- **문화상대주의(Cultural Relativism)**: 사회적으로 규정된 도덕 지침에 따라 옳고 그름이 결정된다는 윤리 이론.
- **신명론(Divine Command Theory)**: 신의 뜻에 부합하는 것이 곧 도덕이며 그렇지 않은 것은 비도덕이라는 믿음. 그리고 전지전능하고 절대적 권력을 가진 신에게 복종해야 한다는 믿음에서 출발한 이론.
- **칸트주의(Kantianism)**: 행동, 의지, 의무 등의 도덕성을 결정하는 보편적이고 반드시 지켜져야 하는 도덕적 잣대가 존재한다는 이론. 타인과 자신은 목표 도달의 수단이 아니라 목표 그 자체이다.
- **행위 공리주의(Act Utilitarianism)**: 행위의 결과로 누군가가 이익을 얻을 수 있다면 도덕적 행위이고, 피해를 입을 수 있다면 비도덕적 행위라고 설명하는 이론. '최대 행복의 원리'라고도 알려져 있으며, 개인의 도덕적 행동에 적용된다.
- **규칙 공리주의(Rule Utilitarianism)**: 도덕적 규칙을 따라야 하는 이유는 모두가 느끼는 행복의 총 합을 증가시킬 수 있기 때문이라고 설명하는 이론.
- **사회계약설(Social Contract Theory)**: 사회구성원 각자 상대방을 대하는 법을 규정했을 때 사회가 얻을 수 있는 이익에 기초한 이론. 개인의 권리를 중심으로 왜 합리적인 사람이라면 모두 자신의 이익을 추구하는 지에 대해 설명한다.
- **권리 이론(Rights Theory)**: 개인은 기본적 권리와 자유를 추구할 권리(의사결정 및 의사표현의 자유, 안전보장의 권리 등)가 있다고 주장하는 이론. 단, 추구하는 권리가 모든 사람들에게 부여될 수 있어야 한다.

출처: Quinn, M. 2005. *Ethics for the Information Age*. Boston: Pearson/Addison-Wesley.

도덕적 의사결정 과정

다음의 도덕적 의사결정 과정은 공학 설계 과정에서 유용하게 쓰일 수 있다.

1. **파악하기**: 해결되어야 할 윤리적 문제나 딜레마가 무엇인지 알아보고 필요한 정보를 수집한다. 이해관계자, 발생했거나 발생 가능한 일, 해로운 결과가 발생할 수 있다면 어디서이고 언제인지, 어떤 해로움인지 파악한다.
2. **정의하기**: 도덕적 문제를 정의한다. 무엇이 잘못되었고, 어떤 규제나 법에 위반되는가, 윤리 이론이 해당 상황을 어떻게 정의하는지에 대해 알아본다.
3. **대안 해법 구하기**: 한 개 이상의 접근법이 있을 것이다. 다음 단계에서 하나하나 모두 살펴보아야 한다.
4. **평가하기**: 제시된 해결 방안과 도출 가능한 결과를 평가한다. 윤리 이론과 윤리 강령을 이용하면 쉽게 평가할 수 있다. 문제를 법적 측면에서 바라보는 것도 빠뜨려서는 안 된다.
5. **결정 및 최적화하기**: 상황에 가장 적절한 해결 방안을 고른다. 경험이 많은 사람에게 자문을 구하고 모든 측면에서 검토한다.
6. **이행하기**: 해결 방안을 실제에 적용한다. 하나의 해결 방안이 행동에 옮겨지기로 결정된 후에도 심사숙고하여 설계된 진행 단계를 거쳐야 한다는 것을 잊어서는 안 된다. 예를 들어, 만약 문제가 공공 안전을 위협하는 것이었다면, 즉시 조치를 취해야 한다. 만약 책임 있는 자가 조치를 취하지 않는다면, 누군가가 나서서 권력에 도전하여 합당한 행동이 취해지도록 해야 한다. 만약 이 방법이 먹히지 않는다면, 이 사실을 대중에게 알려 본래 책임이 있는 자가 문제에 반응하도록 만든다.
7. **부패 및 사기**: 가장 큰 예로 뇌물을 받는 것을 들 수 있다. 정부나 기업 소유의 재물을 개인적 용도로 사용하는 것도 이에 속한다. 권력을 가진 사람 거의 모두(특히 공공 권력을 가진 사람)에게 이러한 과실의 가능성이 있다.

출처: Andrews, G. and J.D. Kemper. 2003. *Canadian Professional Engineering Practice and Ethics*. Saunders College Canada, Harcourt Brace&Company, Canada, pp.142-144.

기타 주요 개념

- **비밀엄수**: 비밀이나 정보가 새어 나가지 않도록 지키는 것. 이 사항이 위반되면 승인 없이 기밀 정보가 유통되게 된다.
- **사생활 보호**: 세인의 주목이나 참견으로부터 자유로움. 공공의 시선으로부터 보호받고 공공연히 알려지지 않음.
- **기밀 유지**: 기밀을 유지할 것에 대한 믿음, 신뢰.
- **지적 재산(IP)**: 표현한 아이디어나 무형 물질에 대한 법적 주권. 지적 재산의 소유자는 독점 사용권을 가진다.
- **저작권**: 창조적이고 예술적인 작품(책, 영화, 음악, 그림, 사진, 소프트웨어 등)에 대해 저작권을 가진 사람은 일정 기간 동안 해당 작품의 재생산과 각색을 통제할 독점권을 가진다.
- **특허**: 특허는 새롭고 쓸모 있는 발명품에 대해 발행된다. 특허 보유자는 일정 기간 동안(일반적으로 특허 신청 후 20년 동안) 해당 상품을 상업적으로 이용할 독점권을 가진다.
- **등록 상표**: 제품이나 서비스의 차별화를 위해 사용되는 변별적 기호.
- **산업 디자인**: 산업 제품(부품, 가구, 직물 등)의 외관, 스타일이나 디자인의 형태.
- **업무상비밀**: 상업 활동 및 기업의 독점 지식 관련 기밀 정보.

출처: Wikipedia.

Decew, J.W. 1997. *In Pursuit of Privacy: Law, Ethics, and the Rise of Technology*. Cornell University Press, Ithaca.

4.6.3 세계공학기술단체연합회(WFEO)의 윤리 헌장

세계공학기술단체연합회(WFEO)는 1990년부터 윤리 헌장 정립에 힘써왔다. 이것은 기타 회원 협회에게 본보기가 되어 각자의 윤리 헌장을 만들고 확실히 하는 데 도움이 될 것이다. 여기에 소개된 최종 윤리 헌장은 2001년에 완성되었다.

일반 원리

윤리학은 도덕적 의무나 도리를 연구하는 학문으로, 품행이나 행위의 적절함을 판단하는 데에 기준이 되는 일련의 원리나 가치를 제시한다. 이러한 원리들은 이상적이거나 영감을 주는 일반적인 지침 원리, 또는 손쉬운 시행을 위해 법리적이거나 요긴한 언어로 설명된 일련의 구체적 규칙으로 표현된다. 공학자와 같이 자율적 규제라는 특권이자 책임을 가진 직종은 대부분 전자를 따르는데, 위와 같은 일련의 기본 원리를 책임 있는 직무 수행의 기초와 틀을 형성하는 '전문직 윤리 헌장'으로 삼는다. 하지만 이런 맥락에서 전문직 윤리 헌장은 수동적 단순 관찰을 위해 만들어진 일련의 행동 '규칙'이라고 잘못 이해되기도 한다. 전문직 종사자가 이를 더 유용하게 사용하기 위해서는 먼저 기본 원리의 핵심을 이해하여 매일 당면하는 의사결정 상황에 역동적으로 대처하고 상황에 필요한 사항에 즉각 반응할 수 있도록 해야 한다. 결국 전문직 윤리 헌장은 단순한 행동의 최소 기준이 아니라, 전문가들이 일일 작업을 수행할 때 옳은 방향으로 나아갈 수 있도록 이끄는 일련의 원리이다.

요약하면, 여기에 모델로 제시된 헌장은 공학자의 전문가로서의 책임을 식별할 때 공학자와 사회가 기대하는 바를 묘사한다. 헌장은 진실, 정직, 신뢰, 인간의 삶과 복지에 대한 존중, 공정성, 개방성, 실력, 책임 등의 넓은 범위의 원리에 기초한다. 이 윤리적 원리나 이슈들 중 몇몇은 널리 적용되는 보편적 가치이며, 헌장에서 구체적으로 정의하지 않는다. 헌장은 공학 전문직에 적용되는 사항에 대해서만 구체적인 정의를 제시한다. 한편, 그 중 일반적으로 전문직 윤리로 받아들여지지 않는 원리 및 이슈가 있지만 공학자의 전문 직무 수행을 평가하기 위해 꼭 고려되어야 한다.

환경 및 지속가능한 발전 관련 이슈에는 국경이 없다. 전 세계 모든 국가의 공학자와 시민은 환경 윤리에 대해 알고 존중해야 한다. 그러므로 각 나라의 공학자들은 이 헌장 제3장에 명시되어 있는 '환경 윤리 원리의 철학'을 끊임없이 주목해야 한다.

직업 규정 윤리

전문 공학자는 다음과 같은 규칙을 따라야 한다.

- 공공의 안전, 보건, 복지를 가장 중요시하고 지속가능한 발전의 원리에 따라 자연 환경과 건조 환경 모두를 보전한다.
- 직장에서의 보건과 안전을 증진한다.
- 자신의 능력 범위에 한하여 서비스 및 자문, 과제를 신중하고 성실히 제공 및 수행한다.
- 의뢰인과 고용주에게 신뢰 받는 공학자로서 행동한다. 즉, 기밀 사항을 유지하고 이해관계의 상충을 밝힌다.
- 실력을 유지하기 위해 끊임없이 배우고 자신의 전문 분야에 대한 지식을 넓힌다. 또한, 후배와 동료들에게 전문성 발전의 기회를 제공한다.
- 의뢰인과 동료 등을 정당하게 대하고 그들에게 신뢰받을 수 있도록 행동한다. 타인의 공로를 인정하는 한편, 정직하고 정당한 전문적 비판을 할 줄도, 받아들일 줄도 알아야 한다.
- 대중이 공학 이슈를 정직과 신뢰로 받아들일 수 있도록 의뢰인과 고용주가 해당프로젝트나 조치, 노력 등이 사회와 환경에 끼칠 수 있는 영향에 대해 잘 이해하도록 한다.
- 공학적 의사결정 및 판단이 무시되거나 누락되었을 경우 발생할 수 있는 결과에 대해 의뢰인이나 고용주에게 명확히 설명한다.
- 비합법적이거나 비윤리적인 공학 의사결정이나 직무 이행을 목격했을 때 해당 협회나 적절한 기관에 보고한다.

환경공학 윤리

전문가로서의 업무를 기획할 때 공학자는 다음과 같은 지침을 따라야 한다.

- 자신의 능력, 용기, 열정, 헌신을 최대한 쏟아 더 높은 기술적 성과를 얻도록 최선을 다한다. 이것은 곧 모든 사람들에게 건강하고 기분 좋은 외부 환경과 실내 환경을 조성하는 데 기여할 것이다.
- 자원 및 에너지의 소비와 폐기물 및 오염 발생을 최소한으로 줄이면서 유익한 목표를 달성할 수 있도록 노력한다.
- 사람들의 보건, 사회적 평등, 지역의 가치 시스템에 대한 프로젝트 기획 및 조치의 직간접적, 단 · 장기적 영향에 대해 논의한다.

- 영향권에 있는 환경에 대해 충분히 공부하고, 발생 가능한 구조적 영향과 관여된 도시 및 자연 생태계의 역학 및 외관, 그리고 관련 사회경제적 시스템이 받는 영향 모두를 평가한다. 그리고 환경 친화적이며 지속가능한 최선의 대안을 고른다.
- 오염될 수 있는 환경을 재건하거나 개선할 수 있는 방안을 검토하고 이에 대한 이해를 증진한다. 사업 제안서에도 이를 포함시킨다.
- 인간 환경과 자연을 부당히 침해할 수 있는 업무 수행을 거부하고 가장 최선의 기술적, 사회적, 정치적 해결 방안 모색을 목표로 한다.
- 생태계의 상호의존성, 생물다양성 유지, 자원 회복, 그리고 상호연관성의 조화 등의 원리들은 인류 생존의 기초이며 각각 넘어서는 안 되는 지속가능성의 한계점을 가지고 있다는 것을 명심한다.

결론

전쟁, 욕심, 빈곤, 무지, 그리고 자연 재해와 인간이 초래한 오염 및 자원의 파괴 등이 가속되는 환경 파괴의 주범이라는 것과, 능동적 사회구성원으로서 공학자들은 발전의 증진에 깊이 관여하고 가지고 있는 재능, 지식, 상상력을 사회악을 제거하고 모든 사람들의 삶의 질을 증진시키는 데 사용해야 한다는 것을 항상 기억해야 된다.

윤리 헌장의 해석

다음에 소개될 글들은 헌장에 상호 관련되어 있거나 특히 어려운 요소들에 대한 확장된 토론이다. 특히, 직업 규정에 초점을 맞춘다. 한편, 헌장의 모든 절에 대해 깊이 들어가거나 절마다 설명하지 않는다. 이러한 접근 방식은 초점을 좁히기보다는 해석을 넓히기 위한 것이다. 공학의 전문직 윤리는 통합적이며 고정된 '규칙'으로 단순화할 수 없다. 그러므로 헌장을 해석하는 데 제기되는 이슈나 문제 등을 전체적 틀에서 논의하고, 헌장의 일부를 발췌해 해당 상호관계를 설명하며 헌장의 기본 의도를 확장한다.

지속가능한 발전과 환경

공학자는 건축물과 공간의 생물물리학적 · 사회경제적 도시 환경의 질을 개선하고 지속가능한 발전의 원칙을 널리 알려야 한다.

공학자는 지속가능한 발전을 실천에 옮김으로써 지역 공동체와 지구 공동체의 안전, 보건, 그리고 사회복지를 증진시킬 수 있는 기회를 모색해야 한다.

계약자나 고용주가 공학자의 안전, 보건, 복지 및 지속가능한 발전 등의 이슈에 관련된 제언을 간과하거나 무시했을 경우, 해당 공학자는 발생 가능한 결과에 대해 알려야 한다.

대중과 환경의 보호

전문 공학자는 대중의 안전, 보건 및 복지와 환경 보전을 최우선시한다. 이러한 대중의 안전, 보건, 복지에 대한 임무는 공학자 자신의 작업 환경에도 영향을 미치며, 공학적 판단, 위험성 평가, 의사결정 및 구조, 기계, 제품, 처리 과정 및 도구를 통해 이루어지는 실무를 통해 수행된다. 그러므로 공학자들은 자신이 연관된 일이 공학 윤리가 허용하는 범위 내에 있는지, 기준이나 강령에 맞는지, 그리고 타인이 보기에 안전한지 항상 고려하고, 허용치와 기준을 벗어나지 않도록 임무를 통제해야 한다. 이 책임은 공학자가 직면하는 어떠한 상황에도 적용될 수 있으며 만약 특정 공학 활동, 제품, 처리 과정 등이 위에 제시된 조건에 부합하지 않을 시에는 지휘권을 가진 사람에게 자문을 제공할 임무로도 확장될 수 있다. 즉, 공공 안전, 환경, 그리고 기타 공공 이해 보호에 관련된 문제가 발생했을 때, 이 밖에 헌장이 요구하는 사항은 모두 부차적 사안이 된다.

의뢰인과 고용주의 성실한 대리인

공학자는 의뢰인 및 고용주의 중개인이나 신탁 관리자로서 성실히 행동하며, 모든 관계 당사자를 객관적으로 공정하고 정의롭게 대한다. 기밀 사항이나 독점 정보를 다룰 시, 해당 정보에 대한 주인 의식과 관계 당사자의 권리 보호 의식을 갖춰야 한다. 공학자는 전문적 기량으로 얻은 사실, 자료 혹은 정보를 주인의 동의 없이 폭로하지 않는다. 기밀 유지와 신탁 관리자로서의 입지에 대한 존중을 배제할 수 있는 예외의 경우는 앞 단락에서 설명했던 것과 같이 공공의 이해나 환경이 위협받을 때뿐이다. 하지만 그러한 경우에도 공학자는 의뢰인과 고용주가 다시 적절한 상황 판단을 하고 조치를 취할 수 있도록 도와야 한다. 충분한 반대 사유가 없을 경우, 공학자는 해당 지휘권을 가진 사람에게 보고하기 전에 의뢰인과 고용주에게 내재된 위험 요소를 명확히 설명해야 한다.

전문 공학자는 고용주와 의뢰인의 이해관계가 충돌하는 상황을 최대한 피해야 한다. 부득이 그러한 상황을 피할 수 없을 경우, 공학자는 관계 당사자의 이해관계 충돌을 지체 없이 밝힐 책임이 있다. 충돌을 밝히는 것이 충분하지 않거나 공공의 이해와 해당 관계 당사자를 보호할 수 없다고 판단될 시, 공학자는 해당 이슈에서 완전히 철수하거나 제3자를 관여시켜 상황을 감시하는 등의 특별 조취를 취할 책임이 있다. 예를 들어, 전문 서비스 제공자의 대리인인 동시에 수령인의 대리인이 될 수 없다. 만약 의뢰인과 고용주의 이해가 상충한다면, 공학자는 양쪽 모두를 정당하게 대해야 한다. 만약 기업 고용주와 규제 기준 간에 이해관계 충돌이 발생한다면, 공학자는 둘 사이의 차이를 절충해야 하며, 그것이 실패로 돌아갔을 때에는 결과에 대해 알려야 한다. 또한, 공학자는 성실한 중개인 · 신탁 관리자로서 의뢰인과 고용주에게 도움이 된다고 판단될 시, 전문가를 관여시키거나 전문가의 조언이 필요하다고 제언할 의무를 가진다. 의뢰인과 고용주를 대신해 공식 발표를 해야 할 때에는 해당 관계자의 기밀 유지와 독점 정보에 대한 권리를 존중하는 동시에 정확하고 객관적이며 정직하게 발표에 임해야 한다.

한편, 성실한 대리인으로서 공학자는 전 고용주나 의뢰인의 동의 없이 그들 소유의 독점 정보를 사용하거나, 실무 이행 방법을 교류하거나, 정보를 처리해서는 안 된다. 하지만, 공학자가 전 직무를 수행하면서 습득한 일반 기술적 지식, 경험 및 전문 지식 등은 동의나 비용 없이 자유롭게 사용할 수 있다.

실력과 지식

전문 공학자는 교육과 경험을 통해 얻어진 자신의 실력 및 전문 분야에 한해 서비스, 자문 및 업무를 수행해야 한다. 그러기 위해서는 업무를 수락하거나 해석할 때, 그리고 예상되는 결과를 정할 때 조심스러워야 하고 충분한 소통을 해야 한다. 또한, 필요할 경우 전문가의 도움을 받을 책임이 있다. 만약 필요한 지식이 밝혀진 바가 없다면 지식 부재의 상황을 명확히 밝히거나 필요시 관계 당사자 모두에게 해당 사업이 실험적이라는 것을 알려야 한다. 즉, 위와 같은 요구 사항은 관리의 기준에 준하는 단순한 의무뿐만 아니라 정직성과 진실성을 가지고 의뢰인과 고용주, 그리고 공학자 자신을 대할 것을 포함한다. 전문 공학자는 자신의 전문 분야의 발전 및 지식에 대한 최신 정보를 갖추고 실력을 유지할 의무가 있다. 기술적 활동의 영역이 기술적 발전이나 개인적 사유로 바뀌더라도 공학자는 관련 분야에 대한 충분한 실력을 갖춰야 한다. 또한, 기술적, 법적 틀과 작업을 규제하는 규칙에 대해서도 잘 알고 있어야 한다. 결론적으로 공학자는 계속해서 개인적 전문성 발전에 헌신해야 하며, 교육과 자기테스트를 끊임없이 실시해야 한다.

개인 실력 유지에 더해 전문 공학자는 자신의 전문 분야는 물론 전체적 전문 지식을 넓히는 데 기여하기 위해 노력할 의무가 있다. 또한, 공학 전문직 수행의 틀 안에서 동료들에게 전문성 발전의 기회를 제공하는 데 참여해야 한다.

헌장에서 개인의 실력에 대한 부분은 대중과 공학계, 그리고 동료들에 대한 의무로도 확장된다. 공학자는 자신의 전문 분야 내에서 공학 이슈에 대한 견해를 정직하게 표현해야 한다. 현황을 보고할 때, 전문적인 자문을 제언할 때, 또는 대중 발표를 할 때에도 이 의무를 잊어서는 안 된다. 이것을 이행하기 위해서 공학자는 항상 정직해야 한다. 구체적으로 말하자면, 이슈를 정당하고 정확하게, 그리고 적절한 증빙 자료나 반증 자료를 제시하고 개인적이거나 정치적, 혹은 기술적이지 않은 편견을 배제해야 한다. 편견을 배제하는 것은 기술 포럼에 참가했을 때나 공적 발표를 할 때 특히 중요하다.

직장에서의 정당성과 청렴

전문가로서의 책임의 초석은 바로 정직, 청렴, 끊임없이 최신으로 갱신되는 실력, 서비스에 대한 충실함, 그리고 사회의 삶의 질 향상을 위한 헌신 등이다. 공학자는 위와 같은 사항을 객관적이고 정직하게 이행해야 하며, 알려진 관련 전문 보고서, 발표문, 증거 등의 정보를 모두 제시해야 한다. 공학자는 의뢰인, 고용주, 동료, 그리고 자기 자신의 학문적, 경험적, 그리고 전문적 조건에 상응하는 견해를 정확하고 객관적으로 전달해야 한다. 이 원리는 단순히 '잘못 전달하지 않는 것'뿐만 아니라 모든 관련 정보 및 이슈를 밝히는 것을 포함한다. 자문단이나 전문가 증인으로서 활동할 때 특히 이 원리를 명심해야 한다. 홍보 활동에도 정당성, 정직성, 정확성이 요구된다.

다른 공학자의 작업을 검토할 때, 해당 작업자가 아직도 연관되어 있는지에 대한 여부에 상관없이 그에게 정보를 제공해야 한다. 이런 경우, 어떠한 상황에서라도 공학자는 적절히 인정하고 공로를 인정해야 한다. 또한, 전문적 문제에 대한 정직하고 공정한 비판을 주고받는 동시에 모든 이해관계자에 대한 존중을 지켜야 한다.

공학자는 계약을 확보하기 위해서 또는 그에 대한 사례로 비밀리에 돈이나 기타 조건을 주고받아서는 안 된다. 공학자는 자신의 개인적, 정치적 견해로 인해 전문가로서의 역할이나 책임이 영향받지 않도록 사전에 예방해야 한다.

공학자는 자신이 속한 협회나 기타 적절한 기관에 비합법적이거나 비윤리적인 공학 의사결정에 대해 보고해야 할 책임이 있다. 이것은 헌장의 원리에 부합하고 해당 조직 내 문제를 해결하는 노력의 일부이다. 공학자는 법적 분쟁에 휘말려들지 않도록 조심해야 하므로 이 의무를 절충할 수 있다.

전문가로서의 책임과 리더십

공학자는 신중하고 성실히 직무를 수행하고 전문가로서의 책임을 받아들여 자신의 행동에 대해 책임을 질 의무가 있다. 이 의무는 설계와 그것의 감독 및 관리에만 국한되지 않고 모든 영역의 직무에 적용된다. 건축공사 감독 및 관리, 설계도 제작, 공학 보고서, 타당성 조사, 환경 영향 평가, 공학 개발 작업 등이 그 예이다.

공학 문서에 서명 및 날인하는 것은 곧 그 작업에 대한 책임을 맡는다는 뜻이다. 모든 종류의 공학 작업은 어디에서, 누구를 위해 성사되는지에 상관없이 이 과정을 거쳐야 한다. 그것은 민간 기업일 수도, 공기업일 수도 있고 대기업 혹은 정부 기관이나 부처일 수도 있다. 문서에 서명하고 날인하는 작업은 공학 원리가 사용되고 대중의 복지가 연관된다면 예외 없이 반드시 이루어져야 한다.

공학 활동에 대한 책임을 지는 것은 해당 공학자 자신의 작업에 대해 책임을 지는 것을 뜻한다. 선임 공학자는 자신이 지휘하는 팀 전체의 작업에 대해 책임을 져야 한다. 후자의 경우처럼 공학자는 검토 및 수정 등 공학 작업 전체를 총괄하는 역할을 할 때 책임 있게 감독해야 한다. 실제로 이루어지고 있는 공학 활동과 해당 주체 기관에서 이루어지는 의사결정 사항에 대한 지식이 없는 공학자가 '수석 공학자'의 위치에서 대기업, 정부 기관 및 부처 등을 대신해 모든 공학적 활동에 대한 완전한 책임을 지는 것을 '상징적' 책임 및 감동 임무의 이행이라고 한다. 공학적 감독 및 총괄의 적용 여부에 상관없이 해당 기관이 기본적 책임을 지고 있다는 점이 이 접근 방법의 핵심이다.

공학자는 자신의 고용주의 자문에 응할 의무가 있다. 또한, 필요시에는 의뢰인과 소속 전문 협회 순으로 적극 조언해야 한다. 그러한 경우의 예는 공학적 결정이 대중 보호의 의무를 위반하는 상황이다. 공학자는 가장 먼저 감독이나 고용주와 문제에 대해 논의해야 한다. 만약 고용주가 공학자의 우려에 대해 적절히 반응하지 않으면 자문한 의뢰인에게 충고하고, 제조 공정 플랜트나 정부 기관의 경우엔 최고위급 직원에게 문제를 알려야 한다. 위에서 언급된 모든 조치 후에도 상황이 개선되지 않는다면, 공학자는 소속 전문 협회에 비밀리에 문제를 보고해야 한다.

위에 제시된 순서로 공학자는 다른 공학자나 공학자가 아닌 자의 비윤리적 공학 활동에 대해 보고해야 한다. 이 의무는 기업의 고위급 직원이 작업의 공학적 측면을 왜곡시킬 것이 분명하거나 대중의 복지 및 환경 보호를 저해하는 '최종' 결정을 내렸을 경우에 적용된다.

기술의 빠른 발달과 공학 활동의 환경에 영향을 미칠 수 있는 능력이 증진됨과 함께 공학자는 자신의 결정이 환경과 사회에 끼치는 영향에 대해 유념하고 위에서 언급한 것처럼 이에 대한 우려가 발생했을 시 보고해야 할 의무를 가지게 되었다. 더 나아가, 오늘날 공학자는 기술의 빠른 발전과 그것이 세계 인구에 끼칠 수 있는 사회적 영향의 증대의 결과로 기술적 이슈와 공학자의 역할에 대한 대중의 이해를 넓힐 의무를 지니게 되었다.

지속가능한 발전은 자연 자원, 산업 제품, 에너지, 식량, 교통수단, 주거, 효율적 폐기물 관리 등에 대한 현재 세대의 필요를 충족하는 동시에 지구의 환경적 질, 자연 자원, 인간의 윤리적 · 지적 · 직업적 · 감성적 역량과 사회경제적 기반 등 미래 세대에게 필요한 것들을 보전하고 가능하면 강화하는 것이다. 이들 원리를 준수한다면 세계 빈곤 감소에 큰 도움이 될 것이다.

4.6.4 인프라 부분에서 부패방지를 위한 공학자의 역할

닐 스탠스버리(Neill Stansbury),
캐서린 스탠스버리(Caherine Stansbury)

인프라 부분에서 부정부패가 발생한다면 사상자나 경제적 피해를 초래할 수 있다는 것은 잘 알려진 사실이다. 흔한 예로는 뇌물을 받은 건축 감독이 안전 문제를 간과한 결과 부실하게 시공된 건물이 붕괴되어 많은 사람들이 목숨을 잃는 경우이다. 재정 자원의 지나친 다원화나 강탈 등의 부패가 발생한다면 하자가 많은 인프라가 구축되게 된다. 또한, 학교나 병원 등 기타 사회경제적 필요를 위한 기금이 줄어들 수도 있다.

세계 곳곳의 공학자들은 부패가 초래하는 피해에 대해 이해하고 인프라 부분에서 부패를 청산할 것을 촉구하고 있다. 세계공학기술단체연합회(WFEO)는 국제 반부패 상임위원회를 형성해 적절한 반부패 조치가 취해질 수 있도록 하고 있다. 세계경제포럼의 반부패 파트너 이니셔티브(The World Economic Forum's Partnering Against Corruption Initiative)는 건축 및 공학, 석유 및 가스, 광산 및 광물 부분 등의 35개 이상 국가의 100개가 넘는 주요 국제 기업들을 소집해 뇌물이 관용되지 않고 효과적 반부패 절차가 이행될 수 있도록 감시한다. 이들은 총 5천억 미화달러가 넘는 이익을 창출하고 있다. 영국 반부패 포럼(the UK Anti-Corruption Forum)은 국내 · 국제 인프라, 건축 및 공학 부분에서 활동하는 영국 비즈니스 협회들, 전문 기관 및 조직의 국가적 연맹이다. 이 연맹은 산업 행위의 조정을 통해 부패를 방지할 목적으로 결성되었다. 이 외에도 공학자들이 관여되었거나 주도하고 있는 이니셔티브들이 세계 곳곳에서 이행되고 있다.

공학자들이 완벽한 해결 방안이나 부패 방지 방안을 내놓을 수는 없다. 부된 정치인이나 정부 관료들이 인프라 구축 사업이나 군사 조달 계약 등의 과정에서 개인적 이익을 취하려 하는 한편, 이러한 부패에 대한 예방, 감사, 처벌 등의 조치가 취해지고 있지 않기 때문이다. 하지만 공학자는 사업 진행 과정 전반 모두에 관여하기 때문에 특히 인프라 부분의 부패를 방지하는 데 중요한 역할을 할 수 있다. 공학자들은 정부 기관, 사업 주체, 후원자, 계약자, 자문공학자 등과 함께 사업 발굴, 설계, 입찰, 집행 등 모든 진행 단계에 관여한다. 그러므로 만약 공학자들이 변화를 일으키기 위해 힘쓴다면, 부패가 크게 줄어들 것이다.

공학자들은 정부, 프로젝트, 기업 및 개인의 부패를 줄이기 위해 다음 네 가지 단계를 따를 수 있다. 아래의 단계를 차근차근 따른다면 부패 없는 산업에 한 걸음 더 다가갈 수 있을 것이다.

정부 차원에서 인프라 부분의 부정부패 줄이기

공학자는 정부가 다음과 같은 조치를 취하도록 강구할 수 있다.

- **정직한 정부:** 정부 관료들의 부패를 예방하기 위해 부패한 관료를 수사 및 처벌하고 부당하게 취한 자산을 반납하도록 하는 등의 효과적인 국제·국가적 조치가 취해져야 한다.
- **정부의 승인:** 사업의 허가나 예산집행을 위해 정부의 승인이 요구되면 부패발생의 가능성이 커진다. 따라서 정부는 다음과 같은 조치를 취해야 한다.
  - 필요한 정부 허가의 수와 허가 발행권을 가진 사람의 수를 최소한으로 줄여 공정 하고 효과적인 정부를 보장한다.
  - 정부 기관은 각 부처 직원의 부당취득을 최소화시킬 수 있도록 고위 간부에게 부당취득 신고 접수를 받도록 지시하는 한편 표준 소요 비용 및 시간을 공표하고 이를 모두가 쉽게 접근할 수 있는 웹사이트에 게시하는 등의 조취를 취해야 한다.
- **공공 부문 사업:** 정부는 공공 부문 인프라 프로젝트의 주체가 효과적인 반부패 체계를 갖추도록 해야 한다(다음 상자 참고).
- **신고:** 누구나 부패에 연루된 조직이나 개인을 신고할 수 있는 신고 시스템을 유지해야 한다. 또한, 이러한 신고 시스템이 널리 사용될 수 있도록 한다. 전화, 편지, 전자 우편 등 다양한 방법으로 신고할 수 있어야 하며 익명성과 신고자의 신상이 보호될 수 있도록 해야 한다.
- **수사 및 기소:** 효과적으로 맡은 기능을 수행할 수 있도록 수사 및 기소 대행인에게 충분한 자원이 할당되어야 한다.
- **자산 회복:** 부패로 인해 부당취득된 자산의 회복 및 송환을 위한 국제적 노력이 필요하다.

조직 차원에서 인프라 부분의 부정부패 줄이기

인프라 구축 사업에는 다양한 조직들이 관여한다. 공공 및 민간 부문 프로젝트 주체, 후원자, 엔지니어링 컨설팅회사, 계약자, 하청계약자, 공급자 등이 그 예이다. 이러한 조직 대부분은 공학자들이 운영하거나, 고위 간부 및 자문 역할을 하는 공학자들을 갖고 있다. 따라서 공학자들은 해당 조직이 반부패 프로그램을 시행하도록 제안할 수 있다. 반부패 프로그램은 다음과 같은 사항을 따라야 한다.

- 부정부패를 일절 금지한다.
- 정치적 및 자선 기부, 촉진 비용, 선물, 접대 및 지출에 대한 조직의 정책을 구체화한다.
- 해당 조직이 모회사, 자회사, 대리인, 공동 벤처, 협력 파트너, 하청계약자, 공급자 등에 의한 부패 발생을 예방하는 합리적 절차를 밟도록 한다.
- 반부패 관리 통제, 감사, 직원 교육 및 내부 고발 등이 효과적으로 이루어지도록 한다.

몇몇 조직은 회사들이 기업 거버넌스를 개선하는 데 도움이 될 수 있는 기본 행동 강령, 시스템, 그리고 지침을 마련했다.

- 국제엔지니어링컨설팅연맹(FIDIC)은 컨설팅 산업계를 위한 정직한 사업을 위한 가이드라인을 제정했다.
- 국제투명성기구는 '뇌물 방지를 위한 비즈니스 원칙'과 참고 지침서, 이행 계획 및 검증 모듈을 마련했다.
- 국제상업회의소(ICC)는 부당취득 및 뇌물 방지 지침: ICC의 행동 규칙 및 권고를 제정했다.

프로젝트 진행 단계에서 인프라 부분의 부정부패 줄이기

인프라 부분의 부정부패는 복합적 문제이다. 프로젝트 정의, 기획, 재정, 설계, 입찰, 집행, 운영, 유지 등 프로젝트 진행의 모든 단계에서 뇌물, 부당취득, 사기, 공모 등의 다양한 형태로 일어날 수 있으며, 정부, 기획의 주체, 후원자, 컨설턴트, 계약자, 하청계약자, 공급자, 공동 벤처 파트너, 중개인 등 복수의 이해관계자가 얽혀있을 수 있다. 또한, 계약상의 구조를 통틀어 일어날 수 있다. 이에 더해, 부정부패에 연루되었거나 알고 있는 사람이 사실을 은닉하는 경우가 대부분이기 때문에 부패 사실을 적발하기가 어렵다.

부정부패 방지엔 정도(正道)가 없다. 안전이나 품질에 대한 이슈가 그렇듯, 여러 통합적 방법을 결합한 종합적 시스템을 이용해 부정부패 문제를 다루어야 한다.

공학자는 모든 인프라 구축 사업 진행 단계 전반에 걸쳐 고위급 의사결정에 관여한다. 따라서 공학자는 효율적인 부패 방지 방법을 프로젝트 진행 중 이행하거나 제안할 수 있다. 그러한 방법은 다음과 같은 사항을 포함해야 한다.

- **독립적 평가**: 독립적인 평가자를 고용해 사업 진행 과정에서 부패를 감시하도록 한다. 평가자는 충분한 기량을 갖춘 자, 독립적인 기관으로부터 임명받은 자 이어야 한다. 또한, 평가자는 프로젝트 이해관계자 모두를 대상으로 자신의 의무를 충실히 이행해야 한다.
- **계약 전 단계 정보 공개**: 주요 프로젝트 관계자는 사업 진행초기 단계부터 서로 관련 정보를 공유하여 부패의 위험을 최소한으로 줄인다. 이러한 정보는 각자의 주요 주주, 담당자, 재정 상태, 대리인, 공동 벤처 파트너, 주요 하청계약자, 전과 등에 대한 것이다.
- **반부패에 대한 계약상 약속**: 사업 관계자는 부패 행동을 서로 저지르지 않을 것을 계약서에 구체적으로 명시해야 된다. 약속을 어길 시 취해질 조치에 대해서도 구체적으로 제시한다.
- **반부패에 대한 정부의 약속**: 각 정부 부처는 직원의 강탈 행위 발생을 최소화하는 노력을 계속하고, 고위급 간부에게 부당취득 신고 접수를 받도록 지시하는 한편, 민원처리에 소요되는 비용 및 시간을 공표할 것을 약속해야 한다.
- **투명성**: 프로젝트 발굴, 재정, 조달, 집행 및 유지에 대한 중요한 정보는 누구나 접근할 수 있는 웹사이트에 공표되어야 한다.
- **의식 제고**: 프로젝트에 관련된 개인은 교육 등을 통해 부패가 무엇인지, 그리고 개인적으로 부패에 연루되었을 시 어떠한 위험이 따르는가에 대해 충분히 알고 있어야 한다.
- **후원자 개입**: 후원에 대한 구체적 약관 및 조건이나 수정 사항이 공개되어야 한다. 독립된 평가자가 후원자에게 진행 사항들을 정기적으로 보고하고 부패가 있었는지에 대한 여부를 알려야 한다.
- **협조 프로그램**: 프로젝트 관계자는 회사와 경영, 그리고 직원의 부패를 방지하기 위해 필요한 절차에 협조할 것을 맹세해야 한다.
- **신고**: 프로젝트 관계자와 대중이 비밀리에 부패에 대해 신고할 수 있도록 하는 절차가 이행되어야 한다. 독립된 평가자는 부패 적발 시 형사당국에 이를 보고해야 한다.
- **집행**: 법률 집행은 실질적인 위엄이 있어야 한다. 민사집행은 반부패 약속 하에 이행되어야 한다. 독립된 평가자나 프로젝트 관계자, 대중에게로부터 부패 신고가 들어오면 형사국이 형사 집행을 하도록 해야 한다.

프로젝트 반부패 시스템(PACS)은 글로벌 인프라 반부패 센터(GIACC)가 고안한 건축 프로젝트의 부패 방지를 돕는 통합적 · 포괄적 시스템이다. 위에 제시된 방안을 적극 활용하고 있으며 타인에게 본보기가 되고 있다

개인 수준에서 인프라 부분의 부정부패 줄이기

공학자들은 각자 자신이 가지고 있는 역량의 전문가이다. 그들의 전문자격증은 그들이 가진 기술을 증명하고 있을 뿐 아니라 개인의 청렴도 보장한다. 공학자는 자신이 속한 조직을 통해, 또 개인적으로 청렴을 권장 및 실천할 수 있다. 공학자는 어떠한 부패 행동도 하지 않는 등의 단순한 개인적 실천을 할 수 있다. 만약 모든 공학자들이 직접적이든 간접적이든 부패된 행동을 하지 않는다면, 인프라 부문에서 부패는 빠르고 눈에 띄게 없어질 것이다. 인프라 프로젝트 관련 부정부패의 대부분에는 공학자가 연루되어 있지 않거나 공학자의 감시망 밖에 있는 경우가 많다. 하지만, 공학자는 혼자 작업할 수 있는 직업이 아니다. 그러므로 공학자가 부패된 정부 관계자들과 대면했을 때 전문 기관이 즉각 나서 조치를 취한다면 그 효과가 커질 것이다. 전문 기관은 다음과 같은 사항을 따라야 한다.

- 공개적으로 부패에 적극 반대한다.
- 홍보와 교육을 통해 기관 내 회원들 간의 부패에 대한 인식을 높이고 그 결과에 대해 알린다.
- 개발도상국과 선진국의 국내 · 국제 비즈니스 협회 및 전문 기관과 협력하여 반부패 이슈에 대한 조직적 접근 방법을 마련한다.
- 정부 기관과 협력하여 부패를 막기 위한 국가적 · 국제적 시도의 기초를 탄탄히 하고 지속적이고 효과적으로 이루어질 수 있도록 한다.
- 협회 회원들이 반부패 정책에 따르도록 하는 효과적인 행동 헌장을 제정하여 유지 및 집행한다. 행동 헌장을 어긴 자에게는 징계를 내리도록 한다.

많은 전문 기관들은 이미 위와 같은 절차를 밟고 있다.

4.6.5 컨설팅 엔지니어링 산업에서의 정직한 사업 경영 시스템

피터 보스웰(Peter Boswell)

개인이 뇌물, 부당취득, 공모, 사기 등의 부패를 통해 이익을 취하면 사회적 비용이 초래된다. 또한, 부패는 프로젝트 조달 과정에서 불필요한 낭비를 조장하고 사회의 가치와 연루된 개인의 위신을 떨어뜨리고 냉소주의를 형성한다. 부패는 실로 제로섬 게임(zero-sum game)인 것이다.

개발도상국과 선진국의 엔지니어링 컨설팅 회사는 국내외 작업 환경에서 언제나 부패의 가능성에 노출되어 있다. 정부 조달에서 부패 발생 가능성이 특히 높다. 엔지니어링 컨설팅 회사들은 부패 걱정 없는 서비스의 공급 및 경쟁 입찰을 지향하고 있으며, 고객들도 날이 갈수록 컨설팅 엔지니어링 회사들이 부패 없는 환경에서 운영되기를 원하고 있다.

부패는 비윤리적일 뿐 아니라 국제화 시대의 지속가능한 발전, 양질의 사업, 자유시장체제 등을 방해한다는 부패에 대한 국제적 합의가 도출되었다. 주요 국제적 반부패 전략은 해당 사항에 협조하지 않을 시 비용을 치르게 하는 강력한 법적 기반을 마련해 부패에 대한 상업적 위험성을 증가시킨다. 변화를 일으키기 위해서는 역량 강화 및 지속가능한 발전에 대한 국제적 약속에 버금가는 노력이 필요하다. 또한, 제도적 부패(systematic corruption)의 효과적인 통제를 위해 사업의 수요와 공급자, 주는 사람과 받는 사람 모두를 포괄하는 접근법이 필요하다.

FIDIC의 윤리 헌장

FIDIC은 윤리 헌장을 통해 부패 행위를 구체적으로 금지한다. 컨설팅 엔지니어는 모든 종류의 부정한 사례금을 받거나 주지 않아야 한다. 이것은 다음과 같은 특징을 가진다.

ㄱ) 컨설팅 엔지니어의 선발 및 고객에 대한 보상 과정에 영향력을 행사하려고 한다.

ㄴ) 컨설팅 엔지니어의 '중립적 판단'을 흐리려 한다.

국제엔지니어링컨설팅연맹(FIDIC)은 컨설턴트를 선발하는 가장 기본적 기준은 서비스의 질과 후보자의 자격이라고 주장하며 오랫동안 부패를 규탄해 왔다. FIDIC는 제도적 부패 이슈를 우선순위로 둔다. FIDIC의 전략은 바로 입법 지지, 윤리적 기준 상승, 국제기구와의 협력, 조달 과정에 객관적 조언 제공, 기업 경영의 이

BIMS의 실행

정직한 사업 경영(Business Integrity Management, BIMS)은 조직의 이해관계자를 대신해 윤리 헌장을 준수할 수 있는 능력을 말한다. 부패 통제나 정직성 보장과는 달리 정직한 사업 경영은 내부 및 외부 이해관계자를 만족시키는 데 주력한다. 따라서 BIMS는 조직의 제품과 서비스를 위한 경영에 연관된 모든 요소와 그 영향을 총체적으로 고려한다. 또한, 서비스 제공의 모든 과정에서 정직성이 지속적으로 보장될 수 있도록 노력한다. 다시 말해, BIMS는 정직성 원리에 기반을 두어 운영되고자 하는 조직을 위해 설계된 서로 밀접한 관계에 있는 요소의 집합체라고 할 수 있다. 조직은 BIMS를 적용해 작업 전반에서 부패를 방지할 수 있다.

컨설팅 서비스의 윤리적 서비스 전달을 보장하는 BIMS는 자발적이며 모든 규모의 조직에 적용될 수 있다. BIMS 원칙을 채택하고자 하는 회사는 FIDIC BIMS 지침에 부합하는 BIMS를 실행해야 한다.

FIDIC의 BIMS는 양질의 경영을 실천하고자 하는 조직에 가치를 더하고 규모의 경제를 실현하도록 설계되었다. BIMS 원칙은 양질의 경영 기준인 ISO 9000에 적합해야 하며, 조직의 질적 관리 시스템과 병행 및 겸임하여 독립적으로 이행될 수 있어야 한다.

질적 관리는 컨설팅 업무가 최적의 방법으로 이루어질 수 있도록 지속적으로 지원하기 위한 것이다. FIDIC는 회원사가 각자의 다단계 질적 관리 시스템을 개발할 것을 강력히 권고한다. 다단계 질적 관리 시스템을 통해 회사의 규모와 상관없이 지속적인 개선을 도모하고 정책 및 자원에 대한 의무를 지속적으로 다할 수 있다. BIMS의 설계와 이행에 동일한 고려 사항이 적용된다.

BIMS가 순조롭게 이행되고 조직이 해당 지침을 지키고 있다고 자신할 수 있게 되면, 지속적 준수를 보장하기 위해 평가가 이루어져야 한다. 평가 과정은 다음과 같다. 첫 번째 단계는 당사자에 의한 평가로서, 경영 및 직원 대표가 BIMS를 직접 평가한다. 두 번째 단계는 고객의 피드백에 기초한 제2자에 의한 평가이다. 마지막 단계는 제3자에 의한 평가이다. 외부 감사를 청하거나 경험 있는 팀을 선발하여 상호 검토를 할 수 있다. 또는, 정평이 나 있는 권위자에게 문서화 및 과정에 대해 BIMS를 인증 받을 수도 있는데, ISO 9001:2000 질적 인증 과정의 일부가 될 수 있다.

행 보장 등을 통해 부패를 없애기 위한 세계적 노력을 주도적으로 연결하는 것이다.

부패 감소를 목적으로 구체적 부패 행동을 식별하려는 노력은 1998년에 전략 및 행동 계획의 수립과 함께 시작되었다. 세계은행은 이 이니셔티브를 적극 승인하고 정직한 경영 대책 위원회를 조직했다. FIDIC의 지도로 운영되며 미주개발은행(IDB)과 팬암컨설턴트협회(FEPAC)가 회원으로 가입된 대책 위원회는 잘못된 조달 과정을 면밀히 분석하거나, 가상적 절차의 상세한 위험 분석을 기초로 '정직성 매뉴얼'을 마련할 것을 권고했다. 특히, 지리적 · 부문별로 민감한 영역에서 종사하는 공학자들의 참여를 촉구했다. 이 개념은 곧 '정직한 사업 경영 시스템(Business Integrity Management System, BIMS)'이라고 이름 지어진 컨설팅 엔지니어링 산업을 위한 공급측 이니셔티브 개발의 기초가 되었다.

BIMS는 많은 컨설팅 회사가 반부패 정책을 수립하고 이행하기 위해 최선을 다하고 있음을 인지했다. 하지만 그러한 접근 방식은 단편적인 경향이 있었다. 부족했던 것은 위험 가능성을 식별하고, 조직 내 모든 사업에서 정책이 이행되도록 하는 공식 절차와 함께 분산되어 있는 정직한 행위를 연결 및 변형하는 과정이었다. 2001년에 발행된 FIDIC BIMS 지침은 정직한 조직 경영을 위한 과정 중심 접근 방법과 도구를 제공한다. FIDIC이 2007년에 실시한 설문조사에 의하면 78개 회원사가 지침에 따라 BIMS를 실행하고 있다고 한다.

컨설팅 엔지니어링 산업은 기타 산업도 부패와의 전쟁을 치르고 있다는 것을 잘 알고 있다. 공급측 이니셔티브는 이미 여러 가지 산업 부문으로 범위가 확장되었다. 최근, FIDIC는 컨설팅 서비스를 위한 정직한 정부 조달 과정을 위해서 '정직한 정부 조달 경영 시스템(Government Procurement Integrity Management System, GPIMS)'을 제안했다. GPIMS는 정부의 법률 체계의 기본 원리와 부합하며 '공공 서비스의 윤리성 관리를 위한 OECD원칙'과 '국제연합반부패협약'의 프로토콜을 만족한다.

정직한 사업 경영 시스템 디자인 순서

1. 윤리 헌장 제정.
2. 정직한 사업 정책 제정. 'OECD 뇌물방지협약'과 FIDIC의 윤리 헌장에 기초해 제정한다. 제정된 정책은 서류화되고, 이행되고, 외부 및 내부적 소통이 이루어져야 하며, 공표되어야 한다.
3. 대표 지정. 주로 기관의 관리직 중에서 고위급 간부를 지정한다.
4. BIMS의 요구 사항 식별. 쉽게 부패할 수 있는 과정에 대해 특별히 신경 쓴다.
5. 현행 분석 및 평가.
6. BIMS의 기획 및 실행에 도움이 되는 도구를 사용한다. 예로서, 윤리 헌장, 정직성 정책, 각 역할의 정의, 책임 및 지휘, 주요 사업 과정을 위한 정직성 절차, 그리고 집행 방법 등이 있다.
7. 문서화. 사업 및 서비스의 정직성에 영향을 끼칠 수 있는 모든 과정에 대한 증거가 될 수 있도록 BIMS를 문서로 보관한다.
8. 현행 검토. 실패 시 취해져야 할 정직한 사업 정책에 부합하는 조치를 마련한다.

4.7 여성 공학자와 성차별 문제

4.7.1 여성 공학자: 여성 공학자를 유치하고 유지하는 방법

웬디 폴크너(Wendy Faulkner)

지난 30년 동안, 선진국의 정부와 업체들은 여성들의 개발되지 못한 재능을 인식하고 전문적인 공학 분야에서의 여성인력을 늘리기 위한 노력을 독려해 왔다. 이러한 노력들은 다소 영향력을 미쳤으나, 여전히 공학은 대부분의 나라에서 남성 지배적인 직업분야로 남아 있다. 하지만 공학 분야에서의 여성인력의 모집뿐 아니라 공학 전문직으로 입문하고자 하는 여성인력을 독려하고 유지함으로써 개선될 수 있는 여지도 분명히 남아있다.

이러한 몇몇 문제들은 잘 이해되고 있다. 예를 들어, 많은 공학 분야 기업에서의 일과 생활의 불균형과 가족 같은 친근함의 결여가 이러한 직업군에서의 여성인력의 손실에 기여한다고 알려져 있다. 하지만 여기에는 여성보다는 남성에게 공학 분야 기업이 더욱 편안하고 호의적이도록 미묘하게 작용하는 역학이 있다. 이러한 역학은 영국에서의 최근 민족지학적 연구에서 조사되었다.[61] 2년에 걸친 이 연구는 공학의 산업 분야와 학문 분야에 이르는 직

61) 이 연구는 2003~2005년에 영국 경제사회연구위원회(ESRC ref: RES 000 23 0151)의 재정지원으로 진행되었으며 이에 감사한다. 또한 연구에 참여한 모든 고용인과 고용주에게도 감사한다. 전문은 다음 홈페이지에서 볼 수 있다. http://www.issti.ed.ac.uk/publications/workingpapers (2010년 5월 10일 최종 방문).

업군에서 일하는 66명의 여성과 남성에 대한 관찰과 면담을 통해 이루어졌다. 연구결과는 더 많은 여성인력을 유인하고 유지하기 위해서 세 가지 문제에 초점을 맞추어야 한다고 지적한다.

고용주는 무엇을 할 수 있는가? 다양성과 평등의 가장 주요한 목적은 모든 사람이 편안하고 소속감을 느낄 수 있는 직장을 만드는 것이다. 여기에 표명된 역학과 이러한 종류의 문제에 대한 의식을 기르기 위한 수단으로서, 한결같고 민감한 다양성 훈련을 하는 강력한 비즈니스 사례가 있다. 이러한 노력들이 효과를 발휘하기 위해서는 중간관리자를 포함한 모든 사원들이 참여를 해야 하고, 모두가 특정노동인력이 반발을 일으키거나 다수의 그룹을 회피하지도 않도록 경영해야한다. 다양성 의식은 고위관료들의 지지를 받아야만 한다. 음란물을 금지하는 것과 같이, '하향식'의 정책이 불쾌한 문화에 대항하여 싸우는 남성과 여성 개개인의 부담감을 떨쳐버릴 수 있게 할 것이다. 몇몇 직장에서는 성희롱과 어떠한 종류의 괴롭힘, 성적차별, 인종차별의 행위가 받아들여질 수 없다는 것과 이러한 것을 관리하기 위한 적절한 절차에 대한 의식을 기르기 위해 더 많은 노력이 필요할 것이다.

이슈 1: 더 많은 여성을 유인하기 – 고정관념은 도움이 되지 않는다!

공학 산업의 특정한 이미지는 여성인력을 모집하는 데에 문제가 있다. 문제의 일부분은 여전히 남성 공학자가 가장 적절한 표준으로 여겨진다는 것이다. 이로 인해 심지어 다수의 젊고 영리한 여성이 공학에 관련된 직업을 고려조차 하지 않는다. 또한 이것은 다른 사람들의 반응에 의해 끊임없이 '여성' 공학자임이 상기되어 여성 공학자가 되는 것은 비정상적이라고 여겨진다는 것을 의미한다. 또 기술에 관해서 열정적이고 똑똑한 공학자인 한 남자가 다른 사람들과의 상호작용은 잘하지 못한다는 고전적인 고정관념도 있다. 이 이미지는 '기술은 남성을 위한 것이라는 것'을 의미할 뿐만 아니라 '기술에 치우치면 사람에게는 집중할 수 없다'는 것을 의미한다. 여성이 사람 친화적이라는 고정관념에 따라, 여성 공학자는 진정한 여성이 아니거나 진정한 공학자가 아니라는 메시지를 내포하게 된다.

이러한 고전적인 고정관념은 남성과 여성 공학자 모두에게서 실제로는 찾아보기 힘들거나 찾을 수 없다. 소수의 공학자들이 이러한 고전적인 고정관념의 전형을 보여주는 반면에 대부분 다수의 공학자들은 이러한 고정관념이 보여주는 것보다는 더 다양하고 복잡하다. 많고 다양한 타입의 여성과 남성들이 공학도의 일을 즐긴다. 게다가 고전적인 고정관념에 의해 제시된 성적인 차이는 다음의 두 가지 주요한 분야에서 등한시되거나 존재하지 않는다.

첫 번째, 상대적으로 남자보다 더 적은 수의 여성 공학자들이 어릴 적에 도구를 가지고 논 경험이 있지만, 그들은 모두 그들이 일하고 있는 기술에 흥미를 가지고 자부심을 가지고 있다. '장난감을 가지고 노는 소년들'만큼 '도구를 갖고 노는 소녀들'도 있다. (물론 기술에는 문외한인 남성 공학자들도 있다.) 그들을 모두 공학으로 이끈 것은 그들이 수학과 과학을 즐긴다는 것과 자신의 문제해결 능력이 실질적으로 사용되기를 원한다는 것이다.

두 번째, 모든 공학자들은 사회적으로 숙련되어 있다. 그들은 사회적으로 숙련되어 있어야만 한다. 다른 사람들과 효과적으로 소통하는 일정한 능력이 없이는 대부분의 공학일은 처리할 수 없기 때문이다! 일정한 부분들은 다른 사람들로부터 이해받기 어렵지만, 공학도들에게 요구되는 전문성은 기술뿐만 아니라 사업적 요구를 통합하여 결정에 이르게 하는 사회적 능력도 동시에 필요하다. 이 연구는 공학도들 사이에서 능력의 차이가 성적인 차이에 기인하는 것은 명백히 아니라는 것을 보여주었다. 이것은 공학도들에 대한 고전적인 고정관념에 반할 뿐만 아니라 여성 공학자가 남성 공학자들보다 더 나은 인간관계 기술을 가지고 있다는 일반적인 전제를 반박하고 있기 때문에 매우 중요한 발견이라 하겠다.

이 연구는 기술적 · 사회적 이중성의 전통적인 성관념에 대한 중요한 도전이다. 이것은 여성을 공학에 참여시키려는 노력이 남성과 남성성을 기술적인 것과 연계시키고 여성과 여성성을 사회적인 것으로 관련시키는 성적 고전관념에 호소해서는 안된다는 것을 의미한다. 오히려, 취업캠페인은 기술, 과학, 수학에 대한 열정에 호소해야 하고 모든 여성과 남성 공학자가 공유할 만한 실용성에 대한 열망에 호소해야 한다. 동시에 공학이 필요로 하는 다양한 사람들에게 이르도록 노력해야 한다.

여기서 전략적인 목표는 공학이 여성에게 평범한 직업의 선택이 되도록 하는 것이다. 그래서 공학계 안팎의 사람들이 더 이상 공학도가 남성이라고 미리 전제하지 않도록 말이다. 이렇게 되기 위해서 우리는 성에 대한 고정관념뿐만 아니라 공학에 대한 고정관념에 도전해야 한다.

지금까지 보아왔듯이, 고전적인 고정관념은 공학과 관련된 일의 실재와는 완전히 상충된다. 하지만 공학에 대한 이미지는 기술 중심의 공학 교육으로 인해 아직까지 남아 있다. 실제로 많은 공학도들이 비록 그들의 일이 매우 사회관계 지향적이고 실제로 나사와 못을 만질 일이 없다 하더라도 '나사와 못' 정체성을 고수하고 있다. 이 연구는 나사와 못 정체성이 남성들에게 있어서 남자다움이라는 것을 보여준다. 하지만 이러한 정체성을 중요시하는 직장에서는 매우 재능이 많은 여성 공학자와 같은 다른 공학자들을 제외시킬 수 있다. 즉, 공학 분야에 재능이 있는 사람들을 끌어들이고 유지하기 위해서는 공학에 관한 편협한 기술적인 이미지를 피해야만 한다. 공학은 다양한 직업과 역할을 아우르기 때문에 다양한 사람들을 받아들일 공간이 있다. 우리는 기술적인 것과 사회적인 것을 모두 포함하는 공학의 새롭고 '폭 넓은 교회' 이미지를 촉진시키고 환영해야 한다.

이슈 2: 여성(그리고 남성)이 공학도가 되도록 돕는 좋은 관습

공학에 참여하는 여성의 수를 증가시키는 것도 중요하지만, 그것만으로는 공학 분야에 여성의 비율을 증가시키기에는 불충분하다. 유지시키는 것이 중요한 문제이다. 특히 신참자가 완전히 자격을 갖춘 공학도가 되기 위해 걸리는 십여 년의 기간이 중요하다. 많은 여성들과 남성들이 대학 교육과정이나 사회생활 초년기에 공학과 관련된 직장에서 손실된다. 하지만 적절한 지원과 중재가 큰 차이를 만들 수 있다. 그러므로 공학 분야에 더 많은 여성과 남성을 유지하고 싶다면 직장과 학교에서 좋은 풍습을 장려하고 유지할 필요가 있다.

공학 교육에서의 좋은 관습

- 공대교수는 여성 공학자가 학생과 사무직원들 사이에서 평범한 직업이 될 수 있도록 도울 수 있다. 또한 공학 교수들은 몇몇 여학생들이 경험하는 자신감 상실에 대해 인지하고 있어야 한다.
- 교육과정과 관련하여, 직접 손으로 다루는 질적인 훈련을 통해 여학생들뿐만 아니라 땜질했던 경험이 없는 많은 수의 남학생들도 이득을 얻을 수 있다. 학생들은 이론적인 요소와 실재적인 요소를 통합한 교과목(예를 들면 설계 프로젝트)을 가진 공학에 더욱 기꺼이 전념한다.

직장에서 하위직급의 공학자들을 지원하는 좋은 관습

- 개개인의 상사와 멘토, 동료, 감독관들은 어떻게 하위직급의 공학도들이 자연스러운 배움의 과정으로 넘어가는 것과 그들이 직장에 머무는 것에 대해 매우 큰 영향을 미친다. 하위직급의 공학자들의 자신감을 약화시키기보다는 그들 자신을 성공적으로 증명할 기회를 부여하고 쉽게 질문할 수 있는 문화를 장려하기 위해 고용주들이 멘토나 직속상사를 선택해서 훈련시킨 좋은 사례들이 있다.
- 많은 고용주들은 대학졸업자들이 공학 분야의 모든 범위의 일을 경험한다고 확신한다. 하지만 남성 공학자와 마찬가지로 여성 공학자도 그들의 흥미나 기술에 맞지 않거나 또는 그들의 경력에서 막다른 길과 같은 직장에서 인생을 다 보낼 수도 있다. 그래서 그들은 그러한 회사에서 진급하는 데 실패하거나 산업 내에서 떠돈다. 이 연구는 제조업이 하위직급의 여성 공학자의 경력에 특히 도움이 되지 않는다는 것을 암시하는 증거를 찾았다. 능력 있는 하위직급의 공학자들을 유지하려면 경력개발에 관한 충고와 전략적인 지원이 절실하다.
- 직장생활 초기 동안 여성들에게 필요한 몇몇 도움은 동료나 다른 여성 공학자로부터 온다. 고용주들은 하위직급의 공학자들이 고립되어 있지 않다는 것을 확신시키고 여성 공학자들 사이에서와 하위직급의 공학자들 간의 상호적인 지원과 네트워크가 가능하도록 많은 것을 할 수 있다.

이슈 3: 더 포용적인 직장문화 만들기

공학에 입문한 여성들은 남성적인 문화에 맞춰야 한다는 주장들이 종종 있다. 이 연구를 위해 행해진 공학에 관련한 특정한 이미지는 혼합된 그림을 보여주었다. 공학과 관련된 직장의 많은 특징들은 모두에게 꽤 편안한 것처럼 보였지만 몇몇은 남자들만의 공간인 것으로 인식되었다. 각각은 사소해 보이지만 모이면 무시할 수 없는 이슈가 되는 수많은 미묘한 방식들이 여성들의 소속감을 약화시킨다. 예를 들면 다음과 같다.

- 대화의 주제: 가까운 동료 사이의 직장을 벗어난 대화는 꽤 넓은 범위의 포괄적인 주제를 다루는데 반해, 외부 사람과의 덜 일상적인 대화는 풋볼이나 가족과 같은 관습적으로 안전한 주제를 선호하는 경향이 있다. 허용가능한 대화의 범위가 좁으면 좁을수록 더 많은 사람이 소외당한다.
- 유머와 음담패설: 일반적으로 공학자들은 잠재적으로 공격적인 농담이나 대화의 주제는 피하려고 노력한다. 그러나 몇몇 직장에서의 음담패설뿐만 아니라 동성애 혐오적, 성차별적, 인종차별적인 농담을 포함하는 공격적이고 음탕한 유머들이 있었다. 따돌림에 대한 두려움으로 이에 대한 어떤 저항도 없었다.
- 서로를 부르고 맞이하는 일상적인 방법들: 일반적으로, 공학자들 사이의 상호작용은 전체적으로 상호존중적이다. 그러나 '이 녀석', '이 사람', 심지어 악수하는 것과 같은 남성이 다른 남성을 부르고 맞이하는 일상적인 방식들이 여성 공학자와 상호작용할 때에는 일어나지 않는다. 이러한 것은 아마도 여성 공학자들의 동료에 대한 수용성이 남성의 수준에 이르기 위해서는 더 많은 노력이 필요하다는 것을 의미할 수도 있다.
- 사회적 네트워크와 그룹: 공학자들 간에는 성에 관계없이 동지

애가 작용하고, 남성과 여성 모두가 참여하는 사회적 활동이 상당히 많이 있다. 그러나 공학 분야에서는 남성만 참여할 수 있는 사교모임이 흔하다. 이러한 모임 중 몇몇은 누가 승진이 되고 어떻게 일이 진행되는가에 중요한 영향을 미친다. 술을 먹고 친해지거나 골프 코스에서 생긴 유대감으로 결속된 '내부적인 그룹(inner circle)' 안으로 들어가는 것은 여성(그리고 소외된 남성)들에게 어려울 수 있다.

- 순응과 다양성: 공학 분야의 직장 문화는 남자다운 사람, 가정적인 남자, 장난꾸러기, 마초맨, 공부벌레, 세련된 남자, 고상한 남자 등과 같은 넓은 범위의 남자들을 수용한다. 그리고 공학 분야의 직장 또한 상당한 다수의 남자들에게 편안하게 느껴질 것 같다. 여성들이 이러한 직장에 들어맞기 위해선 그러한 남자들 중에 하나가 되어 적응하는 동시에 여성성은 잃지 않아야 한다.
- 여성 공학자들이 직면하고 있는 '보이는/보이지 않는 모순': 여성 공학자들은 여성으로서는 매우 잘 드러나지만, 공학자로서는 종종 드러나지 않는다. 표준은 남성 공학자이기 때문에, 심지어 매우 노련한 여성 공학자도 그들이 새로운 동료를 맞이할 때마다 공학 분야에 대한 능력을 재검증 받아야 할지도 모른다. 그렇지 않으면 아마 그들은 비서라고 여겨질지도 모른다!
- 눈에 띄는 성적 차이와 성희롱: 여성 공학자들은 이성으로서 눈에 잘 띈다. 대부분의 여성들은 성희롱을 경험해 보았거나 남성들에게 심한 구애를 받아보았다. 종종 젊은 여성들은 이러한 성희롱을 적절히 처리하는 절차를 인식하지 못하고 있다.

4.7.2 여성 공학자: 다음 단계

모니크 프라이즈(Monique Frize)

많은 나라에서 여성의 입지와 권리는 지난 세기에 상당히 향상되었다. 하지만 그러한 진보가 모든 분야에서 똑같이 일어나진 않았다. 여성은 특정한 시대에 교육과 공공영역에 참여가 가능해졌지만, 이후에 교육 기회와 공공영역에서의 역할의 최소화와 같은 이전의 상태로 되돌아갔다. 여성의 대학교육에 대한 성취와는 대조적으로 상대적으로 적은 여성이 공학 분야를 선택했고, 여성 공학자의 비율은 여전히 낮다. 이것은 특히 나노기술이나 로봇기술과 같은 새로운 공학 분야에서는 더욱 개선되기 어려운 것이 사실이다. 게다가 1980년대와 1990년대에 공학프로그램에 등록한 여성의 수가 지난 3년(2003~2006) 사이에 감소하였다.

수많은 세기 동안, 과학 분야의 여성의 참여는 증가했다가 다시 감소하는 식으로 순환적이었다. 21세기에 이러한 순환을 깨기 위해서, 소녀들과 젊은 여성들, 부모와 선생들, 상담사들, 공학자 고용주들, 롤모델과 과학적이고 전문적인 공학 모임의 리더들과 같은 모든 이해관계자들에게 접근하는 동시다발적인 노력이 필요하다. 우리는 과거에 성공적이었던 외부 프로그램을 새천년의 변화하는 십대들에게 능동적으로 더 세심히 맞춰야 함을 명심해야 한다. 우리는 또한 그들의 직업선택에 영향을 미치는 어른들에게도 접근해야 한다.

공대 교수진들은 학생들이 흥미와 능력에 꼭 맞는 프로그램과 교육과정을 선택할 수 있도록 수준 높은 상담을 제공해야 한다. 여성이 일단 공대에 진학하면 저학년의 학생들이 고학년의 학생들을 만날 수 있는 기회나, 도움이 필요한 학생들에게 튜터링의 기회를 주는 것과 같은 적절한 유지 전략을 제공하는 것이 중요하다. 공학 분야의 학교와 교수진들이 여학생들에게 더욱 호의적이도록 만들기 위해선 장기간의 구조적이고 문화적인 변화가 필요하다. 지난 10년 간 이러한 환경들은 향상된 반면에, 얕보는 농담과 말들은 여전히 존재하고 부정적인 영향을 미치고 있다.[62] 학생신문은 좀 더 전문적인 것처럼 보이지만 여전히 종종 성차별적인 이미지나 부적절한 기사들을 싣고 있다. 실습이나 설계 팀을 나눌 때, 남성이 많은 팀은 성과 관련된 전통적인 행동들을 더 많이 할 것으로 예상되기 때문에 각각의 그룹에 반 이상을 여성으로 구성할 것을 추천한다(물론 몇몇 그룹은 남성들로만 구성되겠지만).[63] 예를 들면, 남성들은 예민하게 손으로 하는 작업을 하는 동안 여성들에게 노트필기를 하라고 요청하는 경향이 있을 것이다. 대부분의 프로그램에서 교수들은 여전히 관습적인 교수법을 따르고 있고[64] 여성을 포함한 많은 학생들의 의욕을 상실하게 하는 이론은 실제 생활과는 거리가 멀다.

토비아스(Tobias)는 과학교양의 향상을 위해 초 · 중 · 고등학교의 과학 교수법과 교육과정의 거대한 구조조정이 필요하다고 제안한다. 그는[65] 대학교에서 몇몇 똑똑한 여성과 남성이 과학이나 공학 프로그램을 피하거나 소수의 수업을 참관한 후 떠난다는 것을 발견했다. 나머지는 학위 도중에 떠났다. 이러한 학생들을 유지하는 것은 문화에 긍정적인 변화를 가져오고 모든 사람들에

62) Ingram, Sandra and Anne Parker. 2002. Th e infl uence of gender on collaborative projects in an engineering classroom. *IEEE Transaction on Professional Communication*, Vol. 45, No. 1, pp. 7 - 10.

63) Ingram, Sandra and Anne Parker. 2002. Th e infl uence of gender on collaborative projects in an engineering classroom. *IEEE Transaction on Professional Communication*, Vol. 45, No. 1, pp. 7 - 10.

64) Anderson, Inger J. T. 2002. *The social construction of female engineers: A qualitative case study of engineering education.* Department of Sociology, University of Saskatchewan.

65) Tobias, S. 1992. *They're not dumb, they're different: Stalking the second tier.* Tucson AZ: Research Corp.

© Cecilia Ross

공학은 더 많은 여성들을 필요로 한다.

게 더 친근한 환경을 만들 수 있다. 대형 강의는 일반적으로 커다란 강의실에서 전통적인 강의식으로 진행된다. 그러므로 자기 주도 학습법을 적용하기는 쉽지 않다. 로서(Rosser)[66]는 여성친화적인 문화를 만드는 것이 남성 학생들에게 이득을 준다고 주장하면서 몇몇 방법들을 제시하였다.

더 많은 여성 교수진을 채용하는 것은 석사와 박사 과정의 공대 대학원에 더 많은 여성이 진학하는 것을 도울 것이다. 무디(Moody)[67]는 소수자 그룹 출신을 새로운 교수진으로 뽑는 것을 피하기 위해 사용되는 쉬운 변명들을 제시하였다. 그녀는 학과장, 학장, 부총장 및 대학 총장을 위한 19개의 실행 요령을 추천하였다. 그녀는 또한 교수채용위원회를 위해서 선입견이 있는 의사결정, 즉흥적 판단, 구실 삼기 및 지원자가 학위를 취득한 기관의 등급을 하락시키는 것을 피할 것을 조언하고 있다.[68] 종종 남성지배적인 학과에서는 여성이나 소수집단 출신을 고용하는 것이 이러한 결과를 낳는다는 것을 암시하면서 '우리는 우리의 기준을 낮출 수 없다'고 말한다. 실제로 다른 다수의 그룹에서 온 후보자와 비교해서 이러한 후보자들의 최소요건은 종종 올라간다. 채용, 정년심사, 승진, 연구소장 또는 특임교수 등의 결정에 영향을 미치는 업적을 판단하는 기준은 반드시 그들의 논문의 수 대신에 논문의 질을 반영해야 한다. 또한 대학들은 면접시간에 후보자들이 성취한 것과 그들의 잠재력을 대비해 지켜보면서 젊은 교수진들이 가족과 직장 사이의 균형을 맞출 수 있도록 정책을 만들어야 한다. 편견은 교육과 의사결정위원회의 공정한 성 비율의 균형 등을 통해 줄어들 수 있다. 직책이나 수상에 적합한 여성들을 찾아내는 예방적인 방책도 또한 효과가 있을 것이다.

공학과 관련된 직장에서, 고용주들은 직원을 채용하는 데에 객관적인 평가기준을 정립하고 계획을 세워서 여성 지원자들을 찾고 적절한 질문과 부적절한 질문을 의식하도록 채용위원회를 교육하는 데에 노력해야 한다. 유연한 근무시간을 갖추는 것은 인사이동의 수를 줄일 수 있게 할 것이고, 따라서 새로운 사람들을 훈련시키고 채용하는 비용을 절약할 수 있다. 육아휴가는 그들의 경력사항에 어떠한 부정적인 영향을 미치지 않도록 하면서 어머니와 아버지 모두에게 이용 가능해야 한다. 감당할 수 있는 가격으로 아이를 돌볼 수 있게 하는 것이 오늘날 직장에서 젊은 부모인력을 보유할 수 있는 주요한 요소이다. 자신감과 신뢰감이 필요한 사람들에게 가시적인 업무를 주는 것 또한 중요하다.

과학 및 전문가 협회에서의 진보는 집행위원회와 중요한 위원회에 위원으로 선출되거나, 상을 받거나, 학회에 기조연설자로 초청되는 여성의 비율을 감시함으로써 평가될 수 있다. 적격한 여성들을 찾을 수 있다면, 그들의 성취와 전문성을 인식하는 것은 더 공정한 성비율로 이끄는 과정을 가속화시킬 것이고, 기술적인 문제를 해결하는 데에 새로운 관점을 더할 것이다.

우리가 사람들의 경향과 행동에 대한 고정관념을 없앨 때까지 존중과 신뢰의 분위기를 만들기는 불가능할 것이다. 지배적인 남성의 의견만이 새로운 지식을 창조하는 단 한가지의 방법이 아니다. 여성들이 가져올 수 있는 넓은 범위의 관점은 의심의 여지없이 이익이 될 것이다. 모든 방면의 지식에 침투하는 방식으로 여성의 가치를 통합하는 것은 긍정적인 영향력을 가질 것이다.

직업상의 성공을 향상시키는 한 가지 방법은 우리의 분야에 있는 동료들과 소통하고, 과학과 공학 분야에 종사하는 여성과 소통하는 것이다. 전자의 방법은 우리의 전문성과 성과가 다른 동료들에 의해서 인식될 수 있도록 도울 것이고, 그들과 함께 지식을 공유하고 배울 수 있는 기회를 제공하는 데에 도움을 줄 것이다. 또한 여성들의 조직 내에서 이용 가능한 네트워크도 여성 참여 증가의 방법과 경력 향상의 전략을 공유하는데 매우 중요하다. 더 많은 남성들이 육아 책임을 나누는 새천년에 개인의 삶과 일의 균형을 맞추는 방법을 논의하는 것도 여성과 남성 모두에세 중요한 또 다른 측면이다.[69]

태도나 행동의 변화에 효과가 있기까지는 시간이 걸린다. 평등이란 말은 단순히 남자와 여자의 수가 같다는 말이 아니다. 평등이란 말은 성공의 기회, 직무개발 및 미팅 시 발언권과 같은 일에 있어 동등한 기회를 갖는다는 것을 의미한다. 그것은 여성과 남성이 평균적으로 같은 수만큼 성공을 해야 한다는 의미이다. 만약에 여성이 이러한 분야를 선택함에 있어 편안함을 느낀다면, 그들은 경제적 자립의 성취를 이룰 것이며 또한 그들의 삶을 더욱 자유로이 통제할 것이다. 여성은 대담하게 도전에 직면해야 하며, 그들의 재능이나 기량, 그리고 그들에 대한 믿음을 발견해야 한다. 남성과 여성은 각자의 방법대로 변화에 대한 동료이자 대리인이 되어야 한다.

66) Rosser, Sue V. 1997. *Re-Engineering Female Friendly Science*. New York: Teachers College Press, Columbia University.

67) Moody, JoAnn. 2004. *Faculty diversity problems and solutions*. New York: Routledge.

68) Moody, JoAnn. 2004. *Faculty diversity problems and solutions*. New York: Routledge.

69) 여성 공학 · 과학자 네트워크에 대한 자세한 정보는 다음 홈페이지를 참조할 것. http://www.inwes.org.

4.7.3 여성 공학자와 성차별 문제: 호주의 예

말렌 캉가(Marlene kanga)

호주는 공학 기술에 대한 극심한 부족에 직면한 상태이다. 특히, 전자공학, 기계공학, 토목공학, 광산공학이 그러하다.[70] 이런 문제는 많은 분야에서 경제적 제한을 가져오며, 특히 광산 개발 및 인프라 구축의 제한을 초래한다. 이러한 상황 하에서, 남성과 여성에게 공학에 대한 흥미를 느끼게 하는 것과, 이미 공학에 종사하고 있는 공학자들이 계속 공학 전문직에 종사할 수 있도록 유지하는 것은 굉장히 중요하다.

호주 여성 공학자는 모든 공학 종사 인력의 7%에 불과하다. 이 수치는 호주의 모든 직종을 통틀어 가장 낮은 종사 비율이다. 많은 여성들을 공학에 참여시키고 유지하도록 보장하는 것은 부족한 공학 역량을 증가시키고 수월성을 향상시키는 수단을 제공하는 동시에 사회 평등의 관점에서 매우 중요하다.

약 1,500명의 호주 여성들이 매년 공학사 과정을 시작하며, 이는 2006년 모든 공학도의 약 13.6%를 차지한다. 이러한 비율은, 비록 2001년에 15.7%까지 증가하였지만, 그 뒤로 감소하여 1994년(13.4%)에 비해 별다른 변동이 없다.[71] 또한 매년 약 500명의 여성들이 공학석사 과정을 시작한다. 매년 약 1,200명의 외국인 여학생들이 주로 공학석사 과정을 시작하며, 이는 1994년에 비해 200명 정도 많다. 모든 학위에서 여성 공학 입학자는 약 15% 정도 되며, 이러한 비율은 그림 1에서도 나타나듯이, 10년 동안 유지되었다.

상대적으로 적은 숫자에도 불구하고, 여성들은 그들의 공대과정을 성공적으로 완수하는 경향을 보였으며, 그림 2에서 나타나듯이, 모든 공학 졸업자의 약 15%를 차지한다. 공학도의 유지율은 평균적으로 여성이 60%이고, 남성은 52%에 불과하다. 이것은 여성이 남성 경쟁자에 비교해 학술적으로 더 높은 성과를 내거나, 수상을 더 많이 하는 것에 대한 일화적인 증거이다.

많은 여성 공학자들은 졸업 후 몇 년 안에 직장을 그만두는 경향이 있다. 그 결과, 호주 여성 공학자들은 대개 젊다. 호주 전문공학과학자경영인협회(APESMA, 2007)에 의해 수행된 연례 조사에 의하면, 남성 공학자의 평균 나이가 43.5세인데 반해 여성 공학자의 평균 나이는 31.2세로 보고되었다.[72] 여성 공학자의 평균 나이는 35.3세인 여성 과학자나, 42.8세인 여성 정보통신 전문가에 비해 낮았다. 여성 공학 전문가는 남성 공학 전문가에 비해 38.8% 빨리 직장을 그만두며, 이와 같은 여성 공학 전문가에 대한 문제는 계속 진행 중인 문제라는 것을 APESMA(2007)의 조사는 입증한다.

그림 1. 호주 공과대학 학위과정 입학자 중에서 여성 비율

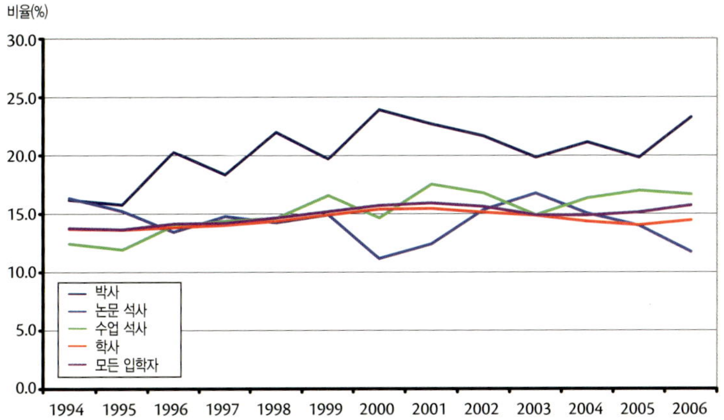

그림 2. 호주 공과대학 학위과정 졸업자 중에서 여성 비율

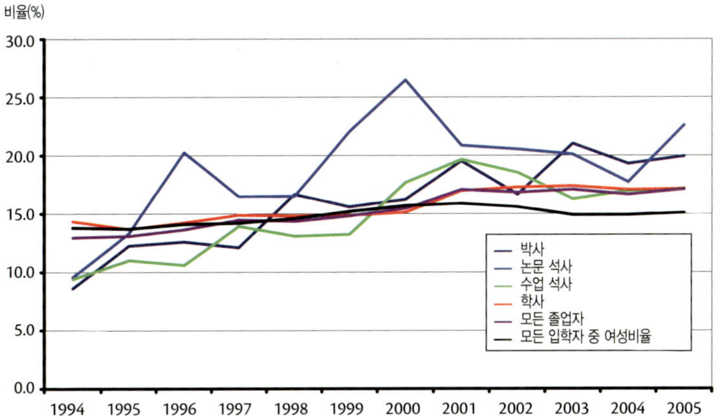

호주 공학자회 회원에 대한 통계는 국가 내 여성 공학자의 비율이 계속적으로 낮다는 것을 보여주며, 2008년 3월에는 여성 회원의 비율이 전체 회원 수의 7% 미만이다. 2004년까지의 회원 통계 자료의 연대적 분석에서는 여성들이 정회원 자격을 취득하지 않는 경향이 있다는 것을 보여주며(아마 대학원 재학 당시 중단하였을 것이다), 자격을 갖춘 여성 역시 직장을 그만두는 경향이 있다는 것도 보여준다.[73] 하지만 이러한 경향이 고비를 넘기고, 호주

70) *The Engineering Profession: A Statistical Review*, Engineers Australia March 2006, http://engineersaustralia.org.au

71) *Women in Engineering Studies in Australia* (교육과학훈련부(DEST)에서 제공한 데이터를 사용한 통계 보고서), Engineers Australia, November 2007. http://www.engineersaustralia.org.au/wie (2010년 5월 16일 최종 방문).

72) *Women in the Professions Survey Report 2007*, APESMA, Melbourne. http://www.apesma.asn.au/women (2010년 5월 16일 최종 방문).

73) Membership Statistics, Engineers Australia, March 2008, unpublished.

표 1: 호주 공학자회 여성 회원 수(1980~2008년 3월)

회원 종류	여성 회원 수						여성 회원 비율(%)					
	1980	1990	2000	2003	2005	2008	1980	1990	2000	2003	2005	2008
종신회원	0	4	39	46	60	74	0	0.14	0.5	0.89	1.13	1.40
정회원	46	263	496	938	1192	1613	0.3	0.9	1.8	2.94	3.73	4.78
대학원생	41	346	1741	2138	1768	1919	0.6	3.7	9.5	10.75	11.92	13.55
학부생	14	467	1295	3904	4318	4760	1.4	8.2	15.0	16.83	16.00	15.72
총계	**87**	**613**	**2276**	**3122**	**3020**	**3606**	**N/A**	**N/A**	**4.0**	**5.48**	**5.79**	**6.78**

출처: Engineers Australia Membership Statistics to March 2008, unpublished.

의 여성 공학자의 숫자가 증가하기 시작하였다. 표 1은 여성 공학자 회원의 비율이 1999년 이래로 4.0%에서 6.8%까지 점차적으로 증가하였다는 것을 보여준다.

여성들은 또한 높은 책임자의 위치에 있는 비율이 낮다. 예 the Engineers Australia Career Review of Engineering Woman (CREW, 2007)의 조사에 따르면, 77.8%의 여성 공학자들이 낮은 책임 수준의 위치에 있다(5단계 중 1~3단계). 또한 이 조사에 따르면 30%의 여성이 6만 호주 달러 이하의 연봉을 받으며(남성은 24%), 여성의 50.6%는 7만 5천 호주달러 이하의 연봉을 받는다. 고소득층의 경우에는 오직 10%의 여성만이 12만 천 호주달러보다 더 많이 번다(남성은 15%).[74]

여성 공학자들은 다른 직업에 종사하는 여성들에 비해 호의적이지 않은 직장문화에 의해 많은 장애들과 직면하고 있다. 호주 여성공학자위원회(National Committee for Women in Engineering in Australia)에 의해 행해진 두 연구결과에서는 비록 첫 번째 연구(CREW Survey, 2002)[75]이후 차별과 괴롭힘, 희롱 사건 발생은 줄어들었지만 여전히 흔히 발생하고 있다고 밝혔다.[76] 보고된 차별은 주로 성의 차이에 기인하였고 이러한 성차별은 모든

그림 3. 자녀가 없는 전문직 여성의 비율

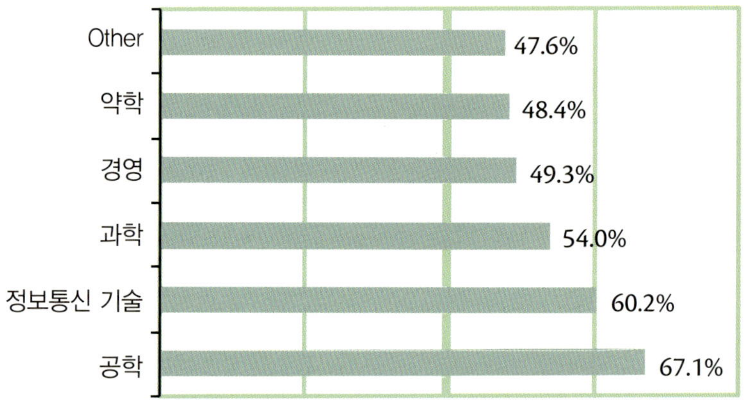

출처: APESMA Survey 2007 (76번 주석을 참조할 것)

연령대에 행해지는 것으로 밝혀졌지만, 특히 40대 이하의 여성 공학자들에 의해 더욱 많이 있는 것으로 밝혀졌다. 지난 10년 간 안전한 직장을 이루기 위해 많은 노력이 필요했던 것만큼 이러한 행동을 개선하기 위해서는 새로운 조직문화를 만들 필요가 있음을 고용주들이 인식하도록 촉진해야 한다. 최근의 연구는 몇몇 공학 조직이 평등과 다양성 관리에 대한 교육을 제공하고, 평등과 다양성에 관한 정책 등을 개발했다는 것을 보여주었다.

CREW(2007) 조사연구에서 78.1%의 응답자가 부양해야 할 아이가 없다고 대답하였지만, 여성 공학자에게 아이에 대한 책임감도 주요한 문제이다.[77] 이 조사에 따르면, 그림 3에서 보여주듯이

74) Mills, J., Mehrtens, V., Smith, E. and Adams, V, CREW Revisited in 2007. *The Year of Women in Engineering*, Engineers Australia, April 2008, http://www.engineersaustralia.org.au/wie (2010년 5월 16일 최종 방문).

75) *Counting the losses: Career Review of Engineering Women (CREW)* Report, Engineers Australia, 2002, http://www.engineersaustralia.org.au/wie (2010년 5월 16일 최종 방문).

76) Mills, J., Mehrtens, V., Smith, E. and Adams, V, CREW Revisited in 2007. *The Year of Women in Engineering*, Engineers Australia, April 2008, http://www.engineersaustralia.org.au/wie (2010년 5월 16일 최종 방문).

77) Mills, J., Mehrtens, V., Smith, E. and Adams, V, CREW Revisited in 2007. *The Year of Women in Engineering, Engineers Australia*, April 2008, http://www.engineersaustralia.org.au/wie (2010년 5월 16일 최종 방문).

67.1%의 여성 응답자가 아이를 가지고 있지 않다고 밝혔다. 이러한 두 조사연구 결과는 호주통계국(ABS)에서 측정한 아이 없는 여성의 비율인 24%를 훌쩍 넘는 것으로서 상대적으로 젊은 여성 공학자인 것과 일단 가족이 생기면 직장을 떠나는 여성의 경향을 반영하고 있다.

그러나 이것은 호주의 전문직에서 고쳐야할 것들의 시작에 불과하다. 2007년 조사에 있어서 가장 두드러진 결과는 표 2에 나타난 것과 같이 증가된 가족 친화적인 고용 제도의 이용가능성이다.

가족 친화적인 제도는 직원들에게 일과 가족에 대한 헌신의 균형을 맞추게 도와주고 결과적으로 생산성을 향상시키는 경향이 있다. 여전히 여성이 아이를 돌보는 주요한 사람이기 때문에 가족친화적인 제도는 그들의 경력 개발과 공학 전문직 체류를 도울 것이다. 공학과 관련된 회사는 가족친화적인 직장이 공학자들을 유인하고 유지하는 데 매우 중요한 점임을 인식하고 적절한 정책을 시행해 왔다. 여성 응답자의 약 79%가 유연한 근무시간이 이용가능하다고 응답했다. 또한 여성 응답자들은 유급 임신휴가(72%), 무급휴가(91%), 육아휴가(79%)가 대다수의 기업에서 이용가능하다고 응답했다.

표 2: 공학자의 가족 친화적인 고용 제도 이용률

가족 친화적인 고용 제도	이런 제도가 있다고 보고한 비율(%)		이런 제도를 이용한다고 보고한 비율(%)	
	여성	남성	여성	남성
유연한 근무시간	79.0	78.3	75.5	79.4
잡쉐어링 **	29.6	30.4	18.0	28.7
파트타임 **	67.7	55.5	21.2	10.1
무급 휴직 **	91.4	89.1	35.8	26.3
질병 휴직	79.1	77.3	18.1	19.1
유급 임신휴식	72.4	70.0	11.7	N/A
유급 양육휴직	67.7	68.6	N/A	9.9

** Indicates a significant difference in having used these practices using the Pearson Chi-squared test with a p-value of 〈0.05 signifying a 95% confidence in the results.

출처: Engineers Australia CREW 2007 Survey

사례 연구: 호주 공학자회(Engineers Austrailia)

호주 공학자회는 여성 공학자들을 얻는 것의 중요성을 인식하고 있다. 호주 공학자회 산하의 여성공학자위원회의 목표는 공학을 공학 조직에서 여성의 공헌을 가치 있게 느끼고 축하해 주는 포괄적인 직업으로 만드는 것이다. 이 위원회는 2007년 전문 기관에서의 여성 공학자들의 업적에 대한 인식을 고양시키는 '올해의 여성 공학자'라는 매우 성공적인 캠페인을 운영했다. 또한 위원회는 여성 공학자들을 얻기 위해 소녀들을 공학 분야에 관심을 가지게 하는 것부터 대학에서 학생들이 공학 전공을 하게 독려하고 공학 분야에 직업을 얻도록 지원하는 등의 경력 전 분야에 걸친 전략을 가지고 있다. 그리고 호주 공학자회는 고용주들이 여성 공학자들을 위해 그들이 가족을 가지거나 아이들을 키울 때 적절한 정책들을 마련하도록 장려한다. 예시는 다음과 같다.

- 'GirlTalk'은 직업으로서의 공학에 대해 학생들에게 알려주기 위한 프로그램이다. 600명 이상의 많은 학생들에게 성공적으로 시행했다. 이 프로그램은 향후에 국가 차원에서 시행될 예정이다.
- 여성 공학자들을 위한 전문역량강화 워크숍은 남성 중심적인 업무현장에서 여성공학자들이 더 나은 역량을 키우도록 지원해 주고 리더십을 배양해 주는 것이다. 이런 워크숍과 세미나에는 다음과 같은 것들이 존재한다. '여성 공학자들을 위한 경력 전략 돌파구(Breakthrough Career Strategies for Women Engineer)', '다양한 인력을 다루기 위해 당신이 알아야 하는 것(Managing a Diverse Workforce, What you Need to Know)', '여성공학자리더십 세미나(Women in Engineering Leadership Seminars)'. 이러한 행사에는 2007년, 2008년 호주에서 천 명에 달하는 여성 공학자들이 참여했다.
- '유연한 경력 정책(Career Flexibility Policy)'은 잠시 휴식을 취하거나 파트타임으로 일하는 동안 '국가 전문 공학자 등록'에서 공학자 자격을 유지해야 하는 수요를 인식하여 개발되고 있다.

제 5 장

세계의 공학

공학자는 비슷한 분야에서 일하며 비슷한 배경을 지니고 있다. 공학은 전 세계적으로 젊은이들의 공학에 대한 관심 및 입학생의 감소와 같은 유사한 이슈와 도전 과제들에 직면해 있다. 하지만 이러한 이슈와 도전 과제들은 대륙과 국가에 따라서 매우 다르다. 또한 보유하고 있는 공학자원들에도 차이가 있으므로 이러한 이슈와 도전 과제들을 해결할 수 있는 기회도 매우 다르다. 비슷한 국가와 지역에서는 공학의 상황이 비교적 비슷하고, 국가에 따라서는 이용 가능한 데이터가 제한적이므로, 이 책에서 다루는 국가 수에 제한을 두었다. 이 장에서는 세계의 공학이 처한 상황에 대해서 간단히 설명한 후에 아프리카, 아랍, 아시아/태평양, 유럽, 아메리카/카리브해 국가에 대한 대륙적 관점에 대해서 다룬다. 그 후에 아프리카 대륙의 코트디부아르, 가나, 나이지리아 및 우간다, 아랍의 요르단, 레바논 및 튀니지, 아시아/태평양 지역의 호주, 중국, 인도, 일본, 말레이시아 및 남태평양, 유럽 대륙의 프랑스, 독일, 폴란드, 러시아 및 영국, 아메리카/카리브해 국가의 아르헨티나, 브라질, 캐나다, 미국, 베네수엘라 및 카리브해 국가의 국가적 관점에 대해서 서술한다.

5.1 서론

토니 마조람(Tony Marjoram)

공학의 다양성과 유사성

공학 전문직은 매우 다양한 직업군인데, 연구 분야, 유형, 수준, 장소, 고용주, 사회적 지위 등에 따라 전 세계적으로 다양하다. 또한 공학은 국지적인 동시에 세계적이기도 하다. 많은 정치 지도자나 정책 결정자는 공학 · 기술 지식의 발전과 응용이 지속가능한 사회 · 경제 발전의 원동력이며 새천년개발목표(Millenium Development Goals, MDGs), 기본적인 인간의 필요, 빈곤 감소, 지속가능한 발전, 그리고 지식격차를 줄이는 데 필수요건이라고 입을 모은다. 한편, 공학에 대한 젊은 청년층, 특히 여성의 관심은 세계적으로 감소하고 있다. 이러한 추세가 계속된다면 빈곤 감소, 지속가능한 발전, 그리고 그 밖의 새천년 개발 목표를 달성하는 데 기반이 되는 공학적 역량이 큰 타격을 입을 것이다. 많은 세계적 지도자가 지식 경제 및 사회에 대해서 얘기하고, 여러 국제 회의에서 공학의 중요성을 강조하고 있음에도 불구하고 발전 정책이나 계획(빈곤 감소전략보고서: Poverty Reduction Strategy Papers, PRSPs 등)에 공학은 전혀 고려되지 않거나 간과되고 있는 게 현실이다.

앞에서 언급했듯 공학은 국지적인 동시에 세계적이지만, 공학자 대부분은 지식, 특허, 기술을 생산하는 선진국에서 종사하고 있다. 따라서 주요 기술 대부분이 사회 · 시장 · 당국 소비자의 필요와 수요, 그리고 관련 지원 시스템과 공학 인프라 등 선진국의 환경에 맞추어 개발된다. 이렇게 개발된 기술은 곧 혁신되어 복합적 과정을 통해 전 세계로 이전된다. 여기서 문제는 기술을 이전받는 지역에 충분한 지원시스템이나 인프라가 부재할 수도 있다는 사실이다. 예를 들어, 제트기 엔진을 디자인, 생산하고 유지하는 데 필요한 자원을 갖춘 국가는 소수에 불과하다. 또 다른 예로 최신 자동차 기술을 들 수 있다. 시간이 지날수록 자동차를 수리하고 유지하는 데 필요한 도구와 장비가 점점 더 어렵고 복잡해지고 있다. 개인이 집에서 쉽게 사용할 수 있는 카뷰레터처럼 사용자가 직접 관리할 수 있는 기술은 더 이상 존재하지 않는다.

공학계가 세계적으로 유사한 이슈와 도전 과제에 직면하고 있지만 이들의 규모나 세부 사항, 자원과 기회 등은 국가마다, 심지어는 국가 내에서조차 크게 다르다. 따라서 기술과 공학이 현지의 환경과 필요 등에 적절해야 한다. 이뿐만 아니라 기술정책, 선택, 의사결정과 관리에 있어서도 현지 사정을 반드시 고려해야 한다. 이러한 사항이 고려된다면 기술을 더 효율적으로 이전할 수 있을 것이다. 반면, 지금까지 국제사회는 지식 재산을 보호하는 것에 주로 초점을 맞춰왔다. '무역관련 지식재산권에 관한 협정(Agreement on Trade-Related Aspects of Intellectual Property Rights, TRIPS)'이 지식재산법의 국제화를 위한 가장 중요한 도구로 여겨지며, 세계무역기구 가입이 필수로 요구되는 것이 그 예이다. 험프리 데이비가 인류의 발전을 위해 자신의 발명품인 '데이비 램프'에 대한 특허권을 거부하던 시대는 지나간 것이다.

공학역량, 역량강화, 그리고 교육

공학역량, 역량강화, 교육, 훈련, 관련 표준 및 인증제도 구축, 국내 · 국제 협력, 네트워킹과 파트너십, 공학적 인프라, 응용과 혁신, 정책과 계획, 정보와 지표 등 공학 분야에서 세계는 비슷한 이슈에 직면해 있다. 먼저 역량과 교육을 살펴보면, 고등교육을 받는 젊은 인구가 증가하고 있는데도 불구하고 많은 나라가 공학자의 수가 부족하다고 보고한다. 성장하고 있는 신흥 산업이 요구하는 역량을 유지하거나 증가시킬 수 있을 만큼의 공학자를 육성시키지 못하고 있다는 지표도 있다. 예를 들어, 많은 국가가 공학의 특정 분야(예: 제조, 산업, 인프라, 보건, 그리고 광업 분야에서 나타나는 기계공학, 토목공학, 의공학, 생명화학공학 분야 공학자의 부족 현상)와 수준별 종류(예: 기사와 기술자), 그리고 원자력 발전, 신재생에너지 산업 등 기후 변화의 완화와 적응 효과가 기대되는 신흥 산업에서 공학자를 절실히 필요로 하지만 실제 공학자의 수가 턱없이 부족하다고 보고한다. 게다가 현재 일하고 있는 공학자들이 은퇴할 때가 된 반면에 출생률은 계속 낮아져 공학자 부족 현상은 중장기적으로 더 심화될 것으로 보인다.

공학 교육, 훈련, 역량 강화, 직무연수, 공학표준과 전문인증제도 등 대학들이 이행해야 할 역할이 크다. 국가의 경제 규모가 클수록 연구개발과 혁신 경험이 풍부한 연구중심 대학이 많을 뿐만 아니라 정부와 사립 재단, 산업 분야에서 많은 재정 지원을 받는다. 하지만 개발도상국, 특히 최빈국의 상황은 다르다. 대학의 수도 적고 연구보다는 학부 교육에 더 큰 비중을 둔다. 선진국의 대학이 연구비를 끌어들일 수 있고, 승진과 논문 발표가 연관되어 있으며, 대부분 박사학위를 가지고 있다는 점을 고려했을 때, 개발도상국의 인재가 선진국으로 쉽게 유출될 것은 당연하다. 공학 역량과 국가발전에 저해되는 일이다.

대부분의 국가에서 공학 분야에 여성의 참여가 저조하고 성차별 문제가 있다고 말한다. 이 문제는 대학진학률뿐만 아니라 초 · 중등 교육에도 나타난다. 여성을 과학과 공학 분야에 더 참여시키기 위해 많은 노력을 한 끝에 1980년대에 여성의 대학진학률이 평균 10~15% 늘었고, 1990년대에는 평균 20% 늘었다. 몇몇 국가는 그보다 더 높은 대학진학률을 보이기도 했다. 특히 수학, 물리, 화학, 그리고 공학 분야 전체에서 여성의 진학률이 높아졌다. 하지만 2000년도 이후 이러한 성과는 감소세에 있다. 여러 국가에서 진학증가율이 10% 이하로 떨어졌고 심지어 여성 공학자가 전혀 없는 나라도 있다. 남녀평등 문제는 물론 공학자 부족 현상과 공학에서 여성이 간과된다는 점을 고려했을 때 공학에서 여성의 역할과 지위를 높여야 한다. 여성의 참여율이 높아지면 남성의 참여율도 덩달아 증가할 것이며, 곧 양성(性)이 모두 반영된 평등한 공학을 구축할 수 있을 것이다. 건강한 지식사회와 경제를 유지하고 인재유출을 막는 한편 새천년개발목표(Millenium Development Goals, MDG)를 달성하기 위해 더 많은 여성과 그 외 사회적 소수자를 공학으로 끌어와야 한다.

네트워킹과 파트너십

대학과 대학 교육, 그리고 연구 공학자는 국내 · 국제 협력, 전문 공학자, 기술지도자, 사업 공학자 간 네트워킹 및 파트너십을 진흥하는 데 중요한 역할을 한다. 세부적 전문 분야의 공동체이든, 전체적 분야를 아우르는 공동체이든 네트워킹과 파트너십을 통해 공학자 공동체는 공학 교육, 훈련, 역량 강화, 표준 및 인증제도 구축, 정보, 그리고 직무연수 등을 촉진하는 데 큰 역할을 할 수 있다. 공학자 조직이 없거나 제한되어 있다면 발전하기 어려울 것이다. 그러므로 공학자 공동체의 국내·국제적 협력이 절실히 필요하다.

인프라, 응용, 그리고 혁신

© UNESCO

조력 댐

공학적 인프라, 응용, 그리고 혁신에 대해 앞서 언급했듯이, 우리는 모든 건축물, 물의 공급과 위생, 교통, 에너지, 통신 시스템 등이 모두 공학적으로 도안된 테크노문화에 살고 있다. 유 · 무형 문화도 기술의 영향을 크게 받는다. 최근의 세계경제위기 때문에 세계적으로, 특히 개발도상국에서 인프라 시설이 잘 유지되지 않고 있다. 이러한 상황을 고려했을 때, 오바마 대통령이 취임식에서 인프라 유지와 발전이 경제 회복과 재건의 주축이 될 것이라고 말한 것은 흥미로운 사실이다. 유지 및 신뢰성 공학, 튼튼한 인프라 디자인, 그리고 유지의 용이성 등은 중요한 고려 사항이다. 공학 인프라, 응용 그리고 혁신은 새천년개발목표(MDG)인 인간의 기본적 필요, 빈곤 감소, 지속가능한 발전, 기후 변화의 완화 및 적응, 재난대응 능력과 재건 능력 구축 등에 있어 아주 중요하다. 공학과 기술의 응용은 현지의 문화와 사람에 적절해야 한다. 또한 현지의 공학자는 개발도상국의 공학관련 원조 프로젝트에 적극 참여해야 한다.

공학정책, 계획 및 관리

공학 정책, 계획, 관리, 관련 정보와 지표 등은 공학 교육과 역량 강화, 네트워크 · 파트너십 구축, 인프라, 응용과 혁신 등에 있어 필요조건이다. 공학이 직면한 심각한 이슈와 도전 과제는 종종 정책 차원에서 공학이 간과되기 때문이라고 할 수 있다. 과학기술과 정책에 관한 관심이 1960년대 형성되기 시작했지만, 주 초점은 과학기술학, 정책과 계획에 맞추어져 있었던 반면 공학학이나 공학정책은 지금까지도 간과되었다. 동시에, 과학과 공학의 구분 없이 관련 통계자료와 지표 등이 국제적으로 수집되었다. 하지만 이것은 과학이나 공학을 분석하거나 다양한 세부 분야에서 별로 실용적이지 않다. 그러므로 학문 분야로서의 공학학, 공학 정책, 계획, 관리와 통계와 지표 등이 개발되어야 한다. 또한 발전 과정에서 공학 관련 정책, 계획, 관리 등이 구체적으로 검토되어야 한다.

5.2 공학에 대한 대륙별 관점

5.2.1 아프리카

닐리어스 보쇼프(Nelius Boshoff),
요한 무톤(Johann Mouton)

아프리카 지역의 공학 관련 담론은 주로 역량 강화와 지속가능한 발전 실현에 기여할 수 있는 공학 프로젝트 위주로 이루어진다. 이러한 담론은 아프리카의 공학 계획에 대해서 설명해 준다. 아프리카에서 공학 관련 직업군이 최근 부상하고 있는 것도 남아프리카공학협의회(Engineering Council of South Africa, ECSA)의 활동 덕택이다.

예를 들어, ECSA는 2005년에 아프리카발전을위한신파트너십(New Partnership for Africa's Development, NEPAD)과의 중요한 양해 각서(MOU)에 서명했다. 이를 통해 ECSA와 NEPAD는 공학의 역량을 강화하는 데 협력하겠다는 의사를 분명히 했다. 이 양해각서는 ECSA가 아프리카 국가 내 공학 교육 프로그램의 디자인과 질적 보장을 책임진다고 가정한다. 서명 이전에도 ECSA는 이미 에티오피아까지 이르는 남/북아프리카 국가에 많은 지원을 해 왔다(Poggiolini, 2004).[1)]

그림 1. 아프리카의 공학 및 응용기술 관련 논문 수, 1990~2007

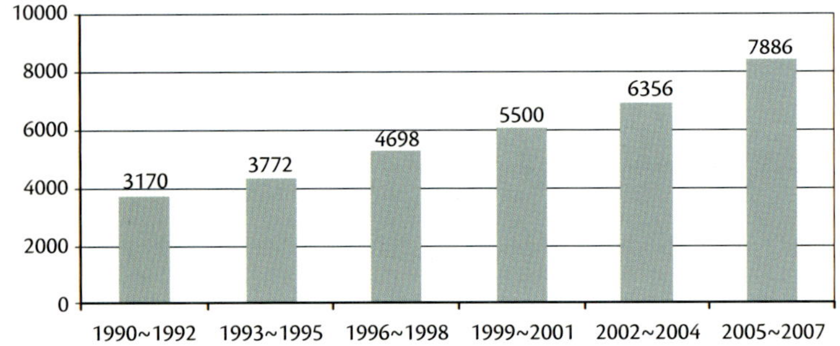

또한 ECSA는 남아프리카과학·산업연구센터(South African Center for Scientific and Industrial Research)와 협력해 남아프리카발전공동체(Southern African Development Community, SADC) 지역에 수준 높은 연구 센터를 지을 계획이다.[2)] 아프리카 대륙에서 단 12개 국가(카메룬, 이집트, 가나, 케냐, 마다가스카, 나이지리아, 세네갈, 남아프리카공화국, 수단, 탄자니아, 잠비아, 짐바브웨)만이 국립 과학한림원을 갖추고 있으며, 이 중 남아프리카공화국(이하 남아공) 한 국가에만 공학한림원이 있다.

남아공을 제외한 사하라 사막 이남 지역 국가의 공학 역량과 연구 생산성은 상대적으로 뒤떨어진다. 아프리카 국가의 공학 역량 강화는 배움의 장이 될 수 있는 공학 프로젝트의 국제적 후원, 공학 교육의 우선시, 그리고 재능 있는 공학자들이 주목받을 수 있게 하는 공과대학이나 한림원의 설립 등 여러 가지 요인과 조건에 의해 좌우된다(Juma, 2006).[3)] 현재 아프리카의 공학 연구 역량과 전문성은 공학자의 논문 발표 패턴, 발표 국가나 논문의 세부 분야를 비교하면 유추할 수 있다. 그림 1을 보면 1990년대 초부터 최근까지 아프리카에서 발표된 출판물의 수가 3170편에서 7886편으로 거의 두 배로 늘어났다는 사실을 알 수 있다.

자료는 대부분 Thompson Scientific의 데이터베이스인 ISI Web of Science에서 발췌하였다. 여기서 말하는 출판물은 연구논문, 총설 및 단신 등을 의미한다. ISI Web of Science 데이터베이스를 이용해 아프리카에서 발표된 넓은 범위의 공학 및 응용기술 관련 문헌을 추출할 수 있다. '넓은 범위'는 33개 세부 분야를 포괄한다(농공학, 자동화 및 제어시스템, 소프트웨어공학 등). 그림 1의 그래프에는 ISI Web Science 데이터베이스에 색인되지 않은 학술지에 실린 문헌은 포함되지 않는다. 남아공의 경우, 전체 공학이나 응용기술 관련 논문 수의 약 20%가 ISI 데이터베이스에서 누락되었다. 다시 말해, 그림 1의 그래프는 남아공에서 발간된 출판물 중 80%만 반영한다.

1990~1992년과 2005~2007년 사이 출간된 총 논문 수가 꾸준히 상승했지만 모든 아프리카 국가가 공학과 응용기술 관련 지식 생산 활동에 똑같이 기여하지는 않았다. 표 1을 보면 2005년과 2007년 사이 출판된 총 공학 관련 문헌 수가 10% 이상 늘어난 국가는 이집트, 남아공, 알제리, 그리고 튀니지뿐 이라는 것을 알 수 있다. 이들 국가 중 이집트와 남아공이 전체 출판물 수의 각 30%와 23%를 차지해 가장 큰 기여를 했다. 또, 이집트와 남아공 이외의 프랑스어를 국어로 사용하는 국가의 문헌 수도 증가했다. 알제리와 튀니지의 문헌 수도 1990~1992년과 2005~2007년 사이 증가했다.

1) Poggiolini, D. 2004. Achieving new heights in professionalism. *IMIESA*, September 2004, pp.63－65.

2) ECSA. 2007. *Media Release. Engineering Council of South Africa*, 1 June 2007.

3) Juma, C. 2006. *Engineering education vital for Africa's growth*. The East African, 16 October 2006.

표 2는 출판물을 공학의 세부 분야로 구분해 놓은 표이다. 출판되는 대부분의 논문이 재료과학, 화학공학, 전자공학 관련 논문이다. 아프리카의 원자력 과학 및 기술 분야에서 흥미로운 동향이 관찰된다. 2005~2007년에 이 두 분야는 총 논문의 6.5%를 차지한다. 1990~1992년(총 논문의 12%)에 비해 상대적으로 낮은 비율이지만 실제 논문의 수는 증가했다는 것을 알 수 있다. 이와 같은 현상은 금속공학 분야에서도 나타난다.

표 1: 아프리카의 국가별 공학 및 응용기술 관련 논문 발표 통계, 2005~2007

2005~2007년, 가장 많은 논문을 발표한 10개 국가(순위별)	1990~1992		2005~2007	
	논문 수	전체에서 차지하는 비율(%)	논문 수	전체에서 차지하는 비율(%)
1. 이집트	1,312	41.4%	2,385	30.2%
2. 남아프리카공화국	924	29.1%	1,775	22.5%
3. 알제리	142	4.5%	1,098	13.9%
4. 튀니지	65	2.1%	1,080	13.7%
5. 모로코	176	5.6%	606	7.7%
6. 나이지리아	292	9.2%	375	4.8%
7. 리비아	44	1.4%	95	1.2%
8. 카메룬	13	0.4%	78	1.0%
9. 가나	26	0.8%	53	0.7%
10. 케냐	43	1.4%	52	0.7%

참고: 여러 국가의 연구원이 함께 참여한 논문이 있었기 때문에 출판 합계를 생략함

표 2: 아프리카의 분야별 공학 및 응용기술 관련 논문 발표 통계, 2005~2007

전공 분야	1990~1992		2005~2007	
	논문 수	전체에서 차지하는 비율(%)	논문 수	전체에서 차지하는 비율(%)
재료과학	955	30.1%	2,608	33.1%
화학공학	337	10.6%	1,290	16.4%
전기전자공학	411	13.0%	942	11.9%
에너지 및 연료	256	8.1%	617	7.8%
메카닉스	206	6.5%	586	7.4%
핵공학	386	12.2%	510	6.5%
금속공학	321	10.1%	510	6.5%
기계공학	155	4.9%	473	6.0%
토목공학	159	5.0%	379	4.8%
환경공학	160	5.0%	337	4.3%
기기장치	105	3.3%	322	4.1%
광산 및 광물공정	185	5.8%	263	3.3%

참고: 여러 전공 분야에 걸친 저널이 있기 때문에 출판 합계를 생략함

5.2.2 아랍

아랍공학자연맹(Federation of Arab Engineers)

문명이 시작된 이래 아랍-이슬람 문화권이 공학, 건축, 천문학, 수학, 의학, 화학 등 과학의 발달에 기여한 바는 실로 엄청나다.

현대(20세기 후반~21세기 초) 사회에서 아랍의 공학자는 해당 지역을 발전시키는 데 중요한 역할을 한다. 국가 발전이라는 아주 큰 과제를 어깨에 지고 있는 것이다. 여러 아랍 국가의 정부는 장학금 등 재정적 지원을 통해 공학 연구 기관 및 수천 명의 개인이 다양한 공학 원리와 기술을 익히는 것을 지원해 왔다.

개발도상국을 포함한 전 세계의 공학자는 여러 도전 과제에 직면해 있다. 바로 신기술을 최대한 활용하는 능력, 외국어 구사 능력, 선진국의 문화와 이슈 및 도전 과제 등을 이해하는 능력을 키우는 것이다. 또, 천연자원을 적절히 활용하고 환경을 보호하는 한편 자신의 공학 프로젝트가 기술과 사회에 어떠한 영향을 미칠 것인지도 고려해야 한다. 관련 단체는 공학자의 현재 역량을 강화하기 위해 적절한 교육 프로그램을 개발해야 한다.

아랍 문화권에서 많은 공학자가 양성되고 있으며 그중 다수가 박사학위를 가지고 있다고 여러 통계가 보여주고 있지만, 구체적 결과는 아직 측정된 바가 없다. 아래의 표 1은 아랍계 공학자에 관한 대표적 자료이다.

표 1: 아랍의 공학자 통계

국가	인구 십만 명당 공학자 수 (외국인 제외)	인구 십만 명당 공학자 수 (외국인 포함)	비고	연도
쿠웨이트	369	821		1997
사우디아라비아	113	460		2005
아랍에미리트	68	1,135		2005
바레인	130	385		1997
요르단	—	1,392	건축가 포함	2008
이집트	—	2,800	기사와 건축가 포함했을 가능성 있음	1997
모로코	—	80		
튀니지	300		—	2007

출처: Dr. Khalid Bin Salen Al-Sultan의 통계자료에서 발췌하였음.

5.2.3 유럽

라르스 비토프트(Lars Bytoft)

서론

유럽이 직면한 도전 과제는 크게 두 가지로 나뉜다. 첫째는 세계화의 결과로 새로운 형태의 무역과 노동의 분배방식이 출현함에 따라 경쟁에서 살아남기 위한 구체적 방안이 필요하다는 것이다. 두 번째 과제는 유럽과 세계가 직면한 환경 문제의 해결이다. 유럽 각국의 정부와 유럽연합 집행위원회 모두 이러한 숙제를 풀기 위해 야심찬 계획을 내 놓았지만, 공학자가 부족해 계획 실행에 어려움을 겪고 있다. 심지어 공학자의 수는 인구 동태와 과학기술 연구에 대한 관심이 감소되고 있다는 점을 고려했을 때 계속 줄어들 전망이다.

배경

세계화와 새로운 국제 무역 및 분업 형태 등의 도전 과제에 대응하기 위해 많은 유럽 국가 정부와 유럽연합은 여러 야심찬 목표를 세웠다. 이 목표 중 몇몇은 리스본 동의서에도 명시되어 있다. 리스본 동의서에서 유럽 국가들은 유럽을 세계 최고의 '지식의 대륙(knowledge region)'으로 만들자는 데 동의했다. 이것은 곧 각국이 GDP의 최소 3% 이상을 연구개발(R&D) 투자에 할애하는 데 동의했다는 뜻이다.

또한 기후 변화와 에너지 위기에서 오는 위협에 대응해 유럽연합은 에너지 정책과 신재생에너지원에 관련된 야심에 찬 목표를 구체화한 '기후 변화와 에너지 패키지(Climate Change and Energy Package)'를 출범시켰다. 이 목표를 달성하기 위해 유럽연합은 유럽 내 노동력의 기술 수준을 향상시켜야 한다. 특히, 공학에 대한 공공부문과 민간부문 모두의 수요가 증가할 것이므로, 공학 관련 노동력의 기술 수준 향상에 더 힘써야 한다. 공공부문에선 에너지, 교통수단, 의료, 폐기물 처리, 교육 등의 분야에서 더 많은 공학자를 필요로 할 것이다. 민간 부문도 새로운 국제 무역과 노동의 분업 형태에서 이득을 얻고자 한다면 더 많은 공학 기술을 필요로 할 것이다. 유럽은 생산과 서비스의 노동 집약적 부분에서 경쟁할 수 없으므로, 민간 기업은 기술 및 연구에 더 집중해야 한다.

최근까지만 해도 유럽에선 공학 기술의 상대적 · 절대적 공급이 늘어나 증가된 수요를 충족할 수 있었다. 하지만, 지난 15년 동안 유럽이 양성한 공학자 수가 상대적으로 감소했다.[4] 게다가 유럽의 인구가 대체적으로 고령화됨에 따라 많은 공학자가 곧 은퇴할 것이다. 공학 기술자의 부족 현상이 심화되기 전에 유럽 공동체는 힘을 모아 이 문제를 풀어 나가야 한다.

유럽 전체를 아우르는 통계는 아직 존재하지 않지만, 특정 국가를 대상으로 한 연구에 따르면 현재 공학자의 수가 많이 부족하며 그 현상이 더 심화될 것으로 예상된다. 2007년 독일에서 발표된 한 연구는 2006년에 독일계 회사들이 5만 명에 달하는 공학자를 필요로 했지만, 그 수요를 충족할 만한 인력이 없었다고 밝혔다.[5] 최근 덴마크의 한 연구는 2020년경에 이르러 노동시장이 만 4천 명 정도의 공학자 부족 현상을 겪을 것이라고 예측했다(2008년을 기준으로 덴마크의 노동시장에는 8만 명 정도의 공학자가 있다).[6] 이러한 공학자 부족 현상은 유럽 전역에서 각기 다른 속도로 진행되고 있다.

몇몇 국가에선 이미 일반 분야와 특수 분야 모두에서 공학자 부족 현상이 심각하게 나타나고 있다. 특히 공공 부문에서 공학자 부족 현상이 두드러진다. 많은 유럽 국가의 공공 부문에서 향후 10년에서 15년 안에 고령 공학자의 은퇴 등으로 부족 현상이 심화될 것으로 보여 특히 많은 수의 공학자를 새로 고용해야 할 것으로 전망된다. 하지만 공학자가 희소한 상황에서 더 많은 임금과 경력 개발의 기회를 제공할 수 있는 민간 기업을 제치고 공학자를 고용하기는 어려울 것으로 보인다.

공학을 전공하는 대학원생에겐 다른 학문에 비해 상대적으로 좋은 기회가 주어질 것으로 보인다. 공과대학원은 많은 대학원 전공 중에서 졸업 후 가장 빠른 취업을 자랑한다. 하지만 많은 공학자들이 취업 후 자신의 직업과 임금에 대해 불만족을 표시한다.[7] 또한 민간 회사에서 기술적 업무를 담당하고 있는 공학자는 종종 판매나 홍보를 담당하고 있는 다른 사람들에게 열등감을 느낀다. 오늘날 생산 부문에서 자신들의 기술적 기여가 충분히 인정받지 못한다고 생각하기 때문이다.

공학자의 불만족은 노동시장이 변덕스럽다는 점에서 오기도 한다. 이러한 현실은 대학원을 갓 졸업한 공학자가 장기적으로 봤을 때, 현재 상대적으로 낮은 사회적 지위나 임금이 보상될 수 있다는 사실을 간과하게 한다.[8] 공학자가 자신의 본업(전문 기술 직업)을 버리고 상업이나 경영 분야로 이직하면 더 밝은 미래를 기대할 수 있다. 자유 계약으로 일하는 공학자는 세계화된 노동시장이 제공하는 기술적 서비스와 경쟁하는 데 어려움을 느낀다.

공학자 부족 현상은 유럽이 경쟁력을 잃지 않으면서 지속가능한 사회를 일궈 나가는 데 커다란 방해물로 작용할 것이다. 따라서 유럽국가공학협회연맹(The European Federation of National Engineering Associations, FEANI)은 '유럽 각 국이 유럽 전체와 국내 공학자 부족 현상을 해결해야 한다'고 주장한다. 많은 유럽 국가가 이미 행동을 개시했다. FEANI는 공학 기술 인력풀을 확장하고 활용되도록 하려는 노력이 통합적인 시너지 효과를 낼 수 있다고 믿는다.

5.2.4 아메리카 대륙과 카리브해 지역 국가

블라디미르 야코브레브(Vladmir Yackovlev),
루이즈 스카바르다(Luiz Scavarda)

유엔새천년프로젝트의 과학, 기술, 혁신 부문은 '개발도상국은 선진국이 지속가능한 성장을 이루기 위해 했던 것처럼 과학, 기술, 혁신을 경제 발전 전략에 포함하지 않으면 빈곤에서 벗어날 수 없을 것이다'고 공표한 바 있다. '공학의 사회적 책임' 또한 이에 포

4) 2006년 5월에 발간된 'OECD Policy Report Evolution of Student Interest in Science and Technology Studies'에 서술되어 있는 내용임. 전문은 다음 홈페이지에서 볼 수 있음. http://www.oecd.org/dataoecd/28/55/36720580.htm (2010년 5월 16일 최종 방문).

5) Verein Deutscher Ingenieure (Association of German Engineers, VDI), 2006.

6) Danish Society of Engineers (IDA), 2007.

7) Monastersky, R. 2004. Is there a science crisis? *The Chronicle of Higher Education*. Vol. 50, July 2004.

8) Vines, J. 2005. Engineering a crisis on the supply side. *Australian Financial Review*, March 2005.

함될 수 있다. 라틴 아메리카 국가는 잘 준비된 공학자의 중요성을 인식해야 한다.

라틴 아메리카가 발전에 있어 뒤떨어지고 있는 이유 중 하나는 그 지역의 거의 모든 경제학자가 시장의 역할에 모든 희망을 걸고, 발전 과정의 기본이 되는 연구와 공학의 역할을 무시했다는 것이다. 국제 통화 기금(IMF)은 동남아시아와 라틴 아메리카 두 지역이 1980년에 세계 전체 GDP의 각 10%를 차지했는데, 오늘날 동남아시아가 차지하는 비율은 27%로 증가한 반면 라틴 아메리카의 비율은 7%로 감소한 것을 보여주는 자료를 발표한 바 있다.(그림1)

같은 기간 동안, 신흥 아시아 국가의 공학자 수가 꾸준히 증가한 데 비해 라틴 아메리카의 공학자 수는 상대적으로 적었다는 사실은 주목할 만하다.

한 국가나 지역의 지속가능한 발전을 이루기 위해서는 단단한 기초 교육, 낮은 문맹률, 높은 수준의 교육을 받은 전문가, 새 역량을 수용하고 적응할 수 있는 고도로 숙련된 기술자 등의 요소가 필요하다. IMF 데이터에서 보여준 이러한 경제적 변화는 국가 정책에 따라 달라질 수 있다.

라틴 아메리카의 열악한 상황을 초래한 요인을 추측하자면 다음과 같다.

- 공적 연구가 시장의 요구나 해당 지역 문제의 해결을 위해 행해지기보다는 주로 과학적 호기심에 의해 행해졌다.
- 대학교나 산업 및 공공 연구 기관의 협력이 드물다.
- 산업 분야에서 수요에 반응하는 혁신의 문화가 없다.
- 지식 산업에 대한 투자가 적다. 라틴 아메리카는 국민 총생산의 단 0.6%만이 연구개발(R&D)에 쓰인다.
- 연구개발(R&D)에 대한 투자가 감소하거나 변동이 없었다.
- 라틴 아메리카의 고등학생은 공학 관련 직업에 대한 관심이 적다.
- 박사학위를 가진 학자와 연구가의 수가 OECD 국가와 몇몇 동남아시아 국가에 비해 큰 차이가 난다.

오늘날 기술은 전 세계에 큰 영향을 미친다. 기술과 지식은 기술의 경쟁력을 강화하며, 혁신과 발전을 가능케 하며 공학자는 이러한 기술을 다룬다.

그러므로 개발도상국의 공학자 수를 늘려야 한다. 동남아시아 국가가 이룩한 결과를 보라. 하지만, 통계적 숫자만으로 모든 것을 결정하지는 말아야 할 것이다. 공학자의 숫자뿐만 아니라 질적 수준 또한 잘 관리되어야 한다. 앞에서 살펴본 통계적 수치는 발전에 있어 공학자의 역할이 크다는 사실을 보여줄 뿐만 아니라, 더 유능한 공학자를 키울 수 있는 국가 정책의 수립을 촉구하고 있기도 하다.

그림 1. 각 국가의 GDP가 세계 전체 GDP에서 차지하는 비율

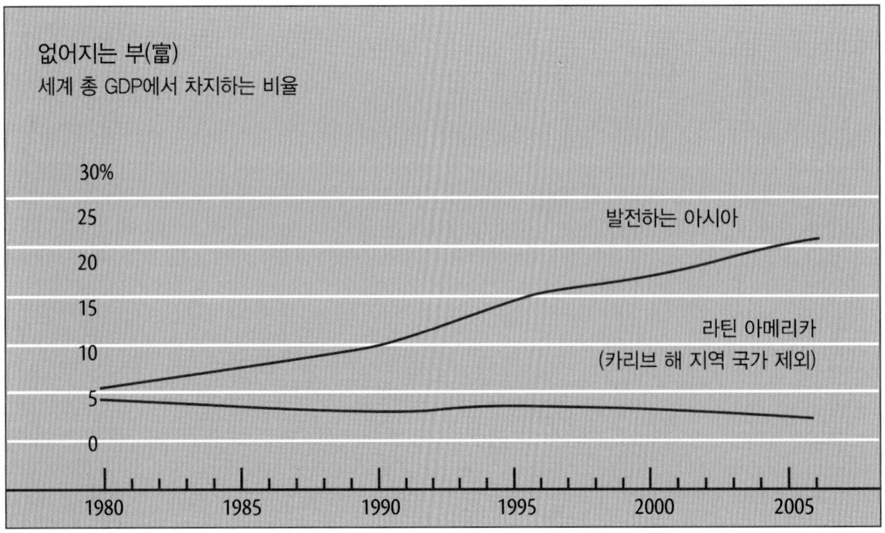

참고: GDP는 각국 통화의 상대적 구매 능력을 고려해 계산되었음

출처: 국제 통화 기금

5.3 국가적 관점

5.3.1 아프리카

5.3.1.1 코트디부아르

이씨 이본 구에(Issie Yvonne Gueye)

서론

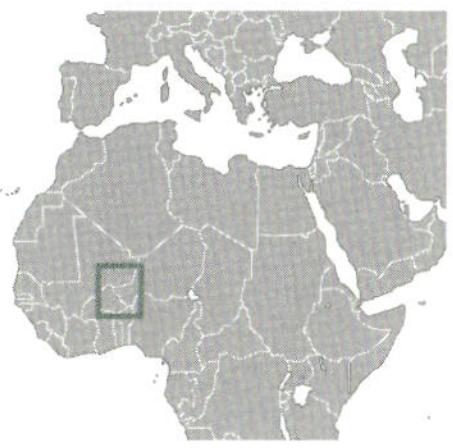

1960년대와 1970년대에 코트디부아르의 공학 활동은 주로 토목공학과 농공학에 집중되어 있었다. 6년 간의 군사 · 정치적 위기가 끝난 지금, 코트디부아르는 경제, 정치, 기술 발전의 갈림길에 놓여 있다. 다시 일어서기 위해 코트디부아르는 국가적 차원의 재건과 지속가능한 발전이 필요하며, 국제 표준을 따르는 공학적 활동에 힘을 쏟아 지구적 지식, 정보 사회에 편입해야 한다.

경제

코트디부아르의 경제는 크게 농업(GDP의 22%), 산업(GDP의 26%), 서비스업(GDP의 52%)으로 나뉜다. 전체 인구의 약 34%가 자급자족 농업에 종사한다. 민간 기업이 중심이 되는 한편, 정부가 준 국영기업을 통해 시장에 개입하기도 한다. 다국적 기업은 건설, 에너지, 석유, 식품 가공 등의 대규모 사업의 3분의 2를 차지한다.

수년 간 코트디부아르에선 공학자가 사회적으로 인정받았으며, 고용을 보장받을 수 있었다. 이는 공학기관연맹(Federation of Engineering Organizations, FIACI)의 활동 덕분이다. 정부, 공기업, 민간 기업 등의 높은 직위 대부분을 주로 공학자가 차지했다. 예를 들어, 1975년부터 2002년까지의 FIACI 이사회 구성원 대다수가 정부의 인프라, 정보통신, 농업 관련 부처에서 종사했다.

오늘날 공학자는 주로 공기업, 민간기업, 그리고 컨설팅 회사에서 일한다. 종사 분야는 이전과 같은 농업, 식품 가공, 건설, 토목, 에너지, 석유, 화학, 광업, 컴퓨터, 통신, 생산 가공 등이다. 유효한 자료에 따르면 2002년에 공학자는 총 경제 활동 인구의 1.2%를 차지했다.[9)]

9) Kouassi, L. and Amani, M. 2002. *Recensement general de la population et de l'habitation de 1998.* Institut National de la Statistique, Vol. IV, Analyse des resultats, aout 2002.

고등 교육

1960년대 초, 코트디부아르는 국가 발전의 도전 과제를 해결할 수 있는 기술적 역량을 강화시키기 위한 장기적 전략을 세웠다. 전문 기술 센터와 공업 고등학교가 세워져 기술자에 대한 수요를 충족시키고, 청년들이 공학 관련 경력을 키울 수 있도록 했다. 고등 교육을 받기 위해선 먼저 4년 간의 중등 교육을 이수하고 3년 간의 준비 기간 끝에 대학 입학 자격시험을 통과해 대학교나 그랑제꼴(Grandes Ecoles)이라고 불리는 고등 교육 기관에 입학해야 한다. 그랑제꼴은 전문 기술자와 공학자를 양성하기 위해 세워졌다. 최초의 그랑제꼴은 1962년에 설립된 토목공학 전문 학교였는데, 1973년부터는 지질학과 광업 등으로 학문의 범위가 넓혀졌다. 최초의 국립대학은 수도인 아비장에 1964년에 세워졌는데, 이후 특화된 지역 분교도 세 개나 설립되었다. 국가기술교육협회(The national Institute of Technical Education), 농공과대학, 통계 · 경제대학도 설립되었다. 늘어나는 지원자를 수용하기 위해 사립 대학교가 나타났으며, 2년제 대학 교육을 받은 다양한 분야의 전문 기술자가 양성되었다.

2005년에 수집된 자료에 따르면 코트디부아르의 고등 교육은 69,436명 규모의 자치 공립 대학 3개, 총 2,209명 규모의 사립 대학 6개, 총 10,150명 규모의 공립 그랑제꼴 4개, 그리고 총 94,745명 규모의 사립 그랑제꼴 108개에 의해 이루어진다. 이러한 고등 교육 구조는 정부의 고등교육부(the Ministry of Higher Education) 소속이다.[10),11)] 또, 28개의 기관이 대학 입학 자격시험 다음 단계의 전문 교육과 기술 교육을 15,604명의 학생에게 제공한다. 이 28개 기관은 기술교육부(the Ministry of Technical Education) 소속이다. 총 192,144명의 학생이 고등 교육을 받고 있으며, 그 중 29.7%가 여성이다. 국가통계에 따르면, 총 인구 중 8%가 고등 교육을 받은 적이 있다.

그 다음의 새로운 단계

세계 경제에 더 많이 참여하고 산업화 과정을 동반하기 위해, 정부는 세금, 지식재산권 등 여러 분야에서 혁신을 장려하는 정책을

10) Ministere de l'enseignement Superieur: Direction de la Planifi cation et de l'Evaluation, Statistiques 2004-005. 자세한 자료는 다음 홈페이지를 참조할 것. http://www.afristat.org/index.php?option=com_content&view=article&id=404&Itemid=58&pays=CI (2010년 5월 15일 최종 방문).

11) Ministere de l'enseignement Superieur: Direction des Enseignements Superieurs Prives. Statistiques 2006-2007.

시행했다. 예를 들어, 코트디부아르 특허청(the Ivorian Office of Intellectual Property)[12]이 2005년에 설립되어 발명 촉진, 특허권 보호, 상표권 부여 및 보호 등의 기능을 수행하기 시작했다. 코트디부아르 특허청은 아프리카 지식재산권기구(the African Office of Intellectual Property)와 세계 지적재산권기구(the World Organization for Intellectual Property)의 회원이기도 하다. 한 통계자료에 의하면 2005년에 7개, 2006년에 18개, 2007년에 16개의 특허가 등록됐다.

국가의 독립 이래, 코트디부아르의 발전에서의 도전 과제를 해결하기 위한 열쇠로 공학을 정립하려는 노력이 계속되었다. 하지만, 어려운 경제 환경 때문에 아직도 해결해야 할 문제가 많이 남아있다. 전쟁 후 국가를 재건하고 발전하기 위해 다음과 같은 노력이 계속되어야 한다.

- 국가 기술과 혁신 체계를 새로운 우선순위에 맞추고 기술 교육의 질과 타당성을 높일 수 있도록 공학 정책을 새로이 개편한다. 새로이 개편된 공학 정책은 교육 경쟁을 심화시키고 공학자의 사회적 지위를 높일 수 있어야 한다.
- 공학 교육의 질과 타당성을 향상시키는데 많이 투자해야 한다. 즉, 직무연수과정을 개선하는 한편 교육자에게 적절한 보수를 지급하며, 참고 자료, 교육 자료, 실험실 등을 새로운 기술을 받아들여 개선시켜야 한다.
- 교육과정과 전문적 경험을 접목시켜 민간, 공공 분야에서 고용과 혁신이 촉진되도록 한다.
- 여성 공학자를 위해 더 나은 환경을 조성한다.
- 공학 교육 기관에서 좋은 연구개발 환경을 조성한다.
- 산업계와 파트너십을 구축해 테크놀러지 파크 등 기술 육성 시설을 개설한다.
- 공학 조직 사이의 협력을 증진한다.
- 공학자, 공학, 공학 전문직 등을 대상으로 한 국가 차원의 설문조사를 정기적으로 실시한다.

참고 문헌

Blanke, J. 2007. *Assessing Africa's Competitiveness in a Global Context.* World Economic Forum , Global Competitiveness Report 2008 – 2009.

Khelfaoui, H. *La science en Cote d'Ivoire* [in: Les sciences en Afrique], Paris, IRD, 92p.

INP-HB. Institut National Polytechnique Felix Houphouet Boigny(INP-HB), Wassi Technologies, *Chiff res cles.*

Ministere de l'economie et des fi nances. 2007. *La Cote d'Ivoire en chiffres*, Vol. 2007.

12) Office Ivoirien de la Propriete Intellectuelle, Documents de Presentations et Publications.

5.3.1.2 우간다

에리아부 루구호(Eriabu Lugujjo)

우간다의 공학 교육 및 훈련의 도전 과제와 전망

우간다의 공과대학 교육과 훈련의 역사는 1970년 마케레레 대학교(Makerere University)가 최초로 기술 학부(Faculty of Technology)를 개설하면서 시작되었다. 첫 입학생의 수는 24명이었다. 또, 캄보고 대학교(Kyambogo University)가 8년 전 공학프로그램을 시작했다. 이 두 학교는 현재 우간다의 공학 교육과 연구의 핵심이다.

우간다 기술사협회(The Uganda Institute of Professional Engineers)가 1972년 설립된 이래 대학 교육을 받은 공학자의 수가 3,000명 정도로 늘었다. 하지만, 2,900만 명에 이르는 전체 인구에 비하면 아직도 미미한 숫자이다. 지금까지 우간다는 공학자를 육성하는 과정에서 여러 도전 과제를 경험했다. 도전 과제의 발생 원인은 구조적인 동시에 외부적이지만, 사회-경제적, 기술-경제적, 인구 통계적, 거버넌스 및 제도상의 변화 때문이다. 지난 30년 동안의 대학의 역할에 대한 변화도 여러 가지 도전 과제를 낳았다. 교육과 연구를 통해 학술적 우수성을 추구하는데 더해 대학은 다음과 같은 임무를 수행해야 한다고 간주된다.

- 사회 경제 정책의 실행 도구(instrument)가 된다.
- 파트너로서 공동체와 지역 발전에 협조한다.
- 때때로 연구와 국가 발전 전략 목표를 동등한 우선순위에 둔다.
- 지방 지역 발전의 도구가 되어서 농촌 인구 감소 문제를 해결한다.
- 연구를 수행할 수 있을 뿐만 아니라 산업과 비즈니스에 적용할 수 있는 유능한 공학자를 양성한다.

학술계보다는 공공 부문이 더 잘 이해할 수 있는 언어로 부의 가치를 제공해 달라는 공학부에 대한 요구가 점점 더 커지고 있다. 하지만, 대학 기관은 동시에 양질의 교육 및 연구 수준을 유지하는 한편 정부 외 기관으로부터 재정적 지원을 확보해야 한다는 본래의 사명을 다 해야 한다. 이것이 바로 우간다가 공학 교육을 제공, 수용하며 실천하는 모습이다. 공학 교육 기관이 직면한 도전 과제는 투입(inputs: 학생 등), 실행(delivery: 인적 역량, 하드웨어, 인프라), 그리고 결과물(outputs: 졸업생, 고용 기회와 산업과의 연계) 요소에 의해 논의된다.

교육의 접근성, 입학 및 기회

지난 12년 간 공학부에 입학하는 학생의 수가 5배 이상이나 증가했다. 이렇게 높은 증가율은 인구의 변화, 성주류화, 높은 수준의 과학 교과목을 가르치는 학교가 늘고 있다는 점, 그리고 대학 교육의 민영화 등에 기인하고 있다. 사립 대학은 등록금을 낼 만큼의 경제적 능력이 있는 학생들에게 공학 교육 프로그램에 참여할 수 있는 더 많은 기회를 제공한다. 하지만, 많은 사람이 접근하기 쉽도록 공학 교육 프로그램을 보급하는 동시에 교육의 질을 떨어뜨리지 않으면서 제한된 시설을 모두가 이용할 수 있게 하는 것은 대학이 직면한 가장 큰 도전 과제이다. 공학 교육 프로그램에 등록하는 학생 중 많은 수가 공학에 대한 관심이나 열정이 있어서가 아니라 단순히 학점이 좋기 때문이다. 몇몇 학생은 아예 준비가 되어있지 않거나 적성에 맞지 않다고 느낀다. 하지만 학생이, 특히 처음 공학을 배우는 학생이 공학에 대한 흥미나 열정을 키우기엔 4~5명이 동시에 한 가지 실험을 해야 하는 수업 환경이 너무나 열악하다. 교육 자원이 부족한 현실은 학생의 열정과 관심을 떨어뜨릴 수 있을 뿐만 아니라, 열정을 가지고 공부하는 학생의 잠재력도 저해할 수 있다.

직원, 복지 및 유지

공과대학에서 유능한 직원 개발 프로그램을 유지하는 것이 다음과 같은 이유로 어려워져만 가고 있다.

- 경쟁력 있는 유능한 직원이 필요하지만 대학이 지급할 수 있는 급여가 낮다.
- 공과대학에서 강사로 일하려면 박사학위가 필요하지만 이와 같은 필수 조건은 배타적이며 지속 불가능하다.
- 대학이 융자, 교통수단, 건강보험, 차량 대여 등의 인센티브를 지급하지 못해 가장 오랜 경력과 가장 좋은 능력을 가진 직원이 그만 두게 된다.
- 강사가 번 돈의 많은 부분이 세금으로 빠져 나간다.
- 고용된 상태에서 사망할 경우, 자녀의 복지가 보장되지 않는다.
- 직원에게 급여로 지급할 돈이 부족해 직원을 더 채용하지 않는다.
- 기관의 확장이 재정에 끼치는 영향이 크기 때문에 강력히 저지된다.
- 직원의 승진 정책에서 일반 학술 논문이나 교육 결과 보다 국제 학술지에 논문이 실리는 것을 더 강조하는 데다, 승진 자격 요건이 까다롭기 때문에 승진하기가 어렵다.
- 유능한 졸업생 대부분이 심화 학습의 기회를 얻어 해외로 떠난 후 돌아오지 않아 국내 대학의 인재가 유출되는 상황이 발생하고 있다. 유학 후 돌아와 자국에서 종사하는 공학자는 열악한 노동 환경, 낮은 임금, 부족한 인센티브 등의 이유로 어쩔 수 없이 대학을 떠나기도 한다.

교육 방식

공학 수업의 수용 인원은 비교적 크게 늘었다. 85명 정도 크기의 수업은 이제 쉽게 찾을 수 있다. 수용 인원이 그만큼 커져도 칠판을 이용한 전통적 수업 방식이 아직도 이용되고 있다. 학생들이 조를 이루어 학습하는 수업은 거의 없다. 직원이 부족해 교수 한 명당 맡아야 하는 일의 양이 많은 데다 조교도 많지 않기 때문이다. 대학이 시간강사를 고용하는 등의 시도를 했지만 문제를 해결하기엔 역부족이었다. 시간강사는 대부분 본업이 있기 때문에 시간표를 짜는 일도 어려웠다. 제대로 된 시설이 충분히 갖추어지지 않아 실험도 어렵다. 보유한 실험 도구 대부분이 고장난 상태지만, 대체 부품이 없어 고칠 수조차 없다. 대부분 4~5명의 학생이 동시에 실험 실습을 해야 한다. 이런 현실은 학생 개개인의 호기심과 즐거움뿐 아니라 발전의 잠재력까지 떨어뜨릴 수 있다.

공학 교육 프로그램의 타당성

어느 교육 프로그램이든 사회 내 역할이나 위치, 목표, 임무, 공공 · 민간 부문과의 관계, 공동체, 재정적 지원, 그리고 다른 수준이나 종류의 교육 프로그램과 관련해 타당성이 있는지 평가되어야 한다. 관례적으로, 공학 교육 프로그램의 타당성은 정부나 공공 서비스 부문의 필요를 충족시키기에 적절한지에 따라 결정되었다. 하지만 경제가 민영화 및 구조조정되면서 이러한 기준이 바뀌었다. 공학 교육은 시장과 산업의 수요에 긍정적이면서도 빠르게 반응할 수 있어야 할 뿐 아니라 동시에 기업가 정신과 빠른 적응 능력을 갖춘 공학자를 양성해야 한다고 여겨진다. 공학부는 약 5년에 한 번씩 교육과정을 검토 및 개선하며 필수과목들을 새로이 소개하기도 한다. 하지만 이 부분은 아직도 많은 도전 과제를 안고 있다.

산업과의 연계

산업은 공과대학 졸업자나 전문가를 교육시키는 데 큰 역할을 한다. 예를 들어, 마케레레와 캄보고 대학의 학생들은 2, 3학년 말 무렵 현장실습을 한다. 교수와 학생 모두 현장 실습을 제공하는 곳을 찾는 데 참여해야 하는데, 많은 산업이 민영화됨에 따라 실습 제공자를 찾는 데 어려움을 겪고 있다. 민영화된 산업계가 학생을 교육시키는 것은 그들의 책임이 아니라고 생각하기 때문이다. 또한, 작은 규모의 산업은 일관성 있는 교육을 제공하는 데 어려움을 겪는다. 또한 교육 프로그램의 제공에 있어 산업과 대학이 거의 협력하지 않을 뿐 아니라, 강사들이 주기적으로 학생을 돌보거나 방문하지 않기 때문에 충분한 토론이나 상담이 이루어질 수 없다는 약점을 가지고 있다.

5.3.1.3 가나

페기 오티-보아텡(Peggy Oti-Boateng)

가나의 독립 직후 경제사는 사하라 이남의 아프리카 국가 대부분이 독립 이후부터 겪기 시작한 어려운 상황의 전형적 양상을 취한다. 독립 이후의 초기 지도자는 본보기가 될 만한 동료가 없었을뿐더러, 대안 없이 주류 경제 발전 이론에 의존해야만 했다. 주류 경제 발전 이론은 당시 세계를 지배하던 양극의 두 패권이 지향하던 이데올로기에 의해 심하게 편향되어 있었다.

가나는 산업화의 결과로 나타난 문제를 수평적 접근 방식으로 해결하려 했지만 야심찬 사업 계획을 순조롭게 이행하는 데 필요한 자원을 충분히 고려하지 않았다. 그 결과 공장이 문을 닫아 실업률이 높아지는 등 야심찬 계획이 곧 지속 불가능한 사업이 되고 말았다. 그 결과로 생긴 경제적 어려움과 사회적 불안에 대응해 가나의 정책 결정자는 1960년대 후반부터 1970년대 초반까지 추진됐던 '일시적 대량원조' 외의 대안적 발전 전략을 찾게 되었다.

가나는 다른 개발도상국의 경우와 같이 무역의 자유화를 지향하는 국제 정책으로 인해 발생한 문제에 시달렸다. 신흥 지역산업을 전혀 보호하지 않는 무차별한 문호 개방 수입 정책은 막 고개를 들기 시작한 지역 산업을 침체시켰다. 예를 들어, 조스바르코는 가나에서 가장 큰 선박 회사에 나사못을 제공하던 주요 제조업체였는데, 무역이 자유화되자 중국이나 동남아시아에서 대량 생산된 값싼 제품과의 경쟁에서 불리한 입장에 서게 되었다. 광공학, 식품 가공, 제조 등의 업체도 비슷한 어려움을 겪었다. 이들 회사 대부분이 중개업체로 전락했고, 산업과 사회 경제적 발전에 도움이 될 수 있는 국가의 기술 역량도 저해되었다. 한편, 나라 곳곳에서 비공식적인 서비스 업체가 우후죽순 늘어났다. 소비자는 국내의 저질 상품에 피해를 입었고, 곧 수입 물품을 선호하게 되었다.

2000년에 정부는 국내 산업 성장이 가속될 필요가 있다고 느끼고 지역 제조업체가 생산 활동을 시작할 수 있게 돕는 '비즈니스의 황금기' 정책을 시행했다. 이 정책의 의도는 좋았지만 빈곤 감소와 기업 발전을 위한 혁신 이전과 연구를 통합시키는 데 실패했다. 적정기술(appropriate technology) 혁신이 기업 발전과 빈곤층을 위해 사용되는 속도가 너무 느렸다는 것이 주요 실패 원인이었다. 개발된 기술 중 상당수가 대학이나 연구소 한 구석에서 썩고 있다. 비공식 부문에 기술이 이전되게 할 수 있는 정책이 없었기 때문이다. 그 결과, 가나의 산업 성장이 국제 시장 경쟁에서 뒤떨어지게 되었다.

가나의 역사를 간추려 보면 산업 발전에 대한 국가의 개입이 실패한 이유는 지금까지 진화해 온 여러 가지 모델을 지속적으로 실행할 효과적인 방법이 없었기 때문이라는 것을 알 수 있다. 제1공화국 시절, 수입 대체를 위한 국가의 지나친 통제로 경제가 악화되었을 뿐 아니라, 군사 정부의 수립, 그리고 신흥 기업의 지속적 운영을 보장하기 위한 장기적 계획이 없었던 것도 경제 붕괴의 원인이었다.

가나의 풀뿌리 산업 혁명의 주도자들은 산업 진흥에 국가가 가지고 있는 거대한 인적, 기술적 역량을 활용해야 한다는 것을 1980년대와 1990년대에 이미 알아챘다. 이 기간 동안 제2차 산업이 특히 발달한 것이 그 증거이다. 하지만 신흥 비공식 기업이 경쟁력 있는 공식 기업으로 성장할 수 있도록 돕는 전략이 부재했다. 예를 들어, 합리적 가격의 원재료, 경쟁력 있고 질 좋은 제품을 생산하는 데 필요한 관련 기술, 유리한 국제 무역 협정을 통해 얻을 수 있는 이익, 국가와 기부자의 호의적이며 혁신적인 지원 등에 대한 접근성을 높이는 데 실패했다. 여전히 진행되고 있는 가나의 빈곤 감소 프로그램은 생산성이 좋은 기업의 지원으로 운영된다. 하지만, 대부분의 경우 지속가능한 부의 창출의 구체적 방법과 구조가 부재하기 때문에 빈곤 감소에 큰 도움이 되지 못한다.

가나는 빈곤에서 벗어날 수 있는 가능성을 충분히 가지고 있다. 국내 농산물 생산과 금이나 목재 같은 천연자원의 수출이 가나 경제의 기초를 이룬다. 따라서, 가나는 산업 발전에 활력을 불어 넣기 위해 국내 농산물 생산과 천연자원에 부가가치를 부여했다. 이

부가가치 부여의 과정에서 나타난 문제는 바로 이익을 최대화할 수 있는 적절한 개입 정도를 찾기가 어렵다는 것이다.

가나의 빈곤 상태는 관리상 문제의 결과라고 볼 수 있다. 다시 말해, 가나가 가진 유리한 환경(풍부한 천연자원, 인적 자원, 생산성이 높은 기업, 넓은 범위의 수출 대상 상품에 부가가치를 부여할 수 있는 역량 등)은 가나의 경제 상황을 호전시킬 수 있으며, 빈곤층의 이익을 위해 이용될 수 있다.

5.3.1.4 나이지리아

펠릭스 아튬(Felix Atume)

나이지리아의 공학 전문직의 성장을 저해하는 주요 요인은 정책 결정에 있어 공학자의 참여가 저조하다는 점이다. 다른 사하라 사막 이남의 아프리카 국가도 같은 상황에 처해 있다. 정치 지도자는 공학자와 공학이 발전에 막중한 역할을 한다는 사실을 간과하는 것 같다. 그 증거로 나이지리아 정부가 인프라 구축을 위한 대형 프로젝트를 진행했지만 적절한 공학적 투자를 하지 않아 많은 비용을 소비했음에도 불구하고 기대한 결과를 달성하지 못했다. 아프리카 국가의 정부에 공학자의 참여가 저조하다는 것은 분명 슬픈 일이다. 공학자는 특히 발전 계획과 같은 정책 결정과정에서 거의 영향력을 행사할 수 없다. 공학이 간과된 결과, 많은 자원이 투입되어도 발전이 더디다. 공학자가 정책 결정에 참여하는 등 정부에 영향력을 행사할 수 있어야 공학이 뿌리를 내릴 수 있다.

위와 같은 현상의 누적된 결과로 아프리카의 많은 청년이 공학 직업에 대한 관심을 잃게 되었다. 청년 대부분이 법, 경제, 회계, 마케팅 등의 분야에 진학하길 원한다. 공학의 사회적 지위가 낮아지고 있다는 무언의 공감대가 존재하는 것 같다. 공학은 도전 과제를 통해 성장한다. 공학자가 도전 과제에 맞서 일어서는 연습을 할 수 있도록 각 국의 지도자는 공학자에게 끊임없이 도전 과제를 던져야 한다. 아프리카에서 공학 직업이 하향세를 타고 있는 이유는 다음과 같다.

- 낮은 임금: 대학을 졸업한 공학자가 운 좋게 정부에 취직을 할 경우, 미화 200달러 수준의 월급을 받는다.

- 미래 성장의 기회 부재: 나이지리아의 공학 대학 졸업자 대부분이 취업난을 겪는다. 예를 들어, 나이지리아엔 총 4개의 정유 공장이 있는데, 그 중 단 한 개도 완전 가동되고 있지 않다. 따라서 화학, 기계, 토목공학 분야에서 기회를 찾기가 어렵다. 지난 3년 동안 300개가 넘는 국내 섬유 제조 공장이 문을 닫았고 나이지리아는 이제 일본, 유럽, 중국 등지에서 대량으로 수입되는 최종 섬유 상품에 의존한다. 타이어 제조 산업의 주요 기업 대부분이 남아프리카 공화국으로 이전해 갔고, 자동차 조립 공장이 문을 닫거나 불완전 가동되고 있다. 산업의 성장이 저조해 나이지리아의 공학자는 고용의 기회를 찾는 데 어려움을 겪고 있다. 공과대학 졸업 후 첫 직업을 찾는 데 평균 4년의 시간이 걸린다고 한다. 오늘날 나이지리아의 대학과 기술대학은 평균 3,500명의 공학자를 배출한다. 1,400만 명에 이르는 총 인구에 비하면 너무나 적은 수인데도 불구하고 직장을 잡기가 힘들다.

- 인프라의 유지 및 보수: 인프라의 유지 및 보수 부문에서 많은 일자리가 창출될 수 있지만, 불행히도 인프라 관리 문화가 없는 듯 보인다. 이는 나이지리아뿐 아니라 다른 아프리카 국가에서도 심각한 문제이다. 도로, 다리, 공항, 항구, 학교, 병원, 기타 주요 공공 기관 등의 유지 및 보수에 관련된 공학자의 업무에 대한 지원이 거의 없다. 이는 설상가상으로 공학이나 공학자에 대한 사회적 시선이 더 나빠지게 한다.

- 나이지리아 공학자의 저조한 주요 프로젝트 참여율: 나이지리아에서 추진되고 있는 주요 공학 프로젝트에 현지 공학자의 참여율이 저조하다. 나이리지아는 1960대 초부터 상업적 규모의 석유 생산을 시작했다. 하지만 석유와 가솔린 부문에서 현지 공학자가 차지하는 비율은 2002년 기준으로 10% 이하에 불과했다. 2010년 말까지 이 비율을 30%까지 끌어올리기 위한 프로그램이 실행되고 있기는 하다. 다국적 대기업의 주도로 이루어지는 주요 인프라 구축 사업에서 비슷한 현상을 관찰할 수 있다. 이런 상황은 지역의 공학 발전 역량을 저해했을 뿐만 아니라 현지 공학자들을 긴장 상태에 놓이게 했다. 이 지역의 공학이 실제로 이용되는 것을 지지하는 정책이 필요하다.

- 공학 교육의 질적 수준: 유네스코는 정부가 매년 예산의 약 25%를 교육에 투자할 것을 권장한다. 하지만 나이지리아의 전 정부는 최소 1.8%밖에 교육에 할애하지 않았다. 그 결과 많은 공과대학이 제대로 된 시설을 갖추고 있지 않거나 고장 나 있어서 효과적인 배움의 장이 될 수 없다. 또한 기업가 정신이 전혀 강조되지 않는다. 이렇게 해서 어떻게 공학자를 키울 수 있겠는가? 나이지리아는 공학 교육에 투자해 발전을 책임질 수 있는 역량을 갖춘 현지 공학자를 양성해야 한다.

5.3.2 아랍

5.3.2.1 튀니지

카멜 아야디(Kamel Ayadi)

튀니지는 아랍 지역과 아프리카 국가 사이에서 과학 · 기술 정책의 본보기가 되고 있다. 튀니지는 GDP의 1.2%를 과학 연구에, 2.2%를 고등교육에, 그리고 약 8%를 교육 전반에 투자한다. 이렇게 많은 투자를 하는 것은 개발도상국으로서는 드문 일이다. 천연자원이 부족하기 때문에 인적 자원에 의존할 수밖에 없는 튀니지는 그들이 가진 고급 인적 자원을 자랑스럽게 여기고 있다. 독립 이래 50년 간 튀니지는 교육을 최우선시 했다. 오늘날 튀니지의 초등학교 진학률은 100%를 기록하고 있으며, 고등 교육 기관 진학률은 40%에 이른다. 튀니지는 지난 24년 간 꾸준히 5.5%의 GDP 성장률을 유지해 왔으며, 현재 1인당 GDP는 미화 7천 938달러이다(구매력 기준). 여성은 고등 교육기관 졸업자의 51%, 그리고 전체 노동력의 삼분의 일을 차지한다.

이 같은 성과에도 불구하고 튀니지는 심각한 도전 과제에 직면해 있다. 그 중에서도 대학 졸업자의 실업률이 높은 것이 가장 큰 문제다. 실업률을 적정 수준으로 낮추기 위해서는 지식기반 산업과 부가가치 서비스를 통해 경제 성장률을 대폭 증가시켜야 한다. 튀니지는 고급 노동력을 값싸게 얻을 수 있는 저비용 장소라는 기존의 이미지를 바꾸기 위해 노력하고 있다. 1970년대 중반 자유화 운동으로부터 시작하여 활발한 해외 활동을 벌이고 있는 섬유 산업이 특히 그렇다. 섬유산업 대부분은 기술적 부가가치가 낮은 하도급에 기반을 두고 있다. 이것이 바로 산업 부문에서 공학자들이 비교적 작은 역할을 하게 된 원인이다. 반면, 인프라나 농업 부문의 발전에서는 공학자들의 활약이 돋보였다.

공학인 일람(Tableau de l'Ordre des Ingenieurs)에 등록된 공학자의 수가 이제 2만 2천 명에 이르렀다. 실제 활동 중인 공학자의 수는 이보다 많은 약 3만 명 이상일 것으로 보인다. 국내 16개 공학 교육 기관이 매년 배출하는 3천 명의 졸업자와 해외에서 교육받은 공학자가 더해져 공학자 공동체의 규모가 점점 늘어만 가는 추세이다. 지난 5년 간 새로 배출된 졸업자의 수가 두 배로 증가했지만, 비슷한 크기와 경제 발전 수준을 가진 다른 국가에 비해 공학자의 수가 적다. 튀니지에는 인구 천 명당 3명 꼴로 공학자가 있는데(총 인구는 천만 명이다), 이 수치는 평균보다 훨씬 낮다(선진국에서는 천 명당 8~15명, 신흥공업국에서는 천 명당 4~7명꼴로 공학자가 있다). 튀니지의 국무총리는 최근 국가의 경제 성장을 지속하고 기업과 해외투자자들의 필요를 충족하기 위해 공학 교육 기관 졸업자의 수를 단기적으로 두 배로 늘리려는 정부의 뜻을 밝혔다.

역사적으로 공학은 튀니지가 1956년에 독립한 이후 출현한 몇 안 되는 직종 중 하나이다. 공학자들은 새로 일어선 국가의 기초를 다지는 데 큰 역할을 했다. 경제 부양, 시설의 기능 유지 등 지배국이 떠나면서 생겨난 빈자리를 공학자들이 채워 나갔다. 따라서 공학자들은 정부 및 공기업에서 쉽게 지도자급 직위를 얻을 수 있었다. 공학자들이 경제의 주요한 동력이었던 것이다. 당시 튀니지에서 공학자로 일하면 돌아오는 사회적 · 재정적 보상이 컸다. 따라서 독립 후 20~30년 동안 공학은 성적이 우수한 학생들에게 아주 인기 있는 분야였다. 하지만, 몇 년 전부터 공학은 높은 위상을 잃기 시작했다. 공학에 대한 젊은 세대들의 관심이 눈에 띄게 줄어들었다.

튀니지의 공학 교육이 시작된 지 이미 반세기가 넘었지만, 정작 공학 교육 관련 경험은 최근에 와서야 쌓이기 시작했다. 40년 이하의 비교적 짧은 시간 안에 튀니지는 고등 교육 기관과 공학기관 간 네크워크를 형성하고 충분한 기량을 갖춘 공학자들을 양성한다는 명성을 얻는 데 성공했다. 1980년대의 경제 성장과 더불어 주로 공기업과 정부 등의 공공부문에서 공학자에 대한 수요가 증가하자 공학자를 충원하는 데 위의 학교들이 크게 기여했다. 이러한 공학 학교의 역할은 공공 부문에만 국한되어 있었고 교육과정도 특정 필요에 맞춰 설계되었다. 몇 년 후, 공공 부문의 수요가 감소하여 공학자의 공급이 포화 상태에 이르자 공학자들의 고용 기회가 줄어들었다. 그 결과 사상 처음으로 공학 직종에서도 실업자가 생겼다.

1980년대 말, 경제 개혁으로 민간 부문이 새로운 경제 동력으로 떠오르기 시작했다. 이러한 변화는 직업 시장을 자극하여 능력 있는 공학자의 수요가 증가하게 되었다. 특히 유럽계 회사와의 힘든 경쟁에 노출되어 있던 민간 기업의 수요가 컸다. 이렇게 직업 시장이 다원화되자 공학계 졸업자들에게 새로운 고용의 기회가 주어졌을 뿐만 아니라 새로운 기술이 요구되었다. 이에 따라 사상 처음으로 공학 교육 모델과 교육과정에 대한 비판이 쏟아지기 시작했다. 자유경제체제에서 새로운 민간 경제 행위자가 새로운 것을 요구함에 따라 공학자들이 옛날과 같은 방식으로 교육받아서는 안 된다는 것이 분명해지기 시작했다. 이론 공부에 치중해 학생들에게 실습의 기회를 주지 못하는 점이 가장 많은 비판을 받았다. 산학협력도 전혀 이루어지지 않았다. 대학과 산업이 교류나 협력 없이 각자의 길을 걸어 온 것이다. 또 다른 비판은 교육과정이 기업이 요구하는 새로운 기술을 다루지 않아 새 졸업자들이 고용 경쟁에서 밀려나게 되었다는 것이었다. 공학 교육이 커뮤니케이션, 경영, 팀워크, 리더십 등의 '소프트 스킬(soft skills)'을 전혀 다루지 않고, 분석적 스킬에만 치중하는 점도 문제가 되었다.

기술학교는 자주성(autonomy)이 부족하고, 새로운 국제적 기준에 맞추어 교육과정을 재편성할 준비가 되어있지 않았기 때문에 새로운 수요에 대해 느리게 반응했다. 고등 공학 교육은 특히 기술적 변화가 교육에 직접적 영향을 미치는 영역에서 빠르게 진화하는 직업 시장의 수요를 받아들일 수 있게 하는 메커니즘을 가지고 있지 않았다. 공학 교육과정을 시대에 맞춰 진화할 수 있게 하는 인증, 품질 관리, 평가 등의 정기적 제도가 부재했다.

이렇게 미흡한 부분들을 개선하려는 노력이 1992년에 시작되었다. 그 중에서도 공학 교육의 교육 구조에서 가장 큰 변화가 일어났다. 원래 프랑스식 모델의 공학 학교는 설계와 구상을 중심으로 훈련된 두 가지 종류의 공학자를 양성하고 생산 시장에 맞춰 훈련된 한 가지 종류의 기사를 양성했다(생산보다 설계에 더 전문적 공학자가 필요하다고 가정한다). 1992년 개혁을 통해 두 종류의 공학 학위가 한 개의 5년 과정 학위로 합쳐지고 기사 과정은 3년으로 연장되었다. 기사 부족 현상이 일어나자 기사 교육기관의 수가 증가해 개혁 전에는 양성되는 공학자의 수가 기사보다 세 배가 많았지만, 지금은 그 반대의 양상을 띤다. 교육과정 또한 소프트스킬(Soft Skill), 실습, 교차 교육(Cross-Training)을 포함시키는 등 대폭 수정되었다. 교차교육을 통해 학생들은 교실에서의 이론 수업과 산업현장에서의 인턴십을 번갈아 수행하게 된다.

2008년 2월 고등교육지침법(the new Higher Education Guiding Law)이 새로 제정되면서 인증과 품질 관리가 합법적인 고등교육의 기본 틀에 사상 처음으로 포함되었다. 튀니지 고등 교육의 기존 틀을 깨뜨리는 혁명적이고 진보적인 사건이다. 고등 교육 기관과 교수들에게는 책임감을, 대학에게는 자주성을 부여하고 품질 관리, 평가, 인증 등을 제도화했다. 이와 같은 원칙의 실행은 국제 표준에 맞는 효과적 고등교육을 현실화 하는 데 기본이 된다.

개혁의 일환으로 공학계 졸업자의 취직능력을 향상시킬 수 있도록 고용 시장이 필요로 하는 것을 가르칠 수 있는 커리큘럼을 만들고 있다. 이것은 튀니지가 LMD(자격증-석사-박사) 교육 모델을 받아들이고 난 지 2년 후, 볼로냐 프로세스를 통해 유럽 동향의 영향을 받아 시작되었다. 튀니지 경제는 유럽 시장과 밀접히 연관되어 있다. 해외 직접투자의 대부분이 유럽에서 온다. 하지만 이러한 상황은 곧 바뀔 것이며, 교육 체계는 이보다 앞서 변화해야 한다. 그러한 노력 없인 튀니지가 국내 최고의 학생 및 유학생을 유치하는 것은 불가능할 것이다.

튀니지의 야심찬 목표는 바로 고부가가치 서비스 생산의 역내 중심지이자 첨단 활동을 지원하는 아웃소싱의 중추가 되는 것이다. 이에 앞서 튀니지가 고등 교육의 역내 중심지가 된다면, 목표는 실현 가능할 것이다.

5.3.2.2 레바논

압델 멘헴 알라메딘(Abdel Menhem Alameddine)

미래의 도전 과제: 아랍 세계의 사립 공학 교육

사회적 기능을 충실히 수행하지 못하는 대학은 일류의 명성을 얻거나 그 축에 들 수 없다. 대학들은 현대 사회와 인류의 진보에 필수적 역할을 한다. 역사적으로 학문적 호기심과 철학의 지적 전당이자 엘리트들이 모이는 장소로 여겨져 왔던 대학들은 21세기에 들어 대량 교육의 장으로 진화하였다. 그리고 지금은 세계 모든 국가의 사회 · 경제적 생활의 심장부에 대학이 있다. 이러한 새로운 동향에 따라 고등교육 기관은 지역 경제 발전과 도시 및 국가의 전략적 계획을 세우는 데 주요한 역할을 하게 되었다.

성공적인 대학은 연구에 혁신을 불러일으킨다. 이제 기술적 지식만을 제공하는 대학은 상상하기 어렵다. 기술학교와 전문대학이 기술적 지식 제공의 역할을 하기 때문이다. 대학은 연구를 혁신시켜 새로운 과학적 · 인문학적 아이디어와 도구를 탐구해 기술적 지식을 발전시켜야 한다. 이것은 교육 시스템에 있어서 핵심적인 요소이지만 아랍 세계에서 자주 간과되고 있다. 대학의 수나 서구의 대학과 어떠한 교류를 맺고 있느냐는 중요하지 않다. 중요한 것은 연구와 과학 · 기술적 탐구에 얼마나 투자했느냐 하는 것이다. 연구는 단순한 부가가치가 아니라 21세기 대학으로서 성공하기 위한 필수 자산이다.

공과대학이 사회 발전의 순환 체계를 형성하고 발전 파트너로서의 역할을 하는 선진국과는 달리, 아랍 세계에서 공과대학은 아랍 국가의 발전에 그리 중요한 역할을 하지 않는다. 하지만 지역 · 국가 발전은 공학 전문대학교의 전문 능력에 따라 좌우되기 마련이다. 석유파동 이후 걸프만에서 붐이 일어나 아랍 세계는 대형 건설 프로젝트를 대대적으로 추진하기 시작했다. 시장 수요를 충족하기 위해 수천 명의 젊은 공학자들이 매년 고용된다. 이러한 번영 속에서 아랍의 공과대학이 공학에 혁신을 일으킬 수 있는 전례없는 기회가 생길 수 있다.

지난 10년 간 사립 공학 학교가 우후죽순처럼 생겨났다. 하지만 이들 사립학교들은 주의 깊게 모니터 해야 한다. 새로 생긴 사립학교들의 성과를 강조하고 무조건 인정하기 쉬우나, 중복 및 소비주의, 상업주의 등을 경계해야 한다. 중복의 문제는 서구 대학이나 유사 지역 대학의 공학 프로그램을 그대로 모방하는 사립학교가 있기 때문에 필수적으로 다루어야 한다. 이러한 경향은 교육의 질을 떨어뜨리고 소비주의와 상업주의의 팽배를 불러일으킨다. 사립 공학 학교는 대부분 비즈니스 차원에서 운영되며, 교육을 최우선시하지 않는다.

사립 공학학교의 역할

사립 기술학교와 공과대학은 자본과 기술의 성장 및 유동성과 함께 나타난 새로운 도전 과제에 대응해야 한다. 아랍 세계에서 사립 공학 교육은 현대화된 세계가 찾고 있는 지식을 양성하는 특별한 역할을 한다. 아랍 지역의 국립대학은 세계의 빠른 변화를 즉각 받아들일 수 있는 역량이 부족하다. 그러므로 공학 분야의 사립 교육은 기술을 혁신하고 경쟁력 있는 지식 사회 구현의 한 축이 될 절호의 기회를 갖고 있다. 싱가포르나 말레이시아와 같은 아시아 국가의 대학 간 협력 및 산학협력 사례는 파트너십의 중요성을 증명한다.

아랍계 학자들은 자신이 속한 국가 및 지역의 역사를 자랑스럽게 여겨야 한다. 과거로부터 배운다면 더 나은 미래를 설계할 수 있을 것이다. 아랍 세계는 물바퀴, 물탱크, 관개, 수위가 일정한 우물, 물시계를 발명하는 등 공학 발전에 많은 기여를 했다. 860년, 무사 이븐 샤키르(Musa ibn Shakir)의 세 아들은 100가지 기술적 건축물을 설명한 『조형물 모음집(the Book on Artifices)』을 편저했다. 초기 철학자인 알-킨디(al-Kindi)는 비중, 조류, 빛의 반사 및 광학에 대해 집필했다. 유럽에서는 알하젠(Alhazen)이라고도 알려진 알헤이덤(Al-Haytham)은 10세기에 『광학의 서(Kitab Al Manazir)』를 썼다. 그는 착시 현상과 무지개, 암상자 등을 탐구했다.(후에 그의 작업은 사진 기계 발명의 기초가 되었다.) 그는 많은 아랍계 과학자와 사상가처럼 한 가지 분과에 국한하지 않고 물리, 해부학, 수학 등 여러 분야에 크게 기여했다.

아랍 세계의 사립 교육기관들은 빛나는 아랍 역사로부터 힘입어 국제화 시대에 빠르게 변화하는 세계와 경쟁할 만한 기량을 갖춘 혁신적 공학 교육 기관을 만들어야 하는 도전 과제를 안고 있다. 아랍 세계는 고립되어 있을 수 없다. 우리는 일본, 한국, 싱가포르, 말레이시아 등 다른 아시아 국가로부터 이론과 실제를 결합하는 방법에 대해 배워야 한다. 국가와 미래 세대에 대한 우리의 책임은 이제 진중해졌다. 공학 직업의 현재 상황은 필요조건일 뿐이며 더 나아질 수 있다. 아랍 국가는 각 정부의 고등 교육 담당 부서와 전문 조직을 통해 현재 프로그램을 개선하고, 인증 협회를 모니터하는 등의 활동을 효과적으로 시행해 사립 기관의 공학 교육의 질을 보장해야 한다.

5.3.2.3 요르단

요르단 공학자 협회

요르단은 동쪽으로 이라크, 서쪽으로 팔레스타인, 북쪽으로 시리아, 남쪽으로 사우디 아라비아에 둘러싸여 있다. 요르단은 고대 메소포타미아 문명과 이집트 문명을 연결하는 역사적 입지를 잃지 않았다. 89,287km²에 이르는 중간 크기의 토지에 550만 명의 인구가 살고 있으며,[13] 인구 성장률은 2.8%이다(세계 평균은 1.3%). 요르단 총 인구의 80.2%가 30대 미만의 청년이다.

공학 전문가들의 등록을 관리하는 기관인 요르단 공학자 협회(Jordan Engineers Association, JEA)는 1972년에 창립되었다. 협회는 암만(Amman)과 예루살렘(Jerusalem)에 총 두 개의 사무국을 두고 있다. 서안 지구(the West Bank)에 살고 있는 공학자들과 팔레스타인 국경에 살고 있는 공학자들이 예루살렘 사무국에 등록한다.

협회의 목적과 목표는 다음과 같다.

- 공학 계열 직업을 조직화하여 공학의 과학적 · 직업적 수준을 높이고 이에 따라 발생하는 경제적 이득, 문명의 진보, 범국민적 유동성의 이익을 최대화한다.
- 회원의 이해와 존엄성을 지키고 공학 직업의 전통과 명예를 유지한다.
- 과학자의 과학적 · 직업적 수준을 향상시키고 과학적 공학 연구를 활성화하고 지원한다.
- 공학 · 산업 · 직업 교육 프로그램의 계획 및 개발에 기여하고 공학 영역 종사자들의 업무 효과성을 향상시킨다.

13) Census of 2004.

표 1. 요르단공학협회 회원들의 국적과 연구 분야(2007)

연구 분야/국적	요르단인	아랍인	외국인	합계
토목공학	19,071	849	203	21,123
건축공학	5432	469	49	5,950
기계공학	14,368	317	45	14,730
전기공학	23,762	506	31	24,299
금속공학	915	15	3	933
화학공학	4,728	60	6	4,794
합계	68,276	2,216	337	70,829
비율	96.4%	3.1%	0.5%	100%

- 아랍 및 이슬람 국가와 다른 국가 간의 공통 사안을 찾아 연구하고 정보, 전문지식 및 공학 관련 문헌을 교환한다.
- 사고로 신체에 장애가 발생했을 때, 은퇴 후, 기타 응급 상황이 발생했을 시 공학자들과 그들 가족의 삶의 질을 보장한다.
- 아랍, 이슬람 및 국제 전문 공학자 연맹과 협력하고 회원이 된다.

매년 7%의 성장률을 보이면서 2007년에 협회에 가입한 남녀 공학자들의 수는 8만 829명에 이르렀다. 인구에 대한 비율로 따져보면, 1,000명 중 7명이 공학자라는 뜻이다. 이것은 세계에서 가장 높은 비율에 속한다. 협회에는 1,200개의 기업이 등록되어 있으며, 총 6천 230명의 공학자들을 고용하고 있다. 8천 828명의 공학자들이 정부에서 일하고, 9천 950명의 공학자들이 계약을 맺은 기업, 공장 및 민간 기업에서 종사한다. 등록된 공학자 중 약 8천 4백명이 해외에서 종사하고 있으며, 예루살렘에 위치한 협회에 등록된 공학자는 5천명에 이른다.

사회 속에서 공학자의 높은 입지를 굳힌 결과, 공학에 대한 관심과 공학도의 수, 그리고 JEA에 가입하는 공학자의 수가 증가하고 있다. 이제 공학 교육 기관과 공학 전공자에게 주어지는 기회가 많아졌다. 특히 건설 부문은 강한 성장세에 힘입어 새로 열린 해외 공학시장으로부터 큰 이익을 얻었다. 또한, 요르단에서 활동하는 아랍계 공학자들도 늘고 있다. JEA의 규칙을 준수하겠다는 공공 및 민간 부문의 약속 및 역내 협력이 효과적인 결과를 나타내고 있다. 협회 위원회의 결심(2008년에 실제로 이행된)에 따라 학교를 갓 졸업한 공학자들의 월급이 최소 JD 400(미화 560달러)를 넘을 것과, 12년 이상 경력의 공학자에게는 최소 JD 1350(미화 1,900달러)가 넘는 월급을 지급할 것을 확고히 했다.

5.3.3 아시아/태평양

5.3.3.1 중국

종 이신(Zhong Yixin)

중국의 공학 교육 개혁에 대한 요약

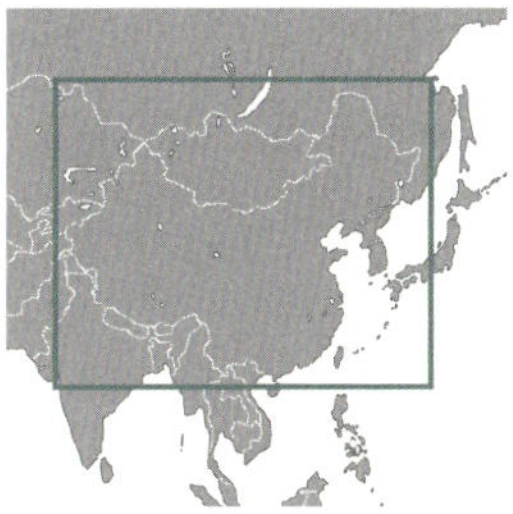

2005년 통계에 따르면, 중국에는 3천 500만 명의 지식인이 있으며 그 중 천 만 명이 공학자이다. 중국은 매년 130만 명의 공학계 졸업자들을 배출하고 있으며 그 중 65만 명이 대학 졸업자이다. 이렇게 중국은 세계에서 가장 많은 수의 공학자를 보유하고 있다. 하지만, 그 숫자에 비해 지난 몇 년 간 중국 공학자들이 공학 프로젝트에 참여하는 경우는 비교적 적었다. 이것은 중국 공학 교육에게 있어 아주 큰 문제로 떠오르고 있다.

최근의 공학 교육 개혁은 중국에서 일어난 개혁 중 가장 큰 성공 중 하나였다. 중국의 공학 교육은 서구 국가의 것과 많이 다르다. 또한, 여성 공학도 및 공학자의 유치나 공학 교육을 받는 학생의 수 등 서구 국가의 공학 교육이 직면한 이슈들이 아직 중국에서는 나타나지 않고 있다. 하지만, 많은 다른 나라에서 그렇듯 공학 교육 개혁에 대한 요구가 중국에서 점점 더 커지고 있는 추세다. 특히 학생들의 혁신 기술 능력을 강화할 것과 실습을 통해 학생의 실력을 향상시킬 것을 강조하고 있다. 중국의 공학 교육은 4년제이다. 처음 2년 동안 학생들은 수학, 물리, 화학, 인문학, 사회과학 등 기초 과목을 수강한다. 그 후 18개월간 각자의 전공과목을 수강한 후, 마지막 6개월 간 실습 프로젝트를 수행한다. 대부분의 기간에 학생들은 교실에서의 강의와 함께 실험실에서 약간의 실험을 하게 된다. 따라서 학생들이 과학 연구나 설계 프로젝트를 통해 실제로 자신의 능력을 연습할 기회는 많지 않다. 또한, 공학이 다루는 과목이 극도로 전문화되어 있어서 공대 학생들이 현실 세계의 공학이 요구하는 지식의 일부만을 지니고 대학을 졸업하게 된다.

다음은 널리 통용되는 중국의 공학 교육 개혁안이다.

- 공학 실무에서 요구되는 기술을 가르칠 수 있도록 공학 교육의 범위를 적절히 늘린다.
- 최신 지식을 빨리 받아들일 수 있도록 교육과정의 구조를 개선한다.

- 교사와 학생 간 교류가 원활이 이루어지도록 교수법의 패러다임을 바꾼다.
- 교실 내 · 외를 막론하고 더 많은 질문을 던지도록 학생들을 격려한다.
- 대학 실험 시설을 이용해 연구개발을 강화한다.
- 산업 현장을 경험할 수 있는 기회를 제공한다.
- 공학 관련 실무경험이 있는 새로운 교수진을 채용한다.
- 대학과 기업의 가까운 관계를 형성한다.

5.3.3.2 인도

프렘 샹커 고엘(Prem Shanker Goel),
아르빈드 K. 부티아(Arvind K. Poothia)

지난 몇 년 동안 정보 기술(IT), IT 관련 서비스, 그리고 핵심 산업 생산의 성장에 힘입어 인도의 GDP 성장률은 8~9%를 유지해 왔다. 물론 젊고 자신감에 차 있는 재능 있는 인력의 증가도 빼놓을 수 없는 성장의 이유일 것이다. 수입국이자 원조 수혜국이었던 인도는 이제 최종재화와 서비스를 수출하고 더 어려운 국가들에게 원조를 제공하는 국가가 되었다. 세계화는 인도에게 더 많은 기회를 가져다주었다. 국내에서 IT 및 엔지니어링 서비스의 외주를 맡게 된 것이 그 예이다.

이에 따라 공학 교육에 대한 기대가 강화되고 있다. 지구적 경쟁력을 얻기 위해선 혁신과 기업가 정신이 필수적이고, 국제적 인증을 받기 위해서는 공학 교육을 바라보는 새로운 관점이 필요하다. 따라서 인도의 공학 교육 시스템은 때에 맞춰 적절한 반응을 보여야 한다.

기술을 부인하는 체제에서는 전략적 부문에서의 혁신을 요구한다. 그리고 인도는 우주, 방위, 원자력 에너지 등 몇몇 주요 기술을 발전시키는 데 좋은 성과를 거두었다. 기술의 부인은 군사 부문에만 국한되지 않는다. 이제 인도의 산업 부문에서도 '구매할 수 있는 기술'은 이제 구시대적인 것이 되었으며, 최신 기술은 구매 불가능하다는 인식이 싹트기 시작해 기술의 개발을 절실히 필요로 하고 있다. 개발도상국의 환경에서 혁신을 관리하기 위해서는 지역의 필요 · 자원 · 문화에 적절한지, 비용이 합리적이고 사용하기 쉬운지, 그리고 고용 및 기회의 불균형 등 특수한 필요와 상황 등을 고려해야 한다.

13개의 인도 공과대학교(Indian Institutes of Technology, IITs)와 20개의 국가 기술 연구소(National Institutes of Technology, NITs) 등의 몇몇 고등기술 기관은 혁신, 기업가 정신 및 창업보육 센터를 설립했다. 그들의 핵심 가치는 '학술 지식에 상업적 가치를 더하는 것'과 '국가 발전을 위해 인프라 및 지적 자원을 거래하는 것'이다.

IITs는 국가 전체에 고루 분포되어 있으며 고등기술 기관의 대표로서 국가적으로 중요한 기관으로 인정받고 있다. IITs에 입학하려면 나라 곳곳에서 치러지는 국가시험을 통과해야 한다. 선발 정원이 4,000명인 시험에 약 300,000명의 학생이 응시한다. 그 결과, 경쟁률은 1대 75로 아주 높은 편이다.

인도의 공학 교육 시스템은 다음과 같은 특징을 가진다. 사립대학교가 전체 대학의 80%를 차지하고 약 40,000명의 교수, 15,000명의 박사, 30,000명의 공학석사 졸업자가 부족한 상태다. 박사학위 소지자 배출 속도가 내부적 인재 유출이 발생하고 있다(특히 공학계 졸업생들이 공학 직종이 아닌 IT나 경영 등 타 직종을 선호하는 경우). 공학 교육의 품질 보증은 국가인증이사회(National Board of Accreditation)가 담당하며, 현재 워싱턴 어코드에 가입을 희망하고 있다.

산업계는 학술계와 협력 관계를 맺음으로써 졸업생들의 기량 및 취업능력 등을 향상시키기 위한 주도적 노력을 해 왔다. 취업능력 향상 및 재능 관리는 실제 직무 수행 준비가 채 되지 않고 기대가 낮아 심각한 문제가 되고 있는 젊은 공학자들을 다루는 것의 중요성을 함의한다. 고용주들은 공과대학들의 학술적 및 취업능력 교육에 대해 불만족스러워 하고 있다. 이에 따라 '마무리 학교', 정규 교육과정 병행 등 격차를 줄이기 위한 몇몇 전략들이 생겨났다. 여러 산업 분야의 인력 감소율이 높기 때문에 재능의 식별, 유인, 유지 및 관리 등을 수반하는 재능 관리전략이 중요시된다.

세계화의 결과로 중산층이 급성장하여 인터넷, 휴대 전화 등의 기술을 향유할 수 있게 된 반면, 아직도 많은 사람들이 교육의 기회나 기술을 가질 형편이 되지 않는다. 이것은 교육, 기술, 정보 그리고 삶의 질 측면에서 불평등 현상을 빚어내고 말았다. 게다가 인도에서는 이미 에너지, 물, 고급 인력 등 여러 주요 자원의 부족 현상이 나타나고 있다. 따라서 인도의 미래 도전 과제로는 최대한 많은 국민에게 이익이 돌아갈 수 있도록 하는 균형 잡힌 발전을 확고히 하는 것과 지속가능한 발전의 길을 택하는 것, 모든 교육부문에서 접근성 · 공평성 · 평등의 보장, 일자리 보장 및 취업능력의 제고, 문맹률 감소 및 과학 · 기술의 보편화 등이 있다.

한편, 우주 과학 · 기술, 정보 기술 서비스, 생물 공학, 기술-강화 학습법, 신재생에너지 기술 등의 분야에서 인도의 공학이 세계적 성과를 거두는 데 성공한 것도 사실이다. 교통수단과 전력, 취사, 난방 및 냉방 등을 위한 새로운 형태의 연료와 재생에너지 기술의 사용이 점점 더 늘고 있다. 또한, 산업계에서는 '트리플 보텀 라인(역자 주: 기업이익, 환경지속성, 사회적 책임의 세 가지 기준으로 기업실적을 측정하는 비즈니스 원칙)'의 원칙을 따라야 한다는 인식이 싹트고 있다. 인도의 공학계에 큰 기대를 걸어볼 만하다.

그림 1. 부분별 연구개발비, 2000~2002

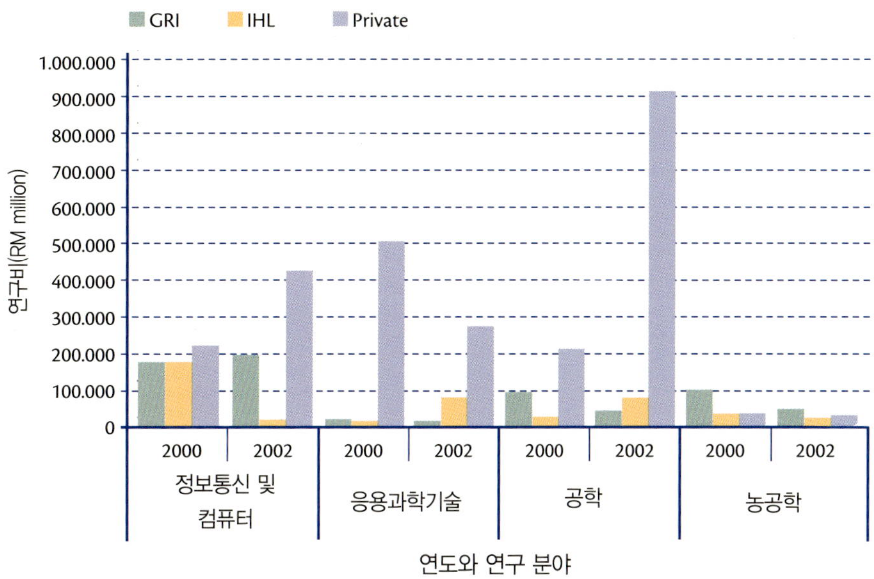

GRI: 정부연구소, IHL: 고등교육기관, Field of reseARCH AND YEAR: 연도와 연구 분야

출처: MOSTI, 2005.

5.3.3.3 말레이시아

아즈니 이드리스(Azni Idris)
로하니 하심(Rohani Hashim)

개발도상국과 선진국 간 사회 · 경제적 불평등이 극심하다. 이러한 불평등의 근본적 원인은 바로 정치 · 역사 · 사회 · 문화 · 경제 · 지리적 요소를 포함한 국가 발전의 역사와 타국가와의 관계에서 찾을 수 있다.

또한, 이러한 불평등은 과학 · 기술적 인프라와 과학 · 공학 정책 이행에 대한 국가 간 차이에 의해서도 발생한다. 양질의 교육 시스템과 효율적인 공학 인적자원은 한 나라의 기술 발전에 있어 없어서는 안 되는 주요 요소이다. 이것은 2차 세계대전 이후 일본이 경제적으로 번성할 수 있었던 이유이기도 하다.

개발도상국의 경제 성장은 종합적인 과학 · 공학 정책으로 증진될 수 있다. 하지만, 과학과 공학의 각 부문이 전체적으로 완전해야만 발전과정에서 제 역할을 다 할 수 있다. 그러므로 개발도상국은 연구개발 기금을 늘리고 과학 및 공학 부문을 우선시하는 단 · 중 · 장기적 계획을 수립하는 전략을 도입해야 한다.

많은 개발도상국은 과학 · 기술의 발전에 큰 기여를 했다. 공학을 통한 과학의 실제 응용은 개발도상국에서 과학 · 공학 교육을 추구할 수 있는 환경을 조성했다. 이들 개발도상국은 과학 및 공학 관련 기업에 대한 지원이 중요한 장기적 투자라고 여겼다.

공학 연구개발

말레이시아의 산업 및 기술 연구는 빠르게 변화해 강한 경제 발전을 이룩하였다. 말레이시아 연방정부는 2001년부터 2005년 동안 연구 분야에 RM12억(미화 3억 4천만 달러)을 투자했다. 말레이시아의 GDP대비 0.69%인 총 연구개발비는 주변국에 비해 낮은 편이다. 2000년을 기준으로 호주는 GDP의 1.53%, 타이완은 2.05%, 한국은 2.68%를 연구개발에 지출했다. 하지만 말레이시아는 국가의 발전정도와 일치하는 금액을 연구개발에 투자하고 있다(MOSTI, 2005).[14]

2002년, 말레이시아의 연구개발 지출 중 39.1%가 공학 · 과학 연구에 투자된 반면, 영국은 60%를 공학 · 과학 연구에 투자했다. 이를 통해 영국의 경제적 성공에서 산업 및 기술 연구가 중요한 역할을 했다는 것을 알 수 있다.

부문 간 비교를 하자면, 말레이시아의 민간 부문은 정보통신기술이나 응용과학기술보다 공학을 더 우선시했다. 선진국에서는 산업 부문이 연구개발에 크게 기여한다. 2003년, 호주에서는 연구개발 기금의 60%가 민간 부문에서 왔고, 한국의 산업계는 75.1%

14) MOSTI. 2005. Ministry of Science and Technology and Innovation, *Report on Malaysian Science and Technology Indicators, 2004 Report.*

그림 2. 미국에 출원한 국가별 특허 수, 2001

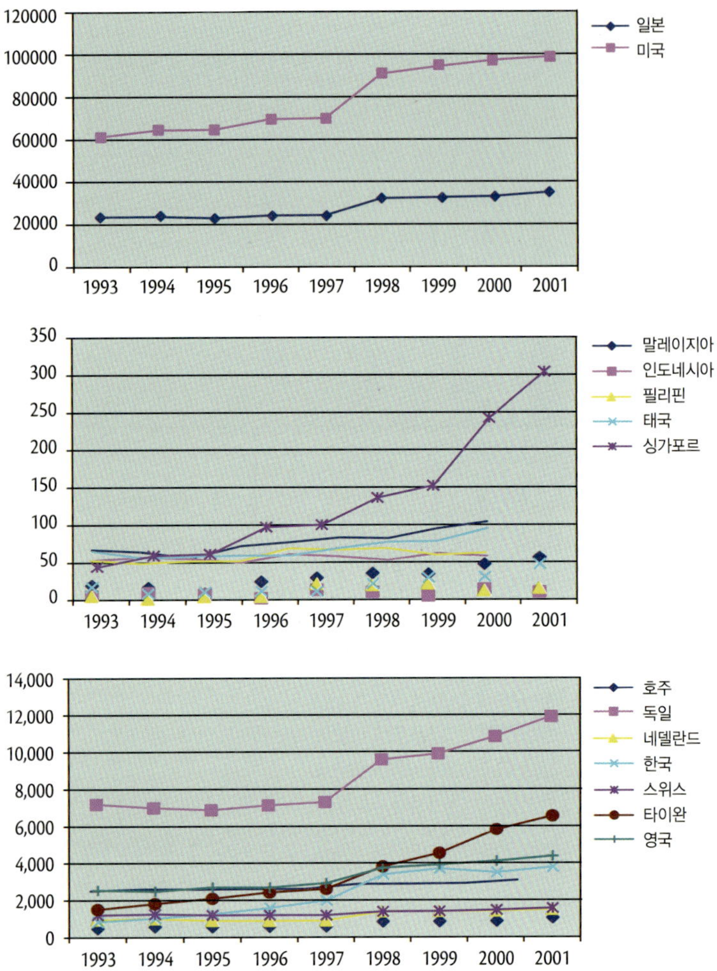

출처: MOSTI, 2005

를 지원했다(MOSTI, 2006).[15)]

국가 발전과 기술의 발전은 연구개발 성과물의 수로 가늠할 수 있다. 특히, 특허 출원 및 등록 수는 좋은 측정 기준이 된다. 말레이시아에서는 주로 응용과학과 기술 분야가 많은 특허를 등록하고 있다. 이 중 화학과 금속학 분야는 1988년 이후 등록된 총 특허 중 28%를 차지했으며, 공학 분야는 2002년도에 등록된 특허의 47%를 차지했다(MOSTI, 2005).

특허 등록의 생산성은 연구 혁신의 성과를 가늠하는 기준이자 다른 개발도상국 및 선진국의 벤치마킹 도구로 사용될 수 있다. 그림 2에서 말레이시아, 아세안 국가, 그리고 몇몇 선진국이 보유한 총 특허의 수를 비교하였다. 싱가포르를 제외한 아세안 국가가 보유한 특허 수는 상대적으로 그리 많지 않다. 연구 생산의 질이 낮거나 혁신 전략이 빈약해서(연구가들이 지식재산 보호의 원칙을 존중하지 않았을 경우), 혹은 특허 상품이 제대로 상업화되지 않았기 때문에 이런 결과가 초래되었다. 반면, 혁신 동력 및 강한 기술 연구개발 덕택에 미국, 독일, 타이완 및 싱가포르 등의 국가의 특허 수는 눈에 띄게 증가하는 추세다. 연구 혁신과 연구개발의 상업화에 주력을 쏟으면 산업, 고용 및 국가 건설에 유용한 혁신을 만들어낼 수 있다.

15) MOSTI. 2006. Ministry of Science and Technology and Innovation, *Report on Evaluation of R&D Projects Funded Under IRPA in 7th Malaysia Plan.*

5.3.3.4 일본

유미오 이시(Yumio Ishii)

어떻게 일본은 서구 패권국의 지배를 받지 않은 아시아에서 유일한 국가로 남아 서구 문명보다 100년이나 늦게 현대화를 시작했음에도 이처럼 성공할 수 있었을까? 어떻게 일본은 제2차 세계대전의 참패에서 회복하고 지금과 같은 경제번영을 이룰 수 있었을까? 비결은 바로 교육과 기술이전에 있었다. 하지만 과연 21세기에도 일본의 번영이 지속될 수 있을까? 일본 사회는 어떤 문제를 안고 있으며, 그러한 문제를 어떻게 풀어나갈 수 있을까? 위와 같은 이슈들은 인프라 구축을 통해 일본의 발전에 기여했던 토목공학자의 관점에서 나온 것들이다.

일본 발전의 기반 – 에도시대의 과학과 기술

에도 시대(1603~1867)는 봉건시대였다. 하지만 '봉건'이라는 단어가 내뿜는 분위기만큼 그리 암울한 시대는 아니었다. 과학과 기술이 크게 발전했기 때문이다. 예를 들어, 조사 기술이 발달해 일본 열도의 지도가 완성되었다. 또한, 봉토 간 화폐교환 체제가 수립되었다. 산업 혁명의 영향을 서부 국가보다 늦게 받았기 때문에 당시의 주요 산업은 농업이었다. 소, 물레방아, 바람 등이 주요 동력원이었으며, 제조 시스템이 아직 도입되지 않았다. 한편, 강둑 건설, 논 및 관개 시설 설치, 해안 간척사업, 항구 개발, 도로 및 다리 건설 등이 발달했다. 17세기 초, 도쿄를 홍수로부터 보호하기 위해 일본에서 가장 큰 강인 토네 강의 개조 공사가 진행되었다. 그 결과, 도쿄는 100만 인구의 세계에서 가장 큰 도시가 되었다. 도시는 정교한 물 공급 시스템을 갖추고 있었으나, 하수도 시스템이 부재했다. 하지만 거름으로 사용될 수 있는 배설물을 농작물과 교환할 수 있는 체제가 갖추어져 있었다. 도쿄는 당시 세계에서 가장 깨끗한 도시였다.

현대화의 성공 – 메이지 유신

1867년에 일어난 혁명인 '메이지 유신'으로 황제의 권위 아래, 권력이 쇼군에서 민간으로 이양되었다. 이로써 일본의 현대화가 시작되었다. 현대화의 기초는 일반 시민의 높은 교육 수준이었다. 새로운 기술이 성공적으로 도입될 수 있었던 것이다. 일반 시민은 아이들이 읽기, 쓰기, 산수 등을 배울 수 있도록 테라코야 사립학교에 수업료를 지불했다. 밥은 굶어도 자식 교육은 게을리 하지 않았다. 교육은 강한 국가 정체성을 확립해 서구 패권의 영향력에 지배당하지 않도록 했다. 기술개발 및 이전을 위한 정부의 정책 또한 현대화에 큰 역할을 했다. 일본 정부는 146명의 외국인 토목공학자를 자문단으로 고용했다. 철도의 운영이 시작된 지 30년 만에 철도 네트워크가 국가 전체로 뻗어나가게 되었다. 현대식 물 공급 및 하수처리 시스템이 대도시에 설치되고 소수력 발전과 송전망이 완성되었다. 대규모 방수로 및 하천 보수 공사로 도시 및 산업 지역이 발달하게 되었다. 그 결과, 20세기 초 일본의 근대화가 시작된 지 40년 만에 산업 혁명이 완전히 이루어졌고 일본은 서구 국가에 버금가는 수준으로 발전할 수 있었다.

제2차 세계대전 이후 국가의 재건과 경제 성장

1945년, 일본은 전쟁뿐만 아니라 과학기술 측면에서도 패배했다. 그 후 일본은 메이지 유신의 경험을 되살려 그 당시 성과로부터 교훈을 얻었다. 역시 교육의 중요성이 가장 강조되었다. 중학교 교육이 의무화되었고 고등학교 및 대학에서 더 많은 기회가 창출되었다. 금융 및 경제 시스템의 서구화, 외국인 자문단 초청, 해외 유학 및 해외 제조 기술의 도입 등이 모두 일본 경제 회복을 도왔다. 1961년, 일본 총리는 10년 내로 국민 소득을 두 배로 늘릴 국가계획을 제안해서 국민에게 달성목표를 제공했다. 이 계획은 6년 만에 현실화되었다. 그 후 도급업체 및 컨설팅 엔지니어가 서구로부터 도입되었다. 계획과 공학기술 분야에서는 고속도로 네트워크 이론, 비용편익 분석, 새로운 댐 설계, 제조의 기계화 등과 같은 새로운 개념이 미국에서 들어왔다. 토목공학의 발전으로 신칸센 철도 등의 인프라를 구축했는데, 이는 곧 경제 성장의 기초가 되었다. 하지만 동시에 오염, 생태계 파괴, 지나친 도시화 등의 문제가 심각해졌다.

현재의 도전 과제: 경제 위기와 대공황으로부터 얻을 수 있는 교훈

대공황 극복을 위한 뉴딜 정책의 일환이었던 테네시 계곡 개발청(역자 주: 다목적 개발 사업을 추진하기 위해 1933년 미국에 설립된 기관) 프로젝트에서는 주와 주를 연결하는 도로망과 댐들을 건설했다. 이는 제2차 세계대전 후 미국의 성장의 기초가 되었다. 일본은 이러한 미국의 사례를 본떠 '큰 정부'를 통해 인프라에 대한 공공 투자를 늘려 전쟁 후 경기 회복에 나섰다. 그 결과 성공적인 경제 성장을 이룩할 수 있었다. 하지만 1980년대에 들어 서구 국가의 시장 근본주의의 영향으로 '작은 정부'가 들어서자 공공 투자가 감소하게 되었다. 주로 단기적 성과에 초점이 맞춰지다 보니 불평등 및 사회 양극화가 심각해졌다. 공공 투자는 1998년에 최고치를 기록한 이래 지금도 계속 감소세에 있다. 2008년에는 1998년에 비해 그 양이 절반이나 줄어들었다. 시장 근본주의는 최근 일본이 맞이한 경제위기는 물론 세계 경제 위기의 원인으로 지목되고 있다.

뉴딜정책으로부터 얻을 수 있는 교훈은 바로 고용을 보장하고 공공 투자를 증대하는 등의 단기적 경제 촉진 정책과 장기적 경제 정책 및 인프라에 대한 투자가 병행되어야 위기를 극복할 수 있다는 사실이다. 공공 투자의 흐름이 일본의 인프라를 장기적으로 강화시켜 사회 발전의 자산이 될 수 있도록 하는 것이 중요하다.

또한, 우리는 기후 변화 완화 및 적응에도 힘써야 한다. 온실가스 배출량이 감소된다 할지라도 기후 변화는 계속해서 진행될 것이다. 따라서 기후 변화 적응에 인프라가 큰 역할을 할 것이다. 강둑, 방파제, 댐, 초기경고 시스템 등의 인프라를 이용한 재난 예방 등에 많은 투자가 이루어져야 한다. 토지사용 규제 등의 기타 재난 예방 방법도 간과해서는 안 된다. 위와 같은 방안은 '큰 정부' 없이는 실천에 옮겨질 수 없다.

미래의 도전 과제: 기후 변화

일본은 세계에서 가장 에너지효율이 높은 국가다. 석유 파동을 두 번이나 겪으면서 일본은 온실가스 배출량을 줄였다. 일본의 국민 일인당 온실가스 배출량은 선진국 사이에서 가장 낮으며 GDP당 에너지 사용량이 세계에서 가장 적기도 하다. 여기가 일본이 리더십을 발휘할 수 있는 분야이다. 향후 토목공학과 건설 분야가 일본 온실가스 배출량의 40%를 차지할 것으로 추측된다. 합리적 재료(스틸, 시멘트 등) 생산, 건설과정 및 교통량 감소, 교통수단의 변화 등 여러 방안이 도입되어야 한다. 공학자는 인프라 및 기타 기후 변화 적응방법을 이행하는 데 큰 역할을 할 것이다.

© Steve Nagata

혼다에서 만든 아시모 로봇

미래의 도전 과제: 인구 및 세대의 변화

전쟁이 끝날 무렵인 1945년, 일본의 인구는 7200만 명이었으며 65세 이상의 고령 인구는 그 중 5%에 머물렀다. 2004년 경, 인구는 1억 2800만 명으로 증가했으며 그중 20%가 고령 인구였다. 2050년이 되면 총 인구는 1억 100만 명으로 줄어들 것으로 예측되는 반면 고령 인구 비율은 36%로 증가할 것으로 보인다. 과연 일본 경제는 그러한 변화를 견뎌낼 수 있을까? 여성의 노동시장 참여는 인구증가와 비슷한 효과를 내는 것으로 역사를 통해 증명된 바 있다. 또한 혁신적 인프라는 일본의 생산성을 증가시키고 계속 번성하는 해외 시장과의 교류 또한 증대시킬 것이다.

젊은 세대의 과학에 대한 무관심

한편 과학과 기술에 대한 젊은 세대의 무관심은 일본 경제에 심각한 문제를 가져 올 것으로 보인다. 시장 근본주의의 영향으로 물질만능주의가 팽배하면서 과학 및 기술 관련 직종에 대한 관심이 낮아져서 이러한 문제가 발생하게 되었다. 이에 따라 과학자와 공학자의 사회 · 경제적 지위가 낮아졌으며, 비용우선 정신이 이를 더 악화시켰다. 과학 및 기술 분야에 종사하는 사람들이 명성을 얻지 못하는 것 또한 무관심의 요인이다. 특히, 토목공학자들이 무명으로 남는 경우가 많은데, 그것은 전문가가 겸손을 유지하는 것을 예의이자 덕목으로 여기는 일본 문화의 영향 때문이다.

일본에서의 공학, 과학 및 기술의 진흥

천연자원이 부족한 일본에게는 과학과 기술의 발전, 특히 공학의 발전이 필수적이다. 많은 선진국들이 그러하듯, 일본은 인구의 고령화 및 저출산, 공학에 대한 젊은 인재의 무관심, 세계화로 인한 기술 경쟁의 심화, 과학 및 공학 분야의 윤리성에 대한 부정적 인식 등의 문제에 직면해 있다. 다음 문단에서 설명하고 있는 것과 같이 일본은 이와 같은 문제들을 해결하기 위하여 많은 노력을 쏟고 있다.

과학 · 기술 기본법 및 기초 계획

1995년에 일본은 과학 · 기술 기본법을 제정해 효과적인 계획을 통해 과학 및 기술 분야를 강조하고 증진하는 한편, 국가와 지역 공공 기관의 역할을 확실히 정의하였다. 이 법률을 기초로 과학 · 기술을 위한 5개년 기본계획이 수립 및 이행되었다. 제3차 기본계획(2006~2010)은 '과학과 기술이 대중에게 지지받고 사회를 유익하게 하는 것'과 '인적자원 양성 및 경쟁력 있는 연구환경 조성'에 중점을 두고 있다. 제3차 계획은 제2차 기본계획의 주요 세 가지 개념인 '과학적 지식의 창조 및 활용으로 세계에 기여하는 국가', '국제 경쟁력과 지속가능한 발전 능력을 갖춘 국가', 그리고 '국민의 안전 및 삶의 질을 보장하는 국가'를 그대로 이어나간다. 정부의 교육 · 문화 · 스포츠 · 과학 · 기술부(MEXT)는 기초연구를 증진하고, 생명 과학, 정보통신, 환경, 나노기술 및 재료, 에너지, 제조기술, 인프라 및 첨단과학 분야를 최우선시하고 있다.

과학자와 공학자의 윤리성 강화

1999년, 일본기술사협회(the Institution of Professional Engineers JAPAN, IPEJ)는 1911년에 제정된 윤리성 개요(Ethics Outline)를 수정하였다. 같은 해, 일본 토목공학회(the Japan Society of Civil Engineers)도 윤리 헌장 원칙 및 실천 지침을 개정하였으며 2007년에는 산업 및 대학의 공학 교육에 사용되는 자료를 담당하는 윤리헌장 · 사회적책임위원회를 설립하였다. 2006년, 일본 과학자문위원회(the Science Council of Japan, SCJ)는 '과학자를 위한 행동 강령'과 '과학자 행동 강령의 자주적 이행을 향하여'로 구성된 선언문을 발표하고, 모든 과학 기관이 각자의 윤리행동강령을 제정할 것을 촉구하였다. 또한, 연구를 위한 윤리 프로그램을 설계하고 이행할 것도 촉구하였다. 이 선언문에서 '과학자'라는 용어는 공학자를 포함한다.

과학자 · 공학자와 대중 간의 소통 및 대화 증진

MEXT와 공학 사회는 일반인들이 과학과 기술을 만지고, 경험하고, 배울 수 있도록 과학 · 기술 박물관의 전시회, 무료 세미나, 과학 · 기술 카페 세션 등을 주선했다. 1999년부터는 『어린이들을 위한 과학 · 기술 백서(예: 입자빔의 세계, 2006)』를 매년 주제를 달리해 꾸준히 발간했다.

과학 기술에 대한 대중의 관심 증대

일본 과학기술에이전시(the Japan Science and Technology Agency)는 학교 및 대학에서 로봇 토너먼트와 로봇 제조 행사를 개최해왔다. 또한, 재미있는 주제, 과학 실험, 유용한 기술을 일반 시민이나 어린 세대가 이해하기 쉽게 소개하는 방송 프로그램들도 제작했다. 일본은 대중의 관심을 끌어 모으기 위해 '과학 · 기술주간'과 '토목공학의 날' 등의 전국적 행사를 개최하고 있다.

원활한 참여를 가능하게 하는 환경 조성

젊은 세대, 고령 인구, 여성 및 외국인이 과학, 공학 및 기술 관련 활동에 더 원활이 참여할 수 있도록 관련법이 개정되고 여러 가지 프로그램들이 이행되었다.

국제화에 적응하기

일본의 공학 교육의 질을 향상하고 국제적 환경에 적응하기 위해서 일본 공학교육인증원(the Japan Accreditation Board for Engineering Education, JABEE)가 1999년에 창립되었다. 2005년 6

월, JABEE는 워싱턴 어코드의 회원 자격을 허가받았다. 2001년부터 2006년까지, JABEE는 140개 이상의 교육 기관의 346개 프로그램을 인증했다.

기술사 시스템

일본의 기술사 시스템(공학자들에게 정부가 발행하는 자격증)은 1957년에 기술사(Professional Engineer Law)의 제정과 함께 수립되었다. 그 후 각 1983년과 2000년에 개정되었다. 2000년 개정 전에는 'P.E.Jp'로 등록되려면 최소 7년의 공학 경력을 갖추고 시험을 통과해야 했다. 개정 후에는 지원자의 학술적 능력이 4년제 대학 졸업자 수준임을 증명하는 정규 시험이 도입되었다. 1995년 아시아/태평양경제협력체(APEC) 정상회의에서 채택된 오사카 행동지침(Osaka Action Agenda)에 기초한 'APEC 공학자 상호 인정 제도(APEC Engineer Mutual Recognition Project)'가 도입되어 아시아/태평양 지역 내에서 공학자의 이동이 활성화되었다. 여기에는 현재 14개 회원국이 참여한다.

결론

과학과 기술은 일본의 성장에 크나큰 기여를 했다. 특히 공학은 일본의 성장을 지원하고 확고히 하였다. 21세기를 맞아 일본은 경제 위기, 기후 변화, 인구감소, 젊은 세대의 과학에 대한 무관심 등 여러 도전과제에 직면해 있다. 하지만, 일본의 과학자와 공학자는 이러한 도전 과제를 극복하기 위해 많은 노력을 쏟고 있으며, 국제적으로 행동할 준비가 되어 있다.

5.3.3.5 호주

피터 그린우드(Peter Greenwood)

호주는 770만㎢에 달하는 토지를 가지고 있으며, 1,350만㎢에 달하는 해안에 대한 관할권을 가지고 있는 반면, 인구는 2천 만 명밖에 되지 않는다. 교통수단의 장거리 네트워크 및 도시 교외 지역의 통신 인프라, 외부에서 온 공학 자원을 받아들일 수 있는 인프라 프로젝트 및 자원 등을 갖추고 있는 비슷한 규모의 인구를 가진 다른 국가와 호주는 토지의 크기 측면에서 많이 다르다. 그러나 호주가 세계무역에서 기여하는 역할은 무시할 수 없을 만큼 크다.

호주는 풍부한 광물과 에너지 자원 덕택에 지난 10년 간 경제 성장을 지속할 수 있었는데, 공학은 여러 측면에서 이에 관여했다. 공학자는 제품 및 서비스를 국제적으로 공급하는 데도 중요한 역할을 했다. 세계적으로 봤을 땐 적은 양이지만, 절대적으로는 많은 양이다. 이제 호주는 더 이상 양모 생산에 의존하지 않지만, 기타 생필품 무역이 번성하고 있다. 호주의 농업, 산림업 및 어업은 전 세계에 곡물, 목재, 와인과 맥주, 생선 제품 그리고 사프란, 와사비 겨자, 맥주를 만들 때 쓰는 외래종 홉 등의 식료품을 공급한다. 다양화의 시대에 살고 있는 지금, 이렇게 기술적이지 않아 보이는 분야에서 공학자가 큰 역할을 하고 있다는 사실은 그리 놀라운 일이 아니다. 호주의 공학자들은 양식어장의 먹이통제 시스템, 인공위성 항법통제 경작, 이산화탄소 저장 등 다양한 혁신적 프로젝트를 수행했다.

경제 성장은 기후 변화 같은 환경 비용을 초래하며 인프라와 지역공동체의 필요에 압력을 가한다. 호주는 공학 및 기술 혁신의 긴 역사를 가지고 있다. 공학 및 기술 혁신은 세계화가 진전됨에 따라 점점 더 중요해지고 있다. 호주의 과학자와 공학자들은 여러 분야를 이끄는 지도자로서의 명성을 얻었다. 호주는 작지만 혁신적인 자동차 및 자동차 부품 산업을 가지고 있다. 조선 산업은 군사용 조선 및 고속 쌍동선 분야에서 세계 최고이다. 어느 잠수함 제조 기업은 국가의 비핵 함대의 개발 및 유지가 가능할 정도로 성장하였다. 호주의 어느 한 작지만 높이 평가되는 팀은 초음속 비행기 분야에서 놀라운 성과를 거두기도 했다. 화석 연료가 풍부한 데도 불구하고, 호주는 태양전지 연구와 기타 태양에너지 연구 분야를 이끄는 세계 리더이다. 소수력을 이미 오래 전부터 사용하고 있었으며, 이제는 풍력 및 지열 등 다른 에너지원을 모색하는 중이다. 기후 변화와 지속가능성은 경제의 주요 동력이 되었다.

교육받은 기술자의 부족 현상은 아직 딜레마로 남아있다. 2006년에 호주 전문공학자회(Professional Engineers Australia)가 200개 기관을 대상으로 한 설문조사에 따르면 전문 공학자를 고용하고 있는 호주 기관의 70% 이상이 공학 능력 부족 현상을 경험했고, 그 중 82%가 이런 부족 현상 때문에 비용 증가 및 프로젝트 지체 등의 어려움을 겪었다.

호주는 여러 가지 측면에서 다른 선진국과 비슷한 문제를 공유한다.

- 물 부족, 기온 상승, 해수면 상승, 극단적 날씨 현상 등을 포함한 기후 변화 문제
- 에너지 시장의 구조조정 및 에너지 믹스 변화의 시급함
- 도로, 항구 등의 인프라에 대한 투자 부족
- 불완전한 보건 및 이동통신 시설
- 적정한 가격의 주택 부족

- 학교에 등록된 과학 과목 감소 및 고등 교육 기관에서의 어려움
- 기본적인 기술의 부족, 특히 공학 분야에서 부족 현상이 심함
- 숙련자 이민 증가. 국제적으로 일어나는 부족 현상은 숙련자 이민의 효과를 저하시키는 한편 개발도상국에서 공학자를 끌어 모으는 것에 대한 윤리적 딜레마에 대해 다시 생각하게 한다.

호주의 공학계는 호주 엔지니어링컨설팅협회(Association of Consulting Engineers Australia, ACEA), 전문 공학자 및 과학자 협회(the Association of Professional Engineers and Scientists, APESMA) 등을 통해 국제적으로 활발한 활동을 펼치고 있다. 지난 몇 년 사이, FIDIC와 WFEO의 대표로 호주 사람이 선출되었다. 또한, 국립재난구호를위한공학자회(the national Registered Engineers for Disaster Relief, RedR)나, 국경없는공학자회(EWB) 등에서도 호주 공학자들의 활동이 활발하다. 연방정부의 국가연구기관(CSIRO)은 에너지, 교통, 통신 및 기후모델링 등의 여러 가지 공학관련 부서를 갖추고 있다. 호주 공학자회의 공학 교육인증제도와 공학자의 인력 교류는 각각 워싱턴 어코드와 EMF(Engineers Mobility Forum) 및 APEC 공학자 협약(APEC Engineer Agreement)을 통해 그 우수성을 인정받은 바 있다.

호주 정부, 산업 그리고 공학계는 공학이 직면한 문제를 해결하고, 기량 부족의 장기적 효과에 대비하기 위해 많은 노력을 쏟고 있다.

5.3.3.6 남태평양

앤드류 클리랜드(Andrew Cleland),
리아타우아 탐 티나이(Leiataua Tom Tinai)

많은 국가들에서 그러하듯, 사모아에서 '공학자'라는 말은 자동차 정비공이나 뒷주머니에 뻰치를 찔러 넣고 다니는 사람을 가리킨다. 선생님, 변호사, 의사, 회계사, 경찰이 어떤 직업인지 잘 알고 있는 사람에게 '공학자'라는 단어를 던지면 대답을 주저한다. 종종 '제 차 좀 고쳐주시겠어요?'라고 물어보는 사람도 있다. 이것은 태평양 섬나라의 공학계가 직면한 주요 도전 과제이다. 우리는 공학자가 무슨 일을 하는지 널리 알려야 한다.

남태평양 섬나라는 100만 명 가까이 되는 인구(피지 섬)의 나라부터 시작해 5만~25만 명 정도 되는 인구를 가진 나라(바누아투, 사모아, 통가), 2만 명 미만의 인구를 가진 나라(쿡 아일랜드), 그리고 1만 명 미만의 인구를 가진 나라(니우에) 등 규모가 다양하다. 일반적으로, 남태평양 국가는 하나 이상의 본도(本島)와 바다에 널리 흩어져 있는 작은 섬들로 구성되어 있다.

화재 후에 타고 남은 통가 상점 잔해

© A. Cleland - Arthur Budvietas & Fisilau Leone

화재로 인해서 옆에 있던 3층 건물이 붕괴되었다.

© A. Cleland - Arthur Budvietas & Fisilau Leone

공학 인프라의 수준 또한 다양하다. 대부분의 본도 전체에 물과 전기가 보급되지만, 폐수처리시설은 한 지역에 집중되어 있다. 주로 디젤 발전기를 사용해 전기를 얻는다. 본도의 이동통신시설과 공항은 대부분 양호하다. 작은 섬들에는 라디오가 널리 보급되어 있으며, 활주로를 갖추고 있다. 도로의 질은 지역 환경 및 자원에 따라 다르다. 복수 층의 건물이 몇 채 있으며 대부분의 건축 재료는 해외에서 수입한다. 주거용 건물들은 목골 구조에 금속 지붕으로 된 반면, 상업용 건물은 대부분 콘크리트로 지어져 있다. 항구 시설은 목골에서 콘크리트 구조로 점점 개선되고 있다. 사이클론이 발생하면 남태평양 섬들은 전력이나 물의 공급이 끊기고, 인프라, 건물, 항구, 도로가 훼손되는 어려움을 자주 겪는다.

인프라는 주로 호주와 뉴질랜드로부터 해외 원조를 받아 구축되었다. 원조 공여국에서 온 공학자들이 프로젝트를 총괄하는 경우가 대부분이었기 때문에 호주와 뉴질랜드의 표준이 건설 프로젝트의 표준으로 사용되었다. 최근에 와서는 인프라 구축을 위한 자본을 민간 부문을 포함하는 다양한 부문에서 지원하기 시작했다. 하지만, 이들은 국제 기준을 따르지 않는 경우가 많으므로 새로운 국가표준이 정립되어야 할 필요가 생겨났다.

사모아, 피지, 통가, 바누아투, 쿡 아일랜드 등의 태평양 섬 국가와 각 나라의 공학자들은 뉴질랜드 기술사(the Institution of Professional Engineers New Zealand, IPENZ)와 연계를 맺고 있으며, 솔로몬 섬과 파푸아뉴기니의 공학계는 호주 기술사 협회와 연계를 맺고 있다. 그 중 사모아는 1984년도에 사모아 전문공학자협회(the Institution of Professional Engineers Samoa, IPES)를, 피지는 1960년에 피지 기술사(the Institution of Professional Engineers Fiji, FIE)를 창립해 전문 공학자들을 위한 제도를 갖춰 나갔다. 통가, 바누아투, 쿡 섬은 법적 기반을 마련하는 과정에 있지만, 전문 서비스를 전달하고 인프라의 설계 및 건축의 질을 감시할 수 있는 자격이 있는 전문 공학자가 부족해 뒤처지고 있다.

창립 회원 수가 16명밖에 되지 않았던 사모아 IPES의 현재 회원 수는 110명이다. 또한, 사모아는 1992년에 건축법규 NBC를 제정했다. 이 건축법규는 호주와 뉴질랜드의 공학에 대한 법규를 참고했다. 그 밖에 참고한 문헌은 FIDIC와 영국 법규이다. 한편, 피지 FIE의 정식 회원 수는 140명(2000년 기준)에서 100명으로 줄었다(2007년 기준). 하지만 실제로 300~400명 정도 되는 공학자들이 존재하는 것으로 추정된다. 통가에는 공학 단체가 하나도 없기 때문에 공학자의 정규등록 시스템도 부재하다. 통가에는 20명 미만의 공학자가 거주하고 있으며 그중 16명 정도가 학술적 자격 요건을 갖추고 있다. 바누아투나 쿡 섬도 마찬가지다. 태평양 섬나라들의 공학자 대부분은 고향을 떠나 다른 나라에서 자격증을 취득했다. 이들 중 상당수가 파푸아뉴기니와 피지에서 발행된 것이다. 하지만 공학 자격에 대한 표준이 없는 것에 대한 우려는 점점 더 커지고 있으며, 심지어 사회적 방해물로 작용하기도 한다.

남태평양은 아프리카나 아메리카, 아시아 대륙의 개발도상국과는 근본적으로 다르다. 인구가 아주 적고, 해안선이 길며, 규모의 경제가 빈약하고, 공학기량을 갖춘 인재를 양성해 내는 것이 어렵다. 더 구체적으로,

- 해외원조 사업이 국내 기업을 배제하고 이루어지기 때문에 지역의 역량 및 능력을 발전시키지 못한다.
- 건설 능력 수준이 낮다(기술 및 무역). 건설 노동자들을 위한 교육이나 관리가 부족하며 실무 이행 방식이 안전하지 않다.
- 실무 지침이나 관련 표준에 대한 접근성이 떨어진다. 많은 국가가 실질적이고 체계적인 건축법규를 갖추고 있지 않다. 또한, 국가의 크기가 대체로 작기 때문에 정부와 규제기관이 건축법규를 이행하고 강제할 수 있는 역량을 충분히 가지고 있지 않다. 이와 비슷한 이유로 입법 및 규칙 등이 오래되었거나 불완전하다.
- 공학 인력이 고령화되고 있으며, 젊은 인구를 공학계로 유치하는 데 어려움을 겪고 있다. 호주나 뉴질랜드로 떠난 유학생이 본국으로 돌아오지 않는 경우가 잦다. 피지나 파푸아뉴기니에서 받은 공학 학위가 워싱턴 어코드나 시드니 어코드와 같은 국제적 표준에 맞지 않는 것도 문제다.
- 새로운 공학 지식과 새로운 건축 재료를 다루는 방법에 대한 지식이 부족하다.
- 재료의 질과 다양성 또한 오랫동안 지속되고 있는 문제다. 수입된 재료는 질이 나쁘고, 지역에서 나는 재료는 건축용으로 쓰기에 적절하지 않다. 재료를 시험하고 질적 보장을 할 수 있을 만큼 역량이 충분하지 않다.
- 사이클론, 쓰나미, 지진 등은 피할 수 없는 남태평양 국가들의 이슈이지만 대체적으로 이 지역의 공공 인프라 건축 사업이나 민간 건축 사업은 이를 고려하지 않는다.
- 가혹한 열대기후 환경으로 인해 자산이 파괴되는 문제도 잘 다루어지지 않는다. 해외에서 들여온 기술이 이러한 환경에 부적절한 경우가 태반이다.

작은 상점을 건축하기 위해 세운 콘크리트 벽돌 벽

© A. Cleland - Arthur Budvietas & Fisilau Leone

확대한 모습

© A. Cleland - Arthur Budvietas & Fisilau Leone

이러한 이슈들을 해결하려면 남태평양의 지역적 특징을 고려한 접근 방식이 필요하다. IPENZ는 여러 국가의 공학 공동체들의 협력을 촉진하고 있다. 이러한 문제들에 대한 구체적 해결 방안의 예로, '남태평양 공학자협회(South Pacific Engineers Association, SPEA)'를 창립해 공학자들에게 전문가로서의 정체성을 정립한 사례가 있다. SPEA는 전문성 개발, 기술 표준의 개발 및 강화, 사업에 쓰일 역내 기금 조성, 남태평양 건축법규의 제정 및 정기적 갱신, 피지 및 파푸아뉴기니의 자격 인증 제도의 벤치마킹 등의 업무를 수행한다.

5.3.4 유럽

5.3.4.1 독일

윌리 퓨스(Willi Fuchs)

독일 경제가 세계 경쟁에서 꺼내놓을 수 있는 하나의 카드는 바로 독일의 공학자이다. 공학자는 독일의 국가 번영에 큰 기여를 했다. 독일은 공학 산업을 통해 세계에서 제일가는 기계, 산업용 공장 등의 수출국이 되었다. 2007년, 이 분야에서만 약 1, 930억 유로(수출은 1,380억 유로) 상당의 매출을 기록했다. 또 하나의 강한 산업 분야는 자동차 부문인데, 이 분야의 2006년 매출액은 2,540억 유로(수출량은 1,550억 유로)에 달했다. 전체 독일 공학자의 22%가 두 산업 부문에서 종사하였다.

현재, 독일에는 약 100만 명의 공학자가 있다. 이 중 64%가 국가사회보험에 가입되어 있으며 나머지는 자영업을 하거나 공무원으로 일한다. 이 중 상당수가 기계공학 분야에서 종사한다(186,000). 그 다음으로 전기 공학(155,000), 토목공학(149,000),

건축학(114,000) 순으로 인기가 많다. 비교적 새로운 부문인 산업공학(경제학과 공학 교육의 병행)에는 약 42,000명의 공학자가 종사하고 있다.[16)]

공학자의 지위

1970년부터 공학자의 지위는 공학자를 위한 법(Ingenieurgesetze)에 의해 보호되어왔다. 공학자 자격 인정은 연방정부의 책임이다. 공학을 공부하고 관련 대학을 졸업한 사람만이 공학자의 자격을 얻을 수 있다.

독일의 공학 교육은 42개 대학과 99개 응용과학 대학(Fachhochschulen)에서 이루어진다. 원래 한 프로그램 당 한 개의 학위를 수여받을 수 있었던 이 시스템은 학 · 석사 연계 과정으로 바뀌고 있다. 이미 많은 학술 프로그램이 이렇게 바뀌었지만, 졸업자 수의 증가율은 아직 느리다. 2006년에는 3,181개의 석사 학위, 1,648개의 학사학위가 수여되었는데, 같은 해 응용과학 대학을 졸업한 학생의 수가 22,599명이었고 공과대학에서 학위를 받은 학생 수는 10,906명이었던 것에 비하면 그 수가 미미하다. 독일이 'Diplom-Ingenieur'이라는 이름의 고급 학위를 학 · 석사 연계 과정으로 대체한 것은 공학 협회의 많은 반발을 샀다.

2006년 들어, 연방정부는 우수성 장려 프로그램을 발족해 더 많은 기금이 지원될 수 있도록 했다. 치열한 경쟁을 뚫고 9개 대학이 '엘리트 대학'의 지위를 얻었다. 향후 학술적 명성을 얻는데 중요한 자격이 될 것으로 보인다. 각 엘리트 대학은 약 1억 유로에 달하는 기금을 추가로 수여받을 예정이다.

자격규정

법적으로 '공학자'라는 직업은 일정 교육을 받아야만 부여받을 수 있다. 공학을 수학하는 중인 학생도 '공학자'라는 직위를 사용할 수 있다. 또한, 토목공학계의 직업 규제에 따르면 공학자 및 건축가를 담당하는 정부당국으로부터 경력 및 실력을 인정받아야 건설 사업에 필요한 지원서 및 계산서에 서명할 수 있는 자격이 주어진다. 공학자가 인정받기 위해서는 연방 정부의 공학 회의소(the Engineers Chambers)에 정식으로 등록되어 있어야 한다. 공학 회의소에 정식 회원으로 등록된 공학자는 약 4만 명에 이른다. 회의소는 분야별 전문가 목록을 보유하고 있는데, 이 목록에 이름이 올라간 공학자는 공식적인 의견 및 평가를 발표해야 할 의무를 가진다(예를 들어, 법적 다툼에서 전문가 증인으로 서는 일).

공학 협회

공학자는 협회에 가입해야 할 의무를 가지지 않지만 공학자 대다수가 55개 협회로 구성된 Deutscher Verband Technisch-Wissenschaftlicher Vereine(DVT)에 가입되어 있다. DVT는 FEANI 나 WFEO 등의 국제기구에서 독일을 대표한다. 독일에서 가장 큰 공학 협회는 Verein Deutscher Ingenieure(VDI)로, 135,000명의 개인 회원을 가지고 있다. 그 외에도 Verband der Electrotechnik과 Elektronik und Informationstechnik(VDE)에는 약 33,000명의 공학자가 개인 회원으로 등록되어 있다. 협회는 국가 표준조직과 협력해 규제 및 표준을 제정하기도 한다. VDI만 해도 1,700개 이상의 기술적 규제 사항을 제정했고, 그 중 상당수는 영어 버전으로도 출판된 바 있다.

현재 상황

공학자 부족 현상은 독일의 산업 부문에서 큰 문제가 되었다. 수년 간 경제 성장이 계속되어 온갖 종류의 공학자에 대한 수요가 증가했다. 오랫동안 일자리보다 노동력이 더 많았던 토목공학 분야도 공학자 부족 현상을 겪고 있다. 연방정부의 고용 담당 부서에 따르면, 부족한 공학자의 수가 지난 2년 간 50%나 증가했다고 한다. 같은 기간 동안 공학자의 실업률은 60%가 감소했다. 변화하는 인구와 공학 과학에 대한 학생의 관심이 감소함에 따라 공학자의 수도 감소세를 벗어나지 못할 것으로 보인다.

많은 기업들은 실력 있는 공학자의 부족 현상이 기업 성장을 저해하는 가장 중요한 요소라는 데 동의한다. 연방정부의 고용부처는 공학자가 고용되어야 할 일자리가 비어 있는 경우가 지난 2년 간 50%나 증가했다는 통계를 내놓았다. 시장의 공학 기량에 대한 수요는 실업률에 영향을 미치기도 한다. 지난 2년 간 공학자 실업률은 60%나 감소했다.

전망

이러한 문제에 대한 단기적 해결책으로 독일은 2007년에 이민법을 개정했다. 새롭게 개정된 법은 기량을 갖춘 인재가 독일로 입국하는 과정을 개선하여 인재의 유입이 용이해지도록 하였다. 장기적으로 봤을 때, 공학계는 더 많은 학생들을 유치해야 한다. 이에 따라 대학들은 새로운 개념을 도입하고 이에 대해 토론하기 시작했다. 독일의 인구통계학적 특징을 고려하면 더 많은 공학자와 회사들이 평생학습 등 고용 능력을 유지할 수 있도록 하는 정책에 관심을 보여야 한다. 실력을 갖춘 공학자들이 55세나 60세에 이르러서야 연금을 받을 수 있게 하는 정책이 새롭게 개정될 예정이다.

16) 출처: 독일 연방통계청(Federal Statistic Office of Germany).

독일의 공학자 및 공학은 장구한 역사와 우수한 명성을 자랑한다. '독일산'이라는 상표는 아직도 고급 및 혁신의 상징이다. 다른 서구 국가들이 그렇듯 독일도 인구통계학적 변화, 산업사회에서 서비스 사회로의 전환, 세계화의 영향 등 여러 가지 도전 과제에 직면해 있다. 독일 사회는 기술 공동체의 여러 주요 행위자들의 활동을 통해 공학자가 중요한 역할을 한다는 것을 아주 잘 이해하고 있다.

5.3.4.2 프랑스

프랑소와 제라드 바론(Francois-Gerard Baron)

'공학'이라는 말이 생겨나기 이전에도 선대 공학자들은 이미 인간 발전 및 문화에 큰 기여를 하고 있었다. 로마인들은 물 보급 시스템을 설계함으로써(나임스 강에 설치된 Pont du Gard 송수로) 개인의 삶의 질뿐만 아니라 공공 보건까지 개선했다. 19세기 파리의 도시공학자들도 하수처리 네트워크를 설계함으로써 많은 사람들의 목숨을 살렸다.

기술이 환경과 삶의 질에 끼치는 부정적 영향이 강조되고 서비스가 끊기는 것에 대한 불만이 끊이지 않음에도 불구하고 아마 사회에서 공학자에 대한 수요가 지금처럼 절실했던 적은 없을 것이다. 공학자가 감당해야 하는 도전 과제는 날이 갈수록 커지고 있기만 하다. 전통적 기술을 넘어서서, 이제 공학자들은 에너지 관리, 환경 이슈, 공공 및 지구적 보건, 빈곤 감소, 문화유산 등의 중요한 책임을 떠맡게 되었다.

지속가능한 발전이 우선시되어야 할 이슈로 받아들여지는 지금, 혁신과 새로운 실무 개발에 대한 필요성이 나날이 강조되고 있다. 한편, 공학자들은 인프라의 유지에 대한 책임도 지게 되었는데, 여기에 많은 투자가 필요하다. 지구적 빈곤 및 기후 변화 완화에 있어 공학자는 전략적 역할을 맡게 되었다.

공학자들은 과거에 대한 책임과 미래에 대한 책임을 동시에 지니고 있다. 많은 다리, 댐, 항구 등 많은 토목 사업들은 보수 작업이 필요하며 오래되고 원시적인 기념물은 재건 작업이 필요하다. 공학자들은 문화유산에도 필수적 역할을 한다. 남 이집트에 있는 아부 심벨(Abu Simbel) 사원은 공학자들의 전문지식 없이는 절대 재건될 수 없었을 것이다. 특히 식민지배의 경험이 있는 국가들은 문화유산의 재건 사업 등을 우선시하기에는 재정 및 기술적 자원이 부족하기 때문에 공학자의 역할이 특히 크다.

프랑스는 긴 공학의 역사를 가지고 있다. 전통적 전문 기술로 수백 채의 성, 성당 및 기념비가 세워졌던 중세 및 르네상스 시대보다 훨씬 전부터 공학이 존재하였다. 정식 공학자 교육은 18세기에 시작되었다. 프랑스에서 가장 유명한 공학자 중 한 사람인 보방(Vauban)은 루이14세의 통치하에서 수많은 요새를 건설했다. 그의 작업은 유네스코의 세계유산계획으로부터 보호받고 있다.

프랑스 최초의 공학자 학교인 국립토목학교(the Ecole Nationale des Ponts et Chaussees)는 루이15세가 토목공학자를 양성하기 위해 설립했다. 오늘날, 타 유럽국가과는 달리 프랑스 공학자의 상당수는 바칼로레아(역자 주: 프랑스의 대학 입학 자격시험)를 통과한 후에도 공학 학교에서 공부하며 대학에서 공부하는 경우가 거의 없다. 160개에 달하는 공학자 양성 학교 중 몇몇은 '그랑제꼴'이라고 불리는데, 기술학교(Polytechnique), 동력학교(Centrale), 광산교량포장학교(Mines et des Ponts et Chaussees)가 그러한 경우다. 그랑제꼴(Grandes ecoles)은 국방, 산업 및 공공사업 관련 정부 부처가 지원한다. 따라서 사립대학에 비해 학비가 저렴하다(다른 공학 학교 대부분은 사립학교이다). 학생 대부분 바칼로레아를 통과한 후 2~3년 정도 훈련을 받고 공학 학교에 입학한다. 한편, 지난 10년 간 대학에서도 공학 과정이 생겨났다.

프랑스에는 60만 명의 공학자가 있는데, 그 중 40만 명 정도가 학위를 가지고 있다. 매년 3만 명 정도가 학업을 마치고 학위를 받아 공학자 대열에 참여하고 있다. 프랑스 공학자들은 토목공학, 항공기, 자동차 제조, 화학, 농업 산업의 리더로 꼽히며 문제 해결에도 우수한 인재로 정평이 나 있다.

다음은 프랑스의 공학자들의 전문성 인정에 대한 중요한 사항이다.

- 프랑스에서 '공학자'라는 직위는 보호되지 않는다.
- 볼로냐 선언에 따르면 프랑스 공학자는 단지 학사학위 취득에 5년이 소요되는 '긴 주기(long cycle)'일 뿐이다. 하지만, 많은 학교가 석사 학위 과정을 준비하고 있다.
- 인정받은 전문 기관이 부재하다. 하지만, 공학 학교들은 국가공학인증학위(Commission des Titres)에서 인증 받았으며 정기적 심사도 받는다.
- 많은 공학 학교들이 분야별 교육(토목, 화학, 기계 등)을 실시하고 있지만 이 분야들의 정식 지위가 정립되지 않았다.

공학 학교 대부분은 각자의 동창회(alumni systems)를 갖추고 있다. 회원들을 모으고 재학생과 졸업생에게 진로 상담, 행사 및 전문성 개발 등의 서비스를 제공한다. 나폴레옹 3세는 그 중 약

GFDL - Wikimedia - Simon Cole

프랑스의 세계 최장 밀라우 구름다리

160개의 동창회를 모아 프랑스 국립 공학 · 과학자 협회(Conseil National des Ingenious et Scientifiques de France, CNISF)를 1860년에 설립했다. 완전히 독립적인 협회는 국내 및 해외에서 공학계를 대표하고, 과학 및 기술적 사항들을 널리 알리는 역할을 한다. CNISF 외에도 컨설팅 엔지니어들을 대표하는 기관으로 SYNTEC과 CICF가 있다.

5.3.4.3 영국

짐 버크(Jim Birch)

영국 공학협의회(the Engineering Council UK)와 영국 공학회(the Engineering UK)는 공동으로 영국 공학계의 현재 상황에 대해 매년 보고서를 발행한다.

중등 교육

영국에서 GCSE(역자주: 중등 교육 자격 시험) 수학, 과학, 정보통신기술, 설계기술 시험을 치는 학생 수가 증가한 것은 아마도 지난 10년 간 16세 인구가 증가했기 때문일 것이다. 앞서 말한 GCSE 과목을 신청하는 C학점 이상의 학생 수가 증가하고 있는 것을 보여주는 자료도 있다. GCE-A 시험 중 수학을 선택한 학생의 수는 점점 늘어나고 있는 추세지만 물리학의 경우에는 감소하고 있다. 과학, 공학, 기술 과목을 보는 학생의 수는 대체적으로 일정하지만, 평균 점수는 점점 높아지는 추세다. 하지만 상당수의 학생들이 GCSE 일반과학이나 응용과학 과목을 선택하므로 대학 입학에 필요한 GCE-A 과목에 응시하는 학생이 적어질 수 있다는 것에 대한 우려가 일고 있다.

성인 교육, 직업 교육 및 훈련

한 연구에 따르면 영국 노동인구의 7%, 즉 200만 명이 공학기사라고 한다. 이 중 16%는 제조 부문에서, 8%는 건축 분야에서 종사한다. 기타 부문에서도 공학기사들의 참여가 크다. 2002~2003년에는 71%에 머무르던 공학, 제조, 기술 분야 성인 교육의 성공률 또한 2004~2005년에 들어 74%로 증가했다. 성인 교육 진입률이 떨어지긴 했지만, 후보자의 능력이 향상되고 있는 것은 좋은 현상이다.

고등 교육

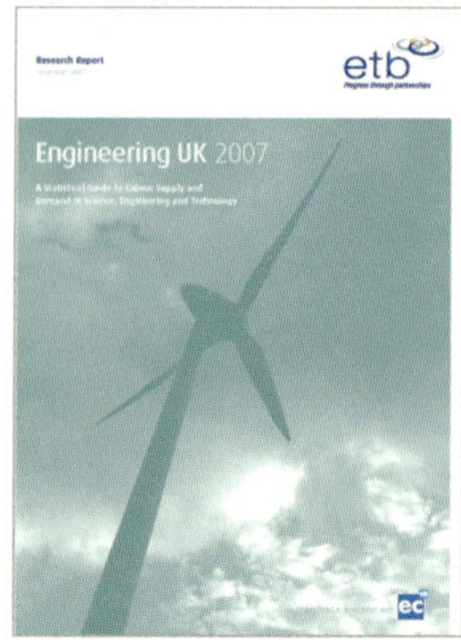

영국 공학에 대한 연례 보고서

2005년, 330개가 넘는 영국 고등 교육 기관이 30만 6천 개 이상의 학사 학위를 수여하였다. 이 중 8만 5천 개의 학위가 과학, 기술, 공학, 수학(STEM) 분야와 관련되어 있었다. 2000년에 12만 개의 석,박사학위가 수여되었는데 이 중에서 3만 4천 개가 STEM 분야였다. 지난 5년 간 영국 고등 교육 체제 내에서 STEM 과목을 수강하는 학생 수가 대체적으로 크게 증가했다. 2001년에는 42만 4천 명에 머무르던 STEM 학생 수는 거의 25%가까이 증가해 2005년에 약 52만 9천 명인 것으로 집계됐다. 공학과 기술을 공부하는 학생 수는 지난 5년 간 12%가 증가해 2005년 1만 7천 200명에 이르렀다.

졸업생 유치

공학과 기술을 공부한 학생에게 가장 인기 있는 진로는 금융 및 비즈니스다. 약 28%의 학생이 금융/비즈니스계에 진출하며, 그 다음으로 인기 있는 진로는 24%의 학생이 진출하는 제조 분야이다. 금융/비즈니스계에 진출하는 학생 비율은 다른 학문 분야에서도 비슷하게 나타나는데, 사회과학과 졸업생 중 28%, 매스 커뮤니케이션 및 문서학과 졸업생의 27%가 그 쪽으로 진출한다. 이와 같이 금융/비즈니스계로 인재가 유출되는 현상은 공학 및 기술 분야에만 국한되지 않는다. 이공계 졸업생의 전문 공학계 진출률은 세부 분야에 따라 다르다. 대학 졸업생 평균 초임이 높은 17개 전공 중에서 5개가 공학 관련 전공이다. 화학공학이 3위로 가장 높으며 약 23,000 파운드이다.

공학 급여 수준

영국 통계청의 자료에 따르면, 전문 공학자의 평균 수입은 2002년을 기준으로 3만 3천 파운드였던 반면, 2005년 공학계를 대상으로 한 설문조사에서는 5만 3천 파운드였다. 전문 공학자의 2005년도 급여의 중간값은 4만 5천 파운드였다(2003년에는 4만 3천 5백 파운드).

전문가 등록

영국에서 공학자의 정식 등록은 법적으로 요구되지 않지만, 공학자의 삼분의 일 이상이 공학자 협의회에 등록하였다. 1995년에는 26만 7천 백명이었던 총 등록자 수는 2005년에 24만 3천 명으로 약간 감소했다. 지난 10년 간 약 9% 하락한 셈이다. 이것은 인구 통계학적 현상이며, 지난 2년 동안 신규 등록된 공학자의 수가 성장세에 있는 것을 고려했을 때, 이러한 현상은 곧 완화될 것으로 보인다. 2005년, 등록된 공학자의 중간 연령은 55세였으며 고령화 추세를 보이고 있다.

공학자들의 경제활동

FTSE 100(역자 주: 영국의 FTSE 그룹이 발표하는 주가지수)에 포함된 회사 중에서 공학 자격을 갖춘 최고경영자의 수는 1997년에 17명이었지만 2004년 들어 12명으로 떨어졌다. 하지만 2006년에 14명으로 다시 증가했다. 아직도 상당수의 등록된 공학자들이 제조 부문에서 종사한다. 제조 부문의 공학자 고용률은 32%(1995)에서 40%로 증가했다(2003). 나머지 60%는 경제 내 여러 분야에서 종사한다. 영국의 공학 서비스 수출은 매년 미화 50억 달러 상당의 이익을 내서 영국 무역 수지에 크게 기여한다.

표 2: 영국의 전문 공학기관 목록

명칭	홈페이지	관련 분야
British Computer Society (BCS)	www.bcs.org	CEng, IEng
British Institute of Non-Destructive Testing (BInstNDT)	www.bindt.org	CEng, IEng, EngTech
Chartered Institution of Building Services Engineers (CIBSE)	www.cibse.org	CEng, IEng, EngTech
Chartered Institution of Highways & Transportation (CIHT)	www.ciht.org.uk	CEng, IEng
Chartered Institute of Plumbing & Heating Engineering (CIPHE)	www.ciphe.org.uk	IEng, EngTech
Chartered Institution of Water & Environmental Management (CIWEM)	www.ciwem.org.uk	CEng, IEng, EngTech
Energy Institute (EI)	www.energyinst.org.uk	CEng, IEng, EngTech
Institution of Agricultural Engineers (IAgrE)	www.iagre.org	CEng, IEng, EngTech
Institution of Civil Engineers (ICE)	www.ice.org.uk	CEng, IEng, EngTech
Institution of Chemical Engineers (IChemE)	www.icheme.org	CEng, IEng, EngTech
Institute of Cast Metals Engineers (ICME)	www.icme.org.uk	CEng, IEng, EngTech
Institution of Engineering Designers (IED)	www.ied.org.uk	CEng, IEng, EngTech
Institution of Engineering & Technology (IET)	www.theiet.org	CEng, IEng, EngTech, ICTTech
Institution of Fire Engineers (IFE)	www.ife.org.uk	CEng, IEng, EngTech
Institution of Gas Engineers & Managers (IGEM)	www.igem.org.uk	CEng, IEng, EngTech
Institute of Highway Engineers (IHE)	www.theihe.org	CEng, IEng, EngTech
Institute of Healthcare Engineering & Estate Management (IHEEM)	www.iheem.org.uk	CEng, IEng, EngTech
Institution of Lighting Engineers (ILE)	www.ile.co.uk	CEng, IEng, EngTech
Institute of Marine Engineering, Science & Technology (IMarEST)	www.imarest.org	CEng, IEng, EngTech
Institution of Mechanical Engineers (IMechE)	www.imeche.org.uk	CEng, IEng, EngTech
Institute of Measurement & Control (InstMC)	www.instmc.org.uk	CEng, IEng, EngTech
Institution of Royal Engineers (InstRE)	www.instre.org	CEng, IEng, EngTech
Institute of Acoustics (IOA)	www.ioa.org.uk	CEng, IEng
Institute of Materials, Minerals & Mining (IoM3)	www.iom3.org	CEng, IEng, EngTech
Institute of Physics (IOP)	www.iop.org	CEng
Institute of Physics & Engineering in Medicine (IPEM)	www.ipem.ac.uk	CEng, IEng, EngTech
Institution of Railway Signal Engineers (IRSE)	www.irse.org	CEng, IEng, EngTech
Institution of Structural Engineers (IStructE)	www.istructe.org	CEng, IEng, EngTech
Institute of Water (IWO)	www.instituteofwater.org.uk	CEng, IEng, EngTech
Nuclear Institute (NI)	www.nuclearinst.com	CEng, IEng, EngTech
Royal Aeronautical Society (RAeS)	www.aerosociety.com	CEng, IEng, EngTech
Royal Institution of Naval Architects (RINA)	www.rina.org.uk	CEng, IEng, EngTech
Society of Environmental Engineers (SEE)	www.environmental.org.uk	CEng, IEng, EngTech
Society of Operations Engineers (SOE)	www.soe.org.uk	CEng, IEng, EngTech
The Welding Institute (TWI)	www.twi.co.uk	CEng, IEng, EngTech

출처: 영국 공학 협의회

표 3: 영국의 전문가 단체 목록

명칭	홈페이지
Association of Cost Engineers (ACostE)	www.acoste.org.uk
Association for Project Management (APM)	www.apm.org.uk
Chartered Quality Institute (CQI)	www.thecqi.org
Institute of Automotive Engineer Assessors (IAEA)	www.iaea-online.org
Institute of Asphalt Technology (IAT)	www.instofasphalt.org
Institution of Civil Engineering Surveyors (ICES)	www.ices.org.uk
Institute of Corrosion (ICorr)	www.icorr.org
Institute of Concrete Technology (ICT)	ict.concrete.org.uk
The Institution of Diesel & Gas Turbine Engineers (IDGTE)	www.idgte.org
Institute of Explosives Engineers (IExpE)	www.iexpe.org
Institute of Mathematics & its Applications (IMA)	www.ima.org.uk
Institute of Metal Finishing (IMF)	www.uk-finishing.org.uk
International Council on Systems Engineering UK Chapter (INCOSE)	www.incose.org
The Institute of Nanotechnology (IoN)	www.nano.org.uk
Institute of Refrigeration (IoR)	www.ior.org.uk
The Institute of Telecommunications Professionals (ITP)	www.theitp.org
National Agency for Finite Element Methods & Standards (NAFEMS)	www.nafems.org
Society of Automotive Engineers (SAE-UK)	www.sae-uk.org
Safety & Reliability Society (SaRS)	www.sars.org.uk

출처: 영국 공학 협의회

5.3.4.4 러시아

블라디미르 시트세브(Vladimir Sitsev)

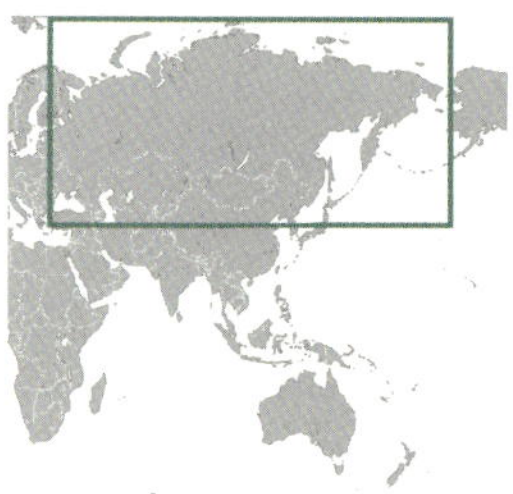

러시아의 공학은 19세기 중반, 과학 공동체 합병, 국내 공학 법인 설립, 국내 생산 발전을 증진하고자 하는 기업 및 산업의 대표들을 통해 본격화되었다. 러시아 기술자협회(the Russian Technical Society, RTS)는 1866년에 황제의 승인을 받아 설립되었다.

RTS는 저명한 과학자, 동식물 연구가, 러시아 과학한림원(the Russian Academy of Sciences, 1724년에 창설)의 회원, 전문가와 대규모 사업가 등을 한 자리에 모아 화학물질 생산, 금속공학, 기계공학, 기계설비, 건축, 광업, 건축, 조선, 해양기술, 대포 제조 및 무기 생산 등 광범위한 주제에 대해 논의했다. 최근에 들어서는 빠르게 발전하고 있는 분야인 항공학, 항공기 모형 제작, 전기공학, 그리고 기술적 도구 및 기계의 운용 등에 대해서도 논의하기 시작했다.

RTS의 창립자와 활발한 활동을 펼치고 있는 회원들은 대부분이 저명한 과학자이거나 디자이너 및 공학자들이다. 알렉산드로 미하일 버틀레로프(A. M. Boutlerov), 드미트리 이바노비치 멘델레예프(N.N. Zimin, D.I. Mendeleyev), 드미트리 콘스탄티노비치 체르노프(D.K. Chernov, S. O. Makarov), 알렉산드르 스테파노비치 포포프(A.N. Krylov, V.G. Shoukhov, A. S. Popov), 니콜라이 예고로비치 주코프스키(N. E. Zhoukovsky)등이 대표적이다. RTS의 초대 회장은 공학 조합(Engineering Corps)의 소장이었던 바론 델비그(Baron A. I. Delvig)이었다.

회원의 적극적 참여를 격려하는 RTS는 과학 · 기술 활동을 통해 화학, 산림, 광학, 토목, 기술, 물, 전기기술, 금속공학 분야의 단체 및 협회 설립을 촉진했다. RTS의 지역 네크워크는 상떼 페테르부르크(RTS 사무국이 있는 곳. 상설 기술 전시회가 열리고 있는 곳이기도 하다), 모스크바 등지에서 빠르게 성장하였다. 그 외 노브고로드(Nizhniy Novgorod),

© CCBYSA - Wikimedia - Mike 1979 Russia

매우 효율적인 비행기인 에크라 노플란 A-90 오르료녹 위그선

키예프(Kiev), 하리코프(Kharkov), 오데사(Odessa), 그리고 기타 러시아의 산업 중심지였던 지역에서도 커다란 규모의 RTS 네트워크가 형성되었다. 1872년, 모스크바에서 종합기술 박물관(Polytechnic Museum)이 개관했고, 10년 후 사상 최초로 직장인을 위한 러시아 고등 공학 교육과정(Russia Higher Engineering Courses for Workers)이 개설되었다.

1917년 혁명과 내전 후, 위 조직은 곧 과학 · 기술 활동을 재편성했으며, 공학기술협회연합협의회(All Union Council of Scientific Engineering and Technical Societies, VSNTO)의 원칙에 따라 널리 보급되었다. VSNTO의 초대 회장은 러시아 전기보급 국가계획(State Commission for Electrification of Russia Plan)으로 유명한 학자 글렙 막시밀리아노비치 흐치차노프스키(G.M. Krzhi-ozhanovskiy)였다.

러시아 과학 · 기술의 선구자들이 세웠던 주 원칙은 오랫동안 지켜지고 발전해 왔다. 공학은 창의적인 대중적 활동이며, 계몽적 · 인도주의적인 목적을 가지며, 높은 수준의 애국심과 시민으로서의 의무라는 것을 역설했다. 또한, 공학적 성취를 격려하고, 수준 높은 공학 작업을 보편화 하는 것을 강조했다. 이러한 원칙들은 중요한 과학 · 기술 문제에 대한 해결책 마련, 대규모 이니셔티브 계획 및 이행, 교육 · 과학 · 생산 조합의 강화 등의 지침서가 되었다.

RTS 원칙은 소비에트 연맹(USSR)의 몰락 이후에도 과학 · 공학 공공조합 국제연맹(International Union of Scientific and Engineering Public Associations, USEA)의 주도로 지속되었다. 1992년부터 USEA는 USSR시절 활동하던 창의적 과학 · 기술조합들을 통합했다.

현재, 러시아의 USEA는 거의 50개 가까이 되는 과학 · 기술 협회들의 사업을 조직화하고 국가 전체에 지역 지부 사무소를 갖추고 있다. USEA는 러시아 공학한림원(Russian Engineering Academy, RIA)을 공동 설립하기도 했다.

창의적 과학 · 기술 기구로서 USEA는 러시아 정부의 과학 · 기술 · 공학 개발 관련 우선순위를 따른다. USEA의 활동 영역은 안보, 반 테러리즘, 생태계(living systems), 나노기술, 정보통신 체계, 장래 군사 장비, 환경 관리, 대중교통, 항공, 우주, 전력기술, 에너지효율 등 광범위하다. 또한, USEA는 정부의 후원으로 '올해의 공학자 상'을 수여해 러시아에서 공학자들이 하는 역할에 대한 공공 인식 및 의식을 높이고 있다.

5.3.4.5 폴란드

얀 카츠마렉(Jan Kaczmarek)

최근 들어 폴란드의 GDP는 유럽연합 25개 국가의 평균에 다다랐으며 계속해서 성장하고 있다. 평균 기대수명은 다른 선진국들과 맞먹는다. 폴란드 가정의 40% 이상이 컴퓨터와 인터넷 시설을 갖추었다. 또한, 수출 및 수입 지표가 성장세에 있으며 무역 흑자를 유지하고 있다.

공학 교육은 나날이 발전해 나가고 있다. 폴란드는 16개 기술 대학과 9개 고등 교육기관을 갖추고 있다. 폴란드의 학생 및 졸업생들은 국제 대회에서 10위 안에 들기도 한다. 폴란드의 출중한 인재 덕분에 마이크로소프트와 여러 항공 회사들이 폴란드에 지부를 두게 되었다. 해외(특히 유럽연합 내)에서 활동하는 폴란드 출신 공학자의 성과는 폴란드 공학자의 세계 연구 및 공학 유산 백과사전(Encyclopedia of World Research and Engineering Heritage of Polish Engineers)에 실려서 인정받고 있다.

이를 배경으로 폴란드 산업의 특징을 고려했을 때 폴란드 공학협회연맹(Polish Federation of Engineering Associations, PFEA)의 활동과 그 잠재력을 빼놓을 수 없다. PFEA는 폴란드 공학계를 대표하는 조직으로서 폴란드에서 가장 큰 시민사회단체 중 하나이다. 37개 국내 공학협회와 2개의 해외 공학협회(영국과 캐나다)에 소속된 12만 명의 개인이 회원으로 가입되어 있다. 공학자를 위한 전문 잡지 34종과 지부 협회를 위한 잡지 23종을 발행하고 있다. 또한, '기술진보센터(Technical Progress Centre)'와 '과학기술의 상업화 팀(Science and Technology Commercialization Team)'을 지원한다. PFEA는 큰 과학 · 기술적 잠재력을 가지고 있으며, 전국의 공학 활동에 긍정적 영향을 미치고 있다.

폴란드의 공학자들은 대개 좋은 평가를 받지만, 혁신적 활동에 대한 EU25의 통계에 따르면 폴란드의 과학 · 기술적 잠재력 점수는 낮은 편이다. 이런 상황이 발생하게 된 원인을 분석한 결과, 두 가지 근본적인 문제가 발견되었다. 첫째, 혁신적 사업을 추진하는 데 필요한 기금이 충분히 조달되지 않는다. 실제로 연구발전으로 지출되는 연간 정부 및 민간 부문 예산은 GDP의 0.55~0.60% 밖에 되지 않는다. 둘째, 많은 다국

© Wikimedia

미르 정거장

바르샤바 공과대학교

© Polish Federation of Engineering Associations (NOT)

적기업들이 폴란드에 투자했지만, 자사의 해외 연구개발 시설에서 개발된 혁신 및 기술을 사용하는 것이 문제였다.

폴란드의 공학은 다른 선진국들과 비슷한 전략적 목표 및 포부를 가지고 있다. 앞의 통계 수치를 통해 알 수 있는 중요한 사실은 폴란드는 이미 거대 · 고도 기술에 참여하려고 노력하고 있다는 점이다. 또한 무역수지에 균형을 가져오기 위해 '틈새 상품(Niche production)'이 생산 및 공급되어야 한다.

무역의 세계적 · 역내 변화는 국가의 경제 전략에도 영향을 미치고 있다. 폴란드의 향후 5년간 경제 전략은 2012년에 열릴 유럽 축구 챔피언십에 대비해 크게 개정되었다. 이와 같은 큰 행사를 준비하는 데 있어 가장 중요한 사업은 현대 공학 표준에 맞는 새로운 대중교통 인프라를 구축하는 일이다. 그 외에도 주거, 통신, 정보기술 등은 사회와 공학이 시급히 해결해야 하는 문제로 남아 있다.

국가 전략의 일환으로서 폴란드의 PFEA는 중소기업들에게 기술적으로 발전할 수 있는 양질의 기회를 제공하는 것을 기본 목표로 삼고 있다.(중소기업은 폴란드 노동시장의 2/3를 차지한다.) PFEA는 공학 이니셔티브의 수준을 빠르게 끌어올리는 과제를 풀어 나가기 위해 쉬지 않고 노력해 왔다. 특히 공학자들의 혁신 성공율을 높여 사회 구성원 모두에게 이익이 돌아가도록 노력하고 있다.

역사적으로 어두웠던 시기든, 밝았던 시기든 폴란드 공학자들은 언제나 다음과 같은 주요 모토를 가지고 종사해 왔다. "나라를 세운 조상들을 위해, 국가를 위해, 지구 상의 모든 사람을 위해 단 하루도 발전 없이 보낼 수 없다."

5.3.5 아메리카/카리브해 연안 국가

5.3.5.1 미국

찰스 베스트(Charles Vest)

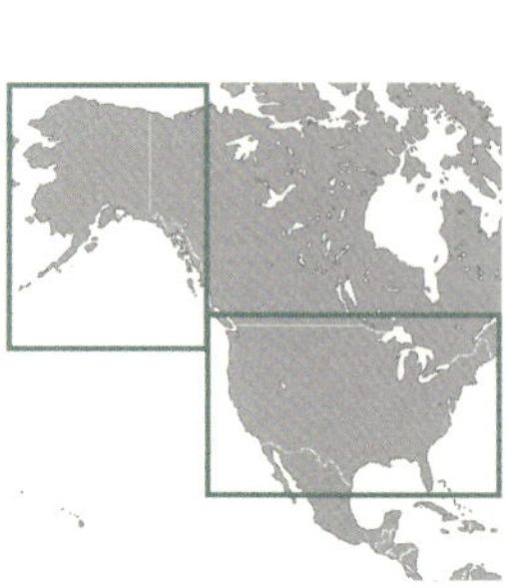

공학은 19세기 후반부터 21세기 초반까지 미국이 경제적 · 지정학적 세계 주도권을 잡을 수 있게 한 원동력이었다. 공학 연구와 실제적 응용을 통해 발명된 기술은 평균 기대수명을 연장시키고 경제 성장의 원동력이 되었다. 이에 따라 미국 시민은 물론 전 세계 인구의 삶의 질이 개선될 수 있었다. 미국 공학자가 개발한 제품, 시스템, 서비스 등은 안보, 공공보건, 미국 기업 및 산업의 주요 경쟁력에 없어서는 안 되는 필수 요소가 되었다. 미국 공학 기업들은 기술적 혁신을 창출해 경제 회복과 함께 나타날 가격이 적당한 의료보험, 지속가능한 에너지원, 충분한 물 공급 및 지구안보 등의 도전 과제를 해결할 것이다.

미국의 공학 기업의 힘은 여러 가지 역사적 뿌리를 가지고 있다. 1930년대에 1 · 2차 세계대전의 결과로 생겨난 수요 및 정부 주도 프로젝트는 공학 연구 및 실무 역량을 빠르게 강화시켰을 뿐더러 1945년까지 미국 경제와 산업에 활력과 힘을 불어넣었다. 제2차 세계대전의 종료와 함께 미국 정부는 기초 과학, 공학 연구 및 고등교육에 투자했다. 또한 최첨단 기술개발 및 보급을 위한 응용 연구발전에 대한 대규모 정부 지출이 있었다. 이것은 주로 안보에 대한 국가적 필요를 충당하기 위해서였다. 수많은 대학, 정부 연구소, 민간 비영리 연구소, 민간 기업 등은 대규모의 다양하고 분산된, 그리고 개방적인 국가혁신체계(NIS)를 구성하여 미국의 공학 기업의 성장을 촉진시켰다.

미국에서 고등교육과 연구가 하는 역할

미국이 지금과 같은 역량을 갖출 수 있었던 데는 우수하고 효과적인 고등교육 시스템의 기여가 컸다. 고등교육 시스템에는 2년제 전문대학부터 소규모 학부중심대학(liberal arts colleges), 연구 중심대학(주립, 사립)에 이르는 여러 종류의 기관이 있다. 이러한 다원성은 학생들이 자신의 필요와 역량에 알맞은 학교를 선택하고 재정적 도움을 얻을 수 있도록 하는 양질의 환경과 기회를 제공한다. 이러한 강점은 제2차 세계대전 이후 고등교육에 대한 접근성을 크게 향상시켰다. 또한 대학은 전쟁에서 돌아온 군인이 사회로 돌아올 수 있도록 돕는 수단이기도 했다. 서구 국가의 경제 성장, 그리고 정부와 산업계에서 필요한 연구개발을 지속하는 기반이 되었다. 이러한 정부와 대학 간 파트너십은 미국 대학을 변화시켜 엄청나게 생산적인 결과를 가져올 수 있었으며, 미국을 연구 집약적 공학과 과학 교육의 세계 리더로 거듭나게 했다.

미국 공학 노동력의 강점

공학 교육의 강점과 미국 연구중심 대학의 생산성 외에도 다음과 같은 여러 가지 요건이 미국 공학과 기술 노동력의 질, 인력 교류, 접근성 및 기업가 정신을 높였다.

- 매우 개인적이고 기업가 정신이 가득한 문화는 민간 활동, 공

공정책, 그리고 위험감행을 격려하는 기술창업보육이나 벤처 캐피탈 등의 여러 가지 제도적 메커니즘을 통해 미국 산업과 연구 대학 성장의 기반이 되었다.

- 확산지향형 지식재산권 제도 시행, 독과점 금지법(경쟁 정책), 상대적으로 위험에 안전한 회사법 체계(특히 파산법)등 하이테크 스타트업 회사에게 유리한 규제와 기타 공공정책의 제정 및 시행.
- 외국에서 온 과학자와 공학자의 다양한 재능. 미국 대학, 연구소, 회사들은 국적이나 성별을 가리지 않고 과학 · 공학, 경영에 재능 있는 인재를 유치했다. 그 결과, 학술적 우수성과 문화적 부유함, 그리고 경제적 성공을 성취할 수 있었다(매년 공학 박사학위의 약 60%를 외국 국적 학생이 수여받는다.[17] 미국에서 접수되는 특허출원자의 24.2%가 미국에 거주하는 외국인들이다(2006년 기준). 이것은 7.3%였던 1998년보다 훨씬 높은 비율이다).[18]

미국에서 공학 실무, 연구 및 교육에 대한 국제적 도전 과제

미국은 오랫동안 공학 교육(특히 대학원 과정과 연구 중심대학의 성과와 질)에서 있어 세계 리더의 자리를 유지해 왔다. 미국은 공학계의 질과 생산성 덕택에 세계에서 가장 기술적으로 발달한 나라로서의 명성을 지킬 수 있었지만, 21세기 들어 큰 변화를 맞이하게 되었다.

20세기 후반은 물리학, 가전제품, 고속 통신, 고속 장거리 교통수단이 번성했다. 실로 속도와 힘의 시대였다. 하지만 21세기는 이와 상당히 다르다. 생물학과 정보가 여전히 지배적이지만, 에너지, 물, 지속가능성과 같은 거시적 이슈가 점점 더 크게 떠오르고 있다. 이러한 이슈들은 미국의 공학자들의 강점 분야임에 틀림없지만, 그 맥락이 빠르게 진화하고 있다.

연구개발 지출의 영향

한때 미국은 연구개발에 가장 많은 자금을 투자하는 국가였지만, 오늘날 북미, 유럽, 아시아가 각각 세계 연구개발 지출의 삼분의 일을 차지한다. 미국은 연구개발의 모든 양적 평가 범주에서 '시장 점유율'을 잃어가고 있다. 1986년부터 2003년까지 미국의 세계 연구개발 지출 점유율이 9%나 떨어졌으며, 미국의 과학 관련 문헌 발간 비율도 8%나 감소했다. 신규 과학 · 공학 학사학위 취득자는 10%, 박사학위 취득자는 30% 감소하였다. 현재 중국이 매년 25만 명이 넘는 공학 학사과정 졸업자를 배출하고 있는 반면, 미국의 학사 졸업자는 6만 명에 그친다. 이렇게 미국 외의 다른 국가들이 세계적 성과를 거두고 있는 것은 진심으로 축하하고 기념할만한 일이다. 하지만 동시에 미국은 국가적으로 공학 · 기술 분야의 혁신 및 발전을 게을리하지 말아야 한다.

세계적 공학자 양성

전 세계적으로 엄청나게 많은 공학자들이 양성되고 있다. 예를 들어, 매년 중국은 25만 명, 미국은 6만 명에 이르는 공학 학사 졸업자를 배출한다. 물론 숫자가 전부는 아니고 국가마다 질적 차이가 있겠지만, 하이테크 벤처 투자가인 플로이드 크밤(Floyd Kvamme)은 '벤처 투자는 똑똑한 공학자를 찾는 일과도 같다'고 말한 바 있다. 그러므로 미국은 고등학교 졸업생 중 15% 미만만 공과대학에 진학할 수 있을 만큼의 수학 및 과학 관련 배경 지식을 갖추고 있는 문제들에 대처해야 한다.

혁신의 속도와 변화하는 특성

혁신이 변화하는 속도가 빨라짐에 따라 새로운 도전 과제가 출현하고 있다. 공학자들은 점점 더 빠른 속도로 작업하고 혁신을 일으켜야 한다. 자동차가 시장에 처음 선보였을 때, 미국 가정의 4분의 1이 자동차를 가질 수 있을 만큼 보편화되기까지 55년(인간의 수명과도 맞먹는 기간이다)이 걸렸다. 라디오가 그만큼 보편화되는 데는 22년이 걸렸고, 인터넷은 단 8년밖에 걸리지 않았다. 이렇게 보편화가 가속화하면서 혁신에 대한 갈증과 경쟁에 대한 압력이 심화되고 있다. 세계적으로 교육과 기술이 널리 보급되면서 경쟁이 더 심해져가고 있다.

마지막으로, 세계화는 공학 업무가 조직되는 방법이나 기업들이 혁신을 얻는 방법을 바꿔놓고 있다. 오늘날 서비스 부문은 미국 노동시장의 70%에 달하는 일자리를 창출해냈다. IT기반 서비스 사업은 특정 기능을 담당하는 여러 세부 요소로 나누어져 개발되거나 집행된다. 각 세부 요소들은 각기 다른 그룹의 공학자와 경영자가 책임지게 되며 사업장의 위치가 전 세계에 퍼져있다. 이러한 새로운 방식의 분업은 특히 제조 부문에서 두드러진다. 일례로, 보잉 787 여객기는 전 세계적으로 545개 장소에서 생산된 132,500개의 공학 부품으로 만들어진 것으로 알려져 있다. 세계적 IT회사 IBM의 CEO인 샘 팔마사노(Sam Palmasano)는 우리는 이제 '다국적 기업'에서 '세계적 통합기업'으로 넘어가는 과도기적 단계에 있다고 말한 바 있다. 이렇게 진화해가는 공학적 맥락에서 '개방적 혁신'이 떠오르고 있다. 기업들은 더 이상 자신 안

17) 미국공학 교육학회(American Society for Engineering Education)

18) Wadhwa, Vivek, Gary Gereffi, Ben Rissing, and Ryan Ong. 2007. Where the engineers are. *Issues in Science and Technology*, Vol. 23, No. 3 (Spring), pp. 73–84.

공학의 새로운 프런티어(frontiers)

아마 세계화와 경쟁의 결과 발생한 가장 큰 변화는 새로운 공학 프런티어의 출현일 것이다. 새로운 공학 프런티어는 크게 '미소 시스템(tiny systems)'과 '거대 시스템(macro system)'으로 나뉜다. 아주 작은 시스템은 점점 더 작아지고, 빨라지고, 복잡해져 '바이오/나노/정보'라는 수식어가 붙는 개념을 말한다. 연구 및 제품개발은 여러 종류의 과학 및 공학 학문을 공부한 남성과 여성이 팀을 이루어 진행된다. 이들은 환원주의 과학에서 통합, 그리고 시스템 구축으로 빠르게 움직인다. 이 프런티어에서 종사하면 사회적으로 중요한 시스템을 다루게 된다. 에너지, 물, 환경, 보건, 제조, 통신, 운송, 도시화가 그 예이다.

에서 혁신을 찾거나, 소규모 기업을 흡수함으로써 혁신을 사들일 수 없게 되었다. 오늘날 혁신은 타 기업에서, 타 국가에서, 심지어 경쟁자와의 협상 단계에서도 장소를 불문하고 찾을 수 있게 되었다. 한편, 미국 공학자들이 외국 국적의 공학자와 경쟁해야 하는 경우가 잦아지고 있지만 외국 국적의 공학자가 마땅한 보수를 못 받는 경우가 허다하다.

이렇게 진화하고 있는 환경에 적응하기 위해서는 발 빠른 새로운 종류의 공학자와 공학 조직이 필요하다.

마땅한 보수를 받지 못하는 외국 국적의 공학자들과의 경쟁이 잦아지고 있다. 심지어 미국 공학자들의 5분의 1밖에 안 되는 보수를 받고 일하는 공학자들도 있다. 이러한 상황에서 미국 공학자들이 입지를 잃지 않기 위해서는 현재 교육과정에서 제공하고 있는 분석적 기량, 첨단 설계, 시스템 사고 및 창조적 혁신뿐만 아니라, '소프트 스킬'도 필요하다. 소프트 스킬이란 소통 및 리더십 기량, 변화하는 조건에 적응할 수 있는 융통성, 다문화 환경에서 작업할 수 있는 능력, 공학의 비즈니스 측면에 대한 이해, 그리고 평생학습에 참여 등이다.[19]

국내 도전 과제

다음에 소개된 현상들은 우려를 자아내는 수준을 넘어 이미 미국의 혁신역량에 부정적 영향을 끼치고 있다.

- 공학, 물리과학, 의과학 및 생명과학의 연구를 위한 정부 지원금에 차이가 크다.
- 산업계와 정부의 연구 지원금 대부분이 응용 연구와 제품 개발에 투자되어 장기적인 기초 연구가 등한시되고 있다.
- 지난 수년 간 충분한 투자가 이루어지지 않아 공학 연구 시설이 낙후되었다.
- 미국 학생들 사이에서 공학, 과학, 기타 기술 분야에 대한 관심이 줄고 있다.
- 미국 연구개발 노동력 중 상당수가 외국 국적임에도 불구하고, 미국이 외국의 재능 있는 공학도와 과학도를 끌어들이거나 유치할 수 있는 능력이 있는지에 대한 의문이 제기되고 있다.

공학에 대한 대중의 낮은 이해 수준을 개선하기 위해서는 미국의 청년들이 공학과 과학에 관심을 갖도록 격려해야 한다.[20] 미국의 백인 남자 인구 중에서 공학계 종사자의 수가 눈에 띄게 줄어들고 있다. 한편, 여성과 소수 민족의 공학계 참여율을 인구의 비율만큼 끌어올리는 것도 큰 도전 과제로 남아있다.[21] 2006~2007년도에 공학 학사학위를 받은 졸업생의 단 18.1%만이 여성이었다. 이는 1996년 이래 가장 낮은 수치이다. 여성이 전체 학생 수의 58%를 차지한다는 사실을 고려하면 여성의 공학계 참여율이 심각하게 낮다는 것을 알 수 있다. 지난 10년 간 아프리카계 미국인과 라틴 아메리카계 미국인의 비율도 낮은 수준을 벗어나지 못했다. 이 두 집단은 미국 전체 인구의 27%를 차지하고 있음에도 불구하고, 공학 학사학위 수여자의 11%만을 차지한다.

도전 과제의 해결 방안

앞에 소개된 도전 과제에 대응해 앞장서서 해결해 나가야 한다. 그러기 위해서는 미국이 모든 수준의 교육과 훈련에 더 많은 힘을 쏟을 것을 약속해야 한다. 미국 정부와 산업계 모두가 연구개발 및 혁신에 더 많이 투자해야 할 것이다. 또한, 청년 세대가 과학과 기술의 새로운 프런티어를 이끌고 에너지, 환경, 식량, 의료서비스의 효율적 전달, 글로벌 서비스 경제로의 전환, 세계안보 등의 현실적 문제를 해결할 수 있도록 준비시켜야 한다.

2007년 8월, 미국 의회는 미국 경쟁력 강화법안(America COMPETES Act)을 통과시켰다. 의회에서 충분한 지원을 해 준다면 옳은 방향으로 한 발자국 더 나아간 것이라고 볼 수 있다. 이 법안은 미국 고등과학 및 수학 교육 개선에 박차를 가하고 장기적인 기초 연구를 강화 및 지속시키며, 미국이 세상에서 가장 좋은 학습, 활동 및 혁신의 장소라는 것을 확고히 할 것이다.

19) National Academy of Engineering. *The Engineer of 2020: Visions of Engineering in the New Century*. 2004. Washington, DC: National Academies Press.

20) National Academy of Engineering. 2008. *Changing the Conversation: Messages for Improving Public Understanding of Engineering,* Washington, DC: National Academies Press.

21) Minority populations in the U.S. currently include African American, Asian, Hispanic, and Native American people.

공학의 현재 상태를 개선하기 위한 기타 노력

산업계와 고등 교육기관을 포함한 미국의 많은 조직들은 공학 교육에 혁명적 변화가 일어나야 할 필요성과 중요성을 알아차리고 그에 알맞은 행동을 취하고 있다. 미국공학교육인증원(U.S. Accreditation Board for Engineering and Technology, ABET)[22]은 공과대학들이 더 융통성 있게 각자의 교육과정을 개정하고 혁신을 도입할 수 있도록 하는 접근 방식을 개발했다. 다음은 지금까지 시범적으로 실시된 몇몇 주요 개념이다.

- 공학적 배경을 가지고 다양한 경력을 쌓을 수 있도록 공학 교육과정에 융통성을 부여한다.
- 공학 학사과정 교육과정에서 연구기반 및 학생중심 학습방법을 확대한다.[23]
- 공학 교육의 확장 및 소통 · 팀워크 · 정책 · 환경 · 윤리를 강조해 점점 더 기술적으로 변하는 사회에 사는 공학자들에게 리더십을 교육한다.
- 다양한 공학 관련 평생학습 프로그램과 온라인 학습도구의 혁신적인 사용 방안 등을 개발한다.
- 사회적 소수집단(예: 여성, 아프리카계 미국인, 라틴 아메리카계 미국인, 북미 원주민 등)을 공학계로 유치하고 국내 학생들의 공과대학원 진출을 격려하는 다양한 이니셔티브를 개발한다.[24]
- 공학 교육과정은 기술적 측면뿐만 아니라 공학이 어떻게 사회를 유익하게 하는지에 대해서도 가르친다.

미국 국립공학한림원(U.S. National Academy of Engineering)의 조치

21세기에서 가장 기대되거나 가치 있다고 판단되는 것들 중 대부분은 공학자들이 기여한 바가 크다. 공학자들은 아주 작은 시스템 기술의 거시적 응용을 가능케 할 것이다. 그 예로 생물기반 재료 설계와 생산의 응용, 맞춤형 예방의학, 바이오연료, 나노기술 기반 에너지 생산, 기억 장치 등을 들 수 있다. 어려운 퍼즐을 푸는 데 엄청난 집중력을 보여주는 열정으로 가득한 공학자들과 연구가들은 우리 사회를 이끌어 나갈 주인공이다. 이러한 탐구와 이니셔티브의 지속적 수행을 격려하기 위해 미국 국립공학한림원은 2008년에 21세기의 14대 도전 과제를 발표했다.

다음 세기에서 가장 주된 주제는 지구별의 지속가능성이며, 14대 도전 과제 중 5개가 지속가능성과 연관되어 있다. 국제사회가 환경적으로 지속가능한 방법을 찾을 수 있는가 없는가는 공학자들에게 달려있다. 공학자는 태양에너지를 경제적으로 만들 수 있고, 핵융합을 통해 에너지를 공급할 수 있으며, 대기 중 탄소를 뽑아 지구 표면에 저장할 수 있는 방법 등을 개발할 수 있다. 공학자들은 건강 정보를 저장, 분석 및 소통하는 방법의 개발이나 더 효과적인 약의 설계 등의 혁신을 통해 의사나 의학 연구가 못지않게 인간의 건강문제를 개선하는 데 중요한 역할을 할 것이다. 오늘날처럼 기술이 가진 힘이 커질수록 그만큼 오용될 수 있는 기회도 증가한다. 따라서 공학자는 오용을 예방하는 방법도 찾아야 한다. 테러리스트의 핵 테러 계획을 방해하거나 사이버공간의 보안을 강화하는 것을 예로 들 수 있다. 마지막으로, 미래의 공학자들은 맞춤 학습법 및 과학적 발견을 위한 공학 도구를 개선해 인간의 역량을 강화하는 데도 중요한 역할을 할 것이다.

앞의 도전 과제 중 몇몇은 인간의 생존을 위해서 반드시 풀어야 할 기본적 숙제이다. 다른 몇몇은 자연재해나 인재의 위협으로부터 안전을 보장할 것이다. 또 다른 몇몇 도전 과제는 인간의 삶의 질을 개선한다. 21세기는 20세기와는 판이하게 다를 것이다. 공학은 전망이 밝은 분야이며, 해당 맥락과 중요성이 점점 더 방대하고 복잡해질 것이다.

미국 국립공학한림원의 14대 도전 과제

- 태양에너지를 경제적 에너지원으로 만드는 것
- 핵융합을 통한 에너지 생산
- 탄소 격리 방법 개발
- 질소순환 관리
- 깨끗한 물의 공급
- 도시 인프라 재건 및 개선
- 건강정보시스템의 선진화
- 더 나은 약의 공학적 설계
- 두뇌의 역설계
- 핵 테러 방지
- 사이버공간 보안 강화
- 가상현실 증강
- 맞춤식 학습법 개선
- 과학적 발견을 위한 도구 설계

---

22) Accreditation Board for Engineering and Technology. 2006. *Engineering Change: A Study of the Impact of EC2000*. Baltimore, MD: ABET, Inc. http://www.abet.org.

23) 국립공학한림원 집행위원회에서는 '미국에서의 K-12 공학 교육의 이해와 향상'이라는 대학 입학 전 공학 교육 관련 보고서를 2009년에 발간하였다. http://www.nae.edu.

24) 국립공학한림원의 '당신의 인생을 설계하라'가 한 예이다. http://www.engineeryourlife.org.

5.3.5.2 캐나다

대럴 존 대니럭(Darrel John Danyluk)

캐나다의 공학계는 조직화 되어있다. 공학 직무를 수행하려는 모든 공학자들은 해당 지역의 법적 기관에서 자격증을 얻어야 한다. 다음 여섯 개의 기구는 캐나다의 공학계를 이루는 요소들을 대표하는 공학 조직이다.

- 캐나다 공학자회(Engineers Canada)
- 캐나다 공학한림원(The Canadian Academy of Engineering)
- 캐나다 공학기업협회(The Association of Canadian Engineering Companies)
- 국립 공학 및 응용과학 학과장협의회(The National Council of Deans of Engineering and Applied Science)
- 캐나다 공학협회(The Engineering Institute of Canada)
- 캐나다 공학도연맹(The Canadian Federation of Engineering Students)

앞의 기구들은 캐나다 공학 리더십 포럼(Canadian Engineering Leadership Forum)을 통해 교류한다. 이 포럼은 각 기구의 대표와 간부들이 모여 국가의 공학 관련 사안을 논의하는 자리다.

1936년에 설립된 캐나다 공학자회(Engineers Canada: 정식 명칭은 캐나다 기술사 협의회, the Canadian Council of Professional Engineers)는 캐나다 공학 실무를 규제하고 16만 명이 넘는 기술사에게 자격증을 발급하는 12개 지방 및 영역 내 협회들로 구성된 국가 기관이다. 캐나다 공학자회는 회원들에게 높은 수준의 공학 교육, 전문가로서의 자격 및 실무를 유지하기 위한 국가프로그램을 제공한다. 공학자들이 타 지역에서도 활동할 수 있도록 자격증 취득을 허가하는 협회 간 인력교류 동의서에 따라 공학자들의 국내 인력 교류를 촉진하고 있다. 또한, 국내 및 국제 행사에서 회원들을 대표하고 공학계 대신 국가 정책 발전, 지침 등을 조정한다. 한편, 연방정부 및 언론사들과의 교류를 통해 전문 공학자들의 특성, 역할, 사회기여 등에 대한 이해를 넓혀 나가고 있다.

캐나다 공학자회는 캐나다공학인증원(Canadian Engineering Accreditation Board)을 통해 공학계의 높은 교육 표준에 맞는 공학 학사과정 프로그램을 인증한다. 한편, 공학자회 내 캐나다 공학자격협회(Canadian Engineering Qualifications Board)는 공학자가 마땅히 갖춰야 할 자격 요건, 실무 기준 및 윤리에 대한 국가 지침을 개정한다. 국제 위원회(the International Committee)는 캐나다 공학자회 이사회에게 새로운 기회를 제공해 공학자의 국제적 인력 교류를 유지 및 강화할 수 있도록 하고, 공학 자격 요건에 대한 공동 약속의 실행 가능성 및 사용 현황을 계속 모니터하고 있다.

캐나다 공학한림원(the Canadian Academy of Engineering, CAE)은 공학이 직업으로서 인정받은 100주년을 기념하여 1987년에 설립되었다. 한림원은 캐나다의 공학적 문제해결의 역할을 담당하는 독립적 비영리 자치 단체이며, 캐나다에서 가장 능력 있다고 평가되는 공학자들로 구성되어 있다. 1991년, 캐나다 공학한림원은 국제공학한림원협의회(the International Council of Academies of Engineering and Technological Sciences, CAETS)의 정회원으로 가입해 활동하고 있다.

캐나다 공학도연맹(the Canadian Federation of Engineering Students, CFES)은 다양한 국적의 국내 공학도 모임이다. 학생 생활을 개선하기 위해 CFES는 소통, 아이디어 공유, 회원 학교 간의 정보 교환 등을 주선한다. 학생에게 개인적 성장과 전문적 성장 모두를 보장하기 위해 CFES는 공학도와 공학계에 영향을 미칠 수 있는 사회적 변화를 학생들에게 알리고 있다. CFES는 국내외 학생들의 목소리를 하나로 모으고 캐나다 공학도들이 성장하고 21세기에 번영할 수 있도록 돕고 있다.

캐나다 공학협회(the Engineering Institute of Canada, EIC)는 정책주창 등의 사회 간 협력을 조직하고, 전문성 개발 및 교류의 지속, 캐나다 기후 변화 기술 컨퍼런스 등의 행사를 조직하는 열두 개 공학기술자회의 연합기구이다.

국립 공학 및 응용과학 학과장협의회(the National Council of Deans of Engineering and Applied Science)는 인증된 공학 프로그램을 갖춘 캐나다 소재의 30개 학술 기관 중 상당수를 대표한다. 학과장들은 1년에 두 번씩 모여 교육 전달에 단·중·장기적 영향을 미치는 공학 추세에 대한 정보를 교환한다.

캐나다 공학기업협회(the Association of Canadian Engineering Companies)는 1925년에 설립되었다. ACEC는 인공 및 자연 환경에 대한 공학 및 기타 기술기반 지식 서비스를 제공하는 전국 컨설팅회사 협회이다. 회원기업들은 전 세계의 민간 부문 및 정부 고객에게 전문 엔지니어링 서비스를 제공한다. 협회에는 약 600개의 독립 컨설팅 엔지니어링 회사와 12개 지역 조직이 회원으로 가입되어 있는데, 회원 조직들은 모두 합쳐 273개 전문 분야에서 35가지의 서비스를 제공한다.

컨퍼더레이션 브릿지

컨퍼더레이션 브릿지는 20세기 캐나다 공학계의 5대 성과 중 하나로 꼽힌다. 12.9km에 이르는 이 다리는 캐나다 동부의 프린스 에드워드 섬(Prince Edward Island)과 뉴 브룬스윅(New Brunswick)을 노섬벌랜드 해협(Northumberland Strait)을 따라 연결한다. 이 다리는 3년 반 동안의 건축기간 후 1997년에 개통되었다. 새 다리의 개통으로 당시의 선박 서비스가 더 빠르고 효율적인 교통수단으로 대체될 수 있었다. Strait Crossing Development 사가 건축 및 운영한 컨퍼더레이션 브릿지는 얼음으로 뒤덮인 바다를 지나는 세계에서 가장 긴 다리이다.

5.3.5.3 브라질

루이스 카를로스 스카바르다 도카르모 (Luiz Carlos Scavarda do Carmo), 클라우디오 아마우리 달 아쿠아 (Claudio Amaury Dall'Acqua)

라틴 아메리카에서 가장 큰 나라인 브라질은 850만㎢에 이르는 영토(그중 49.3%가 아마존 우림으로 뒤덮여있다), 1억 9천 만 인구, 그리고 미화 1조 달러에 이르는 GDP를 가지고 있다. 브라질의 해안선은 9천km에 달하고 그 하천망은 세계에서 가장 긴 것 중의 하나로 꼽힌다. 칠레와 에콰도르를 제외하고 남미대륙에 있는 모든 국가들과 국경을 접하고 있다. 브라질은 — 러시아, 인도, 중국과 더불어 — 현재 4대 세계 신흥경제국(BRICs) 중 하나이기도 하다.

수자원이 풍부하고 농업이 발달한 브라질은 세계에서 두 번째로 식량을 많이 생산하는 국가이다. 브라질의 산업 또한 탄탄하고 완전하며 정교하기 때문에 자동차, 상업용 항공기 등의 산업 분야에서 주요 행위자로서의 입지를 굳혔다. 브라질은 원양 석유 탐사 분야의 세계 리더이기도 하다. 연간 수출(총 미화 1,600억 달러 규모)의 55%가 제조 상품이다. 브라질은 야심찬 항공우주 및 원자력 발전 계획도 추진하고 있다. 또한, 브라질이 소비하는 에너지를 만들어 내기 위해선 석유 239.4톤 정도가 필요한데, 그 중 44.9%를 화석연료 대신 재생에너지원에서 얻고 있다(14.7%가 수력에서, 30.2%가 바이오매스로부터 얻어진다). 서비스 부문 또한 활성화되어 있으며 최첨단 기술을 갖추고 있다. 브라질의 이동통신망은 1억 개의 휴대 전화를 보유하고 있으며, 컴퓨터를 가진 670만 가구 중 490만 가구가 인터넷 사용이 가능하다.

브라질은 심각한 빈부격차 현상과 인프라의 부족 등으로 고통 받고 있다. 인구의 약 81%가 대서양을 따라 남쪽, 남동쪽, 북동쪽 지역에 위치한 도시에 살고 있으며, 560만 가구 이상이 주거부족 문제를 겪고 있다. 브라질 도시 지역의 단 52%만이 하수 시스템을 갖추고 있는 실정이다. 또한, 중부 및 북부 지방을 중심으로 심각한 인구 집중 현상이 나타난다. 철도망이 충분하지 못하고 160만km에 달하는 도로 중 단 12%만이 포장되어 있다. 긴 해안선과 큰 강의 하천망은 단지 수송로로 밖에 활용되지 못하고 있다. 브라질 공학의 전체적 현황을 통해 브라질이 빠르게 발전하고 있지만 아직 진행 단계에 머물러 있으며, 커다란 잠재력, 기회, 도전과제들을 안고 있다는 것을 알 수 있다. 앞에서 소개한 산업에 힘입어 브라질의 공학은 이미 상당한 기술적 수준에 도달해 있다. 하지만, 아직 공학은 지속가능한 발전의 전략적 요소로서의 지위를 달성하지 못했다.

그러나 공학자들의 숫자는 상대적으로 적다. 경제활동 인구 중 55만 명, 즉 천 명당 6명의 공학자가 있는 셈이다. 브라질에는 천 325개의 공학 교육 프로그램과 300,000명의 공학도들이 있으며 매년 2만 5천 명의 공학자를 배출한다. 공대 학생들은 전체 대학 학생 중 7.75%를 차지한다. 2005년에는 약 3만 명의 공학자가 졸업했지만 인구가 브라질의 4분의 1인 한국이 배출하는 공학자 수의 3분의 1정도밖에 안 된다. 인프라 구축, 산업 및 서비스 확장 등을 위해 공학자들을 점점 더 많이 필요로 하는 노동시장에서 공학자 부족 현상이 일어나고 있지만, 공학에 대한 젊은이들의 관심은 늘어날 기미가 보이지 않는다. 사회학을 전공하는 학생들의 수는 늘어나고 있지만 기술 관련 학문을 전공하는 학생들은 그렇지 않다. 다시 말해, 기술 전문가에 대한 상대적 수요가 더욱 커질 것이다.

1990년대, 세계화 물결에 따라 브라질 정부는 국제 상업 및 산업 시장을 개방하고 국제 경쟁에 뛰어들었다. 그 결과, 국내 컨설팅 엔지니어링이 많이 줄어들었고 몇몇 기술적으로 생산적인 부문이 민영화되었다. 능력 있는 브라질 공학자들 상당수가 선진국으로 이민가거나 직장을 옮겼다. 브라질의 엔지니어링 기업들은 여

브라질: 공학 체질 개선 프로젝트

공학에 기반한 발전과정에서 조직 차원의 이해관계자를 꼽자면 공학교육학교와 산업계, 정부 그리고 전문가 단체를 들 수 있다. 이들 모두가 공유하는 최종 목적은 같지만, 계획 수립이나 중기목표는 다양할 수밖에 없다. 이 문제에 있어 브라질은 모든 이해당사자들이 함께 공학 교육 문제를 다룰 수 있도록 하는 국내 관련 프로그램 및 프로젝트 개발과 유지, 공학자 부족 문제를 해결하는 한편 기업가적 생태 조성 및 혁신에 기여하는 새로운 공학자 양성 과정을 개발해야 하는 중대한 과제를 안고 있다.

이를 위해서는 학제간 경계를 넘나드는 유연한 태도, 지리적 · 문화적 기동성, 전략적 사고와 시장친화적 지식, 상이한 생활양식과 국적을 지닌 사람들과 어울리는 팀워크 및 리더십과 같이 전문가로서 지녀야 할 적절한 역량 구축이 요구된다.

현재 브라질이 진행하고 있는 공학 체질 개선 프로젝트의 사례는 아래와 같다. 이 두 가지는 모두 이해당사자간 통합, 중등 · 고등교육 향상, 공학에 기반한 발전 다양성에 초점을 맞추고 있다. 이러한 노력은 브라질 시민사회가 추구하는 사회적 안건 범위 내에서 공학이 적절한 자기자리를 찾는다는 점에서 중요하다.

프로젝트 1 "Project Inova": 브라질 국가 산업관리협회(National Conference of Industry)가 내놓은 이 구상안은 조직 이해당사자들의 열렬한 지원을 받고 있다. 이 프로젝트는 산업혁신을 위한 리더십 향상, 지속가능발전 담보와 같은 브라질 공학의 양대 목적을 위한 토론의 장을 만들고 있다. Project Inova가 지닌 중요한 특징 가운데 하나는 이 프로젝트가 브라질 공학 강화에 대한 제약에서 비롯된다는 점이다. 예를 들어 공학교육학교에 등록된 학생 수는 학생들의 타고난 재능과 흥미뿐만 아니라 교육의 질, 중등교과과정에서 받은 공학에 대한 동기부여를 종합적으로 고려하여 정해진다.

프로젝트 2 "Case Poli 2015": 상 파울로 대학의 기술전문학부가 창안한 이 프로젝트는 2015년 이후 졸업하게 될 학생들을 위한 새로운 목표를 수립하였다. 즉, '미래의 공학자는 사회와 환경, 문화, 경제 시스템을 한데 아우르는 지속가능한 해법을 개발할 수 있도록 과학적 분석과 전체론적 통합판단능력을 적용할 수 있어야 한다'는 것이 이 프로젝트가 목표로 하는 바이다.

러 대륙에 걸쳐 사업을 펼치고 있지만 인도나 중국에 비하면 그 영향력이 작다.

브라질 공학이 직면한 또 다른 도전 과제는 바로 고도의 기술적 콘텐츠나 부가가치를 가진 제품에 대한 수출을 늘리는 것이다. 브라질 수출의 절반 이상이 제조 상품인데, 이들 대부분이 낮은 수준의 기술적 콘텐츠를 가지고 있거나 수입된 기술 및 부품에 의존한다. 이것은 국가의 경제적 이익을 감소시키고, 일자리 창출이나 민간 투자가 잠재력에 미치지 못한다는 것을 뜻한다. 주요 행위자 사이의 교류가 전례 없었던 속도로 점점 더 복잡해져가는 세계 경제에서 공학은 지속가능한 발전의 특별한 도구가 되었다. 21세기의 사회, 환경적 도전 과제는 사회에 대한 넓은 비전을 가진 전문 공학자를 양성하지 않고서는 해결 불가능할 것이다.

5.3.5.4 베네수엘라

블라디미르 야코블레브(Vladimir Yackovlev)

베네수엘라는 916,000㎢의 영토와 2,800만 명의 인구를 가진 나라다. 베네수엘라의 문맹률은 인구의 7%(2004)이고 83%(2006)가 깨끗한 물을 이용하고 있다. 1인당 GNP는 미화 6,209달러로 매년 5%의 성장률을 보이고 있다. 공식 발표된 물가상승률은 17.3%, 실업률은 10.5%이다(2008). 한편, 비공식적으로 자영업을 하는 경우가 많다. 주요 산업은 정유, 금속, 철강 산업, 식품제조 및 화학 산업이다.

베네수엘라에는 총 18만 명(인구 1천 명당 6.5명)의 공학자와 건축가가 있다. 모든 공학자와 건축가는 베네수엘라 공학자협회(Colegio de Ingenieros de Venezuela)에 등록해야 전문가로 일할 수 있다. 1.3%인 인구 성장률에 비해 공학 전문가의 숫자는 매년 6.7%의 높은 성장률을 보이고 있다.

베네수엘라 공학자협회(Colegio de Indenieros de Venezuela)는 공공의 이익을 지키고, 정부에 조언하며, 과학과 기술의 진보를 이끌고, 회원들의 전문 활동을 감독하는 전문 기관이다. 공학자들은 인프라의 설계, 건축, 운영, 유지 등 자신의 전문 분야와 산업계, 교육 기관 및 엔지니어링 기업을 통해 사회에 크게 기여하고 있다. 하지만, 나라 전체에 걸쳐 인프라가 낙후되어가고 있는 것도 현실이다. 이러한 떠오르는 문제에 공학계가 더 많은 신경을 써야 한다.

1998년 9월, 국회는 법안 통과와 함께 국립 공학 · 주거한림원(National Academy of Engineering and the Habitat)을 창립했다. 35명의 영구 회원과 각 주를 대표하는 3명의 회원으로 구성된 학술 협력기관이다. 한림원의 주요 기능은 공학과 주거 관련 학문의 과학 및 기술에 기여하고 국가의 발전을 위한 연구를 수행하는 것이다.

국내 40개 대학이 공학사 과정을 갖추고 있으며, 그 중 몇몇은 다른 도시에 위치한 여러 캠퍼스를 가지고 있다. 이들 대학 중 약 47%는 주립대학이며, 나머지 53%는 사립대학이다. 사립대학의 성장은 20세기 후반부터 시작한 최근의 현상이다. 대학 부문의 기획청이 제공한 최신 통계에 따르면, 현재 약 87,020명의 학생이 공학을 전공하고 있는 것으로 집계됐다. 이 중 2,906명이 농업 및 산림업 부문에 몸담고 있으며, 나머지는 토목, 기계, 화학공학 등의 좀 더 전통적 분야를 공부한다. 또한, 공학을 전공하는 학생들의 41.3%가 여성인 것도 주목할 만한 사실이다.

공학사 과정은 대개 5년이고, 졸업과 동시에 기계공학자와 같은 전문가 자격이 수여된다. 베네수엘라 대학의 공과대학원에서는 공학석사, 특수전문가, 공학박사, 이학박사학위를 수여한다. 현재 290개의 대학원 과정이 진행되고 있으며, 그 중 47%가 특수 전문가과정이고, 48%는 공학석사 과정, 5%는 공학박사 과정이다.

5.3.5.5 아르헨티나

콘라도 바우에르(Conrado Bauer),
마리오 텔리체브스키(Mario Telichevsky),
미구엘 야다롤라(Miguel Yadarola)

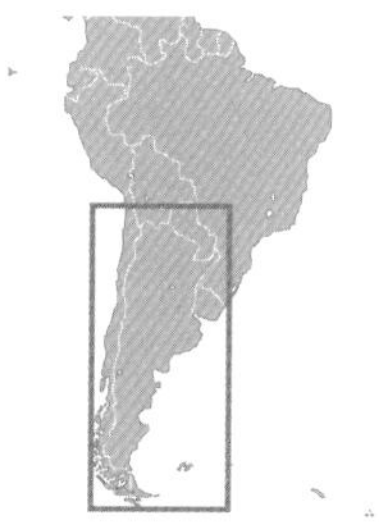

280만㎢에 이르는 영토를 가진 아르헨티나는 세계에서 여덟 번째로 큰 나라이다. 약 4천만 명의 인구를 가지고 있으며 GDP는 미화 2,456억 달러, 1인당 GDP는 미화 6,548 달러이다(2007년 기준). 문맹률은 3%에 불가하다(2003년 기준). 아르헨티나에서는 약 11만 5천 명의 공학자가 종사하고 있다.

물리적 변화, 기술적 창조, 생산적 혁신을 이끄는 공학자들은 사회 · 경제적 발전에 있어 중심적 역할을 한다. 하지만, 다른 나라에서 그렇듯 정책 결정자들은 그러한 사실을 잘 이해하지 못하고 있다. 점점 더 커지는 정치에 대한 무관심도 요인의 일부이다. 하지만 신세대 공학자들은 이러한 한계점을 극복하고, 국가발전계획과 해외 금융 사업을 통해 협력하고자 하는 의지를 보이고 있다. 아르헨티나에서 가장 많이 논의되는 공학 도전 과제는 다음과 같다.

- 교통 인프라, 운영, 수송 방식 및 안전의 개선
- 에너지 공급 개선
- 도시 위생시설의 확대
- 불평등 및 임시 주거를 감소하기 위해 산업 활동 및 인구의 분포를 고르게 하는 것
- 공학 학교 입학, 졸업, 훈련 등의 증진

아르헨티나에는 80개가 넘는 공학 교육기관이 있다. 이 중 70개는 공립대학 및 국립대학교로, 중등 교육을 마친 학생들에게 등록금을 부과하지 않는다. 나머지는 유료 사립대학이다. 총 295개 교육 프로그램이 있으며 그중 376개 프로그램은 공과대학장협의회연맹(Federal Council of Engineering Deans, CONFEDI)에 의한 교육과정 통합을 거쳐 선택된 21가지 전문 학위를 수여한다.[25] 교육과정은 5년 과정이지만 단 9.6%의 학생들만이 제 시간에 졸업한다. 중퇴율 또한 매우 높다. 1998년부터 2003년까지 국립대학을 졸업한 공학자는 11,460명, 국립기술대학 졸업생은 10,250명, 사립대학 졸업생은 4,090명이었다. 주요 공학 분야는 컴퓨터공학과 산업 · 전기 · 토목 · 화학 · 기계공학이었다. 현재 공학을 전공하는 학생의 20%만이 여성인 것으로 나타난다. 석사 후 과정에 대한 수요가 증가함에 따라 그 수도 증가하고 있다.

공학 교육과정의 품질관리는 아르헨티나 국가고등교육법(Argentine National Law of Higher Education)에 명시되어 있는 인증 제도의 일부이다. 국가평가인증협의회(the National Council for Evaluation and Accreditation)[26]는 3~6년 동안 평가를 계획하고 교육과정에 자격증을 부여한다. 인증 가이드라인과 절차는 ABET, 워싱턴 어코드, EMF의 것과 비슷하다. 이 시스템의 효용성을 높이기 위해 몇몇 공학기관들은 실제 전문직 및 생산적 부문에서 종사하는 공학자들의 의견도 평가에 반영되어야 한다고 주장한다.

CONFEDI는 2015년에 필요한 학습성과 및 능력을 도출하기 위해 정부의 교육 · 커리큘럼 · 교육학부의 대학정책국과 협력하여 개정을 목표로 공학 교육을 분석하고 있다.[27] 이 과정에서 주요 지침이 되는 개념은 바로 공학자들이 국가의 필요에 반응할 수 있도록 하는 더 나은 개념화로 국가의 필요에 부응, 형성적 · 창의적 · 실제적 활동을 증가시키는 더 매력적인 교육, 지역 공동체, 생산 및 문제와의 연계성 강화, 사회적 상황에 대한 고려 등이다. 이들 개념 중 상당수는 유네스코가 1996년에 발간한 들로

25) 연방공과대학장협의회(CONFEDI). http://www.confedi.org.ar.
26) 아르헨티나 국가평가인증협의회, http://www.coneau.gov.ar.
27) 교육부 대학정책국. http://www.me.gov.ar/spu/

르 보고서(Delors Report)[28]에서 언급된 바 있다. 이 보고서는 '알기 위한 학습, 행동을 위한 학습, 더불어 살기 위한 학습, 되기 위한 학습'이라는 구호를 평생학습의 4대 축으로 제시해 공학 교육을 고무시켰다.

20세기 말, 아르헨티나는 심각한 공학자들의 인재 유출 문제로 몸살을 앓았다. 새로 배출되는 공학자들의 수는 경제 회복과 함께 증가하는 수요를 충당하기엔 아직 부족하다. 공학 프로그램 입학률은 1990년에 감소하기 시작해 1996년과 1999년 가장 낮은 수치를 보였다. 2000년도에 지역 생산을 격려하는 정책이 도입되면서 경기가 회복되자 2000년부터 2007년 사이 입학률이 11%나 늘었다. 2005년에는 3만 명의 학생이 공대에 입학했지만 같은 해 공학 교육과정을 졸업한 학생 수는 5천 명에 그쳤다. 즉, 아직 중도에 이탈하는 공학도들이 많다는 얘기다.

이러한 이유 때문에 정부는 공학 프로그램 입학생 수와 졸업생 수를 증가시키기 위해 장학금과 지원금을 지원해 공학 학교가 개선될 수 있도록 하고 있다. 해외에서 종사하고 있는 아르헨티나 국적의 공학자들을 국내로 유치하는 데도 지원을 아끼지 않고 있다. 정부의 과학 · 기술 · 생산적혁신청은 작년에 공식 부처로 승격되어 공학 교육 및 연구, 그리고 생산과의 연관성을 확대 및 개선하는 프로그램을 주도하고 있다. 2000년과 2008년 사이 공학에 대한 정부의 연간 예산이 매년 16%씩 증가해 2008년도 예산이 미화 7억 달러에 달했다. 또한, 공학자의 교육 및 훈련을 위해 사립 학교와 민간 기업이 지원한 금액도 빼놓을 수 없다.

오랫동안 아르헨티나의 공학 연구개발에 대한 투자는 과학에 대한 투자에 비해 적었다. 하지만 최근 들어 정부와 민간 부문이 기술 연구를 적극 지원하기 시작했다. 2003년에는 연구개발에 대한 총 투자자금이 GNP의 0.5%에 이르렀으며, 2008년에는 0.8%로 증가했다. 2010년이 되면 1%대에 진입할 것으로 보인다.

법적으로 아르헨티나 공학계는 전국 곳곳에 분포되어 있는 '전문가 협의회(Professional Councils)'와 '공과대학협의회'라는 공학자들이 운영하는 기관에게 통제받도록 되어 있다. 이 기관들은 국가를 대신해 공학전문가 등록, 공학 업무 및 윤리성을 관리한다. 이 기관들 외에도 공학자들은 지역 협회나 공학자 센터를 중심으로 자유롭게 조직화한다. 이러한 공학자 기관들의 전국적 집합체가 바로 UADI이다.[29] UADI는 아메리카 대륙 협회인 UPADI와 WFEO의 회원이며, 공학자들을 대표하고 국가를 위한 전문직 활동을 개선하는 기능을 한다. 공학 전문직은 전문가 협의회가 승인하고 아르헨티나 국립공학한림원이 감수한 윤리 헌장을 따른다.[30]

28) Jacques Delors. 1996. *Learning: the Treasure Within.* Report to UNESCO of the International Commission on Education for the Twenty-first Century. UNESCO publishing, Paris.

29) UADI. http://www.uadi.org.ar

5.3.5.6 카리브해 국가

고셋 올리버(Gossett Oliver)

인간의 생각과 행동, 그리고 문명을 움직이는 주요 동력인 공학 및 관련 상품, 서비스 및 통찰력 등은 세계 모든 곳에서 인간의 삶에 큰 영향을 미친다. 한 나라의 도전 과제 해결 능력과 시민의 필요를 충족시킬 수 있는 능력은 과학 · 기술 지식을 기초로 한 공학의 발전 및 응용에 따라 달라진다.

소수의 경우를 제외하고, 모든 선진국들은 과학기술개발 및 사용의 전문가들이다. 한편, 개발도상국들은 이러한 도구 사용의 역량이 부족하다. 선진국과 개발도상국을 구분하는 기준이 과학기술 역량이라고 해도 과언이 아니다. 선진국 내에서도 과학 · 기술의 역량 차이가 빈부격차 현상을 심화시키고 있다. 카리브해 국가 내의 과학 · 기술적 격차를 메우기 위해서는 제일 먼저 정책과 전략, 계획을 다듬고 공학을 혁신적으로 이용해 사회경제적 문제를 해결하고 환경을 보호해야 한다.

영어를 공식 언어로 사용하는 카리브해 국가 중 자메이카와 트리니다드토바고(총 인구는 600만 명) 두 국가만이 비교적 긴 과학적 지식 및 응용의 역사를 가지고 있다. 이 두 국가는 카리브해에서 가장 먼저 과학 및 기술의 사용을 안내하는 법을 제정해 국내 천연자원을 이용하기 시작한 나라이다. 이 사실은 자메이카가 아메리카 대륙에서 가장 먼저 전기, 철도망, 식물원 등을 설치하고, 연구 결과를 적극 응용해 설탕수수 수확량을 늘린 국가인 것을 고려하면 그리 놀랄 사실이 아니다.

카리브해의 작은 나라들의 전문가 수와 물질적 자원은 비교적 제한되어 있다. 한편, 가장 먼저 해결해야 하는 도전 과제는 다름 아닌 더 포괄적이고 더 나은 법률 제도를 마련하는 것이다. 자원 보유량이 제한되어 있기 때문에 카리브해 주민들은 자원을 최대한 효율적으로 사용하고, 빠른 변화에도 잘 적응할 수 있는 융통성을 기를 수 있었다.

30) 국립공학한림원(National Academy of Engineering). http://www.acadning.org.ar

카리브해 국가들은 아주 적은 수의 전문가로도 신중하고 집중적으로 과학 · 기술을 관리할 수 있어야 한다. 지역적으로 어떠한 문제를 다룰 것인지, 해외로부터 배워야 하는 것은 무엇인지, 그리고 이 둘을 어떻게 결합할 것인지는 피할 수 없는 시급한 질문이다. 이 질문을 답하는 데 있어서 모니터링, 평가, 학습 등이 필수적으로 이루어져야 한다.

카리브해 국가들은 만성적인 생산 문제를 해결하기 위해서는 현존하는 기술과 공학적 지식을 이용해야 한다는 것을 깨달았다. 한편, 꼼꼼히 더 강한 연구개발 기반을 구축해 문제 해결 방안을 마련하고 어떤 문제가 발생할 것인지 예측해야 함도 깨달았다. 따라서 새로운 지식을 탐지하는 능력 및 파트너십을 강화하고 제한된 천연자원의 한계에 대처할 수 있는 시스템을 구축해야 한다.

카리브해의 국가들은 탄탄한 대학 시스템과 유서 깊은 과학적 내력을 가지고 있지만, 국내의 과학 연구 성과를 기술, 상품 및 서비스로 변환시키는 데는 어려움을 겪고 있다. 자본재, 지원금, 실행기계, 공학 및 기업가 정신 역량 등이 부족하기 때문이다. 카리브해의 민간 부문은 규모가 작을뿐더러 발전 접근 방식이 매우 보수적이기 때문에, 기술적 투자에 대한 위험 감수를 꺼리는 대신 국채, 증권 및 소매업에 의존한다. 민간 부문의 상당 부분이 혁신과 기술적 발전을 멀리하고 있다.

범죄 또한 주요 문제로 떠오르고 있다. 카리브해 국가들은 해안선이 많아 현대식 감시 및 탐지 기술 없이는 밀수품, 불법 마약, 무기 등의 국내 유입을 막을 수 없다.

카리브해 국가들은 기본적 과학 · 기술 인프라는 갖추고 있지만 기술 중심 사업에 대한 벤처 캐피탈과 파일롯 플랜트 시설이 부족하다. 따라서 은행들은 지식경제에서 위험을 예측하는 평가역량을 개선해야 한다. 한편, 대학 및 기타 고등 교육 졸업자들이 지식을 상업화하고 혁신적 상품 및 서비스를 창출할 수 있도록 격려하는 것도 탄탄한 국내 경제를 구축하는 데 없어서는 안 될 요소이다.

주요 전략분야

카리브해 국가들이 평화와 번영의 길을 걷기 위해서는 다음과 같은 공학의 전략분야가 꼭 필요하다.

전국의 과학 · 기술 정보의 수집 및 사용

오늘날과 같은 지식기반 사회에서 정보는 가장 영향력 있는 화폐라고도 할 수 있다. 정보를 제 시간에 널리 보급하는데 있어서 시장에는 한계가 있다. 따라서 정부가 나서서 담당 기관과 정책을 설립해 국가의 기본적 통계 수치를 수집 및 분석하고, 기업 발전 및 사회적 변화가 윤활히 이루어지도록 분배하는 계획을 이행해야 한다. 또한, 카리브해 국가들은 역내 및 국제 네트워크를 통해 국내 기업과 문화규범에 영향을 끼칠만한 기술적 동향, 과학적 발전, 기업 및 무역 신호를 향해 귀와 눈을 열어 놓아야 한다.

그러한 목적을 달성하기 위해서는 다음과 같은 최소한의 요건이 충족되어야 한다.

- 어떠한 과학 · 기술 기량, 기관, 조직 및 사업이 있는지에 대한 정확한 정보를 수집한다.
- 위의 지식을 현재의 산업, 제조, 서비스 및 사회적 수요와 대응시켜 격차를 식별해 줄여 나간다.
- 성과 평가 기준과 국내 과학 · 기술 및 공학 활동을 모니터하고 평가하는 데 필요한 표준을 세워 개발을 돕고 자원의 사용을 최적화한다.
- 국가 예산을 성과에 따라 할당하는 메커니즘을 수립한다. 특히 각 부처 및 주요 법적 기관의 과학 · 기술 활동에 주목한다.
- 카리브해 환경에 적절한 지식을 공유한다. 특히 제품 생산, 서비스 및 여가 활동에 대한 지식에 주목한다.

지적 능력

지적 자본은 국가 발전의 기반이다. 한편, 지식은 국내 정보의 발전 및 분석, 그리고 범지구적 지식의 추구로부터 양산된다. 기업의 확장 및 활성화 증진을 위한 효율적 지적자산관리의 중요성은 그 어느 때보다 커졌다. 자원의 분배를 최적화하고 제때에 발전을 이룩하기 위해서는 고급 수준의 다양한 측면의 사회적 지식을 배경으로 정책 및 계획을 수립해야 한다. 따라서 역내 사회경제적 발전에 있어 전 세계를 잇는 정보 네트워크가 꼭 필요하다. 특히 카리브해 국가들과 같은 작은 나라들이 그렇다.

따라서 다음과 같은 목표의 중요성을 거듭 강조한다.

- 해외에 있는 대사관 등과 사회적 지식 네트워크를 구축한다.
- 외교관, 정치인 등 정부 관계자, 무역협회장, 국내 지도자들에게 과학 · 기술 재화와 그 영향에 대해 교육한다.
- 과학 · 기술지식의 수집, 분석, 보급 및 피드백을 최대화할 수 있는 지역 체계를 마련한다.

정보통신기술 경쟁력의 강화 및 확대

세계화와 증가하는 생산 및 무역은 정보학과 이동통신을 중심으로 가속화되고 있다. 과학적 발견의 결과로 탄생한 기술들은 전기, 전파, 레이저, 트랜지스터, 월드 와이드 웹, 웹 브라우저 등과 같은 다양한 실질적인 개발로 이어졌다. 이러한 기술개발의 영향은 우리의 삶 곳곳에 침투되어 있다. 기술이 널리 보급되고 그 사용 수준과 개선 수준이 높은 나라는 이미 많은 경제적 이익을 얻었다. 한편, 기술적으로 뒤떨어지는 나라들은 지식공유 및 응용에서도 뒤떨어지고 있다. 기술로부터 사회경제적 발전을 이끌어내기 위해서는 경쟁의 자유화 및 개방, 인프라 확장, 균형있는 규제, 관리 및 조직의 혁신, 더 많은 수의 기업과 기관이 생산과 마케팅을 개선할 수 있도록 기술을 이용하도록 격려하는 등의 조치가 취해져야 한다. 따라서 사회 전체가 정보를 얻고 공유하며 사용할 수 있도록 과학 · 기술 분야의 경쟁력을 키우는 것이 필수적이다. 카리브해 국가들은 정보통신기술 정책 개선과 다음과 같은 기술에 대한 경쟁력을 길러야 한다.

- 소프트웨어 개발
- 하드웨어의 설계 및 조립
- 문화 상품
- 경제의 주요 동력이 되는 서비스(예: 관광, 금융 등)

환경 보존

변화의 과정에서 환경 보호가 고려되지 않는다면 사회경제적 발전은 지속가능하지 않을 것이다. 특히 카리브해 국가들처럼 작은 열대기후 섬들은 손상되기 쉬운 자연 환경을 가지고 있고, 인구가 증가하고 있으며, 교통수단 및 산업화의 압력에 노출되어 있으므로 환경 보호를 더더욱 고려해야 한다. 경제 발전과 인간발전, 환경 보호에 균형을 가져오기 위해서는 지역 정보를 최대한 이용해야 한다. 그러기 위해서는 연구를 빈틈없이 수행하고, 국제적 표준 등의 성취를 가져올 수 있도록 연구 결과를 창의적으로 응용해야 한다. 따라서 생물다양성, 생물안전, 생물적 환경정화 관련 과학의 중요성이 갈수록 커질 것이다.

© Oliver

쓰레기 매립장

환경과 시민을 보호하기 위한 정책 이니셔티브는 다음과 같은 최소 요건을 충족해야 한다.

© Oliver

2007 허리케인 딘의 영향

- 연구개발을 개선해 생태학적 압박을 줄이고, 자연재해 및 인재로 인한 홍수나 가뭄 등의 긴급 상황에 대처할 수 있도록 한다.
- 생물안전 규제 및 측정지표를 마련한다.
- 건축 법규를 개선한다.
- 건설과 농업의 균형적 발달에 영향을 미치는 정보를 제공한다.
- 평평하고 농경에 적절한 땅을 확보한다.
- 환경 보호 전략을 성공적으로 이행할 수 있는 방법을 찾는다.
- 적절하고 효율적이며 환경오염을 덜 일으키는 연료를 역내 에너지 믹스에 도입해 에너지 사용에 큰 변화를 불러올 수 있다.

재해대책 기술

카리브해 국가들은 허리케인, 홍수, 지진 등 재해의 위험에 노출되어 있다. 따라서 부지의 선택, 재료의 적합성, 건설비용 등을 개선할 수 있는 재료기술 및 나노기술 등의 현대기술에 특히 주목해야 한다.

현재 시급한 것은 적당한 가격의 안전한 주거시설을 마련하는 것이다. 이를 이루기 위해서는 다음과 같은 조치를 취해야 한다.

- 열대기후 지역에 적절한 건축 재료 및 기술의 종류를 꼼꼼히 조사한다.
- 연구개발 기관들에게 이 분야에서 많은 기회가 창출될 수 있다는 것을 알리고 전문 조직들의 참여를 장려한다.

© CARUP

제 6 장

발전을 위한 공학: 응용과 인프라

공학역량 강화 및 공학의 응용, 그리고 인프라는 사회 경제 발전에 없어서는 안 될 아주 중요한 요소이다. 지식사회와 경제를 이끄는 세계 지도자들도 국제회의나 세계 정상회의의 선언서를 통해 이러한 사실을 역설하고 있다. 하지만 발전 정책 및 계획에서 공학이 계속해서 간과되고 있다. 새천년개발목표(MDGs)나 빈곤 감소 전략보고서(Poverty Reduction Strategy Papers, PRSPs)에도 공학은 전혀 명시되지 않고 있다. 이 장에서는 발전을 위한 공학의 응용과 인프라를 중점으로 새천년개발목표와 관련된 국제개발 우선순위를 공학 표준에 연결시켜 논의한다. 핵심 중점은 빈곤 감소이며 남아프리카공화국의 사례, 새천년개발목표와 지속가능한 발전에 대한 연구, 공학 표준과 지속가능한 발전이다.

기술은 기후 변화 완화 및 적응에 중요한 역할을 한다. 이는 기후 변화에 관한 정부간 협의체(IPCC)와 여러 국가 정부들도 인정한 사실이고, 이러한 맥락에서 공학의 역할은 필수적이다. 아이티 대지진을 통해 증명되었듯, 공학은 재해대응, 재건, 위험 감소 등의 비상사태에서도 꼭 필요하다. 발전을 위한 기술은 현지 맥락에 적절해야 한다. 이에 1960년대부터 '적정기술'이 주목받기 시작했다. 적정기술에 대한 의견이 세계 곳곳마다 다르긴 하지만 말이다. 이 장에서는 특히 흥미로운 적정 건축기술 사례와 함께 적정기술을 소개한다. 공학 인프라에 대한 부분에서는 물 공급과 위생, 에너지, 교통수단, 통신, 신뢰성, 유지 관리 등을 다룬다. 결론 부분에서는 개발도상국의 인프라 발전에 대해 다루는데 인프라의 중요성에 주목할 수 있도록 설계된 '인프라 보고 카드'에 대해 남아프리카공화국, 호주, 미국의 예를 들어 논의한다.

2009년 재정부양정책에 대한 조사

전 지구적 재정위기는 대다수의 주요 국가들이 재정부양정책을 내놓는 계기가 되었으며, 여기서 재정부양정책은 지출 및 조세부담 조정을 통해 경기를 활성화시키는 일련의 정책묶음을 말한다. 경제학에서 보는 재정부양책은 단기 총수요의 진작을 통해 경기 하강기동안 경제 활동을 활성화하기 위함이다. 일반적으로 이러한 재정부양책은 컨설팅 및 공학관련 서비스를 필요로 하는 사회기반시설 프로젝트에 상당량을 할애한다. 공학관련 서비스 수요 충족을 통한 사회기반시설의 전반적인 효과는 국제엔지니어링 컨설팅연맹(FIDIC)에서 모니터링한다. 서두에서 언급한 바와 같이, 여기 전 세계 경기부양책에 대한 FIDIC의 흥미로운 조사결과를 소개한다. 경기부양책에 쓰인 돈은 총 2조 350억 달러로 이 가운데 1조 1630억 달러가 사회기반시설에 책정되었으며, 약 200억 달러가 공학관련 컨설팅 서비스에 사용될 것으로 조사되었다.

〈표〉 재정부양책: 사회기반 시설 요소

(단위: 미달러)

국가	수단	실시	총액	사회기반 시설
유럽연합	유럽이사회의안건(아래의 연합구성국 경기부양책 포함)	2008년 12월 11~12일	2천 52억 달러	추가조치를 위해 2천 180억 달러 책정
호주	선언	2008년 10월 15일	74억 달러	
		2008년 12월 12일	22억 달러	22억 달러
브라질	법안 정식 서명	2009년 1월 23일	200억 달러	377억 달러
캐나다	선언	2009년 1월 13일	300억 달러	
칠레		2008년 1월 5일	20억 달러	7억 달러
중국	선언	2008년 11월 10일	6천 억 달러	5천 400억 달러
홍콩(중국)			72억 달러	
대만(중국)			18억 달러	

〈표〉 재정부양책: 사회기반 시설 요소(계속)

국가	수단	실시	총액	사회기반 시설
이집트		2008년 12월	27억 달러	
프랑스			328억 달러	132억 달러
독일	1차 및 2차 재정부양정책	2008년 12월 ~2009년 1월	643억 달러	176억 달러
헝가리			65억 달러	
인도		2008년 12월 7일/2009년 1월 2일	600억 달러	335억 달러
이스라엘		2008년 11월	57억 달러	20억 달러
이탈리아			1천 10억 달러	209억 달러
일본		2008년 8월~12월(3차례)	1천 330억 달러	
대한민국		2008년 11월	110억 달러	78억 달러
말레이시아		2008년 11월 4일	19억 달러	9억 달러
네덜란드			76억 달러	
페루		2008년 12월 8일	33억 달러	
포르투칼			83억 달러	
러시아			200억 달러	
싱가포르	선언	2009년 1월 23일	149억 달러	32억 달러
스페인			479억 달러	113억 달러
스웨덴	선언	2008년 12월 5일	11억 달러	1억 달러
스위스	정부 승인		8억 달러	
태국	정부 승인	2009년 1월 16일	36억 달러	
영국	선언	2008년 11월	300억 달러	
미국	미국 경기회복 및 재투자법 초안	2009년 1월 15일	5천 500억 달러	1천 800억 달러
베트남			60억 달러	30억 달러

공학관련 컨설팅 서비스에 대한 수요

사회기반시설에 대한 투자는 총고정자본형성(GFGF)의 증가와 같다. 이는 이미 처분했거나 폐기된 고정자본의 잔량에 가계와 기업, 정부와 같은 경제주체가 구입으로 증가한 고정자본의 가치로 측정한다. 이 개념은 고정자본재의 순 증가가치를 측정할 목적으로 고안되었지만, 자산가치의 평가절하를 포함하지 않으므로 총량의 개념으로 불린다. FIDIC에서는 공학관련 컨설팅 서비스에 대한 수요를 가늠하기 위해 국가별 총고정자본형성 측정치를 사용한다. 이러한 방법을 통해 위에서 밝힌 바와 같이 동 서비스 분야에서만 추가로 약 200억 달러가 쓰일 것으로 파악된다.

6.1 공학, MDGs 및 기타 국제개발 목표

6.1.1. 공학과 새천년개발목표

요 다 실바(Jo da Silva), 수잔 토마스(Susan Thomas)

새천년개발목표(MDGs, 2015년까지 세계적 빈곤을 감소하고, 삶의 기준을 개선하기 위한 일련의 목표)는 모든 나라에서 범지구적으로 성취되어야 한다. 하지만 그러기 위해서는 전통적 방식을 버려야 할 것이다. 지금부터 2015년까지 끊임없이 조취를 취해야 목표를 달성할 수 있다. 교육자, 간호사, 공학자들을 양성하는 데는 오랜 시간이 걸린다. 도로, 학교, 병원을 짓는 일도, 중소기업과 대기업을 키워 일자리를 창출하는 일도 오랜 시간이 걸린다. 따라서 지금 당장 시작해야 한다. 또한, 향후 몇 년간 세계적으로 개발 원조를 두 배로 늘려야 한다. 그렇지 않으면 새천년개발목표를 달성할 수 없다.

새천년개발목표를 달성하는 데 공학의 역할은 필수적이다. 애럽은 이 개념을 승화시켜 빈곤과 새천년개발목표에 직접적으로 연관된 주제를 연구하는 변화의 동력(Drivers of Change) 이니셔티브에 박차를 가했다. 공학자들도 주도적인 행동을 취할 수 있음을 보여주는 모범 사례로, 영국의 엔지니어링 기업인 애럽은 국제개발팀을 조직했다. 이 팀은 개발도상국에 대한 투자의 장기적 이익을 극대화시켜 빈곤과 취약성을 줄이는 동시에 환경영향을 줄이는 것으로 새천년개발목표에 대응하고 있다.

공학의 역할

공동체 인프라는 빈곤을 완화시킬 수 있는 핵심 요소이다. 따라서 공학자들은 모든 새천년개발목표에서 필수적 역할을 한다. 깨끗한 물이 공급되지 않고 위생상태가 나쁘다면, 질병이 발생해 생산성이 떨어질 것이고 마실 물을 구하기 위해 많은 시간을 낭비하게 된다. 도로 없이는 극빈층 사람들이 자신들의 물건을 시장에 내다 팔 수 없다. 기본 인프라는 경기가 좋아질 때까지 기다릴 수 있는 사치품이 아니라, 경기를 호전시킬 수 있는 기본 조건이며, 시급하게 채워져야 하는 지속적 요구 조건이다.

다음 장의 표 1은 물리적 인프라와 새천년개발목표 사이의 관계를 나타낸 것이다. 이 표를 통해 사회 경제적 투입의 중요성을 알 수 있다.

오랫동안 빈곤 감소 전략은 주로 부족한 시설을 직접 마련하는 것을 중심으로 이루어졌다. 지난 20~30년 간 국제 금융기관들은 부족한 인프라 마련 사업에 집중적으로 투자했는데, 대부분 값비싸고 운영 및 유지에 대한 고려가 제대로 이루어지지 않은 사업들이었다.

변화의 동력(Drivers of Change)

약 5년 전, 애럽은 사회, 전 세계의 기업과 그 고객들에게 큰 영향을 미칠 것으로 예상되는 분야가 무엇인지에 대한 연구를 시작했다. 지금까지 각 변화를 이끄는 동력의 사회적, 기술적, 경제적, 환경적, 정치적 영향을 설명하는 일련의 카드를 통해 연구의 결과를 발표해 왔다(역자 주: 한국에서는 2011년에 에딧더월드가 『지속가능한 미래예측 tool kit』라는 이름으로 출판하였음). 지금까지 발표된 주제는 에너지, 폐기물, 기후 변화, 물, 인구 및 도시화이다. 2007년의 연구 주제는 바로 변화의 동력으로서 바라본 빈곤이었다. 이것은 애럽의 '더 나은 세상을 만들고자 하는' 미션을 반영하고 있다. 전 세계적으로, 약 24억 명이 위생 시설을 이용할 수 없는 실정이다. 23억 명은 안정된 에너지 보급을 받지 못하고 있으며, 12억 명은 안전한 물을 마실 수 없다. 이에 더해 기타 교통수단 및 통신 인프라가 부족한 현실을 알리는 것은 새천년개발목표 달성의 첫 걸음이다.

빈곤을 감소하려면 물질적 변화뿐만 아니라 사회 문화적 변화를 동반해야 한다. 빈곤에는 여러 가지 관점 및 해결 방안이 있는데, 여기에 기술적 공학적 기반뿐만 아니라 다른 복합적 요소가 요구된다. 인프라만 개선되고 인프라에 대한 접근성이 향상되지 않는다면 빈곤이 감소할 리 없다.

먼저, 우리 앞을 막고 있는 것이 무엇인지 지금 당장 찾아내야 한다. 그렇게 하려면 새천년개발목표에서 한 발자국 물러나 지금 당장의 필요가 무엇인 지 알아보는 방법(needs-based approach)도 효과적일 수 있다. 필요를 충족하기 위해서는 필요가 무엇인지 먼저 이해해야 한다. 하지만 공학자들은 마치 연극의 목적이 무엇인지도 모르는 채 연극 무대를 뚝딱 만들어버리는 무대 설치공과도 같다. 전문가인 공학자들은 어떠한 이슈를 시간을 들여 깊게 탐구하거나 그 이슈가 발생하게 된 원인과 다른 이슈와의 연관성에 대해 생각하지 않는 경향이 있다.

오래 전부터 지속가능성이 중점 이슈로 떠올랐다. 지속가능성은 인류와 환경이 균형을 이룬 세계, 즉 유토피아다. 지속가능한 발전은 환경과 인간 간의 균형을 찾아가는 과정이라고 할 수 있겠다. 하지만 지금까지 이러한 목표에 가까워지기는 커녕 환경적 건강이 악화되고, 자원이 고갈되며, 생태계가 병들어버렸다.

'지속가능성'이라는 애매모호한 개념에 집중하기보다는 더 행복

표 1: 물리적 인프라와 MDG 사이의 관계

서비스	물리적 인프라	사회 · 경제적 투입의 예	MDG 목표	MDG효과
국내외 이동 상품의 수출입 여객의 출입국	항만/항구 공항 고속도로 철도	무역협정	8	국제적 파트너십
서비스 산업	사무실	직업훈련 외부 투자	8	국제적 파트너십
제조 및 프로세싱	공장 산업 유닛	직업훈련	8	국제적 파트너십
급성 질병 치료	병원 제약회사	의료교육 가격 접근성	4, 5, 6, 8	질병 감소
계속 교육	종합대학 단과대학 중 · 고등학교	교육기관 네트워크 교육과정 개발 가격	8	국제적 파트너십
통신	무선 네트워크 이동통신망 유선전화망 텔레센터	직무교육 민간기업	3, 6, 7, 8	국제적 파트너십
전력 공급	발전소 배전	수요관리 가격	7, 8	국제적 파트너십
농업 및 식량 배분	지방 도로 관개 지역 시장	훈련 정보	1, 4, 5	극심한 빈곤퇴치
대중교통/접근성	보도/자전거도로 버스 시스템 수상 교통	수요 분석 가격 도로 안전	1, 2, 7, 8	
1차 진료	보건소	건강 증진 건강 교육	3, 4, 5, 7	산모 건강
초등교육	초등학교	교사 교육 가격 교육과정 개발	2, 3, 7	보편적 초등교육
공동체 동원	마을회관 공공 건축	공동체 요구 건축기술	1, 3	극심한 빈곤퇴치
주거	집	건축기술 대지 수요	1, 7	극심한 빈곤퇴치
재해위험 감소	대피소 홍수 예방	공동체 인식 경고 시스템	1	극심한 빈곤퇴치
위생/폐기물 관리	화장실 하수 시스템 고형 폐기물 수송 매립장 재활용 플랜트	위생 증진 공동체 관리 재활용	1, 2, 3, 4, 5, 7	유아 사망 감소
물 공급	정수장 저장시설 상수도시스템	위생 증진 공동체 관리 유지보수 교육 민간기업	1, 2, 3, 4, 5, 7	유아 사망 감소

© Joe Mulligan, EWB-UK

공동체 인프라는 빈곤을 완화시키는 열쇠이다.

하고 안전한 미래를 구축하는 것에 더 주목해야 한다. 우리의 목표는 미래의 가정, 이웃, 공동체 및 국가 단위의 인간 사회의 성공적 미래를 이끌어내는 것이다. 합리적이고 윤리적인 시각에서 봤을 때, 지속가능성의 요소(경제 환경적 책무와 시민사회)가 목표 그 자체가 되어서는 안 된다. 이들은 오랜 시간에 걸쳐 더 많은 사람들에게 더 나은 기회를 줄 수 있는 미래를 향해 나아가는 수단에 머물러야 한다. 지속가능성은 물리적 현실이자 정치적 선택이다.

지금 우리가 살고 있는 세계의 자원은 한정되어 있다. 따라서 하

새천년개발목표(The Millenium Development Goals, MDGs)

2000년 9월, 유엔 새천년 정상회의에서 190개 국가가 모여 지구적 빈곤을 감소하고 생활 수준을 개선하기 위해 도출한 여덟 개의 새천년개발목표(MDGs)는 다음과 같다.

- **목표1**: 극심한 빈곤 및 기아를 없앤다. 1990년부터 2015년까지 하루 1달러 미만으로 살아가는 사람과 기아로 고통 받는 사람의 비율을 반으로 줄인다.
- **목표2**: 초등 교육의 보편화를 달성한다. 2015년까지 세계 어디에서나 성별을 불문하고 완전한 초등 교육과정을 마칠 수 있도록 한다.
- **목표3**: 양성평등을 장려하고 여성인권을 신장한다. 가급적 2005년까지 초등 및 중등교육에서 남녀 간 불균등을 없애고 2015년까지는 모든 수준의 교육에서 남녀가 평등할 수 있도록 한다.
- **목표4**: 유아사망률을 줄인다. 2015년까지 1990년 대비 3분의 2인 5% 미만으로 줄인다.
- **목표5**: 모성보건을 개선한다. 2015년까지 임산부 사망률을 1990년 대비 4분의 3으로 줄인다.
- **목표6**: HIV/AIDS, 말라리아 등 질병을 퇴치한다. 2015년까지 HIV/AIDS, 말라리아, 기타 질병의 확산을 멈추고 나아가 감소시킨다.
- **목표7**: 환경적 지속가능성을 보장한다. 국가정책 및 계획에 지속가능한 발전의 원리를 포함시켜 잃어버린 천연자원을 되찾고 2015년까지 안전한 식수 및 기본적 위생 보급률을 두 배로 높인다. 2020년까지 최소한 1억 명의 빈민촌 거주자의 생활기준을 크게 개선한다.
- **목표8**: 발전을 위한 국제적 파트너십을 개발한다. 최빈국과 작은 섬나라들의 특수한 필요가 무엇인지 파악하고 개방되고 예측 가능하며 차별 없는 규칙기반 무역 및 금융 시스템을 마련한다. 개발도상국의 부채 문제를 완전히 해소한다. 청년들에게 생산적이고 제대로 된 일자리를 제공할 수 있는 전략을 이행한다. 제약 회사와 협력해 개발도상국에게 필수적 약품을 적당한 가격에 제공한다. 민간 부문과 협력해 새로운 기술, 특히 정보 및 통신기술의 혜택을 많은 사람들이 누릴 수 있도록 한다.

나로 통일된 설계 접근 방식, 즉, 통합설계(unified design)가 장기적 가치 창출을 위한 가장 합리적인 방식이라고 할 수 있다. 신중히 통합설계 접근방식을 따르기 위해서는 여러 가지 이슈를 오랫동안 깊고 넓게 탐구하는 한편 이슈들 간 교차점도 찾아봐야 한다. 행동심리학자, 사회학자, 물리학자, 인류학자, 경제학자, 공중보건 관계자 모두 넓은 의미의 설계 및 공학 세계의 일부가 되어야 한다.

'통합설계'는 기회를 만들어낼 수 있는 가장 좋은 방법이 될 수 있다. '통합설계'는 특정한 이해관계로 인해 설계 아이디어가 세상에 나오지 못하도록 막는 것을 예방하고 인간 발전을 오랫동안 지속한다는 최종 목적을 향해 끊임없이 전진할 수 있도록 한다.

공학계가 직면한 가장 큰 도전 과제는 바로 상류(upstream)로 올라가는 것이다. 프로젝트 기획, 스케줄 작성 및 예산을 짜는 데 공학자가 반드시 참여해야 한다는 것을 알려야 한다. 공학자들이 단순한 기술자가 아니라 통합 솔루션을 전달하는 탁월한 매체가 될 수 있다는 인식을 넓혀야 한다.

오브 애럽(Ove Arup)은 다음과 같이 말했다. "공학 문제에는 명확한 정의가 없다. 좋은 해결책, 나쁜 해결책 등 다양한 해결책들이 있을 수 있다. 공학자의 역할은 바로 좋은 해결책에 도달하는 것이다. 이것은 상상력, 직관, 신중한 선택을 요하는 창조적 활동이다. 공학자들은 이러한 창조적 활동에 참여해야 한다."

새천년개발목표를 보면, 목표1부터 6은 주요 빈곤이슈 해결의 분명한 지표에 초점을 맞추고 각 목표를 뒷받침하는 구체적 대상을 제시한다. 한편, 목표7은 지구는 단 하나뿐이라는 제한적 요소를 명시하고 있다. 이에 반해 목표8은 기업과 파트너십이 할 수 있는 역할, 즉 목표 달성을 가능하게 하는 요소에 관한 것이다.

공학자들이 어떻게 인프라 격차를 줄일 수 있을까?

인프라 격차를 줄인다면 개인과 공동체의 잠재력을 충분히 발휘할 수 있게 하는 지속가능한 건조 환경(built environment)이 조성될 수 있을 것이다. 이러한 기회를 현실화하기 위해서는 인프라 서비스의 설계 및 전달에 관여된 행위자들이 해당 서비스가 계속 유지될 수 있는지, 그리고 빈곤에 노출된 현지 맥락에 적절한지 이해하고 있어야 한다. 지속가능한 발전과 빈곤 감소, 그리고 인프라 서비스 공급 간의 복잡한 상호연관성에 대한 이해와 현지의 이해관계자들을 설계 및 전달 과정에 포함시킬 수 있는 적절한 메커니즘을 필요로 한다.

새천년개발목표를 달성하는 데 공학이 기여할 수 있는 바는 다음과 같다.

- 이슈 및 기회의 이해
- 이슈 및 기회를 우선순위로 다루어야 한다는 것에 대한 동의
- 이슈 및 기회에 대해 어떠한 조치를 취할 것인지 정의하는 것과 그것이 다른 이슈 및 기회와 어떻게 연관되는지 조사하는 것
- 알고 있는 지식을 오늘 행동으로 옮기고 내일 그 행동을 더 개선하는 것

가장 잘 알려진 필요기반 접근 방식은 아마 다섯 단계의 피라미드로 묘사되는 매슬로(Maslow)의 '욕구단계론'일 것이다. 이 피라미드 윗부분의 상위 욕구는 하위 욕구가 채워져야만 추구된다. 부족한 욕구가 먼저 충족되어야 한다. 부족한 욕구가 충족되어야만 성장의 욕구를 추구하게 되어 인격적으로 성장할 수 있다. 욕구 위계질서의 피라미드 윗부분으로 올라갈수록 하위 욕구는 더 이상 우선순위가 아니게 되지만 만약 하위 욕구가 더 이상 충족되지 않는다면 다시 그것이 충족될 때까지 일시적 우선순위가 된다.

그림 1. 매슬로우의 욕구 단계도

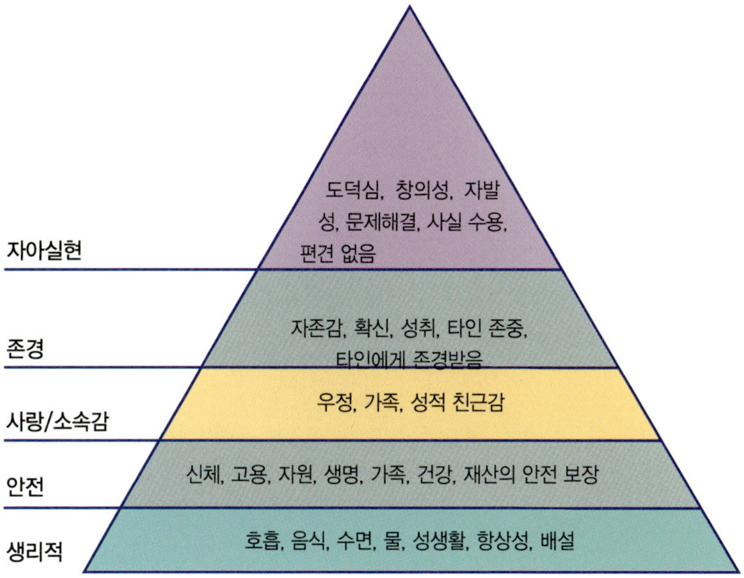

공학 해결책은 빈곤을 완화하는 데 없어서는 안 되는 부분이지만, 공학뿐만 아니라 사회, 경제, 정치적 영향도 간과할 수 없다.

지속가능한 공학(suatainable engineering)은 공학 해결책이 천연자원의 사용을 고려해야만 이루어질 수 있다. 최상의 해결책은 천연자원 소비에 긍정적 영향을 미치거나 거의 영향을 미치지 않을 것이다. 그에 비해 바람직하지 않은 공학은 환경을 황폐화하고

시간이 지날수록 사회를 더 가난하게 만들 수 있다.

라이프사이클 공학(Lifecycle engineering)은 제시된 공학 해결책의 운영 및 유지 과정에서 발생하는 비용을 감안하여 완료된 프로젝트의 운영 및 유지가 경제적이고 효과적으로 운영될 수 있도록 한다.

임파워링 공학(Empowering Engineering)은 지역 공동체와 특히 해당 지역의 공학 및 기술 직종의 역량을 고려한 공학이다. 가능하다면 해결책은 현지 전문가 및 기능직을 참여시켜야 하며, 지속적인 공학 및 운영 자원을 조성해야 한다.

적정 공학(Appropriate engineering)은 프로젝트의 공학적 필요를 충족시키는 여러 가지 방법을 다룬다. 특히 사람중심 건설(labour-based construction)을 이용하는 경우가 많다. 노동집약적 건설(labour-intensive construction)과는 많이 다른 개념이다. 후자는 기계를 대신해 사람을 이용하지만, 전자는 사람의 노동력에 적합하도록 기술을 변화시키는 것이다.

6.1.2 빈곤 감소

토니 마조람(Tony Marjoram)

일반적으로 하루 2달러 이하로 생활하는 것을 빈곤이라고 하고, 1.25달러 미만으로 생활하는 것을 극빈이라고 한다. 따라서 개발도상국이나 최빈국에만 해당하는 이야기 같지만, 꼭 그런 것만은 아니다. 세계 어느 도시나 국가에도 상대적 빈곤 문제가 도사리고 있기 때문이다. 2008년, 세계은행은 전 세계에서 26억 명의 인구가 2달러 미만으로 생활하고 있다고 발표했다. 2005년에는 14억

그림 2. ASPIRE 모델과 도구

빈곤퇴치를 위한 공학자회(Engineers Against Poverty)와 협력하여 애럽은 지속가능한 사업모델을 구상했다. 이것은 개발도상국의 인프라 구축 사업의 지속가능성과 빈곤 감소성을 측정하는 통합적 계획 · 모니터 · 평가 도구이며, 아스파이어(ASPIRE)라고 불린다. 개발도상국의 지속가능한 도시 발전 및 인프라 구축을 위해 조직된 애럽 국제개발팀이 선도했다. 국제개발팀은 조직, 후원자, 공공 및 민간 부문에게 활동의 중심점을 제공해 기업 내에서 더 쉽게 지식과 기술적 전문성이 공유될 수 있도록 한다. 팀의 목표는 바로 격조 높은 생활 및 노동 환경을 조성하는 것이다. 이것의 목표는 재정적 측면에서 장기적으로 실행 가능하며, 개인의 잠재력을 실현할 수 있는 실질적 경제적 기회를 제공하는 것이다.

아스파이어는 인프라 구축 사업의 지속가능성을 측정하는 소프트웨어 도구로서, 빈곤 감소를 중점 목표로 삼는다. 4대 주요 요소인 환경, 사회, 경제, 기관을 모두 포괄하는 총체적 평가의 틀을 제공한다.

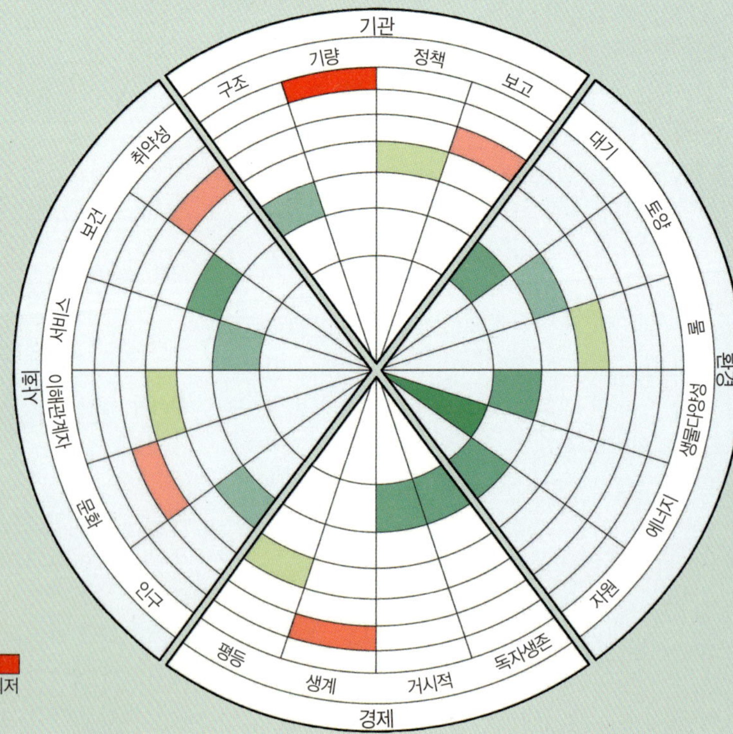

인구가 1달러 미만으로 생활하고 있는 것으로 조사됐다. 빈곤 퇴치, 특히 극빈 퇴치는 유엔 새천년개발목표의 첫 번째 목표이다. 빈곤은 사회 경제적 맥락, 토지 및 자원에 대한 접근성 등의 이슈와도 연관되어 있으며 소득 및 자원 분배와 불균형의 지표이기도 하다. 빈곤은 건강을 악화시키고 질병과 죽음을 초래할뿐더러 교육과 같은 기회에 대한 장애물이다. 양성 불균형도 빈곤의 한 특징이다. 세계 빈곤층의 60%가 여성인 한편, 많은 나라에서 여성이 가족부양, 식량생산, 물 공급, 연료 채취 및 취사 등 많은 일들을 책임지고 있다. 동시에, 이 여성들 대부분은 직업이나 토지를 가지고 있지 않기 때문에 은행에서 대출도 할 수 없는 실정이다.

빈곤은 대개 재정적 측면에서 나타나거나 측정되지만 근본적으로 사람들이 인간의 기본적 욕구를 충족하기 위한 자원, 특히 식량을 얻을 수 있는지에 관한 이슈이다. 이용 가능한 자원의 양과 인구의 압력에 따라 빈곤이 발생한다. 생활수준이 빈곤선에 가까운 사람들은 소득 대부분을 식량과 같은 기본적 욕구에 사용하며 생활비 증가에 특히 취약하다. 결국 빈곤은 가뭄과 같은 자연적 요소와 기아, 소득 및 자원 분배에 관련된 국가 정책에 달려 있다. 일례로, 경제 자유화를 위한 자유 시장 정책의 도입과 함께 1980년대 일어난 구조조정으로 인해 개발도상국의 사회 프로그램, 보조금 및 공공재정이 많이 감소되자 빈곤이 증가하고 국내 빈부 격차는 물론 국가 간 빈부 격차도 극심해지고 말았다. 빈곤을 적절한 생활수준을 유지하기 위한 자원의 부족이라고 봤을 때, 의식주 및 안전한 환경, 보건, 사회복지, 교육 및 훈련, 제대로 된 일자리와 과학기술의 혜택을 누리지 못하는 것 자체를 빈곤이라고 정의할 수 있다. 그 어느 때보다 부유한 이 시대에 빈곤으로부터의 자유가 기본적 인권이라고 여겨지고 있음에도 불구하고 10억 명 이상이 극심한 빈곤으로 고통 받고 있다.

빈곤 감소를 위한 지식 습득과 지식의 응용

인간의 기본적 욕구를 충족하기 위해 자원을 얻으려면 지식이 필요하고, 그 지식을 쉽게 습득할 수 있어야 한다. 산업 혁명과 농경 기술 및 증기 기관의 발달은 농촌과 도시의 생산성을 혁명적으로 증가시켰다. 생산성의 증가로 날로 늘어가는 인구를 지탱할 수 있었다. 그 결과, 빈곤이 극적으로 감소하였다. 이전까지는 맬더스 학파의 논쟁이 묘사하고 있는 것처럼 식량 부족 문제나 빈곤은 피할 수 없는 삶의 일부라고 여겨졌으나, 산업 혁명을 맞아 이러한 의식이 깨지기 시작했다. 식량, 생산 및 공정 외에도 물 공급, 위생, 주거, 에너지, 교통수단, 통신, 소득증대, 고용 및 창업 등도 인간의 기본적 욕구에 속한다.

공학, 과학, 기술 지식은 인간의 기본적 욕구를 충족하고 빈곤을 감소하기 위해, 또한 사회 경제적 발전의 원동력으로서 계속 응용되어야 한다. 재해 대응, 재건설 및 예방, 기후 변화 완화 및 적응 등의 비상사태에 공학은 없어서는 안 될 요소이다. 공학과 기술은 크게 '하드웨어' 도구, 장비 및 인프라와 세계 및 인간을 지탱하는 기술을 설계하고 생산 및 개발하는 '소프트웨어' 공학 지식으로 나눌 수 있다. 공학과 기술은 거시적, 중간, 미시적 수준 모두에서 빈곤 감소에 기여한다. 거시적 국가적 차원에서, 그리고 점점 더 커져가는 국제적 차원에서 공학과 기술은 산업 혁명, 경제 사회 발전, 생산성 및 성장을 가져왔다.

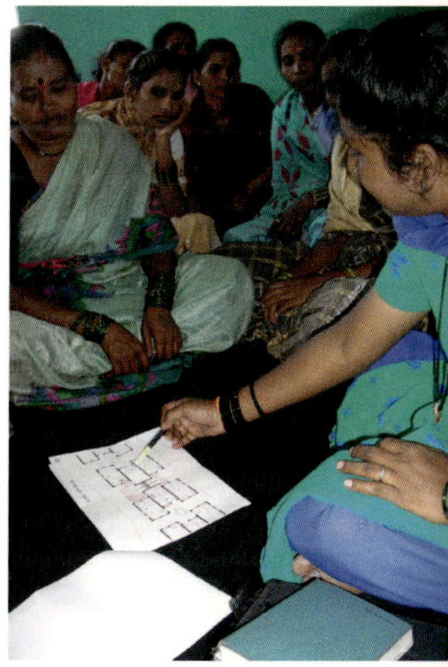
© Victoria Hickman, EWB-UK

인도의 푸네에서 빈민촌 거주자와 함께 새집에 대한 계획을 세우고 있다

고전적 거시경제학은 기술적 변화를 고려하지 않았지만 신고전주의 및 그 이후의 경제 성장이론은 기술과 혁신을 경제 발전 및 성장의 주요 동력으로 여겨 이에 더 많은 관심을 보이고 있다. 전통적 경제학에서도 역시 빈곤 감소의 주요 요소로 경제 성장을 꼽는다. 하지만 그들이 말하는 '낙수효과'는 오랫동안 많은 비판을 받아왔다. 최근 성장이 반드시 빈곤을 감소하는 것은 아니며 불균등을 감소하기 위한 국가정책이 동시에 필요하다고 주장하는 연구 결과가 많이 나오고 있다.[1] 여기서 인프라가 중요한 역할을 한다.

이제 중간 수준에서 바라보자. 개발도상국과 선진국에는 많은 중소기업들이 있다. 중간 규모의 기업은 250명 이하, 소규모 기업은 50명 이하의 직원을 고용하는 기업을 말한다. 한편, 10명 이하의 직원을 고용하는 미소규모의 기업이 중소기업보다 훨씬 더 많다. 전 세계적으로, 특히 개발도상국과 최빈국에 있는 기업들의 대다수가 미소규모 기업 및 중소기업들(MSMEs)이며, 대부분의 일자리와 GDP의 50%를 이들이 창출하고 있다. 또한, 대규모 산업에 비해 높은 성장을 하고 있다. MSMEs들의 상당수가 특정 기술이나 혁신에 초점을 맞춰 활동한다. 구시대의 정육점 주인, 제빵사, 촛대를 만드는 사람들은 이제 전기공, 배관공, 기계공, TV 인터넷 휴대 전화 제조 회사나 태양광 회사들에게 흡수되거나 대체되었다.

공학과 기술의 응용

농촌과 도시를 막론하고 기술은 공동체와 가정에서 사용될 때 그

1) "The Developing world's bulging (but vulnerable) middle class", *World Bank Policy Research Working Paper 4816*, January 2009.

진가를 발휘한다. 인간의 기본적 필요를 충족하고 일반인의 생활 수준을 개선하는 데 필수적이며 쉽게 드러나기 때문이다. 전에 언급했듯, 공학과 기술은 식량 공급과 생산 및 공정, 물 공급 및 위생, 폐기물 처리, 주거, 에너지, 교통, 통신, 소득증대, 고용 및 창업 등에 직접적으로 사용될 수 있다. 한 예로 여성에 의한 농업의 발달을 들 수 있다. 파푸아뉴기니와 멜라네시아에서는 주로 여성이 소규모 농장을 운영한다. 여성의 수명이 남성의 수명보다 짧은 몇 안 되는 곳이기도 하다. 또한, 가축이나 엔진을 동력으로 하는 농업 장비, 국내 식품 가공 도구 장비 및 기술, 우물 건설, 물탱크 및 화장실의 개선, 더 나은 주거 및 취사도구, 저비용 도로, 그리고 휴대 전화의 보편화 등도 공학과 기술이 응용된 예이다. 빈곤층을 위한 기술이라고 해서 꼭 저질이거나 저급 기술이지는 않다. 이 모든 종류의 기술과 기업은 소득을 증대하고 일자리를 창출하는 데 기여한다.

빈곤이나 인간의 고통을 크게 감소시킨 대단한 기술을 개발 · 응용하고 혁신한 공학자 대부분은 주목받지 못하거나 역사 속으로 잊혀져간다. 심지어 그러한 기술을 창조한 사람들이 바로 공학자라는 사실조차 인식되지 않는다. 로마의 공학자들은 물 공급 및 위생 시스템을 구축했고 지금까지도 대도시를 지탱하는 시스템으로 발전시켰다. 예를 들어, 수년 간 지속됐던 콜레라의 유행과 1858년도의 '대악취 사건(The Great Stink)' 이후 조셉 바잘겟(Joseph Bazalgette)과 같은 공학자들은 런던의 시스템을 개선했다. 수백만 명의 사람들이 수세식 화장실, 전기, 모터 자동차, 라디오, 텔레비전 등을 마음껏 즐기고 있지만 그 중 토마스 크래퍼(Thomas Crapper), 니콜라 테슬라(Nikola Tesla), 에디슨(Edison), 굴리엘모 마르코니(Guglielmo Marconi), 폴 닙코(Paul Gottlieb Nipkow), 존 로지 베어드(John Logie Baird)의 이름을 기억하는 사람이 몇 명이나 될까? 이름은 잘 알려지지 않았지만 기후 변화 완화와 적응이라는 거대한 도전 과제를 풀어 나가야할 미래 세대의 공학자들이 이전 세대의 위대한 공학자들로부터 고무되기를 바라는 마음이다.

앞에서 언급했듯이 빈곤에도 양성 불평등이 존재한다. 하지만 가족을 위해 음식을 준비하고 물을 길어다 나르는 것은 물론 취사를 위한 연료까지 채집하는 여성은 해당 기술의 혁신을 통해 가족의 생존에 크게 기여할 수 있다. 기술적 혁신을 통한 빈곤 감소 사업이 빈곤 감소와 여성 일자리 창출뿐만 아니라 양성 평등 문제까지 해결할 수 있도록 하려면 성 역할에 대한 대화와 이해가 충분히 이루어져야 한다. 많은 나라의 여성들은 땔감을 모아 가족을 위해 요리한다. 하지만 연기가 많이 나는 취사방식 탓에 눈이나 폐 관련 질병으로 고생하는 경우가 많다. 이러한 여성들을 연기가 나지 않는 조리용 화덕의 설계, 발전 및 혁신 과정에 참여시켜야 한다.

양성평등 또한 인권이다. 여성이 교육, 기술, 소액대출 및 일자리를 얻는다면 가정의 소득과 건강 및 복지, 사회 경제적 발전, 빈곤 감소에 크게 기여할 수 있을 것이다.

빈곤 감소를 위한 공학과 기술의 응용

공학과 기술이 빈곤층의 인간의 기본적 욕구를 충족하고 빈곤을 감소하며 지속가능한 발전 및 삶의 방식을 이루려면 현지의 사회 경제적 상황과 교육 및 지식수준에 적절해야 한다. 빈곤층의 사람들은 응급사태나 자연재해 및 인재에 특히 취약하기도 하다. 따라서 공학과 기술은 빈곤층을 응급사태와 재해에 대비시키고 재해의 완화 및 대응에도 기여해야 한다.

그러기 위해서는 정책이 효과적으로 형성되고 이행되어야 하는 한편, 공학과 기술이 빈곤 감소전략보고서(Poverty Reduction Strategy Papers)에 통합되어야 한다. 또한, 교육 및 훈련을 통해 공학자들이 효과를 충분히 발휘할 수 있는 역량을 강화하고 빈곤 감소에서 공학과 기술이 하는 역할에 대해 잘 알고 민감하게 대응할 수 있도록 해야 한다. 특히 개발도상국에서 이러한 조치가 취해져야 한다. 그 과정에서 정부 부처 및 부서, 후원 기구, 대학, NGO, 기타 관련 조직들을 정보와 경험의 이전을 통해 격려하고 지원해야 한다. 국경없는 공학자회와 같은 기구와 다임러 유네스코 몬디알로고 공학상 등의 사업이 이러한 과정의 촉진제 역할을 하고 있다.

6.1.3 빈곤 감소: 남아프리카공화국 인프라 사례

론 워터메이어(Ron Watermeyer)

2004년 미국 볼티모어에서 열린 미국 토목공학회 연차총회에서는 새로운 인프라에 대한 수요가 증가할 것으로 보이며 2020년부터 2030년까지 세계적으로 새 인프라의 약 80%가 개발도상국에 건설될 것이라고 예측했다. 인프라의 보급은 경제 성장 촉진, 일자리 창출, 사회발전 및 안정, 천연자원의 지속가능한 이용 등 빈곤 감소 목표 달성의 기본이 되는 사항들을 뒷받침한다.

남아프리카공화국의 건설 산업계는 노동집약적 성격을 띠며 기량이 부족한 직원을 흡수할 수 있는 역량이 있다. 1980년대 성행한 인프라 건설 및 유지 사업은 인프라 건설을 통해 많은 일자리와 비즈니스 기회가 창출될 수 있음을 보여주었다.

1994년부터 시작한 탈 아파르트헤이트(apartheid government, 인종 격리 정책) 시기의 남아공 정부는 정부 조달이 경제를 개혁하고 사회적 이슈와 발전 이슈를 해결할 수 있는 힘을 가지고 있다는 사실을 깨달았다. 이에 남아공 정부는 1995년부터 조달 프로그램 개혁에 박차를 가해 좋은 거버넌스에 집중하고 사회 정책 및 발전 정책의 일환으로서 조달을 사용하기 시작했다. 그 결과 공정 공평 투명하고 경쟁력 있는 동시에 비용 효율이 높은 조달 시스템을 개발할 수 있었다. 이러한 시스템은 조달뿐만 아니라 기타 부수적인 목적도 동시에 성취할 수 있다.

일자리 창출, 빈곤 감소, 포괄적 아프리카 경제 육성 등은 아직도 남아공의 발전 정책의 중요한 이슈로 남아있다. 인프라 프로젝트 수행을 위해서는 먼저 기술, 건설 방법, 사용할 건축 재료를 선택해야 한다. 위 영역에서 선택한 사항에 따라 창출되는 일자리의 양과 종류 및 장소가 결정된다. 한편, 미소 중소기업 육성의 중요성 또한 강조된다.

남아공 사례에서 얻을 수 있는 교훈

- 인프라 건설 및 유지 프로젝트를 통해 취약 계층은 일할 기회를, 소외된 기업은 비즈니스 기회를 얻을 수 있다. 결과적으로 사회 내 불평등을 해소하고 빈곤을 감소시킬 수 있다.
- 일자리 창출을 위해서는 조달 방식과 적정 기술 및 건설 방법을 혁신해야 한다. 일반적 규범과 기준을 재고 및 재평가해 새로운 결과에 도달할 수 있어야 한다. 선진국의 경우, 비싼 노동력 때문에 퇴화해버린 기술들이 몇몇 있는데, 이러한 기술들을 '재발견'하고 다시 사용해야 한다. 토착 기술(indigenous technologies)의 성능을 수량화 및 서류화해 사용자들로부터 신뢰받을 수 있도록 한다.
- 적절한 표준과 포괄적인 설계 지침 및 건설 표준을 마련해 시범 사업이 착오 없이 실행에 옮겨질 수 있도록 한다. 국가 표준과 우수사례는 연구화와 혁신을 주요 활동으로 승화시키고 그 사용을 촉진하는 데 중요한 역할을 한다.
- 인프라 프로젝트에 대한 투자를 증대시키려면 먼저 유연한 동시에 일정하고 예측 가능한 규칙기반 조달 시스템을 구축해 부패나 사기를 예방하고 할당된 예산이 다른 곳으로 새어 나가지 않도록 해야 한다.
- 빈곤 감소를 위한 조달 방법과 적정 기준이 서류에 포함되어 있어서 관계자들이 이해하기 쉽도록, 조달 서류의 양식을 만든다.
- 사업의 수행이 효과적 · 효율적으로 이루어질 수 있으려면 역량을 강화해야 한다.
- 공급자측 지표를 마련해 목표 대상이 인프라 보급을 통해 창출되는 기회를 제대로 활용할 수 있도록 한다.

인프라 구축 사업의 수행과 새천년개발목표

조달은 건물과 공학 인프라 구축 사업을 수행하는 데 없어선 안되는 필수 요소이다. 남아공은 빈곤 감소 임무를 다하기 위해 다양한 종류의 도구, 기법, 기술, 표준 및 접근 방식을 개발했다. 예를 들어, 취약 계층에게 일할 기회를 제공하기 위한 수단으로 인프라를 조달하고, 소규모 기업의 진흥, 사람중심 기술 및 방법 사용 등을 통해서 지출 단위당 창출되는 일자리를 최대한으로 늘리는 한편, 사회 경제적으로 소외된 계층에 비즈니스 기회와 일할 기회를 제공했다. 위 사례 모두 사회 내 불평등을 해소하는 데 크게 기여했다.

위 사항을 성취하는데 있어서 조달 시스템의 요구사항에 관련된 국제 우수 사례와 좋은 거버넌스를 절충할 필요는 없었다. 오히려 아젠다 21의 제7장에 명시된 사항을 가능하게 했다. 아젠다 21의 제7장은 다음과 같다. '현지에서 구할 수 있는 천연자원을 최대한 살린 토착 건축재료 산업을 구축 및 강화한다. 노동집약적 건설 및 유지 기술을 장려해 건설 분야에서 보다 많은 일자리가 창출될 수 있도록 한다. 그리하면 대도시의 일자리 부족 문제를 해결할 수 있을 것이다. 그와 동시에 건축 분야의 기술 발달을 장려한다.' 이와 같은 사항은 하루 1달러 미만으로 살아가는 극빈층과 기아에 시달리는 인구의 비율을 줄일 수 있다(참고: 새천년개발목표의 첫 번째 항목은 극빈과 기아를 없애는 것이다).

남아공이 마련한 조달과정 수행의 표준 방식은 이제 건설조달 ISO 10845에도 반영된다. 이 표준 방식은 지속가능한 발전을 위협하는 부패를 뿌리 뽑을 수 있는 실질적 수단일 뿐만 아니라 규칙기반 무역 시스템을 조성해 거버넌스를 개선하고 빈곤을 감소시킬 수 있다(참고: 새천년개발목표의 여덟 번째 항목은 발전을 위한 국제적 파트너십을 구축하는 것이다).

새천년개발목표를 달성하는 데 가장 큰 도전 과제는 바로 시범사업을 통해 성공 잠재력이 증명된 시스템 및 기법을 개발도상국 공공부문의 주요 인프라 구축 사업에 실제로 적용해 현재 증가 추세에 있는 인프라 투자에 대응할 수 있도록 공공부문의 능력을 향상시키는 것이다. 남아공이 채택한 표준 및 우수 사례 접근 방식은 시범사업을 주류화시킬 수 있는 실질적 모델이자 우수한 역량 개발의 플랫폼이다.

필리핀 바타드의 계단식 논

향후 수십 년간 토목공학과 구조공학에 큰 변화가 일어날 것이다. 토목공학자와 구조 공학자들은 개발도상국에 적절한 인프라 구축 사업을 수행해 빈곤 감소 등의 지속가능한 발전 목표 달성에 기여해야 한다.

6.1.4 지속가능한 발전

토니 마조람(Tony Marjoram)

공학과 지속가능한 발전

세계의 여러 국가는 자국의 발전이 환경적으로 지속가능하고 기후 변화 관련 현상과 기후 변화 자체를 예방할 수 있는 방식으로 이루어지도록 해야 하는 거대한 도전 과제에 직면해 있으며, 그 도전 과제는 해마다 점점 더 증가하고 있다. 지속가능한 자원의 사용은 미래 세대를 고려해야 하며, 오염, 고갈 및 황폐화로부터 우리 환경을 보호해야 한다. 몇몇 분야에서 자연 자원의 사용은 위기 상태에 놓여 있다. 천연 재해가 점점 더 잦아지고 있으며 점점 더 많은 사람들이 영향을 받고 있다. 국가 간 빈부격차가 점점 더 심해지고 있는 실정이다. 위와 같은 이슈는 모두 세계적 번영, 안보, 안정 및 지속가능한 발전을 위협한다. 빈곤, 소비, 자원의 분배 이슈를 먼저 해결하지 않고선 지속가능성이나 기후 변화 완화의 이슈를 다룰 수 없다.

위에서 말한 이슈 대부분의 중심에 공학이 있다. 세계 모든 나라들은 이제 이러한 이슈를 해결해야 할 필요성을 느끼고 있으며 무시무시한 기후 변화의 영향을 최대한 줄이기 위해 탄소 배출량을 감소하고 자원을 효율적으로 사용해야 한다는 데 동의한다. 문제는 인구와 소비는 끝없이 증가하고 있다는 현실에서 어떻게 위의 목표를 달성할 수 있을까? 이러한 질문은 1972년 로마 클럽이 출간한 성장의 한계(Limits to Growth)에서 처음 제기되었다. 이 보고서는 새로운 패러다임 형성에 관한 담론에 시동을 걸고 대중화시켰다. 또한, 많은 나라들이 지속가능한 발전과 기후 변화 완화 및 적응의 맥락에서 공학이 가장 중요한 활동 중 하나라는 점을 이해하기 시작했다. 2009년에 이르러서는 다수의 국가들이 코펜하겐에서 열린 유엔 기후 변화총회에 앞서 기후 변화 완화 및 적응을 위한 정책과 이니셔티브를 도입했다.

기후 변화에 관한 정부 간 협의체(The Intergovernmental Panel on Climate Change, IPCC)는 기후 변화 완화 및 적응에 있어 기술과 금융, 즉 공학의 중요성을 강조했다. 이러한 이슈와 구체적 결과, 그리고 COP15(역자 주: 2009년 코펜하겐에서 열린 제15차 기후 변화 당사국 총회)의 후속 조치를 다루는 일은 공학이 이제까지 직면했던 도전 과제 중 가장 큰 도전 과제인 동시에 가장 필요한 사항이다.

지속가능한 공학, 또는 녹색 공학은 공학자를 필요로 하고 공학의 발전에 가장 필요한 분야 중 하나이다. 또한 지속가능한 발전과 기후 변화 완화 관련 의제의 중심에 공학과 기술이 있다는 것을 확실하게 하는 것이 공학계가 처한 도전 과제가 될 것이다.

공학의 녹색화

지속가능한 발전 의제를 해결하려면 기술과 인프라에 대한 투자를 크게 늘려야 한다. 2030년에 이르러 석탄의 사용이 두 배로 늘 것으로 예상됨에 따라 탄소 포집 및 격리 기술과 기타 관련 기술에 대한 수요가 현재 화석 연료 산업이나 석유 화학 산업의 규모만큼이나 커질 것이다. 또한, 많은 국가들이 원자력 발전을 시작하려는 계획을 검토하고 있다. 지난 수십 년간 원자력 산업이 많이 쇠퇴했기 때문에 많은 어려움이 따를 것이다. 신재생에너지 부문은 지난 10년 간 빠르게 발달했다. 그리고 그에 대한 수요가 커짐에 따라 더 발전할 것이다. 주거나 교통 부문도 마찬가지다. 따라서 공학자들의 수요가 상당히 커지고 있으며 시장 수요의 증가는 젊은 인재들을 공학계로 끌어들일 수 있을 것이다. 한편, 공학자 교육과정을 마련하고 졸업자를 배출하는 데는 5년 이상의 오랜 시간이 걸린다. 따라서 교육과정과 관련 연구개발 및 혁신을 지원하는 정부의 조치가 시급하다. 현존하는 기술에 대한 투자도 중요한 문제지만, 새로운 기술개발을 위한 연구개발도 필요하다. 따라서 정부는 지금부터 연구개발 및 산업의 발전이 지속가능한 방향으로 이루어질 수 있도록 적극 지원하고 기술적 발전의 다음 물결을 선도해야 한다.

1997년 에른스트 폰 바이체커(Ernst von Weizsacker)는 '4배 시나리오(Factor Four)'를 발표하고 부가 2배로 늘어나는 동안 자원은 절반으로 줄어드는 현상을 역설했는데, 지금까지도 지속되는 '성장의 한계' 논쟁의 윤활제가 되었다. 이 논쟁은 기후 변화에 대한 우려가 커짐과 더불어 최근의 금융위기와 경제위기, 그리고 '녹색 뉴딜' 정책으로 경제 침체에서 벗어나려는 세계 정치인들의 관심을 얻어 더욱 심화되었다. 폰 바이체커[2]와 '내추럴 엣지 프로젝트'[3]는 최근 공학과 혁신을 통해 자원의 사용의 효율을 80%까지 끌어올리고 부의 창출을 다섯 배나 늘릴 수 있다는 것을

---

2) Ernst von Weizsacker. 1997. *Factor Four: Doubling Wealth, Halving Resource Use* and Ernst von Weizsacker and The Natural Edge Project, Earthscan, 2009, *Factor Five: Transforming the Global Economy through 80% Improvements in Resource Productivity*.

3) The Natural Edge Project, Australia. *Critical Literacies Portfolio – Introduction to Sustainable Development for Engineering and Built Environment Professionals* (2007); *Whole System Design: An Integrated Approach to Sustainable Engineering* (2008); *Factor Five: Transforming the Global Economy through 80% Improvements in Resource Productivity* (Earthscan, 2009).

증명했다. 이러한 정보와 정책 주창이 정치적 의지 및 행동의 변화를 이끌어내어 새로운 물결과 녹색 공학 및 녹색 기술의 패러다임이 열리기를 바란다.

따라서 지속가능한 발전, 기후 변화 완화 및 적응은 공학적 의제의 중심에 서 있어야 한다. 공학과 빈곤 감소 및 새천년개발목표 관련 이슈도 마찬가지다. 지속가능성과 기후 변화 완화는 빈곤, 소비, 자원의 분배 이슈를 다루지 않고서 해결될 수 없다. 모든 이슈들이 밀접히 연관되어 있기 때문이다.

공학 교육과 역량 강화

기후 변화에 관한 정부 간 협의체(IPCC)가 기술과 금융, 즉 공학의 중요성을 역설했음에도 불구하고 지속가능한 발전과 기후 변화 완화 및 적응에서 공학의 역할이 종종 간과된다. 동시에, 공학에 대한 청년층, 특히 여성들의 관심과 공과대학 입학생이 감소하고 있는 추세이다. 이러한 현실은 공학역량에 심각한 영향을 미칠 것이며 지속가능한 발전과 빈곤 감소, 그리고 기타 새천년개발목표를 달성할 수 있는 능력에도 큰 영향을 끼칠 것이다. 공학이 가장 먼저 해결해야 하는 도전 과제는 적절한 자격과 경력을 갖춘 공학자들을 충분히 양성해 공학자들에 대한 수요를 충족하는 것이다. 그러기 위해서는 새로운 교육과정, 교육 자료와 인증 시스템을 갖춰야 한다. 새로운 교육과정이 마련되면 청년들의 관심을 끌 것이고, 이에 따라 발전에 대한 공학자들의 중요성을 알릴 수 있을 것이다. 탄소 없는 미래 구축의 중심엔 공학이 있으므로 청년들의 공학계 진출을 적극 격려해야 한다.

공학과 필수적 맥락에 대한 공학의 응용에 대한 대중의 이해를 어떻게 증진할 수 있을까? 공학 및 과학을 공부하는 청년층의 수가 줄어들고 있는 이유는 이들 분야가 괴짜 공부벌레의 이미지를 벗지 못하고 있으며, 대부분 재미없고 지루한 학문이라고 생각하기 때문이다. 대학 교육과정도 지나치게 어렵고 힘든데다가 이 두 분야에서 종사하면 제대로 된 임금도 받지 못할 것이라는 생각도 널리 퍼져있다. 게다가 과학과 공학이 환경에 나쁜 영향을 미친다는

공학을 위한 행동지침

지속가능한 발전을 위한 국제공학교육워크숍(EESD)은 유네스코와 중국 칭화대학(Tsinghua University)의 주최로 2006년 11월에 베이징에서 개최되었다. 2004년 11월 상하이에서 열린 세계 공학자대회(World Engineers' Convention)에서 처음 제안된 이 워크숍은 '공학자, 지속가능한 미래를 만들다'라는 주제로 진행되었다. '공학과 지속가능한 미래에 대한 상하이 선언(the Shanghai Declaration on Engineering and the Sustainable Future)'은 공학자 사회, 정부, 국제기구 등이 지속가능한 미래를 위해 공학을 적극 지원할 것을 촉구했다. 이 워크숍은 다음과 같은 필요를 강조했다.

- 공학자들은 지속가능한 미래 형성에 대해 더 큰 책임감을 가지고 헌신해야 한다. 즉, 인간의 복지를 자원의 소비 및 폐기물과 오염으로부터 분리시킴과 동시에 인류와 환경의 건강을 보존 및 증진하기 위해 기술을 창조 및 응용한다.
- 전문적 실무에 대한 수준 높은 표준과 윤리, EESD를 향한 창의적 · 혁신적 · 통합적 · 총체적인 학제간 접근법이 필요하다. 그와 동시에 청년층과 여성의 참여를 증진하고 기타 EESD 관련 이슈를 해결한다.
- EESD의 학습 및 교육 자료, 방법, 역량을 개발하고 공학계 종사를 장려하기 위한 공학 및 지속가능한 발전 연구와 논문발표를 계속한다(예: 인증, 일할 수 있는 기회, 연구보조금, 수준 높은 연구논문 발표).
- 국가적 수준과 국제적 수준의 정책 주창, 로비, 파트너십, 네트워킹 및 협력을 통해 지식과 우수 사례를 교환 및 공유하여 보건과 부를 증진하고 평화롭고 지속가능한 발전을 촉진시키는 데 기술을 응용할 것을 장려한다.

워크숍은 위 과정에서 정부, 국제기구, 비정부 기구의 중요한 역할을 강조하였다. 워크숍은 유네스코와 세계공학기술단체연합회(World Federation of Engineering Organizations, WFEO)가 정부, 국제 및 국내 파트너, 네트워크 및 기관들과 협력하여 더 주도적으로 지속가능한 발전을 위한 공학의 발전 및 응용을 증진할 것을 촉구했다. 그렇게 하기 위해서는 지속가능한 발전을 위한 공학 교육이 활성화 되어야 함을 강조했다. 공학 교육과 지속가능한 발전에서 활성화되어야 하는 부분은 다음과 같다.

- 파트너십, 네트워킹, 우수한 네트워크의 구축
- 정기간행물과 정보 교환을 위한 웹사이트 구축
- 가상도서관 구축(사례: 수단이 유네스코의 지원을 받아 구축한 가상 공학 도서관)
- 학습 및 교육 자료 구축 및 교환(사례: 유네스코의 지원으로 마련된 지속가능한 공학에 관한 '내추럴엣지프로젝트' 자료)
- 새로운 학습 및 교육 방법과 접근법 개발(예: 문제기반 학습, 활동기반 학습)

공학과 기술 지식의 발전 및 응용은 지속가능한 사회 · 경제 발전, 기후 변화 완화 및 적응, 국제협력 증진, 그리고 해당 분야의 지식 격차를 줄이는 데 필수적인 요소이다. 공학이 해결해야 하는 가장 큰 도전 과제는 바로 공학을 지속가능한 발전과 기후 변화 완화 및 관련 정책 의제의 중심에 가져다 놓는 것이다. 동시에 지속가능한 발전과 기후 변화 완화를 공학의 중심 의제로 만들어야 한다.

잘못된 믿음도 팽배하다. 또한, 아이들이 열 살 정도 되면 과학에 대한 흥미를 잃는다는 연구 결과도 있다. 즉, 빈약한 과학 교육이 젊은 세대를 과학에서 떠나게 하고 있으므로, 초 중 고등학교에서부터 양질의 과학 교육이 이루어져야 한다.

과학과 공학이 재미있는 학문이라는 사실이 알려지기 위해선 과학과 공학에 대한 대중의 인식과 이해를 증진하고, 교육과정과 대학 과정을 더 재미있게 재구성해야 한다.

지속가능한 발전과 기후 변화 완화의 문제해결 방법의 일부로서 공학자를 소개하면 공학에 대한 대중의 이해와 관심을 증진시킬 수 있을 것이다. 교육과정과 교육학을 개선하고 학생들을 지루하게 하는 정형화된 접근법보다는 활동 프로젝트 문제기반 학습, 시대에 맞는 접근법과 직접 해 볼 수 있는 지속가능한 발전 관련 응용 도구를 사용해야 한다. 이러한 접근법들은 공학의 연관성을 증진하고 현시대의 관심사를 다루는 한편, 지속가능한 발전의 문맥에서 공학을 사회와 연결시키는 데 도움이 될 수 있다. 그러한 과정에서 현지의 토착 지식을 없애기 보다는 더 발전시킬 수 있다.

국경없는 공학자회나 그와 비슷한 세계 여러 조직들이 가지고 있는 지속가능한 발전과의 연관성이 어려운 이들을 돕기 위해 무엇이든 하고 싶어 하는 젊은 학생들을 끌어 모으고 있다. 위 조직들의 성장은 지속가능한 발전과의 '연관성'이 잘 받아들여진다는 것을 보여주고 있다. 공학은 세계를 바꾸어 놓았으나 보수적인 전문직이고 변화가 느리다. 따라서 세계적으로 문제기반 학습 등의 활동으로 혁신을 선도하는 학교, 전문대학, 대학들이 필요하다. 의료계와 같은 다른 전문 직종의 개혁 및 변화 사례도 검토해 볼 만하다. 의료계를 선도하는 대학들은 '환자기반' 접근법을 도입했다. 학생 수 부족의 문제가 없는 의료계가 이렇게 변할 수 있다면, 당장 학생들을 유치해야 하는 공학계가 변하지 못할 이유는 없다. 공학자가 산업에 시의적절한 기술을 적용하는 것처럼 교육도 시대에 맞게 변화시킬 수 있을 것이다.

시스템 공학과 지구 시스템을 위한 공학

공학은 시스템에 관한 학문이며 그렇다고 가르쳐야 한다. 즉, 공학자들은 시스템을 이해하는 사람이다. 한편, 자연계는 하나의 커다란 시스템이라고 할 수 있다. 이러한 사실을 고려했을 때 공학자들이 총체적 전체 시스템 접근법에 더 관심을 가지지 않았다는 게 이상하다. 공학은 17, 18, 19세기 지식 모델과 환원주의와 자연의 통제 및 객관화에 기초한 갈릴레오, 데카르트, 베이컨의 '현대 과학'으로부터 생겨났다. 그래서 아마 종합적 사고(holistic thinking)의 재발견은 그리 놀라운 일이 아닐 것이다. 예를 들어 공학 기술을 자연 생물의 구조 및 시스템에 연결시키는 생체모방 기술(biomimetics)에 대한 관심이 새롭게 증가하고 있다. 15~16세기 레오나르도 다 빈치가 처음 고안한 생체 모방 기술로 다시 돌아가고 있는 것이다. 한편, 컴퓨터 과학 기술과 신소재의 발달 등도 이 기술의 재발견을 촉진했다. 만약 레오나르도 다 빈치가 살아있었다면 이 기술을 가지고 어떤 일을 했을지 궁금해진다.

공학 교육은 지식 생산과 응용의 빠른 변화에 대응해 바뀌어야 한다. 즉, 인지적 문제해결 방식, 문제해결법, 종합, 인식, 윤리성, 사회적 책임, 국내 국제적 맥락에서의 경험 및 실무를 강조해야 한다. 우리는 평생학습과 원격 학습, 직무 연수, 적응력, 유연성, 다학제(學際), 복수 직업상 진로 등을 어떻게 학습할 것인지 배우고 그 중요성을 강조해야 한다. 위 모든 분야에서 지속가능성과 공학이 언급되어야 함은 물론이다.

공학 교육에 지속가능한 발전과 더 다양한 사회적 이슈와 윤리적 이슈를 포함시켜야 할 필요가 있다. '내춰럴 엣지 프로젝트'와 그들의 '지속가능한 공학적 해결책 프로그램'(Engineering Sustainable Solutions Program)은 지금 시기에 가장 적절하며 연관성이 있다. 예를 들어, 공학과 전체 시스템 설계를 위한 지속가능한 발전 관련 연구 논문이 그렇다.

또한, 비록 공학에 총체 · 통합적 시스템 접근 방식이 필요하다는 사실이 인식되기 시작한 지 꽤 되었으나 아직도 그것이 정확히 무엇을 의미하는지에 대한 정보와 이러한 맥락에 적절한 교육학적 접근법과 교육과정이 더 많이 공유되어야 한다. 특히 개발도상국의 대학과 전문대학은 이러한 교육과정이나 학습 및 교육자료를 만들 수 있는 인적자원, 재정적 자원, 제도적 자원이 부족하므로 정보 공유의 중요성이 크다. 유네스코의 주도로 2005년부터 2014년까지 계획된 유엔 지속가능한 발전 교육 10년(UN Decade of Education for Sustainable Development)의 측면에서 봤을 때도 시의적절하다.

지속가능성을 위한 다음 혁신의 물결 타기

공학이 기술적 혁신의 지속가능한 발전과 기후 변화 완화 및 적응, 그리고 새로운 학습 방법의 지식 등에 관련된 '제7의 물결'을 타려면 먼저 위에서 소개된 것처럼 공학과 공학 교육이 먼저 변화해야 한다. 이것은 제6의 물결이었던 지식의 발전 확산 응용, 지식 정보 사회 및 경제의 후속편이다. 제6의 물결에서는 ICT, 생명기술, 나노기술, 신소재, 로봇 및 시스템 기술 등의 분야가 발달했고, 융합, 혁신, 새로운 학문의 성장 및 오래된 학문의 쇠퇴 등의 특징이 있었으며, 새로운 지식을 습득하기 위해서는 새로운 학습 방법이 필요했다. 한편, 기술적 혁신 제5의 물결은 전자기기와 컴퓨터, 제4의 물결은 석유 자동차 및 대량생산, 제3의 물결은 철강 중공학 및 전자화, 제2의 물결은 증기 동력 철도 및 기계화, 제1의 물결은 기술 산업 혁명과 철강 및 증기의 발달이라는 특징이 있다.

주요 응용 도전 과제는 지속가능한 발전과 기후 변화 완화 및 적응을 촉진하기 위해 공학과 기술을 어떻게 효과적으로 발달시키고 응용 및 혁신할 수 있는지에 관한 문제들이다. 이러한 도전 과제가 위 문제들의 해결 방안과 연계되어 있음이 분명하다. 많은 청년들과 학생 공학자들은 이러한 국제적 이슈에, 특히 지속가능한 발전과 기후 변화에 관심이 많다. 이 사실은 전 세계 국경 없는 공학자회 소속 청년들의 관심과 유네스코-다임러 몬디알로고 공학상에 잘 나타나 있다. 공학을 증진하고 청년층을 유치하기 위해 이러한 이슈들을 교육 교육과정과 실제 교육을 통해 강조해야 한다.

6.1.5 지속가능한 발전과 WEHAB 의제

대럴 대니럭(Darrel Danyluk),
조지 스피탈닉(Jorge Spitalnik)

공학은 새천년개발목표에 관련된 다양한 이슈에 대한 적절한 해결책을 마련하기위한 기반을 조성하는 데 기여한다. 약어 'WEHAB'은 이러한 이슈를 다루는 데 관건이라고 여겨지는 활동 영역들의 첫 번째 알파벳을 따 만들어졌다. 그 구성 요소는 다음과 같다.

- 물과 위생(Water and Sanitation)
- 에너지(Energy)
- 보건(Health)
- 농업 생산성(Agricultural Productivity)
- 생물다양성과 생태계 관리(Biodiversity and Ecosystem Management)

다섯 개 분야 각각의 이슈와 도전 과제는 다음과 같은 공학의 적극적 참여와 활동을 요구한다.

- 해당 지역의 발전 맥락에 맞는 적절한 절차를 도입한다.
- 지속가능한 발전을 보장하기 위해 적정한 프로젝트를 설계 및 수행한다.
- 실행 및 운영의 질적 표준을 마련하고 그것이 지켜지도록 보장한다.

지속가능한 발전을 위한 공학의 주요 이슈 및 도전 과제는 다음 장의 표에 나타나 있다. 이것은 WEHAB의 활동 영역에 기초한 것이다.

© Paula West, Australia

철강 파이프의 안전성을 검사하는 엔지니어

개발도상국의 경우, 인간 역량 및 지식의 구축, 맥락에 적절한 기술사용의 증가, 운용 및 경영 능력, 교육 및 훈련 강화 등에 특히 더 신경 써야 한다. 그렇게 하려면 재정적 투자와 함께 선진국, 국제기구들과의 협력이 충분히 이루어져야 한다.

이슈 및 도전 과제 표에 대한 비고

- 지속가능한 발전 관련 문제의 해결 방안을 이데올로기나 정책에 기초해 채택할 수 없다. 기술적 특성을 가진 지속가능성 관련 문제를 다루기 위해선 과학적으로 유효하고 빈틈없이 설계된 해결책이 요구된다. 정책 입안자들은 제안된 해결 방안의 기술적 유효성과 실현 가능성을 분석할 필요가 있음을 염두에 두어야 한다.
- 공학계의 기본적 책임은 제안된 해결 방안의 기술적, 경제적, 환경적 요소들의 실현 가능성을 결정해 정책 입안자들에게 가장 적절한 해결 방안을 추천하는 것이다.
- 선진국에서 사용된 지속가능한 발전 해결책은 개발도상국에겐 적절하지 않을 수도 있다. 해결책이 실현 가능하도록 하려면 해당 국가나 지역의 조건에 맞아야 한다.

	이슈	도전 과제
물과 위생	● 인구 구성원 모두가 수질과 수질 특성에 대해 이해하고 물을 효율적으로 사용 및 절약해야 한다. 그렇게 하면 물에 대한 수요패턴이 더 효율적으로 나타날 것이고 모든 분야에 걸쳐 수자원 관리를 개선할 수 있을 것이다. 특히 농업 부문이 그렇다.	● 비용이 적게 들고 환경적으로 지속가능한 물의 사용 및 공급 적정 기술을 이행한다. 그리고 담수화, 오염 물질 처리, 빗물 모으기, 효율적 물 사용 영역의 역량을 넓힌다. 이것은 기술이전, 역량강화, 우수 사례의 공유 등을 통해 달성할 수 있다.
	● 식량 생산을 개선하는 관개 사업을 증진해야 한다. 특정 관개 및 산업 목적으로 보건 및 환경 표준과 규제에 맞는 재활용수의 사용을 장려한다.	● 자연 재해, 기후 변화와 표면 · 지하수 기후의 가변성, 물 공급 및 위생에 대한 영향을 측정한다. 그리고 모니터링 및 초기 경고 시스템을 실시한 다음, 관련된 완화 및 적응 기술이 무엇인지 식별한다.
	● 마실 수 있는 물의 생산과 처리, 위생, 폐수 처리, 물의 효율적 재사용, 잔류 관리 등을 위한 기술이 특히 개발도상국으로 이전되어야 한다. 농촌 지역에선 현장 위생 인프라가 수자원 관리, 안전, 그리고 마실 수 있는 물을 확보하는 데 큰 역할을 한다.	● 폐수 방출 및 고형 폐기물 배출, 그리고 산업 및 농업 활동으로 인해 발생할 수 있는 오염을 예방할 수 있는 규제와 정책을 강화한다. ● 생태계를 보호하고 생태계가 하는 중요한 역할을 안다. 물의 흐름을 관리 및 통제해 빗물이 모이는 구역을 되살린다. ● 비용이 적게 들고 효율적인 식수 및 폐수 처리 기술, 그리고 수질 및 재사용 기술을 개발한다. ● 효과적 인적 역량과 위생 및 하수도의 구축, 운영 및 유지를 위한 지식 역량을 확고히 한다.
에너지	● 에너지 공급 계획은 성숙하고 현실 가능한 기술에 기초한 모든 에너지원을 감안해야 한다. 한편, 허용 온실가스 배출 한계치를 넘지 않도록 한다. 탄소 격리 제도도 시급히 개발 및 이행되어야 한다.	● 믿을 수 있고 적당한 가격의 에너지 서비스를 모두가 이용할 수 있도록 접근성을 높인다. 농촌 지역과 도시 빈민들에 대한 공급에 특히 신경 쓴다.
	● 한 국가의 에너지 믹스를 최적화 하는 것은 해당 국가가 가지고 있는 천연자원, 인구 분포, 에너지 수요의 성장, 기술적 · 경제적 역량에 달렸다.	● 더 깨끗한 최첨단 화석연료 기술을 개발하고 사용한다. 기타 청정 에너지원을 개발해 화석 연료에 덜 의존한다.
	● 특히 교통 부문의 무분별한 소비패턴을 에너지 효율화한다.	● 가정, 교통 부문, 산업의 에너지 ● 바이오연료 기술을 혁신하면 교통 부문이 화석 연료에 덜 의존할 수 있고 온실가스 배출도 줄일 수 있다.
보건	● 환경오염으로 인한 건강 위험을 반드시 크게 줄여야 한다. 특히, 바이오매스의 연소로 발생하는 실내 공기 오염을 제거해야 한다. 개발도상국 교통 부문의 가솔린 사용으로 인한 납 및 황 발생량을 점차 줄여야 한다.	● 광업으로 인한 영향을 최소화하는 한편, 소규모 광산 벤처를 통해 안전하고 지속가능한 삶의 기회를 창출한다.
	● 새로운 폐기물 처리 및 관리 기술을 이용해 농업으로 인한 오염을 감소시켜야 한다.	● 해양 오염의 예방 및 자제를 위한 기술을 빈틈없이 이행한다.
	● 충분한 관리, 소독, 적절한 운영 및 유지 절차를 밟아 수인성 질병이 배수 시스템에 유입되는 것을 예방한다.	● 저질 바이오매스를 막힌 공간에서 연소하는 것을 크게 줄인다. 가난한 지역사회가 비용이 적게 들고 효율적인 환기 기술을 사용할 수 있도록 한다.
농업 생산성	● 지속가능한 농업 및 농촌을 확장하여 식량 생산의 증가, 식량 안보의 강화, 굶주림 감소 등을 도모한다.	● 지속가능한 농업과 농업연구를 위한 공공 및 민간 재정을 늘린다.
	● 토지의 저하 및 침식 예방을 위한 프로그램 이행이 시급하다. 또한, 토양 비옥도와 농업 병충해 방제도 개선되어야 한다.	● 개발도상국에 토지와 농경 자원의 지속가능한 관리를 위한 정책을 요구한다.
	● 특히 작은 섬나라에서 소규모 농업과 지속가능한 소규모 해안 어업 활동을 가능하게 하는 기술에 대한 국제적 지원이 필요하다.	
생물다양성 및 생태계관리	● 국가 발전 정책은 개발도상국의 생물 자원의 보존 및 지속가능한 이용에 대한 기술적, 재정적 지원을 최우선시 해야 한다. 이 과정에서 유전적 자원의 활용으로부터 발생하는 이익이 공정하고 공평이 나뉠 수 있도록 한다. .	● 생물다양성 관리를 위한 생태계 접근법을 개발 및 응용한다.
	● 현재 생물 다양성이 파괴되는 속도를 감소하고 외래종의 통제를 강화한다.	● 광업은 광물 자원을 캐내기 전에 해당 사업의 환경영향분석 및 전주기 계획을 수행해야 한다.
	● 해양환경 보호를 강화하고 국제 해양보호구역 네트워크를 구축한다. 어업의 생태계적 접근법이 널리 사용되어야 한다.	● 더 나은 가치부가 과정, 과학기술 정보 개선, 질적으로 저하된 장소의 재생 및 재활을 위한 재정적 · 기술적 역량을 제공한다.
	● 생태적으로 민감한 지역과 자연유산을 보호하기 위해 전 세계적 특별 조치가 요구된다.	● 해양과학 및 기술을 이전해 고갈된 수산 자원을 지속가능한 수확량을 유지할 수 있을 만큼의 수준으로 되돌린다.
	● 광업의 환경적, 경제적, 사회적 영향을 밝히는 등 천연자원 관리에 대한 지원이 필수적이다.	

6.1.6 지속가능한 발전과 표준: 건설업

론 워터메이어(Ron Watermeyer)

건조 환경(built environment)

인간이 인류의 이익을 위해 과학 · 기술을 통해 자연의 힘과 자원을 통제 및 이용해 의도적으로 조성한 물리적 세계를 가리켜 건조 환경이라고 한다. 이것은 거의 모든 사회, 국가 인프라, 경제 활동에 없어서는 안 되는 필수 요소이다.

건축 및 건설업은 국가 경제를 이루는 주요 부문이기 때문에 지속가능한 발전에서 중요한 역할을 한다. 건조 환경은 개인, 기관 및 국가의 경제적 자산의 큰 일부이다. 건축 및 건설업이 창출해내는 일자리와 경제적 중요성, 환경적 영향을 감안하면 세계에서 가장 큰 산업 중 하나로 꼽을 수 있다. 적절한 주거 및 인프라는 삶의 질을 결정하는 주요 요소이며, 기본적 서비스를 보급하고, 빈곤층을 건설, 운영 및 유지 활동에 참여시킬 수 있어 빈곤 감소에 직접적으로 연결되어 있다.

건축 및 건설업의 토지 사용과 자원 채굴은 천연자원 사용의 큰 부분을 차지한다. 그 외에 발생하는 부정적 환경 영향으로는 에너지 사용, 액체 및 고형 폐기물 발생, 건설 재료의 운송, 유해한 재료의 소비 등이 있다. 유럽에서 건축물은 사회 전체 에너지 소비량의 40~45%를 소비한다. 상당히 많은 양의 이산화탄소를 배출하고 있는 것이다.

건축물 표준의 발달

사람, 동물, 혹은 기타 소유물이 보호될 수 있는 안전한 장소인 건축물은 국민 복지에 더해 건조 환경과 국가 경제를 이루는 중심 요소이다. 건축물은 인간이 생활하고 일하며 편히 쉴 수 있는 환경을 형성하고 경계 짓는다.

인간의 쓰기 능력이 발달해 생각을 적을 수 있게 됨에 따라 건축 표준이 발달하기 시작한 것은 그리 놀라운 일이 아니다. 가장 이른 것으로 알려진 건축 법규는 바빌론의 제6대 왕인 함무라비(기원전 1780년 경)가 제정했다. 이 법규에 따르면, 건축자들은 집이 완성되기 전에 자신의 비용을 들여 안전해보이지 않는 벽을 견실히 만들어야 할 책임이 있으며, 건물이 무너질 경우 건물 주인에게 손해를 보상해야 한다고 명시되어 있다.

도시화와 함께 주거용 건물이 서로 가깝게 지어져 좋지 않은 위생으로 인한 건강 위험 요소나 화재가 쉽게 퍼지는 문제가 생겨났다. 지난 몇 세기동안 많은 도시들에서 화재가 발생했으며 인구가 많은 지역의 비위생적인 환경 때문에 수백만 명의 사람들이 희생되었다. 19세기 입법자들은 위생을 개선하고 질병의 발병이나 도시 화재 등 참사의 발생을 줄이는 건축법을 제정하였다.

20세기 들어서는 건물의 건설과 유지를 위한 최소 표준이 공공 보건, 안전 및 일반 복지를 보호하기 위해 제정되었다. 구조적 안전이나 내구성, 소방 안전, 보건 및 위생, 수분 침투, 안전, 접근성 및 효용성 등의 이슈가 다루어졌다.

유엔 정상회의

1992년 리오데자네이로 지구 정상회의에서 채택된 아젠다 21은 지속가능한 건설을 위한 개념적 틀을 제시하였다. 아젠다 21이 다루고 있는 지속가능한 건축의 주요 도전 과제는 다음과 같다.

- 에너지 효율의 증진: 에너지 절약 방법, 대대적 에너지절감 프로그램, 교통 측면 그리고 신재생에너지의 사용
- 고급 식수의 사용 자제: 빗물과 생활하수 이용, 물 관리 시스템을 통한 국내 소비 감소, 물이 필요 없는 위생 시스템, 내건성 식물 사용
- 친환경적인 재료 선택: 재생 재료의 사용, 천연자원 사용 감소 및 재활용
- 지속가능한 도시발전에 기여: 토지의 효율적 사용, 서비스가 오래 지속되도록 설계, 적응성 및 유연성을 통한 건물의 수명 연장, 기존 건물의 리모델링, 건물의 지속가능한 관리, 도시 쇠퇴 예방, 무분별한 도시의 확장 억제, 일자리 창출, 문화유산 보존 등
- 빈곤 감소에 공헌
- 안전한 작업 환경

2000년도에 있었던 유엔 새천년개발선언은 아젠다 21의 지속가능한 발전 원리를 지지한다. 하지만 발전이 지속가능한 경제 성장에 기초한다는 점도 인정한다. 지속가능한 경제 성장은 빈곤층과 인권을 중심으로 이루어져야 한다. 이 선언은 2015년까지 하루 1달러 미만으로 살아가는 극빈층을 반으로 줄일 것을 촉구하고 있다.

리오데자네이로 지구 정상회의로부터 10년 후, 유엔은 요하네스버그에서 다시 한번 지속가능한 발전을 위한 세계 정상회의를 열었다. 2002년 요하네스버스 세계 정상회의에서 빈곤과 환경 보호 간의 관계에 대한 더 명확한 이해가 도출되었다. 또한, 지속가능한 발전을 위한 국제 아젠다에 관련된 근본적인 국제적 행동은 바로 빈곤과 싸우고 환경을 보호하는 것이라고 역설했다.

20세기를 위한 표준

사회활동과 경제활동을 지원하는 건조 환경은 유익한 결과와 영향을 내놓기도 하지만 때로는 유해한 결과를 초래하기도 한다. 물리적 환경 속에서 일하는 노동자와 대중의 건강과 안전, 지속가능한 생활 및 미래세대를 위한 지속가능성에 대한 유익한 측면과 유해한 측면에 균형을 맞추는 것은 건조 환경 전문가가 하는 중요한 기능 중 하나이다. 개발로부터 발생하는 위험요소로부터 건조 환경을 보호하는 것만으로는 충분하지 않다. 발전은 효과적으로, 또 효율적으로 이행되어야 하며, 부정적 영향에 대한 해결 방안은 지구 공동체 내에서 빠르게 소통되어 다른 곳에서도 복제될 수 있도록 해야 한다. 지구의 자원은 유한하다. 현재의 성장률 추세로 미루어 보아 세계 인구가 현재 65억 명에서 2067년에는 130억 명으로 증가할 것으로 예상된다. 이러한 성장 추세를 지속가능하게 수용하려면 2067년의 건조 환경은 현재 우리가 보는 것과는 많이 달라져야 한다. 시간은 우리를 기다려주지 않는다.

건축 및 건설업 표준은 제정 당시의 사회적 가치나 기대를 반영한다. 이전 세기의 표준은 방법, 절차 및 시스템을 제공해 지역사회를 위협하는 위험 요소들에 대응한 반면, 오늘날 건축 및 건설업에서의 지속가능성은 경제, 환경, 사회적 영향도 고려한다. 이들 세 요소는 서로 상호의존적이며 세계 인구가 증가하는 반면 자원은 고갈되고 있으므로 더 복잡해지고 있다. 표준, 특히 국제 표준은 새로운 개념과 방법, 절차, 과정들에 대한 건조 환경 전문가들 간의 소통을 촉진하기 위해 꼭 필요하다. 표준은 오늘날의 도전 과제 해결의 틀을 제공하고, 해결책의 빠른 이행을 촉진하여 이번 세대와 다음 세대의 삶의 질을 개선할 것이다.

6.1.7 MDGs와 표준

론 워터메이어(Ron Watermeyer)

새천년개발목표

2015년을 시간적 목표로 삼는 8개의 새천년개발목표(MDGs)는 세계 모든 국가와 선도 개발기관들이 수용하는 미래의 청사진이다. MDGs는 지속가능한 경제 성장에 기초하고 있으며, 빈곤층과 인권에 초점을 맞추어야 한다. 새천년개발목표는 극빈 해결을 위한 여러 측면의 시간적 목표와 정량적 목표를 제공하고, 여러 측면에서 세계 빈곤층의 필요를 충족시키려는 노력을 촉진시켰다.

코피 아난(Kofi Annan)은 유엔 사무총장 시절에 과학기술과 지속가능한 발전 간에 중요한 연결고리를 만들었다. 그는 2002년, "세계 과학기술을 움직여서 굶주림, 질병, 환경오염, 국제적 갈등을 해결하도록 합시다. 서로 얽혀 있는 이 이슈들이 개발도상국의 발목을 잡고 있습니다"라고 말했다.

지속가능성과 지속가능한 발전

지속가능성은 사람들의 현재 필요를 충족하면서도 생태계의 구성 요소와 기능이 현재 세대와 미래세대를 위해 유지된 상태를 말한다. 지속가능한 발전은 현재의 필요를 충족하면서도 미래세대의 필요 충족 능력을 저해하지 않는 발전이다. 이것은 현재와 미래 모든 사람들의 삶의 질을 개선한다는 단순한 개념에 그 근원을 두고 있으며, 미래 세대가 삶의 질을 개선할 수 있는 능력을 저해하지 않으면서 현재 세대의 삶의 질을 개선할 수 있도록 모든 자원을 바라보는 방법이다.

경제 발전에서 표준이 하는 역할

표준은 '인정된 기관의 합의와 승인 하에 만들어진 서류로서, 해당 맥락에서 최적의 규칙도를 달성하기 위한 활동이나 그 결과에 대한 규칙, 지침이나 성질을 명시한 것'이다(ISO/IEC Guide 2).

표준은 다음과 같은 기능을 한다.

- 효율적이고 안전한 발전, 상품 및 서비스의 제조와 공급, 건물과 인프라의 건설 및 유지를 촉진한다.
- 지역 및 국가 간의 공정 무역을 촉진한다.
- 공급자, 서비스 제공자, 계약자들이 일정한 제품 및 결과를 생산할 수 있도록 한다.
- 보건, 안전, 환경 보호에 관련된 사항을 규제하는 수단을 제공한다.
- 첨단 기술과 혁신, 새로운 과정, 절차 및 방법, 좋은 경영 사례 등을 널리 알린다.
- 소비자, 제품 및 서비스의 사용자를 보호한다.
- 공통의 문제에 해결책을 제공한다.

이와 같이 표준은 경제 성장과 발전의 기초가 된다.

저개발국 경제 발전의 동력

공학을 뒷받침하는 두 요소는 과정(뚜렷한 방식으로 발생하거나 행해지는 논리적으로 연결된 행동의 연쇄)과 시스템(정연하거나 정규적인 절차 및 방법)이다. 선진국이든 개발도상국이든 공학 실무의 주류로 편입된 혁신적이고 새로운 공학 과정과 시스템은 다음과 같은 프로젝트 사이클(project cycle)을 따른다.

- 연구개발
- 과정과 시스템의 문서화
- 시범연구 시행
- 과정과 절차의 개선
- 인식, 훈련, 기술개발, 역량강화 등을 통해 산업계로 진출
- 표준을 통한 복제. 표준은 허용 가능하다고 인정되는 공학 실무의 틀을 마련하고 공학 전문가들은 그 틀 안에서 해결책에 도달할 수 있다.

마지막 항목은 경제 성장이 표준을 통한 지식, 기술, 시스템의 복제로 이루어진다는 점을 강조한다.

지속가능한 발전을 향한 접근법의 지역적 차이

지속가능한 발전은 국제적 도전 과제인 한편, 지속가능성을 다루는 전략은 지역적이며 해당 지역의 맥락과 구성 요소에 따라 달라진다. 그러한 전략은 지역 경제의 맥락뿐 아니라 사회적 평등, 문화적 이슈, 전통, 문화유산 이슈, 인간보건 및 편안함, 사회적 인프라 및 안전하고 건강한 환경을 포함하는 사회 환경적 맥락도 반영할 필요가 있다. 또한, 특히 개발도상국에서 빈곤 감소, 일자리 창출, 적당한 가격의 안전하고 건강한 보금자리 보급, 생계 수단의 상실 완화 등의 문제도 다루어야 한다.

선진국과 개발도상국 간 생활수준 차이 때문에 사회적 요소에 대한 그들의 접근법은 대개 많이 다르다. 그 결과, 선진국과 개발도상국의 발전 우선순위 또한 달라졌다. 남아공처럼 이중 구조 경제를 가진 나라는 지역주민이 부유하느냐 가난하느냐에 따라 우선순위가 다르다.

'녹색 의제'는 천연자원과 생태계, 나아가 지구 전체의 생명유지 시스템에 대한 도시기반 생산, 소비, 물 생산의 영향을 줄이는 것에 초점을 맞춘다. 또한, 부(富)와 과소비에 관한 이슈를 다루고 있기 때문에 부유 국가에 더 적절한 경우가 많다.

한편, '황색 의제'는 빈곤과 저개발에 초점을 맞춘다. 좋지 않은 위생 상태, 과밀, 불충분한 물 공급, 유해한 공기 및 수질오염, 고형폐기물의 축적 등 건강을 해치는 환경적 위협요소를 줄여야 할 필요성을 강조한다. 대개 가난하고 덜 서비스화 된 도시나 지역에 해당하는 의제다.

새천년개발목표와 표준의 연결

지속가능한 경제 · 사회적 발전을 통한 공학기술 지식의 응용과

그림 1. 절대 빈곤(하루 2달러 이하로 생활하는 사람들)

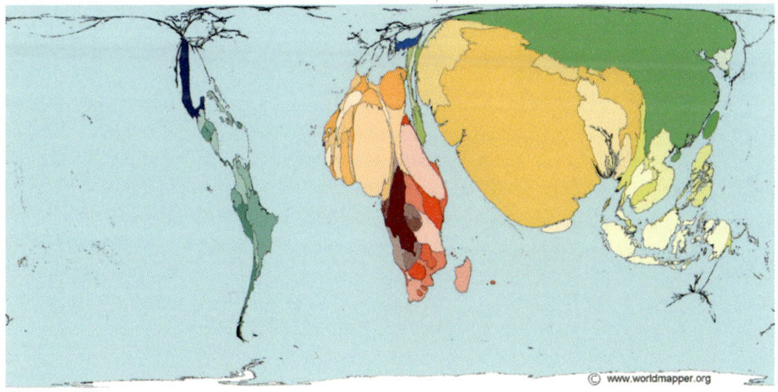

그림 2. 국토 면적 비교

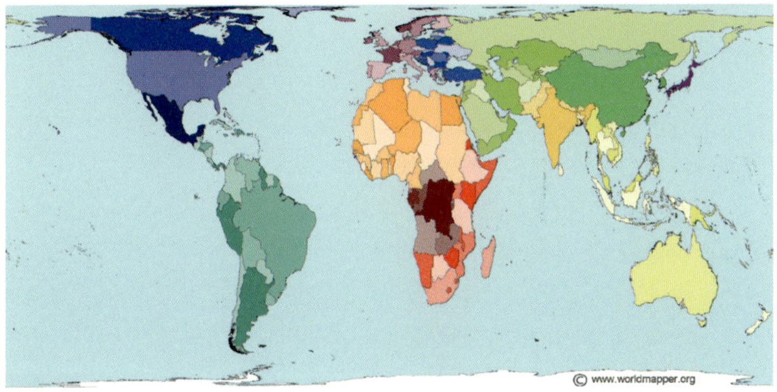

그림 3. 총 인구 비교

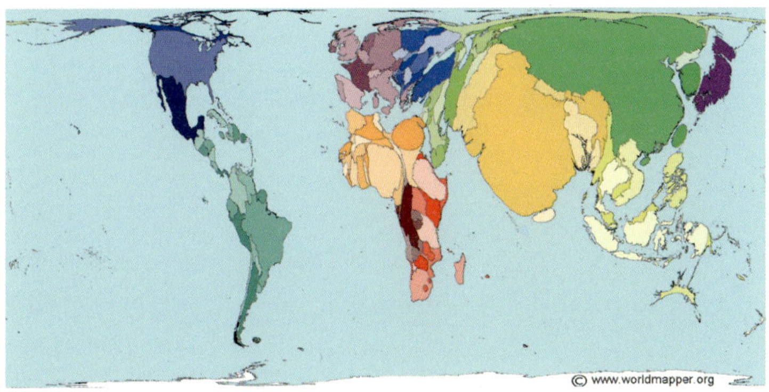

출처: World mapper(www.worldmapper.org/index/html). 주제에 따라서 국토 면적의 크기를 조절하였음

그림 4. '녹색 의제'와 '황색 의제' 사이의 차이점

녹색 의제	주요관심사	황색 의제
생태계의 웰빙	주요관심사	인간의 웰빙
영구히	시간	즉시
지역부터 세계까지	범위	지역적
미래 세대	관심 대상	저소득층
보존	자연	사용
Use less	서비스	더 많이 공급
풍부/과소비		가난/저개발

빈곤 감소 간 연관성과 공학기술이전에 있어 지식 교환의 중요성은 잘 이해되어 왔다. 하지만 표준, 토착 공학, 경제 발전 간 연결고리에 대해서는 잘 알려지지 않았다. 국제 표준화 기구(ISO)에 가입한 회원국은 157개국이다. 개발도상국은 정회원 중 65%, 통신 회원 중 94%, 간행물 구독회원 중 100%를 차지한다. ISO의 2010년 7대 목표 중 하나는 국제 표준 마련에 대한 개발도상국의 참여를 촉진하는 것이다. 개발도상국은 대개 ISO의 워킹 그룹이나 기술위원회 내 활동이 저조하다. 따라서 개발도상국의 직접적인 의견제시 없이 표준이 제정되는 경우가 많다.

표준은 공학자들의 도구라고 할 수 있다. 공학 직무의 형태는 표준을 제정하는 사람들에 의해 결정된다. 하지만 개발도상국에서 표준 마련은 주목받지 못하고 이에 대한 투자 또한 거의 이루어지지 않는다. 실질적 연구 결과와 실무의 기초가 되는 표준 사이의 소통 수단을 고려하지 않고서 연구나 역량 강화에 대한 투자가 이루어지는 경우가 대부분이다.

경제 발전에서 표준이 하는 역할과 개발도상국이 자국의 표준을 마련할 수 있는 능력과 역량을 가지고 있다는 점, 그리고 그것이 국제 표준 수립에도 참여할 만한 수준이라는 점이 충분히 이해된다면, 표준 관련 의제에서 새천년개발목표는 빠질 수 없는 일부가 될 것이다.

6.1.8 기후 변화: 기술, 완화, 적응

라젠드라 쿠마 파차우리(Rajendra Kumar Pachauri)

배경

과학, 공학, 기술은 기후 변화에 관한 정부 간 협의체(IPCC)의 업무에서 중요하게 여기는 부분이다. 이들은 기후 변화 완화 및 적응을 위한 정책과 조치를 마련하는 지식적 기초가 된다. 과학은 기후 변화 및 인간의 활동과 환경 간의 복합적 관계를 이해하게 해 주고, 공학과 기술은 완화 및 적응 단계에서 해결책을 제시한다. IPCC가 발표한 4차 평가보고서를 보면 산업 혁명이 시작된 이래 평균 지구 온도가 0.74℃ 상승한 것과 최근 들어 상승 속도가 날로 늘어가고 있는 것이 논란의 여지가 없는 사실이라는 것을 알 수 있다. 또한, 20세기 들어 해수면이 17cm 상승했고, 지난 10~15년 간 상승률이 특히 높았다고 한다. 이러한 현상들은 일정하게 나타나지 않는다. 예를 들어, 북극 지방은 세계 어느 지역보다 두 배나 빠른 속도로 더워지고 있으며, 그 지역에 서식하는 북극곰과 같은 동식물은 더 큰 영향을 받는다.

또한, 제 4차 IPCC 평가보고서는 지난 50년간의 인간 활동이 지구온난화의 주원인일 가능성이 '아주 크다'고 밝혔다. 제 3차 평가보고서에서 사용한 '크다'라는 수식어보다 한 단계 더 높은 수준이다. 지구온난화의 주요 원인인 대기 중 이산화탄소 농도는 지난 65만년 사이에 크게 증가했다(그림 2). 빙하도 한 세기만에 눈에 띄게 줄어들었다. 한편, 온대지방 평균 강수량은 증가한 반면 열대지방, 아열대지방, 지중해 지역의 평균 강수량은 감소했다. 극한 강우의 발생도 더 잦아졌다. 극한 기온 현상의 증가와 함께 강우 패턴의 변화는 가뭄, 홍수, 열파, 화재 등 피할 수 없는 결과를 가져올 것이다.

긴급한 대책 마련하기

교토의정서에 명시된 첫 번째 약속기간인 2012년 이후를 위한 협정 제정을 위한 협상이 최고조 단계에 있다. 한편, 유엔 기후 변화 기본협약 제2조는 적절하고 효과적인 협정에 다다르는 방법의 아주 중요한 요소를 명시한다. 이 조항은 유엔 협약의 궁극적 목적이 인간 활동으로 인한 기후 변화가 위험한 수준에 이르지 않도록 예방할 수 있는 능력을 기르는 것이라는 점과, 우리가 초래한 기후 변화의 영향이 어느 정도에 이르렀을 때 생태계가 회복할 수 있는 능력과 식량 안보에 초점을 맞춰야 한다고 명시한다. '위험한' 수준의 정의는 개인의 가치 판단에 따라 달라질 수 있지만, 과학은 지구 공동체가 기후 변화의 위험한 수준이 구체적으로 어떤 것인지에 대한 공동의 정의를 도출할 수 있는 기반을 제공한다.

이 이슈는 아직도 미결정 상태이다. 유럽연합은 2℃를 나름의 최고 기온 상승 허용치로 삼았지만, 아직 세계적으로 받아들여지지 않고 있다. 이 수치가 너무 높다고 주장하며 허용치를 더 낮춰야 한다고 주장하는 사람들도 있기 때문이다.

기후 변화와 관련된 가장 위험한 영향은 기온의 상승과 가까운 관계에 놓여 있다. 기후 변화는 생물다양성을 감소시키고 많은 생태계의 기능을 방해하는 것은 물론 우리가 얻는 혜택도 저해한다. 자연과 토지에 의존하는 가난한 지역사회에 대한 영향이 특히 클 것이다. 또한, 사회 및 공동체의 지속가능한 삶을 추구할 수 있는 능력을 저해할 수 있다. IPCC는 지구 평균 온도가 1.5~2.5℃ 증가하면 약 20~30%의 동식물종이 멸종 위기에 처할 것이라고 예측했다. 빠르면 현재의 젊은 세대가 살아 있는 동안에 일어날 수도 있는 일이다. 인류는 그러한 재앙을 어떻게 예방할 것인지 진지하게 생각해 보아야 한다.

이제 미래에 대한 예측을 고려해 볼 차례다. 이번 세기 말이 되면 지구 온도는 몇 도쯤 될까? IPCC는 기술적 변화, 경제 성장, 사회적 변화, 제도적 변화에 관련한 여러 가지 그럴듯한 시나리오를 종합 검토했다. 최선의 경우, 이번 세기 말까지 지구 온도가

1.8℃가량 증가할 것으로 보이지만, 만약 무분별한 경제 성장이 지속되고 온실가스 배출량이 증가한다면 4.0℃나 증가할 것이라고 추측했다. 그러므로 우리를 기다리고 있는 미래의 모습은 그림 3과 가장 비슷할 것이다. 그림 3은 기온 상승의 넓은 범위를 나타낸다. 한편, 20세기 동안 0.74℃가 상승했다는 것을 감안했을 때, 만약 지구의 기온이 예측 범위의 최소값인 1.8℃만 상승해도 이번 세기 초의 0.74℃ 증가에 더해서 21세기말까지 지구 평균 기온이 총 2.5℃ 이상 상승할 것이 분명하다. 세계는 이제 IPCC가 예측한 기온 상승 범위가 수용 가능한지 결정하고, 그 결과 및 영향을 판단해야 한다.

예상되는 영향

산호초, 해양조개생물, 툰드라, 삼림, 산악 및 지중해 지역과 같은 생태계는 매우 취약하다. IPCC 제4차 평가보고서처럼 우려되는 영향을 식별해보자. 사헬 지역(Sahelian region)의 생육기간이 줄어들면 영양실조가 심화될 수 있다. 천수 농업(rain-fed agriculture)에 의존하는 국가는 강수량과 강수 패턴 변화에 특히 더 취약할 것이다. 강수량이 2020년까지 절반으로 감소될 수 있다. 우리가 실시한 예측에 따르면, 2020년엔 아프리카 인구 중 750만~2500만 명이 물 부족 위험에 노출될 것으로 보인다. 우리는 기후 변화가 이미 부족 현상을 겪고 있는 사회에 더 심한 부족 현상을 가져온다는 사실을 기억해야 한다. 그러한 경우, 작은 영향이라도 낙타의 등을 부러뜨리는 마지막 지푸라기가 될 수 있다.

기후 변화의 영향으로 빈곤과 여러 가지 부족 문제로 이미 고통받고 있는 사회가 더 많은 부족 현상에 노출될 수 있다. 이러한 문제에 특히 더 주목할 필요가 있다. 발전에 관련해 간디가 했던 말처럼, 극빈층의 '마지막 한 사람'이 받는 영향을 반드시 고려해야 한다. 기후 변화 대응을 위해 정책을 논의할 때 기후 변화의 영향을 가장 크게 받는 세계 극빈층에 대한 구체적이고 집중적인 관심을 보여야 한다. 농경지의 감소, 해양 어장에 대한 기후 변화의 영향, 열대아시아 저지대의 해안선 침식으로 식량 안보와 생물다양성이 위협받을 것이 분명하다. 이미 세계 곳곳에서 그 증거가 나타나고 있다. 인도의 한 연구는 기후 변화가 이미 특히 밀의 수확량에 부정적 영향을 끼치고 있다고 밝혔다. 이것은 밀의 생장주기 동안 기온이 1.0℃라도 변하면 밀 생산량이 급격히 떨어지기 때문이다. 무엇보다 심한 홍수와 가뭄의 잦은 발생이 농업생산량에 부정적 영향을 끼치고 있다. 이러한 현실은 범지구적 식량 안보에 대한 의문을 제기하게 한다. 한편, 해안지역에 거주하는 사람들이 가장 큰 위험에 노출되어 있다. 그림 4는 해안지역에 위치한 몇몇 주요 도시를 나타낸 그림이다. 다카(Dhaka), 캘커타(Calcutta), 상하이(Shanghai) 등 아시아의 메가-델타(mega-deltas) 도시가

그림 1. 지구 온도의 상승

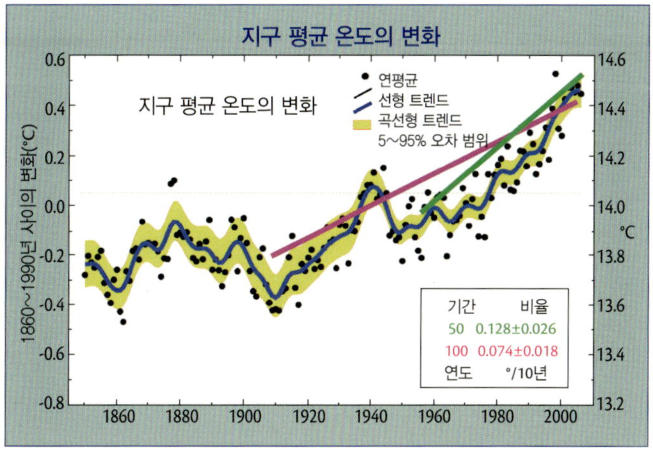

출처: IPCC

그림 2. 기후 변화에 인간이 끼친 영향

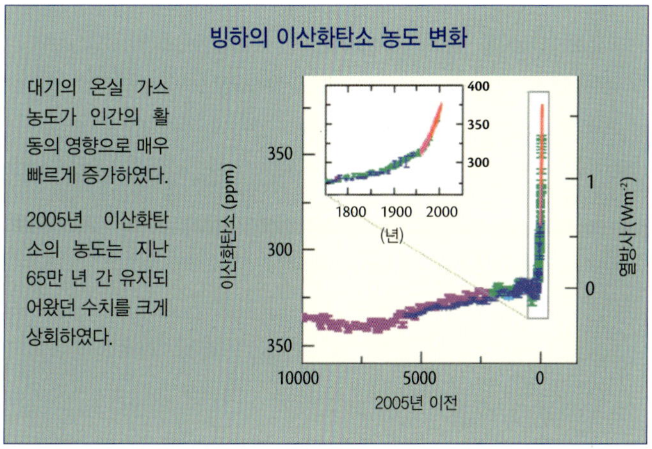

출처: IPCC

그림 3. 온도 상승 예상

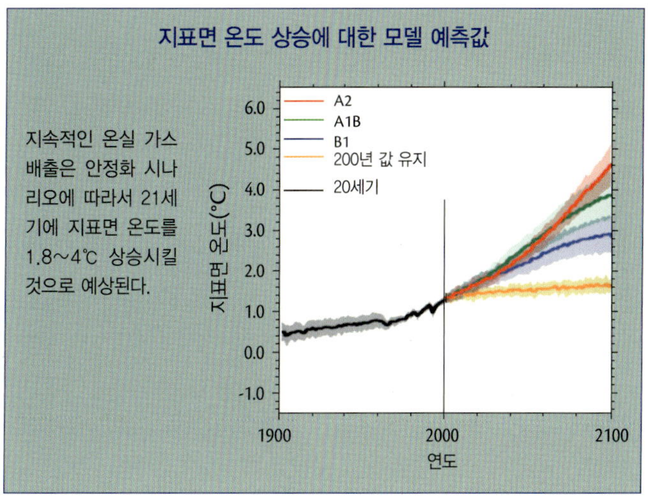

출처: IPCC

특히 취약하다. 그림의 빨간점, 노란점, 파란점은 각각 매우 위험, 높은 수준의 위험, 그리고 중간 수준의 위험에 노출되어 있는 지역을 나타낸다. 위험 지역은 다양하게 분포되어 있으며 세계 어느 지역도 해안 범람의 위험으로부터 안전하지 않다.

적응의 필요성

위에 제시된 정보에서 도출할 수 있는 결론은 바로 적응이 필연적이라는 것이다. 또한, 만약 온실가스 농도를 허용 수준으로 낮춘다고 하더라도 시스템 내 관성 때문에 기후 변화의 영향이 오랜 시간 동안 지속될 것이다. 따라서 세계가 기후 변화에 적응하는 것을 필요 우선순위로 삼아야 하는 수밖에 없다. 최소한 예측되는 특정 기후 변화 수준에라도 맞추어야 한다. 또한, 세계는 다양한 방법으로 기후 변화에 적응할 수 있다. 세계 여러 나라는 이미 예측 불허한 자연적 기후 변화에 대응하여 효과적 대처 전략을 마련한 경험이 있다. 하지만 지금 일어나고 있는 기후 변화는 이들 사회가 기후 변화에 적응할 수 있는 한계를 시험할 것이다. 우리는 이제 새로운 조치 및 대응 방안을 고안해야 한다. 적응할 수 있는 역량은 제한적이며, 사회들 간, 심지어 사회 내에서도 차이가 있다. 빈곤층은 부유한 국가에 살고 있다고 하더라도 적응할 수 있는 능력이 부족하다. 이 사실은 허리케인 카트리나와 리타로 인해 가장 많은 피해를 입은 사람들이 바로 자신들을 보호하기 위해 필요한 자원을 가지고 있지 않았던 뉴올리언즈(New Orleans)도시 내 빈민층 이었다는 점에서 잘 드러난다. 기후 변화는 새로운 종류의 위험을 초래하며, 적응을 위한 조치에 대해 새로운 투자가 이루어져야 한다. 일례로, 섬 국가인 몰디브는 해수면 상승으로 인한 심각한 위험에 노출되어 있다. 수도 섬인 말레(Male)는 보호벽으로 둘러싸여 있는데, 지금까지 상승하는 해수면으로부터 섬을 보호하는 역할을 충실히 해 왔다. 하지만 그러한 방법은 방글라데시의 해안 지역이나 기타 세계 곳곳의 취약 지역엔 적합하지 않다. 따라서 적응을 위한 대처 방안의 한계점이 반드시 고려되어야 한다.

이미 대기 중으로 배출된 온실가스와 시스템 자체의 관성 때문에 지구 온난화로 인해 발생하는 영향을 막을 길이 없다. 따라서 그러한 영향에 적응하기 위한 조치가 반드시 필요하다. 하지만, 적응 하나만으로는 예상되는 기후 변화의 모든 영향에 대처할 수 없다. 지구 기온이 상승함에 따라 기후 변화의 영향과 적응에 드는 비용도 증가할 것이기 때문이다. 따라서 우리는 적응 방안을 현실적 관점에서 바라보고 단순한 적응을 넘어서는 방안을 검토해야

그림 4. 해안 주거지의 위험 정도

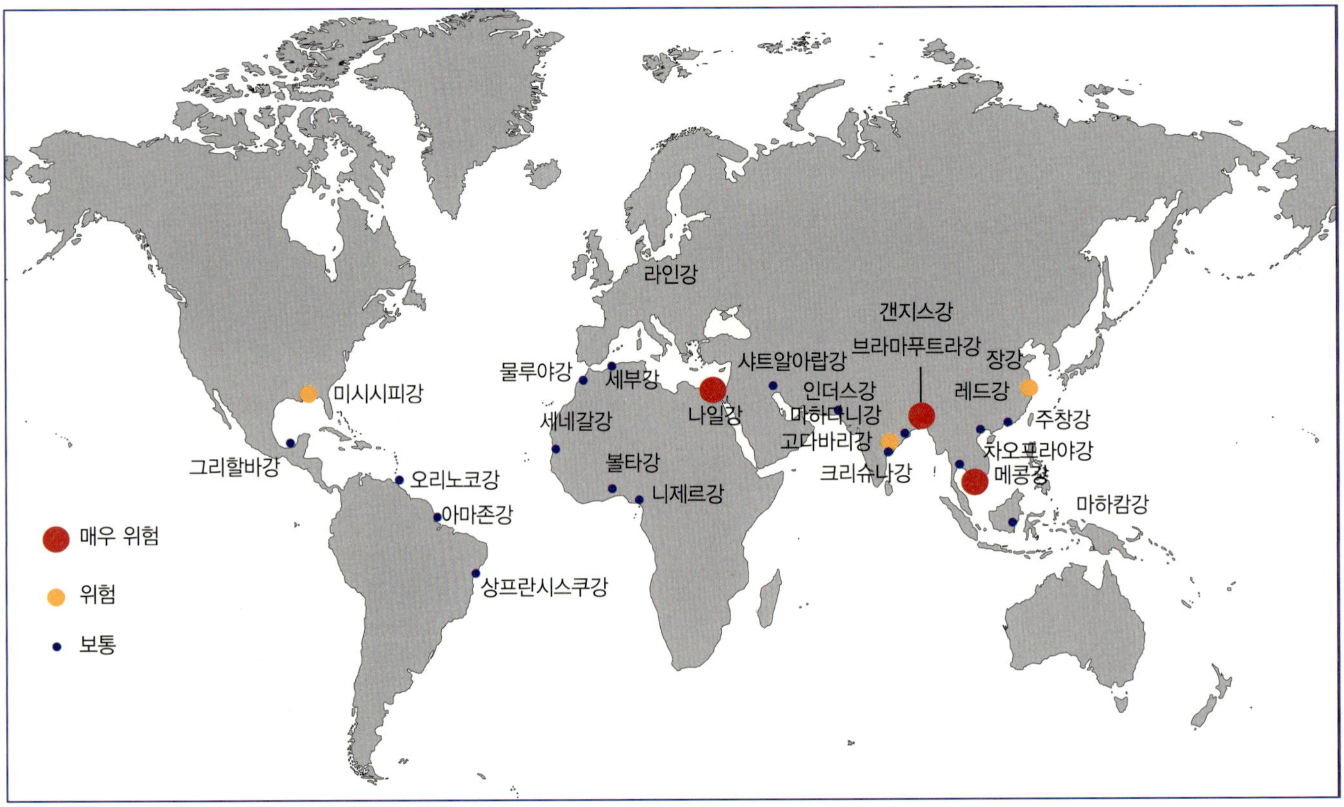

출처: IPCC

표 1: 안정화 시나리오별 특성

안정화 수준 (ppm CO_2.eq)	안정화시 지구 온도 상승값 (℃)	CO_2 농도가 정점에 도달하는 시기	CO_2 농도가 2000년 값으로 돌아오는 시기	2000년 대비 2050년의 CO_2 배출량 감소
445 ~ 490	2.0 ~ 2.4	2000 ~ 2015	2000 ~ 2030	−85에서 −50 사이
490 ~ 535	2.0 ~ 2.4	2000 ~ 2020	2000 ~ 2040	−60에서 −30 사이
535 ~ 590	2.8 ~ 3.2	2010 ~ 2030	2020 ~ 2060	−30에서 +5 사이
590 ~ 710	3.2 ~ 4.0	2020 ~ 2060	2050 ~ 2100	+10에서 +60 사이
710 ~ 855	4.0 ~ 4.9	2050 ~ 2080		+25에서 +85 사이
855 ~ 1130	4.9 ~ 6.1	2060 ~ 2090		+90에서 +140 사이
향후 20~30년 간의 기후 변화 완화 노력이 낮은 안정화 수준을 유치하는데 큰 영향을 미칠 것이다				

출처: IPCC

한다. 그렇지 않으면 기후 변화에 적응만 한다면 모든 것이 괜찮을 것이라는 인식에 기초한 거짓된 안보에 휩싸여 무감각해질 것이다. 앞에서 말한 것처럼, 많은 경우에 그러한 거짓된 안보는 실용적이지도 않고 실현 가능하지도 않다. 따라서 적응, 새롭고 개선된 기술을 연구개발, 지구온난화와 기후 변화를 초래하는 주요 요인, 특히 온실가스(GHD) 배출 완화 등 복합적인 전략을 고안해야 한다. 기후 변화 완화와 적응은 반드시 함께 병행되어야 하며, 기후 변화의 모든 측면을 다루는 전략, 정책, 관리 등에 있어서 핵심이 되어야 한다.

완화

IPCC는 안정시킬 수 있는 온실가스 농도의 범위를 평가했다(표 1). 첫 번째 열은 445~490ppm 수준의 CO_2 환산값을 나타낸다. 온실가스를 이 수준으로 안정시킨다면 22세기에 이르러 지구 기온이 2.0~2.4℃ 증가할 것이다. 이 표를 보면, 2015년까지 온실가스 배출량의 증가를 반드시 멈춰야 한다는 사실을 알 수 있다. 2015년 이후엔 온실가스 배출량이 감소세를 타야 한다. 최대 한계 내 안정 기온을 유지하기 위해 감소되어야 하는 배출량을 보면 2050년까지 이산화탄소 배출량을 2000년 대비 85~50% 감소해야 한다는 것을 보여준다. 유럽연합이 목표값을 2.0℃로 정한 이유가 여기에 있다. 온난화 및 온실가스 농도 수준이 더 높게 책정되었다면 좀 더 많은 시간적 여유가 주어졌을 것이다. 하지만, 인류 사회는 이제 적절한 완화 조치를 취해 아무런 행동도 하지 않았을 경우 발생할 수 있는 피해를 줄일 것인지, 아니면 계속해서 일상적 관행을 따라 더 심각한 영향을 불러올 수 있는 수준에 도달하도록 내버려 둘 것인지 결정해야 한다. 최대한 빨리 완화를 위한 조치를 취해야 한다는 사실을 강조해야 한다. 향후 20~30년간 시도될 완화 조치는 미래의 안정화 수준을 낮추는 것의 성공 여부를 결정하는 주요 요인이 될 것이다.

완화 비용

기후 변화 완화는 일자리와 경제 생산량이 감소하는 비용을 초래해 세계 경제에 악영향을 끼칠 것이라는 의견이 다분하다. 하지만 표 2의 자료는 그것이 거짓임을 증명한다. 온실가스 배출 감소량의 가장 낮은 범위(445~535ppm)를 보면, 2030년도 세계 경제 생산량에 대한 비용은 GDP의 3%를 넘지 않을 것임이 분명히 나타난다. 이것은 1년에 0.12%밖에 되지 않는 수준이다. 그래프 상에서 다시 한 번 보자. 그림 5는 완화조치를 취하지 않았을 때와 철저한 조취를 취했을 때 GDP 차이를 나타낸다. GDP 성장률의 차이가 미미함을 볼 수 있다. 표 2와 그림 5 모두 엄격한 완화 조

표 2: 예상되는 완화 비용

안정화 수준을 향한 궤적 (ppm CO_2eq)	평균 GDP 감소 (%)	GDP감소 범위 (%)	평균 GDP 성장 속도 감소 (%P)
590 ~ 710	0.2	-0.6 ~ 1.2	< 0.06
535 ~ 590	0.6	0.2 ~ 2.5	< 0.1
445 ~ 535	Not available	< 3	< 0.12
완화 방법에 따라서 2030년 GDP가 0.6% 성장에서 3% 감소까지 변한다			

출처: IPCC

그림 5. GDP 대비 완화 비용

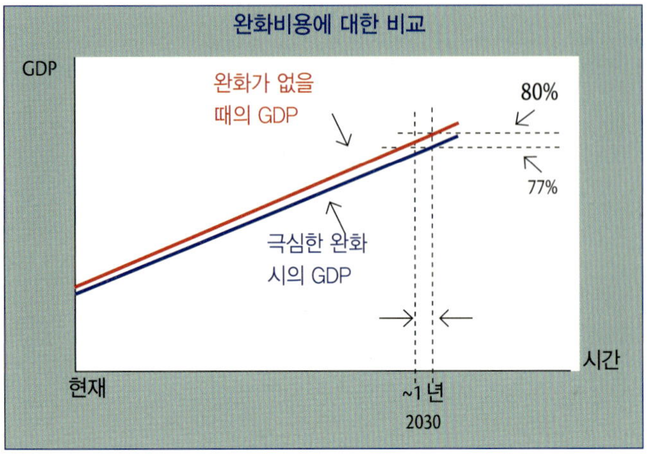

출처: IPCC

치 전략이 2030년도 세계 경제 생산량과 부에 거의 영향을 끼치지 않을 것임을 보여준다. 만약 영향이 있다고 하더라도 성장을 불과 몇 달 후로 늦추는 것에 불과하다. 앞에서 논의한 기후 변화의 경제적 영향에 관련된 비용에 비교하면 아주 적은 비용이다.

완화 잠재력

IPCC 제3 워킹그룹이 발표한 보고서는 배출 감소량의 선택 범위를 제시하고 여러 부문의 실현 가능 범위를 수치화했다. 또한, 에너지 공급, 산업, 교통, 가정용 및 상업용 건물을 고려했을 때, 완화 잠재력이 엄청나다고 결론지었다(그림 6).

공학적, 기술적 해결책

온실가스(GHGs) 안정화 수준의 범위는 IPCC가 현존하는 기술과 향후 수십 년 간 상업화될 것이라고 예상하는 범위의 기술을 고려하여 결정한 것이다. 현존하는 기술로도 IPCC가 예상하는 안정화 수준에 충분히 도달할 수 있다. 일정 기간 동안 새로운 기술 및 방법을 개발하는 연구개발에 대한 투자가 충분히 이루어진다면 완화 비용의 절감과 더불어 완화의 효과를 한층 더 끌어올릴 수 있을 것이다.

그렇다면 그러한 기술적 해결책은 무엇일까? 여러 경제부문을 살펴보면, 온실가스 배출량의 26%를 차지하는 에너지 공급 부문이 특히 중요하다는 것을 바로 알 수 있다. 물론 여기엔 신재생에너지, 첨단 석탄 가스 원자력 기술, 초임계 증기발전소(super-critical steam plants), 기타 다양한 기술이 포함된다. 이산화탄소 포집 및 저장은 실행되는 해결책에서 아주 중요한 요소가 될 것이다. 또한, 열병합 발전이나 핵융합 또한 미래의 가능한 해결책이다. 핵융합을 제외하고 위에 제시된 기술은 모두 실현가능하다.

교통 부문은 세계 에너지 사용량의 26%를 차지한다. IPCC는 이 부문에서 여러 가지 가능성을 제시했다. 빠르게 성장하고 있는 항공 교통은 특히 주목해야 할 부문이다. 에너지 사용의 효율성이 다른 경제 부문보다 많이 뒤떨어지기 때문이다. 철도 교통 또한 철도 기술의 개선으로 큰 차이를 만들어 낼 수 있는 영역이다.

2020년 최소 온실가스 예상 배출량의 38%를 차지하는 건물도 중요하다. 건물 자체와 실내 에너지 사용의 효율성을 높일 수 있는 방법이 여러 가지 있다(표 3). 확실한 해결책을 고안하려면 공학자와 건축가 및 건축업자가 고심하여 위의 영역을 혁신시켜야 한다. 효율성이 높은 가전제품과 냉 난방 기구도 예외일 수 없다.

농업 분야에서도 기술적 해결책을 통해 배출량을 크게 줄일 수 있다. 세계 여러 지역이 물 공급과 관련해 심각한 문제를 겪을 것이라는 사실을 감안해 효율적 물 관리의 중요성도 강조되어야 한다. 한편, 몇몇 국가는 국가 전체의 물 공급량의 80%를 농업에 소비하므로 수자원 관리 체계를 효율화하고, 물을 효율적으로 사용하는 농업 기술을 도입해야 한다.

농업뿐만 아니라 축산업도 온실가스 배출량이 크다는 사실을 감안해야 한다. 바이오에너지용 작물의 경우, 중요한 해결책이 될 만한 잠재력을 가졌으나 반드시 고려해야 할 사안이 있다(특히 바이오연료의 맥락에서 그렇다). 바이오에너지용 작물의 생산이 식용 작물과 경쟁하게 해서는 절대로 안 된다. 몇몇 국가는 오랫동

표 3: 방출량 감소를 위한 기술적 해결책

향상된 열 차단	능동적 태양 에너지	수동적 태양 에너지	효율적인 냉난방 시설
단열재	태양전지	기류 창문, 매립 파이프	효율적 전등, 화덕, 전기 기구
창문 유리, 저방사율 물질 코팅	난방	일광 센서	히트 펌프, 지열 냉방

출처: IPCC

그림 6. 완화 방법에 따른 배출량 감소

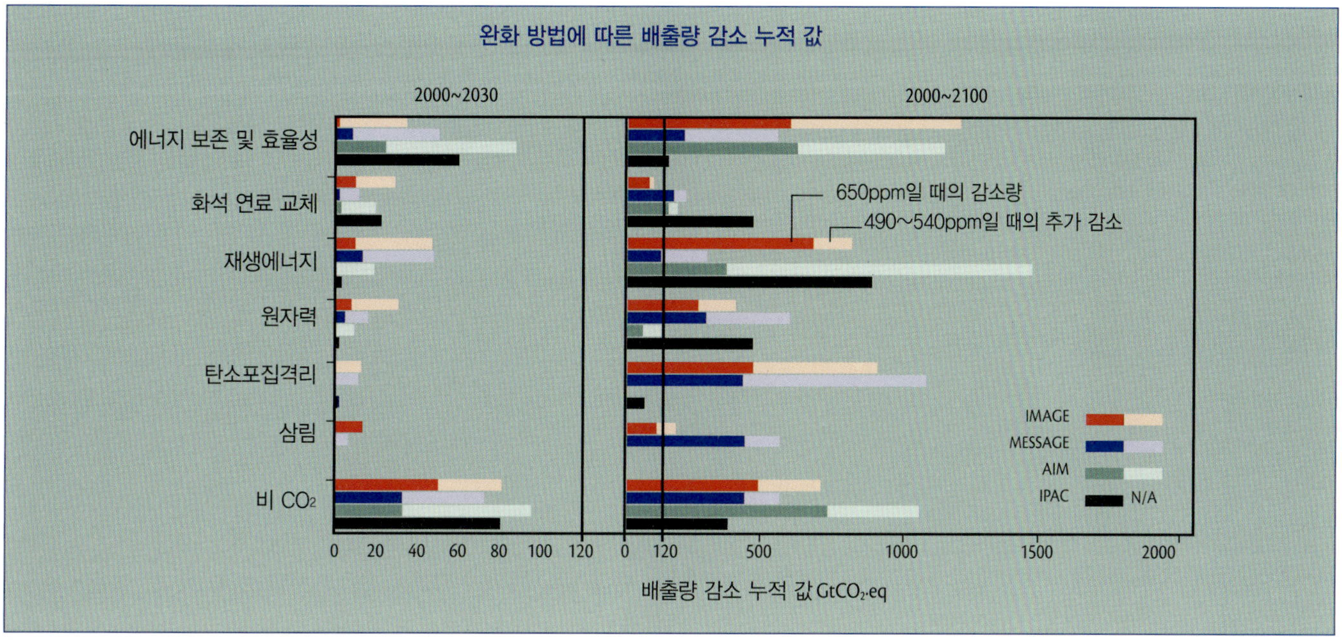

출처: IPCC

안 농경지였던 토지를 바이오연료용 작물을 생산하는 토지로 바꾸는 정책을 추진하고 있는데, 이에 대해 많은 비판이 일고 있다. 또한, 비료와 화학 물질의 사용으로 발생하는 온실가스와 비료 사용 자체도 문제다.

주요 정책 이슈

IPCC는 기술의 개발, 취득, 시행, 확산 등을 장려하는 여러 국가의 정책을 평가했다. 기술의 발달 하나로는 아무런 성과도 낼 수 없으므로 이러한 평가가 반드시 이루어져야 한다. 기술이 시행되고 효율적으로 활용될 수 있도록 하는 정책적 틀이 필요하다. 정보와 교육 또한 필수적이다. 개개인의 가치관의 변화 없이 기술적 해결책만으로 우리가 원하는 해답을 찾을 수 없을 것이다. 따라서 생활 방식과 행동 변화의 중요성을 강조해야 한다.

아직 정책화되지 않았지만 우리에게 꼭 필요한 제도 중 하나는 효과적 탄소 가격 제도이다. 효과적 탄소 가격은 생산자와 소비자가 온실가스 배출량이 적은 제품, 기술 및 공정에 투자할 인센티브와 신호를 제공할 수 있다. 기술이 해답이라고 주장하는 사람이 있지만 기술적 개발만으로 충분하지 않고 탄소에 가격을 매기는 효과적 시스템이 필요하다. 왜냐하면 시장이 저탄소 기술 도입을 유도하지 않는다면 소비자와 생산자가 생산 및 소비 행동 패턴을 바꾸지 않을 것이기 때문이다. 이러한 변화를 일으키기 위해선 효과적인 탄소 가격제가 반드시 이루어져야 한다.

마하트마 간디는 다음과 같은 진리를 역설했다.

"기술적 사회는 두 가지 선택을 할 수 있다. 하나는 비극적 실패로 제도적 결함과 왜곡, 자기기만이 드러날 때까지 기다리는 것이고, 둘째는 비극적 실패가 도출되기 전에 사회적 견제와 균형을 통해 제도적 왜곡을 바로잡는 문화를 조성하는 것이다."

공학과 공학교육

공학계는 변화를 일으킬 수 있는 힘을 지니고 있다. 세계가 직면한 기후 변화 문제에 실제로 도움이 되는 해결책이 제시될 수 있도록 하기도 한다. 이를 위해 반드시 거쳐야 하는 과정이 몇 단계 있다. 먼저, 공학자와 과학자들은 정부와 협력해 정책 수립 시 합리적 기반과 충분한 분석에 기초할 수 있도록 하고, 선택과 그 결과에 대한 분명한 평가가 이루어지도록 해야 한다. 또한, 공학자들을 위한 일정 수준의 교육을 도입해 기후 변화의 위협에서 공학계가 직면하는 주요 도전 과제에 주목할 수 있도록 해야 한다. 이러한 교육은 기초 공학교육 단계에서부터 이루어져야 한다. 또한, 완화 및 적응을 위한 조치도 중요하다. 최근 빈번히 발생하는 심각한 홍수를 적응의 사례로 들어 보자. 이러한 상황에 대비하기 위해 인프라를 강화해 인명과 재산을 보호해야 한다. 소나기나 극한 강우의 문제를 봐도 더 효율적인 배수 시설이 필요하다는 것을 알 수 있다.

이상의 모든 사안들이 공학 교육의 기초 수준에서부터 다루어져야 한다. 그리하여 공학 교육을 마치고 공학계로 진출하는 젊은 사람들이 이러한 문제에 집중하고 훨씬 더 효과적으로 가능한 해결책을 제시할 수 있도록 해야 한다. 이러한 문제는 공학 전문가들 스스로가 주도해야 하는 일이라는 것을 공학계 전체가 공감하는 것도 중요하다.

결론

악몽과 같은 시나리오를 만들고 싶진 않았지만 IPCC의 제4차 평가보고서에서 도출된 결과를 보고 우리 스스로도 깜짝 놀랐다. 가장 우려가 되는 사항은 바로 기후 관련 변화뿐만 아니라 그에 따른 영향의 확산 속도가 점점 더 빨라지고 있다는 점이다. 따라서 우리는 시급히 기후 변화의 사실을 받아들이고 응당한 조치를 취해야 한다. 그렇게 해야만 적시에 효율적 해결 방안을 마련할 수 있을 것이기 때문이다. 앞서 인용한 간디의 명언처럼 효율적 해결 방안들을 통해 제도적 결함, 왜곡, 그리고 특히 자기기만에서 벗어나야 한다.

이 글은 2007년 10월 3일 런던 왕립공학한림원에서 열린 R.K.Pachauri 박사의 국제 강연, '지구적 기후 변화: 완화 및 적응을 위한 과학과 기술의 역할'에 기초하여 작성되었다. 이 글은 2008년 9월 시작된 금융/경제 위기 전에 완성되었지만, 장기적으로 봤을 때 이 글에서 소개한 상황들은 근본적으로 변하지 않는다. 세계 GDP가 감소하기는 했지만, 기후 변화의 장기적 동향에 대한 영향이 그대로 남아 있으며, 에너지 · 교통 및 온실가스 감축 기술에 대한 투자도 여전히 증가할 필요가 있다.

6.1.9 재해 위험 감소

바다오위 로우반(Badaoui Rouhban)

서론

자연재해로 인한 피해가 날로 증가하고 있다. 건조 환경과 물리적 환경은 자연의 파괴적 힘 앞에 점점 더 취약해지고 있다. 세계 곳곳에서 자연재해(지진, 홍수, 태풍, 산사태, 가뭄, 산불, 쓰나미, 화산 폭발 등)로 인한 재난으로 많은 사람들의 목숨이 희생되었고, 부상을 당하거나 집을 잃었다. 또한, 경제 사회 인프라도 파괴되었다. 지난 몇 년 동안 이러한 자연 재해의 발생이 크게 증가했고, 그 강도와 심각도가 커졌다. 그 증거로 인도양 쓰나미, 파키스탄의 카슈미르 지진, 미국의 허리케인 카트리나, 미얀마의 사이클론 나르기스, 중국의 쓰촨 지진 등을 들 수 있다. 인재로 인한 폐해(분쟁, 전쟁, 구조적 붕괴, 기아 등)도 눈에 띄게 늘고 있다. 최근의 기름유출 사건, 항공기 충돌, 다리 및 건물의 붕괴 등은 인간의 일상적 활동이 재앙을 불러올 수 있다는 사실을 자주, 또 비극적으로 상기시켜주고 있다.

재난 비상사태 대비와 미래의 유해 요소를 다루는 것은 세계적인 걱정거리다. 인구 성장, 도시화, 자연환경 개조, 표준에 맞지 않는 주거지 및 건축물, 미흡한 인프라 유지, 지구적 기후 변화, 세계 여러 사회가 겪고 있는 뼈에 사무치는 빈곤 등이 재해로 인해 초래될 수 있는 위험을 높이고 있다. 자연 재해는 예측할 수 없거나 통제 불가능하며, 그 강도가 각기 다르다. 하지만 공학을 통해 자연재해에 관련된 과학기술이 적절히 응용된다면, 재연재해의 위험을 줄이는 것이 현실적으로 가능하다.

재해 위험 감소를 위한 기술의 발달

과학기술은 대기적, 지질학적, 수문학적 및 생물학적 원인으로 발생한 위험요소의 메커니즘을 이해하고, 이러한 위험요소가 재해로 바뀌는 과정을 분석하는 데 도움을 준다. 가히 폭력적이라고 할 수 있는 자연의 힘의 메커니즘에 관한 지식은 자연 현상과 이것이 인류와 환경에 미치는 영향에 대한 연구, 실험, 관찰로부터 얻어진 사실의 정연한 체계로 이루어진다. 여기에는 기초과학, 공학, 자연과학, 사회과학 및 인문과학 등의 여러 학문이 포함된다. 이것들은 유해 환경(수문학, 지질학, 지질물리학, 지진학, 화산학, 기상학, 생물학), 건조 환경(공학, 건축학, 재료학) 그리고 정책 환경(사회학, 인문학, 정치학, 경영학) 등과 관련이 있다.

공학은 재해 위험 감소에 크게 기여했다. 공학은 대비, 비상사태 대응, 회복 및 재건, 장기적 위험 완화 조치 등에 놀라운 혁신을 불러일으켰다. 지난 30년 간 자연재해의 강도 및 시공간적 분포에 대한 지식과 그것에 맞서기 위한 기술적 도구가 엄청나게 발달했다. 자연재해 및 이와 관련된 메커니즘의 과학기술이 발달하여 재해문제에 대한 접근법도 크게 변화될 수 있었다. 특히, 슈퍼컴퓨터의 개발로 지구적 기상모델(global meterological model)과 광범위한 날씨 예측을 위한 모델의 응용이 크게 개선되었다. 아직도 지진 예측은 불가능하지만 오늘날의 기술은 보다 정확한 기상 예측을 가능케 하고, 임박한 위험 상황에 대한 경보를 발령할 수 있는 정도이다. 공학자들은 건물의 취약성을 감소시킬 수 있는 기술 및 기법을 개발하고 기타 지진이나 허리케인에 대비한 사회경제적 생활 요소를 개선했다.

최근 파키스탄의 카슈미르나 중국의 쓰촨에서 발생한 지진을 통해 내진 설계의 효과가 증명되었다. 지진으로 완전히 붕괴되어버린 건물들과는 달리 제대로 건설된 건물은 지진을 이겨냈다. 전문

그림 7. 연간 자연재해 발생 수(1900~2009)

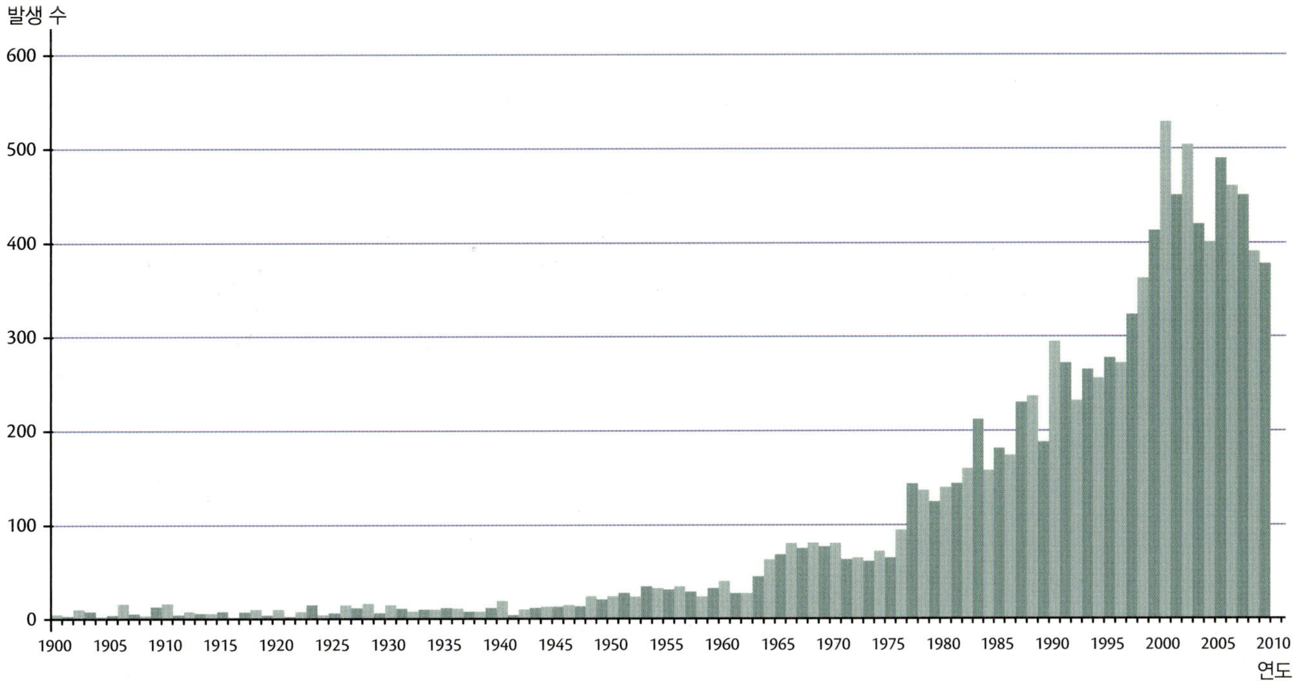

가 대부분이 내진 건물 설계와 건설 작업이 더 좋았다면 이란의 밤, 파키스탄의 카슈미르, 중국이 쓰촨에서 발생한 지진으로 인한 피해를 줄일 수 있었을 것이라고 말한다. 인도양에도 태평양처럼 쓰나미 조기 경보 시스템이 갖춰져 있고 제대로 작동했다면, 위험 상황을 빠르고 효과적으로 해안 거주민에게 알려 인도양 쓰나미로 인한 사상자의 수를 크게 줄일 수 있었을 것이다. 강력한 태풍이나 화산 폭발의 경보가 몇 시간 또는 며칠 전에 내려진다면 아시아나 남미 국가의 재산과 인명 피해를 크게 줄일 수 있다.

1970년 11월, 열대 사이클론 볼라(Bhola)로 인해 방글라데시에 거주하던 50만 명의 사람이 목숨을 잃었고, 130만 명이 집을 잃었다. 1985년 5월, 그와 비슷한 강도의 사이클론이 같은 지역을 강타했는데, 사망자의 수가 1만 명으로 줄었다. 2007년 사이클론 시드르(Sidr)가 발생했을 땐 사망자 수가 4천 명이었다. 1970년 당시 비극과의 차이는 바로 방글라데시의 위험 예측, 조기 경보, 대피 시설 등이 개선되었다는 점이다.

재해 위험 감소를 위한 공학 및 기술의 전망

공학과 기술은 재해에 대한 취약성을 줄이는 주요 동력이다. 현대 기술을 더 널리 응용하고 개발하여 물리적 환경과 건조 환경, 그리고 기타 사회 경제적 생활 요소의 자연 재해에 대한 노출을 완화해야 한다. 재난 감소의 돌파구 중 하나는 공학적 조치를 통해 강화된 재해 통제 및 완화 역량일 것으로 예상된다. 새로운 통신, 정보 관리 및 계산법에 기초한 기술은 재해가 자주 발생하는 지역에 거주하는 사람들에게 재해에 더 잘 대비할 수 있는 전례 없던 기회를 가져다준다.

공학 및 기술 분야에서 종사하는 전문가들은 재해 예방 문화를 조성해야 하는 막중한 책임을 지닌다. 공학자들은 장기적 완화 단계부터 대비 단계, 비상사태 대응 단계, 재해 후 회복, 재건 및 개발 단계까지 재해 사이클 전반에 걸친 활동에 참여해야 한다. 아직도 많은 나라에서 조기 경보 시스템의 구축이나 개선을 필요로 한다. 위험 지역 설정 및 위험 평가와 같은 초기 과제는 공학자들 없이 해결될 수 없다. 위험을 완화하기 위해선 지역 사회를 가능하면 많이 보호하는 비구조적/구조적 조치가 모두 필요하다. 시민 교육, 대중의 인식, 훈련 등도 빼놓을 수 없는 부분인데, 여기서 공학 전문가는 대중이 쉽게 받아들일 수 있는 확실한 접근법을 고안해야 한다.

위와 같은 조치가 순조롭게 이루어지려면 공학자들과 주요 이해관계자 사이에 활발한 상호작용이 이루어져야 한다. 이때 주요 이해관계자들은 정부, 민간 부문과 과학자, 교육자, 국회의원, 언론, 지방 공무원, 청년, 여성 단체, 기타 비정부기구 등 시민 사회의 여러 구성원들을 포함한다. 재난 감소라는 세계적 도전 과제를 해결하기 위한 통합적인 위험 관리 접근법에서는 공학자들의

그림 8. 재해 전 위험 감소 단계

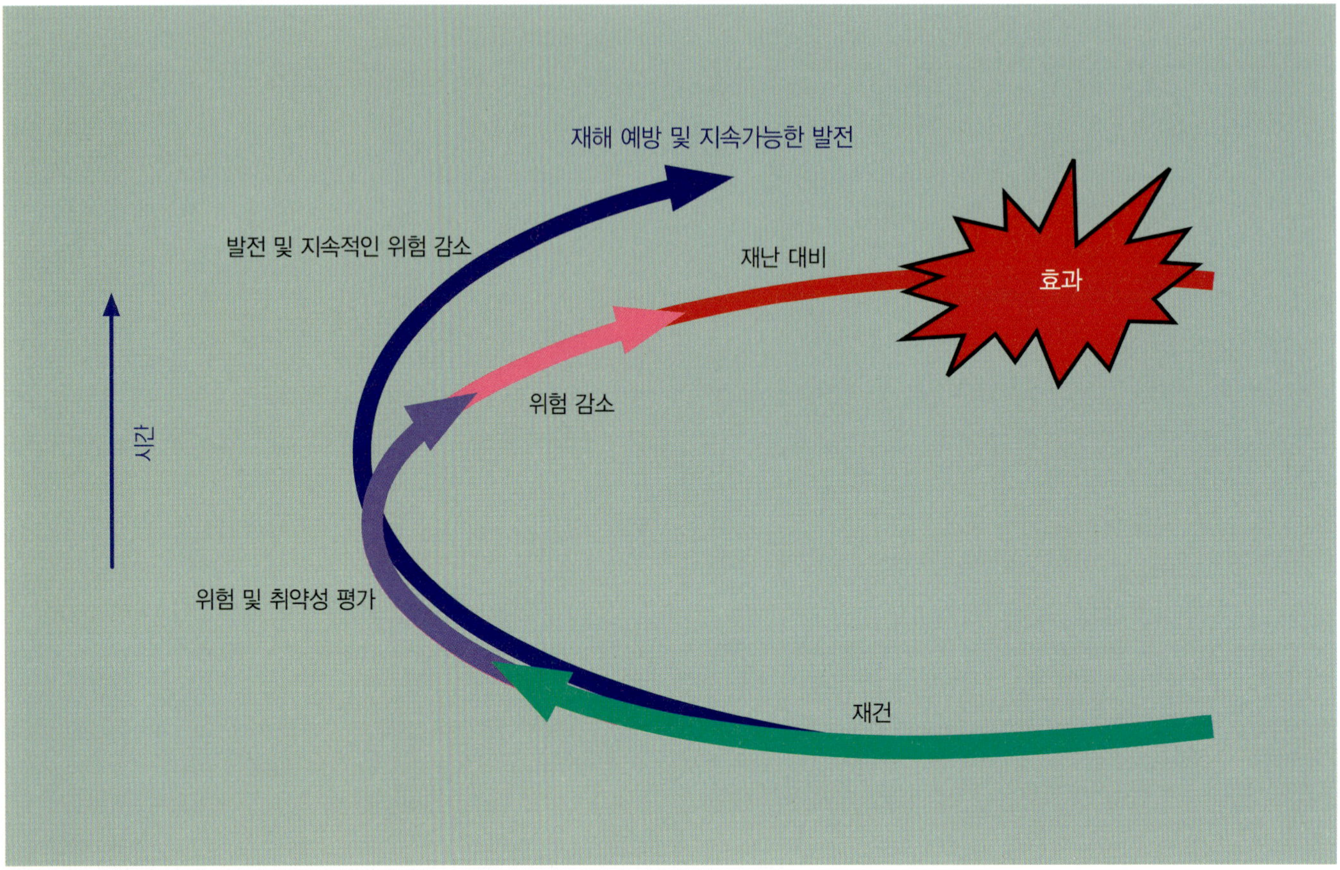

유엔이 후원하는 재난 감소를 위한 국제전략(the International Strategy for Disaster Reduction, ISDR)은 재해에 대한 회복탄력성이 높은 사회를 구축하려는 국제적 동력을 대표한다. ISDR은 재해 감소를 지속가능한 발전의 필수 요소로 삼고 있으며 국가, 단체, 개인들이 협력할 수 있도록 하는 국제적 틀이다. 제네바에 위치한 유엔 산하의 기구 간 사무국이 조정을 담당하고 있다. UN 기구, 정부 간 기구, 비정부기구 및 시민 단체들이 하나의 네트워크를 이뤄 ISDR의 일부로 협력하여 활동한다. 이러한 참여 단체들의 활동 중 대다수가 공학적 요소를 필요로 한다.

유네스코는 교육, 과학, 문화 및 소통 분야의 활동을 통해 재해 위험 감소를 증진한다. 유네스코의 공학 프로그램도 재해 감소를 필수 요소로 간주한다. 유네스코 프로그램과 정부간해양학위원회(Intergovernmental Oceanographic Commission, IOC) 내 공학 및 기술부서들은 자연 재해 관련 과학기술의 개발을 강조하고, 재해 감소 계획에 직접적으로 관여한다. 재해 감소 분야에서 유네스코가 갖는 목적은 다음과 같다.

- 자연 재해와 그 강도에 대한 과학적 이해를 증진한다.
- 믿을 수 있는 관측소와 조기 경보 네트워크 및 시스템이 구축될 수 있도록 돕는다.
- 합리적인 토지 사용 계획의 수립을 장려한다.
- 적절한 건물 설계의 이용을 촉진한다.
- 교육용 건물 및 문화적 유산 보호에 기여한다.
- 자연 재해 예방을 위한 환경 보호를 강화한다.
- 정보와 교육을 통해 대비를 강화하고 이에 대한 공공 의식을 증진한다.
- 재해 후 조사를 촉진한다.

유네스코는 네트워킹과 국내 및 국제 협조시스템 구축, 국가와의 직접적 파트너십 조성, 운용계획의 현장 이행, 정보 보호 및 확산 등을 통해 재해 예방 조치를 격려하고 촉진하는 데 노력하고 있다. 연구가, 공학자, 사회과학자들은 하나의 네트워크를 형성하고, 토착 기술과 최첨단 과학기술의 결합을 하며, 지역 특성에 맞는 기술적 해결책을 개발해야 한다.

적극적 참여가 필요하다. 관련 주요 단체들 사이의 협력 또한 반드시 강화되어야 한다.

무엇보다도 복잡한 재해 관련 문제의 과학 기술적 해결책은 최대한 사회적 현실에 기초를 두어야 한다. 과학과 기술이 없다면, 또는 그것이 전통적 보호 방식과 조화를 이룰 수 없다면 재해로부터 안전한 사회는 구현될 수 없을 것이다.

6.1.10 비상사태에서의 공학

앤드류 램(Andrew Lamb)

서론

헨리 두난트(Henri Dunant)가 스위스 국기의 빨간 부분과 하얀 부분을 반전시킨 로고 아래 적십자 운동을 일으키기 오래 전부터 의료계는 전쟁 대응에 큰 역할을 해 왔다. 이에 반해 공학계는 오랫동안 전쟁의 수행과 관련된 직종으로 여겨졌다. 무기, 군비, 방위 등의 공학 기술은 역사를 통틀어 군사적 능력의 중심이었고, 지금도 그렇다. 제2차 세계대전 후 식민지 시대가 끝날 무렵에야 많은 공학자들이 인도주의적 동기를 가지고 기술을 사용해서 재해와 분쟁에 대응하기 시작했다. 물, 주거, 교통, 통신 및 정보 서비스의 보급을 통해 많은 사람들의 목숨을 구했다. 이러한 공학 분야는 정말 중요하지만 아직도 신흥 분야로 여겨진다.

최근에 얻은 교훈

최근에 일어난 재해들로 인간이 겪어야 했던 비극으로 인해 생명을 구할 수 있는 공학적 노력의 효과가 다시 한 번 강조되었다. 2010년 1월 아이티에서 발생한 참담한 대지진은 20만 명의 목숨과 100만 명의 거처를 앗아갔으며 수도 도시를 파괴한 대재앙이었다. 토목, 구조, 기계, 전기, 전자, 소프트웨어 등 여러 분야의 공학자들은 각자의 기량을 모아 이에 대응했다. 재해 발생 직후 '전보다 더 나은 재건'을 강구하는 목소리가 커졌다. 얼마 안 되어 칠레에서 발생한 지진은 발전이 가져올 수 있는 차이를 세계에 보여주었다. 더 발전된 인프라와 건조 환경에 살고 있는 사람들은 자연재해에 더 강하다. 물론 아이티와 칠레의 지질학적 및 지리상 요건이 다르기는 하다.

끔찍했던 쓰촨 성의 지진에 대한 중국의 대응은 군사 공학자들도 재해 구조에서 중요한 역할을 할 수 있다는 사실을 보여주었다. 재해 구조에서의 공학자들의 역할은 길고 자랑스러운 역사를 가지고 있다. 주요 댐은 붕괴 시 많은 고통과 피해를 불러올 수 있는 위험이 있다. 하지만 고급 공학 기술과 협력으로 붕괴의 위험이 크게 줄어들었다. 미국에서 발생한 허리케인 카트리나는 주요 공학 인프라를 간과할 경우, 자연재해 시 발생할 수 있는 끔찍한 결과를 보여주었다. 특히 최첨단 기술에 의존하는 사회의 취약성이 높다. 또한, 자연 재해로 인한 뉴올리언스의 파괴로 도시 재해(또는 공학적으로 설계된 환경 내 재해)가 더 주목받게 되었다. 2004년 세계적 규모의 재앙을 불러온 인도양 쓰나미는 매우 빠르게 비상 대피소와 전환기 주택에 대한 관심을 불러일으켰다. 공학자들은 재해 대책 시설을 구축하는 데 중요한 역할을 한다.

2007년만 하더라도 홍수로 인해 2억 명의 중국인이 피해를 입었으며,[4] 인도,[5] 방글라데시, 네팔, 부탄 등지에서 3천 만 명, 멕시코[6]에서 100만 명, 수단의 다르푸르(Darfur)[7]에서 50만 명, 북한[8]에서 30만 명, 영국[9]에서 12만 5천 명, 남아공[10]에서 4만 명, 호주[11]에서 수천 명(40년 만에 가장 큰 홍수)의 주민이 살 곳을 잃었다. 모두 합쳐 약 15억 명의 사람들이 홍수로 피해를 입은 것이다. 지진과 마찬가지로 홍수도 공학자들의 빠른 대응을 요구했다. 수방 설계, 다리 및 도로의 재건, 전력 및 통신 재건, 안전한 물의 공급, 미래 계획 알림(위성 자료로 만들어진 국가 홍수 지도를 통한)등이 공학자들의 몫이었다. 지진은 인간이 생활하는 데 의존하는 인프라를 파괴하지만, 홍수는 그러한 인프라를 뒤덮어 버린다. 재해의 패턴이 변함에 따라 공학자들은 매우 빠르게 새로운 것을 배우고 있다.

대비

극한적 기상 현상과 같은 재해 위험의 발생 주기가 갈수록 짧아지고 있으며 그 강도도 커지고 있다. 점점 더 많은 사람들이 이미 인구 밀도가 큰 도시로 몰리거나 환경적으로 열악한 곳에서 살 수밖에 없어짐에 따라 재난에 대한 사람들의 취약성 또한 커지고 있다. 자연 재해, 분쟁, 기아, 질병의 뒤를 이어 열차 충돌이나 건물 붕괴 같은 기술적 재난은 사람들의 생명을 다섯 번째로 많이 앗아가는 요인이다.[12] 지진은 인프라를 파괴하지만 생명을 반드시

4) China-http://www.alertnet.org/db/blogs/36072/2007/06/23-140102 - 1.htm

5) www.news.bbc.co.uk/2/hi/south_asia/6941029.stm & www.en.wikipedia.org/wiki/2007_South_Asian_ floods

6) www.abc.net.au/news/stories/2007/11/02/2080710.htm?section=world

7) www.alertnet.org/thenews/newsdesk/L06723272.htm

8) www.reliefweb.int/rw/rwb.nsf/db900SID/SJHG-7649NF?OpenDocument&RSS20=18-P

9) 'Floods' special feature in New Civil Engineer 31st January 2008.

10) www.earthobservatory.nasa.gov/NaturalHazards/view.php?id=18817

11) www.bbc.co.uk/weather/world/news/30062007news.shtml

12) World Disaster Report 2004.

파괴하지는 않는다. 생명 파괴의 주범은 바로 붕괴하는 건물이다.

위와 같은 사실이 함축하고 있는 의미는 바로 공학 전문가들의 더 많은 노력이 요구된다는 점이다. 생명을 구하기 위한 재난 대응에서는 기술과 경험을 갖춘 공학자가 꼭 필요하다. 하지만 사람들이 직면하는 위험과 그에 대한 취약성을 줄이기 위해서는 재해 대비를 도울 수 있는 모든 종류의 공학자가 필요하다. 기후 변화에 대한 이해가 넓어짐에 따라 공학자들은 이제 더 복원력이 있는 해결책을 설계하거나 그러한 방식으로 기존 인프라를 응용할 수 있다. 공학자들은 계획 및 정치적 의사결정의 초기 단계부터 참여하여 그들의 목적이 사람들을 돕는 것임을 확고히 할 수 있고, 기술적 해결책이 없을 수 있으며 그럴 경우 다른 변화가 필요하다는 점을 사람들이 이해할 수 있도록 도울 수 있다. 전문적 표준 및 안전과 설계, 건설, 운영, 유지 단계 전반에 걸친 순조로운 협조를 더욱 강조한다면 기술적 실패로 인한 피해를 줄일 수 있을 것이다. 또한, 건설 부문에서 특히 부패에 대해 전문적이고 무관용적인 태도를 가진다면 공학자들은 떳떳하고 신뢰받을 수 있는 해결책을 제시할 수 있을 것이다. 마지막으로, 재해 구조 단체에 참여하는 사람의 95%가 현지 직원임을 감안했을 때, 공학자들은 인도주의적 필요가 가장 큰 곳의 기술적 교육과 전문성을 개선하여 장기적 대처 역량을 강화하는 데 도움을 줄 수 있다.

인도주의와 직업화

공학과 인도주의적 공동체 사이에는 아주 유사한 점이 있다. 공학이 하나의 전문 직업군이라는 점에서 공학자들은 전문가라고 할 수 있다. 즉, 동료와 대중에게 자신의 행동에 대한 책임을 져야 할 의무가 있다. 한편, 인도주의적 부문을 직업화하려는 노력이 계속되고 있으며 해당 부문의 자발적 행동 강령, 업무 강령, 현장 안내서 및 매뉴얼, 교육 및 직무연수, 행위자와 최소 운영표준 간 조정 방법 등을 마련하기 위해 노력하고 있다.[13] 이미 공학계에선 위와 같은 수단들이 마련된 지 오래다. 따라서 인도주의적 공동체는 아직 공식 전문 기관을 가지고 있지 않다. 이에 따라 인도주의적 부문의 발전은 흔히 원조기구에서 후원을 잘 받지 못하는 그룹과 자원봉사에 의존하게 된다. 이러한 현상이 나타나는 이유는 아마 이 부문이 새로 생겨났으며, 너무나 국제적일뿐더러, 자원이 특정 재해 대응에 집중되기 때문일 것이다.

건조 환경 전문가에 대한 지침

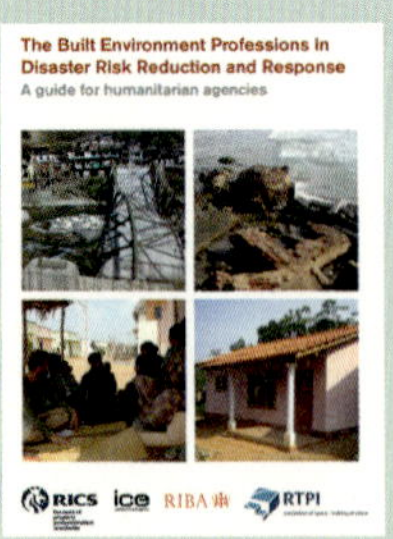

영국 왕립측량사협회(The Royal Institution of Chartered Surveyors)는 비전문 의사결정자들이 인도주의적 비상사태 시 다양한 건조 환경 전문가의 역할을 이해하는 것을 돕기 위해 맥스 로크 센터(Max Locke Centre)가 2009년 발표한 보고서를 위탁했다. 이 보고서는 '재해 위험 감소 및 대응을 위한 건조 환경 전문직 – 인도주의적 기구를 위한 지침서*'라는 제목 아래 재해 관리의 일곱 단계에 걸쳐서 건축가, 측량사, 기획자, 공학자들의 역할을 설명한다. 이 보고서는 인도주의적 부문에서 인공 환경 전문가들이 활동할 수 있는 경우를 설명하고, 장기적 회복의 지속을 위한 그들의 역할을 강조한다.

* http://www.rics.org/site/scripts/download_info.aspx?downloadID=829&fileID=991

현재 재해 구조를 위해 공학을 가르치는 여러 수준의 교육과정이 늘어나고 있다. 이것은 해당 부문이 성장하고 있다는 뜻이며, 재해 구조에 참여하기를 원하는 공학도들이 해당 상황에 적절히 준비하려고 그러한 과정을 요구하고 있다는 증거이기도 하다. 공학 공동체 내에서도 재난 관련 컨퍼런스가 많이 열리고 있는 추세이다.[14]

최근 들어 군대에서도 구호를 제공하고 개발 프로젝트를 전달하기 위해 공학 기업과 계약을 맺으려는 경우가 크게 늘고 있다. 아프가니스탄과 이란에서의 전쟁, 그리고 후속 분쟁으로 많은 인도주의적 부문의 단체들은 새로운 군수산업 패러다임이 시작되었다고 생각했다. 이로 인해 물 공급 시설, 송전선, 병원, 정유 시설, 도로, 기타 필수 인프라의 건설 및 재건 등 의미 있는 성과를 얻었지만, 재난 자본주의(disaster capitalism)와 인도주의에 대한 대중적 이해를 우려하는 목소리가 커졌다.[15] 대규모 재건 및 개발 사업 이행에 있어선 인도주의적 단체보다 공학 기업이 더 능력 있다고 알려졌지만, 계약 체결 방법이나 직원 및 이해관계자에 대한 대우 등으로 인해 이러한 프로젝트의 진정한 동기에 대한 의문이 제기되는 경우가 있었다. 한편, 인도주의적 기구들은 재해 구조 사업을 이행할 때 민간 부문과 협력하기를 주저한다. 공학 기업이 가져올 수 있는 긍정적 영향(인도양 쓰나미 후 주요 엔지니어링 컨설팅 회사에게 주어졌던 아체(Aceh) 지역 인프라 재건 사업이 보여주듯)을 감안하면 이것은 공학 공동체가 직면한 심각한 도전 과제이다.[16] 민간 부문의 기여가 놀라울 정도로

---

13) 예를 들어 '적십자 행동 강령', '인도주의적 책임 파트너십', 'SPHERE 가이드라인', '클러스터 시스템', 'RedR 훈련 과정' 등이 있다.

14) 예를 들어 2009년에 터키 이스탄불에서 열린 '토목공학 재해 완화 컨퍼런스: 지진과 쓰나미'와 2010년에 영국 런던에서 열린 '더 나은 세상 만들기: 구호 활동과 재건'이 있다.

15) RedR 영국의 2009년 컨퍼런스 자료집인 '어려운 현실과 미래의 필요: 인도주의적 노력에서의 민간 부문의 역할'과 나오미 클라인이 쓴 '충격 원칙'을 보라.

16) 영국 컨설팅 엔지니어링 협회에서 발간하는 '영향력' 잡지의 2007년 7/8월호에 게재된 '쓰나미가 강타한 인도네시아 아체 지역의 재건을 하고 있는 Royal Haskoning사'를 보라.

성공적이었던 사례는 휴대 전화, 운송, 금융 산업[17]에서 찾을 수 있다. 또한, 허리케인 카트리나 이후 공학 교육에도 민간 부문이 크게 기여했다.[18]

RedR

공학적 전문성을 띄는 국제 재해 구호 기구들이 출현하고 있다. 이들 중 '재해 구호를 위한 공학자 모임(Register of Engineers for Disaster Relief, RedR)'이 공학계에서 가장 잘 알려져 있다. RedR은 1979년 일어난 베트남 난민위기에 대응해 일했던 한 공학자가 인도주의적 대응 시 자격 있는 공학자들을 모으는데 어려움을 겪었던 경험을 동기로 창립했다. 이 모임은 이제 호주, 캐나다, 인도, 말레이시아, 뉴질랜드, 남아공, 영국 등지에 사무소를 갖춘 국제기구로 성장했다. 영국 사무소는 수단, 스리랑카, 파키스탄, 아이티에 현장 사무소를 두고 있다.

RedR은 동료들의 의한 평가에 기초한 회원제로 운영되고 있으며, 기구들의 인사 채용을 돕는다. 또한, 지침(상자 참조) 및 지식 서비스를 생산하고, 인도주의, 안보, 경영 및 기술적 기량에 대한 교육과정을 운영하며 현장에서 일하는 구조대원들이 자주 하는 기술적 질문에 대답하는 등의 일을 한다. RedR은 훈련받은 공학자인 동시에 재해 구조 전문가인 사람들이 공동체를 형성할 수 있도록 돕고 있으며, 그 공동체는 이제 세계 주요 구호 단체에 진출하고 있다. 또한, 공학자가 재해 상황에 효과적으로 대응하기 위해 필요한 기술을 습득하는 것을 돕고 있다(특히 재해 구호에서 종사하는 사람들은 현지 직원이기 때문에 프로젝트 관리 역할에 집중한다). 영국의 RedR은 인도주의적 안전 이슈에 공학적 방법론을 응용해 이 분야를 선도하는 리더가 되었다. 보건 부문에서도 이러한 서비스를 발전시키고 있다.

공학자 공동체는 RedR를 적극 지원해 왔다. 회사들은 직원을 파견하고, 국내 사무소를 후원한다. 개인 공학자들은 재해구호 기금을 모아서 기부했다. 공학기관들은 홍보, 행사, 사무 공간 제공 등을 통해 RedR을 도왔다. RedR의 공학자들은 청년층을 공학계로 유치하는 데도 사용된다. 공학자가 만들어낼 수 있는 차이가 눈에 확 들어오기 때문이다. RedR와 협력하는 회사들은 더 손쉽게 공학 전공자를 채용할 수 있기도 하다. 많은 사람들이 재해 구조 작업에 관심이 많기 때문이다.

공학계를 주도하는 몇몇 공학자들은 RedR 활동가를 공학의 진정

재해 구조 대원을 위한 가이드

'비상사태에서의 공학'은 인도주의적 공동체에서 종사하고 있는 사람이라면 꼭 읽어 보아야 할 책이다. RedR이 쓴 이 책은 개인의 구호 사업 수행 준비, 인도주의적 원리, 개인 안보, 평가 및 경영, 운송, 환경 위생 및 위생, 물 공급 및 해당 시설 유지, 탈 것, 도로 및 활주로, 주거 및 정착지 등의 다양한 주제를 다루는 매우 실용적인 지침서이다. 구호 대원들이 해결책을 설계, 건설, 운영 및 유지하는 데 있어 재해로 피해 받은 사람들, 특히 복합적 비상사태에 처한 사람들의 필요를 충족시킬 수 있도록 한다. 이 안내서는 아직 전자책 버전이 없고 가지고 다니기엔 너무 무겁다. 하지만 인도주의적 구호 대원들에게 꼭 필요한 책이므로 재해 대응 부문에서 불법 복사본이 빠르게 돌고 있다.

한 영웅이라고 묘사한다.[19] RedR 활동가들은 좋은 공학이 어떻게 생명을 구할 수 있는지, 어떻게 공학이 참사의 상황을 변화시켜 피해를 입은 사람들이 스스로 회복하고 존엄과 평화를 되찾을 수 있게 하는 지 몸소 보여주고 있다.

6.1.11 적정 기술

토니 마조람(Tony Marjoram), 앤드류 램(Andrew Lamb)

'적정 기술'의 개념 및 철학에 대한 관심은 1960년대에 간디의 작은 규모의 자급자족 개념과 환경적 지속가능성에 끼치는 산업화의 영향에 대한 우려에 기초해서 증가하였다. 적정기술(대안기술[20]이라고도 한다)의 개념과 철학은 더 작고, 비용이 적게 들며, 노동집약적이지만 유지가 쉽고 친환경적인 기술로 이해된다. 동시에 적정 기술은 지역에서 생산되는 재료와 기술을 이용해 지역의 필요와 조건을 충족한다. 핵심은 바로 모든 기술이 경제, 사회, 문화적 맥락에 적절해야 한다는 데 있다. 산업화 이전에는 기술 대부분이 지역에 맞게 발달하였지만 기술이 경제, 사회, 문화적 맥락이 상이한 사회로 이전됨에 따라 문제가 생겨나기 시작했다. 한 국가 내에서도 이와 같은 현상이 일어나지만 산업화를 마친 선진국으로부터 아직 전통을 유지하고 있는 개발도상국으로 기술이전이 일어날 때 가장 많은 문제가 발생한다. 이것은 누구나 할 수

17) '세계경제포럼(WEF)의 재해 자원 네트워크에 의한 사례를 보라.

18) 2008년 7월 3일에 '새로운 토목공학자'에 발표된 '허리케인이 미국의 기량 향상의 동력이 되었다'를 보라.

19) 예를 들어 폴 조윗 교수가 2009년 11월에 토목공학자회에서 행한 연설이 있다.

20) David Dickson. 1974. *Alternative Technology and the Politics of Technical Change*, Fontana.

있는 비교적 간단한 추측이다. 사실, 적정 기술이 1960년대 후반과 1970년대에 개발 원조와 기술이전에 관한 논의에서 논쟁의 대상이었던 것은 조금 놀라운 일이다(산업화와 수입대체에 기초했던 당시의 주류 경제 발전 모델을 고려하면 덜 놀라운 일이기도 하겠다). 간디가 활동했던 국가인 인도에서도 적정 기술에 대한 비판이 많았다.

국제 개발 및 해외 원조의 맥락에서 선진국으로부터의 대규모 기술이전과 그로 인해 발생한 운영 및 유지 문제에 대한 우려가 커짐과 함께 적정 기술(AT)에 대한 관심이 증가했다. 존 케인즈(John Maynard Keynes)와 일했던 경제학자인 E. F. 슈마허(E.F. Schumacher)의 작업 또한 관심이 증대된 요인 중 하나였다. 20년 동안 영국석탄청(National Coal Board in UK)에서 최고 경제 고문으로 종사했던 슈마허는 신고전학파 경제학이 비인간적이라며 비판했다. 그는 일자리 창출, 분산화 및 자원 사용의 효율화에 큰 관심을 가졌는데, 개발도상국의 필요를 충족시키는데 적절한 '중간 기술'로 그의 관심이 표명되었다. 이러한 기술과 접근법을 널리 알리기 위해, 슈마허와 동료들은 중간기술개발그룹(Intermediate Technology Development Group, ITDG, 2005년에 프랙티컬액션으로 명칭을 바꿈)[21)]을 조직하여 '적정 기술 운동'의 시발점을 찍었다. 적정/중간 기술에 대한 관심은 1973년에 특히 증가했다. 바로 슈마허의 저서 『작은 것이 아름답다: 인간 중심의 경제를 위하여』가 출간된 해이자 첫 에너지 위기가 도래한 해였다. 타임(Time)지는 이 책을 환경 운동과 환경 경제학의 발전에 가장 큰 영향을 미친 100대 서적으로 꼽았다.

1970년대 후반과 1980년대에 들어서 마가렛 대처(Margaret Thatcher)와 로날드 레이건(Ronald Reagan)이 영국과 미국에서 각각 1979년과 1981년에 권력을 차지하고 시장 지향 및 민영화를 촉진하는 구조 조정 정책이 개발되면서, 적정기술과 개발협력에 대한 관심이 줄어들었다. 그럼에도 불구하고 ITDG와 세계 여러 비슷한 조직들을 중심으로 적정 기술에 대한 관심이 계속되었다. 그러한 조직의 예로 독일 적정 기술 교환(German Appropriate Technology Exchange, GATE), Groupe de recherche et d'echanges technologiques(GRET, 프랑스), 스위스 기술 및 경영 개발 협력 센터(Swiss Centre for Development Cooperation in Technology and Management, SKAT), 기술 지원 봉사단(Volunteers in Technical Assistance, VITA, 미국)이 있다. 그후 대안 기술센터(Centre for Alternative Technology, CAT, 영국), 빈곤퇴치를 위한 공학자회(Engineers Against Poverty, EAP, 영국), 아시아 적정기술(Appropriate Technology Asia), 아프리카 적정 기술(Appropriate Technology Africa), 보건 적정 기술 계획(Programme for Appropriate Technology in Health, PATH, 미국), 어프로베초(Aprovecho, 미국), 적정기술센터(Center for Appropriate Technology, 호주), 국립적정기술센터(National Center for Appropriate Technology, 미국), 적정기술협회(Appropriate Technology Association, 태국), 아시아 적정기술 전문가 연맹(the Asian Alliance of Appropriate Technology Practitioners, Approtech) 등 많은 조직들이 가담했다. 이에 더해, 몇몇 학술지도 계속 발간되고 있다. 적정기술(Appropriate Technology, ITDG로부터 양도받아 1999년부터 Research Information이 발간하고 있다)와 적정기술 자료집(Appropriate Technology Sourcebook, 미국)이 이에 속한다. 학술지 『Undercurrents』는 1970년대 대안기술 진흥에 큰 역할을 했으나, 1984년도에 폐간되었다.

초기의 적정 기술 조직, 정기간행물, 인물, 전문가들은 이제 떠나가 버렸고, 오늘날 슈마허의 이름을 모르는 청년층이 많지만 '작은 것이 아름답다'는 아직까지도 유명한 말이다. 인터넷 시대의 도래와 함께 다양한 종류의 새로운 조직들은 적정기술에 관한 정보에 사람들이 보다 쉽게 접근할 수 있도록 도왔다(www.appropedia.org와 같은 온라인 사이트가 그 예이다). 또한, 2007-2009년의 금융/경제 위기 후 적정기술의 시대적 타당성이 커지고 있다. 그보다 더 큰 도전 과제인 지속가능한 발전, 기후 변화 완화 및 적응에서도 적정기술의 역할이 부각되고 있다. 적정기술의 타당성은 『작은 것이 아름답다』 출간 30주년을 맞아 국경없는 공학자회(Engineers Without Borders)의 세계적 성장을 기념하기 위해 유네스코, ITDG, 환경을 위한 TV펀드(Television Fund for the Environment)가 협력해 2003년 발표한 영상 및 책자인 『작은 것이 유효하다: 빈곤 감소를 위한 기술』[22)]에서도 잘 설명되어 있다.

적정 기술은 '기초(low)' 기술과 '첨단(high)' 기술, '연성(soft)' 기술, 그리고 '경성(hard)' 기술을 모두 포함한다. 태양전지를 사용한 백색 LED 조명은 등유 램프의 대체를 촉진하였고, 휴대 전화 및 관련 소프트웨어 시스템은 전자기기 시대 이전에는 상상도 할 수 없었던 정보통신을 가능케 했다. 포졸란 시멘트 증량제 및 대체재(왕겨, 재 등), 아도비 점토, 다져서 굳힌 흙, 진흙 벽돌

21) E. F. Schumacher. 1973. *Small Is Beautiful: Economics As If People Mattered*. Blond & Briggs, London, p. 288.

22) *Small is Working: Technology for Poverty Reduction*, video/VCD and 70-page booklet, UNESCO, ITDG and TVE, 2003.

등 도시 발전 및 건설에 사용되는 중간 기술도 이를 잘 설명해 준다. 개선된 자연적 수동형(natural passive) 및 능동형(active) 태양열 설계와 환기 시스템, 축열벽(Trombe Wall) 등의 개발로 주거 기술도 개선되었다. 도시와 농촌의 발전 모두 최첨단 교통 기술 및 시스템과 무공해 자동차에 의존할 것이다. 태양전지, 열병합 발전, 전력의 효율적 저장, 보급 및 사용, 축열 장치, 태양열 집열판, 태양열 온수기, 풍력, 파력, 소수력, 바이오연료, 바이오가스, 바이오 숯 등이 부상함에 따라 에너지 분야는 적정기술과 어깨를 맞대게 되었다.

동시에, 물 공급 및 위생은 적정기술 분야에서 가장 중요한 분야이다. 수인성 전염병의 예방을 통해 매년 200만 명에 가까운 사람들의 생명을 구할 수 있고, 깨끗한 물을 공급해 900만 명 이상의 사람들의 삶의 질을 개선할 수 있기 때문이다. 바이오 샌드 필터, 세라믹 워터 필터, 역삼투 등이 특히 유용하다. 화학응집제, 염소 및 자외선 살균, 그리고 우물건설기술과 양수 시스템 및 화장실 기술의 개선도 한 몫을 한다. 영속농업(permaculture), 개선된 관개시설, 온실 등의 적정기술은 식량 생산을 확대했고 식량 저장, 보존 및 공정 관련 적정기술은 수확 후 손실을 줄였다. 개선된 탈피 기계와 제분기의 등장으로 식품 가공도 보완되었다. 한편, 연기 없는 화목 난로, 태양열 조리기, 기타 관련 기술이 개선되어 가정취사로 발생하는 건강 위험이 크게 감소했다. 위에서 소개한 적정기술 혁신은 적절한 소액금융 시스템 없인 실현될 수 없다. 휴대전화를 사용한 미소금융의 예에서 보듯이 적정기술은 금융 세계에도 혁명을 불러일으켰다.

정보통신 기술과 같은 '하이테크'도 요즘 새롭게 떠오르고 있는 주요 적정기술 분야 중 하나다. 광섬유, 위성통신 등의 기술이 가능케 한 라이프라인 라디오, 휴대 전화, 백 달러짜리 휴대용 컴퓨터 및 넷북(OLPC), 오픈소스 소프트웨어, 인터넷 전화 등은 적정기술에 대한 사람들의 인식을 바꿔놓고 있다. 널리 분산된 인프라 시스템은 '전통적' 발전 방식이 변화해야 한다는 필요가 커짐에 따라 점점 더 중요해지고 있다. 산업화된 국가들은 폐기물, 탄소배출량 및 환경적 영향들을 줄이는 방법을 모색하는 과정에서 기억의 뒤켠에 있던 기술들을 재발견하고 있으며, 개발도상국에서 사용하는 기술을 받아들일 의지도 보이고 있다.

적정 기술의 개념은 21세기의 도전 과제 해결을 위해 재조명되고 있다. 이에 따라 적정기술의 이미지도 함께 바뀌는 추세다. 하지만 아직도 효과적인 지식 공유, 상업화, 규모 확대 및 인지도 등의 큰 이슈들이 남아 있다. 다음 세기엔 정보 플랫폼, 비즈니스 모델, 교육 등의 분야에서 적정기술이 눈부시게 활약할 것이며, '작은 것이 아름답고 유효하다'는 사실을 다시 한 번 보여줄 것이다.

6.1.12 적정기술: 건축기술 사례

솔로몬 망기(Solomon Mwangi)

서론

수단 정부와 수단 시민 자유화 운동(Sudanese People Liberation Movement) 간 종합적 평화 협정(Comprehensive Peace Agreement, CPA)이 체결된 이후 수단 피난민 중 소수만이 고국으로 돌아왔다. 귀환하는 사람들의 수가 적은 이유는 다음과 같다.

- 학교, 병원, 주거 등의 인프라가 부족하다.
- 정상적인 생활에 필요한 경제 활동이나 일자리가 부족하다.
- 활성화된 민간 부문 및 기업 문화의 부재로 농촌 환경에서 새로운 비즈니스 창출의 기회를 찾기 힘들다.
- CPA가 체결된 지 3년이나 지났는데도 전쟁의 위협이나 전쟁이 날 거라는 소문이 아직도 팽배하다.

수단의 주거 및 일반 건물 건설 부문의 도전 과제

수단의 전통 건축 재료는 진흙과 태치 잔디(thatch grass)다. 진흙을 장대에 발라 벽을 세우고 태치 잔디를 지붕으로 덮는다. 이러한 재래식 건축 재료는 단열이 잘 되고 가격도 저렴해 수단에 가장 적절하지만 최대 수명이 12년 정도로 오래 가지 않는다는 단점이 있다(시간이 지나면 진흙은 비와 바람에 쓸려 내려가고 기둥은 천천히 썩거나 흰개미에게 갉아 먹힌다). 집의 구조도 쥐나 벌레가 번식하기 쉬워 위생적이지 않다.

© S. Mwangi

진흙과 기둥을 사용해서 지은 전형적인 아프리카 집

© S. Mwangi

수단에 있는 전형적인 벽돌 생산 현장

구운 벽돌

아프리카를 점령했던 패권국들은 현대식 건축에 사용되는 구운 벽돌을 아프리카에 들여왔다. 많은 국가들이 이 기술을 받아들였지만 곧 사막화와 산림파괴를 초래했다. 특히 벽돌을 굽는 주 연료로 나무를 사용했던 지역의 피해가 심했다. 공공건물 건설을 위해 구운 벽돌 기술을 도입한 수단도 그러한 피해를 피해갈 수 없었다. 구운 벽돌은 튼튼한 구조물 건설에 탁월했지만, 다음과 같은 단점을 가지고 있다.

- 벽돌 1천 개를 굽는 데 나무 한 그루가 연소되므로 사막화를 초래할 수 있다.
- 재래식 벽돌의 모양이 일정하지 않아 건설 시 더 많은 양의 모르타르(mortar)가 소요된다.
- 건조 및 연소 과정에서 전체 벽돌의 20~50%가 손실된다.
- 표준으로 정해진 크기가 없어 만드는 사람에 따라 벽돌의 크기가 다르다.
- 콘크리트 블록을 사용하는 것보다 벽돌을 이용하는 것이 건설하는데 오랜 시간이 걸린다.
- 구운 벽돌을 생산하기 위해선 넓고 개방된 공간이 필요한데, 이때 토지의 질이 저하된다.

© S. Mwangi

수단의 나일강 상류지역에 안정화 흙벽돌을 이용해 건설한 헬스 센터

남 수단 건설 부문의 도전 과제

남 수단의 건설 부문은 다음과 같은 도전 과제에 직면하고 있다.

- 훈련을 받았거나 기량 있는 수단 건축가가 부족하다. 주요 건설 사업은 대부분 외국 기업이 맡는다.
- 시멘트, 모래, 자갈 등의 기본 건축 재료가 부족해 가격이 계속 오른다.
- 남 수단 지역 대부분은 평지이기 때문에 홍수로 물에 쉽게 잠긴다.
- 이러한 평지는 대부분 진흙/침니로 이루어져 있어 '흑면토(Black Cotton Soil)'라고 알려져 있다. 흑면토는 지하 5미터 이하까지 뻗어있다. 따라서 이 지역에 건물을 건설하려면 비싸고 특수한 건축설계 및 기술이 요구된다.
- 도로 인프라가 부족해 물류비가 매우 비싸다. 또, 건기(dry season) 외에는 교통이 아예 불가능하다(몇몇 지역에선 화물기로만 재료 수송이 가능하다).

위와 같은 어려움으로 인해 일반 건물 건축이 매우 — 때때론 엄두도 못 낼 정도로 — 비싸다. 따라서 수단의 일반 시민들에겐 살 만한 집을 구하기가 쉽지 않다.

남 수단의 지속가능한 건축법

남 수단의 건축 부문은 혁신적인 공학적 해결책을 필요로 하며, 지역 특성에 조심스럽게 맞춰진 기술을 요구한다. 도전 과제는 다음과 같다.

- 모래나 자갈이 없는 지역에서 현지의 흙과 환경 친화적 방식을 이용해 비용 효율적인 건축 재료를 제조한다.
- 불안정한 흑면토 지대에서도 사용가능한 특수 토대를 설계한다.
- 군인으로 종사했던 청년들에게 건축기술을 가르친다. 이로써 숙련 노동자 부족 문제를 극복할 수 있다.(이들에게 필수적 건축기술을 가르쳐 남 수단 재건 활동에 참여하도록 돕고, 실업으로 인해 발생하는 범죄를 줄인다.)
- 나무를 사용해서 벽돌을 구움으로써 발생하는 사막화를 방지할 환경 친화적 기술을 도입한다.
- 단열성이 좋아 남 수단의 더운 날씨로부터 입주민을 보호하면서도 가격이 적당한 건물을 설계한다.

현지의 단체들은 이러한 해결책을 마련하는 데 성공했다. 흙과 적

적정 건축기술이란?

- 현지에서 나는 재료를 최대한 사용한다.
- 전기나 연료가 필요 없는 장비를 사용한다.
- 공동체 단위로 배우고 수용하기 쉬운 기술에 의지한다.
- 전체적으로 환경 친화적이고 현지의 환경에 피해를 입히지 않는다.
- 외부의 도움 없이도 사용 및 유지될 수 있다.
- 안전하고 가격이 적당하다.
- '기초 기술'이나 '고급 기술' 중 하나로 구분될 필요 없이 그저 능력을 제공한다.
- 마을이나 공동체 단위로 배우고 수용하기 쉬운 기술이다.

은 양의 시멘트를 섞어 안정화된 흙벽돌을 만들면 구운 벽돌보다 50%나 저렴한 건축 재료가 된다. 시멘트를 흙 안정제 및 모래 결합제로 사용하면 더 이상 나무를 태울 필요가 없어진다. 또한, 생산 과정에서 숙련 노동자가 필요하지 않기 때문에 빠르게 일자리가 창출될 수 있다. 흑면토 지대 위 건축을 가능하게 하는 특수 토대도 개발되었다.

COMAC 건설 프로그램은 수단의 재건 사업을 위해 적정 건축기술(ABT)을 도입하는 데 관심 있는 NGO와 기타 개발 기구들과 협력해 학교나 병원과 같이 공공 건물을 짓는 데 주력했다. COMAC은 자사의 사업에 사용된 적정 기술이 점차 일반인에게 익혀지고 수용될 것이라 믿는다.

이러한 접근법을 통해 COMAC은 다음과 같은 성과를 이루어냈다.

© S. Mwangi

흑면토 단층

- 안정화 흙벽돌(stabilized soil block, SSB)과 같은 적정 건축기술을 소개했다. 흙을 적은 양의 시멘트와 섞어 만드는 SSB는 구운 벽돌보다 50%가량 저렴하다.

© S. Mwangi

생산과정에서 폐기된 벽돌

- 실업자에게 일자리를 제공했다. SSB 생산은 한 제작소 당 여섯 명의 비숙련 노동자를 고용한다. 케냐나 우간다 같은 이웃 나라에서 숙련 노동자를 유치하는 대신 건축기술 훈련을 받지 않은 수단 사람들을 고용했다.
- 흑면토 지대 위 건축을 위한 특수 토대를 개발했다.
- 환경 친화적인 기술을 사용해 환경을 보존하는 데 앞장섰다. 이 때 사용된 환경친화적인 기술이란 구운 벽돌 대신에 시멘트를 흙 안정제 및 모래 결합제로 사용한 것이다. 구운 벽돌을 생산하기 위해서는 넓게 개방된 장소가 필요하기 때문에 토지의 질을 저하시키는 반면, SSB는 건물이 들어설 자리를 파낸 구덩이에서 나온 흙으로 만들어지기 때문에 부가적 토지의 질을 저하시키지 않는다.

수단에서 사용되는 적정 건축기술

COMAC은 수단에서 다음의 세 가지 건축기술을 사용했다.

안정화 흙벽돌(Stabilized soil blocks)

이 건축 재료는 1940년대 초에 콜롬비아에서 개발되었으며, 1970년도에 동아프리카에 들어왔다. 이 기술로 다음과 같은 사항이 발달하였다.

- 튼튼한 수동식 장비
- 영구 건축에 사용 가능하다고 승인받은 재료의 국제 건축 표준에 맞는 공통 성능 표준
- 케냐, 말라위, 우간다에서의 폭넓은 응용 및 도입
- 모르타르가 필요 없는 내부 결합을 사용한 비용 절감
- 흙벽돌은 건축 토대를 만들기 위해 파낸 구덩이에서 나온 흙으로 만들어짐

다져서 굳힌 흙과 기둥 기술

'다져서 굳힌 흙과 기둥 기술'은 기둥과 진흙을 이용한 아프리카 전통 건

© S. Mwangi

우기에 수단의 전형적인 도로 모습

© S. Mwangi

수동 흙벽돌 제조기

축 방식을 개선한 것이다. 이 현대식 기술에서는 흰개미 등의 곤충으로부터 안전한 기둥을 건물의 구조적 틀로 사용한다. 기둥을 최대한 1.5m 간격으로 땅에 단단히 묻는다. 그리고 300mm 간격으로 기둥들 사이에 가시철사와 쇠고리를 수평으로 고정한다. 이것은 다져서 굳힌 흙이 기둥에 잘 붙도록 해 준다.

그 다음, 거푸집을 임시로 기둥 안쪽과 바깥쪽에 고정한다. 이로써 아직 젖은 토양과 시멘트의 혼합물이 마를 때까지 안정화 할 수 있다. 안정한 종류의 흙을 사용했을 경우, 흙을 안정화하고 결합하는 데 평균 단 5%만의 시멘트가 필요하다.

두께 300mm 이하의 흙/시멘트 층이 매일 단단히 다져지고 그 속도가 점차 빨라져 건축이 열흘 안에 완성될 수 있게 되었다.

모래/시멘트 블록

모래는 수단의 다르푸르에서 가장 많이 얻을 수 있는 건축 원자재 중 하나이다. 안타깝게도 모래는 지금까지 건설에 거의 사용되지 않았으며, 구운 벽돌의 사용으로 초래된 사막화는 계속되고 있다.

© S. Mwangi

모래/시멘트 벽돌 제조를 위한 틀

COMAC은 다르푸르 개발 사업을 추진하고 있는 미국 NGO인 Mercy Corps의 의뢰로 다르푸르의 건축기술 분석을 시행했다. 이 분석을 통해 속이 꽉 찬 모래/시멘트 블록을 사용하면 건축 비용이 30%나 절감될 수 있으며 속이 비어 있는 모래 시멘트 블록을 사용하면 건축 비용을 절반으로 줄일 수 있다는 사실을 알 수 있었다.

© S. Mwangi

흑면토 지대 위에 기둥으로 보강된 토대

흑면토 지대를 위한 특수 토대

흑면토 지대 위 건설은 남 수단에게 주어진 주요 도전 과제이다. 흑면토는 젖었을 때 팽창하고 건조되면 줄어들거나 금이 간다. 이러한 특성 때문에 흑면토 지대를 위한 특수한 토대가 없다면 건물이 붕괴될 수 있다.

나일 강 상류와 남 수단 종글레이 주에선 수 제곱킬로미터의 땅이 흑면토로 뒤덮여 있으며, 그 깊이는 5m가 넘는다. 또한, 이 두 지역에선 모래나 자갈 같이 건축에 알맞은 원재료가 나지 않는다.

이 지역에 병원과 경찰서를 짓기 시작했을 때 COMAC 이러한 어려움과 맞서야 했다. 그 과정에서 COMAC은 다음과 같은 몇 가지 해결 방안을 고안해내었다.

- 콘크리트 기둥으로 받쳐진 침목으로 콘크리트 토대를 강화했다.
- 특수한 시멘트 배합토를 사용해 특수한 안정화 흙벽돌을 만들었다.
- 시멘트/모래 모르타르를 바탕으로 한 부상(floating floor)을 깔고 치킨와이어로 보강했다.

수단 및 기타 개발도상국 내 적정 건축기술의 빠른 확산

실업과 인간의 기본적 필요인 주거는 많은 개발도상국들이 당면하고 있는 주요 문제들이다. 그뿐만 아니라 환경 저하 현상도 개발도상국을 괴롭히고 있다.

세 가지 복합적 문제(주거, 실업, 환경 저하)가 극심한 가운데 앞서 소개한 것처럼 적정기술의 도입, 장려, 시행을 통해 해결책을 찾을 수 있다. 이것을 현실화하고 도움 받는 사람이 그 영향을 느낄 수 있도록 하려면 개발도상국 개발 사업에 직 간접적으로 관여된 정부, 기부 및 개발 단체들 모두가 심사숙고하여 정책을 결정하고 시행하여야 한다.

이것을 더 가속화하기 위해서는 기부자, 정책 및 의사결정자들이 다음과 같은 사항을 따라야 한다.

- 자신이 후원하거나 지지하는 사업에서 적정기술의 사용을 고집한다.
- COMAC과 같이 적정기술을 장려하는 기구나 회사를 지지하기 위해 해당 조직의 발전적 건축법을 정부와 발전 파트너에게 추천한다.
- 적정기술의 장기적 효과를 측정하는 모니터링 프로그램을 실시한다.

다져서 굳힌 흙과 기둥 기술을 이용한 건설 현장

남부 수단에 완성된 건물

6.2 공학 분야

6.2.1 수자원과 위생

칼라니시 바이라바무르티(Kalanithy Vairavamoorthy),
다미르 브르드자노빅(Damir Brdjanovic)

현황

수자원(water supply)

개발도상국 도시지역의 수자원 부족은 가장 중요한 문제점 중 하나이다. 2050년에는 인도 전체 인구 중 절반 정도가 도시 지역에 거주할 것이며, 물 부족으로 인한 심각한 문제에 직면할 것이다(Singh, 2000).[23)] 2002년에 발표된 보고에 따르면, 약 11억 명이 개발되지 않은 수원지에서 물을 끌어다 사용하고 있으며, 이 중 2/3는 아시아에서 살고 있다. 미개발 수자원을 이용하는 중국인 수는 아프리카에서 물을 공급받지 못하는 인구와 맞먹는다(UNICEF/WHO, 2004).[24)] 사람들이 이용하는 물의 수질도 안심할 수 없다. 인도 도심인구 85%가 식수를 공급받고 있지만, 그 중 20%만이 WHO가 정한 안심할 수 있는 식수 기준에 부합하고 있다(Singh, 2000).

개발도상국의 일일 물 공급률은 문명사회와 비교했을 때 굉장히 낮다. 인도는 지역과 경제수준에 따라 일일 물 공급량이 16~300ℓ이지만 선진국은 일일 물 공급량이 100~600ℓ에 달한다(Singh, 2000). 수도를 통해 물을 공급받지 못하는 인구는 수도를 통해 공급받는 이들에 비해 더 적은 양의 물을 공급받는다. 동아프리카 지역에서 수도를 통해 물을 공급받지 못하는 이들의 일일 물 공급률은 임금이 낮은 사회에서 수도를 통해 물을 공급받는 경우보다 1/3 작다(Thompson et al, 2001).[25)]

아치형 터널 건설

많은 개발도상국 수자원 문제는 자원 한계뿐 아니라 다른 요인들 예를 들면, 도시 설비를 통한 분배의 비효율성, 빈부격차에 따른 불공평한 서비스 제공 등에 의해 발생한다(UN-HABITAT, 1999).[26)] 그리고 수도 공급에서 높은 수자원 손실률도 주요 원인 중 하나이다. 많은 연구들에 따르면, 개발도상국 도시의 수자원 손실률은 공급받는 수자원의 40~60%에 달한다(Arlosoroff, 1999).[27)] 대부분의 경우 수자원 손실 정도는 수자원 공급 시스템 운영의 비효율성을 의미한다. 수자원 손실은 기술, 기능의 문제뿐 아니라 제도, 계획, 재정, 관리에 일관성 있는 조치를 필요로 한다(WHO, 2000).[28)]

수자원 공급 시스템 설계는 일반적으로 지속적인 공급이라는 가정을 기반으로 한다. 하지만 대부분의 개발도상국 수자원 공급 시스템은 지속적이 아니고 간헐적이다(Vairavamoorthy et al.,

23) Singh, N. 2000. Tapping Traditional Systems of Resource Management, *Habitat Debate*, UNCHS, Vol. 6, No. 3.

24) UNICEF/ WHO. 2004. Meeting the MDG drinking water and sanitation target – A mid term assessment of progress. United Nations Children's Fund and World Health Organization, p. 36.

25) Thompson, J., Porras, I. T., Tumwine, J. K., Mujwahuzi, M. R., Katui-Katua, M., Johnstone, N. and Wood, L. 2001. Drawers of Water II. International Institute for Environment and Development, London, UK.

26) UN-HABITAT. 1999. Managing Water for African cities – Developing a Strategy for Urban Water Demand Management, Background Paper No. 1, Expert Group Meeting UNEP & UN-HABITAT.

27) Arlosoroff, S. 1999. *Water Demand Management*. International Symposium on Efficient Water Use in Urban Areas, IECT-WHO, Kobe, Japan.

28) WHO. 2000. *Global Water Supply and Sanitation Assessment Report*, World Health Organization-United Nations. Children Fund, Geneva, Switzerland.

© Ameer Shaheed, EWB-UK

플라스틱 병에 물이 차기를 기다리는 네팔 카트만두의 소년

2007).[29] 아시아개발은행에 따르면, 2001년 조사한 18개 도시 중 10개 도시가 하루에 24시간미만 동안 물을 공급했다(ADB, 2004).[30] 세계 다른 지역에서도 상황은 비슷하다. 예를 들어 남아메리카 10개 주요 도시들은 제한된 수도 공급을 받고 있다(Choloe and Varley, 1997).[31] 1995년 나이지리아에서는 수도관을 이용하는 소비자 중 11%만이 이틀에 한 번 물을 공급받았다.

간헐적인 수자원 공급은 극심한 수압 손실과 매우 불공평한 물 배분이라는 결과를 낳는다. 다른 심각한 문제는 높은 수준의 수질 오염이다. 이 문제는 수압이 거의 없는 급수 시스템에서 수도 공급이 장기적으로 중단된 경우 발생한다(Variavamoorthy and Mansoor, 2006).[32]

위생시설

위생시설은 수도공급에 비해 중요시 여겨지지 않는 편이다. 그래서 개발도상국 전체 인구의 절반에 가까운 26억 명이 위생시설과는 거리가 먼 생활을 하고 있다는 점은 그리 놀라운 사실이 아니다. 개발도상국 위생시설 설치율은 49% 정도로 선진국(98%)의 절반에 지나지 않는다. 사하라 사막 이남 지역은 36%도 되지 않으며, 심지어 이 36%의 절반도 개량되지 않은 위생시설을 이용하며 지낸다고 밝혀졌다. 또한 중국과 인도 양국에서 개량된 위생시설의 혜택을 받지 못하는 인구는 15억명에 가깝다(WHO/UNICEF, 2006).[33] 열악한 위생시설 때문에 목숨을 잃는 사람은 매년 160만 명에 달한다고 한다. 통계에 따르면, 전 세계에서 배출되는 폐수의 85%가 공중위생과 생태환경에 심각한 악영향을 끼침에도 불구하고 처리없이 배출되고 있다.

개발도상국에서는 빠른 인구증가와 도시화가 위생시설 증대와 같은 사회 기반 시설과 주거 시설에 대한 수요를 증대시키고 있다. 지정된 거주지에서 지내지 않는 불법 채류자와 같은 빈곤 계층을 위해 위생시설을 지원하는 것은 또 다른 문제이다. 세계은행은 전 세계 도시 인구의 26%인 4억 명에 달하는 인구가 가장 기본적인 위생 시설을 이용할 수 있는 기회조차 없는 것으로 추정한다(Khatri and Vairavamoorthy, 2007).[34]

또한 대부분의 개발도상국에서는 하수, 태풍으로 인해 생긴 오물, 그리고 고형 폐기물에 대해 적절치 못한 처리가 이루어지고 있다. 개발도상국의 하수 처리 시스템은 폐수와 쓰레기를 처리하기에 불충분하다. 이들 하수 처리 시스템은 형편없이 설계되거나 적절한 장비 없이 부실하게 운영되고 있다. 도시에서 배출된 대부분의 쓰레기들은 야외에 직접 버려지곤 한다. 그 결과, 이 쓰레기들은 토양은 물론 지하수마저 오염시킨다. 저임금세대들이 모여 사는 지역에서는 상태가 더욱 심각하다. 부패된 탱크에서 시내 배수로나 강에 정기적으로 폐수를 방류하고 있다. 이렇게 방류된 폐수는 불쾌한 주거환경을 조성, 공중위생을 침해하며, 환경오염을 일으킨다(GHK, 2002).[35]

도시 거주자의 수가 증가함에 따라 도시지역은 점점 더 혼잡해지고 있다. 기본적인 공중위생을 향상시키기 위한 노력들은 더 큰 규모와 많은 자본을 필요로 하는, 하수 설비, 방수 시설, 그리고 대규모 중앙 정수 처리 시설 등에 초점이 맞춰지곤 한다. 이러한 계획들은 재정적인 문제와 제도상의 제약으로 인해 실패하거나, 실제로 이행된다 해도 불공평한 서비스를 제공해 문제가 되곤 한다. 결과적으로, 개발도상국에서 기본적인 공중위생 문제를 해결하기 위한 노력은 증가하는 인구를 따라갈 수 없으며, 지속적인 해결책을 제공할 수 있는 새롭고 혁신적인 접근법이 필요하다(Khatri and Vairavamoorthy, 2007).[36]

29) Vairavamoorthy, K., Gorantiwar, S.D., and Mohan, S. 2007. Intermittent water supply under water scarcity situations. *Water International*, Vol. 32, No. 1, pp. 121-132.

30) ADB. 2004. *Second Water Utilities Data Book Asian and Pacific Region.* Asian Development Bank (ADB). Manila, Philippines.

31) Choe, K., Varley, R., and Bilani, H. 1996. Coping with Intermittent Water Supply; Problems and Prospects, Environmental Health Project. *Activity Report* No. 26, USAID, USA.

32) Vairavamoorthy, K. and Mansoor, M.A.M. 2006. Demand management in developing countries. In: Butler, D., and Memon, F. A. (Eds.) *Water Demand Management.* IWA Publishing, London, UK. pp. 180-214.

33) WHO/UNICEF. 2006. Meeting the MDG drinking water and sanitation target, The urban and rural challenge of the decade. World Health Organization and United Nations Children's Fund, p. 41.

34) Khatri, K., and Vairavamoorthy, K. 2007. Challenges for urban water supply and sanitation in the developing countries. *Water for changing world: Enhancing local knowledge and capacity*, Symposium, 135 June), 50th anniversary, UNESCO-IHE Institute for Water Education, Delft.

35) GHK. 2002. Eff ective Strategic Planning for Urban Sanitation Service, Fundamentals of good Practice, p. 23. http://www.ghkint.com/

36) Khatri, K., and Vairavamoorthy, K. 2007. Challenges for urban water supply and sanitation in the developing countries. *Water for changing world: Enhancing local knowledge and capacity*, (Symposium, 135 June), 50th anniversary, UNESCO-IHE Institute for Water Education, Delft.

지속가능성

2005년에는 국제사회에서 추진한 새천년개발목표의 달성과 함께, 전 세계적인 수도 공급과 하수 처리 서비스의 지속적인 유지와 실행에 도움이 되는 제도와 경영상의 시도들이 이루어지고 있다.

일반적으로 수도 공급과 위생시설은 아래와 같은 상황에서 지속가능하다고 여겨진다(Brdjanovic and Gijizen, 2005).[37)]

- 정상적으로 기능하고 사용될 때
- 양적, 질적, 편리성, 지속성, 그리고 건강 등 각기 다른 경제적인 수준에 맞는 서비스를 제공할 때
- 장기간 동안 계속해서 기능할 때(장비의 수명을 넘어서)
- 제도화된 경영이 시행되고 있을 때
- 지역에 따라 적절한 운영, 유지, 행정 그리고 대체 비용이 충분히 여유 있을 때
- 지역 수준에 맞게 운영되고 있을 때
- 자연에 해를 끼치지 않을 때

지속가능한 위생시설은 아래와 같은 조항을 포함한다.

- 위생과 재활용을 위한 적절한 규제를 포함한 사항
- 영양과 물에 대한 닫힌 순환
- 생태계적 접근
- 오염자 부담 원칙
- 강 하류지역의 환경 보호
- 인프라의 분산화
- 지방에서 관리 및 재원 조달
- 적용가능성
- 모두에게 공평한 서비스

수도 공급과 위생 시설의 관리에 대해서 얻은 교훈은 바로 초기 투자 자본의 유치가 가장 쉬운 단계라는 것이다. 새로운 일을 시작할 때 상대적으로 쉬운 것은 바로 돈과 노동인력과 같은 물적 자원을 찾는 것이다. 초반의 투자 및 유치 후, 진정한 지속가능한 시스템을 유지하는 것은 그리 쉬운 일은 아니다.

수도 공급과 위생 시설 관리의 실패를 야기하는 제약들은 아래와 같다.

- 관련 기관의 빈약한 조직 구조
- 예비 부품의 부족함
- 부적절한 기술
- 훈련 및 교육을 받은 직원의 부족
- 빠듯한 자금
- 취업 기회의 부재
- 불충분한 자본
- 법률 제도상의 문제
- 직원들의 동기부여 결여
- 사용자의 참여 부재
- 부문의 운영과 유지에 대한 낮은 관심
- 부적당한 요금
- 부정적인 정치적 간섭

세계적 도전 과제

세계의 도시들은 희소자원이 되어버린 물의 투명하고 공정한 공급과 위생 관리에 있어서 세계적인 어려움에 직면하고 있다. 각 도시들이 직면하는 도전 과제에는 폐수처리와 환경오염의 최소화라는 공통점이 있다. 도시에서 배출되는 하수를 더 효과적으로 처리하기 위해서는 전 세계와 각 지역에 가해지는 압력을 인지하고, 도시의 수도 시스템 운영의 추진 원동력으로 이용해야 할 것이다(Khatri and Vairavamoorthy, 2007).[38)]

- 기후 변화는 강수량과 기온의 패턴의 변화뿐만 아니라, 물의 접근성과 유용성, 그리고 위생 설비를 위한 인프라 구축에도 영향을 끼치는 것으로 예측된다.
- 인구증가와 도시화는 고급 식수의 소비 증대에 큰 영향을 끼친다. 이러한 고급 식수에의 수요는 종종 지역에서 공급되는 수자원으로는 충족되지 않는 반면, 완벽하게 정수되지 않은 폐수의 방출은 강의 하류 인근 주민들의 수도사용 요금을 인상시키고 수중 생태계에 악영향을 끼친다.
- 현재의 수도 설비 인프라는 낡아짐과 동시에 악화되고 있다. 폐수를 적절히 정화하고 양질의 물을 모든 분야에 공급하는 인프라의 유지와 개선은 기술적, 재정적인 도전이다.

기후 변화

지구 시스템이 인간의 다양한 활동으로 인해 급속한 변화들을 겪고 있다는 것에 대한 논쟁이 끊이지 않는다. 이 변화들이 초래한

37) Brdjanovic, D., Gijzen, H. 2005. Challenges in Achieving a Sustainable Water Supply and Sanitation Services for Small Islands: the Caribbean Perspective. In: Proceedings: *Aqua 2005*, Cali, Colombia (31 Oct-4 Nov 2005).

38) Khatri, K., and Vairavamoorthy, K. 2007. Challenges for urban water supply and sanitation in the developing countries. *Water for a changing world: Enhancing local knowledge and capacity*, (Symposium, 13-15 June), 50th anniversary, UNESCO-IHE Institute for Water Education, Delft.

결과는 지구상에서 일어나는 자연적인 순환의 변화를 우리가 목격하기 시작했다는 것에서 알 수 있다. 이러한 변화는 도시의 물 순환과 우리의 대처에 방대한 영향을 끼칠 것이다. 물 공급, 폐수 처리, 그리고 방수 시설과 같은 도시의 물 순환의 요소들은 일반적으로 장기적으로 계획되어진다. 그래서 우리는 이러한 변화들이 '미래의 도시'를 설계하고 운영하는데 얼마나 큰 영향을 끼치는지 주목해야 한다.

각 지역에서의 수자원 분포는 확실치 않지만, 강수량은 특히 겨울에 고위도 지역에서 증가될 것으로 예상된다. 이러한 예측은 대부분의 '일반대순환모델'에서 중간 위도 지방까지 이어진다. 대기 중의 온도 상승과 함께 잠재적인 증발(ET)이 증가한다. 높은 ET율은 강수량이 증가한 지역에서 강물의 양을 감소시킬 것이고, 그럼으로써 재생가능한 수자원의 공급이 감소될 것이다. 강수량이 증가함에 따라 강물이 늘어나는 지역은 주로 고위도 국가들이다. 반대로 저위도에 위치한 국가들은 수자원의 증발과 강수량의 감소로 물 부족 현상을 겪는다.

연강수량의 감소로 일부 지역에서는 지속적인 극심한 가뭄이 증가할 것이고, 건기와 ET의 증가로 빈번한 가뭄과 높은 수분 증발률도 나타날 것이다. 홍수에 의해 불어난 물의 양과 그에 따른 영향은 지역에 따라 각기 다르겠지만, 세계 여러 지역에서 홍수가 자주 발생할 것이다.

강물이 줄어듬에 따라 인간사회와 자연에서 배출되는 오염물질로 인해 악화된 수질 문제도 계속 증가하고 있다. 수온의 증가는 생물 지구 화학적인 정화 과정의 속도를 변화시켜 물속의 용존 산소농도를 감소시킬 것이다. 빈번하게 발생하는 홍수 또한 오염물질의 상승과 하수의 범람을 야기시킬 것이다. 게다가 빈번한 홍수와 함께 범람하는 정수되지 않은 하수는 생태계 순환에 심각한 영향을 끼쳐 와포자충과 같은 기생충이 살기 좋은 환경을 만들어 수인성 전염병의 발생률을 증가시킬 것이다. 호수처럼 부영양화가 잘 발생하는 곳은 다른 곳에 비해 수질문제에 더 민감할 수밖에 없다(Hellmuth and Kabat 2002).[39]

우물가에서 물을 기다리는 인도 나트와가드 사람들

기후 변화는 세계 여러 도시들에 각기 다르게 영향을 끼친다. 어떤 도시는 가뭄과 물 부족 현상을 자주 겪는 반면, 어떤 도시는 태풍으로 인해 홍수와 같은 재앙을 겪는다. 각 도시가 처한 상황에 알맞으면서 유연한 해결 방안들이 필요한 시점이다.

39) Hellmuth, M. and Kabat, P. 2002. Impacts. In: Appleton, B. (Ed.), *Climate changes the water rules: How water managers can cope with today's climate variability and tomorrow's climate change.* Dialogue on Water and Climate, Delft.

인구증가와 도시화

인구증가와 도시화는 전 세계가 다가올 미래에 대비해 해결해야 하는 가장 중요한 도전 과제 중 하나일 것이다. 2006년에 발표된 유엔의 인구전망에 관한 보고서[40]에서는 인구증가율이 높은 개발도상국의 도시들에 관해 조사했다. 개발도상국의 도시의 인구수는 2030년까지 매해 2.3%씩 증가해 2000년 19억 명에서 39억 명으로 늘어날 것으로 예상된다. 그에 반해, 선진국의 도시인구는 2030년까지 매해 1%씩 증가해서 9억 명에서 10억 명으로 늘어날 것으로 전망 된다(Brockerhoff, 2000).[41]

대부분의 개발도상국에서 높은 수준의 도시화로 인해 도시의 숫자와 크기가 증가하고 있다. 1950년에 뉴욕과 도쿄 두 도시만이 천만 이상 거주하는 도시였다. 하지만 2015년까지 1,000만 명이상 거주하는 도시는 23개가 될 것으로 예상한다. 그중 19개 도시가 개발도상국 도시이다. 2000년에는 거주자가 500만~1,000만 명인 도시는 22개이고 100만~500만 명인 도시는 402개, 50만~100만인 도시는 433개였다.

매일 18만 명에 달하는 사람들이 도시로 이주하고 있다. 현재 전 세계에는 10억 명의 극빈층이 있는 것으로 예상되는데, 그 중 750만 명은 뚜렷한 직업과 거주지 없이 도시에서 거주중인 것으로 알려졌다(UN, 2006).[42] 급속도로 늘어나고 있는 도시 인구와 도시화는 심각한 물 부족 현상을 낳을 것이며, 이는 곧 자연에 엄청난 영향을 끼칠 것이다. 다가올 미래의 수요에 대비해 도시들은 교외에서 물을 끌어들여 충분히 확보해야할 것이다. 재개발되고 있는 지역들은 토양의 물 흡수력을 저하시켜 수문학적 순환을 방해할 것이다. 왜냐하면 재개발로 인해 토양이 도로로 덮여서 물이 토양에 침투하는 것이 불가능하기 때문이다. 이는 곧 태풍발생 시 물의 범람으로 이어질 것이다.

개발도상국의 도시들은 수도 공급, 공중위생 악화, 환경오염과 같은 문제에 부닥침과 동시에 주거지, 인프라, 그리고 공공 서비스 등 사회적인 문제들에 이미 직면한 상태다. 늘어난 인구는 더 많

40) http://www.un.org/esa/population/unpop.htm (2010년 5월 25일 최종 방문).

41) Brockerhoff, M. P. 2000. An Urbanizing World. *Population Bulletin*, A Publication of Population Reference Bureau, Vol. 55, No. 3, p. 15.

42) http://www.un.org/esa/population/unpop.htm (2010년 5월 25일 최종 방문).

은 양의 물을 소비함과 동시에 생태계의 정상적인 수자원 제공 능력을 감소시킬 것이다.

도시화되고 있는 21세기에 깨끗하고 건강한 자연을 보존하는 것은 거주지 문제, 개발, 그리고 도시 운영을 함에 있어서 중요한 도전 과제이다. 사람들과 그들의 경제활동에 필요한 수자원 수요의 급작스런 변화를 해결하기 위한 유연하고 혁신적인 해결책이 필요하다.

인프라 시스템의 노후화

도시의 물 공급 시스템이 효과적으로 작동하기 위해서는 각 도시에 적합한 인프라가 구축되어야 한다. 식수의 안전성을 확보하기 위해 수자원의 운송과 정수에 사용되는 인프라를 보호하는 작업은 매우 중요하다. 하지만 전 세계의 대부분의 도시에서는 물 저장, 정수 및 배분 시스템에 대한 유지가 무시되어 왔다. 형편없이 관리되어진 물 공급 시스템은 넉넉지 않은 자본과 부실 관리에서 비롯되었을 것이다. 이러한 상수도 인프라의 악화는 전반적으로 수도의 신뢰성과 안전성을 위협하는 요소가 된다.

특히, 지하수도관 인프라는 사실상 관리되고 있지 않다고 해도 무방하다. 대부분의 상수도 인프라는 100년 이상 낙후된 시설로 누수, 파이프 막힘 현상, 오작동과 같은 위험요소의 발생률을 높인다. 미국에서는 매년 수천 개의 마을에서 수도 파이프가 파열해, 주민들은 수도를 공급받지 못하거나 혹은 특별히 처리되지 않은 물을 제공받는다.

부실한 수도 설비와 하수 처리 시스템은 현세대는 물론 다음 세대가 안심하고 마실 수 있는 물과 공중위생 서비스를 제공할 수 있는 우리의 능력을 위협한다. 이러한 문제점들이 해결되지 않은 채 지속될수록 시설이 더 노후화되고 자연환경과 인간의 건강에 동시에 악영향을 끼치게 될 것이다. 이는 곧 지역경제뿐만 아니라 한 나라의 경제에도 타격을 줄 것이다.

다수의 국가들의 수도 인프라 시스템이 노후되고 있어 전 세계적으로 수도 인프라 시스템의 복구 작업에 드는 비용이 증가하고 있다. 유럽의 도시들은 폐수 처리 작업에 매년 50억 유로를 지불하고 있다. 영국은 현재 70만km 이상의 주요 상수도관과 폐수 처리 파이프 관을 보유하고 있으며, 이 수도관의 건강한 유지를 위해 매달 3만 5천km의 파이프 관을 보수하고 있다. 수도관 관리 작업에 드는 총 비용의 5%만 절약 하더라도 2천만 파운드 이상의 비용이 줄어든다(Vahala, 2004).[43] 캐나다와 미국의 수도관 인프라 시스템은 그 가치가 수조원에 이르지만 조기에 문제점이 발생하기 시작하여 높은 수리비용이 필요하다(Yan & Tairavamoothy, 2003).[44] 배수관의 노화, 도시화, 그리고 기후 변화로 인해 시간이 흐를수록 수리비용은 천문학적으로 늘어날 것이며, 우리 세대뿐만 아니라 다음 세대도 그 부담을 안게 될 것이다.

낙후된 시스템, 열악한 건설 실태, 유지/보수 활동의 부재, 그리고 설계보다 과부하 사용 등으로 인해 이러한 수도관 인프라 시스템의 노후화는 개발도상국의 경우 더 심각하다. 인프라 시스템에 관한 자료가 부족하기 때문에 자산 가치 감소를 알기가 더욱 어렵다. 게다가 수도관 인프라 운영자나 의사결정자에게 조언을 해줄 만한 시스템 구축이 충분히 되어 있지 않기 때문에 더더욱 어렵다(Misiunas, 2005).[45]

인프라의 노후화는 공중위생, 자연환경, 그리고 정부와 같은 기관에 영향을 끼친다. 수도관의 빈번한 누수는 많은 수자원의 손실과 수도물의 질을 떨어뜨림으로써 소비자가 수도세를 내는 것에 반감을 갖게 할 것이다.

결론

현재 수자원을 효과적으로 관리하기 위한 대책 마련이 시급하다. 여러 마을들이 안전한 물을 공급받지 못하고 공중위생조차 관리되지 않고 있는 개발도상국 도시지역의 수도문제는 특히 더 큰 문제다. 도시의 수도 공급과 공중위생 시설의 적절한 제공은 도시화, 기후 변화, 그리고 인프라의 노후화 등으로 인해 점점 힘들어지고 있다. 위의 문제들에 대응할 수 있는 수도 관련 기술 및 인프라 담당 기관을 발전시키는 것, 도시지역의 수도 시스템을 급변시키는 것이 당장 주어진 도전 과제이다. 도시 수도 시스템을 구성하는 다양한 요소들 간의 관계를 인식하고 전반적인 도시 수도 시스템에의 개입도 필요하다. 물의 사용법 및 재사용과 자연을 이용한 하수의 정수 등도 다시 한 번 고려해야 할 사항들이다. 전반적인 도시 수도 시스템의 미래에 닥칠 위기에 대처할 수 있는 견고하고 탄력적인 대응책을 찾는 것이 목표가 되어야 할 것이다.

이를 이루기 위해서는 혁신적인 공학 기술과 그에 따른 해결책들이 개발되어야 한다. 하지만, 이러한 혁신과 해결책들의 긍정적인 영향을 최대화시키기 위해서는 수도 인프라 관련 기관들의 발전

43) Vahala, R. 2004. *European Vision for Water Supply and Sanitation in 2030.* Water Supply and Sanitation Technology Platform.

44) Yan, J. M., and Vairavamoothy, K. 2003. *Fuzzy Approach for the Pipe Condition Assessment.* ASCE international conference on pipeline engineering and construction, July 136, Baltimore, Maryland, USA, 2, p.1817.

45) Misiunas, D. 2005. *Failure Monitoring and Asset condition assessment in water supply systems.* PhD Th esis, Lund University, Lund, Sweden.

과도 맞물려야 한다. 또한 기술자와 소비자를 비롯한 더 많은 이해관계자들의 참여가 절실하다. 앞서 설명된 사항들이 포함된 해결책만이 도시의 취약성을 감소시키고 범지구적 변화에 대처할 수 있는 능력과 준비성 마련에 크게 기여할 것이다.

6.2.2 환경 보건

제임스 R. 미헬식(James R. Mihelcic)

공학 프로젝트들은 인간의 삶에 항상 계획했던 만큼의 결과를 낳지는 않는다. 실제로 무너진 우물과 사용되지 않는 변소 등으로 인해 세계는 쓰레기장이 되어버리고 말았다. 개발도상국의 수도 시스템의 최고 60%정도가 가동되지 않고 있는 것으로 예상된다(Davis and Brikke, 1995).[46] 이러한 프로젝트들은 최고의 목표와 함께 설계되었을 수도 있지만, 기술적인 부분을 제외한 다른 요소들은 함께 고려되지 않았다. 공동체들의 특성과 관습은 고려되지 않고, 의사결정 시 형식적으로 자리할 뿐이다. 또 다른 경우, 외부 기관에게 후원받은 초기 건설 자본은 있지만 운영 및 유지를 위한 현실적인 계획은 세워지지 않았다. 더불어 프로젝트에 쓰이기 위해 선택된 기술은 정치, 문화, 경제, 지리적인 사항들을 고려했을 때 적합하지 않았다. 다시 말해, 공학 프로젝트들은 이러한 이슈들에서 고려되어야 하는 공학이 아닌 기술에 초점이 맞춰졌다고 설명될 수 있다.

발전을 위한 공학 프로젝트의 실행에 있어서 기술적/비기술적인 기능은 사회, 경제, 그리고 환경 간의 역학관계에 대한 이해를 필요로 한다. 또한 수용 능력, 자본, 성별 등에 관한 비관습적인 원리도 프로젝트 실행 시 고려해야 한다. 수자원, 위생, 쓰레기 처리 그리고 대기 질을 포함하는 상호의존적이면서 역학적인 시스템을 인식하고 이해해야 한다. 이러한 시스템 역시 각종 서비스를 제공받는 사회 시스템에 대한 이해를 필요로 한다.

개발 시 수혜자는 대개 저개발사회의 빈민들이며, '프로젝트'라는 단어는 물질적인 구조물 이상의 의미를 가진다. 프로젝트가 시행될 곳의 사회적 배경뿐만이 아니라 그 프로젝트의 운영자, 관리자 및 수혜자도 '프로젝트'라는 용어의 의미에 포함된다. 따라서 성공적인 개발 프로젝트는 종합적으로 다뤄지고, 사회적 공유물로 인식되어야 하며, 공공의 이익을 위해 운영되어야 한다(Ratner and Cutierrez, 2004).[47]

46) Davis, J., and Brikke, F. 1995. Making your water supply work: *Operation and maintenance of small water supply systems*. IRC International Water and Sanitation Centre, The Hague, Netherlands.

47) Ratner, B.D., and Gutierrez, A. R. 2004. Reasserting community: The social challenge of wastewater management in Panajachel, Guatemala.

수명 주기(life cycle)를 고려하는 접근 방식은 프로젝트의 지속가능성을 가늠하는데 유용하다. 물과 공중위생에 관한 프로젝트에는 다섯 개의 단계가 있다. 프로젝트의 필요성 평가, 구상과 실행가능성, 설계와 실행 계획 수립, 프로젝트 이행, 그리고 유지다. 더불어 개발을 설정할 때 고려되는 지속가능성의 핵심이 되는 부분은 크게 다섯 가지로 나뉜다. 사회 문화적 측면, 지역 공동체의 참여, 정치적인 응집력, 경제적 그리고 환경적인 면에서의 지속가능성이다(McConville and Mihelcic, 2007).[48]

개발과 공중보건 향상을 별개로 생각하지 말아야 하는 것 역시 중요하다. 예를 들면, 질병의 절반은 식수의 이용과 공중위생이 현저히 떨어지기 때문에 발생한다. 다른 절반의 질병 대부분은 오염된 대기에 노출되어 발생한다. 일반적으로 '위험 = 위험요소 × 노출'이다.

녹색화학에서는 자연친화적인 화학물질과 재료를 사용해서 위험요소를 줄이거나 제거함으로써 위험이 줄어든다(Mihelcic and Zimmerman, 2008). 반대로 요리와 난방을 위해 연소되는 고체연료에서 발생하는 실내 대기오염과 관련된 위험요소는 대기에의 노출을 자제하는 방법이 위험도를 낮출 수 있는 가장 효과적인 지름길이다. 이는 일반 가정에서 미세한 공기 부유 물질과 관련된 위험을 줄일 수 있는 연료를 사용하는 것이 경제적으로 실현가능하지 않기 때문이다.

위의 경우에는 보다 효율적인 화덕을 사용하거나 통풍 시스템을 개선해서 대기에의 노출을 줄일 수 있는 기술을 사용한다면 위험이 줄어들 것이다. 사람들의 행동습관에 변화를 주는 것은 가장 어려운 변화이겠지만 위험에 대한 노출을 낮추는 데에는 큰 도움이 될 것이다. 특히 요리, 아이 돌보기, 실내 난방 등과 같은 평범한 일상에서 변화를 주기란 더더욱 어렵다. 예를 들면, 요리하는 사람 이외의 사람들이 조리 시 주방 밖에 머무는 것은 위험에의 노출은 줄일 수 있을지는 몰라도, 여성의 자녀 양육과 사람들 간의 대화의 단절이라는 사회적 측면에서 조금 복잡한 문제일 것이다(Mihelcic et al., 2008).[49]

개발도상국에서의 고체 폐기물의 관리는 공공기관이 아닌 청소

Human Organization, Vol. 63, No. 1, pp. 47-56.

48) McConville, J.R., and Mihelcic, J.R. 2007. Adapting life-cycle thinking tools to evaluate project sustainability in international water and sanitation development work. *Environmental Engineering Science*, Vol. 24, No. 7, pp.937-948.

49) Mihelcic, J.R., L.M. Fry, E.A. Myre, L.D. Phillips and B.D. Barkdoll. 2008. *Field Guide in Environmental Engineering for Development Workers: Water, Sanitation, Indoor Air*, American Society of Civil Engineers (ASCE) Press, Reston, VA.

부(비공식 부문)가 담당한다. 청소부의 쓰레기 처리를 폐기물 처리 과정중 하나로 볼 수 있는 이유는 전 세계의 많은 나라들이 쓰레기를 수작업과 기계작업으로 나눠 처리하기 때문이다. 하지만 개발도상국의 경우 공학자가 청소부들과 함께 작업함으로써 그들이 양질의 건강관리, 교육, 그리고 소액금융의 혜택을 받을 수 있도록 보장해야 한다.

공학적인 해결책은 지리적인 맥락도 포함한다. 예를 들면, 도시 근교 거주자들은 인구 밀도가 높은 지역에서 나타나는 환경오염을 직접 경험하였기 때문에 폐기물 처리 프로젝트의 필요성에 대해 더 이해할지도 모른다. 도시 근교와 지방 거주자들은 프로젝트 결정 및 실행 등 자신에게 영향을 미치는 프로젝트 과정의 대부분에 참여할 수 있다. 하지만 도시에서는 프로젝트의 수혜자가 정책 입안자와 그들의 필요를 충족시키는 민간 부문에 비용을 지불함으로써 소비자의 역할을 한다(Ahrens and Mihelcic, 2006).[50)]

지리학은 기후와도 관련이 있다. 예를 들어, 프로젝트에 필요한 재료 조달은 불안전한 교통수단과 질병 때문만이 아니라, 혹독한 날씨, 공휴일, 계절별 작업 등으로 인해 어려워진다. 농사는 한정된 계절에만 하기 때문에, 건설 프로젝트는 계절 달력에 유연해야 한다(Mihelcic and Zimmerman, 2008).[51)] 물의 이용가능성 또한 특정한 위생 설비 기술을 선택하는 데에 큰 장애물이 될 수도 있다(Fry et al, 2008).[52)]

마지막으로, 과체중과 운동부족으로 인한 질병은 공학에 대한 지속가능한 접근을 통해 개선될 수 있다. 예를 들면, 공학자들이 프로젝트 실행 시 마을 주민들에게 다양한 교통수단을 제공할 수 있다. 이것은 곧 공학자들이 한 마을을 계획할 때에 개인 자동차를 이용해 이동하기보다 자전거, 걷기, 대중교통과 같은 교통 수단을 이용하는 것을 고려해야 한다는 뜻이다.

50) Ahrens, B.T., and Mihelcic, J.R. 2006. Making Wastewater Construction Projects Sustainable in Urban, Rural, and Peri-Urban Areas. *Journal of Engineering for Sustainable Development: Energy, Environment, Health*, Vol. 1, No. 1, pp. 13-32.

51) Mihelcic, J.R., and J.B. Zimmerman. 2008. *Environmental Engineering: Fundamentals, Sustainability, Design*, John Wiley & Sons, New York.

52) Fry, L. M., J.R. Mihelcic and D.W. Watkins. 2008. Water and Nonwater-related Challenges of Achieving Global Sanitation Coverage, *Environmental Science & Technology*, Vol. 42, No. 12, pp. 4298-4304.

6.2.3 에너지

조지 스피탈릭(Jorge Spitalnik),
피터 그린우드(Peter Greenwood),
다렐 대니럭(Darrel Danyluk)

세계는 사람들에게 에너지를 저렴하게 공급해서 높은 삶의 질을 제공하는 동시에 기후 변화에도 대응해야 한다. 효율적인 에너지원과 에너지 기술을 사용하는 것은 이런 도전 과제를 해결하는데 큰 역할을 할 것이다. 에너지원과 에너지 기술에 대한 선택은 투명하고 전문적인 방식으로 결정되어야 할 것이다. 공학기술의 다양한 분야들은 이런 과정을 평가하고 결정하는 데에 중심역할을 맡을 것이다.

20억 명에 가까운 사람들이 깨끗하고 저렴한 에너지에의 접근이 불가능한 삶을 살고 있다. 그렇지만 에너지에의 접근은 유엔의 새천년개발목표의 모든 목표들을 이루기 위해 가장 먼저 해결되어야 할 문제이다. 인간의 기본적 욕구를 해결하기 위해서는 도시와 지방의 빈민들을 포함한 모든 사람에게 저렴하고 신뢰할만한 에너지 서비스를 제공해야 한다.

기후 변화는 사회적, 경제적, 그리고 환경적인 측면에서 세계적으로 지속가능한 발전을 어렵게 만든다. 기후 변화는 과도한 온실 가스 배출과 같은 인간의 활동에 의한 결과물이다.

현재의 해결책들이 증가하는 전 세계 국가들의 에너지 수요에 충분한 지속가능한 방식이 아니라는 것은 이미 널리 알려진 사실이다. 에너지 기술들이 급속도로 발전되고 있지만, 난방, 운송, 전기, 그리고 에너지의 효율성, 보존 등 더 많은 노력과 혁신이 필요하다. 현재의 부적합한 소비 패턴의 변화를 필요로 하는 몇몇 국가들에서의 복잡한 문화적인 조정은 필수다.

에너지의 기술적 · 경제적 · 환경적인 측면에서의 실현 가능성을 결정하는 것은 공학자들에게 맡겨진 핵심 임무이다. 공학자들은 에너지를 발생시키기 위한 기술의 개발과 시행에 활발히 참여한다. 실제로 공학자들은 전 세계의 에너지 시스템의 설계, 공사, 운영, 유지, 해체 등 모든 작업 단계에 참여한다. 지속가능한 에너지를 위한 정책들은 현실적인 상황에 따라야 할 것이다. 과학적으로 타당하고 공학적으로 철저히 설계된 해결책들만이 지속가능한 에너지 문제에 대응할 수 있을 것이다.

이슈

인간의 기본적 욕구와 유엔의 새천년개발목표를 실현 가능하게 하기 위해서는 도시와 지방의 빈민들을 포함한 모든 사람에게 저렴하고 신뢰할만한 에너지 서비스를 제공해야 한다.

지속가능한 발전에 있어서 에너지는 매우 중요하다. 충분히 발달되고 실행 가능한 기술들로 구성된 에너지믹스가 대부분의 나라들에게 필요할 것이다. 용인될 수 있는 온실 가스 배출량을 제한하는 것은 전 세계적인 협조를 통해 관리되어야 한다. 화석연료에서 배출되는 대기 중의 탄소 제거, 핵에너지에 관한 최신의 안전기준과 확산방지조약, 재생 가능한 에너지를 효과적으로 사용하기 위한 기술의 혁신, 그리고 에너지 효율성과 보존을 위한 기술의 개발 등의 계획을 세우는 것을 우선시해야 한다. 현재의 기술을 이용한 지속가능한 에너지 개발 계획을 결정하는 것은 기술적 재정적인 측면에서의 분석을 필요로 한다. 문제 해결을 위해 제안된 기술은 그것을 필요로 하는 때에 사람들에게 적당한 가격으로 제공되어야 한다.

생활수준과 인구 1인당 소비하는 에너지의 관계 또한 고려해야 한다. 실제로, 인간개발지수는 특정한 나라의 생활수준 향상과 1인당 에너지 사용량의 증가 사이의 관계를 증명한 바 있다. 일반적으로, 높은 삶의 질은 1인당 1천 억에서 1천 500억 줄(Joule)의 에너지를 소비할 때에 이루어진다. 만약 이 수치를 초과해 사용하는 국가가 있다면 그들은 곧 그들의 에너지 소비를 위의 수치 안으로 감소시킬 수 있을 것이다. 그들의 생활수준은 감소 전과 변함없을 것이며, 지구 자원이 보존됨과 함께 저개발 국가의 발전을 위해 사용될 것이다.

선진국과 개발도상국간의 차이는 존재하며, 에너지 정책은 상황에 맞아야 한다. 한 나라에서 시행되고 있는 정책이 다른 나라에서 그대로 사용될 필요는 없다. 지속가능한 에너지를 가능하게 하는 것에 대한 보편적인 해결책은 전 세계적으로 존재하지 않지만, 개발도상국은 선진국에서 교훈을 얻을 수는 있다. 한 나라를 위한 최적의 에너지믹스는 그 나라의 천연자원, 인구 분포, 미래의 에너지 수요 예측, 그리고 공학 및 경제적인 역량에 따라 달라질 것이다. 선진국의 에너지문제 해결책은 개발도상국의 정책에 접목시키기엔 적합하지 않다. 예를 들자면 개발도상국은 선진국보다 더 높은 성장률을 보이기 때문이다. 선진국에서는 성장 수요가 4~5%인 개발도상국보다 1~2%로 더 안정적이다. 과도한 도시로의 이주와 에너지의 수요는 신흥 거대 도시(인구 1천만 이상의 도시)에서 더 집중되어 나타날 것이다. 몇몇 선진국은 이미 부족한 생산 능력과 투자로 인해 전기 시설망 사업에서 국내는 물론 국제적으로 실패한 경험이 있다. 안정적인 에너지의 수요도 불안정한 에너지 공급을 야기할 수 있다는 얘기다.

선진국과 개발도상국의 에너지 소비의 예측 보고서는 개발도상국에서의 일차에너지의 수요가 멀지 않은 미래에 선진국의 수요를 뛰어 넘을 것으로 예상했다. 이는 곧 선진국에 에너지 공급의 중단이라는 결과를 낳을지도 모르는데, 개발도상국에서 차출되고 있는 에너지가 개발도상국 내부에서 이용될 것이기 때문이다.

바이오연료는 여러 나라에서 주로 연료 첨가제의 형태로 개발되고 있는데, 이는 에너지 안보의 증대와 온실가스 배출의 감소, 그리고 지역개발을 촉진하기 위해서다. 하지만, 경제적, 사회적, 그리고 환경 문제들이 바이오연료 기술의 성장을 방해하고 있다. 최근 바이오연료가 토지이용, 생물다양성, 식량 가격, 그리고 온실가스의 감소에 끼치는 영향의 여부가 논란의 대상이 되고 있다. 바이오에탄올과 바이오디젤과 같이 초기에 개발된 바이오연료는 매우 효율적인 농산물 시장에서 높은 석유 가격과 저렴한 원료의 조건에서만 화석 연료와 경제적으로 경쟁할 수 있을 뿐이다. 건조한 땅에서 일어날 수 있는 잠재적인 위험요소 중 하나는 바이오연료 작물을 재배할 때 사용하는 지속 불가능한 경작 방법이 토양침식과 사막화를 만들어낼 수 있다는 점이다. 바이오연료 작물을 반 건조지대 혹은 아습지대에서 지속가능한 경작법을 이용해 재배할 때 식량생산과 경쟁하지 않아도 되며 토양의 복원 또한 가능할 것이다. 셀룰로오스(섬유소)를 이용한 2세대 바이오연료는 목재와 풀을 주원료로 사용해 이용되는 토지의 면적을 줄일 수 있지만, 기술적인 발전을 이루어야 한다는 단점이 있다. 2세대 바이오연료의 잠재성은 경제적, 환경적, 그리고 사회적으로 지속가능하며 현재의 농기구에 알맞게 연구되어야 한다.

도전 과제

머지않아 전 세계가 직면하게 될 주요 문제점은 주로 개발도상국에서의 과도한 에너지 수요와 기후 변화를 일으키는 온실가스의 감소 등이다.

화석 연료가 앞으로 수십 년간 에너지믹스에서 주요 에너지원일 것이라는 점에서 더욱 발전되고 깨끗한 화석 연료 기술이 개발되어야 한다. 화석연료와 그 외의 에너지원을 이용한 하이브리드 기술은 큰 스케일에서 저렴하고 실현 가능성이 있게 될 것이다.

가정, 운송, 그리고 산업에서의 에너지 효율성을 향상시킬 수 있는 기회도 있을 것이다. 에너지 효율성과 절약은 온실가스 배출을 줄일 수 있는 기초가 되고, 이 두 가지는 에너지의 이용요금이 인상되고 있는 지금 더욱 중요해질 것이다. 에너지 효율성을 높일 수 있는 기술들은 더욱 복잡하고 특별한 시스템과 원료를 필요로 하며, 이것에서 발생하는 비용 상환의 기간이 길다. 이러한 점들은 많은 인구를 위해 사용되기 전에 고려해야 할 중요한 사항들이다.

© GFDL - Wikimedia - Lycaon

연안에서의 풍력 발전은 세계 여러 곳에서 커다란 잠재력이 있다.

재생가능하고 지속가능한 자원을 사용해서 에너지를 만들 때 발생하는 비용은 재생 불가능하고 지속 불가능한 자원을 사용할 때 발생하는 비용보다 더 높다.(물론 이것은 논란이 있는 주제이다.) 태양 전지, 풍력, 수력과 같은 재생 가능한 자원은 규모의 경제에서의 이익을 배제하더라도, 에너지 수요가 조금씩 증가하고 있거나 소비가 많은 지역에 더 알맞은 자원이다. 재생가능한 발전의 단가를 낮추고, 재생에너지의 저장 및 분배 기술을 개발하기 위한 공학의 노력이 필요하다.

운송부문에서 자연 친화적인 연료와 교통수단의 사용을 증진시키는 등의 정책과 함께 자가용 사용 대신 대중교통의 이용을 촉진시켜야 할 것이다. 운송에서의 지속 불가능한 에너지 소비 패턴을 바꾸는 것은 정치문화적인 조정을 필요로 해 다소 어려울 것이다. 극심한 날씨를 견뎌낼 수 있도록 인프라를 개선하는 등 불가피한 기후 변화의 영향에 대응할 수 있는 방안의 설계와 시행이 절실하게 필요하다. 에너지 효율성이 우수한 저탄소 에너지 기술의 개발, 전개, 보급, 그리고 재생 에너지와 에너지 공급을 위해 개량된 기술 등은 뛰어난 공학적 독창성을 필요로 할 것이다.

개발도상국에서의 산업적 발전은 안전하고 재생 가능한 에너지를 필요로 한다. 에너지 효율성은 산업의 발전을 위해서 없어서는 안 된다. 도시의 대기 오염과 기후 변화와 같은 심각한 문제점들은 더욱 자연친화적인 에너지 기술과 재생 가능한 에너지를 꼭 필요로 한다. 에너지 산업에서의 경쟁성 추구는 에너지 공급, 에너지의 운송 가능성, 훈련된 인력과 환경 규제 시스템과 같이 기본적인 인프라의 구축을 필요로 한다. 공학자들에게 지속가능한 에너지를 위한 다양한 최신의 지식을 제공하기 위해서는 특별한 역량강화 노력이 필요할 것이다.

공학과 시민 사회

사회와 정책 결정자들은 에너지의 실현 가능성과 기술적인 유효성에 대한 분석이 분석은 어떠한 기술적 공학적인 문제에서도 필요하다는 것을 깨달아야 한다.

전 세계의 지속가능한 에너지 문제를 해결할 수 있는 획일적인 해결책은 존재하지 않는다. 각 나라에서의 기술개발 현황에 대한 인식이 현실적이고 지속가능한 에너지 해결책을 위해 필요하다.

지속가능한 발전을 위한 재생에너지 방안들은 특별한 정책이나 이념에 의거해 선택될 수는 없다. 과학적으로 풍부하고 공학적으로 철저히 설계된 해결책들이 에너지 지속가능성을 해결할 수 있는 유일한 방법일 것이다.

공학자들은 끊임없이 새로운 지식을 만들어 내고 새로운 도전 과제에 적응하는 중이다. 공학자들은 매일 이러한 도전 과제를 예측, 계획하고 대응책을 준비한다. 하지만 시민사회가 인류가 직면하고 있는 에너지 문제에 더 활발히 참여해야 한다.

6.2.4 교통

토니 라이들리(Tony Ridley)

교통은 다양한 출발지에서 인간과 상품이 다양한 목적지까지 이동함을 뜻한다. 교통은 자전거, 선박, 송유관, 비행기, 그리고 차량에 의한 수송을 포함한다. 하지만 교통 문제를 해결하기 위해서는 단순한 교통기술 이상의 다양한 측면을 고려해야 한다.

사람들은 자신들의 만족한 삶을 위해 사람, 일상 활동, 그리고 자원에의 접근이 용이하기를 바란다. 그리고 그 접근은 안전하고, 편안하고, 편리하고, 저렴한 접근이다. 더불어, 어느 누구도 다른 이가 이용하는 교통에 의해 부정적인 영향을 받고 싶어 하지 않을 것이다. 교통 시스템은 더 향상되고, 더 큰 기쁨과 양질의 삶을 많은 사람들에게 제공할 수 있어야 하고, 자연환경에 악영향을 덜 끼치며, 교통사고에 의한 사상자를 줄일 수 있어야 한다.

하디 크로스(Hardy Cross)는 미국의 유명한 토목공학 교수이자 공학 철학자이다. Cross 교수는 공학이 3부작의 한 부분이라고 간주했다. 순수과학, 응용과학, 그리고 공학이 그것이다(Cross, 1952).[53] 이 3부작은 공학이 포함되는 세 개의 3부작 중 하나일 뿐이다. 첫 3부작은 순수 과학, 응용과학, 공학이다. 두 번째 3부작은 경제이론, 금융, 공학이다. 그리고 마지막 3부작은 사회적 관계, 노사 관계, 공학이다. 공학에서 발생하는 대부분의 문제들은 순수과학뿐만 아니라 사회관계와도 밀접한 연관을 맺고 있다. 학문적으로 분류하는 것에 한계가 있다는 것은 이미 널리 알려진 사실이다. 실제사회는 학과나 학문 분야에 들어맞지 않는다. 우리는 모든 사람들이 생활하며 일하는 전체 공동체를 고려해야 한다.

공학 분야에서 일하는 사람들은 인간의 거의 모든 활동에서 자신들의 위치를 확인할 수 있을 것이다. 공학자들은 단순히 기계나 구조물의 기계적 윤곽에 관한 결정만 내릴 수 있는 것은 아니고, 환경에의 반응, 그리고 법적, 경제적, 사회적으로 발생하는 문제들에도 끊임없이 관여하고 있다. 여기에 교통(운송)의 복잡성과 도전 과제가 추가된다. 반면, 사람들과 상품은 더 많이, 멀리, 그리고 빨리 이동하고 있다. 최근에는 전 세계에서 소비되고 있는 상품에서 발생하는 탄소 때문에 '탄소 마일'이라는 용어가 생겨나기도 했다. 예를 들어, 나의 아버지의 첫 여행은 1924년 영국의 북동지방에서 런던으로의 이동이었는데, 석탄을 이용해 움직이던 배를 이용해 템스강을 건넜다고 한다. 나의 경우 14살 때 처음으로 부모님과 함께 자가용으로 런던에 여행을 갔다. 나의 막내아들 마이클은 우리 가족이 홍콩에서 살던 시절 12살이라는 어린 나이에 비행기로 전 세계를 두 번이나 여행했다.

그렇기에 교통은 굉장히 복잡하다. 어느 시대에나 교통 네트워크에는 수요와 공급의 균형이 존재하고 가격은 교통 전체에 크게 영향을 준다. 수요는 인구, 직업, 토지의 사용 패턴, 그리고 부와 같은 결정인자에게서 영향을 받는다. 교통의 수요가 점근적으로 한계 용량에 도달할수록, 이동 속도는 느려지고, 가장 중요한 교통의 신뢰성 또한 급격히 하락할 것이다.

교통의 중심에는 '네트워크'라는 단어가 있다. 이론가들은 하나의 교통 간선의 흐름을 설명할 때 복잡한 수학적인 계산을 이용한다. 이러한 계산은 이동하는 차량이 항상 동일한 움직임을 나타내지 않고 교통 간선의 자동차 수용 능력이 무명수로 나타나지 않을 때 더 심각해진다. 이 계산은 도로뿐만이 아니라 철도와 항공 운송에도 적용될 수 있다. 네트워크 이론은 응용 수학의 한 부분이며, 교통의 흐름이 균일하게 나타날 때에도 엄청난 복잡성을 보여준다.

정부는 교통에 관한 전략을 개발 및 시행해야 하고, 교통 네트워크 프레임 안에서 민간기업, 사업가, 개인 투자자, 그리고 공공단체가 제공할 수 있는 교통 서비스를 이끌 수 있는 리더십을 발휘해야 한다. 교통 전략은 또한 연령을 떠나서 운전자, 보행자, 승객이 알기 쉬워야 한다. 또한, 개발자, 청부업자, 자본가, 그리고 납품업자의 여부를 떠나서 교통산업 종사자들 역시 이해하기 쉬워야 한다. 모두가 타협의 필요성을 이해하는 것은 매우 중요하다. 환경 보호를 고려하지 않은 교통은 만족스럽지 않다.

전자와 정보통신 기술은 우리가 사용하는 교통 시스템을 인명, 돈, 그리고 환경을 보호하는 데에 쓸 가능성을 가지고 있다. 자가용의 속도는 도로상의 다른 운전자들의 안전을 보장하기 위해 통제될 수 있다. 이러한 통제는 보행자의 안전에 크게 기여할 것이다. 전 세계적으로 빈부의 격차 중 가장 큰 격차는 자동차에 탄 이들과 그렇지 않은 이들 간의 차이에서 나타난다. 운송업계의 공학자들은 대중교통과 항공운송에서 달성한 안전기준을 도로상에서도 이루기 위해 노력해야 한다. 이를 진행함에 있어서 걷기와 자전거 타기에 활력을 불어넣을 수 있어야 한다. 또한, 자동차 제조업체들은 개발도상국의 도심지역에서 특별히 중요하게 여겨지는 연비 증대와 적은 오염물질을 배출하는 자동차의 제조에 큰 투자를 했다.

교통 기술에 대한 현재와 미래의 혁신

기술은 도로의 수용능력을 크게 늘릴 수 있다. 주요 도로에서 호송차량의 운전 시스템은 자동으로 차량의 속도와 방향을 조절할 수 있도록 제작되어 있다. 이러한 방법을 통해 우리는 도로 시스템의 수용 능력을 확실히 늘릴 수 있다. 도로를 이용한 운송에서 수요를 관리하는 것 역시 싱가폴과 런던에서 시행되고 있는 통행료 징수 등을 통해 가능하다.

기술은 버스 승객들에게 버스의 배차 간격을 알려줌으로써 대기시간 정보를 제공해주고, 콜택시와 같이 통신을 이용한 교통 시스템을 가능하게 해준다. 네비게이션을 이용한 운전은 교통 시스템에서 쉽게 볼 수 있는 광경이 되었고, 네비게이션을 통해 자동차의 위치와 배달 시간의 예측, 그리고 경로 선택의 가이드와 같은 편리함 역시 경험할 수 있게 되었다. 기술적인 발전은 지폐를 이용하지 않는 대중교통비의 지불을 가능하게 해주었다.

기술의 발전이 교통 시스템에 기여한 가장 큰 업적은 바로 자동차 부품의 비용 절감이다. 따라서 돈은 더 이상 교통 인프라의 건설에 걸림돌이 되지 않는다.

53) Cross, Hardy. 1952. *Engineers and Ivory Towers*. New York: Ayer.

상해 공항의 마그레브 기차는 세계에서 가장 빠른 상용화된 기차이다.

인도의 타타 나노 자동차는 수백만의 사람들이 자동차를 소유하는 것을 가능케 했다.

재료과학은 날이 갈수록 발전하고 있다. 새로운 소재는 더 가볍고, 강하고, 안전한 설계를 가능하게 해준다. 운송에 있어서 가벼운 이동매체는 에너지 소비량을 줄임으로써 오염물질의 배출의 감소와 같은 효과를 가져다준다. 새로운 소재들은 고온에서 작동할 수 있도록 개발되어 동력 장치가 더 많은 에너지를 자동차 축에 전달할 수 있다.

하지만 소재들이 항상 실용적인 것은 아니다. 발명이 항상 만족스러웠던 것도 아니다. 소재의 성능 향상이 유지 및 신뢰성 문제 때문에 빛을 바랜 역사상 발명의 실패 사례는 아주 많다. 그렇지만 잇따른 기술개발은 도로, 철도, 항공을 포함한 모든 형태의 운송에의 가능성을 보여주었다. 다리 혹은 건축물 건설 시 광섬유를 삽입한 자가 점검이 가능한 소재, 자체 수리가 가능한 소재, 돌고래와 상어가 바다회오리를 피해 적은 항력으로 층류를 타는 것을 연구해서 개발한 지능적인 소재, 자연분해가 가능한 소재, 나노섬유, 고강도 합금, 초전도성 재료, 생체소재 등의 개발이 이루어졌다.

앞서 언급했듯이 자동차를 생산하는 제작자들은 효율적인 연료 소비와 오염물질 배출이 감소한 자동차 제작에 크게 투자했다.

철도 산업은 오염물질 배출의 감소와 개조된 제동 시스템을 이용함으로써 친환경적이라는 명성을 계속 유지하기 위해 노력하고 있다.

대형 선박용 디젤 엔진과 가스터빈의 에너지 효율성은 30%를 넘을 수 있다. 그 이상의 개선은 터빈의 가동을 위해 배기관에서 버려지는 열을 이용하는 등 복합 사이클 시스템 발전을 통해 이루어지고 있다. 고속 선박의 경우, 선박의 무게는 이동하는 데에 있어 방해물이 된다. 선체의 항력의 감소와 프로펠러의 효율성의 증대는 에너지 절약에 중요한 공헌을 할 것이다.

교통에서 아래의 현안들에 대해 이해하는 것은 필수다.

- 교통은 운송 수단의 움직임에 대한 것이 아니라 인간과 상품의 이동에 관한 것이다.
- 교통은 이제 중요한 환경 문제이다.
- 교통 정책은 사회경제 정책과 같은 맥락에서 정해져야 한다.
- 정부는 전략적이고 공공의 이익을 아우르는 계획을 세워야만 한다.
- 복잡하고 형편없이 조직된 교통 시스템은 비상사태를 야기한다.
- 일반적으로 교통은 너무 저렴하다.
- 전반적인 여행 수요는 수용 능력에 비해 상당히 빠르게 증가한다.
- 토지 이용에 관한 어떤 중요한 의사결정도 교통을 제외하고 고려하지 않는다. 반대도 마찬가지이다.
- 도시 지역이 대부분의 국가 부와 GDP 성장의 원천이다.
- 도시 개발과 재건에 좋은 교통은 필요하나 충분하지 않다.
- 적절한 화물운송은 도시 지역의 복지에 필수이다.
- 국가, 특히 도시 지역에서는 어떤 교통 인프라든 한 번에 만들어야 한다.
- 물리적인 인프라는 가능한 신속하게 결정해야 한다.
- 경영 효율성과 책임은 더 적은 수의 교통 공급을 요구한다.
- 교통은 공공부문과 민간부문 둘 모두의 노력이 필요하다.

항공용 가솔린 터빈은 효율성이 무려 40%나 되며, 그 이상의 향상은 세라믹 부품을 이용한 운전온도의 상승에서 기대할 수 있다. 엔진의 추진력 효율성은 넓은 지름의 팬을 이용한 높은 바이패스비를 통해 향상될 수 있다. 표면 난기류를 제거하면 이론적으로 항공기의 항력을 최대 40%까지 줄일 수 있다. 가스 터빈에서 배출되는 오염물질에 의한 대기오염은 저유황 원료의 이용과 연소실 내부에 촉매를 도입함으로써 줄일 수 있다.

운송문제의 해결책은 미래를 위해 거시적 접근방법을 이용해야만 한다. 단일 해결책에 대한 논쟁은 운송문제 해결에 전혀 도움이 되지 않는다. 예를 들어, 다수의 국가에서 도로와 철도 중 어느 것이 더 이로운 지에 대한 논쟁, 혹은 수요의 제한과 수용능력 향상 중 어느 쪽이 더 중요한지 등과 같은 논쟁이 끊이지 않는다. 아마도 싱가폴은 이러한 문제에 있어서 좋은 사례가 된다. 도심 기차, 현대적 버스, 수요의 관리, 효과적인 고속도로 분기점, 도로의 건설, 그리고 운송 계획과 함께 토지이용의 설계 등이 그 예에 해당된다. 교통의 발전은 우수한 과학과 정치인과 기업가들의 적극적인 참여를 필요로 한다. 하지만 궁극적으로 교통의 발전을 이끌어 나가는 것은 공학자들이다.

교통 공학

교통공학은 다음의 다양한 부분에서 설명할 수 있다. 수용능력, 비용, 수요, 규칙적인 패턴, 신뢰도, 안전, 공급. 또한 고객들도 다양하게 나뉠 수 있다. 나이, 성별, 재산, 자동차 소유, 화물의 종류. 공학자의 기술과 훈련의 중요한 부분은 공학 원재료에 대한 지식을 가지는 것이다. 교통 공학자는 인간이라는 가장 어려운 원재료를 다루고 있다. 교통은 관습적으로 그리고 불행하게도 유형에 따라 나눠진다. 버스, 기차, 도로, 선박, 항공, 그리고 인프라와 장비에 의해 다음과 같이 나눠진다. 항공기, 교량, 자동차, 신호보안, 터널, 기차.

교통은 단순한 기술 이상의 것이다. 하지만 그 기술은 어떠한가? 정말 많은 수의 공학 연구개발이 교통을 향상시키고 특히 전자장비, IT, 원재료와 에너지에 관련해서 환경에 미치는 교통의 영향을 최소화하기 위해 집중하고 있다.

6.2.5 통신

이신 종(Yixin Zhong)

통신 공학은 정보 공유 및 교환을 좀 더 편리하게 전 세계적으로 시행하는 기술이다. 정보 공학은 데이터 및 통신 지원 서비스, 정보 수집, 처리, 저장 및 활용하는 시스템을 중요시 하고 있다.

통신과 정보 공학의 통합으로 '정보 사회'라는 새로운 기반이 생겼다. 이 기반은 그림 1에서 볼 수 있듯이 지적 활동의 여러 기능 수행을 위한 거대하고 선진적인 플랫폼이라고 할 수 있다.

이것에서 우리는 인간에게 인간과 같은 지능적인 기술을 제공하는 통신 및 정보 공학의 잠재력을 인식할 수 있다. 하지만 통신 및 정보 공학의 전체 가치가 아직 잘 알려지지 않았으며, 이와 같이 흥미로운 공학 영역에서 새로운 것을 발견할 수 있는 상당한 잠재력이 남아 있다.

통신 및 정보공학은 현재 날씨 예측, 전자상거래, 인터넷 정부, 의료, 환경 모니터링 및 보호, 재해 경고, 품질 관리, 교육 및 학습, 연구 활동, 스포츠, 문화, 지역 사회 발전에 기여 등 사회 경제 발전에 관련된 거의 모든 것을 제공하고 있다. 새로운 통신 및 정보 기술은 더 많은 전통적인 통신 수단이 가능하지 않은 상황에서 특히 중요한 역할을 했다. 예를 들어 긴급 상황에 대응해서 통신 및 정보 공학에서 제공하는 기능은 생명의 손실을 감소시킬 수 있다. 중국 남부와 동부에서는 2008년 초에 눈보라에 의해 재해가 발생했고 교통, 철도, 항공 등이 대부분 이용불가능 했을 때 모바일 통신만이 여전히 효과적으로 작동하고 있었다.

통신 및 정보공학은 지금 3개의 큰 도전 과제에 직면하고 있다. 기술, 경제 그리고 윤리적 문제이다.

우선, 기술자체가 아직 성숙하지 않아서 제공 가능한 어플리케이션 및 서비스가 아직 지능적이지 못하다. 그러므로 세계의 인공지능 및 향상된 네트워크의 분야에서 이 문제를 해결하는 과학 연구를 실시하고 있다.

둘째, 어떤 기술이든 양날의 칼로 볼 수 있다. 사회에 많은 좋은 기능을 제공하지만, 사용에 관하여 차별하지 않으므로 기술이 심각한 문제를 야기할 수 있다. 인터넷은 신속한 정보 공유, 교류와 표현뿐만 아니라 범죄 활동 및 남용에 대한 정보를 신속히 알려주는 플랫폼이 되기 때문에 좋은 예라고 볼 수 있다. 이 문제를 성공적으로 해결하기 위해선 인터넷 기술도 더 안전화 되고, 인터넷을 둘러싼 윤리적 문제점도 잘 고려하면서 노력해야 한다.

세 번째이자 가장 심각한 도전 과제는 경제 윤리적 차원에서이다. 통신과 정보 공학에서 제공하고 있는 성공적인 기능은 경제 활동의 높은 수준과 높은 생활수준을 강화하고, 많은 국가들을 '지식사회'로 이끌고 있다. 하지만 나머지 나라들은 농업 또는 개발도상국이기 때문에 신속하게 발전하지 못하며, 심지어 기존기술을 사용하는데 보조도 맞추지 못한다. 이러한 차이를 '디지털 격차' 또는 '정보 격차' 또는 '지식 격차'라고 한다. 이러한 것에 대한 대응은 단순히 기술을 이전하고 기술에 필요한 기능을 배우는 것뿐만 아니라 경제 문화적 지원도 필요하다.

그림 1. 정보통신 공학의 통합

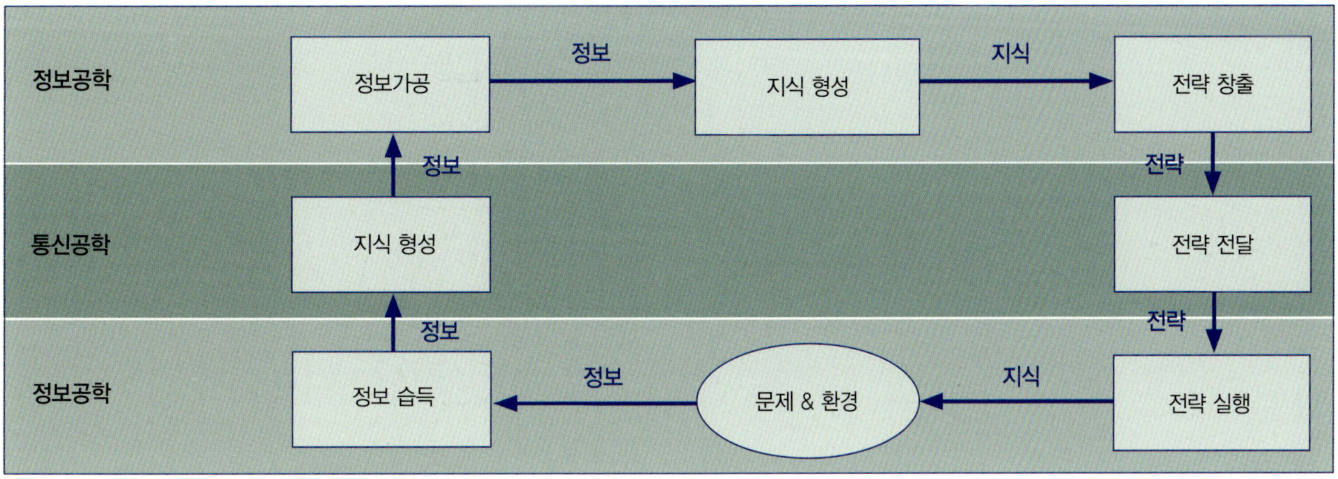

6.2.6 자산, 신뢰성 및 유지 관리

유세프 이브라힘(Yousef Ibrahim)[54]

유지 및 자산 관리는 장비 또는 인프라가 좋은 작동 상태에서 유지되도록 하기 위한 기술 및 관리 활동에 초점을 맞춘 종합적인 영역이다. 기업 및 단체는 유지 관리에 투자하여 성능 향상을 얻으려고 노력하고 있다. 자산 관리 및 유지 보수는 비용이라기보다는 수익 생성 및 생산적인 활동으로 보아야 한다. 유지 보수는 장비와 인프라의 수명주기 성능 및 생산성 향상에 중요한 요인으로 간주되어야 한다. 향상된 자산 관리 및 유지 보수의 실무와 문화는 특히 최빈국에서 핵심 장비 및 인프라의 가동 중지 및 파손 문제에 대응하는 것을 돕는데 필요하다.

전통적으로, 유지 보수 비용은 손실된 생산 비용보다는 운전비 또는 간접비로 처리 되었었다. 유지 관리 업무의 효과를 측정하는 것은 유지 보수를 옹호하는 데 유용하다. 이것이 수명주기비용(LCC) 및 수명주기이익(LCP) 분석의 목적이다. 설비 진단 공학(terotechnology)에서는 장비의 사양, 디자인, 생산, 설치, 운영 및 유지를 수명주기 분석 및 금융 경제적 요소와 연관시킨다.

이 글의 초점은 자산, 신뢰성 및 유지 보수 관리의 향상 및 유지 보수의 문화 진흥에 대한 필요성이다.

54) 이 논문은 'UNESCO Toolkit on Management of Maintenance by Yousef Ibrahim, Monash University, Melbourne, Austrailia, UNESCO, 2006'을 바탕으로 작성되었다.

유지 관리

산업 혁명 이후, 유지 보수는 네 가지 주요 단계를 통해 발전하고 있다.

- 첫 번째 단계: 1940년대부터 제2차 세계대전까지. 장비들이 많지 않았고, 덜 복잡했으며, 종종 과잉 설계되었고, 능력이 다소 부족한 직원들이 비교적 쉽게 고쳤으며, 고장시간이 덜 중요하였고, 체계적인 유지의 필요성이 적었으며, '고장 날 때까진 그냥 내버려 두자' 식의 접근 방식이 있었던 때.
- 두 번째 단계: 2차 세계대전 동안부터 후까지. 기계화, 복잡성, 기계 및 장비의 가격이 증가하였고, 과잉설계가 줄어들었으며, 조금 덜 복잡하게 설계되며, 더 많은 훈련과 체계적인 유지보수가 필요해진 때. 고장 시간이 중요하게 되었고, 유지 보수 비용이 증가하였으며, 자산의 성능과 수명을 극대화하기 위하여 예방 정비, 유지 보수 계획 및 제어 시스템에 대한 관심이 늘어났다.
- 세 번째 단계: 1970년대부터 시작. 자산 관리의 복잡성에 대한 인식이 증가하고, 장비와 인프라의 사양, 디자인 및 신뢰성을 포함하는 수명 주기 비용과 설비 진단 공학에 대한 관심이 증가한 때.
- 네 번째 단계: 1980년대 중반부터 시작. 자산관리의 복잡성이 증가하고, 더 나은 기계와 설비의 질, 신뢰성, 수명, 효율성 안전 및 낮은 환경 영향에 대한 기대가 늘어남에 따라 유지 문화에 변화가 생긴 때. 품질, 비용 및 안정성의 기대에 부응하기 위해 총생산 유지(TPM) 및 신뢰성 중심 유지(RCM)와 같은 새로운 기법이 특히 일본에서 개발되었다.

유지 관리의 발전에서 아래와 같은 관심 분야와 용어가 빠르게 발달하였다.

- 신뢰성과 유지보수성에 대한 정의
- 고장과 고장 형태에 관한 개념
- 원인에 따른 고장의 분류
- 갑작스러움에 따른 고장의 분류
- 정도에 따른 고장의 분류
- 고장의 발생
- 평균 수명
- 고장 나는데 걸리는 평균 시간
- 고장 사이의 평균 시간

유지 보수 비용과 수명주기 접근법

수명주기 비용과 설비진단공학 개념은 현대의 유지 관리를 뒷받침하며, 모든 제품이나 프로젝트가 구상부터 완성까지 관련이 되어 있으며, 강력한 경영 의사결정 기법으로 이용할 수 있다는 전제하에 운영된다. 또한 '수명주기 비용'과 '설비진단공학' 개념은 이 외에도 디자인, 생산, 조직적 성과 및 수익성과 관련된 경영 결정을 뒷받침한다.

유지 보수 경제학의 관점에서 유지 보수 서비스 비용은 인건비, 재료 및 부품비, 그리고 오버헤드로 구성 된다. 유지 보수 서비스를 제공하지 않는 것과 관련된 간접비용은 고장시간에 사용되지 않은 인건비, 감가상각비와 기타 경상비, 생산을 하지 못한 비용, 계약 및 명성과 같은 것으로 구성된다. 기업과 조직에서 유지 관리가 직면하고 있는 제약 중 하나는 예산 할당과 계획과 연관이 있다. 주요한 운전비용은 업무 예산과 관련이 있는 반면, 기계와 인프라의 취득 및 유지 보수는 주로 자본 예산과 관련이 있다. 많은 경우에 유지 보수 예산은 우선순위에서 밀린다. 이것은 더 잘된 유지비용 보고서의 사용과 연간 변동을 보상하는 유지비용 정보의 'Z 차트'를 사용하여 어느 정도는 대응할 수 있다.

개발도상국에 위치한 4개의 제분소로 구성된 전형적인 사탕수수 압착산업의 사례연구에서는 약 25%의 비용은 유지 보수 관련 활동에 기인하다고 추정한다. 이 회사는 설탕 가격을 통제할 권한이 없었고, 이 회사의 생존은 주로 운영 효율성과 비용의 억제, 특히 유지비용의 억제에 의존하였다. 4개의 제분소에서 유지 보수 활동은 주로 각 제분소의 유지 보수를 담당하는 직원의 기술과 독창성에 의존한 활동이었고 유지 활동에 어려움이 많았다. 이와 같은 경우, 관리에 대한 관심 부족이 체계적인 접근 방법 부족과 유지 보수 기록의 부재로 나타났다. 600만 달러의 자산 가치를 지닌 4개의 제분소의 유지 관련 직접비는 매년 약 1천 만 달러 정도 된다. 간접비용은 단지 생산 비용을 증가시킬 뿐만 아니라 낭비에 의해 총 생산량을 감소시켰으며, 제분소, 사탕수수 농부들, 산업의 소득 감소 및 수출 소득과 신용을 감소시켰다. 유지 보수 계획과 체계적인 접근 방법은 이러한 손실과 비용 및 전체 비용을 상당히 감소시켜 줄 수 있다.

탄자니아의 지속가능한 발전을 위한 유지 보수 문화에 대한 흥미로운 연구에서는, 탄자니아의 생산 및 인프라 시설의 효율적이고 효과적인 유지 보수는 시설의 가치에 대한 사회적 평가에 기초한다고 보고되었다.[55] 또한, 이러한 국가의 발전에서 당면한 주요한 도전 과제는 공공 및 민간의 기계와 인프라가 가치 있고 중요하다는 사회 문화적 태도와 믿음을 주입하고, 육성하며, 보완하고, 강화하며, 유지하는 것이라고 밝혔다. 이것이 효율적이고 효과적인 유지 보수를 위한 열쇠이며, 장기적인 경쟁력과 지속가능한 발전을 위한 필수적인 조건이다.

유지보수성과 신뢰성

유지 관리가 기계와 인프라를 효과적인 작동 상태로 유지하는 활동과 관련이 있는 반면에, 기계와 설비의 유지보수성은 그것이 유지되는 능력이라고 정의된다. 기계와 인프라의 유지보수성은 주로 디자인 요인이지만, 유지 보수, 조작성, 성능 및 인적 요인과도 연관이 있다. 유지보수성을 위한 디자인 요소는 설계 사양과 재료를 포함한다. 유지 보수 요인에는 필요한 장비의 유지 보수의 용이성과 규칙성이 포함된다. 인적 요인은 필요로 하는 기술, 훈련과 경험을 포함한다. 유지보수성은 디자인 개념의 구상, 인적 및 시스템의 조건과 요구사항을 필요로 하다. 국제적인 발전에서 공학이 직면하고 있는 중요한 이슈와 도전 과제는 다양한 기후, 가용 능력, 유지 보수 자원 조건에서 장비 및 인프라의 유지보수성과 관련이 있으며, 이는 나아가 기술의 적정성, 선정 및 기술이전의 형태와 관련된다.

신뢰성은 명시된 조건과 시간 하에 필요한 기능을 수행하기 위한 장비와 인프라의 성공 능력과 확률에 관한 것이다. 장비의 신뢰성은 품질과 관련이 있으며 유지 관리에서 중요한 고려 대상이다. 지금까지는 더 나은 품질의 상품이 신뢰할 수 있고 유지 보수가 덜 필요할 것으로 기대되었다. 여기서 질문은 희망하는 신뢰성과 비용과의 균형이다. 품질 외에도 신뢰성에 영향을 미치는 요인으로 생산 방식, 운영 및 유지 보수 기술 등이 있다. 신뢰성은 관

55) Bavu, I. K, Sheya, M. S., Mlawa, H.M., and Kawambwa, S. J. 1997. Culture of Maintenance For Sustainable Development in Tanzania, Institute of Technology Management, Dar es Salaam, Tanzania.

© SAICE

케이프 타운 외곽에서 건설 중인 위그노(Huguenot) 터널

찰되고, 평가되고, 추론되거나 예측되며, 수학적 분석의 주제이다. 신뢰성 중심 유지(RCM)는 1960년대 후반에 신뢰성이 중요한 항공 산업에서 도입되어 지금은 다른 여러 산업 분야에서 표준 업무가 되었다. RCM은 시스템 기능, 기능 고장, 고장의 결과에 초점을 맞추고 있으며, 이런 정보는 적절한 유지 보수 작업과 절차를 결정하는 데 사용된다.

신뢰성 분석에 사용되는 몇 가지 기법으로는 가장 널리 사용되는 고장 형태, 효과 및 임계성 분석(FMECA)과 고장 트리 분석(FTA)이 있다. FMECA는 가장 널리 사용되는 기술이며 하드웨어 및 기능 고장 분석을 기반으로 한다. FTA는 문제해결(trouble shooting)의 더 기본적인 형태이며 시스템과 장비의 고장 원인과 위치를 찾아낸다. FTA는 종종 블록 다이어그램으로 제시된다.

유지 관리의 개선

회사, 기관 및 국가에서 유지 보수 관리자와 공학자의 역할과 활동은 경제적, 사회적 및 문화적 조건, 기후, 사용가능한 기술과 유지 보수 자원 등에 따라 다르다. 이는 또한 유지 보수 계획, 조직, 서비스와 표준에서 유지 보수 관리와 공학에 기대하는 바에 따라서도 다르다. 총생산 유지(TPM)는 유지 보수 성능 및 효율성을 강화하고 최적화하기 위한 경영 철학 및 방법론이다.

주요 목표는 설정과 조정, 무부화 완속 운전과 소소한 멈춤, 시작과 종료, 감소된 속도와 용량으로 인한 고장, 품질 결함 및 손실을 제거하는 것이다. TPM의 전체적인 목표는 장비 및 인프라 효율성과 효과를 향상시키고, 성능, 제품 및 신뢰성을 향상시키며, 비용을 절감하고, 팀워크 및 직업 만족도를 향상시키는 것이다.

유지 보수 관리를 위한 가장 중요한 요소로는 일정 관리, 계획, 그리고 관찰, 평가 및 효과적인 유지보수를 촉진하기 위하여 주요 성과 지표(KPIs)를 개발하는 것이 포함된다. KPIs는 핵심 비즈니스 또는 조직의 목표에 밀접하게 연결되어 있고, 성공을 조장하며, 잠재적인 문제에 대한 해결책을 촉진하는 것을 목적으로 하는 명확한 전략적 목표가 있어야 한다. 계획 지표는 유지보수 계획의 효율성을 모니터하는 데 유용하며, '유지 비율'은 자산 가치, 판매액, 인건비와 같은 다른 지표와 유지보수 비용을 비교할 수 있는 유용한 수단이다.

지속적인 개선 전략은 유지 관리의 초석이 되어야 하며, 모니터링, 평가 및 벤치마킹은 이러한 활동의 중요한 요소이다. 벤치마킹은 내부 업무를 개선하기 위하여 비교의 목적으로 외부 참고자료를 사용하는 것이다. KPIs는 벤치마킹에서 중요한 부분이다. 중요한 벤치마킹 요인으로는 벤치마킹에 관한 직원과의 명확한 소통과 이해, 유지보수와 성능 및 생산성의 연결, 벤치마킹 과정에의 참여, 그리고 벤치마킹 결과의 효율적인 실행 등이 있다. 벤치마킹은 비슷한 장비, 산업 및 인프라를 대상으로 실시되어야 하며, 차이점이 감안되어야 한다. 벤치마킹 프로세스의 단계에는 벤치마킹 대상 선정, 벤치마킹 계획의 개발과 수집할 데이터의 선택, 비교할 외부 참고자료 선정, 자료 수집, 공정 비교 및 개선을 위한 조언 작성, 조언 실행, 벤치마크 조정 등이 있다.

또한 벤치마킹은 개선 방안을 개발 및 실행, 모니터링 및 결과 평가에 있어서 유사한 활동 및 기관과 비교해서, 자신의 활동과 실행 원리를 이해하는데 유용한 방법이다. 효율성을 얻고 비용을 절감할 수 있는 것은 벤치마킹과 유지보수의 중요성을 정당화하고 동기부여를 하는 데 중요한 요소이다.

© SAICE

유지·보수가 심각하게 필요한 콘크리트 다리

6.2.7 개발도상국에서의 인프라 개발

아빈드 K. 푸시아(Arvind K. Poothia)

개발도상국의 거대한 인구를 위한 인프라 개발이 경제 발전속도에 비해 많이 뒤처지고 있다. 개발도상국은 통합적인 인프라 개발에 집중해야하며, 이것은 수용능력에 따라 계획되어야 한다. 에너지, 물, 오물 처리, 위생시설, 배수, 교통, 그리고 도시의 임시거주지 등 개발도상국에서는 현대적인 인프라 시스템을 필요로 한다. 한편, 선진국의 선례를 통해 지속가능하면서 각 나라에 적합한 접근 방법을 알아야 한다.

거주시설에 대한 수요를 충족시키기 위한 토지전환은 가능한 투자와 기술의 선택을 갖춘 후 예측된 성장 패턴과 환경적 제한요소들을 고려해 이루어져야 한다. 이것은 지속가능한 기술의 응용 및 관련 규정의 변경을 필요로 한다. 인프라 개발 관련 정책들은 인프라 개발, 경제 발전, 그리고 환경, 이 세 가지를 각기 독립적으로 보고 수립되어야 한다. 더 나아가서 개발도상국의 인프라 개발을 통하여 자원부족국가들이 적용할 수 있는 효율적인 기술들이 개발되어야 한다.

개발도상국의 올바른 인프라 개발을 위한 항목들이 아래에 정리되어 있다.

- 계획 및 정책 수립: 통합적 인프라 개발을 위한 정책은 정부에서 책정해야 한다. 생태와 수자원에 미치는 환경적 영향과 장기적인 영향들이 연구되어야 한다. 도시성장의 단점들(지역간 격차, 임시 거주지의 증가 등)에 대응하기 위한 단계적인 계획수립이 필요하다. 자원동원과 투자를 위한 강한 제도적 메커니즘과 건전한 전략이 필요하다.
- 지방의 일자리 창출과 업체 유치: 빈곤퇴치를 위해 지방에 고용 기회를 늘릴 필요가 있다. 지방과 도시간의 격차를 줄이기 위해서는 농업 이외에도 다른 분야로의 투자가 이루어져야 한다. 수자원과 위생 시설, 대중교통수단, 의료 센터, 통신 시설, 정부기관, 학교, 직업훈련센터, 그리고 지역 업체들이 가장 우선시되어야 한다.
- 도시 교통: 교통은 교역의 필수 요건이다. 제대로 된 교통은 어디서나 접할 수 있는 효율적이고 알맞은 가격의 교통수단을 제공한다. 또한 이는 공해를 최소화하며 에너지를 절약할 수 있다. 많은 '거대도시'들은 통합적 다중모드 교통시스템 이외에도 교외지역으로 연결된 교통수단이 필요하다.
- 기술적 개입과 지식 네트워크: 세계는 급성장하는 기술혁신을 맞이하고 있으며 이로 인해 국가들은 서로간의 지식 교류가 필요하게 되었다. 인프라 개발을 관측 감시하기 위한 국제적 메카니즘은 세계적인 지식교류를 활성화시킬 것이며, 또한 세계화된 경제 속에서 인프라를 필요로 하는 곳에 투자할 수 있게 해 준다.
- 금융 인프라의 개발: 국제기구들이 시작한 인프라개발을 위한 다수의 프로젝트들이 실패하는 시점에서 인프라 구축을 위한 외국인직접투자를 유치하기 위해서는 정부가 참여한 계약들이 착실히 이행될 수 있는 시스템이 마련되어야 한다. 현지단체를 위한 금융교육, 훈련및 기술 금융적 관리 이외에도 토지 소유권과 같은 까다로운 문제들에 대해 지원해줄 수 있는 국영 연합자본이 만들어져야 한다.

세계공학기술단체연합회(WFEO)의 공학환경위원회(CEE)는 세계적인 공학 전문가들이 지속가능한 공학 실무의 개발, 응용 및 이해, 기후 변화에 알맞게 조정된 인프라, 그리고 자연재해의 위험을 완화시킴으로써 유엔 새천년개발목표를 달성하도록 하고 있다.

6.2.8 인프라 보고서

케빈 월(Kevin Wall), 샘 아모드(Sam Amod)

인프라 보고서: 국제적 실천

최초의 인프라 보고서 중 하나는 1988년 미국의 '공공사업개선위원회(National Council on Public Works Improvement)'에서 작성된 것이다. 10년 뒤 미국 토목공학회(ASCE)가 뒤를 이어 미국 인프라 보고서를 발표했다. 그 이후로 ASCE는 2001년, 2003년 그리고 가장 최근인 2005년까지 보고서를 지속적으로 발표했다. 보고서는 해가 거듭될수록 더욱 상세해지고 동시에 포괄적으로 발전했으며, 주로 주(state)단위에서 발표되다가 몇몇 부분에서는 카운티(county) 단위에서도 발표되고 있다.

2005년 인프라 보고서 발표 이후, ASCE는 2006년 국회에 국가인프라위원회(National Commission on Infrastructure) 설립, 특정 개선을 위한 금융지원 증가, 그리고 특히 국회에서 통과되지 않은 특정 법률들을 통과시키기를 요구했다. 아래 인용문이 보여주듯이, 현재 ASCE은 충분한 자금지원을 받고 있다.

> '꽉 막힌 고속도로, 넘치는 하수관, 그리고 무너져가는 다리는 우리 국가의 부와 삶의 질을 위협하는 요소들이다. 2001년부터 적용된 새로운 성적들로 보았을 때 미국은 미미하게 보완하였거나 아예 향상된 모습을 보이지 않아, 2001년 몇몇 분야는 낙제점을 받았고, 전체적으로 D+라는 성적을 받았다. 2005년 보

고서를 작성할 때에는 2001년과 같은 12개의 인프라를 조사했으며, 그 외에 세 가지 항목을 추가했다.'

영국에서는 '국가현황(State of the Nation)'이라는 보고서를 2000년부터 매년 발행해 왔다. 영국 토목공학회(ICE) 또한 보고서를 준비해 왔으며, 트렌드와 지속가능성을 접목시키는 등 채점 기준을 더욱 정교하게 만들기 시작했다. 2006년 첫 보고서에서 당시 ICE의 회장 고든 마스테르톤(Gordon Masterton)은 아래와 같이 진술했다.

"우리는 이 보고서에서 제기한 아래와 같은 문제들에 대답해야 합니다. 점점 줄어드는 자원에 비해 증가하는 물 수요를 어떻게 조화롭게 조정할 것인가? 앞으로는 전기를 어떻게 생산할 것인가? 쓰레기 매립지에 점점 쌓여가는 쓰레기를 어떻게 해결할 것인가? 또한 도로나 철도의 혼잡함을 어떻게 해결할 것인가?

이런 변화를 성공시키기 위해선 계획단계를 최소화할 수 있는 법 개정과 군소연립정부가 장기적인 관점에서 인프라 개발의 필요성과 경제적 이익을 분명히 인식해야 한다. 또한 대중들에게 인프라 개발이 그들의 현재 일상생활에는 악영향을 미칠 수 있지만, 장기적으로 그들과 그들의 자식, 그리고 다음 세대에게 이익을 가져다 준다는 점을 인식시켜야 한다."

호주공학자회(Engineers Australia)는 1999년 세 가지 항목(도로, 철도, 수자원)을 가지고 국가 인프라 보고서를 발표했고, 2003년과 2005년에는 일곱 가지 항목으로 늘렸다. 호주는 그 후에 '주와 테레토리(State and Territory)' 보고서를 발표하기 시작했다.

이러한 사례들의 의도는 공학전문가들이 인프라 상태에 대해 공식적인 의견을 '감정인'의 자격으로 제공하기 위함이다. 위 보고서와 같은 출판물들에 대해 언론은 선정적으로 보도를 했고, 대부분의 공공분야 종사자들은 비판 혹은 부정적인 반응을 보였다.

6.2.8.1 남아프리카공화국

케빈 워(Kevin Wall), 샘 아모드(Sam Amod)

서론

남아프리카 토목공학회(South African Institution of Civil Engineering, SAICE)는 2006년 말 최초로 남아프리카공화국의 인프라 보고서를 발표했다. 이 보고서는 '남아공의 기본적인 생명유지 시스템의 계획, 건설, 운영, 유지에 책임이 있는 전문가들의 관점'을 중점으로 담아내려고 했다. 그리고 이 보고서는 인프라(수자원, 위생 시설, 고체 폐기물, 도로, 공항, 항구, 철도, 전기, 병원, 보건소)에 대해 A+에서 E-로 평가했다. 종합적으로 이 보고서는 남아공의 인프라에 대해 D+의 성적을 주었다.

이 보고서의 목적은 대중에게 인프라의 현 상황을 보여줌으로써 그들의 매일매일의 사회 경제생활에서 인프라가 얼마나 중요한지를 보여주는 것이었다. 그리고 더 나아가 많은 의사결정자들이 기술에 문외한이라는 것을 보여주려고 했다. 그래서 이 보고서를 통해 특히 유지보수와 계획단계에서 더 나은 의사결정을 내리게 할 수 있다고 생각했다.

처음 발행된 남아프리카 인프라 보고서는 모든 분야에서 기대치를 뛰어넘는 매우 성공적인 보고서로 평가를 받았다. 실제로 이 보고서는 SAICE의 예상을 뛰어넘은 언론의 관심을 받았다. 또한 여러 정부기관에서 보고서에 언급된 사안에 대해 SAICE에 함께 해결하자는 제안을 했다. 이러한 관심은 SAICE 설립 이후 가장 큰 관심이자 처음 받는 긍정적인 관심이었다. SAICE의 공학인프라에 권한과 책임을 지닌 기구로서의 신뢰도가 강화되었다.

인프라는 공공 자산이다. 잘 관리된 인프라는 국민의 삶의 질과 국가의 경제적 발전을 뒷받침한다. 모든 남아공 사람들은 인프라의 유지와 운영에 책임이 있으며, 모든 남아공 사람들은 인프라의 공사비와 유지비에 어느 정도 기여한다. 인프라 유지가 제대로 되지 않는다면 남아공의 사회 경제적 성장에 악영향을 미칠 것이며, 이로 인해 국가의 인간 개발에도 영향을 끼칠 것이다. 인프라 보고서는 좀 더 많은 정보를 가지고 인프라의 개발과 유지를 할 수 있게끔 해 준다. 보고서는 정부의 관심을 끌고 더 나아가서는 대중의 관심을 끌어, 그들에게 인프라 유지의 중요성과 그것을 하기 위한 요소들을 홍보하였다.

이 보고서는 남아공에서 왜 이런 불균형한 인프라의 분배가 일어났는지 일부러 설명하지 않았다. 민주주의가 1994년에 시작되면서 이런 불균형을 고치기 위한 커다란 변화들이 일어나기 시작했다. 의욕적인 계획들이 세워졌고 실행되었다. 식수, 위생 시설, 전기, 그리고 교통수단에 집중을 했고, 이를 위해 정부는 사회적으로 혜택을 받지 못하는 지역에 빠른 속도로 지속적인 투자를 하고 있다.

또한 보고서는 많은 기관들이 미래에 인프라를 개선하려 한다는 점을 강조하지 않았다. 몇 십년의 침체기가 끝나고 이제 건설과 인프라 공급은 경제에서 가장 성장이 빠른 분야로 자리 잡아 앞으로 지속적으로 성장할 것이다. 또한 건설은 투자 대비 가장 많은 일자리를 만들어낸다. 따라서 성장을 위해서 건설은 계속되어야 한다. 하지만 이를 위해서는 지금 지어졌거나 앞으로 지어질 인프라에 적합한 예산과 유지 관리 계획을 필요로 한다.

수정 채굴 및 추출, 남아공

이 보고서에서 지적한 여러 문제점들에 대한 해결책은 결코 쉽지도 간단하지도 않다. 오히려 인프라에 관한 이런 심각한 문제들을 대중들이 알아야 하는 이유는 가능하다면 대중들의 인식과 행동을 바꾸기 위함이다.

인프라의 창출자와 관리자로서의 토목공학 전문가들의 역할은 매우 중요한 위치에 놓여 있다. 그리고 이들은(예를 들어 공학전문가 교육과 육성의 중요성과 같은) 긴급한 위기에 대해 대중, 부모, 지식인, 교육인 그리고 정부의 경각심을 일깨우는 데 영향을 미친다.

남아공의 공공부문 인프라가 한동안 주목을 받았지만 이제는 SAICE가 최초로 국가차원의 믿을만한 보고서를 발간했다는 것이 널리 알려졌다. 그리고 이런 계획안들이 유지되고 더 나아가 확장되어야 한다는 대의적 합의가 있다. 하지만 이와 동시에 SAICE의 독립성이 유지되어야 한다. 새로 나오는 인프라 보고서는 평가 과정을 정의하고 토의를 하는 데 더욱 엄격한 기준을 필요로 할 것이기 때문이다.

부족

다음 두 가지 요소가 모든 평가 과정에서 중요한 요소로 작용한다.

- 계획, 조달, 디자인, 건설, 인프라 관리에 있어서 공학 능력의 극심한 부족
- 현존하는 인프라와 앞으로 생길 인프라 유지를 위한 재정 부족

부적절한 인프라 유지의 결과는 삶의 질에 심각한 영향을 미치고, 더 나아가 수인성 질병의 발생, 도로와 철도의 불안전, 상업 활동의 불편함과 비효율성과 같이 사람들의 일상생활에도 심각한 영향을 미친다. 유지에 필요한 재정 할당량은 일반적으로 연간 자본비용의 4% 정도이지만 이 비율로 집행되는 경우도 거의 없다. 하지만 보완이나 보수에 들어가는 유지비용으로도 충분하지 않다. 도로 보수가 1년 연기되면 연기되지 않았을 때에 비해 3배에서 6배의 비용이 더 들어간다.

남아공은 인프라 부분에서 극심한 인력 부족에 시달리고 있다. 다음 내용은 인력 부족이 얼마나 심각한지를 명쾌하게 보여준다.

- SAICE에서 시행한 최근 설문조사에 따르면, 231개의 지방자치단체의 1/3 이상이 단 한 명의 토목공학자 혹은 기술자 혹은 기사도 보유하고 있지 않았다. 공학 부분에 대한 지방정부의 공석은 1천 명을 넘어선다.

공학 인프라와 경제 성장간의 관계가 분명하지만, 공학 인프라와 사회의 풍요로움 간의 관계는 항상 분명한 것은 아니다. 더 깨끗한 식수, 적절한 위생시설, 더 나은 주거지와 전기, 교통 이 모든 것이 더 나은 삶을 위한 것이라는 점은 분명하다. 남아공 수백만 명의 사람들에게 삶의 질이란 생존 능력과 동일시되고 있다. 실제로 SAICE 연구에 따르면 일반적으로 선진국은 개발도상국과 반대로 공학자가 의사보다 많다고 한다. 이유는 명백하다. 충분한 인프라가 질병을 예방할 수 있기 때문이다. 남아공 공학자 수가 의사 수의 절반밖에 되지 않는다는 점은 걱정할 만하다. 그에 비해 호주, 미국, 서유럽 그리고 심지어 중국과 인도 또한 공학자의 수가 의사의 수와 비슷하다. 게다가 남아공의 전체 인구 대비 공학자의 비율은 3,200 대 1이다. 이는 위에 언급한 다른 나라들의 1/20도 되지 않는 비율이다. 그리고 남아공 백인들 가운데 공학자의 비율은 미국, 서유럽과 비슷한 300대 1이지만 남아공 흑인들 가운데 공학자의 비율은 5만 대1로 아프리카를 포함한 전 세계에서 최악의 비율이다.

- 변화할 필요성이 분명히 있다.

보고서의 영향

결과는 눈부시게 성공적이었다. 이는 신뢰할만한 기관에 의해 만들어진 전문가부터 비전문가까지 모두가 이해하기 쉬운 남아공 인프라 전부에 관한 최초의 종합적인 보고서다. 이 보고서는 우리가 주목해야 할 문제들을 뽑아 헤드라인으로 제공했고, 앞으로 나아가기 위해 벤치마크 할 수 있는 대상들도 제공한다. 남아공의 공공 부문 인프라가 한동안 주목을 받았지만, 이제는 SAICE가 최초로 국가차원의 믿을만한 보고서를 발간했다는 것이 널리 알려졌다.

정부 관료와 정책 입안자에게 알린다는 이 보고서의 가장 중요한 목적은 수많은 인터뷰, 발표, 언론에 노출, 토론에 의해 이루어졌다. 중앙은행, 공공기업부, 국회교통위원회와 같은 정부기관에서 발표를 했다. 이 보고서를 발간한 사람들과 SAICE의 주요 인사들에게 정부 모든 부서의 수많은 워크숍과 발표에 참여 요청이 물밀 듯이 들어왔다. 이번에 SAICE가 받은 언론 노출은 수년간 받은 반응 중에 가장 뜨거웠다. 학회로서 SAICE의 신뢰도는 공학 인프라에 관해 비평을 하는 권한 및 의무를 가지면서 더 높아졌다. 또한 SAICE가 지속되고 더 나아가 확장되어야 한다는 데에 합의가 있었다. 하지만 동시에 벤치마킹 과정에서의 독립성은 유지되어야 한다.

인프라의 모든 측면에서 토목공학 전문가의 창출자와 관리자로서의 역할이 주목을 받았다. 그 결과 대중, 부모들, 학생, 교육자, 그리고 정부의 위기의 절박함에 대한 인식을 높일 수 있었다. 하

그림 1. 남아공 건조 환경 인프라 보고서(2006)

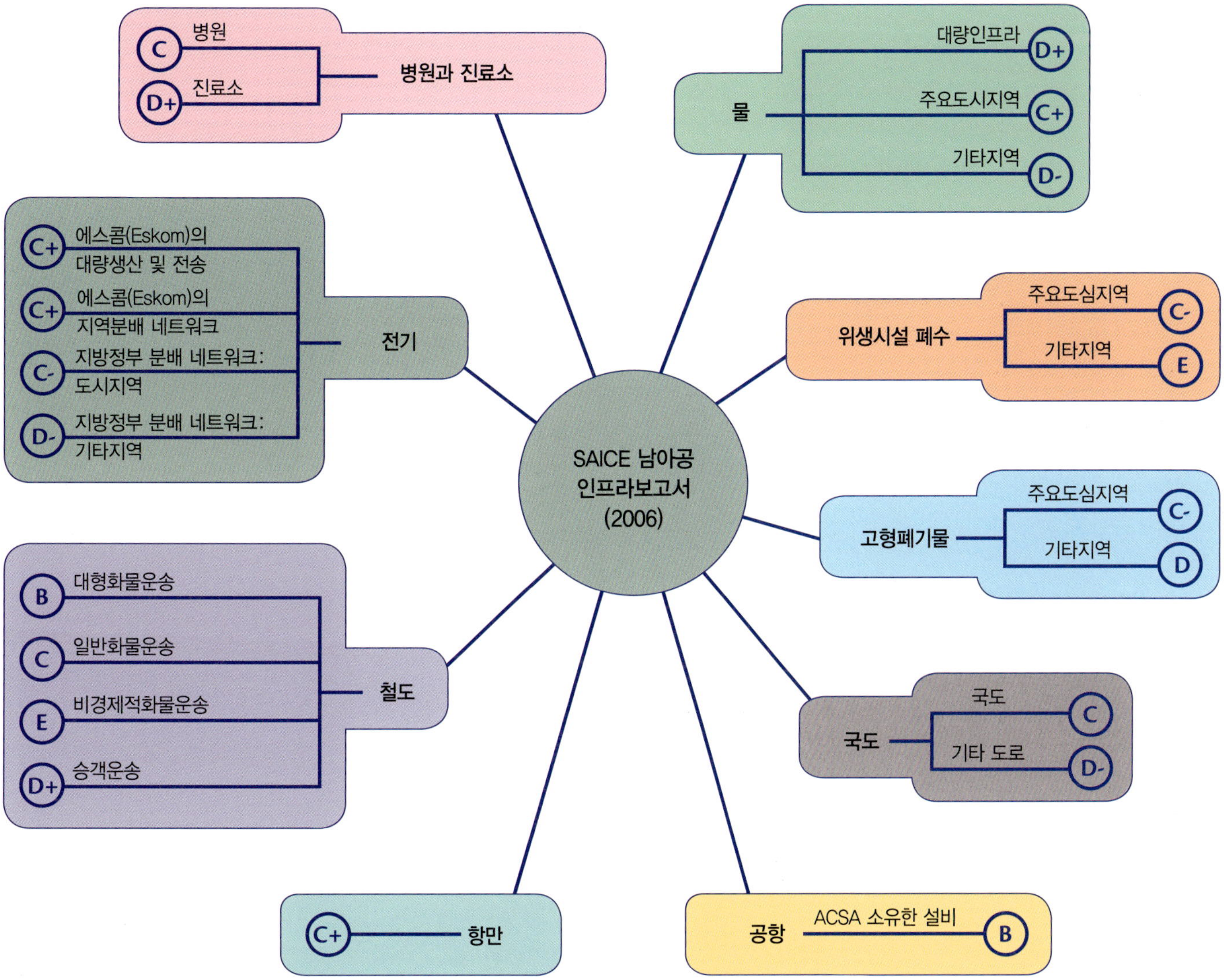

출처: http://www.civils.org.za

지만 이러한 긍정적인 진보 가운데에서 우리는 IRC2006의 진행 과정과 단점에 대해 비판적으로 분석해야 한다. 이들은 IRC의 구체적인 사업 확장 범위, 사업 진전의 명시 및 미래의 IRC에 대한 열망과 결합되어 있다.

미래 보고서

아래에 기재된 미래에 있을 개선과 추가적인 개발에 관한 내용은 IRC의 개정판에서 다뤄질 내용보다 더 야심차게 여겨질 수 있다. IRC2006에 대한 기대와 반응을 고려할 때, 미래에 작성될 보고서는 단순히 IRC2006의 개정에 그쳐서는 안 된다. 새로운 IRC가 더욱 철저한 과정, 더 나은 협의, 평가 과정의 명확한 정의 등을 포함할 것이라는 것은 거의 기정사실화 되어 있다.

아래의 옵션들이 고려되고 있다. 아래의 사항들은 상호 배타적이기 보다는 혁신적인 노력으로 여겨질 수 있다.

- 개선: 인프라 상황은 1년이라는 시간에 눈에 띄게 변화하지 않는다. 그럼에도 불구하고, 첫 보고서는 약간의 수정만 필요할 정도로 흠잡을 데가 없었다. 그래서 한 가지 옵션은 IRC2006 이후의 동향 평가에 관한 중간 보고서를 제출하는 것이고, 지속가능성 관련 점수가 아마도 기록될 것이다. SAICE는 또한 IRC를 교육, 주거, 정보통신기술, 법과 정책과 같은 공공 자산

에까지 확장할 수도 있다.

- **남아공 IRC의 확장:** 남아공의 지방에서 올라온 자세한 분석을 제공하기 위해 IRC를 확장한다. 이미 각 지방에 초점을 맞춘 보고서의 편집을 도와달라는 요청이 많이 와 있는 상태이다. 또한 철도와 항구 시설, 그리고 지방자치제와 대도시에 대해 초점을 맞춘 보고서의 필요도 있다. 현재 분야를 조금 더 세부적으로 나눠 특정한 유지사업과 자본출자, 다양한 선택에서 사회가 받게 될 이익 등과 같은 경제적인 분석이 이루어질 수 있다.
- **모든 남부 아프리카 국가들로 확장:** 회의를 통해서 최초의 적용 플랜을 만들고 점차적으로 정성을 들여서 각 나라의 지역별 혹은 인프라 분야별(도로, 항만, 에너지 등)로 적용할 수 있는 공통된 양식을 만들 수 있다.

분명히 이것은 야심찬 목표들이고 그 일부는 SAICE의 권한을 초과했으며, 외부권력과 많은 자본을 필요로 한다. 이러한 사항들이 IRC2006 이후에 이해관계자들과의 관계에서 비롯되었다는 것을 알아야 한다.

결론

2006년 남아공인프라보고서의 영향은 매우 긍정적이다. 남아공의 공공 부문 인프라가 한동안 주목을 받았지만, 이제는 SAICE가 최초로 국가차원의 믿을만한 보고서를 발간했다는 것이 널리 알려졌다.

계획이 유지되고 확장되어야 한다는 사실에의 전반적인 합의가 있었지만, 동시에 벤치마킹 과정의 독립성에 관해서는 의견 일치가 이루어지지 않았다.

향후 프로젝트는 구호기관, SAICE의 동업자인 법적 기관, 아프리카 공학자 포럼, 세계공학기술단체협의회(WFEO), 유네스코와 같은 기관들의 적극적인 참여를 고려해야 한다. SAICE는 목표를 이루기 위해 봉사단체로서 타당한 시간투자를 계속할 것이다. 조언과 지원은 SAICE의 자원봉사자들에게서 구하겠지만, 충분치는 않을 것이다. 기여한 사람들에 대한 보상은 신중하게 고려될 것이다.

6.2.8.2 미국

앨리슨 디커트(Alison Dickert)

미국 인프라에 관한 보고서는 미국 토목공학자회(ASCE)를 위한 대중교육 및 지지수단으로 사용되었다. ASCE와 그 멤버들은 건강, 안전, 대중의 복지의 보호에 전념하며, 국가의 공공 인프라의 향상에도 동일하게 전념하고 있다. 이 목표를 이루기 위해, 보고서는 학교의 성적표와 비슷하게 미국 인프라의 상태와 성과를 나타냈다. 물리적인 상태와 개발을 위한 재정투자에 기초한 문자 등급 성적의 부여가 포함된다. 보고서는 홈페이지(http://www.asce.org/reportcard)에서 확인할 수 있다.

보고서는 일반인이 이해할 수 있는 용어를 사용해서 문제의 범위를 제시한 명확하고 간결한 문서다. 난잡스러운 언론의 보도가 계속해서 늘어나는 세상에서, 문자로 된 성적표는 냉철하고 오랜 감명을 남겼다.

1998년부터 ASCE는 인프라에 관한 세 가지 보고서와 현재 미국의 인프라의 상황 설명과 발전을 위한 잠재적 해결방안들에 대한 자료를 발행해 왔다. 보고서는 다양한 언론에서 보도하였으며 학술적 연구들에 인용되기도 했다. 미국의 정치지도자들 역시 명확한 정보를 제공해주는 이 보고서를 그들의 정책 결정의 가이드로 사용하기도 했다.

1988년 보고서가 처음 공개되었을 때 미국의 인프라는 평균 등급인 C를 받았다. '허술한 토대: 미국의 공공사업 보고서'이란 명칭의 보고서에서 언급한 문제들에는 교통 혼잡 증가, 유지보수의 연기와 시스템의 수명 등이 있다. 보고서의 저자는 현재의 운영비와 미래의 수요를 고려했을 때 정부재정의 투자가 적절하지 않다고 이야기했다.

수요

1997년 ASCE에 의해 시작된 여론에 관한 연구는 일반 대중들이 공학자에게 높은 신뢰를 보이는 것은 사실이지만, 일상생활과 공학기술의 관계는 쉽게 이해하지 못한다고 밝혔다. 게다가 대중들은 공학기술에 대해 그다지 큰 관심을 보이지 않는다는 것을 보여주었다. 이 연구는 교통, 깨끗한 물, 자연, 공학기술에 의존한 삶의 문제들 등에 큰 관심을 보였고, 공학자들이 이런 이슈에 관한 정보를 제공해줄 것이라는 믿음을 가지고 있다고 밝혔다.

위의 사항들과 관련된 정보에의 뜨거운 열정에 부응하고, 토목공학자들을 믿을만한 정보 출처로 자리매김하기 위해, ASCE는 첫 보고서 발행 10주년이 되던 해에 인프라의 보고서를 재조사하기로 결정했다.

ASCE는 '허술한 토대'가 발표되고 난 지 얼마 되지 않아 전체적인 점수가 등급 D 로 떨어진 사실을 확인했다. 게다가, 국가의 공립학교 인프라와 식수, 도로와 댐 문제에 있어서 낙제점수에 가까운 점수를 받았다. 이 점수는 집필진마저 놀라게 했고 대중의 관심을 끌기에 충분했다.

2001년과 2005년의 보고서에서는 점수가 살짝 호전되어 D에서 D+로 오른 것으로 나타났다. 하지만 부적절한 능력과 유지 작업의 유보 등과 같이 1988년의 보고서에서 다뤄진 내용이 나중에 발간된 보고서에서도 변화가 없었다.

국가 인프라의 불충분한 상태는 끊임없이 반복되었다. 필요로 하는 부분에서의 개선은 시간이 오래 걸리고, 비싸고, 많은 노동력을 필요로 하는 일인 것과 마찬가지로, 정치 지도자와 대중에게 무언가 실행돼야 한다고 설득하는 것 역시 비슷하게 힘든 도전 과제이다. ASCE는 2009년 3월에 새로운 보고서를 발표할 계획이다. 20년이라는 세월이 지났고, 첫 보고서가 발간된 1988년 이래 유지 작업과 투자의 지연으로 상당한 수준의 개선은 예상할 수 없다.

과정

보고서 내용을 개선하기 위해 ASCE는 미국의 유명한 토목공학자들로 이루어진 자문단을 구성해 수백 개의 연구 자료와 보고서를 분석하고, 현장에서 어떠한 일들이 일어나고 있는지에 대해 수천 명의 토목공학자들을 인터뷰했다. 자문단은 조사의 범위를 결정하고, 점수를 매기는 것에 대한 방법론을 만들었다.

2005년의 보고서에 따르면 점수는 상황과 능력에 따라 결정되었고, 전통적인 채점 등급을 따랐다고 한다. 자문단은 기본 점수들을 검토하고 적용했으며, 때로는 기존 점수에서 가감을 하기도 하였는데, 이는 긍정 혹은 부정적인 경향과 심각한 재앙을 초래한 크나큰 실패를 반영했다. 예를 들어, 다리 혹은 댐의 붕괴 사례는 고체 폐기물 처리 문제보다 더 즉각적이고 심각한 결과를 가져온다.

이익

2005년 ASCE가 실시한 여론조사에 따르면 대중은 미국 인프라가 직면하고 있는 위기에 대해 상당히 많이 알고 있었다. 인프라의 위기에 덧붙여 해결책의 정의와 채택에 있어서의 공학자들과 대중의 역할 또한 알고 있었다. 이러한 결과는 1997년에 행해진 같은 조사의 결과와 비교해서 눈에 띄게 변한 것을 알 수 있다.

보고서는 토목공학자들이 비즈니스에 관련된 내용이 아닌 자신들의 전문적인 소견을 낼 수 있도록 허락했다. 공정성과 모두의 향상을 위한 전략적 목표를 달성하는 것은 ASCE를 강력한 주창자로 있게끔 해주었다. 높은 평판과 함께 ASCE와 그 보고서는 정책 입안자들에게 좋은 조언자가 돼주었다.

미국 인프라의 필요성에 주목한 것과 토목공학에서의 발전이라는 성과가 있었음에도 불구하고, 더 많은 요구사항들이 달성되어야 한다. 어떠한 것들이 이루어져야 한다는 식의 보고서는 많은 사람들을 설득시키는 데 성공했다. 하지만 정계를 설득시켜 실질적인 변화의 바람이 불게 해야 한다. ASCE가 2009년에 보고서를 개정하기 시작함에 따라, ASCE는 더 향상된 시스템이 구축될 수 있도록 더 많은 대중에게 자율권을 주는 것에 집중할 것이다.

지난 20세기에 미국은 전례 없는 성장과 번영을 거쳤고, 동시에 그에 상응하는 공공 인프라의 건설 또한 시작되었다. 만약 미국이 세계 경제에서 계속 경쟁력을 갖고 싶다면, 뒷받침할 수 있는 인프라가 우선 구축되어야 할 것이다. 2009년의 인프라 보고서는 그 목표를 이루기 위한 촉매제가 될 것임에 틀림없다.

6.2.8.3 호주

리안 하드위키(Leanne Hardwicke)

호주 공학회(EA)는 다양한 수준에서 공개토론회 등을 통해 공학에 직접적으로 연관된 이슈와 공학 직업에의 영향, 또는 공동체 구성원의 관점에 따른 관심사 등에 관련된 공공정책 활동을 펼쳐왔다. 지금까지 가장 성공적인 공공정책 활동 중 하나는 호주의 인프라 보고서를 발행한 것이다.

보고서 발행을 통해서, EA는 인프라가 공동체의 삶의 질을 뒷받침하고, 열악한 인프라는 사회 · 경제적인 성장을 방해한다는 인식을 고취하려고 했다. EA는 또한 인프라가 양적, 질적으로 사회의 요구에 부응한다는 논의를 시작하고, 총자산 관리 이론, 지속가능성, 그리고 수요 관리에 근거한 우수한 실행을 권장하길 원한다.

2000년에 EA는 호주의 인프라의 문제점에 초점을 맞춘 보고서를 발표했다. 뒤이어 2001년에 호주 인프라 보고서에서 더 광범위하게 문제점을 다뤘고, 그 뒤에 각 주(州)에 관한 자세한 평가가 뒤따랐다. 뉴사우스웨일즈(New South Wales) 주와 퀸즐랜드(Queensland) 주의 인프라 보고서는 2003년과 2004년에 발표되었는데, 그 밖의 주에 관한 보고서는 2005년이 되어 완성되었다. 각 주의 경제상황에 결과들의 가중치를 두고 2005년 '호주 인프라 보고서'를 발행했다. 이 보고서에는 호주의 특정 인프라의 타당성을 평가하고, 인프라의 유지 및 자금 지출의 우선순위를 결정하는데 사용될 수 있는 최신의 전략적 개요가 포함되어 있다. 보고서는 모든 인프라가 아니고 일부 주요 부문에 집중했는데, 도로, 철도, 식수, 폐수, 폭우, 관개, 전기, 가스, 항구와 공항이 그것이다. A(매우 좋음)부터 F(부적합한)까지 점수를 매겼다. 주(州)

© UNESCO/M. Borg

폐수용 호스, 멜버른

와 테리토리(territory, 역자 주: 호주에는 6개의 주와 여러 개의 테리토리가 있음)에 관한 보고서에서 얻은 사실로부터, 호주 인프라 보고서는 호주정부에 여러 제안을 하기도 하였다. 가장 중요한 것은 인프라의 계획과 실행함에 있어서 정부(중앙정부, 주 정부, 지방 정부), 사업가, 그리고 지역 사회가 진정한 파트너십을 이루어야 된다는 점이다.

EA는 독립적으로 정책, 계획, 그리고 인프라 전달에의 조언이 가능한 '국가 인프라 위원회'의 설립을 추천했다. 위원회는 자산 및 재무 20년 계획에 근거해서 인프라의 우선순위를 결정하고, 공공 및 민간부문에서 건설한 인프라 중 어느 인프라가 더 효과적으로 후원 · 설계 · 유지 · 운영되고 있는지를 결정할 것이다. 전문 단체로서, 국가인프라위원회는 규제와 조세 법률의 추가적인 개혁에 조언을 줄 수 있을 것으로 예상된다. 여기서 발생하는 중대한 효과는 인프라에 관한 논쟁에 더 적극적으로 참여할 수 있도록 대중과 주요 주주들과의 소통을 늘리는 프로그램일 것이다.

보고서는 인프라 문제에 관한 인식을 높이는 데 굉장히 성공적이었다. 각 주와 테리토리에 관한 보고서는 2005년의 호주 보고서가 그랬듯이 언론의 확실한 관심을 받았다. 보고서가 발표된 후, 많은 주와 테리토리 정부들은 장기 인프라 계획을 세웠고, 자문단 혹은 조정국을 설립했다.

국가적인 차원에서, 2007년 새롭게 출범한 정부는 인프라 장관을 임명했다. 2008년에는 국가적인 의의를 가지는 인프라 프로젝트를 실행할 '인프라 호주'라는 이름의 법적 권한을 가지는 조직을 만들었다. 이 조직의 역할은 EA의 추천을 꼼꼼히 반영하는 것이다.

'인프라 호주'는 산업, 정부, 그리고 지방정부 출신의 12명의 구성원으로 이루어진 법정 자문위원회이다. '인프라 호주'는 교통, 수도, 통신, 그리고 에너지와 같은 국가적으로 중요한 인프라의 적합성, 능력, 그리고 상황을 판단하는 감사의 수행, 수십억 달러의 공공 및 개인 투자금을 가이드하기 위한 인프라의 우선순위 목록의 개발, 그리고 호주 전체의 인프라의 이용을 향상시킬 규제개혁에 대해서 정부, 투자자, 그리고 인프라 소유자에게 조언을 해주는 등의 역할을 한다. 새로운 정부는 200억 호주 달러를 '호주 건설 기금'에 투자해 국가적으로 중요한 미래 인프라의 구축에 사용될 수 있도록 했다.

© Arup

오페라하우스, 시드니

호주 인프라의 도전 과제

다음의 표는 호주 인프라의 개요이다.

인프라	2001	2005	논평
도로	C ~ D	C− ~ C+	● 국도는 동부 해안지방의 개선작업에도 불구하고 겨우 적합한 수준이다. 주(州) 도로는 그 질이 다양하며 늘어난 교통량은 지방 편의시설을 감소시킨다. ● 호주의 화물 운송 차량과 화물 규모는 증가할 것으로 예상되며, 화물업의 톤수는 2020년까지 두 배 늘어날 것으로 예상된다. 따라서 화물차량의 이동경로의 추적과 복합 수송 방법을 활용해야 한다. ● 눈에 띄게 분산된 호주의 인구는 교통 산업이 효과적인 경제 활동의 중심이 될 것이라는 의미이기도 한다. ● 주 도로와 다리의 열악한 구간의 개선이 느린 속도로 진행 중이다. 또한 지방 정부의 인프라 기준은 뒤처지고 있다.
철도	D−	C−	● 눈에 띌만한 개선이 있었으나, 광범위한 지연문제는 여전히 남아 있고 새로운 투자에의 불확실성도 있다. ● 도시 철도 네트워크에의 합의가 늘어나고 있다. 마찬가지로, 지역활동의 중심지들을 연결하는 통합된 교통 네트워크가 필요하고, 통근자들이 도로가 아닌 철도를 이용하도록 권장해야 한다.
항만	B	C+	● 항구와 관련된 주요 관건은 육지와 항공 운송시스템과의 협조와 항구의 확장을 제한시키는 도시의 확장이다. ● 몇몇 항구들의 경우, 수로의 굴하작업이 향후의 선박 크기의 증가를 대비해 필요하지만, 환경문제를 배제해서는 안된다.
공항	B	B	● 공항은 안전과 보안을 위해 엄격히 통제되고, 이것은 자산의 양호함을 의미한다. ● 미래에 승객의 이동과 그 승객들을 통해 얻을 수 있는 영향을 고려한 확장이 필요하다.
식수	C	B−	● 호주에서는 대도시권이 확산되고 있지만 대도시의 수도 인프라는 많이 낙후된 상태다. 취수장이 부족하다. 새로운 수도문제 해결에서의 난관은 기술적인 장애물이 아닌 정치 · 환경 · 사회적인 장애물이다. ● 최근의 평가는 파이프관의 교체, 개선된 조치, 그리고 누수 장치 등에 사용될 자금이 늘어난 것을 확인했다. ● 교체에 투입될 자금이 자산의 노후 속도를 따라가지 못하고 있다. 과도한 물 사용량과 도심지역의 저수지 침식 등과 같은 문제점은 여전히 남아있다. ● 최근의 기록적인 가뭄들은 새로운 공급원의 필요성을 부각시켰다. 물의 수요 관리를 통한 물 사용의 효율성은 대단히 중요하며, 지역사회의 수도사용 습관의 변화를 필요로 할 것이다.
폐수	C−	C+	● 현 인프라의 재건과 향상된 대처방식으로 수로로 방출되는 폐수가 감소되었다. ● 폐수의 재사용 정도는 실망스럽다. 하지만, 지방 정부의 폐수 재사용 시설이 점점 늘어나고 있는 추세다. ● 많은 폐수 처리 시스템이 낙후되어 있고 추가적인 악화가 예상된다.
폭우	D	C−	● 폭우에 대비한 인프라의 질은 다양하다. 대부분의 폭우 대비 인프라는 낙후되었거나 유지 · 수리 · 재건 비용이 부족하다. ● 사이클론과 홍수에서 발생하는 손실은 복구비용이 많이 들고, 홍수에 의한 손실은 매년 3억 호주 달러 정도이다. ● 자산들의 상태에 관한 지식 및 정보가 매우 한정적이다.

출처: Engineers Australia, http://www.engineersaustralia.org.au

제 7 장
공학 역량: 교육, 훈련 및 인력의 유동성

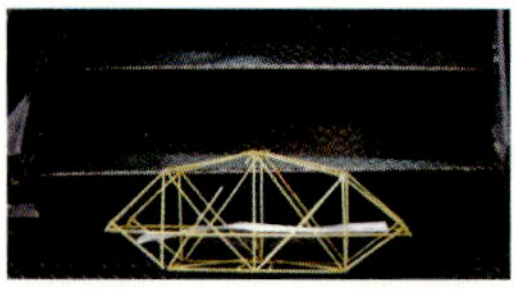

© SAICE

공학 교육은 기본 원리와 실제 경험을 통해 시행되어야 한다.

현재 공학계가 겪고 있는 가장 중대한 내부적인 문제 중 하나는 세계 거의 모든 나라에서 젊은 사람(특히 여성)들의 공학에 대한 관심이 떨어지고 대학 지원률이 감소하고 있다는 것이다. 이것은 공학의 역량, 또한 개발도상국의 빈곤 감소, 지속가능한 발전, 그리고 기타 새천년개발목표(Millennium Development Goals, MDGs)에 중대한 영향을 미칠 것이다. 발전에서 공학이 차지하는 중요성과 적절한 수의 공학자를 위한 역량강화의 필요성의 관점에서 볼 때, 이것은 세계의 공학계가 직면한 주요 도전 과제이다. 이 장에서는 공학역량, 교육, 훈련 및 인력의 유동성에 초점을 맞추고 있다. 이 장은 공학역량에 대한 절로 시작하며 공학자의 수요와 공급, 기술적 역량강화, 세계공학기술단체연합회(WFEO)의 역할 등을 다룬다. 2절에서는 아프리카의 지속가능한 발전을 위한 역량강화의 역할, 남아공의 토목공학자에 대한 수요와 공급(Allyson Lawless와 남아프리카공화국 토목학회의 연구결과에 기초함), 호주의 공과대학 진학률과 공학역량, 평생 공학교육과 전문성 개발, 두뇌의 유출입 및 순환 등에 대해서 서술한다. 3절에서는 공학교육의 변화에 초점을 맞추며 문제기반학습, 공학교육과정에 지속가능성을 도입한 호주의 사례, 신속한 교육과정 개편, 공학에서의 환경교육, 그리고 공학교육에 대한 연구 등을 다룬다. 4절에서는 호주, 보츠와나 및 가나의 대학교에 있는 발전을 위한 공학기술센터의 사례를 소개하고, 마지막 절에서는 공학 인증 및 표준과 공학자의 유동성에 대해서 토론한다.(참조: 워싱톤 어코드, 공학자 유동성 포럼, 유럽의 볼로냐 어코드).

7.1 공학 교육

우로드지미에르즈 미스잘스키(Wlodzimierz Miszalski)

서론

일반적으로, 교육에 종사하는 공학자들의 사명은 다음과 같다.

- 기술적인 지식의 전파
- 현재와 미래의 공학 기술적 과제에 대응할 수 있는 공학 전문가를 사회에 배출
- 일반인의 기술적 이해의 범위와 깊이를 증진
- 기술적 진보의 장점과 단점에 대한 인식 증진

이러한 사명은 현재 세계의 수천 명의 공학자들이 초등 및 중등 교육에서부터 시작하여 직업 및 기술학교와 전문대학을 거쳐 기술 및 응용과학 대학, 대학 그리고 공학 전문단체 내의 특정한 교육 훈련 프로젝트에 이르기까지 공학 교육의 다양한 형식과 프로그램을 통해 이뤄진 성과들이다. 또한 수학, 물리학, 경제학, 화학 그리고 기타 이론들을 가르치는 공학자들이 사회의 전반적인 교육 및 지식에 큰 기여를 했다는 것을 인식하는 것도 중요하다.

그림 1은 20세기 말의 과학과 공학 분야 졸업생 수(최초 학위 기준)의 증가를 나타내고 있다. 최근의 예측 결과는 아시아에서의 추가 증가를 제시하고 있는데, 예를 들어 중국에서는 51만 7천 명, 인도에서는 45만 명이 매년 졸업할 것으로 내다봤다. 2007년에는 46%의 중국 대학생들이 공학 학위를 받았지만, 미국과 유럽에서는 각각 5%와 15%에 불과했다.

그림 1. 과학 및 공학 분야 졸업생 수(최초 학위 기준)

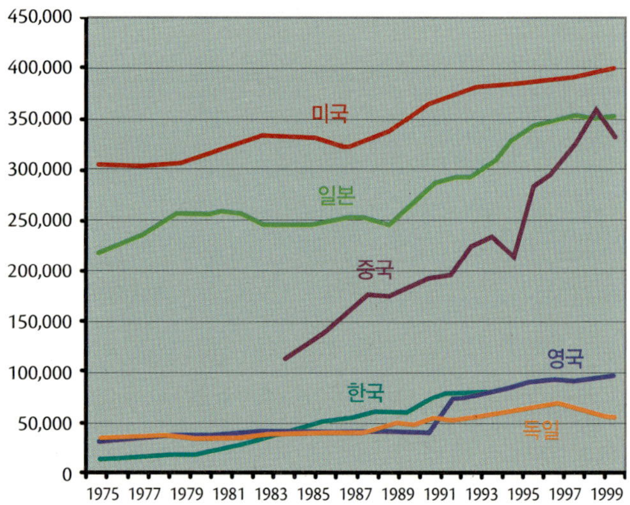

출처: James J. Duderstadt, Engineering for a Changing World, The Millennium Project, University of Michigan

공학 교육 변화의 필요성

일견 공학 및 기술 분야의 교육적 잠재력의 총량은 세계의 기술 성장과 확산을 만족시키기에 충분해 보이지만, 공학자들의 분포에 있어서는 상당한 불균형을 보여주고 있다. 이것은 지속가능한 발전, 국제 안보, 빈곤 감소, 환경 파괴, 재해 모니터링, 재해 대책 등의 도전 과제를 해결하기 위해서는 공학 역량이 더 필요하다는 것을 의미한다. 공학 교육을 위한 교육과정, 이것들을 인증하기 위한

국제 표준, 그리고 국가간 공대생, 졸업생 및 교원의 유동성이 균형적이지 않으며, 이러한 불균형은 계속 심화되고 있다. 이것은 그림 2에 요약되어 있다.

21세기에는 국제적 공학 프로젝트와 도전 과제와 관련하여 세계 어느 곳에서든 일할 수 있는 공학자를 필요로 하는 산업계의 수요가 증가하고 있다. 또한 교육적인 잠재력은 국제적인 시각에서 바라본 공학 교육의 새 모델을 고안하기에 충분해 보인다. 이러한 잠재력은 공학 및 공학 교육에 있어 국제적인 경험을 갖춘 대학과 교육 기관의 수, 국제적 공학 프로젝트에서 얻은 지식과 교훈의 양, 국제적 교육을 시행하기 위해 이용 가능한 기술들, 그리고 증가하는 유학생과 학생 및 교원의 교류 등에서 찾을 수 있다. 이러한 교육의 새로운 모델은 다국적 기업 및 국제적 공학 프로젝트의 요구 사항을 충족시키고, 빈곤 감소나 기후 변화 완화 같은 국제적 프로젝트에서 일할 수 있는 국제적 사고를 하는 공학자들의 수요 또한 만족시킬 것이다.

최근 몇 년은 교육 계통에 종사하는 공학자들에게 새로운 과제를 안겨주었다. 발전을 위해 기술적 전문 지식에 대한 더욱 활발한 국제 공조가 필요하며, 특히 인력의 유동성, 기술 혁신, 빈곤 감소, 경영 및 윤리 관련 이슈에서 필요할 것이다. 공학 실무에서 우선순위의 변화는 어쩌면 교육 프로그램, 교수의 프로필, 그리고 교육 기관의 조직 구조 차원의 보다 기본적이고 뼈를 깎는 변화를 요구할지도 모른다.

공학 교육 변화의 필요성

미래 공학자의 개인적 또는 직업적인 프로필과 관련된 공학 교육의 주요 현안은 다음과 같다.

- 공학자를 위한 교육과 훈련의 연속적인 단계는 무엇인가?
- 어떠한 교육 기관들이 참여해야 하는가?(이를 테면, 대학과 기술 대학, 공립과 사립학교, 국가 공학 협의회, 국제 공학기술연합회, 회사와 기업 그리고 그들의 전문성 개발 방법, 군대, 자선 단체 혹은 비정부 기관)
- 일반적인 그리고 전문적인 기술 지식의 비율은 각각 어느 정도여야 하는가?
- 기술적 그리고 비기술적인 지식(경제학, 경영학, 윤리, 인류학 등을 포함)의 비율은 각각 어느 정도여야 하는가?
- 어떠한 분야의 기술과학을 어떤 수준으로 가르쳐야 하는가?(예를 들면, 전문학사, 학사, 석사, 박사, 박사후 과정, 연구생, 원격 교육, 자율 학습)

그림 2. 공학자들을 위한 국제적 교육의 필요성

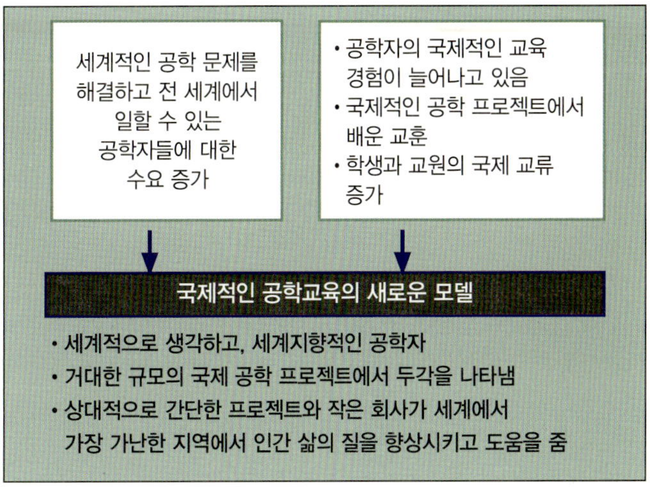

- 공학자들에게 필요한 기초 지식(예를 들어 수학, 물리학, 건축 그리고 실습)의 소양 함양을 위해 총 교육시간(예: 4,000~4,200시간)의 몇 할을 할애해야 하는가?
- 공학 전문직이 전통적인 방법으로 체계화되어 있고, 공학교육 인증이 전통적인 방법으로 정립된 '전통적인' 공학 분야(예, 기계, 전기, 토목 그리고 구조 분야)의 공학자는 어떻게 현재의 수요에 적응해야 하는가?
- 상대적으로 '새로운' 공학 분야(시스템, 핵, 우주항공, 컴퓨터공학, 정보, 환경, 의학, 메카트로닉스, 로봇공학, 음향학, 해양, 에너지, 물류, 보안, 경영 등)의 활동은 어떻게 가르치고 표현되어야 하는가?

WFEO-CET

세계공학기술단체연합회(WFEO)는 설립 초기부터 공학 교육 이슈를 최우선 과제로 선정하였다. 1969년 제 2차 총회에서 발족된 '교육 및 직업훈련 위원회(WFEO-CET)'는 1970년에 상설위원회로 설립되었다.

WFEO-CET는 공학 교육에 있어 거의 모든 부분에 관여해 왔는데, 공학 교육 인증, 전문직 인증 및 실행, 개발도상국의 요구 사항, 공학 교육의 미래 방향, 평생 공학 교육, 인력 교류 및 기술 혁신을 위한 공학 등이 그것들이다. 이것은 WFEO-CET의 간행물인 'IDEAS'에 잘 반영되어 있는데, 이것은 공학 교육, 전문직 실무, 그리고 인증에 대한 가장 중요한 이슈를 다루도록 기획되었다. 1998년부터 매 3년마다, WFEO-CET는 공학 교육에 대한 세계 총회를 개최한다. 이 연합회의 회원들은 많은 다른 국제 조직에서 주요한 역할을 맡고 있다.

웹사이트: www.wfeo.or

7.2 공학 역량

7.2.1 수요와 공급 그리고 더 많은 공학자의 필요성

토니 마조람(Tony Marjoram)

한 국가에 필요한 공학자는 몇 명인가? 그 수를 지속적으로 충족하기위해 몇 명의 공과대학 졸업자를 배출해야 하나? 더 많은 공학자를 양성하는 것이 발전을 촉진시킬까? 어떤 분야와 어떤 수준의 공학자를 양성해야 할까? 미국, 유럽과 같은 선진국은 급속하게 발전하고 있는 중국, 인도 등의 국가에 비해 충분한 공학자를 양성하고 있을까? 다른 개발도상국과 최빈국은 발전을 도모하고, 빈곤을 감소시키며, 기후 변화에 대응하기에 충분한 공학자들을 보유하고 있을까? 교육 정책, 대학의 공학 교육, 그리고 초 · 중 · 고등학교의 과학 교육에 어떠한 시사점을 가질까? 공학자, 정책 입안자, 그리고 유네스코와 같은 국제기구가 할 수 있는 일은 무엇이 있을까?

이러한 문제는 더 많은 국가에서 제기되고 있다. 그러나 문제는 그 해결책이 그렇게 간단하지 않다는 것이다. 이는 부분적으로, 문제를 뒷받침 할 국가적 국제적 차원의 통계데이터가 부족한 것에서 비롯한다. 대다수의 질문이 언론의 추정치(예를 들어, 인도와 중국에서 매년 각각 35만 명, 60만 명의 공학자를 배출하는 반면, 미국은 고작 7만 명을 배출)에 기반하고 있다. 이것이 현재와 미래에 공학자가 부족할 것이라는 예측에 대해서 대학, 산업체 및 공학전문직 단체로부터 많은 정량적, 정성적 및 예시적 자료가 나오는 이유 중 하나이다. 이러한 우려로 인하여 미국공학한림원에서는 2007년에 '몰려오는 폭풍 위로의 비상'이라는 보고서를 발간하고 토론회를 주최하였다(흥미롭게도 '몰려오는 폭풍(gathering storm)'은 영국의 전 수상이었던 처칠에게 노벨문학상 수상의 영광을 안겨준 제2차 세계 대전에 대한 연대기의 1권을 연상시킨다).

배경적 사실

위의 질문들은 다양한 분야, 종류 및 수준의 공학자(예, 학사, 석사 또는 박사 학위를 소유한 토목, 기계 및 전기 공학자, 테크니션 및 테크놀로지스트, 대학, 엔지니어링 회사 및 컨설팅 회사에 종사하는 공학자)가 있다는 사실뿐만 아니라, 기술과 산업이 발전하고 쇠퇴함에 따라 시간과 장소에 따라 다양한 분야, 종류 및 수준의 공학자에 대한 다른 수요가 존재하기에 복잡해진다. 또한 시간이 지남에 따라 공학자의 필요가 달라진다. 예를 들어, CAD 소프트웨어 사용의 증가로 토목 공학자와 구조 공학자는 더 생산적이게 되고 보조 인력이 덜 필요하게 된다. 공학과 기술은 사회와 공학 변화의 동력이며, 공학의 이해 및 정책 수립은 그러한 변화와 관련된 지식을 필요로 한다.

앞의 질문들은 공학자에 대한 다양한 정의와 이해로 인해 더욱 복잡해진다. 예를 들면 독일에서 공학자는 50가지 이상의 뜻으로 정의된다. 또한 많은 국가에서 공학자라는 용어는 기술과 관련된 일을 하는 모든 사람을 일컫는 말로 흔히 사용되고, 몇몇 국가에서 테크니션(technician), 테크놀로지스트(technologist)라 일컬어지는 사람들이 다른 국가에서는 공학자(engineer)로 정의된다. 공식 통계에서도 마찬가지다. 예를 들면 졸업 기간이 다른(3년 또는 4년) 학위들이 비슷하게 인증되며, 컴퓨터 과학 및 IT 분야의 학위는 몇몇 국가에서는 공학사 학위에 포함되지 않는다. 이러한 정의의 불명확성 때문에, 어쩌면 미국이 인도, 중국보다 인구 대비 더 많은 공학자를 양성하고 있을 수도 있다. 반면에 많은 OECD 국가에서 대학 교육 사업의 규모가 점점 커지는 만큼 선진국 대학에서 공부하는 해외 유학생까지 고려한다면, 더욱 명확한 분류가 필요해진다.

또한, 몇몇 국가는 국가 이미지를 개선하고 투자를 유치하기 위해 공학자의 수를 부풀리는 반면, 공학 교육 및 연구에 대한 더 많은 정부 지원을 받거나 엔지니어링 서비스의 아웃소싱을 정당화하려 의도적으로 그 수를 낮추기도 한다.

구조적 변화와 실제적 차이

미국과 다른 선진국에서 정부의 연구개발 지원 감소, 연구개발 시설의 축소, 비용 절감을 위한 아웃 소싱과 해외 업무 위탁 등의 구조적 변화(연구 논문 발행의 감소에서도 보이듯)가 나타나고 있다. 이러한 변화는 공학에 대한 젊은 사람들의 인식과 공과대학 입학에 부정적인 영향을 미칠 수 있으며 공학의 쇠퇴를 가져오는 요인이 될 수도 있다. 구조 조정이 발생하면 낮은 수준의 기술들은 설 자리를 잃게 되고 재교육의 필요성이 생기지만 선진국에서는 젊은 사람들이 교육에 더 많이 참여함으로써 상쇄될 수 있다.

하지만 고소득 국가와 저소득 국가 사이에는 큰 차이가 있다. 유네스코 데이터에 따르면, 선진국에는 인구 만 명당 20~50명 정도의 과학자와 공학자가 있으며, 개발도상국에는 평균적으로 5명, 더 가난한 아프리카 국가들에는 1명 이하라고 한다.[1)] 낮은 과학

1) 유네스코 데이터는 유네스코 통계연구소 홈페이지에 가면 볼 수 있다. http://www.uis.unesco.org/

자 및 공학자 수치는 또한 낮은 투자, 적은 수의 연구 논문, 낮은 수준의 혁신과 특허, 그리고 인재 유출 등을 반영한다. 많은 아프리카 국가의 공학, 과학 및 기술 역량은 독립 이후에 지속적으로 감소하고 있다. 발전에 있어 이러한 역량의 중요성을 감안할 때, 이것은 이들 국가의 미래에 심각한 결과를 초래할 수 있다.

예시

정부와 공학 단체들은 임박한 공학자의 부족을 국가적, 국제적 현안으로 부각시키고 있다. 영국공학자협회(Engineering UK)는 2009~2010 연차 보고서[2]에서 영국이 충분한 공학자를 보유하고 있지 않으며, 산업 수요를 충족시키기 위해서 다음 7년 동안 60만 명의 새로운 공학자가 필요할 것이라고 강조했다. 영국이 현재 대부분의 분야에서 균형을 이루고 고등 교육기관에서 교육 받는 젊은 학생 수가 증가하고 있음에도 불구하고, 많은 공학자들의 은퇴가 다가오고(최근 30%의 공학 분야 강사와 교수가 은퇴하였다), 출산율이 감소함에 따라, 특히 기술자와 제조 공학자(영국의 제조업 규모는 세계에서 여섯 번째로 크다)의 부족과 거의 모든 분야에서 공학자의 점진적 부족이 문제점으로 지적되고 있다. 영국공학자협회는 인프라, 산업 및 보건 분야에서 기계, 토목, 의용, 생명화학공학자의 수요가 급속히 늘어나고 있으며, 핵, 재생 에너지, 그리고 기후 변화 완화 및 적응과 관련된 산업에서 역시 공학자의 수요가 증가할 것이라고 바라봤다. 또한, 공학의 사회적 지위를 상승시키기 시키기 위해서, 젊은 학생들뿐만 아니라 부모님과 진학 상담사들의 관심을 끄는 것과 실용적이고 프로젝트 중심의 학습, 그리고 관련 교외 활동의 중요성을 강조했다.

남아프리카 공화국 역시 공학자의 부족을 국가적 현안으로 바라보고 있다. 경제 성장에 큰 제약이 될 수 있는 핵심 기술 부족을 해결하기 위해 2006년 발족한 JIPSA(Joint Initiative on Priority Skills Acquisition)의 일환으로, 2008년 매년 2,500명의 공학자를 양성하는 것을 목표로 설정했다. 주요 계획은 도로, 전기, 물, 주택을 개발하여 경제적 역량을 증가시키는 것이었다. 이 과정에서 공학자가 절실히 필요했다. 2000년 1천 200명에 그쳤던 공학 전공 졸업생이 2008년 1천 500명으로 증가했다(이와 관련한 자세한 내용은 이 책의 7.2.4에 있는 Allyson Lawless의 글을 참고할 것). 모로코는 공학자의 부족에 맞서 2007년 매년 1만 명의 공학자를 교육시키는 계획을 발표했고, 말레이시아 공학협회장 Datuk Chuah Hean Teik 교수는 2009년 현재 6만여 명인 공학자를 2020년까지 20만 명으로 증가시켜야 한다고 주장했다.[3]

2) http://www.engineeringuk.com/viewitem.cfm?cit_id=382740 (2010년 5월 27일 최종 방문).

3) 말레이시아 공학협회(IEM) 회장인 Datuk Chuah Hean Teik 교수가 2009년에 있었던 50주년 기념식에서 행한 연설.

공학의 녹색화

공학은 기후 변화 완화 및 적응에 있어 가장 중요한 활동 중 하나이며, 지속가능한 공학과 녹색 공학은 그 중 가장 필요하고 빠르게 성장 중인 분야이다.[4] 많은 국가들이 기후 변화 완화 및 적응에 관련된 정책들을 2009년 코펜하겐 기후변화회의 전에 이미 내놓았고, COP15의 결과와 함께 이는 공학이 지금까지 마주한 가장 큰 도전 중 하나가 될 것이다. 먼저, 자격을 갖추고 경험을 지닌 공학자들을 충분히 확보해야 한다. 이를 위해서 새로운 교육과정과 자료 개발, 인증 제도가 필요할 것이다. 바라건대 젊은 사람들이 이런 교육과정에 관심을 가지고, 이러한 노력이 발전에 있어 공학의 중요성과 역할을 상기시키는 데 도움을 주어야 한다. 공학은 무탄소 미래를 건설하는데 중추적인 역할을 맡을 것이다.

완화 및 적응과 관련하여, 기술과 기반 시설에 상당한 투자가 있을 것이다. 2030년 즈음에 화석 연료의 사용이 두 배로 증가할 것으로 예측됨에 따라, 석유화학 및 화석연료 산업 차원에서 탄소 포집, 분리와 관련된 기술의 수요가 있을 것이다. 많은 국가들이 원자력 에너지를 다시 눈여겨보고 있다. 원자력 산업 역시 지난 수십 년 동안 쇠퇴해서 많은 새로운 공학자를 필요로 하므로 만만치 않을 것이다. 재생에너지 분야는 지난 10년 동안 발전해 왔지만, 수요에 보조를 맞춰 나가기 위해서는 더욱 발전해야 할 것이다. 주택과 교통 분야도 마찬가지다. 공학자의 수요는 급격히 증가할 것이다. 증가하는 시장 수요가 젊은 학생들을 공학으로 끌어들이는 데 도움을 주지만, 졸업생을 배출하기 위한 교육과정을 개발하는 데는 5년 이상의 시간이 걸린다. 그러므로 교육과정 개발과 관련 연구개발(R&D), 혁신을 촉진하기 위해 정부의 신속한 행동이 촉구된다. 새로운 기술보다는 현재 기술에 투자하는 것이 급할 지라도, 새로운 기술이 머지않아 필요할 것이고 정부는 이러한 방향으로 R&D와 산업 투자의 초점을 맞춰야 한다. 이와 함께, 선진국들은 개발도상국의 연구 개발과 관련 산업의 발전을 지원하고 인재 유출을 최소화해야 한다. 인재 유출은 선진국의 인적 자원 수요를 충족시킬 수 있지만, 점점 더 많은 공학자를 필요로 하는 개발도상국의 상황을 악화시킬 수도 있다.

더 많은 공학자의 필요

앞의 데이터와 예시에서 알 수 있듯이 공학 관련 통계 지표의 정리 및 재정의가 시급히 요청된다. 공학 관련 데이터는 OECD 국가과학기술지표전문가(NESTI) 그룹이 개발한 가이드라인에 따라 수집된다. 하지만 너무 종합적으로 수집되고 처리되면서 앞서

4) Morton, Oliver. Wanted: Green Engineers, The World in 2010, *The Economist*, December 2009.

제기된 질문들에 답하기에는 효용성이 떨어진다. 가이드라인은 R&D(프라스카티 매뉴얼), 혁신(오슬로 매뉴얼), 인적 자원(캔버라 매뉴얼) 등과 관련하여 OECD 국가들의 상황을 토대로 개발되었다. 교육에 관한 표준 분류(ISCED), 세계노동기구(ILO) 등에서 나오는 교육, 노동 관련 정보 역시 사용된다.

현재의 지표 통계자료를 사용해서 발전을 앞당기기 위한 국가적 국제적 차원의 공학자의 적정 수요를 분석하기에는 한계가 있다. 과학과 공학의 구분, 공학의 세부 분류 및 공학자의 고용 현황 분류(예, 산업체, 학계, 연구소)를 더 명확히 하려면 현재의 지표, 통계자료들을 새롭게 정리할 필요가 있다. 이러한 노력이 R&D, 특허, 혁신 등에서, 그리고 국제 무역, 발전 등에서 공학자들과 공학의 역할 및 기여를 파악하는 데 도움을 줄 것이다. 또한 정책 수립에 있어서도 큰 도움이 될 것이다.

지식 사회와 경제에서 차지하는 공학, 과학 및 기술의 중요성을 감안할 때, 이렇게 중요한 데이터를 쉽게 이용할 수 없다는 것은 상당히 놀랍다. 현재 존재하는 데이터가 남녀를 구분해서 작성될 수 있다면, 과학과 공학의 분류, 그리고 더 상세한 분류 역시 가능하지 않을까? 해답은 정책 입안자들이 그러한 데이터를 요구해야 한다는 것이다. 그들의 요청에 의해 남녀로 구분된 데이터가 이용 가능해진 것처럼 말이다.

공학자의 수요 공급과 같은 이슈에의 또 다른 접근 방식은 의사, 변호사, 교사 등의 다른 직업들이 같은 이슈에 어떤 접근 방식을 취하는지 살펴보는 것이다. 변호사의 수요는 전 세계적으로 변동이 심하고, 교사의 수요는 학생 인구수에 비례해 정해지는 반면, 의사의 수요는 아마도 공학자의 수요와 비슷해 보인다. 인구 대비 의사의 수는 공학자의 수와 비슷하다. 평균적으로 인구 만 명당 13명의 의사가 있으며, 부유한 국가에서는 20명이 넘기도 하고 보다 가난한 나라에서는 5명 밑으로 떨어지기도 한다. 그러나 보건의 증진이 의료 서비스 종사자의 공급 및 부족과 직접적으로 관련을 맺기에, 의사라는 직업은 더 많은 세간의 주목을 받는다. 그 수요와 잠재적 공급 부족 등을 예측하기 위해 여러 모델이 개발되었다. 이를 참고하여 공학에서도 유사한 모델을 개발해서 적용한다면 국가의 기술, 인프라 등을 증진하는 데 유용할 것이다.

7.2.2 기술 역량 강화와 WFEO

다니엘 클린턴(Daniel Clinton), 러셀 존스(Russell Jones)

세계공학기술단체연합회(WFEO)의 역량강화위원회는 개발도상국이 기술 역량 강화를 통해 글로벌 시장에 효과적으로 참여하도록 돕고 있다.

더욱 안정적이고 지속가능한 세계를 추구하면서 개발도상국들은 인적, 기관 및 인프라 역량을 강화하고 있다. 효과적으로 경제를 개선하고 삶의 질을 높이기 위해서는 공학자들의 탄탄한 기반이 필요하다. 이러한 기반은 발전을 앞당길 것이고 지역 기업가들의 사업 기반이 될 것이다. 유네스코와 WFEO는 협력하여 개발도상국의 기술 역량 강화에 많은 노력을 쏟고 있다.

경제적 발전과 인적 개발은 양질의 공학 교육 프로그램을 통한 노동자의 기술 역량 강화로 더욱 활발해질 수 있다. 기술 노동력은 여러 경로로 경제적 발전을 이끈다. 지역적 국가적 기술적 수요를 충족시키고, 소규모 창업으로 이어지며, 기술 기반 기업의 투자를 촉진한다. 그리고 해외 원조 자금을 효과적으로 사용할 수 있으며, 인프라 구축 및 유지에도 도움이 된다.

역량 강화는 다음과 같이 정의될 수 있다. '멘토링, 훈련, 교육, 프로젝트, 자본 투입뿐만 아니라 사람들을 고취시키고 동기를 부여함으로써, 사회가 안정적이고 지속가능한 경제, 정부, 기관 등을 개발하는 데 도움을 주는 인적, 기관 및 인프라 역량의 강화'

더 간단하게는 발전이라는 맥락에서의 역량 강화는 사람들로 하여금 기술적 능력을 배양하도록 하여 생활수준을 향상시키고, 더 나아가 지속가능한 사회를 건설하도록 돕는 것이다.

역량 강화 시도는 수혜국이 원조국과 파트너로서 힘을 합칠 때 가장 성공적이다. 해당국에서 누가 비전을 가지고 이끄는 지 확인하고 중앙 및 지방 정부의 주요 의사결정권자들과 적절한 관계를 유지하는 것은 필수적이다. 이는 가장 필요한 것을 확인하고 달성하는데 도움이 되며, 원조 자원 또한 효과적으로 사용할 수 있다.

개발도상국의 필요에 대응하는 것은 정부, 공학협회, 자선단체와 더불어 학술, 비즈니스 영역에서의 '패러다임의 전환'을 필요로 한다.

21세기의 세계 경제에서 공학자들은 국가 및 지역 경제 발전의 중추적인 역할을 맡고 있다. 선진국에서 공학자의 역할이 잘 이해되고 활용되는 반면, 많은 개발도상국에서는 공학자가 부족하고 때로는 식수 시설과 위생과 같은 필수적이고 기본적인 필요조차 충족시키지 못한다.

그러므로 기술 역량 개발을 위한 노력은 능력을 갖춘 공학자들을 충분히 양성하는데 초점을 맞춰 다음과 같은 바람직한 결과들을 가져오도록 해야 한다.

- 빈곤 감소, 깨끗한 물과 위생, 청정에너지 교통 등의 유엔 새천년개발목표의 달성

- 해외 직접 투자, 국제 무역, 공학자의 유동성, 비용 대비 효율이 높은 국가로의 일의 이동 등을 통해서 효과적으로 글로벌 경제에 참여
- 초기 프로젝트 진행과 장기간 운영, 유지 및 역량 개발 등을 위한 국제 원조 기금의 효율적, 효과적 운용
- 미래의 공학자를 양성하기 위한 진로 개발 등 기업을 통한 일자리 창출 독려

역량 개발은 수혜자의 필요에 의해 이끌어져야 한다. 효과적인 결과를 얻게 하는 여러 가지 접근 방식이 있다. 이러한 방식에는 민간 부문, 대학교, 전문 협회와 같은 핵심 기관들을 발달시키는 것이 포함된다. 외부에서 지원된 인프라 프로젝트의 경우, 운영자와 관리자, 디자인과 건설 단계에 참여하는 공학자를 교육시키는 역량강화 프로그램을 포함하는 것이 매우 바람직하다. 그 이유는 차후에 외부 도움 없이 자체적으로 유사한 프로젝트를 수행할 수 있는 능력을 배양하기 위함이다. 그 목적은 능력 있는 사람들이 국가 내에서 개인, 기관 및 인프라 역량을 개발하는데 관심을 갖도록 엔지니어링 컨설팅 실습기관 및 디자인 개발 회사와 같은 지역 역량을 창조하는데 있다.

지난 노력에 대한 고찰

지난 수십 년간 개발도상국에 대한 해외 원조 결과를 분석한 윌리엄 이스터리(William Easterly)는 그의 저서 『성장, 그 새빨간 거짓말(원제; The Elusive Quest for Growth, MIT Press, 2002)』에서 다음과 같이 말한다.

> "개발도상국이 자급자족을 가능케 할 경제 성장을 달성하도록, 해외 원조, 기계 투자, 초중등 교육 발전, 인구 성장 통제, 개혁 조건부 구제 융자, 부채 탕감 등의 노력들을 지금껏 해왔다...
>
> ...지난 수십 년 간 이러한 노력들은 기대했던 만큼의 경제 성장으로 이어지지 않았다.
>
> ...이는 이러한 노력들이 '사람들은 보상에 반응한다'는 인간의 근본적인 행동 심리를 이용하지 못했기 때문이다."

개발도상국의 경제 성장을 촉진하기 위한 지난 노력들이 실패로 돌아갔다고 결론내리면서, Easterly는 개발도상국이 경제성장을 이루고 자급자족을 달성할 수 있는 다음의 두 가지 방법을 제시한다.

1. 선진 기술의 활용
2. 고급 기술에 대한 교육

보건과 기본적인 구호 필요에 대한 강조 역시 계속되어야 하겠지만, 세계 시장에서 경쟁력을 갖추어 가난의 고리를 끊을 필요가 있다. 과학, 기술 및 공학 분야에서 양질의 교육을 받은 인력 풀을 구축하는 것이 경제 성장과 건강한 경제로 나아가는 길이 될 것이다.

무엇이 필요한가

개발도상국에는 수준 높고 인증 받은 공대 졸업생이 필요하다. 공학 관련 일자리 창출 역시 필수적이다. 하지만 이는 다시 닭이 먼저냐 달걀이 먼저냐의 문제가 된다. 공학자에 대한 수요는 해외 직접 투자, 다국적 기업 활동, 해외 위탁 업무 등을 끌어들일 만한 공대 졸업생이 있을 때 발생한다. 그러나 사람들로 하여금 공학을 전공하게 하려면 먼저 충분한 일자리가 있어야 한다. 따라서 정부는 공대 졸업생의 수준을 향상시키고 그 수를 늘리기 위한 투자를 효과적인 경제 발전 및 일자리 창출 전략과 병행하여 추구하여야 한다. 둘은 같이 움직여야 한다.

개발도상국의 교육과정에는 어떻게 창업을 하고, 운영하며, 성장시켜야 하는지 등과 관련된 교육이 꼭 포함돼야 한다. 공대 졸업생은 공학자들은 원한다면 직장을 그저 구하기보다는 직접 만들 수 있을 정도의 능력을 갖추어야 한다.

개발도상국은 경제적 이익을 위해 대학교나 기업체의 연구 개발

2004년 미국 토목학회 총회에서 역량강화 포럼에 참석한 한국 대표단이 지난 30년 간 한국의 공학 교육 부문 투자 결과를 발표했다. 1970년 한국은 한 해 약 6천 명의 공대 졸업생을 배출했다. 1980년에는 1만 4천 명, 그리고 1990년에는 그 수가 8만 명으로 증가했다. 한국의 1인당 GNP 성장과 함께 놓고 볼 때, 공대 졸업생 수의 증가는 한국 경제의 성장과 궤를 같이한다. 이 데이터는 직접적인 인과 관계를 보여준다. 즉, 충분한 수의 뛰어난 공학자를 확보하기 위한 노력과 투자가 곧 경제 발전으로 이어진다는 것이다.

인도의 경우 공학자 수를 늘리고 교육의 질을 향상시키기 위해 장기간 노력해왔다. 국외에서 취업하고자 했던 과거와는 달리, 현재는 이들이 다시 되돌아오고 있고, 새로 배출되는 공학자들 또한 인도에 남아 소프트웨어 및 디자인 산업에 종사하고 있다. 기술적으로 유능하고 양질의 교육을 받은 전문가들의 수가 증가하면서 인도는 기술 지원 아웃소싱을 위한 최적화된 입지로 자리매김하고 있다.

이미 하나의 큰 경제 축으로 부상한 중국의 경우 2001년 기초 과학 및 공학 전공 졸업 생의 비중이 전체의 59%를 차지했다. 이때 미국은 그 비중이 약 33%였다.

출처: *Science and Engineering Indicators* 2004, National Science Foundation, National Science Board

성과를 적용하고 응용할 메커니즘이 필요하다. 창업보육센터와 같은 메커니즘과 소기업 개발 금융 등이 함께 요구된다.

개발도상국에서 기술 기반의 경제가 성장함에 따라, 고국을 떠났던 이민자들이 다시 돌아오면서 또 다른 중요한 인력 기반을 형성한다. 빠르게 발전하고 있는 몇몇 국가는 고국에서 생겨나는 새로운 기회를 찾아 해외에서의 경험과 네트워크를 가지고 돌아오는 사람들로부터 많은 이익을 얻고 있다.

WFEO 역량강화위원회

숙련된 공학 및 과학 전공 졸업생의 배출과 경제, 사회적 발전의 연관성을 고려할 때, 개발도상국들은 이러한 역량을 강화하기 위해 힘써야 한다. 이것이 유네스코와 WFEO가 도출한 결론 중 하나이다. 이러한 사명을 달성하기 위해 WFEO는 2003년 튀니지에서 개최된 WFEO 총회에서 역량강화위원회를 설립했으며 다음과 같은 프로젝트를 우선시하고 있다.

아메리카 대륙을 위한 공학: 미주기구와 함께 수행하고 있는 이 프로젝트는 라틴 아메리카와 카리브 해 지역의 공학 교육 및 실습을 강화하기 위한 계획 수립에 초점을 맞추고 있다. 공학 교육을 개선하고 교육의 질을 보장하는데 그 목적이 있다.

아프리카 이니셔티브: 새천년개발목표에서 확인된 사회적, 인적, 경제적 필요와 개발도상국의 기타 유사한 상황들이 사하라 사막 이남의 아프리카에 존재한다. WFEO 역량강화위원회는 이러한 필요를 해결하기 위해 다음과 같은 프로그램을 개발했다. 1)공학 교육 워크숍, 2)인증 시스템 개발, 3)기업가 교육, 4)인턴십 프로그램, 5)교육과정의 전자문서화, 6)'국경없는공학자회' 지부 확장, 7)교수 및 학생 교환.

남-남 협력: 역량강화위원회는 개발도상국간 기술이전 등 남-남(South-South)의 상호 교류를 촉진하기 위해 노력하고 있다. 예를 들어, 역량강화위원회는 남아공 토목학회와 협력하여 십여 개의 국가를 포함하는 아프리카공학자포럼을 추진하고 있다. 유사하게 역량강화위원회의 회원인 뉴질랜드 공학자협회는 남태평양 섬나라들과 함께 그들의 필요를 해결하려 힘쓰고 있다.

7.2.3 아프리카의 지속가능한 발전을 위한 역량 강화

다위 보다(Dawie Botha)

서론

아프리카 대륙이 아직 거대한 천연 및 인적 자원을 개발하지 못한 데에는 다음과 같은 이유가 있다.

- 교육의 부재에서 비롯된 높은 문맹률과 더불어 기능 및 과학기술적 전문성의 부족
- 정치적, 사회적 불안정성
- 자연 재해와 같은 환경적 도전 과제
- 열악한 인프라뿐만 아니라 말라리아와 HIV/AIDS 등과 같은 전염병으로 인한 광범위한 질병
- 선진국 주도의 경제 정책과 결과적인 자원 및 원자재 착취로 인하여 아프리카 국가들을 종종 하찮은 존재로 만드는 국제화 이슈
- 선진국과 국제 기금 기관에 의해 추진된 적용가능성, 지속가능성, 적정기술, 기술이전 등을 적절히 고려하지 않은 원조 및 기부 프로그램
- 역량과 자본의 부족으로 지역적 국제적 네트워크 능력 저하. 그리고 이어지는 우수 사례 개발 및 공유 능력 감소 및 국제적 고립. 기술 진보에 발맞추지 못하며 세계 시장에서의 경쟁력 상실(결국 외부 기술 및 상품 의존도 증가)
- 불리한 위치에서 비즈니스를 하면서 부패 방지와 높은 윤리 기준 유지를 위한 분투
- 발전을 위한 플랫폼으로서 기본적 인프라의 부족
- 인터넷, 이동 통신 등의 전자 기술 진보에도 불구하고,서비스 지연과 인구 증가로 인해 악화된 벌어지는 통신 격차
- 공학자와 건조 환경 전문가의 공학자의 전 세계적 수요가 만드는 왜곡된 시장 구조와 인재 유출. 약화된 공학 역량 때문에 프로젝트 수행을 위해서 전문가를 수입하는 악순환. 몇몇 국제 프로젝트의 현지 기술 이전 노력 부족.
- 일부 공여국과 기금 모델이 구속성 원조(공여자가 전문가, 기계 및 재료를 명시하는 것. 대부분 기술 이전을 하지 않음)를 채택함으로써 수원국이 자산의 운영 및 관리를 공여국에 영원히 의존

지속가능한 공학의 원칙이 고수될 때 지속가능성이 지켜질 수 있다. 이는 국가 내 적절하고 합당하며 지속가능한 공학 서비스와 인프라를 추구하는 것을 뜻한다. 이는 다시 정부, 민간 기업, 학술, 전문 단체 등을 포함한 핵심 이해관계자들에 의한 국내 과학적 · 기술적 역량의 개발과 유지를 필요로 한다.

역량 강화에는 여러 장애물이 있다. 기금 단체들은 저마다의 규칙과 규정을 가지고 있어 기금을 효과적이고 효율적으로 사용하는데 어려움을 준다. 작은 조직이나 단체는 그 역량이 상대적으로 제한적이라는 점도 문제다.

운하와 연결된 물탱크, 카보베르데

아프리카공학자포럼(Africa Engineers Forum)이 프로토콜을 개발하고 WFEO, 유네스코, 영국 개발협력청(DFID), 아프리카개발은행, 세계은행 등의 세계 단체들과 관계를 맺으면서 다음과 같은 이슈들이 파악됐다.

1. 개발도상국이 어떻게 역량 강화를 인식하고 실천하는지에 대한 커다란 차이가 있다.
2. 선진국이 어떻게 역량 강화를 인식하고 실천하는지에 대한 커다란 차이가 있다.
3. 각 지역에서 어떻게 역량 강화를 인식하고 실천하는지에 대한 커다란 차이가 있다.
4. 기부 단체의 과잉 공급 현상이 있다.
5. 역량 강화 측면에서 통합적 노력이 부족하다.
6. 기금 단체 내에 만연한 가부장주의와 상호 간 세력 보호 다툼이 있다.
7. 역량 강화를 위한 노력이 말뿐인 허울로 끝나는 경우가 허다하다.
8. 아이디어 발안자와 자금 공급처가 서로를 인식하지 못하며, 오해 및 착오가 빈번히 발생한다.
9. 역량 강화를 위한 기금이 이용가능해도 관료주의와 스톱-고 정책, 부대조건 등이 만연하다.
10. 단순히 물고기를 잡는 법을 가르치는 것은 충분치 않다. 장기적인 관점에서 물고기를 잡는 법뿐만 아니라 낚싯대를 만들고, 잡은 고기를 팔고, 물고기 수를 유지하는 법까지 알려줘야 한다.
11. 많은 역량 강화 프로그램이 자원봉사자의 능력에 의존한다. 하지만 자유지원제는 고용자, 기관 또는 개인이 허락하는 한도까지만 갈 수 있다. 이는 자원봉사자의 연속성과 역량강화를 지원하는 영구적인 관리 능력의 부족으로 이어지고 프로그램의 지속성을 해친다.

지속가능한 공학을 위한 요소

아프리카공학자포럼 프로토콜의 26가지 사항들이 확장되어 역량 강화를 위해 필요한 다양한 요소들을 찾는데 활용되었다.

이 26가지 사항들은 크게 네 개의 분야(개인, 기관, 기술, 의사결정)로 나뉜다. 역량 개발과 관련하여 두 가지의 분야(비즈니스, 자원)가 더 있다. 하지만 이들은 프로토콜은 전문 단체가 활동하는 영역 밖으로 여겨지기에 프로토콜에서는 이 분야들을 다루지 않는다. 그럼에도 불구하고 비즈니스와 자원 분야가 공학의 지속가능성을 달성하고 유지하기 위해 필수적이라는 점에는 이견이 없다.₩

2007년에 요하네스버그에서 개최된 유네스코 국제정책 워크숍(빈곤퇴치를 위한 공학 관련)과 새천년개발목표 워크숍 참가자와 아프리카공학자포럼 대표들은 많은 현안을 확인하였다. 이 현안들은 다시 아프리카공학자포럼 프로토콜에서 개발한 지속가능성의 여섯 분야로 분류되었다. 이 현안들은 확정된 것이 아니고, 단순히 어느 분야에 주목해야 하는지, 어느 분야에 역량 개발이 필요한지를 알려준다. 몇몇 현안은 한 개 이상의 분야에 걸쳐있기도 하지만 다양한 분야의 다양한 주체에 의해 다루어져야 하는 하나의 현안으로 봐야한다.

개인(Individual)

- 지속적인 전문성 개발
- 국제적 투자를 촉진하기 위한 생산성 향상
- 인재 유출과 인력의 유동성 요인

기관(Institutional)

- 우수한 네트워크
- 지역의 공학 교육기관
- 적절한 공학 교육과정
- 공학 전문가 양성을 위한 국제적으로 인증된 교육 프로그램 및 시설
- 국제적으로 인증된 전문가 등록 시스템
- 연구 개발
- 지역 우수 센터

그림 1. 지속가능한 공학을 위한 역량의 6가지 요소

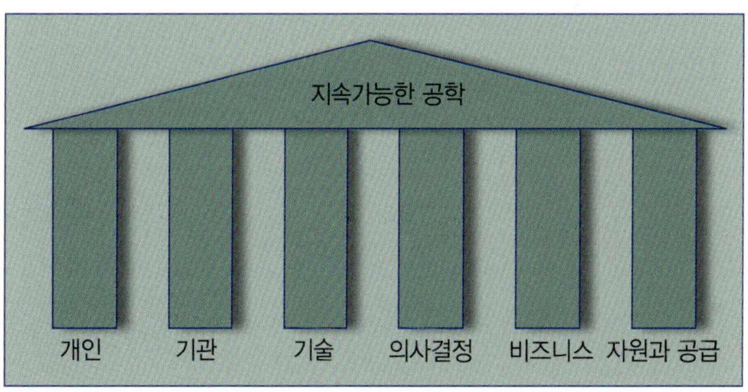

기술(Technical)

- 공통적인 공학 표준

의사결정(Decision-making)

- 기후 변화
- 재활용
- 에너지
- 조기 진로 상담
- 대학원생 진로 상담
- 의사결정 도구로서의 공학자의 수요와 공급에 대한 연구
- 의사결정 도구로서의 인프라 보고서
- 연구개발 자금
- 정책 입안자들을 위한 공학 용어 번역
- 물 관련 법률 제정
- 일화(anecdotes)의 필요
- 공학의 다분야 중첩(cross-cutting) 역할
- 무상 중등 교육
- 책임 및 투명성
- 공학 전문가의 강제적 등록
- 신뢰성 있는 통계
- 균형 있고 표준화된 조달 및 분배 과정
- 시장에의 우선적 접근
- 공학과 HIV/AIDS
- 좋은 거버넌스
- 공학과 보건
- 적절하고 알맞은 인프라
- 의사결정을 돕는 기초로서의 벤치마킹 수준
- 노동 중심 건설의 기여
- 수학, 과학, 기술 교육 관련 정부기금 및 정책
- 기부자
- 노동자부터 공학자까지의 전체 공학 팀-스킬 필요의 이해

비즈니스(Business)

- 인프라 부문 민간 참여 활성화
- 수학, 과학, 기술 교육에 민간 참여
- 정보 통신 기술

자원과 공급(Resources and supplies)

- 수학, 과학, 기술 교육 선생님과 학생을 위한 도구
- 원자재 비용

역량 강화 프로그램 예시

다음에 살펴볼 남아프리카 프로그램은 역량 강화 계획의 한 예시로 볼 수 있으며, 지속가능한 공학을 위해 역량 개발이 필수적인 지역에서 필요한 일부분을 다루고 있다. 전 세계적으로 수많은 다른 프로그램이 있으며, 그 중 대부분은 별다른 조정 없이 쉽게 이식, 실행할 수 있다. 이는 효과적이고 혁신적인 역량 강화 프로그램이 많은 곳에서 존재하고 제공됨을 보여준다. 과제는 이러한 프로그램이 선진국뿐만 아니라 개발도상국에서도 시행될 수 있도록 하는 것이다. 다른 예시들은 진학 상담 활동, 조달의 조화, 표준과 가이드라인 등을 포함한다.

© UNESCO/D. Roger

산업 – 설탕공장, 마다가스카르

- 수요와 공급 – 남아프리카에서의 토목공학계의 불균형(N&N1)
  이번 연구 결과와 제안은 세계 최고 수준으로 보인다. 빈곤 감소를 위한 유네스코 워크숍에서 건조 환경 전문직 관련 의사결정을 돕기 위해 모든 국가들이 이번 모델을 채택하도록 격려되었다.

- 지방 정부에서의 수요와 공급 토목공학 서비스 전달을 위한 핵심 직종(N&N2)
  이 연구 결과와 제안은 흔히 ENERGYS로 알려진 N&N1의 제안점으로부터 시행된 한 프로그램의 조사 결과들이다. 2007년 11월에 요하네스버그에서 있은 빈곤 감소를 위한 유네스코 워크숍 참가자들은 이것이 역량 강화 환경에 크게 이바지했다고 인정했다.

- ENERGYS – 기술대학의 테크니션과 테크놀로지스트 학생을 위한 실습 훈련과 기술 이전에 관한 사례 조사. 이 프로젝트에서는 은퇴한 선임 공학자들과 학생들로 팀을 이루고 지방 당국에 배치했다. 기술이전뿐만 아니라 많은 병목현상들이 해결됐고, 지방 당국의 역량 또한 강화되었다.

- Numberwise – 수리력이 낮은 공대 입학생들을 적정 수준까지 향상시키기 위한 프로그램

- 고등교육 – 남아프리카와 다른 국가의 고등교육기관이 직면하고 있는 도전 과제에 관한 사례 조사

제안된 해결책

인프라와 관련된 역량 강화에서 효과적이고 성공적인 진전을 보이기 위해서 받아들여지고 시행되어야 할 중요한 현안들이 많이

있다. 그 이슈들은 다음과 같다.

- 모든 요소에의 통합적 접근
- 공통적이고 포괄적인 니즈 확인 및 니즈의 구분
- 기금 기관과 기부 단체 및 그들의 요구사항 관련 공용 데이터베이스 구축
- 훈련 제공자 관련 공용 데이터베이스 구축
- 이용 가능한 교육 자료 또는 프로그램 관련 공용 데이터베이스 구축
- 역량 강화 필요의 목적으로 접근 가능한 공용 행정보조시스템 구축
- 실행 계획, 가이드라인, 명확한 목표, 책임, 마감 시한 등에 대한 잘 짜인 템플릿
- 아이디어 공유 및 프로그램 피드백을 위한 네트워킹 메커니즘
- 신뢰할 수 있는 프로그램 관리자
- 잘 알려진 보증인 및 비금전적 스폰서
- 과정과 프로그램의 조화

다음 역시 중요하다.

- 아프리카의 공학 관련 인적 기관 역량 및 자원의 부족을 해결하기 위해 아프리카 공학 역량 강화 프로그램의 개발
- 아프리카 공학자 포럼과 제안된 국제 공학 프로그램의 후원 하에 인적 기관 역량 강화 프로그램의 개발
- 아프리카 공학자 포럼과 제안된 국제 공학 프로그램의 후원 하에 지속적인 전문성개발 프로그램의 개발 및 제공
- 아프리카 공학자 포럼과 제안된 국제 공학 프로그램의 후원 하에 홍보 및 정보 통신 관련 활동의 개발

결론

빈곤 완화를 위한 유네스코 워크숍에서 나온 정책 강령은 개발도상국에서의 공학 역량 강화를 위한 걸음으로 받아들여져야 한다. 아프리카의 공학 관련 인적 기관 역량 및 자원의 부족을 해결하기 위해 아프리카 공학 역량 강화 프로그램이 개발되어야 한다. 이를 달성하기 위해서 아프리카 공학자 포럼 및 다른 참여 조직들과 함께 유네스코는 아프리카와 기타 개발도상국들을 위한 공학 프로그램을 제안된 '유네스코 국제 공학 프로그램'의 우선 사업으로 개발할 필요가 있다.

7.2.4 남아프리카공화국 토목공학자의 수요와 공급

앨리슨 로우리스(Allyson Lawless)

서론

> "과학자들은 존재하는 세상을 발견하고, 공학자들은 존재하지 않았던 세상을 만들어낸다."
>
> – 테오도르 본 카르만(Theodore Von Karman), 항공 우주 공학자

한 나라의 경제 복지는 성장과 자금의 이용가능성, 발전에 도움이 되는 정책, 그리고 역량에 의존한다. 현 상황을 유지 또는 개선시키기 위해 필요한 조치들과 경제시나리오를 끊임없이 검토하는 것은 필수적이다. 대다수의 서방세계에서 성장을 지원하기 위한 공학 역량이 지난 20~30년에 걸쳐 감소하고 있으며, 이는 장기간의 지속가능성을 달성하는데 있어 큰 위협이 되고 있다. 아웃소싱과 민영화는 공공 부문의 공학 역량을 더욱 해치고 있다. 그래서 이제는 국가의 복지를 위해 충분한 교육과 역량 개발이 이루어지도록 공학자의 수요, 공급을 검토하는 것마저 공학기관과 협회 등과 같은 자발적 단체들이 맡고 있다.

남아프리카공화국에서는 급속한 발전으로 역량이 부족한 전문가들이 생겨나고 있다. 이 글은 남아프리카공화국 토목학회(SAICE)가 수행한 종합적 연구 프로그램에 대해 기술한다. 이 프로그램은 인력 기반을 재건하기 위해 필요한 것을 보여주는 책의 출간으로 이어졌다.

배경

2002년 요하네스버그에서 열린 지속가능한 발전에 대한 세계정상회의는 삶의 질과 환경에 초점을 맞췄다. 대부분의 목표 달성은 공학자에게 달려 있었다. 목표에는 안전한 물과 기본적인 위생을 갖추지 못한 사람의 수를 절반으로 줄이고, 현재보다 더 친환경적인 화학 물질을 개발, 제조하며 빈곤 감소 전략을 실행하는 것 등이 있었다. 처음 두 가지는 토목공학자의 영역이고 세 번째는 화학자와 화학공학자가 다루어야 할 사안이다. 빈곤 감소와 공학 사이의 관계는 그다지 명확하지 않다. 하지만 케네디(J. F. Kennedy)가 말했던 "좋은 도로를 가능케 하는 것이 부(wealth)가 아니라, 부를 가능케 하는 것이 좋은 도로다"에 그 단서가 있다. 정말로 도로(토목공학자의 영역)는 교육과 취업 시장에의 접근성을 제공하고 교역을 가능하게 만든다. 일자리 창출(가난으로부터 탈출) 또한 에너지와 기계의 이용가능성(전기, 기계공학자

그림 1. 빈곤의 늪 탈출

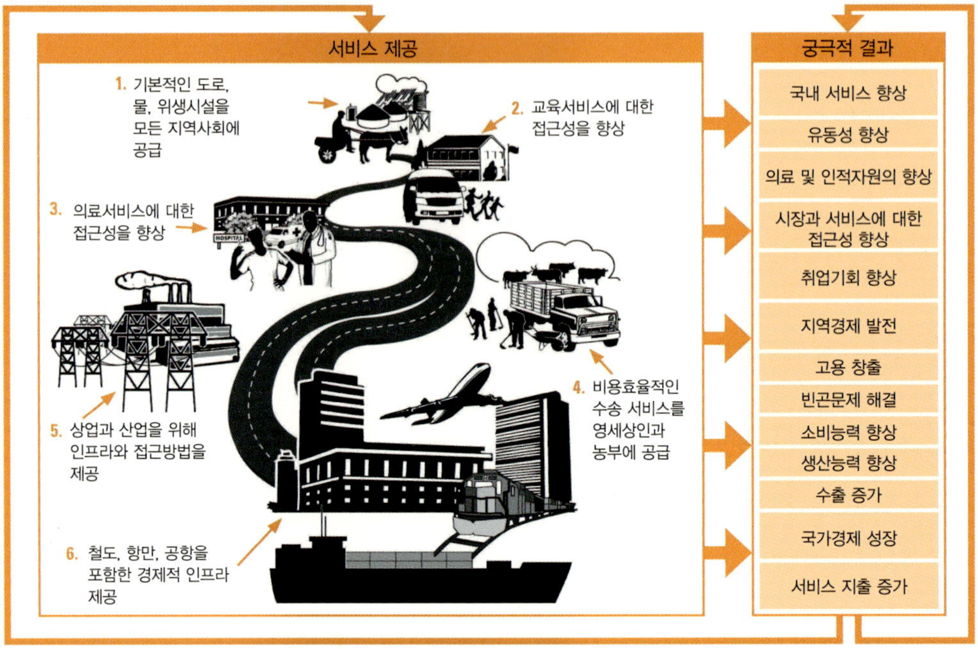

의 영역)에 의존한다.

그래서 굳건한 공학 기반은 한 국가의 복지에 있어 매우 중요하다. 공학자들은 19세기 지상도로, 다리, 철로, 수로, 위생 설비 등을 발명했던 존 맥아담(John McAdam), 토마스 텔포드(Thomas Telford), 스티븐슨 형제(the Stephensons) 등의 선구자들이 있던 시절 가장 주된 위치에 있었다. 20세기 초반에도 공학자들이 도시공학자와 인프라 부문장과 같은 공공부문의 고위직을 차지했다.

안타깝게도 20세기 후반부터 공학자들은 대부분의 기관에서 경영 금융 분야 뒤로 밀려나기 시작했다. 이뿐만 아니라 공학부서는 개발 및 개선을 하거나 심지어 지속가능한 서비스를 위해서 필수적인 운영을 함에 있어서도 비기술적 분야의 승인을 받아야 했다.

그 결과 인프라 개발(특히, 유지 보수)은 더뎌졌고, 공학의 위상이 추락하면서 젊은 학생들은 공학을 공부하는 것을 꺼려했다. 이로 인해 많은 국가들이 공학자의 부족으로 고심하고 있으며, 방치되었던 인프라를 복구하려 많은 비용을 쏟아 붓고 있다.

세계는 다시금 성공적인 인프라 서비스 전달과 운용, 유지 보수에 있어 공학자의 중요성을 깨닫고 있다. 현재 개발도상국의 인프라는 충분치 않고 선진국의 인프라 역시 점점 약화되고 있다. 그 결과 공학자의 수요와 부족이 헤드라인에 점점 더 많이 드러나고 있으며 역량의 제약이 발전에 있어 가장 큰 장애물로 언급되고 있다.

1994년에 들어선 남아프리카공화국 민주 정부가 마주했던 과제들은 아파르트헤이트(예전 남아프리카공화국의 인종 차별정책)가 야기한 거대한 개발 지체로 악화되고 있었고, 이는 인구의 절반 이상이 기본적 서비스조차 제대로 이용할 수 없는 결과를 낳았다. 남아프리카공화국은 일자리 창출과 빈곤 완화를 위해 필요한 6%의 성장을 달성하기 위해서 800억 달러를 들여 공공 부문 인프라 개발에 박차를 가하고 있다. 그림1에서 보이는 빈곤 완화 사이클은 성장을 촉진하기 위해 충분한 경제적 인프라의 필요성과, 식

그림 2. 2005년 4월 기준 남아프리카공화국 내 토목공학자의 분포

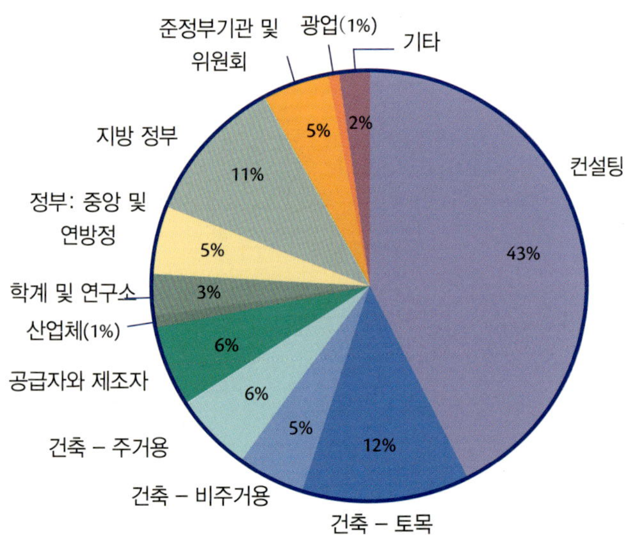

량 안보와 교육 및 보건 시설 등을 확충하기 위해 국내적 발전의 필요성을 보여준다.

하지만, 공학자의 부족 문제가 진정한 이해 없이 말로 대충 얼버무려지고 있다. 간단하게 다른 국가에서 공학자를 빼내오면 되는 걸까? 고용에 있어 광고 등에 조금 더 신경을 쓰면 되는 문제일까, 아니면 국제적 사안일까? 새로운 공과대학을 신설해야만 할까? 시스템적인 문제가 있진 않을까? 상세한 연구 없이는 이러한 질문들에 답하기 어렵다.

연구 프로그램

2003년 남아프리카공화국 토목학회(SAICE)는 종합적 연구에 착수했다. 이 연구는 여러 제약들을 이해하고 해결하기 위해 남아프리카공화국 내 모든 토목공학자와 기술자들의 수, 나이, 성별, 인종 관련 정보 등을 모았다. 여러 분야에 걸쳐 약 1만 5천 명가량의 토목공학자와 기술자가 있음이 확인되었다.

2005년 10월에 출간된 『수요와 공급: 토목공학계의 불균형』[5]은 토목공학계에 병목현상이 만연함을 서술했다. 이 연구 결과와 제안은 교육, 채용, 유지 등의 문제를 해결하려는 민간 및 공공 부문뿐만 아니라 정책을 개발하고 교육, 고용, 인프라 개발 관련 예산을 책정하려는 정부 기관에서도 채택되었다.

연구 결과

수요

민간, 공공 부문 모두에서 공학자가 부족했다. 예를 들어, 1998년 시멘트의 수요를 결정하기 위한 연구가 수행되었다. 그림 3은 당시 예상한 낙관적 및 비관적 시나리오를 보여준다. 빨간 선은 2005년 9월 현재의 실제 수요를 나타내는데 예전의 호황 때만큼 공급을 증가시켜야 함을 보여준다. 건설 활동이 20년 간 감소하면서 1970년대와 1980년대 초반의 호황기 동안 훈련받았던 많은 공학자와 기술자들이 떠났다. 현재까지 있다하더라도 이미 은퇴하기 시작했고, 다음 5~8년 동안 상당수가 계속해서 은퇴할 것이다.

공급

공급을 분석하면서 많은 제약점들이 확인되었다. 가정환경, 가정지도, 학교교육에서의 취약점은 고등교육을 받는 학생 수를 줄어들게 했다. 그 수를 늘리기 위해 입학 기준은 점차 낮아졌고, 이는 높은 중퇴율과 학습 기간이 필요 이상으로 늘어나는 결과를 낳았다. 또한 자금의 부족은 충분한 자질을 갖추지 못한 교원의 임용과 장비의 부족으로 이어졌다. 게다가 테크니션 과정은 졸업 전 산업 현장에서 1년간 일할 것을 요구했다. 현장에서는 공학자의 부족에도 불구하고 5년 미만의 경험을 갖춘 사람은 고용하지 않으려 했고, 이는 학생들의 졸업을 막는 딜레마를 일으켰다.

그림 4는 지난 40년 간의 토목공학 지출과 졸업생 수를 겹쳐 보여준다. 지출의 증가는 상응하는 졸업자의 증가를 가져온다. 하지만 불충분한 현장 교육과 성차별, 낮은 초봉 등이 학생들의 마음을 돌리고 있다.

숙련된 기술자들조차 좌절, 다른 분야에서의 더 나은 전망, 더 나은 계약 등의 이유로 떠나고 있다.

동력과 억제자

인간 발전의 중요 요소인 경제 발전의 동력으로는 다음과 같은 것들이 있다.

- 성장
- 자금의 이용가능성
- 발전이 도움이 되는 정책

그림 3. 남아프리카공화국에서의 토목공학 예상 지출과 실제 지출

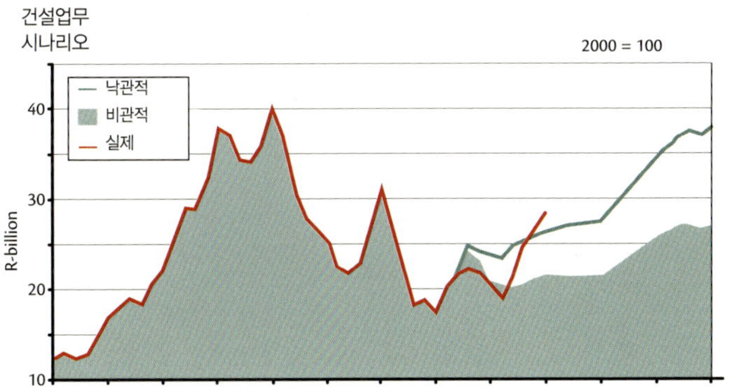

그림 4. 남아프리카공화국에서의 토목공학 지출과 졸업생 수

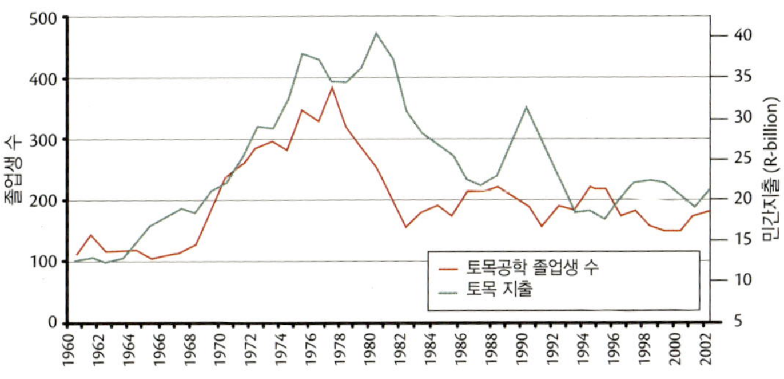

5) Lawless, A. 2005. *Numbers and needs: addressing imbalances in the civil engineering profession.* Midrand: SAICE.

그림 5. 토목공학 인력개발을 위해 아무런 조치도 취하지 않았을 때

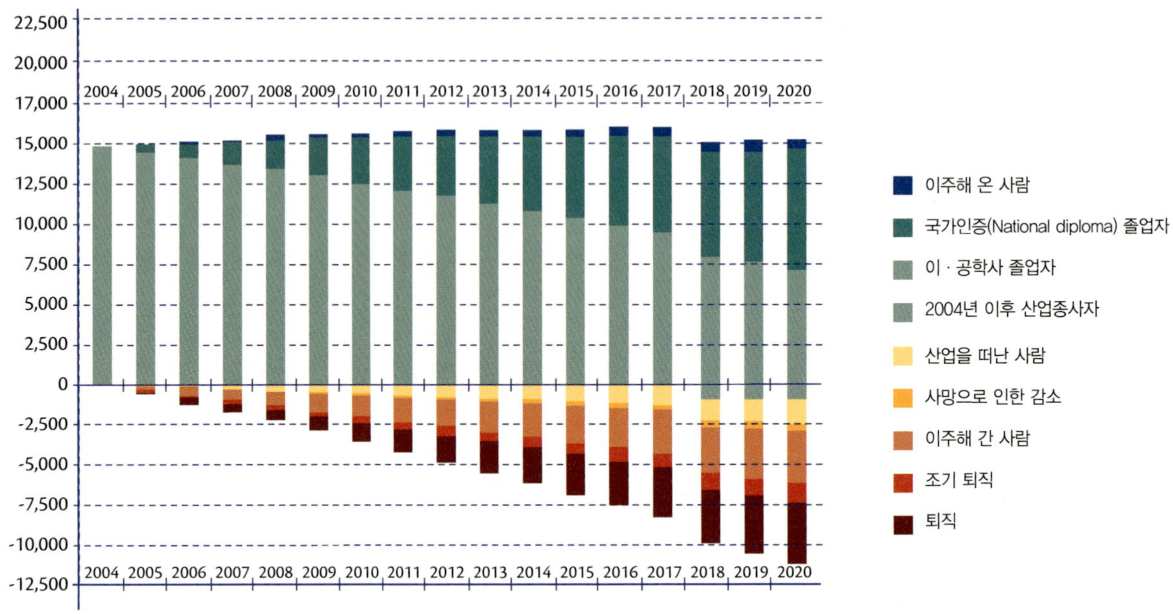

- 유리한 이자율 및 환율과 낮은 인플레이션
- 기관 역량

억제자는 동력의 반대로 볼 수 있다. 이러한 조건들이 부합되는 한 민간 부문의 발전이 저해되는 일은 없을 것이다. 최근에 남아프리카공화국의 하늘을 뒤덮었던 타워 크레인들이 그러한 민간 부문 활동을 보여준다.

앞의 처음 4가지 항목은 남아공의 공공부문에 있어 현재 별다른 문제를 일으키지 않지만 5번째 항목의 경우는 다르다. 예를 들어, 재무, 인적자원 등의 중앙 지원 부서들이 기술진을 도우려 생겨났다. 하지만 이 지원 부서들은 수많은 규칙들이나 만들지 정작 기술력을 제공하지는 않는다. 프로젝트 수행방식까지 지시하면서 오히려 문제만 일으키고 있다. 전문적인 기술과 판단은 더 이상 통용되지 않고 기술진들은 그저 공학 원리에 위배되는 부적절한 해결책이나 따르고 있다. 그래서 점진적으로 공공 부문에서 민간 부문으로의 이동이 일어나고 있다.

제안

그림 5를 살펴보면 산업체에 취직하는 토목공학 졸업생 수를 증가시키려 아무런 노력도 취하지 않는다면, 새로운 공학자가 나온다 하더라도 이주, 직종 전환, 은퇴, 죽음 등으로 상쇄되어 2020년이 되어도 현재의 부족 상태는 나아지지 않을 것이다. 명백히 산업 역량을 강화시키기 위한 계획들이 많이 필요한 실정이다.

진로 지도

그림 6은 2005년 토목공학을 공부하는 학생들의 지역적 분포를 보여준다. 이러한 기형적인 분포는 손댈 필요가 있다. 애초에 접근 기회가 없는 경우도 많을뿐더러 공학자들 역시 그 지역에서 자라지 않았다면 굳이 먼 지역까지 가서 일하고 싶어 하지 않는다. 몇몇 정부 부처들이 이러한 점들을 보완하기 위해 진로 지도에 열을 올리고 있다.

교육

학생들을 고등교육까지 받도록 유도하면서 중퇴율이 매우 높아졌다. 현재의 학교 교육은 바뀔 필요가 있다. 런던 수학회는 '수학문제 풀기(Tackling the mathematics problem)'[6]에서 다음과 같이 말했다.

> "…학교 수학의 최근 변화는… 학교 수준을 넘어서는 수학 교육을 계속해서 받아야 하는 학생들에게 악영향을 미치고 있다... 한 단계 이상을 요구하는 문제를 마주쳤을 때 분석력은 눈에 띄게 감소했다…"

수학회는 근본 원리를 가르치기보다는 여러 단계로 구성된 세트 문제들이 주를 이루는 현재의 학교 시스템이 이러한 문제를 일으켰다고 봤다. 많은 캠페인 끝에 이러한 메시지가 전달되었다.

6) London Mathematical Society 1995. Tackling the mathematics problem, p. 42. Available at: http://www.lms.ac.uk/policy/tackling/node2.html Accessed: 27 May 2010).

그림 6. 2005년 토목공학 전공 대학생들의 연고지

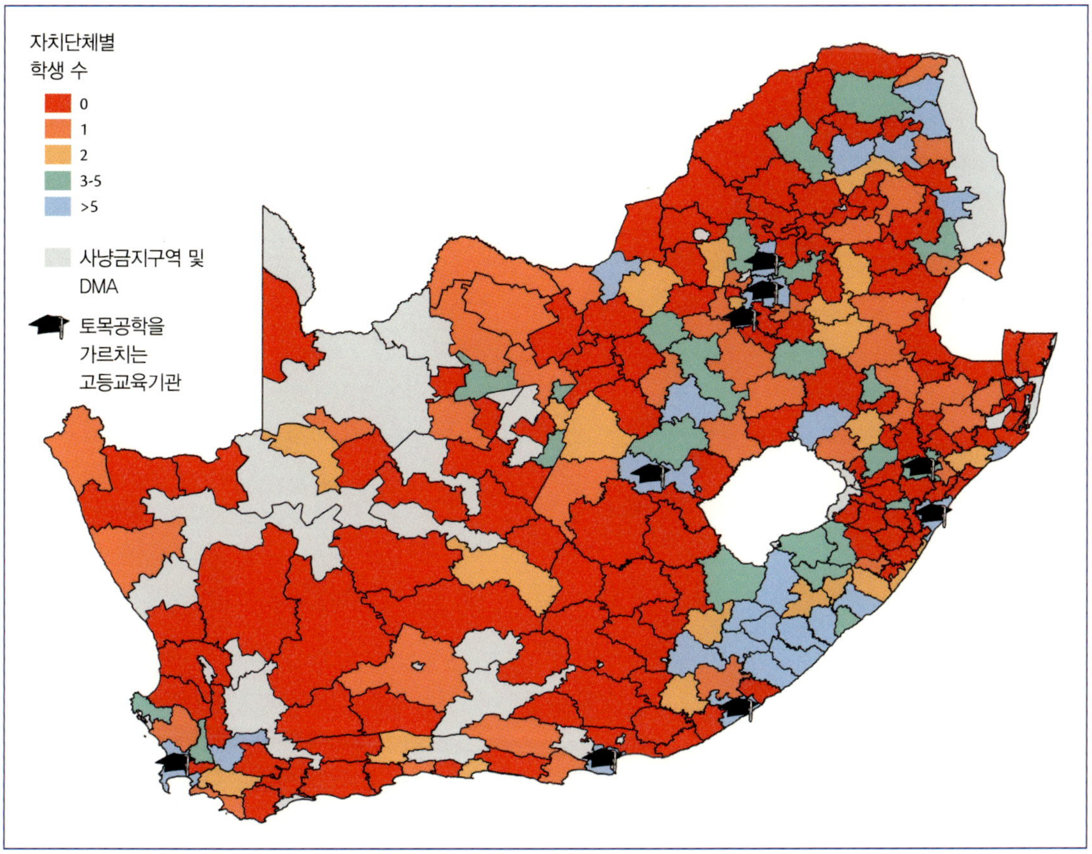

2008년 1월, 남아프리카공화국 교육부는 학생들이 공학과 기타 분석적인 학문에 적합한 수학 교육을 받을 수 있도록 새로운 고등학교 수학 교육과정을 개발했다. 이는 공학 교육에 있어 하나의 돌파구로 볼 수 있다. 하지만 그 효과는 몇 년이 지난 후에 나타날 것이다.

증가하는 토목공학 졸업생의 수요로 인해 매년 공대 졸업생의 수를 1천 500명에서 2천 500명으로 늘리는 안이 남아프리카공화국 정부에 제안되었다. 이러한 제안이 진중히 고려되고 있는 것은 기쁜 일이다. 그 결과로 공대를 더 확장하고 발전시키기 위한 기금(8천만 달러 이상의)이 대부분의 고등교육 기관에 주어졌다. 지난 2, 3년 간 등록은 증가했고 이는 공대 졸업생 수의 증가에 상서로운 전조가 되고 있다. 2008년, 교원 등의 수요를 평가하기 위해 연구가 진행되었다. 그 결과는 학업 환경 등을 개선하는 데 도움이 될 수 있다.

귀환

민간 및 공공 부문은 나라를 떠났던 국민들이 다시 돌아오도록 '귀향 혁명(homecoming revolution)'과 같은 캠페인을 벌이고 있으며, 그 성과가 조금씩 보이고 있다.

그림 7. 2005년 남아프리카공화국 내 토목공학자의 연령 분포

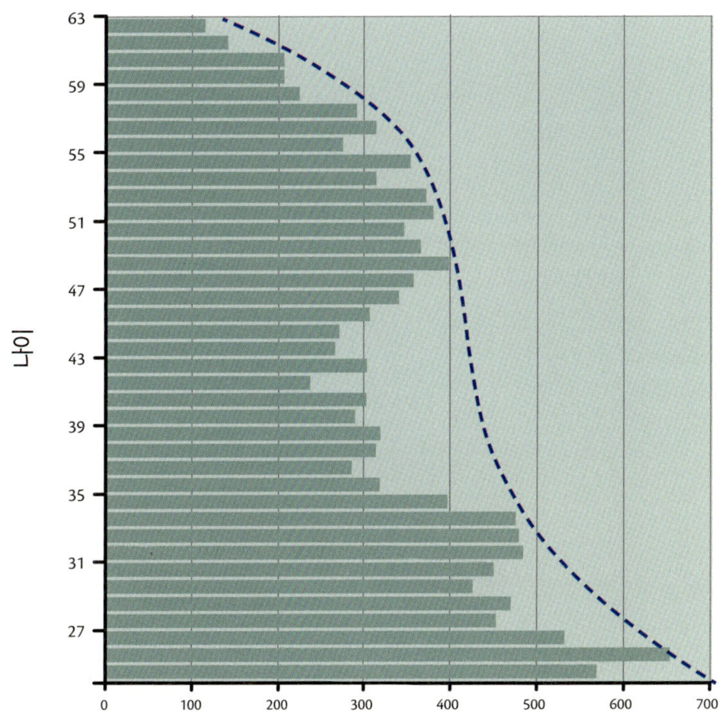

재배치

아마도 가장 빠른 방법은 직종을 전환하거나 은퇴한 사람들을 재배치시키는 것이다. '가격만 맞으면' 직종을 전환했던 사람들이 다시 돌아올 것이다. 급여 조사 당시 토목공학은 다른 직종과 비교하여 급여가 낮았다. 민간 부문의 급여는 지난 3년 간 상당히 올랐고 많은 사람들이 돌아왔다. 공공 부문은 급여 수준과 범위, 기술 수당 등을 현재 검토하고 있다.

은퇴자 역시 재배치에 있어 많은 기회를 제공한다. 하지만 이는 특정한 접근 방식을 필요로 한다. 은퇴자들은 적극적으로 취업 기회를 찾지 않는다. 많은 전문가들은 기관 잡지, 언론 등을 통해 기술 혁신을 따라가고 있으며 지식을 나누고자 한다. 기관 데이터베이스에 있는 은퇴 공학자들에게 그들의 관심을 끌만한 프로젝트를 제안하는 메일을 보냄으로써 파트 타임이나 단기 계약 등의 형태로 고용할 수 있을 것이다.

현장 실습

그림 7에서 알 수 있듯이 생산 연령대에 있는 토목공학자의 부족으로 젊은 사람들이 현장 교육을 충분히 받지 못하고 있다.

그 결과 현재로서는 실습생을 가르치고 감독할 사람이 부족하다. 이는 졸업생이 현장에 들어와 실력을 향상시키는 것을 어렵게 한다.

은퇴 연령이 차츰 내려가면서, 은퇴는 했지만 여전히 젊고 일할 능력이 있는 공학자가 많이 있다. 따라서 그들을 두세 명의 학생들과 짝지어 역량이 부족했던 프로젝트에 투입하는 방안이 추진되고 있다. 남아프리카공화국 정부는 이 윈-윈 모델을 채택하고 적극 지원하고 있다. 이 모델은 서비스 전달을 가속화시킬 뿐만 아니라 새로운 공학 전문가 양성에 도움을 준다. 아래의 박스는 이 모델이 가진 잠재력을 잘 보여준다.

잘 짜인 현장 교육은 졸업생들을 전문가로 양성하는데 있어 필수적이다. 최근의 실리적인 교육 트렌드에 따라 대부분의 졸업생들은 특정 업무를 수행하고 회사에 수익을 안겨줄 만큼의 교육만을 받고 있다. 졸업생들이 그림 8에 나타난 전체 프로젝트 사이클을 이해하고 개발을 단독적으로 수행할 능력을 갖추기에는 턱없이 부족하다. 이는 미래의 공학자 양성에 부정적인 영향을 미칠뿐더러 기회의 부족과 불투명한 장래로 졸업생들을 좌절시키기도 한다. 결과적으로 조기 이탈과 별다른 진전 없이 직장을 전전하는 사태가 발생한다. 이 같은 이유로 최근의 졸업생들이 예전 같지 않고 교육시키는 데 더 오래 걸린다는 말이 흘러나오곤 한다.

이에 맞춰 구조화된 현장 교육 가이드라인이 개발되고 있다. 정신력 및 능력 측정 테스트가 포함되어 개개인의 능력에 맞춰 교육을 제공할 수 있다. 이 단계는 '후보자 단계' 패키지로 제시되고 있는데, 호황이었던 1970년대와 1980년 초반처럼 탄탄한 현장 교육을 제공하는 고용주에게 세금 혜택 등이 주어질 것이다. 박스에 있는 사례연구는 구조화된 현장 교육을 받고 있는 첫 번째 지역 정부 팀들 중 하나의 사례를 보여준다.

은퇴자 활용

은퇴자의 역량을 이용하는 것은 남아공에만 해당되는 것은 아니고 기술 부족을 겪고 있는 모든 국가에 적용될 수 있다. 역량 강화를 위한 은퇴자 활용 방안을 연구하면서 카나디안스(Canadians)는 나이든 사람들이 느긋해지는 것을 꺼려하고 무언가에 기여할 수 있었던 과거를 그리워하는 것을 확인할 수 있었다. 인터뷰에 따르면, 커리어에서 쌓았던 지식과 전문성을 다시 살려 젊은 사람들과 공유하고자 하는 욕구도 있었다. 다음 그림은 현장 미팅에서 나이든 은퇴자가 참여하는 모습을 보여주고 있다.

© A. Lawless

* www.volunteer.ca/volunteer/pdf/OlderAdults-Eng.pdf (Accessed: 27 May 2010년 5월 27일 최종 방문)

사례연구

일의 비결을 배우는 것

업무 현장에서 능숙해지기 위한 유일한 방법은 숙련된 전문가의 지도 아래 실제적인 업무 경험을 쌓는 것이다. 학습 이론가 스키너(Skinner)에 따르면, 전문적인 기술개발은 그저 운에 맡기기 보다는 포괄적이고 정규적인 지도를 필요로 한다.

학생들이 농촌지역 상수도 계획을 돕다

줄루랜드(Zululand) 지구 당국은 백만에 조금 못 미치는 사람들에게 물과 위생 서비스를 공급할 책임을 지고 있다. 하지만 기술자들은 이 프로젝트를 수행할 만큼 경험이 많지 않았으며, 프로젝트 전 단계에 걸쳐 잘 짜인 교육이 필요했다. 숙련된 공학자가 13명의 하급 토목공학자를 대상으로 매주 강의를 가졌고 새로 습득한 기술을 연마할 과제를 내주었다. 18개월의 집중 현장 교육 후엔 그들 모두 조사, 디자인, CAD, 입찰 과정 등에 정통해져 있었고, 많은 사람에게 물을 공급하는 프로젝트를 경험할 수 있었다. 이 모델은 산업 전체에 적용할 구조화된 접근법을 구성하는 데 토대가 되었다.

* Skinner, B.F. 1953. Science and human behaviour. New York: Macmilan.

그림 8. 프로젝트 사이클

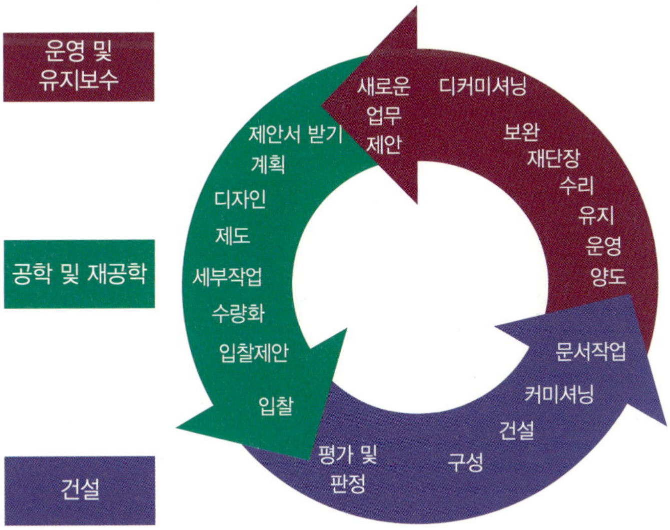

외국 역량

많은 공학 프로젝트의 개시일이 아직 정해지지 않았기 때문에, 앞의 모든 계획들이 성공적이고 프로젝트들이 시차를 두고 진행된다면, 국가는 개발 과제들에 대처할 충분한 역량을 가질 수 있을 것이다. 프로젝트가 진행되거나 그 수나 규모가 상당히 증가하는 경우, 단기적으로 또는 이주 프로그램을 통해 외국 기술을 활용해야 할 수도 있다.

'우선순위 기술 가속화를 위한 공동 계획(JIPSA)'의 일환으로 정부 고위 관리들은 전 세계에 있는 은퇴한 전문가들의 기술을 습득하려 애쓰고 있다. 많은 국가들이 이와 관련해서 여행비용과 월급의 지불 등의 방법으로 돕고 있다. 전력 설비와 같은 공공 부문에서부터 컨설팅 활동을 지원하는 것까지, 이렇게 늘어난 역량은 공학 전문가 양성에 필수적인 현장 교육을 확대하는 데 도움을 줄 것이다.

손실의 감소

공공 부문에서 나타나는 지속적인 인력 감소 문제를 고심할 필요가 있다. 공대의 자율성 확보와 보고의 감소, 더 효율적인 성과 측정 방법과 통계적 데이터 수집, 효율적인 지원 스태프 등은 공학자가 공학 비즈니스를 이해하는데 도움을 준다. 급여 검토, 근무환경, 인센티브 등은 고용주가 반드시 고려해야 할 사안이 되고 있다. 서비스 제공자의 적절한 관리를 위해 공공부문에 충분한 공학 관리자를 확보하는 것 또한 중요하다. '수요와 공급(Numbers and Needs)'과 2007년 11월에 발행된 속편 '지방정부에서의 수요와 공급(Numbers and Needs in Local Government)'에서 나온 제안이 현재 공공부문에서 채택되고 있다.

전반적 효과

그림 9는 앞서 언급한 많은 계획들이 장, 단기적으로 토목공학자의 수에 미칠 영향을 보여준다. 장기적 역량은 고등교육과정을 밟는 학생 수의 증가와 숙련된 전문가의 멘토 아래 잘 짜인 현장 교육에서 나올 것이다.

단기적 부족은 귀환과 재배치, 손실 감소, 즉 적극적 유인과 전문가 유지(이직 방지) 전략 등으로 메워질 것이다. 처음에는 개발 과제들을 처리하기 위해 2010년까지 약 6천 명 이상의 토목공학자

그림 9. 인력 개발의 장 · 단기 효과

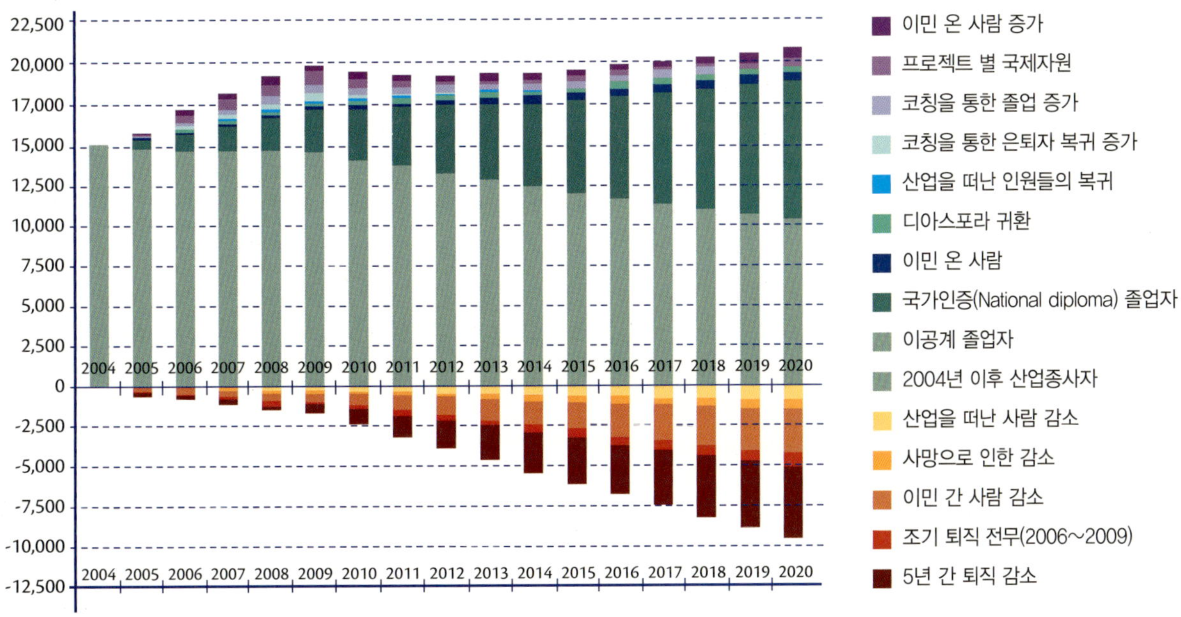

들이 더 필요할 것으로 예측되었다. 그와 동시에 개발이 둔화되면서 6천 명가량의 사람들이 직종을 전환한 것으로 밝혀졌다. 따라서 고용 정책과 제안들이 이들을 다시 돌아오게 할 수 있다면 젊은 세대가 성장할 때까지 걱정을 조금이나마 덜 수 있을 것이다. 세부적인 연구 수행 없이는 약간의 변화만 일어날 것이다.

결론

> "측정하지 않는다면 당신은 어디로 어떻게 가야할지 알 수 없을 것이다."
>
> – 마리아 라모스(Maria Ramos)

인력 문제를 해결하기 위해서는 공급과 부족의 모든 측면을 측정 · 이해하고, 전략을 개발 · 지원하며, 역량을 다시 강화하는 것이 필수적이다. 남아프리카공화국 과학기술부 장관 모시부디 만게나(Mosibudi Mangena)가 다음과 같이 서술한 것처럼 말이다.

> "과학과 기술은 부를 생성하고 삶의 질을 개선하는 데 중요한 역할을 차지한다… 새천년개발목표는… 공학 부문을 성장시키고 그 추락하는 위상을 다시 고취시킴으로써 더 잘 달성될 수 있다."

쉽게 얻을 수 있는 사실과 수치들이지만 만약에 이러한 것들이 없었다면 남아프리카공화국의 인력 개발 계획들은 공공 및 민간 부문과 정책 입안자들로부터 지원을 받지 못했을지도 모른다.

공학 단체들 또한 인력 문제를 실감하고 있다. 공학 역량을 다시 강화하기 위해 필요한 변화들을 파악하고 추진하는 것은 이들의 책임이다. 이러한 제안이 이상적으로 들리고 달성하기 힘들어 보여도 말콤 글래드웰(Malcolm Gladwell)은 그의 저서 『변화점(The Tipping Point)』[7]에서 변화를 가져오기 위해서는 오직 세 가지의 기폭제만 있으면 된다고 주장한다.

- 열정적인, 그리고 영향력 있는 소수의 사람들
- 중요한 메시지 또는 목표
- 변화를 받아들일 준비가 된 환경

공학 단체들은 열정적이고, 인프라의 성장, 개선 및 확장을 위해서는 공학 역량의 성장이 반드시 수반되어야 한다는 중요한 메시지와 함께 적절한 공학 역량을 갖춰야만 달성할 수 있는 국가적 규모의 계획이 고려되는 등 공학 발전을 위한 여러 조건들이 구비되기에 이르렀다. 바야흐로 공학기술 기반의 재건을 위해 모든 공학 단체들이 리더십을 가지고, 전 방위에 걸쳐 로비를 할 때가 왔다.

7) Gladwell, M. 2006. *The Tipping Point*, London: Little Brown and Company.

7.2.5 호주에서의 수요와 공급

피터 그린우드(Peter Greenwood)

10년이 넘는 기간 동안, 호주는 학생들로 하여금 수학과 과학 과목에 흥미를 가지게 하고 이들을 가르칠 적절한 교사를 찾는데 어려움을 겪어 왔다. 공대를 위한 기금의 부족과 정부가 대학 지원을 줄이면서 상승한 수업료 등의 이유로 공대 입학생 수는 점점 줄어들고 있다. 고용주들은 공학자들을 교육시키기 꺼려하고 무엇이 필요한지조차 제대로 알지 못한다. 인력 부족은 불가피했고, 인력부족이 세계적인 문제인 때에 과도하게 해외 채용에 의존하면서 더욱 악화되었다. 호주의 정부, 산업, 교육 기관 등은 현재 자원 및 인프라 프로젝트에 부정적인 경제적 영향을 미치는 것을 피하려 해결책을 긴급히 모색하고 있다.

> "이는 새로운 연방 재무장관의 주요 관심사가 장기적으로 국가 생산 역량을 키우는 것에 있을 것을 의미한다… 인력 부족과 인프라 병목 현상을 다루는 것을 포함하여… 기후 변화와 관련된 경제적 의미를 내포한다."
>
> Australian, 2007년 12월 15~16일

학교

1980년에서 1992년 사이에 고등학교 3학년 학생 수가 두 배로 증가했음에도 불구하고, 과학 관련 과목은 거의 늘어나지 않았다. 고급수학을 수강하는 고등학생 수는 1998년 14%에서 2002년 12% 아래로 떨어졌다.

이러한 현상은 숙련된 과학교사 수의 감소와, 과학 과목은 어렵고 쉬운 과목들로도 대학에 충분히 입학할 수 있다고 생각하는 학생들의 관점 탓으로 보인다. 이와 동시에 SET(과학, 공학, 기술) 대학의 등록자 수를 증가시킬 효과적인 정책이 부재했던 이유도 있다.

과학 및 공학계는 점점 줄어드는 '파이(학생)'를 나눠 가져야 한다. 학교에서 공학 교육과정을 갖게 하는 '호주공학회'의 정책은 적절한 교사를 찾을 수 없을 때 오히려 역효과를 낳을 수 있다. 유사하게, 대학에서 공학자들보다 훨씬 더 많은 과학자들이 배출되는 사실은 너무 천천히 변화하는 정부 정책의 단면을 반영한다.

정부와 과학 · 공학계는 더 큰 파이를 만들기 위해 함께 노력해야 한다. 다른 선진국을 참고할 때 과학과 공학의 졸업생 수의 균형을 맞추고, 각각의 수 또한 늘려야 한다. 이러한 목표는 상호 간의 협력을 장려해야 한다.

연방 정부는 뉴캐슬 대학교가 고등학생을 위한 '과학 · 공학 경진대회(Science and Engineering Challenge)'를 전국적으로 열도록 상당한 기금을 댔다. 2004년에는 수십만 달러가 이 대회에 투입되었다. 학생들은 대회 당일에 다리 건설, 비행, 항해 등의 문제를 풀게 된다. 정부는 2005년 이와 유사한 대회를 열고 30만 호주달러의 상금을 걸어 초등학교 학생들로 하여금 과학과 공학에 관심을 가지도록 하는 EngQuest 프로그램을 더욱 촉진시키고자 했다.

연방 정부는 기사(technician)가 되고 싶어 하는 고등학생들이 학교에서 유용한 기술들을 습득할 수 있도록 더 많은 기술 과목들을 제공하려 계획하고 있다. 실험실과 작업장 개선을 위한 투자는 부차적 효과도 가져올 수 있다.

학생과 교사 수를 늘리기 위해 지역 대학교와 연계하여 대학교 기초 과목들을 고등학교에서 미리 가르치는 방안이 다시 논의되고 있다.

대학 입학

Engineering revs up a degree

"'호주공학회'와 '호주 기술 네트워크'는 부족한 공학자 수가 2, 3만 명에 달할 것으로 예상됨에 따라 커리큘럼 개선과 공학 부문 촉진을 위해 양해각서를 체결했다."

Australian Financial Review, 2008년 1월 25일

Unis engineering a skills revolution

"'호주 기술 네트워크'는 국내 공학 졸업생의 26%를 책임지고 있으며, 공학계의 현안인 인력 부족 문제를 해결하기 위한 일환으로 고등학생들을 다음 세대의 공학자 대상으로 삼고 있다."

The Australian, 2008년 1월 30일

지난 10년 동안 대략 5천 명의 공학자가 매년 호주에서 배출되었다. 그 수가 3만 명은 되어야 한다는 예측도 있다. 같은 기간 동안 공학 기술자(engineering technologist)와 공학 행정직 관련 과정에의 입학은 학생들과 고용주들로부터 그다지 환영받지 못했다. 따라서 공학자의 불충분한 공급은 기사(technician)에 대한 유사한 문제로 더 심각해졌다.

이전 연방 정부는 대학 인건비 지원 감소에 대응하면서 공학자 천 명을 위한 재원은 따로 마련해 놓았다. 이는 경제에 있어 공학자의 중요성을 인식한 사례로 보인다. 실제로 공학자의 부족은 주요 자원 수출 프로젝트에 영향을 미치는 인프라 프로젝트에 타격을 주고 있다. 2008년 공대 지원 결과는 고무적이다.

"2008년의 공대 지원은 2007년에 비해 5~16% 가량 높다. 호주 전역에 걸쳐 대학 지원율은 2% 이상 떨어졌다. 전반적인 하락에 대한 한 가지 시사점은 학교 졸업생들이 자원 산업 분야에서 보수가 괜찮은 직업들을 구하고 있다는 것이다."

Australian, 2008년 2월 13일

이전 연방 정부가 많은 '초대형' 기술대학을 설립하면서, 직업 교육 지원에서도 유사한 변화가 일어났다. 일반 대학교보다는 기술 대학을 선호하는 이러한 변화는 학교에서 기술 교육을 장려하는 현 정부에 들어서도 계속되고 있다. 연방 정부는 다음 4년 동안 50만 명을 훈련시킬 계획을 가지고 있다. 몇몇 대학교들은 가까운 기술 대학에서 나오는 소리에 다시 주의를 기울이고 있다.

정부가 공학 기능직과 전문직의 차이를 정확히 이해하는 것은 중요하다. 공학 인력 부족을 극복하기 위해서는 균형 잡힌 계획이 필요하다.

역량에 미치는 영향

대학교들은 대학 입학과 졸업과 관련해 좋은 데이터를 가지고 있다. 하지만 이용 가능한 데이터의 부족은 공학자의 수요 예측을 어렵게 한다. 호주 통계국의 공학자 관련 데이터의 부족은 특히 문제이다. 몇몇 데이터는 매년이 아닌 비정기적으로 수집된다. 공학자의 분류와 세부 구분, 공학 전문가와 기술자의 구분 등의 문제는 결론의 정확성에 의문을 품게 한다.

호주에서 '공학'과 '공학자'의 의미는 불분명하다. 법률적 정의조차 없다. 비공학자도 포함되는 등의 이유로 데이터 오류 또한 발생한다. '공학자'가 때때로 '관리자'로 분류되기도 한다.

데이터 수집에 비용이 많이 드는 것도 문제다. 공학 데이터는 공학자와 경제, 인프라 건설과 운용, 채굴, 제조, 정보 기술 프로젝트의 연결고리를 이해하는 사람들에게만 그 가치를 인정받는다.

인력 부족을 해결하려면 정부가 교육받은 공학 노동력을 분명히 이해해야 한다. 이러한 이해에는 공학자가 맡는 일의 정도와 경제에서의 중요한 역할이 포함되어야 한다. 산업계와 공학계는 과거에 대해 어느 정도 책임을 져야한다. 이제는 미래에 충분한 데이터를 가질 수 있도록 정부와 함께 힘써야 한다.

© UNESCO/L. Spooner

'실행하기 위한 교육', 호주

호주공학회(EA)는 공학 회사들과 공학 노동력 관련 조사를 수행하면서 중간 조치를 취하고 있다. EA는 회사 급여와 조건에 관한 연간 데이터와 공학 통계 편람을 발행하고 있으며, 인력 부족 지표(Skills Shortage Index)를 발표하고 있다. 대부분의 공학 분야에서 지표가 지속적으로 감소하는 추세임을 아래의 그림에서 확인할 수 있다. 최근의 광산학 데이터는 자원 기반 산업의 심각한 현실을 반영한다.

그림 1. 호주 공학 인력 부족 지표

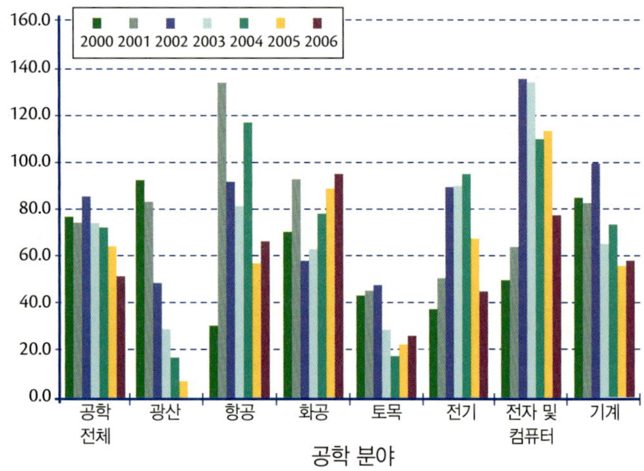

이러한 부족 현상 때문에 일찍 채용되는 학부생들, 강의실을 떠나 산업 현장으로 이직한 기술 교사들, 그리고 교육과정을 중간에 끝내버리는 실습생들을 심심치 않게 찾을 수 있다. 이런 식의 노동력 증가가 기업들이 마주한 상황들로 인해 정당화될 지도 모른다.

5년에서 10년까지 이어질 인력 부족은 노동력 구성에 있어 미숙련자의 증가를 낳을 것이다. 같은 이유로 지속적인 전문성 개발에 대한 압박 또한 있을 것이다. 은퇴, 여성 공학자의 불충분한 활용, 임시직의 부족 등으로 인력 부족이 무한정 이어질 수도 있다. 공학 노동력 산출에 영향을 미치는 다른 통계적 문제로 공학 관련 업무가 무엇인지에 대해 다시 정의할 필요가 있다. 전 세계적으로 공학 학사 학위 기간과 관련해 많은 논쟁이 있다. 고용주들이 미래의 졸업생들이 하길 원하는 일에 관해서는 별로 알려진 바가 없다. 이러한 논쟁은 당연히 낭비를 막기 위함이다. 인력이 부족할 때는 이러한 접근이 설득력을 얻겠지만, 상위 학위 과정과 중간 경력 훈련 및 계발에 있어서는 별 도움이 되지 못한다.

추가 계발

공대 졸업생의 급여는 다른 직종에 비해 수년 간 더 나았다. 하지만 경력이 쌓이면서 이러한 이점은 사라졌다. 최근에 들어서야 숙련된 공학자들의 급여가 상당히 오르고 있다. 공대 졸업생들은 때론 졸업생 계발 프로그램과 같은 비금전적 혜택을 요구한다. 직원을 붙잡아 두기 위해 점점 더 많은 고용주들이 해외 교육과정을 계속 제공하기 위해 해외 기업들을 사들일 만큼 직원들의 요구에 귀 기울이고 있다.

빠른 길을 선택하는 학생들

남호주대학교와 호주 서부의 Murdoch 대학교에서 공학 학위를 조기 취득하려는 수요가 증가하고 있다. 이곳에서는 1지망 지원이 80%가량 오르기도 했다.

Australian Financial Review, 2008년 1월 18일

인력 부족의 또 다른 역설은 고용주들이 여성 공학자들을 고용하고 붙잡아 두기 위해 더욱 더 많은 노력을 쏟아 붓고 있다는 점이다. 버림받았던 늙고 은퇴한 공학자들 역시 다시 살아나고 있다. 이러한 노력은 빈자리를 채울 수 있을 뿐만 아니라 잃어버렸던 지적자본을 다시 되찾는 이점도 있다.

Master Builders Australia의 수석 경제학자인 Peter Jones는 보도자료에서 4분기에 건설 공사가 역량 제약과 인력 부족, 투입 요소의 비용 증가 등으로 하락했다고 밝혔다… 그는 "주정부가 인프라 관련 지출을 계획하고 있으며, 아직 완료되지 않은 엔지니어링 건설 공사가 있다"라고 말했다.

'고등 교육에서의 학습 및 교수를 위한 Carrick 연구소'에서 이와 관련하여 보고서 '새로운 세기에 걸맞은 공학 졸업생의 공급과 자질을 다루며'를 발행했다. www.carrickinstitute.edu.au에서 이용가능하다.

도전 과제

호황일 때 전략적 계획이 오히려 덜 실행된다는 오래된 말이 있다. 현재 숙련된 노동자의 부족으로 호황이 꺼져가고 있지만 말이다.

하지만 미래에 영향을 미칠 몇몇 전략적 결정들이 여전히 만들어지고 있다. '호주공학회(EA)'는 단기뿐만 아니라 장기적 관점에서 계획을 준비할 수 있도록 스스로를 단련해야 한다. EA는 또한 다른 이해관계자들이 단기적 관점에서 뿐만 아니라 미래에 대

한 고려와 함께 세계적인 맥락에서 결정을 할 수 있도록 영향을 주어야 한다.

EA는 공학자, 과학자, 과학 교사, 대학교, 고용주, 정부 사이에 협력과 협동이 일어나도록 도움을 주는 역할도 맡아야 한다.

> 호주대학협회(Universities Australia)의 최고책임자 글렌 위더스(Glen Withers)는 변화하는 노동 수요를 적절히 예측할 새로운 계획 시스템의 필요성을 지적했다. 그는 "현재 이러한 시스템이 없다"고 말했다.
>
> Australian, 2008년 2월 13일

학생들에게 과학, 공학, 기술을 알리는 것은 계속 진행 중인 과제이다. 전 세계적 인력 부족이 발생하는 동안 공학계는 공학 전공 학생들이 끝까지 교육과정을 끝마치도록 하고, 지속적인 전문성 개발 프로그램(CPD)에 관심을 기울여야 한다. 공학 학사 학위 과정의 기간에 대한 국제적 토론이 인력 부족으로 인해 억압되어서는 안 된다.

기술자의 이민과 호주 내 해외 유학생의 증가는 자국에 인재 유출 문제를 일으키고 호주 대학 과정과 그 수에 영향을 미친다. 이는 경제적 및 규제의 측면에서 뿐만 아니라 윤리적 측면에서도 세계적 문제로 볼 수 있다. 정책 입안자들의 관심을 사로잡을 필요가 있다. 앞서 다뤄진 많은 사항들이 다른 국가에서도 일어나고 있다. 우리는 서로로부터 배울 수 있다. 세계공학기술단체연합회(WFEO)는 이러한 도전 과제들을 해결하기 위해 정보의 공유와 국제적 이해관계자들의 참여를 유도해야 한다.

7.2.6 지속적인 공학 교육과 전문성 개발

멀빈 존스(Mervyn Jones)

21세기에 직면하고 있는 도전 과제들로 인해 공학교육과 관련한 문제들이 제기되었다.[8] 공학교육에 이를 반영하는 과정에서 공학자의 평생 교육 필요성에 대하여 적절한 인식을 제공하는 것이 제대로 이루어지지 않았으며, 이는 초기의 공학 교육과정에 부적절한 압박을 주었다. 이에 평생 교육의 필요성에 대해 더 큰 인식을 제공해 줄 수 있는 대안적인 견해가 제시되었다. 필자는 지속적인 공학 교육(Continuing Engineering Education, CEE) 분야에서 활동하고 있는 다양한 행위자에 대해 검토하였다. 결론부터 말하자면, 행위자의 동기가 다양하고 서로 다르다는 사실이 가장 주목할만 하다. 이 같은 사실이 CEE 발전에 관한 일관된 정책이 개발되고 시행되기는커녕 틀을 잡는 것조차 어렵게 만들고 있다. CEE의 질을 측정하기 위한 품질 측정 기준의 개발이 중요하다.

서론

20세기의 인상 깊은 공학 기술의 성과를 검토해 보면, 이러한 성과들은 우리가 살아가는 방식을 변화시켰으며 지금은 우리가 너무나 당연하게 받아들이는 많은 발전들은 100년 전에는 거의 짐작조차 할 수 없던 것이다. 이러한 발전들이 빈번하게 가능했던 이유는 그 시절의 공학자들은 그 때 당시 존재했던 지식의 상태에 대해 올바른 이해를 가지고 있었고, 기본 원리들을 이해하고 있었으며, 분석하고 도전할 수 있었으며, 확실한 기초 위에서 창의적인 방향으로 생각할 수 있었기 때문이다. 21세기의 도전적인 과제들을 충족시키기 위한 노력들이 인류가 직면한 문제들의 해결에 있어 공학을 그 핵심에 놓았다는 것은 명백한 사실이다. 비록 공학과 과학만으로는 이러한 문제들을 해결할 수 없지만, 공학자와 과학자의 기여가 없으면 별다른 진전을 보기 어려울 것이다.

공학자들은 다양한 기술이 노동시장에서 사용될 수 있도록 하였으며, 크고 작은 많은 비즈니스들의 성공에 중요한 역할을 해 왔다. 그러나 적절한 기술 능력을 갖춘 공학자들이 부족하다는 얘기가 빈번하게 나온다. 이러한 부족을 해결할 잠재적인 해결방안이 있긴 하지만 그중 일부는 효과를 나타내기에 상당한 시간이 걸릴 것이다. 세계는 빠르게 변화하고 있다. 많은 회사들에서 전문 공학자 수가 감소하고 있으며, 회사 내에서 그들의 종신 고용의 가능성도 많이 변했다. 이는 회사 내 공학자들의 장기적 계발에 관한 회사의 인식에 영향을 미쳤으며, 따라서 개별 공학자는 스스로 더 큰 책임을 지니게 되었다. 현재의 CEE 구조는 향후 공학자 스스로 비용을 지불해야 될 지도 모른다는 사실을 필연적으로 인식하고 있지는 않다.

이 책을 출판하면서 유네스코는 공학과 공학 관련 직업, 공학자들의 교육에 관한 전 세계적인 발전의 중요성을 인식하고 있다. 20세기의 업적과 21세기의 도전적인 과제들에 관한 미국공학한림원의 관찰에서 발견된 흥미로운 사실 중 하나는 공학자들이 접하는 도전들의 성격이 변화하고 있다는 것이다. 공학 기술은 그것이 사회에서 가지는 역할과 사회에 미치는 영향의 관점에서 매우 광범위한 맥락으로 다루어져야 하며, 공학자는 공학 전문 지식뿐만 아니라 광범위한 능력을 갖추어야 한다.

지식의 양이 크게 팽창하면서 공학자는 전문 기술에 더 특화되도록 강요받았다. 이는 초기 공학 교육과정 동안 배우는 주제들이

8) 자세한 내용은 다음 홈페이지를 참고할 것. http://www.engineering-challenges.org

매우 신중하게 선정되도록 하였다. 폭이냐 깊이냐, 즉 양과 질 사이의 다툼이 조정될 수 있는 유일한 방법은 학사 학위가 단지 초기 교육과정만을 제공한다는 사실과 지속적인 공학 교육(CCE) 혹은 지속적인 전문성 개발(Continuing Professional Development, CPD)이 필수적이라는 사실을 인식하는 것뿐이다. 그와 함께, 오늘날 세계적인 경쟁과 직업적인 유동성으로 인해 공학자가 한 직장에서 근무하는 시간이 짧아졌으며, 공학자들은 자신들의 경력 개발에 대해 더 큰 책임을 가지게 되었다는 사실 또한 인식해야 한다.

공학을 공부하는 학생 수가 많지 않고 따라서 전문 공학자의 공급이 현재 및 미래의 수요를 충족시키기에 충분하지 않을 것이라는 우려가 국가적인 차원에서 표명되고 있다. 적어도 영국[9]과 미국[10]에서는 그러하다. 공학자의 초기 전문성 형성과정에 대해 많은 의견들이 제시되고 있는데, 예를 들면 이는 초기의 공학기술 형성과정을 개선하는 것과 관련한 문제로 직결된다는 것이다.[11] 직업적으로 활동하는 기간은 초기 교육기간과 비교했을 때 더 길며 그에 비해 CEE에 관한 문제들에 대한 관심은 훨씬 적다. 다양한 요소들이 공학 전체에 영향을 주고 있다는 흥미로운 연구들(Bines and Watson, 1992; Burgess, 1997)[12),13)]이 발표되었음에도 말이다. 제조업이 점차 '세계화' 되어 가고 있는 동안 개발 및 생산에서 일어난 인구통계학적인 변화와 더불어 공학 실무들은 빠르게 변화하고 있으며 산업의 노후화가 빠르게 진전될 수 있다. 동시에 교육 시스템은 점차 더 개방적이고 다양해져 가는 반면, 구성원의 교육 교육의 수준은 부상하고 있는 기술적 변화를 따라가지 못하고 있다.

우리는 공학 학위를 따며 졸업하는 것이 전문성을 완전히 갖추었다는 것을 뜻하는 건 아니라는 점을 깨달아야 한다. 중요하고도 필수적인 기초는 마련되었으나, 여정은 이제 막 시작되었으며, 이런 상황에서는 지속적인 전문성 개발이 중요한 역할을 한다.

9) *Educating Engineers for the 21st Century*. Report by The UK Royal Academy of Engineering June 2007, ISBN 1-903-496-35-7.

10) *Rising Above the Gathering Strom: Energizing and Employing America for a Brighter Economic Future*, 2005. National Academy of Engineering Report, Washington D.C.

11) Crawly, E, Malmqvist, J, Ostland, S, and Brodeur D. 2007, *Rethinking Engineering Education - The CDIO Approach*. Springer, 2007. ISBN 978-0-387-38287-6.

12) Bines, H., and Watson, D. (eds). 1992. *Developing Professional Education*, SRHE and Open University Press, Buckingham UK. ISBN 0-355-09710-3.

13) Burgess, R. G. (Ed). 1997. *Beyond the First Degree: Graduate Education, Lifelong Learning and Careers*, SRHE and Open University Press, Buckingham UK. ISBN 0-35519976-3.

전문적인 공학 능력의 개발

공학자는 필수적인 전문적 기술뿐만 아니라 윤리 및 환경적 인식, 팀 작업과 리더십 능력, 비즈니스 및 관리 능력, 효과적인 의사소통 능력 또한 갖추도록 요구된다. 이런 능력들을 배양하기 위한 토대가 어느 정도까지는 교육과정에 포함될 수 있지만 여기에는 한계가 있다. 전문적 기술 관련 부분을 축소하고 분량을 늘리기에는 너무 큰 부담이 될 수 있으며, 충분히 깊게 다루기도 힘들다. 중요한 주제들을 광범위하게 포함시킬 것을 촉구하는 와중에서도 절대로 간과해서는 안 될 사실이 있다. 이는 공학자의 중요한 자질을 위해 가장 중요하게 교육과정에서 다루어져야 하는 부분인데, 기술적인 공학훈련에 관한 확실한 이해와 분석, 문제해결, 혁신적 해결책 도출로 이어지는 능력배양이 바로 그것이다.

그림 1. 공학 전문가가 갖춰야 될 자질

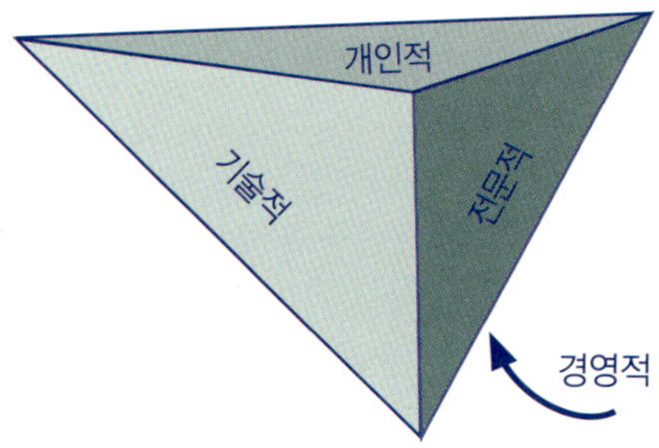

전문 공학자의 핵심 자질들은 어렵지 않게 알아볼 수 있다. 이는 4개의 각기 다른 일반적인 범주로 묶을 수 있는데(그림 1), 정사면체의 측면들에 표시되어 있는 대로 크게 '개인적', '기술적', '전문적', '경영적'으로 분류된다. 이들에게 동등한 가중치를 부여하면 안 된다. 왜냐하면 각 특성들의 중요성은 개인에 따라, 직업상의 지위에 따라 혹은 경력을 쌓는 동안에도 달라지기 때문이다. 하지만 광범위한 능력들이 공학자에게 필요하다는 사실을 말하는 것은 도움이 될 수 있을 것이다.[14] 이러한 특성들은 표 1에 더 자세하게 제시되어 있다.

이 사항들에 대해서는 광범위한 합의가 이루어져 있는 데에 반해, 공학자들이 경력의 여러 단계에서 '반드시 알아야' 하는 것이 무엇인지에 관한 세부사항을 언제 조사되는지, 이것이 어떻게 개발될 것인지 그리고 어떠한 메커니즘을 통해 사용하는지에 관해서는 아직 제대로 이루어진 합의가 없다.

14) Barnett, R. 1994. *The Limits of Competence; Knowledge, Higher Education and Society*, SRHE and Open University Press, Buckingham UK. ISBN 0-355-19341-7.

표 1: 전문공학자의 중요한 자질

수학적으로 사고할 수 있는 능력, 기초과학에 대한 철저한 이해, 특정한 지식분야에 대한 풍부한 지식, 통용되는 지식과 실무를 유지할 수 있는 **기술적** 능력.
지식의 한계에 대한 인식, 뛰어난 의사소통 기술, 국제적인 차원에서의 인식 등을 배우고자 하는 **개인적** 능력과 태도.
개인적 · 윤리적 책임에 관한 인식, 불확실한 상황에서의 대처능력, 효과적인 의사소통 능력, 높은 수준에 도달하기 위한 **전문적** 헌신.
관련된 개념과 사안에 대한 인식, 사적 · 재정적 · 기술적 자원들을 운영하고 관리할 수 있는 능력, 팀의 구성원으로 일할 수 있는 **경영적** 능력.

전문적인 공학능력 개발의 한계

고등교육기관이 CPD에 적절하고 효과적으로 기여할 수 있는 정도에는 한계가 있다. 대학이 그와 같은 개발에 있어서 반드시 가장 적합한 장소는 아닐 것이나, 그렇다고 CPD를 초기 공학교육과 별개로 봐서는 안 된다. 경력을 쌓는 과정 중에서, 다른 능력들보다 어떤 특정한 능력들을 도입하고 개발하는 것이 더 적합할 때가 있다. 이를 인식하고 전체적인 관점에서 보는 것, 그리고 이를 반영하기 위해 교육 시스템을 구축하는 것이 중요하다. 후자는 이것이 매우 시대에 뒤떨어진 발상이라고 여길 수도 있다. 오늘날 고용주들로부터 빈번하게 들리는 말은 채용한 젊은 공학자들은 효과적인 의사소통과 팀 작업에 경험이 충분하지 않다는 것이다. 특히 회사 업무에 전혀 익숙하지 않거나, 혹은 비즈니스가 어떻게 돌아가는지에 대한 이해가 전혀 없는 자들이 있다. 의심할 여지없이 이러한 것들은 공학자들에게 필수적이고 중요한 자질이지만, 전반적인 기술 역량이라는 보다 더 넓은 맥락에서 다루어져야 한다. 그러한 정서들은 비즈니스의 최적 운영을 손상시키는 결함으로 인식될 수 있으며, 오늘날의 경쟁적인 압박을 나타내주는 것일 수도 있으므로, 공학에 의존하는 비즈니스들은 먼저 유능한 공학자들을 찾고 채용해야 하며, 그들의 공학 기술에 대해 적절한 감사를 표시해야 할 것이다.[15)]

효율적 생산방식과 적시생산의 시대에는 일부 비슷한 생각들이 교육적 사고에 영향을 미칠 수 있는데, 특히 그 생각들이 효율성 개선을 위한 잠재력을 제공할 때는 더욱 그러하다. 경제적인 이유로 인해 그러한 생각들이 매력적으로 느껴질 수 있지만, 이것은 목적에 적합하지 않을 수 있으며, 이는 모든 활동들이 점점 더 효율적인 수준으로 기능하도록 강요했다. 이는 결국 고용주들이 최소의 '대기 시간'을 가지고 있는 사람들을 채용하도록 이끌었다. 현대에는 '지식 경제(교육의 효과적인 활용)' 교육의 효과적인 활용이 필수적이긴 하지만 동시에 우리는 그것의 광범위한 맥락을 인식해야 한다.

학부 공학교육의 특성, 내용, 교과 과정에 대해 많은 논쟁이 계속되고 있다. 이는 지식의 급속한 팽창, 실무들의 변화, 공학 관련 직업으로 학생을 유치하는 것과 고용주의 변화하는 요구 사항들에 대한 걱정에서 비롯된다. 불행히도 이러한 논쟁들은 학사 학위가 단지 직업과 관련된 교육과정의 출발점이어야 한다는, 보다 넓은 개념에 대한 언급 없이 빈번하게 이루어지고 있다. 하지만 CEE와 관련된 내재된 불확실성과 불안 또한 있는데, 이를 경시하거나 간과하기 쉽다. 자금 조달 과정이 다르기 때문에 공학자의 CEE 과정과 이것이 초기 전문성 형성에 미치는 의미들이 충분히 고려되지 않는다. 그 어떤 초기 공학교육도 공학자들의 인생을 위한 준비를 갖춰 줄 수는 없다. 그런데도 초기 및 평생 교육 사이에는 큰 단절이 있으며, 그것은 직업에 부정적인 영향을 미친다. 기술의 부족이 어떻게 확인되는지, 전문가들이 어떻게 배우는지, 회사들이 이 과정을 어떻게 지원할지에 대해서 아직은 충분하게 연구되지 않았지만, 그래도 몇 가지 흥미로운 점들을 얘기해 볼 수 있다.[16)]

유럽에서 '볼로냐 프로세스'라고 알려진 것이 초기 공학 교육 과정과 전문성 형성에 대한 논쟁에 활력을 불어넣었다. 이것은 교육 시스템을 일치시키는 것에 중점을 두는데, 예를 들어 학사 및 석사학위 프로그램 사이의 유동성을 촉진시켰다. 이는 부분적으로 전문 공학자에게 기대되는 핵심 역량 개발에 대한 이해를 깊게 하는 데에 도움이 되었다. CEE와 초기 전문성 형성을 조화시키는 것과 관련된 문제를 다루는 것이 일종의 도전적인 과제일 수 있지만, CEE의 필요성, 형태, 구조, 재정적인 책임 등이 고려될 때에 이는 중요성을 잃는다. 현재 CEE가 다소 임시적 교육으로 여겨지는 것처럼 향후 교육 전수에 관한 구조적인 접근을 위한 해결책이 곧장 마련될 것으로 보이지 않는다.

교육의 질 개선

많은 국가들에서, 그 단어에 대한 해석과 이해가 종종 다름에도 불구하고, 대학에서 제공하는 초기 교육을 평가하기 위한 잘 규제

15) Jones, M, E. 2003. *Challenging The Education of Engineers for the Globalizing Economy*, Proceedings of 31st Annual SEFI Conference, Global Engineer: Education and Training for Mobility, Porto Portugal, 7-10 September. A. Soeiro and C. Oliviera (eds.), ISBN 972-752-063-4, pp. 102-106.

16) Jones, M. E. 2004. *Analog Design: The Develpment of Essential Professional Expertise*, Proc. 9th WCCEE, Tokyo (May 2004), pp. 231-236.

지속적인 공학교육(Continuing Engineering Education)이라는 무대의 배우들

공학자

지식의 퇴조와 학위의 제한된 '유통 기한'은 빈번하게 거론되는 이야기들이다. 지식수준이 증가하고 있고, 공학실무 경력 및 전문기술들이 발전하고 있긴 하지만 학사 학위는 기초들을 설립하는 데에 극히 중요하다. 이러한 기초들의 중요성이 변화하고 있긴 하나, 그 속도가 매우 느리다. 하지만 확고한 사실은, 공학기술 관련 지식들이 증가하고 관련 실무들이 변하고 있긴 하지만 여전히 초기 전문성 형성과정의 중요한 부분은 젊은 공학자들에게 기초를 가르치는 것 뿐 아니라 사고하고 의문을 제기할 수 있는 능력, 공학자로서 그들 스스로를 표현할 수 있는 능력을 개발시키는 것 또한 중요하다는 점이다.

초기 공학교육과정은 이러한 맥락에서 기초를 설립해야만 하며 그 이후에 정기적으로 CEE가 뒤따라야 한다. 이로써 공학자가 필요로 하는 더 전문적인 지식들을 충족시킬 수 있을 것이다. 하지만 언제나 이렇게 되지만은 않는다. 최소한의 필수적인 지식만을 습득하는 것을 목표로 하는 개인들과 회사들이 있을 수 있다. 그러므로 만약 직업의 교육 수준을 높이고자 한다면 참여를 장려하는 모든 메커니즘들이 개발되고 시행될 것임을 확실히 하는 것이 중요하다.

고용주

공학자의 고용주는 그들의 비즈니스 필요를 충족시켜줄 수 있는 전문적인 간부를 원한다. 공학자에게 그들의 비즈니스를 많이 의존하고 있는 고용주를 위해서, 공학자들은 자신들이 최신 기술과 실무에 대해 '첨단이어야' 한다는 것을 반드시 인식해야 한다. 왜냐하면 이로 인해 회사의 공학 기술의 능력이 유지될 수 있기 때문이다.

하지만 민간 기업의 고용주이든, 정부 기관 혹은 비정부 기관의 고용주든, 이들에게는 언제나 예산이 한정되어 있고, 이 예산 중 일부분이 회사 내 공학자들을 위한 CPD에 할당되는 것이다. 어느 정도나 할당되어야 하는지는 사업 분야에 따라, 회사에 따라, 시기에 따라 달라질 수 있다. 게다가 교육이 순지출이라는 특성을 감안할 때, 만약 예산상 여유가 없다면 즉각적인 충격 없이 바로 이에 대한 예산지출이 줄어들 수도 있다는 것을 말한다. 이 같은 사실은 지속적인 공학교육의 실시 여부가 예산에 따라 크게 흔들리게 한다. 이는 예산 지출 변화의 효과를 개인이 즉시 느끼지 못하는 공학교육 초기 단계와 대조된다. 그러므로 회사가 회사 내의 공학자와 회사에 필요한 교육을 제공하는 것은 회사의 재무적인 상황이 어떻게 변하는지에 따라 크게 달라지는 것이다. 교육적인 견지에서 보면 충분히 이해가 되지만, 사실 이러한 계발은 이상적으로는 경제적인 상황에 관계없이 계속되어야 한다는 점에서 볼 때 이는 유감스러운 사실일 수밖에 없다. 경기 침체의 기간 동안 회사에게 새로운 방침을 주고 다시 희생할 수 있게 도와주는 것들 중 하나인 인력 교육의 질이, 고용주들에게는 쉽게 간과할 수 있는 요인 중 하나라는 사실은 아이러니하다. CEE의 다른 도전적인 특징은 기업이 번창하는 기간 동안에는 인력에 대한 압박으로 인해 직원을 교육을 받도록 내보내는 것에 대한 저항이 있을 수 있다는 것이다. 반대로 긴축 시기에는 예산에 대한 압박 때문에 직원들을 내보낼 수 없다고 주장할 수 있다. 물론 교육 기관과 회사 간의 접촉을 발달시키고 기관의 활동에 대한 회사의 깊고 넓은 이해를 촉진시킨다는 면에서 회사에게는 많은 이점이 있다. 진보적인 기업들 혹은 '블루칩' 기업들은 이미 이를 인식하고 있는 것처럼 보인다. 그러나 다른 고용주들과 소기업들에게도 이러한 이점들이 더욱 강조되어야할 필요가 있다.

전문 기관

대부분의 국가는 공학자를 대표하는 하나 이상의 전문 기관을 가지고 있다. 그들의 활동은 각기 다른 형태를 띠는데, 예를 들어 직업적 숙련도의 기준 및 회원들이 지켜야 할 행동 강령을 확실히 하는 것이나, 정부에 직업군을 대표하는 것, 혹은 공학자의 상태를 개선하기 위해 일하는 것 등이다. 이는 학술적인 정보와 출판 활동에 더하여 그들이 하는 많은 활동들의 단지 하나의 측면일 뿐이다. 이와 같은 전문 기관들이 직업의 평판을 유지하기 위해서 직업 표준의 질을 높이고 개선하는데 관심을 기울이고 있음은 주지의 사실이다. 중요한 점은 전문가의 교육 수준 및 역량이 높아야 하며 계속해서 개발되어야 한다는 사실이다. 전문 기관의 회원이 되는 것은 대개 구체적인 가입 기준을 요구하며, 기관들의 CPD 및 CEE는 CPD 기록을 유지하도록 장려하는 것에서부터 개별 회원들의 교육 개발 활동 기록, 혹은 회원을 위한 CPD 및 CEE의 공급자를 승인하는 것에 이르기까지 각기 다른 형태를 띤다. 이러한 상황 하에서 기관은 CPD 및 CEE에 대해 매우 긍정적인 태도를 가질 수 있을 것이다. 당연히 전문 기관들의 역할은 국가마다 크게 다를 것이다. 하지만 그들이 CEE의 개발에 있어 중요한 역할을 맡고 있다는 것은 명백하다.

대학

대학은 매우 다원적인 기관이며, 소속 기관들이 CEE에 대해 서로 다른 관점을 가질 수 있다. 서로 다른 관점은 다양한 방식으로 드러날 수 있을 것이다. 대학의 책임자는 CEE 활동을 지지할 것이다. 왜냐하면 이는 일반적으로 적합한 활동이자 대학 사명감의 일부분으로도 생각되기 때문이다. 하지만 더 중요하고 급하게 해결해야 하는 정책 및 계획들 때문에 역시나 이 활동에 대한 전반적인 관심은 매우 낮다. 대학에서 CEE 활동의 개발을 장려하고자 하는 CEE 계획 담당자는 이에 관심을 보이는 교수진을 적절하게 구별하는 것이 어려울 수도 있다. 교수들은 CEE를 무시할 수도 있으며, 반대로 아주 열정적인 반응을 보일 수도 있고, 때때로는 구체적인 목적을 가지고 있을 수도 있다. 게다가 모든 교수들이 효과적인 CEE 교육 방법을 인지하고 있는 것도 아니다. 왜냐하면 CEE 교육방법은 학부 교육방법과 매우 다르기 때문이다. 학과장들은 근무 시간에 대한 요구, 학구적 관심의 자유 보장, 소득 창출 등과 관련된 문제들 사이에 적절한 균형점을 찾아야 한다. CEE 활동에 대한 이 같은 서로 다른 관점들, 때로는 서로 충돌하기도 하는 우선순위들과 비전들은 대학에서 당사자 중심의 잘 균형 잡힌 활동 포트폴리오를 만들어 내야 하는 과제를 분명하게 보여주고 있다. 재정적인 부분 이외에도 CEE 활동에는 다른 이점들이 있다. 예를 들어 전문직 종사자들과의 접촉을 촉진한다든가 연구 계약 및 자문에 대한 기회를 향상시키는 것 등 CEE 활동이 없었더라면 발생하지 않았을 모든 것들 말이다. 하지만 이에도 불구하고 교육기관들은 분명한 반응을 보이지는 않는다. 공학 분야에서 학부 및 대학원의 교육과정이 현재 실무의 최상의 상태를 반영해야 하는 것은 필수적이며, 그러한 지식을 얻기 위한 하나의 방법이 CEE이다. CEE와 대학원 교육 활동의 연계는 학문적 지식과 전문적 기술을 통합하는 것을 돕는다.

그 밖에 다른 제공자들

전문 공학자들의 초기 교육과정과 형성과정에서는 대학들이 독점적인 위치를 가지고 있지만, CPD나 CEE의 경우에는 다르다. 대학 외에 다른 많은 제공자들이 있으며 그들은 종종 석유공학이나 전자회로 설계 및 시험과 같은 특정한 지향점을 가지고 있다.

게다가 몇몇 전문기관들은 그들만의 자체적인 활동을 회원들에게 제공하기도 한다. 이런 교육과정은 대부분 교수직에 기반을 두고 있는 활동적인 회원이나 혹은 산업체에서 은퇴한 회원에 의해서 진행된다. 이들은 구체적인 전문 지식을 가지고 있으며, 따라서 학문적인 지식을 그들의 구체적인 산업 방면의 경험들과 관련짓는 것에 대해 능숙한 자들이다. 구체적으로 무엇이 제공돼야 하는지에 대해서는 민간 제공자와 정부 제공자 간에 직접적인 경쟁이 있을 수 있다.

* Jones, M. E. 2008. Continuing Engineering Education, Who Needs it? Proc. 11th WCCEE, Atlanta (May 2008).

된 품질 보증 과정이 있다.[17] 하지만 같은 기관들이 자주 CEE와 CPD를 제공함에도, 그들은 단지 많은 제공자들 중 하나일 뿐이며, 똑같은 품질 보증 과정은 불가능하다. 이를 해결하고자 유럽연합과 미국은 아틀란티스 계획을 통해서 '공학교육 및 훈련 인증의 개발(DAETE)'이라고 불리는 프로그램을 후원했다.[18] 품질 경영을 위한 유럽재단의 모델(EFQM)을 이용하여, 제공자들을 평가하기 위한 일련의 품질 메트릭스를 마련하기 위한 방법을 개발하였다. 이는 현재 '국제 지속적인 공학교육을 위한 협의회(IACEE)'에 의해 채택되었다. 이러한 접근이 더 널리 인식되기 시작하면 품질 모니터링 및 CEE 공급자 인증을 위한 강력한 수단이 마련될 것으로 보이며, 이는 국제적으로 CEE의 향상된 표준에 기여하게 될 것이다.

7.2.7 두뇌 유출, 유입, 순환 및 디아스포라

재퀴스 가일라드(Jacques Gaillard)

공학자와 과학자의 세계적인 이동은 공학 및 과학의 역사만큼이나 오래되었다. 국제적인 과학자들의 이주(ISM: international scientific migration, 이는 공학을 포함한다)의 효과에 대한 상반된 의견은 ISM 현상이 다양한 단계를 갖는다는 사실에서 비롯되며, 이러한 현상의 비용과 혜택이 빈번하게 언급되긴 하나 한 번도 철저하게 평가된 적은 없다. 그 문제는 여전히 해결되지 않은 상태로 남아있다.

유럽의 선진국들을 포함하여 많은 국가들이 ISM라는 현상을 두뇌 유출 현상으로 여기며, 이에 대한 논쟁을 재발시킨 비교적 최근의 몇몇 현상들이 있다. 공산 체제가 붕괴하고 소련 및 동유럽 국가들의 전문직 종사자들이 다른 직업으로 이동하거나 혹은 다른 국가로 이주했다. 많은 수의 매우 우수한 공학자들과 과학자들이 동남아시아 국가들, 보다 최근에는 중국으로 돌아가고 있다. 두뇌 유출 현상으로 영향을 받은 국가들이 그들의 공학, 과학 및 기술(EST) 디아스포라(diasporas, 집단 이동)를 제도화된 네트워크로 구성하려고 시도했다. 이렇게 함으로써 그들은 국내 · 외 과학계 사이에 공동 연구 프로그램을 시작하고 사람과 정보의 순환을 촉진시키고자 했다. 그럼에도 많은 개발도상국들은 반복적인 두뇌 유출 문제의 전형적인 예로서 남아 있다.

주된 어려움 가운데 하나는 이주를 측정하는 데서 발생한다. 불명확한 정의 때문에 공학, 과학 및 기술이 학문 분야와 그 수준의 다양성에도 대개 하나로 통합된다는 사실로 인해 이 이동을 관찰할 수 있는 방법이 없다. 이것은 우리에게 신뢰할 수 없고 표준화되지 않은 통계만을 제시할 뿐이다. 떠나는 것은 어느 정도까지는 기록되지만 돌아오는 것은 그렇지 않다는 사실은 인재 유출에 대한 과장된 수치를 부분적으로 설명해 줄 수 있을 것이다.

OECD는 이주를 측정하는 도구를 개발하는 데에 기여했다. 30개의 OECD국가들 중 29개국에서 얻어진 정보[19],[20]들로 구성된 이주자들과 국외 거주자들에 대한 데이터베이스가 그것이다. 이러한 데이터는 출생국별로 또는 본국에서 고등 교육을 받은 사람들 중에서 이민자들의 비율이 어느 정도인지를 식별할 수 있게 해주었다. 출생국에서 고등교육을 받은 사람들의 이주 비율은 고등 교육을 받은 국외 거주자 수를 그 국가 태생인 고등 교육 인구수로 나눠서 계산한다. 고등 교육 인구는 공학 및 과학을 포함한 모든 학문 분야에서 높은 수준의 교육을 받은 사람들로 정의된다. 이 데이터베이스는 출생국별로 고숙련 국외 거주자들의 전체 수와 그들의 비율을 산출해 내는데 이용된다(Dumont and Lemaitre. 2005).[21] 이러한 결과들은 카리브 해와 아프리카의 중소 국가들에서 고숙련 국외 거주자들의 비율이 꽤 높다는 것을 보여준다(그림 2). 예상하는 바와 같이 긴 내전을 겪은 국가들(아이티, 앙골라, 모잠비크와 같은)이나 주로 이민자들로 인구가 구성되어 있는 국가들(모리셔스 같은)은 두뇌 유출 현상의 영향이 특히 더 높다. 레바논에서 행해진 최근의 연구는 적어도 레바논 출신 공학자 및 과학자의 반이 국가 밖으로 나갔다는 사실을 보여준다.[22] 아프리카, 아시아, 라틴 아메리카의 더 큰 국가들은 절대적인 수치로 볼 때, 비록 상대적인 중요성은 덜 크긴 하지만, 그들의 고숙련 인력의 이주로 심각한 타격을 받았다. OECD의 데이터 측정치는 인도의 경우 백만 이상의 고숙련 국외 거주자들이 있다는 사실을 보여준다. 그러나 이것은 전체 고숙련 인구 중 4% 미만(3.43%)이다. 전체 국외거주자가 60만 명 이상인 중국의 경우 이 수치는 전체 고숙련 인구 중 3% 미만(2.61%)이다.

17) Goodlad, S. 1995. *The Quest for Quality; Sixteen Forms of Heresy in Higher Education*, SRHE and Open University Press, Buckingham UK. ISBN 0-355-19350-1.

18) EU-US Atlantics Programme 2006 Contract 200-4563/004-001.

19) 이 데이터베이스는 Baro and Lee(2000)와 Cohen and Soto(2001)의 연구에 기초하여 작성되었다.

20) 아이슬란드가 참여하지 않은 유일한 국가이다.

21) Dumont, Jean-Christophe and Lemaitre, Geores. 2005, *Counting Immigrants and Expatriates in OECD Countries: A new Perspective*, Conference on Competing for Global Talent, Singapore Management University, Singaproe, 13-14 January.

22) Gaillard, J. 2007. *Evaluation of Scientific, Technology and Innovation Capabilities in Lebanon*. Report for ESTIME/European Commision (Rigas Arvanitis Coord.), p. 55.

그림 2. 고급 인력 국외거주자

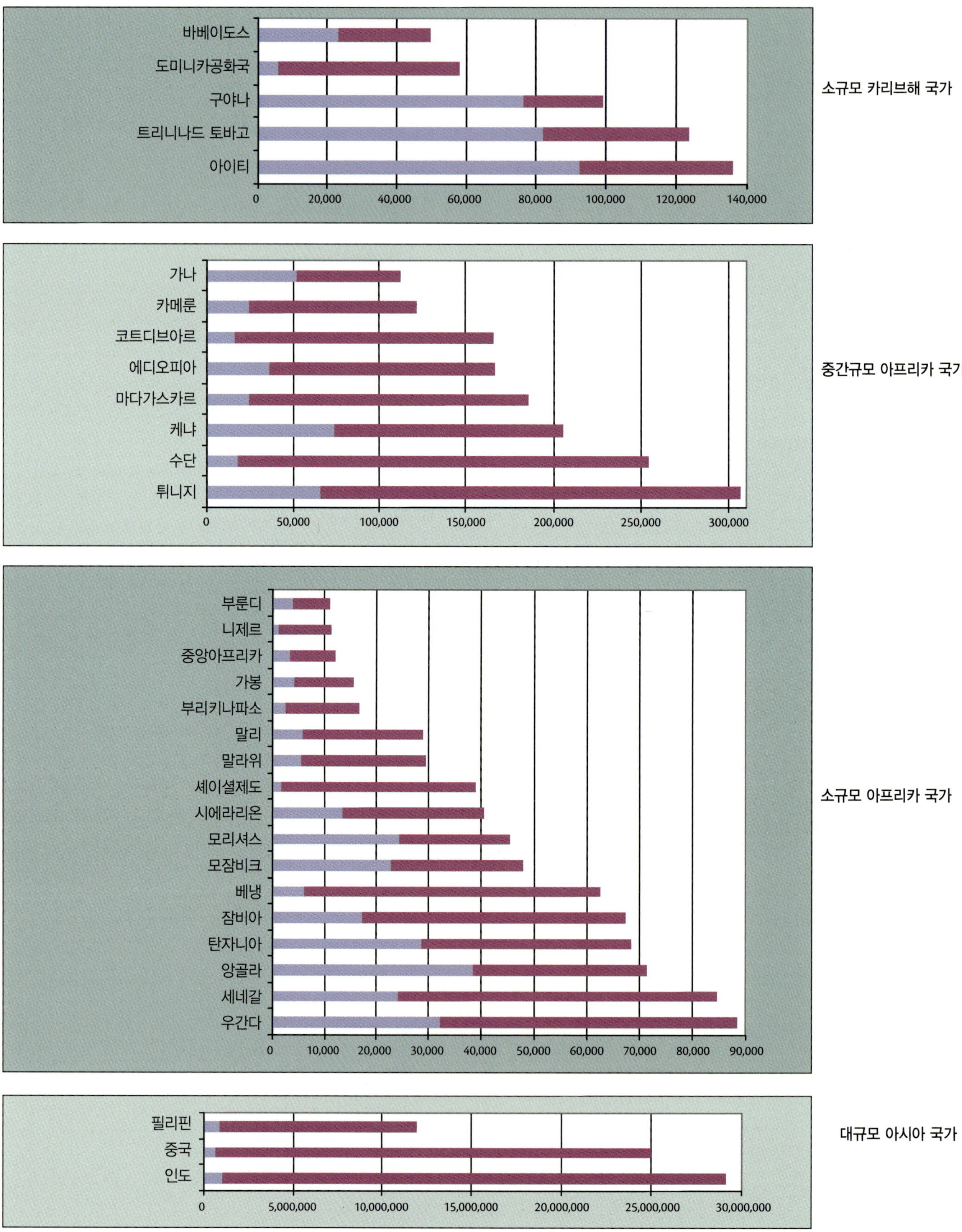

EST 디아스포라가 두뇌 유출을 완화시키는 데에 도움이 될 수 있을 것인가?

이러한 배경에서 최근의 정책 문서들과 정치 담론들은 개발도상국들로부터 이민가는 수많은 공학자들과 과학자들을 더 이상 색안경을 끼고 보아서는 안 되며 오히려 개발도상국의 발전을 도울 것이라고 단언한다. 'EST 디아스포라'가 국제 공학계 및 과학계의 단점과 약점을 보완해줄 거라는 이러한 발상은 많은 개발도상국들에서 빠르게 퍼져나갔으며 만장일치로 지지되는 것처럼 보인다. 이는 충분히 매력적인 생각이긴 하지만 신중하게 접근해야 한다.

디아스포라의 활용을 지지하는 사람들은 이민 간 공학자들, 과학자들, 기술자들을 자국의 이익을 위한 인력교류의 하나의 수단으로 보고 있다. 이들 때문에 광범위한 사회적, 기술적, 전문적인 네트워크와 향상된 훈련 기회들을 통한 공학 및 과학 정보에의 개선된 접근, 국내 외 공학자 및 과학자들 간의 공동 연구 개발이 가능해 졌다는 것이다. 비용이 적게 들고, 자발적인 관리가 가능하며, 효율적이고, 쉬운 해결책을 제공하는 것처럼 보이기 때문에 디아스포라 모델은 정치인들이나 정책 결정자들에게 매력적으로 느껴질 것이다. 이 선택은 또한 죄책감을 느끼지 않고 외국에 머물고 싶어 하는, 그들의 본국의 발전에 기여할 기회를 가지고 싶어 하는 국외 거주자들에게도 역시 매력적으로 느껴질 것이다. 지난 10년 간 많은 수의 국가들이 국외 공학자와 과학자들의 데이터베이스를 만들기 위한, 그리고 외국에 있는 그들의 과학자들을 본국의 과학계와 다시 연결시키고 조직하고 이동시키기 위한 계획에 착수했다.

하지만 이러한 접근의 지속성과 효과성은 아직 입증되지 않았으며, 몇 가지 중요한 EST 디아스포라의 운명은 일부 사람들이 상상한 것보다 디아스포라 접근이 약속하는 바가 달성되기 어렵다(예: 콜롬비아의 Red CALDAS, 그리고 남아프리카 공화국의 South African Network of Skills Abroad)는 것을 이미 보여주고 있다. 이러한 제도화된 주요 계획들은 평가할 필요가 있다.

'디아스포라 모델'은 절대로 아프리카의 공학 및 과학 필요에 대한 저렴하고 자급자족적인 해답이 될 수 없다. 이를 성공적으로 이루기 위해서는 수많은 조건들이 충족되어야만 한다(Gaillard and Gaillard, 2003).[23] 이의 효과성은 주로 본국에 기반을 둔 공학계 및 과학계의 내부 관계에 의존한다. 국외 거주자들의 네트워크는 기껏 해야 국내 공학계 및 과학계의 연장에 지나지 않는다. 이것은 결코 대안책이 될 수 없다. 그러므로 무엇보다도 먼저 다음 세대의 과학자들을 훈련하고 고용하고 보유함으로써 국내 공학 및 과학 역량을 강화하는 것에 집중해야 한다. 이에 실패한다면 디아스포라 모델은 그저 초라한 옷을 감추는 멋진 외투에 지나지 않을 것이다.

23) Gaillard J. and A.M. Gaillard. 2003. *Can the Scientific Diaspora Save African Sciecne?* SciDev Brain Drain Dossier: http://www.scidev.net

7.2.8 산업 역량 지수

피터 보스웰(Peter Boswell)

FIDIC 국가 산업 역량 지수

국내의 민간 부문 컨설팅 산업을 강화하는 것은 부를 창출하는 지속가능하고 지식에 기반한 일자리 기회를 개발하기 위해 필수적이다. 국제엔지니어링컨설팅연맹(FIDIC)은 산업계의 역량강화를 지연시키는 주요한 요인으로서 기술, 직원, 시설 및 가시성의 결여에 대한 국가 산업 부문 수준에서의 정보가 부족하다는 것을 인식했다. 이와 같은 정보의 부족으로 산업계는 능력을 충분히 만족스럽게 활용하지 못했으며, 역량강화를 촉진시키기 위해 자원들이 어디에 적절하게 배치해야 하는지 인식하기 어려웠다.

위와 같은 필요성을 강조하기 위한 하나의 접근방법은 국내 컨설팅 엔지니어링 산업 분야에 대한 역량 벤치마크를 개발하는 것이었다. 하지만 신중한 디자인 없이는 부적합한 요인에 벤치마크가 집중될 수도 있다. 특정한 관중들의 요구를 충족시키는 제한된 지표들을 정하는 것이 도전적인 과제였다. 게다가 지표들은 반드시 신뢰성 있고 효율적이며 정확해야 한다. 따라서 주로 이미 존재하고 있는 표준적인 사례 보고에 근거를 두어야 하고 국가 간에 비교할 수 있어야 했다.

FIDIC는 국내 산업 부문 수준에서 신뢰할만한 벤치마킹을 만들기 위해서는 일관된 방식으로 데이터 및 보고서를 조직하는 시스템적 접근법이 필요하다고 믿었다.

벤치마킹 큐브

FIDIC의 시스템은 여러 국가에 있는 FIDIC 회원 기업에게 제공된 데이터에 근거를 두고 있다. 이 시스템은 단순한 큐브의 형태로 표현할 수 있다. 하나의 축은 '데이터 수준'으로 구성되어 있는데 다양한 지표들에 대한 관련 데이터는 2가지의 형태를 취하고 있다.

- 기업 수준 데이터: 국가 산업 부문 내의 기업에 의해 국가 산업 부문 기관에게 제공된 기밀 정보
- 국가 수준 데이터: 일반적으로 정부에 의해 수집된 공개 정보, 혹은 정부 및 산업분야의 그룹들에 의해 국가 차원에서 보고된 데이터에서 추출된 정보

이 시스템은 보고서의 두 가지 유형, 즉 국가 산업 능력과 기업의 벤치마킹에 초점을 맞춘다. 따라서 큐브의 두 번째 축은 '보고서 수준'을 나타낸다.

벤치마킹 시스템의 세 번째 축은 그림 1에 나와 있는 것과 같이 다양한 지표들을 나타낸다.

그림 1. 벤치마킹 큐브

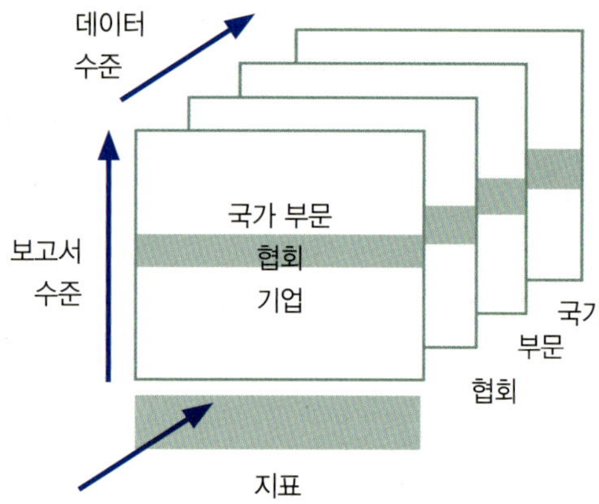

국가 산업 부문에 의해 혹은 다양한 비즈니스 과정을 갖고 있는 회사들에 의해 일반적으로 이용되는 도구들이 적합한 지표를 정하기 위해 분석되었다. 이러한 도구들은 다음을 포함한다. ㄱ) 회사의 보고서, ㄴ) 회사의 역량에 관한 등록 시스템, ㄷ) 국내 기업의 벤치마킹과 업계 설문조사, ㄹ) 비용 규모에 관한 계산들

지표는 균형 성과 기록표(Balanced Scorecard)의 네 가지 범주로 구성될 수 있다.

- 재무 관리(Financial management)
- 인적 자원(Human resources)
- 고객 관계(Client relations)
- 비즈니스 운영(Business operations)

따라서 FIDIC는 국가 산업 부문 수준에서의 벤치마킹 역량을 위해 지표들은 반드시 다음과 같아야 한다고 제안했다.

- 균형 성과 기록표의 네 개의 범주에 균일하게 분배되어야 한다.
- 주로 기업 수준 및 국가 산업 부문 수준에서 보고되도록 설계되어야 한다.
- 기업 수준의 통합 데이터에 의해 그리고 국가 산업 부문 수준에서 보고된 추출 데이터에 의해 생성되어야 한다.

균형 잡힌 지표를 위해서는 데이터 수준과 보고서 수준의 각각의 조합에 대해서 하나, 둘 혹은 그 이상의 지표들이 반드시 생성되어야 한다. 가장 쉬운 방법은 각 조합에 대해 하나의 지표로 시작하는 것이며, 지표는 총 16개가 된다.

지표들이 균형적인지를 확인하는 것

제시된 역량 지표들이 균형적인지를 확인하는 가장 좋은 방법은 그 지표들을 국가의 비즈니스 환경과 관련된 업계의 능력 및 제도적인 역량 강화에 초점을 맞춘 지표들과 비교하는 것이었다. 가장 잘 알려진 것은 국부 지수(Wealth of Nations Index) 지표였는데, 이는 아래의 3가지의 범주에 대해 15개의 지표을 가지고 있다.

- 산업 구조
- 산업 조직
- 국가의 활성화된 환경

15개의 지표들이 제시된 균형 성과기록표(Balanced Scorecard) 보고서와 데이터 수준에 걸쳐 균일하게 분산되어 있는 것을 볼 수 있다. 모형을 완성하기 위해서 필요한 것은 다음 사항들에 관

표 1: FIDIC 국가 산업 역량 지수*

국가	데이터가 있는 지표 수	지수
방글라데시	13	4.60
폴란드	16	6.51
베트남	13	6.79
오스트리아	16	7.37
체코공화국	13	7.48
일본	15	7.78
헝가리	15	7.96
스위스	14	8.04
그리스	13	8.08
중국	15	8.45
아일랜드	14	9.36
뉴질랜드	13	9.38
벨기에	14	9.59
남아공	15	9.97
호주	15	10.09
독일	12	10.27
스페인	16	10.43
스웨덴	11	10.45
덴마크	16	10.72
슬로베니아	14	10.94
영국	13	11.02
캐나다	15	11.15
미국	13	11.39
핀란드	15	11.73
네덜란드	16	12.44
노르웨이	15	12.90

* http://www.fidic.org/annualsurvey (2010년 5월 28일 최종 방문)

표 2: 국가 및 기업 관련 각종 데이터 모음

데이터 수준	주로 국가 수준에서 보고된 지표들			
	재무	고객 관계	비즈니스 과정	학습 및 성장
국가 관련	1인당 GDP	정직성 지수	협회의 독창성	전체 졸업생당 신입사원
기업 관련	해외 수익 %	협회 활동 분포	기업 수익 대비 협회비 %	기업당 직원 수
	주로 기업 수준에서 보고된 지표들			
국가 관련	GDP 대비 산업부문 수익 %	조달 투명성	협회 예산	1인당 기업 직원 수
기업 관련	산업 부문 수익 대비 회원 기업 수익 %	전체 수익 대비 민간 고객 수익 %	QBS % 대 QCBS	대기업과 중소기업 직원 분포

한 지표들이다.

- 일반적으로 국가 차원에서 보고된 국가 데이터로부터의 인적 자원
- 일반적으로 국가 차원에서 보고된 회사 데이터로부터의 비즈니스 운영
- 일반적으로 국가 차원에서 보고된 회사 데이터로부터의 고객 관계

업계의 다양한 도구들은 적합한 지표들이 다음과 같다고 제시하였다.

- 1인당 졸업생의 수
- 회원 기업 수익 대비 협회비 요금 %
- 총수익 대비 개인 고객으로부터 파생된 수익 %

여기 17개의 지표가 있다. 국내 총생산(GDP)는 정규화된 지표가 아니기 때문에 삭제되어야 하며, 즉 16개의 권장 지표가 있다. 관련 범주에 걸쳐 분포된 '균형 잡힌' 지표들에 더하여, 지표들은 반드시 ㄱ) '선두적인(미는)' 그리고 '뒤처지는(반응하는)' 지표들을 모두 포함해야 하고, ㄴ) 국가 산업에 대한 내부 및 외부 측면들을 모두 반영해야 하며, ㄷ) 단기 및 장기적인 측면을 모두 측정해야 한다. 세부적으로 들어가지 않고도 제안된 지표들이 이러한 요구사항을 만족함을 알 수 있었다.

7.3 공학 교육의 변화

7.3.1 문제 기반 학습(PBL)

아넷 코모스(Anette Kolmos),
모나 담스(Mona Dahms),
싱균 두(Xiangyun Du)

변화는 필요한가?

"공학 교육이 보다 학습자 중심의 교육으로 변화할 필요가 있을까?" 라는 질문에 많은 이들이 그렇다고 이야기할 것이다. 하지만 실제로 우리가 새로운 교육 모델을 채택한 교육 기관들의 수를 세어보면 전체 공학 교육 기관들 중 매우 작은 비율만을 차지할 것이다.

공학 교육은 사회 발전을 위한 초석이 된다. 기술적인 혁신이 없다면 새로운 상품의 개발, 경제 성장 및 인간의 발전은 이루어지지 않을 것이다. 혁신은 새로운 시장 개척을 위한 시장 메커니즘의 일부분이다. 원동력으로서의 시장은 혁신과 더불어 기술적, 과학적 지식의 신속한 발전을 필요로 한다.

이러한 요구는 공학 교육에 있어 많은 도전과제를 낳는다.

- 지식은 몇 년 사이에 낡은 것이 되며, 이것은 전 세계의 공학 교육에 도전과제를 가져온다. 과거의 휴대폰에 대한 지식이 향후 통신 기술발전에 의해 구식이 될 수 있으며, 이로 인해 학생과 교육자 모두 배워야 할 지식이 방대해진다.
- 우리는 연구를 통해 혁신은 더 이상 독립된 지식이 아닌 집합적 지식으로 인해 창출된다는 것을 알고 있다(Sawyer, 2007).[24] 이것은 혁신 과정의 분석 중 도출된 결과들 중 하나이다.

24) Sawyer, K. 2007. Group Genius – The Creative Power of Collaboration, Basic Books, New York.

- 혁신에 대한 연구에서 도출된 또 다른 결론은 바로 집합적 지식의 구성이 갈수록 복잡해지고 있다는 것이다. 이는 한편으로는 세계화로 인해 동서남북 간의 결과물 공유에 있어 새로운 방법과 문화적인 이해를 필요로 하기 때문이며(Friedman, 2005),[25] 다른 한편으로는 다학제적 지식 구성에 복잡성이 더해지기 때문이다.
- 게다가 이러한 신속한 기술 발전을 지속가능하게 하는 데 또 다른 거대한 도전 과제로 작용하는 것은 바로 환경과 사회적 책임이다.

공학 교육이 이러한 문제들에 집중하지 않는다면 변화의 필요성이 언제든지 제기될 수 있다.

새로운 기술

이러한 새로운 도전 과제들은 미국의 ABET(Accreditation Board for engineering and Technology)과 유럽의 EUR-ACE(European Accreditation Board for Engineering Education)의 공학교육 인증기준에 포함되어 있다. 이 인증기관들은 기술적 지식 이상의 능력들을 위한 공식화된 요구 조건들을 제시하고 있다. ABET 기준 중 몇 가지는 다음과 같다.

- 다학제적 팀에서 일할 수 있는 능력
- 응용과학 문제를 파악하고 해결할 수 있는 능력
- 전문적이고 윤리적인 책임에 대한 이해
- 효과적인 의사소통 능력
- 문제 해결 방법의 영향을 국제적이고 사회적인 차원에서 이해하기 위해 필요한 광범위한 교육
- 평생 교육의 필요성 인식과 수행 능력
- 시사 문제에 대한 지식
- 직업적 수행에 있어 필요한 기술과 능력, 그리고 현대 과학적, 기술적인 수단의 사용 능력

EUR-ACE는 전문 기술과 중첩되는 측면을 다루는 이전 가능한 능력의 변형을 정의하고 있으나, 이 정의는 문화적인 부분에 조금 더 무게를 두고 있다(Kolmos, 2006).[26] 삽입된 기준들은 지속가능에 대한 이슈와 학문간, 문화간 복잡한 지식 구성에 필요한 요구사항들일 수 있다. 하지만 이것들은 명료하게 공식화되진 않았다. 복잡한 지식에 대한 인식과 이것이 국제화된 세계에서 어떻게 작용하는지에 대한 의견은 서서히 수렴되고 있다. 공학 지식은 항상 공학자들이 설계를 할 때 현상화된 기록들을 가지고 작업하는 시스템 기반의 지식이었다. 새로운 도전 과제는 그러한 기록들을 가지고 작업하는 것이 아닌, 집합적인 문화 및 학문적인 팀 속에서 작업하는 것이다.

혁신적 접근으로서의 PBL

지난 수십 년 동안, 전통적인 강의 중심에서 보다 학습자 중심의 교육으로 변모하는 과정은 '탐구 학습', '실험 학습', '사례 기반 학습', '능동적 학습', '질문 기반 학습', '상황 기반 학습' 등 다양한 접근법의 적용을 통한 교수법의 혁신을 가져왔다. 이러한 모든 혁신 중에서도, 문제 기반 학습(PBL, Problem Based Learning)은 교육과정의 변화뿐만 아니라 철학적 수준에서의 교육과 학습의 기본적인 이해의 변화를 포함한다는 점에서 효율적이고 효과적인 변화로 서서히 인식되어 왔다.

PBL의 근원은 교육 혁신의 실용적 접근에 기반한 다수의 자료에서 비롯된다. PBL은 주로 교육과정의 각 구성 요소에서 문제 상황을 학습의 중심에 설정해 놓는 접근법이다(Salvin-Baden 2007).[27] 1960년대 후반, 캐나다의 McMaster대와 네덜란드의 Maastricht대는 학생들이 사례 기반 문제는 그룹 별로 수행하고 시험과 과제는 개인적으로 수행하는 방식의 PBL을 적용하였다. 이러한 방식이 효과적이라는 것이 초기 연구 작업에서 판명되었으며(Barrows and Tamblyn, 1980),[28] 의학이나 보건 과학 계통에서 광범위하게 적용되었다. 1970년대 초부터, 문제를 기반으로 하며 프로젝트를 구성하는 교수법이 덴마크에 소재한 두 신생 교육 기관(로스킬드(Roskilde)대학과 올보그(Aalborg:AAU)대학)에서 차용되었다. 학생들은 교수와 함께 고안한 문제들에 기반한 공통의 프로젝트를 팀을 구성하여 해결해야 했으며, 이후에 시험을 볼 때도 팀으로 활동하였다.

PBL의 광범위한 사용에 따라 PBL의 개념은 점차 포괄적으로 정의되었다. 약어 PBL은 '문제 기반 학습(Problem Based Learning)', '프로젝트 기반 학습(Project Based Learning)' 혹은 '문제 및 프로젝트 기반 학습(Problem and Project Based Learning)'으로 불리기도 한다. PBL의 수행은 교육기관 혹은 국가별로 상이하다. PBL

25) Friedman, T. L. 2005. *The World is Flat — A Brief History of the Globalized World in the Twenty-First Century*, London: Allen Lane.

26) Kolmos, Anette. 2006. *Future Engineering Skills, Knowledge, and Identity*. Engineering Science, Skills, and Bildung, Aalborg; Aalborg University Press, pp.165-185.

27) Salvin-Baden, M. 2007. *Challenging Models and Perspectives of Problem-Based learning. Management of Chage: Implementation of Problem-Based and Project-Based Learning in Engineering*, E. de Graaff and A. Kolmos, (eds.), SENSE publisher, Rotterdam. pp.9-30.

28) Barrows, H. and Tamblyn, R. 1980. *Problem-Based Learning: An Approach to Medical Education*, Springer, New York.

의 적용 범위도 한 강좌에서부터 교육과정에 통합된 일부분 혹은 전체 교육과정에 이르기까지 다양하다.

PBL의 범위

학습 이론의 역사와 1960년대 후반부터 PBL을 수행해 온 선구자적 교육기관들의 교수법적 경험에 비추어 볼 때, PBL의 학습 원리는 다음 세 가지로 정리될 수 있다(Graaff and Kolmos, 2003)

학습적 접근으로서의 PBL은 "학습은 문제를 통해 구성되고 프로젝트를 통해 완수된다"는 의미를 지닌다. 이것은 동기부여의 발현에 있어 중심이 되는 원리이다. 문제는 학습 단계의 시발점을 형성하고, 상황에 따른 학습을 구현하며, 학습을 학습자의 경험에 맞게 만들어준다. 이러한 접근이 또한 프로젝트 기반으로 불리는 것은 이것이 보다 복잡하게 설정된 문제분석과 문제해결과 관련된 특수한 방식이라는 것을 의미한다.

내용적 접근은 다학제적 학습과 관련되어 있는데, 전통적인 교과목과 연관된 경계와 교수법을 초월한다. 일종의 전형적 수행으로서의 교육 성과는 전반적 교육목표의 전형이 되며, 학습과정은 문제의 분석과 해결 방법에 있어 이론을 사용하는 분석적 접근을 포함한다는 사실에 의해 이론과 실제의 관계를 뒷받침한다.

집합적 접근은 팀 기반 학습이다. 팀 학습 측면에서는 대화와 의사소통을 통해 학습이 이루어진다는 점에서 학습 과정을 사회적 행동으로 간주한다. 더욱이 학생들은 서로에게서 배울 뿐만 아니라, 지식을 공유하며 집합적 학습 과정을 조직한다. 이 사회적 접근법은 학습 과정과 특히 문제 개발의 집단적 소유권을 내포하는 참여자 주도 학습의 개념 또한 포함한다.

Graaff, Erik de and Kolmos, Anette. 2003. Characteristics of Problem-Based Learning. *International Journal of Engineering Education*, Vol.17, No.5.

PBL의 효과

학생의 학습에 있어 PBL과 같은 혁신적인 교수법과 전통적인 방식의 교육법을 비교 연구하는 것은 실용성의 문제와 비교 기준 고안에 대한 편견으로 인해 수행되기가 어렵다. 그럼에도, 덴마크에서는 직장의 관점에서 다양한 평가가 수행되었다.

2002년 발간된 덴마크 정부 산하 고용 시장 이사회의 국책 보고서(Kandidat, 2002)[29]에서는 59%의 민간 고용주들이 AAU 출신 구직자들을 타 공과 대학 출신자보다 선호한다고 응답했는데, 그 이유로는 AAU 출신 구직자들이 팀 워크, 혁신, 프로젝트 관리 및 새로운 지식 습득에 있어 더 나은 기량을 보여주었기 때문이다. 2004년 수행된 '덴마크 산업계(Danish Industry)'의 설문조사(Ingerioren, 2004)[30]는 전체 500개의 엔지니어링 회사 중 125개의 사업장에서 그들의 젊은 공학자들의 성과를 평가했는데, 그 결과 전문적 지식과 기술에 있어 AAU 졸업자들과 타 학교 졸업자들간의 격차는 미미했다(그림 1). 하지만 AAU 졸업자들은 프로젝트와 인적 관리, 의사 소통, 혁신, 사업적 지식과 경험에 있어 뚜렷하게 더 나은 성과를 보여주었다.

국제적인 맥락에서 볼 때, PBL의 효과는 학생의 교육과 교육기관의 발달이라는 두 가지 측면에서 문서화됐다. 교육에서의 변화 개념을 고안한 저작자 중 하나인 풀란(M. Fullan)은 PBL의 성과는 학생의 학습 수준을 향상시켰을 뿐만 아니라, 조직의 능력 또한 향상시켰다고 강조한다(2005).[31] 우선, 학생의 교육에 있어 PBL

29) Kandidat — og Aftagerundersogelsen 2002. http://www.cand.auc.dk 또는 http://www.ruc.dk/kandidat.

30) Aalborg — Kandidaters Tekniske Vidern er I Top, *ingerioren*, March 3, 2004.

31) Fullan, M. 2005. *Leadership & sustainability: System Thinkers in Action*, Thousand Oaks: Corwin Press.

그림 1. AAU와 DTU 졸업생 능력 비교

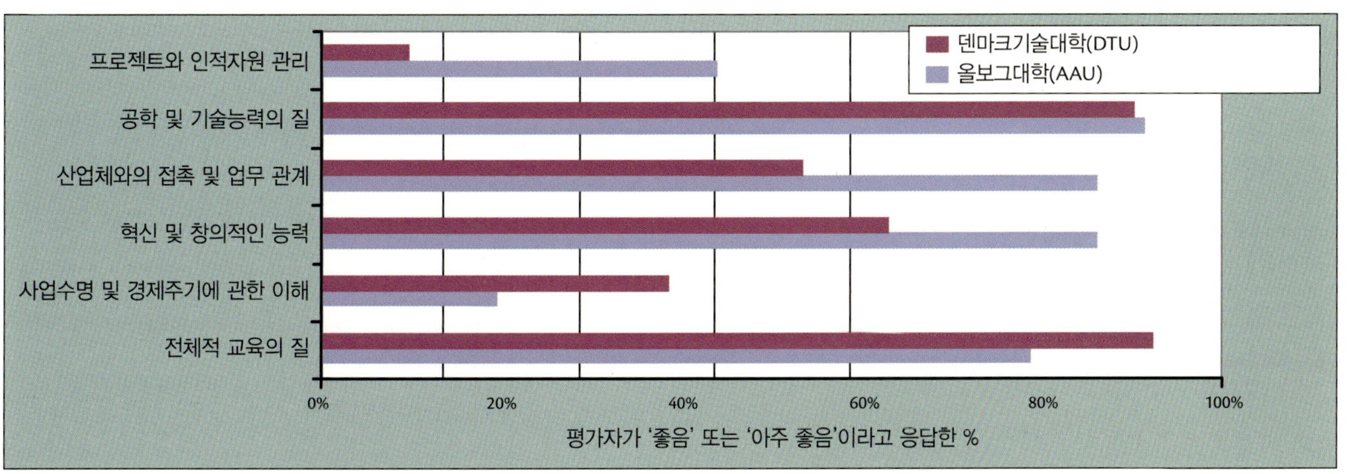

출처: Nyhedsmagasinet IngeniØren, nr 13, 2004

의 긍정적인 측면은 다음과 같이 정의되었다.

- 피상인 접근에서 벗어나 보다 심층적인 교육의 촉진(Biggs, 2003)[32)]
- 능동적 학습의 향상(de Graaff and Cowdroy, 1997; Du, 2006)[33),34)]
- 학습자의 비판적 시각 발달(Savin-Baden, 2003)[35)]
- 자가 학습 능력 향상(Hmelo and Lin, 2000; Du, 2006)[36),37)]
- 타 학문간 지식과 기술에 대한 고려 제고(Kjaersdam, 1994; de Graaff and Kolmos, 2003)[38)]
- 관리, 협업 및 의사소통 기술 발달(Du and Kolmos, 2006)[39)]
- 직업적 정체성과 책임감 발달(Hmelo and Lin, 2000; Kolmos, 2006; Du, 2006)[40),41),42)]
- 학습의 의의 향상(Savin-Baden, 2000, Du, 2006)[43),44)]

두 번째로, 교육 기관의 관점에서 PBL로의 변화는 다음과 같은 측면에서 대학과 학과에 이익이 된다.

- 수강 취소율 감소 및 교육의 정시 졸업율 증가
- 교직원과 학생의 새로운 경쟁력 개발 도모
- 동기를 부여하고 친근한 교육환경 도모 제공
- 교육 기관의 평판 제고(Kolmos and de Graaff, 2007)[45)]

PBL로의 변화

PBL이 국제 사회의 요구에 긍정적인 해결책으로 인식되고는 있지만, 이것이 빠르게 정착될 수는 없다. 변화는 단발성 이벤트가 아니라, 지속적이면서도 장기적인 활동과 보완책이어야 하며, 계획은 또한 교원들에 의해 하향식 및 상향식의 형태로 진행되어야 한다(Fullan, 2005; Scott, 2003).[46),47)] 코터(J. Kotter, 1995)[48)]는 위기의식의 중요성과 사명감의 창조를 강조했다. 문제는 일반적으로 관리자 그룹이나 교원들이 이러한 위기 의식을 경험하지 못한다는 것이다. 반대로, 그들은 현행 교수법에 자신감을 갖고 만족하며, 그들이 교육받은 방식으로 계속하여 교육한다는 것이다. 일부 교원만이 변화의 필요성을 느낀다. 외부적인 요소는 교육 기관의 변화에 있어 가장 흔한 시발점이 되곤 하지만, 예산의 삭감이나 새로운 기술에 대한 수요는 교육 기관의 변화에 어떠한 위기의식도 발생시키지 못한다. 전체 교육과정을 재고하는 것보다는 교육 과정 일부를 추가함으로써 필요조건을 충족시킬 수도 있다. 하지만 새로운 형태의 전문 역량이나 그러한 역량을 다루는 과정에서 필요한 사항은 범 세계적이다. 공학자들은 국제적으로 업무를 보기 때문에, 교육은 학생들이 교육 기간에 이러한 경

32) Biggs, J. 2003. *Teaching for Quality Learning at University — What the Student Does*, Buckingham: Open University Press, The Society for Research into Higher Education.

33) Graaff, E.' de, and Cowdroy, R. 1997. Theory and Practice of Educational Innovation: Introduction of Problem Based Learning in Architecture. *International journal of Engineering Education.* Vol. 13, No. 3, pp. 166-174.

34) Du, X. Y. 2006. *Bringing New Values in engineering education — Gendered and Learning in PBL*, PhD thesis submitted to Aalborg University, Denmark.

35) Savin-Baden, M. 2003. *Facilitating Problem-based Learning; illuminating Perspectives.* The Society for Research into Higher Education & Open University Press, Berkshire.

36) Hmelo, C. and Lin, X. 2000. *Becoming Self-directed Learners: Strategy Development in Problem-based Learning, Problem-based Learning — a Research Perspective on Learning Interactions,* D. Evensen, and C. Hmelo, (eds.), Lawrence Erlbaum Associates Publications, London. pp. 227-250.

37) Du, X. Y. 2006. *Bringing New Values in engineering education — Genedered and Learning in PBL*, PhD thesis submitted to Aalborg University, Denmark.

38) Kjaersdam, F. 1994. The Aalborg Experiment-Tomorrow's Engineering Education, *European Journal of Engineering Education,* Vol. 19, No. 3.

39) Du, X.Y, and Kolmos, A. 2006. *Process Competence in a Problem and Project Based Learning Environment*, Proceedings of the 34th SEFI Annual Conference: Engineering Education and Active Students, July 2006, No. 34, Uppsala University.

40) Hmelo, C. and Lin, X. 2000. *Becoming Self-directed Learners: Strategy Development in Problem-based Learning, Problem-based Learning — a Research Perspective on Learning Interactions*, D. Evensen, and C. Hmelo, (eds.), Lawrence Erlbaum Associates Publications, London. pp. 227-250.

41) Kolmos, Anette. 2006. *Future Engineering Skills, Knowledge, and Identity.* Engineering Science, Skills, and Bildung, Aalborg: Aalborg Univeristy Press, pp. 165-185.

42) Du, X.Y. 2006. *Bringing New Values in engineering education — Gendered and Learning in PBL,* PhD thesis submitted to Aalborg University, Denmark.

43) Savin-Baden, M. 2000. *Problem-based Learning in Higher Education: Untold Stories.* The Society for Research into Higher Education & Open University PRess, Berkshire.

44) Du, X.Y. 2006. *Bringing New Values in engineering education — Gendered and Learning in PBL*, PhD thesis submitted to Aalborg University, Denmark.

45) Kolmos, A. and Graaff, E. de. 2007. *Process of Changing to PBL, Management of Change: Implementation of Problem-Based and Project-Based Learning in Engineering,* E, de Graaff and A. Kolmos, (eds.), SENSE Publisher, Rotterdam. pp. 31-44.

46) Fullan, M. 2005. *Leadership & sustainability: System Thinkers in Action,* Thousand Oaks: Corwin Press.

47) Scott, Geoff. 2003. Effective Change Management in Higher Education, *EDUCAUSE Review*, Vol. 38, No. 6, (November/December).

48) Kotter,J.B. 1995. Why Transformation Efforts Fail. *Harvard Business Review*, March-April 1995, Vol. 73, No. 2, pp. 44-56.

험을 이미 갖도록 하는 것과 같은 새로운 종류의 요구조건에 집중해야 한다.

PBL은 전세계적으로 광범위하게 퍼진 교육적 해결책의 일종이다. 시스템과 조직을 구축함에 따라, 협업, 프로젝트 관리, 의사 소통, 문제 정의 및 해결, 목표 설정, 이러한 역량에 대한 교육, 학습 및 평가를 필요로 하는 PBL의 적용을 확고히 하는 것이 가능해진다. 이것이 바로 교육 기관들이 PBL로 변화를 주고자 하는 이유 중 하나이다. 또한 동기 부여 촉진에 의한 학습 과정 개선, 향상된 학생 유지율, 보다 많은 학생들을 유치하기 위한 기관의 평판 향상 등도 그 이유가 된다.

PBL 관련 유네스코 위원회

학생 중심의 교육을 향한 범 세계적인 변화를 지원하기 위해, 덴마크 올보그(Aalborg)대학에 문제 기반 학습에 대한 유네스코 체어가 새롭게 신설되었다. 이러한 PBL 관련 유네스코 체어에 의해 구축된 세계적 네트워크는 경험의 상호 교류, 교육, 연구, 그리고 조언 활동을 통한 역량 강화 등 다양한 측면의 PBL에 있어 범 세계적인 플랫폼 구축을 지향한다. 위원회의 목표는 세계적 차원에서의 PBL 분야 내 협력과 PBL에 보다 용이한 접근을 촉진하는 것이다.

7.3.2 공학 교육과정에 지속가능성 도입

체릴 데샤(Cheryl Desha),
찰리 하그로브스(Charlie Hargroves)

지속가능한 발전을 위한 공학 교육의 현주소

고등 교육기관들은 지속가능한 발전을 위한 공학 교육(EESD) 분야에서 다소 진전을 보여 왔다. 하지만 여기에는 공학 교육자들이 겪는 '시간 차 딜레마'가 있는데, 전통적인 교육과정의 개편 속도가 잠재적 시장, 규제 및 교육 기관의 변화와 발맞추기가 다소 어려운 부분이다.

유엔은 지속가능한 발전을 위한 교육(ESD)을 현재, 그리고 미래 세대들을 위한 환경 보존, 경제적 생존 능력, 그리고 정의로운 사회를 골자로 하는 보다 지속가능한 미래를 열어주는 행동의 변화를 이끌어 내는 것이라고 정의한 바 있다.[49] 세계공학기술단체연합회(WFEO)에 따르면, 공학에 있어 지속가능한 발전을 위한 교육은 천연자원을 보존하고 비용을 절감하며, 인간과 자연 환경을 지속시키는 프로젝트들의 구상 및 개발에 있어 중요한 역할을 하는 것이다.[50] 그러므로, 지속가능한 발전을 위한 공학 교육(EESD)은 기술적, 사회적, 경제적인 측면을 포함하는 광범위한 개념이다. 이것은 공대 졸업생이 21세기가 직면한 도전과제를 해결할 수 있도록 준비시키는데 있어서 중요한 역할을 한다.

미국 과학환경국가위원회(US National Council for Science and the Environment)가 발간한 2003년 보고서는 대부분의 나라들에서 지속가능 교육의 현주소에 대한 기본적인 정보들이 전무하다고 밝혔다.[51] 하지만 표 1에서 보듯이 지난 10년 동안 수행되어 온 조사와 연구들은 공학 교육 진전의 척도로 이용될 수 있다. 이 자료들은 EESD의 논의가 점차 증가함에도, 어떠한 국가에서도 공학 교육과정에서 EESD로의 발 빠른 전환은 이루어지지 않았다는 것을 보여준다.

공학 교육자가 겪는 '시간 차 딜레마'

EESD로의 점진적인 진보에도, 공대 학과들은 현행 교육과정 및 프로그램의 개선이 21세기 도전과제들의 출현으로 바뀐 규제, 시장, 그리고 교육 기관의 요구사항에 발맞추지 못하는 '시간 차 딜레마'를 겪고 있다. 정부, 산업 그리고 사회 전반에 걸쳐 기후 변화와 같이 위협이 되는 환경 임계점에서 벗어나 지속 가능한 발전의 길로 가기 위한 노력이 현재 진행 중이다. 자연계의 복잡성에 대한 인식과 개발 목표를 자연계의 요구 사항에 나란하게 맞추는 것이 얼마나 어려운 것인지에 대한 인식이 점차 확대되고 있다. 이러한 태도와 행동의 변화는 대학 교육 시스템으로 귀결되는데, 이것은 공과 대학들에게 교육과정을 개정하라고 압박하는 여러 요소들을 보면 명확해진다. 그러한 요소들은 법안과 규제를 더욱 엄격히 하거나, 인증 기준을 더 높이거나, 기업들이 졸업생에게 지속 가능한 발전에 대한 역량을 요구하는 것, 그리고 학생들 스스로의 요구사항 변화가 해당된다.[52]

『고등교육에서의 지속가능성 국제 저널(International Journal of Sustainability in Higher Education)』 2009년호에서는 대학 교육계의 치열한 경쟁을 고려할 경우 EESD에 맞는 교육과정을 개정

49) UN General Assembly. 2002. *Proclamation of the Decade of Education of Sustainable Development* (2005-2014) - 57th Session. http://www.desd.org/ (2010년 5월 28일 최종 방문).

50) World Federation of Engineering Organizations' Committee on Technology. 2002. *Engineers and Sustainable Development*, WFEO, Germany.

51) Blockstein, D.E. and Greene, J. (eds.) 2003. *Recommendations for Education for a Sustainable and Secure Future*, National Council for Science and the Environment (NCSE), Washington, DC.

52) Hargroves, K., and Desha, C. 2009. Drivers for Change: Rationale for Rapid Curriculum Renewal to Engineering Education for Sustainable Development, *International Journal of Sustainability in Higher Education*, Vol. 10, Issue 1, Emerald Press.

표 1: 지속가능한 발전을 위한 공학 교육 관련 세계적 조사 및 보고서 요약

연도	조사 및 발견
1998	**지속가능한 발전을 위한 세계공학파트너십(WFEO, FIDIC, UATI)** 작은 수의 응답만이 결정적인 응답이었지만, 저자는 '공학 교육에서 환경 및 지속가능발전에 대해 뚜렷하거나 일관된 접근을 취하지 않으며, 국가 평균으로 10%의 교육과정의 10% 남짓한 시간만이 이러한 측면에 할애된다'고 보고했다.[a]
2000, 2001, 2002	**국제 조사: 영국의 서레이 대학교와 호주의 멜본 대학교** 이 조사의 저자는 지식의 수준이 만족스럽지 못했으며 교육과정 내에서 상당한 지식의 괴리가 발견됐는데, '서로 다른 연도의 연구에서 지식수준의 격차가 없다는 발견은 환경적인 또는 지속가능성에 대한 주제가 공학 프로그램에서 제대로 가르쳐지지 않는다는 우려를 드러낸다'고 평했다.[b]
2006, 2008	**국제적 지속가능성을 위한 연합(찰머스 기술대학교, 델프트 기술대학교, 카탈루냐 기술대학교)** 이 연합은 유럽에서 현재 EESD로의 전환은 진행 중이지만, 상당히 진전되지는 못했다고 결론지었다. '현재까지, 귀감이 될 만큼 EESD로의 충분한 진척을 보인 유럽의 대학은 없다.' 저자는 '공학자에게 업계가 요구하는 지속가능성에 대한 역량을 제공하고 세계적으로 경쟁력이 있는 대학으로 남고 싶은 유럽 대학들은 자기만족에 빠져선 안 된다'고 결론지었다.[c]
2007	**Natural Edge 프로젝트: 에너지 효율을 위한 공학 교육 조사** 저자는 만약 대학들이 지속가능성을 공학 교육과정에 반영하고자 한다면 에너지 효율에 대한 교육이 포함되어야 하며, 이것은 EESD의 합리적인 척도가 될 것이라고 제안했다. 저자는 '호주의 공학 교육에서의 에너지 효율에 대한 교육 수준은 학교와 공학 교육 별로 상이하고 임시변통적이다 … 이것은 유럽의 고등 교육 조사 대부분이 얻은 결과와 맥을 같이 한다'라고 결론지었다.[d]
2007	**영국의 고등교육기금위원회(HEFCE)** 이 위원회는 영국의 고등 교육에서의 지속가능한 발전에 대한 보고서를 작성했는데, '지속가능한 발전에 대한 활동은 고등 교육 기관 부문마다 매우 상이한 모습을 보여주었다'고 결론지었다.[e]
2008	**호주 교육 및 학습 위원회** 위원회는 새로운 세기를 위한 공대 졸업자의 수준과 공급에 대한 보고서를 제작했는데, 지난 10년에 걸쳐 공학 교육의 많은 프로그램과 교과목들의 내용 및 방법론이 획기적으로 변화하지 못했다고 결론지었다.[f]

a UNEP, WFEO, WBCSD, ENPC. 1997. Engineering Education and Training for Sustainable Development, Report of the joint UNEP, WFEO, WBCSD, ENPC Conference, Paris, France, 24–26 September 1997, Chapter 10: Appendices - IV WFEO Survey, p. 42.

b Azapagic, A., Perdan, S., and Shallcross, D. 2005. How much do engineering students know about sustainable development? The findings of an international survey and possible implications for the engineering curriculum, European Journal of engineering Education, Vol. 30 No. 1, March 2005, pp. 1–19.

c The Alliance for Global Sustainability. 2006. The Observatory: Status of Engineering Education for Sustainable Development in European Higher Education, 2006, EESD-Observatory, Technical University of Catalonia, Spain, p. 4, Available at: http://www.upc.edu./eesd-observatory/ (Accessed: 28 May 2010).

d Desha, C., Hargroves, K., Smith, M., Stasinopoulos, P., Stephens, R., and Hargroves, S. 2007. State of Education for Energy Efficiency in Australian Engineering Education - Summary of Questionnaire Results, The Natural Edge Project (TNEP), Australia.

e Policy Studies Institute, PA Consulting Group, and the University of Bath Centre for Research in Education and the Environment. 2008. HEFCE strategic review of sustainable development in higher education in England, Report to the HEFCE, January 2008, London.

f King, R. 2008. Addressing the Supply and Quality of Engineering Graduates for the New Century, the Australian Learning and Teaching Council (formerly the Carrick Institute for Learning and Teaching in Higher Education), Sydney, pp. 24–29.

하지 않은 공과 대학은 15~20년 내로 살아남기가 힘들 것이라는 예측을 내놓았다.[53)]

이렇게 규제, 시장, 그리고 교육 기관의 환경이 바뀌고 있는 지금, EESD로의 교육과정 변화의 수준과 속도에 대한 대학들의 결정은 그들의 위험 프로필에 상당한 영향을 미칠 것이다. 위기가 발생함에 따라 공대 학장들은 스스로에게 다음과 같이 질문할 것이다.

- 현재 우리의 프로그램은 인증 기준을 얼마나 오래 충족할 수 있을 것인가?
- 우리는 규제, 시장 및 교육 기관적인 변화가 생기기 전에 과연 얼마나 지속가능성을 공학 교육에 반영할 수 있도록 준비되어 있는가?
- 우리는 과연 얼마나 빠르고 용이하게 EESD로 전환할 수 있는가?

53) Desha, C., Hargroves, K., and Smith, M. 2009. Addressing the Time Lag Dilemma in Curriculum Renewal towards Engineering Education for Sustainable Development. *International Journal of Sustainability in Higher Education*. Vol. 10, No. 2, pp.184–199. Emerald Press.

그림 1. 지속가능한발전 공학교육으로 교육과정 개편 시 선택 사항

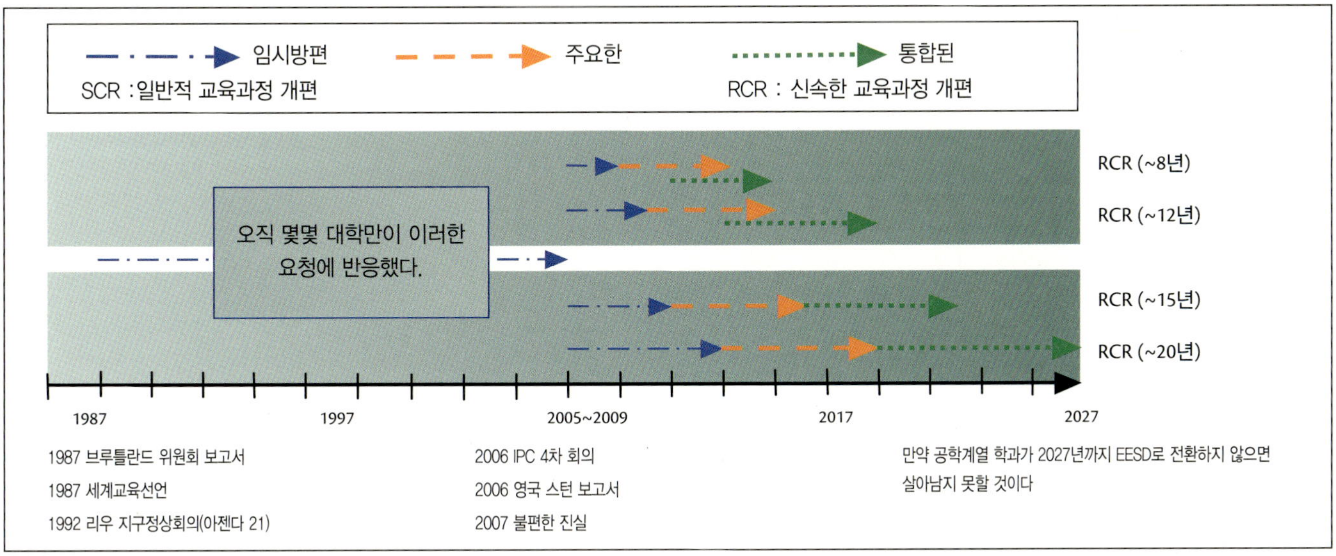

출처: *The Natural Edge Project*

그림 1은 이러한 '시간 차 딜레마'를 요약해서 보여준다.[54] 도표의 연대는 대학 교육 체계에서 이러한 변화에 대한 요청이 대략 20년 전에 처음으로 발생했다는 것을 보여준다. 1987년에서 2007년 사이, 적은 수의 공학 교육 기관들이 EESD로의 교육과정 변화를 특정한 형태로 단행했다.[55] 2006년과 2007년 사이, 생태계의 붕괴를 막기 위해 향후 20년 내로 생태계에 대한 의무적 행동이 추가로 필요하다고 주장했던 과학계에서 EESD로의 교육과정 변화를 수 차례 주문했다.[56] 만약 과학자들과 그들의 환경적 예측이 맞다면, 그리고 그들의 예측이 상당히 옳다는 결정적인 증거들이 있다면 이러한 생태계적 의무는 그러한 도전들에 대응하기 위한 지식과 기술을 갖춘 졸업자에 대한 수요를 창출할 것이며, 또한 이런 지식과 기술이 없는 졸업자를 찾는 수요는 줄어들 것이다.

이러한 운영 환경 및 그림 1에서 나열된 문서들이 제시하는 개정 요구들 속에서 공과 대학들은 다음과 같은 질문에 직면한다. '우리는 얼마나 빠르고 용이하게 EESD로 전환할 수 있을까?' 그림 1은 대학 기관들에 다음과 같은 몇 가지 선택 사항을 제시한다.

- 일반적 교육과정 개편(SCR) 과정은 공대가 현재의 변화 속도를 유지하도록 하는 것이다. 이 과정은 교육 기관이 비즈니스의 한 단위로서 얼마나 효율적으로 운영되는지에 따라 15-20년 이상 지속 될 수 있다. 교육과정 개편 관련 간행물들에 의하면, 일반적인 전환은 교원 개개인의 관심에 의존하는 임기응변식(ad-hoc) 교육과정 개편으로 시작하여, 시장의 수요를 따르는 주요한(flagship) 교육과정 개발을 거쳐, 인증과 같은 기관에 대한 요구사항을 만족시키는, 즉 교육과정 내에 지속가능성이 완전히 통합된(integration) 단계로 점진적으로 전환된다.
- 신속한 교육과정 개편(RCR) 과정은 공대가 EESD로의 전환을 실행하도록 결정하는 과정을 말한다. 이것은 역시 비즈니스 단위로서 교육 기관의 효율성에 따라 8-12년 이상 소요된다. 이 경우에도 임기응변식 개편이 초기에는 유리한데, 추진력을 얻는데 도움을 주기 때문이다. 교육과정 개편에 걸리는 시간을 줄이기 위해 주요한 교육과정 개편은 프로그램 내 모든 교과목에 지속가능성 관련 내용이 온전히 통합된 단계와 중첩될 수 있다. RCR 과정에서는, 공대가 교원, 시장, 혹은 교육 기관의 요청에 반응하기 보다는 그들 자신이 변화의 속도를 제어할 수 있다.

여러 시장과 교육 기관의 변화가 언론과 EESD 관련 간행물들에 의해 이미 현재 진행형이라는 것을 감안하면, 대다수의 교육기관들은 EESD를 둘러싼 임기응변 식의 초기 단계를 시행하는 SCR

54) Desha, C., Hargroves, K., and Smith, M. 2009. Addressing the Time Lag Dilemma in Curriculum Renewal towards Engineering Education for Sustainable Development. *International Journal of Sustainability in Higher Education*. Vol. 10, No. 2, pp.184-199. Emerald Press.

55) Holmberg, J., Svanstrom, M., Peet, D., Mulder, K., Ferrer-Balas, D. and Segalas, J. 2008. Embedding Sustainability in Higher Education through Interaction with Lecturers: Case studies from three European Technical Universities, *European Journal of Engineering Education*, Vol. 33 No. 3, pp.271-282.

56) Brown, L. 2007. Plan B 3.0: *Mobilising to Save Civilization*, W.W. Norton&Company, New York, Chapter 2, p. 27. http://www.earth-policy.org/Books/PB3/Contents.htm (2010년 5월 29일 최종 방문).

과정에 착수한 것으로 보인다. 그러나 이러한 15~20년의 교육과정 개정을 시행한 기관들은 각 공대의 전환이 채 끝나기도 전에 시장과 교육 기관의 변화가 그들의 교육과정 개편 과정을 따라잡을 수도 있는 위험 요소를 안고 있다. 예를 들어, 만일 탄소 거래제도가 시행된다면 탄소를 거래하는 큰 기업들은 그들의 현재 및 새로운 자리에 대한 구인광고에서 관련 경쟁력을 요구할 가능성이 높아진다. 만약 향후 5년 간 원유의 가격이 크게 인상된다면, 사회는 재화와 서비스의 제작 및 공급의 문제 해결을 위해 사회 전 부문에 신속한 혁신을 요구할 것이다.

SCR 과정으로 시작하는 교육 기관들은 향후에 RCR 과정으로 전환할 수 있는 기회가 아직 있다. 하지만 이렇게 망설이는 듯한 접근은 규제, 시장 그리고 교육 기관적 변화에 충분히 대응할 수 없다. 교원들은 불만을 갖고 보다 빠르게 움직이는 타 교육 기관으로 옮기거나 혹은 타 교육 기관에서 초청을 받을 수도 있다. 지속가능성에 대한 역량을 가진 졸업생들에 대한 시장의 수요는 그러한 역량을 개발하는 능력을 앞지를 수 있으며, 교육 기관의 인증 기준이 교육 기관이 그것에 대응하는 능력을 앞지를 수 있다.

아직 EESD로의 전환을 착수하지 않은 공과 대학들은 교육 기관, 시장 그리고 규제적인 변화 가능성에 대응하기 위해 SCR 과정을 빨리 완료할 수 있는 가능성을 무시하고 있다. 이 대학들의 경우, SCR의 대안으로 RCR 과정으로 바꾼다면 대략 5~10년의 기간이 소요될 것이다. 하지만 이러한 접근법의 경우 참여 교육 기관들이 변화하는 인증 기준, 시장 및 규제의 요구사항에 너무 뒤떨어지는 위험을 안게 된다. 또한 해당 대학의 교원들을 변화중인 타 교육 기관에 뺏길 가능성도 배제할 수 없다.

RCR은 대학들이 그들에게 있을 시장, 규제 그리고 교육 기관적 변화를 따라가지 못하는 것과 같은 잠재적인 위험요소를 완화하는 데 도움을 줄 것이다. 또한 이 대학들은 시장이 그들의 졸업생을 선호하거나 인증에 대한 낮은 위험 등과 같이 산업계의 리더가 됨으로써 얻게 되는 미래의 이익을 극대화할 수 있다. 하지만 RCR 과정을 밟는 대학은 EESD로의 전환을 통해 졸업생이 채용 가능하고 수요가 항상 존재할 수 있게끔 시장의 예측보다 너무 앞서나가지 않도록 주의해야 한다.

결론

공학 교육 관련 간행물들의 여러 근거들은 EESD에 대한 논의가 현재 증가하고 있음에도, 실제 공학 교육과정에서는 EESD로의 급격한 전환은 없었다고 지적한다. 증가하는 시장, 규제 그리고 교육 기관의 압력에 직면한 채, 공과 대학들은 다음과 같은 질문에 직면한다. "우리는 얼마나 멀리 그리고 얼마나 빠르게 EESD로의 전환을 원하고, 또 실행할 수 있는가?" 이 질문에 대답하지 않는 것은 은연중에 그들이 EESD로의 전환을 그다지 빠르게 실행하지 않을 것이라고 인정하는 것이며, 그들 자신을 위험 상황에 빠뜨리는 것이다. 미래 시장, 규제 그리고 교육 기관적 변화에 대해 예측하고 행동하는 교육 기관들은 취업 시장에서 강력한 위치를 선점할 것이다.

7.3.3 신속한 교육과정 개편(RCR)

체릴 데샤(Cheryl Desha),
찰리 하그로브스(Charlie Hargroves)

공학 교육 관련 간행물에서 떠오르고 있는 아래에 제시된 몇 가지 요소들은 신속한 교육과정 개편(RCR) 과정을 거치고 있는 공과대학을 위한 도구로 사용될 수 있다. 2008년 델리에서 열린 지속가능 발전 회의에서 제프리 삭스(Jeffery Sachs) 교수는 기후 변화의 도전에 대응하기 위해서, "우리가 필요한 것은 좋은 계산, 좋은 기술 그리고 좋은 경제가 하나로 합쳐진 것이며 … 우리는 이러한 통합을 아직 제대로 이루지 못했다. 하지만 내 생각에 그것은 방향성을 제시하기 위해 다음 2년 동안 해야할 일이다"라고 말했다.[57] 세계적으로 저명한 경제학자, 작가, 그리고 유엔 사무총장의 특별한 조언자들의 이러한 성명들은 지속가능한 공학을 세계 무대의 중심으로 효과적으로 이끌어 냈으며, 공학과 경제학을 연계하는 데 낭비할 시간이 없음을 강조했다.

이러한 강력한 성명들은 국제적으로 기후 변화와 지속가능한 발전이라는 도전 과제에 대응하기 위한 공학계의 시간표 및 역량에 대한 것이다. 이러한 수준의 위기감은 최근 스턴 보고서(Stern Review),[58] 기후 변화에 대한 정부 간 패널(IPCC) 제4차 평가 보고서,[59] 그리고 유엔환경계획(UNEP) 제4차 지구 환경 전망 보고서[60] 등 기후 변화의 도전에 집중하기 위한 발 빠른 행동을 주문한 여러 과학 및 경제 단체와 네트워크를 통해 전파되었다. 이러한 보고서들의 일관된 메시지는 모든 직군에서 상당 수준의 역량 개발이 필요하며, 시급하다는 것이다. 공학계열 학과들이 앞서 소개한 '시간 차 딜레마' 문제에 직면하여 "우리는 얼마나 멀리, 그리고 얼마나 빠르게 EESD로의 전환을 원하고 실행할 수 있는가?"라는 질문에 답하는 것은 향후 그들의 성공에 상당한 영향을 줄 것이다.

57) http://www.rajyasabha.nic.in/rsnew/publication_electronic/climate_change_2008.pdf (2010년 5월 28일 최종 방문).

58) http://www.sternreview.org.uk/

59) http://www.ipcc.ch/

60) http://www.unep.org/geo/geo4/media/ (2010년 5월 29일 최종 방문).

© Allyson Lawless

역량강화

EESD 관련 간행물과 이를 위한 실무에서는 신속한 교육과정 개편 절차를 밟는 학과의 필요를 강조하는 많은 '요소'들이 새롭게 떠오르고 있다. 각 요소들은 EESD로의 신속한 교육과정 개편을 달성하는데 중요한 역할을 하는데, 하나 혹은 그 이상의 요소를 생략하는 것은 교육과정의 전환을 느리게 하며 또한 교육과정 개편을 거친 결과물에도 부정적인 영향을 미칠 수 있다. 이러한 요소들은 꼭 순차적인 방식으로 적용될 필요는 없으며, 상호 배타적이지도 않다. 한 가지 요소는 다른 요소와 비슷한 내용을 내포할 수 있으며, 요소들은 전환의 여러 단계에서 반복되거나 재검토될 수 있다. 이러한 요소들은 다음에 간략히 언급되어 있다.

인식의 전파와 공통의 이해 구축

첫째는 공학 교육자들이 변화하는 교육적 필요성에 대해 인식하고 공대 졸업생들에게 요구되는 지식과 기술개발에서 그들의 역할을 파악하는 것이다. '공통의 이해'를 구축하는 것은 학과의 모든 사람이 지속가능성의 공통 개념에 대해서 동의해야 한다는 것을 의미하진 않는다. 그보다 교원들은 EESD가 학과에, 그리고 학과의 시각에 어떠한 영향을 미치는지 알아야 한다. 교원들이 이러한 수준의 이해에 도달하면 고위 경영자들은 그들이 제공하는 프로그램, 교원들 내부의 옹호자와 책임자, 그리고 학과의 관심 분야에 지속가능성에 대한 내용을 전달하기 위해 어떤 역량이 가능한지 파악할 수 있다.

졸업요건 설정

'졸업 요건'(혹은 '프로그램 성과', '학습 성과', '졸업생이 갖춰야 될 능력')의 설정은 대학들이 프로그램을 통해 배출하고자 하는 졸업생의 특성들을 정의하는 한 가지 방법으로 전 세계에서 널리 사용되고 있다. 이러한 설정은 학과의 목표와 졸업생들에 대한 열망, 그리고 프로그램 졸업생의 취업 시장에서의 위치를 신속하게 반영한다. 또한 인증 기준을 맞추기 위해 프로그램과 과목들이 어떠한 특성을 개발할 수 있을 것인가에 대한 사항을 반영하게끔 동일 · 유사학과를 동참시킬 수 있다. 그리고 취업시장에서 선호되는 졸업 요건들이 교육 목표, 학습 목표, 평가 기준 및 학습 활동을 통해 어떻게 개발되고 있는지 알 수 있다. 요건들의 리스트가 만들어지면 각각의 요소들은 기록되거나 '맵핑(mapping)'을 통해 특정 프로그램 내에서 어떻게 개발되고 있는지 보여줄 수 있다. 이를 통해 만들어진 '졸업 요건 맵'은 자문위원회에 의한 프로그램의 검토를 위해 사용될 수 있다.

교육과정 평가

지속가능한 발전을 위한 공학(E4SD) 평가는 프로그램 간(범위) 및 프로그램 내(깊이)의 효과적인 교육과정 개편 노력을 주지시키기 위해 프로그램 내 교과목의 분류와 사전적인 진단을 제공하는 것이다. 각각의 교과목은 1) 기본적 원리 – 이론의 범위가 동시대의 그리고 떠오르고 있는 과제들에 대한 적용을 얼마나 잘 뒷받침하고 있는지, 2) 지식 – 지식이 얼마나 연관성과 배경을 잘 설명하고 특정 문제들과 과정에 대해 학생들을 잘 준비시키는지 3) 적용 – 얼마나 교과목이 동시대의, 그리고 떠오르고 있는 과제들에 대한 연관성과 원리의 적용을 잘 설명하고 있는지에 따라 평가될 수 있다. E4SD 평가는 지속가능한 발전 내용에 대한 관련된 전문 단체의 인증 기준과 학문 분야에 대한 전문 네트워크 및 관련 기관들에 의한 범 세계적 약속 및 주요 선언에 의해서 보고된다.

교과목 개발 및 개편

지속 가능성의 내용에 대한 요구조건이 어떻게 특정 프로그램 내에서 가장 효과적으로 쓰일 수 있을지에 대한 권고사항은 아직 부족하다. 학과가 틈새 시장을 위한 새로운 학사 학위를 만들어야 할지, 기존 프로그램 전반에 걸쳐서 지속 가능성에 대한 내용을 강의해야 할지, 프로그램 내에 지속 가능성을 포함 시키기 위해 중요 과목들에서만 강의하는 것이 과연 충분할지, 그리고 어떻게 학과가 교육과정 개편을 가속화 할 것인지에 대한 의문점들은 아직 존재한다. 이런 각각의 의문점에 대해, 주어진 기회와 위험 요소에서 학과에 가장 적합한 접근법을 결정하기 위한 심도있는 계획이 필수적이다. 즉, 새로운 학위과정을 개발할지, 아니면 '주요한' 또는 '통합된' 교육과정 개편을 통해서 기존의 학위과정 전반에 걸쳐 지속가능성에 대한 내용을 포함시킬지 여부를 결정해야 된다.

외부 활동 및 연계

대학들은 새롭게 개발, 혹은 개편된 교육과정을 채용 및 평판 재고를 위해 사용할 수 있다. 이러한 예는 산업체 및 정부의 현재 인력을 이용하여 그들을 돕기 위한 즉각적인 역량 개발 제공(즉, 연계 과정을 통한 역량 개발), 지속 가능성에 대한 주제 관련 특별 강좌를 위한 대안적 방법으로서 교육과정 공유를 위해 타 고등 교육 기관과 협력, 지역 사회 및 고등학교의 예비 대학생들과의 교류를 통해 고등학교 수준의 연계와 협력 제공(즉, 외부 활동), 저학년 때 지속 가능성에 대한 수업을 수강하지 못한 졸업반 학생들의 졸업 요건 격차 해소를 위한 졸업 후 교육과정 신설 등이 있다.

캠퍼스 통합

전 캠퍼스적인 접근은 교육과정 개편과 캠퍼스 계획을 동반한다. 대학 캠퍼스에 시간을 쏟는 미래의 지도자들과 함께, 캠퍼스의 지속가능한 노력은 상당한 교육적 가치를 창출한다. 학생들은 즉각적인 관심을 끄는 실제 프로젝트들에 대한 경험을 할 수 있으며, 잠재적 고용주에게 지원서를 낼 수도 있다. 최근의 산업체 경험을 제대로 하지 못한 교원들이 있는 전문직 환경에서 캠퍼스 내의 계획은 교원들에게 교과목에 대한 실무 경험을 제공할 수 있다.

결론

각 학과는 신속하고 체계적으로 지속 가능성을 공대 내 모든 학과의 교육 과정에 포함시키기 위해 상기 모든 전략의 장점을 고려해야 할 필요가 있다. 그렇게 함으로써 인증 요구 조건 만족, 공대 입학 및 유지 증가, 그리고 시간 차 딜레마에의 노출 감소 등의 직접적인 결과를 가져다 줄 것이다. 이것은 아마도 모든 전략들의 혼합이 될 것이며, 교육 기관, 지리적, 그리고 문화적인 배경에 잘 부합할 것이다.

7.3.4 공학에서의 환경 교육

체릴 데샤(Cheryl Desha),
찰리 하그로브스(Charlie Hargroves)

공학은 공학자를 교육하는 데 점차 환경 교육을 포함하도록 진화했다. 산업 혁명 당시 공학자들의 주요 관심사는 과학 원리를 공학 설계에 맞게 응용하는 것이었는데(즉, 응용 물리학), 운동과 연소에 관한 역학 또는 프로세스의 생산성을 향상시키는 것이 주된 예이다. 이런 식의 공학은 '환경'을 인지하곤 있었으나, 건설 시의 에너지, 자원 및 물리적 제약, 따라서 설계 결과에 영향을 미치는 것 정도로만 인식하고 있었다. 환경 교육은 그 후 200년 가량의 진화를 거쳐 왔는데, 소위 말하는 몇 '세대'의 공학 교육을 거쳐 온 것이다.

예를 들어, 20세기 중후반 '임시방편(ad hoc)'식 환경 교육의 첫 세대는 일부 설계 결과가 환경에 부정적인 영향을 미칠 수 있다는 우려(예를 들어 대기 혹은 수질 오염)와 1984년 보팔 화학 물질 유출 사건이나 1986년 발생한 체르노빌 원전 사고와 같은 사건과 더불어, 1961년 발간된 『침묵의 봄(Silent Spring)』,[61] 1972년의 『성장의 한계(Limits to Growth)』,[62] 그리고 1987년 발간된 『우리 공동의 미래(Our Common Future)』[63] 등의 영향력 있는 저작물들에 의해 시작되었다. 공학 교육자들이 이러한 문제를 교과목 혹은 프로그램 내에서 다뤄야 할 필요성을 느낌에 따라 관련 내용이 당시의 공학 학위 프로그램에 포함되었지만, 교원 개인의 관심사나 추구에 따라 수록되곤 했다.

제2세대의 '주요한(flagship)' 환경 교육은 1980년대부터 20세기 말까지였는데, 공과 대학들이 공학이 환경에 영향을 미치는 방식에 대한 교원이나 지역 사회의 높아진 관심에 대응하기 시작함에 따라 과거의 임기응변적 활동들을 정형화하기 시작했다. 하지만 이러한 일련의 지식과 기술을 전반적인 공학 교육과정에 걸쳐서 통합하기보다는, 일반적인 공학 교육과정의 작은 부분으로 할당하였다. 그리고 전문가를 양성하던 환경공학 교육과 학습 프로그램은 대부분의 내용과 기술에 있어서 위치를 확고히 하도록 진화했다. 이러한 주제가 독립된 교육 분야로서 자리 잡았다는 것은 통합보다 각 학문분야의 노력을(예를 들면 관리, 예산 그리고 연구 자금 등) 수용하고 보상하던 경향이 있던 시스템 내에서 새로운 내용이 전반적으로 통합되기 어려웠던 당시의 공학 교육 분위기를 반영하는 것이라 생각할 수 있다.

제3세대의 '통합된(integrated)' 환경 교육은 지속가능한 발전을 위한 공학 교육(EESD)으로의 전환의 한 부분으로 현재 진행 중이다. 전 세계의 공과 대학들은 변화하는 규제, 시장, 교육 기관 그리고 졸업생에 대한 기대에 부응하기 위해 지속 가능성을 적절한 형태로 모든 공학 교육과정에 주도적으로 통합시켜야 한다는 것을 인식하기 시작했다. 이런 변화가 진행됨에 따라, 향후 20년 내 모든 공대 졸업생은 지속 가능한 발전에 대한 경쟁력을 갖추고 졸업할 것으로 예상된다. 이것은 환경공학에 다른 학문 분야의 역량 개발 훈련을 지원함과 동시에 고유의 정체성을 진화시켜야 하는 독특한 도전과제를 부여한다.

> "이러한 새로운 문화적 변혁(잠재적으로 증가하는 다른 학문 분야에 대한 서비스, 즉, 지속가능성 문해(sustainability literacy) 능력과 환경공학 학생들이 변화로부터 제공받는 풍부한 틈새시장의 기회)에 있어 환경공학 교육자들이 어떤 역할을 할 수 있을지 생각해 보는 것이 중요할 것이다."[64]

61) Carson, R. 1962. *Silent Spring*, Houghton Mifflin, Boston.

62) Meadows, D.H., Meadows, D.L., Randers, J. and Behrens, W. 1972. *Limits to Growth: A Report for the Club of Rome's Project on the Predicament of Mankind, Universe Books*, New York.

63) World Commission on Environment and Development. 1987. *Our Common Future*, Oxford University Press, Oxford.

64) Macoun, T. 2005. Chairman's Message, *Sustainability in Engineering Education and Knowledge (SEEK)*, Vol. 1, February 2005.

대학 교육 시스템 내에서, 환경공학의 발전은 다음과 같은 요소에 의해 좌우될 것이다.

- 독립적으로 구별할 수 있는 학문 분야로서의 환경공학에 대한 정의(다른 학문 분야들에 있는 '환경'과 관련이 있거나 환경에 영향을 미치는 '녹색' 요소들을 모은 것이 아님)
- 새로운 '지구 시스템 공학'의 관점과 함께 진화하는 프로그램 vs. 현재 제공되고 있는 환경공학 프로그램의 인기(학생들의 숫자가 증가하는가? 꾸준한가? 아니면 감소하는가?)
- 현재 및 미래의 교원들의 전문성 구성(즉, 공학/과학 교육)
- 현재 제공 중인 프로그램의 현재 관점(예를 들어, '최종 단계'에서의 오염 감시, 이행, 영향 평가 및 복원, 또는 '오염원' 감시에 대한 설계, 녹색화학이나 지구시스템공학, 생태계 기준 평가 같은 진보된 환경 주제 등)

이러한 상황상의 제약을 전제로, 환경공학과의 전환은 다음과 같은 목적을 위해 실용적 기회를 촉진하는 전략 계획을 포함할 수 있다.

- 대학 내 '모든 공학 분야'가 EESD로 전환하는 데 전략적인 역할을 함(예: 지속가능성 위원회에 참여하는 역할이자 기초 환경 지식과 기술을 현행 교육 프로그램 내에서 통합할 수 있도록 하는 역할)
- 대학 교원들 사이에서 환경공학이 무엇인지 인식하도록 하는 역할(예: 점심 시간을 이용한 교직원 세미나를 개최하거나, 다른 과목 내에서 관련된 환경 주제에 대한 외부 연사 초청)
- 다른 공학 교육에서 어떤 부분이 개편되어야 하는지에 대한 지원(예: 전문 지식을 제공하거나 향후 인증 및 산업의 요구에 따른 조언 제공). 이것은 프로그램 간 졸업 요건을 설정하고 검토하며 현행 교육 과정을 평가하는 식의 지원을 포함함.
- 환경 관련 수업과 주제를 통해 '현행 프로그램의 격차 해소' 차원에서 대학 내 타 공학 교육과정을 지원(예: 중요 개념, 전문용어, 규제 이행 요구사항 및 지속가능한 설계 과정)
- 4학년 학부생들을 대상으로 특성화 과정 제공(예: 학생들이 환경 관련 주제를 전공할 수 있음. 즉, 고급 생물적 환경정화 전공의 토목공학 학사 학위)
- 대학원생들과 공학사 자격을 갖춘 공학자의 전문성 개발을 위해 최첨단의 환경석사학위 프로그램의 신설 혹은 개편(예: 탄소 포집 및 저장, 공기 청정도, 음용수의 생성 및 제공, 하수 처리, 토양 및 지하수 개선, 지하수 모델링, ISO 14000 그리고 환경 관련 정책 개발 등의 주제를 다룸)
- 일반 '환경공학' 학사 학위의 정교함 향상을 위한 현행 학사 프로그램의 개편(예: 타 공학 교육 분야에서 기술적인 전문 지식과 조언(즉, 최종단계의 오염 감시와 오염원 감시에 대한 우수사례)을 제공하며 환경공학 졸업생들은 향상된 수준의 지속가능성 지식과 기술을 이용할 수 있음)

실제로는 공학 교육이 EESD로의 전환을 한다고 해도 대부분 과목의 중요 내용들은 크게 바뀌지 않을 것이다. 그보다 교육과정 개편은 이론을 설명하는 데 활용되었던 지식들의 보완 및 사례 연구와 문제 해결을 통한 이론과 지식의 응용을 통해 이루어질 것이다. 환경공학의 측면에서 호주 환경공학회(Australian College of Environmental Engineers)는 이러한 교육이 지구의 생태계가 어떻게 작용하고 회복되는지, 그리고 현재 구축된 시스템이 어떠한 방법으로 지구의 자연 환경을 재건하고 현재의 손상을 복구하는 생태계적 재성장을 위한 인프라를 지원할 수 있는지에 대한 심도 있는 이해를 제공할 것이라고 제안한다. 이를 염두에 둘 때, 환경 공학 교육자는 핵심 환경 과학 및 일부 지속가능한 발전에 대한 지식과 기술들을 특정 교육과정으로 편입시키기 위해 동료 교원들을 돕는 등의 타 교육과정 프로그램 개편 지원에 좋은 위치를 차지하고 있다.

따라서 만일 다른 학문 분야에서 환경과 관련된 특정 과목을 제공하는 것과 함께 주요 교과목에 최신 환경 관련 지식을 통합하는 데 있어 숙련된 경험이 필요하거나, 그들의 분야에 환경 관련 전공의 추가를 고려한다면, 환경공학 분야 내에서 상당한 성장 기회가 있을 것으로 판단된다.

유엔 지속가능한 발전을 위한 교육 10년(2005-2014)은 사회가 전문직 전반에 걸친 변화를 기대한다는 시의적절한 암시를 주고 있다. 이의 일환으로, 환경공학은 스스로 진화하는 동시에 다른 학문 분야를 지원해야 하는 간단치 않은 변화 국면을 맞고 있다. 하지만 이 분야에서 다른 교육 과정들의 진보가 환경공학을 꺼리도록 만들 것이란 불안한 상황이라기보다는 환경공학이 중추적인 역할을 하고, 그에 따라 틈새시장의 위치를 재정립할 수 있는 기회라고 볼 수 있다. 아마도 현재의 환경공학과는 10-15년 후에는 지금과 같은 형태로 존재하지 않을 것이다. 그보다는 다른 학문분야에 중요한 역량 강화 서비스를 제공하고, 자연적, 사회적, 경제적 자산의 증가를 위해 조화롭게 일하는 자연 및 인공 시스템을 보다 통합적으로 이해하는 프로그램을 제공하게 될 것이다.

7.3.5 공학 교육 연구

에릭 드 그라프(Erik de Graaff),
안네 콜모스(Anette Kolmos)

서론

공학은 실무 중심의 분야이다. 오랜 시간 동안 미래의 공학자들이 받은 훈련은 업무 현장에서 이루어졌다. 19세기 공학 학교들이 설립된 이후, 공학 실무에 대한 연계는 항상 중요하게 인식되어 왔다. 공학자들은 과학자로서의 경력을 위함이 아닌, 전문적 업무 수행을 위해 훈련 받았다. 이러한 접근은 20세기의 가장 중요한 부분으로 자리잡았다.

제2차 세계대전 이후, 고등 교육을 받으려는 인구 비율이 급속하게 증가했다. 학생 수가 증가함에 따라 정치가와 관리자는 더욱 뛰어난 효율성을 요구했다. 교육 기관들은 그들의 몸집을 불려나갔다. 그 결과, 고등 교육 기관에서의 교육과 학습은 그들 자신의 연구와 혁신을 위한 주제로 변모했다. 교원을 훈련시키고 연구 개발을 통한 교육 향상을 위한 교육 센터가 북서 유럽의 대학들에 설립되었다.

공학 교육은 고등 교육에 있어서 특별한 위치를 차지하고 있다. 예를 들어, 1905년에 만들어진 네덜란드의 델프트(Delft) 공과 대학은 학문적 수준은 인정받고 있었지만, 1986년이 될 때까지 대학으로 지정받지 못했다. 공학 교육 내에서는 학교가 두 가지로 분류되는데, 대학에서의 보다 이론 중심의 프로그램 그리고 응용 과학 대학에서의 보다 훈련 중심의 프로그램으로 나뉜다. 이러한 분류는 볼로냐 프로세스에서 적용된 학사-석사 구조 내의 이론 또는 응용 학사 학위 프로그램의 형태로 유지된다.

유럽 내 고등 교육을 위한 연구 개발 센터의 출현

고등 교육에 참여하고 있는 학생 수가 증가하면 보통 교육과정의 보다 높은 효율성이 요구된다. 어떤 요소들이 이러한 효율성에 기여하고 어떻게 이것들이 향상될 수 있는지를 알아내려는 교육 연구는 여러 교육 기관에서 시작되었다. 이 목표를 달성하고 필요한 지원을 제공하기 위해, 네덜란드, 독일 그리고 스칸디나비아의 국가들은 자신들의 독립된 연구 개발 센터를 설립하였다(Kolmos et al., 2001).[65] 유럽 국가들의 일례로서 네덜란드에서의 센터 건립 과정을 아래에 서술하였다.

1960년대 네덜란드의 대학들은 대규모의 고등 교육에 대응하기 위해 교수법의 변화 필요성을 느꼈다(Wiegersma, 1989).[66] 혁신과 향상은 이러한 이슈를 다루는 데 주된 주제가 되었다. 과학 분야에서는 질적 향상의 탄탄한 기초를 세우기 위해서 연구가 주된 역할을 한다는 것이 당연하게 여겨졌다. 이것과 관련하여 한 보고자는 1966년 네덜란드에서 열린 '고등 교육 연구' 관련 첫 국가 박람회의 마지막에 다음과 같이 언급했다. "필요한 것은 과학을 가르치는 사람들과 교육의 과학과 연관된 사람들과 교육과학자를 이어주는 것이다(Vroeiijenstijn, 1981)."[67]

처음에는 이러한 종류의 연구는 대부분 외부 전문가나 독립된 개인 연구자들에 의해 수행되었다. 이러한 연구자들의 과학적 배경은 처음부터 사회과학, 인류학, 과학 그리고 공학 등 다학제적이었다. 1970년대 대다수의 네덜란드 대학들은 고등 교육 연구를 위한 연구소(Research van het Wetenschappeliijke Onderwijs, RWO)를 설립했다(van Kemenade, 1976).[68] 1980년대 고등 교육 연구는 넘쳐났다. 예산은 증가했고 고등 교육 연구소들은 더 많은 연구자들을 채용할 수 있도록 승인을 받았다. 다양한 교육 센터들이 고등 교육 연구 센터(CRWO)의 네트워크에 참여했다.[69] 이에 따라 일반 대학 및 공과 대학을 포함하는 국가적 네트워크가 형성되었다.

고등 교육 연구 센터의 네트워크는 연구 컨퍼런스를 계속 개최했다(Bartelds et al., 1987).[70] 또한, 교육 연구자들의 국가적 프레임워크 안에서 활동하는 고등 교육 테마 그룹이 신설되었다. 1981년에 있었던 제4차 국가 고등 교육 연구 연차총회 즈음에는 많은 연구 기관들이 대부분의 대학에 혹은 그들과 연계해서 설립되었다.

그 이후 수년 동안 거의 모든 고등 교육 연구 기관들의 존폐가 위협받는 문제 상황이 발생했다. 교육 연구자들과 관리자 그리고 교

65) Kolmos, A., Rump, Ingemarsson, I., Laloux, A., andVinther, O. 2001. Organization of Staff Development - Strategies and Experiences. *European Journal of Engineering Education*, Vol. 26, No. 4. pp. 329-342.

66) Wiegersma, S. 1989. *Innovatie van het hoger onderwijs* [Innovation in Higher education]. Hoger onderwijsreeks. Groningen: Wolters-Noordhoff.

67) Vroeijensteijn, A. (red.) 1981. Kwaliteitsverbetering Hoger Onderwijs [Improvement of quality in Higher Education]. Proceedings of the fourth national convention Research in Higher Education, December 1-180-1981. Eindhoven: Stichting Nationaal Congres/1981.

68) Vroeijensteijn, A. (red.) 1981. Kwaliteitsverbetering Hoger Onderwijs [Improvement of quality in Higher Education]. Proceedings of the fourth national convention Research in Higher Education, December 1-180-1981. Eindhoven: Stichting Nationaal Congres/1981.

69) For more information: http://www.crwo.nl

70) Bartelds, J, K. Brants, W. Gerritsen van der Hoop, M. Hulshof and M. van der Weiden (eds.) 1987. *Studiedag Contactgroep Research Wetenschappelijk Onderwijs* [Study Conference Contact Group Research Higher Education] Nijmegen/Utrecht: IOWO/VSNU.

SEFI의 역할

유럽의 주요한 공학 교육 단체는 '유럽 공학 교육학회(SEFI)'와 '국제 공학교육학회(IGIP)'이다. 두 단체 모두 1970년대 설립되었다.

SEFI는 공학 교육 관련 연구개발 이슈에 대해 고등교육 기관과 타 과학 혹은 국제 단체와의 협력을 촉진한다. 예를 들어, 소크라테스 테마 네트워크(SOCRATES Thematic Network)의 '유럽 공학 교육에서의 교육과 연구(TREE)' 같은 유럽 내의 네트워크 프로젝트에 참여한다. SEFI는 공학 교육과 관련된 정책 개발에도 관여하며, 볼로냐 프로세스와 같은 이슈들에 관해서도 의견을 낸다(Graaff and Borri, 2006)*. 과학 연구의 요구 사항과 궁극적 목적 유지의 중요성에 초점을 둔 SEFI의 새로운 공학 교육 연구 관련 워킹그룹이 2008년 신설되었다.

유럽 전역의 연구자가 워킹그룹 내에서 서로 배우고 학술회 및 세미나를 통해 통찰을 나눌 수 있는 네트워크를 구축함으로써, SEFI와 IGIP 모두 공학 교육 연구개발에 상당한 기여를 했다. 이 네트워크의 참여자들이 대부분 공과 대학들의 교원들이기 때문에 연구 수준은 대부분 실습 중심의 사례 연구 및 교육과정 개발 프로젝트로 한정된다. SEFI의 공식 학회지인 '유럽 공학교육 저널(EJEE)'은 보다 넓은 범위의 기여를 위한 플랫폼으로 자리배김하고 있다.

* Graaff, E de, and Borri, C. 2006. Research and Innovation of Engineering Education in Europe the contribution of SEFI. In: *Proceedings of the 2006 JSEE Annual Conference*, pp. 12~17.

원들 간의 의사 소통이 간혹 비효율적이었기 때문이다. 이것은 부분적으로 연구자들이 그들 자신의 이론에만 너무 집착하는 경향이 있었고, 다른 한편으로는 교육자들이 그들의 전문 분야에서 사용하는 온전한 과학적 방법을 교육 업무를 수행하는 데 동일하게 적용하지 않았기 때문이었다(Van der Vleuten, 1997).[71] 그 결과, 고등 교육 연구 기관들은 성장과 퇴보가 반복되는 주기를 계속 겪었다. 이러한 문제는 영향력 있는 교육 연구 그룹을 갖춘 대학들(예를 들어, 마스트리히트(Maastricht) 대학)이 교육 환경에 대한 만족도를 평가하는 조사에서 변함없이 높은 점수를 받았다는 사실에 비춰볼 때 쉽게 파악할 수 있는 문제들이었다(De Graaff and Sjoer, 2006).[72]

공학 교육: SEFI의 역할

연구 개발 센터의 연구원들은 그들의 사회학적, 심리학적, 교육학적 연구 수단을 고등 교육 분야에 적용하는 사회과학자들이었다. 그들은 교육과학 학문의 발전에 기여했다. 하지만 연구가 보다 더 복잡해질수록 연구원들은 교실의 교사들의 관심사에서 더 멀어지곤 했다. 교사들은 같은 위치의 다른 이들과 경험을 나누고 협력하고 싶어했다. 공학 역시 이러한 전문가 단체의 설립을 열망했던 학문 분야들 중 하나였다.

유럽 공학 교육 연구의 미래

유럽에서 고등 교육은 국가적 사안이다. 이것은 유럽연합이 모든 회원국의 동의 없이는 고등 교육에 대해 정치적 행위를 가할 수 없다는 의미이다. 볼로냐 프로세스는 학사, 석사, 그리고 박사학위 프로그램의 기간(3+2+3)을 구조적 차원에서 조정하는 등 공학 교육에 많은 변화를 가져왔다는 점에서 성공적인 사례로 꼽히고 있다.

'지식 사회'의 출현은 교육과 학습의 과정에서 근본적인 변화를 필요로 한다. 고등 교육에서의 학생 수를 계속 증가시키고, 그 결과 교육이 완전히 다른 방식으로 구성되어야 한다는 목표가 상정되었다. 이러닝 기술의 급속한 발전은 많은 수의 학생들을 효과적으로 가르치기 위한 수단을 제공한다. 하지만 고등 교육의 교육자들은 재교육을 받아야 할 것이다. 그들 고유의 학문 분야에서 가르치는 데 전문가가 되는 것 대신, 그들은 원격교육과정을 관리하는 법을 배워야 할 것이며, 학생 주도의 학습 과정을 촉진하는 학습 환경을 설계할 때 다른 전문가와 협업하는 법을 배워야 한다.

공학 교육 연구는 이러한 발전의 중요 부분을 차지해야 한다. 공학 교육 연구는 어떤 교훈적인 원리와 이론들이 공학자가 되기 위한 교육에 필요한지에 대한 범위를 설정하며, 새로운 교육 패러다임과 기술의 이해를 위한 새로운 개념 원리의 개발 지원을 위해서도 필요하다.

더 읽어보기

Clark, B.R. 1995. *Places of Inquiry. Research and Advanced Education in Modern Universities.* Berkeley: University of California Press.

Vroeijensteijn, A. (red.) (1981) Kwaliteitsverbetering Hoger Onderwijs (Improvement of Quality in Higher Education). *Proceedings of the fourth national convention Research in Higher Education,* December 1-180-1981. Eindhoven: Stichting Nationaal Congres/1981.

71) Vleuten, C. P.M. van der. 1997. *De insuitie voorbij* [Beyond intuition] Tijdschrift voor Hoger Onderwijs, 15.1. pp. 34-46.

72) Graaff, E. de and Sjorer, E. 2006. Positioning Educational Consultancy and Research in Engineering Education. In: *Proceedings of the 34th SEFI Annual Conference,* Uppsala: Uppsala University, pp. 98-101.

7.4 발전을 위한 공학 교육

7.4.1 국제개발기술센터, 호주

도날드 만셀(Donald Mansell),
돈 스튜와트(Don Stewart)

공학자와 기술자를 위한 개발 연구

개발 기술의 개념

멜버른 대학교 공과대학 내 국제기술센터는 '적정기술 분야'로 1978년 설립되었다. '적정기술'이라는 용어는 유엔공업개발기구(UNIDO)[73]의 다양한 논문이 보여주듯 당시에는 인기가 있었다. 이러한 활동적인 단체들이 '좋은 일'[74),75)]에 기여하고자 여러 방법을 사용했지만, 모든 상황에서 동기부여 요인 중 하나는 현재 사용되고 있는 일부 기술들은 사용자들에게 혹은 그 사용자들이 몸담고 있는 환경에 적정하지 못하다는 확신이었다.

기술들이 환경(기후적, 경제적, 사회적, 문화적 등)과 조화를 이루도록 만들어져야 하며 개선되어야 한다는 확신은 1970년대 들어 나타난 새로운 현상이 아니었다. 수십 년 전에, 마하트마 간디는 전통적인 수공예 기술에 많은 노력을 기울였는데, 보다 산업화된 제조업의 위협을 이미 알고 있었기 때문이다. 그는 산업화를 인도 문화의 위협으로 간주했다. 어쩌면 18~19세기 영국의 차티스트 운동가들도 같은 생각을 가졌을지도 모른다. 그들은 가내 수공업의 형태에 수 세기 동안 의존해오던 사회가 산업화로 인해 받을 큰 충격을 예상했다.

독일 출신 경제학자 E. F. 슈마허는 경제학자로서의 능력과 영국에서 망명하던 제2차 세계대전 시간을 이용하여, 이러한 문제를 돌이켜 보았다. 그는 기술개발을 통해 국가적 이익을 극대화하기 위해서는 '한 직장 당' 경제적 비용을 염두에 두고 기술을 개발하는 것이 필수적이라고 주장했다. 이것은 어떠한 저명한 공학 교과서나 교육과정에서는 찾아볼 수 없는 기술개발에 작용하는 경제적 그리고 사회적인 제약이었다.

'적정기술'에 대한 폭발적인 관심이 제2차 세계대전의 종결, 식민지배주의의 퇴보, 그리고 국제적인 의사소통(물리적 운송과 통신)의 증가와 동시에 일어나게 된 것은 우연이 아니다. 전쟁의 종결은 식민 지배의 힘을 약하게 만들었으며 국수주의자들이 많은 개발도상국가에서 대단히 이례적인 상황을 일으키게 만들었다. 식민 지배 국가들(교육 받은 국수주의 엘리트들에게 강한 인상을 주었던)이 가장 접근 가능한 롤 모델이 되었다는 사실에서 이러한 예외적인 상황이 발생하였다. 하지만 이 엘리트들은 —슈마허가 지적한 대로— 식민 지배국의 모델을 사용해서는 국가적 야망을 발전시키는 것이 어렵다는 문제에 직면했다.

호주는 많은 부분에서 그러한 개발도상국 중 하나였다. 호주의 경제는 영국 본토의 자본에 의존하도록 발전되었으며, 호주의 상품들은 영국 본토의 시장에서 판매되도록 만들어졌다. 호주의 국민들은 언어와 영국 경제 및 사회의 가치관에 대해 잘 교육 받았다. 호주의 잘 정돈된 정치적 · 경제적 · 사회적 환경은 그들의 식민지배의 과거에서 차용되었다. 한 마디로, 호주는 영국 경제에 의존하는 식으로 발전해 온 것이다.

호주의 대학들은 비슷한 식으로 영국 태생의 선임 교육자들이 들여온 영국의 고등 교육기관들의 모델[76]로부터 매우 귀중하지만 온정주의적인 주입의 형태로 큰 영향을 받았다. 고등 교육은 사실 인간 발전이 의존하는 여러 기술 중 하나일 뿐이며, 이것은 경우에 따라서 상황과 연관이 있을 수도 있고 없을 수도 있다.

멜버른 대학의 첫 대응

제2차 세계대전 이후 수십 년 동안, 영 연방 장학 제도나 콜롬보 플랜 등의 제도 덕택에 멜버른 대학 공과 대학의 유학생 수는 학부와 대학원 모두에서 빠르게 늘어갔다. 전체 학생들 사이에서 보이던 동질성은 차츰 희미해졌고, 교직원들은 학생들과 의사소통하고 그들이 배울 수 있도록 돕는 새로운 문제들에 직면했다. 가장 극명한 문제는 영어를 쓸 때의 유창함과 용이함의 문제였다. 이것은 교직원들 사이의 비공식 회의에서 초점이 되었지만, 곧 학생들이 받을 권리가 있는 교육의 특성에 대해 물음을 던지는 식으로 확대되었다.

1980년까지[77] 멜버른 대학은 개발도상국에서 온 공학 전공자들

73) UNIDO. 1978. Monographs on Appropriate Industrial Technology (MAIT), Vienna.

74) Schumacher, E.F. 1979. *Education for Good Work*, Cape, London.

75) 이러한 단체에는 런던의 중간기술개발그룹, 가나, 보츠와나, 짐바브웨, 필리핀 등의 기술자문센터가 있다.

76) 지금까지의 논의에서는 편의상 '국가'라는 용어를 반복적으로 사용하였지만, 한 국가 내에도 지역마다 편차가 크기 때문에 기술개발이 사용자들에게 최적화되기 위해서는 지역화되어야 한다. 비슷하게 만약 지역이 다문화권이라면 국가 간의 편차가 작을 수도 있다.

77) 이런 개념에서의 학문적인 리더십과 이의 발전은 후에 터키의 유네스코 자문관과 새로운 IDTC의 설립자가 되는 전 공과대학장인 A. J. Francis 교수에 의해 제공되었다.

을 위해 개발 이슈를 중점적으로 다루는 교육과정을 갖춘 대학원 과정을 운영해 보기로 결정했다. 이 프로그램의 성공적인 수료는 석사학위를 수여함으로써 인정될 예정이었다. 대학에 중요한 가치를 부여하는 이러한 새로운 과정을 고안하게 된 배경은 (ㄱ) 본토의 관련 직업을 통해서 기술적 변화를 추진하는 데 내국인으로서의 이점이 있을 것이 분명하며, (ㄴ) 가장 효과적인 상승효과는 교육자들을 교육함을 통해 얻을 수 있기 때문이다. 이러한 구조는 대학의 토목공학과 환경공학에서 이미 오랫동안 제공된 대학원 프로그램의 기반 위에서 구축되었다.

멜버른 대학에서 제공되는 교육과정을 간략하게 소개하자면, 먼저 이 과정은 세 가지 요소로 구성되어 있다. 첫 번째, 한 학기의 사전 교육과정으로, 이를 필요로 하는 학생은 적절한 수준의 학문적 목적을 위한 영어 강좌를 들으며 새로운 학문적 · 문화적 환경에 적응하는 동시에 학부 4학년의 강좌를 수강함으로써 그들이 이전에 들었던 학사 과정을 보완한다. 두 번째, 그 다음 두 학기는 대학원 과정에 주로 할애하는데, 이것은 다시 두 부분으로 나뉠 수 있다. 하나는 개발 이슈를 다루는 중심 과목이며, 다른 하나는 수강생의 교육과정에 맞춘 혹은 관련된 선택 과목을 포함함으로써 그들이 학부생들을 가르치는 수준 이상의 학습 상의 배경지식을 가지고 본국으로 돌아갈 수 있도록 하는 것이다. 세 번째, 마지막 학기는 '소논문'을 제출함으로써 평가되는 조사 혹은 연구 프로젝트에 할애된다. 이 마지막 과제는 모든 학문의 필수 요소인 탐구, 분석, 통합 그리고 기술적 작문의 능력을 배양한다.

첫 몇 년 간 이 프로그램은 호주 정부 원조청(Australian Government aid agency, 지금은 AusAID로 불린다) 등의 지원 하에 시행되었다. 이 프로그램의 자료를 통해 그들 자신의 관심사를 개발하고 졸업을 통해 정식 인정을 받을 수 있는 기회를 엿본 호주 본토의 공학자들도 있었지만, 지원자들은 주로 아시아와 아프리카의 학생들이었다. 처음 10년 간 대략 200명의 졸업자를 배출했다.

변화는 피할 수 없이 찾아왔다. 초기의 내부적 변화는 순전히 학문적인 경력 보다는 고급 교육과정을 통해 그들의 전문성 개선을 주된 목적으로 하던 학생들을 적응시키는 것이었다. 이것은 연구 프로젝트를 한 개의 교과목에 해당하는 기간(두 학기 등록의 1/8)으로 줄임으로써 재학 기간을 두 학기로 축소한 준석사학위 프로그램의 형태로 변화되었다.

상당한 변화는 정부가 호주의 대학들과의 관계를 상당히 급진적으로 재검토 함에 따라 촉발되었다. 표면상으로 중앙 정부는 멜버른 대학의 개발 기술 프로그램으로 대표되는 '장기적 호주 개발 지원 과정' 등으로 시행되고 있던 대학에 대한 세부적 관여를 철회하였다. 그다지 놀랍지 않은 것은 이것이 정부의 성과에 따른 지원을 지속하기 위해 상당히 엄격한 관료 시스템으로 바뀌었다는 것이다. 미시적 수준에서, IDTC와 같은 특정 프로그램들은 정부/대학 간의 관계 재정립의 결과로 폭넓은 프로그램의 장려가 가능하게 되었으며, 학생들은 학문적 배경이 아닌 다양한 직업 군의 출신들로 바뀌었다. 수강생들의 숫자는 물론 증가되었지만, 학문 주제로서 교육에 관심을 둔 수강생들의 비율은 당연히 떨어졌다.

다음 변화는 프로그램들과 센터들이 통합되어 있던 공과대학 내부의 것이었는데, 환경공학 석사과정을 지금의 국제 개발 기술 센터(IDTC) 내로 이전하는 것이었다. 이 명칭은 나중에 국제 기술 센터로 변화했다(하지만 약칭은 유지함으로써 국세적으로 통용되었다). 일부 측면에서 이러한 움직임은 IDTC의 학생 수 증가 및 센터가 지속적으로 관리하던 교육과정과 프로젝트의 다양성(관개 인프라의 필요성을 절감하던 국가들에 한정되어 성공적으로 진행되었던 프로젝트 사례들도 포함)을 증가시키는데 도움이 되었다. 하지만 개발(주로 개발도상국으로 한정하는)이 더 이상 유일한 주안점은 아니었다.

비슷한 변화는 국제 관개교육 및 연구센터(CIITR)를 IDTC로 이전하는 움직임이었다. 이것의 효과는 환경공학 프로그램을 IDTC 내부로 이전한 것과 다소 동일했는데, CIITR은 학생 수는 적지만 관개 인프라 개발의 중대한 필요성을 절감하는 국가들에 초점을 맞춘 매우 잘 개발된 프로젝트 포트폴리오를 가지고 있었기 때문이다.

두 학기 동안의 교육과정은 학과가 새로운 대학원 교과목을 개발하도록 촉진했다. 통상적인 토목공학 교과목에 환경공학, 관개 관리, 에너지 연구, 시설 관리 및 프로젝트 관리와 같은 학문 분야의 교육과정이 추가되었다. 석사 및 준석사학위 프로그램의 교육과정에서 다양한 선택 과목은 핵심적인 개발기술에 통합되었으며, 해외 국가 출신 교원들의 채용으로 가능했다.

이러한 종류의 학과 프로그램은 항상 도전에 직면하지만, 대부분의 도전은 건전한 영향을 준다. 이러한 프로그램들은 주류에서 벗어난 것으로 인식되곤 한다. 이것은 자원과 지원 학생들을 놓고 경쟁하는 모든 관련 활동들이 그렇듯 자기 평가와 융통성을 필요로 한다. 프로그램이 교육 서비스가 제공되는 '환경'과 연관성을 유지하기 위해 지속적으로 노력하는 것은 매우 중요하다. 모든 교육단위가 내성적이고 자기만족적이 되기 매우 쉽지만, 원래의 위치에서 멀리 떨어진 곳에서 교육단위의 '존재이유'(raison d'etre)가 주된 관심사일 때 특히 그렇다.

IDTC 모범 사례 - 태국과의 협업

그 후의 대응

IDTC의 출범 20년 후, 대내외적인 위기로 인해 IDTC의 이미지 및 운영 방법의 재검토가 필요하다는 분위기가 대학 내에 조성되었다. 이러한 위기의 첫 번째 요소는 교육 기관들이 비정부 차원의 자금 조달을 확대하는데 노력을 기울이도록 강제하는 고등교육의 자금 조달 구조에 대한 호주 연방 정부의 정책 변화로서 사전에 암시되었다. 1997년 멜버른 대학의 전략 계획에서는 다음과 같이 서술하고 있다.

'등록금을 내는 유학생이 2,000명이 채 안 되는 멜버른 대학은 호주의 타 주요 대학들의 동일한 프로그램에 비해 유학생 수가 훨씬 적다. 재정상의 관점은 차치하고서라도, 이러한 국제 학생의 낮은 등록률은 멜버른 대학의 국제화 계획에 차질을 빚고 있다. 유학생들의 등록금 납부 증가는 멜버른 대학이 향후 5년 내 직면할 수 있는 자금 조달 문제를 해소할 수 있다.'

이러한 서술은 유학생들에 대한 변화된 태도 뒤에 숨겨진 재정적 시급함을 숨기지 못하고 있다. 하지만 동일한 문서의 다른 곳에서는 대학의 경쟁력 요소를 학문적인 시급함과 연결시키고 있다.

'21세기의 세계적인 선두 대학들은 첫째로 그리고 우선적으로 국제화된 대학들일 것이다. 이러한 대학들은 최고의 기량을 가진 학자들과 교원들을 유치할 것이며, 국내외적으로 뛰어난 학생들을 모집하고 학생과 교원들의 타 선도대학과의 고차원적인 상호 교류를 촉진할 것이며, 학교의 위치에 상관없이 국제적으로 통용되고 관련된 교육과정을 지속시킬 수 있을 것이다. 이러한 대학들이 얻고자 하는 국제 사회에서의 위치, 인식, 그리고 활동은 그들의 국제적 수준과 경쟁력에 대한 궁극적 시험대가 될 것이다.'

이것은 공과대학이 해외 공학현장에서 유학생들이 기량을 더 잘 발휘할 수 있도록 하는 대학원 프로그램의 개발을 이끌어 낸 순수한 학문적 우려에서 나온 동기부여로부터의 뚜렷한 변화이지만, 기저에 깔려 있는 학문적 활동의 변화 방향은 국내외 학생들 모두에게 제공되는 현행 프로그램에 대한 평가 및 개정으로 동일하다.

여기서 언급되어야 할 중대 계획은 'Universitas 21'의 신설이다. 멜버른 대학을 필두로 하는 영국, 미국, 캐나다, 중국, 일본, 홍콩, 싱가포르, 뉴질랜드 및 호주 소재 대학들의 연합체인데, 이것에 대해서 다음과 같이 기술되어 있다.

'어떠한 단일 회원도 독립적으로 혹은 전통적인 양자 협력을 통해서는 달성할 수 없는 실용적인 성과를 낼 수 있는 연구중심 종합대학들의 잘 정돈되고 합리적으로 구조화 된 매우 효과적인 소규모 네트워크이다. 본 네트워크는 세계적으로 회원 대학들의 운영상의 협력을 제공하며, 구속력이 없는 시스템으로서 기능한다. 이것은 국제적인 경쟁자들이 상당히 짜임새 있고 목표된 협력을 통해서만 동일한 수준의 이익을 이끌어낼 수 있는 정도의 시스템이다.'

이러한 네트워크는, 만일 충분한 내구력이 있다면, 교육기관 간의 끊임없는 학생과 교원의 유동성을 제공할 것이며, 대학 운영의 모든 차원에 있어 큰 협력과 교육의 질 개선에 도움이 될 것이다.

변화에 대한 다른 차원의 위기는 호주 주요 도시들의 국제화 정도가 상당히 높아졌다는 것이다. 통합된 다문화 주의는 멜버른 대학의 교원과 학생 전체의 다문화 수준보다 훨씬 뚜렷하다. 다국어가 가능한 학생들은 대부분 이민의 영향을 받은 국내 가정 및 해외 학생들이다. 많은 수업들에서 수강생의 절반 이상이 다국어가 가능한 학생들로 채워지며, 앞에서 언급되었던 등록금을 납부하는 2,000여명의 유학생들은 이제는 그저 역사적인 사실일 뿐이다. 1977년 학사 교육 과정 및 학생 개개인의 학교 밖 삶에 영향을 미친 호주의 고유 문화 밖에서 미래를 찾아야 했던 공대 유학생들의 교육의 질에 대한 걱정은, 이제 대학 기능의 모든 측면에서의 진정한 국제화를 위한 훨씬 광범위한 관심사로 확장되었다. 건축, 임농학, 그리고 공학 분야의 결합에 적극적이었던 단과대학들은 이제 국제 협력에 힘을 쏟고 있다.

IDTC의 성과에서 도약하는 이니셔티브

IDTC가 국제화에 대한 노력을 기울인 것에 대한 중요한 성과 중 일례는 IDTC의 책임자와 태국의 킹몽꿋(King Mongkut) 공과 대학의 크리사나퐁 키르티카라(Krissanapong Kirtikara) 교수와의 비공식 회동이다. 이 회동에서 교환 학생 프로그램을 통해(적정 기술에 대한 유네스코의 지역 네트워크를 활용해서) King Mongkut 공과 대학을 IDTC의 잘 짜인 공학 프로그램 네트워크에 포함시키는데 협력하자는 의견이 받아들여졌다.

이 태국 소재 대학은 대부분 잠재적인 학자로서 성장하게 될 석사 프로그램의 학생들을 교환학생으로 보내기를 선호했다. 멜버른 대학은 다양한 공학 전공의 학부 4학년 학생들을 보내고자 하였다. 각 대학은 자매 학교에서 온 학생들을 지도하고 숙소를 제공하였다. 교환 학생 프로그램은 각각 4주씩이었는데, 각 학생들은 본국으로 돌아가기 전 그들의 개별 프로젝트에 대한 프레젠테이션을 현지 대학의 교원과 학생들에게 발표하였다.

태국 대학 공동체와의 좋은 관계는 IDTC가 다른 태국 소재 대학들과 태국 내 업무를 공유하고, 호주 산업체의 공학자들로 하여금 태국 교환학생들을 지도할 수 있는 기회를 부여했음을 의미한다. 언어에 대한 문제가 인식되었지만, 그나마 실용적인 해결책은 멜버른에 있는 태국 출신 대학원생들로 하여금 선발된 호주 학생들에게 기본적인 태국 언어와 문화를 출국 전에 알려주도록 하는 것이었다. 태국 학생들은 적절히 대응할 수 있는 충분한 영어 실력을 갖추고 있었다. 교환학생 프로그램은 방학을 이용하여 이루어졌다. 첫해의 시험 시행 이후로 매년 각 대학에서 열두 명의 학생들이 교환학생 프로그램에 참여하였다. 가능하면 다양한 분야의 전공자 선발과 함께 성비 균형을 맞추려고 노력하였고, 선발의 기준이 되는 학생들의 수준도 일관되게 하였다. 일부 멜버른 대학 학생들은 태국의 프로젝트를 그들의 졸업 논문 프로젝트로 이용하기도 했다. 200명이 족히 넘는 학생들이 이러한 기회를 얻었으며, 그들의 교육 경험을 통한 기여는 저평가 되어서는 안 된다. 시간이 지나서 hulalongkorn, Naureswan 그리고 Chiang Mai 등의 더 많은 수의 태국 대학들이 이 프로그램에 참여했다.

이 프로그램의 또 다른 인상적인 특징은 많은 수의 멜버른 대학 학생들이 태국 북부에서 진행되던 국왕 주도 프로젝트에 참여할 기회를 얻었다는 점이다. 이 곳에는 아편 생산에서 막 벗어난 농부들이 과일 및 채소 생산의 확고한 시장을 갖게 하기 위해서 식품 가공 공장이 세워질 예정이었다. 타지에서 활동한 학생들에게 이번 프로젝트 참여는 멜버른 대학의 4학년 프로젝트에 대한 수요를 충족시킬 수 있는 성과로서 특별할 경험이 되었을 것이다.

* Ref: Kirtikara,K. and Mansell,D.S. (1995) 'International Cooperation in Engineering Student Work on Exchange', vol. 2, Fourth International Symposium on the Role of Universities in Developing Areas, incorporating the 1995 UNESCO Regional Seminar on Technology for Development, Melbourne, 11-14 July.

IDTC 이니셔티브 사례 – 국제 학생 지원

위에 언급되었던 멜버른 대학의 1997년 전략 계획에 서술된 IDTC의 경험을 바탕으로 외국인 학생들을 더 유치하고 국제 협력을 강화하자는 제안에 발맞춰서 이러한 부분에서 능동적으로 대응하기로 결정하고, 1998년에 IDTC의 책임자*를 공대의 국제교류 담당 부학장으로 임명했다. 공대 내에 국제학생 지원부서가 1998년 마련되었다. 이 부서의 역할은 다양한데, 다음과 같은 업무를 수행했다.

- 유학 및 교환학생을 포함한 학부 및 대학원 과정의 외국인 학생들에 대한 학문적 및 기타 지원
- 공대를 위한 국제적 연계 촉진
- 공대 내의 호주 학생들을 위한 교환 학생 프로그램과 여러 형태의 국제적인 체험 프로그램 개발
- 공대 및 프로그램 내에 대학의 다문화 정책 홍보
- 해외 학생들을 위한 직업적 경험 및 산학 협력 프로그램 개발
- 공대 해외 모집 과정에 대한 지원
- 공대 해외 동문 연계 추진

이 프로그램은 세 가지 요소로 구성되어 있다.

첫째, 공대 내의 해외 유학생들은 학문적으로 그리고 직업적으로 뛰어난 경험을 얻어야 하며, 사회적 · 문화적 관점에서 즐겁고 풍요로워야 한다.

둘째, 호주 학생들은 국제적인 시각을 개발하도록 장려되어야 하며, 가능하다면 다양한 문화 환경을 체험할 수 있어야 한다. 이 시점에서 멜버른 대학 공대생의 70% 이상은 공학사 학위와 함께 미술, 상업, 자연 과학 혹은 법 분야의 복수 학위를 받고 졸업하므로 이미 다양한 직업 문화에 노출되어 있다. 대학 내에서는 현대 어학 학위도 제공하고 있는데, 이 학위는 다른 학위와 함께 수료할 수 있어서, 공대 학생들은 그들의 공학 학위와 함께 타 언어의 유창함 또한 얻고 졸업할 수 있다.

세 번째, 이것은 여러 부문에서 가장 어려운 과제인데, 교원들은 그들이 가르치는 교육과정을 국제화 하고, 그들이 가르치고 지도하는 대학원 과정의 유학생들이 다소 교육자들과 다른 시각을 가지고 있더라도, 이들을 국제적인 시야를 가진 풍부하고 귀중한 자원으로 인식하는 등 연구 및 다른 전문적 활동에 있어서 국제적 연계를 촉진하도록 해야 한다.

이 외에도 다른 성과들이 있지만 상기의 보고서는 어떤 것이 필요한 지 보여주고 있다. 국가 및 지역사회 개발 그리고 다문화적 경험에 대한 연구의 기술적 교육과정에서 '포괄(inclusion)'의 중요성은 흔히 저평가 되고 제대로 반영되지 못했다. 전문적 지도자들은 전문적 실무를 위한 환경에 대한 개념이 이러한 방식으로 확장될 경우 이용 가능한 교육에 균형을 제공하도록, 학문적 지도자를 격려하는 일의 잠재적 가치에 관한 의견을 내놓아야 한다.

*D. F. Stewart 부교수

7.4.2 보츠와나기술센터

모쿠붕 모쿠붕(Mokubung Mokubung)

보츠와나 정부는 빈곤 감소, 일자리 창출 및 경제적 다각화 등의 국가적 개발 이슈 해결을 위한 유엔의 새천년개발목표(United Nations Millennium Development Goals, UN, 2000)[78] 달성의 필요성을 절감하고 있다(Budget Speech, 2008).[79] 가난은 보츠와나에서 아직 해결해야 할 과제이며 정부가 해결해야 할 우선과제이다(Budget Speech, 2009).[80] 아프리카 대륙에 넓게 퍼져 있는 가난에 대한 문제는 유네스코(2005)[81]를 통해 파악되고 있으며, 달리(Daly, 2002)[82] 에 따르면, 연구 시스템은 경제 발전을 위한 기회를 개발하고 해결책을 찾아야 한다. 연구소들은 연구를 위한 전략을 고안하고, 이러한 중요하고 세부적인 문제들을 파악하고 분석하며 해결할 수 있는 기술들을 개발해줄 것을 요구 받는다(King, 2005; Hazel and Haddad, 2001). 보츠와나 정부는 공공 연구단체들이 나서서 국가적 발전에 긍정적인 영향을 미치기를 기대하고 있다. 보츠와나 기술 센터(BOTEC)는 보츠와나 국민들의 삶의 질 향상에 기여할 수 있도록 기대되는 공공 연구 단체 중 하나이다.

BOTEC은 과학, 공학, 그리고 기술 분야에서 연구개발을 시행하며, 이 곳의 프로젝트는 주로 재생에너지, 토목공학 그리고 정보통신기술(ICT)에 관련되어 있다. BOTEC은 1979년 설립되어 연구 개발을 통한 과학과 기술 발달, 기술 이전, 정책 개발, 산업 지원, 경제 분석, 그리고 정보 및 교육 활동을 하도록 위임 받았다. 이러한 노력들은 보츠와나 국민들의 삶의 질을 높이고, 국가의 경제 발전을 지원한다는 목표 하에 이루어졌다.

농업연구과와 같은 다른 연구 기관들은 식량 자급을 위한 농업 생

78) UN. 2000. UN Millennium Development Goals. United Nations. http://www.un.org/millenniumgoals/ (2010년 5월 28일 최종 방문).

79) Budget Speech, 2008, Botswana Budget Speech of 2008. http://www.sarpn.org.za/documents/d0002982/index.php (2010년 5월 28일 최종 방문).

80) Budget Speech, 2009, Botswana Buddget Speech of 2009. http://www.parliament.gov.bw/docs/documents/2009BudgetSpeech.pdf (2010년 5월 28일 최종 방문).

81) UNESCO. 2005. *UNESCO Science Reprt: Africa,* authored by Jacques Gaillard, Mohamed Hassan and Roland Waast in collaboration with Daniel Schaffer. UNESCO, Paris, France. http://www.iocd.org/PDF/unesco_sci_report05.pdf (2010년 5월 28일 최종 방문).

82) Daly, John, A. 2002. *Building Science and Technology Capacity in Developing Countries*, Sustainable Development International, February 2002.

산에 초점을 맞추도록 되어 있었지만, BOTEC은 삶의 질 향상을 제공하는 다른 기술(반드시 식량과 연관이 있을 필요는 없음)에 집중하였다. 다음의 프로젝트들은 태양 재생 에너지 기술, 토목 공학 그리고 ICT에 관련된 것들이다.

집중화된 태양광 발전소

집중화된 태양광 발전소는 1998년 국가 전력망에 연결되어 있지 않은 원거리의 시골 마을에 설치되어 그것의 실용성을 시연하기 위한 시범 프로젝트였다. 태양광 발전소는 5.7kW의 전력 발전 용량을 갖추고 마을 병원, 초등학교, 가로등과 가구들에 전기(220V AC)를 제공한다. 이 발전소의 공학적인 부분은 태양광 시스템을 보츠와나의 상황에 맞도록 적응시켜서 청정 에너지를 제공하기 위한 응용 연구와 관련이 있다.

특히, 태양광 발전소 시범 프로젝트와 Motshegaletau 마을에 전력망을 연결하는 설계의 목표는, 지역 사회 및 연구 기관 시설에 필요한 전력 수요에 맞는 전기를 공급할 수 있는 집중화된 태양광 시스템을 설계하는 것이다. 기본적이고 필수적인 전력 수요는 다음과 같다.

- 가정 및 타 시설물에 대한 기본적 조명
- 라디오, 냉장고, TV 같은 가전제품을 위한 전력
- 비즈니스 및 위락 시설을 위한 전력
- 학교나 병원 같은 기본적인 정부 시설을 위한 전력
- 영안실을 위한 냉장 보관 시설

여기에 덧붙여 태양광 발전소는,

- 제공되는 서비스의 질을 타협하지 않고 에너지 고효율 전등 등의 에너지 효율이 높은 가전을 사용함으로써 전력 보존을 촉진할 수 있음을 증명할 것이다.
- 일반의 태양광 발전소에 대한 인식과 수용도를 높이고 전력망이 닿지 않는 곳의 대안으로서 태양광 발전소에 대한 정부와 지방 관리들의 관심을 끌 것이다.
- 풍부한 태양 에너지의 이용 증대에 기여할 것이며, 이를 통해 국가에 환경 및 사회 · 경제적 이익을 안겨줄 것이다.
- BOTEC으로 하여금 오지 마을의 전력화를 위한 태양광 발전소 설계 분야에서 전문지식을 쌓도록 할 수 있다.
- 설계 팀이 데이터 모니터링과 분석 과정을 통해서 태양광 시스템의 성능을 완전히 파악할 수 있을 것이다.

오지에서 집중화 된 발전소를 통한 전력 공급은 성공적으로 삶의

© BOTEC Internal Technical Reports

집중화된 태양광 발전소 프로젝트

질에 영향을 미쳤다. 특히 학교나 인근 병원들은 전력망에 연결될 수 있었고, 일부 비즈니스는 전력 공급이 가능해짐에 따라 급성장 할 수 있었다. 학생들은 이제 밤에도 학교에서 공부를 할 수 있게 되었고 전기를 이용한 교보재들을 사용할 수 있게 되었다. 병원의 영안실에 전력이 공급되어, 종전에 사용했던 디젤 발전기는 예비로 사용할 수 있게 되었다. 이 프로젝트의 효용성을 파악한 보츠와나 정부는 다른 오지 환경에서 유사한 프로젝트의 재현을 가능하게 해줄 자금 조달 방법을 찾고 있다.

칼라하리 벽돌 프로젝트

칼라하리(Kgalagadi)는 열대 반건조 기후의 사막으로 보츠와나 총 면적의 3/4를 차지한다. 이 사막은 모래흙으로 이루어져 있는데, 보츠와나의 전통적인 벽돌이나 건축 소재를 만드는 데는 사용될 수 없다. 칼라하리의 모래는 접착성이 떨어지는 소재라서 이 모래 만으로는 벽돌을 생산할 수 없다. 이 모래는 일반적으로 곱고 다량의 구멍이 있어 접착하기가 어렵고 상대적으로 강한 벽돌을 만들 수 없다. 강한 벽돌 제작이 어려운 결과는 칼라하리 사막 인근 마을에 거주하는 많은 가난한 사람들이 거주하는 주택의 내구성 저하로 나타난다.

칼라하리 모래 벽돌 프로젝트는 칼라하리 사막의 모래를 사용해

© BOTEC Internal Technical Reports

칼라하리 모래를 이용한 벽돌 기둥

서 다목적 및 비용 효과적인 벽돌/블록을 만드는 것이다. 이 프로젝트의 연구 개발 요소는 칼라하리 사막의 모래를 주 원료로 하여 보장된 강도와 내구성을 지닌 벽돌 제작 기술과 관련이 있다. 또 다른 중요 원료들은 캘크리트와 비산회이다. 캘크리트는 보츠와나의 모래층 아래에서 구할 수 있으며, 비산회는 Morupule 석탄 화력 발전소에 풍부하다. 화력 발전소에 버려진 비산회는 환경 공해를 일으키므로 벽돌 재료로 사용하는 것은 비산회의 폐기에 있어서 상당히 환영받는 해결책이 될 것이다. 포장 판매된 비산회를 칼라하리 모래와 캘크리트와 혼합하여 회반죽을 만들어서 튼튼한 벽돌과 집을 지을 수 있다.

사전 테스트 결과 상대적으로 튼튼한 벽돌이 만들어졌다. 혼합된 후 안정화 되고 압착된 벽돌은 몇 단계의 양생 과정과 필수적인 테스트를 성공적으로 거쳤다. 주로 BOTEC의 토목 공학자들에 의해 주도된 이 프로젝트는 주택의 내구성을 향상시키길 원하는 사람들에게 BOTEC이 어떠한 방법으로 제품과 생산 기술을 전달할 지 결정하는 기술 이전 단계로 넘어갈 것이다.

칼라하리 모래 벽돌 프로젝트는 국가의 3/4를 차지하는 광대한 사막 모래 자원의 효과적 이용에 대한 연구 성과로 볼 수 있다. 이 프로젝트는 다음과 같은 사회 경제학적 상황에서 이끌어졌다.

- 견고하고 저렴한 주택의 단위의 건설을 용이하게 할 필요성
- 건축 소재의 현지 생산 확대 필요성
- 거대한 양의 건축 소재나 원료의 장거리 운반으로 인한 국가도로 인프라에 대한 스트레스 절감의 필요성(예를 들어, 벽돌이나 건축 소재 생산을 위한 대부분의 강 모래들은 보츠와나의 동부 지역에서 서쪽 사막 지역에 위치한 도시로 운반된다)
- 사막 모래 이용을 통한 '환경적 지속가능성 확보(유엔 새천년 개발목표 7번)'의 필요성

지역 사용자 정보 시스템 – Kitsong 센터

지역 사용자 정보 시스템 프로젝트는 오지 사람들의 정보 및 지식 자원의 접근이나 오지에 위치한 지역 사회에 접촉하기 위한 저렴한 통신수단의 부족과 관련된 문제를 해결하기 위해 착수된 프로젝트이다. 시범 프로젝트의 주목적은 보츠와나 오지의 사람들을 위해 현지에서 만들어지고, 사용자의 편의성을 도모하며, 연관된 정보 및 지식 원천의 온라인 보급에 주안점을 둔, 통합 이메일 및 온라인 정보의 접근을 가능하게 하는 컴퓨터 통신 시스템을 수립하는 것이었다. 목표는 정보와 지식 자원에 대한 저렴한 접근 제공 및 보급을 통해 결과적으로 인쇄 저작물, 우편, 운반 및 취급 비용을 절감하는 것이다. 또한, 컴퓨터 네트워크는 지역 사회, 연구 센터 및 현지 사업체의 정보 및 지식 교류의 장이 될 것이다. 이것은 보츠와나의 정보 및 지식 사회로의 총체적 진입에 기여하였으며, 정보력 있는 나라로의 성장에도 기여하였다(보츠와나의 2016년 전망).

이 시범 프로젝트는 지식을 통한 사회의 역량 강화와 연관 짓기 위해 곧 Kitsong 센터(지식 센터)로 이름이 바뀌었다. 이 시험 프로젝트는 다양한 이해관계자가 과학, 공학, 기술 그리고 사회·경제적 이슈와 관련된 정보를 보급하는 채널로서 기능하며 BOTEC에서 진행하는 정보 기술 연구에 자극제가 되었다. 이 프로젝트는 때맞은 정보와 지식 자원을 통해 시민들의 역량을 강화하려고 노력했으며, 보츠와나의 사회·경제적 발전에도 기여하고자 했다. 예를 들어, BOTEC은 정보통신 수단에의 접근성을 향상시킬 필요를 인식하고 있었는데, 사람들이 더 많은 정보와 역량을 가지고 소득을 증대시키는 사업에 대한 참여 증가를 통해 다양한 측면에서 이들의 의사 결정력 향상을 가져다 줄 것이기 때문이다.

Kitsong 센터는 Hukuntsi(칼라하리 북쪽 지역), Letlhakeng(Kweneng 서쪽 지역), 그리고 Gumare(북서쪽 지역)의 세 곳에 설립되었다. 이 세 곳은 상대적으로 심각한 수준의 가난을 겪고 있으며, 청소년, 여성 그리고 아이들의 인구 비중이 높은 곳이다. Kitsong 센터 프로젝트에서는 사용자들이 그들 스스로 컴퓨터를 동작할 수 있도록 훈련시킨다. 이 프로젝트는 정보통인 사람들을 중심으로 지역 사회 내에서 큰 인기를 끌고 있다. 이 프로젝트의 성공 시, 보츠와나 정부는 이 프로젝트를 전국에 산재된 우체국 구내에서 제공함으로써 되도록 많은 사람들이 정보에 접근할 수 있도록 계획하고 있다.

태양열 시험 설비

BOTEC의 태양열 시험 설비는 국제 기준에 따라 태양을 이용한 온수 난방 시설을 시험하며, 태양열 기술에 대한 연구를 가능하

태양열 시험 설비

게 하는 세계적인 서비스를 제공하도록 설립되었다. 이 시설은 이집트와 남아공과 더불어 아프리카 대륙 내의 세 번째 태양열 시험 설비이다. 이 시설은 미국의 플로리다 태양에너지센터를 모델로 하여 제작되었다.

이 프로젝트의 개시 전에 실시된 연구에서 보츠와나에 수입되고 설치된 태양열 온수 난방 시스템들은 신뢰할 수 없고 안전하지 못하며 낮은 품질을 보여준다고 밝혀졌다. 이것은 BOTEC으로 하여금 국내 태양열 온수 시스템과 다른 열 관련 제품을 위한 태양열 시험 설비를 설계 및 설치하게 만들었다. 이러한 방식으로 BOTEC이 국내에 설치된 태양열 온수 설비의 품질을 향상시킴에 따라 보츠와나는 낮은 품질의 설비에서 벗어날 수 있었다. 이 프로젝트의 주된 수혜자는 관련 부처와 부서 그리고 특히 보츠와나 국립 표준국을 포함한 보츠와나 정부, 태양열 산업계, 그리고 일반 대중들이었다.

태양열 온수 시스템의 부품을 위한 체계적인 시험 프로그램이 현재 진행 중이다. 이 프로그램은 내구성, 성능, 보관 및 전반적 운영에 대한 테스트를 포함한다. 이 프로젝트는 이해관계자들의 낙찰로 운영될 예정이며, 보츠와나 정부와 보츠와나 국립 표준국은 모든 태양열 온수 시스템은 설치 전에 기준에 따라 시험되어야 함을 강제조항으로 만들 예정이다.

결론

상기 프로젝트들은 보츠와나 기술센터가 국가 발전에 기여하고자 했던 노력들을 보여준다. 이 프로젝트들은 공학을 기반으로 하며, 질적 기술 성과를 위한 고급 기술들을 필요로 한다. 연구개발 계획에 있어 연구자들의 역량을 강화하기 위해 BOTEC이 연구자들을 지속적으로 교육한다는 것은 칭찬할 만하다. 하지만 연구자들은 직업에 대한 애착과 다른 형태의 상호적인 교육을 통해 더 큰 지식을 얻을 수 있었을 것이다. BOTEC은 연구원들을 교육시키는 동시에 연구자들을 유지하도록 노력해야 한다. '두뇌 유출'은 여전히 기관의 도전과제로 남아있다. 위에 언급된 것과 같은 프로젝트들은 지속성을 통해 계획된 기간 동안 달성될 수 있어야 한다.

다른 아프리카의 국가들처럼 보츠와나 역시 극심한 가난에 시달리고 있으며, 이것은 정부도 인정하였다. 가난에 맞서 싸우고 삶의 질을 향상시키는 것은 국제적 협력 프로그램을 통해 해결될 수 있다. 유엔의 새천년개발목표는 개발 이슈를 해결하기 위한 국제적 협력을 제시한다. 이것은 BOTEC이 고급 연구에 필요한 지식과 기술을 얻기 위해 다른 파트너와 협력하는 국제적인 협력 연구 전략을 차용해야 한다고 제안한다. 협력 연구는 새로운 플랫폼을 창조하고 후원받는 연구를 이끌어 낼 수 있다. 여기가 바로 BOTEC이 태양광 발전소와 같은 연구 결과를 복제할 수 있도록 개발도상국에 대한 국제적인 후원자가 자금을 제공할 수 있는 지점이다. 또한 다양한 발전 과제를 해결할 목적으로 특정한 연구를 수행하는 것을 후원할 수도 있다.

BOTEC은 기관의 전략 방향을 수정하는 단계에 있으며, 이러한 수정은 유엔의 새천년개발목표뿐만 아니라 국가 연구의 우선순위의 관점에서 진행될 것이다. 과학과 기술의 지형은 변화무쌍하기 때문에 이러한 연구 전략의 수정은 연구 기관에게는 항상 필요하다. 모든 핵심 분야는 과학, 기술 및 공학 연구를 통해서 보츠와나의 발전 과제를 해결하도록 설계되어야 한다.

7.4.3 기술자문센터, 가나

페기 오티- 보아탱(Peggy Oti-Boateng)

풀뿌리 산업 혁명의 부상

Kwame Nkrumah 공과대학(KNUST)은 가나의 초대 대통령인 Dr. Kwame Nkruma의 산업 자립 정책 추진에 대응하여 과학, 기술, 그리고 공학 분야 졸업생들을 훈련하기 위해 1954년 설립되었다. 국가의 인프라 건설, 사회 · 경제적 그리고 산업발전을 위한 가나의 천연 자원 이용을 위해 필요한 인간 자원의 역량을 개발하기 위해 과학, 농업, 건축, 약학, 미술 그리고 공학 등의 여러 단과대들이 설립되었다. 단과대들은 최고의 졸업생들을 양성해 냈지만, 산업, 지역 사회 그리고 대학 간의 연계가 부족했다. 연구 결과들은 국가의 목표에 제대로 부응하지 않는 것처럼 보였다. 이것이 계기가 되어 산업계와 경영자들에 대응하기 위해 한 곳에서 모든 일 처리가 가능한 기술자문센터(TCC)를 대학 내에 설립하였다.

Palmer-McRobie위원회는 지역 사회, 산업계, 그리고 대학 간의 보다 긴밀한 연계를 촉진하기 위해 TCC의 설립을 건의하였으며, 1971년에 대학이사회로부터 승인받았다. 그 결과 1972년 1월 TCC가 설립되었다. TCC는 국가 내의 과학 및 기술 관련 중대사안들의 해결을 위해 대학이 개발한 기술의 촉진 및 이전을 위임받았다. 중요한 것은 대학 교원들에게 자문 업무를 수행할 수 있는 기회가 주어졌다는 점이다.

영국의 중간기술개발그룹(ITDG, 현재 프랙티칼액션)의 지원 하에 TCC는 가나 대중의 경영자적 열망과 대학에서 행해지고 있는 연구개발 활동을 조화시키는 역할을 맡았다. 대학 내의 반 자율적 단체로서, 가나의 풀뿌리 산업 및 농업 개발을 위한 적절한 연구 성과와 기술 개발을 수집 및 보급하는 역할을 맡았다.

1972년 TCC가 처음 문을 열었을 때, TCC는 비공식 부문 및 작은 규모의 산업들의 개발과제 해결이 보다 풍요로운 공공 및 민간 부문에 자문 서비스를 제공하는 것보다 더 시급하다는 것을 깨달았다. 또한 대학이 국가 경제의 다른 생산 부문의 성장에 궁극적으로 기여할 풀뿌리 공학 생산 기반의 촉진을 통해 가나의 산업 발전에 보다 지속 가능한 효과를 미칠 것이 명백했다. 결국, 진짜 문제와 상황을 파악하고 이해할 수 있는 능동적인 대중의 참여를 통해 가능한 일이었다. 따라서 이러한 대중에 기반을 두지 않은 자문 활동은 상당히 제한적인 가치를 낼 수밖에 없다는 것을 곧 깨달았다.

자신들의 비즈니스를 발전시키고자 하는 고객들을 위한 창업보육센터가 설립되었으며, 고객들은 생산성을 향상시키기 위한 기계들과 도구들을 할부로 제공받았다. 이를 통해 TCC는 수 년간 소규모 산업체 프로그램을 촉진시키기 위한 전문 지식과 경험을 획득할 수 있었으며, 이러한 프로그램은 향후 TCC의 업무의 80%를 차지했다.

설립 당시 TCC는 적정기술과 소규모 산업체 발전에 대부분의 노력을 기울였으며, 여러 단과대학에서 생산 유닛을 설립하고 관리 조직을 만드는 것을 도왔다. 하지만 선임 연구원들과 부서에 상당한 자금을 안겨줄 유료 자문 서비스를 염두에 두고 지원된 것은 아니었다.

지난 36년 동안, 기술자문센터는 그들의 연구 유닛, 경영자 및 지역 사회 간의 네트워크 구축의 촉매제로서 성공적으로 자리매김했다. 또한 TCC는 기업 발전, 부의 창출 및 빈곤 감소를 위한 다수의 적정기술을 연구, 개발 및 이전했다.

TCC의 성공적인 사례 중 하나는 중간기술이전센터(ITTU)의 설립이다. 대학에서 이용 가능한 기술적 전문 지식을 연속적인 지원을 통해 비공식 산업 부문의 사업자들이 이용할 수 있도록 이전하는 ITTU의 개념은, 1978년 TCC의 활동에 획기적인 사건으로 남게 되었다. 쿠마시(Kumasi)와 타말레(Tamale)에 설치된 첫 두 곳의 ITTU의 성공은 가나 정부로 하여금 유럽 연합과 캐나다 국제개발청의 자금 지원을 받아 1990년까지 남아있는 가나의 8개 주의 수도에 ITTU를 설립하도록 하는 가나 지역적정기술 산업지원 프로젝트(GRATIS)를 착수하도록 했다. 이 개념은 그 때부터 국가 전체에 효과적으로 보급되었으며, 강력한 비공식 산업의 재기를 야기시켰다. ITTU의 개념은 가나 안에서만 환영 받은 것이 아니라, 해외의 많은 방문자들을 끌어들였다. 다른 아프리카 국가들도 아프리카 대륙의 경제 발전을 위한 과학과 기술의 중요성을 깨닫고, 이러한 모델을 발전시키기 위해 노력하였다.

가나의 가장 큰 비공식 산업 지역인 수아메 매거진(Suame Magazine) 내에 Suame ITTU가 설립되었다. 수아메 매거진은 KNUST에서 10km 정도 떨어져 있으며, 현재 대략 8만 7천여명의 장인들이 자동차 수리, 금속 세공, 판금 제작, 주조 작업, 제철, 목공 등의 일을 하고 있다. Suame ITTU의 목표는 장인들 사이에서 효과적으로 두각을 나타냄으로써 새로운 기술을 완전케 하고 필요한 사람들에게 전수하는 것이다. 궁극적인 목표는 기술의 수준을 점진적으로 끌어올리고 인근 공장에서 고용 기회를 증가시키는 것이다. 인근 공장으로 기술이 이전되고 시장의 수요가 맞는다면, ITTU는 대학 혹은 다른 곳에서 개발된 새로운 연관 기술에도 관심을 가질 것이다.

도로 건설, 가나, 1986

도전 과제

국가의 비공식 산업 혁명을 일으켰던 TCC의 적극적인 역할은 전례없는 국가 정책으로 인해 1990년대 중반에 무수한 도전 과제를 떠안게 되었다. ITTU 개념의 확산에도 TCC와 Suame ITTU를 네트워크의 중심으로 지속시키려던 본래 개념은 그대로 추구되지 않았다. 1987년 정부의 산업과학기술부 산하에 설립된 GRATIS는 산학 협력의 연계를 중단시켰고, GRATIS는 곧 독립 단체가 되어 TCC와 경쟁하게 되었다. 이러한 새로운 변화는 TCC의 국가적, 상호적, 그리고 국제적 자금지원을 중단시켰을 뿐만 아니라, 인적 자원의 유출 또한 야기시켰다.

이러한 상황은 현재까지 이어져 TCC의 자금 능력을 점진적으로 떨어뜨렸으며, 인프라 축소와 직원들의 사기 저하는 물론 학교 당국에 의해 대학 경영에서 배제되기에 이르렀다. 자금 지원의 축소는 가나의 기업 개발 계획에서 TCC의 역할을 제한시켰을 뿐만 아니라, 혁신 및 사회 · 경제적 발전을 위한 과학과 기술에 대한 정부 조언의 영향력 또한 축소하였다. 중앙 정부의 대학들과 연구 단체들에 대한 축소된 자금 지원은 대학 연구에 대한 자금 지원을 거의 전무하게 만듦에 따라 TCC의 경영 및 자금적인 자립을 포기하게 만들었다.

미래

세계화가 진행됨에 따라 TCC의 지원 하에 성장했던 생산 기업들은 강력한 경쟁에 밀려 무너졌다. TCC는 새로운 발전의 중요성을 깨닫고 생산 기업들이 기반으로 삼고 있는 끊임없는 기술개발을 활성화된 풀뿌리 산업 기반의 확립을 위한 새로운 도전 과제로 인식했다.

기술 자문 센터는 가나가 비교 우위를 지닌 분야의 주요 중소기업을 조직적으로 양성할 필요성을 강조할 새로운 지속가능한 산업 발전 개념을 제안하고 있다. 적절한 상호보완적 중재와 정부의 적절한 지원을 통해, 선발된 사업체들은 다른 경제 주체들의 발전을 견인할 중요한 국가 자산으로 거듭날 것으로 기대된다.

이러한 목적을 달성하는 데 제안된 수단들은 TCC가 구상한 테크놀로지파크이다. 일부 자격이 있는 공학 기업가들에게 투자하는 정책은 궁극적으로 가나의 산업 도약의 시발점이 될 것이다.

7.5 공학 인증, 기준 및 유동성

7.5.1 공학자의 유동성: 유럽의 경험

진 마이클(Jean Michel)

공학자의 국제적인 유동성(mobility) 개발은 중요 사안이다. 우리는 이러한 고심의 흔적을 공학 단체 혹은 공대의 기록들에서 쉽게 찾아볼 수 있다. 지난 30~ 40년간 행해진 공학 실무 및 공학 교육 프로그램의 국제화에 대한 강화를 확인할 수 있다. 이러한 경향은 유럽에서 뚜렷하게 보이며, 공학자, 공대 학생, 학자 및 연구자의 유동성을 촉진하기 위한 많은 노력들이 지속되어 왔다. 아주 최근에는 고등 교육 분야에서 유럽의 위치를 확고히 하기 위한 볼로냐 프로세스(Bologna Process)가 유럽의 고등 공학교육 시스템의 전면적 재구성이라는 새로운 단계에 접어들었으며, 이와 동시에 경쟁력 인정에 대한 새로운 아이디어를 선보였다. 공학 교육의 세계화의 결과로 볼 때, 지금은 이러한 새로운 맥락에 맞는 공학 교육과 교수법의 현명한 적용을 위한 대책을 정의할 때다.

유동성은 흥미로운 업무를 양질의 고용 상태를 원하는 어떠한 분야의 전문가에게도 전문성 개발을 위한 중요 요소가 되고 있다. 전문적인 경쟁력과 자질을 갖춘 인력의 유동성(자금의 유동성 보다는 느리지만 덜 중요한 것은 아님)은 국제 시장에서 경쟁해야 하는 어떠한 회사 혹은 단체에게도 또한 중요하다. 하지만 유동성은 문화적 기원이나 지속 가능한 미래에 대한 필요성을 제대로 인지하지 못할 경우 국제 경제나 사람들에게 역효과를 안겨줄 문제를 야기할 가능성이 크다.

유동성(Mobility)이란 무엇인가?

유동성은 보통 물리적 유동성에 한정되는데, 이러한 예로는 여행, 유학, 혹은 출장을 꼽을 수 있다. 물론 지리학적인 유동성은 가장 명백한 측면이다. 하지만 다른 차원의 유동성에 대해서도 잊지 않는 것이 중요하다.

- **전문적 유동성(Professional Mobility)**: 공학자들은 그들의 삶 중에 얼마나 자주 직업을 바꿔야 할까? 공학자들이 얼마나 많은 회사를 경험해야 할까? 공학자들이 유능한 공학자로 인식되기 위해서 얼마나 많은 프로젝트를 다루어야 하는가?
- **사회적 유동성(Social Mobility)**: 관여, 책임감, 집단 내 대표 활동 및 사회의 다양한 이해당사자와의 상호작용을 포함한다.
- **문화적 유동성(Cultural Mobility)**: 세상이 유일무이한 선형적 사고에 기초해서 세워진 것이 아니라는 것에 대한 보다 나은 이해를 위해 다른 문화의 사람들과 인식(혹은 삶)을 공유하는 것을 말한다.
- **다학제적 유동성(Interdisciplinary Mobility)**: 공학자들이 순수한 과학 및 기술적 능력 이외에 다른 능력을 개발해야 하는가?
- **방법론적 유동성(Methodological Mobility)**: 문제들은 다양한 방법과 수단을 사용해서 해결될 수 있다. 이러한 측면에서 공학자들은 얼마나 유연해질 수 있는가?
- **기술적 유동성(Technological Mobility)**: 수단들은 빠르게 변하며 이것들을 어느 정도의 거리를 두고 이용하지 않는다면 오히려 걸림돌이 될 수 있다.
- **사고적 유동성(Thought Mobility)**: 유동성은 정신적 유연성 및 혁신과 연결될 수 있다. 유동성은 특정 맥락에서 누군가의 행동을 생각하기 위한 방법이다. 유동성은 이러한 맥락에 적응 할 수 있도록 하며 협력, 시너지 그리고 동반 성장을 촉진한다.

1960년에서 80년대 사이, 유동성은 회사의 관리자나 인적 자원 개발 혹은 혁신 분야에서 일하는 전문가들에게 통용되던 개념이었다. 유동성은 보수주의를 지향하는 전통적인 경향을 탈피할 수 있는 기적적인 해결책으로 인식되었다. 그 당시, '미래의 충격(Future Shock)'의 저자 앨빈 토플러는 흥미로운 가능성을 제공하는 국제적인 맥락에서 사람들은 그들의 직업적, 개인적 삶의 모든 것을 변화시킬 수 있도록 장려되며 훈련돼야 한다는 개념을 제창했다. 토플러의 통찰력은 대체로 옳았지만, 그는 사회의 변화 속도를 예측하지 못했다. 최근에 와서야 우리는 유동성을 전문직 경력에서의 이득뿐만 아니라 하나의 의무로서 인식하게 되었다.

유동성 개념의 변화 요소

언뜻 보기에 매우 가까워 보이는 두 기간(1990~1995년 및 2005~2010년)을 비교하면, 고등 교육 및 공학 교육에 영향을 미친 새로운 변화 요소들은 다음과 같다.

- 세계화는 회사들, 그리고 대학들 또한 직접적으로 영향을 받는 거의 모든 분야(상품, 원료, 자원, 인력, 서비스, 아이디어 등)에서의 세계시장 발달로 인해 이제는 경제의 새로운 차원으로 인식되고 있다.
- 정보통신기술(예: 인터넷, 전자문서, 새로운 미디어, 새로운 네트워크)이 많은 분야를 파고들고 있으며, 이것들은 사람들의 습관을 변화시키고, 교육 또한 직접적으로 영향을 받았다.
- 경쟁력 이슈는 과정이나 성과를 중요시 하던 종전의 직업과 기술에 대한 정의에서 벗어나 교육 과정의 성과를 더욱 중요시하도록 하는 방안으로 간주되고 있으며, 진정한 경쟁력에 대한 평가나 인정은 많은 국제적 논의 주요 주제가 되고 있다.
- 지속 가능성과 지속 가능한 발전이 중심 주제인데, 기후 변화나 증가하는 인구의 필요에 대한 이슈들을 고려할 때 특히 그렇다. 공학 활동과 교육이 발전하는 상황에서, 지속 가능성은 통합된 다학제적 접근과 세계적 영향 분석, 상호 의존성과 상호 연결성

유동성의 역사

프랑스에서 1747년 설립된 국립 교량-도로대학 (The Ecole Nationale des Ponts et Chaus-sees)은 활발한 개발과 혁신의 기간(종종 긴 보수주의와 침체의 기간이 뒤따라 옴)에 관련된 문서 자료들을 보유하고 있다. 이러한 진보적인 기간 동안에 교육 기관의 '관리자'의 통찰력은 매우 흥미로우며, 그들은 다음의 주요한 이슈들에 노력을 쏟아 부었다:

- '엄격한 전통적인 방법을 벗어난 열린, 상호 작용적 교육 방법 혹은 접근법
- 학생들이나 젊은 공학자들의 과업에 대한 강조(프로젝트, 현장 답사)
- 어린 학생들이 광범위한 경쟁 환경을 인식하도록 함(다른 사람들의 경험을 통해서 배움)
- 학생들에게 최소 6개월의 국외 여행 기회를 부여함과 동시에 달성해야 할 '비즈니스 정보' 과제를 부여함(이것은 18세기 말부터 시작되었다)
- 아이디어와 프로젝트의 전파를 위한 수단 개발 및 공학자들이 새로운 전문 학술지에 기고할 것을 독려
- 공학계 내의 지식 이전을 촉진하는 새로운 정보 기술(석판 인쇄술, 사진술)의 강한 실험적 이용 개발
- 협약을 체결한 교육 기관, 과학 기술 학회 및 회사들과의 유대 강화
- 외국어 학습 독려 및 강의를 위한 해외 전문가 초빙

이 문서들은 '유동성 있는' 공학자는 어떠해야 되는지와 장기적으로 '유동성 있는' 행동과 경쟁력을 위해 어떤 부분이 개발되어야 하는 지에 대해 실질적이고 견고한 통찰력을 보여주고 있다. 이러한 정책의 결과가 무엇인지 (교육 받고 훈련된 공학자들이 어떻게 되었고, 그들이 사회에 어떠한 일을 하였는지) 분석해 보면, 이러한 진보적인 아이디어를 거부할 뚜렷한 이유는 없어 보인다. 그러나 이러한 개념은 일부 유명한 과학자들 (예를 들어 프랑스의 1820-1850년대 '실증주의적'인 공학자들 집단)에 의해 반론이 제기되었으며, 이러한 보수적인 경향은 교육에 융통성 없게 접근하는 다음과 같은 방식들을 강요하게 되었다.

- 특화된 과목들의 증가(교육에 대한 '내용적 접근')
- 학생들의 효과적인 출석을 독려할 수 있는 필수 과목
- 조악한 평가 수단(이로써 시험들을 조직하기 쉬워짐)
- 학생들의 출신이나 배경을 막론하고 동일한 프로그램을 적용함
- 학생들의 해외 수료 기간을 제한함(그들을 훈련할 시간 부족)
- 융통성 없는 교보재 개발

1968년 5월을 기점으로 최근까지 새로운 관점들이 많이 생겨났다. 더욱이 프랑스를 비롯한 많은 유럽 국가 및 미국에서 교수법의 혁신이 촉진되었다. 이러한 혁신의 키워드는 '유연성'과 '유동성'이라고 할 수 있다. 공학자(특히 젊은 공학자)가 보다 열린 전문적 삶을 위해서 준비되어야 한다는 것은 자명하다. 평생 교육이 중요 사안으로 떠올랐다. 자율적인 학습법 또한 장려되었다. 다양한 가능성을 염두에 둔 채 융통성 있는 과목 선택이 제안되었다. 공동 과목 및 프로그램이 설립되고 학생들에게 선보여졌다. 일부 공과 대학들은 복수 학위와 통합 과목들을 계획하였다. 그리고 젊은 전문가들이 다양한 문화적 관점에서 배울 수 있도록 해외 경험을 장려하는 것이 중요함을 인식하기 시작했다.

을 사용해서 장기적으로 생각하고 행동하는 것을 의미한다.

또한 윤리, 빈곤 감소, 생명과학과 생명공학의 발전, 법적 규제의 강화, 그리고 테러리즘과 세계 안보에 대한 고려 또한 강조 대상이 될 수 있다. 이러한 변화 요소들은 공학자와 공학 교육자들이 그들의 경력 및 전문적 행동, 그리고 시민으로서의 역할을 다시 돌아보도록 종용하고 있다.

유럽에서는 특정한 이슈들이 언급될 수 있는데, 이들은 보다 높은 유연성과 유동성을 야기했다. 이런 이슈에는 동유럽 국가들의 참여를 통한 유럽연합의 확장, 유럽 단일통화, 그리고 세계적 및 통합된 시각의 발달에 영향을 주는 다양한 국가 정책들이 있다. '유럽'이라는 공동체는 오랫동안 그들의 자치를 질투하는 국가들과의 대치 상황 이외에는 그다지 존재하지 않았다. 유럽의 모든 것은(고등 교육에 또한 당연히 영향을 미쳤을)정책과 실행의 거대한 다양성으로 인해 예전부터 지금까지 복잡성을 유지하고 있다.

공학 교육을 보다 자세히 들여다보면, 학생들을 공학으로 끌어들이는 문제가 바로 중요 변화 요소이다. 이 사회가 과연 미래를 위한 적절한 수의 공학자들을 보유할 수 있을까? 공대 입학생 수를 늘리기 위한 새로운 아이디어나 방법들은 어떤 것일까?

볼로냐 프로세스가 언급이 될 수 있는 다른 부분들(경쟁력 평가 및 인정, 평생 교육, 유럽 연구 분야의 개발 등)이 많지만, 이것은 확실히 정부, 관리자, 교육 기관, 전문 협회와 고용자들이 고등 교육 분야에서의 그들의 접근법에 대해 함께 재 정의하고 재고할 수 있도록 하였다. 이것은 보다 증가된 인력의 유동성을 제공하는 보다 유연하고 이해할 수 있는 교육 시스템으로 향하는 중요한 발걸음이다. 유럽의 통합과 조화를 위한 이러한 노력들은 고등교육 정책의 개혁을 계획하고 있는 다른 지역의 관심을 모으고 있다. 볼로냐 프로세스의 맥락에서 마련된 수단들은 다른 지역들에서도 사용되고 적용될 수 있으며, 특히 공학 교육에 있어서 적용이 가능하다.

볼로냐 프로세스와 이것이 공학 교육에 미친 영향

다양한 국가의 고등 교육 관련 장관들이 모여 새로운 공통 정책을 수립하기로 결정했는데, 이것은 1998년 소르본 선언을 시작으로 1999년 볼로냐 선언에서 지속적으로 논의되었다. 이 공통 정책은 2010년까지 '유럽 고등 교육 부문'으로 통합되는 것에 대비하는 것이 목표였다.

정치적인 과정을 통해 목표와 향후의 추세를 정의하고, 주요한 이슈(호환성, 인정, 명료성)를 강조하였지만, 모든 것이 세부적으로 결정되지는 않았다. 국가들은 합의된 공통 계획 적용에 대한 적절한 결정을 하기로 되어 있으며, 세부적인 프로그램, 과정 그리고 규제를 수립하는 것은 다양한 이해관계자(대학, 전문가 집단)들에게 달려있다. 장관들은 매 2년마다 이 과정들을 평가하고 다음 단계를 위한 결정을 위해 모이게 된다.

유럽 고등 교육 분야를 향한 통합은 유럽 내의 통일성을 의미하는 것이 아니다. 시스템과 해결책들의 다양성에 대한 중요성은 충분히 인식되었으며 너무 일반화된 결정으로 인해 이러한 중요성을 해치는 일은 없어야 한다. 이 과정은 다양한 국가의 시스템이 보다 호환될 수 있도록 공통 규제의 최소한의 기준을 정의하고 수용하는 것이다.

볼로냐 프로세스의 주요 구성 요소는 고등 교육에서 연결되는 학위에 대한 단일 제도(3-5-8 제도)를 만드는 것이다. 3년 동안의 수업 후에 첫 학위(학사)를 받고, 2년 동안의 추가 수업 후에는 두 번째 학위(석사)를 받는다. 그 다음 3년간 대학원 수업을 통해 박사 학위를 얻는 것이다. 다양한 국가들이 그들의 국가 시스템을 이 공통 제도에 맞게 적용하려고 하지만, 접근법에 있어서는 다양한 모습을 보인다. 공학 교육에서는 두 가지 종류의 공학자가 존재하는 것 이외엔 별다른 어려움이 없다. 하나는 '짧은' 교육을 이수하는 공학 테크니션(engineering technician)이며, 다른 하나는 '장기간의' 교육을 이수하는 공학자(engineer)이다.

3-5-8 제도 이외에도, 볼로냐 프로세스는 두 가지 다른 수단에 주안점을 두고 있다.

- '학위 보완(Diploma Supplement)'은 특정 국가 및 특정 교육 기관에서의 교육에 대한 필요 세부 사항을 제공하는 문서로 구성되어 있는데, 이를 통해 사람들의 유동성을 장려하고자 한다.
- 기간과 학업량과 관련하여 교육 모듈의 '측정'을 위한 공통의 규정을 정의하는 '유럽 학점 교류 시스템(ECTS)'이 다른 하나이다. 각각의 교육과정 혹은 프로그램은 모듈들의 세트로 설계되어야 하며, 각 모듈은 특정한 ECTS 학점을 할당 받는다. 이 시스템은 학업 중인 학생들의 유동성을 촉진하기 위한 해결책으로 자리매김하고 있다.

볼로냐 프로세스의 또 다른 중요한 측면은 고등 교육에서의 품질 평가 과정을 조화롭게 하는 것과 교육 프로그램의 인증을 위한 공통의 규정을 정의하는 것으로 구성되어 있다. 그러나 인증을 위한 유럽 단일의 단체 혹은 기관 설립을 골자로 하는 해결책은 만장일치로 거부되었다. 공학 교육에서의 이러한 문제를 해결하기 위해 5년 넘게 노력을 기울여 왔으며, 2000년에는 관찰 시스템 'OESOPE'가, 그리고 2005년에는 유럽 인증 프로젝트인 EUR-ACE가 시작되었다.

7.5.2 워싱턴 어코드, 공학자 유동성 포럼, APEC 공학자

피터 그린우드(Peter Greenwood)

국제공학연합

공학 전문직에 종사하는 실무자들의 경쟁력 기준을 위한 뚜렷한 사례가 있다. 국가 정부가 관련되면 가장 중요한 것은 공공의 안전을 위해서 혹은 서비스 제공자와 고객 사이의 지식 불균형의 부정적 영향을 막기 위해서 공학 업무의 규제가 필요하다는 점이다. 고용자와 고객은 업무가 만족스럽게 행해졌는지 확인할 수 있는 기준을 필요로 하며, 이것을 통해 서비스 제공자들의 비교가 가능하다. 공학 실무자 자신들은 개인적 평가 목적 및 고용 그리고 법령상의 요구 조건을 위해 자신들의 역량을 증명해 보일 필요가 있다.

공학자들은 점차 국경을 초월해서 일을 한다. 다국적 기업들은 기술과 자원을 제공하기 위해 직원들을 이곳 저곳으로 움직인다. 실무자들은 경험을 쌓고 경력 향상을 위해 스스로 움직인다. 상황이 어찌되었든 간에 실무자들의 전문적 입지는 인정 가능하고 이전 가능할 때, 특히 공학 업무가 법적으로 규제될 때 더욱 중요해진다. 따라서 국제적인 전문직 규제, 기준 그리고 인증에 동의하는 것이 점차 중요해지고 있다.

국제공학연합(International Engineering Alliance, IEA)은 워싱턴 어코드(그리고 이것으로부터 파생된 교육 및 유동성 포럼)와 아시아태평양경제협력체(APEC)의 공학자 협력 위원회 사이의 긴밀한 협력 관계로부터 탄생하였다.

인증: 워싱턴, 시드니 및 더블린 어코드

워싱턴 어코드는 1989년 '실질적으로 동일한' 공학사 학위를 위한 인증 시스템을 만들기로 합의한 일련의 국가들에 의해 시작되었다. 이와 맥을 같이 하는 공학 테크놀러지스트들을 인증하기 위한 시드니 어코드가 2001년, 공학 테크니션들을 인증하기 위한 더블린 어코드가 2002년에 각각 체결되었다. 수년간 협약 당사자국들은 '투입' 보다는 '성과'에 초점을 둔(예를 들어, 교육과정 내용 보다는 개발된 기술들) 프로그램들의 인증을 향한 움직임을 보여 왔다. 또한 서로의 인증 과정을 평가하는 동료 평가 시스템을 도입했다.

공학 프로그램의 인증은 교육 기관들의 일관성을 확보하는 데 초점이 맞춰져 있다. 워싱턴 어코드 가맹국들의 상호 인정은 국경을 초월한 일관성을 유지하기 위한 의도이다.

경력 개발의 단계

공학자들의 경력 개발은 도표에 보이는 것처럼 개념적인 단계로 나누어 질 수 있다. 1단계는 인증된 자격과 함께 졸업으로 나아가는 교육 단계이다. 2단계는 졸업 이후 훈련과 경험을 통한 공학 실무자의 형성과 관련된다. 성공적인 평가 이후, 실무자는 독립된 업무 시행의 역량을 입증 받으며, 이것은 공학 경력의 기반이 된다. 3단계와 4단계는 실무자의 나머지 경력을 포함한다(이 단계에 대한 일부 국제적 합의가 있지만 아직 폭넓게 수용되지 못했다).

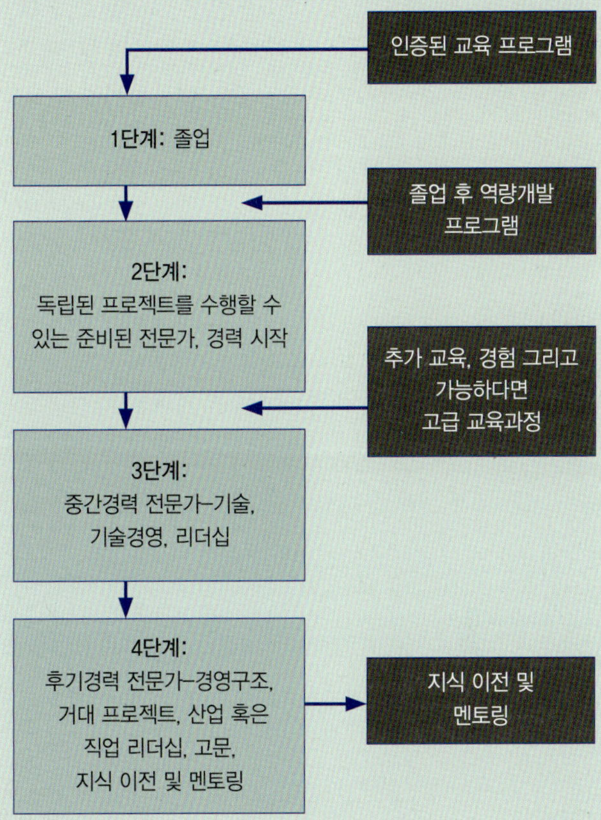

EMF 평가는 졸업 후 몇 년 이내에 국제적인 전문적 업무 시행을 위해 충분히 훈련 받은, 워싱턴 어코드가 인정하는 학위를 가진 공학자들을 대상으로 한다. 경력 개발의 2단계 완수를 증명하기 위한 '국제전문공학자'(IntPE)라는 명칭이 2005년 EMF에 의해 승인되었다. APEC 공학자 또는 EMF 회원들은 보통 두 합의의 요구 사항을 모두 충족시키는 한 개의 등록 시스템을 갖추고 있다.

지속적인 전문성 개발은 경력 개발 2단계의 경쟁력을 유지하는 데 중요하지만, 보다 상위 업무를 위해서 준비하거나 경력 전환을 촉진하기 위해서도 또한 필요하다. 물론 이것은 유동성 포럼의 요구 사항이기도 하다.

여기서 몇 가지 질적인 문제가 제기되었다. 예를 들어, 일부 국가들의 공학 업무는 워싱턴, 시드니 혹은 더블린 어코드 하의 졸업생들이 가진 특성들을 필요로 하지 않았다. 이러한 국가들은 그들의 필요에 맞는 인증 시스템을 선택하였을 것이며, 세 가지 어코드의 기준에 동조하지 못함으로써 해당국 졸업생의 유동성을 제한한다는 것을 수용했을 것이다.

많은 수의 교육 기관을 보유한 국가들은 그들의 모든 교육 기관들을 동일한 기준에 맞춰 인증해야 하는 문제를 안고 있다. 이러한 국가들의 일부는 국제 기준과는 다소 상이한 기준을 만족하는 국내에서 일할 졸업생과, 국제 기준을 충분히 만족시키는 국제적으로 일할 수 있는 졸업생의 2단계 체제를 고려하고 있다.

유동성 – 국경을 초월한 인증: EMF와 ETMF

공학자 유동성 포럼(Engineers Mobility Forum, EMF)은 워싱턴 어코드에 기반을 두며, 1997년 설립되었다. 비슷한 유동성 포럼인 APEC 공학자 유동성 포럼이 2000년에 곧 발족되었다. 공학 테크놀로지스트 유동성 포럼(Engineering Technologists Mobility Forum, ETMF)은 시드니 어코드를 기반으로 하며, EMF의 구성을 따르고 있다. 공학 테크니션들을 위한 포럼의 필요성에 대해서 현재 논의되고 있지만, 현재는 전문적 공학자와 공학 테크놀로지스트 수준의 국제적 합의가 순조롭게 이행될 때까지 이것의 진행에 대한 충분한 지원이 부족한 상태이다.

원거리 캠퍼스, 해외 대학 그리고 공학 과목의 사이버 수강은 인증에 대한 이슈를 불러 일으켰지만, 이는 곧 워싱턴 어코드 가맹국들이 영향을 받는 규정의 결과로 나타났다.

워싱턴 어코드 회원국들은 회원국에 이웃하는 국가가 그들 고유의 인증 시스템을 수립하는데 도움을 주는 접근법을 모색하고 있다. 비회원국의 요청이 있다면 협약국은 비 회원국의 소수의 프로그램들을 인증하고 자신의 인증 프로그램들과 함께 열거할 수 있으며, 현재 남아공에서 시범적으로 진행 중이다.

IEA를 형성하는 협약과 포럼이 이것뿐만은 아니다. 유럽의 인증 시스템은 빠르게 그 모습을 드러내고 있으며, 이것은 유럽 연합 외의 국가도 포함하고 있다. 아메리카 대륙, 아시아, 그리고 남아프리카에서도 유사한 합의가 고려 중에 있다.

이슈

모든 어코드와 포럼이 직면하는 이슈들은 다음과 같다.

표 1: 각국이 언제 공학 어코드에 가입하였는지를 보여주는 요약 표

국가 및 기관	워싱톤 어코드	시드니 어코드	더블린 어코드
호주–Engineers Australia	1989	2001	
캐나다–CCPE	1989		
캐나다–CCTT		2001	2002
아일랜드–Engineers Ireland	1989	2001	2002
뉴질랜드	1989	2001	*2006*
영국–ECUK	1989	2001	2002
미국–ABET	1989	*2007*	*2007*
홍콩–HKIE	1995	2001	
남아프리카–ECSA	1999	2001	2002
일본–JABEE	2005		
싱가포르–IES	2006		
대만–IEET	2007		
한국–ABEEK	2007		
독일–ASIIN	*2003*		
말레이시아–BEM	*2003*		
인도–AICTE	*2007*		
러시아–RAAE	*2007*		
스리랑카–IESL	*2007*		

NOTE: Jurisdictions holding provisional status are shown in italics

출처: IEA

표 2: 각국이 언제 유동성 포럼에 가입하였는지를 보여주는 요약 표

국가 및 기관	EMF	ETM	APEC
호주-Engineers Australia	1997		2000
캐나다-CCPE	1997		2000
캐나다-CCTT		2001	
홍콩-HKIE	1997	2001	2000
아일랜드-Engineers Ireland	1997	2001	
뉴질랜드	1997	2001	2000
남아프리카-ECSA	1997	2001	
영국-ECUK	1997	2001	
미국-USCIEP	1997		2001
일본-IPEJ	1999		2000
말레이시아-IEM	1999		2000
한국-KPEA	2000		2000
싱가포르-IES	*2007*		2005
스리랑카-IESL	*2007*		
방글라데시	*2003*		
인도-IEIndia	*2003*		
인도네시아			2001
필리핀			2001
태국			2003
대만			2005

NOTE: Provisional members are shown in italics
출처: IEA

- 공학 부문이 여러모로 부족함을 겪는 상황에서도 어떻게 지속적 전문성 개발을 유지할 것인가?
- 어떻게 규제 받지 않은 공학자들로 하여금 기준에 맞추도록 장려하며 국제적으로 업무를 수행하거나 기술과 경험을 획득하도록 촉진할 것인가?
- 개발도상국이 적절한 기준과 인증 시스템을 세우도록 어떻게 도울 것인가?
- 지역적, 그리고 국제적인 실무자의 수요를 어떻게 균형 맞출 것인가?
- 중후반기의 경력 지원 및 경력 인정을 포함한 주요 논의 사항을 어떻게 확대할 것인가?
- 교육, 훈련 및 인정에 대한 전 경력적 접근을 어떻게 촉진할 것인가?
- 모든 어코드와 포럼을(각 실무자 분류에 대해서 단일 명칭을 지닌) 어떻게 진정한 국제적 연합으로 수용시킬 것인가?

7.5.3 Euro Ing과 볼로냐 어코드 (Bologna Accord)

윌리 휴즈(Willy Fuchs), 어윈 아써(Irwin Asser)

공학자의 학문적이고 전문적인 유동성은 유럽 및 세계적으로 공학계 뿐만 아니라 정책 입안자들에게 중요한 문제가 되어가고 있다. 미래 사회 및 경제의 번영은 가장 생산적인 인력들인 21세기 공학자의 제한 없는 유동성에 전적으로 의존한다는 것은 이론의 여지가 없는 사실이다.

유럽의 공학계는 최근 대륙적 차원에서 공학자의 학문적이고 전문적인 유동성을 촉진하기 위한 책임 이행에 다시금 착수했다. 그 중에서 가장 중요한 계획은 유럽 공학 인증 프로젝트(European Accredited Engineering Project, EUR-ACE)이다. 이 프로젝트의 결과로서, 단일화된 유럽 공학교육 인증시스템이 수립되었다. 2005년에는 프로젝트의 파트너들이 EUR-ACE의 '공학 프로그램의 인증을 위한 기준체계(Framework Standards for the Accreditation of Engineering Programmes)'에 만장일치로 동의했다. 게다가, EUR-ACE의 인증 시스템에 대한 향후 조직과 관리에 관련된 합의가 이루어졌다. 2006년에는 유럽 공학 교육 인증을 위한 네트워크(the European Network for the Accreditation of Engineering Education, ENAEE)가 설립되었다. 이 네트워크의 가장 중요한 파트너 중 하나가 유럽국가공학협회연맹(the European Federation of National Engineering Associations, FEANI)인데, 공대 졸업생이 유럽 전문공학자협회(EUR-ING)에 등록하는 데 있어 학문적 필요조건으로서 EUR-ACE의 인증 결과를 받아들이는 데 원칙적으로 합의했다.

학문과 전문적 목적을 위한 유럽의 인증

유럽에서 공학 교육의 인증은 사회적으로 중요한 목적을 띠고 있다. 볼로냐 프로세스의 구조 내에서, 이것은 2010년까지 유럽 고등교육 분야(EHEA)의 완성을 위한 필수적인 선결 요건이다. EHEA는 활발한 유동성과 양질의 평생 교육 기회 제공을 골자로 하는 유럽 지식사회 건설을 위해 노력하고 있다. 이것은 쉽게 비교 가능한 학위 제도, 주기적이고 수용적인 학습 구조, 유럽의 '학위 보완' 및 유럽 학점 교류 시스템(ECTS), 그리고 유럽의 고등교육의 규모 촉진을 통해 성취될 수 있다.

노동자의 자유로운 이동, 사업체 설립의 권리, 그리고 사업체 활성화를 위한 자유로운 서비스 제공 등의 원칙에 의존하고 있는 한정된 범위의 일반 유럽 시장 내에서, 새로운 문제가 중요시 되고 있다. 최근 들어서 규제를 받는 직종의 자격 인정을 보다 명확하고 엄격하며 신속하게 하는 시스템 구축 및 해당 직종의 자유로운 이동을 보장하기 위해, 전문 자격 인정[83]에 관련된 범 유럽 차원의 법령이 통과되었다. 유럽연합의 교육 기관 및 회원국들은 현재의 전문직 인증 시스템에 대한 대규모 통합을 통해서 고용 및 서비스 제공을 촉진할 것을 요구 받았다. 다소 민감한 공학 유동성 및 고용 분야에서, 공대 졸업생의 전문직 자격 및 공학 학위를 인정받을 수 있는 법적으로 유효한 절차가 매우 시급하다. 공학자의 품질 보증 및 인증의 차원에서 초국가적인 협력은 이러한 필요를 충족하고 유럽을 세계에서 가장 선진화 된 지식 사회로 만들고자 하는 리스본 협약의 목표를 달성하는 데 가장 효과적인 수단 중 하나이다.

유럽의 초국가적인 공학 학위 인정의 장애물

유럽의 공대 학생들과 졸업자들의 학문적이고 전문적인 유동성은 도전과제에 직면하고 있다. 학위 기간 및 내용에 따른 공학 학위와 교육 기관의 배경에 대한 상당한 다양성이 점차 늘어나는 추세이고, 결과적으로 이들의 질에 대한 일반의 이해는 부족할 수밖에 없으며, 특히 국경을 벗어나는 경우는 더욱 심해진다.

이러한 학위 및 교육 기관의 다양성은 국가적 품질 보증 및 인증 시스템의 다양성에 필적한다. 인가 결과의 초국가적 인정(예를 들어 모범 관행 규약 및 유럽의 법적 기준과 가이드라인을 따르며 시행하는 유럽 품질 보증 기관의 등록 시스템 설립 계획)을 촉진하기 위한 여러 계획들이 진행 중이지만, 이러한 초국가적 인정은 보강할 필요가 있다. 부정한 학위 취득의 예방 조치가 현재 진행 중이다. 이에 덧붙여, 성장하고 있는 비공식적인 고등교육 부문이 안고 있는 치명적인 문제, 규제 법령이 부족한 초국가적 교육 현상, 그리고 이러한 난제들의 규모는 점차 명확해지고 있다.

공학 교육의 인증을 위한 유럽 네트워크의 설립

EUR-ACE 프로젝트의 체계에서의 성공적인 협력을 기반으로, 프로젝트 파트너들은 2006년 2월 '공학교육의 인증을 위한 유럽네트워크(European Network for the Accreditation of Engineering Education, ENAEE)'를 설립함으로써 그들의 장기적 협력의 공식화를 추진했다. ENAEE의 규정에 따르면, 회원 자격은 다음과 같은 이들에게 주어진다.

- 유럽 고등 교육 부문 내의 공학 프로그램의 인증기관
- 자신들의 주요 설립 목적 중 하나가 공학 교육 인증 과정의 개발인 모든 종류의 단체 또는 공학 전문직에 대한 관심을 촉진하는 것을 사명으로 하는 단체들
- 교육 및 훈련 기관 그리고 그들의 부속 기관
- 공대 학생들을 대표하는 기관

ENAEE의 목표는 유럽 내 공학학위 프로그램의 인증 시스템의 신뢰를 구축하고, 유럽 내의 공학교육 시스템을 위한 인증 실무의 실행을 촉진하는 것이다. 또한 인증 시스템을 갖추지 못했거나 혹은 공학자를 위한 인증 기준이 전무한 나라들에서 EUR-ACE 인증 기준을 사용하도록 하는 것도 포함된다.

2006년 11월, ENAEE는 6곳의 공학인증기관(프랑스, 독일, 영국, 아일랜드, 포르투갈 그리고 러시아에 소재)에게 각국의 인증 라벨을 사용하는 동시에 EUR-ACE의 인증 라벨을 사용할 권한을 부여했다. 2007년 말까지 대략 100곳의 교육기관들이 EUR-ACE 인증 라벨을 받았고, 2008년에는 유럽 전역에 걸쳐 그 숫자가 더 증가했다. 몇 년 내로 유럽 학사 및 석사 프로그램에 대한 EUR-ACE 인증 라벨이 유럽뿐만이 아니라 세계적으로도 품질을 증명하는 마크가 될 것으로 예측된다.

* ENAEE, 2006, Constitution Act and Statutes.

83) Directive 2005/36/EC of the European Parliament and of the Council on the recognition of professional qualifications, 2005-09-07.

게다가, 대다수의 유럽 국가들이 일정 기간 동안 인정된 교육 프로그램을 이수하거나 법적으로 유효한 전문적 공학 이력의 증명 같은 추가적인 필요조건을 요구하는 반면, 일부 유럽 국가에서는 대학 학위가 국내 채용 시장에서의 보증 수표처럼 인식 되는 경우도 있다.

일부 시스템에서는, 전문 공학자 등록 승인이 떨어지기 전 개별적인 테스트를 통해 이러한 경쟁력을 추가적으로 인정받아야 한다. 전문 공학자 등록 회원 자격의 유지를 위해 지속적 전문성 개발에 대한 증명이 요구되기도 한다.

이러한 문제점 및 다른 도전과제들(이를테면 유럽의 다국어 환경에서의 언어 다양성)을 파악하고, 유럽 공학계는 그들의 공학 교육의 높은 질을 보장하고 공학 학위의 초국가적 승인을 통해 유럽의 고등 교육 분야의 구축과 유럽 내외의 전문직 유동성의 선진화에 기여할 수 있는 새로운 중요한 조치를 취하기로 결정했다.

EUR-ACE 프로젝트

상기 문제들을 해결하기 위하여, 2004년 9월 EUR-ACE 프로젝트가 공식적으로 발족되었다. 참가 교육 기관들은 유럽 소크라테스 템퍼스 기금위원회(European Commission Socrates and Tempus grant)의 원조를 받아, 다음과 같은 목표를 가지고 2년의 기간 동안 성공적으로 공학 프로그램의 인증을 위한 공통 기준을 세우고 테스트했다.

- 유럽의 공학 교육 프로그램의 높은 수준을 보다 더 향상시킴
- 인증된 유럽의 교육 프로그램에 적절한 '유럽만의' 표식을 제공함으로써, 상호 인증에 대한 합의를 촉진함
- 유럽의 기준에 따르는 유능한 기관을 통해 인정을 촉진함. FEANI 'EUR-ING' 지표와의 집중적인 연대는 초기 때부터 고려 대상이었음.

© ARUP

이러한 2년의 프로젝트 동안, EUR-ACE 파트너들은 '1차 사이클 학사'와 '2차 사이클 석사'의 현재 기준 및 표준을 광범위하게 재검토 했으며, 이를 통해 '개요: 유럽의 공학 프로그램의 기준 및 인증 과정'이라는 제목의 보고서[84]를 내놓았다. 유럽의 공학 교육에 대한 모든 주요 이해관계자들의 기여를 감안할 때, 공학이 어떤 것을 알아야 하며 어떤 것을 할 수 있는 지에 대한 유럽의 공통적인 이해가 있었다는 것을 발견했다. 따라서 EUR-ACE 파트너들은 인증 된 학사 및 석사 공학 프로그램의 성과 기준과 관련한 합의에 다다를 수 있었다. 그것들은 모든 종류의 공학에 유효하다. 여섯 가지 지표(지식, 이해, 공학 분석, 공학 설계, 조사, 공학 실무 그리고 이전 가능한 스킬)를 기반으로, 1차 및 2차 사이클 졸업자들의 자격과 경쟁력이 서술되었다.[85]

게다가, 공학 프로그램의 인증을 위한 질적 요구 사항 및 기준은 유럽 전역에서 정의되었으며, 필요성, 목적 및 성과, 교육과정, 자원 및 협력, 교육과정의 평가, 관리 시스템을 고려하고 있다. 이 EUR-ACE 기준에 따라 인증을 내어주는 어떠한 유럽 공학 인증 기관에서도, 이 항목들을 인증 실무의 기본으로 삼을 것이다. 결국, 프로그램 인증(인증 팀 구성, 방문 기간 및 구성, 보고서에 대한 확인과 실증, 인증에 대한 결정, 단일화 된 유럽의 형식에 맞춘 인증 결과에 대한 공표)에 대한 다양한 측면들에 대한 합의가 이루어졌다.

84) EUR-ACE. 2005. *EUR-ACE Overview: Accreditation Procedures and Criteria for Engineering Programmes in Europe*, 2005-05-18.

85) EUR-ACE. 2005. *EUR-ACE Framework Standards for the Accreditation of Engineering Programmes including Template for Publication of Results*, 2005-11-17.

일부 추가 연구는 필수적이다. EUR-ACE 체계는 공학 프로그램의 인증을 독점적으로 다루고 있으며, 테크니션 혹은 테크놀로지스트 프로그램(단기 프로그램)의 인증과는 관련이 없다. 이것은 마찬가지로 어떠한 형식의 교육 기관 평가와도 관련이 없다. 게다가(아직까지는) 공학의 학문 분야도 구별하지 않는다.

EUR-ACE 기준은 적절한 '공학 전문직으로의 관문'으로서 교육 프로그램의 인증을 위해 설계되었다. 350만 이상의 공학자들을 대표하는 FEANI가 이 프로젝트에 지대한 영향을 미쳤으며, FEANI는 또한 전문적 공학자를 위한 그들의 지표에 EUR-ACE 인증을 포함시키는 것을 수용하였다.

EUR-ACE 기준은 전반적으로 국가 혹은 학문 분야에 상관없이 충분히 적용가능한 유연성을 보이고 있으며, 향후의 발전을 위한 문을 열어두고 있다. 따라서 현행 인증 기준은 구속력을 지니지 않으며, 오히려 우수 사례의 실행을 통해 향상을 가져올 수 있는 인센티브로 작용할 것이다.

미래의 비전

향후의 가장 이상적인 목표는 유럽 고등교육 분야 및 유럽 노동시장에서 학문적 및 전문적인 유동성을 촉진하기 위한, 세계적인 수준의 유럽 공학교육 인증 시스템이다. 또한 ENAEE와 EUR-ACE 시스템이 아메리카 대륙, 아시아 그리고 아프리카에서 개발된 상호 승인 조약 및 국제적인 시스템과 긴밀하게 연결되는 것이다. 이러한 노력들을 연결함으로써, 우리는 범지구적 발전에 매우 필수적인 공학자들의 학문적 및 전문적인 국제적 유동성을 촉진할 중요한 역량을 가지게 될 것이다.

나가며

사회, 경제, 인간 발전에서 공학이 가지는 역할, 기회 및 중요성과 공학기술이 국제화의 기본적 동력이라는 사실을 고려했을 때, 이 책이 최초의 공학 관련 국제 보고서라는 사실은 조금 놀라운 일이다. 이런 보고서가 아직까지 없었던 이유는 이 책이 보여준 것처럼 이 주제의 방대한 규모 때문이었을 수도 있고, 공학은 일상생활에 만연해 있어 마치 공기같이 존재해도 없는 듯하기 때문에 이러한 보고서의 필요성이 지금까지 느껴지지 않아서 그랬을 수도 있다. 공학의 종류와 분야는 정말 다양하기 때문에 혼란의 여지가 있다. 어쩌면 대규모 엔지니어링 기업이나 기관에서 종사하는 공학자를 제외한 대부분의 공학자들의 활동이 국내에 국한되어 있어 공학을 국가적 이슈 및 활동으로 여기기 때문에 공학 관련 보고서가 한 국가나 특정 분야에 한정되는 경향이 있어 국제 보고서가 발간되는 데 어려움이 있었을지도 모른다. 좀 더 국제적으로 인식되는 과학과는 비교되는 부분이다. 하지만 공학 지식, 기업, 기구, 컨퍼런스 및 학술지, 그리고 이 책이 보여주는 것처럼 공학은 과학만큼이나 국제적이기 때문에 그러한 인식은 잘못된 것이다.

이 책의 기원

이 책의 아이디어는 세계공학기술단체연합회(World Federation of Engineering Organizations), 세계공학한림원평의회(International Council of Academies of Engineering and Technological Sciences), 국제엔지니어링컨설팅연맹(International Council of Academies of Engineering and Technological Sciences) 회원들이 2005년에 모여 비공식적으로 연 간담회 후 도출되었다. 간담회에서 회원들은 이러한 보고서에 대한 관심과 열정을 보였다. 2006년도에 보고서 발간을 위한 개념서와 제안서가 마련되었고, 그해 10월에 당시 유네스코 총장이었던 마쓰우라 고이치로의 승인을 받았다. 편집자문위원회를 만들고 인적 자원과 재정적 자원의 한계가 있더라도 발전을 위한 공학 이슈, 도전 과제 및 기회를 중심으로 최대한 포괄적으로 보고서를 작성해야 한다는 쪽으로 의견이 모아졌다. 관심 이슈는 계속 진행 중인 빈곤 및 지속가능한 발전, 그리고 새롭게 떠오르고 있는 도전 과제인 기후 변화 완화 및 적응 등이었다. 공학(engineering)은 이러한 문제들의 해결에 중점적 역할을 할 것이다. 보고서의 목차와 해당 분야에 기여할 수 있는 전문가들의 목록이 모두의 동의를 얻어 확정되었다. 자원이 한정되어 있었던 점을 고려했을 때, 국제 통계나 지표를 새로 모으는 것은 무리라고 판단되어 현존하는 자료를 최대한 이용했다. 널리 인정받고 있으며 다양한 배경을 가진 120명 이상의 전문가들이 이 책에 기고하였다. 이에 풍부하고 깊이 있는 다양한 관점 및 접근 방식이 한 자리에 모일 수 있었다.

이 책은 인간, 사회, 경제 발전에 있어 공학이 하는 일을 검토하고 빈곤 감소, 지속가능한 발전, 기후 변화 완화 및 적응과 같은 현재의, 새로 떠오르고 있는, 그리고 미래의 이슈 및 기회 등을 다룬다. 이 책은 공학의 다양한 분야를 소개하고 지역 및 국가적 관점을 포함하여 세계의 공학을 검토한다. 또한, 공학 이슈, 응용 및 혁신, 인프라, 역량 강화, 공학 교육 및 훈련 등의 일반적 이슈를 다룬다.

공학의 국제적 도전 과제

이 책은 공학과 세계의 공학자들의 역할과 책임에 대한 이해를 증진하는 플랫폼이다. 공학자들의 책임은 공학 분야가 다양한 만큼이나 여러 가지다. 건축 및 건설, 교통, 통신, 에너지, 자원 사용 및 공급, 기타 직종에 비해 공학자들이 당면할 수 있는 높은 수준의 개인적 책임 등이 그 예이다. 이 책에 나와 있는 것처럼 의사들은 대개 환자 한 사람 한 사람에 대한 책임을 지니지만, 공학자들은 수십, 수백, 수천 명의 사람들의 건강과 안전에 대한 책임을 가지고 있다. 이 책은 선진국 국민 1인당 공학자의 수가 국민 1인당 의사의 수보다 많지만 개발도상국에서는 이미 제한적인 의사들의 수보다도 공학자들의 수가 더 적다는 사실을 알아냈다. 이것은 복합적인 비교 사항이지만, 결국 인간, 사회, 경제 발전에서 인프라의 필요성과 중요성을 강조한다. 공학자들 없이 어떤 국가가 발전할 수 있겠는가?

이 책에서 강조되는 이슈는 공학에 대한 대중적 인식 및 이해가 감소하고 있는 점, 그리고 공학을 공부하고자 하는 청년층이 줄어들고 있다는 점이다. 이것은 공학 및 공학 교육과정이 지루하고 어렵다는 인식, 공학 직종이 직무에 비해 임금이 낮다는 인식, 그리고 공학이 환경파괴와 기후 변화를 일으키는 주범이라는 인식 때문일 것이다. 이러한 이슈는 새로운 것이 아니며, 대중의 의식 및 인식, 공학에 대한 이해를 증진하여 공학 교육으로 사람들을 끌어들이고, 기후 변화 완화 및 적응에 공학이 중심적 역할을 한다는 것을 강조하는 노력이 요구된다는 것을 뜻한다. 여기서 새로운 점은 이 책과 같은 국제적 보고서가 발간됨으로써 이러한 문제들이 정책 결정자와 공학자들 자신이 해결해야 할 국제적 도전 과제로 보일 수 있게 되었다는 것이다. 이 책은 우리 사회들이 어떻게 대응해야 하는지에 대한 전 세계의 아이디어를 모았다.

예를 들어, 이 책은 이러한 이슈들이 서로 연결되어있다는 점을 명확히 한다. 청년들은 지속가능한 발전과 기후 변화에 관심 있어 하며, 공학이 변화를 이끄는 데 주요 역할을 할 것이라는 것을 깨닫는다면 공학계로 모여들 것이다. 지구 공동체가 지구 온난화 이슈를 다뤄 '정부 간 기후 변화에 관한 협의체(IPCC)'가 제안하는 것처럼 온실가스 발생량을 통제 및 감소하고 지구 기온 상승을 2.0℃ 로 제한하려면, 기후 변화 및 완화를 위해 녹색 · 지속가

런던의 현충원

© Arup

능한 환경공학에 대한 투자가 크게 늘어야 할 것이다. 물론 그뿐만 아니라 관련 교육, 훈련, 연구 개발, 기술의 응용 및 혁신에 대해서도 투자가 이루어져야 한다.

공학 직종이 요구하는 교육, 훈련 및 책임과 다른 직종에 비해 임금이 낮다는 인식을 다뤄 보자. 전 세계적으로 인프라에 대한 투자 증대는 경제 부양책의 일환으로 여겨진다. 이 때 녹색기술 및 성장에 투자를 집중시켜 공학 직종의 임금 및 급여 체계를 개선해 청년들을 공학계로 유치해야 한다. 은행권 및 금융계는 높은 임금으로 젊은 공학자들을 유인했지만, 지금은 임금과 보너스를 삭감하라는 압박을 받고 있다.

공학에 대한 대중적 이해에 관해서 다루자면, 공학은 과학과 같이 다양한 분야로 나누어지고, 복잡한 전문 용어, 숫자, 공식 등을 사용한다. 그렇기 때문에 특히 언론과 저널리스트들이 이해 및 소통하기 쉽도록 공학을 소개하는 것이 어렵다. 따라서 공학자들은 좀 더 나은 소통을 할 수 있어야 하며, 언론은 공학, 과학 및 기술에 밝은 저널리스트를 육성해야 한다. 즉, 공학자와 저널리스트에겐 더 나은 정보와 훈련이 필요하다. 이 책은 공학 공동체가 어떻게 이것을 달성한 것인지에 대해 이해하기 시작했다는 것을 보여준다.

또한, 이 책은 활동 및 문제 기반 학습을 통해 공학 교육이 더 매력 있고 효과적일 수 있다는 것을 보여준다. 이 같은 접근법은 공학의 문제기반 및 문제해결 특성을 반영한다. 공학 이론은 시대에 맞는 공학 실습과 함께 병행되어 학생들이 방금 배운 것을 연습해 볼 수 있도록 해야 한다. 이러한 접근법은 생산공학 분야를 혁신시켰다. 이제 공학 교육, 훈련, 공학자들의 '생산'에도 적용될 차례다. 이론과 실습의 병행은 폰 훔볼트(von Humboldt)가 옹호했던 접근법이기도 하다. 반드시 이론이 실습에 선행할 필요는 없다. 예를 들어, 공학 교육과정의 첫 해는 대개 수학과 미분 방정식으로 가득 차 있는데, 이는 청년들이 공학이 어렵고 지루하다고 생각하게 하는 주요 원인이다. 세계적으로 공학에 대한 새로운 투자가 필요하고, 새로운 접근 방식은 교육과정 개편과 공학 교육자들의 전문성 개발에 대한 빠른 투자의 증대를 요구한다. 이 책은 이것이 교육, 인간, 경제 발전에 꼭 필요하며 공학 및 정책 수준의 대응이 요구된다는 것을 설명한다. 문제기반 학습의 성공 및 이에 대한 관심은 이러한 접근 방식의 타당성 및 중요성을 증명한다. 학생 수가 부족하지 않은 의과 대학에서도 환자기반 학습법을 도입하여 의사들이 지나치게 기술적이고 환자들과 소통할 줄 모른다는 비판에 대응했다. 의료계가 이러한 변화를 따를 수 있다면, 공학도 당연히 그러할 수 있다.

더 나은 통계 및 지표의 필요성

지식 사회 및 경제에서의 공학, 과학, 기술의 중요성을 고려했을 때, 사회 경제 발전의 가장 중요한 동력에 대한 더 나은 자료가 없다는 것은 놀라운 일이다. 국제적 가이드라인은 공학 통계 및 지표를 모아 공학에 관련된 중요한 질문들을 이해하고 답하는 데 사용될 수 있도록 권장하고 있다. 자료는 '과학자와 공학자들', 연구개발, 특허, 혁신, 첨단기술 제품의 국제 무역, 과학 논문의 발간 등에 대해 수집된다. 이 때 과학과 공학, 그리고 각각의 세부 분야는 구분되지 않는다. 과학과 공학, 그리고 각각의 세부 분야를 더 잘 구분하고, 공학이 혁신 및 발전에서 하는 역할에 대한 이해를 증진하는 한편, 필요한 공학자의 수와 종류를 더 잘 파악하기 위해 지표를 다시 정의하고 조정할 필요가 있다. 그리하면 정책 결정자와 입안자들이 훨씬 더 개선된 정보를 이용할 수 있을 것이다. 그와 동시에 공학계 진출을 고려할지도 모를 대중과 청년의 인식을 개선할 것이다. 통계학자들은 의뢰받은 정보만 수집한다. 공학자, 정책 입안자 및 결정자, 대중은 공학에 대한 좀 더 유용한 정보 및 지표를 수집할 것을 요구해야 한다.

필요와 활동, 바라는 행동 및 성과

공학에 대한 인식, 정보, 교육, 응용 및 혁신은 이 책이 전달하는 주요 5대 메시지이자 권장 사항이다. 주요 이슈와 도전 과제로는 공학 교육의 변환을 위한 투자 촉진, 개인 및 기관의 역량강화, 유엔 새천년개발목표에의 응용 및 혁신이다. 특히 빈곤 감소, 지속가능성, 기후 변화 완화 및 적용이 특히 강조된다. 그렇게 하려면 관련 정보, 통계 및 지표가 필요하다. 또한, 공학에 관련된 정책의 중요성도 점점 더 커지고 있다. 그러한 정책은 저탄소 경제나 지속가능한 '녹색' 성장을 위한 장기적 해결책에 필요한 인프라를 발전시켜 경제 회복 및 재건의 일환이 될 수 있다.

발전 정책, 계획, 빈곤 감소전략보고서(Poverty Reduction Strategy Papers, PRSPs), 유엔 공동국가평가(United Nations Common Country Assessments, CCAs), 개발원조체계(Development Assistance Frameworks, UNDAFs) 등 관련 문서에서 공학의 역할과 중요성을 언급할 필요도 있다. 공학은 그러한 문서에서 거의 언급되지 않는다. 그리고 목표에 성공적으로 도달하려면 공학, 기술, 혁신을 그들의 발전 의제에 포함시켜야 한다. 이것은 공학의 사회적 역할에 대한 이해가 증진될 수 있도록 학교와 대학에서 공학 교육을 강화할 필요와도 연결된다.

이러한 이슈와 도전 과제의 해결을 위한 활동은 다음과 같다.

- 정보와 지표의 개발, 생산 및 공유
- 계획과 자문 서비스를 동반한 정책 주창
- 미래의 국제적 도전 과제를 해결하기 위한 학습 및 교육 자료 출판
- 교육과정과 교수법의 개발 및 변화
- 계속 학습과 장거리 가상 학습에 대한 투자 강화

지식의 개발, 이전, 교환, 응용 및 혁신 또한 국제적 네트워킹, 협력 및 파트너십을 통해 더 효율적으로 개선될 필요가 있다. 빈곤 감소, 지속가능한 발전, 기후 변화 완화 및 적응에서 공학이 하는 역할에 대한 구체적 언급에 더해 양성 평등과 여성 인권 강화 및 발전을 위한 지구적 파트너십의 강화 등도 강조되어야 한다.

이러한 공학의 이슈, 도전 과제 및 기회는 2009년 10월 유네스코 집행위원회 및 총회에서 승인된 '국제 공학 계획(International Engineering Programme)' 제안서에 반영되어있다. 제안서는 세계의 공학을 강화해야 한다는 요구에 대한 대응으로 작성되었으며 유네스코에게 이러한 활동을 지원할 것을 요청하였다. 이 제안서는 남아공의 주도로 작성되었고 31개 회원국이 지지하였다. 이에 더해 이 책의 발간과 '국제 공학상' 제정도 주요 활동이다.

최초의 국제 공학 보고서이자 방대한 주제를 다루고 있는 이 책은 발전에서의 공학적 이슈, 도전 과제, 기회 등을 다루었다. 기후 변화에 맞서서 녹색 공학 및 기술의 필요성과 경제 회복 및 재활성화에 있어 공학의 중요성이 높아짐에 따라 이러한 이슈, 도전 과제, 기회들이 유네스코의 공학에 대한 증대된 관심의 일환으로서 탐구되기를 바란다. 이를 반영하듯 국제공학계획 추진과 후속 유네스코 공학 보고서 출판을 촉구하는 목소리가 크다.

그렇게 한다면 이슈를 더 잘 다루고 도전 과제에 한층 더 잘 맞설 수 있을 것이다. 또한, 공학자들이 더 나은 세상을 만들 수 있도록 돕는 기회로 활용될 수 있을 것이라 믿는다.

부 록

유네스코의 공학 현황

유네스코의 자연과학은 1946년에 시작되었다. 창립 당시 12명의 직원으로 시작했지만, 1960년 경 직원이 78명으로 늘어났다. 또한, 10명의 직원을 갖춘 기술과학부가 설치되고 유네스코 공학이 행정적으로 공식화되었다. 응용과학 부서에서도 이전부터 공학에 대한 관심을 보인 바 있다. 1963~64년도의 정규 프로그램 예산은 3만 달러였다. 기술 연구를 위해 '기술 원조 기금'으로부터 27만 달러를, 유엔 특별 기금으로부터 335만 달러를 지원받았다. 개발도상국의 기술적 발전을 위한 '특별 기금' 덕분에 기술 분야는 '자원이 가장 많이 모이는 분야'가 되었다. 자연과학 부문이 1965년에 설립되었고, 직원의 수는 두 배에 가까운 150명으로 늘어났고 '과학진보국'과 '발전을 위한 과학의 응용국'이 생겼다. 후자는 공학학, 연구 및 훈련 부서를 주요 기능 부서로 두었으며 10명의 직원을 고용했다. 공학학, 연구 및 훈련 부서의 1965~1966년도 정규 프로그램 예산은 '개발도상국의 기술적 필요에 대한 평가(Assessment of Technological Needs of Developing Countries)'를 위한 것이었는데, 그 금액이 22만 9천달러에 달했다.

1970년 경, 자연과학 부문의 직원은 181명으로 증원되었으며, 이 중에서 71명(1969년도 기준)은 새로 생긴 과학 기술 교육 및 연구국 소속이었고, 36명은 기술 교육 및 연구과 소속이었다.(이 부서는 그 후 TER라는 이름이 붙여졌으며 당시 자연과학 부문 중 가장 큰 부서였다.) 이 부서에는 공학, 과학 및 연구 장려팀(직원 10명), 공학 교육팀(직원 14명), 기술자 훈련팀(직원 10명) 등의 그룹이 있었다. 1975년 자연과학 부문의 직원은 195명으로 늘어났으며, 조직 개편으로 기술연구 및 고등 교육부가 새로 생겨났다. 이 부서는 36명의 직원을 갖추고 있었으며, 공학 연구(직원 10명), 공학 교육(직원 12명) 기술자 및 고등 기사 교육(직원 10명) 등 자연과학 부문에서 아직도 가장 큰 부서의 입지를 잃지 않고 있었다. 1971~72년도 정규 프로그램 예산 중 공학과 기술에 할당된 것은 50만 2천달러였으며, 1975~76년도에는 1천 445만 달러에 이르는 UNDP 기금과 158만 달러 정도 되는 기타 단체의 후원과 함께 264만 달러로 증가했다. 과학기술 연구 및 교육에 할당된 1979~80년도의 총 예산은 3천 250만 달러였다. 이 예산은 과학 부문과 기술 분야가 나누어 썼는데, 공학에 좀 더 많이 분배되었다. 여기서 짚고 넘어갈 부분은 1970년대에 컴퓨터 과학 및 공학이라고 알려져 있던 IT/정보학 분야가 기초과학 및 공학과학 분야에서 발전하였다는 사실이다. 이것은 1978년의 '정보학을 위한 전략과 정책에 대한 정부 간 회의(Intergovernmental Conference on Strategies and Policies for Informatics)' 개최, 1980년의 IT 활동을 커뮤니케이션, 정보 및 정보학 부문(Communications, Information and Informatics)으로 이전, 1984년의 '정부 간 정보학 계획(Intergovernmental Informatics programme)'의 창시 이전의 일이다.

© UNESCO/N. Burke

파리의 유네스코 본부에 있는 에릭 라이첼이 만든 지구 상징물

1981년도에 자연과학 부문은 총 204명의 직원을 두고 있었다. '기술연구 및 고등교육부'는 공학과학 연구과와 공학교육 연구과, 그리고 새로 만들어진 에너지정보 시스템과와 에너지 개발 및 조정과로 구성되어 있었으며 19명의 직원이 있었다. 기술연구 및 고등교육부의 1982~83년도 총 예산은 2천 711만 달러였고, 이듬해 1984~85년도 총 예산은 2천 890만 달러였다. 그 중 연구, 교육, 기술 및 공학과학 국제협력에 대한 정규 프로그램 예산은 560만 달러였고, UN의 후원금이 890만 달러, 기타 후원금이 1천 440만 달러였다. 1984년, 미국과 영국, 그리고 싱가포르가 유네스코에서 탈퇴하면서 예산이 25%가량 삭감되었다. 이에 따라 4개 부문이 3개 부문으로 줄었으며, 몇몇 직원이 자진 퇴직했다. 자연과학 부문의 직원 수는 1985년에 214명으로 최고로 많았다. 이 중 기술연구 및 고등교육부의 직원은 24명이었다. 연구, 교육, 기술 및 공학과학 국제협력에 대한 정규 프로그램의 1986~87년도 예산은 460만 달러였고, 유엔의 후원금이 950만 달러, 기타 후원금이 1천 540만 달러였다. 1988~89년도 정규 프로그램의 예산은 410만 달러로 삭감되었고, 유엔 후원금이 650만 달러, 기타 후원금이 910만 달러였다.

'공학 기술부'는 1990년에 설립되었다. 1991년에 이르러 자연과학 부문 직원은 182명으로 감소했다. 공학 기술부의 이름이 바뀌며 24명이었던 직원이 13명으로 줄어들었다. 한편, 환경과학 부문은 계속해서 성장했다. 특히 1971년에는 생태과학 부와 인간과 생물권 계획(the Man and the Biosphere Programme)이 정부 간 계획의 일환으로 시작되었다. 이러한 현상은 1980년대 환경에 대한 정부의 관심 증가, 환경과학 및 생태과학의 발전, 1980년대 중반 기타 유엔 기관 대신 계획 활동을 직접 실행하는 UNDP 운영 부서의 설립으로 UNDP 특별 기금 등의 감소 및 소멸 등의 영향을 받았다(이러한 변화는 유네스코 내 관료주의적 제한에 대한 반응이었던 것으로 보인다). 발전을 위한 과학 및 기술에 대한 정규 프로그램의 1990~91, 1992~93, 1994~95년도 예산은 1천 만 달러 가량 되었다. 이것을 과학, 공학, 기술 분야가 나누어 썼는데, 기초 과학의 비중이 점점 더 커졌다.

1995년에는 과학 부문의 직원이 147명으로 감소하면서, 공학 기술부의 직원이 10명(전문 직원 4명, 그 중 한 명이 전문 공학자)으로 줄어드는 등의 어려움을 겪었다. 2000년에 이르러 과학정책부가 개설되면서 자연과학 부문이 새로 개편되었다. 자연과학 부문의 직원이 126명으로 더 감소함에 따라 당시 유네스코가 우선순위로 여기던 수과학(water sciences)을 제외한 모든 부서들이 직원을 잃었다. 이렇게 예산과 직업이 감소하는 추세가 계속되고 고위 간부 수를 줄여야 할 필요가 있다는 행정적 입지에 따라 공학 기술부와 기초과학부가 '기초 및 공학과학부'로 합병되었다. 2005년까지 자연과학 부문의 전체 직원 수가 126명으로 유지되었다. 기초 및 공학 과학부에는 18명(기초과학 분야에 11명, 공학과학 분야에 7명)의 직원이 있었다. 1996~97년도의 예산은 1994~95년도의 예산과 비슷했는데, 공학의 예산이 120만 달러로 약간 증가했다. 이 중 절반이 1996년부터 2005년까지 진행된 '세계태양에너지계획(World Solar Programme)'에 관련된 새로운 활동을 개발하는 데 사용되었다. 공학에 대한 예산의 감소 추이는 1998~99년도부터 2000~01년도까지 계속되었다. 공학 프로그램 예산의 대부분이 세계태양계획(World Solar Programme)에 투자되었고, 공학 교육에 40만 달러가 투자되었다.

'기초 및 공학과학부'로 통합되고 세계태양에너지계획의 성과가 제한되어 있다는 증거가 나타나기 시작한 2002~2003년도에는 공학과학 및 기술의 예산이 단 백만 달러로 감소했다.(기초과학 분야에 580만 달러가 투자된 것을 고려하면 상대적으로 아주 적은 양이다.) 그 중 60만 달러는 세계태양계획에, 그리고 나머지 40만 달러가 공학의 역량 강화에 할당되었다. 이듬해 2004~2005년도의 예산도 그와 비슷한 양상을 보였다.

2006~07년도와 2008~09년도의 공학과학 분야의 직원은 단 2명, 예산은 60만 달러에 불과했다.

기고자 명단

Abdel Menhem Alameddine
Allison Dickert
Allyson Lawless
Andrew Cleland
Andrew Lamb
Andrew Scott
Andrew West
Anette Kolmos
Antje Lienert
Arvind K Poothia
Azni Idris
Badaoui Rouhban
Barry J Grear
Beverley Parkin
Catherine Stansbury
Charles Vest
Cheryl Desha
Christelle Didier
Claudio Amaury Dall'Acqua
Conrado E. Bauer
Damir Brdjanovic
Daniel D Clinton, Jr.
Darrel John Danyluk
David Botha
David Singleton
Don Stewart
Donald S. Mansell
Douglas Oakervee
Dr R. K. Pachauri
Eriabu Lugujjo
Erik de Graaff
Felix Atume
Francois-Gerard Baron
George Bugliarello
Gossett Oliver
Gunnar Westholm
Hans Jurgen Hoyer
Ian Miles
ILeanne Hardwicke
Irenilza de Alencar Naas
Iring Wasser
Jacques Gaillard
Jacques Moulot
James R. Mihelcic
Jan Kaczmarek
Jean Michel
Jean-Claude Charpentier
Jim Birch
Jo da Silva
Johann Mouton
John Boyd
John P Woodcock
Jorge Spitalnik
Jose Medem Sanjuan
Juan Lucena
Kalanithy Vairavamoorthy
Kamel Ayadi
Karlson (Charlie) Hargroves
Kevin Wall
Krishnamurthy Ramanathan
Lars Bytoft
Leiataua Tom Tinai
Leizer Lerner
Luiz Scavarda do Carmo
Margaret Austin
Mario Telichevsky
Marlene Kanga
Mervyn E. Jones
Miguel Angel Yadarola
Mokubung Mokubung
Mona Dahms
Monique Frize
Neill Stansbury
Nelius Boshoff
P.S. Goel
Patricia Galloway
Paul Jowitt
Peggy Oti-Boateng
Peter Boswell
Peter Greenwood
Petter Matthews
Philip Greenish
Philippe Wauters
R M (Bob) Hodgson
Regina Clewlow
Rohani Hashim
Ron Watermeyer
Russel C. Jones
Sam Amod
Sam Kundishora
Sascha Hermann
Simon Lovatt
Solomon Mwangi
Stuart Parkinson
Susan Thomas
Takaaki Maekawa
Tan Seng Chuan
Tony Marjoram
Tony Ridley
Victor Miranda
Vladimir Sitsev
Vladimir Yackovlev
W dzimierz Miszalski
Waldimir Pirroe Longo
Wendy Faulkner
Willi Fuchs
William C. Salmon
Xiangyun Du
Yixin Zhong
Yousef Ibrahim
Yumio Ishii
Yvonne Issie Gueye

약어 목록

A&E	Architecture and Engineering (건축 및 공학)
AAAE	Asian Association for Agricultural Engineering (아시아 농공학협회)
AAEE	American Academy of Environmental Engineers (미국 환경공학회)
AAESEE	Association of Agricultural Engineering of South Eastern Europe (남동부유럽 농공학협회)
ABET	Accreditation Board for Engineering and Technology (USA) (미국 공학교육인증원)
ABENGE	Brazilian Association for the Teaching of Engineering (브라질 공학교육협회)
ACEA	Association of Consulting Engineers Australia (호주 컨설팅엔지니어협회)
ACEC	Association of Canadian Engineering Companies (캐나다 엔지니어링기업협회)
AC	Alternating Current (교류)
ACP	African, Caribbean and Pacific Group of States (아프리카, 카리브해 및 태평양 국가)
AEESEAP	Association for Engineering Education in Southeast, East Asia and the Pacific (아시아 태평양지구 공학교육협회)
AEESP	Association of Environmental Engineering and Science Professors (환경공학 및 과학 교수협회)
AEF	African Engineers Forum (아프리카 공학자 포럼)
ALIA	Latin American and Caribbean Association of Agricultural Engineering (라틴아메리카 카리브해 농공학협회)
AMCOST	African Ministerial Council on Science and Technology (과학 기술에 관한 아프리카 장관급 회의)
ANIH	National Academy of Engineering and the Habitat (Venezuela) (국립 베네수엘라 공학주거한림원)
ANSTI	African Network of Scientific and Technological Institutions (아프리카 과학기술기관 네트워크)
AOAD	Arab Organization for Agricultural Development (농업 발전을 위한 아랍 협회)
APCTT	Asian and Pacific Centre for Transfer of Technology (아시아 태평양 기술이전센터)
APEC	Asia Pacific Economic Cooperation (아시아 태평양 경제협력체)
APESMA	Association of Professional Engineers, Scientists and Managers, Australia (호주 전문공학자, 과학자 및 경영자 협회)
API	Pan-American Academy of Engineering (범미주 공학한림원)
ASABE	American Society of Agricultural and Biological Engineers (미국 농생명공학물학회)
ASCE	American Society of Civil Engineers (미국 토목학회)
ASEAN	Association of South East Asian Nations (동남아시아 국가연합)
ASEE	American Society for Engineering Education (미국 공학교육학회)
ASIBEI	Ibero-American Association of Institutes of Engineering Education (이베로-아메리카 공학교육기관협회)
AT	Appropriate Technology (적정기술)
ATDA	Appropriate Technology Development Association (적정기술개발협회)
ATPS	African Technology Policy Studies Network (아프리카 기술정책연구 네트워크)
AU	African Union (아프리카 연합)
AUBES	African Union of Biomedical Engineering and Sciences (아프리카 의공학과학연합)
BEST	Board of European Students of Technology (유럽 기술학생위원회)
BLS	Bureau of Labour Statistic (USA) (미국 노동통계청)
BOTEC	Botswana Technology Centre (보츠와나 기술 센터)
CACEE	Chinese Association for Continuing Engineering Education (중국 평생교육학회)
CAE	Canadian Academy of Engineering (캐나다 공학한림원)
CAE	Chinese Academy of Engineering (중국 공정원)

CAETS	International Council of Academies of Engineering and Technological Sciences (세계공한림원평의회)
Cariscience	Network of Research and Development and Postgraduate Programmes in the Basic Sciences in the Caribbean (카리브해 기초과학 연구개발 대학원과정 네트워크)
CAST	Chinese Association of Science and Technology (중국 과학기술협회)
CAST	Conference on the Application of Science and Technology (과학기술의 응용에 관한 회의)
CCMAU	Crown Company Monitoring and Advisory Unit (크라운 회사 모니터링 및 자문 유닛)
CCT	Centre for Communication and Transport (Laos) (라오스 통신 및 교통 센터)
CDH	Career of Doctorate Holders (박사 소지자의 경력)
CEC	Commonwealth Engineers Council (영연방 공학자위원회)
CFC	Consumption of Fixed Capital (고정 자본 소비)
CFES	Canadian Federation of Engineering Students (캐나다 공과대학생연합)
CIGR	International Commission of Agricultural Engineering (국제 농공학협의회)
CIV	College of Engineers Venezuela (베네수엘라 공학자회)
CNEE	Cartagena Network of Engineering Education (공학교육 카르타헤나 네트워크)
CNISF	National Council of Engineers and Scientists of France (프랑스 공학자 및 과학자 위원회)
CONDEFI	Council of Deans of Engineering Faculties of Chile (칠레 공과대학장 협의회)
CONFEDI	Federal Council of Engineering Deans (연방 공과대학장 협의회)
COP15	Fifteenth Conference of the Parties to the United Nations Framework Convention on Climate Change (15차 기후 변화에 관한 당사국회의)
CORE	Corporate Responsibility Coalition (기업 책임 연합)
CREW	Career Review of Engineering Women (여성 공학자 경력 검토)
CRI's	Crown Research Institute (크라운 연구소)
CSEE	Chinese Society for Engineering Education (중국 공학교육학회)
CSR	Corporate Social Responsibility (기업의 사회적 책임)
CST	Construction Sector Transparency (건설 부문의 투명성)
CWTS	Centre for Science and Technologies Studies (The Netherlands) (네덜란드 과학기술학연구소)
DSIR	Department of Scientific and Industrial Research (New Zealand) (뉴질랜드 과학산업연구부)
DST	Department of Science and Technology (South Africa) (남아공 과학기술부)
DVT	German Association of Technical and Scientific Associations (독일 과학기술기관 협회)
E4SD	Education for Sustainable Development (지속가능한 발전을 위한 교육)
EA	Engineers Australia (호주공학자회)
EAAAE	Euro-Asian Association of Agricultural Engineers (유럽-아시아 농공학협회)
EAAP	European Association for Animal Production (동물 생산을 위한 유럽 협회)
EAP	Engineers Against Poverty (빈곤퇴치를 위한 공학자회)
EATPS	Eastern Africa and Southern Africa Technology Policy Studies Network (동남부 아프리카 기술정책연구 네트워크)
EBOPS	Extended Balance of Payments Services (확장된 국제수지 서비스)
ECOSOC	Economic and Social Council (경제사회 이사회)
ECSA	Engineering Council of South Africa (남아프리카공화국 공학협회)
EESD	Engineering Education for Sustainable Development (지속가능한 발전을 위한 공학 교육)
EIC	Engineering Institute of Canada (캐나다 공학협회)
EIT	Engineering Institute of Thailand (태국 공학협회)
EPAs	Economic Partnership Agreements (경제협력협정)
ESPF	Economic and Social Performance Framework (경제사회적 성과체계)

ESW	Engineers for a Sustainable World (지속가능한 세상을 위한 공학자회)
ETB	Engineering and Technology Board (UK) now Engineering UK (영국 공학기술이사회)
EurAgEng	European Society of Agricultural Engineers (유럽 농공학자회)
Euro-CASE	European Council of Applied Sciences, Technologies and Engineering (유럽연합 공학한림원평의회)
EWB	Engineers Without Borders (국경없는 공학자회)
FAO	Food and Agriculture Organization of the United Nations (유엔 식량농업기구)
FATS	Foreign Affiliates Trade in Services (외자기업의 서비스무역)
FCF	Fixed Capital Formation (고정 자본 형성)
FDI	Foreign Direct Investment (외국인 직접 투자)
FEANI	European Federation of National Engineering Associations (유럽 국가공학협회연맹)
FEBRAE	Brazilian Federation of Engineering Associations (브라질 공학기관협회)
FEIAP	Federation of Engineering Institutions of Asia and the Pacific (아시아태평양 공학기관연맹)
FEISEAP	Federation of Engineering Institutions of Southeast Asia and the Pacific (동남아시아태평양 공학기관연맹)
FEPAC	Federation of Pan American Engineering Consultants (범미주 엔지니어링 컨설턴트 연합회)
FIACI	Federation of Engineering Organizations (공학단체연맹)
FIDIC	International Federation of Consulting Engineers (국제엔지니어링컨설팅연맹)
FIE	Fiji Institution of Engineers (피지 공학협회)
FMECA	Failure Mode, Effects and Criticality Analysis (고장형태, 영향, 치명도 분석)
FRST	Foundation of Research in Science and Technology (과학기술연구재단)
FTA	Fault Tree Analysis (결함트리분석)
FTA	Free Trade Agreements (자유무역협정)
G8	Group of 8 countries (G8 국가 그룹)
G77	Group of 77 countries (G77 국가 그룹)
GATS	General Agreement on Trade in Services (GATS, 서비스 무역에 관한 일반 협정)
GDP	Gross Domestic Product (국내 총생산)
GEDC	Global Engineering Deans Council (국제 공과대학장 협의회)
GERD	Gross Expenditure on Research and Development (연구개발에 관한 총 지출)
GFCF	Gross Fixed Capital Formation (총 고정 자본 형성)
GHG	Greenhouse Gas (온실 가스)
GNP	Gross National Product (국내 총생산)
GRI	Government Research Institution (정부 연구 기관)
HEMIS	Higher Education Management Information System (South Africa) (남아공 고등교육 관리 정보시스템)
HIPS	Heavily Indebted Poor Countries (과채무 빈곤국)
HRST	Human Resources in Science and Technology (과학기술 인적자원)
IAAMRH	International Association of Agricultural Medicine and Rural Health (국제 농업 의학 및 보건 학회)
IACET	International Association for Continuing Education and Training (국제컨설팅 교육 및 훈련협회)
ICC	International Chamber of Commerce (국제 상공 회의소)
ICE	Institution of Civil Engineers (UK) (영국 토목기술협회)
ICID	International Commission on Irrigation and Drainage (국제 관개배수 위원회)
ICSU	International Council of Scientific Unions (국제 과학단체협의회)
ICT	Information and Communication Technology (정보 통신 기술)
IDP	Internally Displaced Person/People (내부 난민)
IDS	Institute of Development Studies (University of Sussex, UK) 국제개발학연구소 (영국 서섹스 대학교)

IEA	International Engineering Agreements (국제 공학 협약)
IEAus	Institute of Engineers Australia ('Engineers Australia') (호주 공학회)
IFEES	International Federation of Engineering Education Societies (세계공학교육학회연맹)
IFMBE	International Federation for Medical and Biological Engineering Sciences in Medicine (국제의생명공학연맹)
IFTDA	International Fund for the Technological Development of Africa (아프리카의 기술 발전을 위한 국제 기금)
IGF	Internet Governance Forum (인터넷 거버넌스 포럼)
IGIP	International Society for Engineering Education (세계 공학교육협회)
IHL	Institution of Higher Learning (고등 교육 기관)
IIT	Indian Institute of Technology (인도 공과대학교)
ILO	International Labour Organization (국제 노동기구)
IME	Institution of Mechanical Engineers (기계공학회)
IMF	International Monetary Fund (국제 통화 기금)
INES	International Network of Engineers and Scientists for Global Responsibility (국제 글로벌 책임을 위한 공학자 및 과학자 네트워크)
INES	International Network of Engineering Studies (국제 공학학 네트워크)
INWES	International Network for Women Engineers and Scientists (국제 여성 공학자 및 과학자를 위한 네트워크)
IP	Intellectual Property (지식재산권)
IPCC	Intergovernmental Panel on Climate Change (기후 변화에 관한 정부간 패널)
IPEJ	Institution of Professional Engineers Japan (일본 전문기술자협회)
IPENZ	Institution of Professional Engineers New Zealand (뉴질랜드 전문기술자협회)
IPES	Institution of Professional Engineers Samoa (사모아 전문기술자협회)
ISCED	International Standard Classification of Education (국제 표준 교육 분류)
ISCO	International Standard Classification of Occupation (국제 표준 직업 분류)
ISDR	International Strategy for Disaster Relief (재난 구호를 위한 국제 전략)
ISEL	Ibero-American Science and Technology Education Consortium (이베로-아메리카 과학기술 교육 컨소시엄)
ISES	International Solar Energy Society (국제 태양에너지 학회)
ISHS	International Society for Horticultural Science (국제 원예과학회)
ISIC	International Standard Classification of Industrial Activities (국제 산업 활동 표준 분류)
ISM	International Scientific Migration (국제 과학자 이주)
ISO	International Organization for Standardization (국제 표준화기구)
ISTRO	International Soil Tillage Research Organisation (국제 토양 경작 연구 기구)
IT	Information Technology (정보 기술)
IUFRO	International Union of Forest Research Organizations (국제 산림연구연합)
JABEE	Japan Accreditation Board for Engineering Education (일본 공학교육인증원)
JEA	Jordan Engineers Association (요르단 공학자협회)
JIPSA	Joint Initiative for Priority Skills Acquisition (우선순위 기술 획득을 위한 공동 이니셔티브)
JSCE	Japan Society of Civil Engineers (일본 토목학회)
JSEE	Japan Society for Engineering Education (일본 공학교육학회)
KPIs	Key Performance Indicators (핵심 성과 지표)
KSEE	Korean Society of Engineering Education (한국 공학교육학회)
KazSEE	Kazakhstan Society of Engineering Education (카자흐스탄 공학교육학회)
LACCEI	Latin American and Caribbean Consortium of Engineering Institutions (라틴 아메리카/카리브해 공학기관 컨소시엄)

LCA	Life Cycle Analysis (수명주기 분석)
LCC	Life Cycle Cost (수명주기 비용)
LCF	Life Cycle Profit (수명주기 이익)
LED	Light-Emitting Diode (발광 다이오드)
MAF	Ministry of Agriculture and Fisheries (New Zealand) (뉴질랜드 농업수산부)
MEXT	Ministry of Education, Culture, Sports, Science and Technology (일본 문부과학성)
MINESPO	Conference of Ministers of European Member States responsible for Science Policy (유럽 과학정책 담당 장관 회의)
MOSTI	Ministry of Science and Technology and Innovation (Malaysia) (말레이시아 과학기술혁신부)
MSMEs	Micro, Small and Medium Scale Enterprises (중소미소기업)
NAE	National Academy of Engineering (USA) (미국 공학한림원)
NACE	Statistical Classification of Economic Activities in the European Community (유럽 공동체의 경제활동 통계 분류)
NAICS	American Industry Classification System (미국 산업 분류 시스템)
NEPAD	New Partnership for Africa's Development (아프리카의 발전을 위한 파트너쉽)
NESTI	National Experts on Science and Technology Indicators (과학기술 지표에 대한 국가 전문가협회)
NGO	Non-Governmental Organization (비정부기구)
NIBE	Nigerian Institute for Biomedical Engineering (나이지리아 의공학회)
NIT	National Institute of Technology (India) (인도 국립기술연구소)
NSF	National Science Foundation (USA) (미국 과학재단)
NSOF	Non-Specific Output Funding (비지정 성과 기금)
OECD	Organisation for Economic Co-operation and Development (경제 협력 개발기구)
OPS	Open Pan Sulphitation (오픈 팬 아황산화 공전)
PFEA	Polish Federation of Engineering Associations (폴란드 공학기관 연맹)
PII	Institution of Engineers Indonesia (인도네시아 공학협회)
PLA	Participatory Learning and Action (참여 학습 및 활동)
PPP	Purchasing Power Parity (구매력 평가)
PRA	Participatory Rural Appraisal (참여적 지역 평가)
PRSPs	Poverty Reduction Strategy Papers (빈곤 감소 전략 보고서)
PTD	Participatory Technology Development (참여 기술개발)
PV	Photovoltaic (태양광)
R&D	Research and Development (연구 개발)
RAE	Royal Academy of Engineering (UK) (영국 공학한림원)
RAEE	Russian Association for Engineering Education (러시아 공학교육학회)
RCM	Reliability Centred Maintenance (신뢰성중심 유지 보수)
RCTT	Regional Centre for Technology Transfer (Belarus) (벨로루시 지역 기술 센터)
Red-CienciA	Network of Research and Development for Postgraduates in Science in Central America (중앙 아메리카 과학 대학원생을 위한 연구개발 네트워크)
Red-POP	Network for the Popularization of Science and Technology in Latin American and the Caribbean (라틴 아메리카/카리브해 과학기술 보급 네트워크)
RedR	Register of Engineers For Disaster Relief (재난 구호를 위한 공학자회)
RIA	Russian Engineering Academy (러시아 공학한림원)
RRA	Rapid Rural Appraisal (신속한 지역 평가)
RS&T	Research in Science and Technology (과학기술 연구)

RTS	Russian Technical Society (러시아 기술협회)
S&T	Science and Technology (과학 기술)
SADC	Southern African Development Community (남부 아프리카 개발 공동체)
SAICE	South African Institution of Civil Engineering (남아공 토목공학회)
SAPs	Structural Adjustment Programmes (구조 조정 계획)
SCJ	Science Council of Japan (일본 과학협의회)
SEASAE	South and East African Society of Agricultural Engineering (남동부 아프리카 농공학회)
SEFI	European Society for Engineering Education (유럽 공학교육학회)
SET	Science, Engineering and Technology (과학, 공학 및 기술)
SIC	Standard Industrial Classification (표준 산업 분류)
SIDBI	Small Industries Development Bank of India (인도 중소 산업 개발 은행)
SMEs	Small and Medium Enterprises (중소 기업)
SNA	System of National Accounts (국민 계정 시스템)
SOE's	State Owned Enterprises (국영기업)
SPEA	South Pacific Engineers Association (남태평양 공학자협회)
SPEED	Student Platform for Engineering Education Development (공학 교육 발전을 위한 학생 플랫폼)
SPRU	Science Policy Research Unit (University of Sussex, UK) (과학 정책 연구 단위(영국 서섹스 대학교))
STAC	Science and Technology Advisory Committee (과학 기술 자문위원회)
STEM	Science Technology, Engineering, Mathematics (과학, 기술, 공학, 수학)
STEMARN	Science and Technology Management Arab Regional Network (과학기술경영 아랍 지역 네트워크)
STEP	Science & Technology Expert Panel (과학 기술 전문가 패널)
STEPAN	Science and Technology Policy Asian Network (과학 기술 정책 아시아 네트워크)
TBSE	Technology Bureau for Small Enterprises (중소 기업을 위한 기술국)
TEDC	Turkish Engineering Deans Council (터키 공과대학장 협의회)
TF10	Task Force Number Ten: Science, Technology and Innovation (UN Millennium Project) (태스크 포스 10: 과학, 기술 및 혁신(유엔 새천년프로젝트))
TI	Transparency International (국제 투명성)
TPM	Total Productive Maintenance (총 생산성 유지)
UADI	Argentine Union of Associations of Engineers (아르헨티나 공학기관 연합)
UIPE	Uganda Institute of Professional Property (우간다 전문 부동산 연구소)
MDG	Millennium Development Goal (새천년개발목표)
UATI	Union of International Technical Associations (국제 기술협회연합)
UN	United Nations (유엔)
UN-CSD	United Nations Commission of Sustainable Development (유엔 지속가능한 발전위원회)
UNCSTD	United Nations Conference on Science and Technology for Development (발전을 위한 과학기술에 관한 유엔 회의)
UNCTAD	United Nations Conference on Trade and Development (무역 및 개발에 관한 유엔 회의)
UNDP	United Nations Development Programme (유엔 개발 계획)
UNEP	United Nations Environmental Programme (유엔 환경 계획)
UNESCAP	United Nations Economic and Social Commission for Asia and the Pacific (유엔 태평양아시아를 위한 경제사회 위원회)
UNESCO	United Nations Educational, Scientific and Cultural Organization (유네스코, 유엔 교육과학문화기구)
UNIDO	United Nations Industrial Development Organization (유엔 산업 개발기구)
UNISIST	United Nations Information System for Science and Technology (과학 기술에 대한 유엔 정보 시스템)

UNISPAR	University-Industry-Science Partnership (대학-산업-과학 파트너십)
UN-SNA	United Nations Systems of National Accounts (유엔 국가 계정 시스템)
UPADI	Pan American Union of Engineering Organizations (범미주 공학단체연합)
USEA	International Union of Scientific and Engineering Public Associations (국제 과학 공학 출판단체연합)
VDE	Association of Electrical, Electronic and Information Technologies (전기, 전자 및 정보 기술 협회)
VDI	Association of German Engineers (독일 공학협회)
VITA	Volunteers in Technical Assistance (기술 원조를 위한 자원 봉사자들)
VSNTO	All Union Council of Scientific Engineering and Technical Societies (Russia) (러시아 과학, 공학 및 기술단체 연합)
WAITRO	World Association of Industrial and Technological Research Organizations (세계 산업기술연구기관협회)
WATPS	Western Africa Technology Policy Studies Network (서부 아프리카 기술정책연구 네트워크)
WCCE	World Council of Civil Engineers (세계 토목공학협의회)
WFEO	World Federation of Engineering Organizations (세계공학기술단체연합회)
WFEO-CAC	World Federation of Engineering Organizations Committee on Anti-Corruption (세계공학기술단체연합회 부정부패방지위원회)
WFEO-CCB	World Federation of Engineering Organizations Committee on Capacity Building (세계공학기술단체연합회 역량강화위원회)
WFEO-CE	World Federation of Engineering Organizations Committee on Energy (세계공학기술단체연합회 에너지위원회)
WFEO-CEE	World Federation of Engineering Organizations Committee on Engineering and the Environment (세계공학기술단체연합회 공학 및 환경위원회)
WFEO-CET	World Federation of Engineering Organizations Committee on Education and Training (세계공학기술단체연합회 교육 및 훈련위원회)
WFEO-CIC	World Federation of Engineering Organizations Committee on Information and Communication (세계공학기술단체연합회 정보통신위원회)
WFEO-CT	World Federation of Engineering Organizations Committee on Technology (세계공학기술단체연합회 기술위원회)
WFEO-CWE	World Federation of Engineering Organizations Committee on Women in Engineering (세계공학기술단체연합회 여성위원회)
WHO	World Health Organization (세계 보건 기구)
WMO	World Meteorological Organization (세계 기상 기구)
WOIP	World Organization for Intellectual Property (세계 지식재산권 기구)
WSSD	World Summit for Sustainable Development (지속가능한 발전을 위한 세계 정상회의)
WTO	World Trade Organization (세계 무역 기구)

찾아보기

ㄱ

ㄴ

ㅁ

ㅂ

ㅅ

ㅇ

ㅈ

ㅊ

ㅍ

A

E